市政工程施工计算实用手册

（中册）

主　编　段良策

副主编　方　良　潘永常

人民交通出版社

内 容 提 要

本手册分上、中、下三册出版，上册共五篇二十四章，内容包括：一、施工常用资料以及结构计算用表、公式与示例；二、施工测量；三、土方与爆破工程；四、道路工程；五、桥梁工程一般架设安装计算。中册共两篇十二章，内容包括：六、砌体结构、钢筋混凝土结构工程施工中的有关计算；七、地基承载力、预制桩打桩基础及地基处理有关计算。下册共三篇十七章内容包括：八、基坑支护、排水降水及地下工程施工计算；九、非开挖铺设地下管道工程施工计算；十、软土隧道施工计算；附录 A、附录 B 及附录 C 等。书中附有施工常用的计算数据、计算用表、公式以及大量的计算示例，可供读者在计算时查找使用，是一本实用、全面、内容丰富的有关市政工程施工计算的工具书。

本手册按照国家最新颁布的规范、标准编写，可供从事市政工程、建筑工程、水利工程等专业技术人员、管理人员和高级技工使用，也可供市政工程设计人员和大专院校土木工程专业师生参考。

图书在版编目(CIP)数据

市政工程施工计算实用手册. 中册/段良策主编
--北京：人民交通出版社，2013.2
ISBN 978-7-114-09971-7

I. 市… II. ①段… ②方… ③潘… III. 市政工程—工程施工—工程计算—手册 IV. TU99—62

中国版本图书馆 CIP 数据核字(2013)第 175488 号

书　　名：	市政工程施工计算实用手册（中册）	
著 作 者：	段良策	
责任编辑：	曲 乐 李 喆 周 宇	
出版发行：	人民交通出版社	
地　　址：	(100011) 北京市朝阳区安定门外外馆斜街 3 号	
网　　址：	http://www.ccpress.com.cn	
销售电话：	(010) 59757973	
总 经 销：	人民交通出版社发行部	
经　　销：	各地新华书店	
印　　刷：	北京市密东印刷有限公司	
开　　本：	787×1092　1/16	
印　　张：	48.75	
字　　数：	1248 千	
版　　次：	2013 年 2 月　第 1 版	
印　　次：	2013 年 2 月　第 1 次印刷	
书　　号：	ISBN 978-7-114- 09971-7	
定　　价：	120.00 元	

(有印刷、装订质量问题的图书由本社负责调换)

市政工程施工计算实用手册(中册)

编写人员及分工

主　编:段良策

副主编:方　良　潘永常

第六篇　砌体结构、钢筋混凝土结构工程施工中的有关计算

第七篇　地基承载力、预制桩打桩基础及地基处理有关计算

序

两年前,段良策教授与我讲起了编写《市政工程施工计算实用手册》的打算,对于他的这个写书计划,我是十分钦佩的。因为写书的经历告诉我,组织编写一部百万字以上的手册是非常不容易的。前几年,曾有出版社邀我再版20世纪90年代主编的一些手册,但我是知难而退了。段良策教授1953年毕业于上海国立同济大学土木工程系,从事土木工程技术工作已56年。比我年长,但仍雄心勃勃,实在非常难得。对学长的这一善举,我当尽力协助,遂推荐给人民交通出版社,希望能得到出版社的支持。

在人民交通出版社领导和曲乐副编审的支持与帮助下,这本手册几经修改易稿,终于即将付梓。段教授来电告诉我这一好消息,并希望我为手册写个序。

我国的城市正在经历大规模的现代化改造,广大的农村正在进行新农村的建设,我国市政工程施工的规模和技术难度都是空前的。这部书的问世,为广大从事市政工程施工的技术人员提供了一部非常实用的工具书,可用以解决施工过程中的各种设计和计算问题。有的人容易误解,认为计算乃是设计工作之事,施工只需要经验就可以了。殊不知许多工程事故的原因均在于施工人员不重视科学技术,不执行技术标准,不进行必要的施工设计和计算。例如,在土工技术中最简单、最容易实施的填土碾压压实度控制,由于无知,常常是被忽略了的工序,也是土方工程出事故最多的原因之一。至于施工模板或脚手架的垮塌、机具的倾覆等施工事故,也大多是由于缺乏必要的计算分析论证所致。施工计算不同于一般的工程结构计算,它是为保证施工安全以及施工管理需要的一种计算,具有实用性强、涉及面广、计算边界条件复杂、施工安全性能要求高的特点。现场施工技术管理人员,一般都担负着繁重的工程任务,无暇查阅各种专业资料,需要这样一本全面、系统而又实用的手册来处理工程施工计算问题。希望这部手册对市政工程施工技术人员的学习与工作都能有所裨益,有所帮助。

我们这一代人的经历是非常丰富的,经验也是很宝贵的,如果在退休以后能著书立说,将经验留下来传承给后代,将是非常有价值的一件事。但写书是很艰苦的工作,要花很多的精力而又没有很丰厚的报酬,需要坚强的毅力和一定物质条件的支持。因此,往往由于主客观的条件限制,许多人常常会力不从心而不能实现这个愿望。段良策教授在半个多世纪里长期从事土木工程的技术工作,教过书,做过设计,更长的时间是担任工程建设的技术主管,这个丰富的技术阅历,铸造了一位具有广阔工程知识面和解决复杂工程问题能力的总工程师;他虽然年事已高,但有很好的身体和充沛的精力,仍活跃在工程建设第一线,和年轻的技术人员有着密切的工作协同关系,有作者群体和单位的支持,能够实现他著书立说的计划,具备了无可比拟的主客观条件。从这个意义上说,段良策教授是很幸运的,在这部手册中,凝聚着他在市政工程施工领域的丰富工程经验,体现了他对年轻工程技术人员的殷切期望。这本手册既是一部技术传承之作,也是培养市政工程施工技术人员基本功的继续教育教材,希望能够得到读者的喜爱。我想当读者阅读了这部手册以后,一定会深感由段良策教授来主持编纂实在是再合适不过的了。

高大钊
2011 年深秋于同济园

前　言

本书主要介绍市政工程在施工中经常遇到的各类有关施工计算问题,并紧密结合市政工程的特点,本着科学、全面、系统、实用和可操作性的指导思想来安排各章节的内容,全书分上、中、下三册出版,上册,共五篇二十四章,主要内容有:一、施工常用计算资料及常用结构(如砌体、混凝土、钢、木)的计算用表、公式与示例;二、施工测量(如道路的平曲线、竖曲线测量,桥梁施工放样测量等);三、土方与爆破工程;四、道路工程(如路基稳定性分析与计算、挡土墙压力计算、路基路面施工计算等);五、桥梁工程一般架设安装的计算。中册共两篇十二章,主要内容有:六、砌体结构、钢筋混凝土结构工程施工中的有关计算(如砂浆、混凝土、钢筋、模板、脚手架及支架等);七、地基承载力、预制桩打桩基础及地基处理有关计算。下册共三篇十七章,主要内容有:八、基坑支护、排水降水及地下工程施工计算(如支护结构有:灌注桩、树根桩、旋喷桩、深层搅拌桩、钢板桩、SMW 工法、地下连续墙、锚杆支护、土钉墙支护、水泥土墙支护及逆作法等;基坑降水有:轻型、喷射、电渗、管井及深井井点等;地下工程有:钢筋混凝土沉井及水中基础的修筑等);九、非开挖铺设地下管道工程施工计算(如:顶管工程、水平定向钻进和导向钻进牵引法施工计算等);十、软土隧道施工计算;附录 A、附录 B 及附录 C。书中主要介绍在施工中常用的计算公式、图表及参考数据,各章节内均附有计算示例,以便读者在实际查用时参考。本书可供从事市政工程、建筑工程、水利工程等专业的施工技术人员、管理人员和高级技工使用,也可供市政工程设计人员和大专院校土木工程专业师生参考。

在编写过程中,编者尽了最大的努力,参考了国内外专家学者出版的专著并引用了相关资料和内容,在此,谨向他们表示衷心的感谢和诚挚的敬意。由于编者的学识和水平有限,书中可能存在一些问题及错误,敬请读者批评指正,待以后修订时改进。

在编写过程中张波(上册)、李梦如(中、下册)、李林华、秦晓燕、王强担任了全书(全三册)的录入绘图工作,在此一并致谢。

编　者

2012 年 8 月于上海宏润建设集团股份有限公司

目　　录

（中册）

第六篇　砌体结构、钢筋混凝土结构工程施工中的有关计算

1

第六篇　砌体结构、钢筋混凝土结构工程施工中的有关计算

第二十五章 模板工程（现浇混凝土）

模板工程的费用约占混凝土结构工程费用的 1/3，支拆费用约占 1/2，所以模板工程和其他结构工程一样，必须经过设计和计算。如果仅凭不成熟的经验来确定施工中模板结构的断面尺寸及结构既不安全也不经济。

第一节 模板结构设计原则和计算依据

一、模板结构的组成

模板结构的种类很多，有木模板、钢模板、钢木（竹）模板、铝合金模板、塑料模板及玻璃钢模板等，这些模板因所用材料不同，其功能也各异，但结构形式均由下列三部分组成。

(1)模板面板——直接接触新浇筑混凝土的承力板，无此板新浇筑混凝土不能成形。

(2)支撑结构——支撑新浇筑混凝土所产生的各种荷载（如模板、混凝土及施工荷载等）的结构。

(3)连接件——将模板和支撑结构连接成整体的部件。

二、模板结构的设计原则

(1)实用性——要保证混凝土的工程质量，即模板的接缝要严密，不漏浆；保证混凝土结构外形尺寸和相互位置的正确；并要求构造简单，装拆方便，同时便于钢筋的绑扎和安装以及混凝土浇筑和养护之用。

(2)安全性——具有足够的承载能力和刚度，能保证在施工过程中承受各种荷载（混凝土自重、施工工人、振捣等），其结构牢固稳定，确保施工人员的安全。

(3)经济性——根据工程结构的具体情况和施工单位的具体条件因地制宜，就地取材，择优选用模板方案。尽量减少一次性投入，加快模板周转，减轻模板的自重。

三、模板结构设计计算的依据

模板结构的设计计算主要依据是：
(1)拟建工程的设计图纸。
(2)施工组织设计中的主要施工方法与进度计划。
(3)施工单位现有的技术物质条件。
(4)有关的设计和施工"规范"、"规程"等。

第二节 模板材料及其性能

一、木材

（1）选材

木材可根据各地区情况选用，材质不宜低于Ⅲ等材。有腐朽、折裂及枯节等疵病的木材不得使用。选材时，应根据模板受力种类，按本手册上册表 8-1 或《木结构设计规范》（GB 50005—2003）表 3.1.2 选用适当等级的木材。

（2）常用木材的强度设计值和弹性模量，应按本手册上册表 8-6 取值，或按《木结构设计规范》（GB 50005—2003）表 4.2.1-3 采用。

（3）木材强度设计值和弹性模量应符合下列调整规定。

①按施工荷载考虑，强度设计值按本手册上册表 8-6 乘以 1.15 的提高系数。

②当使用原木验算部位未经切削时，强度设计值和弹性模量均应按本手册上册表 8-6 或《木结构设计规范》（GB 50005—2003）表 4.2.1-3 乘以 1.15 的提高系数。

③如为露天模板结构，其强度设计值应按本手册上册表 8-6 或《木结构设计规范》（GB 50005—2003）表 4.2.1-3 乘以 0.9 的折减系数；弹性模量应乘以 0.85 的折减系数。

④木材含水率小于 25% 时，其强度设计值应按本手册上册表 8-6 或《木结构设计规范》（GB 50005—2003）表 4.2.1-3 乘以 1.10 的提高系数。当采用湿材时，各种木材的横纹承压强度值和弹性模量以及落叶松木材的抗弯强度设计值，宜按本手册上册表 8-6 或《木结构设计规范》（GB 50005—2003）表 4.2.1-3 的规定乘以 0.9 的折减系数。

⑤使用有钉孔或有各种损伤的旧木材时，其强度设计值应根据实际情况予以降低。

⑥当若干条件同时出现时，上述各种系数应连乘。

二、钢材

（1）选材宜采用平炉或氧气转炉 Q235（3 号钢）16Mn 钢、16Mng 钢。

（2）钢材质量应分别符合下列规定：

①钢材应符合现行国家标准《碳素结构钢》（GB/T 700—2006）。

②连接用的焊条应能符合现行国家标准《碳钢焊条》（GB/T 5117—1995）中的规定；连接用的普通螺栓应符合《碳素结构钢》（GB/T 700—2006）中规定的 Q235 的要求。

③组合钢模板及配件制作质量应符合《组合钢模板技术规范》（GB 50214—2001）的规定。

（3）钢材的强度设计值（材料强度的标准值除以抗力分项系数）。

钢材的强度设计值（MPa）、焊缝强度设计值（MPa）、普通螺栓连接强度的设计值（MPa）以及钢材和钢铸件的物理性能指标均可按本手册上册第一篇第五章表 5-1、表 5-3～表 5-6 中查得或按《钢结构设计规范》（GB 50017—2003）有关表中查得。

三、铝合金材

（1）常用铝合金型材的强度设计值按表 25-1 采用，其机械性能按表 25-2 检验。

（2）当采用与上述不同牌号的铝合金型材时，则应根据铝合金的物理力学性能试验，按所积累的可靠数据经数理统计确定设计计算指标后，方可使用。

铝合金型材的强度设计值　　　　　　表 25-1

牌号	材料状态	壁厚(mm)	抗拉极限强度 σ_b (MPa)	屈服强度 $\sigma_{0.2}$ 及抗拉、抗压、抗弯强度设计值 f_{Lm} (MPa)		抗剪强度设计值 f_{jv} (MPa)	伸长率 δ (%)	弹性模量 E_c (MPa)
				$\sigma_{0.2}$	f_{Lm}			
LD$_2$	C$_Z$	所有尺寸	≥180	—	—	—	≥14	1.83×10^5
	C$_S$		≥280	≥210	190	105	≥12	
LY$_{11}$	C$_Z$	≤10.0	≥360	≥220	200	110	≥12	
	C$_S$	10.1～20.0	≥380	≥230	210	115	≥12	
LY$_{12}$	C$_Z$	<5.0	≥400	≥300	270	150	≥10	3.03×10^5
		5.1～10.0	≥420	≥300	270	150	≥10	
		10.1～20.0	≥430	≥430	280	155	≥10	
LC$_4$	C$_S$	≤10.0	≥510	≥440	395	220	≥6	7.41×10^5
		10.1～20.0	≥540	≥450	405	225	≥6	

注：1. 本表摘自《建筑工程模板施工手册》（第二版），杨嗣信等编者。

　　2. 材料状态代号名称：C$_Z$—淬火（自然时效）；C$_S$—淬火（人工时效）。

　　3. 材料使用前必须具有复检合格报告。

铝合金型材的横向纵向机械性能　　　　　　表 25-2

牌　　号	材料状态	取样部位	抗拉极限强度 σ_b (MPa)	屈服强度 $\sigma_{0.2}$ (MPa)	伸长率 δ (%)
LY$_{12}$	C$_Z$	横向	≥400	≥290	≥6
		纵向	≥350	≥290	≥4
LC$_4$	C$_S$	横向	≥500	—	≥4
		纵向	≥480	—	≥3

注：同表 25-1。

四、面板材料

（1）面板除采用钢、木材外，还可采用胶合板、复合纤维板、塑料板及玻璃钢板等。其中胶合板应符合《混凝土模板用胶合板》（GB/T 17656—2008）的有关规定。

（2）覆面木胶合板的规格及技术性能应符合下述规定：

①厚度应采用 12～18mm 的板材；

②其剪切强度应符合下述要求：

a. 不浸泡、不蒸煮：1.4～1.8MPa；

b. 室温水浸泡：1.2～1.8MPa；

c. 沸水煮 24h：1.2～1.8MPa。

其他如：含水率为：5%～13%；重度为：4.5～8.8kN/m^3。

③抗弯强度和弹性模量应按表 25-3 采用或根据试验测定选用。

覆面胶合板抗弯强度设计值(f_{im})和弹性模量　　表 25-3

项　目	板厚度 (mm)	表面材料					
		克隆、山樟		桦木		板材质	
		平行方向	垂直方向	平行方向	垂直方向	平行方向	垂直方向
抗弯强度设计值 (MPa)	12	31	16	24	16	12.5	29
	15	30	21	22	17	12.0	26
	18	29	21	20	15	11.5	25
弹性模量 (MPa)	12	11.5×10^3	7.5×10^3	10×10^3	4.7×10^3	4.5×10^3	9.0×10^3
	15	11.5×10^3	7.1×10^3	10×10^3	5.0×10^3	4.2×10^3	9.0×10^3
	18	11.5×10^3	7.0×10^3	10×10^3	5.4×10^3	4.0×10^3	9.0×10^3

注：使用时应具有出厂合格证，并应按表中要求进行抽检合格。

（3）覆合竹胶合板应符合下述要求

①覆合竹胶合板应符合表面光滑、平整，并具有防水、防磨、防酸碱的保护膜，其厚度应不小于 15mm。

②抗弯强度和弹性模量按表 25-4 采用。

覆面竹胶合板抗弯强度设计值(f_{jm})和弹性模量　　表 25-4

项　目	板厚度(mm)	板 的 层 数	
		三　层	五　层
抗弯强度设计值(MPa)	15	37	35
弹性模量(MPa)	15	10 584	9 898
冲击强度(J/cm³)	15	8.3	7.9
胶合强度(MPa)	15	3.5	5.0
握钉力 M(N/mm)	15	120	120

注：使用时应具有出厂合格证，并应按表中要求进行抽检。

（4）复合纤维板应符合下列规定：

①表面应平整、光滑、不变形，厚度应采用 12mm 及以上板材。

②技术性能应符合下列要求：

a. 72h 吸水率：<5％；

b. 72h 吸水膨胀率：<4％。

耐酸碱腐蚀性：在 1％苛性钠中浸泡 24h，无软化及腐蚀现象。

耐水汽性能：在水蒸气中喷蒸 24h，表面无软化及明显膨胀。

③抗弯强度和弹性模量应按表 25-5 采用或根据试验测定选用。

复合纤维板抗弯强度设计值(f_{jm})和弹性模量　　表 25-5

项　目	板厚度(mm)	受 力 方 向	
		横　向	纵　向
抗弯强度设计值(MPa)	12 及以上	14～16	27～33
弹性模量(MPa)	12 及以上	6.0×10^3	6.0×10^3
垂直表面抗拉强度设计值(MPa)	12 及以上	>1.8	>1.8

注：使用时应具有出厂合格证，并应按表中要求进行抽检。

第三节　模板(支架、脚手架)计算一般要求

一、荷载

1. 荷载标准值

(1)垂直荷载标准值(表25-6)

垂直荷载标准值　　　　表25-6

序号	项　　目	材料重度或荷载大小						
1	常用木材重度及模板自重标准值(G_{1K})	木材(kN/m³)				楼板自重标准值(kN/m³)	木模	定型组合钢模
		松木	阔叶树	橡木、落叶松	杉木、枞木	平板的模板及小楞	0.3	0.5
						楼板模板(包括梁的模板)	0.5	0.75
		5~6	7~8	6~7.5	4~5	楼板模板及支架(高4m以下)	0.75	1.10
2	新浇混凝土、钢筋混凝土或砌体自重标准值(G_{2k})	素混凝土			钢筋混凝土		砌体	
		22~24			24~25		18~24.8	
3	施工人员、施工料具运输、堆放荷载标准值(Q_{1k})	(1)计算模板及直接支承模板的小楞时,均布荷载可取2.5kPa,再以集中荷载2.5kN进行计算,取两者弯矩较大值。 (2)计算直接支承小楞的梁或拱架时,均布荷载可取1.5kPa。 (3)计算支架立柱及其他支承结构构件时,均布荷载可取1kPa						
4	倾倒混凝土时,对垂直面模板所产生的冲击荷载标准值(即产生水平荷载)(Q_{3k})	序号	向模板中供料方式			荷载大小(kPa)		
		1	用小于及等于0.2m³容积的容器或用溜槽、串筒或导管倾倒时			2.0		
		2	用大于0.2~0.8m³容器倾倒时			4.0		
		3	用大于0.8m³容器倾倒时			6.0		
		4	混凝土层厚度大于1.0m时			不计		
5	振捣混凝土产生的荷载标准值(Q_{2k})	水平面板可采用2kPa,垂直面板可采用4kPa(作用范围在新浇混凝土侧压力有效压头高度之内)						
6	钢筋自重标准值(G_{3k})	应根据工程设计图纸确定。梁板结构每立方米钢筋混凝土的钢筋自重标准值:楼板可取1.1kN;梁可取1.5kN						
7	其他可能产生的荷载	雪荷载、冬季保温设施荷载等,应按实际情况考虑						

注:在活载荷施工人员及设备荷载标准值中应注意下列几点:
　1.混凝土堆积高度超过100mm以上者按实际高度计算。
　2.模板单块宽度小于150mm时,集中荷载可分布于相邻的两块板面上。
　3.对大型浇筑设备,如上料平台、混凝土输送泵等按实际情况计算。
　4.模板及其支架自重标准值(G_{1k})应据模板及设计图纸计算确定。

(2)水平荷载标准值(表25-7、表25-8)

序号	项	目	载 荷 计 算
1	新浇混凝土对模板侧面压力	采用内部振捣器时	1.混凝土作用于模板的侧压力随混凝土浇筑高度而增加,当浇筑高度达到某一临界高度时,其侧压力就不再增加,此时的侧压力即为新浇混凝土对模板的最大侧压力。此浇筑高度称为混凝土的有效压头。国内外提出过许多混凝土最大侧压力计算公式,现采用我国《混凝土结构工程施工质量验收规范》(GB 50204-2002)中的计算公式如下:

采用内部振捣器时,新浇筑的混凝土作用于模板的最大侧压力标准值(G_4K)可按下列两式计算,并取两式中的较小值:

$$F = 0.22\gamma_c t_0 \beta_1 \beta_2 v^{\frac{1}{2}} \qquad (25\text{-}1a)$$

$$F = \gamma_c H \qquad (25\text{-}1b)$$

式中:F——新浇筑混凝土对模板的最大侧压力(kPa);

　　γ_c——混凝土的重度(kN/m³);

　　t_0——新浇筑混凝土的初凝时间(h),可按实测确定。当缺乏试验资料时,可采用 $t_0 = \dfrac{200}{T+15}$ 计算;

　　T——混凝土的温度(℃);

　　v——混凝土的浇灌速度(m/h);

　　H——混凝土侧压力计算位置处至新浇筑混凝土顶面的总高度(m)(在水泥初凝时间以内);

　　β_1——外加剂影响修正系数,不掺外加剂时取 1.0;掺具有缓凝作用的外加剂时取 1.2;

　　β_2——混凝土坍落度影响修正系数,当坍落度小于 30mm 时,取 0.85;50~90mm 时,取 1.0;110~150mm 时,取 1.15。

混凝土侧压力的计算分布图形如右图所示,有效压头高度 h(m)按下式计算:

$$h = \frac{F}{\gamma_c} \qquad (25\text{-}1c)$$

式中:h——有效压头高度(m);

　　H——混凝土浇灌高度。

根据上述公式算出的混凝土最大侧压力标准值列于表 25-8 中。

2.在道路桥梁施工计算中,也可采用下列计算方法,现简要介绍如下,以便参考使用。

对竖直模板来说,新浇筑混凝土的侧压力是它的主要荷载。当混凝土浇筑速度在 6m/h 以下时,作用于侧面模板的最大压力可按下式计算:

$$F = K\gamma_c h \qquad (25\text{-}2)$$

当 $v/T \leqslant 0.035$ 时

$$h = 0.22 + 24.9 v/T \qquad (25\text{-}3a)$$

当 $v/T > 0.035$ 时

$$h = 1.53 + 3.8 v/T \qquad (25\text{-}3b)$$

符号意义同上

混凝土侧压力
计算分布图形

| 2 | 新浇混凝土对模板侧面压力 | 泵送混凝土浇筑时 | 混凝土入模温度在 10℃ 以上时,按《公路桥涵施工技术规范》(JTG/T F50-2011)推荐模板侧压力采用下式计算: |

$$F = 4.6 v^{\frac{1}{4}} \qquad (25\text{-}4)$$

式中:v——混凝土的浇筑速度(m/h)

采用外部振捣器时,模板侧压力采用下式计算:

当 $v < 4.5, H \leqslant 2R$ 时, $\qquad F = \gamma H \qquad (25\text{-}5)$

当 $v \geqslant 4.5, H \leqslant 2R$ 时, $\qquad F = \gamma(0.27v + 0.78)K_1 K_2 \qquad (25\text{-}6)$

式中:R——外部振荡器作用半径(m),$R=1$;

　　H——对模板产生压力的混凝土浇筑层高度(m);

　　K_1——混凝土拌和物的稠密度影响系数,坍落度 0~2cm 时,$K_1=0.8$;4~6cm 时,$K_1=1.0$;5~7cm 时,$K_1=1.2$;

　　K_2——混凝土拌和物的温度系数,5~7℃时,$K_2=1.15$;12~17℃时,$K_2=1.0$;28~32℃时,$K_2=0.85$。

其余符号含义同上

序号	项 目		载 荷 计 算	
3	倾倒混凝土时对侧面模板产生的水平荷载	外倾模板	竖直模板(同表25-6)倾倒混凝土时产生的冲击荷载与倾倒方式和容器大小有关。h 为混凝土浇筑高度,α 为模板倾斜角;$\alpha \geq 55°$时,沿竖直面 AB 按式(25-2)计算;$\alpha < 55°$时,将△ABC部分作为竖直荷载	模板向外倾斜
		内倾模板	$\alpha = 30°\sim40°$时,$H=3h$ 浇筑层高;$\alpha = 20°\sim30°$时,$H=2h$ 浇筑层高;$\alpha < 20°$时,不计侧压力	模板向内倾斜
4	振捣混凝土时对侧面模板的压力		按 4.0kPa 计算	

新浇筑混凝土对模板侧面的最大压力 表 25-8

浇筑速度(m/h)	混凝土的最大侧压力标准值(kPa)						
	在下列温度条件下						
	5℃	10℃	15℃	20℃	25℃	30℃	35℃
0.3	28.92	23.14	19.28	16.52	14.46	12.86	11.57
0.6	40.9	32.72	27.27	23.37	20.45	18.18	16.36
0.9	50.09	40.07	33.39	28.62	25.05	22.67	20.4
1.2	57.84	46.27	38.56	33.05	28.92	25.71	23.14
1.5	64.67	51.73	43.11	36.95	32.33	28.75	25.87
1.8	70.84	56.67	47.23	40.48	35.42	31.49	28.34
2.1	76.51	61.21	51.01	43.72	38.26	34.01	30.61
2.4	81.8	65.44	54.53	46.74	40.9	36.36	32.72
2.7	86.76	69.41	57.84	49.57	43.38	38.57	34.7
3	*91.45	73.16	60.97	52.26	45.73	40.65	36.58
4	*105.60	84.48	70.4	60.34	52.8	46.94	42.24
5	*118.06	*94.45	78.71	67.46	59.03	52.48	47.23
6	*129.33	*103.47	86.22	73.9	64.67	57.49	51.73

注:1. 根据式(25-1a)计算,普通混凝土的坍落度为5~9cm,未掺外加剂。
　　2. 带 * 的数值实际应按90kPa的限值采用。

【例25-1】 某混凝土墙高 $H=4.5$m,采用坍落度为50mm的普通混凝土,混凝土的重度 $\gamma_c=25$kN/m³,浇筑速度 $v=2.8$m/h,浇筑入模温度 $T=18$℃,试求作用于模板的最大侧压力和有效压头高度。

解：由题意取 $\beta_1=1.0,\beta_2=1.0$，

由式(25-1)得：

$$
\begin{aligned}
F &= 0.22\gamma_c t_0\beta_1\beta_2 v^{\frac{1}{2}}\\
&= 0.22\gamma_c\left(\frac{200}{T+15}\right)\beta_1\beta_2 v^{\frac{1}{2}}\\
&= 0.22\times 25\times\left(\frac{200}{18+15}\right)\times 1.0\times 1.0\times\sqrt{2.8}\\
&= 55.66(\text{kPa})
\end{aligned}
$$

由式(25-2)得：

$$F=\gamma_c H=25\times 4.5=112.5(\text{kPa})$$

按取最小值，故最大侧压力为 55.66kPa。

有效压头高度由式(25-3)得：

$$h=\frac{F}{\gamma_c}=\frac{55.66}{25}\approx 2.23(\text{m})$$

故有效压头高度为 2.23m。

(3)作用在水平模板上的冲击荷载计算

浇筑混凝土时，作用在水平模板上的冲击荷载有：混凝土机动翻斗车制动时的水平力、混凝土吊斗卸料时的冲击力和泵送混凝土出料时的冲击力等。

①混凝土机动翻斗车制动时的水平力计算

混凝土机动翻斗车急刹车时产生的水平力 $F(\text{kN})$，可按下式计算：

$$F=Ma=\frac{Wa}{g} \tag{25-7}$$

式中：M——负载翻斗车的质量，$M=\dfrac{W}{g}$；

$\quad\quad W$——负载翻斗车的重力(kN)；

$\quad\quad g$——重力加速度(m/s^2)，取 $g=9.8\text{m/s}^2$；

$\quad\quad a$——斗车的平均加速度或减速度(m/s^2)。

②混凝土吊斗卸料时的冲击力计算

混凝土浇筑采用吊斗卸料时，混凝土碰到模板或其上的混凝土料堆而突然降低速度所产生的附加压力，有时是相当大的。

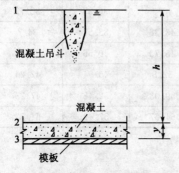

图 25-1 混凝土从料斗卸到水平模板上产生的冲击力

注：y-点 2 到点 3 之间的距离(m)。

如图 25-1 所示，设一吊斗悬挂在模板上空，混凝土从吊斗倾倒在模板上或新浇的混凝土顶面上，假定混凝土的速度在点 3 处为零。当某一部分混凝土在点 2 与点 3 之间发生速度变化时，由此而产生的冲击力 $F(\text{kN})$可按下式计算：

$$F=\frac{W\sqrt{2gh}}{tg} \tag{25-8}$$

式中：W——吊斗中原有混凝土自重(kN)；

$\quad\quad h$——点 1 到点 2 的卸料高度(m)；

$\quad\quad g$——重力加速度(m/s^2)，取 $g=9.8\text{m/s}^2$；

$\quad\quad t$——混凝土均速卸料时卸空吊斗所需的时间(s)。

③泵送混凝土出料口的冲击力计算

泵送混凝土是用混凝土泵通过输送管道将拌和好的混凝土压送到浇筑部位,因此混凝土在输送管出口处具有初速度,故泵送混凝土在浇筑过程中对水平模板的冲击荷载比传统浇筑法大。其最大冲击力 F_{tmax}(kN)可按下式计算:

$$F_{tmax} = \frac{\gamma}{g} b \overline{Q} \Big(\frac{2\overline{Q}}{A} + \sqrt{2gh} \Big) \tag{25-9}$$

将 $\gamma = 24\text{kN/m}^3$, $g = 9.8\text{m/s}^2$, $A = \frac{\pi}{4}D^2$ 代入,整理后得:

$$F_{tmax} \approx \overline{Q} \Big(\frac{\overline{Q}}{D^2} + 2\sqrt{h} \Big) \times 10 \tag{25-10}$$

式中:$\overline{Q}$——单位时间内平均泵送混凝土量(m³/h);

γ——新拌混凝土的重度(kN/m³);

b——比例系数,与混凝土泵的构造与工作效率有关,对于柱塞式与隔膜式泵,$b = 1.25 \sim 2.0$;对于软管挤压式泵,$b = 1.20 \sim 1.5$;

A——泵车输送管的横截面面积(mm²);

D——泵车输送管的内径(mm);

h——混凝土输送管出料口距模板面的垂直高度(mm);

g——重力加速度(m/s²)。

由上式分析,可以得出以下几点结论:

a. 当 $\overline{Q} < 40\text{m}^3/\text{h}$, $h < 2\text{m}$ 时,无论何种形式的模板,均可不计冲击力作用。

b. 当 $\overline{Q} < 40\text{m}^3/\text{h}$, $h > 2\text{m}$ 时,冲击力可能大于振捣力,但泵送混凝土对模板的冲击荷载有随模板面上混凝土增加而分散减小的特性,当混凝土板浇筑厚度大于 30cm 时,也可不计冲击力。

c. 当 $\overline{Q}$、h 均较大,而混凝土板厚又小于 30cm 时,则在进行模板设计时应适当考虑混凝土对水平模板的冲击荷载。

【例 25-2】 用机动混凝土翻斗车浇筑混凝土,负载斗车的重力为 23kN,最大速度为 7m/s,已知斗车在 6s 和 4s 内制动,试求其水平冲击力。

解:由式(25-7),其水平冲击力分别为:

6s 内制动 $\qquad F = \dfrac{Wa}{g} = \dfrac{23}{9.8} \times \dfrac{7}{6} = 2.74\text{(kN)}$

4s 内制动 $\qquad F = \dfrac{Wa}{g} = \dfrac{23}{9.8} \times \dfrac{7}{4} = 4.11\text{(kN)}$

【例 25-3】 用吊斗浇筑混凝土,斗内装有 25kN 的混凝土,在 6s 内卸空,最大卸料高度为 1.6m,如作用在 0.6m² 的模板上,试计算产生的冲击力和增加的压力。

解:由式(25-8),其产生的冲击力为:

$$F = \frac{W\sqrt{2gh}}{Tg} = \frac{25 \times \sqrt{2 \times 9.8 \times 1.6}}{6 \times 9.8}$$

$$= 2.38\text{(kN)}$$

该力作用在 0.6m² 的模板上,由此增加的压力为:

$$F = \frac{2.38}{0.6} = 2.97(\text{kPa})$$

【例 25-4】 用泵车浇筑楼板混凝土,已知施工时平均泵送量为 $58\text{m}^3/\text{h}$,输送管径 12.5cm,混凝土出料口处自由倾落高度为 1.8m,试求对模板的最大冲击荷载。

解:已知 $\overline{Q}=58\text{m}^3/\text{h}=0.016\text{m}^3/\text{s}$

由式(25-10),其对模板产生的冲击荷载为:

$$F_{\text{tmax}} = \overline{Q}\Big(\frac{\overline{Q}}{D^2} + 2\sqrt{h}\Big)\times 10$$

$$= 0.06\times\Big(\frac{0.016}{0.125^2} + 2\sqrt{1.8}\Big)\times 10$$

$$= 592.64(\text{N})$$

(4)其他荷载(表 25-9)

其 他 荷 载　　　　表 25-9

序号	项目		载 荷 计 算	
1	风荷载	横桥向	横向风力＝横向风压×迎风面积; 横向风压按《公路桥涵设计通用规范》(JTG D60—2004)第4.2.7条规定计算。做概略计算时,风压可取 $0.5\sim1.0\text{kPa}$,支架高于20m或处于沿海、海岛、峡谷口地区时,取大值,其他情况可取中值或小值;当支架高度小于 6.0m,可不计风载。 也可按《建筑结构荷载规范》(GB 50009—2012)中 $n=10$ 年采用	
		顺桥向	支架	按横向风压的70%×迎风面积
			桁架上部	按横向风压的40%×迎风面积
2	流水压力、流冰压力、船只、漂浮物撞击力	流水压力	作用于支架桩上的流水压力 p 可按下式计算: $$p=0.8A\frac{\gamma v^2}{2g} \qquad (25\text{-}11)$$ 式中:γ——水的重度(kN/m^3); 　　　v——水的流速(m/s); 　　　A——支架桩阻水面积(m^2); 　　　g——重力加速度($9.8\text{m}/\text{s}^2$)。 流水压力合力的着力点假定在施工水位线以下1/3水深处	
		船只横桥向撞击力	内河航道等级	撞击力(kN)
			五级	300
			六级	$110\sim160$
			设置临时防护结构	不计
		漂流物撞击力	$$p=\frac{Wv}{gt} \qquad (25\text{-}12)$$ 式中:W——漂流物重力(kN),根据河流中漂流物情况按实际调查确定; 　　　t——撞击时间,一般用 1s; 其余符号意义同上	

2. 荷载设计值

(1)计算模板及支架结构或构件强度、稳定性和连接的强度时,应采用荷载设计值(荷载标准值乘以荷载分项系数)。计算正常使用极限状态的变形时,应采用荷载的标准值。

(2)荷载分项系数可按表 25-10 采用。

荷 载 类 别		分项系数(γ_i)
永久荷载	模板及支架自重(G_{1k})	1.2
	新浇筑混凝土自重(G_{2k})	1.2
	钢筋自重(G_{3k})	1.2
	新浇筑混凝土对模板侧面的压力(G_{4k})	1.2
可变荷载	施工人员及施工设备荷载(Q_{1k})	1.4
	振捣混凝土时产生的荷载(Q_{2k})	1.4
	倾倒混凝土时产生的荷载(Q_{3k})	1.4
	风荷载	1.4

(3)钢模板及其支架的荷载设计值可乘以系数 0.95 予以折减。采用冷弯薄壁型钢时,其荷载设计值不应折减。

二、荷载组合

1)按极限状态设计时,其荷载组合必须满足下列要求:

(1)对于承载能力极限状态,应按荷载效应的基本组合采用,并应采用下列设计表达式进行模板设计:

$$\gamma_0 S \leqslant R \tag{25-13}$$

式中:γ_0——结构重要性系数,并按 0.9 采用;

　　S——荷载效应组合的设计值;

　　R——结构构件的抗力设计值,应按各有关建筑结构设计规范的规定确定。

对于基本组合时,荷载效应组合的设计值 S 应从下列组合值中取最不利值确定:

①由可变荷载效应控制的组合

$$S = \gamma_G S_{Gk} + \gamma_{Q1} S_{Q1k} \tag{25-14}$$

$$S = \gamma_G S_{Gk} + 0.9 \sum_{i=1}^{n} \gamma_{Qi} S_{Qik} \tag{25-15}$$

式中:γ_G——永久荷载分项系数;

　　γ_{Qi}——第 i 个可变荷载的分项系数,其中 γ_{Q1} 为可变荷载 Q_1 的分项系数,按表 25-10 采用;

　　S_{Gk}——按永久荷载标准值 G_k 计算的荷载效应值;

　　S_{Qik}——按可变荷载标准值 Q_{ik} 计算的荷载效应值,其中 S_{Q1k} 在各可变荷载效应中起控制作用;

　　n——参与组合的可变荷载数。

②由永久荷载效应控制的组合

$$S = \gamma_G S_{Gk} + \sum_{i=1}^{n} \gamma_{Qi} \psi_{ci} S_{Qik} \tag{25-16}$$

式中:ψ_{ci}——可变荷载 Q_i 的组合项系数,按《建筑结构荷载规范》(GB 50009—2012)中各章的规定采用;模板中规定的各可变荷载的组合值系数为 0.7。

注:1. 基本组合中的设计值仅适用于荷载与荷载效应为线性的情况。

2. 当对 S_{Q1k} 无明显判断时,依次以各可变荷载效应为 S_{1k},选其中最不利的效应组合。

3. 当考虑以竖向永久荷载效应控制的组合时,参与组合的可变荷载仅限于竖向荷载。

(2)对于正常使用的极限状态应采用标准组合,并应按下列表达式进行设计:

$$S \leqslant C \tag{25-17}$$

式中:C——结构或结构构件达到正常使用要求的规定值。

对于标准组合,载荷效应组合设计值 S 应按式(25-18)采用。

$$S = S_{Gk} \tag{25-18}$$

符号意义同前。

2)参与模板及其支架荷载效应组合的各项荷载应符合表 25-11 的规定。

模板及其支架荷载效应组合的各项荷载　　　　表 25-11

项　目	参与组合的荷载类别	
	计算承载能力	验算挠度
平板和薄壳的模板及支架	$G_{1k}+G_{2k}+G_{3k}+Q_{1k}$	$G_{1k}+G_{2k}+G_{3k}$
梁和拱模板的底板及支架	$G_{1k}+G_{2k}+G_{3k}+Q_{2k}$	$G_{1k}+G_{2k}+G_{3k}$
梁、拱、柱(边长不大于 300mm)、墙(厚度不大于 100mm)的侧面模板	$G_{4k}+Q_{2k}$	G_{4k}
大体积结构、柱(边长大于 300mm)、墙(厚度大于 100mm)的侧面模板	$G_{4k}+Q_{3k}$	G_{4k}

注:验算挠度应采用荷载标准值,计算承载能力应采用荷载设计值。

3)计算大模板时,荷载组合值应按表 25-11 中第 4 项的规定采用,其中 G_{4k} 应为 50kPa,Q_{3k} 按表 25-6 采用。当带有施工作业台时,还应增加 2kPa 的施工荷载。

三、变形值的规定

1)当验算模板及其支架的刚度时,其最大变形值不得超过下列容许值:

(1)对结构表面外露的模板,为模板构件计算跨度的 1/400。

(2)对结构表面隐蔽的模板,为模板构件计算跨度的 1/250。

(3)支架的压缩变形或弹性挠度,为相应的结构计算跨度的 1/1 000。

2)组合钢模板结构或其构配件的最大变形值不得超过表 25-12 的规定。

组合钢模板及构配件的容许变形值(mm)　　　　表 25-12

部件名称	容许变形值	部件名称	容许变形值
钢模板的面板	$\leqslant 1.5$	柱箍	$B/500$
单块钢模板	$\leqslant 1.5$	桁架、钢模板结构体系	$L/1\,000$
钢楞	$L/500$	支撑系统累计	$\leqslant 4.0$

注:L 为计算跨度,B 为柱宽。

3)大模板及其构件的最大变形值不得超过表 25-13 的规定。

大模板及其构件的容许变形值(mm)　　　　表 25-13

构件名称	容许变形值	构件名称	容许变形值
大模板的面板	$h/500$	横楞跨中部分	$L/500$
竖向加筋肋	$L/500$	竖楞悬臂部分	$l_3/500$
横楞悬臂部分	$a/500$	竖楞跨中部分	$l_1/500$

注:h 为计算面板的短边长度;l 为竖向加筋肋跨度;a 为横楞悬臂跨度;L 为竖楞间距;l_3 为竖楞悬臂跨度;l_1 为竖楞计算跨度,即对拉螺栓的竖距。

4)容许挠度和杆件长细比

(1)容许挠度

验算模板、拱架及支架的刚度时,其容许挠度不得超过表 25-14 的规定值。

模板、拱架及支架容许挠度值　　　　　　表 25-14

序　号	模板、拱架、支架类型	容许挠度值	符 号 意 义
1	结构表面外露的模板	L/400	L——模板构件计算跨度
2	结构表面隐蔽的模板	L/250	
3	拱架、支架受载后挠曲的杆件(盖梁、纵梁)	L/400	L——相应结构跨度
4	支架的压缩变形值或弹性挠度	L/1 000	L——相应结构计算跨度
5	钢模板的面板或单块钢模板	1.5mm	
6	钢模板的钢棱、柱箍	3mm	

(2)容许长细比(表 25-15)

[λ] 值 表　　　　　　表 25-15

构 件 性 质	[λ]	构 件 性 质	[λ]
主要的受压构件(立柱)	150	次要受压构件	200

5)模板的弯矩和挠度计算

考虑到模板的连续性,在均布荷载下可近似按表 25-16 所列公式计算。

模板弯矩及挠度计算　　　　　　表 25-16

名　称	均布荷载	跨中集中荷载	符 号 意 义
弯矩	$qL^2/10$	$PL/6$ （25-19）	q——沿模板长度的均布荷载; P——集中荷载; L——计算跨径; I——模板截面的惯性矩; E——模板弹性模量
挠度	$qL^4/128EI$	$PL^3/77EI$ （25-20）	

注:均布荷载作用下挠度的近似计算公式除表中所列的公式外,根据实际的模板构造,还可有其他的近似计算公式表达式,详见模板计算部分内容。

四、混凝土与模板的黏结力

混凝土与模板的黏结力见表 25-17 和表 25-18。

混凝土与模板的法向黏结力(kPa)　　　　　　表 25-17

混凝土强度 (MPa)	钢 模 板				木 模 板			
	废 机 油		隔 离 剂		废 机 油		隔 离 剂	
	平均值	最大值	平均值	最大值	平均值	最大值	平均值	最大值
50	10.6	21.9	6.6	10.7	11.9	22.1	7.4	15.6
35	10.0	18.2	4.1	9.6	10.2	18.8	5.7	11.7
20	7.8	15.1	3.2	8.1	8.7	16.7	4.5	10.2
2.5	3.6	5.7	2.4	6.0	2.7	4.7	2.9	6.3

混凝土强度（MPa）	钢　模　板				木　模　板			
	废　机　油		隔　离　剂		废　机　油		隔　离　剂	
	平均值	最大值	平均值	最大值	平均值	最大值	平均值	最大值
50	15.1	27.5	5.9	18.0	17.6	29.7	8.2	24.2
35	9.5	23.9	3.4	4.9	10.0	22.6	3.8	7.3
20	7.5	15.6	2.9	4.6	8.2	19.6	3.3	6.4
2.5	1.2	2.6	2.7	4.1	2.2	5.4	1.9	3.4

第四节　模　板　计　算

一、模板用量计算

（1）正方形、圆形及矩形截面柱模板用量计算

正方形、圆形及矩形截面柱模板用量计算见表 25-19。

正方形、圆形及矩形截面柱模板用量计算　　　　表 25-19

项目	计算方法及公式	符　号　意　义
展开面积	在现浇钢筋混凝土结构施工中，常需估算模板的耗用量，即计算每 1m³ 混凝土结构的展开面积用量，其计算如下：$$U=\frac{A}{V} \qquad (25\text{-}21)$$	U——每 1m³ 混凝土结构的模板（展开面积）用量（m²/m³）； A——模板的展开面积（m²）； V——混凝土的体积（m³）；
各种截面柱模板	正方形截面柱，其边长为 $a \times a$ 时，模板用量按下式计算：$$U_1=\frac{4}{a} \qquad (25\text{-}22)$$圆形截面柱，其直径为 d 时，模板用量按下式计算：$$U_2=\frac{4}{d} \qquad (25\text{-}23)$$矩形截面柱，其边长为 $a \times b$ 时，模板用量按下式计算：$$U_3=\frac{2(a+b)}{ab} \qquad (25\text{-}24)$$正方形或圆形截面柱，边长为 a 或直径为 d，由 0.3～2.0m 时的 U 值见表 25-20；各种尺寸矩形截面柱的 U 值见表 25-21	U_1——正方形截面柱每 1m³ 混凝土结构的模板用量（m²/m³）； a、b——柱的长、短边长度（m）； U_2——圆形截面柱每 1m³ 混凝土结构的模板用量（m²/m³）； d——柱直径（m）； U_3——矩形截面柱每 1m³ 混凝土结构的模板用量（m²/m³）

表 25-20 为正方形或圆形截面柱边长 a（或 d）由 0.3～2.0m 时的 U 值。

正方形或圆形截面柱每 1m³ 混凝土的模板用量 U 值　　　　表 25-20

柱横截面尺寸 $a \times b$（m）	模板用量 $U=4/a$（m²/m³）	柱横截面尺寸 $a \times b$（m）	模板用量 $U=4/a$（m²/m³）
0.3×0.3	13.33	0.9×0.9	4.44
0.4×0.4	10.00	1.0×1.0	4.00
0.5×0.5	8.00	1.1×1.1	3.64
0.6×0.6	6.67	1.3×1.3	3.08
0.7×0.7	5.71	1.5×1.5	2.67
0.8×0.8	5.00	2.0×2.0	2.00

表 25-21 为各种尺寸矩形截面柱的 U 值。

矩形截面柱每 $1m^3$ 混凝土的模板用量 U 值　　　　表 25-21

柱横截面尺寸 $a \times b$ (m)	模板用量 $U = \dfrac{2(a+b)}{ab}$ (m^2/m^3)	柱横截面尺寸 $a \times b$ (m)	模板用量 $U = \dfrac{2(a+b)}{ab}$ (m^2/m^3)
0.4×0.3	11.67	0.8×0.6	5.83
0.5×0.3	10.67	0.9×0.45	6.67
0.6×0.3	10.00	0.9×0.60	6.56
0.7×0.35	8.57	1.0×0.5	6.00
0.8×0.4	7.50	1.0×0.7	4.86

(2)主梁、次梁以及楼板模板、墙模板、T 形梁模板用量

主梁、次梁以及楼板模板、墙模板、T 形梁模板用量计算见表 25-22。

主梁和次梁以及楼板模板、墙模板、T 形梁模板用量计算　　　　表 25-22

项目	计算方法及公式	符号意义
主梁和次梁模板	钢筋混凝土主梁和次梁,每 $1m^3$ 混凝土的模板用量按下式计算: $$U_4 = \frac{2h+b_1}{b_1 h} \qquad (25\text{-}25)$$ 无底模预制: $$U_4 = \frac{2}{b_1} + 4b_1 h \qquad (25\text{-}26)$$ 有底模预制: $$U_4 = \frac{2}{b_1} + \frac{1}{h} + 4b_1 h \qquad (25\text{-}27)$$ 常用矩形截面主梁及次梁的 U 值见表 25-23	U_4——主梁或次梁每 $1m^3$ 混凝土的模板用量(m^2/m^3); b_1——主梁或次梁宽度(m); h——主梁或次梁高度(m); U_5——楼板每 $1m^3$ 混凝土的模板用量(m^2/m^3); d_1——楼板的厚度(m); U_6——墙每 $1m^3$ 混凝土的模板用量(m^2/m^3); d_2——墙的厚度(m); U_7——T 形梁每 $1m^3$ 混凝土的模板用量(m^2/m^3); b_2——T 形梁宽度(m); b_3——腹板宽度(m); h_1——翼板厚度(m); h_2——腹板高度(m)
楼板模板	钢筋混凝土楼板,每 $1m^3$ 混凝土的模板用量按下式计算: $$U_5 = \frac{1}{d_1} \qquad (25\text{-}28)$$ 肋形楼板的厚度,一般为 0.06~0.14m,无梁楼板的厚度为 0.17~0.22m,其模板用量 U 值见表 25-24	
墙模板	混凝土或钢筋混凝土墙,每 $1m^3$ 混凝土的模板用量按下式计算: $$U_6 = \frac{2}{d_2} \qquad (25\text{-}29)$$ 常用的墙厚与相应的模板用量 U 值见表 25-25	
T 形梁模板	钢筋混凝土 T 形梁,每 $1m^3$ 混凝土的模板用量按下式计算: $$U_7 = \frac{2(h_1 + h_2)}{b_2 h_1 + b_3 h_2} \qquad (25\text{-}30)$$	

主梁及次梁、楼板、墙模板的模板用量 U 见表 25-23~表 25-25。

矩形截面主梁及次梁每 1m³ 混凝土的模板用量 U 值　　　　　表 25-23

梁横截面尺寸 $h \times b$ （m）	模板用量 $U = \dfrac{2h+b}{hb}$ （m²/m³）	梁横截面尺寸 $h \times b$ （m）	模板用量 $U = \dfrac{2h+b}{hb}$ （m²/m³）
0.30×0.2	13.33	0.80×0.40	6.25
0.40×0.2	12.50	1.00×0.50	5.00
0.50×0.25	10.00	1.20×0.60	4.17
0.60×0.30	8.33	1.40×0.70	3.57

肋形楼板和无梁楼板每 1m³ 混凝土的模板用量 U 值　　　　　表 25-24

板厚 （m）	模板用量 $U = 1/d$ （m²/m³）	板厚 （m）	模板用量 $U = 1/d$ （m²/m³）
0.06	16.67	0.14	7.14
0.08	12.50	0.17	5.88
0.10	10.00	0.19	5.26
0.12	8.33	0.22	4.55

墙每 1m³ 混凝土的模板用量 U 值　　　　　表 25-25

墙厚 （m）	模板用量 $U = 2/d$ （m²/m³）	墙厚 （m）	模板用量 $U = 2/d$ （m²/m³）
0.06	33.33	0.18	11.11
0.08	25.00	0.20	10.00
0.10	20.00	0.25	8.00
0.12	16.67	0.30	6.67
0.14	14.29	0.35	5.71
0.16	12.50	0.40	5.00

（3）构件预制钢模板需用量估算

构件预制钢模板需用量估算见表 25-26。

构件预制钢模板需用量估算　　　　　表 25-26

项目	计算方法及公式	符号意义
车间内组织生产	$N = \left(\dfrac{Q_0 t}{T} + m \right) \dfrac{1}{n} K$ （25-31）	N——模板需用量（套）； Q_0——一个班完成的制品数（件）； T——一个班作业时间，取 8h； t——模板的周期，包括成型、养护、辅助操作时间等（h）； m——流水传送带工艺中钢模在生产线上的数目，即传送带的台位数，对机组流水法，$m=0$； K——钢模检修备用系数，取 1.05～1.1； n——一个钢模内一次成型的制品数量；
露天台座法生产	$N = Q_1 T_1 K_1$ （25-32）	Q_1——每天完成的制品数（件/d）； T_1——拆模周期（d），包括修整模板、成型、养护、拆模等时间在内； K_1——备用系数，取 1.05～1.1

(4)模板使用周转率

模板使用周转率参考表见表25-27。

模板使用周转率参考表 表25-27

项　　目	种　　类	周 转 次 数
模板使用周转率	木模板	30～40
	钢模板	1 000～1 200
	混凝土模板	500
	橡胶软模	100～300
	翻转模板(木)	500

【例25-5】 某办公楼工程的钢筋混凝土柱截面为 0.8m×0.8m 和 0.8m×0.40m;梁高 $h=0.65$m;宽 $b=0.30$m;楼板厚 $d_1=0.10$m;墙厚 $d_2=0.30$m,试计算每 $1m^3$ 混凝土柱、梁、楼板和墙的模板用量。

解:(1)柱模板

正方形柱模板按式(25-22)得:

$$U_1 = \frac{4}{a} = \frac{4}{0.8} = 5.0(m^2)$$

矩形柱模板按式(25-24)得:

$$U_3 = \frac{2(a+b)}{ab} = \frac{2\times(0.80+0.40)}{0.80\times0.40} = 7.5(m^2)$$

(2)梁模板

梁模板按式(25-25)得:

$$U_4 = \frac{2h+b}{bh} = \frac{2\times0.65+0.30}{0.30\times0.65} = 8.21(m^2)$$

(3)楼板模板

楼板模板按式(25-28)得:

$$U_5 = \frac{1}{d_1} = \frac{1}{0.10} = 10(m^2)$$

(4)墙模板

墙模板按式(25-29)得:

$$U_6 = \frac{2}{d_2} = \frac{2}{0.30} = 6.67(m^2)$$

二、组合式钢模板常用连接件和支承件的计算

1)组合钢模板连接件、支撑件计算公式

组合钢模板连接件、支撑件计算见表25-28。

组合钢模板连接件、支撑件计算 表25-28

项目	计算方法及公式	符 号 意 义
模板拉杆计算	模板拉杆用于连接内、外两组模板,保持内、外模板的间距,承受混凝土侧压力对模板的荷载,使模板有足够的刚度和强度。拉杆形式多采用圆杆式(通称对拉螺栓或穿墙螺栓),分组合式和整体式两种。前者由内、外拉杆和顶帽组成;后者为自制的通长螺栓,通常采用 Q235 圆钢制作	N——对拉螺栓最大的轴力设计值(N); N_1^b——对拉螺栓轴向拉力设计值,按表 25-33 采用; F——混凝土的侧压力(MPa); A——模板拉杆分担的受荷面积(m^2),其值为 $A=a\times b$

19

项目	计算方法及公式	符 号 意 义

模板拉杆计算

a)组合式

外拉杆 内拉杆 顶帽

b)整体式

螺杆 垫片 螺母

对拉螺栓形式图

模板拉杆计算公式如下：

$$N = FA \qquad (25\text{-}33)$$

$$N_t^b = A_n f_t^b \qquad (25\text{-}34)$$

$$N_t^b > N \qquad (25\text{-}35)$$

表 25-29~表 25-31 为按公式(25-29)编制的对拉螺栓拉力计算表，已知 F、a、b 可直接查出 N 值。

表 25-33 为常用对拉螺栓力学性能表，可根据计算或查出的 N 值选用螺栓直径

符号意义（模板拉杆计算）：

a——模板拉杆的横向间距(m)；

b——模板拉杆的纵向间距(m)；

A_n——对拉螺栓净截面面积按表 25-33 采用；

f_t^b——螺栓抗拉强度设计值,按表 5-4 选用(本手册上册)

支承钢楞计算

钢楞用于支撑钢模板,加强其整体刚度。钢楞材料有钢管、矩形钢管、内卷边槽钢和槽钢等多种形式。钢楞常用各种型钢力学性能见表 25-34。

钢楞系直接支承在钢模板上,承受模板传递的多点集中荷载,为简化计算,通常按均布荷载计算。其计算原则是：(1)连续钢楞跨度不同时,按不同跨数有关公式进行计算。钢楞带悬臂时,应另行验算悬臂端的弯矩和挠度,取最大值;(2)每块钢模板上宜有两处支承,每个支承上有两根钢楞;(3)长度 1 500mm、1 200mm 和 900mm 的钢模板内楞间距 a,一般分别取 750mm、600mm 和 450mm。外钢楞最大间距取决于抗弯强度及挠度的控制值,但不宜超过 2 000mm;(4)热轧钢楞的强度设计值 $f = 215$MPa,冷弯型钢楞的容许应力 $[\sigma] = 160$MPa,钢楞的容许挠度 $[\omega] = 0.3$cm。

1. 单跨及两跨连续的内钢楞计算

内钢楞计算简图

(1)按抗弯强度计算内钢楞的跨度 b

$$q = Fa \qquad (25\text{-}36)$$

$$M_{max} = \frac{qb^2}{8} = \frac{Fab^2}{8}$$

符号意义（支承钢楞计算）：

F——混凝土的侧压力(MPa)；

q——均布荷载(N/mm)；

a——内钢楞间距(m)；

b——外钢楞间距(或内钢楞跨度)(m)；

σ_{max}——支撑钢楞应力(MPa)；

f——钢材抗拉、抗弯强度设计值(MPa),按本手册上册表 5-1 采用；

W——双根内钢楞的截面最小抵抗矩(mm³)；

ω_{max}——内钢楞最大挠度(mm)；

$[\omega]$——内钢楞容许挠度值(mm)；

EI——双根内钢楞的抗弯刚度(N·mm²)；

M_{max}——内钢楞承受的最大弯矩(N·m)

项目	计算方法及公式	符号意义
支承钢楞计算	$$\sigma_{max} = \frac{M_{max}}{W} = \frac{Fab^2}{8W} \leqslant f$$ 即得： $\qquad b \leqslant \sqrt{\dfrac{8fW}{Fa}}$ (25-37) (2)按挠度计算内钢楞的跨度 b $$\omega_{max} = \frac{5qb^4}{384EI} = \frac{5Fab^4}{384EI} \leqslant [\omega]$$ 即得： $\qquad b \leqslant \sqrt[4]{\dfrac{384[\omega]EI}{5Fa}}$ (25-38) 同样，根据以上计算公式，可以计算出在不同混凝土侧压力作用下，外钢楞(或模板拉杆)的最大间距(即内钢楞的最大跨度)。 2.三跨及三跨以上连续的内钢楞计算 (1)按抗弯强度计算内钢楞的跨度 b $$q = Fa$$ $$M_{max} = \frac{qb^2}{10} = \frac{Fab^2}{10}$$ $$\sigma_{max} = \frac{M_{max}}{W} = \frac{Fab^2}{10W} \leqslant f$$ 即得： $\qquad b \leqslant \sqrt{\dfrac{10fW}{Fa}}$ (25-39) (2)按挠度计算内钢楞的跨度 b $$\omega_{max} = \frac{qb^4}{150EI} = \frac{Fab^4}{150EI} \leqslant [\omega]$$ $$b \leqslant \sqrt[4]{\frac{150[\omega]EI}{Fa}} \qquad (25\text{-}40)$$ 同样，根据以上计算公式，可以计算出在不同混凝土侧压力作用下外钢楞(或模板拉杆)的最大间距	符号意义同上
柱箍计算	柱箍又称柱夹箍，用于直接支承柱模板并保证其刚度。柱箍可用扁钢、角钢、钢管和槽钢等数种。材质多用Q235钢，常用柱箍规格及适用范围见表25-35，其材料的力学性能见表25-34。 柱箍直接支承在钢模板上，承受钢模板传递的均布荷载，同时还承受其他两侧钢模板上混凝土侧压力引起的轴向拉力。计算如下图所示，柱箍间距按以下公式计算。 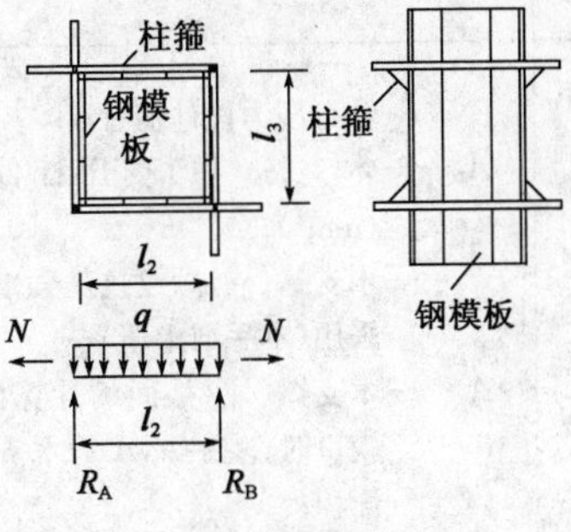 柱箍计算简图 1.柱箍间距(l_1)应按下列各式计算结果取其最小值 (1)柱模为钢面板时的柱箍间距按下式计算	l_1——柱箍纵向间距(mm)； E——钢材弹性模量(MPa)； F——新浇混凝土作用柱模板的侧压力设计值(MPa)； b——柱模板一块板的宽度(mm)； E——柱木面板的弹性模量(MPa)； I——柱木面板的惯性矩(cm^4)； b——柱木面板一块板的宽度(mm)； W——钢或木面板的抵抗矩(cm^3)； f——钢材抗弯强度设计值(MPa)，按表5-1采用(本手册上册)； f_m——木材抗弯强度设计值(MPa)，按表6-6采用(本手册上册)； F——新浇混凝土倾倒混凝土时作用于模板上的侧压力设计值(MPa)； Q_{3k}——倾倒混凝土时产生的荷载(N)； G_{4k}——新浇混凝土对模板侧面的压力(N)； γ_G——永久荷载分项系数，按表25-11采用； γ_Q——可变荷载分项系数，按表25-10采用

项目	计算方法及公式	符号意义

$$l_1 \leqslant 0.3276 \sqrt[4]{\frac{EI}{Fb}} \qquad (25\text{-}41)$$

（2）柱模为木面板时的柱箍间距按下式计算：

$$l_1 \leqslant 0.783 \sqrt[3]{\frac{EI}{Fb}} \qquad (25\text{-}42)$$

（3）柱箍间距还可按下式计算：

$$l_1 \leqslant \sqrt{\frac{8Wf(\text{或 } f_m)}{Fb}} \qquad (25\text{-}43)$$

其中 F 按下式计算：

$$F = \gamma_G G + \gamma_Q Q_{3k} \qquad (25\text{-}44)$$

或 $$F = \gamma_G G_{4k} + \gamma_Q Q_{3k} \qquad (25\text{-}45)$$

（4）按抗弯强度计算柱箍间距

$$\frac{N}{A_n} + \frac{M_{max}}{W_{nx}} \leqslant f \text{ 或 } f_m \qquad (25\text{-}46)$$

$$q = Fl_1 \qquad (25\text{-}47)$$

$$M_{max} = \frac{ql_2^2}{8} = \frac{Fl_1 l_2^2}{8} \qquad (25\text{-}48)$$

$$\sigma_1 = \frac{M_{max}}{W_{nx}} = \frac{Fl_1 l_2^2}{8W_{nx}} \qquad (25\text{-}49)$$

$$N = \frac{ql_3}{2} = \frac{Fl_1 l_3}{2} \qquad (25\text{-}50)$$

$$\sigma_2 = \frac{N}{A} = \frac{Fl_1 l_3}{2A} \qquad (25\text{-}51)$$

$$\sigma_{max} = \sigma_1 + \sigma_2 \leqslant f \qquad (25\text{-}52)$$

即得： $$l_1 = \frac{8fW_{nx}A}{F(l_2^2 A + 4l_3 W_{nx})} \qquad (25\text{-}53)$$

2. 按挠度计算柱箍间距

$$\omega_{max} = \frac{5ql_2^4}{384EI} = \frac{5ql_1 l_2^4}{384EI} \leqslant [\omega] \qquad (25\text{-}54)$$

即得： $$l_1 = \frac{384[\omega]EI}{5Fl_2^4} \qquad (25\text{-}55)$$

根据以上计算结果取最小值，即为柱箍间距。根据以上计算公式，可以计算出在不同混凝土侧压力作用下，不同柱宽时的柱箍最大间距，矩形柱的柱箍按长边计算

符号意义（柱箍计算）：

N——柱箍轴向拉力设计值（N）；

q——沿柱箍跨向垂直线荷载设计值（N/mm）；

A——柱箍净截面面积（mm^2）；

W_{nx}——柱箍截面抵抗矩，按表 25-34 采用；

l_2——长边柱箍跨距（等于长边柱宽与两侧钢模板肋高之和）（mm）（面板计算跨度）；

l_3——短边柱箍跨距（等于短边柱宽与两侧柱宽肋高之和）（mm）；

σ_1——柱箍受弯曲应力（MPa）；

A——柱箍面面积（mm^2）；

σ_2——柱箍受轴向应力（MPa）；

σ_{max}——柱箍受总应力（MPa）；

EI——柱箍抗弯刚度（N·mm^2）；

I——截面惯性矩（mm^4）；

E——弹性模量（MPa）；

$[\omega]$——容许挠度（mm）；钢模板应按表 25-12，木和胶合板面板按本章第三节、三、变形值的规定采用

柱箍计算（项目）

木支撑（柱）计算

木支撑（柱）是承受模板结构的垂直荷载。当支撑上下端之间不设置纵横水平拉条或设有构造拉条时，按两端铰接的轴心受压杆件计算，其计算长度 $L_0 = L$（支撑柱的长度）；当支撑（柱）上下端之间设有多层不小于 40mm×50mm 的方木或脚手架钢管的纵横向水平拉条时，仍按两端铰接轴心受压杆件计算，其计算长度 L_0 应取支撑（柱）上多层纵横向水平拉条之间最大的长度。当多层纵横向水平拉条之间的间距相等时，应取底层。

1. 木支撑（柱）计算

（1）强度计算

$$\sigma_c = \frac{N}{A_n} \leqslant f_c \qquad (25\text{-}56)$$

符号意义（木支撑计算）：

N——轴心压力设计值（N）；

A_n——木支撑（柱）受压杆件的净截面面积（mm^2）；

f_c——木支撑（柱）顺纹抗压强度设计值，按表 5-6 采用（本手册上册）；

A_0——木支撑（柱）截面的计算面积（mm^2），当无缺口时，$A_0 = A$，A 为木支撑（柱）的全截面面积；

j——轴心受压杆件的稳定系数，根据顶撑木长细比 λ 求得；

λ——木支撑（柱）长细比

项目	计算方法及公式	符号意义
木支撑（柱）计算	（2）稳定性计算 $$\sigma_c = \frac{N}{\varphi A_0} \leqslant f_c \qquad (25\text{-}57)$$ 当树种强度等级为 TC17、TC15 及 TB20 时， $$\lambda \leqslant 75 \qquad \varphi = \frac{1}{1 + \left(\dfrac{\lambda}{80}\right)^2} \qquad (25\text{-}58)$$ $$\lambda > 75 \qquad \varphi = \frac{3\,000}{\lambda^2} \qquad (25\text{-}59)$$ 当树种强度等级为 TC13、TC11、TB17、TB15、TB13 及 TB11 时， $$\lambda \leqslant 91 \qquad \varphi = \frac{1}{1 + \left(\dfrac{\lambda}{65}\right)^2} \qquad (25\text{-}60)$$ $$\lambda > 91 \qquad \varphi = \frac{2\,800}{\lambda^2} \qquad (25\text{-}61)$$ 木支撑（柱）的长细比： $$\lambda = L_0/i \qquad (25\text{-}62)$$ 木支撑（柱）的回转半径： $$i = \sqrt{\frac{I}{A}} \qquad (25\text{-}63)$$	i——木支撑（柱）回转半径(mm)，圆木 $i=d/4$，方木 $i=d/\sqrt{2}$，其中 d 为圆木截面的直径(mm)，b 为方木截面的短边(mm)； L_0——木支撑（柱）受压杆件的计算长度，按两端铰接计算 $L_0=L$(mm)； I——木支撑（柱）全截面惯性矩(mm^4)； A——木支撑（柱）杆件全截面面积(mm^2)； σ_c——木支撑（柱）的压应力(MPa)

注：①露天模板结构强度设计值应按本手册上册表 6-6 乘以 0.9 的折减系数，弹性模量应乘以 0.85 的折减系数；②按施工荷载考虑，强度设计值按表 6-6 乘以 1.15 的提高系数；③当使用原木验算部位未经切削时，强度设计值和弹性模量均应按表 6-6 乘以 1.15 提高系数；④木材含水率小于 25% 时，强度设计值应乘以 1.10 的提高系数；当采用湿材时，各种木材的横纹承压强度值和弹性模量以及落叶松木材的抗弯强度设计值宜按表 6-6 的规定值乘以 0.9 的折减系数；⑤使用有钉孔或各种损伤的旧木材时，强度设计值应根据实际情况予以降低；⑥当上述条件同时出现时，其各系数应连乘

| 工具式钢管支柱计算 | 钢管支撑又称钢支撑，用于梁、板及隧道等水平模板的垂直支撑，钢管架做成工具式的。钢管支撑的规格形式较多，使用较普遍的为 CH 和 YJ 两种形式如下图所示，由顶板、底版、套管、插管、调节螺管、转盘和插销等组成，其规格和力学性能见表 25-36 和表 25-37。
钢支撑可按两端铰接的轴心受压构件进行计算，在插管拉伸至最大使用长度时，钢支撑的受力情况最不利，其计算如下。
（1）工具式钢管支柱示意图 |

钢管支柱类型（CH 型）
1-顶板；2-套管；3-插销；4-插管；5-底板；
6-琵琶撑；7-螺栓；8-转盘

钢管支柱类型（YJ 型）
1-顶板；2-套管；3-插销；4-插管；5-底板；6-琵琶撑；7-螺栓；8-转盘；9-螺管；10-手柄；11-螺旋套

项 目	计 算 方 法 及 公 式	符 号 意 义
工具式钢管支柱计算	(2)工具式钢管支柱受压稳定性计算 ①支柱上、下端之间无水平纵横向拉条或设有构造拉条时,应考虑插管与套管之间因松动而产生的偏心(按偏半个钢管直径计算),故应按式(25-64)的压弯杆件计算: $$\frac{N}{\varphi_x A_x \gamma_x}+\frac{\beta_{mx} M_x}{W_{1x}\left(1-0.8\dfrac{N}{N_{Ex}}\right)}\leqslant f \quad (25\text{-}64)$$ ②支柱上、下端有水平纵横向拉条,应取多层水平拉条间最大步距按两端铰接的轴心受压杆件计算和多层水平拉杆间有插管与套管接头的步距按压弯杆件计算,并按两者中最不利者考虑。 轴心受压杆件应按式(25-65)计算: $$\frac{N}{\varphi A}\leqslant f \quad (25\text{-}65)$$ 压弯杆件应按式(25-64)进行计算。 (3)插销抗剪计算 $$N\leqslant 2A_n f_y \quad (25\text{-}66)$$ (4)插销处钢管壁端面承压计算 $$N\leqslant f_{ce} A_{ce} \quad (25\text{-}67)$$	N——所计算杆件的轴心压力设计值(N); φ_x——弯矩作用平面内的轴心受压构件稳定系数,根据 $\lambda_x=\dfrac{\mu L_0}{i_2}$,按《钢结构设计规范》(GB 50017—2003)附录 C b 类截面的附表 C-1 和附表 C-2 采用,其中 $\mu=\sqrt{\dfrac{1+n}{2}}$,$n=\dfrac{i_{x2}}{i_{x1}}$,$I_{x1}$ 为上插管惯性矩,I_{x2} 为下套管惯性矩; A_x——钢管毛截面面积(mm²); β_{mx}——等效弯矩系数,此处为 $\beta_{mx}=1.0$; M_x——弯矩作用平面内偏心弯矩值(N·mm),$M_x=N\times d/2$,d 为钢管支柱外径(mm); γ_x——截面塑性发展系数,按本手册上册表 5-19 选用,取 $\gamma_x=1.15$; W_{1x}——弯矩作用平面内较大受压纤维的毛截面模量(mm³); N_{Ex}——欧拉临界力,$N_{Ex}=\dfrac{\pi^2 EA}{1.1\lambda_x^2}$,$E$ 为钢管弹性模量(MPa); φ——轴心受压稳定系数,与式(25-64)中的 φ_x 值同; A——轴心受压杆件毛截面面积(mm²); f——钢材受压强度设计值,取 215MPa;临时结构取 205MPa; f_y——钢材抗剪强度设计值,按本手册上册表 5-1 采用,一般取 $f_y=125$MPa; A_n——钢插销的净截面面积(mm²); f_{ce}——插销孔处管壁端面承压强度设计值,取 320MPa; A_{ce}——两个插销孔处管壁承压面积,$A_{ce}=2dt$ 或 $A_{ce}=2t\dfrac{d}{2}\pi$,其中 t 为管壁厚度,d 为插销直径
钢管脚手支架计算	钢管脚手支架多用于高度较大的梁、板和框架结构的模板支架。它由钢管、扣件、底座和调节杆等组成。钢管一般用外径 48mm、壁厚 3~3.5mm 的焊接钢管,长度有 2m、3m、4m、5m 等几种。扣件按用途有直角扣件、回转扣件和对接扣件三种;按使用材质分为玛钢扣件和钢板扣件两种,其容许荷载见表 25-38。底座安在立杆的下部,有可调螺栓式和固定套管式两种。 　　钢管脚手支架连接方式有用扣件对接和扣件搭接两种,如下图所示。前者由立杆直接传力;后者荷载直接支承在横杆上,其计算如下。 　　1. 立杆的稳定验算 　　钢管脚手支架主要验算立杆的稳定性,可按两端铰接的受压构件来简化计算。 　　(1)用对接扣件连接的钢管支架,考虑到立杆本身存在弯曲,对接扣件的偏差和荷重的不均匀,可按偏心受压构件来计算	

项目	计算方法及公式	符号意义
钢管脚手支架计算	若按偏心 $\frac{1}{3}$ 的钢管直径，即： $e=\dfrac{D}{3}=\dfrac{48}{3}=16(mm)$，则 $\phi 48\times 3mm$ 钢管的偏心率 $\varepsilon=$ $e\dfrac{A}{W}=16\times\dfrac{424}{449}=15.1$ 则： 长细比 $\lambda=\dfrac{L}{r}=L/15.9$ 立杆的容许荷载 $[N]$ 可按下式计算： 钢管脚手支架计算简图 a)对接连接；b)搭接连接 $$[N]=\varphi Af \qquad (25\text{-}68)$$ 按上式计算出不同步距的 $[N]$ 值，见表 25-39。 (2)用回转扣件搭接的钢管支架可按式(25-68)算出立杆的容许荷载 $[N]$。 2. 横杆的强度和刚度验算 当模板直接放在顶端横杆上时，横杆承受均布荷载。当顶端横杆上先放两根檩条，再放模板时，横杆承受集中荷载。横杆可视作连续梁，其抗弯强度和挠度的近似计算公式如下。 在均布荷载作用下： $$\sigma_{max}=\dfrac{M_{max}}{W}=\dfrac{ql^2}{10W}\leqslant f \qquad (25\text{-}69)$$ $$\omega_{max}=\dfrac{ql^4}{150EI}\leqslant[\omega] \qquad (25\text{-}70)$$ 在两点集中荷载作用下： $$\sigma_{max}=\dfrac{M_{max}}{W}=\dfrac{Pl}{3.5W}\leqslant f \qquad (25\text{-}71)$$ $$\omega_{max}=\dfrac{Pl^3}{55EI}\leqslant[\omega] \qquad (25\text{-}72)$$	q——均布荷载(N/mm)； P——集中荷载(N)； l——立杆的间距(mm)； f——钢材强度设计值，取 215MPa； $[\omega]$——容许挠度，为 3mm； L——计算长度，取横杆的步距(mm)； λ——立杆长细比； $[N]$——立杆容许荷载(N)； φ——轴心受压杆件稳定系数，由 $\lambda=L/i$ 查有关表计算求得； A——立杆的净截面积(mm²)； M_{max}——横杆的最大弯矩(N·mm)； W——横杆的截面抵抗矩(mm³)； σ_{max}——横杆的最大应力(MPa)； ω_{max}——横杆的最大挠度(mm)； E——横杆钢材的弹性模量(MPa)； I——横杆的截面惯性矩(mm⁴)
扣件式钢管支柱计算	1. 单杆计算 (1)用对接扣件连接的钢管支柱应按轴心受压构件计算。计算公式与式(25-65)相同，式中计算跨度采用纵横向水平拉条的最大步距。 (2)用回转扣件搭接连接的钢管支柱应按压弯杆件计算，其计算公式与式(25-64)相同，式中计算跨度为纵横拉条的最大步距，偏心距 $e=53mm$。	λ_x,λ_y——整个构件对 X、Y 轴的长细比； A_{1x},A_{1y}——构件截面中垂直于 X、Y 轴的各斜缀条截面积之和； N_{Gk}——每米高度门架及配件、水平加固杆及纵横扫地杆、剪刀撑自重产生的轴向力标准值(kN)

项目	计算方法及公式	符 号 意 义
扣件式钢管支柱计算	2.四角用脚手架钢管作立杆,四周按一定步距(步距控制在 1.0~1.5m)设置水平横杆拉结,各边所有水平横杆之间设有斜杆连接,斜杆与横杆之间的夹角≤45°时,应按格构式组合柱的轴心受压构件计算,其计算公式与式(25-65)相同,计算高度为格构柱全高,其轴向力应直接作用于四角立柱顶端,同时虚轴的长细比应采取换算长细比,并按下列公式进行计算: $$\lambda_{ox}=\sqrt{\lambda_z^2+40\frac{A}{A_{1x}}} \quad (25\text{-}73)$$ $$\lambda_{oy}=\sqrt{\lambda_y^2+40\frac{A}{A_{1y}}} \quad (25\text{-}74)$$	$\sum_{i=1}^{n}N_{Gik}$——一榀门架范围内所作用的模板、钢筋及新浇混凝土的各种恒载轴向力标准值总和(kN); N_{Q1k}——一榀门架范围内所作用的振捣(kN); H_0——以米为单位的门形支柱的总高度值; M_w——风荷载产生的弯矩标准值(kN·m); q_w——风线荷载标准值(kN/m); h——垂直门架平面的水平加固杆的底层步距(m); 1.2、1.35、1.4——恒、活载分项系数; φ——门型支柱立杆的稳定系数,按 $\lambda=k_0h_0/i$ 计算; k_0——长度修正系数。门形模板支柱高度 $H_0\leqslant30m$ 时,$k_0=$ 1.13;$H_0=31\sim45m$ 时,$k_0=$ 1.17;$H_0=46\sim60m$ 时,$k_0=$ 1.22; h_1——门型架加强杆的高度(m),按表 25-45、表 25-46 采用; h_0——门型架高度(m),按表 25-45、表 25-46 采用; i——门架立杆换算截面回转半径(mm),按表 25-45、表 25-46 采用; A_1——门架一边立杆的毛截面面积(mm²),按表 25-45、表 25-46 采用; I_0——门架一边立杆的毛截面惯性矩(mm⁴),按表 25-45、表 25-46 采用; I_1——门架一边加强杆的毛截面惯性矩(mm⁴),按表 25-45、表 25-46 采用; A_0——一榀门架两边立杆的毛截面面积(mm²),$A_0=2A$; k——调整系数,可调底座调节螺栓伸出长度不超过 200mm 时,取 1.0;伸出长度为 300mm,取 0.9;超过 300mm,取 0.8; f——钢管强度设计值(MPa),取 205MPa
门形钢管脚手架支柱计算	门形支柱的轴力应作用于两端主立杆的顶端,门形支柱的稳定性应按下列公式计算: $$\frac{N}{\varphi A_0}\leqslant kf \quad (25\text{-}75)$$ N——作用于一榀门型支柱的轴向力设计值(kN),按下列各式计算取其最大值。 $$N=0.9\times\left[1.2\times\left(N_{Gk}H_0+\sum_{i=1}^{n}N_{Gik}\right)+1.4N_{Q1k}\right]$$ $$(25\text{-}76)$$ $$N=0.9\times\left[1.2\left(N_{Gk}H_0+\sum_{i=1}^{n}N_{Gik}\right)+0.9\times1.4\left(N_{Q1k}+\frac{2M_w}{b}\right)\right]$$ $$(25\text{-}77)$$ $$N=0.9\times\left[1.35\times\left(N_{Gk}H_0+\sum_{i=1}^{n}N_{Gik}\right)+1.4\left(0.7N_{Q1k}+0.6\times\frac{2M_w}{b}\right)\right]$$ $$(25\text{-}78)$$ $$M_w=\frac{q_wh^2}{10} \quad (25\text{-}79)$$ 回转半径 i 应按式(25-80)和式(25-81)计算: $$i=\sqrt{\frac{I}{A_1}} \quad (25\text{-}80)$$ $$I=I_0+I_1\frac{h_1}{h_0} \quad (25\text{-}81)$$	

2)对拉螺栓拉力与力学性能(表 25-29~表 25-33)

(1)对拉螺栓拉力计算表($F=$kPa)

对拉螺栓拉力(N)计算表(F＝30kPa) 表 25-29

b(m) ＼ a(m)	0.45	0.50	0.55	0.60	0.65	0.70	0.75
0.45	6 075	—	—	—	—	—	—
0.50	6 750	7 500	—	—	—	—	—
0.55	7 425	8 250	9 075	—	—	—	—
0.60	8 100	9 000	9 900	10 800	—	—	—
0.65	8 775	9 750	10 725	11 700	12 675	—	—
0.70	9 450	10 500	11 550	12 600	13 650	14 700	—
0.75	10 125	11 250	12 375	13 500	14 625	15 750	16 875
0.80	10 800	12 000	13 200	14 400	15 600	16 800	18 000
0.85	11 475	12 750	14 025	15 300	16 575	17 850	19 125
0.90	12 150	13 500	14 850	16 200	17 550	18 900	20 250

注:当混凝土侧压力 $F \neq 30\text{kPa}$ 时,对拉螺栓的拉力 $P' = \dfrac{PF'}{F}$,F' 为实际的混凝土侧压力;P 为由表 25-29 中查出的值。

当 $F = 40\text{kPa}$、50kPa 和 60kPa 时,可查表 25-30～表 25-32。

（2）对拉螺栓拉力计算表（$F＝40\text{kPa}$）

对拉螺栓拉力(N)计算表(F＝40kPa) 表 25-30

b(m) ＼ a(m)	0.45	0.50	0.55	0.60	0.65	0.70	0.75
0.45	8 100	—	—	—	—	—	—
0.50	9 000	10 000	—	—	—	—	—
0.55	9 100	11 000	12 100	—	—	—	—
0.60	10 800	12 000	13 200	14 400	—	—	—
0.65	11 700	13 000	14 300	15 600	16 900	—	—
0.70	12 600	14 000	15 400	16 800	18 200	19 600	—
0.75	13 500	15 000	16 500	18 000	19 500	21 000	32 500
0.80	14 400	16 000	17 000	19 200	20 800	22 400	24 000
0.85	15 300	17 000	18 700	20 400	22 100	23 800	25 500
0.90	16 200	18 000	19 800	21 600	23 400	25 200	27 000

注:同表 25-29 注。

（3）对拉螺栓拉力计算表（$F＝50\text{kPa}$）

对拉螺栓拉力(N)计算表(F＝50kPa) 表 25-31

b(m) ＼ a(m)	0.45	0.50	0.55	0.60	0.65	0.70	0.75
0.45	10 120	—	—	—	—	—	—
0.50	11 250	12 500	—	—	—	—	—
0.60	12 370	13 750	15 120	—	—	—	—
0.65	13 500	15 000	16 500	18 000	—	—	—

27

b(m) \ a(m)	0.45	0.50	0.55	0.60	0.65	0.70	0.75
0.70	14 620	16 250	17 870	19 500	21 120	—	—
0.75	15 750	17 500	19 250	21 000	22 750	24 500	—
0.80	16 870	18 750	20 620	22 500	24 370	26 250	28 120
0.85	18 000	20 000	22 000	24 000	26 000	28 000	30 000
0.90	19 120	21 250	23 370	25 500	27 620	29 750	31 870
0.95	20 250	22 600	24 750	27 000	29 250	31 500	33 750

注:同表 25-29 注。

（4）对拉螺栓拉力计算表（$F=60$kPa）

对拉螺栓拉力（N）计算表（$F=60$kPa） 表 25-32

b(m) \ a(m)	0.45	0.50	0.55	0.60	0.65	0.70	0.75
0.45	12 150	—	—	—	—	—	—
0.50	13 500	15 000	—	—	—	—	—
0.55	14 850	16 500	18 150	—	—	—	—
0.60	16 200	18 000	19 800	21 600	—	—	—
0.65	17 550	19 500	21 450	23 400	25 350	—	—
0.70	18 900	21 000	23 100	25 200	27 300	29 400	—
0.75	20 250	22 500	24 750	27 000	29 250	31 500	33 750
0.80	21 600	24 000	26 400	28 800	31 200	33 600	36 000
0.85	22 950	25 500	28 050	30 600	33 150	35 700	38 250
0.90	24 300	27 000	29 700	32 400	35 100	37 800	40 500

注:同表 25-29 注。

（5）对拉螺栓力学性能表

对拉螺栓力学性能表（轴向拉力设计值） 表 25-33

螺栓直径(mm)	螺纹内径(mm)	净面积(mm²)	重量(N/m)	容许拉力 N_t^b(kN)
M12	9.85	76	8.90	12.90
M14	11.55	105	12.10	17.80
M16	13.55	144	15.80	24.50
M18	14.93	174	20.00	29.60
M20	16.93	225	24.60	38.20
M22	18.93	282	29.80	47.90

3）各种型钢、钢管、木楞螺栓和扣件的力学性能、容许荷载及设计强度

（1）各种型钢的力学性能

各种型钢的力学性能见表 25-34。

规格 (mm)		截面积 A (mm²)	重量 (N/m)	截面惯性矩 $I_x(\times 10^4)(\text{mm}^4)$	截面最小抵抗矩 $W_x(\times 10^3)(\text{mm}^4)$
扁钢 角钢	−70×5	350	27.50	14.29	4.08
	L75×25×3.0	291	22.80	17.17	3.76
	L80×35×3.0	330	25.90	22.49	4.17
钢管	φ48×3.0	424	33.30	10.78	4.49
	φ48×3.5	489	38.40	12.19	5.08
	φ51×3.5	522	41.00	14.81	5.81
矩形钢管	□60×40×2.5	457	35.90	21.88	7.29
	□80×40×2.0	452	35.50	37.13	9.28
	□100×50×3.0	864	67.80	112.12	22.42
冷弯槽钢	〔80×40×3.0	450	35.30	43.92	10.98
	〔100×50×3.0	570	44.70	88.50	12.20
内卷边槽钢	〔80×40×15×3.0	508	39.90	48.92	12.23
	〔100×50×20×3.0	658	51.60	100.28	20.06
槽钢	〔80×43×5.0	1 024	80.40	101.30	25.30
矩形木楞	50×100	5 000	30.00	416.67	83.33
	60×90	5 400	32.40	364.50	81.00
	80×80	6 400	38.40	341.33	85.33
	100×100	10 000	60.00	833.33	166.67

(2)柱箍规格及适用范围

柱箍规格及适用范围见表 25-35。

规格 (mm)		夹板长度 (mm)	质量 (kg/根)	适用柱宽范围 (mm)
扁钢	−70×5	1 100	3.02	300~700
角钢	L75×25×3.0	1 000	2.28	300~600
	L80×35×3.0	1 150	2.98	300~700
钢管	φ48×3.5	1 200	4.61	300~700
	φ51×3.5	1 200	4.92	300~700
冷弯槽钢	〔80×40×3.0	1 500	5.30	500~1 000
	〔100×50×3.0	1 650	7.38	500~1 200
内卷边槽钢	〔80×40×15×3.0	1 800	7.18	500~1 000
	〔100×50×20×3.0	1 800	9.29	600~1 200

（3）钢管支撑规格

钢管支撑规格见表 25-36。

钢管支撑规格表　　　　表 25-36

项　目		型　号					
		CH-65	CH-75	CH-90	YJ-18	YJ-22	YJ-27
最小使用长度(mm)		1 812	2 212	2 712	1 820	2 220	2 720
最大使用长度(mm)		3 062	3 462	3 962	3 090	3 490	3 990
调节范围(mm)		1 250	1 250	1 250	1 270	1 270	1 270
螺栓调节范围(mm)		170	170	170	70	70	70
容许荷重（N）	最小长度时	20 000	20 000	20 000	20 000	20 000	20 000
	最大长度时	15 000	15 000	15 000	15 000	15 000	15 000
质量(kg)		1.24	1.32	1.48	1.387	1.499	1.639

（4）钢管支撑力学性能

钢管支撑力学性能表见表 25-37。

钢管支撑力学性能表　　　　表 25-37

项　目		直径(mm)		壁厚（mm）	截面积 A（mm²）	惯性矩 I（mm⁴）	回转半径 i（mm）
		外　径	内　径				
CH 型	插管	48.6	43.8	2.4	348	9.32×10^4	16.4
	套管	60.5	55.7	2.4	438	18.51×10^4	20.6
YJ 型	插管	48	43	2.5	357	9.28×10^4	16.1
	套管	60	55.4	2.3	417	17.38×10^4	20.4

（5）扣件的质量、容许荷载及立杆容许荷载

扣件的质量、容许荷载及立杆容许荷载见表 25-38 和表 25-39。

扣件质量和容许荷载表　　　　表 25-38

项　目		直角扣件	回转扣件	对接扣件
玛钢扣件	质量(kg)	1.25	1.50	1.6
	容许荷载(N)	6 000	5 000	2 500
钢板扣件	质量(kg)	0.69	0.70	1.00
	容许荷载(N)	6 000	5 000	2 500

立杆容许荷载 $[N]$ (kN)　　　　表 25-39

横杆步距 L（mm）	$\phi 48 \times 3$ 钢管		$\phi 48 \times 3.5$ 钢管	
	对接立杆	搭接立杆	对接立杆	搭接立杆
1 000	31.7	12.2	35.7	13.9
1 250	29.2	11.6	33.1	13.0
1 500	26.78	11.0	30.3	12.4
1 800	24.0	10.2	27.2	11.6

（6）冷弯薄壁型钢钢材设计强度

冷弯薄壁型钢钢材的设计强度见表 25-40。

冷弯薄壁型钢钢材的设计强度（MPa） 表 25-40

钢材牌号	抗拉、抗压和抗弯 f	抗剪 f_v	端面承压（磨平、顶紧）f_{ce}
Q235 钢	205	120	130
Q345 钢	300	175	140

注：厚度不小于 2.5mm 的 Q235 镇静钢钢材的抗拉、抗压、抗弯和抗剪强度设计值可按表中数值增加 5%。

（7）钢铸件的强度设计值

钢铸件的强度设计值见表 25-41。

钢铸件的强度设计值（MPa） 表 25-41

钢材牌号	抗拉、抗压和抗弯 f	抗剪 f_v	端面承压（刨平、顶紧）f_{ce}
ZG200～400	155	90	260
ZG230～450	180	105	290
ZG270～500	210	120	325
ZG310～570	240	140	370

（8）冷弯薄壁型钢焊缝强度设计值

冷弯薄壁型钢焊缝强度设计值见表 25-42。

冷弯薄壁型钢焊缝强度设计值（MPa） 表 25-42

构件钢材牌号	对 接 焊 缝			角 焊 缝
	抗压 f_c^w	抗拉 f_t^w	抗剪 f_v^w	抗压、抗拉、抗剪 f_f^w
Q235 钢	205	175	120	140
Q345 钢	300	255	175	195

（9）薄壁型钢 C 级普通螺栓连接的强度设计值

薄壁型钢 C 级普通螺栓连接的强度设计值见表 25-43。

薄壁型钢 C 级普通螺栓连接的强度设计值（MPa） 表 25-43

类　别	性能等级	构件钢材的牌号	
	4.6 级, 4.8 级	Q235 钢	Q345 钢
抗拉 f_t^b	165	—	—
抗剪 f_v^b	125	—	—
抗压 f_c^b	—	290	370

（10）扣件、底座的承载力设计值

扣件、底座的承载力设计值见表 25-44。

扣件、底座的承载力设计值（kN） 表 25-44

项　目	承载力设计值	项　目	承载力设计值
对接扣件（抗滑）	3.20	底座抗压	40.00
直角扣件、旋转扣件（抗滑）	8.00	—	—

（11）门形脚手架支柱钢管规格、尺寸和截面几何特性

门形脚手架支柱钢管规格、尺寸和截面几何特性见表25-45。

门形脚手架支柱钢管规格、尺寸和截面几何特性 表 25-45

门形架图示	钢管规格(mm)	截面积(mm²)	截面模量(mm³)	惯性矩(mm⁴)	回转半径(mm)
1-立杆;2-立杆加强杆;3-横杆;4-横杆加强杆	$\phi48\times3.5$	489	5 080	121 900	15.78
	$\phi42.7\times2.4$	304	2 900	61 900	14.30
	$\phi42\times2.5$	220	2 830	60 800	14.00
	$\phi34\times2.2$	310	1 640	27 900	11.30
	$\phi27.2\times1.9$	151	890	12 200	9.00
	$\phi26.8\times2.5$	191	1 060	14 200	8.60

门架代号		MF1219	
门形架几何尺寸(mm)	h_2	80	100
	h_0	1 930	1 900
	b	1 219	1 200
	b_1	750	800
	h_1	1 536	1 550
杆件外径壁厚(mm)	1	$\phi42.0\times2.5$	$\phi48\times3.5$
	2	$\phi26.8\times2.5$	$\phi26.8\times3.5$
	3	$\phi42.0\times2.5$	$\phi48\times3.5$
	4	$\phi26.8\times2.5$	$\phi26.8\times2.5$

注:1. 表中门架代号含义同《门式钢管脚手架》(JG 13—1999)。

2. 门架钢管的截面几何特性应符合表中要求。

3. 当采用的门架集合尺寸及杆件规格与本表不符合时应按实计算。

(12)门架、配件、附件质量

门架、配件、附件质量见表25-46。

门架、配件、附件质量 表 25-46

名　称	单　位	代　号	质量(kg)
门架	榀	MF1219	2.24
门架	榀	MF1217	2.05
交叉支撑	付	C1812	0.4
水平架	榀	H1810	1.65
脚手板	块	P1805	1.84
连接棒	个	J220	0.06
锁臂	付	L700	0.085
固定底座	个	FS100	0.1
可调底座	个	AS400	0.35
可调托座	个	AU400	0.45
梯形架	榀	LF1212	1.33

名　　称	单　位	代　　号	质量(kg)
窄型架	榀	NF617	1.22
承托架	榀	BF617	2.09
梯子	付	S1819	2.72
钢管	米	$\phi 48 \times 3.5$	0.384
直角扣件	个	JK4848,JK4843,JK4343	1.35
旋转扣件	个	JK4848,JK4843,JK4343	0.145

注:同表25-45。

4)计算示例

【例25-6】 已知某混凝土墙在浇筑混凝土时,其倾倒的侧压力(作用于墙内模板上)设计值 $F=45kPa$,对拉螺栓的纵横间距均为0.8m,穿墙螺栓选用M18,试验算该穿墙螺栓的强度是否满足要求。

解: 按式(25-33)得:

$N=a \times b \times F=0.8 \times 0.8 \times 45=28.8(kN)=28\ 800N$

查表25-30得知对拉螺栓连接的强度设计值 $f_t^b=170MPa$,

查表25-33得知对拉螺栓净截面积,$A_u=174mm^2$。

按式(25-34)得:

$A_u f_t^b=174 \times 170=29\ 580(N)>28\ 800N$

计算结果满足要求。

【例25-7】 某工地现浇混凝土,已知混凝土对模板的侧压设计值 $F=35kPa$,拉杆的横向间距 $a=0.75m$,纵向间距 $b=0.85m$,试选用该工程需用对拉螺栓的直径。

解: 按式(25-33)得对拉螺栓承受的拉力 N 为:

$N=abF=0.75 \times 0.85 \times 35\ 000=22\ 312.5(N)$

亦可查表25-30得 $N=25\ 500N$

$N=\dfrac{25\ 500 \times 35}{40}=22\ 312.5(N)$

再查表25-33选用M16螺栓,其容许拉应力为24 500N>22 312.5N。

计算结果可知选用M16螺栓可满足要求。

【例25-8】 有一现浇钢筋混凝土楼板,已知其平面尺寸为3 500mm×5 200mm,楼板厚为100mm,楼层净高为4 475mm,用组合钢模板支模,内、外钢楞承托,用钢管作楼板模板的脚手支架,试计算钢管脚手支架的受压应力是否满足要求。

解: 模板支架的荷载:

钢模板及连接件钢楞自重力:800Pa

钢管支架自重力:260Pa

新浇混凝土重力:2 500Pa

施工荷载:2 700Pa

合计:6 262Pa

钢管立于内、外钢楞十字交叉处(图25-2),每区格面积为 $1.5 \times 1.6=2.4(m^2)$。

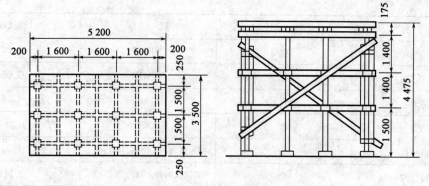

图 25-2 用钢管脚手作楼板模板支架示意图(尺寸单位:mm)

每根立杆承受的荷载:$2.4 \times 6\ 260 = 15\ 024$(N)

设用 $\phi 48 \times 3$mm 钢管,$A = 424$m^2

钢管回转半径为:

$$i = \sqrt{\frac{d^2 + d_1^2}{4}} = \sqrt{\frac{48^2 + 42^2}{4}} = 15.9\text{(mm)}$$

采用立柱12根,各立柱间布置双向水平撑,上下共两道,并适当布置垂直剪刀撑。

按强度计算,支柱的受压应力为:

$$\sigma = \frac{N}{A} = \frac{15\ 024}{424} = 35.4\text{(MPa)}$$

按稳定性计算支柱的受压应力为:

长细比

$$\lambda = \frac{L}{i} = \frac{1\ 600}{15.9} = 100.63$$

按 b 类截面查本手册上册表 5-13 得 $\varphi = 0.517$,由式(25-68)得:

$$\sigma = \frac{N}{\varphi A} = \frac{15\ 024}{0.517 \times 424} = 68.5\text{(MPa)} < f = 215\text{MPa}$$

其受压应力能满足要求。

【例 25-9】 某 CH-75 型钢支撑,其最大使用长度为 3 462mm,钢支撑中间无水平拉杆,插管与套管之间因松动产生的偏心为半个钢管直径,试求钢支撑的容许荷载。

解: 插管偏心值 $e = \dfrac{D}{2} = \dfrac{48.6}{2} = 24.3$(mm),则偏心率 $\varepsilon = eA_2/W_2 = 24.3 \times \dfrac{438}{\dfrac{18.51 \times 100^4}{32.5}} =$

1.87,按 CH-65 型钢支撑查表 25-37 得套管回转半径 $i_2 = 20.6$mm。

长细比:$\lambda = \dfrac{l_0}{i_2} = \dfrac{\mu l}{i_2}$

钢管支撑的使用长度:$l = 3\ 462$mm

钢管支撑的计算长度:$l_0 = \mu l$

$$\mu = \sqrt{\frac{1+n}{2}}; n = I_2/I_1 = 18.51/9.32 = 1.99$$

$$\mu = \sqrt{\frac{1+1.99}{2}} = 1.22$$

$$\lambda = \frac{\mu l}{i_2} = \frac{1.22 \times 3\ 462}{20.6} = 205.03$$

(1)钢管受压稳定验算

根据《钢结构设计规范》(GB 50017—2003)附录或本手册上册表 5-12(下同)得:$\varphi = 0.190\,5$

由公式(25-68)得:

$$[N] = 0.190\,5 \times 438 \times 215 = 17\,939.4(N)$$

(2)钢管壁受压强度验算

插销直径 $d = 12mm$,插销壁厚 $a = 2.5mm$,管壁的端承面承压强度设计值 $f_{ce} = 320MPa$。

两个插销孔的管壁受压面积 $A = 2a\dfrac{d}{2}\pi = 2 \times 2.5 \times \dfrac{12}{2} \times 3.14 = 94.2(mm^2)$

由式(25-67),管壁承受容许荷载:

$$[N] = f_{ce}A_{ce} = 320 \times 94.2 = 30\,144(N)$$

(3)插销受剪力验算

插销截面积 $A_c = 113mm^2$,$f_v = 125MPa$,两处受剪力,由式(25-39)则插销容许荷载:

$$[N] = f_v 2A_c = 125 \times 2 \times 113 = 28\,250(N)$$

根据验算,取三项验算的最小容许荷载,故 CH-65 钢支撑最大使用长度时的容许荷载为 17 939.4N。

【例 25-10】 某构筑物的混凝土墙尺寸为:长 4 000mm,高 3 000mm,施工时气温 $T = 26℃$,混凝土浇筑速度为 4m/h,混凝土重度 $\gamma = 25N/m^3$,采用组合式钢模支模,试计算内、外钢楞跨度和间距。

解:已知施工气温 $T = 26℃$,混凝土浇筑速度 $v = 4m/h$,取 $\beta_1 = \beta_2 = 1$,由式(25-1)得混凝土最大侧压力为:

$$F = 0.22\gamma_c\left(\frac{200}{T+15}\right)\beta_1\beta_2 v^{\frac{1}{2}}$$

$$= 0.22 \times 25\left(\frac{200}{26+15}\right) \times 1 \times 1 \times \sqrt{4}$$

$$= 53.7(kPa)$$

选用 2[100mm×50mm×3mm 冷弯槽钢作内、外钢楞,内钢楞竖向布置,内钢楞间距 $a = 900mm$,根据墙高,内钢楞的最大跨度(即外钢楞或模板拉杆的最大间距)按三跨以上连续梁计算。

(1)按抗弯强度计算内钢楞的容许跨度 b

已知 $I = 2 \times 88.52 \times 10^4 = 177.04 \times 10^4(mm^4)$;$W = 2 \times 12.2 \times 10^3 = 24.4 \times 10^3(mm^3)$;$E = 2.1 \times 10^5 MPa$;$f = 215MPa$,由式(25-38)得:

$$b = \sqrt{\frac{10fW}{Fa}} = \sqrt{\frac{10 \times 215 \times 24.4 \times 10^3}{53.7 \times 10^{-3} \times 900}} = 1\,042(mm)$$

一般取 $b = 750mm$。

(2)按挠度计算内钢楞的容许跨度 b

由式(25-39)得:

$$b = \sqrt[4]{\frac{150[\omega]EI}{Fa}} = \sqrt[4]{\frac{150 \times 3 \times 2.1 \times 10^5 \times 177.04 \times 10^4}{70.3 \times 10^{-3} \times 900}} = 1\,275(mm)$$

计算后确定,内钢楞跨度取 750mm(间距为 900mm),内外钢楞采用同一规格,间距为 750mm。

【例 25-11】 已知某框架柱截面为 $a \times b = 600mm \times 800mm$,柱高 $H = 3.0m$,混凝土拌和

出料温度 $T=15℃$,未掺外加剂,混凝土坍落度为 150mm,混凝土浇筑速度 3m/h,倾倒混凝土时产生的水平荷载标准值为 2.0kPa,采用组合钢模板,并选用[$80×43×5$ 槽钢做柱箍,试验算其强度与挠度。

解:(1)求柱箍间距 l_1

柱箍计算简图见本章第四节二中柱箍计算公式表中附图。

$$l_1 \leqslant 3.276 \sqrt[4]{\frac{EI_x}{Fb}}$$

采用的组合钢模板宽 $b=300mm$;$E=2.06×10^5 MPa$;2.5mm 厚的钢面板,查表 25-55 得 $I_x=269\,700mm^4$;其 F_a 计算如下。

根据式(25-1)及式(25-2)计算取其小值:

$$F = 0.22\gamma_c t_0 \beta_1 \beta_2 v^{\frac{1}{2}} = 0.22 × 24 × \frac{200}{(15+15)} × 1 × 1.5 × \sqrt{3} = 70.15(kPa)$$

$$F = \gamma_c H = 24 × 3 = 72.0(kPa)$$

根据上两式比较应取 $F=70.15kPa$,则设计值为:

$$F = 0.9 × (1.2 × 70.15 + 1.4 × 2) = 78.28(kPa) = 78\,280MPa$$

将上述各值代入式(25-40)内得:

$$l_1 = 3.276 \sqrt[4]{\frac{EI_x}{Fb}} = 3.276 \sqrt[4]{\frac{2.06 × 10^5 × 269\,700}{70\,150 × 300 / 1\,000\,000}} = 742.58(mm)$$

又根据柱箍所选钢材规格求 l_1 值,按式(25-42)有:

$$l_1 \leqslant \sqrt{\frac{8Wf}{F_s b}}$$

查表 25-55 钢面板宽 300mm 的组合钢模板 $W=5\,940mm^3$;$f=205MPa$;$F_s=78\,280MPa$;$b=300mm$;并将上述各值代入式(25-42)有:

$$l_1 = \sqrt{\frac{8 × 5\,940 × 205}{0.078\,28 × 300}} = 644.06(mm)$$

根据上述柱箍计算结果比较,应不允许 $l_1 > 644.06mm$,故采用柱箍间距 $l_1=600mm$。

(2)强度验算

按表 25-28 中计算式(25-45)得:

$$\frac{N}{A_n} + \frac{M_x}{W_{nx}} \leqslant f$$

$l_2 = b + 100 = 800 + 100 = 900(mm)$(式中 100mm 为模板厚度);$l_1=600mm$;$a=600mm$;另由于采用型钢其荷载设计值应乘以 0.95 的折减系数。

柱箍承受的均布线荷载设计值为:

$$q = F_s l_1 = 78\,280 × 0.6 = 46\,968(N/m) = 46.968N/mm$$

柱箍轴向拉力设计值为:

$$N = \frac{ql_3}{2} = \frac{46.968 × 600}{2} = 14\,090(N)$$

另查表 25-34 槽钢[$80×43×5$ 的截面抵抗矩 $W_{nx}=25\,300mm^3$;$A_n=1\,024mm^2$;$\gamma_x=1$;

$$M_x = \frac{46.968 × 900^2}{8} = 4\,755\,510(N·mm)$$

将上述数值代入式(25-45)中得:

$$\frac{0.95 \times 14\,090}{1\,024} + \frac{0.95 \times 4\,755\,510}{25\,300} = 13.07 + 178.57 = 191.64(\text{MPa})$$

$191.64\text{MPa} < f = 215\text{MPa}$，满足要求。

（3）挠度验算

$$q_g = Fl_1 = 70\,150 \times 0.6 = 42\,090(\text{N/m}) = 42.090\text{N/mm}$$

查表 25-34 柱箍的截面惯性矩 $I_x = 1\,013\,000\text{mm}^4$；另 $E = 2.06 \times 10^5\text{MPa}$；$l_2 = 900\text{mm}$。

$$v = \frac{5q_g l_2^4}{385EI_x} = \frac{5 \times 42.09 \times 900^4}{385 \times 2.06 \times 10^5 \times 1\,013\,000} = 1.7(\text{mm}) < [v] = \frac{900}{500} = 1.8(\text{mm})$$

计算结果满足要求。

【例 25-12】 某污水厂综合办公楼框架柱截面为 $400\text{mm} \times 600\text{mm}$，净高为 3.5m，施工气温为 20°C，混凝土浇筑速度为 4.5m/h，混凝土坍落度为 5.0cm，采用组合钢模板支模，已知长边柱箍跨距为 700mm，短边柱箍跨距为 500mm。试选用柱箍并确定其间距。

解： 由题意取

$\gamma_c = 25\text{kN/m}^3$，$\beta_1 = \beta_2 = 1$

由式（25-1）得

$$F = 0.22\gamma_c t_0 \beta_1 \beta_2 v^{\frac{1}{2}} = 0.22 \times 25 \times \frac{200}{(20+15)} \times 1 \times 1 \times \sqrt{4.5} = 66.6(\text{kPa})$$

选用 $80\text{mm} \times 40\text{mm} \times 2\text{mm}$ 矩形钢管作柱箍，查表 25-34 得：$A = 452\text{mm}^2$，$I = 37.13 \times 10^4\text{mm}^4$，$W = 9.28 \times 10^3\text{mm}^3$，取 $f = 215\text{MPa}$，$[\omega] = 3\text{mm}$

（1）按抗弯强度计算需要柱箍间距 l_1

由式（25-52）得：

$$l_1 = \frac{8fWA}{F(l_2^2 A + 4l_3 W)} = \frac{8 \times 215 \times 9.28 \times 10^3 \times 452}{66.6 \times 10^3(700^2 \times 452 + 4 \times 500 \times 9.28 \times 10^3)} = 451(\text{mm})$$

（2）按挠度计算需要柱箍间距 l_1

由式（25-55）得：

$$l_1 = \frac{384[\omega]EI}{5Fl_2^4} = \frac{384 \times 3 \times 2.1 \times 10^5 \times 37.13 \times 10^4}{5 \times 66.6 \times 10^{-3} \times 700^4} = 1\,123(\text{mm})$$

按以上计算取两者最小值，柱箍间距取 500mm，共用 $\frac{3\,500}{500} + 1 = 8$ 道柱箍。

【例 25-13】 有一木立柱采用红松（强度等级为 TC13、B 组），小头稍径为 $\phi80$，高度4.0m，并在木立柱高度的中部设有 $40\text{mm} \times 50\text{mm}$ 的纵横向水平拉条，其立柱所承受荷载的标准值为：支架及立柱自重 1.1kPa；混凝土自重 6kPa；钢筋自重 0.275kPa；施工人员及设备重 1.0kPa；且立柱所承力的范围为 $1.4\text{m} \times 1.4\text{m}$，试验算此平板立柱的强度和稳定性。

解：（1）荷载计算

设计值组合一：

$$N = 0.9 \times [1.2 \times (1.1 + 6.0 + 0.275) + 1.4 \times 1.0] \times 1.4 \times 1.4 = 18.08(\text{kN})$$

设计值组合二：

$$N = 0.9 \times [1.35 \times (1.1 + 6.0 + 0.275) + 1.4 \times 0.7 \times 1.0] \times 1.4 \times 1.4 = 19.29(\text{kN})$$

根据上述比较应采用组合二为设计验算依据，即取 $N = 19.29\text{kN}$ 计算。

（2）强度验算

$$A_n = \frac{\pi d^2}{4} = \frac{3.14 \times 89^2}{4} = 6\,218.00(\text{mm}^2)$$

根据本手册上册表 6-6 及本章木支撑(柱)计算表中注,将木材强度设计值修正如下:

露天折减系数 0.9,考虑施工荷载提高系数 1.15,考虑圆木未经切削提高系数 1.15,木材含水率按 30% 考虑可不作调整,则木材强度设计值调整后的值为:

$$f_c = 0.9 \times 1.15 \times 1.15 \times 10 = 11.9 (\text{MPa})$$

则:

$$\sigma_c = \frac{N}{A_n} = \frac{19\,290}{6\,218.00} = 3.10 (\text{MPa}) < f_c = 11.9 \text{MPa}$$

满足要求。

(3)稳定验算

计算跨度 $l_0 = 2\,000\text{mm}$,回转半径 $i = \frac{89}{4} = 22.25 (\text{mm})$;$\lambda = \frac{l_0}{i} = \frac{2\,000}{22.25} = 89.89$;按式 (25-60) 求稳定系数如下:

$$\varphi = \frac{1}{1 + \left(\frac{\lambda}{65}\right)^2} = \frac{1}{1 + \left(\frac{89.89}{65}\right)^2} = 0.343$$

则:

$$\frac{N}{\varphi A} = \frac{19\,290}{0.343 \times 6\,218} = 9.03 (\text{MPa}) < f_c = 11.9 \text{MPa}$$

计算结果满足要求。

【例 25-14】 已知某钢管架,其钢支柱使用长度为 3\,600mm,上柱外径 60mm,壁厚 3.5mm,毛截面积 $A = 621\text{mm}^2$,惯性矩 $I = 25 \times 10^4 \text{mm}^4$,回转半径 $r = 20\text{mm}$,下柱外径 75.5mm,壁厚 3.75mm,毛截面积 $A = 844\text{mm}^2$,惯性矩 $I = 54.4 \times 10^4 \text{mm}^4$,回转半径 $r = 25.3\text{mm}$,试求其容许荷载及当中间无拉条,由于内外管之间存在空隙,产生偏心外移 30mm 时的容许荷载。

解: 已知 $n = \frac{I_2}{I_1} = \frac{54.4}{25} = 2.18$,按式 (25-64) 符号意义得:$\mu = \sqrt{\frac{1+n}{2}} = 1.26$

由此得长细比 $\lambda = \frac{\mu l}{r_2} = \frac{1.26 \times 3\,600}{25.3} = 179.3 (\text{mm})$(稍大于 150),按 b 类截面查本手册上册表 5-12 得稳定系数 $\varphi_x = 0.226$。

按式 (25-65) 得容许荷载为:

$$N = \varphi A f = 0.226 \times 844 \times 215 = 41\,010 (\text{N}) \approx 41.0 \text{kN}$$

当中点无拉条产生偏心 $e = 30\text{mm}$,考虑此偏心不大,支柱处于临界状态时,截面应力分布情况为拉、压区都出现塑性,故容许荷载可根据《钢结构设计规范》(GB 50017—2003)第 5.2.2 条公式或式 (25-64) 得:

$$\frac{N}{\varphi_x A_x} + \frac{\beta_m M_x}{\gamma_x W_{1x}\left(1 - 0.8\frac{N}{N_{Ex}}\right)} \leqslant f$$

上式中有关数值为:

$$N_{Ex} = \frac{\pi^2 EA}{1.1\lambda^2} = \frac{3.14^2 \times 2.1 \times 10^5 \times 844}{1.1 \times (179.3)^2} = 49\,416 (\text{N})$$

$$W_{1x} = \frac{54.4 \times 10^4}{\dfrac{75.5}{2}} = 14\,411 (\text{mm}^3)$$

取：$\gamma_x = 1.15$，$\beta_m = 1$，$\varphi_x = 0.226$（b类截面），$A = 844mm^2$，$M_x = 30N(N \cdot mm)$，$f = 215MPa$，将以上值代入上式得：

$$\frac{N}{0.226 \times 844} + \frac{1 \times 30N}{1.15 \times 14\,411 \times \left(1 - 0.8 \times \dfrac{N}{49\,416}\right)} = 215$$

解之得容许荷载：$N = 25\,756N = 25.76kN$

【例 25-15】 CH-65 型钢支撑，其最大使用长度为 3.06m，钢支撑中间无水平拉杆，插销直径 $d = 12mm$，插销孔 $\phi15mm$，插销壁厚 $a = 2.5mm$，管径与壁厚及力学性能表见表 25-36。求钢支撑的容许设计荷载值。

解：应按上述四种可能出现的破坏状态，计算其容许设计荷载，选其中最小值为钢支撑的容许荷载。

(1)钢管支撑强度计算容许荷载

$$[N] = fA_n = 215 \times \left(348 - 2 \times 15 \times 3.14 \times \frac{1}{2}\right) = 215 \times 300.9 = 64.7(kN)$$

(2)钢管支撑受压稳定计算容许荷载

插管与套管之间松动，使支撑成折线状，形成初偏心，按中点最大初偏心为 25mm 计算。

①先求 φ_x

$$n = \frac{I_{x2}}{I_{x1}} = \frac{18.51 \times 10^4}{9.32 \times 10^4} = 1.99$$

$$\mu = \sqrt{\frac{1+n}{2}} = \sqrt{\frac{1+1.99}{2}} = 1.223$$

$$\lambda_x = \mu \frac{L}{i_2} = 1.223 \times \frac{3060}{20.6} = 181.67$$

查《钢结构设计规范》(GB 50017—2003)附录 C 中 b 类截面的表 C-2 得 $\varphi_x = 0$。

注：式中 I_2、I_1 分别为套管与插管的惯性矩，可查表 25-37；L 为最大使用长度，查表 25-36；i_2 为套管的回转半径，查表 25-37。

②求 N_{Ex}

$$N_{Ex} = \frac{\pi^2 EA}{\lambda_x^2} = \frac{3.14^2 \times 2.06 \times 10^5 \times 438}{181.67^2} = 26\,954.7(N) = 26.95kN$$

③求 N，按式(25-64)得：

$$\frac{N}{\varphi_x A_x} + \frac{\beta_{max} M_x}{\gamma_x W_{ix}\left(1 - 0.8 \dfrac{N}{N_{Ex}}\right)} \leqslant f$$

$$\frac{N}{0.24 \times 438} + \frac{1 \times 25 \times N}{1.15 \times \dfrac{18.51 \times 10^4}{30.25} \times \left(1 - 0.8 \dfrac{N}{26\,954.7}\right)} \leqslant 215$$

$$\frac{N}{105.12} + \frac{25N}{7\,037(1 - 0.000\,029\,679N)} \leqslant 215$$

解此方程得：$N = 22\,596N = 22.6kN$

也可按式(25-68)得：

$$[N] = \varphi A f = 0.24 \times 438 \times 215 = 22\,695(N) = 22.7kN$$

计算后可知，按式(25-68)比按式(25-64)计算方便，可免解二次方程。

(3)插销抗剪强度计算容许荷载

按式(25-66)得：

$$N=f_{\mathrm{v}}2A_{\mathrm{n}}=125\times2\times113=28\,250(\mathrm{N})=28.25\mathrm{kN}$$

式中：$f_{\mathrm{v}}=125\mathrm{MPa}$，$A_{\mathrm{n}}=113\mathrm{mm}^2$。

(4)插销处钢管壁承压强度计算容许荷载

两个插销孔的管壁受压面积为：

$$A_{\mathrm{ce}}=2a\frac{d}{2}\pi=2\times2.5\times\frac{12}{2}\times3.14=94.2(\mathrm{mm}^2)$$

按式(25-67)得：$N=f_{\mathrm{ce}}A_{\mathrm{ce}}=320\times94.2=30\,144(\mathrm{N})=30.144\mathrm{kN}$

根据上述四项计算，取最小值即 22 596N 为 CH-65 钢支撑的最大使用长度时的容许荷载设计值。

【例 25-16】 现有一扣件式钢管组合的格构式柱，柱截面 1 000mm×1 000mm，四角立杆（主肢）、水平横杆和四面斜管均为 Q235 钢 ϕ48×3.5 的焊接钢管，水平横杆步距 1.0m，格构式柱高 6.0m，承受荷载设计值为 350kN，试验算该格构式柱的稳定性。

解：整个柱的截面惯性矩为：

$$I_{\mathrm{x}}=I+A_1h^2=4\times[121\,900+489\times500^2]=489\,487\,600(\mathrm{mm}^4)$$

整个柱的回转半径按式(25-80)得：

$$i_{\mathrm{x}}=\sqrt{\frac{I_{\mathrm{x}}}{A}}=\sqrt{\frac{489\,487\,600}{4\times489}}=500(\mathrm{mm})$$

则：

$$\lambda_{\mathrm{x}}=\frac{l_0}{i}=\frac{6\,000}{500}=12$$

故格构式换算长细比按式(25-73)为：

$$\lambda_{\mathrm{ox}}=\sqrt{\lambda_{\mathrm{x}}^2+40\frac{A}{A_{1\mathrm{x}}}}=\sqrt{12^2+40\times\frac{4\times489}{489}}=17.4$$

根据 $\lambda_{\mathrm{ox}}=17.4$ 查本手册上册 b 类截面表 5-13，得稳定系数 $\varphi=0.977\,2$。

稳定验算：

$$\frac{N}{\varphi A}=\frac{350\,000}{0.977\,2\times4\times489}=183.11(\mathrm{MPa})<f_{\mathrm{c}}=205\mathrm{MPa}$$

满足要求。

【例 25-17】 桥梁现浇板，采用门架型号 MF1219，$h_2=100\mathrm{mm}$ 支模，门架立柱总高 50m，门架间距 1.5m，承受各项荷载标准值为：支架自重 1.1kPa，新浇平板混凝土自重 9.6kPa，钢筋自重 0.5kPa，施工人员及设备自重 2.5kPa，风荷载 $w_{\mathrm{k}}=0.30\mathrm{kPa}$，门架自重 0.55kPa，试验算底部一榀门架的稳定性。

解：(1)轴力计算：按下面各式计算结果取大值

按式(25-76)有：

$$N=0.9\times[1.2(N_{\mathrm{Gk}}H_0+\sum_{i=1}^{n}N_{\mathrm{Gik}})+1.4N_{\mathrm{Q1k}}]$$

$$=0.9\times\{1.2\times[0.55\times50+(1.1+9.6+0.5)\times1.5\times0.8]+1.4\times2.5\times1.5\times0.8\}$$

$$= 0.9 \times \{1.2 \times [27.5 + 13.44] + 1.4 \times 2.5 \times 1.5 \times 0.8\}$$

$$= 0.9 \times \{49.128 + 4.2\}$$

$$= 48.0 (\text{kN})$$

按式(25-77)有：

$$N = 0.9 \times \left[1.2 \left(N_{Gk} H_0 + \sum_{i=1}^{n} N_{Gik} \right) + 0.9 \times 1.4 \left(N_{Q1k} + \frac{2M_w}{b} \right) \right]$$

$$= 0.9 \times \left\{ 1.2 \times [0.55 \times 50 + (1.1 + 9.6 + 0.5) \times 1.5 \times 0.8] + \right.$$

$$\left. 0.9 \times 1.4 \times \left(2.5 \times 1.5 \times 0.8 + \frac{2 \times 0.145\,8}{0.8} \right) \right\}$$

$$= 0.9 \times \left\{ 1.2 \times [27.5 + 13.44] + 0.9 \times 1.4 \times \left(3 + \frac{2 \times 0.145\,8}{0.8} \right) \right\}$$

$$= 0.9 \times \{49.128 + 4.24\}$$

$$= 48.0 (\text{kN})$$

按式(25-78)有：

$$N = 0.9 \times \left[1.35 \left(N_{Gk} H_0 + \sum_{i=1}^{n} N_{Gik} \right) + 1.4 \left(0.7 N_{Q1k} + 0.6 \times \frac{2M_w}{b} \right) \right]$$

$$= 0.9 \times \left\{ 1.35 \times [0.55 \times 50 + (1.1 + 9.6 + 0.5) \times 1.5 \times 0.8] + \right.$$

$$\left. 1.4 \times \left(0.7 \times 2.5 \times 1.5 \times 0.8 + 0.6 \times \frac{2 \times 0.1458}{0.8} \right) \right\}$$

$$= 0.9 \times \{1.35 \times [27.5 + 13.44] + 1.4 \times (2.1 + 0.14)\}$$

$$= 0.9 \times (55.269 + 3.136)$$

$$= 52.56 (\text{kN})$$

根据上述计算结果应取 $N = 52.56\text{kN}$ 作为设计依据。

$$q_w = 1.5 w_k = 1.5 \times 0.3 = 0.45 (\text{kN/m})$$

按式(25-79)得：

$$M_w = \frac{q_w h^2}{10} = \frac{0.4 \times 1.8^2}{10} = 0.1458 (\text{kN} \cdot \text{m})$$

按式(25-81)有：$I = I_0 + I_1 \dfrac{h_1}{h_0}$ 查表 25-45 和表 25-46 得 $I_0 = 121\,900\text{mm}^3$，$I_1 = 14\,200\text{mm}^4$，$h_1 = 1\,550\text{mm}$，$h_0 = 1\,900\text{mm}$，则：

$$I = 121\,900 + 14\,200 \times \frac{1\,550}{1\,900} = 133\,484 (\text{mm}^4)$$

按式(25-80)有：

$$i = \sqrt{\frac{I}{A_1}} = \sqrt{\frac{133\,484}{489}} = 16.52 (\text{mm})$$

$k_0 = 1.22$，则：

$$\lambda = \frac{k_0 h_0}{i} = \frac{1.22 \times 1\,900}{16.52} = 140$$

根据 $\lambda = 140$，查本手册上册表 5-13(b 类截面)得 $\varphi = 0.345$。

(2)一榀门架的稳定性验算按式(25-75)得：

$$\frac{N}{\varphi A_0} = \frac{52\,560}{0.345 \times 2 \times 489} = 155.77 (\text{MPa}) < f = 205\text{MPa}$$

满足要求。

5)支柱垫木平均压力计算和地基土承载力折减系数

支柱垫木平均压力计算和地基土承载力折减系数见表 25-47 和表 25-48。

支柱底垫木平均压力计算公式表   表 25-47

项　目	计算方法及公式	符　号　意　义
垫木平均压力计算	$p=\dfrac{N}{A}\leqslant m_{f}f_{ak}$ (25-82)	p——支柱底垫木的底面平均压力（$\times 10^{6}$ kPa）； N——上部支柱传至垫木顶面的轴向力设计值（kN）； A——垫木面积（m^2）； f_{ak}——地基土承载力设计值（kPa），按现行国家标准《建筑地基基础设计规范》（GB 50007—2011）的规定或工程地质报告提供的数据采用； m_{f}——支柱垫木地基土承载力折减系数，按表 25-47 采用

地基土承载力折减系数（m_f）   表 25-48

地基土类别	折 减 系 数	
	支撑在原土上时	支承在回填土上时
碎石土、砂土、多年填积土	0.8	0.4
粉土、黏土	0.9	0.5
岩石、混凝土	1.0	—

注：1. 支柱基础应有良好的排水措施，支安垫木前应适当洒水将原土表面夯实夯平。
    2. 回填土应分层夯实，其各类回填土的干重度应达到所要求的密实度。

6)模板系统稳定性验算

混凝土框架和混凝土墙的模板、钢筋全部安装完毕后，应验算在本地区规定的风压作用下，整个模板系统的稳定性。其验算方法是将要求的风力与模板系统、钢筋的自重乘以相应荷载分项系数后，其合力作用线不得超过背风面的柱脚或墙底脚的外边。

第五节　大模板计算

大模板一般采用钢板面和钢支撑结构制作，大模板应按《钢结构设计规范》（GB 50017—2003）与《混凝土结构工程施工质量验收规范》（GB 50204—2002）的要求进行设计与计算。

一、荷载、计算项目和构造与计算简图

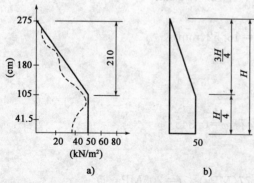

图 25-3　侧压力分布（尺寸单位：cm）
a)侧压力试验分布规律；b)简化侧压力分布规律

1. 荷载

（1）新浇混凝土的侧压力标准值。当模板高度 $H=2.5\sim 3m$ 时，新浇混凝土墙体对模板的侧压力标准值可按图 25-3 确定。

（2）倾倒混凝土时产生的荷载标准值按表 25-6 采用。

（3）验算大模板稳定时所采用的风荷载标准值，应按基本风压值乘以临时结构调整系数 0.8。

2. 大模板需计算的项目

（1）板面、与板面直接焊接的纵横肋、竖向主梁的强度与刚度计算。

上述构件均为受弯构件,与板面直接焊接的纵横肋是板面的支承边。竖向主梁作为横向肋的支座,穿墙螺栓作为竖向主梁的支座。

(2)穿墙螺栓的强度。

(3)操作平台悬挑三角架、平台板及护身栏的强度与刚度。

(4)吊装大模板钢吊环的强度及焊缝强度。

(5)大模板自稳角的计算。

3. 构造与计算简图

构造与计算简图如图 25-4 所示。

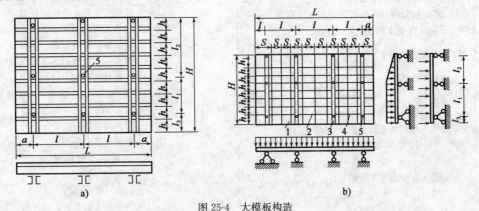

图 25-4 大模板构造

a)单向板构造的大模板;b)双向板构造与大模板

1-面板;2-横肋;3-竖向主梁;4-小纵肋;5-穿墙螺栓

二、钢面板、横肋、竖向主梁和穿墙螺栓及吊环的计算

1. 钢面板计算

钢面板与纵横肋采用断续焊焊接成整体,钢面板被分成若干矩形方格,根据矩形方格长宽尺寸的比例,可把钢面板当作单向板或双向板计算。当长宽比大于 2 时,单向板可按三跨或四跨连续梁计算;当长宽比小于 2 时,按四边支承在纵横肋上的双向板计算。计算简图根据周边的嵌固程度有所不同(图 25-5),可根据小方格的两边长度 l_x、l_y 从《建筑结构静力计算手册》第四章板的计算用表查得它的内力。因此,合理的设计应将板面分成双向板,这样应力与变形都会大大减小,为此在横肋之间再加焊一些扁钢加劲肋,将钢板面由单向变成双向板。在这种情况下,一般最不利的情况是最下端边沿的板,但最下端的实际侧压力是很小的,实际上最不利

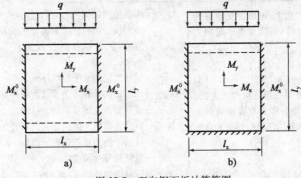

图 25-5 双向钢面板计算简图

a)两边嵌固、两边简支;b)三边嵌固,一边简支

的板是由下端数第二或第三行侧面方格,为三面嵌固,一面简支选用最大侧压力值。钢面板计算表见表 25-49。

钢面板计算公式表

表 25-49

项目	计算方法及公式	符 号 意 义
钢面板计算	1. 最大的正应力 σ_{max} 应用《静力学计算手册》第四章板的计算表中由 l_x、l_y 的比值分别查出板的跨中和支座弯矩。跨中两个方向的弯矩分别为: $$M_x = K_x q l_x^2 \quad (25\text{-}83)$$ $$M_y = K_y q l_y^2 \quad (25\text{-}84)$$ 支座边上的弯矩分别为: $$M_x^0 = K_x^0 q l_x^2 \quad (25\text{-}85)$$ $$M_y^0 = K_y^0 q l_y^2 \quad (25\text{-}86)$$ 求跨中弯矩时需进行修正 $$M_x^{(y)} = M_x + v M_y \quad (25\text{-}87)$$ $$M_y^{(y)} = M_y + v M_x \quad (25\text{-}88)$$ 板的最大正应力按下式验算: $$\sigma_{max} = \frac{M_{max}}{\gamma_x W} \leqslant f \quad (25\text{-}89)$$ $$W = \frac{1}{6} b h^2 \quad (25\text{-}90)$$ 2. 最大挠度验算 $$\omega_{max} = K_w \frac{F l^4}{B_0} \quad (25\text{-}91)$$ $$B_0 = \frac{E h^3}{12(1-v^2)} \quad (25\text{-}92)$$	K_x、K_y、K_x^0、K_y^0——内力计算系数,由《建筑结构静力计算》手册中查得; q——从侧压力图形中得到的线布侧压力(kPa); l_x、l_y——分别为板的两边边长(mm); M_{max}——板面最大计算弯矩设计值(N·m),可查相应的静力计算图表求得; γ_x——截面塑性发展系数,$\gamma_x=1$; W——弯矩平面内净截面模量(mm³); σ_{max}——板面最大正应力; F——新浇混凝土侧压力的标准值,取 50kPa; l——计算面板的短边长(mm); B_0——板的刚度; E——钢材的弹性模量,取 $E=2.6 \times 10^5$ MPa; h——钢板厚度(mm); v——钢板的泊松系数,$v=0.3$; K_w——挠度计算系数,根据板面不同的支承情况,查相应的静力计算图表; ω_{max}——板的计算最大挠度; M_x、M_y——分别为 x 和 y 轴方向的弯矩(kN·m); b——板单位宽度,取 $b=1$。 注:计算得到的 $\omega_{max} \leqslant [\omega] = \dfrac{l}{500}$,则满足要求。否则需调整钢板厚度或肋的间距。式中 l 为计算面板的短边长度(mm)

2. 横肋计算

横肋计算公式见表 25-50。

横肋计算公式表

表 25-50

项目	计算方法及公式	符 号 意 义
横肋的计算	横肋支承在竖向大肋上,可作为支承在竖向大肋上的连续梁计算,其跨度等于竖向大肋的间距。 横肋上的荷载为: $$q = Fh \quad (25\text{-}93)$$ 横肋的弯矩剪力可用一般结构力学方法,如弯矩分配法、三弯矩方程或查表法直接求得。从其最大弯矩和剪力值进行强度和挠度验算: 1. 强度验算 $$\sigma = \frac{M_{max}}{\gamma_x W} \leqslant f \quad (25\text{-}94)$$	F——模板板面的侧压力,当计算强度时,它是新浇混凝土的侧压力设计值与倾倒混凝土的荷载设计值之和;当计算刚度时,它只取新浇混凝土侧压力的标准值(kPa),$F=50$kPa; h——横肋之间的水平距离(mm); M_{max}——横肋最大计算弯矩设计值(N·mm); γ_x——截面塑性发展系数,$\gamma_x=1.0$; W——横肋在弯矩平面内净截面模量(mm³); q——横肋上的均布荷载标准值,$q=Fh$(N/mm); a——悬臂部分的长度(mm); E——钢材的弹性模量,取 $E=2.06 \times 10^5$MPa; I——弯矩平面内横肋的惯性矩(mm⁴)

项目	计算方法及公式	符号意义
横肋的计算	横肋计算简图 图中：l—竖向主梁的间距(mm)； q—横肋上的均布荷载。 2.挠度验算 悬臂部分挠度： $$\omega_{max}=\frac{qa^4}{8EI}\leqslant[\omega]=\frac{a}{500}\quad(25\text{-}95)$$ 跨中部分挠度： $$\omega_{max}=\frac{ql^4}{384EI}(5-24\lambda^2)\leqslant\frac{l}{500}$$ $$(25\text{-}96a)$$ 跨中部分挠度如按多跨连续梁均布荷载计算时，其挠度为： $$\omega_{max}=K_f\frac{ql^4}{100EI}\quad(25\text{-}96b)$$	l——竖向主梁间距(mm)，跨中部分长度； λ——悬臂部分长度与跨中部分长度之比，即 $\lambda=\frac{a}{l}$； K_f——最大挠度系数。 二跨连续梁时：$K_f=0.521$ 三跨连续梁时：$K_f=0.677$ 四跨连续梁时：$K_f=0.632$

3. 竖向大肋计算

竖向大肋用两根槽钢制成。为将内、外模板连成整体，在大肋上每隔一段距离穿上螺栓固定，因此计算时，可把竖向大肋视作支承在穿墙螺栓上的两跨连续梁。大肋承受横肋传来的集中荷载。为简化计算，常把集中荷载化为均布荷载(图25-6)。竖向大肋计算公式见表25-51。

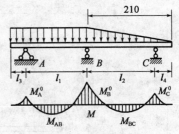

图 25-6　竖向大肋计算简图(尺寸单位：cm)

竖向大肋计算公式表　　　　　　　　　　　表 25-51

项目	计算方法及公式	符号意义
竖向大肋计算	1.大肋下部荷载： $$q_1=Fl\quad(25\text{-}97)$$ 2.大肋上部荷载： $$q_2=\frac{q_1 l_2}{2\,100}\quad(25\text{-}98)$$ 3.截面验算——已知荷载分布、支承情况后，可按一般力学分析方法求出最大弯矩值，再进行截面验算。 4.对挠度的验算与横肋验算方法相同，可按下式验算。 悬臂部分挠度： $$\omega_A=\frac{q_1 l_3^4}{8EI}\leqslant\frac{l}{500}\quad(25\text{-}99)$$ 跨中部分挠度： $$\omega_A=\frac{ql^4}{384EI}(5-24\lambda^4)\leqslant\frac{l}{500}\quad(25\text{-}100)$$	F——混凝土侧压力，$F=50kPa$； l——竖向大肋的水平距离(mm)； l_1、l_2——下、上部穿墙螺栓的竖向间距(mm)； $2\,100$——侧压力分布图中距顶部2.1m处的三角形分布侧压力的距离； l_3——下端悬臂长(mm)； 式中的符号意义与横肋计算相同。 式中的 l 分别表示 l_1 或 l_2。 注：为保证大模板在使用期间变形不致太大，应将面板的计算挠度值与横肋(或竖向大肋)的计算挠度值进行组合叠加，要求组合后的挠度值满足小于模板制作允许偏差，板面平整度 $w\leqslant3mm$ 的质量要求

三、停放时风载作用下大模板自稳角计算

大模板自稳角的计算见表 25-52。

大模板自稳角的计算公式表　　　　　　　　　　　　　　表 25-52

项目	计算方法及公式	符 号 意 义
停放时风荷载作用下大模板自稳角计算	大模板面积较大,停放在现场时,在风载作用下,可能被吹倒,因应此停放大模板时的倾斜角度是保证不被刮倒的关键。大模板的稳定性以自稳角 α 来衡量,即对一定自重的大模板,在某一高度一定的风荷载作用下,能保持其不被风吹倒的 α 角最小值(下图)。设大模板宽度为 B,其自稳角计算公式如下: $$GBH\alpha=0.8KWh\frac{h}{2}B$$ 即:　　$$GH\alpha=0.8KW\frac{h^2}{2}$$ 因为 $h=H\cos\alpha, a=\frac{H}{2}\sin\alpha$, 所以: $$GH\frac{H}{2}\sin\alpha=0.8KWH^2\cos^2\alpha\frac{1}{2}$$ 即 $G\sin\alpha=0.8KW\cos^2\alpha=0.8KW(1-\sin^2\alpha)$ 　　　　$=0.8KW-0.8KW\sin^2\alpha$ 则: $$0.8KW\sin^2\alpha+G\sin\alpha-0.8KW=0$$ 解得: $$\sin\alpha=\frac{-G\pm\sqrt{G^2-4\times0.8\times0.8K^2W^2}}{2\times0.8KW}$$ 大模板的自稳角验算简图 化简得: $$\sin\alpha=\frac{-G\pm\sqrt{G^2-5.76W^2}}{2.4W}\qquad(25\text{-}101)$$ 所以自稳角: $$\alpha=\arcsin\frac{-G\pm\sqrt{G^2-5.76W^2}}{2.4W}\qquad(25\text{-}102)$$	G——大模板自重(kPa); W——基本风压(kPa); K——稳定安全系数 $K=1.5$; 0.8——基本风压值调整系数。 注:当大模板实际支设时,面板与垂直线间的夹角 α 大于式(25-102)计算的自稳角时,大模板将不会向左或向右倾覆,是稳定的,否则将是不稳定的

【例 25-18】　某污水厂初沉池采用双向面板的大模板,已知大模板构造尺寸如图 25-4 所示。采用 5mm 钢板作面板,大模板的尺寸为 $H\times L=2\,750\text{mm}\times4\,900\text{mm}$,其竖向小肋采用扁钢—60mm×6mm,间距 $S=300$mm,横肋是采用槽钢[8,间距 $h=300$mm,$h_1=350$mm,竖向大肋采用 2 根槽钢组合 2[8,其间距 $l=1\,370$mm,$a=400$mm,其中穿墙螺栓的间距 $l_1=1\,050$mm,$l_2=1\,450$mm,$l_3=250$mm,试全面验算此大模板的强度与挠度是否符合要求。

解:混凝土对大模板的最大侧压力 $F=50$kPa

46

1. 面板验算

(1)强度验算

选面板区格中一边简支、三边固定的最不利受力情况进行计算。

$\dfrac{l_y}{l_x} = \dfrac{300}{300} = 1.0$，查《建筑结构静力计算手册》或本手册附录 A 表 A2-6-6，得 $K_{M_x}^0 = -0.060\,0$，$K_{M_y}^0 = -0.055\,0$，$K_{M_x} = 0.022\,7$，$K_{M_y} = 0.016\,8$，$K_w = 0.001\,6$。

取 1mm 宽的板条作为计算单元，荷载 q 为：

$q = 0.05 \times 1 = 0.05 (\text{N/mm})$

求支座弯矩，按式(25-85)、式(25-86)得：

$M_x^0 = K_{M_x}^0 \times q \times l_x^2 = -0.060\,0 \times 0.05 \times 300^2 = -270 (\text{N} \cdot \text{mm})$

$M_y^0 = K_{M_y}^0 \times q \times l_y^2 = -0.055\,0 \times 0.05 \times 300^2 = -248 (\text{N} \cdot \text{mm})$

面板的截面系数：$W = \dfrac{1}{6}bh^2 = \dfrac{1}{6} \times 1 \times 5^2 = 4.167 (\text{mm}^3)$

应力按式(25-89)得：

$\sigma_{max} = \dfrac{M_{max}}{v_x W} = \dfrac{270}{4.167} = 65 (\text{MPa}) < 215\text{MPa}$（式中 $v_x = 1.0$），可满足要求。

求跨中弯矩，按式(25-83)、式(25-84)得：

$M_x = K_{M_x} \times q \times l_y^2 = 0.022\,7 \times 0.05 \times 300^2 = 102 (\text{N} \cdot \text{mm})$

$M_y = K_{M_y} \times q \times l_y^2 = 0.016\,8 \times 0.05 \times 300^2 = 76 (\text{N} \cdot \text{mm})$

钢板的泊松比 $v = 0.3$，故需换算，按式(25-87)、式(25-88)得：

$M_x^{(v)} = M_x + vM_y = 102 + 0.3 \times 76 = 125 (\text{N} \cdot \text{mm})$

$M_y^{(v)} = M_y + vM_x = 76 + 0.3 \times 102 = 107 (\text{N} \cdot \text{mm})$

应力为：

$\sigma_{max} = \dfrac{M_{max}}{v_x W} = \dfrac{125}{4.167} = 30 (\text{MPa}) < 215\text{MPa}$，满足要求。

(2)挠度验算，按式(25-92)、式(25-91)得：

$B_0 = \dfrac{Eh^3}{12(1-v^2)} = \dfrac{2.1 \times 10^5 \times 5^3}{12(1-0.3^2)} = 24 \times 10^5 (\text{N} \cdot \text{mm})$

$\omega_{max} = K_f \dfrac{ql^4}{B_0} = 0.001\,60 \times \dfrac{0.05 \times 300^4}{24 \times 10^5} = 0.270 (\text{mm})$

$\dfrac{f}{l} = \dfrac{0.27}{300} = \dfrac{1}{1\,111} < \dfrac{1}{500}$，满足要求。

2. 横肋计算

横肋间距 300mm，采用[8，支承在竖向大肋上。

荷载 $q = Fh = 0.05 \times 300 = 15 (\text{N/mm})$

[8 的截面系数 $W = 25.3 \times 10^3 \text{mm}^3$，惯性矩 $I = 101.3 \times 10^4 \text{mm}^4$

横肋为两端带悬臂的三跨连续梁，利用弯矩分配法计算得弯矩如图 25-7 所示。

由弯矩图中可得最大弯矩 $M_{max} = 2\,554\,000 \text{N} \cdot \text{mm}$

(1)强度验算按式(25-89)得：

$\sigma_{max} = \dfrac{M_{max}}{v_x W} = \dfrac{2\,554\,000}{25.3 \times 10^3} = 101 (\text{MPa}) < 215\text{MPa}$，可满足要求。

(2)挠度验算按式(25-95)、式(25-96)得：

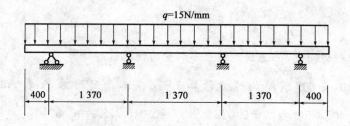

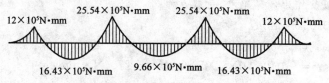

图 25-7 横肋弯矩图(尺寸单位:mm)

悬臂部分挠度：$\omega=\dfrac{ql^4}{8EI}=\dfrac{15\times400^4}{8\times2.1\times10^5\times101.3\times10^4}=0.226(\text{mm})$

$$\dfrac{\omega}{l}=\dfrac{0.226}{400}=\dfrac{1}{1\,770}<\dfrac{1}{500}，满足要求。$$

跨中部分挠度：

$$\omega=\dfrac{ql^4}{384EI}(5-24\lambda^2)=\dfrac{15\times1\,370^4}{384\times2.1\times10^5\times101.3\times10^4}\left[5-24\times\left(\dfrac{400}{1370}\right)^2\right]=1.911(\text{mm})$$

$$\dfrac{\omega}{l}=\dfrac{1.911}{1\,370}=\dfrac{1}{717}<\dfrac{1}{500}，满足要求。$$

3.竖向大肋计算

选用 2[8,以上、中、下三道穿墙螺栓为支承点,$W=50.6\times10^3\text{mm}^3$,$I=202.6\times10^4\text{mm}^4$

大肋下部荷载:$q_1=Fl=0.05\times1\,370=68.5(\text{N/mm})$

大肋上部荷载:$q_2=\dfrac{q_1l_2}{2\,100}=\dfrac{68.5\times1\,450}{2\,100}=47.3(\text{N/mm})$

大肋为一端带悬臂的两跨连续梁,利用弯矩分配法计算得弯矩如图 25-8 所示。

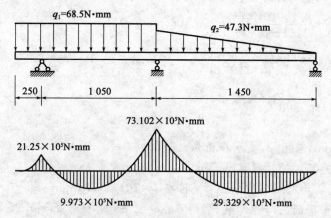

图 25-8 竖向大肋弯矩图(尺寸单位:mm)

由弯矩图中可得最大弯矩 $M_{\max}=7\,310\,200\text{N}\cdot\text{mm}$

(1)强度验算

$$\sigma_{\max}=\dfrac{M_{\max}}{v_x W}=\dfrac{7\,310\,200}{50.6\times10^3}=144(\text{MPa})<215\text{MPa}(式中\ v_x=1.0)，满足要求。$$

(2)挠度验算按式(25-95)、式(25-96)得：

悬臂部分挠度：$\omega = \dfrac{q_1 l_3^4}{8EI} = \dfrac{68.5 \times 250^4}{8 \times 2.1 \times 10^5 \times 202.6 \times 10^4} = 0.079\,(\text{mm})$

$$\frac{\omega}{l} = \frac{0.079}{250} = \frac{1}{3\,165} < \frac{1}{500}，满足要求。$$

跨中部分挠度：

$$\omega = \frac{q_1 l_1^4}{384EI}(5 - 24\lambda^2) = \frac{68.5 \times 1050^4}{384 \times 2.1 \times 10^5 \times 202.6 \times 10^4}\left[5 - 24 \times \left(\frac{250}{1\,050}\right)^2\right] = 1.855\,(\text{mm})$$

$$\frac{\omega}{l} = \frac{1.855}{1\,050} = \frac{1}{566} < \frac{1}{500}，满足要求。$$

以上分别求出面板、横肋和竖向大肋的挠度，组合的挠度为：

面板与横肋组合：$\omega = 0.270 + 1.911 = 2.261\,(\text{mm}) < 3\text{mm}$

面板与竖向大肋组合：$\omega = 0.270 + 1.855 = 2.125\,(\text{mm}) < 3\text{mm}$

由计算结果可知，该大模板均能满足强度和挠度要求。

第六节　　现浇混凝土模板计算

一、组合钢模板的规格及其力学性能

国内常用的标准组合钢模平面模板的规格及其力学性能见表25-53~表25-55。

平面模板规格表　　　　　　　　　　　　　　　　表25-53

宽度(mm)	代号	尺寸(mm)	每块面积(m^2)	每块重量(N)	宽度(mm)	代号	尺寸(mm)	每块面积(m^2)	每块重量(N)
300	P3015	300×1 500×55	0.45	149	200	P2007	300×750×55	0.15	52.5
	P3012	300×1 200×55	0.36	121		P2006	300×600×55	0.12	41.7
	P3000	300×900×55	0.27	92.1		P2004	300×450×55	0.09	33.4
	P3007	300×750×55	0.225	79.3	150	P1515	150×1 500×55	0.225	80.1
	P3006	300×600×55	0.18	63.6		P1512	150×1 200×55	0.18	64.7
	P3004	300×450×55	0.135	50.8		P1509	150×900×55	0.135	49.3
250	P2515	250×1 500×55	0.375	132		P1507	150×750×55	0.113	42.3
	P2512	250×1 200×55	0.30	106.6		P1506	150×600×55	0.09	34.0
	P2509	250×900×55	0.225	81.3		P1504	150×450×55	0.068	26.9
	P2507	250×750×55	0.188	69.8	100	P1015	100×1 500×55	0.15	63.6
	P2506	250×600×55	0.15	56.0		P1012	100×1 200×55	0.12	51.3
	P2504	250×450×55	0.113	44.5		P1000	100×900×55	0.09	39.0
200	P2015	200×1 500×55	0.30	97.6		P1007	100×750×55	0.075	33.3
	P2012	200×1 200×55	0.24	79.1		P1006	100×600×55	0.06	26.7
	P2009	200×900×55	0.18	60.3		P1004	100×450×55	0.045	21.1

注：1. 平面模板重量按2.3mm厚钢板计算。

　　2. 代号：如P3015，P表示平面模板，30表示模板宽度为300mm，15表示模板长度为1 500mm。但P3007中07表示模板长750mm，P3004中04表示模板长450mm。

模板宽度 (mm)	截面积 A(mm²)	中性轴位置 Y_0(mm)	x 轴截面惯性矩 I_x(cm⁴)	截面最小模量 W_x(cm³)	截面简图(尺寸单位:mm)
300	1 080 (978)	11.1 (10.0)	27.91 (26.39)	6.36 (5.86)	
250	965 (863)	12.3 (11.1)	26.62 (25.38)	6.23 (5.78)	
200	702 (639)	10.6 (9.5)	17.63 (16.62)	3.97 (3.65)	
150	587 (524)	12.5 (11.3)	16.40 (15.64)	3.86 (3.58)	
100	472 (409)	15.3 (14.2)	14.54 (14.11)	3.66 (3.46)	

注:1. 表中无括号数字为毛截面,有括号数字为净截面。

2. 表中各种宽度的模板,其长度规格有:1.5m、1.2m、0.9m、0.75m、0.6m 和 0.45m;高度全为55mm。

模板宽度 (mm)	截面积 A (mm²)	中性轴位置 Y_0 (mm)	x 轴截面惯性矩 I_x(cm⁴)	截面最小模量 W_x(cm³)	截面简图(尺寸单位:mm)
300	114.4 (104.0)	10.7 (9.6)	28.59 (26.97)	6.45 (5.94)	
250	101.9 (91.5)	11.9 (10.7)	27.33 (25.98)	6.34 (5.86)	
200	76.3 (69.4)	10.7 (9.6)	19.06 (17.98)	4.3 (3.96)	
150	63.8 (56.9)	12.6 (11.4)	17.71 (16.91)	4.18 (3.88)	
100	51.3 (44.4)	15.3 (14.3)	15.72 (15.25)	3.96 (3.75)	

注:同表 25-54。

二、板模板计算

1. 板模板计算

板模板计算公式见表 25-56。

项目	计算方法及公式	符号意义
木模板计算	现浇钢筋混凝土楼面板(平台)模板一般支承在横楞(木楞或钢楞)上,横楞再支承在下面支柱或桁架上。 1. 当为木模板 木楞间距一般为 0.5～1.0m,模板按连续梁计算,可按结构力学计算方法或查表求出它	W——板模板的截面抵抗矩(mm³); M——板模板计算最大弯矩(N·mm); f_m——木材抗弯强度设计值,取 $f_m=13$MPa; w——模板的挠度(mm); K_w——挠度系数,可查《建筑结构静力计算手册》第三章第四节表 3-7 得,一般按四跨连续梁考虑,得 $K_w=0.967$

项 目	计算方法及公式	符 号 意 义
木模板计算	的最大弯矩和挠度,再按下式分别计算其强度和刚度。 (1)截面抵抗矩: $$W \geqslant \frac{M}{f_m} \quad (25\text{-}103)$$ (2)挠度: $$\omega_A = \frac{K_w q l^4}{100EI} \leqslant [\omega] = \frac{l}{400} \quad (25\text{-}104)$$	q——作用于模板底板上的均布荷载(kPa); l——计算跨度(mm)等于木楞的间距; E——木材的弹性模量,$E=9.5 \times 10^3$MPa; I——底板的截面惯性矩(mm⁴),$I=\frac{1}{2}bh^3$; b——底板木模板的宽度(mm); h——底板木模板的厚度(mm); $[\omega]$——板模板的容许挠度,取$\frac{l}{400}$
组合式钢模板的计算	2.当为组合式钢模板时 钢楞间距按下图位置布置,可单跨两端悬臂板求其弯矩和挠度,再按下式分别计算强度和刚度。 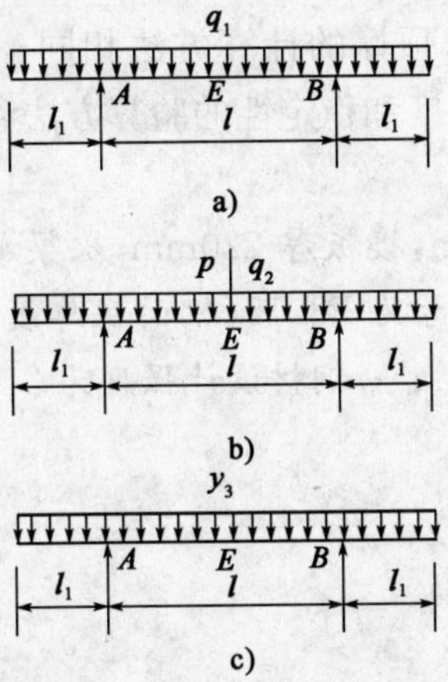 q_1 a) $P\ q_2$ b) y_3 c) 楼板(平台)模板采用组合钢 模板计算简图 (1)当施工荷载均布作用时[图 a)]设 $$n = \frac{l_1}{l}$$ 支座弯矩:$M_A = -\frac{1}{2}q_1 l_1^2 \quad (25\text{-}105)$ 跨中弯矩:$M_B = \frac{1}{8}q_1 l^2(1-4n^2) \quad (25\text{-}106)$ (2)当施工荷载集中作用于跨中时[图 b)] 支座弯矩:$M_A = -\frac{1}{2}q_2 l_1^2 \quad (25\text{-}107)$ 跨中弯矩 $M_E = \frac{1}{8}q_2 l^2(1-4n^2) + \frac{Pl}{4}$ $\quad (25\text{-}108)$ 以上弯矩取其中弯矩最大值,按以下公式进行截面强度验算: $$\sigma = \frac{M}{W} < f \quad (25\text{-}109)$$ 板的挠度按下式验算[图 c)]	q_1、q_2、q_3——分别为作用于钢模板上不同组合的均布荷载(kPa); l——钢模板计算跨度(mm),等于钢楞间距; l_1——钢模板悬臂端长度(mm); P——作用于跨中的施工集中荷载(N); σ——钢模板承受的应力(MPa); W——钢模板截面抵抗矩(mm³); f——钢模板的抗拉、抗弯强度设计值,取$f=$ $\quad$215MPa; E——钢材的弹性模量,$E=2.1 \times 10^5$MPa; I——钢模板的截面惯性矩(mm⁴); $[\omega]$——钢模板的容许挠度,取$\frac{l}{400}$

项目	计算方法及公式	符号意义
组合式钢模板的计算	端部挠度： $$\omega_c = \frac{q_3 l_1 l^3}{24EI}(-1+6n^2+3n^3) < [\omega] \quad (25\text{-}110)$$ 跨中挠度： $$\omega_E = \frac{q_3 l^4}{384EI}(5-24n^2) < [\omega] \quad (25\text{-}111)$$	

2. 板模板横楞计算

横楞由支柱或钢桁架支承,跨距与板模板跨距相当,当横楞长度大于 1.5m 时,按两跨或三跨连续梁计算;当长度小于 1.5m 时,按单跨两端悬臂梁计算,求出最大弯矩和挠度后,再用板模板同样的方法进行强度和刚度的验算。

3. 支柱计算

如采用木支柱,强度和稳定性的验算方法与梁、木顶撑的计算方法相同(参见梁模板计算);如采用工具或钢管架或钢管脚手支架支顶时,其强度和稳定性的验算方法参见"钢管架计算"和"钢管脚手支架计算"(从略)。

【例 25-19】 某建筑物底层平台楼面,高程为 7.0m,楼板厚 220mm,次梁截面为 300mm×600mm,中心距 2.0m,采用组合钢模板支模,主板型号为 P3015(钢面板厚度为 2.3mm,质量 $0.33kg/m^2$,$I_{xj}=26.39\times10^4 mm^4$,$W_{xj}=5.86\times10^3 mm^3$),钢材设计强度为 215MPa,弹性模量为 $2.1\times10^5 MPa$,支承横楞用内卷边槽钢。

解:(1)楼板模板验算

①荷载计算

楼板标准荷载为:

楼板模板自重力:0.33kPa

楼板混凝土自重力:25×0.22=5.5(kPa)

楼板钢筋自重力1.1×0.22=0.242(kPa)

施工人员及设备(均布荷载):2.5kPa

　　　　　　　　(集中荷载):2.5kPa

永久荷载分项系数取1.2,可变荷载分项系数取1.4;由于模板及其支架中不确定的因素较多,荷载取值难以准确,不考虑荷载设计值的折减,已知模板宽度为0.3m。则设计均布荷载分别为:

$q_1=[(0.33+5.5+0.242)\times1.2+2.5\times1.4]\times0.3=3.24(kN/m)$

$q_2=(0.33+5.5+0.242)\times1.2\times0.3=2.196(kN/m)$

$q_3=(0.33+5.5+0.242)\times0.3=1.822(kN/m)$

设计集中荷载为:$P=2.5\times1.4=3.5(kN)$

②强度验算

计算简图如图 25-9a)所示。

当施工荷载按均布作用时[图 25-9a)],已知 $n=\dfrac{l_1}{l}=\dfrac{0.375}{0.75}=0.5$。

52

支座弯矩：$M_A = \dfrac{1}{2} q_1 l_1^2 = -\dfrac{1}{2} \times 3.24 \times 0.375^2 = -0.228 (\text{kN} \cdot \text{m})$

跨中弯矩：$M_B = \dfrac{1}{8} q_1 l^2 (1 - 4n^2) = \dfrac{1}{8} \times 3.24 \times 0.75^2 (1 - 4 \times (0.5)^2) = 0$

当施工荷载集中作用于跨中时［图 25-9b)］

支座弯矩：$M_A = -\dfrac{1}{2} q_2 l_1^2 = -\dfrac{1}{2} \times 2.196 \times 0.375^2 = -0.154 (\text{kN} \cdot \text{m})$

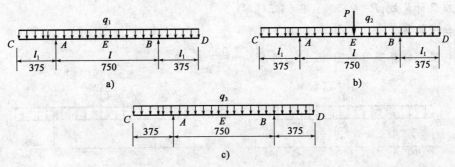

图 25-9　楼板模板计算简图(尺寸单位:mm)

a)当施工荷载均布作用时,模板的强度计算简图;b)当施工荷载集中作用于跨中时,模板的强度计算简图;c)模板的刚度计算简图

跨中弯矩：$M_E = \dfrac{1}{8} q_2 l^2 (1 - 4n^2) + \dfrac{Pl}{4}$

$$= \dfrac{1}{8} \times 2.196 \times 0.75^2 \times (1 - 4 \times 0.5^2) + \dfrac{1}{4} \times 3.5 \times 0.75 = 0.656 (\text{kN} \cdot \text{m})$$

比较以上弯矩值,其中以施工荷载集中作用与跨中时的 M_E 值为最大,故以此弯矩值进行截面强度验算,由式(25-109)得：

$$\sigma_E = \dfrac{M_E}{W_{xj}} = \dfrac{0.656 \times 10^6}{5\,860} = 112 (\text{MPa}) < 215 \text{MPa}$$

满足要求。

③刚度验算

刚度验算的计算简图如图 25-9c)所示。按式(25-110)和式(25-111)计算。

端部挠度：$\omega_c = \dfrac{q_3 l_1 l^3}{24EI} (-1 + 6n^2 + 3n^3)$

$$= \dfrac{1.822 \times 375 \times (750)^3}{24 \times 2.1 \times 10^5 \times 26.39 \times 10^4} [-1 + 6 \times (0.5)^2 + 3 \times (0.5)^3]$$

$$= 0.189\,6 (\text{mm}) < \dfrac{750}{400} = 1.875 \text{mm}$$

跨中挠度：$\omega_E = \dfrac{q_3 l^4}{384EI} (5 - 24n^2)$

$$= \dfrac{1.822 \times (750)^4}{384 \times 2.1 \times 10^5 \times 26.39 \times 10^4} [5 - 24 \times (0.5)^2]$$

$$= 0.027 (\text{mm}) < 1.875 \text{mm}$$

故刚度满足要求。

(2)楼板模板、支承钢楞验算

设钢楞采用两根 100mm×50mm×20mm×3mm 的内卷边槽钢($W_x = 20.06 \times 10^3 \text{mm}^3$，

53

$I_x = 100.28 \times 10^4 \text{mm}^4$),钢楞间距为 0.75m。

①荷载计算

钢楞承受的楼板标准荷载与楼板相同,则钢楞承受的均布荷载为:

$q_1 = [(0.33 + 5.5 + 0.242) \times 1.2 + 2.5 \times 1.4] \times 0.75 = 8.09 \text{(kN/m)}$

$q_2 = (0.33 + 5.5 + 0.242) \times 1.2 \times 0.75 = 5.465 \text{(kN/m)}$

$q_3 = (0.33 + 5.5 + 0.242) \times 0.75 = 4.554 \text{(kN/m)}$

集中设计荷载:$P = 2.5 \times 1.4 = 3.5 \text{(kN)}$

②强度验算

钢楞强度验算简图如图 25-10a)所示,$n = \dfrac{0.3}{1} = 0.3$

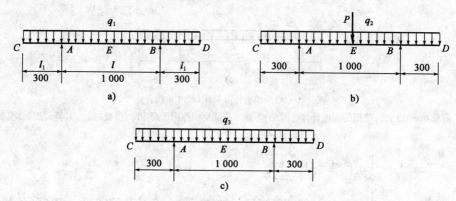

图 25-10 支承楼板模板的钢楞计算简图(尺寸单位:mm)

a)当施工荷载均布作用时,钢楞的强度计算简图;b)当施工荷载集中作用于跨中时,钢楞的强度计算简图;c)钢楞的刚度计算简图

当施工荷载均布作用时,

支座弯矩:$M_A = \dfrac{1}{2} q_1 l_1^2 = -\dfrac{1}{2} \times 8.0898 \times 0.3^2 = -0.364 \text{(kN} \cdot \text{m)}$

跨中弯矩:$M_B = \dfrac{1}{8} q_1 l^2 (1 - 4n^2) = \dfrac{1}{8} \times 8.0898 \times 1.0^2 \times [1 - 4 \times (0.3)^2] = -0.647 \text{(kN} \cdot \text{m)}$

当施工荷载集中作用于跨中时[图 25-10b)]

支座弯矩:$M_A = \dfrac{1}{2} q_2 l_1^2 = -\dfrac{1}{2} \times 5.465 \times 0.3^2 = -0.25 \text{(kN} \cdot \text{m)}$

跨中弯矩:$M_E = \dfrac{1}{8} q_2 l^2 (1 - 4n^2) + \dfrac{Pl}{4}$

$$= \dfrac{1}{8} \times 5.465 \times 1^2 \times [1 - 4 \times (0.3)^2] + \dfrac{1}{4} \times 3.5 \times 1 = 1.29 \text{(kN} \cdot \text{m)}$$

比较以上弯矩值,其中以施工荷载集中作用于跨中时的 M_E 值为最大。

$$\sigma_E = \dfrac{M_E}{W_x} = \dfrac{1.29 \times 10^6}{20.06 \times 10^3 \times 2} = 32.15 \text{(MPa)} < 215 \text{(MPa)}$$

故强度满足要求。

③刚度验算[图 25-10c)]

端部挠度:$\omega_c = \dfrac{q_3 l_1 l^3}{24EI}(-1 + 6n^2 + 3n^3)$

54

$$=\frac{4.554\times300\times(1\,000)^3}{24\times2.1\times10^5\times100.28\times10^4\times2}\times[-1+6\times(0.3)^2+3\times(0.3)^3]$$

$$=0.051\,2(\mathrm{mm})<\frac{1\,000}{400}=2.5(\mathrm{mm})$$

跨中挠度：$\omega_E=\frac{q_3l^4}{384EI}(5-24n^2)$

$$=\frac{4.554\times(1\,000)^4}{384\times2.1\times10^5\times100.28\times10^4\times2}\times[5-24\times(0.3)^2]$$

$$=0.08(\mathrm{mm})<2.5\mathrm{mm}$$

故刚度满足要求。

三、梁模板计算

梁模板计算公式见表 25-57。

梁模板计算公式表 表 25-57

项目	计算方法及公式	符号意义
梁模板底板计算	梁模板的底板是支承在楞木或顶撑上，楞木和顶撑的间距多为 0.8～1.0m，一般按多跨连续梁计算，如下图所示。先按结构力学方法和有关表格求得其最大弯矩、剪力和挠度，再按下列公式分别计算其强度和刚度。 截面抵抗矩：$W_{ji}\geqslant\dfrac{M}{f_m}$ (25-112) 剪应力：$\tau_{max}=\dfrac{3V}{2bh}\leqslant f_v$ (25-113) 挠度：$\omega_A=\dfrac{K_wql^4}{100EI}\leqslant[\omega]=\dfrac{l}{400}$ (25-114)	M——计算最大弯矩； f_m——木材抗弯强度设计值，施工荷载的调整系数 $m=1.3$； V——计算最大剪力，$V=K_vql$，K_v 为剪力； b——底板的宽度； h——底板的厚度； f_v——木材顺纹抗剪强度设计值； K_w——挠度系数，可从附录 II 中查得，一般按四跨连续梁考虑，$K_w=0.967$； q——作用于底板上的均布荷载； l——计算跨度，等于顶撑间距； E——木材的弹性模量，$E=(9\sim12)\times10^3\mathrm{MPa}$； I——底板截面惯性矩，$I=\dfrac{1}{12}bh^3$
梁侧模板计算	梁侧模板受到新浇筑混凝土侧压力的作用，侧压力计算方法和公式参见本手册上册"8.2 混凝土对模板的侧压力计算"一节。 梁模板构造和计算简图 a)梁模底板计算简图；b)梁模侧模板计算简图 1-大梁；2-底模板；3-楞木；4-侧模板；5-立档；6-木顶撑 梁侧模支承在竖向立档上，其支承跨度由立档的间距所确定。一般按三或四跨连续梁计算，求出其最大弯矩、剪力和挠度值，然后再用底板计算同样的方法进行强度和刚度的验算	

项目	计算方法及公式	符 号 意 义
木立撑计算	木顶撑(立柱)主要承受梁的底板或楞木传来的竖向荷载的作用。木顶撑一般按两端铰接轴心受压杆件来验算。当顶撑中间不设纵横向拉条时,其计算长度 $l_0=l$(l 为木顶撑的长度);当顶撑中间两个方向设水平拉条时,计算长度 $l_0=\dfrac{l}{2}$。 　　木顶撑的间距一般为 $800\sim1\,250\text{mm}$,顶撑头截面为 $50\text{mm}\times100\text{mm}$,顶撑立柱截面为 $100\text{mm}\times100\text{mm}$,顶撑承受两根顶撑之间的梁荷载,按轴心受压杆件计算。 ①强度验算 顶撑的受压强度按下式验算: $$\sigma=\frac{N}{A_n}\leqslant f_c \qquad(25\text{-}115)$$ ②稳定性验算 顶撑稳定性按下式验算: $$\sigma=\frac{N}{\varphi A_0}\leqslant f_c \qquad(25\text{-}116)$$ 由 λ 可查附录二或有关公式求得 φ 值。 　　根据经验,顶撑截面尺寸的选定,一般以稳定性来控制。当梁模板采用组合钢模板时,其计算荷载与木模板相同,计算方法同本章"第七节柱模板计算"中有关组合钢模板计算部分(略)	σ——顶撑的压应力; N——轴向压力,即两根顶撑之间承受的荷载; A_n——木顶撑的净截面面积; f_c——木材顺纹抗压强度设计值; A_0——木顶撑截面的计算面积,当木材无缺口时,$A_0=A$(A 为木顶撑的毛截面面积); φ——轴心受压构件稳定系数,根据顶撑木的长细比 λ 求得,$\lambda=l_0/i$; l_0——受压构件的计算长度; i——构件截面的回转半径,对于圆木 $i=d/4$;对于方木 $i=\dfrac{b}{\sqrt 2}$; d——圆截面的直径; b——方截面短边

【例 25-20】 某桥梁简支矩形梁,长 7.0m,高 0.6m,宽 0.30m,离地面高 4.2m,模板底楞木和顶撑间距为 0.85m,侧模板立档间距 500mm,木材用 Tc13B 红松,$f_c=10\text{MPa}$,$f_v=1.4\text{MPa}$,$f_m=13\text{MPa}$,$E=9.0\times10^3\text{MPa}$,混凝土的重度 $\gamma_c=25\text{kN/m}^3$,试计算确定梁模板底板、侧模板和顶撑的尺寸。

解:(1)底板计算

①强度验算

底板自重力:$0.30\times0.30=0.090(\text{kPa})$

混凝土自重力:$25\times0.30\times0.6=4.50(\text{kPa})$

钢筋自重力:$1.5\times0.30\times0.6=0.270(\text{kPa})$

振捣混凝土荷载:$2.0\times0.30\times1=0.6(\text{kPa})$

总竖向设计荷载:$q=(0.09+4.50+0.270)\times1.2+0.6\times1.4=6.67(\text{kPa})$

梁长 7.0m,考虑中间设一接头,按四跨连续梁计算,按最不利荷载布置,由附录 A 附表 A-11 可查得:$K_m=-0.121$,$K_v=-0.620$,$K_w=0.967$。

$$M_{max}=K_m ql^2=-0.121\times6.67\times0.85^2=-0.58(\text{kN/m})$$

需要截面抵抗矩:$W_n=\dfrac{M}{f_m}=\dfrac{0.58\times10^6}{13}=44\,868(\text{mm}^3)$

选用底板截面为:$300\text{mm}\times40\text{mm}$,$W_n=\dfrac{1}{6}\times300\times40^2=80\,000(\text{mm}^3)$

②剪应力验算

$$V=K_v ql=0.620\times6.67\times0.85=3.52(\text{kN})$$

剪应力: $\tau_{max}=\dfrac{3V}{2bh}=\dfrac{3\times3.52\times10^3}{2\times300\times40}=0.44(\text{MPa})$

$f_v=1.4\text{MPa}>\tau_{max}=0.44\text{MPa}$,满足要求。

③挠度验算

挠度验算时按标准荷载,但不考虑振动荷载,所以 $q＝0.090＋4.50＋0.270＝4.86(\text{kN}/\text{m})$。

由式(25-104)得:

$$\omega_{\text{A}}＝\frac{K_{\text{w}}ql^4}{100EI}＝\frac{0.967\times4.86\times850^4}{100\times9.0\times10^3\times\frac{1}{12}\times300\times40^3}$$

$$＝1.70(\text{mm})＜[\omega]＝\frac{850}{400}＝2.13(\text{mm})$$

满足要求。

(2)侧模板计算

①侧压力计算

分别按式(25-1)、式(25-2)计算 F 值,设已知 $T＝30℃,v＝2\text{m}/\text{h},\beta_1＝\beta_2＝1$,则

$$F＝0.22\gamma_c t_0\beta_1\beta_2 v^{\frac{1}{2}}＝0.22\times25\times\left(\frac{200}{30+15}\right)\times1\times1\times\sqrt{2}＝34.56(\text{kPa})$$

$$F＝\gamma_c H＝25\times0.6＝15(\text{kPa})$$

取两者较小值15kPa计算。

②强度验算

因立档间距为500mm,现模板按四跨连续梁计算,已知梁上混凝土楼板厚100mm,梁底模板厚40mm。施工时,梁要承受倾倒混凝土时产生的水平荷载4kPa和新浇筑混凝土对模板的侧压力。设侧模板的宽度为200mm,因作用在模板上下边沿处的混凝土侧压力相差不大,故可近似取其相等,其计算简图如图25-11所示。则设计荷载为:

$$q＝(15\times1.2＋4\times1.4)\times0.2＝4.72(\text{kN}/\text{m})$$

弯矩系数与模板底板相同。

$$M_{\text{max}}＝K_m ql^2＝-0.121\times4.72\times0.5^2＝-0.143(\text{kN}\cdot\text{m})$$

需要:$W_n＝\dfrac{M_{\text{max}}}{f_m}＝\dfrac{0.143\times10^6}{13}＝11\,000(\text{mm}^3)$

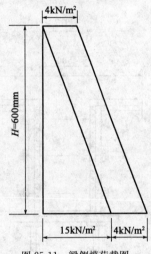

图 25-11 梁侧模荷载图

选用侧模板的截面尺寸为 200mm$\times$25m,截面抵抗矩 $W＝\dfrac{200\times25^2}{6}＝20\,833(\text{mm}^3)＞W_n$

可满足要求。

③剪力验算

剪力:$V＝0.62ql＝0.620\times4.72\times0.5＝1.463(\text{kN})$

剪应力:$V_{\text{max}}＝\dfrac{3V}{2bh}＝\dfrac{3\times1.463\times10^3}{2\times200\times25}＝0.44(\text{MPa})$

$$f_v＝1.4\text{MPa}＞0.44\text{MPa},可满足要求。$$

④挠度验算

挠度验算不考虑振动荷载,其标准荷载为:

$$q＝15\times0.2＝3.0(\text{kN}/\text{m})$$

按式(25-104)有:

$$\omega_A = \frac{K_w q l^4}{100EI} = \frac{0.967 \times 3.0 \times 500^4}{100 \times 9.0 \times 10^3 \times \frac{1}{12} \times 200 \times 25^3}$$

$$= 0.773(mm) < [\omega] = \frac{500}{400} = 1.25mm, 符合要求。$$

（3）顶撑计算

假设顶撑截面为 $80mm \times 80mm$，间距为 $0.85mm$，在中间纵横各设一道水平拉条，$l_0 = \frac{l}{2}$

$= \frac{4\ 000}{2} = 2\ 000(mm), d = \frac{8}{\sqrt{2}} = 56.76(mm), i = \frac{56.57}{4} = 14.14(mm)$；则 $\lambda = \frac{l_0}{i} = \frac{2\ 000}{14.14} = 141.4$。

①强度验算

已知：$N = 6.67 \times 0.85 = 5.67(kN)$

$$\frac{N}{A_n} = \frac{5.67 \times 10^3}{80 \times 80} = 0.89(MPa) < 10MPa, 符合要求。$$

②稳定性验算

因为 $\lambda > 91, \varphi = \frac{2\ 800}{\lambda^2} = \frac{2\ 800}{141.4^2} = 0.14$

$$\frac{N}{\varphi A_0} = \frac{5.67 \times 10^3}{0.14 \times 80 \times 80} = 6.33(MPa) < 10MPa, 符合要求。$$

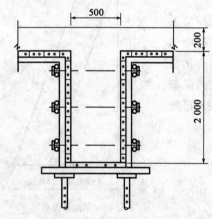

图 25-12 大梁模板配板图（尺寸单位：mm）

【例 25-21】 某桥梁需建造钢筋混凝土梁，截面尺寸为 $0.5m \times 2.0m$，采用组合钢模板支模，C25 混凝土浇筑，混凝土坍落度为 7cm，其浇筑速度 $v = 2m/h$，混凝土入模温度 $T = 25℃$，该梁的几何尺寸和大梁模板配置设计如图 25-12 所示。试对梁的模板、钢楞、螺栓拉力进行验算。

解：（1）梁底模板验算（图 25-13）

梁底模板选用 P2515，查表 25-53、表 25-54 得截面最小模量 $W_x = 5.78 \times 10^3 mm^3$。用 2 根 100mm×50mm×20mm×3mm 内卷边槽钢来支承，间距为 0.75m，又 $n = l_1/l = 0.375/0.75 = 0.5$。

①梁底模板标准荷载

设梁模板自重力：0.352kPa

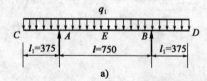
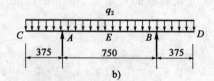

图 25-13 梁底模板及侧模板计算简图（尺寸单位：mm）
a）强度计算简图；b）刚度计算简图

梁混凝土自重力：$25 \times 2.0 \times 1.0 = 50.0(kPa)$

梁钢筋自重力：$1.5 \times 2.0 \times 1 = 3.0(kPa)$

振捣混凝土产生荷载：2.0kPa

②梁底模板强度验算

梁底模板强度验算的设计荷载：

$$q=[(0.352+50.0+3.0)\times1.2+2.0\times1.4]\times0.25=16.706(\text{kN/m})$$

支座弯矩：$M_A=-\dfrac{1}{2}q_1l_1^2=-\dfrac{1}{2}\times16.706\times0.375^2=-1.175(\text{kN}\cdot\text{m})$

跨中弯矩：$M_B=0$

底模应力：$\sigma_A=\dfrac{M_A}{W}=\dfrac{1.175\times10^6}{5.78\times10^3}=203(\text{MPa})<215\text{MPa}$

故强度满足要求。

③梁底模刚度验算

梁底模刚度验算的标准荷载：

$$q_2=(0.352+50.0+3.0)\times0.25=13.338(\text{kN/m})$$

端部挠度：$\omega_c=\dfrac{q_2l_1l^3}{24EI}(-1+6n^2+3n^3)=\dfrac{13.838\times375\times750^2}{24\times2.1\times10^5\times25.38\times10^4}[-1+6\times(0.5)^2+$
$3\times(0.5)^3]$

$$=1.44(\text{mm})<[\omega]=\dfrac{750}{400}=1.875\text{mm}$$

跨中挠度：$\omega_E=\dfrac{q_2l^4}{384EI}(5-24n^2)$

$$=\dfrac{13.338\times(750)^4}{384\times2.0\times10^5\times25.38\times10^4}[5-24\times(0.5)^2]$$

$$=-0.206(\text{mm})<-1.875\text{mm}$$

故刚度满足要求。

(2)梁侧模板验算

梁侧模板采用 P3015。查表 25-54 和表 25-55，得截面最小模量 $W_x=5.86\times10^3\text{mm}^3$。

①梁侧模板的标准荷载

新浇混凝土对模板产生的侧压力：

$$F=0.22\times\gamma_c\frac{200}{T+15}\beta_1\beta_2v^{\frac{1}{2}}$$

$$=0.22\times25\times\left(\frac{200}{25+15}\right)\times1\times1\times\sqrt{2}=38.89(\text{kPa})$$

$$F=\gamma_cH=25\times2=50(\text{kPa})>38.9\text{kPa}$$

取两者较小值，$F=38.89\text{kPa}$

混凝土侧压力的有效压头高度：$h=\dfrac{38.9}{25}=1.56\text{m}$

倾倒混凝土产生的水平荷载取 4kPa。

梁侧模板的侧压力图形如图 25-14 所示。应验算承受最大侧压力的一块模板，由于模板宽度不大，可按均匀分布考虑，其计算简图可参见图 25-15。

②梁侧模板的强度验算

梁侧模板强度验算的设计荷载（不考虑荷载设计值折减系数 0.85）：

$$q_1=(38.9\times1.2+4.0\times1.4)\times0.3=15.68(\text{kN/m})$$

支座弯矩：

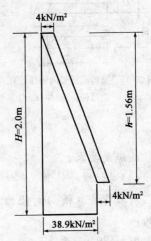

图 25-14　大梁侧模板的侧压力图形

59

$$M_A = -\frac{1}{2}q_1 l_1^2 = -\frac{1}{2} \times 15.68 \times 0.375^2 = -1.10(\text{kN} \cdot \text{m})$$

跨中弯矩：$M_E = 0$

按式(25-109)得：$\sigma_A = \dfrac{M_A}{W_x} = \dfrac{1.10 \times 10^6}{5.86 \times 10^3} = 188(\text{MPa}) < 215\text{MPa}$

故强度满足要求。

③侧模板的刚度验算

梁侧模板刚度验算的标准荷载：

$$q_2 = 38.9 \times 0.3 = 11.67(\text{kN/m})$$

端部挠度：$\omega_c = \dfrac{q_2 l_1 l^3}{24EI}(-1 + 6n^2 + 3n^3)$

$$= \frac{11.67 \times 375 \times (750)^3}{24 \times 2.1 \times 10^5 \times 26.39 \times 10^4}[-1 + 6 \times (0.5)^2 + 3 \times (0.5)^3]$$

$$= 1.22(\text{mm}) < \frac{1}{400} = \frac{750}{400} = 1.875(\text{mm})$$

跨中挠度：$\omega_E = \dfrac{q_2 l^4}{384EI}(5 - 24n^2)$

$$= \frac{11.67 \times (750)^4}{384 \times 2.1 \times 10^5 \times 26.39 \times 10^4}[5 - 24 \times (0.5)^2]$$

$$= -0.173(\text{mm}) < -1.875\text{mm}$$

故刚度满足要求。

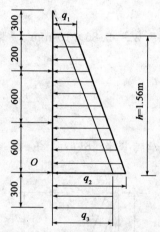

图 25-15 梁侧模板竖向钢楞计算
简图(尺寸单位：mm)

(3)梁侧模板钢楞的验算

梁侧模板用 2 根 $\phi48\text{mm} \times 3.5\text{mm}$ 钢管（$W = 5.08 \times 10^3\text{mm}^3$）组成的竖向及水平楞夹牢，钢楞外用三道对拉螺栓拉紧。取竖向钢楞间距为 0.75m，上端距混凝土顶面 0.3m。其计算简图如图 25-15 所示。

钢楞设计荷载为：

$$q_1 = (25 \times 3.0 \times 1.2 + 4.0 \times 1.4) \times 0.75 = 10.95(\text{kN/m})$$

$$q_2 = (38.9 \times 1.2 + 4.0 \times 1.4) \times 0.75 = 39.21(\text{kN/m})$$

$$q_3 = 38.9 \times 1.2 \times 0.75 = 35.01(\text{kN/m})$$

竖向钢楞按连续梁计算，经过计算，以 0 点的弯矩值最大，其值为：

$$M_0 = -\frac{1}{2}q_3 l^2 = -\frac{1}{2} \times 35.01 \times 300^2 = -1.58 \times 10^6(\text{N} \cdot \text{mm})$$

$$\sigma_0 = \frac{M_0}{W} = \frac{1.58 \times 10^6}{2 \times 5.86 \times 10^3} = 156(\text{MPa}) < 215\text{MPa}$$

故满足要求。

(4)对拉螺栓计算

对拉螺栓取横向间距为 0.75m，竖向为 0.6m，按最大侧压力计算，每根螺栓承受的拉力为：

$$N = (38.9 \times 1.2 + 4 \times 1.4) \times 0.75 \times 0.6 = 23.53(\text{kN})$$

采用 $\phi16\text{mm}$ 对拉螺栓，净截面积 $A = 144.1\text{mm}^2$，每根螺栓可承受拉力为：

$$S = 144.1 \times 215 = 30\,982N = 30.98(kN) > 23.53kN$$

故满足要求。

四、柱模板计算

柱的截面一般为正方形、矩形和圆形。其模板构造如图 25-16 所示。柱模板主要承受混凝土的侧压力和倾倒混凝土的荷载,荷载的计算与组合和梁的侧模计算基本相同,倾倒混凝土时所产生的水平荷载标准值一般按 2kPa 采用。柱模板计算公式见表 25-58。

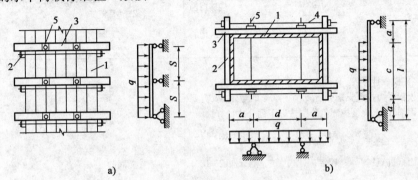

图 25-16 柱模板构造及计算简图

a)柱模板构造及计算简图;b)柱箍长、短边计算简图

1-柱模板;2-柱短边方木或钢楞;3-柱箍长边方木或钢楞;4-拉杆螺栓或钢筋箍;5-对拉螺栓

柱模板计算公式表   表 25-58

项目	计算方法及公式	符 号 意 义
柱箍计算	一、柱箍计算 1. 柱箍间距计算 柱箍为模板的支承和支承件,其间距 S 按柱的侧模板刚度来控制。按两跨连续梁计算,其挠度应满足以下条件: $$\omega = \frac{K_w q S^4}{100 E_t I} \leqslant [\omega] = \frac{S}{400} \quad (25\text{-}117)$$ 整理得: $S = \sqrt[3]{\dfrac{E_t I}{4 K_w q}}$ 2. 柱箍截面选择 对于长边[图 25-16b],假定设置钢拉杆,则按悬臂简支梁计算;不设钢拉杆,则按简支梁计算。其最大弯矩 M_{max1} 按下式计算: $$M_{max1} = (1 - 4\lambda^2) \frac{q_1 d^2}{8} \quad (25\text{-}118)$$ 柱箍长边需要的截面抵抗矩: $$W_1 = \frac{M_{max1}}{f_m} \quad (25\text{-}119)$$ 对于短边[图 25-16b],按简支梁计算,其最大弯矩 M_{max2} 按下式计算: $$M_{max2} = (2 - \eta) \frac{q_2 c l}{8} \quad (25\text{-}120)$$ 柱箍短边需要的截面抵抗矩: $$W_2 = \frac{M_{max2}}{f_m} \quad (25\text{-}121)$$	S——柱箍间距(m); E_t——木材的弹性模量,$E_t = (9 \sim 10) \times 10^2 MPa$; I——柱模板截面的惯性矩,$I = \dfrac{bh^3}{12}(mm^4)$; b——模板宽度(mm); h——模板厚度(mm) K_w——系数,两跨连续梁 $K_w = 0.521$; q——侧压力线荷载(kN/m),如模板每块拼板宽度为100mm,则 $q = 0.1F + 2$; F——柱模受到混凝土侧压力(MPa); d——跨中长度(mm); q_1——作用于长边上的线荷载(kN/m); λ——悬臂部分长度 a 与跨中长度 d 的比值,即 a/d; q_2——作用于短边上的线荷载(kN/m); c——线荷载分布长度(m); l——短边长度(m); η——c 与 l 的比值,即 $\eta = \dfrac{c}{l}$

项目	计算方法及公式	符号意义
柱箍计算	柱箍的做法有两种：(1)用单根方木箍矩形钢箍加楔块夹紧；(2)用两根方木，在中间用拉杆螺栓夹紧。螺栓受到的拉力 N 等于柱箍处的反力。 拉杆螺栓的拉力 N(N)和需要的截面 A_0(mm²)按下式计算： $$N=\frac{q_3 l}{2} \qquad (25\text{-}122)$$ $$A_0=\frac{N}{f} \qquad (25\text{-}123)$$	q_3——作用于柱箍上的线荷载(kN/m)； l——柱箍的计算长度(m)； A_0——拉杆螺栓需要的截面面积(mm)； f——钢材的抗拉强度设计值，采用 Q235 钢，$f=215\text{MPa}$
柱模板计算	二、柱模板计算 柱模板受力按简支梁分析。模板承受的弯矩 M、需要的截面惯性矩、挠度控制值分别按以下列公式计算。 弯矩： $\qquad M=\frac{1}{8}ql^2 \qquad (25\text{-}124)$ 截面抵抗矩： $\qquad W=\frac{M}{f_m} \qquad (25\text{-}125)$ 挠度： $\qquad \omega_A=\frac{5ql^4}{384EI}\leqslant[\omega]=\frac{l}{400} \qquad (25\text{-}126)$ 当主模板采用组合钢模板时，其计算荷载与木模板相同，计算方法亦同本章第四节中模板计算的有关组合钢模板计算部分(略)	符号意义同前

【例 25-22】 某钢筋混凝土桥梁柱，其截面尺寸为 600mm×800mm，柱高 6m，每节模板高为 2m，采用分节浇筑混凝土，每节浇筑高度为 2m，浇筑速度 $v=2\text{m/h}$，浇筑时气温 $T=25℃$，木材弹性模量 $E_t=9.5\times10^3\text{MPa}$，试计算确定该柱的柱箍尺寸、间距和模板的截面尺寸。

解：柱模板和柱箍的计算简图如图 25-17 所示。

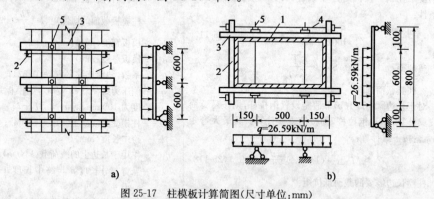

图 25-17 柱模板计算简图(尺寸单位：mm)

a)柱侧模计算简图；b)柱箍长短边计算简图

1-模板；2-柱箍短边方木；3-柱箍长边方木；4-拉杆螺栓；5-对拉螺栓

(1)荷载计算

柱模受到混凝土的侧压力为：

$$F=0.22\times25\times\left(\frac{200}{25+15}\right)\times1\times1\times\sqrt{2}=38.89\text{(kPa)}$$

$$F=\gamma_c H=25\times2=50\text{(kPa)}$$

取 F 值较小值,$F=38.89$kPa 作为标准值,并考虑倾倒混凝土产生的水平荷载2kPa,则:

总侧压力$=38.89\times1.2+2\times1.4=49.46$(kPa)。

(2)柱箍间距计算

假定模板厚 35mm,每块拼板宽 100mm,则侧压力的线分布荷载:$q=49.46\times0.1=1.946$(kPa),又两跨连续梁的挠度系数 $K_w=0.521$,由式(25-117)将$[w]=\dfrac{S}{400}$代入化简得:

$$S=\sqrt[3]{\frac{E_tI}{4K_wq}}=\sqrt[3]{\frac{9.5\times10^3\times\frac{1}{12}\times100\times35^3}{4\times0.521\times4.946}}=690(\text{mm})$$

据计算选用柱箍间距 $S=600$mm 可满足要求。

(3)柱箍截面计算

柱箍受到的侧压力 $F=49.46$kPa,柱箍间距 $S=600$mm,线布荷载 $q=49.46\times0.6=29.68$(kPa)。对于长边(图 25-17),假定设两根拉杆,两边悬臂150mm,则承受的最大弯矩由式(25-118)得:

$$M_{max1}=(1-4\lambda^2)\frac{q_1d^2}{8}=\left[1-4\times\left(\frac{0.15}{0.50}\right)^2\right]\frac{29.68\times10^5}{8}=0.5936(\text{kN}\cdot\text{m})$$

长边柱箍需截面抵抗矩:

$$W_1=\frac{M_{max1}}{f_m}=\frac{593600}{13}=45661.54(\text{mm}^3)$$

选用 80mm×80mm($b\times h$)截面,$W=48000\text{mm}^3>W_1$ 符合要求。

对于短边[图 25-17b)],按简支梁计算,其最大弯矩由式(25-120)得:

$$M_{max2}=(2-\eta)\frac{q_2cl}{8}=\left(2-\frac{600}{800}\right)\frac{29.68\times0.6\times0.8}{8}=2.226(\text{kN}\cdot\text{m})$$

短边柱箍需要截面抵抗矩:

$$W_2=\frac{M_{max2}}{f_m}=\frac{2226000}{13}=171230.8(\text{mm}^3)$$

选用 100mm×105mm($b\times h$)截面,$W=183750\text{mm}^2>W_2$,符合要求。

(4)模板计算

柱模板按简支梁计算,其最大弯矩按式(25-124)得:

$$M=\frac{1}{8}ql^2=\frac{1}{8}\times4.946\times0.6^2=0.22257(\text{kN}\cdot\text{m})$$

模板需要截面抵抗矩:$W=\dfrac{M}{f_m}=\dfrac{222570}{13}=17121(\text{mm}^3)$

假定模板截面为 100mm×30mm,$W_n=\dfrac{1}{6}\times100\times30^2=15000(\text{mm}^3)<W$,改用 100mm×35mm,$W_n=20416\text{mm}^3>W$,满足要求。

刚度验算:

不考虑振动荷载,其标准荷载 $q=38.9\times0.1=3.89$kN/m,由式(25-126)模板的挠度为:

$$\omega_A=\frac{5ql^4}{384EI}=\frac{5\times3.89\times600^4}{384\times9.5\times10^3\times\frac{1}{12}\times100\times35^3}$$

$$=1.93(\text{mm})>[\omega]=\frac{600}{400}=1.5(\text{mm})$$

不能满足刚度要求，应将模板截面改为 100mm×40mm，并代入式（25-126）得 $\omega=1.296\text{mm}<[\omega]=1.5\text{mm}$。

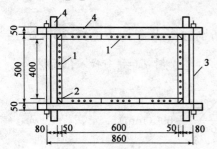

图 25-18　柱模板支模配板图（尺寸单位：mm）
1-组合钢模 P2012；2-角模；3-$\phi16\text{mm}$ 对拉螺栓；
4-2[$100×50×20×3\text{mm}$ 内卷边槽钢

【例 25-23】　某办公楼现浇钢筋混凝土柱截面为 400mm×600mm，楼面至上层梁底的高度为 3.5m，混凝土浇筑速度为 2m/h，混凝土入模温度为 25℃。采用组合式钢模板支模配板如图 25-18 所示，试对柱模板、钢楞、螺栓拉力进行验算。

解：（1）柱模板验算

①模板标准荷载

新浇混凝土对模板的侧压力：

取：

$$\gamma_c=25\text{kN/m}^3,\beta_1=\beta_2=1$$

$$F=0.22×\gamma_c\left(\frac{200}{T+15}\right)\beta_1\beta_2 v^{\frac{1}{2}}$$

$$=0.22×25×\left(\frac{200}{25+15}\right)×1×1×\sqrt{2}=38.89(\text{kPa})$$

$$F=\gamma_c H=25×3.5=87.5(\text{kPa})$$

取两式中的较小者：

$$F=38.89\text{kPa}$$

其有效压头高度：

$$h=\frac{38.9}{25}=1.56(\text{m})$$

倾倒混凝土时对模板产生的水平荷载取 2.0kPa。

②柱模板强度验算

强度验算时，永久荷载分项系数取 1.2，可变荷载分项系数取 1.4，柱模板用 P2015 纵向配置，柱箍间距为 0.6m，计算简图如图 25-19a)所示。

强度设计荷载为：$q_1=(38.9×1.2+2.0×1.4)×0.2=9.874(\text{kN/m})$

支座弯矩：$M_A=-\frac{1}{2}q_1 l_1^2=-\frac{1}{2}×9.894×(0.30)^2=-0.445(\text{kN}\cdot\text{m})$

跨中弯矩：$M_E=0$

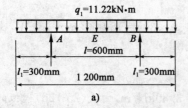
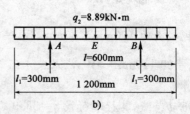

图 25-19　柱模板计算简图
a)强度验算计算简图；b)刚度验算计算简图

模板选用 P2015 钢面板厚度 2.3mm，自重 0.325kPa，$W_x=3.65×10^3\text{mm}^3$，$I_x=16.62×10^4\text{mm}^4$，钢材抗拉强度设计值 $f=215\text{MPa}$，弹性模量为 $2.1×10^5\text{MPa}$，故柱模强度为：

$$\sigma_A = \frac{M_A}{W_x} = \frac{0.445 \times 10^6}{3\,650} = 122(MPa) < 215MPa$$

故强度满足要求。

③柱模板刚度验算

刚度计算简图如图 25-19b) 所示,$l_1 = 300mm$,$l = 600mm$,$n = \frac{l_1}{l} = \frac{300}{600} = 0.5$

柱模板刚度计算标准荷载为:

$$q_2 = 38.9 \times 0.20 = 7.78(kN/m)$$

端部挠度: $\omega_c = \frac{q_2 l_1 l^3}{24EI}(-1 + 6n^2 + 3n^3)$

$$= \frac{7.78 \times 300 \times (600)^3}{24 \times 2.1 \times 10^5 \times 16.62 \times 10^4}[-1 + 6 \times (0.5)^2 + 3 \times (0.5)^3]$$

$$= 0.53(mm) < \frac{l}{400} = \frac{600}{400} = 1.5mm$$

跨中挠度: $\omega_E = \frac{q_2 l^4}{384EI}(5 - 24n^2)$

$$= \frac{7.78 \times (600)^4}{384 \times 2.1 \times 10^5 \times 16.62 \times 10^4}(5 - 24 \times (0.5)^2)$$

$$= -0.075(mm) < 1.5mm$$

故刚度满足要求。

(2)钢楞验算

长边分别用 2 根 100mm×50mm×20mm×3mm 的卷边槽钢组成钢楞柱箍。钢楞间距 600mm,长边钢楞用 $\phi16mm$,对拉螺栓拉紧,钢楞截面抵抗矩 $W = 20.06 \times 10^3 mm^3$,惯性矩 $I_x = 100.28 \times 10^4 mm^4$,对拉螺栓净截面面积 $A_0 = 144.1mm^2$。钢材抗拉强度 $f = 215MPa$,螺栓抗拉强度 $f_t^b = 170MPa$。

①荷载计算

强度验算时: $q = (38.89 \times 1.2 + 2 \times 1.4) \times 0.6 = 29.68(kN/m)$

刚度验算时: $q = 38.89 \times 0.6 = 23.33(kN/m)$

②强度验算

长边钢楞支承长度 $l = 860m$,按简支梁计算,其最大弯矩为:

$$M_{max} = \frac{1}{8}ql^2 = \frac{1}{8} \times 29.68 \times (0.86)^2 = 2.74(kN \cdot m)$$

钢楞承受应力为:

$$\sigma = \frac{M}{W} = \frac{2.74 \times 10^6}{2 \times 20.06 \times 10^3} = 68.4(MPa) < 215MPa$$

故强度满足要求。

③刚度验算

长边钢楞的最大挠度为:

$$\omega = \frac{5ql^4}{384EI} = \frac{5 \times 23.33 \times 860^4}{384 \times 2.1 \times 10^5 \times 100.28 \times 10^4}$$

$$= 0.789(mm) < [\omega] = \frac{860}{400} = 2.15(mm)$$

故刚度满足要求。

（3）对拉螺栓拉力验算

对拉螺栓的最大拉力为：

$$N=(38.9\times1.2+2\times1.4)\times0.60\times0.86\times\frac{1}{2}=12.76(\text{kN})$$

每根螺栓可承受拉力为：

$$S=Af=144\times170=24\,480(\text{N})=24.48(\text{kN})>12.76\text{kN}$$

故螺栓拉力满足要求。

五、墙模板计算

墙模板的计算包括墙侧模板（木模和钢模）、内楞（木楞或钢楞）及对拉螺栓等。

1. 墙侧模板计算

墙侧模板计算见表 25-59。

墙侧模板计算 表 25-59

项目	计算方法及公式	符号意义
荷载计算	墙侧模板所受现浇混凝土时的侧压力，可参见表 25-7 内公式计算。对于墙的厚度小于等于 100mm 时，受到振捣混凝土时产生的荷载对垂直面模板可采用 4kPa（标准荷载）；对墙厚大于 100mm 的墙，其受到倾斜混凝土对垂直面模板产生的荷载的标准值，按表 25-6 采用	
强度验算	当墙的侧模采用木模时，支承在内楞上一般按三跨连续梁计算，其最大弯矩 M_{max} 按下式计算：$$M_{max}=\frac{1}{10}ql^2 \quad (25\text{-}127)$$ 其截面强度按下式验算：$$\sigma=\frac{M_{max}}{W}<f_m \quad (25\text{-}128)$$ 当墙侧模采用组合式钢模板时，板长多为 1 200mm 或 1 500mm，端头横向用 U 形卡连接，纵向用 L 形插销连接，板的跨度不应大于板长，一般取 600mm 或 750mm，可按单跨两端悬臂板求其弯矩，再按下式进行强度验算。支座弯矩：$$M_A=-\frac{1}{2}q_1l_1^2 \quad (25\text{-}129)$$ 跨中弯矩：$$M_B=\frac{1}{8}q_1l^2(1-4n^2) \quad (25\text{-}130)$$ 其截面强度按下式验算：$$\sigma=\frac{M}{W}<f \quad (25\text{-}131)$$	q——作用在模板上的侧压力（N/mm）；l——内楞的间距（mm）；σ——模板承受的应力（MPa）；W——模板的截面抵抗矩（mm³）；f_m——木材的抗弯强度设计值，采用松木板取 13MPa；q_1——作用于钢模板上的均布荷载 M_y；l_1——钢模板悬臂端长度（mm）；n——l_1 与 l 的比值，即 $n=l_1/l$；σ_x——钢模板承受的应力（MPa）；W——钢模板的截面抵抗矩（mm³）；f——钢模板的抗拉、抗弯强度设计值，取 $f=$ 215MPa；q_2——作用于钢模板上的标准均布荷载（N/mm）；E_t——木材或钢材的弹性模量，木材取 $(9\sim10)\times10^3$MPa；钢材取 2.5×10^5MPa；I——木模板或钢模板的截面惯性矩（mm⁴）；$[\omega]$——木模板或钢模板的容许挠度值（mm），取 $\frac{l}{400}$；其他符号意义同前
刚度验算	当用木模板时，板的挠度按下式验算：$$\omega=\frac{q_1l^4}{150EI}<\frac{l}{400} \quad (25\text{-}132)$$ 当用组合钢模板时，板的挠度按下式验算。端部挠度：$\omega_c=\dfrac{q_2l_1l^3}{24EI}(-1+6n^2+3n^3)<[\omega]=\dfrac{l}{400}$ $$(25\text{-}133)$$ 跨中挠度：$\omega_E=\dfrac{q_2l^4}{384EI}(5-24n^2)<[\omega]=\dfrac{l}{400}$ $(25\text{-}134)$	

2. 墙模板内外楞计算

墙模板内外楞计算见表 25-60。

表 25-60

墙模板内外楞计算

项目	计算方法及公式	符 号 意 义
内楞强度验算	内楞(木或钢)承受模板、墙模板作用的荷载按三跨连续梁计算,其强度按下式验算: $$M=\frac{1}{10}q_3l^2 \quad (25\text{-}135)$$ $$\sigma=\frac{M}{W}<f_m \text{ 或 } f \quad (25\text{-}136)$$	M——内楞的最大弯矩(N·mm); q_3——作用在内楞上的荷载(N/mm) l——内楞计算跨距(mm); W——内楞截面抵抗矩(mm³); 其他符号意义同前
内楞刚度验算	内楞挠度按下式计算: $$\omega=\frac{q_3l^4}{150EI}\leqslant[\omega]=\frac{l}{400} \quad (25\text{-}137)$$ 外楞的作用主要是加强各部分的连接及模板的整体刚度,不是一种受力构件,按支承内楞需要设置,可不进行计算	ω——内楞的挠度(mm); E——木材或钢材的弹性模量(MPa); I——木模板或钢模板的截面惯性矩(mm⁴); $[\omega]$——内楞的容许挠度值(mm),取 $l/400$; 其他符号意义同前
对拉螺栓计算	对拉螺栓一般设在内、外楞(木或钢)相交处,直接承受内、外楞传来的集中荷载,其允许拉力 N 按下式计算: $$N=A[f_t^b] \quad (25\text{-}138)$$	A——对拉螺栓的净截面积(mm²); $[f_t^b]$——螺栓抗拉强度设计值,取 170MPa

【**例 25-24**】 某污水厂沉沙池墙厚 450mm,高 5.0mm,每节模板高 2.5m,采取分节浇筑混凝土,每节浇筑高度为 2.5m,浇筑速度 $v=2$m/h,混凝土重度 $\gamma_c=25$kN/m³,浇筑时温度 $T=20℃$,采用木模,试计算确定木模板厚度和内楞截面和间距。

解:(1)荷载计算

取:

$$\beta_1=\beta_2=1$$

由式(25-1)、式(25-2),墙木模受到的侧压力为:

$$F=0.22\times\gamma_c\frac{200}{T+15}\beta_1\beta_2v^{\frac{1}{2}}$$

$$=0.22\times25\times\left(\frac{200}{20+15}\right)\times1\times1\times\sqrt{2}=44.44(\text{kPa})$$

$$F=\gamma_cH=25\times2.5=62.5(\text{kPa})$$

取两者中的较小值,$F=44.44$kPa 作为对模板侧压力的标准值,并考虑倾倒混凝土产生的水平荷载标准值 4kPa,分别取荷载分项系数 1.2 和 1.4,则作用于模板的总荷载:

$$q=44.44\times1.2+4\times1.4=58.93(\text{kPa})$$

(2)木模板计算

①强度验算

设木模板的厚度为 30mm,$W=\dfrac{1\,000\times30^2}{6}=15\times10^4(\text{mm}^3)$

$$M = \frac{1}{10}qI^2 = \frac{1}{10} \times 58.93 \times (0.50)^2 = 1.473(kN \cdot m)$$

模板截面强度由式(25-136)得:

$$\sigma = \frac{M}{W} = \frac{1.473 \times 10^6}{15 \times 10^4} = 9.82(MPa) < f_m = 13(MPa)$$

故强度满足要求。

②刚度验算

刚度验算采用标准荷载,同时不考虑振动荷载作用,则:

$$q_2 = 44.44 \times 1 = 44.44(kN/m)$$

模板挠度由式(25-137)得:

$$\omega = \frac{q_2 l^4}{150EI} = \frac{44.44 \times 500^4}{150 \times 9 \times 10^3 \times 22.5 \times 10^5} = 0.914(mm) < [w] = \frac{500}{400} = 1.25(mm)$$

故刚度满足要求。

(3)内木楞计算

设内木楞的截面80mm×100mm,$W = 13.33 \times 10^4 mm^3$,$I = 6.67 \times 10^6 mm^4$,外楞间距为550mm。

①强度验算

内木楞承受的弯矩由式(25-135)得:

$$M = \frac{1}{10}q_1 l^2 = \frac{1}{10} \times 58.93 \times (0.55)^2 = 1.78(kN \cdot m)$$

内木楞的强度由式(25-136)得:

$$\sigma = \frac{M}{W} = \frac{1.78 \times 10^6}{13.33 \times 10^4} = 13.35(MPa) \approx f_m = 13MPa$$

强度基本满足要求。

②刚度验算

内木楞的挠度由式(25-137)得:

$$\omega = \frac{q_2 l^4}{150EI} = \frac{44.44 \times 550^4}{150 \times 9 \times 10^3 \times 6.67 \times 10^6}$$

$$= 0.45(mm) < [\omega] = \frac{550}{400} = 1.38(mm)$$

故刚度亦满足要求。

第七节　现浇混凝土模板简易计算

根据《混凝土结构工程施工质量验算规范》(GB 50204—2002)要求,在混凝土浇筑支模前,应对模板结构进行承载计算与刚度的验算。由于精确计算较为繁琐,因此现介绍下列简易计算方法,即可快速、简易地计算出模板结构的各项技术数据或对已有或已经支设好的模板结构进行校核,以确保工程质量和施工的安全。

一、梁模板技术

梁模板简易计算见表 25-61。

梁模板简易计算 表 25-61

项目	计算方法及公式	符号意义
木模底板	梁木模底板多支承在顶撑或楞木上(顶撑或楞木的间距为 1.0m 左右),一般按连续梁计算,底模上所受荷载按均布荷载考虑,底板按强度和刚度要求计算需要的厚度,可按下式计算: 梁侧模 立挡 顶撑 梁底模 梁木底模 按强度要求: $$M=\frac{1}{10}q_1 l^2=[f_m]\cdot\frac{1}{6}b_1 h^2$$ $$h=\frac{l}{4.65}\sqrt{\frac{q_1}{b_1}} \qquad (25\text{-}139)$$ 按刚度要求: $$\omega=\frac{q_1 l^4}{150EI}\leqslant[\omega]=\frac{l}{400}$$ $$h=\frac{l}{6.7}\sqrt[3]{\frac{q_1}{b_1}} \qquad (25\text{-}140)$$ h 取两式中的较大值	M——计算最大弯矩(N·mm); $[f_m]$——木材抗弯强度设计值,采用松木模板取 13MPa; q_1——作用在梁木底模板上的均布荷载(N/mm); l——计算跨距,对底板为顶撑或楞木间距(mm); h——梁木模需要的底板厚度(mm); b_1——梁木模底板宽度(mm); E——木材的弹性模量,取$(9\sim10)\times10^3$MPa; I——底板截面惯性矩(mm⁴); $[\omega]$——容许挠度值,梁模板不得超过 $l/400$; ω——梁木模的挠度(mm)
木模侧板	梁侧模板受到浇筑混凝土时侧压力的作用,侧压力的计算见表 25-7。 梁侧模支承在竖向立挡上,其支承条件由立挡的间距所决定,一般按三至四跨连续梁计算,求出最大弯矩和挠度,然后用底板同样方法,按强度和刚度要求确定其侧板厚度	
木模顶支撑	木顶撑(立柱)主要承受梁底板或楞木传来竖向荷载的作用,一般按两端铰接的轴心受压杆件进行设计或验算。当顶撑中部无拉条时,其计算长度 $l_0=l$;当顶撑中间两个方向设水平拉条时,计算长度 $l_0=\dfrac{l}{2}$。 木顶撑间距一般取 1.0mm 左右,顶撑头截面为 50mm×100mm,顶撑立柱截面为 100mm×100mm。顶撑承受两根顶撑之间的梁荷载,按下式进行强度和稳定性验算: 按强度要求: $\dfrac{N}{A_n}\leqslant f_c \qquad (25\text{-}141)$ 稳定性要求: $\dfrac{N}{\varphi A_0}\leqslant f_c \qquad (25\text{-}142)$	N——轴向压力,即两根顶撑之间承受的荷载(N); A_n——木顶撑的净截面面积(mm²); f_c——木材顺纹抗压强度的设计值,松木取 12MPa; A_0——木顶撑截面的计算面积(mm²),当木材无缺口时,$A_0=A$; A——木顶撑的毛截面面积(mm²); φ——轴心受压构件稳定系数,根据木顶撑木的长细比 λ 求得,$\lambda=l_0/i$;由 λ 可查出 l,施工常用计算数据或有关公式求得 φ 值; l_0——受压杆件的计算长度(mm)

69

项目	计算方法及公式	符号意义
组合钢模底模	根据经验,顶撑截面尺寸的选定一般以稳定性来控制 梁模采用组合钢模板时,多用钢管脚手支模,由梁模、小楞、大楞和立柱组成,梁底模按简支梁计算,按强度和刚度的要求,允许的跨度按下式计算: 组合钢模板 按强度要求: $$M = \frac{1}{8} q_1 l^2 = [f]W \qquad (25\text{-}143)$$ $$l = \sqrt{\frac{8M}{q_1}} = \sqrt{\frac{8[\sigma]W}{q_1}} = \sqrt{\frac{8 \times 215W}{q_1}}$$ $$l = 41.5\sqrt{\frac{W}{q_1}} \qquad (25\text{-}144)$$ 按刚度要求: $$\omega = \frac{5q_1 l^4}{384EI} \leqslant [\omega] = \frac{l}{400} \qquad (25\text{-}145)$$ $$l = 36.8\sqrt[3]{\frac{I}{q_1}} \qquad (25\text{-}146)$$	i——构件截面的回转半径(mm),对于圆木,$i = d/4$;对于方木,$i = b/\sqrt{2}$; d——圆形截面的直径(mm); b——方形截面的短边(mm) M——计算最大弯矩(N·mm); q_1——作用在梁底模上的均布荷载(N/mm); l——计算跨距,对底板为顶撑立柱纵向间距(mm); $[f]$——钢材的抗拉、抗压、抗弯设计强度,Q235钢取215MPa; W——钢管截面抵抗矩,$W = \frac{\pi}{32} \times \left(\frac{d^4 - d_1^4}{d}\right)$,$\phi 48 \times 3.5$mm钢管,$W = 5\,078$mm³; $[\omega]$——容许挠度值,梁模板挠度不允许超过$l/400$; ω——梁底模的挠度(mm); I——钢管截面惯性矩 $I = \frac{\pi}{64} \times (d^4 - d_1^4)$,$\phi 48 \times 3.5$mm钢管,$I = 121\,867$mm⁴; E——钢材弹性模量,取 2.1×10^5 MPa
组合钢模钢管小楞	小楞间距一般取 30cm、40cm、50cm、60cm,小楞按简支梁计算。在计算刚度时,梁作用在小楞上的荷载,可简化为一个集中荷载,按强度和刚度要求,容许的跨度按下式计算: 按强度要求: $$M = \frac{1}{8}Pl\left(2 - \frac{b}{l}\right) = [f]W \qquad (25\text{-}147)$$ $$l = 860\frac{W}{P} + \frac{b}{2} \qquad (25\text{-}148)$$ 按刚度要求: $$\omega = \frac{Pl^3}{48EI} = \frac{l}{500} \qquad (25\text{-}149)$$ $$l = 158.7\sqrt[3]{\frac{I}{P}} \qquad (25\text{-}150)$$	M——计算最大弯矩(N·mm); P——作用在小楞上的集中荷载(N); l——计算跨距,对小楞为顶撑立柱横向间距(mm); b——梁宽度(mm); ω——容许挠度值,小楞挠度值不得超过$l/500$,见《组合钢模板计算规范》(GB 50214－2001); 其他符号意义同组合钢模底模
组合钢模钢管大楞	大楞用 $\phi 48 \times 3.5$mm 钢管,按连续梁计算,承受小楞传来的集中荷载,为简化计算,转换为均布荷载,精度满足要求,大楞按强度和刚度要求,容许的跨度按下式计算	

项目	计算方法及公式	符号意义
组合钢模钢管大楞	按强度要求： $$M=\frac{1}{10}q_2l^2=[f]W \quad (25\text{-}151)$$ $$l=3\,305\sqrt{\frac{1}{q_2}} \quad (25\text{-}152)$$ 按刚度要求： $$\omega=\frac{q_2l^4}{150EI}=\frac{l}{500} \quad (25\text{-}153)$$ $$l=2\,124.7\sqrt[3]{\frac{1}{q_2}} \quad (25\text{-}154)$$	M——计算最大弯矩（N·mm）； q_2——小楞作用在大楞上的均布荷载（N/mm）； l——大楞计算跨距（mm）； 其他符号意义同组合钢模底模
钢管立柱	立柱多用 $\phi48\times3.5$mm 钢管，其连接有对接和搭接两种，前者的偏心假定为 D，即为 48mm，后者的偏心假定为 2D，即为 96mm，立柱一般由稳定性控制，按下式计算： $$N=\varphi_1A_1[f] \quad (25\text{-}155)$$ $$N=105\,135\varphi_1 \quad (25\text{-}156)$$	N——钢管立柱容许荷载（N）； φ_1——钢构件轴心受压稳定系数； A_1——钢管净截面积（mm²），$\phi48\times3.5$ 钢管 $A_1=489$mm²； D——钢管直径（mm）； 其他符号意义同组合钢模底模

【例 25-25】 某办公楼梁长 5.0m，其截面尺寸为 250mm×600mm，浇筑混凝土时采用木模板支模，模板底楞木和顶撑间距为 0.70m，已知竖向总荷载为 4.7kN/m，试求底板需要的厚度。

解：按强度要求，底板需要的厚度由式(25-139)得：

$$h=\frac{l}{4.65}\sqrt{\frac{q_1}{b_1}}=\frac{700}{4.65}\sqrt{\frac{4.7}{250}}=20.64(\text{mm})$$

按刚度要求，底板需要的厚度，由式(25-140)得：

$$h=\frac{l}{6.7}\sqrt[3]{\frac{q_1}{b_1}}=\frac{700}{6.7}\sqrt[3]{\frac{4.7}{250}}=27.8(\text{mm})$$

取两者的较大值 $h=27.8$mm，用 30mm。

【例 25-26】 某办公楼矩形梁长 6.8m，截面尺寸为 300mm×600mm，梁底离地面高 4.0m，浇筑混凝土时采用组合钢模板，用钢管脚手架支模，已知梁底模承受的均布荷载 $q_1=6.0$kN/m，试计算确定底(小)楞间距(跨距)，大楞跨距和验算钢管立柱承载力。

解：(1)梁底模

梁底模选用 P3015 型组合钢模板，$I_x=26.39\times10^4$mm⁴，$W_x=5.86\times10^3$mm³

按强度要求允许底楞间(跨)距由式(25-144)得：

$$l=41.5\sqrt{\frac{W}{q_1}}=41.5\times\sqrt{\frac{5.86\times10^3}{6}}=1\,296.94(\text{mm})$$

按刚度要求允许底楞间(跨)距，由式(25-146)得：

$$l=34.3\sqrt[3]{\frac{I}{q_1}}=34.3\times\sqrt[3]{\frac{26.39\times10^4}{6.0}}=1\,210.76(\text{mm})$$

取两者较小值，$l=1\,210.76$mm，用 750mm。

(2)钢管小楞

钢管小楞选用 $\phi48\times3.5$mm 钢管，$I_x=12.18\times10^4$mm⁴，$W_x=5.08\times10^3$mm³。作用在小楞上的集中荷载为：$6.0\times0.75=4.5$(kN)

钢管小楞的容许跨度按强度要求，由式(25-148)得：

$$l=860\frac{W}{P}+\frac{b}{2}=860\times\frac{5.08\times10^3}{4.5\times10^3}+\frac{300}{2}=9\,709.44+150=1\,121(\text{mm})$$

按刚度要求的容许跨度由式(25-150)得：

$$l=158.7\sqrt[3]{\frac{I}{P}}=158.7\times\sqrt[3]{\frac{12.18\times10^4}{4.50\times10^3}}=476.5(\text{mm})$$

取两者较小值，$l=476.5$mm，用 470mm。

(3)钢管大楞

钢管大楞亦选用 $\phi48\times3.5$mm 钢管，作用在大楞上的均布荷载 $q_2=1/2\times6.0=3.0(\text{kN/m})$，钢管大楞的容许跨度，按强度要求由式(25-152)得：

$$l=3\,305\sqrt{\frac{1}{q_2}}=3\,305\times\sqrt{\frac{1}{3}}=1\,908(\text{mm})$$

按刚度要求的容许跨度由式(25-153)得：

$$l=2\,124.7\sqrt[3]{\frac{1}{q_2}}=2\,124.7\times\sqrt[3]{\frac{1}{3}}=1\,473(\text{mm})$$

取两者较小值，$l=1\,473$mm，用 1 400mm。

(4)钢管立柱

钢管立柱亦选用 $\phi48\times3.5$mm，净截面积 $A=489\text{mm}^2$，钢管使用长度 $l=4\,000$mm，在中间设水平横杆，取 $l_0=\frac{l}{2}=2\,000(\text{mm})$，$i=\frac{1}{4}\sqrt{48^2+41^2}=15.78(\text{mm})$，$\lambda=\frac{l_0}{i}=\frac{2\,000}{15.75}=126.7$。

查本手册上册表 5-12 或《钢结构设计规范》(GB 50017—2003)附录 C 表 C-1 得稳定系数 $\varphi=0.453$，由式(25-156)得容许荷载为：

$$N=105\,135\varphi=105\,135\times0.453=47\,626(\text{N})\approx47.6\text{kN}$$

钢管承受的荷载 $N=\frac{1}{2}\times1.5\times6.0=4.5(\text{kN})<47.6\text{kN}$

计算结果能满足要求。

【例 25-27】 矩形梁长 6.8m，截面尺寸为 250mm×600mm，离地面高 5m，混凝土的重度 $\gamma_c=25\text{kN/m}^3$。模板底楞木和顶撑间距为 0.80m，侧模板立挡间距 500mm，木材用红松，$f_c=10\text{MPa}$，$f_m=13\text{MPa}$，$f_v=1.4\text{MPa}$。混凝土入模温度 $T=25℃$，混凝土浇筑速度 $v=2\text{m/h}$。试计算确定底板、侧模板和顶撑的截面尺寸。

解：(1)底板计算

底板自重力：0.3×0.25=0.075(kN/m)

钢筋混凝土重力：25×0.25×0.6=3.75(kN/m)

振动荷载：2.0×0.25=0.50(kN/m)

总竖向荷载：0.075+3.75+0.500=4.33(kN/m)

由式(25-139)按强度要求底板需要厚度为：

$$h=\frac{l}{4.65}\sqrt{\frac{q_1}{b_1}}=\frac{800}{4.65}\sqrt{\frac{4.33}{0.25\times10^3}}=22.6(\text{mm})$$

由式(25-140)按刚度要求底板需要厚度为：

$$h=\frac{l}{6.7}\sqrt[3]{\frac{q_1}{b_1}}=\frac{800}{6.7}\sqrt[3]{\frac{(4.33-0.5)}{0.25\times10^3}}=29.65(\text{mm})$$

取两者的最大值 $h=29.65$mm，底板厚度用 30mm。

（2）侧模板计算

①侧压力计算

按式(25-1)，并已知 $T=25℃,v=2\text{m/h},H=0.6\text{m}$ 则模板的侧压力 F 为：

$$F=0.22\gamma_c t_0 \beta_1 \beta_2 v^{\frac{1}{2}}=0.22\times25\times\left(\frac{200}{25+15}\right)\times1\times1\times\sqrt{2}=38.9(\text{kPa})$$

按式(25-2)得 F 为：

$$F_{\min}=\gamma_c H=25\times0.6=15(\text{kPa}),F\text{ 取小值}$$

考虑振动荷载 4kPa，则：

$$F=(15\times1.2+4\times1.4)=23.6(\text{kPa})$$

②按强度要求计算

立挡间距为 500mm，设模板按连续梁计算，将侧压力化为线布荷载 $q=23.6\times0.6=14.16$ (kN/m)，弯矩系数与底板相同。

$$M_{\max}=\frac{1}{10}ql^2=\frac{1}{10}\times14.16\times0.5^2=0.779(\text{kN}\cdot\text{m})$$

需要：

$$W_n=\frac{0.779\times10^6}{13}=59\,908(\text{mm}^3)$$

选用侧模板的截面尺寸为 25mm×60mm。

截面抵抗矩：$W=\frac{1}{6}\times600\times25^2=62\,500(\text{mm}^2)>W_n$

可满足要求。

③按刚度要求计算，按式(25-153)可知：

$$\omega=\frac{ql^4}{150EI}=\frac{15\times0.6\times500^4}{150\times9\times10^3\times\frac{1}{12}\times600\times25^3}=0.533(\text{mm})<[\omega]=\frac{500}{400}=1.25(\text{mm})$$

符合要求。

（3）顶撑计算

假设顶撑截面为 80mm×80mm，间距为 0.80m，在中间纵横各设一道水平拉条，$l_0=\frac{l}{2}=$

$\frac{5\,000}{2}=2\,500(\text{mm}),d=\frac{80}{\sqrt{2}}=56.57(\text{mm}),i=\frac{56.57}{4}=14.14,\lambda=\frac{l_0}{i}=\frac{2\,500}{14.14}=176.8。$

①强度验算

已知：$N=4.33\times0.80=4.338(\text{kN})$

$$\frac{N}{A_n}=\frac{4.338\times10^3}{80\times80}=0.678(\text{MPa})<10\text{MPa}$$

符合要求。

②稳定性验算

因为：

$$\lambda>91,\varphi=\frac{2\,800}{\lambda^2}=\frac{2\,800}{176.8^2}=0.09$$

所以：

$$\frac{N}{\varphi A_0}=\frac{4.338\times10^3}{0.09\times80\times80}=7.53(\text{MPa})<10\text{MPa}，符合要求。$$

二、柱模板计算

柱模板的简易计算见表 25-62。

柱模板的简易计算　　　　　　　　表 25-62

项目	计算方法及公式	符号意义
构造与荷载	柱模板的一般构造如下图所示,柱模板主要承受混凝土的侧压力和倾倒混凝土的冲击荷载,荷载计算与梁的侧模板相同。倾倒混凝土时对侧面模板产生的水平荷载按 2kPa 采用。 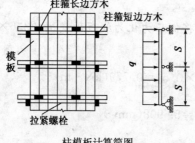 柱模板计算简图	S——柱箍间距(mm); ω——柱模的挠度(mm); $[\omega]$——柱模的容许挠度值; E——木材的弹性模量, $E_t=(9\sim12)\times10^3$MPa; I——柱模板截面的惯性矩, $I=\dfrac{bh^3}{12}$(mm⁴); K_f——系数,两跨连续梁 $K_f=0.521$;
柱箍及拉紧螺栓	柱箍为模板的支撑和支承,其间距 S 由柱的侧模板刚度来控制。按两跨连续梁计算,其挠度按下式计算,并应满足以下条件: $$\omega=\frac{K_f q S^4}{100E_t I}\leqslant[\omega]=\frac{S}{400}$$ 整理得:　$$S=\sqrt[3]{\frac{E_t I}{4K_f q}}\qquad(25\text{-}157)$$ 柱箍的截面选择:如下图所示,对于长边,假定设置钢拉杆,则按悬臂简支梁计算;不设钢拉杆,则按简支梁计算。其最大弯矩按下式计算: 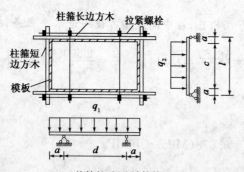 柱箍长、短边计算简图 $$M_{max}=(1-4\lambda^2)\frac{q_1 d^2}{8}\qquad(25\text{-}158)$$ 柱箍长边需要的截面抵抗矩: $$W_1=\frac{M_{max}}{f_m}=(d^2-4a^2)\frac{q_1}{104}\qquad(25\text{-}159)$$ 对于短边按简支梁计算,其最大弯矩由下式计算: $$M_{max}=(2-\eta)\frac{q_2 cl}{8}\qquad(25\text{-}160)$$	q——侧压力线荷载,如模板每块拼板宽度为 100mm,则 $q=0.1p$; F——柱模受到的混凝土侧压力(kPa); M_{max}——柱模长、短边最大弯矩(N·mm); d——长边跨中长度(mm); λ——悬臂部分长度 a 与跨中长度 d 的比值,即 a/d; q_1——作用于长边上的线荷载(N/mm) q_2——作用于短边上的线荷载(N/mm); c——短边线荷载分布长度(mm); l——短边计算长度(mm); y——c 与 l 的比值,即 $\eta=\dfrac{c}{l}$; W_1、W_2——柱箍长、短边截面抵抗矩(mm³)

项目	计算方法及公式	符号意义
柱箍及拉紧螺栓	柱箍短边需要的截面抵抗矩： $$W_2=\frac{M_{max}}{f_m}=(2l-c)\frac{q_2c}{104} \quad (25\text{-}161)$$ 柱箍的做法有两种：(1)单根方木用矩形钢箍加楔块夹紧；(2)两根方木中间用螺栓夹紧。螺栓受到的拉力 N，等于箍柱处的反力，拉紧螺栓的拉力 N 和需要的截面积按下式计算： $$N=\frac{1}{2}q_3l_1 \quad (25\text{-}162)$$ $$A_0=\frac{N}{f_t^l}=\frac{q_3l_1}{170} \quad (25\text{-}163)$$	f_m——木材抗弯强度设计值，可提高 15%，采用松木取 $13\times1.15=14.95\mathrm{MPa}$； q_3——作用于柱箍上的线荷载(N/mm)； l_1——柱箍的计算长度(mm)； A_0——螺栓需要的截面面积($\mathrm{mm^2}$)； f_t^l——钢材抗拉强度设计值，采用Ⅰ级钢筋，$f=215\mathrm{MPa}$；采用 Q235 钢，$f=170\mathrm{MPa}$； M——柱模板承受的弯矩(N·mm)； W——柱模板截面抵抗矩； ω_A——模板的挠度(mm)； b——柱模板的宽度(mm)； h——柱模板的厚度(mm)； E——木材弹性模量，取 $E=9.5\times10^3\mathrm{MPa}$
模板截面尺寸	模板按简支梁考虑，模板承受的弯矩 M_1 需要的截面惯性矩、挠度控制值分别按以下公式计算。 弯矩：$M=\frac{1}{8}q_1S^2=f_m\frac{1}{6}bh^2 \quad (25\text{-}164a)$ 整理得：$h=\frac{S}{4.2}\sqrt{\frac{q_1}{b}} \quad (25\text{-}164b)$ 截面抵抗矩：$W=\frac{M_{max}}{f_m} \quad (25\text{-}165)$ 按挠度需要的厚度按下式计算： $\omega_A=\frac{5q_2S^4}{384EI}\leqslant[\omega]=\frac{S}{400} \quad (25\text{-}166)$ 整理得： $h=\frac{S}{5.3}\sqrt[3]{\frac{q_2}{b}} \quad (25\text{-}167)$	

【例 25-28】 某厂房矩形柱，其截面尺寸为 800mm×1 000mm，柱高 6m，采用木模板，混凝土的重度 $\gamma_c=25\mathrm{kN/m^3}$，分节浇筑混凝土，每节浇筑高度为 3m（每节模板高度 3m），浇筑速度 $v=3\mathrm{m/h}$，浇筑时气温 $T=30℃$，试计算柱箍尺寸和间距。

解：柱模板计算简图见表 25-61。

(1)柱模受到的混凝土侧压力

$$F=0.22\times25\times\frac{200}{30+15}\times1\times1\times\sqrt3=42.34(\mathrm{kPa})$$

$$F=\gamma_cH=25\times3=75(\mathrm{kPa})$$

取两者中的较小值，$F=42.34\mathrm{kPa}$，并考虑倾倒混凝土的水平荷载标准值 4kPa，分别取分项系数 1.2 和 1.4，则设计荷载值：

$$q=42.34\times1.2+4\times1.4=66.41(\mathrm{kPa})$$

(2)柱箍间距 S 计算

假定模板厚 35mm，每块拼板宽 150mm，则侧压力的线布荷载 $q=56.41\times0.15=8.46$ (kN/m)，柱箍需要间距由式(25-157)得：

$$S=\sqrt[3]{\frac{E_tl}{4K_fq}}=\sqrt[3]{\frac{9.5\times10^3\times\frac{1}{12}\times150\times35^3}{4\times0.521\times8.46}}=660(\mathrm{mm})$$

根据计算选用柱箍间距 $S=600\mathrm{mm}<660\mathrm{mm}$，满足要求。

(3)柱箍截面计算

柱箍受到线布荷载 $q=56.41\times0.6=33.85$(kPa)

对于长边，假定设两根拉杆，两边悬臂200mm，则需要截面抵抗矩由式(25-159)得：

$$W_1=(d^2-4a^2)\frac{q_1}{104}=(600^2-4\times200^2)\times\frac{33.85}{104}=65\,088(mm^3)$$

柱箍短边需要的截面抵抗矩，由式(25-161)得：

$$W_2=(2l-c)\frac{q_1c}{104}=(2\times1000-800)\times\frac{33.85\times800}{104}=312\,462(mm^3)$$

柱箍长边选用 80mm×80mm($b\times h$)截面 $W=85\,333mm^3$；

柱箍短边选用 130mm×130mm($b\times h$)截面 $W=366\,167mm^3$，

长边柱箍用两根螺栓固定，每根螺栓受到的拉力为 $N=\frac{1}{2}ql=\frac{1}{2}\times33.85\times1.0=16.925$(kN)。

螺栓需要的净截面积：$A_0=\frac{N}{f_t^b}=\frac{16\,925}{170}=99.56(mm^2)$

选用 $\phi14mm$ 螺栓：$A_0=105mm^2$，满足要求。

(4)模板计算

柱模板受到线布荷载：$q_1=56.41\times0.6\times0.15=5.1$(kPa)

按强度要求需要模板厚度，由式(25-164b)得：

$$h=\frac{S}{4.2}\sqrt{\frac{q_1}{b}}=\frac{600}{4.2}\times\sqrt{\frac{5.1}{150}}=26.34(mm)<35mm$$

按刚度要求需要模板厚度，由式(25-167)得：

刚度计算按标准荷载：$q_2=42.34\times0.6\times0.1=4.06$(kN/m)

$$h=\frac{S}{5.3}\sqrt[3]{\frac{q_2}{b}}=\frac{600}{5.3}\times\sqrt[3]{\frac{4.06}{150}}=33.99(mm)<35mm$$

故满足要求。

三、墙模板计算

墙模板的简易计算方法如表 25-63 所示。

墙模板的简易计算　　　　　　　　　　　　表 25-63

项目	计算方法及公式	符号意义
墙木(钢)模板	墙模板构件包括模板(钢模或木模)、内楞(钢或木)、外楞(钢或木)及对拉螺栓等。 墙侧模板受到浇筑混凝土时侧压力的作用，侧压力的计算见表25-61。 当墙侧采用木模板时，支承在内楞上一般按三跨连续梁计算，按强度和刚度要求，容许的跨度按下式计算。 按强度要求： $$M=\frac{1}{10}q_1l^2=[f_m]\frac{1}{6}bh^2$$ $$l=147.1h\sqrt{\frac{1}{q_1}} \qquad (25\text{-}168)$$ 按刚度要求： $$\omega=\frac{q_1l^4}{150EI}=[\omega]=\frac{l}{400}$$ $$l=66.7h\sqrt[3]{\frac{1}{q_1}} \qquad (25\text{-}169)$$	M——墙侧模板计算最大弯矩(N·mm)； q_1——作用在侧模板上的侧压力(N/mm)； l——侧板计算跨度(mm)； b——侧板宽度(mm)； h——侧板厚度(mm)； $[\omega]$——容许挠度值，墙模板不得超过 $l/400$； ω——侧板的挠度(mm)； E——弹性模量，木材取$(9\sim10)\times10^3MPa$，钢材取 2.1×10^5MPa； I——墙模板截面的惯性矩(mm⁴)，$I=\frac{bh^3}{12}$； $[f_m]$——木材抗弯强度设计值，采用松木模板时取 13MPa

项目	计算方法及公式	符号意义
墙木(钢)模板	当墙侧模采用组合钢板时,板长为120cm或150cm,端头用U形卡连接,板的跨度不宜大于板长,一般取600~1050mm,可不进行计算	
墙模板内外木(钢)楞	内楞承受模板、墙侧模板作用的荷载,按多跨连续梁计算,其容许跨度按下式计算: (1)木内楞 按强度要求: $$M=\frac{1}{10}q_2 l^2=[f_m]\cdot W$$ $$l=11.4\sqrt{\frac{W}{q_2}} \qquad (25\text{-}170)$$ 按刚度要求: $$\omega=\frac{q_2 l^4}{150EI}=[\omega]=\frac{l}{400}$$ $$l=15.3\sqrt[3]{\frac{I}{q_2}} \qquad (25\text{-}171)$$ (2)钢内楞 按强度要求: $$M=\frac{1}{10}q_2 l^2=[f]\cdot W$$ $$l=46.4\sqrt{\frac{W}{q_2}} \qquad (25\text{-}172)$$ 按刚度要求: $$\omega=\frac{q_2 l^4}{150EI}\leqslant[\omega]=\frac{1}{4}$$ $$l=42.9\sqrt[3]{\frac{I}{q_2}} \qquad (25\text{-}173)$$ 外钢楞的作用主要是加强各部分的连接及模板的整体刚度,不是一种受力构件,可不进行计算	M——内楞计算最大弯矩(N·mm); q_2——作用在内楞上的荷载(N/mm); l——内楞计算跨度(mm); W——内楞截面抵抗矩(mm³); $[\omega]$——容许挠度值,对内楞不得超过$l/400$; ω——内楞的挠度(mm); I——内楞截面的惯性矩(mm⁴); $[f]$——钢材抗拉、抗压、抗弯强度设计值,采用Q235时,取215MPa; 其他符号意义同墙模板
对拉螺栓	对拉螺栓一般设在外钢楞相交处,直接承受内、外楞传来的集中荷载,其允许拉力按下式计算: $$N=A_1[f] \qquad (25\text{-}174)$$ 或 $$N=215A_1 \qquad (25\text{-}175)$$	N——对拉螺栓允许应力(N); A_1——对拉螺栓净截面积(mm²); $[f]$——螺栓抗拉强度设计值,取170MPa

【例25-29】 某混凝土墙厚为400mm,高5m,每节模板高2.5m,采取分节浇筑混凝土,每节浇筑高度为2.5m,浇筑速度为$v=2\text{m/h}$,混凝土重度$\gamma_c=25\text{kN/m}^3$,浇筑温度$T=25℃$,采用厚25mm木模板,试计算确定内楞的间距。

解:按式(25-1)和式(25-2)求墙的侧压力F为:

$$F=0.22\times\gamma_c\frac{200}{T+15}\beta_1\beta_2 v^{\frac{1}{2}}=0.22\times25\times\left(\frac{200}{25+15}\right)\times1\times1\times\sqrt{2}=38.9\text{(kPa)}$$

$$F=\gamma_c H=25\times2.5=62.5\text{(kPa)}$$

取两者中的较小值,即:$F=38.9\text{kPa}$作为标准荷载来计算。

有效压头高度:$h=F/\gamma_c=38.9/25=1.56\text{(m)}$

考虑倾倒混凝土时对侧模板的水平荷载标准值取4kPa,则其强度设计荷载q_1为:

$$q_1=38.9\times1.2+4\times1.4=52.28\text{(kN/m)}$$

按刚度要求,采用标准荷载,但不考虑倾倒混凝土时的水平荷载则 q_1 为:
$$q_1 = 38.9 \times 1 = 38.9(\text{kN/m})$$

按强度要求需要内楞的间距,由式(25-168)确定:
$$l = 147.1h\sqrt{\frac{b}{q_1}} = 147.1 \times 25 \times \sqrt{\frac{1}{52.28}} = 509(\text{mm})$$

按刚度要求需要内楞的间距,由式(25-169)确定:
$$l = 66.7h\sqrt[3]{\frac{b}{q_1}} = 66.7 \times 25 \times \sqrt[3]{\frac{1}{38.9}} = 492(\text{mm})$$

取两者中较小值,$l = 492\text{mm}$,用 460mm。

【例 25-30】 某桥梁圆端形墩身宽2m,面积18.1m²,高6m,浇筑时由一台800L拌和机供应混凝土,拌和机产量为每小时12盘,每盘0.75m³。混凝土盛在0.8m³吊斗内,用短距离车运到桥墩旁,再以吊机吊到墩顶,通过串筒注入模内。采用插入式振动器在模内振捣。混凝土灌注速度由拌和机生产来控制(运输、起吊、灌注均不控制)。浇筑温度 $T = 25℃$,混凝土的重度 $\gamma_c = 25\text{kN/m}^3$。模板用红松木料制造,可利用工地库存4cm厚(单面刨光)的木板。使用的钢材为三号钢。墩身平直段模板结构如图25-20所示。

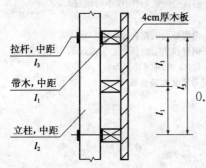

图 25-20 模板平直段竖截面示意图

标注:4cm厚木板、拉杆,中距 l_3、带木,中距 l_1、立柱,中距 l_2、l_1、l_3、l_1

解:(1)灌注速度 v
$$v = 12\ \text{盘/h} \times 0.75\text{m}^3/\text{盘} \div 18.1\text{m}^2 = 0.5\text{m/h}$$

(2)水平荷载 F

查表25-7,由式(25-2)及式(25-3a)得,$T = 25℃$,$v = 0.5\text{m/h}$时,有:
$$v/T = \frac{0.5}{25} = 0.020 < 0.035$$
$$h = 0.22 + 24.9v/T$$
$$= 0.22 + 24.9 \times 0.020 = 0.718(\text{m})$$
$$F_1 = k\gamma_c h = 1 \times 25 \times 0.718 = 17.95(\text{kPa})$$

查表25-6可知,用溜槽、串筒或自混凝土导管直接流出时,有:
$$F_2 = 2.0\text{kPa}$$
$$F = F_1 + F_2 = 17.95 + 2.0 = 19.95(\text{kPa})$$

如果考虑振动荷载4kPa,则有:
$$F_3 = 4.0\text{kPa}$$
$$F = F_1 + F_3 = 17.95 + 4.0 = 21.95(\text{kPa}) \approx 22\text{kPa}$$

采用 $F = 22\text{kPa}$。

(3)带木间距 l_1

①木板挠度控制时

木板结构为均布荷载下的连续梁,其挠度的近似计算公式为 $f = ql^4/128EI$。根据表25-14,表面外露结构的挠度不得大于杆件跨度的 $l/400$。

故:
$$f = \frac{ql^4}{128EI} = \frac{l}{400},\ 则\ l^3 = \frac{128EI}{400q}$$

查本手册上册表6-6或《木结构设计规范》(GB 50005—2003)表4.2.1-3得红松的弹性模量为 $9 \times 10^3\text{MPa}$。按4cm厚木板,1m宽计算,并参考表25-11得:

78

$$I = bd^3/12 = 100 \times 4^3/12 = 533(\text{cm}^4)$$

$$q = P_1 b = 17.95 \times 1 = 17.95(\text{kN/m})$$

代入上式,得 $l^3 = \dfrac{128 \times 9 \times 10^4 \times 533}{400 \times 17.95} = 8.522 \times 10^5$,既有:

$$l = 94.9\text{cm} \approx 95\text{cm}$$

②木板强度控制时

均布荷载下连续梁的近似强度计算公式为:

$$M = \frac{ql^2}{10}$$

将 $[\sigma] = \dfrac{M}{W}$ 代入,得 $l^2 = \dfrac{10W[\sigma]}{q}$,按 1m 宽,4cm 厚木板计算,有:

$$W = \frac{bd^2}{6} = \frac{100 \times 4^2}{6} = 267(\text{cm}^3)$$

$$q = Fb = 22 \times 1 = 22(\text{kN/m})$$

查表 8-6,可知红松模板受弯时的容许应力 $[\sigma] = 12\text{MPa}$。

代入上式,得 $l^2 = \dfrac{10 \times 267 \times 120}{22} = 14\,564$,$l = 121\text{cm}$

③比较①、②计算结果,可知木板跨度由挠度控制,其最大容许跨度为 93cm,故取带木间距 $l_1 = 90\text{cm}$。

(4)求带木断面和立柱间距 l_2

带木也为均布荷载下连续梁结构,其计算公式同上。

带木上的均布荷载与混凝土液化高度和带木间距有关。当带木间距大于混凝土液化高度时,均布荷载取混凝土液化高度范围内的荷载;当带木间距小于混凝土液化高度时,均布荷载取带木间距范围内的荷载。

所谓混凝土液化高度,指混凝土初凝以前的灌注高度,等于混凝土灌注速度乘以初凝时间。设计模板时,初凝时间一般采用 4h。

液化高度:$H = 0.5\text{m/h} \times 4\text{h} = 2\text{m} > 0.90\text{m}$(带木间距)

带木上的均布荷载:$q = Fl_1 = 22\text{kN/m} \times 0.9 = 19.8\text{kN/m}$

假定采用较常用的 10cm×12cm 带木立放,那么有:

$$I = \frac{1}{12} \times 10 \times 12^3 = 1\,440(\text{cm}^4)$$

按最大容许挠度 $l_2/400$ 计算,有:

$$f = \frac{ql_2^4}{128EI} = \frac{l_2}{400}$$

$$l_2 = \sqrt[3]{\frac{128EI}{400q}} = \sqrt[3]{\frac{128 \times 9 \times 10^4 \times 1\,440}{400 \times (0.22 - 0.04) \times 90}} = 137(\text{cm})$$

计算弯矩为:

$$M = \frac{ql_2^2}{10} = \frac{1}{10} \times 19.8 \times 137^2 \times 10^{-4} = 3.716\,3(\text{kN·m})$$

$$W = \frac{1}{6} \times 10 \times 12^2 = 20(\text{cm}^3)$$

$$\sigma = 3.716\,3/(240 \times 10^{-6}) = 15.48(\text{MPa}) > 12\text{MPa},不满足。$$

取 l_2 为 115cm,则有:

$$M=\frac{ql_2^2}{10}=\frac{1}{10}\times19.8\times115^2=2.618\,6(kN\cdot m)$$

$$W=240cm^3$$

$$\sigma=2.618\,6/(240\times10^{-6})=10.9(MPa)<12MPa,满足。$$

(5)求立柱断面和拉杆中距 l_3

立柱为集中荷载下的连续梁,其近似计算公式为:

$$M=\frac{Ql}{6},f=\frac{Ql^3}{77EI}$$

假定拉杆布置为:水平方向每排立柱均设,间距 115cm,竖直方向每隔一根带木设一根,间距 $l_3=180cm$。

假定采用 14cm×16cm 立柱立放,则有:

$$W=\frac{1}{6}\times14\times16^2=597.33(cm^3)$$

$$I=\frac{1}{12}\times14\times16^3=4\,778.67(cm^4)$$

立柱上集中荷载 Q 等于带木上的均布荷载乘以拉杆的水平间距,即:

$$Q=19.80\times1.15=22.77(kN)$$

计算弯矩为:

$$M=\frac{Ql}{6}=\frac{1}{6}\times22.77\times1.8=6.831(kN\cdot m)$$

$$\sigma=\frac{M}{W}=\frac{6.831}{597.33\times10^{-6}}=11.44(MPa)<12MPa,满足。$$

计算挠度为:

$$Q=(22-4)\times0.9\times1.15=18.63(kN)$$

$$f=\frac{Ql^3}{77EI}=\frac{18.63\times180^3\times10^2}{77\times9\times10^4\times4\,778.67}=0.33(cm)$$

$$f/l=0.33/180=1/545<1/400,满足。$$

(6)求平直段拉杆直径

每根拉杆承受两根带木所传集中力 Q,拉杆拉力 $N=2Q=2\times22.77=45.54(kN)$。

如用两端带螺纹的三号圆钢作拉杆,可按表25-63选用 $\phi24$ 拉杆,其容许拉力为48.71kN,$N=45.54kN<[N]=48.71kN$,可用。

桥墩圆端与平直段交界处的拉杆拉力小于平直段拉杆拉力,但可采用同一直径的拉杆。

(7)求拉箍直径

拉箍的受力图形如图 25-23 所示,其拉力为:

$$T=qD/2=19.80\times\frac{200}{2}\times10^{-2}=19.80(kN)$$

平直段拉箍的两端有螺纹,查表25-63采用 $\phi16$,其容许拉力 $[N]=21.67kN$。

圆弧段拉箍直接焊接在连接器上,无须扣除螺纹面积,但可偏安全地采用 $\phi16$。

三号钢普通螺栓容许拉应力 138MPa 计算的容许拉应力表见表 25-64。

三号钢普通螺栓容许拉应力 138MPa 计算的容许拉力表 　　　表 25-64

公称直径 d(mm)	10	12	14	16	18	20	22
螺纹间距 t(mm)	1.5	1.75	2	2	2.5	2.5	2.5
计算面积 A_s(cm²)	0.58	0.84	1.15	1.57	1.92	2.45	3.03
容许拉力 $[N]$(kN)	8	11.59	15.87	21.67	26.50	33.81	41.81
公称直径 d(mm)	24	27					
螺纹间距 t(mm)	3	3					
计算面积 A_s(cm²)	3.53	4.59	$A_s=\dfrac{\pi}{16}(2d-1.876\,3t)^2$				
容许拉力 $[N]$(kN)	48.71	63.34	$[N]=A_s[\sigma_1^1]$				

　　桥墩的墩身两头圆端部分的模板如图 25-21 所示。浇筑混凝土时,作用于模板的混凝土侧压力由拉箍来承受,弧形肋木作为模板拼装之用,不考虑其受力。弧形肋木以两层 5cm 厚弧形板交错重叠钉合而成,拉箍则用圆钢围绕墩身安装。拉箍制作在长度上分成两个圆弧段和两个平直段,共计四段,按图 25-22 所示连接器进行拼接,以便于将拉箍收紧。弧形肋木间距与平直段的带木间距相同。模板安装时,将两者上下叠合以螺栓连接之。每弧形肋木处安装拉箍一道,如图 25-21 所示,故木板的计算跨度与平直段计算相同。拉箍受力图见图 25-23。

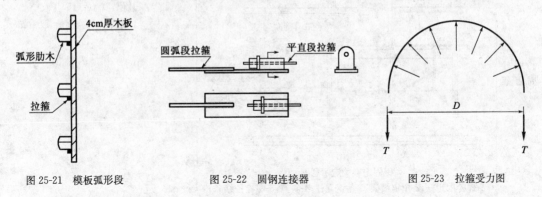

图 25-21　模板弧形段　　　　　　图 25-22　圆钢连接器　　　　　　图 25-23　拉箍受力图

第八节　地脚螺栓固定架计算

　　在污水厂鼓风机房和泵房的大型设备基础施工中,常埋有大量各种规格的地脚螺栓,其埋设的精度要求较高。按设计和规范要求,一般螺栓中心线偏差要求在 2mm 以内,螺栓顶端高程要求为 +10m 与 -0mm,垂直偏差为 1/10(具体施工时,还应按设计图纸中的规定和要求执行)。目前国内常采用钢、木或钢木混合固定架来固定地脚螺栓。故称为一次埋入灌浆安装地脚螺栓法,它是在设备基础支模、绑扎钢筋的同时,用固定架将地脚螺栓精确地固定在设计位置并和设备基础一并浇灌混凝土。施工完毕后,大部分固定架留在混凝土中,露在设备基础表面部分的固定框架可回收重复利用。这种固定架的布置与设计,一般属于模板设计的一部分,故在施工前应根据螺栓固定架的布置进行精确的设计和计算。地脚螺栓固定架计算方法见表 25-65。

项目	计算方法及公式	符号意义
荷载计算	作用固定架上的荷载包括： (1)螺栓自重力：包括锚板、套筒、填塞物及固定架自重力等；(2)钢筋、模板、埋设件及管道等的重力；(3)安装时工人、工具重力；(4)浇筑混凝土时的冲击荷载，当模板和脚手架与固定架连在一起时，还应考虑混凝土侧压力和混凝土运输时的活荷载	
螺栓固定架计算	螺栓固定架一般由固定框、横梁、立柱以及斜撑、拉结条等杆件组成，如下图，杆件之间用焊接连接。固定框和横梁为简化计算均按简支计算。 　1. 固定框计算 　固定框多采用双角钢或槽钢制成，承受集中荷载。根据固定螺栓的数量和位置，按表 25-68 中公式计算。 　计算弯矩、剪力和挠度值，其强度按下式计算： $$\sigma = \frac{M_{max}}{W_n} \leqslant f \qquad (25\text{-}176)$$ 挠度应满足： $$\omega_A = [\omega] = 10 \qquad (25\text{-}177)$$ 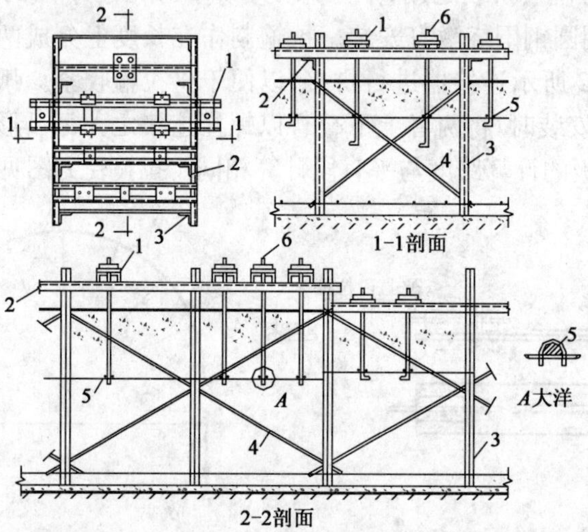 1-1剖面 2-2剖面 钢固定架构造示意图 1-螺栓固定框；2-角钢横梁；3-角钢立柱；4-斜撑；5-螺栓拉结条；6-地脚螺栓	M_{max}——作用于固定框的最大弯矩（kN·m）； W_n——固定框的截面抵抗矩（mm³）； ω_A——固定框的计算挠度值（mm）； f——钢材的抗拉、抗压、抗弯强度设计值，取 $f=215\text{MPa}$； $[\omega]$——固定架允许挠度值，取 10mm
	2. 横梁计算 　横梁多采用单角钢（或槽钢），承受固定框架传来的集中荷载。计算时取荷载最大，跨度最长跨加以核算。作用在横梁上的 P 可分为 $P\sin\alpha$ 和 $P\cos\alpha$（图 a），作用于 x_0-x_0、y_0-y_0 轴。横梁在两个主平面内受弯，其强度可按下式验算： $$\sigma = \frac{M\cos\alpha}{W_{P_n x_0}} + \frac{M\sin\alpha}{W_{P_n y_0}} \leqslant f \qquad (25\text{-}178)$$	$W_{P_n x_0}$、$W_{P_n y_0}$——分别为单角钢 x_0 和 y_0 轴的净截面塑性抵抗矩（mm³）。 其他符号意义同上
	3. 主柱计算 　横梁和立柱为单面焊接，故柱子按偏心受压杆件计算，强度按下式验算（图 b）： $$\sigma = \frac{N}{A_n} \pm \frac{M_x}{\gamma_x W_{nx}} \pm \frac{M_y}{\gamma_y W_{ny}} \leqslant f \qquad (25\text{-}179)$$	N——横梁作用于立柱的轴力（kN）； M_x、M_y——分别为横梁作用于立柱 x、y 轴的弯矩，$M=Ne$（kN·m）

项 目	计算方法及公式	符 号 意 义
螺栓固定架计算	柱子细长比应满足下式要求：$$x=\frac{l_0}{i}\leqslant 150 \qquad (25\text{-}180)$$ 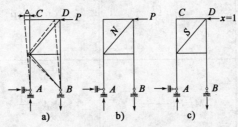 **图a) 横梁计算简图　图b) 立柱计算简图**	W_{nx}、W_{ny}——分别为 x、y 轴方向的净截面抵抗矩（mm^3）； A——立柱的净截面积（mm^2）； γ_x、γ_y——截面塑性发展系数，按《钢结构设计规范》（GB 50017—2003）表 5.2.1 或本手册上册表 5-19 采用

4. 斜撑、拉条

斜撑 $\lambda\leqslant 150$，用单角钢拉接。螺栓定位拉条用 $\phi 6\sim 8mm$ 钢筋拉固，不另计算。

5. 固定架侧向位移计算

当固定架与脚手架合用，固定架顶部运输手推车或机动翻斗车水平力的作用，将产生水平变位[图 a]，应进行计算将其控制在允许范围内。

固定架位移计算简图

固定架位移值一般可用虚功法计算。如上图所示。假定 A 端为固定端，B 点为移动端。先在固定架上部加实荷重 P[图 b]，求出各杆件所产生的内力 N，然后再将荷载移去，在 D 点作用单位虚力（假想力）$x=1$，求出各杆件产生的虚应力 S[图 c]，由表 25-35 计算出各杆件的（NSL/AE）值，则固定架的总水平位移 Δ 由下式求得：

$$\Delta=\sum\frac{NSL}{AE}\leqslant[\Delta]=2mm \qquad (25\text{-}181)$$

如所求 Δ 值大于容许值，应对固定架侧向进行加固。由实践证明，因手推车引起的变形甚微（一般 $2\sim 3mm$），可不考虑。如模板支撑支在固定架上，则水平位移很大，可达 $10\sim 20mm$，故应避免此种位移的产生。

固定架侧向位移计算用表可参考表 25-66 使用

固定架侧向位移计算用表　　　　表 25-66

杆 件 编 号	杆件截面积 A（mm^2）	杆件长度 L（mm）	实荷载内力 N（N）	$\dfrac{NL}{AE}$（mm）	虚荷载内力 S（N）	$\dfrac{NSL}{AE}$（mm）

注：1. E 为各杆件的弹性模量。

　　2. 表中空格内容待计算时填写。

　　3. 固定道梁的总水平位移 $\Delta=\sum\dfrac{NSL}{AE}$。

简支梁的弯矩、剪力、挠度见表 25-67。

荷 载 简 图	弯 矩	剪 力	挠 度
	$M = \dfrac{Pl}{4}$	$V = \dfrac{1}{2}P$	$\omega_A = \dfrac{Pl^3}{48EI}$
	$M = \dfrac{Pl}{3}$	$V = P$	$\omega_A = \dfrac{23Pl^3}{648EI}$
	$M = Pa$	$V = P$	$\omega_A = \dfrac{Pal^2}{48EI}\left(3 - \dfrac{4a^2}{l^2}\right)$
	$M = \dfrac{Pl}{2}$	$V = 1.5P$	$\omega_A = \dfrac{19Pl^3}{384EI}$
	$M = P\left(\dfrac{1}{4} - a\right)$	$V = \dfrac{3P}{a}$	$\omega_A = \dfrac{P}{48EI}(l^3 + 6al^2 - 8a^3)$
	$M = Pa$	$V = P$	$\omega_A = \dfrac{Pa^2 l}{6EI}\left(3 + \dfrac{2a}{l}\right)$

第九节　地脚螺栓锚固强度和锚板锚固深度计算

地脚螺栓锚固强度和锚板锚固深度计算见表 25-68。

项目	计 算 方 法 及 公 式	符 号 意 义
螺栓锚固强度	地脚螺栓的承载能力,是由地脚螺栓本身所具有的强度和它在混凝土中的锚固强度所决定的。前者在设计时,根据作用于地脚螺栓上的最不利荷载,通过选择螺栓钢材的材质(一般用 Q235 钢)和螺栓的直径来确定;后者则需根据有关经验资料进行验算或作地脚螺栓锚固深度的计算来确定。在施工中,当地脚螺栓安装与钢筋、埋设管线相碰需改变深度时,也要进行此类验算	

项目	计算方法及公式	符 号 意 义
螺栓锚固强度	地脚螺栓锚固强度的计算方法多按黏结力计算。 对于弯钩螺栓(包括直钩、弯折和鱼尾形螺栓),其锚固强度的计算,一般只考虑埋入混凝土基础内的螺杆表面与混凝土的黏力,而不考虑螺栓端部的弯钩在混凝土基础内的锚固作用。锚固强度按下式计算: $$F=\pi dh\tau_b \qquad (25\text{-}182)$$ 锚固深度计算时,应考虑一定的安全度: $$h\geqslant\frac{F}{\pi d[\tau_b]} \qquad (25\text{-}183)$$ 当 F 值未知时,则以地脚螺栓截面抗拉强度代替,即 $$F=\frac{\pi}{4}d^2 f_y,则\frac{\pi D^2}{4}f_y=\pi dh\tau_b,故:$$ $$h\geqslant\frac{df_y}{4[\tau_b]} \qquad (25\text{-}184)$$ 一般地脚螺栓采用 Q235 钢时,上式可写成 $$h\geqslant\frac{53.8d}{[\tau_b]} \qquad (25\text{-}185)$$ 一般光圆螺栓在混凝土中锚固深度为 $(20\sim30)d$,有弯钩时为 $(15\sim20)d$	F——锚固力,即作用于地脚螺栓上的轴向拔出力(N); d——地脚螺栓直径(mm); h——地脚螺栓在混凝土基础内的锚固深度(mm); τ_b、$[\tau_b]$——混凝土与地脚螺栓表面的黏接强度和容许黏结强度(MPa);一般在普通混凝土中,取 τ_b = $2.5\sim3.5$MPa,$[\tau]$ = $1.5\sim2.5$MPa; f_y——地脚螺栓的抗拉强度,(MPa),Q235 号钢时,$f_y=215$MPa; u——锚板周长(mm); h——锚固深度(mm); $[\tau]$——混凝土的容许剪切强度(MPa); b——锚板边长(mm); f_{cc}——混凝土的局部挤压强度设计值(MPa),$f_{cc}=0.95f_c$
锚板锚固深度	死螺栓中锚板螺栓以及活螺栓中的丁头螺栓、拧入螺栓和对拧螺栓的螺杆端部均带有锚板。计算时一般不考虑地脚螺栓与混凝土的黏结力,而均按锚板锚固强度计算。锚固能力全由锚板通过基础混凝土承担。计算方法有以下三种。 (1)按冲切强度计算 假定螺栓承受的轴向拔出力 F 完全由锚板周边对混凝土的冲切而产生的内力来平衡。则锚固力 F 可由下式计算: $$F\leqslant uh[\tau] \qquad (25\text{-}186)$$ (2)按局部抗压强度计算 锚板通常采用正方形,假定其尺寸由基础混凝土的局部抗压强度决定,计算公式如下: $$F\leqslant\left(b^2-\frac{\pi d^2}{4}\right)f_{cc} \qquad (25\text{-}187)$$ 若以 $F=\frac{\pi d^2}{4}\cdot f_y$ 代入,整理得: $$b\geqslant\frac{d}{2}\sqrt{\pi\left(1+\frac{f_y}{f_{cc}}\right)} \qquad (25\text{-}188)$$ b 值一般按经验确定,不作计算。死螺栓的锚板尺寸,按《冶金工业轧钢设备基础设计规程》(YS 14—79)规定,锚板边长 b 应不小于 $5d$。 (3)按锥体破坏计算 假定地脚螺栓到基础边缘有足够的距离,锚板螺栓在轴向力 F 作用下,地脚螺栓及其周围混凝土以圆台锥形从基础中拔出破坏,如下图所示,沿破裂面作用有切向应力 τ_s 和法向应力 σ_s,由力系平衡条件得: $$F=A(\tau_s\sin\alpha+\sigma_s\cos\alpha) \qquad (25\text{-}189)$$	

项目	计算方法及公式	符 号 意 义
锚板锚固深度	$$A=\pi\frac{h_1}{\sin\alpha}(R+r) \qquad (25\text{-}190)$$ 使 $r=\dfrac{b}{\sqrt{\pi}}$，$R=h_1\cot\alpha+r$ 且令 $\sigma_F=\tau_s\sin\alpha+\sigma_s\cos\alpha$，代入式(25-189)得： 锚板螺栓计算简图 $$F=\frac{\sqrt{\pi}h_1}{\sin\alpha}(\sqrt{\pi}h_1\cot\alpha+2b)\sigma_F \qquad (25\text{-}191)$$ 由试验得出，当 $\dfrac{b}{h_1}$ 在 $0.19\sim1.9$ 时，$\alpha=21°$，$\sigma_F=0.0203f_c$，代入式(25-191)得： $$F=\frac{2\times0.0203}{\sin21°}\sqrt{\pi}f_c\left(\frac{\sqrt{\pi}}{2}h_1^2\cot21°+bh_1\right)$$ $$F=0.2f_c(2.3h_1^2+bh_1) \qquad (25\text{-}192)$$ 按式(25-192)计算时，尚应考虑材料的均质性、耐久性等各种安全使用因素，已知 F、f_c、b 值，即可求得螺栓需要锚固深度。按式(25-192)，取 $b=5d$，安全系数为 2 考虑，一般算得的锚固深度 h 约为 $10d$ 左右。过去对锚板螺栓的锚固深度均不作计算，按经验取 $30\sim40d$，其安全系数偏大，可适当按计算结果予以降低	A——破坏锥体侧面积(mm^2)； τ_s、σ_s——破坏锥体侧面的切向和法向平均应力(MPa)； α——破坏锥体母线与水平面的夹角(°)； h_1——破坏锥体高度(通常与锚固深度相同)(mm)； R、r——破坏锥体大小底面的半径，(MPa)； f_c——混凝土抗压强度设计值(MPa)。 注：b 值一般按经验确定，不作计算

【**例 25-31**】 某鼓风机房设备基础的地脚螺栓采用 Q235 钢，已知 $[\tau_b]=2.5\text{MPa}$，试求螺栓需锚固的深度。

解：由式(25-184)得：

$$h=\frac{df_y}{4[\tau_b]}=\frac{215d}{4\times2.5}=22d$$

故需锚固深度为 22 倍直径。

【**例 25-32**】 地脚螺栓直径 64mm，承受轴向拔出力 $F=680\text{kN}$，采用锚板尺寸 $b=360\text{mm}$，混凝土采用 C20，$[\tau_b]=2.5\text{MPa}$，混凝土抗压强度设计值 $f_c=9.6\text{MPa}$，试求锚板需锚固的深度。

解：按冲切强度需要锚固深度，由式(25-186)得：

$$h=\frac{F}{u[\tau]}=\frac{680\,000}{4\times360\times2.5}=189(\text{mm})$$

按锥体破坏需要锚固深度，由式(25-192)得：

$$F=0.2f_c(2.3h^2+bh)$$

$$380\,000 = 0.2 \times 9.6 \times (2.3h^2 + 360h)$$

$$4.42h^2 = 691h - 680\,000 = 0$$

$$h^2 + 156.4h - 153\,846.15 = 0$$

解上述方程得：$h = 322\text{mm}$

取两者中的较大值，并取安全系数为 2，则需锚固深度为：

$$2h = 2 \times 322 = 644\text{mm} \approx 10d\ (=640\text{mm})$$

【例 25-33】 某厂房设备基础带锚板地脚螺栓直径 $d = 64\text{mm}$，锚板边长 350mm，埋深 850mm，设备基础采用 C20 混凝土，其抗压强度设计值 $f_c = 9.6\text{MPa}$，其局部挤压强度设计值 $f_{cc} = 9.12\text{MPa}$，$[\tau] = 0.66\text{MPa}$，试计算带锚板地脚螺栓的锚固应力。

解：带锚板地脚螺栓的锚固力 F 按冲切强度，由式(25-186)得：

$$F = uh[\tau] = 4 \times 350 \times 850 \times 0.66 = 785\,400(\text{N}) = 785.4\text{kN}$$

按局部抗压强度，由式(25-187)得：

$$F = \left(b^2 - \frac{\pi d^2}{4}\right)f_{cc} = \left(350^2 - \frac{1}{4} \times 3.14 \times 64^2\right) \times 9.12 = 1\,087\,876(\text{N}) \approx 1\,087.9\text{kN}$$

按锥体破坏，取 $K = 2$，由式(25-192)得：

$$F = 0.2f_c(2.3h_1^2 + bh_1)\frac{1}{K}$$

$$= 0.2 \times 9.6 \times (2.3 \times 850^2 + 300 \times 850) \times \frac{1}{2} = 1\,840\,080(\text{N}) \approx 1\,840\text{kN}$$

取三者较小值 $F = 785.4\text{kN}$，用 750kN。

第十节　预埋铁件简易计算

预埋铁件计算方法见表 25-69。

预埋铁件计算　　　　　　　　　　　　　　　　表 25-69

项目	计算方法及公式	符 号 意 义
预埋铁件	在市政结构工程及有些临时工程中，均广泛地应用预埋铁件作为钢筋混凝土结构的连接件或支承件。预埋铁件的计算，通常应用"剪力—摩擦"理论，即假定：①预埋铁件承受剪力时，由垂直于受剪面的锚筋阻止其变位，因混凝土无法对钢筋施加剪力，全靠最前面一段混凝土将锚筋握裹住，因而使锚筋实际是在受拉状态下工作；②受剪面不论采用哪种黏结形式，受剪钢筋的锚固长度大于或等于 10 倍锚筋直径时，即可充分发挥其作用，它的强度可认为已经达到屈服点 σ_T，其极限抗剪力 V 可用下式表示： $$V = \mu_0 A_s \sigma_T \qquad (25\text{-}193)$$ 由试验知，预埋铁件被破坏之前，剪切面先开裂，使锚筋受拉，剪切面将产生摩阻力来承担剪力。抗剪能力是由剪切面的摩擦所决定。 以下为几种常用的不同受力情况下的预埋件计算： (1)承受剪切荷载的预埋件计算[图 a] $$K_1 V_j \leqslant \mu(A_{s1} + A_{s2})f_{sv}a_r \qquad (25\text{-}194)$$	V——锚筋的极限抗剪力(kN)； μ_0——相当于摩擦因数，随剪面的黏结形式而变化，越粗糙 μ_0 值越大； A_s——受剪钢筋的截面面积(mm²)； σ_T——钢筋的极限屈服强度(MPa)； V_j——作用于预埋件的剪切荷载(kN)； K_1——抗剪强度设计安全系数； μ——摩擦因数，取 $\mu = 1$； A_{s1}、A_{s2}——下部及上部钢筋截面面积，当为双排锚筋时，$A_{s1} = A_{s2}$ (mm²)

项目	计算方法及公式	符号意义
预埋铁件	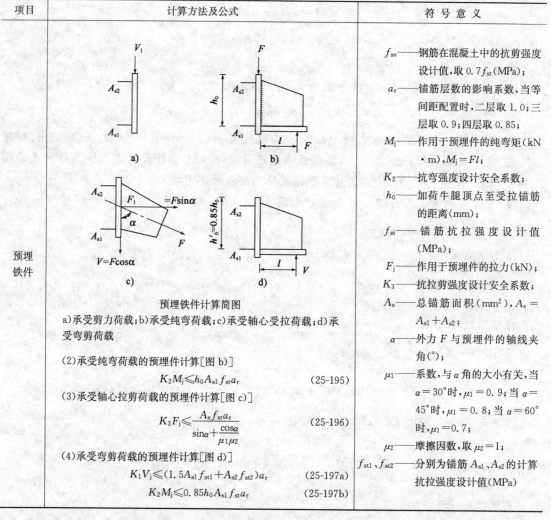 预埋铁件计算简图 a)承受剪力荷载;b)承受纯弯荷载;c)承受轴心受拉荷载;d)承受弯剪荷载 (2)承受纯弯荷载的预埋件计算[图 b] $$K_2M_j \leqslant h_0A_{s1}f_{st}a_r \qquad (25\text{-}195)$$ (3)承受轴心拉剪荷载的预埋件计算[图 c] $$K_3F_j \leqslant \frac{A_sf_{st}a_r}{\sin\alpha + \dfrac{\cos\alpha}{\mu_1\mu_2}} \qquad (25\text{-}196)$$ (4)承受弯剪荷载的预埋件计算[图 d] $$K_1V_j \leqslant (1.5A_{s1}f_{st1} + A_{s2}f_{st2})a_r \qquad (25\text{-}197a)$$ $$K_2M_j \leqslant 0.85h_0A_{s1}f_{st}a_r \qquad (25\text{-}197b)$$	f_{sv}——钢筋在混凝土中的抗剪强度设计值,取 $0.7f_{st}$(MPa); a_r——锚筋层数的影响系数,当等间距配置时,二层取 1.0;三层取 0.9;四层取 0.85; M_j——作用于预埋件的纯弯矩(kN·m),$M_j = Fl$; K_2——抗弯强度设计安全系数; h_0——加荷牛腿顶点至受拉锚筋的距离(mm); f_{st}——锚筋抗拉强度设计值(MPa); F_j——作用于预埋件的拉力(kN); K_3——抗拉剪强度设计安全系数; A_s——总锚筋面积(mm²),$A_s = A_{s1} + A_{s2}$; α——外力 F 与预埋件的轴线夹角(°); μ_1——系数,与 α 角的大小有关,当 $\alpha = 30°$ 时,$\mu_1 = 0.9$;当 $\alpha = 45°$ 时,$\mu_1 = 0.8$;当 $\alpha = 60°$ 时,$\mu_1 = 0.7$; μ_2——摩擦因数,取 $\mu_2 = 1$; $f_{st1}、f_{st2}$——分别为锚筋 A_{s1}、A_{s2} 的计算抗拉强度设计值(MPa)

【例 25-34】 有一承受弯剪荷载预埋件,已知 $V = 13\text{kN}, l = 0.4\text{m}, h_0 = 0.4\text{m}$,锚筋用 2 根 $\phi12\text{mm}$ 钢筋,$A_{s1} = 113.1\text{mm}^2$,$f_{st} = 215\text{MPa}$,$K_1 = 1.55$,$K_2 = 1.50$,$a_r = 1$,试验算是否安全。

解: 由式(25-196)、式(26-197)得:

$K_1V_j = 1.55 \times 13 = 20.2(\text{kN})$

$K_2M_j = 1.50 \times 13 \times 0.4 = 7.8(\text{kN} \cdot \text{m})$

$1.5A_{s1}f_{st1} = 1.5 \times 113.1 \times 215 = 36\,475(\text{N}) = 36.48(\text{kN}) > K_1V_j = 20.2\text{kN}$

$0.85h_0A_{s1}f_{st}a_r = 0.85 \times 400 \times 113.1 \times 215 \times 10^6 = 8.28(\text{kN} \cdot \text{m}) > K_2M_j = 7.8\text{kN} \cdot \text{m}$

故预埋件安全。

第二十六章　脚手架工程

第一节　扣件式钢管脚手架

一、概述

扣件式钢管脚手架，由于具有节约木材、装拆方便、连接牢固、强度高、稳定性好且经久耐用的优点，是我国在土木建筑中应用最广泛的脚手架之一。根据用途不同，又可分为单排、双排和满堂红等脚手架。整个脚手架系统是由立杆、纵横水平杆、剪刀撑、斜撑、连接件、横向扫地杆、底座、脚手板和连接它们的钢扣件等所组成的"空间框架结构"。钢管规格一般采用外径 48mm、壁厚 3.5mm 的焊接钢管或外径为 51mm，壁厚为 3～4mm 的无缝钢管。扣件螺栓拧紧扭力矩应为 40～60N·m，用以保证"空间框架结构"的节点具有足够的刚性和传递荷载的能力。同时脚手架立柱的地基与基础必须坚实，应具有足够的承载能力，防止不均匀或过大的沉降。所设置的纵、横向支撑及剪刀撑均应使脚手架具有足够的纵向和横向整体刚度。

二、荷载计算

1. 荷载分类及其标准值

（1）载荷分类及永久载荷标准值和施工载荷标准值（表 26-1）

荷载分类及永久荷载标准值和施工荷载标准值　　　　　　　　表 26-1

项目	计算方法及公式	符号意义
荷载分类	作用于脚手架的荷载可分为永久(恒)荷载与可变(活)荷载。永久荷载包括：钢管及扣件、脚手板、栏杆、挡脚板、安全网等防护设施的自重；可变荷载包括：施工荷载和风荷载。施工荷载包括：操作人员、工、器具和材料等自重	G_k——统计标准值； $\overline{G_k}$——所有测定件测定值的平均值； G_{xi}——第 i 个测定件的测定值； n——统计的数量(件)； 此测定方法适用于任何材料自重的测定。 (1)扣件式钢管脚手架结构件自重标准值如下： ①钢管($\phi48\times3.5$):38.4N/m； ②直角扣件:13.2N/个； ③旋转扣件:14.6N/个； ④对接扣件:18.4N/个。 (2)脚手板自重标准值见表 D 其他材料和构件自重标准值，按附录 A 取值
材料自重标准值	(1)材料自重标准值的计算 　材料自重可按实际测定的统计值采用。其测定方法为：随机抽样，抽样一般不少于 20 个。测定统计标准值 G_k 按下式计算(即统计标准值等于测定件的平均测定值加 2 倍的标准差)： $$G_k=\overline{G_k}+2\sqrt{\frac{1}{n+1}\sum_{i=1}^{n}(G_{xj}-\overline{G_k})}　　　(26\text{-}1)$$	

项目	永久荷载标准				

(2)扣件式钢管脚手架自重标准值

①对脚手架进行整体稳定计算时,脚手架结构的自重标准值应按表 A 采用。

$\phi 48 \times 3.5$ 钢管脚手架每米立杆承受的结构自重标准值 g_k(kN/m)　表 A

步距 h (m)	脚手架类型	立杆纵距 I_a(m)				
		1.2	1.5	1.8	2.0	2.1
1.20	单排	0.1581	0.1723	0.1865	0.1958	0.2004
	双排	0.1489	0.1611	0.1734	0.1815	0.1856
1.35	单排	0.1473	0.1601	0.1732	0.1818	0.1861
	双排	0.1379	0.1491	0.1601	0.1674	0.1711
1.50	单排	0.1384	0.1505	0.1626	0.1706	0.1746
	双排	0.1291	0.1394	0.1495	0.1562	0.1596
1.80	单排	0.1253	0.1360	0.1467	0.1639	0.1575
	双排	0.1161	0.1248	0.1337	0.1395	0.1424
2.00	单排	0.1195	0.1298	0.1405	0.1471	0.1504
	双排	0.1094	0.1176	0.1259	0.1312	0.1338

扣件式钢管脚手架自重标准值

注:1. 双排脚手架每米立杆承受的结构自重标准值是指内、外立杆的平均值;单排脚手架每米架体产生的结构自重标准值系按双排脚手架外立杆等值采用。

2. 当采用 $\phi 51 \times 3$ 钢管时,每米架体产生的结构自重标准值可按表中数值乘以 0.96 采用。

3. 对表 A 的说明见附录 B.2。

②对脚手架的立杆进行单杆局部稳定计算时,每步扣件式双排钢管($\phi 48 \times 3.5$mm)脚手架结构自重标准值,可按表 B 采用。

每步双排扣件式钢管($\phi 48 \times 3.5$)脚手架结构自重标准值(kN/步)(横距 $l_b = 1.2$m)

表 B

步距 h (m)	立杆纵距 I_x (m)				
	1.20	1.50	1.65	1.80	2.00
1.20	0.2337	0.2489	0.2566	0.2644	0.2748
1.35	0.2434	0.2584	0.2661	0.2738	0.2841
1.50	0.2532	0.2682	0.2762	0.2834	0.2936
1.65	0.2632	0.2780	0.2855	0.2931	0.3033
1.80	0.2733	0.2880	0.2955	0.3030	0.3131
2.00	0.2870	0.3015	0.3089	0.3163	0.3263

注:1. 当横距不等于 1.2m 时,每增减 0.1m,表值应增减 0.002kN/步。

2. 当纵距与表中不一致时,可用插入法取值;当步距与表中不一致时,亦可用插入法取值;当纵距、步距均与表中不一致时,可用双向插入法取值。

3. 计算是按 6 跨 6 步为计算单元计算剪刀撑力的,如与实际不符时应另行计算,对表中值予以修正。

4. 表中的数值是按外排立杆中承受横向斜撑自重的立杆计算所得

项目	永久荷载标准值及施工活荷载标准值
脚手板自重标准值及产生的轴心力标准值	(3)脚手板自重产生的主柱轴心力标准值和脚手板自重标准值 ①脚手板自重产生的立柱轴心力标准值按表C采用

脚手板自重产生的立柱轴心力标准值 N_{Q1k}(kN) 表C

(排距)立杆横距 I_b (m)	(柱距)立杆纵距 I_a (m)	脚手板层数		
		二	四	六
1.05	1.2	0.486	0.972	1.458
	1.5	0.608	1.215	1.823
	1.8	0.729	1.458	2.187
	2.0	0.810	1.620	2.430
1.30	1.2	0.576	1.152	1.728
	1.5	0.720	1.440	2.160
	1.8	0.864	1.728	2.592
	2.0	0.960	1.920	2.880
1.55	1.2	0.666	1.332	1.998
	1.5	0.833	1.665	2.498
	1.8	0.999	1.998	2.997
	2.0	1.110	2.220	3.330

注：上表C中数值根据一层脚手板自重 $Q_P=0.3kN/m^3$；$N_{Q1k}=0.5(l_b+0.3)/\sum Q_P$ 计算。

②脚手板自重标准值按表D采用

脚手板自重标准值 表D

类　别	标准值(kPa)	类　别	标准值(kPa)
冲压钢脚手板	0.30	木脚手板	0.35
竹串片脚手板	0.35	扣挂式钢脚手板	0.25

栏杆挡脚板自重标准值	(4)栏杆挡脚板自重标准值按表E采用

栏杆挡脚板自重标准值 表E

类　别	标准值(kN/m)	类　别	标准值(kN/m)
栏杆、冲压钢脚手板挡板	0.11	栏杆、木脚手板挡板	0.14
栏杆、竹串片脚手板挡板	0.14		

脚手架上吊挂的安全防护设施自重标准值	(5)脚手架上吊挂的安全防护设施的自重参考值及敞开式脚手架防护材料自重产生的立柱轴心力标准值按表F及表G采用。

脚手架上吊挂的安全防护设施的自重参考值 表F

类　别	标准值(MPa)	类　别	标准值(MPa)
安全网及塑料编织布	2	竹笆	50
苇席	50		

敞开式脚手架防护材料自重产生的立柱轴心力标准值 N_{Q2k}(kN) 表G

(柱距)	立杆纵距 l_a(m)		
1.2	1.5	1.8	2.0
0.182	0.228	0.273	0.304

注：表G中数值根据栏杆二道采用 $\phi48\times3.5$ 钢管、冲压钢管脚手板计算

项目	施工均布活荷载及其他活荷载标准值				

(6)施工均布荷载产生的立柱轴力标准值 N_{Q3k} 按表 H 采用

施工均布荷载产生的立柱轴心力标准值 N_{Q3k}（kN）　　　表 H

（排距）立杆横距 I_b（m）	（柱距）立杆纵距 I_a（m）	施工均布荷载数值（kPa）				
		1.0	2.0	3.0	4.0	5.0
1.05	1.2	0.81	1.62	2.43	3.24	4.05
	1.5	1.02	2.03	3.04	4.05	5.07
	1.8	1.22	2.43	3.65	4.86	6.08
	2.0	1.35	2.70	4.05	5.40	6.75
1.30	1.2	0.96	1.92	2.88	3.84	4.80
	1.5	1.20	2.40	3.60	4.80	6.00
	1.8	1.44	2.88	4.32	5.76	7.20
	2	1.60	3.20	4.80	6.40	8.00
1.55	1.2	1.11	2.22	3.33	4.44	5.55
	1.5	1.39	2.78	4.17	5.55	6.94
	1.8	1.67	3.33	5.00	6.66	8.33
	2.0	1.85	3.70	5.55	7.40	9.25

注：表 H 中 $N_{Q3k}=0.5(l_b+0.3)l_aQ_k$；其中 Q_k 为均布荷载标准值

(7)施工均布活荷载标准值（表 I）

施工均布活荷载标准值　　　表 I

类　别	标准值（kPa）	类　别	标准值（kPa）
装修脚手架	2	结构脚手架3	

注：其他用途的脚手架

1. 其他用途脚手架的施工均布活荷载标准值应根据实际情况确定。确定时可采用《建筑结构荷载规范》(GB 50009—2012)中常用材料和构件的自重。

2. 脚手架上同时有两个作业层时，应分别计入两个作业层的施工均布活荷载，作业层不得多于两个。

3. 每个作业层都应注意到水平横杆的加密，都应满铺脚手板；脚手架每隔 12.0m 满铺一层脚手板，计算时皆应计入，不可疏漏

(2)作用于脚手架上的水平风载荷标准值计算

作用于脚手架上水平风荷载标准值的计算见表 26-2。

作用于脚手架上的水平风荷载标准值计算　　　表 26-2

项目	计算方法及公式	符　号　意　义
水平风荷载标准值	作用于脚手架上的水平风荷载标准值应按下式进行计算：$$w_k=0.7\mu_Z\mu_S w_0 \quad (26\text{-}2)$$	w_k——风荷载标准值（kPa）； μ_Z——风压高度变化系数，按表 26-5 有关规定采用； μ_S——脚手架风荷载体型系数，按表 26-7 采用； w_0——基本风压，按表 26-4 采用； 0.7——基本风压值的修正系数

注：风荷载的作用面积应分两部分：一部分是直接作用在支撑立杆的迎风面上；另一部分作用在面支撑的侧向模板面上，这部分风荷载按式(26-2)计算后应将其认作集中作用在支撑的上端来考虑。

(3)荷载效应组合

计算脚手架的承重构件时,应根据使用过程中可能出现的最不利荷载组合进行计算。荷载效应组合宜按表 26-3 采用。

在基本风压 $w_0 \leqslant 0.35\text{kPa}$ 的地区,对于仅有栏杆和挡脚板的敞开式脚手架,当每个连墙件覆盖面积不大于 30m^2,构造符合规定时,因风荷载产生的附加应力小于设计强度的 5%。所以在计算立杆稳定性时可不予考虑风荷载。荷载效应组合见表 26-3。

荷载效应组合   表 26-3

项次	计 算 项 目	荷载效应组合
1	纵向、横向水平杆强度与变形	永久荷载+施工均布活荷载
2	脚手架立杆稳定	永久荷载+施工均布活荷载
		永久荷载+0.85(施工均布活荷载+风荷载)
3	连墙件承载力	单排架,风荷载+3.0kN
		双排架,风荷载+5.0kN

2. 作用在脚手架上的水平风荷载

1)基本风压 w_0

按《建筑结构荷载规范》(GB 50009—2012)规定,基本风压值 w_0 是按重现期为 10 年、50 年、100 年编制的,其雪压和风压值按照《建筑结构荷载规范》(GB 50009—2012)附录 E5 给出的 50 年一遇的风压值采用,但不得小于 0.3kPa。对于高层建筑、高耸结构以及对风荷载比较敏感的其他结构,基本风压还应适当提高,并应由有关结构设计规范具体规定。

脚手架使用期一般为 2~5 年,遇到强劲风的概率相对要小得多,因而对其采用了 0.7 的修正系数。

当建设地点的基本风压值在全国各城市基本风压表上没有给出时,可根据当地年最大风速资料,按基本风压定义,通过统计分析确定。分析时,应考虑样本数量的影响。当地没有风速资料时,可根据附近地区规定的基本风压或长期资料,通过气象和地形条件的对比分析确定;可按《建筑结构荷载规范》(GB 50009—2012)附录 E 中全国基本风压分布图(附图 E.6.3)近似确定。现将全国部分主要城市重现期为 10 年、50 年和 100 年的风压 w_0 值列入表 26-4 中,以便采用。

全国部分主要城市的 10 年、50 年和 100 年一遇风压 w_0 表 26-4

城 市 名		海拔高度(m)	风 压(kPa)		
			$n=10$	$n=50$	$n=100$
北京		54.0	0.30	0.45	0.50
天津	天津市	3.3	0.30	0.50	0.60
	塘沽	3.2	0.40	0.55	0.60
上海		2.8	0.40	0.55	0.60
重庆		259.1	0.25	0.40	0.45
石家庄		80.5	0.25	0.35	0.40
秦皇岛		2.1	0.35	0.45	0.50
太原		778.3	0.30	0.40	0.45
呼和浩特		1 063.0	0.35	0.55	0.60

城 市 名	海拔高度(m)	风 压(kPa)		
		$n=10$	$n=50$	$n=100$
沈阳	42.8	0.40	0.55	0.60
长春	236.8	0.45	0.65	0.75
哈尔滨	142.3	0.35	0.55	0.65
济南	51.6	0.30	0.45	0.50
青岛	76.0	0.45	0.60	0.70
南京	8.9	0.25	0.40	0.45
海口	14.1	0.45	0.75	0.90
成都	506.1	0.20	0.30	0.35
乌鲁木齐	917.9	0.40	0.60	0.70
杭州	41.7	0.30	0.45	0.50
合肥	27.9	0.25	0.35	0.40
南昌	46.7	0.30	0.45	0.55
福州	83.8	0.40	0.70	0.85
厦门	139.4	0.50	0.80	0.95
西安	397.5	0.25	0.35	0.40
兰州	1 517.2	0.20	0.30	0.35
银川	1 111.4	0.40	0.65	0.75
西宁	2 261.2	0.25	0.35	0.40
郑州	110.4	0.30	0.45	0.50
武汉	23.3	0.25	0.35	0.40
长沙	44.9	0.25	0.35	0.40
广州	6.6	0.30	0.50	0.60
南宁	73.1	0.25	0.35	0.40
昆明	1 891.4	0.20	0.30	0.35
拉萨	3 658.0	0.20	0.30	0.35
贵阳	1 074.3	0.20	0.30	0.35

2)风压高度变化系数 μ_z

对于风压高度变化系数 μ_z，应按现行国家标准《建筑结构荷载规范》(GB 50009—2012)规定采用。

(1)平坦或稍有起伏的地形

风压高度变化系数应根据地面粗糙度类别按表 26-5 取值。

地面粗糙度可分为 A、B、C、D 四类：

①A 类指近海面和海岛、海岸、湖岸及沙漠地区；

②B 类指田野、乡村、丛林、丘陵以及房屋比较稀疏的乡镇和城市郊区；

③C类指有密集建筑群的城市市区；

④D类指有密集建筑群且房屋较高的城市市区。

风压高度变化系数 μ_z

表 26-5

离地面或海平面高度 (m)	地面粗糙度类别			
	A	B	C	D
5	1.17	1.00	0.74	0.62
10	1.38	1.00	0.74	0.62
15	1.52	1.14	0.74	0.62
20	1.63	1.25	0.84	0.62
30	1.80	1.42	1.00	0.62
40	1.92	1.56	1.13	0.73
50	2.03	1.67	1.25	0.84
60	2.12	1.77	1.35	0.93
70	2.20	1.86	1.45	1.02
80	2.27	1.95	1.54	1.11
90	2.34	2.02	1.62	1.19
100	2.40	2.09	1.70	1.27
150	2.64	2.38	2.03	1.61
200	2.83	2.61	2.30	1.92
250	2.99	2.80	2.54	2.19
300	3.12	2.97	2.75	2.45
350	3.12	3.12	2.94	2.68
400	3.12	3.12	3.12	2.91
≥450	3.12	3.12	3.12	3.12

(2)山区建筑物

风压高度变化系数可按平坦地区的粗糙度类别，先从表 26-5 中查取相应数值，再乘以修正系数 η 予以确定。修正系数 η 分别按下述规定采用：

①对于山峰和山坡，其顶部 B 处的修正系数可按下述公式采用：

$$\eta_B = \left[1 + \tan\alpha\left(1 - \frac{z}{2.5H}\right)\right]^2 \tag{26-3}$$

式中：$\tan\alpha$——山峰或山坡在迎风面一侧的坡度，当 $\tan\alpha > 0.3$ 时，取 $\tan\alpha = 0.3$；

　　　k——系数，山峰取 3.2，山坡取 1.4；

　　　H——山顶或山坡全高(m)；

　　　z——建筑物计算位置离建筑物地面的高度(m)，当 $z > 2.5H$ 时，取 $z = 2.5H$。

②对于山峰和山坡的其他部位，可按图 26-1 所示，取 A、C 处的修正系数 η_A、η_C 为：

a. AB 间和 BC 间的修正系数按 η 的线性插值确定；

b. 山间盆地、谷地等闭塞地形，$\eta = 0.75 \sim 0.85$；

c. 对于与风向一致的谷口、山口，$\eta = 1.20 \sim 1.50$。

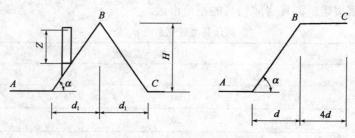

图 26-1 山峰和山坡示意图

（3）远海海面和海岛的建筑物或构筑物

风压高度变化系数可按 A 类粗糙度类别，先从表 26-5 中查取相应 μ_z 值，再乘以表 26-6 中给出的修正系数。

远海海面和海岛的修正系数 η　　表 26-6

距海岸距离（kn）	η	距海岸距离（kn）	η
＜40	1.0	60～100	1.1～1.2
40～60	1.0～1.1		

3）风荷载体型系数 μ_s

（1）脚手架的风荷载体型系数 μ_s 应按表 26-7 采用

脚手架的风荷载体型系数 μ_s　　表 26-7

背靠建筑物的状况		全封闭墙	敞开、框架和开洞墙
脚手架状况	全封闭、半封闭	1.0ξ	1.3ξ
	敞开	μ_{stw}	μ_{stw}

注：1. μ_{stw} 值可将脚手架视为桁架，按现行国家标准《建筑结构荷载规范》（GB 50009—2012）的规定计算。敞开式双排脚手架 $\mu_s = \mu_{stw} = 1.2\xi(1+\eta)$，$\eta$ 系数按表 26-12 采用；敞开式单排脚手架 $\mu_s = 1.2\xi$。
　　2. ξ 为挡风系数，$\xi = 1.2A_n/A_w$，其中 A_n 为挡风面积；A_w 为迎风面积。敞开式单、双排架的 ξ 值宜按表 26-9 采用。

（2）挡风系数 ξ、挡风面积 A_n 及风荷载体型系数 μ_s 的计算

挡风系数 ξ、挡风面积 A_n 及风荷载体型系数 μ_s 的计算见表 26-8。

挡风系数 ξ、挡风面积 A_n 及风荷载体型系数 μ_s　　表 26-8

项目	计算方法及公式	符 号 意 义
挡风系数、挡风面积及风荷载体型系数	1. 挡风系数 ξ 敞开式扣件钢管脚手架的挡风系数 ξ 由下式确定： $$\xi = \frac{1.2A_n}{A_w} = \frac{1.2A_n}{l_a h} \quad (26\text{-}4)$$ （1）敞开式单、双排钢管脚手架的挡风面积值 A_n 可按下式计算： $$A_{n_1} = (l_a + h + 0.325 l_a h)d \quad (26\text{-}5)$$ （2）对于满挂密目式安全网的单、双排扣件式钢管脚手架的挡风面积 A_{n_2} 可按下式计算： $$A_{n_2} = (l_a + h + 0.325 l_a h)d +$$ $$K[l_a h - (l_a + h + 0.325 l_a h)d] \quad (26\text{-}6)$$ 2. 敞开式扣件钢管脚手架的风荷载体型系数 μ_s	ξ——敞开式单、双排脚手架在常用步距、纵距情况下的挡风系数，按表 26-9 采用； A_w——脚手架立面的计算迎风面积，一般取 $A_w = l_a h$； A_n——脚手架立面一步一纵距（跨）内钢管的总挡风面积（m²）； l_a——立杆的纵距（m）； h——立杆的步距（m）； A_{n_1}——一步一纵距（跨）内钢管的总挡风面积（m²）； d——钢管外径（mm）； 0.325——脚手架立面每平方米内剪刀撑的平均长度 m/m²，关于 0.325 的计算说明见附录 B.3

项目	计算方法及公式	符 号 意 义
挡风系数、挡风面积及风荷载体型系数	敞开式扣件钢管脚手架的风荷载体型系数 μ_S 值,可借用钢管桁架的 μ_s 值计算方法,按下式计算: $$\mu_s = \mu_{stw} = \xi \mu_{so} \frac{1-\eta^n}{1-\eta} \quad (26\text{-}7a)$$ 敞开式双排脚手架 μ_s 值为: $$\mu_s = \mu_{stw} = 1.2\xi(1-\eta) \quad (26\text{-}7b)$$ 敞开式单排脚手架 μ_s 值为: $$\mu_s = 1.2\xi \quad (26\text{-}7c)$$	A_{n_2}——满挂密目安全网的单、双排扣件式钢管脚手架的挡风面积(m^2); K——密目安全网的挡风率应通过试验确定,一般 $K=0.27\sim0.35$,取定值为 0.33。杜荣军专家提供的资料认为:200 目密网时,$K=0.5$;800 目密网时,$K=0.6$。满挂密目安全网的脚手架在常用步距、纵距下的 ξ 值可按表 26-10 采用。当实测 K 值有明显差别时,则应按式(26-6)来计算 ξ 值。尤其当 $w_0 > 0.6\text{kPa}$ 时,更应注意; η——系数,按表 26-12 采用,中间值按插入法求取; n——脚手架排数; μ_{so}——钢管的体型系数,按表 26-11 采用

敞开式脚手架在常用步距、纵距情况下的 ξ 值,可按表 26-9 采用。

敞开式单、双排扣件式钢管($\phi48\times3.5\text{mm}$)脚手架挡风系数 ξ_1 值　　表 26-9

步距 h (m)	立 杆 纵 距 l_a(m)				
	1.20	1.50	1.65	1.80	2.00
1.20	0.115	0.105	0.102	0.099	0.096
1.35	0.109	0.100	0.096	0.093	0.090
1.50	0.105	0.096	0.092	0.089	0.086
1.60	0.103	0.093	0.090	0.087	0.084
1.65	0.102	0.092	0.089	0.086	0.082
1.70	0.101	0.091	0.088	0.085	0.081
1.75	0.100	0.090	0.087	0.084	0.080
1.80	0.099	0.089	0.086	0.083	0.080
2.00	0.096	0.086	0.082	0.080	0.076

满挂密目安全网脚手架在常用纵距、步距下的 ξ 值,可按表 26-10 采用。

满挂密目安全网的单、双排扣件式钢管($\phi48\times3.5\text{mm}$)脚手架挡风系数 ξ_2 值　　表 26-10

密目网挡风率 K	步距 h (m)	立 杆 纵 距 l_a (m)				
		1.20	1.50	1.65	1.80	2.00
0.33	1.20	0.473	0.466	0.464	0.462	0.460
	1.35	0.469	0.463	0.461	0.459	0.456
	1.50	0.466	0.460	0.458	0.456	0.454
	1.60	0.465	0.458	0.456	0.454	0.452
	1.65	0.464	0.458	0.455	0.453	0.451
	1.70	0.463	0.457	0.455	0.453	0.451
	1.75	0.463	0.456	0.454	0.452	0.450
	1.80	0.462	0.456	0.453	0.451	0.449
	2.00	0.460	0.454	0.451	0.449	0.447

密目网挡风率 K	步距 h (m)	立 杆 纵 距 l_a (m)				
		1.20	1.50	1.65	1.80	2.00
	1.20	0.657	0.653	0.651	0.649	0.646
	1.35	0.655	0.650	0.648	0.647	0.645
	1.50	0.653	0.648	0.646	0.645	0.643
	1.60	0.651	0.647	0.645	0.643	0.642
0.50	1.65	0.651	0.646	0.644	0.643	0.641
	1.70	0.650	0.646	0.644	0.642	0.641
	1.75	0.650	0.645	0.643	0.642	0.640
	1.80	0.649	0.645	0.643	0.641	0.640
	2.00	0.648	0.643	0.641	0.640	0.638
	1.20	0.766	0.762	0.761	0.759	0.758
	1.35	0.764	0.760	0.759	0.757	0.756
	1.50	0.762	0.758	0.757	0.756	0.754
	1.60	0.761	0.757	0.756	0.754	0.753
0.60	1.65	0.761	0.757	0.755	0.754	0.753
	1.70	0.760	0.756	0.755	0.754	0.753
	1.75	0.760	0.756	0.755	0.753	0.752
	1.80	0.759	0.756	0.754	0.753	0.752
	2.00	0.758	0.754	0.753	0.752	0.751

钢管的体形系数 μ_{so} 按表 26-11 采用。

整体计算时钢管的体形系数 μ_{so} 表 26-11

$\mu_z w_0 d^2$	表 面 情 况	$h/d \geqslant 25$	$h/d = 7$	$h/d = 1$
	$\Delta \approx 0$	0.6	0.5	0.5
$\geqslant 0.015$	$\Delta = 0.02d$	0.9	0.8	0.7
	$\Delta = 0.08d$	1.2	1.0	0.8
$\leqslant 0.002$		1.2	0.8	0.7

注:1. w_0 为基本风压(kPa); d 为钢管直径(m); Δ 为表面突出高度,取 $\Delta \approx 0$。
2. 中间值按插入法求取。

系 数 y 值 表 26-12

η ＼ l_b/h ／ ξ	$\leqslant 0.1$	2	4	6
$\leqslant 0.1$	1.00	1.00	1.00	1.00
0.2	0.85	0.90	0.93	0.97
0.3	0.66	0.75	0.80	0.85
0.4	0.50	0.60	0.67	0.73
0.5	0.33	0.45	0.53	0.62
$\geqslant 0.6$	0.15	0.30	0.40	0.50

注: l_b 脚手架立杆横距或宽度; h 为脚手架高度; ξ 为挡风系数。

4)风振系数 β_z

根据《建筑结构荷载规范》(GB 50009—2012)规定,计算 w_k 时,还应乘以风振系数 β_z,以考虑风压脉动对高层结构的影响。因脚手架附着于主体结构上且为临时结构,故取 $\beta_z=1.0$,所以在计算式中未予反映。

3. 扣件式钢管脚手架立杆在风荷载作用下的弯矩系数

扣件式钢管脚手架外排杆构件受风压作用后,通过水平横杆将力传到内排的立杆和纵向水平杆,再通过连墙件传至建筑物。此时,外排杆件系统近似于一个竖起来的支承于矩阵布置的弹性柱头上的双向连续梁系统,其所受载荷(风载荷)是沿高度方向分布的;而内排杆体系统,则近似于一个竖起来的支承于矩阵布置的柱头上的井字梁系统。其所受之力是水平横杆传来的集中荷载,但也是沿高度变化的分布荷载(风荷载)。其荷载效应为弯矩,支点为连墙件。

要想准确地计算出脚手架的风荷载效应,必须通过大量的风洞试验研究,并经过繁复的弹性理论分析才有可能。目前国内外尚缺乏这种研究分析,有待以后解决。根据《建筑施工扣件式钢管脚手架安全技术规范》(JGJ 130—2011)第5.3.4条规定,由风荷载设计值产生的立杆段弯矩 M_w 可按表26-13中所列公式进行计算。

(1)扣件式钢管脚手架立杆段由风荷载设计值产生的弯矩 M_w(表26-13)

计算立柱段由风荷载设计值产生的弯矩 M_w 表26-13

项目	计算方法及公式	符 号 意 义
立杆段由风荷载设计值产生的弯矩	《建筑施工扣件式钢管脚手架安全技术规范》(JGJ 130—2011)根据实测资料规定所计算立杆由风荷载设计值产生的弯矩值 M_w,可按下式计算: $$M_w=(0.85\sim0.09)\times1.4M_{wk}$$ $$=\frac{(0.85\sim0.9)\times1.4w_kl_ah^2}{10} \quad (26\text{-}8)$$ 作用于脚手架上的水平风荷载标准值,按下式计算: $$w_k=0.7\mu_z\mu_sw_0$$ $$M_w=\frac{(0.85\sim0.9)\times1.4\times0.7\mu_z\mu_sw_0h^2}{10} \quad (26\text{-}9)$$ 设 $$K_n=\frac{(0.85\sim0.9)\times1.4\times0.7\mu_zh^2}{10}$$ 即可将 M_w 的计算简化为: $$M_w=K_n\mu_sw_0l_a \quad (26\text{-}10)$$ 注:本公式是三跨连续的弯矩公式,采用此公式是比较保守的,实践证明也是可靠的,但不一定是较为经济的	M_{wk}——风荷载标准值产生的弯矩(kN·m); w_k——风荷载标准值(kPa); l_a——立杆纵距(m); h——步距(m); K_n——为脚手架立杆在风荷载设计值作用下产生弯矩的弯矩系数;现将扣件式钢管($\phi48\times3.5$)双排脚手架的 K_n 值列于表26-14中,表中 K_n 值表示立杆在风荷载设计值作用下于不同高度产生的弯矩系数,可用插入法求得。对于山区、远海海面和海岛(构)筑物,K_n 尚应乘以修正系数 η。η 其实就是第2条风压高度变化系数 μ_z 第(2)款第(3)项中的 μ_z 的修正系数; w_0——基本风压,按表26-4查取(kPa); μ_z——风压高度变化系数,按表26-5采用; μ_s——脚手架风荷载体型系数,按表26-7采用

(2)扣件式双排钢管脚手架立杆段的弯矩系数 K_n(表26-14)

由风荷载设计值产生的扣件式双排钢管脚手架立杆段的弯矩系数 K_h(m^2)   表26-14

离地面或海平面高度 (m)	步距 $h=1.2m$			
	地面粗糙度类别			
	A	B	C	D
5	0.140 3	0.120 0	0.088 8	0.074 4
10	0.165 5	0.120 0	0.088 8	0.074 4

离地面或海平面高度 (m)	步距 $h=1.2m$			
	地面粗糙度类别			
	A	B	C	D
15	0.182 3	0.136 7	0.088 8	0.074 4
20	0.195 5	0.149 9	0.100 8	0.074 4
30	0.215 9	0.170 3	0.120 0	0.074 4
40	0.230 3	0.187 1	0.135 5	0.087 6
50	0.243 5	0.200 3	0.149 9	0.100 8
60	0.254 3	0.212 3	0.161 9	0.111 6
70	0.263 9	0.223 1	0.173 9	0.122 4
80	0.272 3	0.233 9	0.184 7	0.133 1
90	0.280 7	0.242 3	0.19443	0.142 7
100	0.287 9	0.250 7	0.203 9	0.152 3
150	0.316 7	0.285 5	0.243 5	0.193 1
200	0.339 5	0.313 1	0.275 9	0.230 3
250	0.358 7	0.335 9	0.304 7	0.262 7
300	0.374 3	0.356 3	0.329 9	0.293 9
350	0.374 3	0.374 3	0.352 7	0.321 5
400	0.374 3	0.374 3	0.374 3	0.349 1
≥450	0.374 3	0.374 3	0.374 3	0.374 3

离地面或海平面高度 (m)	步距 $h=1.35m$			
	地面粗糙度类别			
	A	B	C	D
5	0.177 6	0.151 8	0.112 3	0.094 1
10	0.209 5	0.151 8	0.112 3	0.094 1
15	0.230 8	0.173 1	0.112 3	0.094 1
20	0.247 5	0.189 8	0.127 5	0.094 1
30	0.273 3	0.215 6	0.151 8	0.094 1
40	0.291 5	0.236 8	0.171 6	0.110 8
50	0.308 2	0.253 5	0.189 8	0.127 5
60	0.321 8	0.268 7	0.204 9	0.141 2
70	0.334 0	0.282 4	0.220 1	0.154 9
80	0.344 6	0.296 0	0.233 8	0.168 5
90	0.355 2	0.306 7	0.245 9	0.180 7
100	0.364 4	0.317 3	0.258 1	0.192 8
150	0.400 8	0.361 3	0.308 2	0.244 4
200	0.429 6	0.396 2	0.349 2	0.291 5
250	0.453 9	0.425 1	0.385 6	0.332 5

离地面或海平面高度（m）	步距 $h=1.35$m			
	地面粗糙度类别			
	A	B	C	D
300	0.473 7	0.450 9	0.417 5	0.371 9
350	0.473 7	0.473 7	0.446 3	0.406 9
400	0.473 7	0.473 7	0.473 7	0.441 8
≥450	0.473 7	0.473 7	0.473 7	0.473 7

离地面或海平面高度（m）	步距 $h=1.5$m			
	地面粗糙度类别			
	A	B	C	D
5	0.219 3	0.187 4	0.138 7	0.116 2
10	0.258 6	0.187 4	0.138 7	0.116 2
15	0.284 9	0.213 7	0.138 7	0.116 2
20	0.305 5	0.234 3	0.157 4	0.116 2
30	0.337 4	0.266 1	0.187 4	0.116 2
40	0.359 9	0.292 4	0.211 8	0.136 8
50	0.380 5	0.313 0	0.234 3	0.157 4
60	0.397 3	0.331 7	0.253 0	0.174 3
70	0.412 3	0.348 6	0.271 8	0.191 2
80	0.425 5	0.365 5	0.288 6	0.208 0
90	0.438 6	0.378 6	0.303 6	0.223 0
100	0.449 8	0.391 7	0.318 6	0.238 0
150	0.494 8	0.446 1	0.380 5	0.301 8
200	0.530 4	0.480 2	0.431 1	0.359 9
250	0.560 4	0.524 8	0.476 1	0.410 5
300	0.584 8	0.556 7	0.515 4	0.459 2
350	0.584 8	0.584 8	0.551 0	0.502 3
400	0.584 8	0.584 8	0.584 8	0.545 4
≥450	0.584 8	0.584 8	0.584 8	0.584 8

离地面或海平面高度（m）	步距 $h=1.6$m			
	地面粗糙度类别			
	A	B	C	D
5	0.249 5	0.213 2	0.157 8	0.132 2
10	0.294 3	0.213 2	0.157 8	0.132 2
15	0.324 1	0.243 1	0.157 8	0.132 2
20	0.347 6	0.266 6	0.179 1	0.132 2
30	0.383 8	0.302 8	0.213 2	0.132 2
40	0.409 4	0.332 7	0.241 0	0.155 7

离地面或海平面高度 (m)	步距 $h=1.6$m			
	地面粗糙度类别			
	A	B	C	D
50	0.432 9	0.356 1	0.266 6	0.179 1
60	0.452 1	0.377 4	0.287 9	0.198 3
70	0.469 1	0.396 6	0.309 2	0.217 5
80	0.484 1	0.415 8	0.328 4	0.236 7
90	0.499 0	0.430 8	0.345 5	0.253 8
100	0.511 8	0.445 7	0.362 5	0.270 8
150	0.563 0	0.507 5	0.432 9	0.343 3
200	0.604 5	0.556 6	0.490 5	0.409 4
250	0.637 6	0.597 1	0.541 6	0.467 0
300	0.665 3	0.633 3	0.586 4	0.522 5
350	0.665 3	0.665 3	0.626 9	0.571 5
400	0.665 3	0.665 3	0.665 3	0.620 6
≥450	0.665 3	0.665 3	0.665 3	0.665 3

离地面或海平面高度 (m)	步距 $h=1.65$m			
	地面粗糙度类别			
	A	B	C	D
5	0.265 3	0.226 8	0.167 8	0.140 6
10	0.313 0	0.226 8	0.167 8	0.140 6
15	0.344 7	0.258 5	0.167 8	0.140 6
20	0.369 7	0.283 5	0.190 5	0.140 6
30	0.408 2	0.322 0	0.226 8	0.140 6
40	0.435 4	0.353 8	0.256 3	0.165 6
50	0.460 4	0.378 7	0.283 5	0.190 5
60	0.480 8	0.401 4	0.306 2	0.210 9
70	0.498 9	0.421 8	0.328 8	0.231 3
80	0.514 8	0.442 2	0.349 2	0.251 7
90	0.530 7	0.458 1	0.367 4	0.269 9
100	0.544 3	0.474 0	0.385 5	0.288 0
150	0.598 7	0.539 7	0.460 4	0.365 1
200	0.641 8	0.591 9	0.521 6	0.435 4
250	0.678 1	0.635 0	0.576 0	0.496 7
300	0.707 6	0.673 5	0.623 7	0.555 6
350	0.707 6	0.707 6	0.666 7	0.607 8
400	0.707 6	0.707 6	0.707 6	0.659 9
≥450	0.707 6	0.707 6	0.707 6	0.707 6

离地面或海平面高度 （m）	步距 $h=1.70$m			
	地面粗糙度类别			
	A	B	C	D
5	0.281 7	0.240 7	0.178 1	0.149 3
10	0.332 2	0.240 7	0.178 1	0.149 3
15	0.365 9	0.274 4	0.178 1	0.149 3
20	0.392 4	0.300 9	0.202 2	0.149 3
30	0.433 3	0.341 8	0.240 7	0.149 3
40	0.462 2	0.375 5	0.272 0	0.175 7
50	0.488 7	0.402 0	0.300 9	0.202 2
60	0.510 4	0.426 1	0.325 0	0.223 9
70	0.529 6	0.447 8	0.349 1	0.245 6
80	0.546 5	0.469 4	0.370 7	0.267 2
90	0.563 3	0.486 3	0.390 0	0.286 5
100	0.577 8	0.503 1	0.409 3	0.305 7
150	0.635 5	0.573 0	0.488 7	0.387 6
200	0.681 3	0.628 3	0.553 7	0.462 2
250	0.719 8	0.674 1	0.611 5	0.527 2
300	0.751 1	0.715 0	0.662 0	0.589 8
350	0.751 1	0.751 1	0.707 8	0.645 2
400	0.751 1	0.751 1	0.751 1	0.700 5
≥450	0.751 1	0.751 1	0.751 1	0.751 1
离地面或海平面高度 （m）	步距 $h=1.75$m			
	地面粗糙度类别			
	A	B	C	D
5	0.298 5	0.255 1	0.188 8	0.158 2
10	0.352 0	0.255 1	0.188 8	0.158 2
15	0.387 8	0.290 8	0.188 8	0.158 2
20	0.415 8	0.318 9	0.214 3	0.158 2
30	0.459 2	0.362 3	0.255 1	0.158 2
40	0.489 8	0.398 0	0.288 3	0.186 2
50	0.517 9	0.426 0	0.318 9	0.214 3
60	0.540 8	0.451 5	0.344 4	0.237 2
70	0.561 2	0.474 5	0.369 9	0.260 2
80	0.579 1	0.497 5	0.392 9	0.283 2
90	0.596 9	0.515 3	0.413 3	0.303 6
100	0.612 3	0.533 2	0.433 7	0.324 0
150	0.673 5	0.607 2	0.517 9	0.410 7

离地面或海平面高度 （m）	步距 h=1.75m			
	地面粗糙度类别			
	A	B	C	D
200	0.722 0	0.665 8	0.586 7	0.489 8
250	0.762 8	0.714 3	0.648 0	0.558 7
300	0.795 9	0.757 7	0.701 5	0.625 0
350	0.795 9	0.795 9	0.750 0	0.683 7
400	0.795 9	0.795 9	0.795 9	0.742 4
≥450	0.795 9	0.795 9	0.795 9	0.795 9

离地面或海平面高度 （m）	步距 h=1.80m			
	地面粗糙度类别			
	A	B	C	D
5	0.315 8	0.269 9	0.199 7	0.167 3
10	0.372 4	0.269 9	0.199 7	0.167 3
15	0.410 2	0.307 7	0.199 7	0.167 3
20	0.439 9	0.337 4	0.226 7	0.167 3
30	0.485 8	0.383 2	0.269 9	0.167 3
40	0.518 2	0.421 0	0.305 0	0.197 0
50	0.547 9	0.450 7	0.337 4	0.226 7
60	0.572 2	0.477 7	0.364 4	0.251 0
70	0.593 8	0.502 0	0.391 3	0.275 3
80	0.612 7	0.526 3	0.415 6	0.299 6
90	0.631 5	0.545 2	0.437 2	0.321 2
100	0.647 7	0.564 1	0.458 8	0.342 8
150	0.712 5	0.642 3	0.547 9	0.434 5
200	0.763 8	0.704 4	0.620 8	0.518 2
250	0.807 0	0.755 7	0.685 5	0.591 1
300	0.842 1	0.801 6	0.742 2	0.661 2
350	0.842 1	0.842 1	0.793 5	0.723 3
400	0.842 1	0.842 1	0.842 1	0.785 4
≥450	0.842 1	0.842 1	0.842 1	0.842 1

离地面或海平面高度 （m）	步距 h=2.00m			
	地面粗糙度类别			
	A	B	C	D
5	0.389 8	0.333 2	0.246 6	0.206 6
10	0.459 8	0.333 2	0.246 6	0.206 6
15	0.506 5	0.379 8	0.246 6	0.206 6
20	0.543 1	0.416 5	0.279 9	0.206 6

离地面或海平面高度 (m)	步距 $h=2.00\text{m}$			
	地面粗糙度类别			
	A	B	C	D
30	0.599 8	0.473 1	0.333 2	0.206 6
40	0.639 7	0.519 8	0.376 5	0.243 2
50	0.676 4	0.556 4	0.416 5	0.279 9
60	0.706 4	0.589 8	0.449 8	0.309 9
70	0.733 0	0.619 8	0.483 1	0.339 9
80	0.756 4	0.649 7	0.513 1	0.369 9
90	0.779 7	0.673 1	0.539 8	0.396 5
100	0.799 7	0.696 4	0.566 4	0.423 2
150	0.879 6	0.793 0	0.676 4	0.536 5
200	0.943 0	0.869 7	0.766 4	0.639 7
250	0.996 3	0.933 0	0.846 3	0.729 7
300	1.039 6	0.989 6	0.916 3	0.816 3
350	1.039 6	1.039 6	0.979 6	0.893 0
400	1.039 6	1.039 6	1.039 6	0.969 6
≥450	1.039 6	1.039 6	1.039 6	1.039 6

注:此表摘自本书参考文献[11]。

【例 26-1】 某工地敞开式单、双排钢管脚手架,距海岸约 38km。施工时,立杆的纵距 $l_a=$ 2.0m,立杆的步距 $h=1.8$m,地面的粗糙度为 B 类。试计算当基本风压 $w_0=0.35$kPa 时,风荷载产生的附加应力,脚手架的底部立杆是否要考虑风荷载的影响。

解:(1)计算双排敞开式脚手架

查表 26-5 得风压高度变化系数 $\mu_Z=1.0$,查表 26-9 得脚手架挡风系数 $\xi=0.08$。

①风荷载体型系数 μ_s 可按式[26-7b]:

$\mu_s=1.2\xi(1+\eta)$,式中系数 η 查表 26-12 得 $\eta=1.0$。将 ξ、η 值代入左式得:

$\mu_s=1.2\xi(1+\eta)=1.2\times0.08\times(1+1)=0.192$

②按式(26-2)求作用于脚手架上的水平风荷载标准值 w_k:

$$w_k=0.7\mu_Z\mu_s w_0=0.7\times1.0\times0.192\times0.35=0.047(\text{kPa})$$

③由风荷载设计值产生的立杆段弯矩 M_w 按式(26-8)得:

$$M_w=0.85\times1.4M_{wk}=\frac{0.85\times1.4\times w_k l_a h^2}{10}$$

$$=\frac{0.85\times1.4\times0.047\times2\times1.8^2}{10}=\frac{0.036\ 3}{10}=0.036\ 3(\text{kN}\cdot\text{m})$$

④风荷载产生的附加应力 σ_w 为:

$$\sigma_w=\frac{M_w}{W}=\frac{0.036\ 3\times10^6}{5.08\times10^3}=7.145\ 7(\text{MPa})$$

105

则：

$$\frac{\sigma_w}{f}=\frac{7.145\,7}{205}\times 100=3.49\% < 5\%$$

在立杆稳定性计算中,底层立杆的轴向力为最大,起控制作用。通过上式计算结果,可知当基本风压为 $w_0=0.35\text{kPa}$ 时,其风荷载产生的附加应力小于设计强度的 5%,故可忽略风荷载。

(2)计算单排敞开式脚手架

①风荷载体型系数 μ_s 按式[26-7c)]为：

$$\mu_s=1.2\xi=1.2\times 0.08=0.096$$

②作用于脚手架上的水平风荷载标准值 w_k 按式(26-2)计算：

$$w_k=0.7\mu_z\mu_s w_0=0.7\times 1.0\times 0.096\times 0.35=0.023\,5(\text{kPa})$$

③由风荷载设计值产生的立杆段弯矩 M_w 按式(26-8)计算：

$$M_w=0.85\times 1.4M_{wh}=\frac{0.85\times 1.4\times w_k l_a h^2}{10}$$

$$=\frac{0.85\times 1.4\times 0.023\,52\times 2\times 1.8^2}{10}=0.018\,14(\text{kN·m})$$

④风荷载产生的附加应力 σ_w 为：

$$\sigma_w=\frac{0.018\,14\times 10^6}{5.08\times 10^3}=3.57(\text{MPa})$$

则：

$$\frac{\sigma_w}{f}=\frac{3.57}{205}\times 100=1.74(\%) < 5\%$$

计算结果可以忽略风荷载。

三、扣件式单、双排钢管落地脚手架的设计计算

1. 扣件式钢管脚手架的构配件

1)钢管

《建筑施工扣件式钢管脚手架安全技术规范》(JGJ 130—2011)规定,施工中所用的脚手架钢管应使用现行国家标准《直缝电焊钢管》(GB/T 13793—2008)或《低压流体输送用焊接钢管》(GB/T 3091—2008)中规定的 3 号普通钢管,其材质应符合现行《碳素结构钢》(GB/T 700—2006)中 Q235-A 级钢规定。采用这种钢管比较经济,完全能满足使用要求。每根钢管最大质量不应小于 25kg,宜采用 ϕ48×3.5 的钢管,脚手架的钢管尺寸应按表 26-15 采用。

扣件式钢管脚手架尺寸(mm)   表 26-15

截面尺寸		最大长度	
外径 d	壁厚 t	横向水平杆	其他杆
48	3.5	2 200	6 500
51	3.0		

2)扣件

(1)扣件式钢管脚手架应采用可锻铸铁制作的扣件,其材质应符合现行国家标准《钢管脚

106

手架扣件》(GB 15831—2006)的规定；采用其他材料制作的扣件，应经试验证明质量符合该标准的规定后方可使用。

(2)脚手架采用的扣件。在螺栓拧紧扭力矩达 65N·m 时，不得发生破坏。

(3)扣件的验收应符合下列规定：

①新扣件应有生产许可证、法定检测单位的测试报告和产品质量合格证。当对扣件质量有怀疑时，应按现行国家标准《钢管脚手架扣件》(GB 15831—2006)的规定抽样检测；

②旧扣件使用前应进行质量检查，有裂缝和变形的严禁使用，出现滑丝的螺栓必须更换，新、旧扣件均应进行防腐处理。

3)脚手架

(1)脚手板可采用钢、木、竹材料制作，每块质量不宜大于 30kg。

(2)冲压钢脚手板的材质应符合现行国家标准《碳素结构钢》(GB/T 700—2006)中 Q235-A 级钢的规定，其质量与尺寸允许偏差应符合下列规定，并应有防滑措施。

①尺寸偏差应符合施工验收规范的规定，且不得有裂缝、开焊和硬弯；

②新、旧脚手板均应涂防锈漆。

(3)木脚手板应采用杉木或松木制作，其材质应符合现行国家标准《木结构设计规范》(GB 50005—2003)中 Ⅱ 级材质的规定。脚手板厚度不应小于 50mm，宽度不宜小于 200mm，两端应各设直径为 4mm 的镀锌钢丝箍两道，不得使用腐朽的木脚手板。

4)连墙杆

连墙杆的材质，应符合现行国家标准《碳素结构钢》(GB/T 700—2006)中 Q235-A 级钢的规定。

2. 扣件式钢管脚手架构造要求(摘自《建筑施工扣件式钢管脚手架安全技术规范》(JGJ 130—2011))

1)常用扣件式钢管脚手架设计尺寸

常用脚手架设计尺寸应符合表 26-16 和表 26-17 的规定。

常用密目式安全立网全封式双排脚手架的设计尺寸　　　　表 26-16

| 连墙件设置 | 立杆横距 l_b (m) | 步距 h (m) | 下列荷载时的立杆纵距 l_a (m) 及搭设高度 [H] (m) | | | | 脚手架允许搭设高度 [H] (m) |
			2+0.35 (kPa)	2+2+2×0.35 (kPa)	3+0.35 (kPa)	3+2+2×0.35 (kPa)	
两步三跨	1.05	1.5	2.0	1.5	1.5	1.5	50
		1.80	1.8	1.5	1.5	1.5	32
	1.30	1.5	1.8	1.5	1.5	1.5	50
		1.80	1.8	1.2	1.5	1.5	30
	1.55	1.5	1.8	1.2	1.5	1.5	38
		1.80	1.8	1.2	1.5	1.2	22
三步三跨	1.05	1.5	2.0	1.5	1.5	1.5	43
		1.80	1.8	1.5	1.5	1.2	24
	1.30	1.5	1.8	1.5	1.5	1.5	30
		1.80	1.8	1.2	1.5	1.2	17

注：1. 表中所示 2+2+2×0.35(kPa)，包括下列荷载：2+2(kPa) 为两层装修作业层施工荷载标准值，2×0.35(kPa) 为两层作业层脚手板自重荷载标准值。

2. 地面粗糙度为 B 类，基本风压 $\omega_0=0.4$kPa。

3. 作业层横向水平杆间距，应按不大于 $l_a/2$ 设置。

连墙件设置	立杆横距 l_b(m)	步距(m)	下列荷载时的立杆纵距 l_a(m)及搭设高度[H](m)		脚手架允许搭设高度[H](m)
			2+2×0.35 (kPa)	3+2×0.35 (kPa)	
两步三跨	1.20	1.50	2.0	1.8	24
		1.80	1.5	1.2	24
	1.40	1.50	1.8	1.5	24
		1.80	1.5	1.2	24
三步三跨	1.20	1.50	2.0	1.8	24
		1.80	1.2	1.2	24
	1.40	1.50	1.8	1.5	24
		1.80	1.2	1.2	24

注:同表 26-16。

2)纵向水平杆、横向水平杆及脚手板

(1)纵向水平杆的构造应符合下列规定:

①纵向水平杆宜设置在立杆内侧,其长度不宜小于三跨;

②纵向水平杆接长宜采用对接扣件连接,也可采用搭接。对接、搭接均应符合下列规定:

a.纵向水平杆的对接扣件应交错布置。上下相邻两根纵向水平杆的接头不宜设在同跨内,同步内、外纵向水平杆的接头不宜设置在同跨内;不同步或不同跨两个相邻接头水平方向错开的距离不应小于 500mm;各接头中心至最近主节点的距离不宜大于 $l_a/3$(图 26-2)。

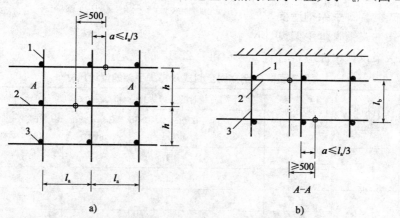

图 26-2　纵向水平杆对接接头布置(尺寸单位:mm)
a)接头不在同步内(立面);b)接头不在同跨内(平面)
1-立杆;2-纵向水平杆;3-横向水平杆

b.搭接长度不应小于 1m,应等间距设置 3 个旋转扣件固定,端部扣件盖板边缘至搭接纵向水平杆杆端的距离不应小于 100mm;

c.当使用冲压钢脚手板、木脚手板、竹串片脚手板时,纵向水平杆应作为横向水平杆的支座,用直角扣件固定在立杆上;当使用竹笆脚手板时,横向水平杆应作为纵向水平杆的支座,用直角扣件固定在立杆上,纵向水平杆应等间距设置,间距不应大于 400mm(图 26-3)。

(2)横向水平杆的构造应符合下列规定:

①主节点处必须设置一根横向水平杆,用直角扣件扣接且严禁拆除。主节点处,横向水平

108

杆中轴线与立杆中轴线的间距不应大于150mm。在双排脚手架中，靠墙一端的外伸长度 a（图26-4）不应大于 $0.4l_b$，且不应大于500mm；

②作业层上非主节点处的横向水平杆，宜根据支承脚手板的需要等间距设置，最大间距不应大于纵距的1/2；

③当使用冲压钢脚手板、木脚手板、竹串片脚手板时，双排脚手架的横向水平杆两端均应采用直角扣件固定在纵向水平杆上；单排脚手架横向水平杆的一端，应用直角扣件固定在纵向水平杆上，另一端应插入墙内，插入长度不应小于180mm；

④使用竹笆脚手板时，双排脚手架的横向水平杆两端应用直角扣件固定在立杆上；单排脚手架横向水平杆的一端，应用直角扣件固定在立杆上，另一端应插入墙内，插入长度亦不应小于180mm。

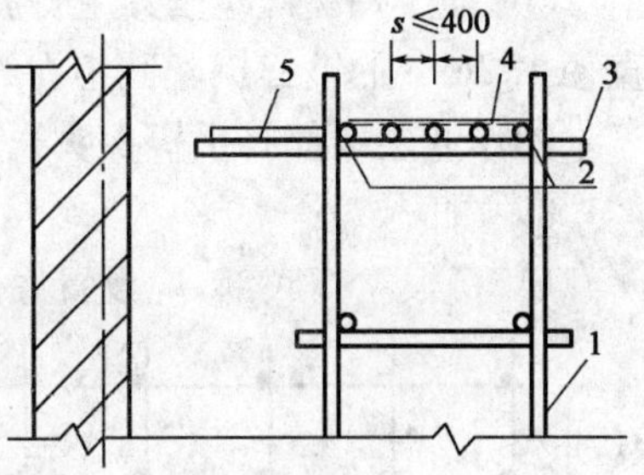

图26-3 铺竹笆脚手板时纵向水平杆的构造（尺寸单位：mm）

1-立杆；2-纵向水平杆；3-横向水平杆；4-竹笆脚手板；5-其他脚手板

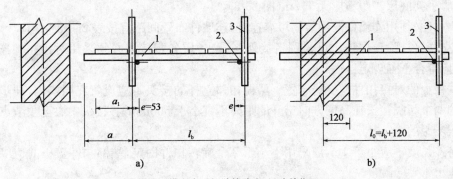

图26-4 横向水平杆计算跨度（尺寸单位：mm）
a)双排脚手架；b)单排脚手架
1-横向水平杆；2-纵向水平杆；3-立杆

（3）脚手板的设置应符合下列规定：

①作业层脚手板应铺满、铺稳，离开墙面120～150mm；

②冲压钢脚手板、木脚手板、竹串片脚手板等，应放置在三根或三根以上横向水平杆上。当脚手板长度小于2m时，可采用两根横向水平杆支承，但应将脚手板两端与其可靠固定，严防倾翻。此三种脚手板的铺设可采用对接平铺，亦可采用搭接铺设。脚手板对接平铺时，接头处必须设两根横向水平杆，脚手板外伸长应取130～150mm，两块脚手板外伸长度的和不应大于300mm[图26-5a)]；脚手板搭接铺设时，接头必须支在横向水平杆上，搭接长度应大于200mm，其伸出横向水平杆的长度不应小于100mm[图26-5b)]。

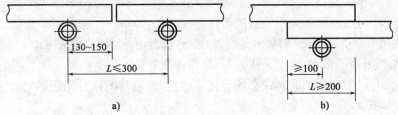

图26-5 脚手板对接、搭接构造（尺寸单位：mm）
a)脚手板对接；b)脚手板搭接

③竹笆脚手板,应按其主竹筋垂直于纵向水平杆方向铺设,且采用对接平铺,四个角应用直径 1.2mm 的镀锌钢丝固定在纵向水平杆上;

④作业层端部脚手板探头长度取 150mm,其板长两端均应与支承杆可靠地固定。

3)立杆

(1)每根立杆底部,应设置底座或垫板。

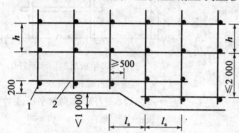

图 26-6 纵、横向扫地杆构造(尺寸单位:mm)
1-横向扫地杆;2-纵向扫地杆

(2)脚手架必须设置纵、横向扫地杆。纵向扫地杆应采用直角扣件固定在距底座上皮不大于 200mm 处的立杆上。横向扫地杆亦应采用直角扣件固定在紧靠纵向扫地杆下方的立杆上。当立杆基础不在同一高度上时,必须将高处的纵向扫地杆向低处延长两跨与立杆固定,高低差不应大于 1m。靠近坡上方的立杆轴线到边坡的距离不应小于 500mm(图 26-6)。

(3)脚手架底层步距不应大于 2m(图 26-6)。

(4)立杆必须用连墙件与建筑物可靠连接,连墙件布置间距宜按表 26-18 采用。

(5)立杆接长除顶层顶步可采用搭接外,其余各层各步接头必须采用对接扣件连接。对接、搭接应符合下列规定:

①立杆上的对接扣件应交错布置。两根相邻立杆的接头不应设置在同步内,同步内隔一根立杆的两个相隔接头在高度方向错开的距离不宜小于 500mm;各接头中心至主节点的距离不宜大于步距的 1/3;

②搭接长度不应小于 1m,应采用不小于 2 个旋转扣件固定,端部扣件盖板的边缘至杆端距离不应小于 10cm。

(6)立杆顶端宜高出女儿墙上皮 1m,高出檐口上皮 1.5m。

(7)双管立杆中副立杆的高度不应低于 3 步,钢管长度也不应小于 6m。

4)连墙件

(1)连墙件数量的设置除应满足计算要求外,还应符合表 26-18 的规定。

连墙件布置最大间距

表 26-18

脚手架高度		竖向间距	水平间距	每根连墙件覆盖面积(m²)
双排	≤50m	$3h$	$3l_a$	≤40
	>50m	$2h$	$3l_a$	≤27
单排	≤24m	$3h$	$3l_a$	≤40

注:h 为步距,l_a 为纵距。

(2)连墙件的布置应符合下列规定:

①宜靠近主节点设置,偏离主节点的距离不应大于 300mm;

②应从底层第一步纵向水平杆处开始设置,当该处设置有困难时,应采用其他可靠措施固定;

③宜优先采用菱形布置,也可采用方形、矩形布置;

④一字形、开口形脚手架的两端必须设置连墙件,连墙件的垂直间距不应大于建筑物的层高,并不应大于 4m(2 步)。

(3)对高度在 24m 以下的单、双排脚手架,宜采用刚性连墙件与建筑物可靠连接,亦可采用拉筋和顶撑配合使用的附墙连接方式。严禁使用仅有拉筋的柔性连墙件。

（4）对高度 24m 以上的双排脚手架，必须采用刚性连墙件与建筑物可靠连接。

（5）连墙件的构造应符合下列规定：

①连墙件中的连墙杆或拉筋宜呈水平设置，当不能水平设置时，与脚手架连接的一端应下斜连接，不应采用上斜连接；

②连墙件必须采用可承受拉力和压力的构造。采用拉筋必须配用顶撑，顶撑应可靠地顶在混凝土圈梁、柱等结构部位。拉筋应采用两根以上直径 4mm 的钢丝拧成一股，使用时不应小于 2 股；亦可采用直径不小于 6mm 的钢筋。

（6）当脚手架下部暂不能设连墙件时，可搭设抛撑。抛撑应采用通长杆件与脚手架可靠连接，与地面的倾角应为 45°~60°；连接点中心至主节点的距离不应大于 300mm。抛撑应在连墙件搭设后方可拆除。

（7）架高超过 40m 且有风涡流作用时，应采取抗上升翻流作用的连墙措施。

5）门洞

（1）单、双排脚手架门洞宜采用上升斜杆、平行弦杆桁架的结构形式，如图 26-7 所示，斜杆

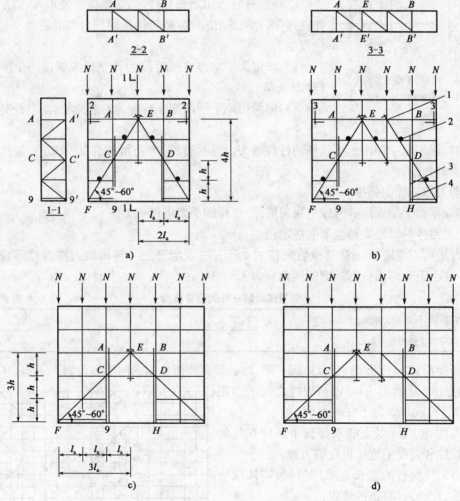

图 26-7 门洞处上升斜杆、平行弦杆桁架

a)挑空一根立杆(A 型)；b)挑空两根立杆(A 型)；c)挑空一根立杆(B 型)；d)挑空两根立杆(B 型)

1-防滑扣件；2-增设的横向水平杆；3-副立杆；4-主立杆

与地面的倾角 α 应为 $45°\sim60°$。门洞桁架的形式宜按下列要求确定：

①当步距 h 小于纵距 l_a 时，应采用 A 型；

②当步距 h 大于纵距 l_a 时，应采用 B 型，并应符合下列规定：

a. $h=1.8$m 时，纵距不应大于 1.5m；

b. $h=2.0$m 时，纵距不应大于 1.2m。

(2)单、双排脚手架门洞桁架的构造应符合下列规定：

①单排脚手架门洞处，应在平面桁架(图 26-7 中 A、B、C、D)的每一节间设置一根斜腹杆；双排脚手架门洞处的空间桁架，除下弦平面外，应在其余 5 个平面内的图示节间设置一根斜腹杆(图 26-7 中 1-1、2-2、3-3 剖面)；

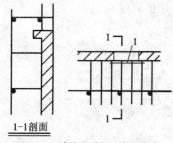

图 26-8　单排脚手架过窗洞构造
1-增设的纵向水平杆

②斜腹杆宜采用旋转扣件固定在与之相交的横向水平杆伸出端上，旋转扣件中心线至主节点的距离不宜大于 150mm。当斜腹杆在 1 跨内跨越 2 个步距(图 26-7A 型)时，宜在相交的纵向水平杆处增设一根横向水平杆，将斜腹杆固定在其伸出端上；

③斜腹杆宜采用通长杆件，当必须接长使用时，宜采用对接扣件连接，也可采用搭接，搭接构造应符合本节三、2.、3)、(5)条的规定。

(3)单排脚手架过窗洞时应增设立杆或增设一个纵向水平杆(图 26-8)。

(4)门洞桁架下的两侧立杆应为双管立杆，副立杆高度应高于门洞口 $1\sim2$ 步。

(5)门洞桁架中伸出上下弦杆的杆件端头，均应增设一个防滑扣件(图 26-7)，该扣件宜紧靠主节点的扣件。

6)剪刀撑与横向斜撑

(1)双排脚手架应设剪刀撑与横向斜撑，单排脚手架应设剪刀撑。

(2)剪刀撑的设置应符合下列规定：

①每道剪刀撑跨越立杆的根数宜按表 26-19 的规定确定。每道剪刀撑宽度不应小于 4 跨，且不应小于 6m，斜杆与地面的倾角宜为 $45°\sim60°$；

剪刀撑跨越立杆的最多根数　　　　　　　　　　　　　表 26-19

剪刀撑斜杆与地面的倾角	45°	50°	60°
剪刀撑跨越立杆的最多根数	7	6	5

②高度在 24m 以下的单、双排脚手架，均必须在外侧立面的两端各设置一道剪刀撑，并应由底至顶连续设置；中间各道剪刀撑之间的净距离不应大于 15m(图 26-9)；

③高度在 24m 以上的双排脚手架应在外侧立面全长度和高度上连续设置剪刀撑；

④剪刀撑斜杆的接长宜采用搭接，搭接应符合本节三、2.、3)、(5)条的规定；

⑤剪刀撑斜杆应用旋转扣件固定在与之相交的横向水平杆的伸出端或立杆上，旋转扣件中心

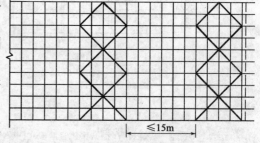

图 26-9　剪刀撑布置

线至主节点的距离不宜大于150mm。

(3)横向斜杆的设置应符合下列规定：

①横向斜撑应在同一节间，由底至顶层呈"之"字形连续布置，斜撑的固定应符合本节三、2.、5)、(2)、②条的规定；

②一字形、开口形双排脚手架的两端均必须设置横向斜撑，中间宜每隔6跨设置一道；

③高度在24m以下的封闭型双排脚手架可不设横向斜撑，高度在24m以上的封闭型脚手架除拐角应设置横向斜撑外，中间应每隔6跨设置一道。

7)斜道

(1)人行并兼作材料运输的斜道的形式宜按下列要求确定：

①高度不大于6m的脚手架，宜采用"一"字形斜道；

②高度大于6m的脚手架，宜采用"之"字形斜道。

(2)斜道的构造应符合下列规定：

①斜道宜附着外脚手架或建筑物设置；

②运料斜道宽度不宜小于1.5m，坡度宜采用1∶6；人行斜道宽度不宜小于1m，坡度宜采用1∶3；

③拐弯处应设置平台，其跨度不应小于斜道宽度；

④斜道两侧及平台外围均应设置栏杆及挡脚板。栏杆高度应为1.2m，挡脚板高度不应小于180mm；

⑤运料斜道两侧、平台外围和端部，均应按本节三、2.、4)～本节三、2.、6)条的规定设置连墙件；每两步应加设水平斜杆；应按本节三、2.、6)、(2)和本节三、2.、6)、(3)条的规定设置剪刀撑和横向斜撑。

(3)斜道脚手板构造应符合下列规定：

①脚手板横铺时，应在横向水平杆下增设纵向支托杆，纵向支托杆间距不应大于500mm；

②脚手板顺铺时，接头宜采用搭接；下面的板头应压住上面的板头，板头的凸棱处宜采用三角木填顺；

③人行斜道和运料斜道的脚手板上应每隔250～300mm设置一根防滑木条，木条厚度宜为20～30mm。

8)模板支架

(1)模板支架立杆的构造，应符合下列规定：

①模板支架立杆的构造，应符合本节三、中的相关内容的规定；

②支架立杆应竖直设置，2m高度的垂直允许偏差为15mm；

③设在支架立杆根部的可调底座，当其伸出长度超过300mm时，应采取可靠措施固定；

④当梁模板支架立杆采用单根立杆时，立杆应设在梁模板中心线处，其偏心距不应大于25mm。

(2)满堂模板支架的支撑设置应符合下列规定：

①满堂模板支架四边与中间每隔四排支架立杆应设置一道纵向剪刀撑，由底至顶连续设置；

②高于4m的模板支架，其两端与中间每隔4排立杆从顶层开始向下每隔2步设置一道水平剪刀撑；

③剪刀撑的构造应符合本章第一节三、2.、6)、(2)的规定。

3. 扣件式钢管脚手架设计计算

1)基本设计规定

单双排脚手架的设计计算工作往往是一个反复调整、反复计算、渐近合理的过程。先依据使用要求，按照附录B的构造要求，初步设计出脚手架的构架结构，然后再对初步设计出的脚手架构架进行验算（即设计计算）。验算合格且经济合理后，即可付诸使用；否则应对构架结构进行调整，再次验算。

扣件式钢管脚手架，均应在施工前进行设计计算。

(1)脚手架的承载能力，应按概率极限状态设计法的要求，采用分项系数设计表达式进行计算。计算内容包括：①纵向、横向水平杆等受弯构件的强度和连接扣件的抗滑承载力计算；②立杆的稳定性计算；③连墙件的强度、稳定性和连接强度的计算；④立杆地基承载力计算等。

(2)计算构件的强度、稳定性与连接强度时，应采用荷载效应基本组合的设计值。永久荷载分项系数应取1.2，可变荷载分项系数应取1.4。

(3)脚手架中的受弯构件，尚应根据正常使用极限状态的要求验算变形。验算构件变形时，应采用荷载短期效应组合的设计值。

(4)当纵向或横向水平杆的轴线对立杆轴线的偏心距不大于55mm时，立杆稳定性计算中可不考虑此偏心距的影响。

(5)50m以下常用敞开式单、双排脚手架，当采用表26-16规定的构造尺寸且符合表26-21注及有关脚手架构造规定时，其相应杆件可不再进行设计计算。但连墙件、立杆地基承载力等仍应根据实际荷载进行设计计算。

(6)仅在下列情况下，建筑施工脚手架才可采用单排脚手架：建筑物高度不超过24m，墙体厚度大于180mm，且不是空心墙、加气块墙等轻质墙，砌筑砂浆强度等级大于M1.0的砖墙。在其他情况下，均应采用双排脚手架。

(7)当外脚手架高度在25～50m时，采取如下外脚手架搭设方法：

①上段25m高采用单钢管立杆，其余下段采用双钢管立杆；

②下段25m高外脚手架采用单钢管立杆，其余上段采用型钢外挑加钢丝绳卸荷方案。大量工程实践证明加钢丝绳比较安全可靠。

2)脚手架构配件的力学特性

(1)钢材的强度设计值与弹性模量，应按表26-20采用。

钢材的强度设计值与弹性模量（MPa）　　　　　　　　表26-20

Q235钢抗拉、抗压和抗弯强度设计值 f	205
弹性模量 E	2.06×10^5

(2)扣件、底座可调托撑的承载力设计值应按表26-21采用。

扣件、底座可调托撑的承载力设计值（kN）　　　　　　表26-21

项　目	承载力设计值	项　目	承载力设计值
对接扣件（抗滑）	3.20	底座（抗压）、可调托撑（受压）	40.00
直角扣件、旋转扣件（抗滑）	8.00		

注：扣件螺栓拧紧扭力矩值不应小于40N·m，且不应大于65N·m。

(3)受弯构件的挠度不应超过表26-22中规定的容许值。

114

受弯构件的容许挠度[v]   表 26-22

构　件　类　别	容许挠度[v]	构　件　类　别	容许挠度[v]
脚手板,纵向、横向水平杆	l/150 与 10mm	悬挑受弯杆件	l/400

(4)受压、受拉构件的长细比不应超过表 26-23 中规定的容许值。

受压、受拉构件的容许长细比[λ]   表 26-23

构　件　类　别		容许长细比[λ]
立杆	双排架	210
	单排架	230
	满堂脚手架	250
横向斜撑、剪刀撑中的压杆		250
拉杆		350

注:1. 计算 λ 时,立杆的计算长度按 $l_0 = k\mu h$ 计算,但 k 值取 1.00。
　　2. 本表中其他杆件的计算长度按 $l_0 = \mu l = 1.27l$ 计算。

(5)针叶树种木材的强度设计值及弹性模量,应按表 26-24 和表 26-25 采用。即先按表 26-24 查得强度等级,再根据强度等级按表 26-25 查取强度设计值和弹性模量。

3)脚手架构配件设计计算参数

针叶树种木材适用的强度等级见表 26-24,木材的强度设计值和弹性模量见表 26-25。

针叶树种木材适用的强度等级   表 26-24

强度等级	组别	适　用　树　种
TC17	A	柏木、长叶松、湿地松、粗皮落叶松
	B	东北落叶松、欧洲赤松、欧洲落叶松
TC15	A	铁杉、油杉、太平洋海岸黄柏、花旗松—落叶松、西部铁杉、南方松
	B	鱼鳞云杉、西南云杉、南亚松
TC13	A	油松、新疆落叶松、云南松、马尾松、扭叶松、北美落叶松、海岸松
	B	红皮云杉、丽江云杉、樟子松、红松、西加云杉、俄罗斯红松、欧洲云杉、北美山地云杉、北美短叶松
TC11	A	西北云杉、新疆云杉、北美黄松、云杉—松—冷杉、铁—冷杉、东部铁杉、杉木
	B	冷杉、速生杉木、速生马尾松、新西兰辐射松

木材的强度设计值和弹性模量(MPa)   表 26-25

强度等级	组别	抗弯强度 f_m	顺纹抗压及承压 f_c	顺纹抗拉 f_t	顺纹抗剪 f_v	横纹承压 f_c90			弹性模量 E
						全表面	局部表面和齿面	拉力螺栓垫板下	
TC17	A	17	16	10	1.7	2.3	3.5	4.6	1 000
	B		15	9.5	1.6				
TC15	A	15	13	9.0	1.6	2.1	3.1	4.2	10 000
	B		12	9.0	1.5				
TC13	A	13	12	8.5	1.5	1.9	2.9	3.8	10 000
	B		10	8.0	1.4				9 000

| 强度等级 | 组别 | 抗弯强度 f_m | 顺纹抗压及承压 f_c | 顺纹抗拉 f_t | 顺纹抗剪 f_v | 横纹承压 f_c90 | | | 弹性模量 E |
						全表面	局部表面和齿面	拉力螺栓垫板下	
TC11	A	11	10	7.5	1.4	1.8	2.7	3.6	9 000
	B		10	7.0	1.2				

注：1. 表中的强度设计值和弹性模量，应乘以不同使用条件下的调整系数和不同设计使用年限时的调整系数。脚手架的使用条件为露天环境，强度设计值应取 0.9 的调整系数，弹性模量应取 0.85 的调整系数；脚手板的使用年限在 5 年以内，强度设计值及弹性模量均取 1.1 的调整系数。

2. 以上调整系数是按正常使用方法取定的，并未考虑非正常使用方法造成的损害影响。

Q235C 级普通粗制螺栓的承载力设计值见表 26-26。

Q235C 级普通粗制螺栓的承载力设计值（kN）   表 26-26

| 螺栓直径（mm） | 抗拉强度 N_t^b | 抗剪强度 N_v^b | 承压 N_c^b | | | |
| | | | 承压板厚（mm） | | | |
			4	5	6	8
12	10.5	10.5	10.5	13.0	16.0	21.0
14	14.0	14.5	12.0	15.5	21.5	24.5
16	19.0	18.5	14.0	17.5	22.0	28.0
18	23.5	24.0	16.0	20.0	23.5	31.5
20	30.0	29.5	17.0	22.0	26.0	35.0

注：1. 抗剪承载力根据单剪计算。

2. 螺栓抗剪工作时，在 N_v^b 和 N_c^b 中选取小者为承载力设计值。

木板截面的几何参数见表 26-27。

木板截面的几何参数   表 26-27

截面积 A（mm²）	惯性矩 I（mm⁴）	截面模量 W（mm³）	回转半径 i（mm）
bh	$\dfrac{bh^3}{12}$	$\dfrac{bh^2}{6}$	$h\sqrt{\dfrac{1}{12}}$

常用构配件与材料、人员的自重见表 26-28。

常用构配件与材料、人员的自重   表 26-28

名　称		单　位	自　重	备　注
扣件	直角扣件	N/个	13.2	—
	旋转扣件		14.6	—
	对接扣件		18.4	—
人		N	800～850	
灰浆车、砖车		kN/辆	2.04～2.50	—
普通砖 2 400mm×115mm×53mm		kN/m³	18～19	684 块/m³，湿
灰砂砖		kN/m³	18	砂:石灰=92:8
瓷面砖 150mm×150mm×8mm		kN/m³	17.8	55.56 块/m³
陶瓷锦砖（马赛克）δ=5mm		kN/m³	0.12	—
石灰砂浆、混合砂浆		kN/m³	17	—

名　称	单　位	自　重	备　注
水泥砂浆	kN/m³	20	—
素混凝土	kN/m³	22～24	—
加气混凝土	kN/块	5.5～7.5	—
泡沫混凝土	kN/m³	4～6	—

钢管截面的几何参数见表 26-29。

钢管截面的几何参数 表 26-29

外径 d (mm)	壁厚 t (mm)	截面积 A (cm²)	惯性矩 I (cm⁴)	截面模量 W (cm³)	回转半径 i (cm)	每米长质量 (kg/m)
48	3.5	4.89	12.19	5.08	1.58	38.4
48	3.0	4.24	10.78	4.49	1.59	33.1
48	2.8	3.98	10.20	4.25	1.60	31.0
51	3.0	4.52	13.08	5.13	1.90	35.5

稳定系数见表 26-30。

稳定系数 φ 表（Q235 钢） 表 26-30

λ	0	1	2	3	4	5	6	7	8	9
0	1.000	0.997	0.995	0.992	0.989	0.987	0.984	0.981	0.979	0.976
10	0.974	0.971	0.968	0.966	0.963	0.960	0.958	0.955	0.952	0.949
20	0.947	0.944	0.941	0.938	0.936	0.933	0.930	0.927	0.924	0.921
30	0.918	0.915	0.913	0.909	0.906	0.903	0.899	0.896	0.893	0.889
40	0.880	0.882	0.879	0.875	0.872	0.868	0.864	0.861	0.858	0.855
50	0.852	0.849	0.846	0.843	0.839	0.836	0.832	0.829	0.825	0.822
60	0.818	0.814	0.810	0.806	0.802	0.797	0.793	0.789	0.784	0.779
70	0.775	0.770	0.765	0.760	0.755	0.750	0.744	0.739	0.733	0.728
80	0.722	0.716	0.710	0.704	0.698	0.692	0.686	0.680	0.673	0.667
90	0.661	0.654	0.648	0.641	0.634	0.626	0.618	0.611	0.603	0.595
100	0.588	0.580	0.573	0.566	0.558	0.551	0.544	0.537	0.530	0.523
110	0.516	0.509	0.502	0.496	0.489	0.483	0.476	0.470	0.464	0.458
120	0.452	0.446	0.440	0.434	0.428	0.423	0.417	0.412	0.406	0.401
130	0.396	0.391	0.386	0.381	0.376	0.371	0.367	0.362	0.357	0.353
140	0.349	0.344	0.340	0.336	0.332	0.328	0.324	0.320	0.316	0.312
150	0.308	0.305	0.301	0.298	0.294	0.291	0.287	0.284	0.281	0.277
160	0.274	0.271	0.268	0.265	0.262	0.259	0.256	0.253	0.251	0.248
170	0.245	0.243	0.240	0.237	0.235	0.232	0.230	0.227	0.225	0.223
180	0.220	0.218	0.216	0.214	0.211	0.209	0.207	0.205	0.203	0.201
190	0.199	0.197	0.195	0.193	0.191	0.189	0.188	0.186	0.184	0.182
200	0.180	0.179	0.177	0.175	0.174	0.172	0.171	0.169	0.167	0.166

λ	0	1	2	3	4	5	6	7	8	9
210	0.164	0.163	0.161	0.160	0.159	0.157	0.156	0.154	0.153	0.152
220	0.150	0.149	0.148	0.146	0.145	0.144	0.143	0.141	0.140	0.139
230	0.138	0.137	0.136	0.135	0.133	0.132	0.131	0.130	0.129	0.128
240	0.127	0.126	0.125	0.124	0.123	0.122	0.121	0.120	0.119	0.118
250	0.117	—	—	—	—	—	—	—	—	—

注：当 $\lambda>250$ 时，$\varphi=\dfrac{7\,320}{\lambda^2}$。

4）纵向、横向水平杆及脚手板计算

（1）计算方法的相关规定及脚手板的计算

计算方法的相关规定及脚手板的计算见表 26-31。

计算方法的相关规定及脚手板的计算　　　　　表 26-31

项目	计算方法及公式	符 号 意 义
纵向、横向水平杆计算方法及规定	（1）计算纵向、横向水平杆的内力与挠度时，纵向水平杆宜按三跨连续梁计算，计算跨度取纵距 l_a；横向水平杆宜按简支梁计算跨度，l_0 按下列规定取值：单排脚手架时 $l_0=l_b+120$mm；双排脚手架时 $l_0=l_b$。由双排脚手架横向水平杆的构造外伸长度 a（伸出内排立柱的长度）计算外伸长度 $a_1=a-150\sim200$mm，见图 26-3。l_b 为脚手架的横距。 （2）计算脚手板的内力和挠度时，应根据实际跨数，单跨时宜按简支梁计算；双跨时宜按双跨连续梁计算；三跨及多跨时，按三跨连续梁计算。计算跨度 l_0 取横向水平杆的间距。 ①纵向、横向水平杆及木脚手板的抗弯强度按下式计算： $$\sigma=\frac{M}{W}\leqslant f \qquad (26\text{-}11)$$ M 值应按下式计算： $$M=1.2M_{GK}+1.4\sum M_{QK} \qquad (26\text{-}12)$$ ②纵向、横向水平杆及脚手板的挠度应符合下式规定： $$\upsilon=\frac{5q_k l_b^4}{384EI}\leqslant[\upsilon] \qquad (26\text{-}13)$$ ③纵向或横向水平杆与立杆连接时，其扣件的抗滑承载力应符合下式规定： $$R\leqslant R_c \qquad (26\text{-}14)$$	M——弯矩设计值（kN·m）； W——截面模量，按表 26-27 和表 26-29 采用； f——对于纵向、横向水平杆，为钢材的抗弯强度设计值，按表 26-20 采用；对于木脚手板，为针叶树种木材的抗弯强度设计值，按表 26-25 采用； E——钢材弹性模量（MPa），按表 26-20 采用； I——钢管的惯性矩（mm⁴），按表 26-29 采用； M_{GK}——脚手板自重标准值和钢管、扣件自重标准值产生的弯矩（kN·m）；脚手板自重标准值、钢管和扣件的自重标准值分布按表 26-1 中符号意义一栏所列材料自重标准值采用； M_{QK}——施工荷载标准值产生的弯矩（kN·m）。施工荷载标准值按本章第一节中所列施工荷载标准值采用； υ——挠度（mm）； $[\upsilon]$——容许挠度，按表 26-22 采用； l_b——立杆横距（m）； R——纵、横向水平杆传给立杆的竖向作用力设计值（kN）； R_c——扣件抗滑承载力设计值（kN），按表 26-21 选用
脚手板计算	（3）脚手板计算 脚手板的内力和挠度按以下计算简图和公式计算： $$M_{max}=\frac{q l_0^2}{8}（位于跨中） \qquad (26\text{-}15)$$	M_{max}——最大弯矩值（kN·m）； q——均布荷载（kN/m）； l_0——计算跨度（m）； υ_{max}——最大挠度（mm）

118

项目	计算方法及公式	符号意义
脚手板计算	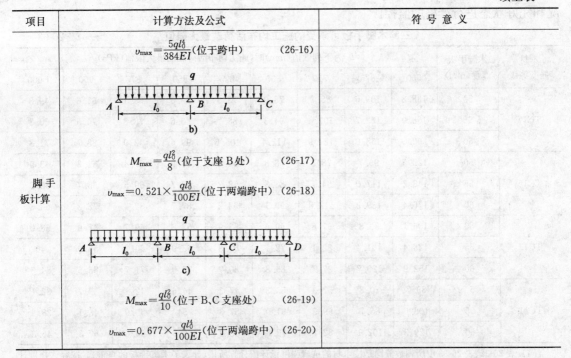	

$$v_{max} = \frac{5ql_0^4}{384EI} \text{(位于跨中)} \qquad (26\text{-}16)$$

$$M_{max} = \frac{ql_0^2}{8} \text{(位于支座 B 处)} \qquad (26\text{-}17)$$

$$v_{max} = 0.521 \times \frac{ql_0^4}{100EI} \text{(位于两端跨中)} \qquad (26\text{-}18)$$

$$M_{max} = \frac{ql_0^2}{10} \text{(位于 B、C 支座处)} \qquad (26\text{-}19)$$

$$v_{max} = 0.677 \times \frac{ql_0^4}{100EI} \text{(位于两端跨中)} \qquad (26\text{-}20)$$

（2）木脚手板可承受的施工均布活荷载最大限值，可按表 26-32 和表 26-33 查取。

单、双跨木脚手板可承受的施工均布活荷载最大限值 　　　　表 26-32

木材强度等级	木脚手板厚度(mm)	l_0 为下列数值(mm)时，施工均布活荷载的最大限值(kPa)								
		600	675	750	800	825	850	875	900	1 000
TC17	50	111.0	87.6	71.0	62.3	58.6	55.1	52.1	49.2	39.8
	55	134.3	106.1	85.8	75.4	70.9	66.8	63.0	59.5	48.1
	60	160.0	126.3	102.3	89.8	84.4	79.5	75.0	70.9	57.3
TC15	50	97.9	77.3	62.6	54.9	51.7	48.6	45.8	43.4	35.0
	55	118.5	93.6	75.7	66.5	62.6	58.9	55.5	52.5	42.5
	60	141.1	111.4	90.2	79.2	74.4	70.1	66.1	62.5	50.6
TC13	50	84.8	66.9	54.2	47.6	44.7	42.1	39.7	37.5	30.4
	55	102.7	81.1	65.6	57.6	54.2	51.0	48.1	45.4	36.7
	60	122.3	96.5	78.1	68.6	64.4	60.8	57.3	54.2	43.8
TC11	50	71.7	56.6	45.7	40.2	37.8	35.5	33.6	31.7	25.6
	55	86.8	68.5	55.4	48.7	45.7	43.1	40.7	38.4	31.1
	60	103.4	81.6	66.0	58.0	54.5	51.4	48.4	45.7	37.0

　　规范规定木脚手板厚度不应小于 50mm，并规定结构脚手架和装饰脚手架的施工均布活荷载标准值分别为 3kPa 和 2kPa。这主要是因为木材属非均质材料，选料时如稍有疏忽，就会留下极大隐患；同时脚手板属易损周转用料，多数情况下用于露天环境，周转过程中，其强度难免出现大幅度的降低，有时因非正常使用方法而造成很多肉眼无法发现的损害。在实际使用情况下，木脚手板的使用跨度可能远远大出表中所列跨度。而木脚手板常常用于高空作业，如

产生破坏,后果不堪设想。因此,施工单位应遵守操作规程,同时还应该对木脚手板的使用状况和完好状态进行严格的监控。

三跨木脚手板可承受的施工均布活荷载最大限值

表26-33

木材强度等级	木脚手板厚度(mm)	l_0 为下列数值(mm)时,施工均布活荷载的最大限值(kPa)								
		600	675	750	800	825	850	875	900	1 000
TC17	50	138.8	109.6	88.7	78.0	73.3	69.0	65.1	61.6	49.8
	55	168.0	132.7	107.4	94.3	88.7	83.6	78.8	74.5	60.3
	60	200.0	158.0	127.9	112.4	105.6	99.5	93.9	88.7	71.8
TC15	50	122.5	96.7	78.3	68.8	64.6	60.9	57.4	54.3	43.9
	55	148.2	117.0	94.7	83.3	78.2	73.7	69.5	65.7	53.2
	60	176.4	139.3	112.8	99.1	93.2	87.7	82.7	78.2	63.3
TC13	50	106.1	83.8	67.8	59.6	55.9	52.8	49.7	47.0	38.0
	55	128.4	101.4	82.1	72.1	67.8	63.9	60.2	56.9	46
	60	152.9	120.7	97.7	85.8	80.7	76.0	71.7	85.5	54.8
TC11	50	89.7	70.8	57.3	50.3	47.3	44.6	42.1	39.7	32.1
	55	108.6	85.7	69.3	61.0	57.3	54	50.9	48.1	38.9
	60	129.3	102.1	82.7	72.6	68.2	64.3	60.6	57.3	46.3

注:1. 表26-32、表26-33中所列数值均是按木材的抗弯强度设计值计算所得(计入了木脚手板的自重)。按容许挠度计算所得数值,为表列数值的3.3~3.9倍。

2. 表26-32、表26-33中所列数值是按静力计算所得的,而脚手架在使用中所承受的荷载多为动荷载,所以在实际使用时尚应除以动力系数1.1。

(3)冲压钢脚手板的截面尺寸、截面特性及可承受的施工均布活荷载最大限值。

①冲压钢脚手板的截面尺寸及截面特性

a. 冲压钢脚手板的截面尺寸
(图26-10和表26-34)

冲压钢脚手板规格

表26-34

脚手板规格(mm)	B(mm)	h(mm)	b(mm)	t(mm)
250×50	250	50	25	3
220×50	220	50	25	3
250×25	250	25	20	3
220×25	220	25	20	3

图 26-10

注:板的上部设有防滑孔,最大宽度削减为30mm。

b. 冲压钢脚手板的截面特性(表26-35)

冲压钢脚手板截面特性

表26-35

脚手板规格(mm)	截面积 A(mm²)	惯性矩 I(mm⁴)	截面模量 W(mm³)	回转半径 i(mm)	每米长质量(kg/m)
250×50	1 074	356 779	9 867	18.23	9.14
220×50	984	341 751	9 756	18.64	8.43
250×25	894	58 927	3 079	8.12	7.72
220×25	804	56 961	3 052	8.42	7.02

注:截面特性 A、I、W、i 均已考虑了防滑孔的削减影响。

②冲压钢脚手板可承受的施工均布荷载最大限值,可按表26-36采用。

冲压钢脚手板可承受的施工均布活荷载最大限值 表 26-36

冲压钢脚手板规格 (mm)	l_0 为下列数值(mm)时,可承受的施工均布荷载的最大限值(kPa)								
	600	675	750	800	825	850	875	900	1 000
250×50	160.3	126.6	102.5	90.0	84.7	79.7	75.2	71.1	57.5
220×50	180.1	142.2	115.1	101.2	95.1	89.6	84.5	79.9	64.6
250×25	49.8	39.3	31.8	27.9	26.2	24.7	23.3	22.0	17.8
220×25	56.1	44.3	35.8	31.4	29.6	27.8	26.2	24.8	20.0

③竹串片及竹笆脚手板可承受的施工均布活荷载最大限值,是无法由计算确定的,只能通过载荷试验予以确定。实践证明,只要按规范要求使用,对于普通脚手架,脚手板一般是不必计算的。

(4)横向水平杆计算

①横向水平杆计算一般按以下计算简图(图 26-11)和公式计算:

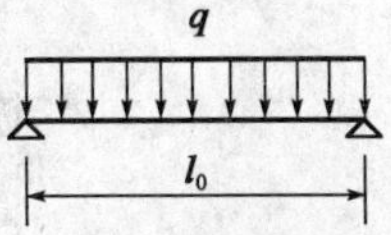

$$M_{max} = \frac{ql_0^2}{8} \qquad (26\text{-}21)$$

$$\upsilon_{max} \leqslant \frac{l}{150}; 10\text{mm} \qquad (26\text{-}22)$$

图 26-11 横向水平杆计算简图

式中符号意义同前。

按横向水平杆的抗弯强度和容许挠度计算,脚手板上可承受的施工均布活荷载的最大限值见表 26-37。

确保横平杆安全的施工均布活荷载最大限值
(适用于木、冲压钢板、竹串片脚手板)(kPa) 表 26-37

$\frac{1}{2}l_a$(mm)	当横平杆的跨度 l_b 为下列数值(mm)时,确保横平杆使用安全的施工均布活荷载的最大限值(kPa)						
	900	1 000	1 100	1 200	1 300	1 400	1 500
600	11.89	9.56	7.19	6.53	5.51	4.71	4.05
675	10.54	8.47	6.94	5.77	4.87	4.15	3.57
750	9.45	7.59	6.21	5.17	4.35	3.70	3.18
800	8.84	7.10	5.83	4.82	4.06	3.45	2.96
825	8.57	6.87	5.62	4.67	3.93	3.34	2.87
850	8.30	6.66	6.45	4.52	3.80	3.23	2.77
875	8.06	6.46	5.28	4.39	3.69	3.13	2.69
900	7.83	6.28	5.13	4.26	3.58	3.03	2.60
1 000	7.01	5.62	4.59	3.80	3.19	2.70	2.31

注:1. 表中数值均为抗弯强度计算所得,容许挠度计算所得的数值为表值的 148%～244%。

2. 表中数值小于或等于 3kPa 的结构,仅适用装饰用脚手架。

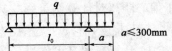

图 26-12 横向水平杆计算简图

横向水平杆还有一种受力状态,如图 26-12 所示:当脚手板上的施工均布活荷载为表26-37中的数值时,横向水平杆的弯矩和挠度均比单纯的简支梁要小,所以安全度也更高。

②采用竹笆脚手板的横向水平杆计算

具体构造见图 26-3,构造要求见本章第一节、三、2.、2)、(1)、③项。采用竹笆脚手板的横向水平杆按以下计算简图(图 26-13)和公式计算。

a. 计算简图:

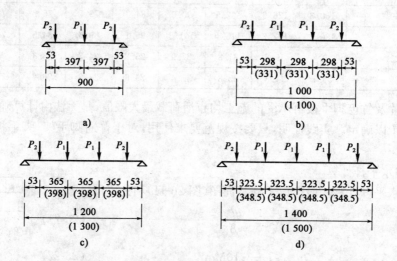

图 26-13　采用竹笆脚手板的横向水平杆计算简图(尺寸单位:mm)

上述计算简图中,P_1、P_2 是由纵向水平杆传至横向水平杆上的集中荷载。

采用竹笆脚手板时,确保横杆安全的施工均布活荷载的最大限值见表 26-39(适用于竹笆脚手板)。

b. 计算公式(表 26-38)

计　算　公　式　　　　　　　　　　　　　表 26-38

计算简图	l(mm)	计　算　公　式		
		R	M_{max}	v_{max}
a	900	$0.5P_1+P_2$	$225P_1+53P_2$	$[1/(48EI)]\times(729P_1+256.4P_2)\times10^6$
b	1 000	P_1+P_2	$351P_1+53P_2$	$[1/(24EI)]\times(1\,009.76P_1+158.89P_2)\times10^6$
	1 100	P_1+P_2	$384P_1+53P_2$	$[1/(24EI)]\times(1\,337.3P_1+192.24P_2)\times10^6$
c	1 200	P_1+P_2	$418P_1+53P_2$	$[1/(24EI)]\times(1723.73P_1+288.81P_2)\times10^6$
	1 300	P_1+P_2	$451P_1+53P_2$	$[1/(24EI)]\times(2\,194.84P_1+268.56P_2)\times10^6$
d	1 400	$1.5P_1+P_2$	$726.5P_1+53P_2$	$[1/(48EI)]\times(7\,064.9P_1+622.98P_2)\times10^6$
	1 500	$1.5P_1+P_2$	$776.5P_1+53P_2$	$[1/(48EI)]\times(8\,665.8P_1+715.2P_2)\times10^6$

(5)纵向水平杆计算

①一般脚手架纵向水平杆计算

一般脚手架的纵向水平杆应按三跨梁计算,实际计算简图如图 26-14 所示。

如按实际计算简图进行计算,则计算变得比较复杂。但由于偏心距离对计算结果影响甚微,可以不必考虑。又因直接作用于支座上的集中荷载并不产生弯矩和挠度,而只对支座反力产生影响,所以在计算弯矩和挠度时,可视其不存在。这样,图 26-14 计算简图又可作进一步简化。简化后的实用计算简图如图 26-15 所示,其最大限值见表 26-40。

确保横杆安全的施工均布活荷载最大限值（适用于竹笆脚手板）　　　表 26-39

l_a (mm)	确保横平杆使用安全的施工均布活荷载的最大限值 (kPa)						
	l_b (mm)						
	900	1 000	1 100	1 200	1 300	1 400	1 500
1 200	5.93	5.20	4.27	3.54	2.99	2.25	1.93
1 350	5.25	4.59	3.77	3.12	2.63	1.98	
1 500	4.70	4.11	3.37	2.79	2.35		
1 600	4.40	3.84	3.14	2.60	2.19		
1 650	4.26	3.71	3.04	2.51	2.12		
1 700	4.12	3.60	2.94	2.43	2.05		
1 750	4.00	3.49	2.85	2.36	1.98		
1 800	3.88	3.38	2.77	2.28			
2 000	3.47	3.02	2.47	2.03			

注：1. 表中数值均为按抗弯强度计算所得，按许挠度计算所得数值均大于表值。

2. 表中值大于或等于 3 的结构可作为结构脚手架使用；大于或等于 2 而小于 3 的结构，只可作装饰脚手架使用；小于或等于 2 者不可使用；表中无数值的结构是不可使用的。

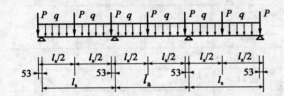

图 26-14　纵向水平杆的实际计算简图　　　图 26-15　纵向水平杆实用计算简图

注：图中 53 为横平杆与立杆之间的偏心距离(mm)

因此，脚手架的纵向水平杆计算按以下计算简图（图 26-15）和公式进行计算：

$$M_{max} = \frac{ql_a^2}{10} + \frac{3Pl_a}{20}（中间支座处）\tag{26-23}$$

$$或\ M_{max} = \frac{2ql_a^2}{25} + \frac{7Pl_a}{40}（端跨中）\tag{26-24}$$

$$\upsilon_{max} = \frac{(1.146P + 0.677ql_a)l_a^2}{100EI}（端跨中）\tag{26-25}$$

式中符号意义同前。

确保纵平杆安全的施工均布活荷载最大限值

（适用于木、冲压钢板、竹串片脚手板）　　　表 26-40

l_a	l_b (mm) 为下列值时，确保纵平杆使用安全的施工均布活荷载的最大限值 (kPa)						
	900	1 000	1 100	1 200	1 300	1 400	1 500
1 200	12.63	11.33	10.27	9.38	8.63	7.99	7.43
1 350	9.95	8.68	8.02	7.33	6.74	6.23	5.79
1 500	7.93	7.10	6.42	5.86	5.38	4.97	4.62
1 600	6.92	6.19	5.60	5.10	4.68	4.32	4.01
1 650	6.48	5.80	5.24	4.77	4.38	4.04	3.75
1 700	6.08	5.44	4.91	4.48	4.11	3.79	3.51

l_a	l_b(mm)为下列值时,确保纵平杆使用安全的施工均布活载的最大限值(kPa)						
	900	1 000	1 100	1 200	1 300	1 400	1 500
1 750	5. 71	5. 11	4. 61	4. 20	3. 85	3. 55	3. 29
1 800	5. 38	4. 81	4. 34	3. 95	3. 62	3. 34	3. 09
2 000	4. 28	3. 82	3. 44	3. 13	2. 86	2. 63	2. 43

注:表中数值均为抗弯强度计算所得,容许挠度所得数值均大于表中数值。

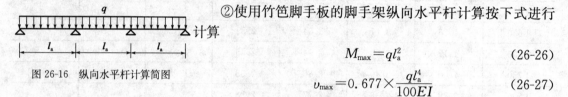

图 26-16 纵向水平杆计算简图

②使用竹笆脚手板的脚手架纵向水平杆计算按下式进行计算

$$M_{max} = q l_a^2 \qquad (26\text{-}26)$$

$$v_{max} = 0.677 \times \frac{q l_a^4}{100 EI} \qquad (26\text{-}27)$$

使用竹笆脚手板的脚手架纵向水平杆是直接支承脚手板的质量及其所承受的活载的。

计算应按三跨连续梁计算,计算简图如图 26-16 所示,最大限值见表 26-41。

确保纵平杆安全的施工均布活荷载最大限值(适用于竹笆脚手板) 表 26-41

l_a(mm)	l_b(mm)为下列值时,确保纵平杆使用安全的施工均布活载的最大限值(kPa)						
	900	1 000	1 100	1 200	1 300	1 400	1 500
1 200	12. 80	17. 10	15. 38	13. 93	12. 77	15. 74	14. 60
1 350	10. 07	13. 46	12. 10	10. 96	10. 04	12. 39	11. 48
1 500	8. 12	10. 86	9. 76	8. 84	8. 10	9. 99	9. 26
1 600	7. 11	9. 51	8. 55	7. 74	7. 09	8. 75	8. 11
1 650	6. 67	8. 93	8. 03	7. 27	6. 65	8. 22	7. 62
1 700	6. 27	8. 40	7. 55	6. 83	6. 26	7. 73	7. 16
1 750	5. 91	7. 91	7. 11	6. 44	5. 89	7. 28	6. 75
1 800	5. 57	7. 47	6. 71	6. 07	5. 56	6. 87	6. 36
2 000	4. 47	6. 00	5. 39	4. 88	4. 46	5. 52	5. 11

注:表中数值均为按抗弯强度计算所得,按容许挠度所得数值应为表中数值的 125%～344%。

(6)连接扣件的抗滑计算

①保证木、冲压钢板、竹串片脚手板扣件抗滑承载力安全的施工均布活荷载最大限值见表 26-42。

确保扣件抗滑承载力安全的施工均布活荷载最大限值

(适用于木、冲压钢板、竹串片脚手板) 表 26-42

l_a(mm)	l_b(mm)为下列值时的施工均布活荷载的最大限值(kPa)						
	900	1 000	1 100	1 200	1 300	1 400	1 500
1 200	10. 08	9. 04	8. 18	7. 47	6. 87	6. 35	5. 91
1 350	8. 92	7. 99	7. 24	6. 60	6. 07	5. 61	5. 21
1 500	7. 99	7. 16	6. 47	5. 91	5. 42	5. 01	4. 65
1 600	7. 47	6. 69	6. 05	5. 51	5. 06	4. 68	4. 34
1 650	7. 23	6. 47	5. 85	5. 34	4. 90	4. 52	4. 20

l_a(mm)	l_b(mm)为下列值时的施工均布活荷载的最大限值(kPa)						
	900	1 000	1 100	1 200	1 300	1 400	1 500
1 700	7.01	6.27	5.67	5.17	4.74	4.38	4.07
1 750	6.80	6.08	5.50	5.01	4.60	4.25	3.94
1 800	6.60	5.82	5.14	4.86	4.46	4.12	3.82
2 000	5.90	5.31	4.66	4.34	3.98	3.67	3.40

②保证竹笆脚手板扣件抗滑承载力安全的施工均布荷载最大限值见表 26-43。

确保扣件抗滑承载力安全的施工均布活荷载最大限值

(适用于竹笆脚手板) 表 26-43

l_a(mm)	l_b(mm)为下列值时的施工均布活荷载的最大限值(kPa)						
	900	1 000	1 100	1 200	1 300	1 400	1 500
1 200	10.16	9.12	8.28	7.58	6.99	6.45	6.01
1 350	9.00	8.08	7.33	6.71	6.19	5.71	5.29
1 500	8.08	7.24	6.58	6.02	5.55	5.12	4.72
1 600	7.56	6.77	6.15	5.85	5.19	4.78	4.46
1 650	7.32	6.56	5.96	5.45	5.03	4.63	4.32
1 700	7.10	6.36	5.77	5.29	4.87	4.49	4.18
1 750	6.89	6.17	5.60	5.13	4.73	4.35	4.06
1 800	6.69	5.99	5.44	4.98	4.59	4.23	3.94
2 000	6.00	5.37	4.87	4.46	4.11	3.78	3.52

注:上述表 26-32~表 26-43 摘自本书参考文献[11]。

(7)双排脚手架纵向水平杆、横向水平杆计算方法及公式(表 26-51)。

【例 26-2】 某工地需搭设扣件式双排钢管脚手架,已知条件如下:

(1)本工程选用材料及脚手架布置

①选用 $\phi48×3.5$ 钢管搭设外脚手架,立杆纵距 $l_a=1.5$m,立杆横距 $l_b=1.2$m;内立杆离墙的距离为 250mm,小横杆伸出外立杆为 100mm;

②施工荷载为 3.5kPa;

③脚手板为 1.5m×1.0m 的竹脚手板,其自重为 0.35kPa;

④钢管 $\phi48×3.5$ 自重为 8.4N/m。

(2)材料参数(查表 26-20 及表 26-29)

①钢管的惯性矩:$I=12.19$cm^4;

②钢管截面模量:$W=5.08$cm^3;

③钢管抗弯强度设计值:$f=205$MPa;

④钢管弹性模量:$E=2.06×10^5$MPa。

试设计计算该脚手架。

解:脚手架的水平杆可分为大横杆和小横杆,大横杆沿脚手架纵向布设,小横杆沿脚手架横向布设。如图 26-17 所示,因竹片脚手板刚度较小,故在内外两根大横杆处又增设两根 $\phi48×3.5$ 钢管加强,大横杆放在小横杆上面。力传递方向为脚手架的施工荷载→脚手板→A

125

杆上→小横杆→立杆→地基。

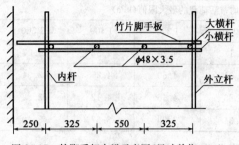

图 26-17　外脚手架布设示意图(尺寸单位:mm)

(1)纵向水平杆(A杆)承载荷载如下。

钢管自重:$g_1 = 0.038\,4$ kN/m

脚手板自重:

$$g_2 = 0.035 \times \frac{0.55 + 0.325}{2} = 0.153\,13 (\text{kN/m})$$

永久荷载:

$$g = g_1 + g_2 = 0.384 + 0.153\,1 = 0.191\,5 (\text{kN/m})$$

施工荷载:$3 \times \dfrac{0.55 + 0.325}{2} = 1.312\,5 (\text{kN/m})$

(2)纵向水平杆计算

$q_1 = 1.2 \times 0.191\,5 = 0.23 (\text{kN/m})$

$q_2 = 1.4 \times 1.312\,5 = 1.84 (\text{kN/m})$

按规范要求,纵向水平杆可按三跨连续梁进行强度及挠度计算。其计算公式及系数按《建筑结构静力计算手册》或附录 A 采用。立杆间距即为梁的跨度,即 $l = 1.5$ m。

①纵向水平杆的最大跨中弯矩 $M_\text{中}$ 和支座弯矩 $M_\text{支}$ 为:

$M_\text{中} = $ 表中系数 $\times ql^2 = 0.08 \times 0.23 \times 1.5^2 + 0.101 \times 1.84 \times 1.5^2 = 0.459\,5 (\text{kN} \cdot \text{m})$

$M_\text{支} = $ 表中系数 $\times ql^2 \times 0.1 \times 0.23 \times 1.5^2 + 0.117 \times 1.84 \times 1.5^2 = 0.536 (\text{kN} \cdot \text{m})$

计算取两者之中的大值,即取 $M = 0.536$ kN·m

②纵向水平杆及竹脚手板的抗弯强度计 σ 算按式(26-11)得:

$$\sigma = \frac{M}{W} = \frac{0.536 \times 10^6}{5.08 \times 10^3} = 105.5 (\text{MPa}) < f = 205\text{MPa},满足要求。$$

③挠度的计算

计算挠度时,荷载只取其标准值,不乘荷载分项系数,即 $q_1 = 0.191\,5$ kN/m $= 0.191\,5$ N/mm

$q_2 = 1.312\,5$ kN/m $= 1.312\,5$ N/mm

挠度计算公式及系数同样按《建筑结构静力计算手册》或附录 A 采用,即:

$$\upsilon = 表中系数 \times \frac{ql^4}{100EI}$$

式中:q——均布荷载,即 q_1 和 q_2;

l——计算长度,取 $l = 1\,500$ mm;

E——弹性模量,$E = 2.06 \times 10^5$ MPa;

I——惯性矩,$I = 12.19 \times 10^4$ mm^4

将上述各值代入上式中得:

$$\upsilon = \frac{0.677 \times 0.191\,5 \times 1\,500^4 + 0.99 \times 1.312\,5 \times 1\,500^4}{100 \times 2.06 \times 10^5 \times 12.19 \times 10^4} = \frac{6.578 \times 10^{12}}{2.511 \times 10^{12}} = 2.62 (\text{mm})$$

计算结果挠度应满足表 26-22 挠度的要求。

$$l/150 = 1\,500/150 = 10 (\text{mm}),已满足规范要求。$$

上述纵向水平杆的挠度按三跨连续梁进行内力组合计算比较繁琐,建议施工现场可按简支梁来进行计算,这样比较简单,如:

$$q = q_1 + q_2 = 0.23 + 1.84 = 2.07 (\text{kN/m})$$

$$M = \frac{1}{8}ql^2 = 2.07 \times 1.5^2/8 = 0.581(\text{kN} \cdot \text{m})$$

$$q = q_1 + q_2 = 0.191\,5 + 1.312\,5 = 1.504(\text{N/mm})$$

$$v = \frac{5ql^4}{384EI} = \frac{5 \times 1.504 \times 1\,500^4}{384 \times 2.06 \times 10^5 \times 12.19 \times 10^4} = \frac{38.07 \times 10^{12}}{9.643 \times 10^{12}} = 3.95(\text{mm})$$

计算结果与按三跨连续梁内力组合计算结果基本相近,只是挠度稍微偏大,但偏于安全。

(3)小横杆计算

①强度计算

由于纵向大横杆可以通过扣件将力直接传至立杆,所以小横杆计算时可以不计大横杆,小横杆只承载两个纵向(A杆)附加杆传来的荷载,计算简图如图26-18所示。

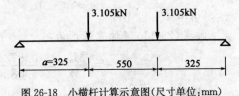

图 26-18 小横杆计算示意图(尺寸单位:mm)

$$p = q_1 \times l + q_2 \times l = 0.23 \times 1.5 + 1.84 \times 1.5$$
$$= 3.105(\text{kN})$$

按简支梁计算弯矩 M 为:

$$M = pa = 3.105 \times 0.325 = 1.009(\text{kN} \cdot \text{m})$$

$$\sigma = \frac{M}{W} = \frac{1.009 \times 10^6}{5.08 \times 10^3} = 198.6(\text{MPa}) < f = 205\text{MPa}$$

②挠度计算

$$q = q_1 l + q_2 l = 0.191\,5 \times 1.5 + 1.312\,5 \times 1.5 = 2.26(\text{kN})$$

查《建筑结构静力计算手册》简支梁计算公式得:

$$v = \frac{pal}{24EI}\left(3 - 4\frac{q^2}{l^2}\right) = \frac{2.26 \times 10^3 \times 325 \times 1\,200^2}{24 \times 2.06 \times 10^5 \times 12.19 \times 10^4} \times \left(3 - 4 \times \frac{325^2}{1\,200^2}\right)$$

$$= 4.75(\text{mm}) < \frac{1\,200}{150} = 8(\text{mm}),\text{符合要求}。$$

③扣件抗弯能力计算

a. 小横杆承载受力面为:$1.5 \times (1.2 + 0.25 + 0.1) = 2.325(\text{m}^2)$

b. 钢管自重为:$0.038\,4 \times (1.2 + 0.25 + 0.1)/2 = 0.03(\text{kN})$

c. 竹片脚手板自重为:$0.35 \times 2.325/2 = 0.41(\text{kN})$

d. 施工活荷载为:$3 \times 2.325/2 = 3.49(\text{kN})$

e. 扣件抗弯力为:$1.2 \times (0.03 + 0.41) + 1.4 \times 3.49 = 5.41(\text{kN}) < 8\text{kN}$,符合要求。

【例 26-3】 某建筑物施工采用扣件式双排钢管脚手架。已知条件如下:

(1)立杆纵距 $l_a = 1.8\text{m}$,立杆横距 $l_b = 1.55\text{m}$,横向水平杆的计算外伸长度 $a_1 = 300\text{mm}$;

(2)可变荷载标准值:施工均布荷载标准值为 2.0kPa;

(3)永久荷载标准值:竹串片脚手板均布荷载标准值为 0.35kPa;

(4)横向水平杆的间距 $s = 0.9\text{m}$;

(5)钢管的规格为 $\phi 48 \times 3.5\text{mm}$。

试验算横向、纵向水平杆的抗弯强度、变形以及扣件的抗滑承载力是否满足要求。

解:1.验算横向水平杆抗弯强度及变形

(1)抗弯强度验算:

①作用在横向水平杆线荷载的标准值 q_k 为:

$$q_k = (2 + 0.35) \times 0.9 = 2.115 \, (\text{kN/m})$$

②作用在横向水平杆线荷载的设计值 q 为：

$$q = 1.4 \times 2 \times 0.9 + 1.2 \times 0.35 \times 0.9 = 2.898 \, (\text{kN/m})$$

按活荷载作用在横杆上的最不利布置来计算(在计算支座最大支力时,要计入悬挑荷载,但验算弯曲正应力和挠度时不计悬挑荷载)。

③最大弯矩 $M_{\max}$ 为：

$$M_{\max} = \frac{q l_b^2}{8} = \frac{2.898 \times 1.55^2}{8} = 0.87 \, (\text{kN} \cdot \text{m})$$

④计算抗弯强度

查表 26-20 和表 26-29 得 Q235 钢管的抗弯强度设计值 $f = 205\text{MPa}$ 和钢管的截面模量 $W = 5.08\text{cm}^3$。

按式(26-11)得抗弯强度为：

$$\sigma = \frac{M_{\max}}{W} = \frac{0.87 \times 10^6}{5.08 \times 10^3} = 171.32 (\text{MPa}) < 205\text{MPa}$$

计算结果满足要求。

(2)变形验算

查表 26-20 和表 26-29 得钢材的弹性模量 $E = 2.06 \times 10^5 \text{MPa}$,钢管的惯性矩 $I = 12.19\text{cm}^4$;再查表 26-22 得受弯构件的容许挠度 $[\upsilon] = l/150$ 与 10mm。

按式(26-13)得横向水平杆的挠度 υ 为：

$$\upsilon = \frac{5 q_k l_b^4}{384 EI} = \frac{5 \times 2.115 \times 1550^4}{384 \times 2.06 \times 10^5 \times 12.19 \times 10^4} = 6.3 (\text{mm}) < \frac{1550}{150} = 10 (\text{mm})$$

计算结果满足要求。

2.验算纵向水平杆抗弯强度及变形

按《建筑施工扣件式钢管脚手架安全技术规范》(JGJ 130—2011)规定计算双排架纵向、横向水平杆的内力和挠度时,纵向水平杆宜按三跨连续梁计算,计算跨度取纵距 l_a;横向水平杆宜按简支梁计算,计算跨度 l_0 可按图 26-19 采用;双排脚手架的横向水平杆的构造外伸长度 $a = 500\text{mm}$ 时,其计算外伸长度 $a_1 = 300\text{mm}$。

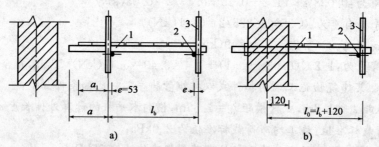

图 26-19　横向水平杆计算跨度(尺寸单位:mm)

a)双排脚手架;b)单排脚手架

1-横向水平杆;2-纵向水平杆;3-立杆

对双排纵向水平杆,按三跨连续梁每跨中部均有集中活荷载分布来计算。

(1)抗弯强度验算

①在横向水平杆出现有外伸长度 a_1 的情况下,由横向水平杆传给纵向水平杆的集中力设计值下可按下式计算：

$$F = 0.5ql_b\left(1 + \frac{a_1}{l_b}\right)^2 = 0.5 \times 2.898 \times 1.55 \times \left(1 + \frac{0.3}{1.55}\right)^2 = 3.199\,5(\text{kN})$$

②最大弯矩 M_{max} 按《建筑结构静力计算手册》第三章第四节三跨连续梁的最大弯矩公式计算:

$$M_{max} = 0.175Fl_a = 0.175 \times 3.199\,5 \times 1.8 = 1.008(\text{kN} \cdot \text{m})$$

③抗弯强度为:

$$\sigma = \frac{M_{max}}{W} = \frac{1.008 \times 10^6}{5.08 \times 10^3} = 198.39(\text{MPa}) < 205\text{MPa}$$

满足要求。

(2)挠度验算

①由横向水平杆传给纵向水平杆的集中力标准值 F_k 为:

$$F_k = 0.5q_kl_b\left(1 + \frac{a_1}{l_b}\right)^2 = 0.5 \times 2.115 \times 1.55 \times \left(1 + \frac{0.3}{1.55}\right)^2 = 2.335(\text{kN})$$

②挠度 v 按《建筑结构静力计算手册》第三章第四节三跨连续梁挠度公式计算:

$$v = \frac{1.14F_kl_a^3}{100EI} = \frac{1.146 \times 2.335 \times 10^3 \times 1\,800^3}{100 \times 2.06 \times 10^5 \times 12.19 \times 10^4} = 6.21(\text{mm}) < 10\text{mm}$$

满足要求。

3. 验算扣件的抗滑承载力

(1)本例施工时是采用直角扣件、旋转扣件进行施工,查表 26-21 得扣件抗滑承载力设计值为 $R_c = 8\text{kN}$。

(2)纵向水平杆通过扣件传给立杆的竖向力设计值可按下式计算:

$$R = 2.15F = 2.15 \times 3.199\,5 = 6.88(\text{kN}) \leqslant R_c = 8\text{kN}$$

满足要求。

【例 26-4】 某建筑物施工采用扣件式单排脚手架。已知条件如下:

(1)立杆纵距 $l_a = 1.8\text{m}$,立杆横距 $l_b = 1.4\text{m}$,计算跨度 $l_0 = l_b + 120 = 1.52\text{m}$;

(2)可变荷载标准值:施工均布活荷载标准值为 2.0kPa;

(3)永久荷载标准值:木脚手板均布荷载标准值为 0.35kPa;

(4)横向水平杆的间距 $s = 0.9\text{m}$;

(5)钢管的规格为 $\phi48 \times 3.5\text{mm}$。

试验算横向、纵向水平杆抗弯强度、变形及扣件的抗滑承载力是否满足要求。

解:1. 验算横向水平杆抗弯强度及变形

(1)抗弯强度验算

①作用在横向水平杆线荷载标准值 q_k 为:

$$q_k = (2 + 0.35) \times 0.9 = 2.155(\text{kN/m})$$

②作用在横向水平杆线荷载设计值 q 为:

$$q = 1.4 \times 2 \times 0.9 + 1.2 \times 0.35 \times 0.9 = 2.898(\text{kN/m})$$

③最大弯矩 M_{max} 为:

$$M_{\max}=\frac{ql_0^2}{8}=\frac{2.898\times1.52^2}{8}=0.8369(\text{kN/m})$$

④抗弯强度σ为：

$$\sigma=\frac{M_{\max}}{W}=\frac{0.8369\times10^6}{5.08\times10^3}=164.74(\text{MPa})<205\text{MPa}(\textit{满足要求})$$

(2)变形验算

挠度υ为：

$$\upsilon=\frac{5q_kl_b^4}{384EI}=\frac{5\times2.115\times1520^4}{384\times2.06\times10^5\times12.19\times10^4}=5.85(\text{mm})<\frac{1520}{150}=10.13(\text{mm})$$

满足要求。

2.验算纵向水平杆抗弯强度变形

计算纵向水平杆时，考虑其活荷载最不利分布，即两边跨中部有集中活荷载作用，中间跨中部无集中活荷载作用。

(1)抗弯强度验算

①由横向水平杆传给纵向水平杆的集中力设计值F为：

$$F=0.5ql_0=0.5\times2.898\times1.52=2.20(\text{kN})$$

②最大弯矩$M_{\max}$按《建筑结构静力计算手册》第三章第四节或附录A三跨连续梁弯矩公式计算：

$$M_{\max}=0.213Fl_a=0.213\times2.20\times1.8=0.84(\text{kN}\cdot\text{m})$$

③抗弯强度σ为：

$$\sigma=\frac{M_{\max}}{W}=\frac{0.84\times10^6}{5.08\times10^3}=165.35(\text{MPa})<205\text{MPa}\ \textit{满足要求}$$

(2)挠度验算

由横向水平杆传给纵向水平杆的集中力标准值F_k为：

$$F_k=0.5q_kl_0=0.5\times2.115\times1.52=1.61(\text{kN})$$

挠度υ可按《建筑结构静力计算手册》第三章第四节三跨连续梁挠度公式计算：

$$\upsilon=\frac{1.615F_kl_a^3}{100EI}=\frac{1.615\times1.61\times10^3\times1800^3}{100\times2.06\times10^5\times12.19\times10^4}=6.04(\text{mm})<10\text{mm},\textit{满足要求。}$$

3.验算扣件抗滑承载力

(1)由横向水平杆传给纵向水平杆的集中力设计值F为：

$$F=0.5ql_0=0.5\times2.898\times1.52=2.20(\text{kN})$$

(2)纵向水平杆通过扣件传给立杆的最大竖向力设计值R可按下式计算：

$$R=2.3F=2.3\times2.20=5.06(\text{kN})<R_c=8\text{kN}(\textit{满足要求})$$

4. 立杆计算

扣件式单、双排钢管脚手架立杆计算的主要内容包括立杆整体稳定计算和单管立杆脚手架可搭设高度两个方面。现简要介绍如下：

(1)立杆整体稳定性计算

已有脚手架的立杆整体稳定验算见表26-44。

项目	计算方法及公式	符 号 意 义
立杆整体稳定的计算	(1)验算部位 立杆整体稳定验算部位应按下列规定进行： ①当脚手架搭设尺寸采用相同步距、立杆纵距、立杆横距和连墙件间距时，应验算底层立杆段； ②当脚手架搭设尺寸中步距、立杆纵距、立杆横距和连墙件间距有变化时，除验算底部立杆段处，还必须对出现最大步距、最大立杆纵距、立杆横距和最大连墙件间距等部位的立杆段进行验算； ③双管立杆变截面处，主立杆上部单立杆的稳定性也要进行验算。 (2)计算步骤及计算公式 ①立杆的稳定性应按以下公式计算。 不组合风荷载时： $$\frac{N}{\varphi A} \leqslant f \qquad (26\text{-}28)$$ 组合风荷载时： $$\frac{N}{\varphi A} + \frac{M_w}{W} \leqslant f \qquad (26\text{-}29)$$ ②N 值计算 N 为计算立杆段的轴向力设计值，按式(26-30)和式(26-31)计算。 不组合风荷载时： $$N = 1.2(N_{G1k} + N_{G2k}) + 1.4\sum N_{Qk} \qquad (26\text{-}30)$$ 组合风荷载时： $$N = 1.2(N_{G1k} + N_{G2k}) + (0.85{\sim}0.9) \times 1.4\sum N_{Qk} \qquad (26\text{-}31)$$ $$N_{G1k} = g_k H_S \qquad (26\text{-}32)$$ $$N_{G2k} = N_{G2k\text{-}1} + N_{G2k\text{-}2} + N_{G2k\text{-}3} \qquad (26\text{-}33)$$ 按《建筑结构荷载规范》(GB 50009—2012)的规定，N 值的计算公式应改为如下。 不组合风荷载时： $$N = 1.35(N_{G1k} + N_{G2k}) + 1.4\sum N_{Qk} \qquad (26\text{-}34)$$ 组合风荷载时： $$N = 1.35(N_{G1k} + N_{G2k}) + (0.85{\sim}0.9) \times 1.4\sum N_{Qk} \qquad (26\text{-}35)$$ ③M_w 值计算 M_w 为计算立杆段上由风荷载设计值产生的弯矩，按式[26-10(b)]计算。 $$M_w = K_n w_0 \mu_s l_a \quad [M_w \text{亦可按式(26-8)计算}]$$ ④φ 值的求取 φ 为轴心受压杆件的稳定系数，按下列步骤求取： 第一步，按下式计算立杆计算长度 l_0： $$l_0 = k\mu h \qquad (26\text{-}36)$$ 第二步，按下式计算长细比 λ： $$\lambda = \frac{l_0}{i} \leqslant [\lambda] \qquad (26\text{-}37)$$	N_{G1k}——脚手架结构自重标准值产生的轴向力(kN)(也可按表 26-45 所查数据的 1/2 采用)； N_{G2k}——构配件自重标准值产生的轴向力(kN)；(也可按表 26-46 所查数据的 1/2 采用)； $\sum N_{Qk}$——施工荷载标准值产生的轴向力总和(kN)(还可以将内、外立杆按纵距(跨)内施工荷载总和的 1/2 取值，按表 26-47 所查数据的 1/2 采用)； g_k——每米高脚手架产生的结构自重标准值(kN/m)，可按表 26-1 表(1)采用，必要时可按差值采用； H_S——脚手架不含栏杆高度时的高度(m)，可称为架体有效高度； $N_{Q2k\text{-}1} = \dfrac{n}{2} l_a \times l_b \times$脚手板自重标准值(kN)； $N_{Q2k\text{-}2} = l_a \times$栏杆、护脚板自重标准值(kN)； $N_{Q2k\text{-}3} = l_a H \times$安全维护设施自重标准值(kN)； $N_{Qk} = \dfrac{1}{2} l_a l_b \times$施工均布活荷载标准值(kN)； 在计算 $N_{Q2k\text{-}1}$ 时，n 表示脚手板的层数，应满足每隔 12m 满铺一层脚手板的要求。在计算 $N_{Q2k\text{-}3}$ 时，H 表示脚手架总高度； 在计算 $\sum N_{Qk}$ 时，有几个作业层，计算几个作业层(不得多于 2 个作业层)。结构作业层的施工均布活荷载标准值为 3kPa，装饰作业层的施工均布活荷载标准值为 2kPa； K_n 可由表 26-14 直接查取或求插值取得，如遇本章第一节、二、2.、2)、(3)的有关情况时，K_n 值应按该规定予以修正(即以 ηK_n 代替 K_n)； N——计算立杆段的轴向力设计值，按式(26-30)或式(26-31)计算； f——为 Q235 钢抗压强度设计值。用新管时，取 $f = 205$MPa；使用旧管时(或重复使用)，f 值应乘以折减系数 0.85； k——计算长度附加系数，确定轴心受压构件稳定系数时，取 $k = 1.155$；验算长细比时，取 $k = 1$； μ——脚手架整体稳定计算时的立杆计算长度系数，由表 26-48 采用； φ——轴心受压杆件的稳定系数，按表 26-30 采用； h——立杆步距(mm)； i——截面回转半径，按表 26-26 采用； λ——受压杆件的长细比

项目	计算方法及公式	符号意义
立杆整体稳定的计算	第三步,根据长细比λ,由表26-30查取φ值。 当λ>250时,$\varphi=\dfrac{7\,320}{\lambda^2}$计算φ值。 ⑤A、W、f取值 A、W、f取值,按符号意义中的说明要求求取	[λ]——受压构件的容许长细比:双排架为210,单排为230,此时$l_0=k\mu h$中的$k=1$,计算所得的λ值超过容许长细比时,应调整立杆的步距h或连墙件布置方案,直至λ值不大于容许长细比时方可; A——立杆的截面积(mm^2); W——立杆的抗弯截面模量(mm^3); f——Q235钢抗压强度设计值(MPa)为$f=205MPa$

一步一纵距的钢管、扣件重力见表26-45。

一步一纵距的钢管、扣件重力 N_{G1k}(kN)　　　　　　　　表26-45

立杆纵距 l_a(m)	步 距 h(m)				
	1.2	1.35	1.50	1.80	2.00
1.2	0.351	0.366	0.380	0.111	0.431
1.5	0.380	0.396	0.411	0.442	0.463
1.8	0.409	0.425	0.441	0.474	0.496
2.0	0.429	0.445	0.462	0.495	0.517

脚手架一个立杆纵距的附设构件及物品重力见表26-46。

脚手架一个立杆纵距的附设构件及物品重力 N_{G2k}(kN)　　　　表26-46

立杆横距 l_b(m)	立杆纵距 l_a(m)	脚手架上脚手板铺设层数		
		二层	四层	六层
1.05	1.2	1.372	2.360	3.348
	1.5	1.715	2.950	4.185
	1.8	2.058	3.540	5.022
	2.0	2.286	3.933	5.580
1.30	1.2	1.549	2.713	3.877
	1.5	1.936	3.391	4.847
	1.8	2.323	4.069	5.826
	2.0	2.581	4.521	6.462
1.55	1.2	1.725	3.066	4.406
	1.5	2.156	3.822	5.508
	1.8	2.587	4.598	6.609
	2.0	2.875	5.109	7.344

注:本表根据脚手板的自重标准值为0.3kN/m,操作层的挡脚板的自重标准值是0.036kN/m,护栏的自重标准值是0.037 6kN/m,安全网的自重标准值是0.040kN/m(沿脚手架纵向)计算;当实际与此不符时,应根据实际荷载计算。

一个立杆纵距的施工荷载标准值产生的轴力见表26-47。

| 立杆横距 l_b(m) | 立杆纵距 l_a(m) | 均布施工荷载(kPa) | | | | | |
		1.5	2.0	3.0	4.0	5.0	6.0
1.05	1.2	2.52	3.36	5.04	6.72	8.40	10.08
	1.5	3.15	4.20	6.30	8.40	10.50	12.60
	1.8	3.78	5.04	7.56	10.08	12.60	15.12
	2.0	4.20	5.60	8.40	11.20	14.00	16.80
1.30	1.2	2.97	3.96	5.94	7.92	9.90	11.88
	1.5	3.71	4.95	7.43	9.90	12.38	14.86
	1.8	4.46	5.94	8.91	11.80	14.85	17.82
	2.0	4.95	6.60	9.90	13.20	16.50	19.80
1.55	1.2	3.12	4.56	6.84	9.12	11.40	13.68
	1.5	4.28	5.70	8.55	11.40	14.25	17.10
	1.8	5.13	6.84	10.26	13.68	17.10	20.52
	2.0	5.70	7.60	11.40	15.20	19.00	22.80

脚手架整体稳定计算时立杆的计算长度系数见表 26-48。

脚手架整体稳定计算时立杆的计算长度系数 μ　　　　　表 26-48

| 类　别 | 立杆横距 l_b(m) | 脚手架上脚手板铺设层数 | |
		两步三跨	三步三跨
双排架	1.05	1.50	1.70
	1.30	1.55	1.75
	1.55	1.60	1.80
单排架	≤1.50	1.80	2.00

注:表中的 μ 值是根据脚手架的整体稳定试验结果确定的,当 l_b 为其他值时,可取插入值。

（2）立杆局部稳定计算

立杆局部稳定计算见表 26-49。

立杆局部稳定计算　　　　　表 26-49

项目	计算方法及公式	符号意义
立杆局部稳定计算	前面对扣件式钢管双排脚手架整体稳定性的计算作了介绍。实际上,脚手架立杆还可能出现另一种失稳形式就是局部失稳。局部失稳时,立杆在步距间发生小波挠曲,挠曲方向是任意的,有可能是单立杆挠曲,也可能是多根立杆挠曲,这与立杆本身受力状态有关;当多立杆几乎同时失稳时,各立杆的挠曲方向不一定相同。当立杆局部失稳后,由于已失稳的立杆卸载,相邻的立杆就要承受过大的荷载,从而引起相邻立杆的相继失稳,导致整个脚手架的破坏坍塌	N——计算立杆段的轴向力设计值,计算方法类同表 26-44(1)项②。但在计算 N_{G1k} 时,g_k 的取值与上表中(1)项不同,在计算 $\sum N_{Gk}$ 时,对施工荷载的取值也与表中 B 项不同,具体如下述: ①当超常荷载作用于一般跨(纵距)间时,外排立杆的 g_k 应按表 26-1(1)中单排架每米承受的结构自重标准值取值;内排立杆的 g_k 应按表 26-1(1)中双排架每米立杆承受的结构自重标准值取值。 ②当超常荷载作用于设横向斜撑的立杆上时,外排立杆的 g_k 应按表 26-1(2)取值,内排立杆的 g_k 按下式取值

项 目	计 算 方 法 及 公 式	符 号 意 义
立杆局部稳定计算	造成局部失稳的原因,一是个别杆件初弯曲过大或是初偏心过大;二是局部集中荷载过大。前者纯属人为因素,可以通过严格管理来加以控制;但局部荷载过大在特定条件下却是无法避免的,这要事先考虑到并通过局部稳定的计算,采取有效的预防措施。 (1)计算部位 脚手架第七步(自上向下数)下端 (2)计算公式及计算步骤 ①立杆局部稳定应按下列公式进行计算: 不组合风荷载时 $$\frac{N}{\varphi A} \leqslant f \qquad (26\text{-}38)$$ 组合风荷载时 $$\frac{N}{\varphi A} + \frac{M_w}{W\left(1 - \frac{N}{N'_{EX}}\right)} \leqslant f \qquad (26\text{-}39)$$ ②N 值计算(见表 26-49 符号意义栏中的计算方法)。 ③N_w 的计算与表 26-44 中(2)项③项相同。 ④N'_{EX} 的计算如下: 式(26-39)中 N'_{EX} 为参数按下式计算: $$N'_{EX} = \frac{\pi^2 EA}{1.165\lambda^2} \qquad (26\text{-}40)$$ 式中符号意义同前。 ⑤φ 值的求取 第一步:求立杆的计算长度系数 μ 时,不能使用表 26-48 中 μ 值,因为表中 μ 值是由双排脚手架的整体试验确定的,故不适用于立杆的局部稳定的计算。 计算立杆局部稳定时,μ 值应按表 26-50 采用。 第二步:求 l_0 和 λ,$l_0 = \mu h$,$\lambda = \dfrac{l_0}{i}$。 第三步:求 φ 值。 稳定系数 φ 值按表 26-30 采用	$g_k = g_{k1} - (g_{k2} - g_{k3})$ g_{k1}——按表 26-1(2)查得 g_k 值,并化为单位(kN/m); g_{k2}——按表 26-1(1)查得的相应单排脚手架的 g_k 值(kN/m); g_{k3}——按表 26-1(1)查得的相应双排脚手架的 g_k 值(kN/m); $\sum N_{Qk}$——为实际实用荷载(含施工荷载标准值)在所计算的立杆上产生的轴向力总和。计算时,应按实际荷载分布情况分不同立杆分别予以计算;非超常使用荷载所在的作业层仍按施工荷载标准值计算。 其余符号同前

有侧移钢管脚手架立杆的计算长度系数见表 26-50。

有侧移钢管脚手架立杆的计算长度系数 μ 表 26-50

k_2 \ k_1	0	0.05	0.1	0.2	0.3	0.4	0.5	1	2	3	4	5	≥10
0	∞	6.02	4.46	3.42	3.01	2.78	2.64	2.33	2.17	2.11	2.08	2.07	2.03
0.05	6.02	4.16	3.47	2.86	2.58	2.42	2.31	2.07	1.94	1.90	1.87	1.86	1.83
0.1	4.46	3.47	3.01	2.56	2.33	2.20	2.11	1.90	1.79	1.75	1.73	1.72	1.70
0.2	3.42	2.86	2.56	2.23	2.05	1.94	1.87	1.70	1.60	1.57	1.55	1.54	1.52
0.3	3.01	2.58	2.33	2.05	1.90	1.80	1.74	1.58	1.49	1.46	1.45	1.44	1.42
0.4	2.78	2.42	2.20	1.94	1.80	1.71	1.65	1.50	1.42	1.39	1.37	1.37	1.35
0.5	2.64	2.31	2.11	1.87	1.74	1.65	1.59	1.45	1.37	1.34	1.32	1.32	1.30

k_1 / k_2	0	0.05	0.1	0.2	0.3	0.4	0.5	1	2	3	4	5	≥10
1	2.33	2.07	1.90	1.70	1.58	1.50	1.45	1.32	1.24	1.21	1.20	1.19	1.17
2	2.17	1.94	1.79	1.60	1.49	1.42	1.37	1.24	1.16	1.14	1.12	1.12	1.10
3	2.11	1.90	1.75	1.57	1.46	1.39	1.34	1.21	1.14	1.11	1.10	1.09	1.07
4	2.08	1.87	1.73	1.55	1.45	1.37	1.32	1.20	1.12	1.10	1.08	1.08	1.06
5	2.07	1.86	1.72	1.54	1.44	1.37	1.32	1.19	1.12	1.09	1.08	1.07	1.05
≥10	2.03	1.83	1.70	1.52	1.42	1.35	1.30	1.17	1.10	1.07	1.06	1.05	1.03

注:1. 表中的计算长度 μ 值系按下式算得:

$$\left[36K_1-\left(\frac{\pi}{\mu}\right)^2\right]\sin\frac{\pi}{\mu}+6(K_1+K_2)\frac{\pi}{\mu}\cos\frac{\pi}{\mu}=0$$

2. 对于扣件式双排钢管脚手架,K_1、K_2 可以按下列计算公式计算。

角立杆:
$$K_1=\frac{2}{3}\,\frac{l_a+l_b}{l_a l_b}\,\frac{hh_上}{h+h_上}$$

其余立杆:
$$K_1=\frac{2}{3}\,\frac{l_{a左}l_a+l_{a右}l_b+l_{a右}l_b}{l_{a左}l_{a右}l_b}\cdot\frac{hh_上}{h+h_上}$$

设有扫地杆时,首步脚手架 K_2 的计算公式。

角立杆:
$$K_2=\frac{2}{3}\,\frac{l'_a+l'_b}{l'_a l'_b}\cdot\frac{0.2h}{h+0.2}$$

其余立杆:
$$K_1=\frac{2}{3}\,\frac{l'_{a左}l'_{a右}+l'_{a右}l'_b+l'_{a右}l'_b}{l'_{a左}l'_{a右}l'_b}\cdot\frac{0.2h}{h+0.2}$$

未设扫地杆时,首步脚手架的 K_2 的计算公式。

当立杆与基础铰接时,$K_2=0$(对平板基座可取 $K_2=0.1$);当立杆与基座刚接时,$K_2=10$。

其他各步脚手架的 K_2 计算式。

角立杆:
$$K_2=\frac{2}{3}\,\frac{l'_a+l'_b}{l'_a l'_b}\cdot\frac{hh_下}{h+h_下}$$

其余立杆:
$$K_1=\frac{2}{3}\,\frac{l'_{a左}l'_{a右}+l'_{a右}l'_b+l'_{a右}l'_b}{l'_{a左}l'_{a右}l'_b}\cdot\frac{hh_下}{h+h_下}$$

式中:h、$h_上$、$h_下$——分别为计算立杆段自身、上一步、下一步的立杆长度;

l_a、$l_{a左}$、$l_{a右}$、l_b——分别为所计算立杆段上端的纵向、左侧纵向、右侧纵向、横向水平杆长度;

l'_a、$l'_{a左}$、$l'_{a右}$、l'_b——分别为所计算立杆段下端的纵向、左侧纵向、右侧纵向、横向水平杆长度。

外脚手架整体稳定性按《钢结构设计规范》(GB 50017—2003)计算。

【例 26-5】 某建筑物高度 50m,搭设外脚手架,层高为 3 200mm,每层步高取为 1 800mm 和 1 400mm,其平均步高为 1 600mm,立杆纵距 $l_a=1\,500$mm,立杆横距 $l_b=1\,050$mm,内立杆离墙取 350mm,内外两根立杆组成格构式受压构件。前后两根 $\phi48\times3.5$ 钢管,高度为 50m,承受荷载为 48.6kN。试计算外架的整体稳定性。

解:(1)计算参数如下:($\phi48\times3.5$ 钢管)

自重:38.4N/m;

惯性矩:$I=12.19$cm^4;

面积:$A=4.89$cm^2;

回转半径:$i=1.58$cm。

内、外两根立杆钢管作为一个计算单元,见图 26-20。则整体惯性矩:

$$I_x=2\left[I+A\times\left(\frac{l}{2}\right)^2\right]=2\times\left[12.19+4.89\times\left(\frac{105}{2}\right)^2\right]=26\,980(\text{cm}^4)$$

回转半径:

$$i_x = \sqrt{\frac{I_x}{2A}} = \sqrt{\frac{26\,980}{2 \times 4.89}} = 52.5\,(\text{cm})$$

长细比：

$$\lambda_x = \frac{H}{i_x} = \frac{50 \times 100}{52.5} = 95.2$$

由《钢结构设计规范》(GB 50017—2003)中第5.1.3条给出格构式轴心受压双肢组合构件公式(5.1.3-2)或手册(上册)式(5-19)，求出该计算单元换算长细比为：

$$\lambda_{0x} = \sqrt{\lambda_x^2 + 27\frac{A}{A_{1x}}} = \sqrt{95.2^2 + 27 \times \frac{2 \times 4.89}{4.89}} = 95.5 < 210$$

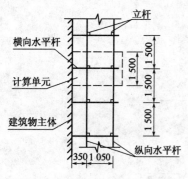

图 26-20 外脚手架计算单元示意图
(尺寸单位：mm)

再按《钢结构设计规范》(GB 50017—2003)中第5.1.3条要求，外脚手架图26-20属于轴向受压构件截面分类的B类，应查《钢结构设计规范》(GB 50017—2003)附录表C-2或本手册(上册)表5-13，用插入法得 $\varphi = 0.585$。

因前后两根 $\phi48 \times 3.5$ 钢管高度为50m，承受荷载为48.6kN，则按式(26-28)得立杆稳定性为：

$$\frac{N}{\varphi A} = \frac{48.6 \times 10^3}{0.585 \times (2 \times 4.89 \times 10^2)}$$
$$= 84.9\,(\text{MPa}) < f = 205\text{MPa}(\text{满足要求})$$

(2)单肢钢管稳定性计算[《建筑施工扣件式钢管脚手架安全技术规范》(JGJ 130—2011)]

因外脚手架步高1 800mm，按式(26-36)和式(26-27)及表26-48 得：$K = 1.155$，$\mu = 1.50$，则：

$$l_0 = 1.155 \times 1.50 \times 1\,800 = 3\,119\,(\text{mm})$$

$$\lambda_1 = \frac{3\,119}{1.58 \times 10} = 197$$

查表26-30 得：$\varphi = 0.186$。

再按式(26-28)得单肢钢管稳定性为：

$$\frac{N}{\varphi A} = \frac{\dfrac{48.6}{2} \times 10^3}{0.186 \times 4.89 \times 10^2} = 267\,(\text{MPa}) > f = 205\text{MPa}(\text{不满足规范要求})$$

计算后可知，外脚手架搭设高度50m，整体稳定性满足规范要求，但单肢钢管局部稳定性不能满足规范的要求。实际上在编制《建筑施工扣件式钢管脚手架安全技术规范》(JGJ 130—2011)时，式(26-36)中的 μ 值是根据脚手架整体稳定试验结果确定的。所以按式(26-28)计算立杆的稳定性能满足规范要求，则外脚手架的整体稳定也必定满足规范要求。所以立杆的稳定性应按式(26-28)和式(26-29)计算。

【例26-6】 某高层建筑施工需搭设高50m的双排钢管脚手架。已知立杆的横距 $l_b = 1.05$m，立杆纵距 $l_a = 1.5$m，连墙件布置系二步三跨，内立杆距建筑物外墙的距离 $a = 0.35$m，脚手架与建筑主体结构连结点的布置为：其竖向间距 $H_1 = 2h = 2 \times 1.8 = 3.6$m，水平距离 $l_1 = 3l_a = 3 \times 1.5 = 4.5$m，脚手架采用 $\phi48 \times 3.5$ 钢管，其均布施工荷载 $Q = 3.0$kPa。按此参数验算结果,采用单根钢管作立杆时,其容许的搭设高度$[H]=47.41$m,而施工要求需搭设高度为50m。因此必须采取措施,一般有:(1)由架子顶往下算$47.41\sim50$m采取双钢管作立杆,即底部立杆全部用双钢管;(2)采用钢丝绳斜拉卸荷、斜杆支撑卸荷或悬挑钢梁分段搭设等,现采用由顶往下算$47.41\sim50$m全部采用双钢管作立杆,试验算采取措施后该脚手架结构的稳定性是否满足要求。

解:因单根钢管作立杆其搭设高度为47.41m,其折合步数步$n=47.41/1.8=26.34$步,实际单根钢管作立杆部分高度$H_1=26\times1.8=46.8$(m),则下部双钢管作立杆的高度$H_2=50-46.8=3.20$(m),即双钢管的每步高h'取$3.20/2=1.6$(m),共两步。

(1)单根钢管搭设部分的整体稳定验算

按式(26-28)即$\dfrac{N}{\varphi A}\leqslant f$进行验算。

①先求N值:由于单根钢管搭设部分的最低一步为最不利。查表26-45根据$l_a=1.5$m,$h=1.8$m得:

$$N_{G1k}=\frac{0.442}{2}=0.221(\text{kN})(\text{脚手架结构自重标准值产生的轴力})$$

再按式(26-30)得:

$$N=1.2(nN_{G1k}+N_{G2k})+1.4\sum N_{Qk}$$
$$=1.2(26\times0.221+2.092\,5)+1.4\times4.2=15.29(\text{kN})$$

②验算长细比求φ值

根据$h=1.8$m,$l_b=1.05$m,连墙杆为两步三跨的布置,可查表26-48得$\mu=1.5$,则$l_b=k\mu h=1\times1.5\times1.8=2.7$m;$\lambda=\dfrac{l_0}{i}=\dfrac{2.7}{15.8}=170.9$。根据$\lambda=170.9$查表26-30得,$\varphi=0.243\,5$。

③验算单杆搭设的整体稳定性

将上述A、N、φ、f各值代入式(26-28)中得:

$$\frac{N}{\varphi A}=\frac{15.29\times10^3}{0.243\,5\times489}=128.41(\text{MPa})<f=205\text{MPa}(\text{安全})$$

(2)双根钢管搭设部分的整体稳定验算

①先求N值:脚手架最底部压杆轴力最大和最为不利,按题设要求先求双钢管部分,每一步一个纵距脚手架的自重N'_{G1k}为:

$$N'_{G1k}=N_{G1k}+1\times1.6\times0.038\,4(\text{钢管增重})+2\times0.014\,6(\text{扣件增重})$$

$$=\frac{0.221\times1.6}{1.8}+0.061\,4+0.029\,2=0.287(\text{kN})$$

将有关数值代入式(26-30)中得N为:

$$N=1.2(nN_{G1k}+n'N'_{G1k}+N_{G2k})+1.4\sum N_{Qk}$$

$$=1.2(26\times0.221+2\times0.287+2.092\,5)+1.4\times4.2=15.975(\text{kN})$$

注:上式中$n=26$步,$n'=2$步,$N_{G2k}=2.092\,5$,见表26-44符号意义说明。

②计算φ值

计算长度系数M仍为1.5,计算长度$l_b=\mu h'=1.5\times1.6=2.4$(m)。则:

$$\lambda = \frac{l_0}{i} = \frac{2\,400}{15.8} = 151.9 \qquad 根据 \lambda = 151.9, 查表 26\text{-}30 得 \varphi = 0.301\,6$$

③验算双根钢管搭设的整体稳定性

将上述 A、N、φ、f 各值代入式(26-28)中得：

$$\frac{N}{2\varphi A} = \frac{15.975 \times 10^3}{2 \times 0.301\,6 \times 489} = 54.16(\text{MPa}) < k_A f = 0.85 \times 205 = 174(\text{MPa})$$

由于下部立杆是采用双根钢管,因此在 f 值中应乘以 $k_A = 0.85$ 的受力不均匀折减系数；同时在公式(26-28)中分母应乘以 2。

由计算结果可知,双根钢管整体稳定性是安全的。

【例 26-7】 试验算某工地搭设的敞开式单排扣件式钢管脚手架的稳定性是否安全。已知条件为：

(1)立杆纵距 $l_a = 1.5\text{m}$,立杆横距 $l_b = 1.2\text{m}$,步距 $h = 1.8\text{m}$,搭设高为 18m；

(2)施工地区在基本风压 $w_0 = 0.4\text{kPa}$ 的大城市市区,地面粗糙为 C 类；

(3)施工均布荷载标准值 $Q_k = 3\text{kPa}$(一层结构层)；

(4)采用竹串片脚手板,其自重标准值 $\sum Q_{p1} = 2 \times 0.35\text{kPa}$(满铺两层)；

(5)栏杆、竹串片脚手板挡板自重标准值 $Q_{p2} = 0.14\text{kP}$；

(6)钢管外径与壁厚为 $\phi 48 \times 3.5\text{mm}$,三步三跨连墙布置。

解:(1)验算长细比 λ：

$$\lambda = \frac{l_0}{i} = \frac{k\mu h}{i} = \frac{1 \times 2 \times 180}{1.58} = 228 < [\lambda] = 230,(式中 k = 1.0, \mu = 2 查表 26\text{-}48)$$

长细比满足要求。

(2)计算轴心受压杆件稳定系数 φ：

按式(26-36)、式(26-37)得 λ 为：

$$\lambda = \frac{k\mu h}{i} = \frac{1.155 \times 2 \times 180}{1.58} = 263 > [\lambda] = 230,(式中 k = 1.155)$$

当 $\lambda > 250$ 时,应按 $\varphi = \frac{7\,320}{263^2} = 0.105\,8 \approx 0.106$(见表 26-44 中计算公式)

(3)计算脚手架立杆段的轴向力设计值 N

①构配件自重标准值产生的轴向力 N_{G2k} 为：

$$N_{G2k} = \frac{1}{2} l_a l_b \sum Q_{p1} + l_a Q_{p2} = \frac{1}{2} \times 1.5 \times 1.2 \times 2 \times 0.35 + 0.14 \times 1.5 = 0.84(\text{kN})$$

②施工荷载标准值产生的轴向力总和 $\sum N_{Qk}$ 为：

$$\sum N_{Qk} = \frac{1}{2} l_a l_b Q_k = \frac{1}{2} \times 1.5 \times 1.2 \times 3 = 2.7(\text{kN})$$

查表 26-1(A)得 $g_k = 0.136\text{kN/m}$,脚手架结构自重标准值产生轴向力 N_{G1k} 为：

$$N_{G1k} = H_s g_k \times 18 \times 0.136\,0 = 2.448(\text{kN})$$

不组合风荷载时,按式(26-30)得：

$N=1.2(N_{G1k}+N_{G2k})+1.4\sum N_{Qk}=1.2\times(2.448+0.84)+1.4\times2.7=7.726(kN)$

组合风荷载时,按式(26-31)得:

$N=1.2(N_{G1k}+N_{G2k})+0.85\times1.4\sum N_{QK}=1.2\times(2.448+0.84)+0.85\times1.4\times2.7$

$=7.159(kN)$

(4)计算立杆段风荷载设计值产生的弯矩 M_w

已知基本风压 $w_0=0.4kPa>0.35kPa$,按规范规定,验算脚手架立杆稳定性时,需考虑风荷载的作用,按式(26-2)和式(26-8)得 M_w 公式为:

$$M_w=\frac{0.85\times1.4w_kl_ah^2}{10}=\frac{0.85\times1.4\times0.7\mu_Z\mu_Sw_0l_ah^2}{10}$$

已知市区地面粗糙度为 C 类,查表 26-5 得风压高度变化系数 $\mu_Z=0.74$,再按表 26-7 中注 1 得敞开式单排脚手架时,风荷载体型系数 $\mu_s=1.2\xi$,式中挡风系数 ξ 按表 26-9 查得 $\xi=0.089$,代入式中得:

$\mu_s=1.2\times0.089=0.1068$,将已查出的各值带入 M_w 式中得:

$$M_w=\frac{0.85\times1.4\times0.7\times0.74\times0.1068\times0.4\times1.5\times1.8^2}{10}=0.0128(kN\cdot m)$$

(5)立杆稳定验算

组合风荷载时,立杆稳定性应按式(26-29)计算,即:

$$\frac{N}{\varphi A}+\frac{M_w}{W}=\frac{7.159\times10^3}{0.106\times489}+\frac{0.0128\times10^6}{5.08\times10^3}$$

$$=138.12+2.52=140.64(MPa)<f=205MPa,$$

满足要求。

不组合风荷载时,立杆稳定性应按式(26-28)计算,即:

$$\frac{N}{\varphi A}=\frac{7.726\times10^3}{0.106\times489}=149.05(MPa)<f=205MPa,满足要求。$$

说明:按不组合风荷载验算立杆稳定性时,当施工荷载较大时,存在下列情况,即:

$$\frac{N(不组合风荷载)}{\varphi A}>\frac{N(不组合风荷载)}{\varphi A}+\frac{M_w}{W}$$

【例 26-8】 某高层建筑设计为框架结构,建筑物的高度 $H_s=44.8m$,其柱距为 7.2m 和 8m,每层高度为 3.2m,共计 14 层,屋顶女儿墙的高度为 1.2m。该高层建筑建在一山麓处的山腰上,建筑物地面距山脚高为 31m,山峰高为 221.5m,山坡与水平面之间的夹角 $\alpha=65°29'$。施工时,拟采用扣件式落地双排钢管脚手架进行施工。已知山脚下的地势为平坦田野,其基本风压 $w_0=0.49kPa$。试对该脚手架的初步方案进行设计,并对其整体稳定性给予验算。

解:1.扣件式钢管(双排)脚手架初步设计的有关参数和构造要求。

(1)脚手架高度:设栏杆高度为 1.1m,则架高为 $44.8+1.1=45.9(m)$;

(2)立杆的纵横距:设立杆纵距 $l_a=1.6m$(即纵平杆跨度);立杆横距 $l_b=1.2m$(即横平杆跨度);

(3)脚手架步距:为布置连墙件的方便,取步距 $h=1.6m$;

(4)剪刀撑:按规范要求满外设置,斜杆与地面夹角为 60°;

(5)横向斜撑:在转角外端头均设置,中间每六跨设一处,按"之"字从底到顶通设;

(6)脚手板:采用 50mm 厚木脚手板;

(7)连墙件:两步三跨,将横向水平杆伸出,焊接在预埋的铁件上;

(8)安全固护设施:满外悬挂密目安全网。

2.整体稳定性验算

(1)计算立杆段的轴向力设计值 N

因建筑物山脚的地势平坦,其基本风压 $w_0 = 0.49\text{kPa} > 0.35\text{kPa}$,且为半封闭钢管脚手架,故应按组合风荷载公式进行计算,按式(26-31)得:

$$N = 1.2(N_{G1k} + N_{G2k}) + 0.85 \times 1.4 \sum N_{Qk}$$

表 26-1(A)中按双向插入法可求得:

$$q_k = 0.145\,6\text{kN/m}$$

按式(26-32)得 N_{G1k} 为:

$$N_{G1k} = H_s g_k = 0.145\,6 \times 44.8 = 6.522\,9(\text{kN})$$

按表 26-44 中符号意义栏内的计算方法得:

$$N_{G2k-1} = \frac{n}{2} \times l_a \times l_b \times 脚手架自重标准值 = \frac{4}{2} \times 1.6 \times 1.2 \times 0.35 = 1.344(\text{kN}) \times (式中 n$$

$=4$ 层)

上式中四层脚手板包括两层作业层的脚手板,另两层脚手板是按《建筑施工扣件式钢管脚手架安全技术规范》(JGJ 130—2011)第 7.3.13 条的规定而设置的。

$$N_{G2k-2} = l_a \times 栏杆、护脚板自重标准值 = 1.6 \times 0.14 = 0.224(\text{kN})$$

$$N_{G2k-3} = l_a \times H \times 安全维护设施自重标准值 = 1.6 \times 45.9 \times 0.002 = 0.146\,9(\text{kN})$$

则 $N_{G2k} = N_{G2k-1} + N_{G2k-2} + N_{G2k-3} = 1.344 + 0.224 + 0.146\,9 = 1.749(\text{kN})$

$$\sum N_{Qk} = \frac{1}{2} \times l_a \times l_b \times 施工均布活荷载标准值 = \frac{1}{2} \times 1.6 \times 1.2 \times (3+2) = 4.8(\text{kN})$$

将上述数值代入式(26-31)中得 N 为:

$$N = 1.2(N_{G1k} + N_{G2k}) + 0.85 \times 1.4 \sum N_{Qk}$$

$$= 1.2 \times (6.552\,9 + 1.749) + 0.85 \times 1.4 \times 4.8 = 15.60(\text{kN})$$

(2)计算立杆段上由风荷载设计值产生的弯矩 M_w

按式(26-10)得:

$$M_w = K_n w_0 \mu_S l_a$$

从表 26-14 中按地面粗糙度类为 B 查得 $K_n = 0.305\,8$,又因建筑物在半山腰上,所以对 K_n 值还应给予修正,因此应按本章第一节、二、2.、2)、(2)之规定对修正系数计算如下。

先按式(26-3)有:

$$\eta_B = \left[1 + k\tan\alpha\left(1 - \frac{Z}{2.5H}\right)^2\right]$$

式中:k——取 3.2;

$\tan\alpha$——取 $\tan 65°29' = 2.1926$，按规定要求求取 $\tan\alpha = 0.3$；

　　Z——验算部位距建筑物地面的高度，一般取 $Z = 0.2$m；

　　H——山峰高，题设 $H = 221.5$m。

将上述数值代入式(26-3)中得：

$$\eta_B = \left[1 + 3.2 \times 0.3 \times \left(1 - \frac{0.2}{2.5 \times 221.5}\right)^2\right] = 3.84024$$

则修正系数：$\eta = (3.84024 - 1) \div 221.5 \times 31.2 + 1 = 1.4001$（亦可按本章第一节、二、2、2)、(2)③求得 $\eta = 1.4$）。

修正后，$K_n = 1.4001 \times 0.3058 = 0.4282$

已知基本风压 $w_0 = 0.49$kPa，则风荷载体型系数 μ_S 按本章第一节、二、2.3)要求和表 26-7，可查出脚手架风荷载体型系数 $\mu_S = 1.3\xi$ 的公式。

再按表 26-10 用插入法求得挡风系数 $\xi = 0.457$，将 ξ 值代入上式中得脚手架风荷载体型系数 μ_S 为：

$$\mu_S = 1.3\xi = 1.3 \times 0.457 = 0.5941$$

按式(26-10)得由风荷载设计值产生的弯矩 M_w 为：

$$M_w = K_n w_0 \mu_S l_a = 0.4282 \times 0.49 \times 0.5941 \times 1.6$$
$$= 0.1994(\text{kN} \cdot \text{m}) = 199400\text{N} \cdot \text{mm}$$

(3)求受压杆件的稳定系数 φ

①求计算长度 l_0，按式(26-36)有：

$$l_0 = k\mu h$$

已知：$h = 1600$mm，从表 26-45 中用插入法求出 $\mu = 1.53$，将这些数据代入公式(26-36)中得：

$$l_0 = k\mu h = 1.155 \times 1.53 \times 1600 = 2827.44(\text{mm})（\text{式中 } k \text{ 取 } 1.155）$$

②求长细比 λ，按式(26-37)得：

$$\lambda = \frac{l_0}{i} = \frac{2827.44}{15.8} = 179$$

③求 φ 值时，可查表 26-30 得：$\varphi = 0.223$。

(4)整体稳定验算

按式(26-29)得：

$$\frac{N}{\varphi A} + \frac{M_w}{W} = \frac{156000 \times 1000}{0.223 \times 4.89 \times 100} + \frac{199400}{5.08 \times 10^3} = 182.29(\text{MPa}) < f = 205\text{MPa}$$

计算结果可知：扣件式双排钢管脚手架的整体稳定性是安全的。

【例 26-9】 某框架结构建设在城市有密集建筑群的郊区，地面粗糙度为 C 类，基本风压 $w_0 = 0.55$kPa，该建筑物室内、外地坪高差为 0.4m，底层(首层)层高为 5.0m，二至三层层高位 4.50m，四至九层层高均为 3.0m，建筑物高度为 32.4m，女儿墙高为 1.2m，采用扣件式双排钢管落地脚手架进行施工。初步拟订方案为：

141

(1)立杆横距 $l_b=1.2\text{m}$,立杆纵距 $l_a=1.8\text{m}$;

(2)为使脚手架作业层能与建筑物楼层相匹配,地面起至高程 5.000m 段的步距 $h=1.8\text{m}$,连墙件按三步三跨设置;高程 5.000~14.000m 段,步距 $h=1.5\text{m}$,连墙件按三步三跨设置;高程 14.000m 以上,步距 $h=1.5\text{m}$,连墙件按两步三跨设置。

(3)脚手架上采用 50mm 厚木脚手板,护栏高度为 1.10m,挡脚板为冲压钢脚手板,满外设剪刀撑,横向斜撑按规范设置。

(4)围护设施为满外吊挂密目安全网。

试验算该方案脚手架的整体稳定性是否可靠。

解:由于该脚手架是属于步距、连墙件竖向间距有变化的脚手架,因此应分别验算其底部立杆段,高程 5.000m 处的上部立杆段以及高程 14.000m 处的上部立杆段。

根据基本风压 $w_0=0.55\text{kPa}$ 和满外吊挂密目安全网的情况,该脚手架应属于半封闭脚手架。因此应按式(26-29)来验算脚手架立杆的整体稳定性。

(1)底部立杆段的验算:

由于 h 的变化,应分不同步距的立杆来分别计算 N_{G1k},查表 26-1 得:

$$N_{G1k}=0.1337\times5.4+0.1495\times(32.4-5.4)=4.7585(\text{kN})$$

$$N_{G2k}=\frac{3}{2}\times1.8\times1.2\times0.35+1.8\times0.11+33.5\times1.8\times0.002=1.4526(\text{kN})$$

$$\sum N_{Qk}=\frac{1}{2}\times1.8\times1.2\times3=3.24(\text{N})$$

按式(26-31)得 N 为:

$N=1.2(N_{G1k}+N_{G2k})+0.85\times1.4\sum N_{Qk}$

$=1.2\times(4.7585+14526)+0.85\times1.4\times3.24=11.3089(\text{kN})$

按地面粗糙度类别为 C 类,查表 26-14 得立杆的弯矩系数 K_n 为:

$$K_n=0.1997$$

按表 26-7 得脚手架的风荷载体型系数 μ_S 为:

$\mu_S=1.3\xi=1.3\times0.083=0.1079$($\xi$ 值根据步距 h 和纵距 l_a 查表 26-7 得到)

按式(26-10)得

$M_w=K_n w_0 \mu_S l_a=0.1997\times0.55\times0.1079\times1.8=0.021332(\text{kN·m})=21332\text{N·mm}$

$l_0=k\mu h=1.155\times1.7\times1800=3534.3(\text{mm})$($\mu$ 值由表 26-48 查得)

则:

$$\lambda=\frac{l_0}{i}=\frac{3534.3}{15.8}=223.69=224$$

由于 λ 值较大,对容许长细比应予以验算,即:

$$l'=k\mu h=1\times1.7\times1800=3060(\text{mm})$$

则:

$$\lambda'=\frac{l'}{i}=\frac{3060}{15.8}=193.67<[\lambda]=210(长细比符合[\lambda]要求)$$

现按 $\lambda=224$ 查表 26-30 得,稳定系数 $\varphi=0.145$

按式(26-29)得:

142

$$\frac{N}{\varphi A} + \frac{M_w}{W} = \frac{11.308\,9 \times 1\,000}{0.145 \times 489} + \frac{21\,332}{5\,080} = 159.494 + 4.199$$

$$= 163.69(\text{MPa}) < f = 205\text{MPa}$$

(2)对相邻高程5.000m之上的立杆段进行验算：

$$N_{G1k} = 0.149\,5 \times 27 = 4.036\,5(\text{kN})$$

$$N_{G2k} = \frac{3}{2} \times 1.8 \times 1.2 \times 0.35 + 1.8 \times 0.11 + 28.1 \times 1.8 \times 0.002 = 1.433\,16(\text{kN})$$

$$\sum N_{Qk} = 3.24\text{kN}$$

则：

$$N = 1.2(N_{G1k} + G_{G2k}) + 0.85 \times 1.4\sum N_{Qk}$$

$$= 1.2 \times (4.036\,6 + 1.433\,16) + 0.85 \times 1.4 \times 3.24 = 6.564 + 3.856 = 10.42(\text{kN})$$

查表26-14得 $K_n = 0.138\,7$

$$\mu_S = 1.3\xi = 1.3 \times 0.089 = 0.115\,7$$

则：

$$M_w = K_n w_0 \mu_S l_a = 0.138\,7 \times 0.55 \times 0.115\,7 \times 1.8$$

$$= 0.015\,887(\text{kN} \cdot \text{m}) = 15\,887\text{N} \cdot \text{mm}$$

$$l_0 = k\mu h = 1.155 \times 1.7 \times 1\,500 = 2\,945.25(\text{mm})$$

$$\lambda = \frac{2\,945.25}{15.8} = 186.4，查表26-30得稳定系数 \varphi = 0.206。$$

$$\frac{N}{\varphi A} + \frac{M_w}{W} = \frac{10\,420}{0.206 \times 489} + \frac{15\,887}{5\,080} = 103.44 + 3.127 = 106.57(\text{MPa}) < f = 205\text{MPa}$$

(3)对相邻高程14.000m之上的立杆段进行验算：

$$N = 1.2 \times \left(0.149\,8 \times 18 + \frac{2}{2} \times 1.8 \times 1.2 \times 0.35 + 1.8 \times 0.11 + 19.1 \times 1.8 \times 0.002\right) +$$

$$0.85 \times 1.4 \times 3.24 = 6.564 + 3.856 = 8.312\,112(\text{kN}) = 8\,312.112\text{N}$$

则：

$$M_w = K_n w_0 \mu_S l_a = 0.138\,7 \times 0.55 \times 0.115\,7 \times 1.8$$

$$= 0.015\,887(\text{kN} \cdot \text{m}) = 15\,887\ \text{N} \cdot \text{mm}$$

$$l_0 = k\mu h = 1.155 \times 1.53 \times 1\,500 = 2\,650.73(\text{mm})$$

$$\lambda = \frac{l_0}{i} = \frac{2\,650.73}{15.8} = 167.8$$

查表26-30得 $\varphi = 0.252\,8$，将上述数值代入式(26-29)中得：

$$\frac{N}{\varphi A} + \frac{M_w}{W} = \frac{8\,312.112}{0.252\,8 \times 489} + \frac{15\,887}{5\,080} = 67.24 + 3.13 = 70.37(\text{MPa}) < f = 205\text{MPa}$$

计算结果显示，采用初步方案的立杆整体稳定性是可靠的。

(4)双排脚手架最大立杆纵距确定

双排脚手架最大立杆纵距的计算见表26-51。

项目	计算方法及公式	符 号 意 义
作用在横向、纵向水平杆线荷载与集中力的标准值和设计值	立杆纵距由纵向水平杆的强度、变形及扣件的抗滑移三个条件控制。因此,立杆纵距就是对纵向水平杆的计算。计算简图如图 A 所示。 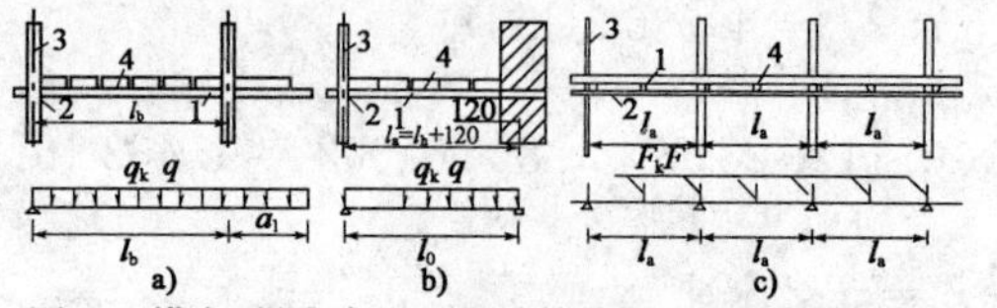 图 A　横向、纵向水平杆的计算简图(尺寸单位:mm) a)双排架的横向水平杆;b)单排架的横向水平杆;c)纵向水平杆 1-横向水平杆;2-纵向水平杆;3-立杆;4-脚手板 1. 荷载标准值、设计值及集中力的标准值和设计值: (1)作用在横向水平杆线荷载标准值为: $$q_k = (Q_p + Q_k)\frac{l_a}{2} \qquad (26\text{-}41)$$ (2)作用在横向水平杆线荷载设计值为: $$q = (1.2Q_p + 1.4Q_k)\frac{l_a}{2} \qquad (26\text{-}42)$$ (3)由横向水平杆传给纵向水平杆的集中力标准值为: $$F_k = 0.5q_k l_b\left(1+\frac{a_1}{l_b}\right)^2 = \frac{1}{4}(Q_p+Q_k)l_a l_b\left(1+\frac{a_1}{l_b}\right)^2$$ $$(26\text{-}43)$$ (4)由横向水平杆传给纵向水平杆的集中力设计值为: $$F = 0.5g l_b\left(1+\frac{a_1}{l_b}\right)^2 = \frac{1}{4}(1.2Q_p+1.4Q_k)l_q l_b\left(1+\frac{a_1}{l_b}\right)$$ $$(26\text{-}44)$$	Q_k——可变荷载标准值,即施工均布荷载标准值(kPa); Q_p——永久荷载标准值,即脚手板的均布荷载标准值(kPa); S——横向水平杆间距(m),$S=\frac{l_a}{2}$; a_1——双排横向水平杆的计算,外伸长度(m); q_k——作用在横向水平杆线荷载标准值(kN/m); q——作用在横向水平杆线荷载设计值(kN/m); l_a——立杆的纵距(m); l_b——立杆的横距(m); F_k——由横向水平杆传给纵向水平杆的集中力标准值(kN); F——由横向水平杆传给纵向水平杆的集中力设计值(kN)
最大立杆纵距由抗弯强度求	2. 由抗弯强度求最大立杆纵距 l^σ_{max} 最大弯矩: $$M_{max} = 0.175 F l_a \qquad (26\text{-}45)$$ 由 $\sigma = \dfrac{M}{W} \leqslant f$,令 $\sigma = \dfrac{M}{W} = \dfrac{0.175 F l_a}{W} = f$　　(26-46) 将式(26-44)、式(26-46)两式化简得立杆最大纵距: $$l^\sigma_{max} = l_a = \sqrt{\frac{4Wf}{0.175(1.2Q_p+1.4Q_k)l_b\left(1+\frac{a_1}{l_b}\right)^2}}$$ $$(26\text{-}47)$$	
由允许挠度求立杆的最大纵距	3. 由容许挠度求立杆最大纵距 l^v_{max} 令挠度 $\upsilon = 1.146\dfrac{F_k l_a^3}{100EI} = \dfrac{l_a}{150}$ 及 10mm　　(26-48) 由式(26-43)、式(26-48)分别化简得立杆的最大纵距 l^v_{max} 为: $$l^v_{max} = l_a = \sqrt[3]{\frac{2.327EI}{(Q_k+Q_p)\left(1+\frac{a_1}{l_b}\right)^2 l_b}} \qquad (26\text{-}49)$$ $$l^v_{max} = l_a = \sqrt[4]{\frac{4\,000EI}{1.146(Q_k+Q_p)\left(1+\frac{a_1}{l_b}\right)^2 l_b}} \qquad (26\text{-}50)$$	M_{max}——最大弯矩(kN·m),按式(26-45)计算; f——钢材抗压强度设计值 $f=205$MPa; I——钢管的惯性矩(cm⁴),查表 26-29; E——钢材弹性模量,$E=2.06\times10^5$MPa; W——钢管的截面模量(cm³),查表 26-29; υ——挠度(mm); σ——抗弯强度(MPa)

项目	计算方法及公式	符号意义
由扣件的抗滑移承载力求最大立杆纵距	4.由扣件抗滑移承载力求最大立杆纵距 l^R_{max} 令作用于立杆竖向力设计值 $$R=2.15; F=R_c \quad (26\text{-}51)$$ 由式(26-44)、式(26-51)化简后得立杆最大纵距为： $$l^R_{max}=l_a=\dfrac{4R_c}{2.15(1.2Q_p+1.4Q_k)l_b\left(1+\dfrac{a_1}{l_b}\right)^2}$$ $(26\text{-}52)$	l^σ_{max}——由抗弯强度求得的最大立杆纵距(m)； l^v_{max}——由容许挠度求得的最大立杆纵距(m)； l^R_{max}——由扣件的抗滑移承载力求得的最大立杆纵距(m)； R——纵、横向水平杆传给立杆的竖向作用力(kN)，此处 $R=2.15$； R_c——扣件抗滑移承载力设计值(kN)，按表26-21查用，$R_c=8kN$

【**例 26-10**】 试按表26-51中的方法计算某工程中的双排脚手架的最大立杆纵距。已知条件为：

(1)立杆横距 $l_b=1.4m$，其外伸长度 $a=500m$，$a_1=300mm$；

(2)可变荷载标准值：$Q_k=3kPa$(施工均布活荷载)；

(3)永久荷载标准值：$Q_p=0.3kPa$(脚手板均布荷载)；

(4)横向水平杆间距：$S=\dfrac{l_a}{2}$(待 l_a 算出后，即可确定)。

解：计算简图见表26-51图 Aa)所示。

(1)由抗弯强度求最大立杆纵距 Q^σ_{max}

按式(26-47)得：

$$l^\sigma_{max}=l_a=\sqrt{\dfrac{4Wf}{0.175(1.2Q_p+1.4Q_k)l_b\left(1+\dfrac{a_1}{l_b}\right)^2}}$$

$$=\sqrt{\dfrac{4\times5.08\times10^3\times205}{0.175(1.2\times0.3\times10^{-3}+1.4\times3\times10^{-3})\times1\,400\times\left(1+\dfrac{300}{1\,400}\right)^2}}$$

$$=1\,590(mm)=1.59m$$

(2)由容许挠度求立杆最大纵距 l^σ_{max}，按式(26-49)和式(26-50)得：

$$l^v_{max}=l_a=\sqrt[3]{\dfrac{2.327EI}{(Q_k+Q_p)\left(1+\dfrac{a_1}{l_b}\right)^2 l_b}}=\sqrt[3]{\dfrac{2.327\times2.06\times10^5\times12.19\times10^4}{(0.3+3)\times10^{-3}\left(1+\dfrac{300}{1\,400}\right)^2\times1\,400}}$$

$$=2\,047(mm)=2.04m$$

$$l^v_{max}=l_a=\sqrt[4]{\dfrac{4\,000EI}{1.146(Q_k+Q_p)\left(1+\dfrac{a_1}{l_b}\right)^2 l_b}}=\sqrt[4]{\dfrac{4\,000\times2.06\times10^5\times12.19\times10^4}{1.146\times(0.3+3)\times10^{-3}\left(1+\dfrac{300}{1\,400}\right)^2\times1\,400}}$$

$$=1\,893(mm)=1.893m$$

取：$l^\sigma_{max}=1.9m$。

(3)由扣件的抗滑移承载力求最大立杆纵距 l^R_{max}，按式(26-52)得：

表 26-52

双排脚手板最大立杆纵距确定

施工均布活荷载标准值 Q_k (kPa)	脚手板自重标准值 Q_0 (kPa)	立杆横距 l_b (m)	按抗弯强度确定立杆最大纵距 $l_{b\max}=\sqrt{\dfrac{4Wf}{0.175(1.2Q_0+1.4Q_k)l_a\left(1+\frac{a_1}{l_b}\right)^2}}$ (m)	按容许挠度确定立杆最大纵距 $l_{b\max}=\sqrt[3]{\dfrac{2.327EI}{(Q_0+Q_k)\left(1+\frac{a_1}{l_b}\right)^2 l_b}}$; $l_{b\max}=\sqrt[4]{\dfrac{4000EI}{1.146(Q_0+Q_k)\left(1+\frac{a_1}{l_b}\right)^2 l_b}}$ (m)	按抗滑承载力求立杆最大纵距 $l_{b\max}=\dfrac{4R_c}{2.15(1.2Q_0+1.4Q_k)l_b\left(1+\frac{a_1}{l_b}\right)^2}$ (m)	取值 (m)
2	0.35 (0.3)	1.05	$\sqrt{\dfrac{4\times5.08\times10^3\times205}{0.175(1.2\times0.35+1.4\times2)\times1050\times\left(1+\frac{300}{1050}\right)^2}}$ $=2\,064\text{mm}=2.06$ (2.08)	$\sqrt[3]{\dfrac{2.327\times2.06\times10^5\times12.19\times10^4}{(0.35+2)\times10^{-3}\times1050\times\left(1+\frac{300}{1050}\right)^2}}$ $=2\,429\text{mm}=2.43$ $\sqrt[4]{\dfrac{4\,000\times2.06\times10^5\times12.19\times10^4}{1.146\times(0.35+2)\times10^{-3}\times\left(1+\frac{300}{1050}\right)^2\times1050}}$ $=2\,153\text{mm}=2.2$	$\dfrac{4\times8\times10^3}{2.15(1.2\times0.35+1.4\times2)\times10^{-3}\times1050\left(1+\frac{300}{1050}\right)^2}$ $=2\,663\text{mm}=2.66$	2.0、1.8 或 1.5
2	0.35 (0.3)	1.30	1.94 (1.96)	2.33 / 2.1	2.35	1.8 或 1.5
2	0.35 (0.3)	1.55	1.83 (1.85)	2.24 / 2.0	2.09	1.8 或 1.5
3	0.35 (0.3)	1.05	1.72 (1.73)	2.16 / 1.97	1.86	1.5
3	0.35 (0.3)	1.30	1.62 (1.63)	2.1 / 1.9	1.64	1.5 或 1.2
3	0.35 (0.3)	1.55	1.53 (1.54)	1.99 / 1.86	1.5	1.5 或 1.2

注:上表摘自本手册参考文献[12]。

$$l_{max}^R = l_a = \frac{4R_c}{2.15(1.2Q_p + 1.4Q_k)l_b\left(1 + \dfrac{a_1}{l_b}\right)^2}$$

$$= \frac{4 \times 8 \times 10^3}{2.15 \times (1.2 \times 0.3 + 1.4 \times 3) \times 10^{-3} \times 1\,400\left(1 + \dfrac{300}{1\,400}\right)^2}$$

$$= 1\,581(mm) = 1.58m$$

以上三种方法计算结果为：$l_{max}^\sigma = 1.59m$；$l_{max}^v = 1.9m$；$l_{max}^R = 1.58m$

但在施工荷载标准值 $Q_k = 3kPa$ 时，一般立杆最大纵距取值为 1.5m。为便于施工单位掌握双排脚手架最大立杆纵距的计算，先将常用的几种方法列于表 26-52 中以便使用时参考。

(4)单排脚手架最大立杆纵距确定

单排脚手架最大立杆纵距的计算见表 26-53。

单排脚手架最大立杆纵距的计算　　　　　　　　　　　　　　表 26-53

项目	计算方法及公式	符号意义
荷载标准值和设计值	1.荷载标准值、设计值及集中力的标准值、设计值： (1)作用在横向水平杆线荷载标准值为： $$q_k = (Q_p + Q_k)\frac{l_a}{2}$$ (2)作用在横向水平杆线荷载设计值为： $$q_k = (1.2Q_p + 1.4Q_k)\frac{l_a}{2}$$ (3)由横向水平杆传给纵向水平杆的集中力标准值为： $$F_k = 0.5q_k l_0 = \frac{1}{4}(Q_p + Q_k)l_a l_0 \quad (26\text{-}53)$$ (4)由横向水平杆传给纵向水平杆的集中力设计值为： $$F = 0.5q l_0 = \frac{1}{4}(1.2Q_p + 1.4Q_k)l_a l_0 \quad (26\text{-}54)$$	l_0——计算跨度(m)； Q_k——可变荷载标准值(kPa)； Q_p——永久荷载标准值(kPa)； S——横向水平杆间距(m)； q_k——作用在横向水平杆线荷载标准值(kN/m)； q——作用在横向水平杆线荷载设计值(kN/m)；
由抗弯强度求最大立杆纵距	2.由抗弯强度求最大立杆纵距 l_{max}^σ 最大弯矩：$M_{max} = 0.212F l_a$ (26-55) 由于 $\sigma = \dfrac{M}{W} \leqslant f$ 令 $\sigma = \dfrac{M}{W} = \dfrac{0.213F l_a}{W} = f$ (26-56) 将式(26-54)、式(26-56)化简得立杆最大纵距 l_{max}^σ 为： $$l_{max}^\sigma = l_a = \sqrt{\frac{4Wf}{0.213 l_0(1.2Q_p + 1.4Q_k)}} \quad (26\text{-}57)$$	l_a——立杆的纵距(m)； l_b——立杆的横距(m)； M_{max}——最大弯矩(kN·m)，按式(26-55)计算； W——钢管的截面模量(cm³)，查表 26-29； Q_{max}^σ——由抗弯强度求最大立杆纵距(m)； F_k——由横向水平杆传给纵向水平杆的集中力标准值(kN)； F——由横向水平杆传给纵向水平杆的集中力设计值(kN)； f——钢材抗压强度设计值，$f = 205MPa$； I——钢管的惯性矩(cm⁴)，查表 26-29； E——钢材弹性模量，$E = 2.06 \times 10^5 MPa$； l_{max}^v——由容许挠度求最大立杆纵距(m)； l_{max}^R——由抗滑移承载力求最大立杆纵距(m)；
由允许挠度求最大立杆纵距	3.由容许挠度求最大立杆纵距 l_{max}^v 令挠度 $v = 1.615\dfrac{F_k l_a^3}{100EI} = \dfrac{l_a}{150}$ 及 10mm (26-58) 由式(26-53)、式(26-58)分别化简得立杆最大纵距： $$l_{max}^v = l_a = \sqrt[3]{\frac{1.651EI}{(Q_k + Q_p)l_0}} \quad (26\text{-}59)$$ $$l_{max}^v = l_a = \sqrt[4]{\frac{4\,000EI}{1.615(Q_k + Q_p)l_0}} \quad (26\text{-}60)$$	

项目	计算方法及公式	符号意义
由抗滑移承载力求最大立杆纵距	4. 由抗滑移承载力求最大立杆纵距 l_{max}^R 令作用于立杆竖向力设计值 $$R=2.3;F=R_c \qquad (26\text{-}61)$$ 由式(26-54)、式(26-61)化简后得立杆最大纵距为： $$l_{max}^R=l_a=\frac{4R_c}{2.3(1.2Q_p+1.4Q_k)l_0} \qquad (26\text{-}62)$$	R——纵、横向水平杆传给立杆的竖向设计值(kN)； F_c——扣件抗滑移承载力设计值(kN)，按表26-21查得。 其余符号意义同前

【例 26-11】 试按表 26-53 中方法计算某工程中的单排脚手架的最大立杆纵距。已知条件：

(1)立杆横距 $l_b=1.3$m，计算跨度 $F_0=1.3+0.2=1.42$m；

(2)可变荷载标准值：$Q_k=3$kPa(施工均布活荷载)；

(3)永久荷载标准值：$Q_p=0.35$kPa(脚手板均布荷载)；

(4)横向水平杆间距：$S=\dfrac{l_a}{2}$(待 l_a 算出后即可确定)。

解： 计算简图，见表 26-51 图 b)所示：

(1)由抗弯强度求最大立杆纵距 l_{max}^σ 按式(26-57)得：

$$l_{max}^\sigma=l_a=\sqrt{\frac{4Wf}{0.213l_0(1.2Q_p+1.4Q_k)}}$$

$$=\sqrt{\frac{4\times5.08\times10^3\times205}{0.213\times1420\times(1.2\times0.35+1.4\times3)\times10^{-3}}}=1727\text{(mm)}=1.73\text{m}$$

(2)由容许挠度求立杆最大纵距 l_{max}^v，按式(26-59)和式(26-60)得：

$$l_{max}^v=l_a=\sqrt[3]{\frac{1.651EI}{(Q_k+Q_p)l_0}}$$

$$=\sqrt[3]{\frac{1.651\times2.06\times10^5\times12.19\times10^4}{(0.35+3)\times1420\times10^{-3}}}$$

$$=2058\text{(mm)}=2.06\text{m}$$

$$l_{max}^v=l_a=\sqrt[4]{\frac{4000EI}{1.615(Q_k+Q_p)l_0}}=\sqrt[4]{\frac{4000\times2.06\times10^5\times12.19\times10^4}{1.615\times(0.35+3)\times1420\times10^{-3}}}$$

$$=1902\text{(mm)}=1.90\text{m}$$

(3)由抗滑移承载力求最大立杆纵距 l_{max}^R，按式(26-52)得：

$$l_{max}^R=l_a=\frac{4R_c}{2.3(1.2Q_p+1.4Q_k)l_0}=\frac{4\times8\times10^3}{2.3\times(1.2\times0.35+1.4\times3)\times1442\times10^{-3}}$$

$$=2121\text{(mm)}=2.12\text{m}$$

根据以上计算结果，即 $l_{max}^\sigma=1.73$m；$l_{max}^v=1.90$m；$l_{max}^R=2.12$m。

但在施工荷载标准值 Q_k 为 3kPa，立杆最大纵距取值为 1.5m。

为便于施工单位掌握单排脚手架最大立杆纵距的计算，将常用的几种方法列入表 26-54 中，以便使用时参考。

表 26-54

单排脚手板最大立杆纵距确定

施工均布活荷载标准值 Q_k (kN/m²)	脚手板自重标准值 Q_p (kN/m²)	立杆横距 l_b, $l_0 = l_b + 0.12$ (m)	按抗弯强度确定立杆最大纵距 $l_{max}^g = \sqrt{\dfrac{4Wf}{0.213 l_0(1.2Q_p+1.4Q_k)}}$ (m)	按容许挠度确定立杆最大纵距 $l_{max}^{lv}=\sqrt[3]{\dfrac{1.651EI}{(Q_k+Q_p)l_0}}$ $l_{max}^{lv}=\sqrt[4]{\dfrac{4000EI}{1.615(Q_k+Q_p)l_0}}$ (m)	按抗滑承载力求立杆最大纵距 $l_{max}^{lR} = \dfrac{4R_c}{2.3(1.2Q_p+1.4Q_k)l_0}$ (m)	取值 (m)	备注
2	0.35	1.2 $l_0=1.32$	$\sqrt{\dfrac{4\times5.08\times10^3\times205}{0.213\times1320\times(1.2\times0.35+1.4\times2)\times10^{-3}}}$ $=2\,145\text{mm}=2.15$ (2.08)	$\sqrt[3]{\dfrac{1.651\times2.06\times10^5\times12.19\times10^4}{(0.35+2)\times10^{-3}\times1320}}$ $=2\,373\text{mm}=2.37$ $\sqrt[4]{\dfrac{4000\times2.06\times10^5\times12.19\times10^4}{1.615\times(0.35+2)\times1320\times10^{-3}}}$ $=2\,116\text{mm}=2.1$	$\dfrac{4\times8\times10^3}{2.3(1.2\times0.35+1.4\times2)\times1320\times10^{-3}}$ $=3\,273\text{mm}=3.3$	2.0	
2	0.35	1.05 $l_0=1.17$	2.3	2.5 2.2	3.7	2.0	
2	0.35	1.4 $l_0=1.52$	2.0	2.3 2.0	2.8	1.8	
3	0.35	1.2 $l_0=1.32$	1.8	2.1 1.9	2.3	1.8	
3	0.35	1.4 $l_0=1.52$	1.7	2.0 1.9	2.0	1.5	

4. 脚手架可搭设高度和连墙件

脚手架可搭设高度与连墙件计算见表 26-55。

脚手架可搭设高度与连墙件的计算

表 26-55

项目	计算方法及公式	符号意义
脚手架可搭设高度的计算	1. 单、双排脚手架允许搭设高度 H_S 应按下列公式计算并应取较小值: (1)不组合风荷载时: $$H_S = \frac{\varphi A f - (1.2N_{G2k} + 1.4\sum N_{Qk})}{1.2g_k} \quad (26\text{-}63)$$ (2)组合风荷载时: $$H_S = \frac{\varphi A f - \left[1.2N_{G2k} + (0.85\sim0.9)\times1.4\left(\sum N_{Qk} + \frac{M_{wk}}{W}\varphi A\right)\right]}{1.2g_k}$$ $$(26\text{-}64)$$ (3)当按上述两式计算出的脚手架搭设高度 $H_S \geqslant 26\text{m}$ 时,可按式(26-65)进行调整,但不得超过 50m(仅供参考)。 $$[H] = \frac{H_S}{1 + 0.001H_S} \quad (26\text{-}65)$$	H_S——脚手架允许搭设高度(m),(即按稳定计算的搭设高度); g_k——每米立杆承受的结构自重标准值(kN/m),可按《建筑施工扣件或钢管脚手》(JGJ 130—2011)附录 A 表 A.0.1 或表 26-1 采用; M_{wk}——计算立杆由风荷载标准值产生的弯矩,按式(26-8)计算,即: $$M_{wk} = \frac{M_w}{(0.85\sim0.9)\times1.4};$$ 亦可按下式计算: $$M_{wk} = \frac{w_k l_a h^2}{10} = \frac{0.7\times\mu_Z\mu_S w_0 l_a h^2}{10}(\text{kN}\cdot\text{m})$$ $[H]$——脚手架搭设高度的限值(m),高度超过 50m 的脚手架可采用双管立杆、分段悬挑或分段卸荷等有效措施,但必须专门设计计算
连墙件的计算	2. 连墙件的强度、稳定性和连接强度按现行国家标准《冷弯薄壁型钢结构技术规范》(GB 50018—2002)、《钢结构设计规范》(GB 50017—2003)、《混凝土结构设计规范》(GB 50010—2002)等规范的要求与规定进行验算。 (1)连接件的轴向力设计值按下式计算: $$N_1 = N_{1w} + N_0 \quad (26\text{-}66)$$ $$N_{1w} = 1.4w_k \cdot A_w = 1.4w_k \cdot l_w \cdot h_w \quad (26\text{-}67)$$ (2)连墙件的强度稳定性按下列公式进行计算 强度$\qquad \sigma = \frac{N_t[N_c]}{A_n} \leqslant 0.85f \quad (26\text{-}68)$ 稳定性$\qquad \sigma = \frac{N_c}{\varphi A} \leqslant 0.85f \quad (26\text{-}69)$ $$N_t[N_c] \leqslant N_w + (3\text{kN}) \quad (26\text{-}70)$$ (3)连墙件与脚手架连墙件与主体结构的连接强度按下式计算: $$N_t[N_c] \leqslant N_v \quad (26\text{-}71)$$	N_{lw}——连墙件轴向力设计值(kN); N_{lw}——风荷载产生的连墙件设计值,$N_{lw} = 1.40w_k A_w$; A_w——每个连墙件的覆盖面积(m²),$A_w = l_w h_w$; l_w——连墙件的水平间距(m); h_w——连墙件的竖向间距(m); N_0——连墙件约束脚手架平面外变形所产生的轴向力(kN),单排架 $N_0 = 2\text{kN}$,双排架 $N_0 = 3\text{kN}$; N_t、N_c——风荷载及其他作用对连墙件产生压力设计值(kN); w_k——脚手架上的水平风荷载标准值(kPa); A_n——连墙件净截面积,带螺纹连墙件应取螺纹处的有效面积(mm²); A——连墙件的毛截面面积(mm²); φ——连墙件的稳定系数,按连墙件长细比 λ 查表 26-30 求得; N_w——风荷载作用于连墙件的拉(压)力设计值(kN); μ_Z、μ_S、w_0——符号意义和取值同前; N_v——连墙件的脚手架、连墙件与主体结构的抗拉(压)承载力设计值。当采用扣件连接时,一个直角扣件为 8kN;当为其他连接时,应按相应规范执行

【例 26-12】 有一市内高架桥要高层建筑物进行装修施工,需搭设 50m 高的双排钢管脚手架,已知条件如下。

(1)立杆横距 $l_b = 1.05$m;立杆纵距 $l_a = 1.50$m;内立杆距建筑物外墙皮 $a = 0.35$m(即双排脚手架的横向水平杆的构造外伸长度),脚手架的步距 $h = 1.8$m;

(2)脚手架与建筑主体结构连接点的布置:其竖向间距 $H_1 = 2h = 2 \times 1.8 = 3.6$m,水平距离 $L_1 = 3l_a = 3 \times 1.5 = 4.5$m;

(3)铺设钢脚手板层数为 6 层,同时进行施工的层数为 2 层;

(4)钢管规格为 $\phi 48 \times 3.5$;

(5)施工均布活荷载标准值 $Q_k = 2.0$kPa。

试计算采用单根钢管作立杆的允许搭设高度。

解:(1)根据题设已知连墙杆布置系两步三跨,横距 $l_b = 1.05$m,查表 26-48 得:$\mu = 1.50$;按式(26-36)得立杆的计算长度 l_0 为:

$$l_0 = k\mu h = 1 \times 1.5 \times 1.8 = 2.70(\text{m})(\text{式中 } k = 1.0)$$

再查表 26-29 得,$\phi 48 \times 3.5$ 钢管的 $i = 15.8$mm,则:

$$\lambda = \frac{l_0}{i} = \frac{2\,700}{15.8} = 170.9。$$

再根据 $\lambda = 176.6$,查表 26-30 得稳定系数 $\varphi = 0.243\,5$,已知钢管截面积 $A = 489$mm^2,抗压强度 $f = 205$MPa。

(2)立杆纵距 $l_a = 1.50$m,立杆横距 $l_b = 1.05$m,脚手板铺设层数为 6 层,查表 26-46 得脚手架一个立杆纵距的附设构件及物品重 $N_{G2k} = 4.185/2 = 2.092\,5$kN。

(3)由立杆纵距 $l_a = 1.50$m,立杆横距 $l_b = 1.05$m,$Q_k = 2.0$kPa,由于两个操作层同时施工,所以 $Q_k = 4.0$kPa,查表 26-47 得 $\sum N_{Gk} = 8.40/2 = 4.20$kN。

(4)因步距 $h = 1.8$m,立杆纵距 $l_a = 1.50$m,查表 26-1a 得 $g_k = 0.124\,8$kN/m。

(5)将上述 φ、A、f、N_{G2k}、N_{Qk}、g_k 诸值代入式(26-63)与式(26-65)中,可得按稳定计算的搭设高度 H_S 和最大允许搭设高度 $[H]$;因为立杆是采用单根钢管,故应在式(26-63)中乘以高度折减系数 $k(k = 0.652)$ 得:

$$H_S = \frac{k\varphi Af - (1.2N_{G2k} + 1.4\sum N_{Qk})}{1.2g_k}$$

$$= \frac{0.652 \times 0.243\,5 \times 489 \times 0.205 - (1.2 \times 2.092\,5 + 1.4 \times 4.20)}{1.2 \times 0.124\,8} = 69.6(\text{m})$$

(6)可按下式调整

$$[H] = \frac{H_S}{1 + 0.001H_S} = \frac{69.6}{1 + 0.001 \times 69.6} = 65(\text{m})$$

按上式调整后,搭设高度 $H_S = 65$m,不符合规范要求,按《建筑施工扣件式钢管脚手架安全技术规范》(JGJ 130—2011)第 6.1.1 条规定搭设高度 H_S 不得超过 50m。

敞开式双排脚手架搭设高度计算示例

【例 26-13】 某工地建筑物采用敞开式双排脚手架进行施工,已知条件为:

151

(1)立杆纵距 $l_a=1.50\text{m}$，立杆横距 $l_b=1.3\text{m}$；立杆步距为 $h=1.8\text{m}$；计算外伸长度 $a_1=3\,000\text{m}$；钢管外径与壁厚为 $\phi48\times3.5\text{mm}$；施工地区的基本风压 $w_0=0.35\text{kPa}$。

(2)可变荷载标准值：施工均布荷载标准值（一层操作层）：$Q_k=2.0\text{kPa}$。

(3)永久荷载标准值：①木脚手板自重标准值（满铺四层）按表 26-1C)得 $\sum Q_{P1}=4\times0.35=1.4\text{kPa}$；②栏杆、木脚手板挡板自重标准值按表 26-1 得 $Q_{P2}=0.14\text{kPa}$；③脚手架每米立杆承受结构自重标准值按表 26-1a)得 $g_k=0.124\,8\text{kN/m}$。

(4)连墙件的设置为三步三跨。

试求脚手架搭设高度限值 $[H]$。

解：(1)验算长细比：按已知条件有 $l_b=1.3\text{m}$，连墙件的设置为三步三跨，按表 26-48 得脚手架立杆的计算长度系数 $\mu=1.75$；再按表 26-29 得钢管的回转半径 $i=1.58\text{m}$；查表 26-23 得双排脚手架立杆容许长细比 $[\lambda]=210$；按式(26-36)、式(26-37)得长细比为：

$$\lambda=\frac{l_0}{i}=\frac{k\mu h}{i}=\frac{1\times1.75\times180}{1.58}=199<210（满足要求）（验算长细比时 k 值取 1.0）$$

(2)轴心受压构件稳定系数的确定

按式(26-36)、式(26-37)得：

$$\lambda=\frac{l_0}{i}=\frac{k\mu h}{i}=\frac{1.155\times1.75\times180}{1.58}=230（确定轴心受压构件稳定系数时 k 值取 1.155）$$

根据 $\lambda=230$，查表 26-30 得：$\varphi=0.138$

(3)求构配件自重标准值产生的轴向力 N_{G2k} 和施工荷载标准值产生的轴向力总和 $\sum N_{Gk}$

按《建筑施工扣件式钢管脚手架安全技术规范》(JGJ 130—2011)第 5.2.7 条及表 26-44 中内容要求，则：

$$N_{G2k}=0.5(l_b+a_1)l_a\sum Q_{P1}+Q_{P2}l_a=0.5(1.3+0.3)\times1.5\times1.4+0.14\times1.5$$
$$=1.89(\text{kN})$$

$$\sum N_{Gk}=0.5(l_b+a_1)l_aQ_k=0.5(1.3+0.3)\times1.5\times2=2.40(\text{kN})$$

(4)求脚手架搭设高度限值 $[H]$

按表 26-20、表 26-29 得：

钢材的抗弯强度设计值 $f=205\text{MPa}$ 和钢管截面积 $A=489\text{mm}^2$。

按题设施工地区基本风压 $w_0=0.35\text{kPa}$，敞开式双排脚手架是按三步三跨连墙布置，则每一个连墙点覆盖面积 $A_0=3\times1.5\times3\times1.8=24.3\text{m}^2<30\text{m}^2$。符合规范第 4.3.2 条之规定时，验算脚手架立杆稳定性，可不考虑风荷载作用。

故按式(26-63)计算 H_S（H_S 为按稳定计算搭设高度）：

$$H_S=\frac{k\varphi Af-(1.2N_{G2k}+1.4\sum N_{Qk})}{1.2g_k}$$

$$=\frac{0.138\times489\times0.205-(1.2\times1.89+1.4\times2.40)}{1.2\times0.124\,8}=54.79(\text{m})$$

按式(26-65)计算 $[H]$：

$$[H]=\frac{H_S}{1+0.001H_S}=\frac{54.79}{1+0.001\times54.79}=52(\text{m})，根据规范取 [H]=50\text{m}$$

【例 26-14】 计算某敞开式双排脚手架搭设高度限值[H]，并确定立杆稳定性计算的部位。已知条件：

(1)立杆纵距 $l_a=1.50$m，立杆横距 $l_b=1.05$m；步距 $h=1.8$m；连墙件布置两步三跨。

(2)可变荷载标准值：即施工均布荷载标准值(二层操作层)：$\sum Q_k=2+2=4$kPa。

(3)永久荷载标准值：①竹串片脚手板自重标准值(满堂四层)：$\sum Q_{p1}=4\times0.35=1.4$kPa；②栏杆、竹串片脚手板挡板自重标准值：$\sum Q_{p2}=2\times0.14=0.28$kPa。

(4)基本风压：$w_0=0.45$kPa，应考虑风荷载的作用。因工地处于大城市市区，地面粗糙度为 C 类。

解：(1)对立杆稳定性计算部位的分析

组合风荷载时：按式(26-29)得：

$$\frac{N}{\varphi A}+\frac{M_w}{W}\leqslant f(验算立杆稳定性)$$

按式(26-8)得：

$$M_w=0.85\times1.4M_{wk}=\frac{0.85\times1.42w_k l_a h^2}{10}$$

由式(26-2)得：

$$w_k=0.7\mu_Z\mu_S w_0$$

由式(26-31)得：

$$N=1.2(N_{G1k}+N_{G2k})+0.85\times1.4\sum N_{Qk}$$

代入式(26-29)中化简后得下式：

$$\frac{1.2H_S g_k}{\varphi A}+\frac{0.85\times1.42\times0.7\mu_Z\mu_S w_0 l_a h^2}{10W}+\frac{1.2N_{G2k}}{\varphi A}+\frac{0.85\times1.4\sum N_{Qk}}{\varphi A}$$

令脚手架结构自重设计值产生的轴压应力 σ_g 为：

$$\sigma_g=\frac{1.2H_S g_k}{\varphi A}$$

风荷载产生的弯曲应力 σ_w 为：

$$\sigma_w=\frac{0.85\times1.4\times0.7\mu_Z\mu_S w_0 l_a h^2}{10W}$$

因敞开式双排脚手架构配件(不含密目式安全立网)自重荷载和施工荷载作用位置相对不变，所以其值也不随高度变化而变化。但风荷载则随其高度增大而增加，结构自重随高度降低而增加(所以计算中应考虑的架高范围增大)，因此取 $\sigma=\sigma_g+\sigma_w$ 最大时所作用的部位来验算其稳定性。

①风载荷产生弯曲应力 σ_w 的计算：

先求敞开式双排脚手架挡风系数 ξ，根据表 26-9 查得 $\xi=0.089$；

$$\mu_S=1.2\xi(1+\eta)=1.2\times0.0890\times(1+1)=0.214(式中\,\eta=1.0)$$

再根据工地地面粗糙度为 C 类，当 $H=50$m 时，按表 26-5 查得风压高度变化系数 $\mu_Z=$

1.25,所以脚手架在50m高处立杆段风载荷产生的弯曲应力 σ_w 为：

$$\sigma_w = \frac{0.85 \times 1.4 \times 0.7 \mu_z \mu_s w_0 l_a h^2}{10W}$$

$$= \frac{0.85 \times 1.4 \times 0.7 \times 1.25 \times 0.214 \times 0.45 \times 1.5 \times 1.8^2 \times 10^6}{10 \times 5.08 \times 10^3} = 9.59 \text{(MPa)}$$

按上式分析 $\sigma_w = 7.67\mu_z$

②σ_g 的计算

已知立杆横距 $l_a = 1.05$m，立杆步距为 $h = 1.8$m，连墙件的布置为两步三跨，查表26-29得 $i = 1.58$cm，再查表26-48得脚手架立杆计算长度系数 $\mu = 1.5$，按式（26-36）、式（26-37）得：

长细比：$\lambda = \dfrac{k\mu h}{i} = \dfrac{1 \times 1.5 \times 1.8}{1.58} = 171 < [\lambda] = 210$（验算长细比时，$k$ 取 1.0）

计算结果长细比满足要求。

确定轴心受压构件稳定系数，按式（26-36）、式（26-37）得：

$$\lambda = \frac{1.155 \times 1.5 \times 180}{1.58} = 197 \text{（式中 } k \text{ 取 } 1.155\text{）}$$

查表26-30得受压构件稳定系数 $\varphi = 0.186$

已知立杆纵距 $l_a = 1.50$m，按表26-1a)得 $g_k = 0.124\ 8$kN/m，将此值代入下式中得脚手架结构自重设计值产生的轴压应力 σ_g 为：

$$\sigma_g = \frac{1.2 H_s g_k}{\varphi A} = \frac{1.2 H_s \times 0.124\ 8 \times 10^3}{0.186 \times 489} = 1.65 H_s \text{(MPa)}$$

③求 σ 值

$\sigma = \sigma_g + \sigma_w$ 计算结果列入表26-56中。

表26-56

高度 (m)	μ_z (查表26-5)	$\sigma_w = 7.67\mu_z$ (MPa)	对应风荷载作用计算段高度取值 H_s(m)	$\sigma_g = 1.65 H_s$ (MPa)	$\sigma = \sigma_g + \sigma_w$ (MPa)	σ 最大部位
5	0.74	5.68	50	82.50	88.18	在立杆底部
10	0.74	5.68	50−5=45	74.25	79.93	
15	0.74	5.68	50−10=40	66.00	71.68	
20	0.84	6.44	50−15=35	57.75	64.19	
30	1.00	7.67	50−20=30	49.50	57.17	
40	1.13	8.67	50−30=20	33.00	41.78	
50	1.25	9.59	50−40=10	16.50	26.09	

表26-56中计算结果说明：风荷载产生的弯曲压应力在50m高处稍大，但此处脚手架结构自重产生的轴压应力很小，而 $\sigma = \sigma_g + \sigma_w$ 相对也较小。在脚手架5m高处的风荷载产生的弯曲压应力虽然较小，但脚手架自重产生的轴压应力却较大，而 $\sigma = \sigma_g + \sigma_w$ 相应也较大。由此可知，双排脚手架立杆稳定性的计算部位应在脚手架的底部。

（2）脚手架可搭设高度的计算

因基本风压 $w_0 = 0.45$kPa，按规范要求应考虑风荷载作用，按式26-64组合风荷载时脚手架搭设高度 H_s 为：

$$H_S = \frac{\varphi Af - \left[1.2N_{G2k} + 0.85 \times 1.4\left(\sum N_{Qk} + \frac{M_{wk}}{W}\varphi A \right) \right]}{1.2g_k}$$

此公式由验算立杆稳定性公式(26-29)推导而来,由前面分析结果,计算立杆段的部位应取脚手架的底层(高度5m处)。

①风荷载标准值对立杆段产生的弯矩 M_{wk},按式(26-2)和式(26-8)可得:

$$M_{wk} = \frac{w_k l_a h^2}{10} = \frac{0.7\mu_Z\mu_S w_0 l_a h^2}{10} = \frac{0.7 \times 0.74 \times 0.214 \times 0.45 \times 1.5 \times 1.8^2}{10}$$

$$= 0.024\,2(kN \cdot m)$$

②施工荷载标准值产生轴心力总和 $\sum N_{Qk}$,按表 26-44 中公式得:

$$\sum N_{Qk} = 0.5(l_b + 0.3)l_a\sum N_k = 0.5 \times (1.05 + 0.3) \times 1.5 \times 4 = 4.05(kN)$$

③构配件自重标准值产生的轴向力 N_{Q2k},按表 26-44 中公式得:

$$N_{Q2k} = 0.5(l_b + 0.3)l_a\sum Q_{p1} + \sum Q_{p2}l_b$$

$$= 0.5(1.05 + 0.3) \times 1.5 \times 4 \times 0.35 + 2 \times 0.14 \times 1.05 = 1.712(kN)$$

将①、②、③算出之值代入式(26-64)中得稳定搭设高度 H_S 为:

$$H_S = \frac{0.186 \times 489 \times 205 \times 10^{-3} - \left[1.2 \times 1.712 + 0.85 \times 1.4\left(4.05 + \frac{0.024\,2 \times 10^3}{5.08 \times 10^3} \times 0.186 \times 489 \right) \right]}{1.2 \times 0.124\,8}$$

$$= \frac{11.256}{0.149\,76} = 75(m)$$

按式(26-63)计算搭设高度 H_S 为:

$$H_S = \frac{\varphi Af - (1.2N_{Q2k} + 1.4\sum N_{Qk})}{1.2g_k} = \frac{0.186 \times 489 \times 205 \times 10^{-3} - (1.2 \times 1.712 + 1.4 \times 4.05)}{1.2 \times 0.124\,8}$$

$$= \frac{8.867}{0.149\,76} = 59(m)$$

上两式计算结果比较后,应取后者即 $H_S = 59m$。

(3)脚手架搭设高度限值 $[H]$ 的计算按规范要求,由式(26-65)得:

$$[H] = \frac{H_S}{1 + 0.001H_S} = \frac{59}{1 + 0.001 \times 59} = 55.7(m)$$

搭设脚手架时其高度不超过50m。

敞开式双排脚手架整体稳定性计算示例

【例 26-15】 某工地建筑物需搭设敞开式双排脚手架 36m 高,已知条件与【例 26-13】相同,试验算该脚手架立杆整体稳定性是否满足要求。

解:(1)验算长细比参见【例 26-13】,已知 $\lambda = 199 < 210$ 满足要求。

(2)求按稳定性计算搭设的高度 H_S

按公式(26-67)得 H_S 为:

$$H_s = \frac{[H]}{1 - 0.001[H]} = \frac{36}{1 - 0.001 \times 36} = 37.34(\text{m})$$

(3)计算脚手架立杆段的轴向力设计值 N

已知基本风压 $w_0 = 0.35\text{kPa}$ 和连墙件的布置为三步三跨,则每个连墙点覆盖面积为 $3 \times 1.5 \times 3 \times 1.8 = 24.3(\text{m}^2) < 30\text{m}^2$。根据本章第一节、二、1、4)荷载效应组合中的要求,可以不考虑风荷载的作用。

按式(26-30)求 N。

由【例26-13】已知 $N_{G2k} = 1.89\text{kN}$;$\sum N_{Qk} = 2.40\text{kN}$。按式(26-63)得 $N_{G1k} = H_s g_k = 37.34 \times 0.124\,8 = 4.660(\text{kN})$,将上述各值代入式(26-30)中得 N 为:

$$N = 1.2(N_{G1k} + N_{G2k}) + 1.4\sum N_{Gk} = 1.2(4.66 + 1.89) + 1.4 \times 2.40 = 11.22(\text{kN})$$

(4)验算立杆稳定性

按式(26-28)得:

$$\frac{N}{\varphi A} = \frac{11.22 \times 10^3}{0.138 \times 489} = 166.27(\text{MPa}) < f = 205\text{MPa},满足要求。$$

敞开式单排脚手架搭设高度计算示例

【例26-16】 某工地采用敞开式单排钢管脚手架施工,已知条件为:

(1)立杆纵距 $l_a = 1.50\text{m}$,立杆横距 $l_b = 1.2\text{m}$,立杆步距为 $h = 1.8\text{m}$;

(2)施工地区在大城市郊区,基本风压 $w_0 = 0.45\text{kPa}$,地面粗糙度为 B 类;

(3)施工均布荷载标准值(一层操作层):$Q_k = 3\text{kPa}$;

(4)木脚手架自重标准值(满铺两层):$\sum Q_{P1} = 2 \times 0.35 = 0.70\text{kPa}$;

(5)栏杆、木脚手挡板自重标准值:$Q_{P2} = 0.14\text{kPa}$;

(6)钢管外径与壁厚为:$\phi 48 \times 3.5\text{mm}$,三步三跨连墙布置。

试计算该敞开式单排脚手架的搭设高度。

解:(1)验算长细比

已知立杆横距 $l_b = 1.2\text{m}$,三步三跨连墙布置,查表26-48得脚手架立杆的计算长度系数 $\mu = 2$(单排架立杆横距 $l_b \leqslant 1.5\text{m}$)。

查表26-29得钢管回转半径 $i = 1.58\text{cm}$,截面面积 $A = 4.89\text{cm}^2$。

再查表26-23得单排脚手架立杆容许长细比 $[\lambda] = 230$,按式(26-36)得立杆的计算长度 l_0 为:

$$l_0 = k\mu h = 1 \times 2 \times 180 = 360(\text{mm})(h = 1.0)$$

按式(26-3)得长细比 λ 为:

$$\lambda = \frac{l_0}{i} = \frac{360}{1.58} = 227.85 < [\lambda] = 230,满足规范要求。$$

(2)计算轴心受压构件的稳定系数 φ

按式(26-36)得立杆计算长度 $l_0 = k\mu h = 1.155 \times 2 \times 180 = 415.8(\text{mm})(k = 1.155)$

则:

$$\lambda = \frac{l_0}{i} = \frac{415.8}{1.58} = 263.16 > [\lambda] = 250$$

当 $\lambda>250$ 时，应按 $\varphi=\dfrac{7\,320}{\lambda^2}$ 计算 φ 值（见表 26-44 计算公式）：

$$\varphi=\frac{7\,320}{\lambda^2}=\frac{7\,320}{263^2}=0.105\,8\approx0.106$$

（3）求构配件自重标准值产生的轴向力 N_{G2k} 和施工荷载标准值产生轴向力总和 $\sum N_{Qk}$

按《建筑施工扣件式钢管脚手架安全技术规范》（JGJ 130—2011）或本手册表 26-44 中符号意义栏内的计算方法得：

$$N_{G2k}=0.5l_bl_a\sum Q_{P1}+Q_{P2}l_a=0.5\times1.5\times1.2\times2\times0.35+0.14\times1.5=0.84(\text{kN})$$
$$\sum N_{Qk}=0.5l_al_bQ_k=0.5\times1.5\times1.2\times3=2.70(\text{kN})$$

（4）计算风荷载标准值产生的弯矩 M_w

已知基本风压 $w_0=0.45\text{kPa}$，大于 0.35kPa。根据规范规定在验算脚手架立杆稳定性时，需要考虑风荷载作用，根据式（26-2）和式（26-8）得风荷载标准值产生的弯矩 $M_{wk}=0.7\mu_z\mu_sw_0l_ah^2/10$。

题设地面粗糙度为 B 类，查表 26-5 得风压高度变化系数 $\mu_z=1.0$。

风荷载的体型系数 μ_s 根据表 26-7 下注：①敞开式单排脚手架 $\mu_s=1.2\xi$，式中挡风系数 ξ 按表 26-9 查得 $\xi=0.089$，代入式 $\mu_s=1.2\xi$ 得：

$$\mu_s=1.2\times\xi=1.2\times0.089=0.106\,8$$

将上列各值代入上式 M_w 中得：

$$M_{wk}=\frac{0.7\times1.0\times0.106\,8\times0.45\times1.5\times1.8^2}{10}=0.016\,35(\text{kN}\cdot\text{m})$$

（5）计算脚手架搭设高度限值 $[H]$

按表 26-20 得 $f=205\text{MPa}$，查表 26-1a 得 $g_k=0.136\,0\text{kN/m}$。

按式（26-64）计算 H_S 为：

$$H_S=\frac{\varphi Af-\left[1.2N_{G2k}+0.85\times1.4\left(\sum N_{Qk}+\dfrac{M_{wk}}{W}\varphi A\right)\right]}{1.2g_k}$$

$$=\frac{0.106\times489\times205\times10^{-3}-\left[1.2\times0.84+0.85\times1.4\left(2.70+\dfrac{0.016\,4}{5.08}\times0.106\times489\right)\right]}{1.2\times0.136}$$

$$=38(\text{m})$$

按式（26-63）得 H_S 为：

$$H_S=\frac{\varphi Af-(1.2N_{G2k}+1.4\sum N_{Qk})}{1.2g_k}$$

$$=\frac{0.106\times489\times205\times10^{-3}-(1.2\times0.84+1.4\times2.70)}{1.2\times0.136}=35.8(\text{m})$$

取 $H_S=35\text{m}$，按式（26-65）得：

$$[H]=\frac{H_S}{1+0.001H_S}=\frac{35}{1+0.001\times35}=33.8(\text{m})$$

按《建筑施工扣件式钢管脚手架安全技术规范》（JGJ 130—2011）第 6.1.1 条和构造要求，单排脚手架高度不宜超过 24m，故取 $[H]=24\text{m}$ 以保证安全。

敞开式脚手架连墙件计算示例

【例 26-17】 试对下列敞开式双排脚手架连墙件进行计算。已知条件为：

(1)立杆横距 $l_b = 1.2m$，立杆纵距 $l_a = 1.5m$；立杆步距为 $h = 1.5m$，连墙件布置以二步三跨均匀布置；

(2)工地地面粗糙度类别属 B 类，连墙件的连墙杆采用 $\phi 48 \times 3.5$ 钢管，用直角扣件分别与脚手架立杆和建筑物连接，脚手架搭设高度为 50m，基本风压 $w_0 = 0.45kPa$。

解： 连墙件的轴向力设计值按式(26-66)得：

$$N_l = N_{lw} + N_0$$

由风荷载产生的连墙件的轴向力设计值，按式(26-67)得：

$$N_{lw} = 1.4 w_k A_w$$

作用于脚手架上的水平风荷载标准值，按式(26-2)得：

$$w_k = 0.7 \mu_z \mu_s w_0$$

(1)求脚手架上水平风荷载标准值 w_k，按式(26-2)计算：

根据题设，连墙件以两步三跨均匀布置，受风荷载最大的连墙件应在脚手架最高部位。计算时按 50m 考虑。再根据地面粗糙度为 B 类，查表 26-5 得风压高度变化系数 $\mu_z = 1.67$；再按式(26-7b)得风荷载体型系数 $\mu_S = 1.2\xi(1+\eta)$；由表 26-9 查得脚手架挡风系数 $\xi = 0.089$。

风荷载体型系数 $\mu_S = 1.2\xi(1+\eta) = 1.2 \times 0.089 \times (1+1) = 0.2136$（式中 $\eta = 1.0$）

脚手架上的水平荷载 $w_k = 0.7 \mu_z \mu_s w_0 = 0.7 \times 1.67 \times 0.2136 \times 0.45 = 0.1124$（kPa）

(2)求连墙件轴向设计值 N_1 按式(26-66)和式(26-67)得：

$$N_1 = N_{lw} + N_0 = 1.4 w_k A_w + N_0 = 1.4 \times 0.1124 \times 2 \times 1.8 \times 3 \times 1.5 + 5 = 7.55 \text{(kN)}$$

上式中 N_0 为连墙件约束脚手架平面外变形所产生的轴向力，双排脚手架时 $N_0 = 5kN$。

(3)扣件连接抗滑移验算

按表 26-21 查得用直角扣件时，其抗滑承载力设计值 $R_c = 8kN$。

$$N_1 = 7.55kN < R_c = 8kN，可满足抗滑承载力。$$

(4)连墙件稳定承载力验算

题设连墙件采用 $\phi 48 \times 3.5$ 钢管，杆件两端均采用直角扣件分别连接于脚手架和建筑物的预埋铁件上，因此连接杆的计算长度 l_0 可取脚手架的离墙距离，即 $a = 500mm$ 作为其计算长度 l_0，按式(26-37)得：

$$\lambda = \frac{l_0}{i} = \frac{500}{15.8} = 32 < [\lambda] = 150（[\lambda] = 150 \text{ 是按《冷弯薄壁型钢结构技术规范》(GB 50018—}$$

2002)查得的，一般是单排为 230，双排为 210)

取 $\lambda = 32$ 查表 26-30 得 $\varphi = 0.912$

按式(26-28)得：

$$\frac{N_1}{\varphi A} = \frac{7.55 \times 10^3}{0.912 \times 489} = 16.93 \text{(MPa)} < f = 205MPa，其稳定承载力已足够。$$

密目式安全网封闭双排脚手架连墙件计算示例

【例 26-18】 试对下列密目式安全立网全封闭双排脚手架连墙件进行计算。已知条件为：密目式安全立网全封闭双排脚手架，其挡风系数 $\xi = 0.87$（表 26-59）。脚手架的步距为 $h =$

1.8m,立杆纵距 l_a＝1.2m,立杆横距 l_b＝1.2m,建筑物结构形式为框架结构,脚手架高度为50m,其余条件与【例26-15】相同。

解:(1)求脚手架上水平风荷载标准值,按式(26-2)得:

$$w_k = 0.7\mu_Z\mu_S w_0$$

计算部位取50m高处,地面粗糙类别为B。查表26-5得风压高度变化系数 μ_Z＝1.67,再查表26-7得脚手架体型系数 μ_S＝1.3ξ＝1.3×0.871＝1.132 3。

则:

$$w_k = 0.7\mu_Z\mu_S w_0 = 0.7×1.67×1.132\ 3×0.45 = 0.60(kPa)$$

(2)计算 N_1,按式(26-66)及式(26-67)得:(双排脚手架时 N_0＝5kN)

$$N_1 = N_{1w} + N_0 = 1.4w_k A_w + N_0 = 1.4×0.6×2×1.8×3×1.2 + 5 = 15.89(kN)$$

(3)验算扣件抗滑承载力

按表26-21查得用直角扣件时,其抗滑承载力设计值 R_c＝8kN。

$$N_1 = 15.89kN > R_c = 8kN,计算结果不能满足要求。$$

由于不能满足要求,故应采用双扣件,即可满足扣件抗滑承载力的要求,即:

$$N_1 = 15.89kN < 2R_c = 16kN$$

(4)连墙件稳定验算

$$\lambda = \frac{l_0}{i} = \frac{500}{15.8} = 32 < [\lambda] = 150,查表26-30得 \varphi = 0.912$$

$$\frac{N_1}{\varphi A} = \frac{15.89×10^3}{0.912×489} = 35.63(MPa) < f = 205MPa,能满足要求。$$

敞开式双排脚手架搭设尺寸与计算示例

【例26-19】 某工程需搭设敞开式双排48m高的脚手架,采用钢管规格为 ϕ48×3.5,冲压钢脚手板,该脚手架要求二层同时作业,主要用于建筑物的外墙粉刷。已知施工地区为城市市区,地面粗糙度为C类,基本风压 w_0＝0.45kPa,试对该脚手架进行设计计算。

解:(1)搭设尺寸的确定

按表26-16"常用敞开式双排脚手架的设计尺寸"试选用该工程脚手架搭设尺寸:

①立杆步距 h＝1.8m,立杆横距 l_b＝1.3m,立杆纵距 l_a＝1.5m。

②连墙件设置两步三跨脚手架搭设采用相同的步距、立杆纵距、立杆横距和连墙间距。

③脚手板选用冲压钢脚手板。

(2)横向、纵向水平杆和扣件抗滑承载力的计算

可参见前述有关各种计算方法进行计算,计算均应满足要求,计算从略。

(3)对立杆稳定性验算

脚手架搭设是采用相同的步距、立杆横距、立杆纵距、连墙件间距搭设,因底层立杆段所承受的轴压应力为最大,故应验算该部位(底层)。

①验算长细比 λ

按式(26-36)、式(26-37)得:

$$\lambda = \frac{l_0}{i} = \frac{k\mu h}{i} = \frac{\mu h}{i}(取 k = 1.0)$$

查表26-48得立杆计算长度 μ＝1.5,则:

$$\lambda = \frac{1.5×180}{1.58} = 171 < [\lambda] = 210,满足要求。$$

②计算轴心受压构件的稳定系数 φ

按式(26-36)、式(26-37)得：

$$\lambda = \frac{l_0}{i} = \frac{k\mu h}{i} = \frac{1.155 \times 1.5 \times 180}{1.58} = 197 \ (\text{取} \ k = 1.155)$$

根据 λ 值查表 26-30 得：$\varphi = 0.186$。

③计算脚手架结构自重标准值产生的轴向力 N_{G1k}

先按式(26-65)求脚手架按稳定计算的搭设高度 H_S 为：

$$H_S = \frac{[H]}{1 - 0.001[H]} = \frac{48}{1 - 0.001 \times 48} = 50.42 \ (\text{m})$$

再按表 26-1(1)查得脚手架每米立杆承受的结构自重标准值 g_k 为：

$$g_k = 0.124\,8 \text{kN/m}$$

则：

$$N_{G1k} = H_S g_k = 50.42 \times 0.124\,8 = 6.29 \ (\text{kN})$$

④计算构配件自重标准值产生的轴力 N_{Q2k}

按规范要求，脚手架高度为 48m 时，每高 12m 铺一层脚手板，考虑到脚手架上有两个同时作业施工层，因此应铺钢脚手板 5 层。

查表 26-1c)得脚手板自重标准值(铺设钢脚手板五层) $\sum Q_{P1}$ 为：

$$\sum Q_{P1} = 5 \times 0.3 = 1.5 \ (\text{kPa})$$

查表 26-1 得栏杆、冲压钢脚手板挡板自重标准值(两个同时作业施工层) $\sum Q_{P2}$ 为：

$$\sum Q_{P2} = 2 \times 0.11 = 0.22 \ (\text{kPa})$$

则：

$$N_{G2k} = 0.5(l_b + 0.3)l_a \sum Q_{P1} + \sum Q_{P2} l_a = 0.5 \times (1.3 + 0.3) \times 1.5 \times 1.5 + 0.22 \times 1.5$$
$$= 2.13 \ (\text{kN})$$

⑤施工荷载标准值产生的轴向力总和 $\sum N_{Qk}$

因脚手架上有两个同时装修作业的施工层，查表 26-1 得施工均布活荷载标准值(两个装修作业层) $\sum Q_k$：

$$\sum Q_k = 2 \times 2 = 4 \ (\text{kPa})$$

则：

$$\sum Q_k = 0.5(l_b + 0.3)l_a \sum Q_k = 0.5 \times (1.3 + 0.3) \times 1.5 \times 4 = 4.80 \ (\text{kN})$$

⑥立杆段的轴向力设计值 N 的计算

不组合风荷载时，按式(26-30)得：

$N = 1.2(N_{G1k} + N_{G2k}) + 1.4 \sum Q_{Qk} = 1.2(6.29 + 2.13) + 1.4 \times 4.80 = 16.82 \ (\text{kN})$

组合风荷载时，按式(26-31)得：

$$N = 1.2(N_{G1k} + N_{G2k}) + 0.85 \times 1.4 \sum Q_{Qk}$$
$$= 1.2(6.29 + 2.13) + 0.85 \times 1.4 \times 4.80 = 15.82 \ (\text{kN})$$

⑦计算风荷载设计值对立杆段产生的弯矩 M_w

已知敞开式脚手架在城市市区施工，其基本风压 $w_0 = 0.45 \text{kPa}$，按规范第 4.3.2 条要求，验算脚手架立杆的稳定性时，需要考风荷载的作用，故按式(26-2)和式(26-8)得：

$$M_w = \frac{0.85 \times 1.4 w_k l_a h^2}{10} = \frac{0.85 \times 1.4 \times 0.7 \mu_Z \mu_S w_0 l_a h^2}{10}$$

已知工地在大城市市区,其地面粗糙度为 C 类,查表 26-5 得风压高度变化系数 $\mu_z=0.74$。

因为敞开式双排脚手架,其风荷载体型系数 μ_S 应按式(26-7b)求得,即:

$\mu_S=1.2\xi(1+\eta)$,式中挡风系数 ξ 查表 26-9 得 $\xi=0.089$,代入式中得:

$\mu_S=1.2\times0.089\times(1+1)=0.2136(\eta=1.0)$将算得各值代入式(26-8)中得:

$$M_w=\frac{0.85\times1.4\times0.7\times0.74\times0.2136\times0.45\times1.5\times1.8^2}{10}=0.0288(\text{kN}\cdot\text{m})$$

⑧验算立杆稳定性

不组合风荷载时,按式(26-28)验算立杆的稳定性,即:

$$\frac{N}{\varphi A}=\frac{16.82\times10^3}{0.186\times489}=184.93(\text{MPa})<f=205\text{MPa}$$

组合风荷载时,按式(26-29)验算立杆的稳定性,即:

$$\frac{N}{\varphi A}+\frac{M_w}{W}=\frac{15.82\times10^3}{0.186\times489}+\frac{0.0288\times10^6}{5.08\times10^3}=179.38(\text{MPa})<f=205\text{MPa}$$

计算结果脚手架立杆的稳定性能满足要求。

按不组合风荷载验算立杆稳定性,当荷载较大时,存在下列现象:

$$\frac{N(\text{不组合风荷载})}{\varphi A}>\frac{N(\text{组合风荷载})}{\varphi A}+\frac{M_w}{W}$$

(4)连墙件的计算

①扣件连接抗滑承载力计算

均匀布置的连墙件,其在脚手架最高处受风荷载最大,按表 26-5 查得离地面 48m 处风压变化系数 $\mu_z=1.226$。

按式(26-66)、式(26-67)及式(26-2)得连墙件轴力设计值 N_1 为:

$$N_1=N_{1w}+N_0=1.4\cdot w_kA_w+N_0=1.4\times0.7\mu_z\mu_Sw_0A_w+N_0$$
$$=1.4\times0.7\times1.226\times0.2136\times0.45\times2\times1.8\times3\times1.5+5$$
$$=6.87(\text{kN})<R_c$$
$$=8\text{kN}(\text{式中 }N_0=5)$$

满足要求。

②连墙件稳定承载力计算

连墙件采用 $\phi48\times3.5$ 钢管,杆件两端均用直角扣件分别连于脚手架及附设在墙内、外侧的短钢管(或预埋件)上,其计算长度 l_0 可取脚手架离墙距离,即 $l_0=500\text{mm}$。

其长细比　　　　$\lambda=\dfrac{l_0}{i}=\dfrac{500}{15.8}=32<[\lambda]=150([\lambda]$ 值查《冷弯薄壁型钢结构技术规范》(GB 50018—2002)而得)

查表 26-30 得 $\varphi=0.912$。

按式(26-28)得:

$$\frac{N_1}{\varphi A}=\frac{6.87\times10^3}{0.912\times489}=15.40(\text{MPa})<f=205\text{MPa},满足要求。$$

(5)经过上述各项计算,其结果均能满足要求。说明所选用脚手架的材料和设计的尺寸均合适。

为便于施工计算,现将部分常用敞开式脚手架的设计尺寸计算列于表 26-57 中,以便计算时参考。

部分常用敞开式双排脚手架的设计尺寸计算

表 26-57

连墙件设置	长度系数 μ	立杆步距 h(m)	轴心受压构件的稳定系数 φ — 长细比 λ（$\lambda=l_0/i=k\mu h/i$）	φ	立杆纵距 l_b (m)	立杆横距 l_a (m)	构配件自重标准值产生的轴向力 $N_{G2k}=0.5(l_a+0.3)l_a\sum Q_{P1}+\sum Q_{P2}l_a$ (kN)	施工荷载标准值产生的轴向力总和 $\sum N_{Qk}=0.5(l_b+0.3)l_a\sum Q_k$ (kN)	每米立杆承受的结构自重标准值 g_k (kN/m)	按稳定计算的搭设高度 $H_s=\dfrac{\varphi A f-(1.2N_{G2k}+1.4\sum N_{Qk})}{1.2g_k}$	H_s (m)	脚手架设搭高度限值 [H] (m)	[H]取值 (m)
两步三跨	1.7	1.35	$1.155\times135\times1.7/1.58=168$（k=1.155）	0.25	1.05	2.0	$0.5(1.05+0.3)\times2\times(4+0.35)+0.14\times2=2.17$	$0.5(1.05+0.3)\times2\times(2)=2.7$	0.1674	$\dfrac{0.251\times489\times205\times10^{-3}-(1.2\times2.17+1.4\times2.7)}{1.2\times0.1674}$	93	85	50
			$\lambda=135\times1.7/1.58=145<[\lambda]=210$（k=1）			1.8	$0.5(1.05+0.3)\times1.8\times(4+0.35)+0.14\times1.8\times2=2.205$	$0.5(1.05+0.3)\times1.8\times(2+2)=4.86$	0.1601		82	76	50
						1.5	1.628	$0.5(1.05+0.3)\times1.5\times(3)=3.038$	0.1491		106	96	50
						1.5	1.838	$0.5(1.05+0.3)\times1.5\times(3+2)=5.063$	0.1491		89	82	50
三步三跨	1.7	1.8	$1.155\times180\times1.7/1.58=224$（k=1.155）	0.145	1.05	2.0	2.17	$0.5(1.05+0.3)\times2.0\times(2)=2.7$	0.1395		49	47	47
			$\lambda=180\times1.7/1.58=194<[\lambda]=210$（k=1）			1.5	1.838	$0.5(1.05+0.3)\times1.5\times(2+2)=4.05$	0.1248		44	42	42
						1.5	1.628	$0.5(1.05+0.3)\times1.5\times(3)=3.038$	0.1248		56	53	50
						1.5	1.838	$0.5(1.05+0.3)\times1.5\times(3+2)=5.063$	0.1248		35	34	34

注:1. $\lambda=l_0/i=k\mu h/i$;i=1.58cm,k取1.155或1.0。

2. Q_{P1}为一层脚手板自重标准值。取$\sum Q_{P1}=0.35$kPa,取$\sum Q_{P1}=4\times0.35$kPa计算。$\sum Q_{P2}$施工荷载标准值取$\sum Q_{P2}=0.14$kN/m,栏杆、挡脚板自重标准值取$Q_{P2}=2\times0.14$kN/m,两个施工层取$\sum Q_{P2}=2\times0.14$kN/m计算。$\sum Q_k$施工均布活荷载标准值分别按2kPa,2+2kPa,3+2kPa取值计算。

3. f为Q235钢抗拉、抗压和抗弯强度,f=205MPa。A为$\phi48\times3.5$钢管截面积,A=489mm²。

4. $[H]=H_s/(1+0.001H_s)$。

162

(6)密目式安全立网全封闭脚手架挡风系数 ξ

密目式安全立网全封闭脚手架挡风系数 ξ 计算见表 26-58。

密目式安全立网全封闭脚手架挡风系数 ξ 计算　　　　　表 26-58

项目	计算方法及公式	符号意义
密目式安全立网全封闭脚手架挡风系数 ξ 计算	一般规定网目密度不应低于 800 目/100cm²。 《建筑施工安全检查标准》(JGJ 59—99)条文说明 3.07 条有关内容："立网应该使用密目式安全网,其标准为:每 10cm ×10cm=100cm² 的面积上,有 2 000 个以上网目"。 　按上述规定,设 100cm² 密目式安全立网的网目目数为 $n>$ 2 000 目。 　1. 密目式安全立网挡风系数 ξ_1 为: $$\xi_1 = \frac{1.2A_{n1}}{A_{w1}} = \frac{1.2(100-nA_0)}{100} \quad (26\text{-}72)$$ 　2. 敞开式扣件钢管脚手架的挡风系数 ξ_2 为: $$\xi_2 = \frac{1.2A_{n2}}{l_a h} \quad (26\text{-}73)$$ 　3. 密目式安全立网全封闭脚手架挡风系数 ξ 为: $$\xi = \frac{1.2A_n}{A_w} = \frac{1.2\left(\frac{A_{n1}}{A_{w1}}l_a h - \frac{A_{n1}}{A_{w1}}A_{n2} + A_{n2}\right)}{l_a h} = \frac{1.2A_{n1}}{A_{w1}} -$$ $$\frac{1.2A_{n1}}{A_{w1}}\frac{A_{n2}}{l_a h} + \frac{1.2A_{n2}}{l_a h} = \xi_1 + \xi_2 - \frac{\xi_1\xi_2}{1.2} \quad (26\text{-}74)$$ 　说明:式(26-73)计算挡风面积时考虑扣除密目式安全网在一步一跨内与脚手架钢管重叠的面积,如果不考虑这一点,则密目式安全立网全封闭脚手架挡风系数就可近似的等于:ξ $=\xi_1+\xi_2$	A_0——每目孔隙面积,约为 $A_0=1.3$mm²; A_{n1}——密目式安全立网在 100cm² 内的挡风面积(m²); A_{w1}——密目式安全立网在 100cm² 内的迎风面积(m²); ξ_1——密目式安全立网挡风系数; ξ_2——密目式安全立网全封闭脚手架挡风系数; l_a——立杆的纵距(m); h——立杆步距(m); A_{n2}——一步一纵距(跨)内钢管的总挡风面积(m²); ξ——密目式安全立网全封闭脚手架挡风系数; A_n——密目式安全立网全封闭脚手架挡风面积(m²); A_w——密目式安全立网全封闭脚手架迎风面积(m²)

【例 26-20】　试分别计算下列情况的密目式安全立网全封闭脚手架的挡风系数 ξ。已知条件:

(1)脚手架的立杆纵距:$l_a=1.2$m 和 $l_a=1.5$m,步距 $h=1.5$m 和 $h=1.8$m;

(2)网目密度 2 300 目/100cm²,每目孔隙面积约为 $A_0=1.3$mm²;和网目密度 3 200 目/100cm²,每目孔隙面积约为 $A_0=0.7$mm²。

解:计算结果列入表 26-59 中。

表 26-59

网目密度 n/100cm²	密目式安全立网挡风系数 $\xi_1=1.2(100-nA_0)/100$	敞开式脚手架的挡风系数 ξ_2 (查规范附录 A 表 A-3 或表 26-9)		密目式安全立网全封闭脚手架挡风系数 $\xi=\xi_1+\xi_2-\xi_1\xi_2/1.2$
2 300 目/100cm² $A_0=1.3$mm²	0.841	步距 $h=1.5$m 纵距 $l_a=1.2$m	$\xi_2=0.105$	0.872
3 200 目/100cm² $A_0=1.3$mm²	0.931			0.955
2 300 目/100cm² $A_0=1.3$mm²	0.841	步距 $h=1.8$m 纵距 $l_a=1.2$m	$\xi_2=0.099$	0.871
3 200 目/100cm² $A_0=0.7$mm²	0.931			0.953

网目密度 $n/100cm^2$	密目式安全立网挡风系数 $\xi_1=1.2(100-nA_0)/100$	敞开式脚手架的挡风系数 ξ_2 （查规范附录 A 表 A-3 或表 26-9）		密目式安全立网全封闭 脚手架挡风系数 $\xi=\xi_1+\xi_2-\xi_1\cdot\xi_2/1.2$
2 300 目/100cm^2 $A_0=1.3mm^2$	0.841	步距 $h=1.5m$ 纵距 $l_a=1.5m$	$\xi_2=0.095$	0.869
3 200 目/100cm^2 $A_0=0.7mm^2$	0.931			0.952
2 300 目/100cm^2 $A_0=1.3mm^2$	0.841	步距 $h=1.8m$ 纵距 $l_a=1.5m$	$\xi_2=0.089$	0.868
3 200 目/100cm^2 $A_0=0.7mm^2$	0.931			0.951

注:密目式安全立网每目孔隙面积 A_0 为参考值,准确的密目式安全立网每目孔隙面积在购货时应向该网生产厂家咨询。

密目式安全立网全封闭双排脚手架整体稳定计算示例

【例 26-21】 某工程施工时需搭建密目式安全网全封闭脚手架,已知条件为:

(1)立杆横距 $l_b=1.05m$,立杆纵距 $l_a=1.2m$,步距 $h=1.8m$,计算外伸长度 $a_1=0.3m$,钢管外径与壁厚为 $\phi48\times3.5mm$,两步三跨连墙件布置,建筑物为框架结构。

(2)施工地区位于大城市郊区,地面粗糙度为 B 类,基本风压 $w_0=0.4kPa$。

(3)施工均布荷载标准值(一层操作层)$Q_k=3kPa$,冲压钢脚手板自重标准值为 0.3kPa,铺设 4 层,$\sum Q_{P1}=4\times0.3=1.2kPa$,栏杆、冲压钢脚手板挡板自重标准值 $Q_{P2}=0.11kN/m$。

(4)密目式安全立网全封闭脚手架,其挡风系数 $\xi=0.871$,密目式安全立网自重标准值 $Q_{P8}=0.005kPa$。

(5)脚手架搭设高度 $H_S=48m$,$[H]=46m$。

试计算该脚手架整体稳定是否满足要求。

解:(1)确定立杆稳定性计算部位

因是密目式安全立网全封闭双排脚手架,计算时应考虑风荷载对脚手架的作用,即

组合风荷载时,按式(26-29)验算立杆的稳定性,即:

$$\frac{N}{\varphi A}+\frac{M_w}{W}\leqslant f$$

将式(26-8)、式(26-2)和式(26-31)代入公式(26-29)并化简后得:

$$\frac{1.2H_Sg_k}{\varphi A}+\frac{0.85\times1.4\times0.7\mu_z\mu_S w_0 l_a h^2}{10W}+\frac{1.2N_{G2k}}{\varphi A}+\frac{0.85\times1.4\sum N_{Qk}}{\varphi A}\leqslant f$$

令脚手架结构自重产生的轴压应力为:

$$\sigma_g=\frac{1.2H_Sg_k}{\varphi A}$$

风荷载产生的弯曲压应力为:

$$\sigma_w=\frac{0.85\times1.4\times0.7\mu_z\mu_S w_0 l_a h^2}{10W}$$

由于构配件(安全网可以除外,因其自重不大)自重荷载和施工荷载作用的位置是相对不变的,其值不随高度而有新变化。而风荷载则随脚手架高度增加而加大,但脚手架结构自重则

随脚手架高度降低而加大(计算中应考虑架高范围的增大),所以应取 $\sigma=\sigma_g+\sigma_w$ 最大时的作用部位来验算立杆的稳定性。

(2)风荷载产生的弯曲应力 σ_w 计算

按表 26-7 查得框架结构的风荷载体型系数 $\mu_S=1.3\xi=1.3\times0.871=1.1323$,则:

$$\sigma_w=\frac{0.85\times1.4\times0.7\mu_z\times1.1323\times0.4\times1.2\times1.8^2\times10^6}{10\times508\times10^3}=28.88\mu_z$$

(3)计算脚手架结构自重产生的轴压应力 σ_g

已知立杆横距 $l_b=1.05\mathrm{m}$,$h=1.8\mathrm{m}$,连墙件为两步三跨,查表 26-48 得立杆的计算长度系数 $\mu=1.5$。

按式(26-36)、式(26-37)得:

$$\lambda=\frac{l_0}{i}=\frac{k\mu h}{i}=\frac{1.155\times1.5\times180}{1.58}=197$$

查表 26-30 得 $\varphi=0.186$,查表 26-1(1)得 $g_k=0.1161\mathrm{kN/m}$

则:

$$\sigma_g=\frac{1.2H_Sg_k}{\varphi A}=\frac{1.2\times H_S\times0.1161\times10^3}{0.186\times489}=1.53H_S(\mathrm{MPa})$$

(4)计算 $\sigma=\sigma_g+\sigma_w$

计算结果列入表 26-60 中。

表 26-60

高度 (m)	μ_z 查表 26-5	$\sigma_w=28.88\mu_z$ (MPa)	对应风荷载作用计算段高度取值 H_S(m)	$\sigma_g=1.53H_S$ (MPa)	$\sigma=\sigma_g+\sigma_w$ (MPa)	σ 最大部位
5	1.00	28.90	48	73.44	102.34	立杆底部
10	1.00	28.90	48−5=43	65.79	94.69	
15	1.14	32.95	48−10=38	58.14	91.09	
20	1.25	36.16	48−15=33	50.49	86.65	
30	1.42	41.04	48−20=28	42.84	83.88	
40	1.56	45.08	48−30=18	27.54	72.62	
48	1.65	48.26	48−40=8	12.24	60.50	

注:全封闭脚手架风荷载产生弯曲压应力 σ_w 要比敞开式脚手架风荷载产生的弯曲压应力有所增大。在 48m 高处 $\sigma_w=48.26\mathrm{MPa}$,相对底部较大,但此处的 σ_g 很小,σ 相对亦较小。在 5m 高处,σ_w 虽较小,但 σ_g 接近最大,σ 也最大。因此全封闭脚手架与敞开式脚手架立杆稳定性验算的部位相同,均在立杆底部。

(5)验算细长比

按式(26-36)及式(26-37)得:

$$\lambda=\frac{l_0}{i}=\frac{k\mu h}{i}=\frac{1\times1.5\times180}{1.58}=171<[\lambda]=210,满足要求。$$

(6)立杆段轴向力设计值 N 的计算

①脚手架结构自重标准值产生的轴力 N_{G1k} 按式(26-32)计算,即:

$$N_{G1k}=H_Sg_k=48\times0.1161=5.573(\mathrm{kN})$$

②构配件自重标准值产生的轴向 N_{G2k} 按表 26-44 中要求进行计算,即:

$$N_{G2k}=\frac{1}{2}(l_a+a_1)l_a\sum Q_{P1}+Q_{P2}l_a+l_a[H]Q_{P3}$$

$$=0.5(1.05+0.3)\times1.2\times1.2+0.11\times1.2+1.2\times46\times0.005=1.38(kN)$$

③施工荷载标准值产生的轴向力总和 $\sum N_{Qk}$ 按表 26-44 中要求进行计算,即:

$$\sum N_{Qk}=\frac{1}{2}(l_b+a_1)l_aQ_k=0.5(1.05+0.3)\times1.2\times3=2.43(kN)$$

④计算 N 值

a.组合风荷载时,按式(26-31)得:

$$N=1.2(N_{G1k}+N_{G2k})+0.85\times1.4\sum N_{Qk}$$
$$=1.2(5.573+1.38)+0.85\times1.4\times2.43=11.24(kN)$$

b.不组合风荷载时,按式(26-30)得:

$$N=1.2(N_{G1k}+N_{G2k})+1.4\sum N_{Qk}=1.2(5.573+1.38)+1.4\times2.43=11.7456(kN)$$

(7)立杆稳定性验算

计算风荷载设计值对立杆段产生的弯矩 N_w 如下:

$$M_w=\frac{0.85\times1.4w_kl_ah^2}{10}=\frac{0.85\times1.4\times0.7\mu_Z\mu_Sw_0l_ah^2}{10}$$
$$=\frac{0.85\times1.4\times0.7\times1.0\times1.1323\times0.4\times1.2\times1.8^2}{10}$$
$$=0.1467(kN\cdot m)(\mu_S=1.1323,\mu_Z=1.0)$$

组合风荷载时,按式(26-29)得:

$$\frac{N}{\varphi A}+\frac{M_w}{W}=\frac{11.24\times10^3}{0.186\times489}+\frac{0.1467\times10^6}{5.08\times10^3}$$
$$=123.58+28.88=152.46(MPa)<f=205MPa$$

不组合风荷载时,按式(26-28)得:

$$\frac{N}{\varphi A}=\frac{11.75\times10^3}{0.186\times489}=129.19(MPa)<f=205MPa$$

均满足要求。

密目式安全立网全封闭双排脚手架搭设高度的计算示例

【例 26-22】 某工程需搭建密目式安全立网全封闭双排脚手架,已知条件为:

(1)脚手架立杆纵距 $l_a=1.2m$,立杆横距 $l_b=1.30m$,步距 $h=1.80m$;

(2)施工均布荷载标准值(两层) $\sum Q_k=3+2=5(kPa)$;

(3)冲压钢脚手板自重标准值 $\sum Q_{P1}=4\times0.3=1.2kPa$(四层);

(4)栏杆、冲压钢脚手板挡板自重标准值 $\sum Q_{P2}=2\times0.11=0.22kPa$;

(5)建筑结构形式为框架结构,地点在大城市郊区,地面粗糙度为 B 类,用密目式安全立网全封闭脚手架,参见表(26-59)可知其挡风系数 $\xi=0.871$,施工地区的基本风压 $W_0=0.55kPa$,三步三跨连墙布置;

(6)密目式安全立网自重标准值 Q_{P3};

试求按稳定计算的搭设高度 H_S。

解:(1)验算长细比

按式(26-36)及式(26-37)得: $\lambda=\frac{l_0}{i}=\frac{k\mu h}{i}=\frac{1\times1.75\times1.80}{1.58}=199.4<[\lambda]=210$(查表 26-48 得 $\mu=1.75$,k 取 1.0)满足要求。

(2)计算轴心受压构件稳定系数 φ，按式(26-36)、式(26-37)计算：

$$\lambda = \frac{k\mu h}{i} = \frac{1.155 \times 1.75 \times 1.80}{1.58} = 230 \text{（式中 } \mu \text{ 值取 } 1.155\text{）查表 } 26\text{-}48 \text{ 得 } \mu = 1.75$$

查表 26-30 可得 $\varphi = 0.138$，查表 26-1(1)得 $g_k = 0.116\ 1\text{kPa}$。

(3)计算构配件自重标准值产生的轴心力 N_{G2k}

$$\sum N_{G2k} = \frac{1}{2}(l_b + a_1)l_a \sum Q_{P1} + l_a \sum Q_{P2} + [H]Q_{P3}l_a$$

$$= 0.5(1.3 + 0.3) \times 1.2 \times 1.2 + 0.2 \times 0.22 + 50 \times 0.005 \times 1.2$$

$$= 1.152 + 0.264 + 0.3 = 1.716\text{(kN)}$$

(式中 $[H]$ 按规范为脚手架搭设高度的限值，即最大 $[H] = 50\text{m}$)

(4)求施工荷载标准值产生的轴向力总和 $\sum N_{Qk}$

$$\sum N_{Qk} = \frac{1}{2}(l_b + a_1)l_a \sum Q_k = 0.5(1.3 + 0.3) \times 1.2 \times (3 + 2) = 4.80\text{(kN)}$$

(5)求风荷载标准值产生的弯矩 M_{wk}，由式(26-2)和式(26-8)得：

$$M_{wk} = \frac{w_k l_a h^2}{10} = \frac{0.7 \times \mu_z \times \mu_s \times w_0 \times l_a h^2}{10} \text{（查表 } 26\text{-}7 \text{ 得 } \mu_s = 1.3, \xi = 1.3 \times 0.871 =$$

$1.132\ 3$）按表 26-5 查得 $\mu_z = 1.0$，代入上式得：

$$M_{wk} = \frac{0.7 \times 1.0 \times 1.132\ 3 \times 0.55 \times 1.2 \times 1.8^2}{10} = 0.169\text{(kN·m)}$$

(6)按稳定计算得搭设高度 H_S

不组合风荷载时，按式(26-63)得：

$$H_S = \frac{\varphi A f - (1.2N_{G2k} + 1.4\sum N_{Qk})}{1.2g_k}$$

$$= \frac{0.138 \times 489 \times 205 \times 10^3 - (1.2 \times 1.716 + 1.4 \times 4.80)}{1.2 \times 0.116\ 1} = 43\text{(m)}$$

组合风荷载时，按式(26-64)得：

$$H_S = \frac{\varphi A f - \left[1.2N_{G2k} + 0.85 \times 1.4\left(\sum N_{Qk} + \frac{M_{wk}}{w}\varphi A\right)\right]}{1.2g_k}$$

$$= \frac{0.138 \times 489 \times 205 \times 10^3 - \left[1.2 \times 1.716 + 0.85 \times 1.4\left(4.8 + \frac{0.169}{5.08} \times 0.138 \times 489\right)\right]}{1.2 \times 0.116\ 1}$$

$$= 39.21\text{(m)}$$

计算后 H_S 取 39m，按规定第 5.36 条计算的脚手架搭设高度 H_S 等于或大于 26m 时，可按下式调整，即：

$$[H] = \frac{H_S}{1 + 0.001H_S} = \frac{39}{1 + 0.001 \times 39} = 37.5\text{(m)}$$

最终确定脚手架搭设高度限值为 37m

密目式安全立网全封闭单排脚手架搭设高度计算示例

【26-23】 某建筑工地需搭设密目式安全立网全封闭单排脚手架进行施工，已知条件为：

(1)脚手架立杆纵距 $l_a = 1.5\text{m}$，立杆横距 $l_b = 1.2\text{m}$，步距 $h = 1.80\text{m}$，钢管外径与壁厚为 $\phi 48 \times 3.5\text{mm}$；

167

(2)三步三跨连墙布置,施工地区粗糙度为 B 类,基本风压 $w_0=0.45\text{kPa}$;

(3)施工均布荷载标准值(一层操作层)$Q_k=3\text{kPa}$;

(4)冲压钢脚手架自重标准值为 0.3kN/m^3,二层铺设时 $\sum Q_{P1}=2\times 0.3\text{kPa}$;

(5)栏杆、冲压钢脚手板挡板自重标准值 $Q_{P2}=0.11\text{kN/m}$;

(6)建筑物为框架结构,施工时采用密目式安全立网全封闭单排脚手架,其挡风系数 $\xi=0.868$,密目式安全立网自重标准值 $Q_{P3}=0.005\text{kPa}$。

试计算该单排脚手架搭设高度 H_S。

解:(1)验算长细比 λ:

查表 26-48 得计算长度系数 $\mu=2.0$(单排脚手架立杆 $l_b=1.05<1.5$)

$$\lambda=\frac{l_0}{i}=\frac{k\mu h}{i}=\frac{1\times 2\times 1.80}{1.58}=228<[\lambda]=230,\text{满足要求}。$$

(2)计算杆件轴心受压稳定系数 φ

按式(26-36)、式(26-37)得:(取 $k=1.155$)

$$\lambda=\frac{k\mu h}{i}=\frac{1.155\times 2\times 1.80}{1.58}=263>250,\left(\text{当}\ \lambda>250\ \text{时},\text{按}\ \varphi=\frac{7\,320}{\lambda^2}\ \text{计算}\ \varphi\ \text{值}\right)$$

$$\varphi=\frac{7\,320}{\lambda^2}=\frac{7\,320}{263^2}=0.106$$

(3)计算构配件自重标准值产生的轴心力 N_{G2k}

$$N_{G2k}=\frac{1}{2}l_a l_b\sum Q_{P1}+Q_{P2}l_a=0.5\times 1.5\times 1.2\times 2\times 0.3+0.11\times 1.5=0.705(\text{kN})$$

(密目式安全立网自重已计入脚手架结构自重中)

(4)求施工荷载标准值产生的轴向力总和 $\sum N_{Qk}$

$$\sum N_{Qk}=\frac{1}{2}l_a l_b Q_k=0.5\times 1.5\times 1.2\times 3=2.70(\text{kN})$$

(5)求风荷载标准值产生的弯矩 M_{wk},由式(26-2)和式(26-8)得:

$$M_{wk}=\frac{w_k l_a h^2}{10}=\frac{0.7\mu_Z\mu_S w_0 l_a h^2}{10}$$

根据建筑物为框架结构,底面粗糙度为 B 类,立杆计算位取底部等情况:

查表 26-7 得风荷载体型系数 $\mu_S=1.3\xi=1.3\times 0.868=1.128\,4$,再查表 26-5 得风压高度变化系数 $\mu_Z=1.0$,将各值代入 M_{wk} 式中得:

$$M_{wk}=\frac{0.7\times 1.0\times 1.128\,4\times 0.55\times 1.2\times 1.8^2}{10}=0.211\,413(\text{kN}\cdot\text{m})$$

(6)求脚手架搭设高度 H_S

查表 26-1(1)得 $g_k=0.136$,查表 26-20 得 $f=205\text{N/m}^2$,考虑密目式安全立网自重荷载传至立杆,脚手架每米立杆承受结构自重 $g'_k=g_k+Q_{p3}l_a=0.136+0.005\times 1.5=0.143\,5\text{kN}$。

不组合风荷载时,按式(26-63)得:

$$H_S=\frac{\varphi Af-(1.2N_{G2k}+1.4\sum N_{Qk})}{1.2g'_k}$$

$$=\frac{0.106\times 489\times 205\times 10^3-(1.2\times 0.705+1.4\times 2.70)}{1.2\times 0.143\,5}=35(\text{m})$$

组合风荷载时,按式(26-64)得:

$$H_S = \frac{\varphi A f - \left[1.2 N_{G2k} + 0.85 \times 1.4 \left(\sum N_{Qk} + \frac{M_{wk}}{w} \varphi A\right)\right]}{1.2 g_k}$$

$$= \frac{0.106 \times 489 \times 205 \times 10^3 - \left[1.2 \times 0.705 + 0.85 \times 1.4 \left(2.70 + \frac{0.211\,3}{5.08} \times 0.106 \times 489\right)\right]}{1.2 \times 0.143\,5}$$

$$= 24(\text{m})$$

计算结果密目式安全立网封闭单排脚手架搭设高 H_S 取 24m，符合要求。

密目式安全立网全封闭双排双管立杆脚手架稳定性计算示例

【例 26-24】 某工程需搭设密目式安全立网全封闭双排双管立杆脚手架，已知条件为：

(1)脚手架搭设高度限值 $[H] = 50\text{m}$，$H_S = 53\text{m}$，采用 $\phi 48 \times 3.5$ 钢管搭设双排双管立杆脚手架(内外排立杆均为双管立杆)，立杆高为 38m；

(2)立杆横距 $l_b = 1.2\text{m}$，立杆纵距 $l_a = 1.5\text{m}$，立杆步距 $b = 1.80\text{m}$，采用两步三跨连墙布置；

(3)建筑物为全钢筋混凝土结构(有开窗洞)，密目式安全网全封闭脚手架，密目式安全立网的网目密度为 2 300 目/100cm²，每目孔隙面积约为 $A_0 = 1.3\text{mm}^2$，其自重标准值 $Q_{P3} = 0.005\text{kPa}$；

(4)一层结构施工，施工均布荷载标准值 $Q_k = 3\text{kPa}$；

(5)冲压钢脚手板满铺 5 层，其自重标准值 $\sum Q_{P1} = 5 \times 0.3\text{kPa}$；

(6)栏杆、冲压钢脚手板挡板自重标准值 $Q_{P2} = 0.11\text{kN/m}$；

(7)施工地区在城市市区地面粗糙度为 C 类，基本风压 $w_0 = 0.40\text{kPa}$。

解：(1)确定脚手架整体稳定性部位和主、副立杆荷载分配

①验算脚手架整体稳定性部位为脚手架双管立杆底部和脚手架单立杆底部(即双管立杆以上第一步)。

②确定主、副立杆荷载分配

因副立杆每步均与纵向水平杆扣接，其扣接节点靠近主节点，可以与脚手架形成一个整体框架。因此副立杆应承担部分脚手架结构的自重和由上部传下来的部分荷载。

由双立杆试验结果可知，主立杆可承担由上部传下来荷载的 65% 以上。

(2)由上述分析，只考虑副立杆承担部分脚手架结构自重(在副立杆高度范围内)计算主立杆稳定性，其余荷载由主杆承受，在双管立杆高度范围内的脚手架结构自重是由副立杆承担 35%，主立杆承担 65%，则脚手架结构自重标准值对主立杆产生的轴向力 N_{G1k} 应按下式计算：

$$N_{G1k} = (H_S - 38) \times G_k + 38 g'_k \times 0.65 = (53 - 38) \times 0.124\,8 + 38 \times 0.195 \times 0.65$$
$$= 1.872 + 4.816\,5 = 6.689(\text{kN})$$

①查附录 B.2 可以对脚手架构件取值：

$\phi 4.8 \times 3.5\text{mm}$ 钢管每米自重 $q = 3.84\text{N/m}$；

直角扣件每个重量 $q_1 = 13.2\text{N/个}$；

对接扣件每个重量 $q_2 = 18.4\text{N/个}$；

旋转扣件每个重量 $q_3 = 14.6\text{N/个}$；

剪刀撑斜杆与地面夹角，取 $\alpha = 45°$。

每平方米增加剪刀撑自重，可按附录 B 中式(B-3)或附表 B-2 求得。

②双管立杆脚手架每米立杆承受的结构自重标准值 q'_k 计算：

副立杆每步与纵向水平杆相交处用直角扣件扣牢，每 6.5m 处用对接扣件扣牢，增加副立杆每米自重为 $\dfrac{q_1 + hq + \dfrac{h}{6.5}q_2}{h}$，考虑到增加剪刀（剪刀撑为双杆）自重后，副立杆每米自重 g_{k1}，可按照附录 B 中式(B-3)再增加副立杆每米自重，即：

$$g_{k1} = \frac{4(6.5q + g_2) + \dfrac{2 \times 13\cos\alpha}{l_a}q_3 l_a}{13\cos\alpha \times 13\sin\alpha} + \frac{q_1 + hq + \dfrac{h}{6.5}q_2}{h}$$

将上述各数值代入上式中得：

$$g_{k1} = \frac{4(6.5 \times 38.4 + 18.4) + \dfrac{2 \times 13\cos45°}{1.5} \times 14.6}{13\cos45° \times 13\sin45°} \times 10^{-3} \times 1.5 +$$

$$\frac{13.2 + 1.8 \times 18.4 + \dfrac{1.8}{6.5} \times 18.4}{1.8} \times 10^{-3} = 0.022\,2 + 0.048\,6 = 0.070\,7(\text{kN/m})$$

按 $h = 1.8\text{m}$, $l_a = 1.5\text{m}$，查表 26-1(A)得 $g_k = 0.124\,8\text{kN/m}$

则 $g'_k = g_k + g_{k1} = 0.124\,8 + 0.070\,7 = 0.196(\text{kN/m})$

(3)计算密目式安全立网全封闭双排双管立杆脚手架的挡风系数 ξ

因脚手架 38m 以下内外立杆及剪刀撑均匀双杆，所以需重新计算敞开式双排双管立杆脚手架的挡风系数 ξ_2，按表 26-58 中式(26-73)得：

$$\xi_2 = \frac{1.2A_{n2}}{l_a h} = \frac{1.2(l_a + 2h + 2 \times 0325 l_a h)d}{l_a h}$$

$$= \frac{1.2(1.5 + 2 \times 1.8 + 2 \times 0.325 \times 1.5 \times 1.8)0.048}{1.5 \times 1.8} = 0.146$$

再按表 26-58 中式(26-72)求密目式安全立网挡风系数 ξ_1 为：

$$\xi_1 = \frac{1.2A_{n1}}{A_{w1}} = \frac{1.2(100 - nA_0)}{100} = \frac{1.2(100 - 2\,300 \times 1.3 \times 10^{-2})}{100} = 0.841$$

式中：A_0——每目孔隙面积，约取 $A_0 = 1.3\text{mm}^2$；

n——每 100cm² 内网目目数，取为 $n = 2\,300$。

按表 26-58 中式(56-74)求密目式安全立网全封闭脚手架挡风系数 ξ 为：

$$\xi = \xi_1 + \xi_2 - \frac{\xi_1\xi_2}{1.2} = 0.841 + 0.146 - \frac{0.841 \times 0.146}{1.2} = 0.987 - 0.102 = 0.885$$

(4)立杆段轴向力设计值 N 的计算

①构配件自重标准值产生的轴向力 N_{G2k} 为：

$$N_{G2k} = 0.5(l_b + a_1)l_a\sum Q_{P1} + \sum Q_{P2}l_a + l_a[H]Q_{P3}$$

$$= 0.5(1.2 + 0.3) \times 1.5 \times 5 \times 0.3 + 0.11 \times 1.5 + 1.5 \times 50 \times 0.005$$

$$= 1.69 + 0.165 + 0.675 = 2.23(\text{kN})$$

②施工荷载标准值产生的轴向力总和为：

$$\sum N_{Qk} = 0.5(l_b + a_1)l_a Q_k = 0.5(1.2 + 0.3) \times 1.5 \times 3 = 3.375(\text{kN})$$

③立杆段轴向力设计值 N 按式(26-31)计算：

组合风荷载时：

$$N = 1.2(N_{G1k} + N_{G2k}) + 0.85 \times 1.4\sum N_{Qk} = 1.2(6.689 + 2.23) + 0.85 \times 1.4 \times 3.375$$

$$=10.703+4.016=14.72(kN)$$

(5)验算细长比 λ

按式(26-36)和式(26-37)得:

$$\lambda = \frac{l_0}{i} = \frac{k\mu h}{i} = \frac{1 \times 1.53 \times 150}{1.58} = 145.3 < [\lambda] = 210, 满足要求。$$

上式中取 $k=1.0$,查表26-48,用插入法求得 $\mu=1.53$。

取 $k=1.155$ 时,则:

$$\lambda = \frac{l_0}{i} = \frac{k\mu h}{i} = \frac{1.155 \times 1.53 \times 150}{1.58} = 167.7$$

查表26-30得脚手架轴心受压杆件的稳定系数 $\varphi=0.179$。

(6)立杆段风荷载设计值产生的弯矩 M_w 按式(26-2)和式(26-8)得:

$$M_w = \frac{0.85 \times 1.4 w_k l_a h^2}{10} = \frac{0.85 \times 1.4 \times 0.7 \mu_Z \mu_S w_0 l_a h^2}{10}$$

查表26-5按城市市区地面粗糙度为C类,查得风压高度变化系数 $\mu_Z=0.74$。

按表26-7查得风荷载体型系数 $\mu_S=1.3\xi=1.3 \times 0.88=1.151$

将上述各数值代入 M_w 式中得:

$$M_w = \frac{0.85 \times 1.4 \times 0.7 \times 0.74 \times 1.151 \times 0.40 \times 1.5 \times 1.8^2}{10} = 0.138(kN \cdot m)$$

(7)验算主立杆稳定性按式(26-29)得:

$$\frac{N}{\varphi A} + \frac{M_w}{W} = \frac{14.72 \times 10^3}{0.179 \times 489} + \frac{0.138 \times 10^6}{5.08 \times 10^3} = 168.17 + 27.17$$

$$=195.3(MPa) < f = 205MPa, 满足要求。$$

(8)38m以上脚手架立(单立杆部分)稳定性验算

按表26-59查得密目式安全立网全封闭双排(单立杆)脚手架挡风系数 ξ,在网目密度为 2 300目/100cm², $A_0=1.3mm^2$ 时,则 $\xi=0.868$,再按城市市区地面粗糙度为C类,查表26-5, 按离地面高40m计得风压高度变化系数 $\mu_Z=1.13$,按表26-7查得风荷载体型系数 $\mu_S=1.3\xi$ $=1.3 \times 0.868=1.128\ 4$。

①立杆段风荷载设计值产生的弯矩 M_w 为:

$$M_w = \frac{0.85 \times 1.4 w_k l_a h^2}{10} = \frac{0.85 \times 1.4 \times 0.7 \mu_Z \mu_S w_0 l_a h^2}{10}$$

$$= \frac{0.85 \times 1.4 \times 0.7 \times 1.13 \times 1.128\ 4 \times 0.40 \times 1.5 \times 1.8^2}{10} = 0.206(kN \cdot m)$$

②构配件自重标准值产生的轴向力 N_{G2k} 为:

$$N_{G2k} = 0.5(l_b + a_1) l_a \sum Q_{P1} + Q_{P2} l_a + l_a([H] - 38) Q_{P3}$$

$$=0.5(1.2 + 0.3) \times 1.5 \times 2 \times 0.3 + 0.11 \times 1.5 + 1.5 \times (50 - 38) \times 0.005$$

$$=0.675 + 0.165 + 0.09 = 0.93(kN)$$

上式中 2×0.3 是脚手板按两层计算。

③脚手架结构自重标准值产生的轴向力 N_{G1k}

因单立杆第一步下主节点高为 $1.8 \times 21 + 0.2$(扫地杆高)$=38m$,计算时取38m, 则:

$$N_{G1k}=(H_S-38)g_k=(53-38)\times0.124\,8=1.872(\text{kN})$$

④计算立杆段的轴向力设计值 N 按式(26-31)计算

组合风荷载时：

$$N=1.2(N_{G1k}+N_{G2k})+0.85\times1.4\sum N_{Qk}$$

$$=1.2(1.872+0.93)+0.85\times1.4\times3.375=3.362\,4+4.016\,25$$

$$=7.38(\text{kN})$$

⑤立杆稳定性验算，按式(26-29)得：

$$\frac{N}{\varphi A}+\frac{M_w}{W}=\frac{7.38\times10^3}{0.179\times489}+\frac{0.206\times10^6}{5.08\times10^3}=84.31+40.55$$

$$=124.86(\text{MPa})<f=205\text{MPa}，满足要求。$$

⑥立杆地基承载力计算

(1)立杆地基承载力计算

立杆地基承载力计算见表 26-61。

立杆地基承载力计算   表 26-61

项目	计算方式及公式	符 号 意 义
立杆地基承载力计算	(1)立杆基础底面的平均压力应满足以下条件： $$P\leqslant f_g \qquad(26\text{-}75)$$ (2)立杆地基承载力设计值 f_g 应按下式计算： $$f_g=k_c\times f_{gk} \qquad(26\text{-}76)$$ (3)N 值得计算： $$N=1.2(N_{G1k}+N_{G2k})+1.4\sum N_{Qk}$$ $$(26\text{-}77)$$	P——立杆基础底面的平均压力(kPa)，$P=N/A$； N——上部结构传至基础地面的轴向力设计值(kN)； A——基础底面积； f_g——地基承载力设计值(kPa)； k_c——脚手架地基承载力调整系数。碎土石、砂土、回填土 $k_c=0.4$，黏土 $k_c=0.5$；岩石、混凝土 $k_c=1.0$； f_{gk}——地基承载力标准值，应由试验确定，也可参考表 26-62、表 26-67 选用
立杆支座有关说明	注：1.A 一般按下列情况确定： (1)仅有立杆支座，而支座直接放在地面上时，A 即为支座板的底面积； (2)在支座下设有厚度为 50～60mm 的木垫板(或木脚手架)时，则 A 的面积为长×宽；当 A 的面积大于 0.25m² 时，则取 $A=0.25$ 计算； (3)当采用枕木作为支座垫木时，A 按枕木的底面积计算； (4)当一块垫板或垫木上支撑有两根以上立杆时，则 $A=(a\times b)/n$，式中 a、b 为垫板(木)的两个边长，且不小于 200mm，n 为立杆数；所用木垫板应满足(2)项要求； (5)当 $N>40$kN 时，则 N 大于标准底座承载能力，此时应另行设计制作底座，而不可使用标准底座。 2.表式中(26-77)的计算与表 26-44 中式(26-3)计算方法相同，在此不详述	

(2)地基承载力标准值的计算

①地基承载力的标准值，应按现行国家标准《建筑地基基础设计规范》(GB 50007—2011)5.2.3 条和 5.2.4 条及附录 C 的有关规定和浅层平板荷载试验方法来确定。有关试验方法的步骤除按规范外，还可参考本书参考文献[11]，在此不再详述。

实际上在建筑工地上搭建脚手架时，一般总是搭在回填土的地基上，而不会作浅层平板荷载试验来确定地基承载力标准值。实践证明，当回填土压实系数不小于 0.94 时，脚手架地基的承载力标准值在 120kPa 以上，因此可按 120kPa 使用，不再作浅层平板荷载试验。

②各类地基上承载力的标准值也可分别按其相应的规定方法确定。

a. 根据野外鉴别结果确定碎石土的承载力标准值可按表 26-62 采用。

碎石土承载力标准值 f_{gk}（kPa）　　　　　　　　表 26-62

土 的 名 称	密 实 度		
	稍 密	中 密	密 实
卵石	300～500	500～800	800～1 000
碎石	250～400	400～700	700～900
圆砾	200～300	300～500	500～700
角砾	200～250	250～400	400～600

注:1. 表中数值适用于骨架颗粒空隙全部由中、粗砂或硬塑、坚硬状态的黏性土或稍湿的粉土所充填。

　　2. 当粗颗粒中等风化或强风化时,可按其风化程度适当降低其承载力;当颗粒间呈半胶结状时,可适当提高其承载力。

b. 根据锤击数确定砂土、黏性土和素填土的承载力标准值（特征值）f_{gk} 可按表 26-63～表 26-66 参考采用。

砂土承载力标准值 f_{gk}（kPa）　　　　　　　　表 26-63

土 类	N			
	10	15	30	50
中、粗砂	180	250	340	500
粉、细砂	140	180	250	340

标准贯入试验锤击数——黏性土承载力标准值 f_{gk}（kPa）　　　　　　　表 26-64

N	3	5	7	9	11	13	15	17	19	21	23
f_{gk}(kPa)	105	115	190	235	280	325	370	430	515	600	680

轻便触探试验锤击数——黏性土承载力标准值 f_{gk}（kPa）　　　　　　　表 26-65

N	15	20	25	30
f_{gk}(kPa)	105	145	190	230

素填土承载力标准值 f_{gk}（kPa）　　　　　　　表 26-66

N	10	20	30	40
f_{gk}(kPa)	85	115	135	150

注:当根据标准贯入试验捶击数 N 或轻便触探试验捶击数 N_{10}（按上述表 26-63～表 26-66）确定地基承载力标准值时,现场试验捶击数应按下式修正并计算至整数位。

$$N 或 (N_{10}) = \mu - 1.64\sigma \tag{26-78}$$

式中:μ、σ——分别为捶击数的平均值和均方差。

上述表 26-62～表 26-66 中标准值是按标准试验捶击数或轻便触探试验锤击数求得,这种方法是一种老的选验方法,仅作选用时参考。

若无试验资料,也可参考本手册上册第十三章第一节表 13-4～表 13-15 地基容许承载力选用。各种垫层的压实标准和承载力见表 26-67。按天然含水率确定软土的容许承载力和极限承载力见表 26-68。

各种垫层的压实标准和承载力　表 26-67

施 工 方 法	换填材料的类别	夯实系数 λ_c	承载力特征值 f_{gk}(kPa)
压实、振密或夯实	碎石、卵石	0.94～0.97	200～300
	砂夹石(其中碎石、卵石占全重的 30%～50%)		200～250
	土夹石(其中碎石、卵石占全重的 30%～50%)		150～200
	中砂、粗砂、砾砂、圆砾、石屑		150～200
	粉质黏土		130～180
	灰土	0.95	200～250
	粉煤灰	0.9～0.95	120～150

沿海地区淤泥和淤泥质土承载力的基本值　表 26-68

天然含水率(%)	30	40	45	50	55	65	75
容许承载力(kPa)	100	90	80	70	60	50	40
极限承载力(kPa)	215	191	167	148	130	110	94

注:1. 对于内陆淤泥和淤泥质土可参照使用。

　　2. 本表摘自参考文献[58]。

【例 26-25】 已知某工地敞开式双排脚手架搭设高度 H_S＝50m,其他已知条件为:

(1)立杆横距 l_b＝1.2m,步距 h＝1.8m,立杆纵距 l_a＝1.8m,两步三跨连接布置;

(2)脚手板自重标准值(满铺四层)$\sum Q_{P1}$＝4×0.35kPa;

(3)施工均布活荷载标准值(一层作业)Q_k＝0.3kPa;

(4)栏杆挡脚板自重标准值;Q_{P2}＝0.14kPa;

(5)地基土质为碎石,其承载力标准值 f_{gk}＝300kPa;

(6)脚手架立杆底铺设木垫板,规格为宽 300m×厚 50mm。

试计算该脚手架立杆基础底面的平均压力,是否满足地基承载力的要求。

解: (1)求立杆段轴力设计值 N

①由已知条件可知,不组合风压荷载按式(26-77)计算 N 值为:

$$N = 1.2(N_{G1k} + N_{G2k}) + 1.4\sum Q_k$$

按 l_a＝1.8m,h＝1.8m,查表 26-1(1),得 g_k＝0.133 7kN/m

②脚手架结构自重标准值产生的轴向力 N_{G1k} 按式(26-32)得:

$$N_{G1k} = H_S g_k = 50 × 0.133 7 = 6.685(kN)$$

③构配件自重标准值产生的轴向力 N_{G2k} 为:

$$N_{G2k} = \frac{1}{2}(l_b + 0.3)l_a\sum Q_{P1} + Q_{P2}l_a$$

$$= 0.5(1.2 + 0.3) × 1.8 × 4 × 0.35 + 0.14 × 1.8 = 2.142(kN)$$

④施工荷载标准值产生的轴向力总和 $\sum N_{Qk}$ 为:

$$\sum N_{Qk} = \frac{1}{2}(l_b + 0.3)l_a Q_k = 0.5(1.2 + 0.3) × 1.8 × 3 = 4.05(kN)$$

⑤求 N 值,将上述各值代入式(26-77)中得:

$$N = 1.2(6.685 + 2.142) + 1.4 × 4.05 = 16.26(kN)$$

(2)计算立杆下基础底面积 A

$$A = 木垫板长 × 宽 = 0.3 × 0.5 = 0.15(m^2)$$

(3)确定地基承载力设计值 f_g

已知碎石土承载力标准值 $f_{gk}=300\text{kPa}$

按表 26-61 中式(26-76),取 $k_c=0.4$(该地基土质为碎石)得:

$$f_g = k_c f_{gk} = 0.4 \times 300 = 120(\text{kPa})$$

(4)验算地基承载力

按式(26-7)得立杆基础底面的平均压力 P 为:

$$P = \frac{N}{A} = \frac{16.26}{0.15} = 108(\text{kPa}) < f_g = 120\text{kPa},满足要求。$$

【例 26-26】 某建筑工程采用全封闭双排落地扣件式钢管脚手架,搭设高度 $H=39.6\text{m}$,步距 $h=0.80\text{m}$,立杆纵距 $l_a=1.5\text{m}$,立杆横距 $l_b=1.10\text{m}$,连杆件为两步三跨设置,脚手板采用毛竹片,按同时铺设 7 排进行计算,同时作业层 $n_1=1$。试设计计算此脚手架。

解:(1)脚手架的计算参数

① $\phi48 \times 3.5\text{mm}$ 钢管截面面积 $A=489\text{mm}^2$,截面惯量 $w=5.08 \times 10^3 \text{mm}^3$,回转半径 $i=15.8\text{mm}$,抗压、抗弯强度设计值 $f=205\text{MPa}$;

②基本风压 $w_0=0.55\text{kPa}$,计算时忽略雪荷载,地面粗糙度为 C 类。

(2)荷载标准值

①结构自重标准值(双排脚手架): $g_{k1}=0.124\,8\text{kN/m}$;

②竹脚手片(板)自重标准值: $g_{k2}=0.35\text{kPa}$(也可按实际用料取值);

③施工均布荷载: $g_k=3\text{kPa}$;

④风荷载标准值: $w_k=0.74\mu_z\mu_s w_0$,式中 μ_z 查表 26-5 用插入法求得离地面高度为 39.6m,风压高度变化系数 $\mu_z=1.12$;查表 26-7 得脚手架风载荷体型系数 $\mu_s=1.2$;已知 $w_0=0.7\text{kPa}$。

则 $w_k=0.74\mu_z\mu_s w_0 = 0.7 \times 1.12 \times 1.2 \times 0.55 = 0.52(\text{kPa})$

(3)纵向、横向水平杆计算

①横向水平杆计算:

双排脚手架搭设剖面图如图 26-21 所示。

a. 强度计算

该脚手架按简支梁计算,其计算简图如图 26-22 所示。

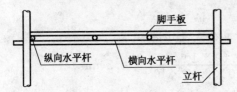
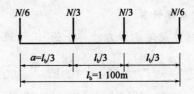

图 26-21　双排脚手架搭设剖面示意图　　　　图 26-22　双排脚手架横向水平杆计算简图

每纵距脚手架的自重 N_{G2k} 为:

$$N_{G2k} = g_{k2} l_a l_b = 0.35 \times 1.5 \times 1.1 = 0.577\,5(\text{kN})$$

每纵距施工荷载 N_{Qk} 为:

$$N_{Qk} = g_k l_a l_b = 3 \times 1.5 \times 1.1 = 4.95(\text{kN})$$

则:

$$M_{Gk} = \frac{N_{G2k}}{3} \times \frac{l_a}{3} = \frac{0.577\,5}{3} \times \frac{1.1}{3} = 0.07(\text{kN} \cdot \text{m})$$

$$M_{Qk} = \frac{N_{GK}}{3} \times \frac{l_a}{3} = \frac{4.95}{3} \times \frac{1.1}{3} = 0.605(kN \cdot m)$$

$$M = 1.2M_{Gk} + 1.4M_{Qk} = 1.2 \times 0.07 + 1.4 \times 0.605 = 0.931(kN \cdot m)$$

则横向水平杆的抗弯强度 σ 为：$\sigma = \dfrac{M}{W} = \dfrac{0.931 \times 10^6}{5.08 \times 10^3} = 183.3(MPa) < f = 205MPa$，满足抗弯强度要求。

b. 挠度计算

按《建筑结构静力计算手册》或本手册附录 A 中附表 A-5，得横向水平杆挠度 w 为：$w = \dfrac{M}{24EI}(3l_b^2 - 4a^2) = \dfrac{0.93 \times 10^6}{24 \times 2.06 \times 10^5 \times 12.19 \times 10^4} \times \left(3 \times 1\,100^2 - 4 \times \dfrac{1\,100^2}{9}\right) = 4.8(mm)$

又 $[w] = l_b/150 = 1\,100/150 = 7.3(mm)$

$w < [w]$，横向水平杆挠度满足要求。

②纵向水平杆的计算

a. 强度计算

可按三跨连续梁计算，其计算简图如图 26-23 所示。

竹脚手片（板）自重均布荷载 G_{2k} 为：

图 26-23 双排脚手架纵向水平杆计算简图

$$G_{2k} = g_{2k}\frac{l_b}{3} = 0.35 \times \frac{1.1}{3} = 0.128kN/m$$

施工均布荷载 Q_k 为：

$$Q_k = q_k\frac{l_b}{3} = 3 \times \frac{1.1}{3} = 1.1(kN/m)$$

则 $q = 1.2G_{2k} + 1.4Q_k = 1.2 \times 0.128 + 1.4 \times 1.1 = 1.69(kN/m)$

$M_{Gkmax} = 0.10G_{2k}l_a^2 = 0.10 \times 0.128 \times 1.5^2 = 0.029(kN \cdot m)$

$M_{Qkmax} = 0.10Q_k l_a^2 = 0.10 \times 1.1 \times 1.5^2 = 0.248(kN \cdot m)$

$M = 1.2M_{Gkmax} + 1.4M_{Qkmax} = 1.2 \times 0.029 + 1.4 \times 0.248 = 0.382(kN \cdot m)$

则纵向水平杆抗弯强度 σ 为：$\sigma = \dfrac{M}{W} = \dfrac{0.382 \times 10^6}{5.08 \times 10^3} = 75.2(MPa) < f = 205MPa$，满足抗弯强度要求。

b. 挠度计算

按《建筑结构静力计算手册》三跨连续梁挠度计算公式得 w 为：

$$w = 0.677\frac{ql_a^4}{100EI} = \frac{0.677 \times 1.69 \times 10^4}{100 \times 2.06 \times 10 \times 2.19 \times 10^4} = 2.3(mm)$$

$$[w] = l_b/150 = 1\,500/150 = 10(mm)$$

由于 $w < [w]$，所以纵向水平杆挠度满足要求。

③横向水平杆与立杆连接的扣件抗滑承载力验算

横向水平杆传递给立杆的竖向作用力 R 为：

$$R = (1.2N_{G2k} + 1.4N_{Qk})/2 = (1.2 \times 0.577\,5 + 1.4 \times 4.95)/2 = 3.812(kN)$$

$$R_c = 8.0kN$$

$R < R_c$，扣件抗滑承载力能满足要求。

（4）脚手架立杆的计算

单立杆竖向承载力按式(26-31)得 N 为：

$$N = 1.2(N_{G1k}N_{G2k}) + 0.85 \times 1.4\sum N_{Qk} = 1.2(Hg_{k1} + 7g_{k2}l_al_b) + 0.85 \times 1.4nl_{gk}l_al_b/2$$
$$= 1.2(39.6 \times 0.1248 + 7 \times 0.35 \times 1.1 \times 1.5/2) + 0.85 \times 1.4 \times 1 \times 3 \times 1.1 \times 1.5/2$$
$$= 11.3(kN)$$

（按同时铺设 7 排计算，同时作业层数 $n = 1$）

按式(26-8)得由风荷载设计值产生的立杆段弯矩 M_w 为：

$$M_w = \frac{0.85 \times 1.42w_kl_ah^2}{10} = \frac{0.85 \times 1.42 \times 0.52 \times 1.5 \times 1.8^2}{10} = 0.301(kN \cdot m)$$

按式(26-36)和式(26-37)以及表 26-48 得长细比 λ 为：

$$\lambda = \frac{k\mu h}{i} = \frac{1.155 \times 1.51 \times 1.8 \times 10^3}{15.8} = 199(式中 h = 1.155, \mu = 1.51, 表 26-48 用插入$$
法求得)

根据 λ 值，查表 26-30 得立杆轴心受压杆件的稳定系数 $\varphi = 0.182$。

再按式(26-29)计算立杆稳定性。

组合风荷载时：

$$\frac{N}{\varphi A} + \frac{M_w}{W} = \frac{11.3 \times 10^3}{0.182 \times 489} + \frac{0.301 \times 10^6}{5.08 \times 10^3}$$
$$= 126.97 + 59.25 = 186.22(MPa) < f = 205MPa$$

立杆稳定性满足要求。

(5)连墙杆的计算

按两步三跨设置，根据式(26-67)得由风荷载产生的连杆件的轴向力设计值 N_{1w} 为：

$$N_{1w} = 1.4w_kA_w = 1.4 \times 0.52 \times 2 \times 1.8 \times 3 \times 1.5 = 11.79(kN)$$

按式(26-66)得连杆件的轴向力设计值 N_1 为：

$$N_1 = N_{1w} + N_0 = 11.79 + 5 = 16.79(kN)$$

由于 $N_1 > R_c$，所以扣件抗滑承载力不能满足要求，故采用电焊。

设焊缝高度 $h_e = 4mm$，则焊缝强度设计值 $\tau_f = 170MPa$。

焊缝长度 l_w 可按本手册(上册)钢结构计算公式(5-68)或《钢结构设计规范》(GB 50017—2003)第 7.13 条式(7.13-2)得：

$$l_w = \frac{N_1}{h_e\tau_f} = \frac{16.79 \times 10^3}{4 \times 170} = 24.69(mm)$$

实际电焊时，取焊缝长度 $l_w \geqslant 50mm$，满足焊缝长度要求。

(6)脚手架立杆地基承载力计算

查该工程地质报告得知地基承载力得标准值 $f_{gk} = 85kPa$；现场地基土为黏土层，则脚手架地基承载力调整系数 $k_c = 0.5$；已知基础顶面的轴向力设计值 $N = 11.3kN$；根据式(26-65)和式(26-76)有：

$$P \leqslant f_g$$

式中：P——立杆基础底面平均压力，$P = \frac{N}{A}$；

$\quad N$——上部结构传至主基础顶面轴力设计值，取 11.3kN；

$\quad A$——基础底面面积；

$\quad f_g$——基础承载力设计值，本工程原地基为黏土，$f_g = k_cf_{gk}$。

则：

$$A = \frac{N}{f_g} = \frac{11.3}{kf_{gk}} = \frac{11.3}{0.5 \times 0.85} = 0.265\,9(\text{m}^2) < [A] = 1.5 \times 1.1/2 = 0.825(\text{m}^2)$$

根据计算后,施工时脚手架立杆基础采用厚度为 100mm,C15 素混凝土连片基础,宽度为 1 200mm,这样立杆基础是比较安全的。

【例 26-27】 某工程需搭设落地式扣件钢管双排脚手架,已知条件为:

(1)脚手架采用扣件钢管 $\phi 48 \times 3.5$ 搭设,搭设高度 $H_S = 30\text{m}$,立杆纵距 $l_a = 1.5\text{m}$,立杆横距 $l_b = 1.3\text{m}$,步距 $h = 1.8\text{m}$;

(2)连墙件为两步三跨,即 $L_V = 1.8 \times 2 = 3.6\text{ m}$,$L_H = 3 \times 1.5 = 4.5\text{m}$,对脚手架连墙件采用图 26-20 所示的方案搭设;

(3)脚板铺设 6 层;

(4)该工程地处沿海,基本风压 $w_0 = 0.55\text{kPa}$,工地在市郊区,地面粗糙度按 B 类考虑。

试对该工程脚手架进行设计计算。

解:(1)荷载的计算

①脚手架钢管自重产生立柱的轴向力 N_{G1k} 的计算:

该脚手架步距 $h = 1.8\text{m}$,立杆纵距 $l_a = 1.5\text{m}$,查表 26-1A)(双排)得 g_k 为:

$$g_k = 0.124\,8\text{kN/m}$$

则:

$$N_{G1k} = 0.124\,8 \times 30 = 3.744(\text{kN})$$

②脚手板自重产生立柱的轴向力 N_{G2k1} 的计算:

因脚手板铺设 6 层,表 26-1C)得 N_{G2k1} 为:

$$N_{G2k1} = 2\,160\text{kN}$$

③防护材料自重产生轴向力 N_{G2k2} 的计算:

查表 26-1G)得 $N_{G2k2} = 0.228\text{ kN}$,再加上安全网的 5kPa 后,实际:

$$N_{G2k2} = 0.228\text{kN} + 0.005\text{kPa} \times 30\text{m} \times 1.5\text{m} = 0.453(\text{kN})$$

则:

$$N_{G2k} = N_{G2k1} + N_{G2k2} = 2.160 + 0.453 = 2.613(\text{kN})$$

④施工荷载产生立柱轴向力 N_{Qk} 的计算:

因脚手板铺设 6 层,所以施工均布荷载取 5kPa,查表 26-1H)得:

$$N_{Qk} = 6.00\text{kN}$$

⑤风荷载的计算

该工地在沿海地区,风荷载 $w_0 = 0.55\text{kPa}$,城市郊区地面粗糙度为 B 类,脚手架步距 $h = 1.8\text{m}$,立杆纵距 $l_a = 1.5\text{m}$,查表 26-5 得 $\mu_z = 1.0$,再查表 26-9 得脚手架挡风系数 $\xi = 0.089$,查表 26-7 得脚手架得风荷载体型系数 $\mu_s = 1.3\xi = 1.3 \times 0.089 = 0.116$。

①作用在脚手架上的水平风荷载标准 w_k 按式(26-2)计算得:

$$w_k = 0.74\mu_z\mu_s w_0 = 0.7 \times 1.0 \times 0.116\,2 \times 0.55 = 0.045(\text{kPa})$$

②由风荷载设计值产生的立杆段弯矩 M_w 按式(26-8)得:

$$M_w = \frac{0.85 \times 1.42 w_k l_a h^2}{10} = \frac{0.85 \times 1.42 \times 0.45 \times 1.5 \times 1.8^2}{10} = 0.026(\text{kN} \cdot \text{m})$$

(2)立杆稳定性计算

立杆横距 $l_a = 1.3\text{m}$,连接件布置为两步三跨,查表 26-48 得立杆计算长度系数 $\mu = 1.55$,h

=1.8m,再查表 26-29 得钢管的回转半径 $i=1.58$cm,查表 26-23 得双排脚手架立杆容许长细比 $[\lambda]=210$,按式(26-36)和式(26-37)得长细比 λ 为:

$$\lambda = \frac{l_0}{i} = \frac{k\mu h}{i} = \frac{1.155 \times 1.55 \times 1.80}{1.58} = 204 < [\lambda] = 210,满足规范要求。$$

查表 26-30 得轴心受压稳定系数 $\varphi = 0.174$

不组合风荷载时:立杆轴向力设计值 N 按式(26-30)计算:

$$N = 1.2(N_{G1k}N_{G2k}) + 1.4N_{Qk} = 1.2(3.744 + 2.613) + 1.4 \times 6.0$$
$$= 7.628 + 8.400 = 16.028(\text{kN})$$

立杆的稳定性按式(26-28)计算:

$$\frac{N}{\varphi A} = \frac{16.028 \times 10^3}{0.174 \times 489} = 188.4(\text{MPa}) < f = 205\text{MPa},满足要求。$$

组合风荷载时:立杆的轴向力设计值 N 按式(26-31)计算:

$$N = 1.2(N_{G1k}N_{G2k}) + 0.85 \times 1.4N_{Qk} = 1.2(3.744 + 2.613) + 0.85 \times 1.4 \times 6.0$$
$$= 7.628 + 7.14 = 14.768(\text{kN})$$

立杆的稳定性按式(26-29)计算:

$$\frac{N}{\varphi A} + \frac{M_w}{W} = \frac{14.768 \times 10^3}{0.174 \times 489} + \frac{0.026 \times 10^6}{5.08 \times 10^3} = 173.57 + 5.12 = 178.7(\text{MPa}) < 205\text{MPa}$$

(3)连墙件的计算

由于外脚手架附墙连杆主要受风荷载作用,因此可按中心受压构件来计算。其计算长度可按内立杆至附墙节点之间的长度,一般约 500~800mm。

①风荷载的计算

因工程地点处于沿海地区,其基本风压 $w_0 = 0.55$kPa,在市郊区的地面粗糙度按 B 类考虑,其风压高度变化系数,在高 30m 处查表 26-5 得风压高度变化系数 $\mu_z = 1.42$,再查表26-7 得风荷载体型数 $\mu_S = 1.3\xi$,由立杆纵距 $l_a = 1.5$m,步距 $h = 1.8$m,查表 26-9 得脚手架挡风系数 $\xi = 0.089$,则 $\mu_S = 1.3\xi = 1.3 \times 0.089 = 0.12$。

a.按式(26-2)得脚手架上的水平风荷载标准值 w_k 为:

$$w_k = 0.74\mu_z\mu_S w_0 = 0.7 \times 1.42 \times 0.12 \times 0.55 = 0.065(\text{kPa})$$

题设附墙间距竖向方向 $L_V = 2 \times 1.8 = 3.6(\text{m})$,水平方向 $L_H = 3 \times 1.5 = 4.5(\text{m})$

则受风面积 $A_w = 3.6 \times 4.5 = 16.2(\text{m}^2)$

b.按式(26-67)计算风荷载产生的连墙件的轴向力设计值 N_Δ 为:

$$N_\Delta = 1.4w_k \times A_v = 1.4 \times 0.065 \times 16.2 = 1.47(\text{kN})$$

c.按式(26-66)计算连接件的轴向力设计值 N_1 为:

$$N_1 = N_{1w} + N_0 = 1.47 + 5 = 6.47(\text{kN})$$ [式中 N_0 为连墙件约束脚手架平面外变形产生的轴向力(kN),双排时取 $N_0 = 5$]

②连墙件稳定性计算

图 26-24 为连墙节点的采用形式,用 $\phi48 \times 3.5$ 钢管作连墙件,长度 $l = 600$mm,因连墙杆与外脚手架用扣件连接,可将连墙杆两端作为铰接头看待,其计算长度 l_0 可按下式计算:$l_0 = l \times 2 = 600 \times 2 = 1\,200(\text{mm})$

则:

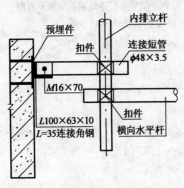

图 26-24　外脚手架附墙连接大样示意图

(尺寸单位:mm)

$$\lambda = \frac{l_0}{i} = \frac{1\,200}{15.8} = 76$$

查表 26-30 得，受压杆件稳定系数 $\varphi = 0.744$

按式(26-28)，计算连墙件的稳定性，即：

$$\frac{N}{\varphi A} = \frac{6.47 \times 10^3}{0.174 \times 489} = 17.78(\text{MPa}) < f = 205\text{MPa}$$

③扣件抗滑移验算

查表 26-21 得扣件抗滑承载力设计值为 8kN，则 $N_1 = 6.47\text{kN} < 8\text{kN}$

计算后，可知脚手架的风荷载在 30m 高度处，其扣件抗滑能力能满足规范要求。

④立杆落地地基承载力计算

已知外脚手架的立杆坐落在夯实地基上，其夯实系数大于 0.94，故脚手架地基的承载力标准值取 $f_{gk} = 120\text{kPa}$，立杆与土层之间采用垫木，其尺寸为 $600\text{mm} \times 600\text{mm} \times 300\text{mm}$。$N = 16.028\text{kN}$。

按式(26-75)得立杆基础底面的平均压力 P 为：

$$P = \frac{N}{A} = \frac{16.028}{0.6 \times 0.6} = 44.52(\text{kPa}) < f_{gk} = 0.4 \times 120 = 48(\text{kPa})$$

计算结果地基承载力能满足要求。

【例 26-28】 上海某建筑物计划搭设 24m 高的双排脚手架，采用单立管，如图 26-25 和图 26-26 所示。立杆纵距 $l_a = 1.50\text{m}$，立杆横距 $l_b = 1.05\text{m}$，大小横杆的步距 $h = 1.80\text{m}$。内排架距离墙长度为 0.3m，脚手架沿墙的纵向长度为 120m。搭设时，大横杆根数为 2 根，搭接在小横杆上。钢管采用 $\phi 48 \times 3.5\text{mm}$，横杆与立杆采用单扣件连接，取扣件的抗滑系数为 0.8；连墙件采用两步三跨。竖向间距为 3.60m，水平间距为 3.00m，用单扣件连接。试设计计算该脚手架。

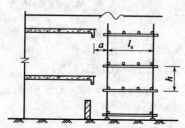

图 26-25　外脚手架落地架侧立面示意图
l_a-横向间距或排距；a-内排架与墙面距离；h-步距

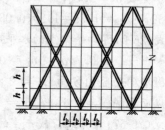

图 26-26　外脚手架单立杆落地架正立面示意图
l_b-立杆纵距；h-横杆步距

解：(1)荷载

①活荷载参数

该脚手架为结构脚手架，施工均布活荷载标准值为 3.00kPa。

②风荷载参数

本工程地处上海市，基本风压 $w_0 = 0.55\text{kPa}$，地面粗糙度类别为 C 类，查表 26-5 得风压高度变化系数 $\mu_z = 0.90$，查表 26-7 得脚手架风荷载体型系数 $\mu_s = 1.2\xi(1+\eta) = 1.2 \times 0.89 \times (1+1) = 0.214$，脚手架计算时应考虑风荷载作用。

③静荷载参数

每米立杆承受的结构自重标准值为：0.124 8kPa；

脚手架自重标准值(竹串片脚手板)为:0.350kPa,本工程脚手板铺设四层;

栏杆、冲压钢脚手板挡板自重标准值为:0.110kPa;

安全设施与安全网自重参考值为:0.005kPa;

每米脚手架钢管自重标准值为:0.038kN/m。

④地基承载力参数

本例现场地基土类型为碎石土,查表26-62得地基土承载力标准值为:500kPa;

脚手架立杆基础底面假设0.09m²;

已知地基土类为碎石土,查表26-61得地基承载力调整数$k_c = 0.40$。

(2)大横杆的计算

根据《建筑施工扣件式钢管脚手架安全技术规范》(JGJ 130—2011)第5.2.4条规定,大横杆在小横杆上面,其强度和挠度按照三跨连续梁进行计算,计算时可将大横杆上面的脚手板自重和施工活荷载作为均布荷载来计算大横杆的最大弯矩和变形。

①计算均布荷载值

大横杆的自重标准值:$p_1 = 0.038kN/m$;

脚手板自重标准值:$p_2 = 0.350 \times 1.050/(2+1) = 0.123(kN/m)$;

活荷载标准值:$Q = 3.00 \times 1.05/(2+1) = 1.05(kN/m)$;

静荷载的设计值:$q_1 = 1.2 \times 0.038 + 1.2 \times 0.123 = 0.193(kN/m)$;

活荷载的设计值:$q_2 = 1.4 \times 1.05 = 1.470(kN/m)$。

②强度验算

大横杆跨中最大弯矩按图26-27组合。

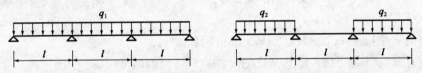

图26-27 大横杆设计荷载组合简图(跨中最大弯矩和跨中最大挠度)

则跨中最大弯矩查《建筑结构静力计算手册》第三章第四节或附录A,其计算公式为:

$$M_{1max} = 0.08q_1l^2 + 0.10q_2l^2 = 0.08 \times 0.193 \times 1.50^2 + 0.10 \times 1.47 \times 1.50^2$$
$$= 0.366(kN \cdot m)$$

大横杆支座最大弯矩按图26-28组合。

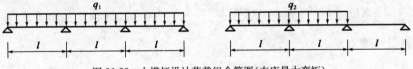

图26-28 大横杆设计荷载组合简图(支座最大弯矩)

则支座最大弯矩按下式计算:

$$M_{2max} = -0.10q_1l^2 - 0.117q_2l^2 = -0.10 \times 0.193 \times 1.50^2 - 0.117 \times 1.47 \times 1.50^2$$
$$= -0.43(kN \cdot m)$$

求大横杆跨中和支座最大弯曲应力:

$$\sigma_{中} = \frac{M_{1max}}{W} = \frac{0.366 \times 10^6}{5\,080} = 72.05(MPa)$$

$$\sigma_{支} = \frac{M_{2max}}{W} = \frac{0.430 \times 10^6}{5\,080} = 84.646(MPa)$$

可得大横杆最大弯曲应力 $\sigma_{支} = 84.646(\text{MPa}) < f = 205\text{MPa}$，满足要求。

③挠度验算

大横杆最大挠度按三跨连续梁均布荷载作用下进行计算，可查《建筑结构静力计算手册》第三章第四节或附录 A，其计算公式为：

$$w_{max} = 0.677 \frac{q_1 l^4}{100EI} + 0.990 \frac{q_2 l^4}{100EI}$$

式中，静荷载标准值 $q_1 = P_1 + P_2 = 0.038 + 0.123 = 0.161(\text{kN/m})$；

活荷载标准值 $q_2 = Q = 1.050\text{kN/m}$。

则最大挠度值 w 为：

$$w_{max} = 0.677 \times \frac{0.161 \times 1\,500^4}{100 \times 2.06 \times 10^5 \times 121\,900} + 0.990 \times \frac{1.05 \times 1\,500^4}{100 \times 2.06 \times 10^5 \times 121\,900}$$
$$= 0.219\,73 + 2.095\,9 = 2.315(\text{mm})$$

则：

$$w_{max} = 2.315\text{mm} < [w] = \frac{1\,500}{150} = 100\text{mm}，满足要求。$$

（3）小横杆计算

按《建筑施工扣件式钢管脚手架安全技术规范》（JGJ 130—2011）第 5.2.4 条规定，小横杆的强度和挠度可按简支梁进行计算，大横杆在小横杆上面。可用大横杆支座的最大反力计算值作为小横杆的集中荷载，在最不利荷载布置下计算小横杆的最大弯矩和变形（图 26-29）。

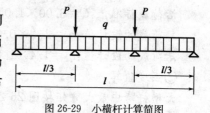

图 26-29　小横杆计算简图

①荷载值

大横杆的自重：$p_1 = 0.038 \times 1.50 = 0.058(\text{kN})$；

脚手板自重：$p_2 = 0.038 \times 1.05 \times 1.05/(2+1) = 0.184(\text{kN})$；

活荷载：$Q = 3.0 \times 1.05 \times 1.50/(2+1) = 1.575(\text{kN})$；

集中荷载设计值：$P_1 = 1.2 \times (0.058 + 0.184) + 1.4 \times 1.575 = 2.495(\text{kN})$。

②强度计算

最大弯矩考虑为小横杆自重均布荷载与大横杆传递荷载的标准值最不利分配的弯矩和均布荷载最大弯矩。其计算公式为：

$$M_{qmax} = \frac{ql^2}{8} = \frac{1.2 \times 0.038 \times 1.05^2}{8} = 0.006(\text{kN} \cdot \text{m})$$

集中荷载最大弯矩计算公式为：

$$M_{pmax} = \frac{Pl}{3} = \frac{2.495 \times 1.05}{3} = 0.873(\text{kN} \cdot \text{m})$$

则：

$$\sum M_{max} = M_{qmax} + M_{pmax} = 0.006 + 0.873 = 0.879(\text{kN} \cdot \text{m})$$

小横杆最大应力值为：

$$\sigma = \frac{M}{W} = \frac{0.879 \times 10^6}{5\,080} = 173.031\,5(\text{MPa})$$

由于小横杆的最大应力计算值 $\sigma = 173.031\,5\text{MPa} < f = 205\text{MPa}$，满足要求。

③挠度计算

小横杆最大挠度考虑为小横杆自重均布荷载和大横杆传递荷载设计值最不利分配的挠度与小横杆自重均布荷载引起的最大挠度,可按下式计算:

$$w_{qmax} = \frac{5ql^4}{384EI} = \frac{5 \times 0.038 \times 1\,050^4}{384 \times 2.06 \times 10^5 \times 121\,900} = 0.024(\text{mm})$$

大横杆的传递荷载 $P = P_1 + P_2 + Q = 0.058 + 0.184 + 1.575 = 1.816(\text{kN})$

则集中荷载标准值最不利分配引起的最大挠度,可按下式计算:

$$w_{pmax} = \frac{Pl(3l^2 - 4l^2/9)}{72EI} = \frac{1\,816.35 \times 1\,050 \times (3 \times 1\,050^2 - 4 \times 1\,050^2/9)}{72 \times 2.06 \times 10^5 \times 121\,900} = 2.97(\text{mm})$$

则:

$$\sum w_{max} = w_{qmax} + w_{pmax} = 0.024 + 2.97 = 2.99(\text{mm})$$

因小横杆最大挠度 $w_{max} = 2.99\text{mm} < [w] = \frac{1\,050}{150} = 7(\text{mm})$,满足要求。

(4)扣件抗滑承载力的计算

根据《建筑施工扣件式钢管脚手架安全技术规范》(JGJ 130—2011)表 5.1.7 或表 26-21 中规定,直角扣件、旋转扣件承载力设计值为 8kN,乘以扣件抗滑承载力系数 0.80,则该工程实际的旋转单扣件承载力取值为 6.40kN。

则纵向或横向水平杆与立柱连接时扣件的抗滑承载力应满足式(26-14)要求,即:

$$R \leqslant R_c$$

式中: R_c——扣件抗滑承载力设计值,取 $R_c = 6.4\text{kN}$;

R——纵向或横向水平杆传给立杆的竖向作用力设计值,现计算如下:

大横杆的自重: $q_1 = 0.038 \times 1.50 \times 2/2 = 0.057(\text{kN})$;

小横杆的自重: $q_2 = 0.038 \times 1.050 = 0.04(\text{kN})$;

脚手板自重: $q_3 = 0.35 \times 1.05 \times 1.50/2 = 0.276(\text{kN})$;

活荷载: $Q = 3 \times 1.05 \times 1.50/2 = 2.363(\text{kN})$。

则上部荷载传给立杆的竖向作用力设计值 R 为:

$$R = 1.2(0.04 + 0.276) + 1.4 \times 2.363 = 3.69(\text{kN})$$

计算结果已知 $R < R_c = 6.40\text{kN}$,所以单扣件抗滑承载能力满足要求。

(5)脚手架立杆荷载计算

作用在脚手架立杆上的荷载有静荷载、活荷载及风荷载等。

①静荷载标准值 $\sum N_G$ 有:

a. 每米立杆承受结构自重为 0.124 8kN,则:

$$N_{G1} = \left[0.124\,8 + \left(1.50 \times \frac{2}{2} + 1.50 \times 2 \right) \times \frac{0.038}{1.80} \right] \times 24 = 5.299 = 5.3(\text{kN})$$

b. 脚手架板自重标准值为 0.35kPa(采用竹串片脚手板),则:

$$N_{G2} = 0.35 \times 4 \times 1.50 \times (1.05 + 0.3)/2 = 1.42(\text{kN})$$

c. 栏杆、脚手板挡板自重标准值为 0.11kN/m(采用栏杆、冲压钢脚手板挡板),则:

$$N_{G3} = 0.11 \times 4 \times 1.50/2 = 0.33(\text{kN})$$

d. 吊挂的(包括安全网)安全设施荷载标准值为 0.005kPa,则:

$$N_{G4} = 0.005 \times 4 \times 1.50 = 0.18(\text{kN})$$

总的静荷载标准值 $\sum N_G = N_{G1} + N_{G2} + N_{G3} + N_{G4} = 5.3 + 1.42 + 0.33 + 0.18 = 7.23(\text{kN})$

②活荷载标准值 N_Q

活荷载为施工荷载标准值产生的轴向力总和,内、外立杆按一纵距内施工荷载总和的一半取值,即:

$$N_Q = 3.0 \times 1.05 \times 1.50 \times 2/2 = 4.73(\text{kN})$$

③风荷载标准值 w_k

风荷载标准值按式(26-2)计算,即:

$$w_k = 0.7\mu_z\mu_s w_0$$

式中:μ_z——风荷载高度变化系数,按表26-5中的规定用插入法得 $\mu_z = 0.90$;

μ_s——风荷载体型系数取0.214,$w_0 = 0.55\text{kPa}$(前面均已算出)。

将上述数值代入上式中得风荷载标准值为:

$$w_k = 0.7 \times 0.90 \times 0.214 \times 0.55 = 0.074\,151(\text{kPa})$$

不组合风荷载时,按式(26-30)计算立杆轴向设计值 N 为:

$$N = 1.2\sum N_G + 1.4\sum N_Q = 1.2 \times 7.23 + 1.4 \times 4.73 = 15.3(\text{kN})$$

组合风荷载时,按式(26-31)计算立杆轴向设计值 N 为:

$$N = 1.2\sum N_G + 0.85 \times 1.4\sum N_Q = 1.2 \times 7.23 + 0.85 \times 1.4 \times 4.73 = 14.30(\text{kN})$$

④风荷载设计值产生的立杆段弯矩 M_w 按式(26-8)计算

$$M_w = \frac{0.85 \times 1.4 w_k l_a h^2}{10} = \frac{0.85 \times 1.4 \times 0.074\,15 \times 1.50 \times 1.8^2}{10} = 0.042\,883\,911(\text{kN} \cdot \text{m})$$

(6)脚手架立杆稳定性计算

不组合风荷载时,立杆的稳定性按式(26-28)计算。

$$\sigma = \frac{N}{\varphi A} \leqslant f$$

式中:N——计算立杆段的轴向力设计值,取 $N = 15.3\text{kN}$;

A——立杆净截面面积,$A = 4.89\text{cm}^2$,由表26-29查得;

f——立杆(Q235钢)抗拉、抗压和抗弯强度设计值,$f = 205\text{MPa}$(查表26-20求得);

φ——轴心受压立杆的稳定系数,按下列步骤求取。

第一步,按式(26-36)求计算长度 l_0,即:

$$l_0 = k\mu h = 1.155 \times 1.50 \times 1.8 = 3.119(\text{m})$$

式中:k——计算长度附加系数,按《建筑施工扣件式钢管脚手架安全技术规范》(JGJ 130—2011)第5.3.4条取 $k = 1.155$;

μ——立杆计算长度系数,按表26-48查得 $\mu = 1.50$。

则长细比 $\lambda = \dfrac{l_0}{i} = \dfrac{311.9}{1.58} = 197.4$(其中 i 为立杆截面回转半径,取 $i = 1.58\text{cm}$ 由表26-29查得),查表26-30得杆件轴心受压稳定系数 $\varphi = 0.185$,将上述各值代入式(26-28)。

$$\sigma = \frac{15\,287}{0.185 \times 489} = 168.982(\text{MPa}) < f = 205\text{MPa},满足要求。$$

组合风荷载时,按式(26-29)计算立杆稳定性为:

$$\sigma = \frac{N}{\varphi A} + \frac{M_w}{W} \leqslant f$$

式中:N——立杆段的轴向力设计值,取 $N = 14.3\text{kN}$;

W——立杆截面模量,查表26-29得 $W = 5.080\text{cm}^3$;

其他符号意义及数值同上,将所需数值代入式(26-29)得:

$$\sigma = \frac{14\,300}{0.185 \times 489} + \frac{42\,883.911}{5\,080} = 158.072 + 8.44 = 166.51(\text{MPa}) < f = 205\text{MPa}$$

满足要求。

(7)脚手架最大搭设高度的计算

采用单立管的敞开式、半封闭和全封闭的脚手架不组合风荷载时可搭设高度按式(26-63)计算：

$$H_s = \frac{\varphi A f - (1.2 N_{G2k} + 1.4 \sum N_{QK})}{1.2 g_k}$$

构配件自重标准值产生的轴向力：$N_{G2k} = N_{G2} + N_{G3} + N_{G4} = 1.42 + 0.33 + 0.18 = 1.93(\text{kN})$

活荷载标准值：$N_Q = 4.73\text{kN}$

每米立杆承受的结构自重标准值 $g_k = 0.124\,8\text{kN/m}$；将上述各值代入上式得：

$$H_s = \frac{0.185 \times 4.89 \times 10^{-4} \times 205 \times 10^3 - (1.2 \times 1.93 + 1.4 \times 4.73)}{1.2 \times 0.124\,8} = 64.821(\text{m})$$

按式(26-63)计算出的脚手架搭设高度 H_s 等于或大于 26m 时，应按式(26-65)进行调整，且不宜超过 50m。

$$[H] = \frac{H_s}{1 + 0.001 H_s} = \frac{64.821}{1 + 0.001 \times 64.821} = 60.88(\text{m})$$

计算结果，可知脚手架最大搭设高度 $H_s = 64.821\text{m}$，经调整后 $[H_s] = 60.88\text{m}$，按规范要求不宜超过 50m，但实际计划搭设高度为 24m，可满足要求。

采用单立杆的敞开式、半封闭和全封闭的脚手架组合风荷载时，可搭设高度按式(26-64)计算：

$$H_s = \frac{\varphi A f - \left[1.2 N_{G2k} + 0.85 \times 1.4 \left(\sum N_{Qk} + \frac{M_{wk}}{W} \varphi A \right) \right]}{1.2 g_k}$$

式中：M_{wk}——为计算立杆段由风荷载标准值产生的弯矩，按式(26-8)得：

$$M_{wk} = \frac{M_w}{1.4 \times 0.85} = \frac{0.043}{11.9} = 0.036(\text{kN} \cdot \text{m})$$

则

$$H_s = \frac{0.185 \times 4.89 \times 10^{-4} \times 205 \times 10^3 - \left[1.2 \times 1.93 + 0.85 \times 1.4 \left(4.73 + \frac{0.036}{5.08} \times 0.185 \times 489 \right) \right]}{1.2 \times 0.124\,8}$$

$$= \frac{18.545 - [2.316 + 1.19 \times 5.37]}{0.149\,76} = 65.59(\text{m})$$

按规范第 5.3.7 条规定，可按式(26-65)进行调整，且不超过 50m。

$$[H] = \frac{H_s}{1 + 0.001 H_s} = \frac{65.69}{1 + 0.001 \times 65.69} = 61.64(\text{m})$$

规范规定不宜超过 50m，实际搭设高度为 24m，故满足要求。

(8)连墙件的计算

①连墙件的轴向力设计值 N_1 按式(26-66)计算，即：

$$N_1 = N_{1w} + N_0$$

式中，N_0 按《建筑施工扣件式钢筋脚手架安全技术规范》(JGJ 130—2011)第 5.2.12 条规定在连墙件约束脚手架平面外变形所产生的轴向力，单排架取 2kN，双排架取 3kN。

已知风荷载标准值 w_k＝0.074 15kPa

风荷载产生的连墙件轴向力设计值按式(26-67)计算，即：

$$N_{1w} = 1.4 w_k A_w = 1.4 \times 0.074\ 15 \times 3 \times 3.6 = 1.12(\mathrm{kN})$$

式中每个连墙件的覆盖面积内脚手架外侧迎风面积 A_w＝3×3.6＝10.8(m^2)，则连墙件的轴向力的设计值按式(26-66)为：$N_1 = N_{1w} + N_0 = 1.12 + 5 = 6.12(\mathrm{kN})$。

②求连墙件承载力设计值，即风荷载及其他作用对连墙件产生的压力设计值，可按式(26-69)计算，即：

$N_c = \varphi A f$，式中 φ 为连墙件轴心受压的稳定系数，由表 26-30 查得。

先求长细比 $\lambda = l_0/i = 300/15.8 = 18.987 \approx 19$，查表 26-30 得 $\varphi = 0.949$，已知，A＝4.89cm^3，f＝205MPa 将上述数值代入式(26-69)中得：

$$N_c = 0.949 \times 4.89 \times 10^{-4} \times 205 \times 10^3 = 95.132\ 5(\mathrm{kN}) > N_1 = 6.12\mathrm{kN}$$

安全系数很大，连墙件的设计计算满足要求。

③连墙件是采用单扣与墙体相连接如图 26-30 所示。

N_1＝6.12kN＜R_c＝8kN，满足要求。

(9)立杆地基承载力计算

根据规范立杆基础底面的平均压力应满足式(26-75)的要求，即：

$$p \leqslant f_g$$

地基承载力设计值按式(26-76)计算，即：

$$f_g = f_{gk} k_c = 500 \times 0.4 = 200(\mathrm{kPa})$$

已知地基承载力标准值：f_{gk}＝500kPa，地基承载

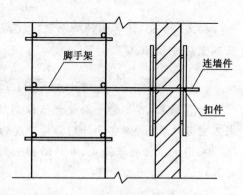

图 26-30　连墙件扣件连接图

力调整系数 k＝0.4，基础底面面积 A＝0.09m^2，上部结构传至基础顶面的轴向力设计值 N＝14.3kN，则立杆基础底面的平均压力：

$$p = \frac{N}{A} = \frac{14.3}{0.09} = 158.88 = 159(\mathrm{kPa}) < f_g = 200\mathrm{kPa}$$

第二节　其他扣件式钢管脚手架

一、扣件式悬挑双排钢管脚手架计算

1. 扣件式悬挑双排脚手架的支架构造形式

其构造形式一般有以下四种：

(1)单跨悬臂梁构造：如图 26-31a)所示，计算简图见图 26-32a)。

(2)上拉型支点简支梁构造：如图 26-31b)所示，计算简图见图 26-32b)。

(3)下支型支点简支梁构造：如图 26-31c)所示，计算简图见图 26-32c)。

(4)上拉下支型支点简支梁构造：如图 26-31d)所示，计算简图见图 26-32d)。

在图 26-31a)、b)所示的支架上，一般可搭设 3～4 层楼层高的脚手架；而图 26-31c)、d)所示的支架上，一般只能搭设 2～3 层楼高度的脚手架。

图 26-31a)中所示的后部预埋方口钢筋环，是承受支座反力(拉力)的。当建筑物上层未配

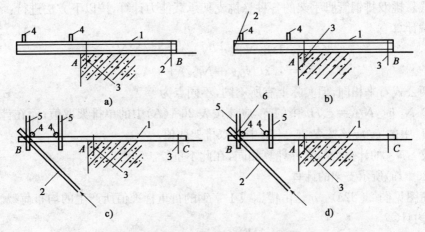

图 26-31　扣件式悬挑双排钢管脚手架支架构造

a)1-槽钢或工字钢;2-后部预埋方口钢筋环;3-前部预埋方口钢筋环(ϕ10);4-D38 钢管,长约 70mm,焊于 1 上;b)1-槽钢或工字钢;2-带对拉螺栓的钢丝绳;3-预埋 ϕ10 方口钢筋环;4-D38 钢管,长约 70mm,焊于 1 上;c)1-2ϕ48×3.5;2-2ϕ48×3.5;3-预埋 ϕ10 钢筋环;4-脚手架纵向水平杆;5-脚手架立杆;d)1-2ϕ48×3.5;2-2ϕ48×3.5;3-预埋 ϕ10 钢筋环;4-脚手架纵向水平杆;5-脚手架立杆;6-带对拉螺栓的钢丝绳

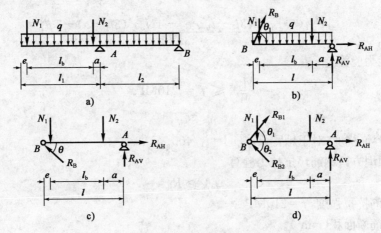

图 26-32　扣件式悬挑双排钢管脚手架支架的计算简图

筋或配筋较弱时,可改用 ϕ_{10} 方环,此时,方环仅起固定配件 1 的作用,不再承受支座反力,而由另设的配压重去平衡支座反力。其余各图中的预埋钢筋环及图 26-31a)中的前部预埋钢筋环,仅用于固定配件 1,可不必计算。

图 26-31b)、d)中的带对拉螺栓的钢丝绳上端应拉结于上一层的预埋钢筋环上,该钢筋应有足够的承载力;图 26-31b)中的钢丝绳下端应拉结于焊接的配件 1 上的钢筋环上,并应注意钢筋环的位置,务必使钢丝绳与脚手架立杆不产生位置上的冲突;图 26-31d)中的钢丝绳下端可直接拉结于配件 1 的端部。图 26-31c)、d)中的斜支撑杆上端可用扣件连接于配件 1 或脚手架纵向水平杆上,下端必须牢固支承于下层预埋的结构上。

2. 扣件式悬挑双排钢管脚手架计算

此扣件式悬挑双排钢管脚手架并不搭设在地面上,所以不考虑立杆的地基承载力问题,由于脚手架搭设在悬挑支架上,所以应对悬挑支架进行计算。其他各项计算均同扣件式落地双排钢管脚手架,在此从略。

扣件式悬挑双排钢管脚手架的各种悬挑支架承载能力计算，按以下方法进行：

1）荷载计算

$$N_1 = 1.2(N_{G1k} + N_{G2k}) + 1.4\sum N_{Qk}$$

$$N_2 = 1.2(N_{G1k} + N_{G2k}) + 1.4\sum N_{Qk}$$

上述两公式看来相同，但实际上有所不同，不同点为：

在计算 N_1 时，$N_{G1k} = g_k H_s$ 中的 g_k 应该按表 26-1(A) 中的单排架取值；而在计算 N_2 时，$N_{G1k} = g_k H_s$ 中的 g_k 应该按表 26-1(A) 中的双排架取值。

N_{G2k} 及 $\sum N_{Qk}$ 的计算均与立杆计算相同，在此不重复。

2）图 26-31a）所示支架的计算

计算简图见图 26-32a）。q 是由槽钢或工字钢的自重标准值所产生的均布荷载。

（1）内力计算

支座反力：
$$R_A = N_1 + N_2 + ql_1 + ql_2 + R_B \tag{26-79}$$

$$R_B = \frac{N_1(l_b + a) + N_2 a + \dfrac{ql_1^2}{2} - \dfrac{ql_2^2}{2}}{l_2} \tag{26-80}$$

弯矩：
$$M_{max} = M_A = N_1(l_b + a) + N_2 a + \frac{ql_1^2}{2} \tag{26-81}$$

挠度：
$$v = \frac{4N_1(l_b + a)^2(3l_1 - l_b - a) + 4N_2 a^2(3l_1 - a) + 3ql_1^4}{23EI} \tag{26-82}$$

（2）承载能力验算

$$\frac{M_{max}}{W} \leqslant f = 210\text{MPa} \tag{26-83}$$

$$v \leqslant [v]$$

式中：$[v]$——容许挠度，对于悬臂梁取 $[v] = l_1/400$。

（3）后部预埋方口钢筋环抗拉力验算

$$fA \geqslant R_B \tag{26-84}$$

式中：f——钢筋抗拉强度，$f = 210\text{MPa}$；

A——钢筋断面积（mm^2）。

3）图 26-31b）所示支架的计算

计算简图见图 26-32b）。

（1）内力计算

支座反力：
$$R_{AV} = \frac{N_1 e + N_2(l_b + e)}{l} + \frac{ql}{2} \tag{26-85}$$

$$R_{AH} = -\cot\theta_1 \times \left[\frac{N_1(l_b + a) + N_2 a}{l} + \frac{ql}{2}\right] \tag{26-86}$$

$$R_B = \frac{1}{\sin\theta_1} \times \left[\frac{N_1(l_b + a) + N_2 a}{l} + \frac{ql}{2}\right] \tag{26-87}$$

弯矩：
$$M_1 = \frac{N_1 e(l_b + a) + N_2 ae}{l} + \frac{qe(l_b + a)}{2} \tag{26-88}$$

$$M_2 = \frac{N_1 ea + N_2(e + l_b)a}{l} + \frac{q(e + l_b)a}{2} \tag{26-89}$$

M_1、M_2 中较大者为 M_{max}。

挠度：
$$v_1 = \frac{2N_1 e^2 (l_b + a)^2 + N_2 a l^3 [\omega_1 - (a^2 e/l^3)]}{6EIl} + v_1' \qquad (26\text{-}90)$$

$$v_2 = \frac{N_1 e l^3 [\omega_2 - e^2 (l_b + a)/l^3] + 2N_2 (l_b + e)^2 a^2}{6EIl} + v_2' \qquad (26\text{-}91)$$

$$v_3 = \frac{v_1 + v_2}{2} + \frac{5ql^4}{384EI} - \frac{v_1' + v_2'}{2} \qquad (26\text{-}92)$$

其中，
$$v_1' = \frac{ql^3 e}{24EI}[1 - (2e^2/l^2) + (e^3/l^3)] \qquad (26\text{-}93)$$

$$v_2' = \frac{ql^3 e(e+l_b)}{24EI}\{1 - [2(e+l_b)^2/l^2] + [(e+l_b)^3/l^3]\} \qquad (26\text{-}94)$$

式中：ω_1、ω_2——函数，按表 26-69 取用；

v_1、v_2、v_3 中最大者为 $v_{\max}$，R_{AH} 为"—"值时，说明其方向与计算简图所示相反。

函 数 ω_1、ω_2

表 26-69

ω_1				ω_2			
ξ	ω_1	ξ	ω_1	ξ	ω_2	ξ	ω_2
0.769 2	0.314 1	0.800 0	0.288 0	0.923 1	0.136 5	0.937 5	0.113 5
0.740 7	0.334 3	0.774 2	0.310 2	0.909 1	0.157 8	0.925 9	0.132 1
0.714 3	0.349 8	0.727 3	0.342 6	0.888 9	0.186 5	0.909 1	0.157 8
0.689 7	0.361 6	0.802 6	0.350 0	0.925 9	0.132 1	0.939 4	0.110 4
0.772 7	0.311 3	0.777 1	0.307 8	0.912 4	0.152 9	0.928 1	0.128 7
0.744 5	0.331 8	0.753 1	0.326 0	0.892 9	0.181 0	0.911 8	0.153 7
0.718 3	0.347 7	0.730 5	0.340 7	0.928 6	0.127 9	0.941 2	0.107 4
0.693 9	0.359 8	0.806 5	0.281 9	0.915 5	0.148 2	0.930 2	0.125 3
0.777 8	0.307 3	0.781 3	0.304 4	0.896 6	0.175 8	0.914 3	0.150 0
0.750 0	0.328 1	0.757 6	0.322 8	0.931 0	0.124 0	0.942 9	0.104 6
0.724 1	0.344 4	0.735 3	0.337 7	0.918 4	0.143 8	0.932 2	0.122 1
0.700 0	0.357 0	0.812 5	0.276 1	0.900 0	0.171 0	0.916 7	0.146 4
0.785 7	0.300 7	0.787 9	0.298 8	0.933 3	0.120 4		
0.758 6	0.322 0	0.764 7	0.317 5	0.921 1	0.139 6		
0.733 3	0.339 0	0.742 9	0.332 9	0.903 2	0.166 4		
0.709 7	0.352 2	0.814 8	0.273 9	0.935 5	0.116 8		
0.788 7	0.298 1	0.790 4	0.296 6	0.923 6	0.135 7		
0.761 9	0.319 6	0.767 4	0.315 5	0.906 3	0.161 9		
0.736 8	0.336 8	0.745 8	0.331 0				
0.713 4	0.350 3	0.818 2	0.270 5				
0.793 1	0.294 2	0.794 1	0.293 3				
0.766 7	0.316 0	0.771 4	0.312 4				
0.741 9	0.333 5						
0.718 8	0.347 4						

注：1. $\xi = (e + l_b)/l$；$\zeta = (l_b + a)/l$；$\omega_1 = \xi - \xi^3$；$\omega_2 = \zeta - \zeta^3$。

2. e、l_b、a、l 见图 26-32a)、b)、c)、d)。

3. 本表摘自参考文献[11]。

(2)承载能力验算：

$$\frac{R_{AH}}{A}+\frac{M_{max}}{W}\leqslant f=210MPa（杆件 1 为压弯构件）$$

式中，R_{AH} 按绝对值取值；

$$\upsilon_{max}\leqslant[\upsilon]$$

本悬挑支架的横梁自身结构为简支梁，取 $[\upsilon]=l/150$，且不大于 10mm。

(3)钢丝绳选用：

$$R_B\leqslant[F_g] \tag{26-95}$$

$$[F_g]=\frac{\alpha F_g}{K} \tag{26-96}$$

式中：$[F_g]$——钢丝绳的允许拉力(kN)；

$\quad\quad F_g$——钢丝绳的钢丝破断拉力总和(kN)，按表 26-70 取用；

$\quad\quad \alpha$——换算系数，按表 26-70 取用；

$\quad\quad K$——钢丝绳的安全系数，按 $K=6.0$ 取用。

另外，还应验算钢丝绳上端钢筋环的承载能力，计算方法同本节、一、2、3)。

在图 26-32a)、图 26-32b)所示支架的计算中，E、I、W 分别为槽钢(或工字钢)的弹性模量、惯性矩和截面模量，按表 26-71(槽钢)或表 26-72(工字钢)取用。

常用钢丝绳的主要参数　　　　　　表 26-70

钢丝绳结构	换算系数 α	直径(mm)		钢丝总断面面积 (mm²)	参考质量 (kg/100m)	钢丝绳公称强度(MPa)为下值时，钢丝破断拉力总和(kN)				
		钢丝绳	钢丝			1 400	1 550	1 700	1 850	2 000
1×7	0.92	6.0	2.0	21.98	18.79	30.7	34.0	37.3		
		6.6	2.2	26.60	22.74	37.2	41.2	45.2		
		7.2	2.4	31.65	27.06	44.3	49.0	53.8		
		7.8	2.6	37.15	31.76	52.0	57.5	63.1		
		8.4	2.8	43.08	36.83	60.3	66.7	73.2		
		9.0	3.0	49.46	42.29	69.2	76.6	84.0		
		9.6	3.2	56.27	48.11	78.7	87.2			
		10.5	3.5	67.31	57.55	94.2	104			
		11.5	3.8	79.35	67.84	111	122			
		12.0	4.0	87.92	75.17	123	136			
1×19	0.9	6.5	1.3	25.21	21.43	35.2	39.0	42.8	46.6	
		7.0	1.4	29.23	24.85	40.9	45.3	49.6	54.0	
		7.5	1.5	33.56	28.53	46.9	52.0	57.0	62.0	
		8.0	1.6	38.18	32.45	53.4	59.1	64.9	70.6	
		8.5	1.7	43.10	36.64	60.3	66.8	73.2	79.7	
		9.0	1.8	48.32	41.07	67.6	74.8	82.1	89.4	
		10.0	2.0	59.66	50.71	83.5	92.4	101	110	
		11.0	2.2	72.19	61.36	101	111	122		
		12.0	2.4	85.91	73.02	120	133	146		

钢丝绳结构	换算系数 α	直径(mm) 钢丝绳	直径(mm) 钢丝	钢丝总断面面积 (mm²)	参考质量 (kg/100m)	\multicolumn{5}{钢丝绳公称强度(MPa)为下值时，钢丝破断拉力总和(kN)} 1 400	1 550	1 700	1 850	2 000
1×19	0.9	13.0	2.6	100.83	85.71	141	156	171		
		14.0	2.8	116.93	99.39	163	181	198		
		15.0	3.0	134.24	114.1	187	208	228		
		16.0	3.2	152.73	129.8	213	236	259		
6×19	0.85	6.2	0.4	14.32	13.53	20.0	22.1	24.3	26.4	28.6
		7.7	0.5	22.37	21.14	31.3	34.6	38.0	41.3	44.7
		9.3	0.6	32.22	30.45	45.1	49.9	54.7	59.6	64.4
		11.0	0.7	43.85	41.44	61.3	67.9	74.5	81.1	87.7
		12.5	0.8	57.27	54.12	80.1	88.7	97.3	105	114
		14.0	0.9	72.49	68.50	101	112	123	134	178
		15.5	1.0	89.49	84.57	125	138	152	165	216
		17.0	1.1	102.3	102.3	151	167	184	200	55.7
6×37	0.82	8.7	0.4	27.88	26.21	39.0	43.2	47.3	51.5	55.7
		11.0	0.5	43.57	40.96	60.9	67.5	74.0	80.6	87.1
		13.0	0.6	62.74	58.98	87.8	97.2	106	116	125
		15.0	0.7	85.39	80.57	119	132	145	157	170

4)图 26-31c)所示支架的计算

计算简图见图 26-32c)。

(1)内力计算

支座反力：

$$R_{AV} = \frac{N_1 e + N_2 (l_b + e)}{l} \qquad (26\text{-}97)$$

$$R_{AH} = -\cot\theta \times \frac{N_1 (l_b + a) + N_2 a}{l} \qquad (26\text{-}98)$$

$$R_B = \frac{1}{\sin\theta} \times \frac{N_1 (l_b + a) + N_2 a}{l} \qquad (26\text{-}99)$$

弯矩：

$$M_1 = \frac{N_1 e (l_b + a) + N_2 a e}{l} \qquad (26\text{-}100)$$

$$M_2 = \frac{N_1 e a + N_2 (e + l_b) a}{l} \qquad (26\text{-}101)$$

M_1、M_2 中较大者为 $M_{\max}$。

挠度：

$$\upsilon_1 = \frac{2N_1 e^2 (l_b + a)^2 + N_2 a l^3 [\omega_1 - (a^2 e / l^3)]}{6EIl} \qquad (26\text{-}102)$$

$$\upsilon_2 = \frac{N_1 e l^3 [\omega_2 - e^2 (l_b + a)/l^3] + 2N_2 (l_b + e)^2 a^2}{6EIl} \qquad (26\text{-}103)$$

υ_1、υ_2 中较大者为 $\upsilon_{\max}$。

式中，E 应按表 26-20 取用；I 应按表 26-29 中的 I 值乘以 2 取用。

(2)承载能力验算

$$\frac{R_{AH}}{A} + \frac{M_{max}}{W} \leqslant f = 210\text{MPa}(\text{杆件 1 为压弯构件}) \tag{26-104}$$

式中，R_{AH} 按绝对值取值。

这里应特别注意分清钢管与槽钢（或工字钢）、钢筋的 f 值的差别。A、W 均应按表 26-29 中的 A、W 值乘以 2 采用。

$$v_{max} \leqslant [v]$$

$[v] = l/150$，并且不大于 10mm。

（3）斜撑杆验算

强度验算：

$$\frac{R_B}{A} \leqslant f = 210\text{MPa} \tag{26-105}$$

式中，$A = 2 \times 489\text{mm}^2$。

稳定性验算：

$$\frac{R_B}{\varphi A} \leqslant f = 210\text{MPa} \tag{26-106}$$

式中：φ——稳定系数，按表 26-30 取用。表中 $\lambda = \dfrac{l_0}{i}$，$l_0 = \mu l_z$，其中 l_z 为斜撑杆长度；

μ——计算长度系数，按表 26-50 取用，查表时 K_1、K_2 可按以下方法取定。

斜撑杆下端与楼面结构之间应有可靠的连接，使斜撑下端不致发生任何滑移，确保整个支架体系能安全使用。当下端铰接时，$K_2 = 0$；当下端钢接时，$K_2 \geqslant 10$。

K_1 可由式（26-107）取得：

$$K_1 = \frac{2}{3} \cdot \frac{l_{a1}l + l_{a2}l + 2l_{a1}l_{a2}}{l_{a1}l_{a2}l} \cdot \frac{l_z h'_{上}}{l_z + 2h'_{上}} \tag{26-107}$$

式中：l_z——斜撑杆（即图中杆件 2，2ϕ48×3.5）长度；

l_{a1}、l_{a2}——分别为斜撑杆上端左、右侧的纵距；

l——支架水平杆（即图中杆件 1，2ϕ48×3.5）长度；

$h'_{上}$——首部架步距的折算长度，$h'_{上} = \dfrac{h_{上}}{\sin\theta}$；

$h_{上}$——首步架步距。

5）图 26-31d）所示支架的计算

计算简图见图 26-32d）。

（1）内力计算式

支座反力：

$$R_{AV} = \frac{N_1 e + N_2(l_b + e)}{l} \tag{26-108}$$

$$R_{AH} = 0 \tag{26-109}$$

$$R_{B1} = \frac{1}{\sin\theta_1} \times \frac{N_1(l_b + a) + N_2 a}{l} \times \left(1 - \frac{\tan\theta_2}{\tan\theta_1 + \tan\theta_2}\right) \tag{26-110}$$

$$R_{B2} = \frac{1}{\sin\theta_1} \times \frac{N_1(l_b + a) + N_2 a}{l} \times \frac{\tan\theta_2}{\tan\theta_1 + \tan\theta_2} \tag{26-111}$$

弯矩和挠度的计算式与本节、一、2.、4）完全相同，不再重复。

（2）承载能力验算：

$$\frac{M_{max}}{W} \leqslant f = 210 \text{MPa}（杆件 1 为压弯构件）$$

$$v_{max} \leqslant [v]$$

$[v] = l/150$，并且不大于 10mm。

（3）钢丝绳选用方法与本节、一、2.、3)相同。

（4）斜撑杆验算方法与本节、一、2.、4)相同。

普通钢丝绳的标记方法举例：

$$6\times19 - 14.0 - 170$$

—— 钢丝绳公称抗拉强度，此例为 1 700MPa

—— 钢丝绳的公称直径，此例为 14.0mm

—— 钢丝绳股数×每股中钢丝数，此例表示钢丝绳由 6 股组成，每股中有 19 根钢丝

常用槽钢截面面积、理论重量及截面特性　　　　表 26-71

型号	截面面积 (mm²)	理论重量 (N/m)	截面特性					
			W_X(mm³)	I_X(mm⁴)	i_X(mm)	W_Y(mm³)	I_Y(mm⁴)	i_Y(mm)
5	693	54.40	10.4×10^3	26.0×10^4	19.4	3.55×10^3	8.3×10^4	11.0
6.3	845.0	66.30	16.300×10^3	50.786×10^4	24.60	4.60×10^3	11.87×10^4	11.85
8	1 024	80.40	25.3×10^3	101.3×10^4	31.5	5.79×10^3	16.6×10^4	12.7
10	1 274	100.00	39.4×10^3	198.3×10^4	39.5	7.80×10^3	25.6×10^4	14.1
12	1 535	118.31	57.7×10^3	346.3×10^4	47.5	10.17×10^3	37.4×10^4	15.6
14a	1 851	145.30	80.5×10^3	563.7×10^4	55.2	13.01×10^3	53.2×10^4	17.0
14b	2 131	167.30	87.1×10^3	609.4×10^4	53.5	14.12×10^3	61.2×10^4	16.9
16a	2 195	172.30	108.3×10^3	866.2×10^4	62.8	16.30×10^3	73.4×10^4	18.3
16b	2 515	197.50	116.8×10^3	934.5×10^4	61.0	17.55×10^3	83.4×10^4	18.2
18a	2 569	201.70	141.1×10^3	1272.7×10^4	70.4	20.03×10^3	98.6×10^4	19.6
18b	2 929	229.90	152.2×10^3	1369.9×10^4	68.4	21.52×10^3	111.0×10^4	19.5
20a	2 883	226.30	178.0×10^3	1780.4×10^4	78.6	24.20×10^3	128.0×10^4	21.1
20b	3 283	257/70	191.4×10^3	1913.7×10^4	76.4	25.88×10^3	143.6×10^4	20.9

注：$E = 206\times10^3$MPa。

常用工字钢截面面积、理论重量及截面特性　　　　表 26-72

型号	截面面积 (mm²)	理论重量 (N/m)	截面特性					
			I_X(mm⁴)	W_X(mm³)	i_X(mm)	I_Y(mm⁴)	W_Y(mm³)	i_Y(mm)
10	1 435	112.61	245×10^4	49.0×10^3	41.4	33.0×10^4	9.72×10^3	15.2
12	1 780	137.34	436×10^4	72.7×10^3	49.5	46.9×10^4	12.7×10^3	16.2
14	2 151	168.90	712×10^4	102×10^3	57.6	64.4×10^4	16.1×10^3	17.3
16	2 613	205.13	1130×10^4	141×10^3	65.8	93.1×10^4	21.2×10^3	18.9
18	3 071	241.13	1660×10^4	185×10^3	73.6	122×10^4	26.0×10^3	20.0
20a	3 558	279.79	2370×10^4	237×10^3	81.5	158×10^4	31.5×10^3	21.2
20b	3 958	310.69	2500×10^4	250×10^3	79.6	169×10^4	33.1×10^3	20.6

注：1. $E = 206\times10^3$MPa。

2. 表 26-70～表 26-72 可参见本手册(上册)表 18-3、表 5-31、表 5-29。

二、扣件式钢管脚手架的分段卸载计算

1. 卸载方法及其基本计算

1)卸载方法

常用的卸载方法有两类：一种为悬吊法，另一种为支撑法。悬吊法又有两种：一种如图 26-31b)的构造，另一种是在卸载部位设一横担，先将其用卡件临时固定在脚手架纵向杆上(位置应尽量靠近主节点)，然后用多根带对拉螺栓的钢丝绳将其悬吊于固定在建筑物构件上的吊环上，拉紧钢丝绳，使横担能充分承担上部脚手架传来的荷载，如图26-33所示。支撑法的构造与图 26-31c)相似。

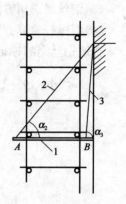

图 26-33　悬吊法卸载
1-横担,可用槽钢或工字钢,内端可伸进建筑物 120mm;
2、3-外侧和内侧钢丝绳

2)计算方法

(1)最下部脚手架的计算方法

①荷载：包括最下一层卸载装置之下的全部荷载(N_{Gk}、$\sum N_{Qk}$)及最下一层卸载装置所受荷载的 30%。

由于装有卸载装置的脚手架并不是在卸载装置处断开的，所以上部的荷载总有一部分会传至下部来。但传至下部的荷载至今尚无人测定过。如果卸载装置经过严格计算，而施工操作又完全按照设计和规范执行时，则传至下部的荷载不大于 30%。如不放心，最大也不得大于 50%。

②脚手架计算：按落地脚手架计算。

(2)上、下相邻的两层卸载装置之间的脚手架计算

①荷载：包括两层卸载装置之间的全部荷载及上层卸载装置所受荷载的 30%；

②脚手架计算：类同落地脚手架，计算部位为下层卸载装置处；

③卸载装置计算：计算对象为下层卸载装置。

构造与图 26-31b)相同者，卸载支架的计算方法与图 26-32b)相同；构造与图 26-31c)相同者，计算方法与图 26-32c)相同。

(3)最顶部脚手架的计算

①荷载：卸载装置以上的全部荷载；

②脚手架计算：类同落地脚手架，计算部位为上层卸载装置处；

③卸载装置计算：参见上述③中内容。

2. 悬吊法卸载装置的计算

计算时，可参照上述 1. 中相关内容进行计算。

(1)荷载计算

与本章第二节、一、2.、1)完全相同。

(2)内力计算

可近似地认为钢丝绳 2 承受了全部 N_1，而钢丝绳 3 承受了全部 N_2，则：

$$R_2 = \frac{N_1}{\sin\alpha_2} \tag{26-112}$$

$$R_3 = \frac{N_2}{\sin\alpha_3} \tag{26-113}$$

式中：α_2、α_3——分别为钢丝绳 2、3 与水平面的夹角。

横担所承受的弯矩是很小的，可不予计算。而横担所受剪力分别为 N_1、N_2，即：

$$V_A = N_1$$
$$V_B = N_2$$

(3)承载能力验算

①横担抗剪能力验算：

$$\frac{V_{max}}{A} \leqslant f_V = 125\text{MPa} \tag{26-114}$$

②钢丝绳 2、3 的承载能力计算：

按本章第二节、一、2.、3)、(3)计算方法计算。

同时，尚应对钢丝绳上部的钢筋环按本章第二节、一、2.、2)、(3)计算方法予以计算。

三、悬挑型钢外脚手架设计计算示例

【例 26-29】 沈阳市某大楼总高度为 103.5m，地处市郊区，地面粗糙度按 B 类考虑。高程 30m 以下拟采用落地式外脚手架，高程 30m 以上采用[16a 槽钢悬挑，上搭设 $\phi48\times3.5$ 钢管外脚手架，如图 26-34 所示。该建筑物层高为 3 400mm，上一步步高为 1 600mm，下一步步高为 1 800mm，其平均步高为 1 700mm，[16 槽钢每 8 步设一根，采用 $\phi14$ 双股钢丝绳@1 500 斜吊拉，见图 26-34。纵向间距 1 500mm 作为一个计算单元。施工荷载按两层考虑，试设计计算此悬挑型钢外脚手架。

解：(1)悬挑型钢外脚手架荷载及材料参数

①材料荷载取值

$\phi48\times3.5$ 钢管：38.4N/m(查表 26-29)；

竹笆：100N/m；

安全网：5N/m；

旋转扣件：15N/个(查表 26-1)；

[16a 槽钢：172.3N/m(查表 26-71)；

基本风压 w_0：0.55kPa(查表 26-4)。

②每步架(1.7m)脚手架荷载

大横杆：$1.5\times5\times38.4=288$(N)；

小横杆：$1.4\times2\times38.4=108$(N)；

内、外立杆：$1.7\times2\times38.4=131$(N)；

扣件：$6\times15=90$N；

竹笆：$1.5\times1.0\times100=150$(N)；

安全网：$1.7\times1.5\times5=13$(N)；

剪刀撑：150N；

共计：930N。

③施工荷载

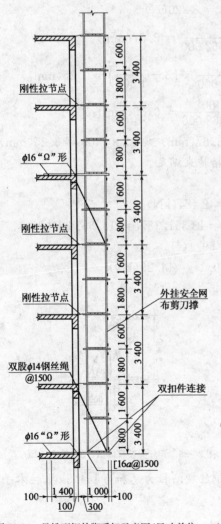

图 26-34 悬挑型钢外脚手架示意图(尺寸单位：mm)

刚性拉节点

$\phi16$ "Ω" 形

刚性拉节点

刚性拉节点

外挂安全网布剪刀撑

双股$\phi14$钢丝绳@1500

双扣件连接

$\phi16$ "Ω" 形

[16a@1500

100 | 1 400 | 1 000 | 100

100 | 300

$$1.5 \times 1.0 \times 3 \times 2 = 9 (\text{kN})$$

④每根立杆所受荷载(搭设8步架)P

$$P = (0.93 \times 8 \times 1.2 + 9 \times 1.4)/2 = 10.764 (\text{kN})$$

(2)悬挑槽钢内力的计算(图 26-35)

①弯矩的计算

$$\left[16a \text{ 槽钢 } q = 172.8 \times 1.2 = 206.76\text{N/m} = 0.206\,8 (\text{kN/m}) \right.$$

$$M_x = pl_1 + pl_2 + ql_3^2$$

$$= 10.764 \times 0.3 + 10.764 \times 1.3 + 0.206\,8 \times 1.4^2/2$$

$$= 3.23 + 13.99 + 0.203 = 17.42 (\text{kN} \cdot \text{m})$$

$$\sigma = \frac{M_x}{W} = \frac{17.42 \times 10^6}{108 \times 10^3}$$

$$= 161.30 (\text{MPa}) < f = 205\text{MPa}$$

②挠度的验算

挠度验算荷载应取其标准值计算,即:

$$F = (930 \times 8 + 9\,000)/2 = 8\,220 (\text{N})$$

则:

$$\upsilon_1 = \frac{Fl^3}{3EI} = \frac{8\,220 \times 1\,300^3}{3 \times 2.06 \times 10^5 \times 8\,662\,000} = 3.37 (\text{mm})$$

$$\upsilon_2 = \frac{Fb^2 l}{6EI}\left(3 - \frac{b}{l}\right) = \frac{8\,220 \times 300^2 \times 1\,300}{6 \times 2.06 \times 10^5 \times 8\,662\,000} \times \left(3 - \frac{300}{1\,300}\right) = 0.25 (\text{mm})$$

$$\upsilon_3 = \frac{ql^4}{8EI} = \frac{172.3 \times 10^{-3} \times 1\,400^4}{8 \times 2.06 \times 10^5 \times 8\,662\,000} = 0.05 (\text{mm})$$

总挠度 $\upsilon = \upsilon_1 + \upsilon_2 + \upsilon_3 = 3.37 + 0.25 + 0.05 = 3.67 (\text{mm}) > 1\,300/400 = 3.25 (\text{mm})$

不满足挠度要求,故应采取配备钢丝绳斜拉加固措施来满足。

(3)对斜拉钢丝绳的验算(图 26-36)

$$N_1 = 10\,764 \times 0.3/1.3 = 2\,484 (\text{kN})$$

$$N_2 = 2\,484 + 10\,764 + 172.3 \times (0.1 + 0.5) = 13\,351.38\text{N} = 13.351\,38 (\text{kN})$$

$$\alpha = \arctan 3.4/1.3 = 69.1(°)$$

$$N = N_2/\sin\alpha = 13.351\,38/\sin 69.1° = 14.29 (\text{kN})$$

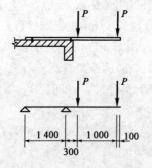

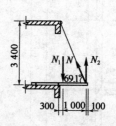

图 26-35　悬挑槽钢内力计算简图(尺寸单位:mm)　　　图 26-36　钢丝绳验算简图(尺寸单位:mm)

公称抗拉强度为 2 000MPa 的 6×19 钢丝绳 ϕ14 钢丝破断拉力总和为 144.5kN,按本手册上册式(18-2)可得钢丝绳的容许拉力为:

$$\frac{\alpha F_g}{K} = 0.85 \times 144.5/8 = 15.35 (\text{kN}) > 14.29\text{kN},可满足要求。$$

由于钢丝绳斜拉，槽钢承受压力 $N_H = N\cos\alpha = 14.29 \times \cos69.1° = 5.1(kN)$

故 $\dfrac{N_H}{A} + \dfrac{M_x}{W} = \dfrac{5.1 \times 10^3}{21.95 \times 10^2} + 161.30 = 2.32 + 161.30 = 163.6(MPa) < 205MPa$，满足要求。

(4)上下吊环的计算

采用 Q235 钢 $\phi16$ 作为吊点的钢环，其面积 $A = 201mm^2$，受拉环为双截面受力，所以 $A = 402mm^2$。

按强度公式有：$\sigma = \dfrac{T}{A}$，则 $T = A\sigma$，查本手册上册表 5-1 得钢材的强度设计值 $\sigma = 215MPa$，代入上式中得：

$$T = A\sigma = 402 \times 215 \times 10^{-3} = 86.43(kN) > N = 14.29kN(特别安全)$$

(5)焊缝验算

钢丝绳下节点是穿绑在 $\phi16$ 的钢环上，其与水平相交的角度为 69.1°，$\phi16$ 钢环又是焊在 [16a 槽钢上，计算时取焊缝高度 $h = 4mm$。按本手册上册钢结构计算式(5-69)可得角焊缝一侧的总计算长度 $\sum l_w$ 为：

$$\dfrac{N}{h\sum l_w} \leqslant f_f^w$$

式中：N——6×19 钢丝绳 $\phi15.5$ 的实际拉力，为 14.29kN；

    h——焊缝高度，h 取 4mm；

    f_f^w——角焊缝抗拉、抗剪、抗压强度设计值，$f_f^w = 160MPa$，查本手册上册表 5-3 取得；

    $\sum l_w$——拼接焊缝一侧的总计算长度(mm)。

则：$\qquad\qquad \sum l_w = N/(hf_f^w) = 14.29 \times 10^3/(4 \times 160) = 22.33(mm)$

实际焊缝长度取 160mm > 22.33mm，两面焊。满足要求，很安全。

(6)脚手架风荷载的计算

建筑总高为 103.5m，查表时按 100m 考虑，地面粗糙度为 B 类，查表 26-5 得风压高度变化系数 $\mu_z = 2.09$；再查表 26-9 得脚手架的挡风系数 $\xi = 0.089$(按步距 $h = 1.80m$，纵距 $l_a = 1.50m$ 查找而得)。

查表 26-7 得脚手架风载荷体型系数 $\mu_s = 1.3\varphi$，所以 $\mu_s = 1.3 \times 0.089 = 0.116$，则脚手架上的水平风荷载标准值，按式(26-2)得：

$$w_k = 0.7\mu_z\mu_s w_0 = 0.7 \times 2.09 \times 0.116 \times 0.55 = 0.0933(kPa)$$

迎风面积 $S = 4.5 \times 3.4 = 15.3(m^2)$

$$w_f = 15.3 \times 0.0933 = 1.43(kN)$$

$$w = 1.43 + 5 = 6.43kN < 8kN，扣件抗滑满足要求。$$

脚手架稳定性验算：

$$l = 500mm，计算长度取 l_0 = 2l = 2 \times 500 = 1000(mm)$$

由 $\lambda = l_0/i = 1000/15.8 = 63.29$，查表 26-30 得构件的稳定系数 $\varphi = 0.804$。按式(26-28)得立杆的稳定性为：

$$N/\varphi A = 6.43 \times 10^3/(0.804 \times 489) = 16.35(MPa) < f = 205MPa(非常稳定)$$

四、悬挑扣件钢管桁架外脚手架计算示例

【例 26-30】 某大楼总长度为 103.5m,地处市郊区,地面粗糙度按 B 类考虑,高程 30m 以下采用落地式外脚手架,高程 30m 以上采用悬挑 $\phi48\times3.5$ 钢管桁架外脚手架,如图 26-37 所示。该建筑物层高为 3 400mm,上一步步高为 1 600mm,下一步步高为 1 800mm。其平均步高为 1 700mm。每 8 步设一榀钢管桁架。纵向间距1.5m 作为一个计算单元,施工荷载按一层考虑,试设计计算此悬挑扣件钢管桁架脚手架。

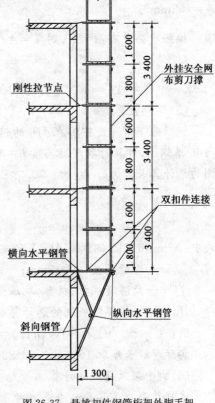

图 26-37 悬挑扣件钢管桁架外脚手架
示意图(尺寸单位:mm)

解:(1)荷载计算

①荷载取值

$\phi48\times3.5$ 钢管:3.84kg/m;

扣件:1.5kg/个;

竹笆:10kg/m²;

安全网:0.5kg/m²;

[16a 槽钢:17.23kg/m;

基本风压 w_0:0.6N/m²。

②每步架(1.70m)脚手荷载

内、外立杆:$1.7\times2\times38.4=131$(N);

大横杆:$1.5\times5\times38.4=288$(N);

小横杆:$1.4\times2\times38.4=108$(N);

扣件:$6\times15=90$(N);

竹笆:$1.5\times1.0\times100=150$(N);

安全网:$1.7\times1.5\times5=13$(N);

剪刀撑等:150N;

合计:930N。

③施工荷载

$$1.5\times1.0\times3=4.5\text{(kN)}$$

④每根立杆所受荷载(搭设 8 步架)P

$$P=(0.93\times8\times1.2+4.5\times1.4)/2=7.614\text{(kN)}$$

(2)钢管排架几何尺寸

$$\alpha=\arctan3.4/1.3=69.1(°)$$

$$\sin\alpha=\sin\beta=0.934$$

$$\cos\alpha=\cos\beta=0.357$$

$$l_{BC}=l_{AC}=1.7/\sin\beta=1.7/0.934=1.82\text{(m)}$$

(3)钢管排架内力计算(图 26-38)

$$P_B=P+0.3P/1.3=1.231\times7.614=9.37\text{(kN)}$$

由图 26-39 可得:

$$N_{BC}=P_B/\sin\alpha=9.37/0.934=10.032\text{(kN)}$$

198

$$N_{AB} = N_{BC}/\cos\alpha = 10.032/0.357 = 3.58(\text{kN})$$

BC 杆的计算长度按式(26-36)计算,查表26-48,双排架立柱横距 1.05m,连杆布置两步三跨得 $\mu = 1.5$,则 $l_{BC0} = l_{BC} \times 1.155 \times 1.5 = 1.82 \times 1.155 \times 1.5 = 3.153(\text{m})$

$$\lambda = l_{BC0}/i = 3.15 \times 100/1.58 = 199.6$$

查表 26-30 得 $\varphi = 0.182$。

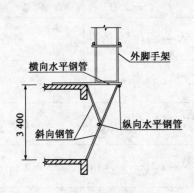

图 26-38 钢管排架示意图

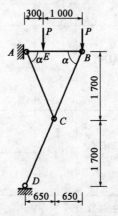

图 26-39 钢管排架计算简图

BC 杆强度按式(26-28)计算得 $N_{BC}/\varphi A = \dfrac{10.032 \times 10^3}{0.182 \times 489} = 112.72(\text{MPa}) < 205\text{MPa}$

AB 杆的弯矩由图 26-40 可得 $M_{ABx} = 0.3 \times 1.0 \times P/1.3 = 0.3 \times 1.0 \times 7.614/1.3 = 1.76(\text{kN} \cdot \text{m})$

AB 杆按弯拉构件计算为:

$$\frac{N_{AB}}{A} + \frac{M_{AB}}{W} = \frac{3.58 \times 10^3}{489} + \frac{1.76 \times 10^6}{5.08 \times 10^3}$$

$$= 353.8(\text{MPa}) > f = 205\text{MPa}$$

由于水平杆 AB 抗弯能力不足,将 AB 杆改为双钢管,则:

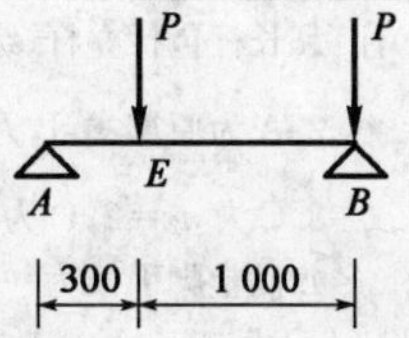

图 26-40 AB 杆计算简图

$$\frac{N_{AB}}{A} + \frac{M_{AB}}{W} = \frac{3.58 \times 10^3}{489 \times 2} + \frac{1.76 \times 10^6}{5.08 \times 10^3 \times 2}$$

$$= 176.9(\text{MPa}) > f = 205\text{MPa}$$

可满足要求。

第三节　扣件式钢管脚手架杆配件配备量计算[2]

搭设扣体式钢管脚手架时,其杆配件配备量需要有一定的富余量,因此在施工前可用近似匡算方法进行计算,现将匡算方法和配件参考用量简介如下。

一、按立柱根数计的杆配件用量计算

如已知脚手架立柱总数为 n,搭设高度为 H,步距为 h,立杆纵距为 l_a,立杆横距为 l_b,排数为 n_1 和作业层数为 n_2 时,其杆配件用量可按表 26-73 所列公式进行计算。

项次	计 算 项 目	单位	条件	单排脚手架	双排脚手架	满堂脚手架
1	长杆总长度 L	m	A	$L=1.1H$ $\left(n+\dfrac{l_a}{h}-\dfrac{l_a}{h}\right)$	$L=1.1H$ $\left(n+\dfrac{l_a}{h}n-2\dfrac{l_a}{h}\right)$	$L=1.2H$ $\left(n+\dfrac{l_a}{h}n-\dfrac{l_a}{h}n_1\right)$
			B	$L=(2n-1)H$	$L=(2n-2)H$	$L=(2.2n-n_1)H$
2	小横杆数 N_1	根	C	$N_1=1.1\left(\dfrac{H}{h}+2\right)n$	$N_1=1.1\left(\dfrac{H}{2h}+1\right)n$	—
			D	$N_1=1.1\left(\dfrac{H}{h}+3\right)n$	$N_1=1.1\left(\dfrac{H}{2h}+1.5\right)n$	—
3	直角扣件数 N_2	个	C	$N_2=2.2\left(\dfrac{H}{h}+1\right)n$	$N_1=2.2\left(\dfrac{H}{2h}+1\right)n$	$N_2=2.4n\dfrac{H}{h}$
			D	$N_2=2.2\left(\dfrac{H}{h}+1.5\right)n$	$N_2=2.2\left(\dfrac{H}{2h}+1.5\right)n$	$N_2=2.4n\dfrac{H}{h}$
4	对接扣件数 N_3	个		$N_3=\dfrac{L}{l}$　　l 为长杆的平均长度		
5	旋转扣件数 N_4	个		$N_4=0.3\dfrac{L}{l}$　　l 为长杆的平均长度		
6	脚手板面积 S	m^2	C	$S=2.2(n-1)l_al_b$	$S=1.1(n-2)l_al_b$	$S=0.55\left(n-n_1+\dfrac{n}{n_1}+1\right)l_a^2$
			D	$S=3.3(n-1)l_al_b$	$S=1.6(n-2)l_al_b$	

注:1. 长杆包括立杆、纵向水平杆和剪刀撑(满堂脚手架也包括横向水平杆)。

2. A 为原算式,B 为 $\dfrac{l_a}{h}=0.8$ 时的简式。

3. C 为 $n_2=2$;D 为 $n_2=3$(但满堂架为一层作业)。

4. 满堂脚手架为一层作业,且按一半作业层面积计算脚手板。

二、按面积或体积计的杆配件用量计算

设取立杆纵距 $l_a=1.5m$,立杆横距 $l_b=1.2m$ 和步距 $h=1.8m$,每 $100m^2$ 单、双排脚手架和每 $100m^3$ 满堂脚手架的杆配件用量列于表 26-74 中,可供计算参考使用。

类别	作业层数 n_2	长杆 (m)	小横杆 (根)	直角扣件 (个)	对接扣件 (个)	旋转扣件 (个)	底座 (个)	脚手板 (m²)
单排脚手架 ($100m^2$ 用量)	2	137	51	93	28	9	(4)	14
	3		55	97				20
双排脚手架 ($100m^2$ 用量)	2	273	51	187	55	17	(7)	14
	3		55	194				20
满堂脚手架 ($100m^3$ 用量)	0.5	125	—	81	25	8	(6)	8

注:1. 满堂脚手架按一层作业,且铺占一半面积的脚手板。

2. 长杆的平均长度取 5m。

3. 底座数量取决于 H,表中()内数字依据为:单、双排架 H 取 20m,满堂架取 10m,所给数字仅供参考。

三、按长杆质量计的杆配件配备量计算

当施工单位已拥有 $100t$，长 $4\sim6m$ 的扣件脚手钢管时，其相应的杆配件的配备量列于表 26-75 中，可供参考。在计算时，取加权平均值，单排架、双排架和满堂脚手架的使用比例（权值）分别取 0.1、0.8 和 1.0 时，扣件的装配量大致为 $0.26\sim0.27$。

扣件式钢管脚手架杆配件的参考配备量表　　　　　　表 26-75

项　　次	杆配件名称	单　　位	数　　量
1	4～6m 长杆	t	100
2	1.8～2.1m 小横杆	根(t)	4 770(34～41)
3	直角扣件	个(t)	18 178(24)
4	对接扣件	个(t)	5 271(9.7)
5	旋转扣件	个(t)	1 636(2.4)
6	底座	个(t)	600～750
7	脚手板	块(m^2)	2 300(1 720)

注：表 26-73～表 26-75 摘自本书参考文献[1]。

【例 26-31】 某双排扣件式钢管脚手架、其立柱数 $n=40$；搭设高度 $H=25m$，立杆纵距 $l_a=1.5m$，立杆横距 $l_b=1.05m$，步距 $h=1.8m$，钢管长度 $l=6.5m$，施工时，采取两层作业。试近似推算脚手架杆配件所需数量及脚手板的面积。

解： 查表 26-73 中双排脚手架公式计算如下。

(1)求长杆总长度：$L=1.1H\left(n+\dfrac{l_a}{h}n-2\dfrac{l_a}{h}\right)$

$$=1.1\times25\times\left(40+\frac{1.5}{1.8}\times40-2\times\frac{1.5}{1.8}\right)=1\,970.84(m)=1\,971m$$

(2)小横杆数：$N_1=1.1\left(\dfrac{H}{2h}+1\right)n=1.1\times\left(\dfrac{25}{2\times1.8}+1\right)\times40=349.56$(根)，取 350 根

(3)对接扣件数：$N_3=\dfrac{L}{l}=\dfrac{1\,971}{6.5}=303$(个)

(4)旋转扣件数：$N_4=0.3\dfrac{L}{l}=91$(个)

(5)脚手板的面积：$S=1.1(n-2)l_al_b=1.1\times(40-2)\times1.5\times1.05=65.84(m^2)=66m^2$

根据以上计算结果，该工地需配备：①长杆(6.5m)$L=1\,971m$；

②小横杆数根 $N_1=350$ 根；

③对接扣件数 $N_3=303$ 个；

④旋转扣件数 $N_4=91$ 个；

⑤脚手板面积 $S=66m^2$。

第四节 外脚手架支承在混凝土楼板上的验算

一、抗弯强度验算

外脚手架的钢管（$\phi48\times3.5$）作为集中力支承在混凝土楼板上（或地下室顶板）可参照《建筑结构荷载规范》（GB 50009—2012）附录 B "楼面等效均布活荷载的确定方法"来进行计算。

现将混凝土板为单向板的计算方法介绍如下：

因脚手架钢管直径较小，故可将《建筑结构荷载规范》（GB 50009—2012）中的公式（B.O.5-1）改写为：

$$b = b_{cy} + 0.7l \approx 0.7l \tag{26-115}$$

1. 第一方案——以 2 100mm 为一个计算单元（图 26-41）

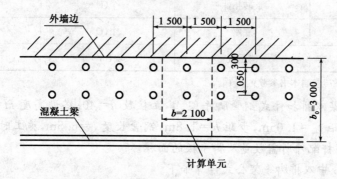

图 26-41 局部荷载的计算单元示意图（尺寸单位：mm）

则等效面积为：

$$S = b \times l = 0.7l^2 \tag{26-116}$$

式中：b——荷载的有效分布宽度（m）；

b_{cy}——钢管直径（mm）；

l——单向板跨度（mm）。

脚手架一根钢管 $\phi48\times3.5$ 作用在板上的荷载设为 P，则等效均布荷载为：

$$q_0 = \frac{P}{S} = \frac{P}{0.7l^2} \tag{26-117}$$

在宽度为 b 范围内除自身前后两根钢管外，尚有左右钢管荷载对该计算板带的影响为：

$$q_1 = (n+2)q_0 \tag{26-118}$$

式中：P——一根钢管 $\phi48\times3.5$ 作用在板上的荷载（kN）；

S——等效面积（mm²）；

n——计算板带单元内立杆数目，当板的跨度大于 4.5m 时，$n > 2$。

考虑到混凝土板的自重和活载后，其总荷载为 q，则单向板承受的弯矩 M 为：

$$M = \frac{1}{8}ql^2 \qquad\qquad (26\text{-}119)$$

根据《混凝土结构计算手册》，如果承重楼板实际配筋值大于 A_s，则满足要求。

【例 26-32】 某外脚手架，支承在地下室顶板上，已知地下室顶板跨度为 3 000mm，立杆纵距 $l_a = 1500$mm，每一根立杆作用到地下室顶板上的荷载为 12kN，顶板厚度为 150mm，查原设计图得知已配钢筋（钢筋强度等级为 HRB335），$\phi 14@180$（查表得 $A_s = 855$mm^2/m）。混凝土强度等级为 C25，脚手架钢管为 $\phi 48 \times 3.5$，计算简图如图 26-41 所示。试验算该地下室顶板能否承载此外脚手架的荷载。

解： (1)按式(26-116)得等效面积 S 为：

已知 $l = 3\,000$mm，则 $S = 0.7 \times 3^2 = 6.3$(m^2)

(2)按式(26-117)得一根钢管($\phi 48$)作用在板上的等效均布荷载 q_0，已知 $p = 12$kN，则：

$$q_0 = \frac{p}{S} = \frac{12}{6.3} = 1.9\,(\text{kPa})$$

(3)求单向板承受的弯矩

在 $b = 0.7 \times 3 = 2.1$m 宽度范围内除自身前后两根钢管外，还有左右两排钢管对此有影响，按式(26-118)可得 q_1 为(取 $n = 2$)：

$$q_1 = (n+2)q_0 = (2+2) \times 1.9 = 4 \times 1.29 = 9.6\,(\text{kPa})$$

混凝土板的自重：$\qquad q_2 = 0.15 \times 25 \times 1.2 = 4.5$(kPa)

活荷载取：$q_3 = 2.5$kPa

$$\sum q = q_1 + q_2 + q_3 = 9.62 + 4.5 + 2.5 = 16.62\,(\text{kPa})$$

按简支板计算弯矩 M 为：

$$M = \frac{1}{8}ql^2 = \frac{1}{8} \times 16.62 \times 3^2 = 18.7\,(\text{kN} \cdot \text{m})$$

计算配筋时取安全系数为 1.5，则：

$$M = 1.5 \times 18.7 = 28.1\,(\text{kN} \cdot \text{m})$$

查《混凝土结构计算手册》得：$h = 150$mm，C25 混凝土，II 级钢筋，$A_S = 781$mm^2

现地下室顶板实际配筋为 $\phi 180$mm，则 $A_S = 855$mm^2。由计算结果可知该地下室顶板能满足外脚手架荷载抗弯要求，经过抗冲切验算也能满足要求。

2. 第二方案——以 $b = 1\,500$mm 为一个计算单元(图 26-42)

外脚手架立杆间距为 1 500mm，故取 $b = 1\,500$mm 宽板带作为一个计算单元。每根立杆荷载为 P，计算简图如图 26-42 所示，该单元可按简支梁计算。

按图 26-43 计算板中的最大跨中弯矩 M_0，将集中荷载化为均布荷载 q_1，则：

$$M_0 = \frac{1}{8}q_1 l^2 \qquad\qquad (26\text{-}120)$$

$$q_1 = \frac{8M_0}{l^2} \qquad\qquad (26\text{-}121)$$

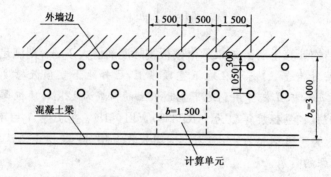

图 26-42　局部荷载的计算单元示意图(尺寸单位:mm)

上板带宽为 $b_0=1.5\mathrm{m}$,化为面荷载:

$$q_2 = \frac{8M_0}{l^2 b_0} \tag{26-122}$$

按《建筑结构荷载规范》(GB 50009—2012)附录 B 中公式(B. O. 5-1)计算钢管荷载影响宽度:

$$b = b_{cy} + 0.7l \approx 0.7l \tag{26-123}$$

一般情况下 b 值会大于 b_0,此时该板宽两侧外脚手架立杆对该板带有较大影响。取影响系数 $K_1=b/b_0$ 较为可靠,故支承外脚手架混凝土板面荷载 q_0 采用值为:

$$q_0 = K_1 q_2 \tag{26-124}$$

再考虑板上其他荷载,按此荷载计算混凝土配筋 A_S,当配筋量 A_S 小于原板的配筋量时,则满足要求。

【例 26-33】 某外脚手架 $\phi48\times3.5$ 钢管支承在混凝土单向板上,钢管立杆间距为 1.5m,每一根立杆作用在混凝土板上的荷载为 12kN,见图 26-43。单向板跨度 $l=3\mathrm{m}$,板的厚度为 150mm,已配 HRB335 钢筋为 $\phi14@180$(查表得 $A_S=855\mathrm{mm}^2/\mathrm{m}$),混凝土强度等级为 C25,试验算该单向板能否承受此外脚手架的荷载。

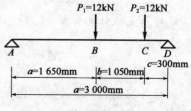

图 26-43　单元板带计算示意图

解:P_1 作用下:$M_{中}=\dfrac{12\times1.65\times(1.05+0.3)}{3}=8.91(\mathrm{kN\cdot m})$

P_2 作用下:$M_{中}=\dfrac{12\times2.7\times0.3}{3}=3.24(\mathrm{kN\cdot m})$

跨中最大弯矩:

$$M_{max} = 8.91 + 3.24 \times \frac{1.65}{2.7} = 8.91 + 1.98 = 10.89(\mathrm{kN\cdot m})$$

1.5m 宽板带作用均布荷载由式(26-121)可得:

$$q_1 = \frac{8\times10.89}{3^2} = 9.68(\mathrm{kPa})$$

由式(26-122)可得面荷载:

$$q_2 = \frac{8 \times 10.89}{3^2 \times 1.5} = 6.45(\text{kPa})$$

由式(26-124)可得支承外脚手架混凝土板面荷载 q_0 为：

$$q_0 = K_1 q_2 = 2.1/1.5 \times 6.45 = 9.03(\text{kPa})$$

计入混凝土板自重 $0.15 \times 25 \times 1.2 = 4.5\text{kPa}$ 及活载取 2.5kPa 后，则 $\sum q$ 为：

$$\sum q = 9.03 + 4.5 + 2.5 = 16.03(\text{kPa})$$

取 1m 宽板带，其弯矩为：

$$M = \frac{1}{8} \times 16.03 \times 3^2 = 18.03(\text{kN} \cdot \text{m})$$

计算配筋取安全系数 $K_2 = 1.5$，则 $M = 1.5 \times 18.03 = 27.01(\text{kN} \cdot \text{m})$。

查钢筋混凝土结构手册可得板配筋：C25 混凝土，HRB335 钢筋，$A_S = 750\text{mm}^2$。原设计配筋为 $A_S = 750\text{mm}^2$，故知该楼板配筋承受外脚手架荷载时，是安全的。

按上述两种方法计算，其结果比较接近。

二、混凝土板抗冲切承载力验算(表 26-76)

混凝土板抗冲切承载力验算公式

表 26-76

项目	计算方法及公式	符 号 意 义
混凝土板受冲切承载力计算	外脚手架立杆支承在混凝土顶板上的验算，可根据《混凝土结构设计规范》(GB 50010—2010)第 7.7 条规定，受冲切承载力应符合以下规定(图 26-44)。 图 26-44　板受冲切承载力计算 1-冲切破坏锥体的斜截面；2-临界截面； 3-临界截面的周长；4-冲切破坏锥体的底面线 $$F_l \leqslant (0.7\beta_h f_t + 0.15\sigma_{pc,m})\eta u_m h_0 \quad (26\text{-}125)$$ 为了安全和简化计算起见，不考虑上式中 $\sigma_{pc,m}$ 之值，作为板承载能力安全储备，将上式改为下式： $$F_l \leqslant 0.7\beta_h f_t \eta u_m h_0 \quad (26\text{-}126)$$ 式(26-126)中的系数 η 应按下列两个公式计算，并取其中较小值： $$n_1 = 0.4 + \frac{1.2}{\beta_s} \quad (26\text{-}127)$$ $$n_2 = 0.5 + \frac{\alpha_s h_0}{4u_m} \quad (26\text{-}128)$$	F_l——钢管荷载设计值(kN)； β_h——截面高度影响系数：当 $h \leqslant 800\text{mm}$ 时，取 $\beta_h = 1.0$；当 $h \geqslant 2000\text{mm}$ 时，取 $\beta_h = 0.9$，其间按内插法取用； f_t——混凝土抗拉强度设计值(MPa)； $\sigma_{pc,m}$——临界截面周长上两个方向混凝土有效预压应力按长度的加权平均值，其值宜控制在 $1.0\sim3.5\text{MPa}$ 范围内； u_m——临界截面的周长：距离局部荷载或集中反力作用面积周边 $h_0/2$ 处板垂直截面的最大不利周长(mm)； h_0——截面的有效高度(mm)，取两个配筋方向的截面有效高度的平均值； η_1——局部荷载或集中反力作用面积形状的影响系数； η_2——临界截面周长与板截面有效高度之比的影响系数； β_s——局部荷载或集中反力作用面积为矩形时的长边与短边尺寸的比值，β_s 不宜大于 4；当 $\beta_s < 2$ 时，取 $\beta_s = 2$；当面积为圆形时，取 $\beta_s = 2$； α_s——板柱结构中柱类型的影响系数：对中柱，取 $\alpha_s = 40$；对边柱，取 $\alpha_s = 30$；对角柱，取 $\alpha_s = 20$

【例 26-34】 某外脚手架支承在混凝土板面上，其计算数据同【例 26-32】，试验算该混凝土板抗冲切能力 F_1 为多少，是否安全。

解：(1)有关计算数据：

因 $h \leqslant 800$mm 时，取 $\beta_h = 1.0$，C25 混凝土的抗拉强度设计值 $f_t = 1.27$MPa，$h_0 = 150 - 15 = 135$(mm)，$n_m = 2\pi\left(\dfrac{48}{2} + \dfrac{135}{2}\right) = 575$(mm)，对角柱，取 $\alpha_s = 20$。

(2)求 η_1 和 η_2 值

按式(26-127)和式(26-128)得：

$$\eta_1 = 0.4 + \frac{1.2}{\beta_s} = 0.4 + \frac{1.2}{2} = 1.0$$

$$\eta_2 = 0.5 + \frac{\alpha_s h_0}{4 u_m} = 0.5 + \frac{20 \times 135}{4 \times 575} = 0.5 + 1.17 = 1.67$$

取两式中较小者，故取 $\eta = \eta_1 = 1.0$。

按式(26-126)得：$F_1 = 0.7\beta_h f_t \eta u_m h_0 = 0.7 \times 1.0 \times 1.27 \times 1.0 \times 575 \times 135 = 69$(kN) > 12kN

C25 混凝土板厚度为 150mm，能抗冲击能力达到 69kN，远大于 $\phi 48 \times 3.5$ 钢管作用荷载 12kN，故相当安全，有较大的储备。

三、说明

(1)以上计算公式均为近似计算法，所以在计算时，其安全系数应不小于 1.5，取 2~5 较为可靠。

(2)脚手架钢管支承在混凝土板上，其下应用于 300mm×300mm×50mm 木板垫上，固因扩大其受力面积，防止压应力过于集中而影响混凝土楼板的安全。

(3)为了安全起见，在承载外脚手架的楼板下的支模架不要拆除，以增加其安全度。

第五节 扣件式钢管满堂脚手架计算[11]

一、满堂脚手架中的几种术语

(1)满堂脚手架是指在施工作业范围满堂搭设的脚手架。

(2)满堂脚手架的横向水平杆，为满堂脚手架顶部直接支承脚手板的水平杆以及其下与之同向设置的水平杆。

(3)满堂脚手架的纵向水平杆，为垂直于横向水平杆设置的水平杆。

(4)满堂脚手架的立杆纵距 l_a，是指满堂脚手架的立杆沿纵向水平杆方向的间距，亦即纵向水平杆的跨度。

(5)满堂脚手架的立杆横距 l_b，是指满堂脚手架的立杆沿横向水平杆方向的间距，亦即横向水平杆的跨度。

二、满堂脚手架的荷载计算

本手册第二十六章第一节所述荷载计算的全部内容，均适用于满堂脚手架的荷载计算，但有下列两点需要说明：

    (1)脚手架自重标准值需依据搭设方案具体计算。

    (2)风荷载体型系数 μ_s，应按敞开式脚手架计算。

三、脚手板、水平杆及扣件抗滑承载力计算

    (1)脚手板计算——其计算方法与表 26-31 完全相同。表 26-32、表 26-33、表 26-36 所列计算结果，也可直接使用。

    (2)横向水平杆计算——满堂脚手架的横向水平杆应按三跨梁计算。表 26-37、表 26-39 所列计算结果，可按表值乘以 1.25 采用。

    (3)纵向水平杆计算——满堂脚手架的纵向水平杆计算方法与本章第一节、三、2.、4)中纵向水平杆计算一致。中间纵向水平杆所承受的荷载应按 $l_a \times l_b$ 面积内脚手板的自重及其所承受的施工荷载计算。

    表 26-40 中数值，是按支承脚手板的水平横杆间距为 $l_a/2$ 计算的。当支承脚手板的水平横杆间距同样为 $l_a/2$ 时，满堂脚手架的水平纵杆承载力，可按表 26-40 表中值乘以 0.5 采用。表 26-41 中计算结果，可以直接采用。

    (4)扣件抗滑承载力计算

    满堂脚手架的扣件抗滑承载力按下式计算：

$$N \leqslant R_c = 8\text{kN} \tag{26-129}$$

对表 26-42、表 26-43 所列计算成果，可按表列数值乘以 0.5 采用。

    (5)满堂脚手架立杆地基计算方法与本章第一节、三、3.、6)立杆地基承载力计算方法相同。

四、满堂脚手架的立杆计算

    在水平荷载作用下，如果满堂脚手架的节点可发生微量的侧移时，则为有侧移满堂脚手架。

    在水平荷载作用下，如果满堂脚手架的节点不发生任何侧移时，则为无侧移满堂脚手架。无侧移满堂脚手架的无侧移特征来源于下列条件：当满堂脚手架搭设于围护墙已施工完毕的室内环境中，每根水平杆(横向水平杆和纵向水平杆均如是)端头均顶紧墙壁并用木楔夹紧。不能满足上述条件的皆属有侧移满堂脚手架。

    有侧移满堂脚手架和无侧移满堂脚手架的立杆计算是有一定差别的，差别在于：前者应考虑二阶弹性分析的影响，后者不考虑此影响。

    (1)立杆所承受的轴向力计算

    立杆所受的轴向力计算见表 26-77。

立杆所受的轴向力计算 表 26-77

项目	计算方法及公式	符 号 意 义
立杆轴向力的计算	1. 立杆所承受的轴向力计算 　无论是有侧移满堂脚手架还是无侧移满堂脚手架，立杆所承受的轴向力均按下式计算。 　不组合风荷载时：	H——满堂脚手架搭设高度(m)； n——满堂脚手架的水平杆层数(包括扫地杆)； n'——同一跨(纵跨或横跨)内剪刀撑杆件的数量，按初步设计方案确定

项目	计算方法及公式	符 号 意 义

立杆轴向力的计算	$N=1.2(N_{G1k}+N_{G2k})+1.4\sum N_{Qk}$ (26-130)
	组合风荷载时:
	$N=1.2(N_{G1k}+N_{G2k})+0.85\times1.4\sum N_{Qk}$ (26-131)
	计算式虽与式(26-30)和式(26-31)完全一样,但是 N_{G1k}、N_{G2k} 和 $\sum N_{Qk}$ 的具体计算方法还有所不同的。
	对于中间立杆:
	$N_{G1k}=[H+n(l_a+l_b)+n'\times0.325l_ah+n'\times0.325l_bh]\times38.4+$
	$\quad 2n\times13.2+\left(\dfrac{H}{6.5}-1\right)\times18.4+2\times\left(\dfrac{H}{4.1}+1\right)\times14.6$
	(26-132)
	$$N_{G2k}=\dfrac{H}{12}\times l_al_b\times350 \quad (26\text{-}133)$$
	$$\sum N_{Qk}=l_al_b\times2\,000 \quad (26\text{-}134)$$
	对于边立杆:
	$N_{G1k}=[H+n(l_a+0.5l_b)+n'\times0.325l_ah+0.5\times n'\times0.325l_bh]\times$
	$\quad 38.4+2n\times13.2+\left(\dfrac{H}{6.5}-1\right)\times18.4+2\times\left(\dfrac{H}{4.1}+1\right)\times14.6$
	(26-135)
	[式(26-135)用于纵向边立杆]
	或
	$N_{G1k}=[H+n(0.5l_a+l_b)+n'\times0.325\times0.5l_ah\times n'\times0.325l_bh]\times$
	$\quad 38.4+2n\times13.2+\left(\dfrac{H}{6.5}-1\right)\times18.4+2\times\left(\dfrac{H}{4.1}+1\right)\times14.6$
	(26-136)
	[式(26-136)用于横向边立杆]
	$$N_{G2k}=\dfrac{H}{12}\times0.5\times l_al_b\times350 \quad (26\text{-}137)$$
	$$\sum N_{Qk}=0.5\times l_al_b\times2\,000 \quad (26\text{-}138)$$
	对于角立杆:
	$N_{G1k}=[H+n\times0.5(l_a+l_b)+0.5\times n'\times0.325(l_ah+l_bh)]\times$
	$\quad 38.4+2n\times13.2+\left(\dfrac{H}{6.5}-1\right)\times18.4+2\times\left(\dfrac{H}{4.1}+1\right)\times$
	$\quad 14.6$
	(26-139)
	$$N_{G2k}=\dfrac{H}{12}\times0.25\times l_al_b\times350 \quad (26\text{-}140)$$
	$$\sum N_{Qk}=0.5\times l_al_b\times2\,000 \quad (26\text{-}141)$$
		N_{G1k}、N_{G2k} 和 $\sum N_{Qk}$ 的计量单位为(N)。在计算 $H/6.5$、$H/12$ 时,当商数不是整数时均应化为整数,整数后的小数不论大小只能"入"不能"舍"。
		  其余符号意义同前
		K_h——综合附加系数,应由试验研究确定。目前,K_h 的参考值可按表26-78取用;
		M_1、M_2——分别为立杆杆端绝对值较大和较小的弯矩;$\dfrac{M_1}{M_2}$ 应为负值;
		  其余符号意义同前

风载荷计算	**2. 风荷载的计算** 按本章第一节、二、2. 所述敞开式脚手架的计算方法进行计算	
立杆稳定性计算	**3. 立杆稳定性计算** (1)无论有侧移满堂脚手架还是无侧移满堂脚手架,均按下式计算。 不组合风荷载时: $$K_h\dfrac{N}{\varphi A}\leqslant f=205\text{MPa} \quad (26\text{-}142)$$ 组合风荷载时: $$K_h\left\{\dfrac{N}{\varphi A}+\dfrac{\beta_m M_w}{W\left(1-\dfrac{N}{N_E'}\varphi\right)}\right\}\leqslant f=205\text{MPa} \quad (26\text{-}143)$$	

项目	计算方法及公式	符 号 意 义
立杆稳定性计算	设置 K_h 的原因在于:①计算是按刚性节点进行的,但满堂架实际是半刚性节点;②出于对偏心的考虑。 对于有侧移满堂脚手架:$\beta_m=1.0$ 对于无侧移满堂脚手架:$\beta_m=0.6+0.4M_2/M_1$ (2)φ 值的取值 稳定系数 φ 应依据 λ 值从表26-30查取: $$\lambda=l_0/i$$ l_0 按下式计算: $$l_0=\mu h$$ 对于有侧移满堂脚手架,立杆的计算长度系数 μ 应依据 K_1、K_2 按表26-50采用。 对于无侧移满堂脚手架,立杆的计算长度系数 μ 应依据 K_1、K_2 按表26-79采用。 (3)有侧移满堂脚手架的 K_1、K_2 值计算 ①K_1 值计算式 角立杆:$\quad K_1=\dfrac{h(l_a+l_b)}{3l_al_b}$ 纵向边立杆:$\quad K_1=\dfrac{h(l_a+2l_b)}{3l_al_b}$ 横向边立杆:$\quad K_1=\dfrac{h(2l_a+l_b)}{3l_al_b}$ 中间立杆:$\quad K_1=\dfrac{2h(l_a+l_b)}{3l_al_b}$ $\qquad$ (26-144) ②首步架的 K_2 值计算式 设有扫地杆时计算公式如下。 角立杆:$\quad K_1=\dfrac{0.4h(l_a+l_b)}{3(0.2+h)l_al_b}$ 纵向边立杆:$\quad K_2=\dfrac{0.4h(l_a+2l_b)}{3(0.2+h)l_al_b}$ 横向边立杆:$\quad K_2=\dfrac{0.4h(2l_a+l_b)}{3(0.2+h)l_al_b}$ 中间立杆:$\quad K_2=\dfrac{0.8h(l_a+l_b)}{3(0.2+h)l_al_b}$ $\qquad$ (26-145) 未设扫地杆时,$K_2=0$(对平台基座可取 $K_2=0.1$),一般情况下,是不允许不设扫地杆的。 当立杆与基座刚接时,$K_2=10$。 ③其他各步架的 K_2 值:$K_2=K_1$ 说明:以上计算式均是按 h、l_a、l_b 不变的情况导出的,对于首步架,均是按扫地杆离地 0.2m 导出的。 (4)无侧移满堂脚手架的 K_1、K_2 值计算 ①K_1 值计算式 角立杆:$\quad K_1=\dfrac{h(l_a+l_b)}{l_al_b}$ 纵向边立杆:$\quad K_1=\dfrac{h(l_a+2l_b)}{l_al_b}$ 横向边立杆:$\quad K_1=\dfrac{h(2l_a+l_b)}{l_al_b}$ 中间立杆:$\quad K_1=\dfrac{2h(l_a+l_b)}{l_al_b}$ $\qquad$ (26-146)	符号意义同前

项目	计算方法及公式	符号意义
立杆稳定性计算	②首步架的 K_2 值计算式 设有扫地杆时计算公式如下。 角立杆: $K_2=\dfrac{0.4h(l_a+l_b)}{(0.2+h)l_al_b}$ 纵向边立杆: $K_2=\dfrac{0.4h(l_a+2l_b)}{(0.2+h)l_al_b}$ 横向边立杆: $K_2=\dfrac{0.4h(2l_a+l_b)}{(0.2+h)l_al_b}$ 中间立杆: $K_2=\dfrac{0.8h(l_a+l_b)}{(0.2+h)l_al_b}$ (26-147) 未设扫地杆时, $K_2=0$(对平台基座,可取 $K_2=0.1$)。 一般情况下,是不允许不设扫地杆的。 当立杆与基座刚接时, $K_2=10$。 ③其他各步架的 K_2 值: $K_2=K_1$ 说明:以上计算式均是按 h、l_a、l_b 不变的情况导出的,对于首步架,均是按扫地杆离地 0.2m 导出的	符号意义同前

满堂脚手架综合附加系数 K_h 参考值见表 26-78。

满堂脚手架的综合附加系数 K_h 参考值   表 26-78

满堂脚手架类型	当满堂架搭设高度为下值(m)时, K_h 值参考值				
	$H\leqslant 4$	$4<H\leqslant 8$	$8<H\leqslant 12$	$12<H\leqslant 16$	$16<H\leqslant 20$
有侧移	1.05	1.10	1.15	1.20	1.25
无侧移	1.03	1.06	1.09	1.12	1.15

注:表中 K_h 值仅供参考;实际使用时,可根据经验加大表值,但不得小于表中值。

无侧移钢管脚手架立杆的计算长度系数 μ   表 26-79

K_2 \ K_1	0	0.05	0.1	0.2	0.3	0.4	0.5	1	2	3	4	5	$\geqslant 10$
0	1.000	0.990	0.981	0.964	0.949	0.935	0.922	0.875	0.820	0.791	0.773	0.760	0.732
0.05	0.990	0.981	0.971	0.955	0.940	0.926	0.914	0.867	0.814	0.784	0.766	0.754	0.726
0.1	0.981	0.971	0.962	0.946	0.931	0.918	0.906	0.860	0.807	0.778	0.760	0.748	0.721
0.2	0.964	0.955	0.946	0.930	0.916	0.903	0.891	0.846	0.795	0.767	0.749	0.737	0.711
0.3	0.949	0.940	0.931	0.916	0.902	0.889	0.878	0.834	0.784	0.756	0.739	0.728	0.701
0.4	0.935	0.926	0.918	0.903	0.889	0.877	0.866	0.823	0.774	0.747	0.730	0.719	0.693
0.5	0.922	0.914	0.906	0.891	0.878	0.866	0.855	0.813	0.765	0.738	0.721	0.710	0.685
1	0.875	0.867	0.860	0.846	0.834	0.823	0.813	0.774	0.729	0.704	0.688	0.677	0.654
2	0.820	0.814	0.807	0.795	0.784	0.774	0.765	0.729	0.686	0.663	0.648	0.638	0.615
3	0.791	0.784	0.778	0.767	0.756	0.747	0.738	0.704	0.663	0.640	0.625	0.616	0.593

K_2 \ K_1	0	0.05	0.1	0.2	0.3	0.4	0.5	1	2	3	4	5	$\geqslant 10$
4	0.773	0.766	0.760	0.749	0.739	0.730	0.721	0.688	0.648	0.625	0.611	0.601	0.580
5	0.760	0.754	0.748	0.737	0.728	0.719	0.710	0.677	0.638	0.616	0.601	0.592	0.570
$\geqslant 10$	0.732	0.726	0.721	0.711	0.701	0.693	0.685	0.654	0.615	0.593	0.580	0.570	0.549

注:表中的计算长度系数 μ 值系数按下式算得:

$$\left[\left(\frac{\pi}{4}\right)^2 + 2(K_1+K_2) - 4K_1K_2\right]\frac{\pi}{\mu}\sin\frac{\pi}{\mu} - 2\left[(K_1+K_2)\left(\frac{\pi}{\mu}\right)^2 + 4K_1K_2\right]\cos\frac{\pi}{\mu} + 8K_1K_2 = 0$$

【例 26-35】 某办公楼大厅,为完成吊顶施工任务,需搭设满堂脚手架。该吊顶高程为 16.000m,其下地坪高程为 ±0.000m,地面尚未施工,回填土高程为 -0.100m,已压实。吊顶的平面尺寸为 15.0m×30.0m。该大厅的围护墙已施工完毕,但不能满足满堂脚手架无侧移的要求;大厅门洞口特别大,尚未安装门窗;已知当地基本风压 $w_0 = 0.38kPa$,试对该满堂脚手架进行设计计算。

解: 初拟方案:

脚手架搭设高度: $H = 16 + 0.1 - 1.8 - 0.05 \times 2 = 14.2$ (m)

式中:1.8——操作高度;

0.05——立杆下木垫板厚度及操作层木脚手板厚度。

扫地杆设于距垫板 0.20m 处。

步距:$h = 1.75m$;共 8 步,设 9 层水平杆;纵距、横距均为 1.7m。

操作面外围设 1.1m 高护栏,并设挡板。

在操作层,应在每个纵跨正中部位再加设一道横向水平杆。

对初拟方案的计算:

(1)对脚手板、纵横向水平杆及扣件抗滑承载力的验算

①脚手板验算

依据表 26-32 和表 26-33,可知脚手板的承载能力可完全满足施工需要。

②横向水平杆验算(按三跨梁验算)

$$q = (1.2 \times 350 + 1.4 \times 2\,000) \times 0.85 = 2\,737(\text{N/m}) = 2.737(\text{kN/m})$$

$$M_{max} = -0.1ql^2 = -0.1 \times 2.737 \times 1\,700^2 = 790\,993(\text{N} \cdot \text{mm})$$

$$\sigma = \frac{M_{max}}{W} = \frac{790\,993}{5\,080} = 155.7(\text{MPa}) < f = 205\text{MPa},强度满足要求。$$

$$\upsilon_{max} = 0.677 \times \frac{ql^4}{100EI} = 0.677 \times \frac{2.737 \times 1\,700^4}{100 \times 206 \times 10^3 \times 12.19 \times 10^4} = 6.16(\text{mm})$$

依据 $[\upsilon] = \dfrac{1\,700}{150} = 11.33\text{mm}$;又根据 $[\upsilon] \leqslant 10\text{mm}$ 的规定,取 $[\upsilon] = 10\text{mm}$,则 $\upsilon_{max} < [\upsilon]$。挠度满足要求。

③纵向水平杆验算

$$P_1 = (1.2 \times 350 + 1.4 \times 2\,000) \times 0.85 \times 1.7 = 4\,652.9(\text{N})$$

$$P_2 = 1.2 \times (1.7 \times 38.4 + 13.2) = 94.176(\text{N})$$

$$P = P_1 + P_2 = 4\,747.076(\text{N})$$

$$M_{\max} = 0.175 Pl = 0.175 \times 4\,747.076 \times 1\,700 = 1\,412\,255.11(\text{N} \cdot \text{mm})$$

$$\sigma = \frac{M_{\max}}{W} = \frac{1\,412\,255.11}{5\,080} = 278(\text{MPa}) > f = 205\text{MPa}$$

验算结果,可知纵向水平杆的强度不能满足要求,因此应对初拟方案进行修改。

修改方案:将 l_a、l_b 改为 1.5m。修改后,对照表 26-32 和表 26-33,脚手板使用安全;对照表 26-37,横向水平杆使用安全;对照表 26-40,纵向水平杆使用安全。

④按修改后方案验算扣件抗滑承载力

$$N = (1.2 \times 350 + 1.4 \times 2\,000) \times 1.5 \times 1.5 + 1.2 \times [(2 \times 1.5 + 1.5) \times 38.4 + 2 \times 13.2]$$
$$= 7\,411(\text{N}) = 7.411(\text{kN})$$

则:
$$N < R_C = 8.0\text{kN}$$

扣件抗滑承载力满足要求。

(2)按修改后方案进行立杆稳定验算

①立杆所承受的轴向力计算

按表 26-77 中 1. 的公式计算,计算结果列于立杆所承受的轴力计算结果表 26-80 中。

立杆所受的轴力计算结果 表 26-80

轴向力分项	角立杆(N)	纵向边立杆(N)	横向边立杆(N)	中间立杆(N)
N_{G1k}	1 662.84	2 013.2	2 013.2	2 272.4
N_{G2k-1}	393.75	787.5	787.5	1 575.0
N_{G2k-2}	1 125.0	210.0	210.0	—
$\sum N_{Qk}$	1 125.0	2 250.0	2 250.0	4 500.0
不组合风载 N	4 294.91	6 762.84	6 762.84	10 916.88
组合风载 N	4 058.66	6 290.34	6 290.34	9 971.88

②风荷载设计值产生的弯矩 M_W

风荷载体型系数 μ_S 计算(脚手架为敞开式):

因本脚手架搭设于外围护墙已施工完毕、但门窗尚未安装的室内,所以可按 C 类地面粗糙度考虑,查表 26-5 得地面处高度系数 $\mu_S = 0.74$。

已知 $w_0 = 0.38\text{kPa}$

则:
$$\mu_S w_0 d^2 = 0.74 \times 0.38 \times 0.048^2 = 0.000\,65 < 0.002$$
$$h/d = 1.75/0.048 = 36.46 > 25$$

再查表 26-11,得:
$$\mu_{S0} = 1.2$$
$$l_b/h = 1.5/1.75 = 0.857 < 1$$

212

由表 26-9 查得，单排脚手架 $h=1.75\mathrm{m}$，$l_\mathrm{a}=1.5\mathrm{m}$ 时的挡风系数为：

$$\xi = 0.09 < 0.1$$

再表 26-12 查得：

$$\eta = 1.00$$

由 μ_{S0}、η 按下式计算，即可得：

$$\mu_\mathrm{S} = \mu_\mathrm{stw} = \varphi\mu_\mathrm{S0}\frac{1-\eta_\mathrm{n}}{1-\eta} = 0$$

于是：

$$M_\mathrm{W} = K_\mathrm{n}w_0\mu_\mathrm{S}l_\mathrm{a} = 0$$

这样，立杆的稳定性验算公式就变为：

$$K_\mathrm{h}\left[\frac{N}{\varphi A} + \frac{B_\mathrm{m}M_\mathrm{W}}{W\left(1-\frac{N\varphi}{N_\mathrm{E}}\right)}\right] = K_\mathrm{h}\left(\frac{N}{\varphi A}+0\right) \leqslant f = 205\mathrm{MPa}$$

也就是说，对于本例题所讨论的满堂脚手架，不必考虑风荷载的效应了。

③求稳定系数 φ 值

φ 值的求取方法，按表 26-77 中 3. 的规定和公式进行，本例的具体计算过程及 φ 的最后取值情况见表 26-81。

【例 26-35】具体计算过程及 φ 的最后取值情况   表 26-81

数 值 分 项	角 立 杆	纵向、横向边立杆	中 间 立 杆
K_1	0.778	1.167	1.556
首步架 F_2	0.160	0.239	0.319
立杆计算长度系数 μ	1.86	1.64	15.2
$l_0 = \mu h$	3.255m	2.87m	2.66m
$\lambda = l_0 h$	206	182	168
稳定系数 φ	0.171	0.216	0.251

④立杆验算

角立杆：$1.2\left(\dfrac{N}{\varphi A}\right) = 1.2\times\dfrac{4\,294.91}{0.171\times489} = 61.63(\mathrm{MPa}) < f = 205\mathrm{MPa}$

边立杆：$1.2\left(\dfrac{N}{\varphi A}\right) = 1.2\times\dfrac{6\,762.84}{0.216\times489} = 76.83(\mathrm{MPa}) < f = 205\mathrm{MPa}$

中间立杆：$1.2\left(\dfrac{N}{\varphi A}\right) = 1.2\times\dfrac{10\,916.88}{0.251\times489} = 106.73(\mathrm{MPa}) < f = 205\mathrm{MPa}$

验算结果表明，立杆的承载能力有很多富余，但由于纵向水平杆承载力和扣件抗滑移承载力限制，立杆间距也就不可再调整了。由于容许长细比的限制，步距也是不可调整的了。

（3）立杆地基承载力验算

本满堂脚手架搭设在已平整夯实的回填土上，所以 $f_{\mathrm{gk}} \geqslant 120\mathrm{kPa}$。

$$f_\mathrm{g} = K_\mathrm{C}f_{\mathrm{gk}} = 0.4\times120 = 48(\mathrm{kPa})$$

脚手架下铺有 50mm 厚木垫板，按规定垫板宽度 $b \geqslant 220\mathrm{mm}$。

则：

$$P = \frac{N}{A} = \frac{10\,916.88}{0.22\times1.5} = 33\,081.4(\mathrm{Pa}) = 33.081\,4(\mathrm{kPa})$$

$P < f_\mathrm{g}$，所以地基承载力是安全的。

注：本节内容摘自本书参考文献[11]。

第六节　其他形式钢管脚手架(说明)

(1)碗扣式钢管脚手架是采用定型钢管杆件和碗扣接头连接的承插式多立杆脚手架。也采用 $\phi48\times3.5$mm 钢管管件,在构造形式、连墙点设置、搭拆程序和应用范围等方面都与扣件式钢管脚手架基本相同,但也有许多不同之处。有关碗扣式钢管脚手架结构设计计算,可参考《建筑施工碗扣式钢管脚手架安全技术规范》(JGJ 166—2008)和本书参考文献[4]。

(2)门式钢管脚手架,是由门架交叉支撑、连接棒、挂扣式脚手架或水平架、锁臂等基本构件所组成,它是由国外引进的一种多功能型脚手架。其几何尺寸标准化,结构合理,受力性能好,可以充分利用钢材强度,承载能力高,施工中装拆容易,效力高,安全可靠,是一种具有良好推广价值和发展前景的新型脚手架。门式钢管脚手架抗失稳性能远高于扣件式钢管脚手架。如果在其下部安装轮子,又可作为设备维修、机电安装、油漆粉刷以及广告制作的活动工作平台。有关门式钢管脚手架结构设计计算,可参考《建筑施工门式钢管脚手架安全技术规范》(JGJ 128—2010)和本书参考文献[4]、[17]。

上述两种脚手架因篇幅关系故此从略。

第二十七章　模板支架及拱架

第一节　现浇桥梁梁式上部结构模板支架的计算

一、满布式木支架

1. 构造

按支架所需跨度大小，可采用满布式支架的排架，如图 27-1 所示。它主要由排架和纵梁所组成。纵梁为受弯构件，跨径一般为 4～6m。满布式支架的排架可设置在地面的枕梁上（或桩基上），其基础须坚实可靠，确保支架的沉降值不超过规范要求。当排架较高时，应在排架上设置水平、弯直剪刀撑和排架两侧设置斜撑木，以保证支架横向稳定。

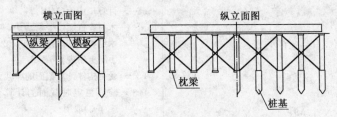

图 27-1　满布式木支架排架示意图

2. 荷载

(1)模板自重。

(2)新浇混凝土或钢筋混凝土质量。

(3)施工人员和运输工具质量。

(4)支架自重。

(5)倾倒混凝土时产生的冲击荷载。

(6)振捣混凝土产生的荷载。

3. 满布式木支架计算

满布式木支架计算见表 27-1。

满布式木支架计算　　　　　　　　　　　　　　　　　　　　　　　　表 27-1

项目	计算方法及公式	符 号 意 义
模板计算	受弯构件(模板自重忽略不计)： $$g_1 = d \times r$$ 考虑到模板本身的连续性，弯矩可按下式计算： $$M_{1/2} = \left[\frac{(g_1 + g_2) \times b}{10}\right] l_1^2 \quad 或 \quad M_{1/2} = \frac{Pl_1}{6} \quad (27\text{-}1)$$ 应力验算： $$\sigma_{\mathrm{w}} = \frac{M_{1/2}}{W_{ji}} \leqslant 1.2[\sigma_{\mathrm{w}}] \quad (27\text{-}2)$$	σ_{w}——计算弯曲应力(MPa)； $[\sigma_{\mathrm{w}}]$——木材容许顺纹受弯应力，见《公路桥涵钢结构及木结构设计规范》(JTJ 025—86)表 2.1.9 或本手册上册表 6-6； g_1——单位面积结构自重； g_2——施工人员和运输工具质量，按(2～3)kPa 计； d——结构高度(mm)；

项目	计 算 方 法 及 公 式	符 号 意 义
模板计算	（临时结构容许应力$[\sigma_w]$可提高到1.2倍） 挠度验算：$\quad v=\dfrac{5(g_1+g_2)bl_1^4}{384EI}\leqslant\dfrac{l_1}{400}$ 或 $\qquad v=\dfrac{Pl_1^3}{48EI}\leqslant\dfrac{l_1}{400}\qquad(27\text{-}3)$	γ——结构材料重度(kN/m^3)； b——模板宽度(mm)； P——集中荷载，按1.5kN核算； l_1——相邻两纵梁之间的距离（模板计算跨径）(mm)； v——挠度值(mm)； EI——模板抗弯刚度； W_{ji}——模板净截面抵抗矩(cm^3)
纵梁计算	受弯构件，按简支梁计算应力和挠度： $g=(g_1+g_2)l_1\qquad(27\text{-}4)$ $M_{1/2}=\dfrac{gl_2^2}{8}\qquad(27\text{-}5)$ $\sigma_w=\dfrac{M_{1/2}}{W_{ji}}\leqslant1.2[\sigma_w]\qquad(27\text{-}6)$ $v=\dfrac{5gl_2^4}{384EI}\leqslant\dfrac{l_2}{400}\qquad(27\text{-}7)$	l_2——纵梁计算跨径(mm)； g_2——作用在纵梁上的荷载； EI——纵梁抗弯刚度； W_{ji}——纵梁净截面抵抗矩(cm^3)。 其余符号意义同上
支架立柱计算	（1）轴心受压构件 强度验算：$\quad\sigma_a=\dfrac{N}{A_{ji}}\leqslant1.2[\sigma_a]\qquad(27\text{-}8)$ 稳定验算：$\quad\sigma_a=\dfrac{N}{\varphi A_0}\leqslant1.2[\sigma_a]\qquad(27\text{-}9)$ （2）偏心受压构件 $\sigma_a=\dfrac{N}{\varphi A_0}+\dfrac{M[\sigma_a]}{W_{ji}[\sigma_w]}\leqslant1.2[\sigma_a]\quad(27\text{-}10)$	σ_a——计算压应力(MPa)； $[\sigma_a]$——木材容许顺纹受弯应力，见《公路桥涵钢结构及木结构设计规范》$(JTJ\ 025—86)$表2.1.9或本手册上册表6-6； A_{ji}——受压构件计算截面的净截面面积(mm^2)； A_0——验算稳定时截面的计算面积，按本手册上册式(6-3)取用； φ——构件的纵向弯曲系数，按本手册上册式(6-3)取用

【例27-1】 有一4m钢筋混凝土板桥，桥宽7.5m，板厚0.40m，采用满布式木支架现浇，如图27-2所示，试计算模板、纵梁和支架的内力及变形。

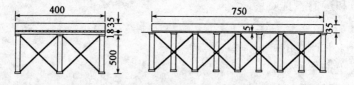

图27-2　钢筋混凝土板桥计算图例(尺寸单位：cm)

解：（1）模板计算（模板自重不计入）

板桥厚度$d=0.40m$，模板跨径$l_1=1.0m$，假定模板宽度$b=0.2m$，钢筋混凝土板桥单位重度$\gamma=25kN/m^3$，模板每米宽、每米长上的荷载如下。

钢筋混凝土板桥重量：$g_1=d\times r=0.40\times25=10.00(kPa)$；

施工人员和运输工具重量取$g_2=2.5kPa$；

倾倒混凝土时产生的冲击荷载和振捣混凝土时产生的荷载均按2kPa考虑。

板上每米长上的荷载为：$g=(g_1+g_2+2\times2.0)b=(10.00+2.5+2\times2.0)\times0.20$

$$=3.3(kN/m)$$

216

模板跨中弯矩按式(27-1)计算：

跨中弯矩：
$$M_{1/2} = \frac{gl_1^2}{10} = \frac{3.3 \times 1.0^2}{10} = 0.33 \text{(kN} \cdot \text{m)}$$

按集中力 $P = 1.8\text{kN}$ 计算，$M_{1/2} = \frac{Pl_1}{6} = \frac{1.8 \times 1.0}{6} = 0.30 \text{(kN} \cdot \text{m)} < 0.33 \text{kN} \cdot \text{m}$

临时木结构采用鱼鳞云杉，其容许弯应力 $[\sigma_w] = 13.0\text{MPa}$，模板需要的截面模量，由式(27-2)得：

$$W = \frac{M}{1.2 \times [\sigma_w]} = \frac{0.33}{1.2 \times 13.0 \times 10^3} = 2.115 \times 10^{-5} \text{(m}^3)$$

根据 W、b 得 h 为：

$$h = \sqrt{\frac{6 \times W}{b}} = \sqrt{\frac{6 \times 2.115 \times 10^{-5}}{0.20}} = 0.025\,2\text{(m)} = 2.52\text{(cm)}$$

模板截面尺寸采用 $0.05\text{m} \times 0.20\text{m}$ 核算其挠度。

木材弹性模量：
$$E = 9.0 \times 10^6 \text{kPa}$$

$$I = \frac{bh^3}{12} = \frac{0.20 \times 0.05^3}{12} = 2.083\,3 \times 10^{-6} \text{(m}^4)$$

由式(27-7)得：

$$v = \frac{5}{384} \times \frac{gl_1^4}{EI} = \frac{5 \times 3.3 \times 1.0^4}{384 \times 9.0 \times 10^6 \times 2.083\,3 \times 10^{-6}} = 0.229\,1 \times 10^{-2}\text{(m)}$$

$$\frac{v}{l_1} = \frac{0.229\,1 \times 10^{-2}}{1.0} = \frac{1}{436} < \left[\frac{v}{l}\right] = \frac{1}{400}，满足要求。$$

(2)纵梁计算(不计纵梁自重)

按简支梁计算如下。

纵梁跨度：$l_2 = 2.00\text{m}$，横桥向跨度 $l_1 = 1.0\text{m}$

纵梁单位荷载：$g = (g_1 + g_2 + 2 \times 2.0)l_1 = 16.5 \times 1.0 = 16.5 \text{(kN/m)}$

按式(27-5)、式(27-6)计算如下。

跨中弯矩：$M_{1/2} = \frac{gl_2^2}{8} = \frac{16.5 \times 2.0^2}{8} = 8.257 \text{(kN} \cdot \text{m)}$

需要的截面模量：$W = \frac{M}{1.2 \times [\sigma_w]} = \frac{8.25}{1.2 \times 13.0 \times 10^3} = 5.2885 \times 10^{-4} \text{(m}^3)$

纵梁宽度 b 预设为 0.18m，则 h 为：

$$h = \sqrt{\frac{6 \times W}{b}} = \sqrt{\frac{6 \times 5.288\,5 \times 10^{-4}}{0.18}} = 0.133\text{(m)}$$

初步取截面为 $0.18\text{m} \times 0.18\text{m}$，根据选定的截面尺寸核算其挠度，则有：

$$I = \frac{bh^3}{12} = \frac{0.18 \times 0.18^3}{12} = 8.748 \times 10^{-5} \text{(m}^4)$$

$$v = \frac{5}{384} \times \frac{gl_2^4}{EI} = \frac{5 \times 16.5 \times 2^4}{384 \times 9 \times 10^6 \times 8.748 \times 10^{-5}} = 0.436\,6 \times 10^{-2}\text{(m)}$$

$$\frac{v}{l_2} = \frac{0.436\,6 \times 10^{-2}}{2} = \frac{1}{458} < \left[\frac{v}{l}\right] = \frac{1}{400}，满足要求。$$

（3）立柱计算

设立柱长度为 5.0m，荷载 $P=gl=16.5\times2=33(kN)$，柱子截面采用 18cm×18cm 的方木，验算其稳定性。

截面最小回转半径：$r=\sqrt{\dfrac{I_m}{A_m}}=\dfrac{0.18}{\sqrt{12}}=0.052(m)$

杆件长细比：$\lambda=\dfrac{l}{r}=\dfrac{5.0}{0.052}=96.2>80$

$\varphi=\dfrac{3\ 000}{\lambda^2}=\dfrac{3\ 000}{96.2^2}=0.324$

截面 $A=0.18\times0.18=0.032\ 4(m^2)$，由式（27-8）、式（27-9）计算得：

强度验算：$\sigma_a=\dfrac{P}{A}=\dfrac{33}{0.032\ 4}=1\ 018.51(kPa)\leqslant1.2[\sigma_a]=14\ 400(kPa)$

稳定验算：$\sigma_a=\dfrac{P}{\varphi A}=\dfrac{33}{0.324\times0.032\ 4}=3\ 143.0(kPa)\leqslant1.2[\sigma_a]=14\ 400(kPa)$，满足要求。

二、万能杆件支架

1. 概述

用万能杆件拼装成各种高度和跨度的桁式支架，桁架高度可为 2m、4m、6m 或 6m 以上。当高度为 2m 时，腹杆拼成三角形；高度为 4m 时，腹杆拼成菱形；高度超过 6m 时，拼成多斜杆的形式，如图 27-3 所示。

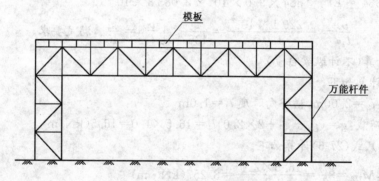

图 27-3　万能杆件支架示意图

用万能杆件拼装墩架时，柱与柱之间的距离应与桁架之间的距离相同，柱高除柱头及柱脚外应为 2m 的倍数。

万能杆件拼成的支架，在荷载作用下变形较大，且难以预计其数值，因此，应考虑预加压重，预压质量应相当于浇筑混凝土的质量。

2. 荷载

（1）模板自重（kPa）。

（2）支架自重（kN）。

（3）新浇混凝土或钢筋混凝土重量（kN/m³）。

（4）施工人员和运输工具重量（kPa）。

（5）倾倒混凝土时产生的冲击荷载（kPa）。

（6）振捣混凝土时产生的荷载（kPa）。

3. 万能杆件支架计算

万能杆件支架计算见表 27-2。

表 27-2

万能杆件支架计算

项目	计算方法及公式	符号意义
模板计算	同满布式木支架计算	
桁式支架计算	1. 弦杆、腹杆计算 (1)轴心受拉 $\sigma=\dfrac{N}{A}\leqslant[\sigma]$　　　(27-11) (2)轴心受压 $\sigma=\dfrac{N}{A}\leqslant[\sigma]$　　　(27-12) $\sigma=\dfrac{N}{A_m}\leqslant\varphi_1[\sigma]$　　(27-13) 2. 挠度计算 $\upsilon=\sum\dfrac{\overline{N}Nl_i}{EA_i}\leqslant[f]$　　(27-14) 3. 螺栓连接计算 螺栓连接计算可参见本手册(上册)第五章第二节中五、螺栓连接计算	N——弦杆或腹杆的轴心拉力或压力(kN); A——弦杆或腹杆的截面面积(mm^2); A_m——毛截面面积(mm^2); $[\sigma]$——弦杆或腹杆的容许应力(MPa); φ_1——轴心受压构件的稳定系数,见表 26-30; υ——桁式支架挠度(mm); EA_i——弦杆或腹杆的抗压或抗拉刚度; l_i——弦杆或腹杆的计算长度(mm); $\overline{N}$——单位荷载作用下弦杆或腹杆产生的轴向拉力或压力(kN)

三、扣件式钢管支架

1. 概述

扣件式钢管支架适用于无水或水流较浅的河流,主要由立杆(立柱)和横向水平杆(小横杆)、纵向水平杆(大横杆)、剪刀撑和斜撑等组成,立杆、大横杆、小横杆是主要受力构件,如图 27-4 所示,采用 Q235A(3 号)钢,截面特性见表 26-29。扣件式钢管支架杆件连接采用直角扣件、旋转扣件和对接扣件三种,供两根钢管直角连接、搭接连接或对接连接用,3 种扣件的容许荷载分别为 6kN、5kN 和 2.5kN。

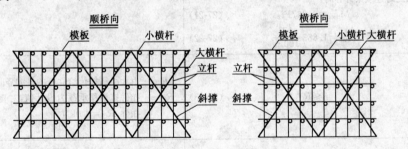

图 27-4　扣件式钢管支架示意图

立杆间距应根据计算确定,一般顺桥向(纵向)为 1.0~1.2m,横桥向以 0.5~1.1m 为宜,大横杆步距不宜超过 1.5m。

扣件式钢管支架必须搭设在经处理的坚实地基上,在立柱底部铺设垫层和安放底座,垫板可以采用厚度不小于 200mm 的混凝土或厚度不小于 50mm 的木板。

2. 荷载

(1)扣件式钢管支架自重,包括立柱、纵向水平杆、横向水平杆、支承杆件、扣件等,可按

表 26-29计算。

（2）模板、新浇混凝土等荷载见表 25-6～表 25-9。

（3）施工人员及其设备、运输工具等荷载。

3. 扣件式钢管支架的计算

扣件式钢管支架计算见表 27-3。

扣件式钢管支架的计算

表 27-3

项目	计算方法及公式	符号意义
立杆	立杆按两端铰接的受压构件计算，计算长度 l＝大横杆步距 h。 $$N \leqslant \varphi A[\sigma] \qquad (27-15)$$	N——立杆轴向力计算值（kN），同时应满足表 27-4 要求； A——立杆横截面面积（mm^2）； φ——立杆轴心受压构件的稳定系数，见表 26-30； $[\sigma]$——钢材强度极限值，为 215MPa
纵、横向水平杆	按受弯构件计算。 1. 横向水平杆（顶端小横杆）：认为所有荷载均由小横杆承受并传给立杆，按两跨或三跨连续梁验算其抗弯强度和挠度，也可按近似公式计算： （1）弯曲强度：$\sigma = \dfrac{ql_1^2}{10W} \leqslant [\sigma]$ (27-16) （2）抗弯刚度：$v_{max} = \dfrac{ql_1^4}{150EI} \leqslant [v]$ (27-17) 2. 纵向水平杆（大横杆）：按两跨或三跨连续梁计算，梁的跨度 l＝立杆间距。用小横杆传来的最大反力计算值，在最不利荷载布置计算其最大弯矩值，其弯曲强度按下式验算： 弯曲强度：$\sigma = \dfrac{M_{max}}{W} \leqslant [\sigma]$ (27-18) 当按两跨连续梁计算时： $$M_{max} = 0.333Fl_2 \qquad (27-19)$$ $$v_{max} = 1.466\dfrac{Fl_2^3}{100EI} \qquad (27-20)$$ 当按三跨连续梁计算时： $$M_{max} = 0.267Fl_2 \qquad (27-21)$$ $$v_{max} = 1.883\dfrac{Fl_2^3}{100EI} \qquad (27-22)$$	M_{max}——大横杆的最大弯矩（kN·m）； W——杆件截面抵抗矩，见表 26-29； l_1——小横杆的计算跨径（mm）； l_2——大横杆的计算跨径（mm）； EI——杆件的抗弯刚度； q——小横杆的均布荷载值（kPa）； F——小横杆作用在大横杆上的集中荷载（kN）； v——小横杆的最大挠度值（mm）； $[v]$——容许挠度值，取 3mm； 其余符号意义同上
扣件抗滑承载力	$$R \leqslant R_C \qquad (27-23)$$	R——由大小横杆传给立杆的最大竖向作用力（kN）； R_C——扣件抗滑移承载力设计值，对直角扣件和旋转扣件，R_C＝8.0kN
立柱地基承载力	$$P = \dfrac{N}{A_b} \leqslant f_g \qquad (27-24)$$ $$f_g = k_C f_{gk} \qquad (27-25)$$	P——立柱基础底面处的平均压力设计值（kN）； N——上部结构传至基础顶面的轴心力设计值（kN）； A_b——基础底面积（mm^2）； f_g——地基承载力设计值（kPa）； f_{gk}——地基承载力标准值，按国家现行标准《建筑地基基础设计规范》（GB 50007—2011）或表 26-62～表 26-66 采用； k_C——地基承载力调整系数，对碎石土、砂土、回填土 k_b＝0.4，对黏土 k_b＝0.5；对岩石、混凝土 k_b＝1.0

钢管支架容许荷载见表 27-4。

钢管支架容许荷载[N]　　　　　　　　　　表 27-4

横杆间距 L(cm)	$\phi48\times3$ 钢管		$\phi48\times3.5$ 钢管	
	对接立杆(kN)	搭接立杆(kN)	对接立杆(kN)	搭接立杆(kN)
100	31.7	12.2	35.7	13.9
125	29.2	11.6	33.1	13.0
150	26.8	11.0	30.3	12.4
180	24.0	10.2	27.2	11.6

【例 27-2】 某桥梁桥面的钢筋混凝土实心板,跨径 $L=9.6$m,桥面宽为 7.5m,板厚为 0.4m,整体浇筑施工,支架采用扣件式钢管支架,钢管为 $\phi48$mm$\times3.5$mm,支架直接支承在混凝土垫层上,如图 27-5 所示,试验算支架内力。

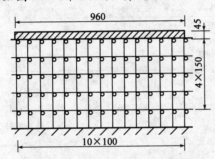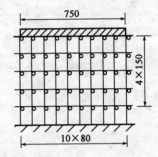

图 27-5　扣件式钢管支架构造(尺寸单位:cm)

解:(1)小横杆计算

钢管立柱的纵向间距为 1.0m,横向间距为 0.8m,因此小横杆的计算跨径 $l_1=0.80$m,忽略模板自重,在顺桥向单位长度内混凝土重量为:

$$g_1 = 1.0\times0.40\times25 = 10.00(\text{kN/m})$$

倾倒混凝土和振捣混凝土产生的荷载均按 2.0kPa 计算。

横桥向作用在小横杆上的均布荷载为:

$$g = g_1+2\times2.0\times1.0 = 10.00+4.0 = 14.00(\text{kN/m})$$

由式(27-16)和式(27-17)计算如下。

弯曲强度:$\sigma=\dfrac{gl_1^2}{10W}=\dfrac{14.00\times800^2}{10\times5.078\times10^3}=176.45(\text{MPa})<[\sigma]=215\text{MPa}$

抗弯刚度:$\upsilon_{\max}=\dfrac{ql_1^4}{150EI}=\dfrac{14.00\times800^4}{150\times2.1\times10^5\times1.215\times10^5}=1.498(\text{mm})<3\text{mm}$

(2)大横杆计算

立柱纵向间距为 1.0m,因此大横杆的计算跨径 $l_2=1.0$m,现按三跨连续梁进行计算。

由小横杆传递的集中力 $F=14.00\times0.8=11.20(\text{kN})$,最大弯矩可按式(27-21)计算:

$$M_{\max} = 0.267Fl_2 = 0.267\times11.2\times1.0 = 2.99(\text{kN·m})$$

弯曲强度:$\sigma=\dfrac{M_{\max}}{W}=\dfrac{2.99\times10^6}{5.078\times10^3}=588.8(\text{MPa})>215\text{MPa}$,不能满足要求。

挠度:$\upsilon_{\max}=1.883\dfrac{Fl_2^2}{100EI}=1.883\times\dfrac{11\,200\times1\,000^2}{100\times2.1\times10^5\times1.215\times10^5}=0.008(\text{mm})<3\text{mm}$

（3）立杆计算

立杆承受由大横杆传递来的荷载，因此 $N=11.2\text{kN}$，由于大横杆步距为 1.5m，长细比 $\lambda=\dfrac{l}{i}=\dfrac{1\ 500}{15.78}=95$，查表 26-30 得 $\varphi=0.626$，按式（27-15）有：

$$[N]=\varphi A[\sigma]=0.626\times489\times215=62\ 814.5(\text{N})=62.8(\text{kN})$$

因此 $N<[N]$，满足要求。

4. 扣件抗滑力计算

由 $R=11.2\text{kN}>R_C=8.5\text{kN}$，不能满足抗滑要求。应采取措施，使用双扣件来满足要求。

5. 预拱度计算与设置

现浇梁式上部构造预拱度计算与设置见表 27-5。

现浇梁式上部构造预拱度计算与设置 表 27-5

序号	项　目	计算公式		符号意义
1	支架卸载后由上部构造自重及活载一半产生的竖向挠度 δ_1			
2	支架在荷载作用下的弹性压缩 δ_2	$\delta_2=\dfrac{\sigma L}{E}$ （27-26）		L——杆件长度(mm)； E——弹性模量(MPa) σ——支架构件的压应力(MPa)
3	支架在荷载作用下的非弹性压缩 δ_3	$\delta_3=2k_1+3k_2+2k_3+2.5k_4$ （27-27）		k_1——顺纹木料接头数目； k_2——横纹木料接头数目； k_3——木料与金属或木料与圬工接头数目； k_4——顺纹与横纹木料的接头数目
4	支架基底在荷载作用下的非弹性沉陷 δ_4	枕梁在砂土上	5～10mm	
		枕梁在黏土上	15～20mm	
		打入砂土的桩	5mm	
		打入黏土的桩	10mm	
5	由混凝土收缩、温度变化引起的挠度 δ_5			
6	预拱度 δ	$\delta=\delta_1+\delta_2+\delta_3+\delta_4+\delta_5$ （27-28）		δ——跨中预拱度值(mm)
7	预拱度值设置	按二次抛物线法分配： $\delta_x=\dfrac{4\delta x(L-x)}{L^2}$ （27-29） 按直线分配： $\delta_x=\dfrac{x}{L}\delta$（左本跨）（27-30）		δ_x——距左支点 x 的预拱度值(mm)； x——距左支点的距离(mm)； L——跨长(mm)

注：对桁架支架应根据具体情况计算其弹性压缩 δ_2

注：本文引自本手册参考文献[3]。

222

第二节　扣件式钢管单梁模板支架、楼板模板支架及梁板模板体系支架计算[11]

一、荷载标准值及分项系数

1. 恒载分项系数为 1.2

（1）模板自重标准值——木材 $6\sim7kN/m^3$，胶合板 $3kN/m^3$，钢材 $78.5kN/m^3$。

（2）新浇筑混凝土自重标准值——对普通混凝土采用 $24kN/m^3$，对其他混凝土，可按实际情况采用。

（3）钢筋自重标准值——应根据设计图纸确定。近年来，钢筋混凝土的配筋量越来越大，所以以往有关规范给的参考数值已不宜采用。

（4）扣件式钢管支架的自重标准值——应根据初步拟定的搭设方案，按表 26-1 提供的数值计算。

（5）脚手板自重标准值——按表 26-1 提供的数值采用。适用于单梁模板支架上设置有脚手板时。

2. 可变荷载——新浇筑混凝土对梁侧模产生的压力的分项系数为 1.2，其余分项系数均为 1.4

（1）施工人员及设备荷载（以下简称施工荷载）标准值——对支架系统取 1.0kPa。

（2）振捣混凝土时产生的荷载标准值：

①对水平面模板采用 2.0kPa；

②对垂直面模板（即侧模）采用 4.0kPa（作用范围在新浇筑混凝土侧压力的有效压头高度之内），用 F_{H1} 表示。

（3）新浇筑混凝土对侧模的压力标准值呈三角形分布荷载如图 27-6 所示，计算如下：

$$F = H\gamma_C \qquad (27-31)$$

式中：F——新浇筑混凝土对模板的最大侧压力（kPa）；

H——新浇筑混凝土的总高度（m）；

γ_C——混凝土的重度（kN/m^3），素混凝土 $\gamma_c=24kN/m^3$，钢筋混凝土 $\gamma_c=25kN/m^3$。

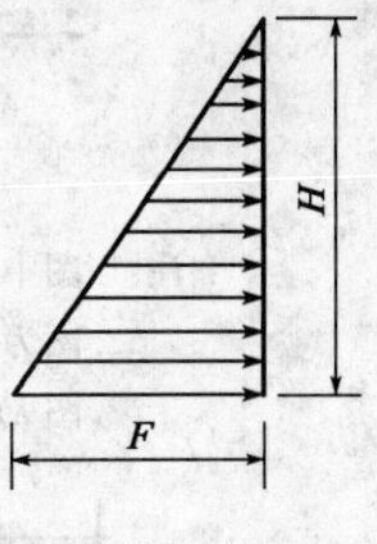

图 27-6　三角形荷载分布

（4）倾倒混凝土时产生的水平荷载标准值（kPa）：

①对于溜槽、串筒或导管入模，取 $F_{H2}=2kPa$；

②对于容量小于 $0.2m^3$ 的容器直接入模，取 $F_{H2}=2kPa$；

③对于容量为 $0.2\sim0.8m^3$ 的容器直接入模，取 $F_{H2}=4kPa$；

④对于容量大于 $0.8m^3$ 的容器直接入模，取 $F_{H2}=6kPa$。

3. 荷载组合

（1）所有恒荷载中，除脚手板自重标准值产生的荷载效应仅适用于单梁模板支架处，其余恒载标准值所产生的荷载效应均适用于单梁模板支架和楼板模板支架。

（2）对于楼板（包括梁板体系中的楼板），仅计算施工荷载及振捣混凝土时对水平面模板产生的荷载标准值的荷载效应，并将其通过计算转化为对支架的荷载效应。其余活荷载对楼板模板是不存在的。

（3）对于梁（单梁和梁板体系中的梁），除应计算施工荷载及振捣混凝土时对底模产生的荷载标准值的荷载效应，并将其通过计算转化为对支架的荷载效应外，尚应考虑其他活荷载对支架的荷载效应。

二、扣件式钢管单梁模板支架计算

1. 扣件式钢管单梁模板支架的构造

（1）基本构架

依据梁断面的宽度，扣件式钢管单梁模板支架的基本构架一般为双排架（梁断面宽度 B ≤300mm 时），四排架（B>300mm，B≤600mm 时）和五排架（B>600mm 时），如图 27-7 所示。

（2）剪刀撑的设置

①所有单梁模板的支架，均应沿纵向外立杆自底到顶通设剪刀撑，当支架高度超过 4m 时，对于五排立杆的支架，尚应沿中间一排立杆加设一道纵向剪刀撑；

②应在支架端头处自底到顶各设横向剪刀撑（或"之"字形斜撑）一道，并应于中部位每 4 跨（支架高度超过 4m 时）、3 跨（支架高度不超过 6m 时）、2 跨（支架度超过 6m 时）设一道自底到顶的横向剪刀撑（或"之"字形斜撑）；

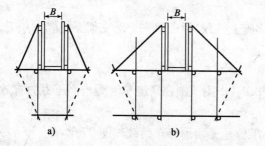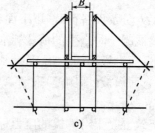

图 27-7　单梁模板扣件式钢管支架的基本构架示意图

注：1. 图中 a)适用于 B≤300mm；b)适用于 300mm<B≤600mm；c)适用于 B>600mm

2. 图为基本构架示意，未表示剪刀撑、脚手板等构配件，这些构配件实际上也是不可或缺的。

3. 图 a)、b)所示为模板直接支承于横向水平杆上；c)所示为模板支承于方木上，也可用于 a)、b)。

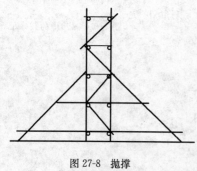

图 27-8　抛撑

③当支架高度不少于 4 步时，应每 2 步设一道水平剪刀撑（或"之"字形斜撑）。

（3）抛撑设置

①所有单梁模板的双排支架，均设抛撑。抛撑应设在与横向"之"形斜撑相连的立杆上，并应每 2 步一道抛撑，抛撑上端支点应设在主节点处；为保证抛撑杆件具有一定刚性，抛撑应与横向水平杆的延长段连接，如图 27-8 所示。抛撑杆与水面之间的夹角为 6°～45°。四五排架可不设抛撑；

②支架高度超过四步或基本风压较大时，对支架尚应进行抗倾覆验算，必要时应设缆风牵绳，其上端应连接于与横向剪刀撑相连的立杆最上端主节点上，下端应连接于地锚上。牵绳采用带对拉螺栓的钢丝绳；

③所有抛撑的下端均应支撑牢靠。

（4）侧模外侧斜撑杆的设置

梁侧模外侧的斜撑杆应按以下要求设置：

①当梁侧模上设有足以抵抗侧压力的锥形对拉螺栓时，可只设图27-7中实线所示的斜撑杆；

②当梁侧模上未设锥形对拉螺栓，或者虽设了锥形对拉螺栓，但对其承受侧模侧压力的承载能力未经计算，可不计其承载能力时，除应按图27-7中实线设置斜撑杆外，必要时，尚应在梁的同一断面处设置二层或多层斜撑杆，以确保斜撑杆的水平支撑力足以安全承受侧模的侧压力。在这种情况下，宜增设图27-7中虚线所示的斜撑杆；

③对于双排支架，无论何种情况，均应增设虚线所示的斜撑杆。

（5）承载小横梁设置

为叙述方便，我们不妨将直接承受模板传递来的荷载及施工荷载、脚手板质量的杆件称之为"承载小横梁"。图27-7a)、b)中，则横向水平杆兼为"承载小横梁"；图27-7c)中，则模板下设的横向方木为"承载小横梁"。

承载小横梁必须设于贴近立杆之处，当拟浇筑单梁的断面很大时，亦可在立杆两侧设置承载小横梁。不得在纵向水平杆的跨中设置承载小横梁。

2. 荷载计算

（1）扣件式钢管单梁模板支架所承受支架自重以外的荷载，可按图27-9计算。

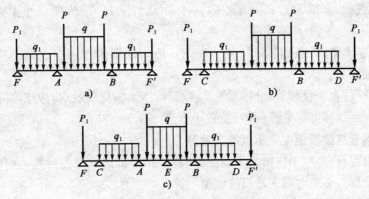

图27-9　单梁模板支架的计算简图

注：以上计算简图对应于图27-7的a)、b)、c)

图中：q——混凝土自重、钢筋自重、梁底模自重设计值总和以及振捣混凝土时对水平面模板（即梁底模）产生的荷载设计值对承载小横梁产生的线均布荷载（N/mm）；

　　　q_1——脚手板自重设计值及施工荷载设计值对承载小横梁产生的线均布荷载（N/mm）；

　　　P——梁侧模自重设计值对承载小横梁产生的集中荷载（N）；

　　　P_1——梁侧模侧压力设计值对支架产生的集中荷载（N）。

当梁侧模侧压力由对拉螺栓承力时，$P_1=0$。

当梁侧模侧压力由连接于横向水平杆延长段上斜撑承力时，可按图27-10先算出R_{H1}，再由下式求得P_1：

$$P_1 = \frac{h_1}{a_1} R_{H1} \tag{27-32}$$

225

式中：h_1——斜撑杆垂直投影高度(mm)，斜撑杆的应取扣件中心点之间的长度；

a_1——斜撑杆的水平投影长度(mm)。

图 27-9 是按顶层水平横杆兼为承力小横梁画的计算简图；当另设承力小横梁时，计算简图中不应表示 P_1，并应去掉 P_1 下的支座，此时，P_1 应由图 27-6 中虚线所示的斜撑杆直接传至上端第 2 步立杆顶端。

在图 27-10 中：

q'——由振捣混凝土时对侧模产生的侧向荷载设计值换算的线均布荷载(N/mm)，或由倾倒混凝土时产生的水平荷载设计值换算的线均布荷载(N/mm)，取两者中标准值较大者计取 q'；

q''——由新浇筑混凝土对侧模产生的设计值换算的三角形线均布荷载(N/mm)。

注意：上述计算中，均是按荷载设计值计算的，即各项荷载均应为标准值乘以分项系数及组合系数。

当组合风荷载时，各项可变荷载均应以标准值乘以分项系数，并应再乘以组合系数 0.85。

图 27-10　均布荷载 q''、q'

图 27-9 计算图中，均是按设一道斜撑杆表示的，当设有 2 道或 2 道以上斜撑杆时，应如实表示，通过解连续梁，求得 R_{H1}、R'_{H1}、R''_{H1}……，再求得 P_1、P'_1、P''_1……（在承载小梁上作用于不同的位置上）。

解图 27-9 连续梁，所得支座反力 R_A、R_B、R_C、R_D、R_E 即为作用于承载小横梁的荷载对相应立杆产生的轴向力。

(2)支架各杆件自重设计值(分项系数为 1.2)所产生的荷载效应，应按实际结构情况参照表 27-77 中的 N_{G1k} 计算办法计算(不可照搬)。

3. 扣件式钢管单梁模板支架承载能力验算

主要计算内容有：承载小横梁的承载能力验算、扣件抗滑承载力验算、立杆稳定验算及立杆地基承载力验算。必要时尚应进行抗倾覆验算。

(1)承载小横梁验算公式

抗弯承载力：
$$\frac{M_{\max}}{W} \leqslant f \tag{27-33}$$

抗剪承载力：
$$\frac{V}{A} \leqslant f_v \tag{27-34}$$

挠度验算：
$$\upsilon \leqslant [\upsilon] \tag{27-35}$$

$[\upsilon] = \dfrac{l}{150}$，并不大于 10mm。

验算不能满足安全要求时，应加大小横梁断面；太富余时，应减小其断面。

(2)扣件抗滑承载力验算：
$$R_{\max} = R_C = 8\ 000\text{N} \tag{27-36}$$

验算不合格时，应将立杆纵距调小，反之，则应加抗滑扣件或加大立杆纵距。

(3)立杆稳定验算

不组合风荷载时，

226

$$K_h \frac{N}{\varphi A} \leqslant f = 205\text{MPa} \tag{27-37}$$

组合风荷载时，

$$K_h \left[\frac{N}{\varphi A} + \frac{M_w}{W\left(1 - \frac{N\varphi}{N_E'}\right)} \right] \leqslant f = 205\text{MPa} \tag{27-38}$$

式中，K_h 可按表 26-28 取参考值。

双排支架的具体计算，可参照第二十六章第五节的计算方法；四五排支架的具体计算可参考第二十六章第五节表 26-77 中关于有侧移满堂脚手架的计算方法。

风荷载体型系数按敞开式脚手架计算。当 $\eta = 1$ 时，即可忽略风荷载的影响。

计算过程中，立杆纵距可先假设，再通过立杆稳定验算予以调整、确定。

（4）立杆地基承载力验算

$$P \leqslant f_{gk} \tag{27-39}$$

具体见表 26-61 中公式，也可参照【例 26-35】中相关部分。

（5）抗倾覆验算

进行支架的抗倾覆验算时，应不计混凝土自重、钢筋自重以及所有活荷载，荷载分项系数应按 1.0 取值。

此时，应按上列要求依图 27-9（必要时应加以修改）所示简图计算各立杆所承受的外力产生的轴向力和各立杆所承受的支架自重产生的轴向力[切不可采用本条第（2）款计算所得轴向力值]。

①抗倾覆验算

$$M_0 = M_{0w} - M_{0N} \leqslant 0 \tag{27-40a}$$

此时支架自身的抗倾覆能力是安全的。

$$M_0 = M_{0w} - M_{0N} > 0 \tag{27-40b}$$

此时，支架自身的抗倾覆能力不足，须设置缆风牵绳来提高支架的抗倾覆能力。

以上两式中：M_0——倾覆力矩与抗倾覆力矩的合力（N·mm）；

$\qquad$ M_{0w}——由风荷载设计值产生的倾覆力矩（N·mm）；

$\qquad$ M_{0N}——由支架自重标准值及模板自重标准值产生的抗倾覆力矩（N·mm）。

M_{0w} 由设计值求得，M_{0N} 由标准值求得，故不必另设安全系数。

$$M_{0w} = n' l_a \sum h_i w_{ki} + A_{cm} w_{kcm} \tag{27-40c}$$

式中：n'、l_a——分别为立杆纵距跨数（无量纲）及立杆纵距（mm）；

$\qquad$ h_i——第 i 步架的步距（mm）；

$\qquad$ w_{ki}——第 i 步架的风压设计值的平均值（MPa）；

$\qquad$ A_{cm}——梁侧模面积（mm^2）；

$\qquad$ w_{kcm}——梁侧模的风压设计值的平均值（MPa）。

计算 w_{ki} 时，风荷载的体型系数 μ_S 按敞开脚手架计算；

计算 w_{kcm} 时，风荷载的体型系数 $\mu_S = 1.0$；

计算 w_{ki} 和 w_{kcm} 时，风荷载的体型系数 μ_S 应按 h_i 和梁侧模的实际高度取值。

$$M_{0N} = \sum N_j l_j \tag{27-41}$$

式中：N_j——第 j 排纵向各立杆所承受的轴向力总和（N）；计算时，各分项系数及组合系数均取1.0；

　　　l_j——第 j 排立杆与第0排各立杆中轴线水平投影点连线的距离（mm）。

所谓第0排各立杆中轴线的投影点连线，就是背风面边排各立杆中轴线在地面上的投影点连线。

N_j 必须是按本小节规定计算所得轴向力。

②缆风牵绳应具备的抗拉能力计算

如上所述，当 $M_0 > 0$ 时，则应设缆风牵绳，其上端应连接于与横向剪刀撑相连的立杆最上端主节点上，下端应连接于地锚。牵绳一般采用带对拉螺栓的钢丝绳。

$$nF = \frac{M_0 \sin\alpha\cos\alpha}{l\cos\alpha + H\sin\alpha} \qquad (27\text{-}42)$$

式中：n——设于支架一侧的牵绳根数；

　　　F——每根牵绳（即钢丝绳）应具备的抗拉能力（N）；

　　　α——牵绳与水平面的夹角；

　　　l——牵绳下端与支架最外侧立杆轴线的间距（mm）；

　　　H——支架高度（mm）。

求得 F 值后，即可按第二十六章第二节相应部分的计算方法选用钢丝绳了。选用时，钢丝绳的安全系数取 $K = 6.0$。

③地锚设置

因缆风牵绳使用时间很短，当混凝土浇筑72h后即可拆除，所以地锚也无须设置得过于坚固。一般均采用简易地锚（图27-11）。

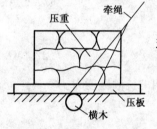

图27-11　简易地锚

地锚压重应按下式计算：

$$G \geqslant 2(G_1 + G_2) \qquad (27\text{-}43)$$

式中：G——压重的总重力；

　　　G_1——抵抗钢丝绳垂直分力所需最小压重；

　　　G_2——抵抗钢丝绳水平分力所需最小压重；

$$G_1 = F\sin\alpha \qquad (27\text{-}44)$$

$$G_2 = \frac{F\cos\alpha}{f_m} \qquad (27\text{-}45)$$

式中：f_m——压板与土之间的摩擦因数，取 $f_m = 2.5\text{kPa}$。

三、扣件式钢管楼板模板支架计算

1. 构造要求

详见第二十六章第一节、三、2. 扣件式钢管脚手架构造要求。

2. 荷载计算

所承受的荷载：包括恒载（1）、（2）、（3）、（4）及可变荷载（1）和（2）之前项（见本章第二节、一、）

（1）模板支架立杆的稳定性应按第二十六章式（26-28）、式（26-29）和式（26-8）进行计算，其中轴力设计值和计算长度的计算应符合下列规定。

a. 模板支架立杆的轴向力设计值 N，应按下列公式计算。

组合风荷载时：

$$N = 1.2(N_{G1k} + N_{G2k}) + 0.85 \times 1.4 \sum N_{Qk} \tag{27-46}$$

不组合风荷载时：

$$N = 1.2(N_{G1k} + N_{G2k}) + 1.4 \sum N_{Qk} \tag{27-47}$$

式中：N_{G1k}——支架自重标准值产生的轴向力；

N_{G2k}——混凝土、钢筋及模板自重标准值产生的轴向力；

$\sum N_{Qk}$——施工人员及施工设备荷载标准值、振动混凝土时产生的荷载标准值所产生的轴向力总和。

N_{G1k}可按表 26-77 中的计算式计算；当设有水平剪刀撑时，应按剪刀撑的实际布置情况，另行计算其自重标准值产生的轴向力，增加到 N_{G1k} 值中。

在楼板的模板及其支架中，混凝土、钢筋、模板的自重及施工荷载、振捣混凝土时对水平面模板产生的荷载，都是由模板的小楞传至大楞，再由大楞最终传递到支架上去的。大楞总是设于立杆之顶端或立杆之侧并贴紧立杆的。根据这一特点，当计算 N_{G2k} 时，可将混凝土自重标准值、钢筋自重标准值、模板自重标准值产生的荷载，综合后化为一个等效的面均布荷载 q_{G2k}。

$$q_{G2k} = \frac{\sum G_1 + \sum G_2 + \sum G_3}{S} \tag{27-48}$$

式中：$\sum G_1$——计算范围内由混凝土自重标准值产生的全部楼板混凝土的总荷载；

$\sum G_2$——计算范围内由钢筋自重标准值产生的全部楼板钢筋的总荷载；

$\sum G_3$——计算范围内由模板自重标准值产生的全部楼板钢筋的总荷载；

S——计算范围内楼板模板的总面积。

N_{G2k} 及 $\sum N_{Qk}$ 可按表 27-6 中得计算式计算。

N_{G2k}、$\sum N_{Qk}$ 计算式　表 27-6

计 算 项 目	中 间 立 杆	边 立 杆	角 立 杆
N_{G2k}	$l_a l_b q_{G2k}$	$0.5 l_a l_b q_{G2k}$	$0.25 l_a l_b q_{G2k}$
$\sum N_{Qk}$	$3000 l_a l_b$	$0.5 \times 3000 l_a l_b$	$0.25 \times 3000 l_a l_b$

b. 模板支架立杆的计算长度 l_0 应按下式计算。

$$l_0 = h + 2a \tag{27-49}$$

式中：h——支架立杆的步距（m）；

a——模板支架立杆伸出顶层横向水平杆中心线至模板支撑点的长度（m）。

(2)风荷载产生的弯矩计算

风荷载产生的弯矩，按下式计算：

$$M_W = K_n w_0 \mu_S l_a \quad \text{或} \quad M_W = K_n w_0 \mu_S l_b \tag{27-50}$$

μ_S 按敞开式脚手架计取，具体计取方法按第二十六章表 26-8 中式（26-7a）计算。应该注意的是，计取要的式中的 μ_S 时，η^n 中的 n 应为平行于 l_a 的支架立杆排数；计取后式中的 μ_S 时，η^n 中的 n 应为平行于 l_b 的支架立杆排数。

3. 扣件式钢管楼板模板支架的承载能力验算

(1)如构造符合本节三、的构造要求，并满足"大横杆总是设在立杆之顶端或立杆之侧并贴紧立杆"的要求时，纵横水平杆承载能力是无须计算的。扣件的抗滑承载力验算同本章第二节、二、3.、(2)项。

（2）立杆稳定验算公式同本章第二节、二、3.（3）项，具体计算可按第二十六章表 26-77 中关于有侧移满堂脚手架的计算方法。

（3）立杆地基承载力验算按第二十六章表 26-61 中公式进行计算。

四、扣件式钢管梁板体系支架计算

实质上，梁板模板支架是单梁模板支架与楼板模板支架的一个组合体，所以，可以按单梁模板支架和楼板支架分别计算。但是，在梁板结合部位，一些杆件既兼有梁模板支架中的功能，又兼有楼板模板支架中的功能。对于这些杆件，应分别计算各杆件在单梁模板支架中承受的荷载效应和在楼板模板支架中承受的荷载效应，然后将这两种荷载效应叠加，即可得到这些杆件各自承受的真实荷载效应。在验算杆件的承载能力时，应按这些杆件承受的全部荷载效应计算。

在计算风荷载的效应时，应将整个支架按一个整体看待，通俗地说，就是在计算体形系数时，μ_s^n 中的 n 应按整个支架取值。

模板支架设计计算示例[12]：

【例 27-3】 某办公楼现浇钢筋混凝土楼板，楼板层高 $H=3.60\text{m}$，其厚度 $h=0.12\text{m}$，施工时，采用 $\phi48\times3.5\text{mm}$ 钢管搭设满堂脚手作为横板的支承架。现浇混凝土楼板底下立杆纵距和立杆横距相等，即 $l_a=l_b=0.9\text{m}$，步距 $h=1.735\text{m}$，现浇混凝土梁底的立杆横距 $l_{b1}=0.60\text{m}$，立杆纵距 $l_{a1}=0.45\text{m}$，模板支架立杆伸出顶层横向水平杆中心线至模支撑点的长度 $a=150\text{mm}$。模板支架搭设符合《建筑施工扣件式钢管脚手架安全技术规范》(JGJ 130—2011) 的构造要求。施工地区为上海市郊区，地面粗糙度为 B 类。如图 27-12 所示，试设计计算该模板支架。

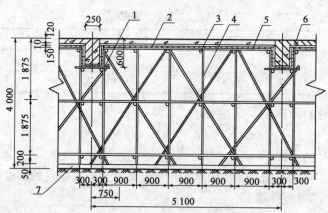

图 27-12　计算示例图(尺寸单位：mm)

1-小横向水平杆；2-木方；3-纵向水平杆；4-立杆；5-大横向水平杆；6-混凝土楼板；7-木垫板

解：（1）楼板底——纵、横距内模板支架自重

①立杆：$(4.0-0.05-0.13)\times0.0384=3.82\times0.0384=0.1467(\text{kN})$

②横杆：$0.9\times3\times0.0384=0.1037(\text{kN})$

③纵杆：$0.9\times3\times0.0384=0.1037(\text{kN})$

④直角扣件（支架顶立节点处按增加一扣件考虑）：

$$7\times13.2\times10^{-3}=0.0924(\text{kN})$$

⑤对接扣件：$\dfrac{18.4 \times 10^{-3}}{6.5} \times 0.9 \times 4 = 0.010\,2(kN)$

⑥剪刀撑(每隔四排垂直两个方向设置剪刀撑,计算支架自重时,考虑含剪刀撑计算单元,剪刀撑斜杆与地面的倾角近似取为 $\alpha = 60°$)为：

$$\frac{2 \times 3.82 \times 0.9 \times 0.038\,4}{\sin 60° \times 3.82 \cot 60°} \times 2 = 0.2767(kN)$$

⑦旋转扣件(剪刀撑每步与立杆相交处或与水平杆相交处均有旋转扣件扣接)

$$6 \times 14.6 \times 10^{-3} \times \frac{0.9}{3.82\cot 60°} \times 2 = 0.071\,5(kN)$$

以上合计：$\sum = 0.146\,7 + 0.103\,7 + 0.103\,7 + 0.092\,4 + 0.010\,2 + 0.276\,7 + 0.071\,5$
$\qquad = 0.80(kN)$

(2)梁底——纵、横距内(计算单元内)模板支架自重

①立杆：$(4.0 - 0.05 - 0.13) \times 0.038\,4 = 0.146\,7(kN)$

②横杆：$(0.3 + 0.2 + 0.75 \times 2) \times 0.038\,4 = 0.076\,8(kN)$

③纵杆：$4 \times 0.45 \times 0.038\,4 = 0.069\,1(kN)$

④直角扣件(梁底主节点处按增加——扣件考虑)：$10 \times 13.2 \times 10^{-3} = 0.132(kN)$

⑤对接扣件：$\dfrac{18.4 \times 10^{-3}}{6.5} \times (0.75 \times 2 + 0.45 \times 3) = 0.008\,1(kN)$

⑥剪刀撑(近似取)：$0.276\,5 + 0.079\,9 = 0.356\,4(kN)$

以上合计 $\sum = 0.146\,7 + 0.076\,8 + 0.069\,1 + 0.132 + 0.008\,1 + 0.356\,4 = 0.79(kN)$

(3)永久和可变荷载标准值

永久荷载标准值：

①楼板底模板支架自重标准值 0.80kN；

②梁底模板支架自重标准值 0.79kN；

③楼板木模板自重标准值 0.30kPa；

④楼板钢筋自重标准值每立方钢筋混凝土 1.1kN；

⑤梁钢筋自重标准值每立方钢筋混凝土 1.5kN；

⑥新浇筑混凝土自重标准值 24kPa。

可变荷载标准值：

①施工人员及设备荷载标准值 1.0kPa；

②振捣混凝土时产生的荷载标准值 2.0kPa。

(4)验算混凝土楼板模板支架

①大横向水平杆验算

混凝土楼板模板下大横向水平杆按两跨连续梁计算(计算变形宜按三跨连续梁计算),两跨连续梁计算简图如图 27-13 所示。

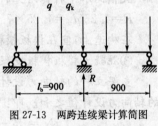

图 27-13　两跨连续梁计算简图
(尺寸单位:mm)

作用大横向水平杆永久线荷载标准值：

$$q_{k1} = 0.3 \times 0.9 + 1.1 \times 0.9 \times 0.12 + 24 \times 0.9 \times 0.12 = 2.98(kN/m)$$

作用大横向水平杆永久线荷载设计值：

$$q_1 = 1.2q_{k1} = 1.2 \times 2.98 = 3.58(kN/m)$$

作用大横向水平杆可变线荷载标准值：

$$q_{k2} = 1 \times 0.9 + 2 \times 0.9 = 2.7(kN/m)$$

作用大横向水平杆可变现荷载设计值：
$$q_2 = 1.4 \times 2.7 = 3.78(\text{kN/m})$$
作用大横向水平杆线荷载设计值：
$$q = q_1 + q_2 = 3.58 + 3.78 = 7.36(\text{kN/m})$$
大横向水平杆受最大弯矩：
$$M = 0.125ql_b^2 = 0.125 \times 7.36 \times 0.9^2 = 0.75(\text{kN} \cdot \text{m})$$

a. 抗弯强度
$$\sigma = \frac{M}{W} = \frac{0.75 \times 10^6}{5.08 \times 10^3} = 147.64(\text{MPa}) < f = 205\text{MPa}$$

满足要求。

b. 按两跨连续梁计算的挠度
$$v = \frac{l_b^4}{100EI}(0.521q_{k1} + 0.912q_{k2}) = \frac{900^4 \times (0.521 \times 2.98 + 0.912 \times 2.7)}{100 \times 2.06 \times 10^5 \times 12.19 \times 10^4} = 1(\text{mm}) < \frac{5\,100}{1\,000}$$

$$= 5.1(\text{mm}) 及 \frac{900}{150} = 6(\text{mm})，满足要求。$$

c. 按三跨连续梁计算的挠度
$$v = \frac{l_b^4}{100EI}(0.677q_{k1} + 0.99q_{k2}) = \frac{900^4 \times (0.677 \times 2.98 + 0.99 \times 2.7)}{100 \times 2.06 \times 10^5 \times 12.19 \times 10^4} = 1.2(\text{mm}) <$$

5.1mm，满足要求。

说明：

1. 现浇筑混凝土梁、板起拱高度为跨度的 $1/1\,000 \sim 3/1\,000$。支架的压缩变形值或弹性挠度，控制为相应的结构计算跨度的 $1/1\,000$。

2. 按两跨梁计算得最大弯矩与最大支反力，比按三、四、五跨连续梁计算的最大弯矩与最大支反力取值大，计算偏安全。混凝土次梁、板通常留置施工缝到主梁距离与模板支架两跨长基本相符。施工现场往往在混凝土梁间距约为模板支架两跨长现象。

3. 三跨连续梁计算得最大挠度取值比按二、四、五跨连续梁计算的最大挠度取值大。

②扣件的抗滑承载力计算

大横向水平杆传给立杆最大竖向力设计值：

$R = 1.25ql_b = 1.25 \times 7.36 \times 0.9 = 8.28(\text{kN}) \approx R_C = 8\text{kN}$，满足要求。

在构造上，宜在楼板模板支架顶主节点处立杆上设双扣件。

③混凝土楼板模板支架立杆计算

支架立杆的轴向力设计值为大横向水平杆传给立杆最大竖向力与楼板底模支架自重产生的轴向力设计值之和。即：
$$N = R + 0.80 \times 1.2 = 8.28 + 0.80 \times 1.2 = 9.24(\text{kN})$$

模板支架立杆的计算长度 l_0：
$$l_0 = h + 2a = 1.735 + 2 \times 0.15 = 2.035(\text{m})$$

根据《建筑施工扣件式钢管脚手架安全技术规范》(JGJ 130—2011)表 5.2.8 或本手册表 26-48 取长度系数 $\mu = 1.5$

由式(26-36)、式(26-37)得 $\lambda = \frac{l_0}{i} = \frac{k\mu h}{i}$

取 $k = 1$，$\lambda = \frac{1.5 \times 203.5}{1.58} = 193 < [\lambda] = 210$，满足要求。

取 $k=1.155$，$\lambda=\dfrac{1.155\times1.5\times203.5}{1.58}=223$，查表 26-30 得 $\varphi=0.146$。

由式(26-28)验算支架立杆稳定性即：

$$\dfrac{N}{\varphi A}=\dfrac{9.24\times10^3}{0.146\times489}=129.42\text{MPa}<f=205\text{MPa，满足要求。}$$

说明：在《建筑施工扣件式钢管脚手架安全技术规范》(JGJ 130—2011)立杆稳定性验算公式中，对立杆偏心受荷(初偏心 $e=53\text{mm}$)的实际工况已做考虑。如果不考虑这一点，本例中由初偏心产生的附加弯曲应力为：$\sigma=\dfrac{8.28\times10^3\times53}{5.08\times10^3}=86.4\text{MPa}$。计入偏心荷载产生的附加弯曲应力，立杆段稳定性仍能满足要求。

(5)验算混凝土梁模板支架

①小横向水平杆计算

混凝土梁模板下小横向水平杆按简支梁计算，计算简图如图 27-14 所示。

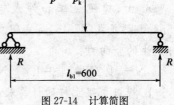

图 27-14　计算简图

小横向水平杆受恒荷载作用产生的集中力标准值：

$$p_{k1}=0.45\times[(0.6-0.12)\times2+0.25]\times0.3+0.25\times0.6\times0.45\times(24+1.5)$$
$$=1.88(\text{kN})$$

小横向水平杆受活荷载作用产生的集中力标准值：

$$p_{k2}=1\times0.25\times0.45+2\times0.25\times0.45=0.34(\text{kN})$$

传给小横向水平杆集中力标准值：

$$p_k=p_{k1}+p_{k2}=1.88+0.34=2.22(\text{kN})$$

传给小横向水平杆集中力设计值：

$$p=1.2p_{k1}+1.4p_{k2}=1.2\times1.88+1.4\times0.34=2.73(\text{kN})$$

作用小横向水平杆的最大弯矩：

$$M=pl_{b1}/4=2.73\times\dfrac{0.6}{4}=0.41(\text{kN}\cdot\text{m})$$

a. 抗弯强度

$$\sigma=\dfrac{M}{W}=\dfrac{0.41\times10^6}{5.08\times10^3}=80.71(\text{MPa})<f=205\text{MPa，满足要求。}$$

b. 挠度

$$v=\dfrac{p_{k1}l_{b1}^3}{48EI}=\dfrac{2.22\times600\times10^3}{48\times2.06\times10^5\times12.19\times10^4}=0.4(\text{mm})<\dfrac{l_{b1}}{150}=4(\text{mm})$$

说明：小横杆按中部受集中力作用计算(图 27-14)计算结果偏安全。模板支架设计时，可根据小横杆实际受力状态确定受力简图。

②扣件的抗滑承载力计算

小横向水平杆传给立杆竖向力设计值：

$$R=\dfrac{p}{2}=\dfrac{2.73}{2}=1.37(\text{kN})<R_C=8\text{kN，满足要求。}$$

③混凝土梁模板支架立杆计算

模板及支架自重、新浇混凝土自重与钢筋自重标准值产生的轴向力总和(计算单元内混凝土梁及其模板自重已含在 R 中，此处不计算)：

$$\sum N_{Gk} = 0.3 \times 0.45 \times \left(0.75 - \frac{0.25}{2}\right) + 0.79 + 24 \times 0.45 \times 0.12 \times \left(0.75 - \frac{0.25}{2}\right) +$$

$$1.1 \times 0.12 \times 0.45 \times \left(0.75 - \frac{0.25}{2}\right) = 1.72(kN)$$

施工人员及施工设备荷载标准值、振捣混凝土时产生的荷载标准值产生的轴向力总和：

$$\sum N_{Qk} = 1 \times 0.45 \times \left(0.75 - \frac{0.25}{2}\right) + 2 \times 0.45 \times \left(0.75 - \frac{0.25}{2}\right) = 0.84(kN)$$

a. 由《建筑施工扣件式钢管脚手架安全技术规范》(JGJ 130—2011)第 5.4.4 条式 (5.4.4-2)或式(27-46)得支架立杆的轴向力设计值(同时考虑计算单元内混凝土梁部分对立杆产生的竖向力)：

$$N = 1.2\sum N_{Gk} + 1.4\sum N_{Qk} + R = 1.2 \times 1.70 + 1.4 \times 0.84 + 1.37 = 4.59(kN)$$

b. 模板支架立杆的计算长度 l_0 按式(27-49)得：

$$l_0 = h + 2a = 1.735 + 2 \times 0.15 = 2.035(m)$$

再根据表 26-48 取长度系数 $\mu = 1.5$。

由式(26-36)、式(26-37)得 $\lambda = \dfrac{l_0}{i} = \dfrac{k\mu h}{i}$

取 $k = 1, \lambda = \dfrac{1.5 \times 203.5}{1.58} = 193 < [\lambda] = 210$，满足要求。

取 $k = 1.155, \lambda = \dfrac{1.155 \times 1.5 \times 203.5}{1.58} = 223$

查表 26-30 得 $\varphi = 0.146$。

c. 由式(26-28)验算支架立杆稳定性即：

$$\frac{N}{\varphi A} = \frac{4.59 \times 10^3}{0.146 \times 489} = 64.29(MPa) < f = 205MPa，满足要求。$$

d. 模板支架立杆段受风荷载作用计算：本例模板支架按两个步距考虑，取风荷载设计值在立杆段产生的弯矩按式(26-8)得 M_W 为：

$$M_W = \frac{0.85 \times 1.4 \times 0.7\mu_Z\mu_S w_0 l_a h^2}{8}$$

模板支架未设密目式安全立网封闭，立杆纵距 $l_a = 0.9m$，立杆步距 $h = 1.735m$。

挡风系数 $\xi = \dfrac{1.2A_n}{l_a h} = \dfrac{1.2 \times (0.9 + 1.735 + 0.325 \times 0.9 \times 1.735)}{0.9 \times 1.735} \times 0.048 = 0.1159$

根据表 26-7 表注敞开式双排脚手架风荷载体型系数 $\mu_S = \mu_{Stw} = 1.2\xi(1+\eta)$；式中，$\eta$ 系数可按表 26-12 求得 $\eta = 0.85$；ξ 为脚手架挡风系数，可按上式 $\xi = \dfrac{1.2A_n}{l_a h} = 0.1159$ 求得。将各数值代入公式中，则脚手架的风荷载体型系数 $\mu_S = 1.2\xi(1+\eta) = 1.2 \times 0.1159 \times (1 + 0.85) = 0.2573$。

因施工地区在上海市郊区，模板支架立杆段计算部位取底部，地面粗糙度类别为 B 类，风压高度变化系数 $\mu_Z = 1.0$，基本风压 $w_0 = 0.55kPa$。

由式(26-2)和式(26-8)得下式 M_W 为：

$$M_W = \frac{0.85 \times 1.4 \times 0.7 \times 1.0 \times 0.2573 \times 0.55 \times 0.9 \times 1.735^2}{8} = 0.04(kN \cdot m)$$

对计算立杆段风荷载产生的附加应力：

$$\sigma_w = \frac{M_w}{W} = \frac{0.04 \times 10^6}{5.08 \times 10^3} = 7.87(MPa)$$

$$\sigma_w / f = \frac{7.87}{205} = 3.84(\%) < 5\%$$

立杆段受风荷载作用可忽略不计。

第三节 转换层大梁支撑系统设计计算[17]

【例27-4】 某滨江花园高层住宅楼,位于上海市区,为钢筋混凝土结构。地下1层,地上24层,总面积为38 861.54m²,整栋大楼由地下和地上两部分组成,其中地下部分为机动车库和设备用房,地面1~3层为商场,4层为设备管道转换层,5层以上为住宅用房。转换层大梁截面为800mm×2000mm,自重大,施工时对其所用的模板和支撑产生的荷载较大。为保证转换层大梁结构高质量安全施工,要求模板支撑必须具有足够的强度、刚度和稳定性,同时还要求支撑系统的结构简单、装拆方便、经济合理。所以在施工前须对转换大梁的支撑系统进行设计计算,确保施工安全。

解： 一、转换层大梁施工的支撑体系方案

经过研究比较,决定采用 φ48×3.5mm 钢管支撑模板系统,如图27-15所示。

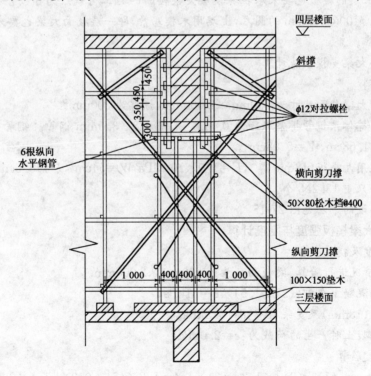

图 27-15 钢管模板支撑系统

1. 侧模

大梁侧模采用 18mm 厚竹胶合板、50mm×80mm 木方,以 φ48×3.5mm 钢管、M12(纵向

@500mm)对拉螺栓加固。为防止大梁在浇筑混凝土时向一侧倾倒,采用脚手架的水平杆钢管和斜撑钢管加固。

2. 梁底模板支撑

确定梁底的模板支撑系统是转换层大梁的施工关键,它直接影响结构施工安全、工程质量和施工成本,该转换层大梁施工时其下层为商场楼面(设计荷载为 3.5kPa),不具备单独承受大梁底部荷载的能力,需要三层楼面共同承担转换层大梁的所有荷载。

(1)梁底模板

梁底模板采用 18mm 厚竹胶合板,通过 50mm×80mm@400 松木档传至纵向水平钢管 $\phi48×3.5mm$,再传至下面 4 根立杆 $\phi48×3.5mm$ 钢管,详见图 27-15。

(2)三层楼面上模板支撑系统

转换层大梁底下有 4 根立柱钢管 $\phi48×3.5mm$@500,承受所有大梁施工荷载,除纵向与横向扫地杆外,为了便于人行动方便,底下一层水平杆步高为 1 800mm,上面水平杆步高为 1 200～1 500mm,为了确保大梁施工的稳定性,大梁下部设置纵向与横向剪刀撑 $\phi48×3.5mm$ 钢管。转换层大梁的钢管支撑系统与两侧楼板支模钢连成整体,提高整体支模体系的刚度与稳定性。

(3)二层楼面上模板支承系统

在施工转换层大梁时,三层楼面的混凝土强度仅达到设计强度的 70% 左右,故施工三层楼面混凝土的模板支承系统不能拆除(即二层楼面上所有支模钢管不能拆除)。这说明已施工完毕的二层与三层的楼板也要来承担转换层大梁楼面的施工荷载。为了安全起见,在一层楼面梁部位,设立 $\phi100$@500mm 的圆木,上端用木楔塞紧,即一层楼面大梁也要来承担一部分转换层大梁的荷载。

二、转换层大梁支模系统计算

1. 计算资料

(1)转换层大梁截面尺寸为 800mm×2 000mm,板厚为 200mm。

(2)模板支撑体系钢管排架纵距为 0.5m。采用 $\phi48×3.5mm$ 钢管。钢管重 38.4N/m,$A=4.89cm^2$,$i=1.58cm$,$W=5.08cm^3$。

(3)模板采用九夹板(18mm 厚),$E=1.0×10^4MPa$,$W=54cm^3$,$I=48.6cm^4$,$f=17MPa$。

(4)扣件每只重 13.2N/个。

(5)支架搭设的方法见图 27-15。

2. 转换层大梁模板强度与刚度计算

1)底模强度及挠度验算

选最不利情况进行验算:梁截面尺寸为 800mm×2 000mm。

(1)梁钢筋混凝土自重:(24+1.5)×2=51kPa。

(2)九夹板(18mm)及支架自重:$q=0.3kPa$。

(3)振捣混凝土时产生的荷载为:$e=2.0kPa$。

①底模强度验算

荷载组合 $q_{01}=[(1)+(2)]×1.2+(3)×1.4=1.2×(51+0.3)+1.4×2=64.36(kPa)$

50mm×80mm 松木档间距为 400mm,故底模板计算跨度为:

$$l=(400-50)×1.05=367(mm)$$

按 1m 宽板计算:$q=64.36×1=64.36(kN/m)$

按三跨连续梁(图 27-16)计算得：

$$M = 0.1ql^2 = 0.1 \times 64.36 \times 0.367^2 = 0.867(\text{kN} \cdot \text{m})$$

$$\sigma = \frac{M}{W} \leqslant f$$

$$\sigma = \frac{0.867 \times 10^6}{54 \times 10^3} = 16.1(\text{MPa}) \leqslant f = 17\text{MPa}$$

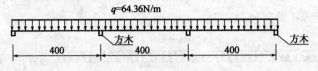

图 27-16　底模板计算简图(尺寸单位：mm)

②挠度验算

荷载组合 $q_{02} = [(1)+(2)+(3)]$

取 1m 宽板带：

$$q_{02} = 51 + 0.3 + 2 = 53.3(\text{kN/m}) = 53.3(\text{N/mm})$$

按三跨连续梁计算，查建筑结构静力计算手册得最大挠度系数取为 0.677，并按下式计算挠度，即：

$$v = 0.677 \frac{ql^4}{100EI} \leqslant \frac{l}{250}$$

$$v = 0.677 \times \frac{53.3 \times 0.367^4 \times 10^{12}}{100 \times 1.0 \times 10^4 \times 48.6 \times 10^4} = 1.33(\text{mm}) < \frac{l}{250} = \frac{367}{250} = 1.468(\text{mm})$$

经验算，底模强度与刚度均满足要求。

2)侧模强度计算

振捣混凝土时产生的荷载：$e = 4.0\text{kPa}$。

新浇混凝土对模板产生的荷载：

$$F_1 = 0.22\gamma_c t_0 \beta_1 \beta_2 v^{0.5}$$

$$F_2 = vh$$

混凝土的浇筑速度：$v = 3\text{m/h}$

混凝土的浇筑温度为 30℃，(即 $t_0 = 4.44\text{h}$)，坍落度为 110~150mm

$$F_1 = 0.22 \times 24 \times 4.44 \times 1.0 \times 1.15 \times 3^{0.5} = 46.7(\text{kPa})$$

$$F_2 = 24 \times 2 = 48(\text{kPa})$$

取较小值：$F = 46.7\text{kPa}$

取 1m 宽板带计算：

$$q = 1.0 \times (46.7 + 4.0) = 50.7(\text{kN/m})$$

竖向方木间距取 400mm：

$$M = 0.1ql^2 = 0.1 \times 50.7 \times 0.4^2 = 0.81(\text{kN} \cdot \text{m})$$

$$\sigma = \frac{M}{W} \leqslant f$$

$$\sigma = \frac{0.81 \times 10^6}{54 \times 10^3} = 15(\text{MPa}) \leqslant f = 17\text{MPa}$$

对拉螺栓的验算：

梁板间用 $\phi12$ 对拉螺栓,设置间距为 $400mm \times 500mm$,则每根对拉螺栓的受力面积为:

$$A = 0.4 \times 0.5 = 0.2(m^2)$$

$$N = \varphi A = 50.7 \times 0.2 = 10.1(kN) \leqslant [N] = 12.9kN$$

3. 木方($50mm \times 80mm$)强度及挠度计算

(1)强度验算

木方间距为 $400mm$,则每根木楞所承担的线荷载为:

$$q = q_{01} \times l = 64.36 \times 0.4 = 25.7(kN/m)$$

按三跨连续梁计算(图 27-17):

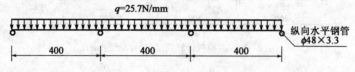

图 27-17 木方计算简图(尺寸单位:mm)

$$M = 0.1ql^2 = 0.1 \times 25.7 \times 0.4^2 = 0.41(kN \cdot m)$$

支座反力 $= 25.7 \times 0.4 = 10.21(kN)$

$$\sigma = \frac{M}{W} \leqslant f$$

木方($50mm \times 80mm$): $W = 1/6 \times 50 \times 80^2 = 53.3(cm^3)$

$$\sigma = \frac{0.41 \times 10^6}{53.3 \times 10^3} = 7.7(MPa) \leqslant f = 10MPa$$

(2)挠度验算

$$q = q_{02} \times l = 53.3 \times 0.4 = 21.3(kN/m) = 21.3N/mm$$

$$\upsilon = 0.677 \frac{ql^4}{100EI} \leqslant \frac{l}{250}$$

$$I = 1/12 \times 50 \times 80^3 = 213.3(cm^4)$$

$$E = 8.5 \times 10^3 MPa$$

$$\upsilon = 0.677 \times \frac{21.3 \times 0.4^4 \times 10^{12}}{100 \times 8.5 \times 10^3 \times 213.3 \times 10^4} = 0.2(mm) < \frac{l}{250} = \frac{400}{250} = 1.6(mm),满足要求。$$

4. 纵向水平钢管强度与挠度计算

(1)强度计算

由图 27-18 可得木方传给水平钢管的集中力为:

$$P = 25.7 \times 0.4 = 10.2(kN)$$

按三跨连续梁(图 27-18)最不利工况计算,查文献[17]得支座弯矩最大系数为 0.213。

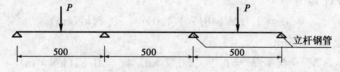

图 27-18 纵向水平钢管计算简图(尺寸单位:mm)

$$M = 0.213 \times 10.2 \times 0.4 = 0.87(kN \cdot m)$$

$$\sigma = \frac{0.87 \times 10^6}{53.3 \times 10^3} = 171(MPa)$$

(2)挠度计算

$$P = 21.3 \times 0.4 = 8.52(\text{kN})$$

查《建筑结构静力计算手册》得：

$$v = \frac{8.52 \times 10^3 \times 500^3}{100 \times 2.06 \times 10^5 \times 12.19 \times 10^4} = 0.42(\text{mm}) \leqslant \frac{500}{250} = 2.0(\text{mm})$$

为了提高安全度,大梁中间两根纵向水平钢管采用双钢管支撑,故纵向水平钢管共6根。

5. 支模钢管立杆计算

(1)荷载计算

混凝土自重:$0.8 \times 2 \times 25 = 40(\text{kN/m})$

模板与钢管:$1.0 + 1.0 = 2.0(\text{kN/m})$

活荷载:$5 \times 1 = 5(\text{kN/m})$

荷载设计值:$(40+2) \times 1.2 + 5 \times 1.4 = 57(\text{kN/m})$

(2)钢管内力计算

根据《建筑施工扣件式钢管脚手架安全技术规范》(JGJ 130—2011)立杆的稳定性应按式(26-28)计算:

$$\frac{N}{\varphi A} \leqslant f$$

钢管间距500mm,每排4根钢管,两侧需承担一半楼板荷载,实按3根钢管计算,每根钢管的荷载:$N = 57 \times 0.5/3 = 9.5(\text{kN/m})$。

$$A = 4.89\text{cm}^2, f = 205(\text{MPa})$$

立杆计算长度: $\qquad l_0 = 1.155 \times 1.5 \times 1.8 = 3.12\text{m}$

长细比:$\lambda = l_0/i = 3.12/0.015\ 8 = 197$

查表得:$\varphi = 0.186$

$$\frac{N}{\varphi A} = \frac{9500}{0.186 \times 489} = 104(\text{MPa}) \leqslant f = 205\text{MPa},满足要求。$$

6. 转换层大梁支撑体系计算

1)荷载计算

(1)第四层楼面荷载

楼面自重:$0.2 \times 25 \times \dfrac{6.3 + 5.4}{2} = 29.3(\text{kN/m})$

转换层大梁自重:$0.8 \times 2 \times 25 = 40(\text{kN/m})$

模板与钢管自重:$2 \times \dfrac{6.3 + 5.4}{2} = 11.7(\text{kN/m})$

恒荷载总和:$29.3 + 40 + 11.7 = 81.0(\text{kN/m})$

活荷载:$3 \times \dfrac{6.3 + 5.4}{2} = 17.55(\text{kN/m})$

(2)第三层楼面荷载

楼面自重:$0.14 \times 25 \times \dfrac{6.3 + 5.4}{2} = 20.4(\text{kN/m})$

转换层大梁自重:$0.4 \times 0.7 \times 25 = 7(\text{kN/m})$

模板与钢管自重:$2 \times \dfrac{6.3 + 5.4}{2} = 11.7(\text{kN/m})$

静荷载总和:20.4+7+11.7=39.1(kN/m)

荷载设计值:1.2×(81+39.1)+1.4×17.55=168.69(kN/m)

2)承载力计算

考虑由第二、三层楼面大梁各承担一半荷载:

二、三层楼面大梁跨度为 5.8m,则:计算长度 $L_0=1.05\times5.8=6.09$(m)。

按连续梁计算弯矩,则:

$$M = 0.1\times168.69/2\times6.09 = 284(kN\cdot m)$$

二、三层梁截面为 400mm×700mm,混凝土实际强度等级按 C20 计算,钢筋为 Ⅱ 级钢,底部配有 6φ25mm 钢筋。

$$A = \frac{M}{bh_0^2 f_c} = \frac{1.4\times284\times10^6}{400\times650^2\times9.6} = 0.245$$

查表得 $\xi=0.286$,则:

$A_s = \xi bh_0 f_c/f_y = 0.286\times400\times650\times9.6/300 = 2379.5$(mm²)<2943.8mm²,实配 6φ25。

验算证明二、三层梁能承担转换层施工荷载。

7. 施工要求

(1)模板支撑体系搭设按照《建筑施工扣件式钢管脚手架安全技术规范》(JGJ 130—2011)。

(2)转换层大梁模板支撑体系排架下部垫 150mm×100mm 方木,排架下部设扫地杆。

(3)为了安全起见,在转换层大梁位置一层楼面上设 φ10 圆木支撑二层楼面大梁,间距为 1 500mm,上部用木楔塞紧。详细做法见图 27-19。

(4)后浇带处左右各 1 000mm 脚手架支撑体系不拆除,待后浇带施工完毕,混凝土强度达到设计强度值后方可拆除。

(5)柱与梁分开施工,先施工柱后施工转换层大梁。纵向设两道剪刀撑,横向设两道剪刀撑,并与支模架连成整体。

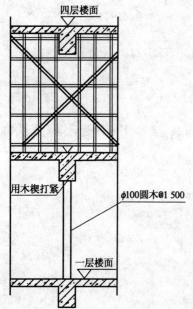

图 27-19 设圆木支撑做法

（图中文字：四层楼面；用木楔打紧；φ100圆木@1 500；一层楼面）

第四节　支模立杆的计算[17]

一、φ48 钢管支架立柱

钢管外径为 φ48mm,壁厚 3～3.5mm 的焊接钢管,最长为 6.0m,钢管支模架由钢管、扣件、底座和调节杆等组成。扣件按用途的不同,分为直角扣件、回转扣件和对接扣件三种。

钢管支架立柱有两种接长连接方式,一种是钢管用对接扣接连接,顶端用调节杆调节支架的高度。这种连接方式属于轴心受压构件,支架受力性能合理,立杆的承载力能充分利用,支架高度调节灵活;另一种是两根钢管用回转扣件搭接,这种连接方式的支架立柱属于偏心受压构件,力学性能较差,立杆的承载能力未充分利用,支架高度调节也较困难,但支模操作比较灵活。

240

通过对大量 $\phi48$ 钢管支模倒塌事件调查,此时钢管的应力不足 100MPa,远小于钢材允许应力,故支模立杆的强度控制不是主要的,应主要控制钢管立杆的稳定性。

1. 轴心受力

(1)轴心受压钢管的强度应按下式计算:

$$\sigma = \frac{N}{A_n} \leqslant f \tag{27-51}$$

式中:N——轴心压力(kN);

A_n——净截面面积(mm^2)。

(2)轴心受压钢管的稳定性应按式(26-28)计算,即:

$$\frac{N}{\varphi A} \leqslant f$$

式中:φ——轴心受压构件的稳定系数,应根据钢管的长细比,查《建筑施工扣件式钢管脚手架安全技术规范》(JGJ 130—2011)附录 A 或表 26-30 采用。

钢管立杆计算长度 l_0 按式(26-36)计算。模板支架立杆的计算长度 l_0,应按式(27-49)计算,即:

$$l_0 = h + 2a$$

式中:h——支架立杆的步距(mm);

a——模板支架立杆伸出顶层横向水平杆中心线至模板支撑点的高度(mm)。

2. 偏心受压

(1)按《建筑施工扣件式钢管脚手架安全技术规范》(JGJ 130—2011)第 5.2.6 条公式(5.2.6-2)或本手册式(26-29)计算稳定性,即:

$$\frac{N}{\varphi A} + \frac{M_w}{W} \leqslant f$$

式中:N——计算立杆段的轴向力设计值(kN);

φ——轴心受压构件的稳定系数;

λ——长细比,$\lambda = \frac{l_0}{i}$;

l_0——计算长度(mm);

i——截面回转半径(mm);

A——立杆的截面面积(mm^2);

M_w——计算立杆段由风荷载设计值产生的弯矩(kN·m);

f——钢材的抗压强度设计值(f=205MPa)。

(2)按《钢结构设计规范》(GB 50017—2003)计算型钢与钢管强度及稳定性

钢管支模架主要验算立杆的稳定性,可按两端铰接的受压构件来简化计算。

用对接扣件连接的钢管支架,立杆基本上是轴心受压,但考虑到立杆的弯曲强度、荷载的不均匀和对接扣件的准确性等因素,可按偏心受压构件来计算。现按 1/3 的钢管直径来考虑,则:

$$e = \frac{D}{3} = \frac{4.8}{3} = 1.6(cm)$$

弯矩:

$$M = Ne \tag{27-52}$$

①偏心受压型钢与钢管的强度应按下式计算:

$$\frac{N}{A_n} \pm \frac{M_x}{\gamma_x W_{nx}} \leqslant f \tag{27-53}$$

式中：γ_x——与截面模量相应的截面塑性发展系数，取值为 1.15；

f——钢材抗压设计强度。

②偏心受压型钢与钢管的稳定性：

$$\frac{N}{\varphi_x A} \pm \frac{\beta_{mx} M_x}{\gamma_x W_{lx}\left(1 - \dfrac{N}{N'_E}\right)} \leqslant f \tag{27-54}$$

式中：N——所计算构件段范围内的轴心压力（kN）；

N'_E——参数，$N'_{Ex} = \pi^2 EA/(1.1\lambda_x^2)$；

φ_x——弯矩作用平面内的轴心受压构件稳定系数；

M_x——所计算构件段范围内的最大弯矩（kN·m）；

W_{lx}——在弯矩作用平面内对较大受压纤维的毛截面模量（cm³）；

β_{mx}——等效弯矩系数，取值 $\beta_{mx} = 1.0$。

【例 27-5】 某钢管支模架立杆，轴心力 $N = 18kN$，偏心距 $e = 16mm$，计算长度 $l_0 = 2\,200mm$。

解：（1）参数：钢管 $\phi48 \times 3.5mm$；$A = 4.89 \times 10^2 mm^2$

$$W = 5.08 cm^3$$

$$i = 1.58 cm$$

$$E = 206 \times 10^3 MPa$$

$$M = Ne = 18 \times 0.016 = 0.29 (kN \cdot m)$$

（2）强度计算按式（27-53）得：

$$\frac{18 \times 10^3}{4.89 \times 10^2} + \frac{0.29 \times 10^6}{1.15 \times 5.08 \times 10^3} = 36.8 + 49.64 = 86.45 MPa \leqslant f = 205 MPa$$

（3）稳定性计算按式（27-54）得：

$$\lambda = \frac{l_0}{i} = \frac{220}{1.58} = 139, \varphi = 0.353$$

$$N'_{Ex} = \pi^2 EA/(1.1\lambda_x^2) = \pi^2 \times 206 \times 10^3 \times 4.89 \times 10^2/(1.1 \times 139^2) = 46.73 (kN)$$

$$\frac{18 \times 10^3}{0.353 \times 4.89 \times 10^2} + \frac{1.0 \times 0.29 \times 10^6}{1.15 \times 5.08 \times 10^3 \times \left(1 - 0.8 \times \dfrac{18 \times 10^3}{46.73 \times 10^3}\right)}$$

$$= 104.3 + 71.75 = 176 (MPa) \leqslant f = 205 MPa$$

二、$\phi48$ 钢管组合柱

因单根钢管的回转半径太小，对钢管的承载能力有所影响，但钢管组合柱采用 4 根 $\phi48$ 钢管组合成一根格构式结构，见图 27-20，其回转半径增大，可大大提高其承载能力，充分发挥钢管的有效截面积的作用。

钢管组合柱主要由管柱、螺栓千斤顶和托盘等组成，用于大梁、平台等水平模板的垂直支撑（图 27-20），管柱用四根 $\phi48 \times 3.5mm$ 的圆钢管和 6～10mm 厚的钢板缀条拼接焊成。螺栓千斤顶是由直径为 45mm 的螺栓和上、下托板组合，其调距为 250mm，四管立柱的规格按高度分为 1 250mm、1 500mm、1 750mm、2 000mm、3 000mm，可以组合成以 250mm 进级的各种不同高度。四管支柱(钢管组合柱)力学性能见表27-7。

四管支柱力学性能表 表27-7

管柱规格 (mm)	四管中心距 (mm)	截面积 $A(mm^2)$	惯性矩 $I_{xy}(mm^4)$	截面抵抗矩 $W_{xy}(mm^3)$	回转半径 $r_{xy}(mm)$
$\phi48\times3.5$	200	1 957	$2\,005.35\times10^4$	121.24×10^3	101.2
$\phi48\times3$	200	1 696	$1\,739.06\times10^4$	105.14×10^3	101.3

钢管组合柱惯性矩按图27-21计算如下：

$$I = 4\left[I_1 + A\left(\frac{a}{2}\right)^2\right] \tag{27-55}$$

式中：I_1——$\phi48$ 钢管惯性矩(cm^4)；

    A——$\phi48$ 钢管截面积(mm^2)；

    a——两钢管之间距离(mm)；

    I——钢管组合柱惯性矩(cm^4)。

$\phi48$ 钢管组合柱示意图及组合柱横断面示意图分别如图27-20和图27-21所示。

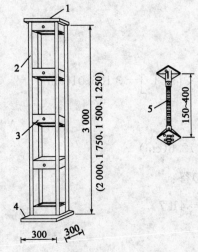
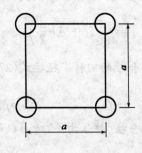

图27-20 $\phi48$ 钢管组合柱示意图(尺寸单位：mm)   图27-21 钢管组合柱横断面示意图

1-顶板；2-钢管；3-连接板；4-底板；5-螺栓千斤顶

回转半径计算如下：

$$r = \sqrt{\frac{I}{4A}} \tag{27-56}$$

式中：r——组合柱回转半径(mm)。

$$\lambda_x = \frac{L}{r} \tag{27-57}$$

$$\lambda_{ox} = \sqrt{\lambda_x^2 + \lambda_1^2} \tag{27-58}$$

式中：λ_{ox}——钢管组合柱的换上；

    λ_x——整个构件对 x 轴的长细比；

    λ_1——单根钢管的长细比；其计算长度取相邻两缀板的净距离(mm)；

    L——钢管组合柱的长度(mm)。

组合钢管柱稳定性按式(27-59)计算：

$$\sigma = \frac{N}{\varphi_x A} \leqslant f \tag{27-59}$$

式中：N——轴心压力的设计值(kN)；

A——钢管截面面积(mm^2)；

φ_x——钢管柱组合的稳定系数；

f——钢管抗压强度设计值，$f=205MPa$。

【例 27-6】 某钢管组合柱，用四根 $\phi48 \times 3.5mm$ 的圆钢管和 $6 \sim 10mm$ 的钢板缀条拼接焊成，两钢管之间距离 $a=250mm$，缀板距离为 $500mm$，组合柱高为 $5\,250mm$。试求该组合柱的承载能力。

解：(1)参数

钢管 $\phi48 \times 3.5mm$：

$A = 4.89 \times 10^2 mm^2$

$I = 12.19 cm^4$

$W = 5.08 cm^3$

$i = 1.58 cm$

$E = 206 \times 10^3 MPa$

(2)钢管组合柱惯性矩按式(27-55)得：

$$I = 4 \left[I_1 + A \left(\frac{a}{2} \right)^2 \right] = 4 \times \left[12.19 + 4.89 \times \left(\frac{25}{2} \right)^2 \right] = 3\,105.01 (cm^4)$$

(3)组合柱的回转半径按式(27-56)得：

$$r = \sqrt{\frac{I}{4A}} = \sqrt{\frac{3105.1}{4 \times 4.89}} = 12.6 (cm)$$

(4)组合柱(整体构件)对 x 轴的长细比按式(27-57)得：

$$\lambda_x = \frac{L}{r} = \frac{5\,250}{12.6 \times 10} = 41.7$$

(5)钢管组合柱的换算长细比按式(27-58)得：

$$\lambda_{ox} = \sqrt{\lambda_x^2 + \lambda_l^2} = \sqrt{41.7^2 + 31.6^2} = 52.32$$

上式中 λ_1 为单根钢管的长细比，即 $\lambda_1 = \frac{500}{1.58 \times 10} = 31.6$

查表 26-30 得 $\varphi_x = 0.845$，再查《钢结构设计规范》(GB 50017—2003)得 $\varphi_x = 0.840$，两者基本相同。

(6)组合柱的承载力按式(27-59)得：

$$N = \varphi_x Af = 0.84 \times (4 \times 489) \times 205 = 3\,336.82 (kN)$$

第五节　拱架计算[3]、[21]

一、满布式木拱架

1. 构造

满布式木拱架包括拱架(盔)、支架和卸架设备三部分。

244

拱架由弓形木、立柱、斜撑和拉杆组合。支架由立柱与横向联系(斜夹木和水平夹木)或由框架式支架和斜撑组成。卸架设备根据跨径大小可选木楔、砂筒、千斤顶等设备。

2. 荷载

(1)拱圈圬工自重。不分环砌筑时,按拱圈全部厚度计入;分环砌筑时,按实际作用于拱架的环层计算,一般计入拱圈总重的 60%～75%;双曲拱桥仅考虑拱肋和拱波德质量或仅考虑拱肋的质量。

(2)拱架自重:包括拱架及弓形木、横梁及模板等的自重。

(3)大型施工机械质量。

(4)施工人员、小型机具设备质量:按拱架水平投影上 2.0kPa 估算,每一模板还按1.5kN集中力校核。

(5)横向风力,按第二十六章第一节中其他荷载表计算,缺乏资料时,可假定为 1.0 kPa,受风时的抗倾覆稳定系数不小于1.3。

3. 满布式木拱架的计算(表 27-8)

满布式木拱架计算见表 27-8。

满布式木拱架计算 表 27-8

项目	计算方法及公式	符 号 意 义
模板	受弯构件(面板自重忽略不计): $$g_1=d\times r \quad (27\text{-}60)$$ $$g_r=2\sim3\text{kPa} \quad (27\text{-}61)$$ $$M_{1/2}=\frac{[(g_1+g_r)\times b]l_1^2}{8} \quad (27\text{-}62)$$ $$M_{1/2}=\frac{Pl_1}{4} \quad (27\text{-}63)$$ 应力验算:$\sigma_w=\dfrac{M_{1/2}}{W_{ji}}\leqslant$ $1.2[\sigma_w]$,(临时结构容许应力$[\sigma_w]$可提高至1.2倍) (27-64) 挠度验算: $$v=\frac{5(g_1+g_r)\cdot bl_1^4}{384EI}\leqslant\frac{l_1}{400}$$ (27-65) 对集中荷载: $$v=\frac{Pl_1^3}{48EI}\leqslant\frac{l_1}{400} \quad (27\text{-}66)$$	σ_w——计算弯曲应力(MPa); $[\sigma_w]$——木材容许顺纹受弯应力,按《公路桥涵钢结构及木结构设计规范》(JTJ 025—86)表2.1.9采用;或本手册表6-6也可参考选用; g_1——单位面积结构自重(kPa); g_r——施工人员重量(kPa); d——拱圈高度(mm); γ——拱圈材料重度(kN/m³); b——模板宽度(mm); P——集中荷载,按1.5kN核算; l_1——相邻两横梁之间的距离,即模板计算跨径(mm); EI——模板抗弯刚度; W_{ji}——模板净截面抵抗矩(cm³); v——挠度值(mm)
横梁	横梁按简支梁计算应力和挠度: $$g_2=(g_1+g_r)l_1 \quad (横梁自重忽略不计)(27\text{-}67)$$ $$M_{1/2}=\frac{(g_1+g_r)l_1l_2^2}{8}$$ (27-68) $$\sigma_w=\frac{M_{1/2}}{W_{ji}}\leqslant1.2[\sigma_w]$$ (27-69) $$v=\frac{5(g_1+g_r)\cdot l_1\cdot l_2^4}{384EI}\leqslant\frac{l_2}{400} \quad (27\text{-}70)$$	l_2——相邻两弓形木之间的距离(mm); g_2——作用在横梁上的荷载(阴影部分)(kPa); EI——横梁抗弯刚度; W_{ji}——横梁净截面抵抗矩(cm³); 其余符号意义同上

245

项目	计算方法及公式	符号意义

弓形木（斜梁）、立柱、斜撑

满木布式拱架因节点连接系采用抓钉或夹木螺栓，故不考虑杆件承受拉力，杆件内力计算公式如下，计算图示如图 27-22 所示。

1. 立柱节点

轴向力与摩擦角 α 无关。

弓形木的轴向力：$N_m = \dfrac{G}{2}\left(b_2 + \dfrac{l_2}{l_3}b_3\right)$ (27-71)

立柱的轴向力：$N_m = \dfrac{G}{2}\left(l_2 + \dfrac{a_2+b_2b_3}{l_3}\right)$ (27-72)

2. 斜撑节点

(1) 当弓形木倾角 $\tan\alpha < \mu = 0.36$ 时

上方弓形木轴向力：$N_m = b_1 G$ (27-73)

合力 R_n 的水平分力：$H_n = \dfrac{G}{2}\alpha\left(\dfrac{b_3}{l_3} - \dfrac{l_1}{b_1}\right)$ (27-74)

合力 R_n 的垂直分力：$V_n = \dfrac{G}{2}\left(l_1 + l_2 + \dfrac{b_1^2}{l_1} - \dfrac{b_2b_3}{l_3}\right)$ (27-75)

(2) 当弓形木倾角 $\tan\alpha > \mu = 0.36$ 时

上方弓形木轴向力：$N_m = \mu\alpha G = 0.36\alpha G$ (27-76)

合力 R_n 的水平分力：

$H_n = \dfrac{G}{2}\alpha\left(\dfrac{b_1 - 2\mu\alpha}{l_1} + \dfrac{2(b_2 - \mu\alpha)}{l_2} + \dfrac{b_3}{l_3}\right)$ (27-77)

合力 R_n 的垂直分力：

$V_n = \dfrac{G}{2}\alpha\left[\dfrac{\alpha + 2\mu b_1}{l_1} + \dfrac{1}{l_2}\left(\alpha - \dfrac{b_2^2}{l_2} + 2\mu b_2\right) - \dfrac{b_2b_3}{l_3\alpha}\right]$ (27-78)

求出 H_n 和 V_n 后，按下式计算两斜撑轴向力：

$N_{ck} = c_1\left(d_2\dfrac{H_n}{\alpha} + V_n\right)\dfrac{1}{d_1+d_2}$ (27-79a)

$N_{nr} = c_2\left[\left(d_2\dfrac{H_n}{\alpha} + V_n\right)\dfrac{1}{d_1+d_2} - \dfrac{H_n}{\alpha}\right]$ (27-79b)

当斜撑对称时，$d = d_1 + d_2$，$c = c_1 = c_2$，斜撑轴向力可简化为：

$N_{ck} = \dfrac{c}{2}\left(\dfrac{V_n}{d} + \dfrac{H_n}{\alpha}\right)$ $N_{cr} = \dfrac{c}{2}\left(\dfrac{V_n}{d} - \dfrac{H_n}{\alpha}\right)$ (27-80)

3. 强度和稳定性验算

(1) 弓形木

拱顶处（受弯构件）：$\sigma_w = \dfrac{M_{1/2}}{W_{ji}} \leqslant 1.2[\sigma_w] \upsilon \leqslant [\upsilon]$ (27-81)

非拱顶处（压弯构件）：$\sigma_a = \dfrac{N}{\varphi A_0} \pm \dfrac{M[\sigma_a]}{W_{ji}[\sigma_w]} \leqslant 1.2[\sigma]\upsilon \leqslant [\upsilon]$ (27-82)

(2) 立柱、斜撑（轴心受压构件）

强度验算：$\sigma_a = \dfrac{N}{A_{ji}} \leqslant 1.2[\sigma_a]$ (27-83)

稳定验算：$\sigma_a = \dfrac{N}{\varphi A_0} \leqslant 1.2[\sigma_a]$ (27-84)

(3) 刚度验算

对构件在荷载作用下产生过大变形的挠度容易引起振动，应验算构件的刚度：

$\lambda \leqslant [\lambda]$ (27-85)

符号意义：

G ——作用于一排拱架上的计算荷载强度（kN/m）；

$\alpha_1, \alpha_2, \alpha_3$ ——拱架相邻节间跨度，若节间跨度相同，则 $\alpha_1 = \alpha_2 = \alpha_3 = \alpha$；

$M_{1/2}$ ——拱顶处弓形木由拱面和施工人员产生的弯矩（kN·m）；

M ——非拱顶处弓形木由法向力产生的弯矩（kN·m）；

N ——计算轴向力（kN）；

α ——摩擦角（°）；

μ ——拱石与模板之间的摩擦因数，$\mu = 0.36$；

σ_w ——弓形木弯曲应力（MPa）；

σ_a ——计算压应力（MPa）；

$[\sigma_a]$ ——木材容许顺纹承压应力，按《公路桥涵钢结构及木结构设计规范》（JTJ 025—86）表 2.1.9 采用；或本手册表 6-6 也可参考选用；

A_{ji} ——受压构件计算截面的净截面面积（mm²）；

A_0 ——验算稳定时截面的计算面积，可按本手册第六章第二节、一、2. 中规定采用或《木结构设计规范》（GB 50005—2003）第 5.1.3 采用；

W_{ji} ——构件计算截面的净截面抵抗矩（cm³）；

λ ——构件长细比，$\lambda = \dfrac{L_0}{r}$；

r ——计算截面回转半径，$r = \sqrt{\dfrac{I_m}{A_m}}$；

$[\upsilon]$ ——容许挠度值（mm）；

$[\lambda]$ ——容许长细比，对主要构件（弦杆、腹杆、柱），$[\lambda] = 100$；连接构件，$[\lambda] = 150$；

φ ——杆件的纵向弯曲系数（也称受压杆件稳定系数）按《公路桥涵钢结构及木结构设计规范》（JTJ 025—86）规定按下式计算当 $\lambda \leqslant 80$ 时，$\varphi = 1.02 - 0.55 \times \left(\dfrac{\lambda+20}{100}\right)^2$，当 $\lambda > 80$ 时，$\varphi = \dfrac{3\,000}{\lambda^2}$；

I_m ——毛截面对其中和轴的惯性矩（cm⁴）；

L_0 ——受压杆件的计算长度，它由杆件支点间的长度乘以下列系数得到：即两端铰接时，系数取 1.0；两端固定时，系数取 0.65；一端固定另一端自由时，系数取 2.0；一端固定另一端铰接时，系数取 0.8

项目	计算方法及公式	符号意义
拉杆	拉杆为轴心受拉构件,按下式计算: $$\sigma_1 = \frac{N}{A_{ji}} \leqslant [\sigma] \qquad (27\text{-}86)$$	N——构件承受的拉力(kN); A_{ji}——轴心受拉时实际净截面面积(mm²),规范规定:应减去计算截面邻近20cm长度内所有削弱面积(缺孔、槽等)在计算截面上的投影之和。当计算截面上的投影重合时,重合部分只计算一个的投影; σ_1——木材顺纹容许拉应力(MPa)查《公路桥涵钢结构及木结构设计规范》(JTJ 025—86)表2.1.9或本手册表6-6; 注:式中有些符号未注,可在图27-22中查得
斜夹木、横夹木	增强稳定,按构造设计,不作验算	

注:拱架杆件内力结点受力图如图27-22所示。

【例27-7】 已知跨径 $l=54.93\text{m}$,矢高 $f=9.155\text{m}$,矢跨比 $f_0/l_0=1/6$,拱轴系数 $m=3.5$,拱圈厚1.40m,拱圈宽度8.2m,拱架宽度9.0m,采用满布式木拱架,拱架由9片组成(图27-23),并承担全部荷载,每片之间的间距为1.0m,试计算和确定模板、弓形木等尺寸。

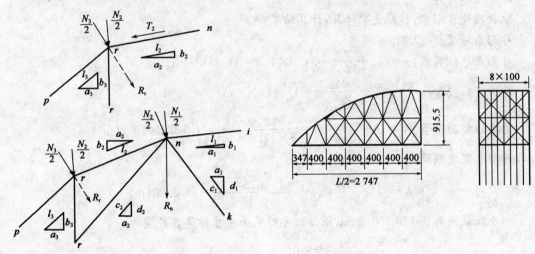

图 27-22 拱架杆件内力结点受力图　　　　图 27-23 拱架组成示意图(由9片组成)(尺寸单位:cm)

解:1. 模板计算

取拱顶处模板计算,拱圈厚度 $d=1.40\text{m}$,模板跨径 $l=1.0\text{m}$,假定模板宽度 $b=0.2\text{m}$,石砌圬工单位重度 $\gamma=23\text{kPa}$,拱顶每米宽、每米长上的荷载如下。

拱圈砌石:$g_1=d\gamma=1.4\times23=32.2(\text{kPa})$

施工人员:$g_r=2.0\text{kPa}$

板上每米长上的荷载为:$g=(g_1+g_r)b=(32.2+2.0)\times0.20=6.84(\text{kN/m})$

模板按简支梁计算,则有:

247

跨中弯矩：$M_{1/2}=\dfrac{gl^2}{8}=\dfrac{6.84\times1.0^2}{8}=0.855(\text{kN}\cdot\text{m})$

按集中力 $P=1.5\text{kN}$ 计算，$M_{1/2}=\dfrac{Pl}{4}=\dfrac{1.5\times1.0}{4}=0.3725(\text{kN}\cdot\text{m})<0.855\text{kN}\cdot\text{m}$

临时木结构采用 A-3 材，其容许弯应力 $[\sigma_w]=12.0\text{MPa}$，并可提高到 1.2 倍，则有：

模板需要的截面模量：$W=\dfrac{M}{1.2\times[\sigma_w]}=\dfrac{0.855}{1.2\times12.0\times10^3}=5.9375\times10^{-5}(\text{m}^2)$

根据 W、b 得 h 为：

$$h=\sqrt{\frac{6\times W}{b}}=\sqrt{\frac{6\times5.9375\times10^{-5}}{0.20}}=0.0422(\text{m})=4.22(\text{cm})$$

模板截面尺寸采用 $0.06\text{m}\times0.20\text{m}$，核算其挠度如下。

木材弹性模量：$E=9.0\times10^6\text{kPa}$

$$I=\frac{bh^3}{12}=\frac{0.20\times0.06^3}{12}=3.6\times10^{-6}(\text{m}^4)$$

$$v=\frac{5}{384}\times\frac{gl^4}{EI}=\frac{5\times6.84\times1.0^4}{384\times9.0\times10^6\times3.6\times10^{-6}}=0.275\times10^{-2}(\text{m})$$

$$\frac{v}{l}=\frac{0.275\times10^{-2}}{1.0}=\frac{1}{364}\approx\left[\frac{v}{l}\right]=\frac{1}{400}$$

2. 弓形木计算

取拱顶处弓形木，作简支梁计算，计算结果如下。

弓形木跨度：$l=2.0\text{m}$

弓形木单位荷载：$g=(g_1+g_r)b=34.2\times1.0=34.2(\text{kN/m})$

跨中弯矩：$M_{1/2}=\dfrac{gl^2}{8}=\dfrac{34.2\times2.0^2}{8}=17.1(\text{kN}\cdot\text{m})$

需要的截面模量：$W=\dfrac{M}{1.2\times[\sigma_w]}=\dfrac{17.1}{1.2\times12.0\times10^3}=1.1875\times10^{-3}(\text{m}^2)$

弓形木宽度预设为 0.18m，则有：

$$h=\sqrt{\frac{6\times W}{b}}=\sqrt{\frac{6\times1.1875\times10^{-3}}{0.18}}=0.20(\text{m})$$

初步取截面为 $0.18\text{m}\times0.24\text{m}$，根据选定的截面尺寸核算其挠度为：

$$I=\frac{bh^3}{12}=\frac{0.18\times0.24^3}{12}=2.0736\times10^{-4}(\text{m}^4)$$

$$v=\frac{5}{384}\times\frac{gl^4}{EI}=\frac{5\times34.2\times2^4}{384\times9.0\times10^6\times2.0736\times10^{-4}}=0.382\times10^{-2}(\text{m})$$

$$\frac{v}{l}=\frac{0.382\times10^{-2}}{2}=\frac{1}{542}<\left[\frac{v}{l}\right]=\frac{1}{400}$$

3. 中柱验算

设拱架中柱长度为 4.5m，荷载 $P=gl=34.2\times2=68.4(\text{kN})$

柱子之截面采用 $22\text{cm}\times22\text{cm}$ 的方木，验算其稳定。

截面最小回转半径：$r=\sqrt{\dfrac{I_m}{A_m}}=\dfrac{0.22}{\sqrt{12}}=0.063\,5(\text{m})$

杆件长细比：$\lambda=\dfrac{l}{r}=\dfrac{4.5}{0.063\,5}=70.86\leqslant80$

$$\varphi=1.02-0.55\times\left(\dfrac{\lambda+20}{100}\right)^2=1.02-0.55\times\left(\dfrac{70.86+20}{100}\right)^2=0.566$$

截面 $A=0.22\times0.22=0.048\,4(\text{m}^2)$，则有：

稳定应力：$\sigma_a=\dfrac{P}{\varphi A}=\dfrac{68.4}{0.566\times0.048\,4}=2\,497(\text{kPa})<1.2[\sigma_a]=14\,400(\text{kPa})$

4. 柱子计算

每个柱子承受拱架两个节间荷载重，故有：

$$P=2\times68.4=136.8(\text{kN})$$

稳定性验算同上略。

二、钢拱架的计算（无中间支架的拱架）

1. 构造

钢拱架常用的有工字梁钢拱架、钢桁架拱架等。工字梁钢拱架构造简单，拼装方便，重复使用率高，适用于施工期间需保持通航、墩台较高、河水较深或地质较差的桥孔，如图 27-24a)所示。

钢桁架拱架是一种常备式拱架，由标准节、拱顶节、拱脚节和联结杆等以钢销连接组成一片拱形桁架，各片桁架之间距离可为 0.4~1.9m，桁架片数由桥跨宽度及重量决定，可拼成三铰拱（$l<80$m）、两铰拱（80m$<l<$100m）或无铰拱（$l>$100m），如图 27-24b)所示。

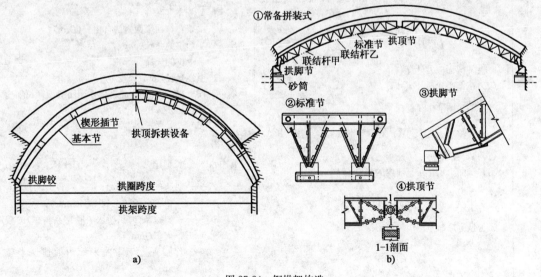

图 27-24　钢拱架构造

a)工字梁钢拱架；b)钢桁架拱架

2. 荷载

(1)拱圈荷载重。

249

(2)模板重。

(3)施工人员、小型施工机具设备、运输设备重量。

(4)钢拱架自重。

(5)风荷载。

3. 工字形钢拱架的计算（表 27-9）

工字形钢拱架计算

表 27-9

项目	计 算 方 法 及 公 式	符 号 意 义
工字形拱架计算	以工字形钢拱架为例，用图解法计算拱式拱架的内力。 在计算拱架时，可假设拱架恒载及活载（当分环砌筑时为分配给拱架的环层）全部由拱架承担，并可将拱圈及拱架分成若干节段，假设恒载及活载均作用在每段中心处。 1. 拱架荷载计算 （1）拱架恒载（包括拱架自重、模板重量及运输设备重量），按下式计算： $$P_0 = \frac{(q_1 + q_2 + q_3)S}{K} \quad (27\text{-}87)$$ （2）拱架活载（拱圈自重及人群重），按下式计算： $$G_n = \gamma h_m \cdot \Delta x \cdot b + q_4 \cdot \Delta x \cdot b \quad (27\text{-}88)$$ 2. 拱架内力计算 钢拱架（工字钢）可由图解法计算拱架的内力见图 27-25。先通过拱架的拱顶和拱脚绘制索多边形及力多边形，然后从图中量出计算截面的轴向力 N、偏心距 e 和剪力 Q，计算截面的弯矩 $M = Ne$。计算时，可由图中选取一个或两个控制截面（如偏心距 e 最大处）作为计算截面，如图 27-25 中的 A-A 及 B-B 截面。 拱架在弯曲平面内的自由长度 l_0 按三铰拱计算，即： $$l_0 = 1.28\left[1 + 7\left(\frac{f_0}{S_0}\right)^2\right]S_0 \quad (27\text{-}89)$$ 3. 拱架截面应力计算 应力按偏心受压公式计算： （1）强度计算 $$\sigma = \frac{N}{A_{ji}} + \frac{M}{W_{ji}} \leqslant [\sigma] \quad (27\text{-}90)$$ （2）稳定性验算 ①在挠曲力矩作用平面内的稳定性 $$\sigma = \frac{N}{\varphi_x A_m} + \frac{M}{W_m} \leqslant [\sigma] \quad (27\text{-}91)$$ ②垂直于挠曲力矩作用面的稳定性 $$\sigma = \frac{N}{K\varphi_y A_m} \leqslant [\sigma] \quad (27\text{-}92)$$ 对 A3 钢，φ 可查表 27-10。 换算长细比 λ_p 按下式计算： $$\lambda_p = \sqrt{\lambda_y^2 + 27\frac{A_{ml}}{A_{pl}}} \quad (27\text{-}93)$$	P_0——计算拱段拱架恒载（kN）； q_1——拱架每延米重量，包括拱架间的联结系（kN/m）； q_2——每延米拱圈上的模板重量（kN/m）； q_3——分布于每延米拱圈上的材料运输设备的重量（kN/m）； S——计算拱段拱架沿拱架轴线的长度（m）； K——横向拱架片数； G_n——计算拱段拱架活载（kN）； h_m——每段拱圈中心处垂直方向的厚度（m）； γ——圬工单位重量（kN/m³）； Δx——每段拱圈在水平段投影上的长度（m）； b——拱圈分布到每片拱架上的宽度（m），$b = \frac{B}{x}$； B——拱圈横桥向全宽（m）； A_{ji}——杆件净面积（mm²）； W_{ji}——杆件净面积的截面模量（cm³）； A_m——杆件毛截面面积（mm²）； φ_x——轴心受压构件的容许应力折减系数，按照杆件在挠曲力矩作用面内的长细比 λ_x 计算，$\lambda_x = \frac{l_0}{i_x}$；$\varphi_x$ 值查表 27-10； l_0——拱架在弯曲平面内的自由长度（m）； S_0——半个拱的弦长（mm）； f_0——半个拱的矢高（mm）； i_x——惯性半径（mm）； φ_y——同上，按垂直于挠曲力矩作用面的换算长细比计算。换算长细比 λ_p 为： $$\lambda_p = \sqrt{\lambda_y^2 + 27\frac{A_{ml}}{A_{pl}}}$$ 其中：λ_y——长细比，$\lambda_y = \frac{L_0'}{i_y'}$，$i_y' = \sqrt{i_y^2 + R_y^2}$； L_0'——拱架的跨度（mm）； A_m——一个工字梁的毛截面积（mm²）； A_{pl}——斜缀条（即拱架水平联结系斜撑）的截面积（mm²）； i_y'——片梁垂直于弯曲平面内的惯性半径（mm）； i_y——工字梁对腹板中心的惯性半径（mm）； R_y——两个工字梁间距之半（mm）； K——偏心受压杆件在垂直于挠曲力矩作用面方向的稳定性，受力矩影响的系数对对称工字形截面的 K 值可参考表 27-11

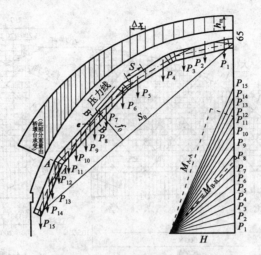

图 27-25　工字梁钢拱架内力计算图表

A3 钢压力杆容许应力折减系数 φ 值　　　　　表 27-10

λ_x	0	10	20	30	40	50	60	70	80	90	100
φ_x	1.00	0.99	0.96	0.94	0.92	0.89	0.86	0.81	0.75	0.69	0.60
λ_x	110	120	130	140	150	160	170	180	190	200	
φ_x	0.52	0.45	0.40	0.36	0.32	0.29	0.26	0.23	0.21	0.19	

偏心受压杆件在垂直于挠曲力矩作用面方向的稳定性受力矩影响的系数 K 值

（对于对称的工字形及槽形截面）　　　　　表 27-11

M_{max}/Nh	0	0.2	0.4	0.6	0.8	1.0	1.2	1.4	1.6	1.8	2.0	2.5 及 2.5 以上
K	1.0	0.78	0.62	0.51	0.42	0.36	0.32	0.28	0.25	0.23	0.21	0.17

三、扣件式钢管支拱架计算

1. 构造

扣件式钢管支拱架由立杆（立柱）、小横杆（顺水流向）、大横杆（顺桥轴向）、剪刀撑、斜撑、扣件和缆风绳组成，如图 27-26 所示为 110m 满堂式钢管支拱架布置图。

立杆是承受和传递荷载的主要杆件；顶端小横杆是将模板、拱石或混凝土构件自重、临时施工荷载传递给立杆的主要受力构件，其余小横杆起横向连接立杆的作用；大横杆为纵向连接立杆作用；剪刀撑和斜撑起增强纵横向刚度的作用。

扣件是各杆件连接整体的关键，直角扣件依靠它与钢管的摩擦力来传递荷载；对接扣件起传力和接长立杆的作用，缆风绳是保证支拱架横向稳定的重要措施，承受水平荷载，如风荷载的作用。

扣件式钢管支拱架是一个"空间框架"结构，支架、拱架、拱盔不能明确划分，所有连接通过扣件实现，节点处于铰和半刚性之间。

2. 荷载

（1）模板重、拱石或混凝土构件重。

（2）临时施工荷载（包括操作人员及其设备等质量）。

（3）扣件式钢管支拱架自重。

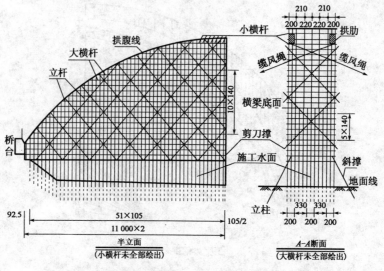

图 27-26　满堂式钢管支拱架构造布置示意图

荷载的传递顺序为：模板→小横杆→大横杆→立杆→地基。

3. 扣件式钢管支拱架计算（表 27-12）

扣件式钢管支拱架计算　　　　　　　　　　表 27-12

项目	计算方法及公式	符 号 意 义
立杆	1. 计算假定 (1) 立杆只取单排，按平面杆件体系计算。 (2) 立杆自由长度为大横杆的步距，两端为铰接。 (3) 只计垂直力，不考虑水平力和风荷载。 2. 计算公式 立杆按两端铰接的受压杆件计算，计算长度 $L=$ 大横杆步距 h： $$N=\varphi A[\sigma] \qquad (27\text{-}94)$$	N——立杆轴向力计算值(kN)； φ——轴心压杆稳定系数，见表 26-30； $[\sigma]$——钢材强度极限值，取 215MPa
单根钢管承载力	钢管打入土中，在垂直荷载作用下，它的内外壁均产生摩擦力，和底端形成的杆尖阻力组成立杆的总承载力 Q_p 为： $$Q_p=\sum q_{si}A_{oi}+\sum q_{si}A_{li}+q_pA_t \qquad (27\text{-}95)$$	Q_p——单桩(杆)极限承载力(kN)； q_{si}——桩(杆)侧第 i 层土的极限摩阻力标准值(MPa)； A_{oi}——桩(杆)外侧第 i 层土的接触面积(mm²)； A_{li}——桩(杆)内侧第层土的接触面积(mm²)； q_p——桩(杆)端阻力标准值； A_t——桩底断面积(mm²)
顶端小横杆	按连续杆计算，计算时可根据立杆布置按两跨或三跨连续梁计算，也可按近似公式计算。计算公式见本章第一节"三、扣件式钢管支架计算"	
扣件	见本章第一节"三、扣件式钢管支架计算"	

252

四、预拱度计算

1. 预拱度值计算

预拱度值计算公式见表27-13。

序号	项　　目		计　算　公　式	符　号　意　义
1	拱圈自重产生的拱顶弹性下沉 δ_1		$\delta_1 = \dfrac{\left(\dfrac{L}{2}\right)^2 + f^2}{f} \times \dfrac{\sigma}{E}$　(27-96)	L——拱圈计算跨径(mm)； f——拱圈计算矢高(mm)； σ——拱圈恒载产生的平均压应力，$\sigma = \dfrac{H_g}{A\cos\varphi_m}$ (MPa)； φ_m——半跨拱弦与水平线交角； A——拱圈平均截面积
2	拱圈温度降低与混凝土收缩产生的拱顶弹性下沉 δ_2		$\delta_2 = \dfrac{\left(\dfrac{L}{2}\right)^2 + f^2}{f} \times (\alpha \times \Delta t)$　(27-97)	α——拱圈材料线膨胀系数，对混凝土，$\alpha = 0.000010$；对拱石砌体，$\alpha = 0.000008$；对钢，$\alpha = 0.000012$； Δt——拱圈合龙温度与月平均最低气温之差，再加上混凝土收缩的换算温度
3	墩台水平位移产生的拱顶弹性挠度值 δ_3		$\delta_3 = \dfrac{L}{4f} \times \Delta L$　(27-98)	ΔL——拱脚相对水平位移量(mm)； 其余符号意义同前
4	拱架在设计荷载下的弹性及非弹性变形 δ_4	弹性变形 δ_{4A}	$\delta_{4A} = \delta'_{4A} + \delta''_{4A}$　(27-99) $\delta'_{4A} = \sum \dfrac{\sigma h}{E}$　(27-100) δ''_{4A}＝拱架中横纹承压的杆件接缝数×Δ　(27-101)	σ——立柱内的压应力(MPa)； h——立柱高度(mm)； E——立柱材料的弹性模量(MPa)； $\Delta = 1.5\text{mm}$
		非弹性变形 δ_{4B}	该变形由接头、接榫等局部压陷产生： $\delta_{4B} = 2k_1 + 3k_2 + 2k_3$　(27-102)	k_1——顺纹木料接头数目； k_2——横纹木料接头数目； k_3——木料与金属或木料与圬工接头数目
		砂筒非弹性压缩量 δ_{4C}	200kN 压力砂筒　　4mm 400kN 压力砂筒　　6mm 砂子未预压者　　　10mm	
5	支架基础受载后非弹性下沉量 δ_5		枕梁在砂土上　　　5mm 枕梁在黏土上　　　10~20mm 打入砂土的桩　　　5mm 打入黏土的桩　　　10mm	
6	预拱度 δ		$\delta = \delta_1 + \delta_2 + \delta_3 + \delta_4 + \delta_5$　(27-103)	

253

预拱度经验值见表 27-14。

预拱度经验值 　　　　　　　　　　　　　　　表 27-14

序号	桥　型	预拱度经验值	符 号 意 义
1	一般砖石、混凝土拱桥	$\dfrac{l}{400} \sim \dfrac{l}{800}$	
2	双曲拱桥采用有支架施工	$\dfrac{l^2}{4\,000f} \sim \dfrac{l^2}{6\,000f}$	l——拱圈计算跨径; f——拱圈计算矢高
3	双曲拱桥采用无支架或脱架施工	$\left(\dfrac{l^2}{4\,000f} \sim \dfrac{l^2}{6\,000f}\right) + \dfrac{l}{1\,000}$	

注:1. 矢跨比小采用较大值,反之采用较小值。

　　2. 表中所列第 2、3 类桥型预拱度值不包括拱架变形值。

【例 27-8】 在【例 27-7】的基础上,进一步计算拱架预拱度值。

解: 根据表 27-13 中有关公式,就可计算出拱架拱顶预拱度值。

(1)拱圈自重产生的拱顶弹性下沉 δ_1 按式(27-96)得:

$$\delta_1 = \frac{\left(\dfrac{L}{2}\right)^2 + f^2}{f} \times \frac{\sigma}{E}$$

式中:L——拱的计算跨径,$L = 55.843\text{m}$;

　　f——拱圈的计算矢高,$f = 9.324\text{m}$;

　　σ——恒载作用下拱圈截面的平均应力,$\sigma = \dfrac{H_g}{A\cos\varphi_m}$;

　　H_g——以拱圈单位宽度计的恒载推力,计算得 $H_g = 2\,289.5\text{kN}$;

　　φ_m——四分点截面处拱轴线的水平倾角,$\cos\varphi_m = \dfrac{1}{\sqrt{1 + \tan^2\varphi_m}} = 0.948\,5$;

$$\sigma = \frac{H_g}{A\cos\varphi_m} = \frac{2\,289.5}{1.4 \times 0.948\,5} = 1\,724.2\,(\text{kPa})$$

　　E——砌体的弹性模量,$E = 800R_a^j$,按 10 号砂浆砌筑 40 号粗料石计,$R_a^j = 8.0\text{MPa}$。

$$E = 800 \times 8.0 = 6\,400\,(\text{MPa})$$

$$\delta_1 = \frac{\left(\dfrac{L}{2}\right)^2 + f^2}{f} \times \frac{\sigma}{E} = \frac{27.922^2 + 9.324^2}{9.324} \times \frac{1\,724.2}{6.4 \times 10^6} = 0.025\text{m} = 25\text{mm}$$

(2)拱圈温度变化产生的弹性下沉 δ_2 按式(27-97)得:

$$\delta_2 = \frac{\left(\dfrac{L}{2}\right)^2 + f^2}{f} \times [\alpha(t_2 - t_1)]$$

式中:α——拱圈材料线膨胀系数,$\alpha = 8 \times 10^{-6}$;

　　t_1——年平均温度,假定 $t_1 = 15\text{℃}$;

　　t_2——拱圈合龙温度,假定 $t_2 = 20\text{℃}$;

$$\delta_2 = \frac{\left(\dfrac{L}{2}\right)^2 + f^2}{f} \times [\alpha(t_2 - t_1)] = \frac{27.922^2 + 9.324^2}{9.324} \times [8 \times 10^{-6} \times (20 - 15)]$$

$$=0.003\ 7\text{m} = 3.7(\text{mm})$$

（3）拱架的弹性变形 δ_3

δ_3 包括两根中柱和一根立柱的弹性压缩变形。

中柱的弹性变形：$\delta_3 = \dfrac{\sigma l}{E} = \dfrac{2\ 497 \times 4.5}{9 \times 10^6} = 0.001\ 25(\text{m}) = 1.25(\text{mm})$

两根中柱为 2.5mm。

立柱的弹性变形计算同上，为 2.5mm。

所以 $\delta_3 = 2.5 + 2.5 = 5\text{mm}$。

（4）拱架的非弹性变形 δ_4

拱架从上到下共有 8 个接触面：模板与弓形木、弓形木与中柱、中柱与水平木、水平木与中柱、中柱与下弦杆、下弦杆与立柱、立柱与下横梁、下横梁与河床底面。8 个接触面均为横纹承压。

所以 $\delta_4 = 8 \times 3 = 24(\text{mm})$

（5）砂筒的非弹性压缩 δ_5

按经验取 $\delta_5 = 4\text{mm}$。支架基底的非弹性下沉应根据基底的地质情况而定，本桥地基假定为石层，故不考虑支架基底的非弹性下沉。

（6）总的预拱度 δ 按式（27-103）得：

$$\delta = \delta_1 + \delta_2 + \delta_3 + \delta_4 + \delta_5 = 25 + 3.7 + 5 + 24 + 4 = 61.7(\text{mm})$$

取 $\delta = 7\text{cm}$，规范规定，砖石拱桥预拱度 $l/800 \sim l/400$，满足规范要求。

2. 预拱度设置

预拱度设置方法与计算公式见表 27-15。

预拱度设置方法与计算公式 表 27-15

设置方法	计算公式	符号意义
二次抛物线法	$\delta_x = \delta\left(1 - \dfrac{4x^2}{l^2}\right)$ （27-104）	δ_x——距拱顶距离为 x 处的预加高度值(mm)； δ——拱顶总预拱度值，按表 27-13 或表 27-14 计算； l——计算跨度(mm)
降低拱轴系数法	$\delta_x = \delta + y_1 - y_i'$ （27-105） $y_i' = \dfrac{(f+\delta)}{m'-1}(\text{ch}'k\zeta - 1)$ （27-106） $y_i = \dfrac{f}{m-1}(\text{ch}k\zeta - 1)$ （27-107） $k = \ln(m + \sqrt{m^2 - 1})$ （27-108） $k' = \ln(m' + \sqrt{(m')^2 - 1})$ （27-109）	ζ——$\zeta = 2x/l$； m——设计拱轴系数； m'——降低一级或半级后的拱轴系数； y_i'——对应 m' 的距拱顶 x 处的拱轴纵坐标值； y_i——对应 m 的距拱顶 x 处的拱轴设计纵坐标值； f——计算矢高(mm)； 其余符号意义同上
按拱脚推力影响线比例设置	$\delta_x = \delta H_i$ （27-110）	H_i——距拱顶距离为 x 处的拱脚推力影响线值，可根据拱轴系数 m 和矢跨比 f/l 查《公路桥涵设计手册　拱桥》(上册)

【例 27-9】 已知某拱桥 $l = 90\text{m}$，$f = 15\text{m}$，$f/l = 1/6$，拱轴系数 $m = 1.756$，经计算拱顶预

拱度值 $\delta=12$ cm，试分别用二次抛物线和降低半级拱轴系数法分配预拱度值，并计算 $\zeta=\dfrac{x}{l/2}=$

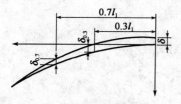

图 27-27　坐标系建立在拱顶（二次抛物线法）图示

0.3 和 0.7 处的预拱度值。

解：1. 二次抛物线法

将坐标系建立在拱顶，如图 27-27 所示，由有关公式得：

$$\delta_{0.3}=\delta(1-\zeta^2)=12\times(1-0.3^2)=10.92\ (\text{cm})$$

$$\delta_{0.7}=\delta(1-\zeta^2)=12\times(1-0.7^2)=6.12\ (\text{cm})$$

2. 降低半级拱轴系数法

（1）计算降低半级拱轴系数后的新拱轴系数 m'

由 $\dfrac{y_{\frac{1}{4}}}{f}=\dfrac{1}{\sqrt{2(m+1)}+2}=\dfrac{1}{\sqrt{2(1.756+1)}+2}=0.230$ 和 $\dfrac{y'_{\frac{1}{4}}}{f}=\dfrac{y_{\frac{1}{4}}}{f}+\dfrac{0.005}{2}=\dfrac{1}{\sqrt{2(m'+1)}+2}$，

求得 $m'=1.647$。

（2）计算系数 k、k'

$$k=\ln\left[m+\sqrt{m^2-1}\right]=1.162\,98$$

$$k'=\ln\left[m'+\sqrt{(m')^2-1}\right]=1.083\,72$$

（3）计算预拱度值按式（27-106）、式（27-107）和式（27-105）得：

当 $\zeta=0.3$ 时：

$$y'_i=\dfrac{(f+\delta)}{m'-1}(\text{ch}'k\zeta-1)=\dfrac{15+0.12}{1.647-1}\left[\text{ch}(1.083\,72\times0.3)-1\right]=1.245$$

$$y_i=\dfrac{f}{m-1}(\text{ch}k\zeta-1)=\dfrac{15}{1.756-1}\left[\text{ch}(1.162\,98\times0.3)-1\right]=1.22$$

$$\delta_{0.3}=y_1+\delta-y'_1=1.22+0.12-1.245=0.095\ (\text{m})=9.5\ (\text{cm})$$

同理，$\delta_{0.7}=6.946+0.12-7.053=0.013\ (\text{m})=1.3\ (\text{cm})$

五、拱架的卸落计算

1. 拱架卸落设备计算

拱架卸落设备计算见表 27-16。

拱架卸落设备计算表　　　　　　　　　　　　　　　　表 27-16

项目	计算方法及公式	符 号 意 义
拱架卸落设备计算	1. 木楔 　　木楔有对鞘木楔（称单楔）和组合木楔两种，单木楔由两坡度为 1：6～1：10 斜面的硬木组成。其构造如下图 a）所示，组合木楔由三块楔木和一根拉紧螺栓所组成，见下图 b），螺栓放松时上部拱架即可逐渐降落，比用单木楔卸落较为稳定和均匀。其拉紧螺栓的受拉力按下式计算。 $$T=\dfrac{2P\cos\alpha\cdot\sin(\alpha-\varphi)}{\cos\varphi}\qquad(27\text{-}111)$$ a)对鞘木楔　　　b)给合木楔	T——螺栓所受拉力（N）； P——作用于木楔的荷载（N）； α——木楔斜面斜角，为使楔力滑动，应 $\alpha>\varphi$； φ——木楔块间的摩擦角（°）； d_0——砂筒顶心直径（cm）； d_1——砂筒直径（cm）； d_2——放砂孔直径（cm）； h_0——顶心放入砂筒深度（cm），一般为 7～10cm

项 目	计算方法及公式	符 号 意 义
拱架卸落设备计算	**2. 砂筒** 拱式拱架和大跨径拱架等卸落点受力较大的拱架,适宜用砂筒卸落,砂筒的构造如图 c)所示。可用铸铁制成圆筒或短方木拼成方盒。里面装的砂子应均匀、干燥、洁净;砂筒与顶心间的空隙应用沥青填塞,防止砂子受潮。砂筒顶心的降落量可用掏放的砂量来控制,砂子可从砂筒下部小孔掏放。 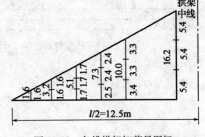 c) 圆形砂筒的尺寸和应力验算,可参照图 c)及下列公式进行计算: $$d_1 = d_0 + 2 = \sqrt{\frac{4P}{\pi[\sigma]}} + 2 \qquad (27\text{-}112)$$ $$\sigma = \frac{T}{(H+h_0-d_2)\delta} = \frac{\frac{4P}{\pi d_0^2} - d_1 H}{(H+h_0-d_2)\delta} \qquad (27\text{-}113)$$	H——降落高度(cm); T——筒壁受力(kgf/cm²); σ——筒壁应力(kgf/cm²) $[\sigma]$——砂容许承压应力,可采用 100 kgf/cm²,如将其预压,可达 3001kgf/cm²/cm²(1kgf/cm² = 0.098 066 5MPa)

2. 满布式拱架的卸落

在卸落拱架中,只有当达到一定的卸落量 h 时,拱架才能脱离拱体。满布式拱架所需卸落量,应为拱体弹性下沉量及拱架弹性回升量之和,即前面所列拱度中 δ_1、δ_2、δ_3、δ_4 及 δ_5 等项数值之和;即:

$$h_d = \delta_1 + \delta_2 + \delta_3 + \delta_4 + \delta_5 \qquad (27\text{-}114)$$

上述卸落量为拱顶处的卸落量。拱顶两边各支点的卸落量可按直线比例分配。

为使拱体逐渐均匀地降落和受力,各点卸落量应分成几次和几个循环逐步地完成。各次和各循环之间应有一定的间歇。间歇后应将松动的卸落设备顶紧,使拱体落实。

满布式木拱架可依据算出和分配的各点的卸落量,从拱顶开始,同时向两端对称地进行,其卸落程序如图 27-28 和图 27-29 所示。

悬链线拱的拱架,可考虑从两拱脚开始分别对称地向拱顶进行,或由两边 $l/4$ 处开始,分别对称地向拱顶和拱脚两个方向进行。

图 27-28 各排拱架卸落量图解
(尺寸单位:mm)

3. 卸落量计算表

拱顶卸落量见表 27-17。

拱 顶 卸 落 量
表 27-17

拱　　架	卸落量计算公式	符 号 意 义
满布式木拱架	$h_d = \delta_1 + \delta_2 + \delta_3 + \delta_4 + \delta_5$	
钢拱架	$h_d = \delta_1 + \delta_2 + \delta_3 + \delta_4 + \delta_5$	$\delta_1,\delta_2,\delta_3,\delta_4,\delta_5$，意义见表 27-13
扣件式钢管支拱架	$h_d = \delta_1 + \delta_2 + \delta_3 + \delta_4 + \delta_5$	

【**例 27-10**】 对【例 27-7】中满布式木拱架进行卸落程序设计。

解:(1)对拱顶卸落量计算

$$h_d = \delta_1 + \delta_2 + \delta_3 + \delta_4 + \delta_5 = 6.17(\text{cm})$$

拱架其余各支点的卸落量按直线分配计算,见图 27-30a)。

(2)卸落程序设计

为使拱体逐渐均匀降落和受力,拱顶分 6 次卸落,卸落量见图 27-30a),卸落程序见图 27-30b)。

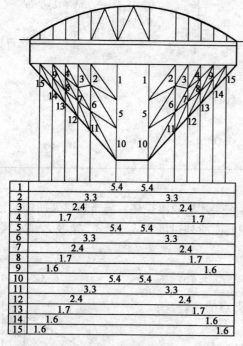

图 27-29 拱架卸落程序

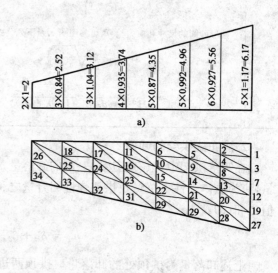

图 27-30 拱架卸落量与卸落程序图示
a)拱架卸落量计算;b)拱架卸落程序

注:上述内容摘本书参考文献[3]、[21]

258

第二十八章　砂浆配合比设计

第一节　砌筑砂浆配合比设计计算[2]、[22]

一、原材料的技术要求

(1)水泥——常用的五种水泥均可使用,但不同品种的水泥不得混合使用。选用水泥的强度一般为砂浆强度的 4～5 倍为宜,如水泥强度太高,则应加掺和料。对特殊用途的砂浆,要选用相应的特种水泥。

(2)砂子——宜选用中砂,并应过筛,不得含有草根和杂物。砂浆强度等于或大于 M5 级的混合砂浆,砂中含泥量<5％;强度小于 M5 级的混合砂浆,砂中含泥量不应>10％(可参见有关规范)。

(3)石灰膏——生石灰化成石膏时,熟化时宜不大于 3mm 孔径过筛,并使其充分熟化,熟化时间以一个月以上为宜,但不得少于 15d 严禁使用脱水硬化的石灰膏。

(4)水——应使用不含有害物质的洁净水。

(5)掺和料——掺和料有:黏土、电石膏、粉煤灰、塑化剂等,其技术要求如表 28-1 所示。

砂浆中常用的掺和料　　　　　　　　　　　　　表 28-1

掺和料名称	材料来源及技术要求	使用方法
黏土	干法:将黏土烘干磨细 湿法:加水搅拌成浆液,用 6mm 筛过滤、沉淀	直接放入搅拌
电石膏	气焊用的电石水化后,经渗水、去渣得	直接放入搅拌
粉煤灰	电厂和烟囱排灰	直接放入搅拌
塑化剂	皂化松香:松香和氢氧化钠加热融化得纸浆废液、硫酸盐酒精废液	加水稀释后放入搅拌

注:如采用细砂,则砂的含泥量经过试验后可酌情放大。

二、砂浆配合比计算

砂浆配合比的计算见表 28-2。

砂浆配合比的计算　　　　　　　　　　　　　表 28-2

项目	计算步骤、方法及公式	符号意义
砂浆配合比的计算	计算步骤: (1)确定砂浆的试配强度 $f_{m,o}$ 砂浆的试配强度按下式计算: $$f_{m,o} = f_2 + 0.645\sigma \qquad (28-1)$$ (2)计算水泥用量 Q_c 每立方米砂浆中的水泥用量应按下式计算:	$f_{m,o}$——砂浆的试配强度,精确至 0.1MPa; f_2——砂浆的设计强度(即砂浆抗压强度平均值),(MPa); σ——砂浆现场强度标准差,精确至 0.1MPa,当不具备近期统计资料时,可按表 28-3 选用

项目	计算步骤、方法及公式	符 号 意 义
砂浆配合比的计算	$Q_C=\dfrac{1\,000(f_{m,o}-\beta)}{\alpha\cdot f_{ce}}$ (28-2) $f_{ce}=\gamma_c\cdot f_{ce,k}$ (28-3) (3)计算掺和料的用量 Q_D 为了改进砂浆的稠度,提高保水性,可掺入石灰膏或黏土膏。每立方米砂浆中掺和料的用量 Q_D 按下式计算: $Q_D=Q_A-Q_C$ (28-4) (4)每立方米砂浆中的砂子用量 Q_S,应按干燥状态(含水率小于 0.5%)的堆积密度值作为计算值(kg) (5)水的用量 Q_W 每立方米砂浆中的用水量 Q_W,按砂浆稠度的要求,可根据经验或按下列规定选用: ①混合砂浆为 260~300kg/m³; ②水泥砂浆为 270~330kg/m³; ③采用细砂或粗砂时,用水量分别取上限或下限; ④稠度小于 70mm 时,用水量可小于下限。 当气候炎热或干燥时,可增加用水量	$\sigma=\sqrt{\dfrac{\sum\limits_{i=1}^{n}f_{m,i}^2-N\mu_{fm}^2}{N-1}}$ $f_{m,i}$——统计周期内同一品种砂浆第 i 组试件的强度(MPa); $\mu_{m,i}$——统计周期内同一品种砂浆 N 组试件强度的平均值(MPa); N——统计周期内同一品种砂浆试件的总组数,$N\geqslant25$; f_{ce}——水泥实测强度值 f_{ce},精确至 0.1MPa。当无法取得水泥的实测强度值 f_{ce} 时,可按式(28-3)计算; α、β——水泥的特征系数,其中 $\alpha=3.03$;$\beta=15.09$; $f_{ce,k}$——水泥强度等级对应的强度值(MPa); γ_c——水泥强度等级的富余系数,该值应按实际统计资料确定。无统计资料时,γ_c 取 1.0; Q_A——每立方米砂浆中胶结料和掺加料的总量(kg/m³),一般应在 300~350kg/m³; Q_C——每立方米砂浆中的水泥用量(kg/m³),精确至 1kg; ρ_s——砂的堆积表观密度,一般取 1 450~1 500 kg/m³; Q_D——每立方米砂浆掺加料用量(kg/m³),精确至 1kg;石灰膏、黏土膏使用时的稠度为 120mm±5mm; Q_S——每立方米砂浆中的砂子用量(kg); Q_W——每立方米砂浆中用水量(kg)

【例 28-1】 采用 32.5 级(425 号)普通水泥,含水率小于 0.5% 的中砂,堆积的表观密度为 1 500kg/m³,配制 M7.5 级水泥砂浆。试求每立方米砂浆要用多少水泥和砂?

解:(1)求试配强度 $f_{m,o}$,已知 $f_2=7.5$MPa,查表 28-3,得 $\sigma=1.88$MPa,按式(28-1)得:

$$f_{m,o}=f_2+0.645\sigma=7.5+0.645\times1.88=8.71(\text{MPa})$$

砂浆强度标准差 σ 的选用值(MPa) 表 28-3

施工水平 \ 砂浆强度等级	M2.5	M5.0	M7.5	M10.0	M15.0	M20.0
优良	0.50	1.00	1.50	2.00	3.00	4.00
一般	0.62	1.25	1.88	2.50	3.75	5.00
较差	0.75	1.50	2.25	3.00	4.50	6.00

(2)水泥用量的计算

每立方米砂浆中的水泥用量 Q_{LC} 的计算,已知 $\alpha=3.03$;$\beta=-15.09$,按式(28-3)得 $f_{ce}=32.5$MPa,则按式(28-2)得 Q 为:

$$Q_C = \frac{1\,000(f_{m,o} - \beta)}{\alpha \cdot f_{ce}} = \frac{1\,000 \times (8.71 + 15.09)}{3.03 \times 32.5} = \frac{23\,800}{98.475} = 242(kg)$$

（3）砂子的用量为$1m^3$，其表观密度$\rho = 1\,500kg/m^3$（题设），则砂子的质量为$Q_S = 1 \times 1\,500 = 1\,500(kg)$。

（4）求砂浆的配合比

上述计算可知 M7.5 级水泥浆中水泥用量$Q_C = 242kg$，$Q_S = 1\,500(kg)$。

①质量配合比为：水泥(Q_C)：砂$(Q_S) = \frac{242}{242} : \frac{1\,500}{242} = 1 : 6.2$

②体积配合比为：水泥(V_C)：砂$(V_S) = \frac{0.186}{0.186} : \frac{1}{0.186} = 1 : 5.38$（式中水泥体积为$\frac{242}{1\,300} = 0.186$）

【例 28-2】 采用 32.5 级（425 号）普通水泥，含水率小于 0.5％的中砂配制 M5 级的混合砂浆，试求每立方米砂浆用多少水泥、多少石膏和多少砂？

解：（1）求试配强度，按式（28-1）得：
$$f_{m,o} = f_2 + 0.645\sigma = 5 + 0.645 \times 1.25 = 5.8(MPa)$$

（2）每立方米砂浆中水泥用量按式（28-2）计算，已知 $\alpha = 3.03$；$\beta = -15.09$，$f_{ce} = 32.5MPa$，则：

$$Q_C = \frac{1\,000(f_{m,o} - \beta)}{\alpha f_{ce}} = \frac{1\,000 \times (5.8 + 15.09)}{3.03 \times 32.5} = \frac{28\,090}{98.475} = 212(kg)$$

（3）求石膏用量，按式（28-4）得：
$$Q_D = 350 - 212 = 138(kg)$$

（4）砂子用量为$1m^3$

（5）求砂浆配合比

由上述计算已知 M5 级混合砂浆的材料用量为：水泥为 212kg，石灰膏为 138kg，砂为 1 500kg。

①质量配合比为：水泥：石灰膏：砂$= \frac{212}{212} : \frac{138}{212} : \frac{1\,500}{212} = 1 : 0.65 : 7.1$。

②体积配合比为：水泥：石灰膏：砂$= \frac{0.163}{0.163} : \frac{0.102}{0.163} : \frac{1}{0.163} = 1 : 0.63 : 6.1$（式中水泥

体积为$\frac{212}{1\,300} = 0.163$，石灰膏体积为$\frac{138}{1\,350} = 0.102$）。

砌筑砂浆的稠度见表 28-4。

砌筑砂浆的稠度

表 28-4

砌 体 种 类	砂浆稠度(mm)	砌 体 种 类	砂浆稠度(mm)
烧结普通砖砌体	70～90	空斗墙、筒拱	50～70
轻集料混凝土小型空心砌块砌体	60～90	普通混凝土小型空心砌块砌体	50～70
烧结多孔砖、空心砖砌体	60～80	加气混凝土砌块砌体	50～70
烧结普通砖平拱式过梁	50～70	石砌体	30～50

石灰膏不同稠度时的换算系数见表 28-5。

石灰膏不同稠度时的换算系数

表 28-5

石灰膏稠度(mm)	120	110	100	90	80	70	60	50	40	30
换算系数	1.00	0.99	0.97	0.95	0.93	0.92	0.90	0.88	0.87	0.86

每立方米砂浆中用水量见表 28-6。

每立方米砂浆中用水量选用值

表 28-6

砂浆品种	水泥混合砂浆	水泥砂浆
用水量(kg/m³)	260~300	270~330

注:1. 混合砂浆中的用水量,不包括石灰膏或黏土膏中的水。

2. 当采用细砂或粗砂时,用水量分别取上限或下限。

3. 稠度小于 70mm 时,用水量可小于下限。

4. 施工现场气候炎热或干燥季节,可酌情增加水量。

【例 28-3】 用 32.5 级(425 号)普通硅酸盐水泥,含水率 2% 的中砂,堆积密度为 1 480kg/m³,掺用石灰膏,稠度为 105mm,施工水平为一般,试配制砌筑用 M10 等级水泥石灰砂浆,稠度要求 50~70mm。

解:(1)计算试配强度 $f_{m,o}$

已知 $f_2 = 10\text{MPa}$,由表 28-3 得 $\sigma = 2.50\text{MPa}$,则:

$$f_{m,o} = 10 + 0.645 \times 2.5 = 11.6(\text{MPa})$$

(2)计算水泥用量 Q_C

已知 $\alpha = 3.03$,$\beta = -15.09$ 和 $f_{ce} = 42.5\text{MPa}$,则:

$$Q_C = \frac{1\,000(f_{m,o} - \beta)}{\alpha f_{ce}} = \frac{1\,000 \times (11.6 + 15.09)}{3.03 \times 42.5} = 271(\text{kg/m}^3)$$

(3)计算石膏用量 Q_D

取 $Q_A = 350\text{kg/m}^3$,则:

$$Q_D = Q_A - Q_C = 350 - 271 = 79(\text{kg/m}^3)$$

石灰膏稠度 105mm 换算成 120mm,查表 28-5 得换算系数为 0.98,得到 $Q_D = 79 \times 0.98 = 77.42(\text{kg/m}^3)$。

(4)计算用砂量 Q_S

根据砂子堆积密度和含水量计算砂的用量为:

$$Q_S = 1\,480 \times (1 + 0.02) = 1\,510(\text{kg/m}^3)$$

(5)选择用水量 Q_W

根据表 28-6 选择用水量 $Q_W = 260\text{kg/m}^3$

(6)确定配合比

由以上计算得出砂浆试配时,各材料的质量配合比为:

水泥:石灰膏:砂:水 = 271:77.42:1 510:260 = 1:0.29:5.57:0.96

体积配合比为:水泥:石灰膏:砂 = $\dfrac{0.208}{0.208} : \dfrac{0.06}{0.208} : \dfrac{1}{0.208}$ = 1:0.28:4.8

水泥砂浆材料用量,可按表 28-7 选用。

强　度　等　级	每立方米砂浆水泥用量(kg)	每立方米砂子用量(kg)	每立方米砂浆用水量(kg)
M2.5～M5	200～230		
M7.5～M10	220～280	1立方米砂子的堆积密度值	270～330
M15	284～340		
M20	340～400		

注：1. 此表水泥强度等级 32.5 级，大于 32.5 级水泥用量宜取下限。
　　2. 当选用细砂或粗砂时，用水量分别取上限或下限。
　　3. 稠度小于 70mm 时，用水量可小于下限。
　　4. 施工现场气候炎热或干燥季节，可酌情增加用水量。
　　5. 试配强度按式(28-1)计算。
　　6. 根据施工水平合理选用水泥用量。

常用砌筑砂浆参考配合比见表 28-8。

混合砂浆参考配合比　　　表 28-8

水泥强度等级 (MPa)	砂浆强度等级 (MPa)	配合比 (水泥：石灰膏：砂)	每立方米砂浆材料用量(kg)		
			水泥	石灰膏	砂子
32.5级矿渣水泥	M1.0	1：3.70：20.90	70	260	1 450
	M2.5	1：1.73：13.18	110	190	1 450
	M5.0	1：0.94：8.53	170	160	1 450
	M7.5	1：0.50：6.59	220	110	1 450
	M10.0	1：0.27：5.58	260	70	1 450
42.5级普通水泥	M2.5	1：1.95：14.50	100	195	1 450
	M5.0	1：1.35：11.15	130	176	1 450
	M7.5	1：0.73：8.79	165	120	1 450
	M10.0	1：0.56：7.25	200	112	1 450

注：表中所用砂子均为中砂。

水泥粉煤灰混合砂浆参考配合比见表 28-9。

水泥粉煤灰混合砂浆参考配合比　　　表 28-9

水泥品种	水泥强度等级 (MPa)	砂浆强度等级 (MPa)	配合比 (水泥：石灰膏：粉煤灰：砂)	每立方米砂浆材料用量(kg)			
				水泥	石灰膏	磨细粉煤灰	砂子
矿渣水泥	32.5	M2.5	1：1.54：1.54：16.20	90	135	135	1 460
	32.5	M5.0	1：0.66：0.66：9.12	160	105	105	1 460
	32.5	M7.5	1：0.49：0.49：7.48	195	95	95	1 460
	32.5	M10.0	1：0.23：0.23：6.10	240	95	95	1 460

三、砂浆强度的换算[2]

砂浆的强度随龄期和温度的增长而提高，因此当砂浆养护的温度和龄期不符合标准养护温度(20℃±3℃)和标准养护龄期(28d)时，常常需要按实际养护温度和龄期来进行砂浆强度换算，以确定砂浆是否达到设计强度等级要求，进而确定砌体结构(如过梁或筒拱等)的拆模时间。

1. 按温度进行强度换算

砂浆在不同温度养护条件下,不同龄期的砂浆强度增长情况,在《砌体结构工程施工质量验收规范》(GB 50203—2011)附录中已列出,如表 28-10 和表 28-11 所示。根据表 28-10 和表 28-11,如已知配制砂浆的水泥种类、标号和养护温度和龄期,即可推算出相当标准养护温度下的砂浆强度。当养护温度高于 25℃时,表内虽未列出 28d 的强度百分率,但考虑到温度较高时对强度发展的有利因素,可以按 25℃时的 28d 百分率,即只要砂浆试块强度达到设计强度等级的 104%,就可认为合格。当自然温度在表列温度值之间时,可以采用插入法求取百分率。

用 32.5 级(425 号)普通硅酸盐水泥拌制的砂浆强度增长表　　　　表 28-10

龄期(d)	不同温度下的砂浆强度百分率(以在 20℃时养护 28d 的强度为 100%)							
	1°	5°	10°	15°	20°	25°	30°	35°
1	4	6	8	11	15	19	23	25
3	18	25	30	36	43	48	54	60
7	38	46	34	62	69	73	78	82
10	46	55	64	71	78	84	88	92
14	50	61	71	78	85	90	94	98
21	55	67	76	85	93	98	102	104
28	59	71	81	92	100	104	—	—

用 32.5 级(425 号)矿渣硅酸盐水泥拌制的砂浆强度增长表　　　　表 28-11

龄期(d)	不同温度下的砂浆强度百分率(以在 20℃时养护 28d 的强度为 100%)							
	1°	5°	10°	15°	20°	25°	30°	35°
1	3	4	6	8	11	15	19	22
3	12	18	24	31	39	45	50	56
7	28	37	45	54	61	68	73	77
10	39	47	54	63	72	77	82	86
14	46	55	62	72	82	87	91	95
21	51	61	70	82	92	96	100	104
28	55	66	75	89	100	104	—	—

2. 按龄期进行强度换算

因砂浆强度等级的龄期定为 28d,故表 28-10 和表 28-11 中龄期最多为 28d,所以根据表格最多只能推算到 28d 的砂浆强度。至于 28d 以上,龄期 $t \leqslant 90d$ 的强度,可按下式换算:

$$R_t = \frac{1.5tR_{28}}{14+t} \tag{28-5}$$

式中:R_t——龄期为 t(d)时的砂浆强度(MPa);

　　t——龄期(d);

　　R_{28}——龄期为 28d 时的砂浆抗压强度(MPa)。

式(28-5)适用于混合砂浆和水泥砂浆在温度为 20℃±3℃的情况。

【例 28-4】　用 325 级普通硅酸盐水泥拌制 M5.0 砂浆,试块采取现场自然养护,养护期间(28d)的平均气温为 10℃和 25℃,砂浆试块 28d 的试压结果分别为 3.90MPa 和 5.03MPa,试换算该两组试块强度是否达到设计要求。

解：已知养护期限 28d、温度分别为 10℃和 25℃，由表 28-9 查得应达到强度等级的百分率分别为 81%和 104%。

即试块强度值分别应不小于：

$$5.0 \times 0.98 \times 0.81 = 3.97(\text{MPa})$$
$$5.0 \times 0.98 \times 1.04 = 5.10(\text{MPa})$$

现试压结果分别为 3.97MPa(>3.90MPa)和 5.10MPa(>5.03MPa)

换算后，可知该两组试块强度均达到设计强度等级要求。

【例 28-5】 已知一组混合砂浆试块龄期 38d 的平均强度为 2.70MPa，试推算该试块在标准温度(20℃±3℃)条件下，龄期为 28d 和 60d 的强度。

解：由式(28-5)龄期 28d 的强度为：

$$R_\text{t} = \frac{1.5tR_{28}}{14+t} = \frac{1.5 \times 38 \times R_{28}}{14+38}(\text{已知 } R_\text{t} = 2.70\text{MPa})$$

则：

$$R_{28} = \frac{2.70 \times 52}{1.5 \times 38} = \frac{140.4}{57} = 2.46(\text{MPa})$$

则龄期为 60d 的强度为：

$$R_{60} = \frac{1.5 \times 60 \times 2.46}{14+60} = \frac{221.4}{74} = 2.99(\text{MPa})$$

故推算龄期 28d 和 60d 的强度分别为 2.46MPa 和 2.99MPa。

四、砖含水率、砂浆灰缝厚度和饱满度对砌体强度的影响计算[2]

在砌体施工中，砖的含水率、砂浆水平灰缝厚度和砂浆饱和度是砌体质量控制的重点，它直接影响砌体的强度和耐久性，因此施工中必须了解其影响程度，加以控制。

1. 砖含水率对砌体强度的影响计算

对于普通黏土砖，含水率对砌体抗压强度的影响系数，可按下式计算：

$$K = 0.84 + \frac{3\sqrt{w}}{10} \tag{28-6}$$

式中：w——砖的含水率(以百分数计)。

表 28-12 为砖含水率对砌体抗压强度的影响试验数据，可供参考。由表知，采用含水率为 8%~10%和饱和的砖砌筑的砌体，抗压强度比含水率为零的砖砌体分别提高 20%和 30%左右。

砖含水率对砌体抗压强度的影响 表 28-12

砖强度(MPa)	砂浆强度(MPa)	砖含水率(%)	砌体抗压强度(MPa)	影响系数 K
6.91	3.88	0	1.63	0.84
6.91	4.29	4.75	1.93	1.01
6.91	2.98	10.8	2.05	1.06
6.91	3.88	20.0(饱和)	2.14	1.11

2. 砂浆水平灰缝厚度对砌体强度的影响计算

砂浆水平灰缝厚度 t 对砌体抗压强度的影响系数 ψ，可按下式计算：

对水平砖砌体　　　　　　　　$$\psi = \frac{1.4}{1+0.04t} \tag{28-7}$$

对空心砖砌体

$$\psi = \frac{2}{1 + 0.1t}$$ (28-8)

式中：t——砂浆水平灰缝厚度（mm）。

水平灰缝厚度对实心和空心砖砌体抗压影响的试验数据分别见表 28-13 和表 28-14，可供参考。

水平灰缝厚度对实心砖砌体抗压强度的影响　　　　　　　　表 28-13

砖强度（MPa）	砂浆强度（MPa）	灰缝厚度（mm）	砌体破坏强度平均值（MPa）
13.43	3.66	8.5	6.03
		10.0	5.73
		12.0	4.36
13.43	4.01	8.5	7.60
		10.0	7.01
		12.0	4.95

水平灰缝厚度对实心砖砌体抗压强度的影响　　　　　　　　表 28-14

平均灰缝厚度（mm）	破坏强度（MPa）	平均灰缝厚度（mm）	破坏强度（MPa）
0	30.28（磨光）	10.41	20.40
（干砌）	14.05（修平）	9.65	20.87
0	29.11	16.26	18.88
0.51	27.49	17.10	18.07
1.27	31.65	15.75	21.95
		25.40	14.87

3. 砂浆水平灰缝饱满度对砌体强度的影响计算

砂浆水平灰缝饱满度为 B 时的砌体抗压强度，可按下式计算：

$$R_B = (0.2 + 0.8B + 0.4B^2)R$$ (28-9)

式中：R_B——水平灰缝砂浆饱满度为 B 时的砌体抗压强度；

　　　B——水平灰缝砂浆饱满度（以小数计）；

　　　R——设计规范中规定的砌体抗压强度。

上式中当 $B = 0.73$ 时，$R_B = R$，表明当水平灰缝砂浆饱满度达到 73%，砌体的抗压强度即能达到设计规范中规定的数值。但从保证提高施工质量出发，新规范仍取水平灰缝的砂浆饱满度不得低于 80%，以便于施工掌握。

注：表 28-10～表 28-14 摘自本书参考文献[2]。

第二节　抹灰砂浆配合比设计计算

一、原材料质量要求

（1）水泥、石灰膏与砌筑砂浆相同。

（2）砂子——抹灰所用砂子最好为中砂或中、粗砂掺和使用。要求颗粒坚硬洁净，含黏土、泥灰、粉末等应符合施工规范规定，由于地区的局限，细砂也可使用，但粉砂不宜使用。砂在使用前应过筛。其他技术要求与砌筑砂浆相同。砂子最大粒径按表 28-16 采用。

(3)水——与砌筑砂浆相同。

(4)石灰膏——石灰膏应磨成细粉,无杂质,其凝固时间应不超过表 28-15 规定数值。

建筑石灰膏凝结时间（min） 表 28-15

项 次	建筑石灰膏			
	一等	二等	三等	
初凝时间不早于	5	4	3	4
终凝时间不早于	7	6	6	6
终凝时间不迟于	30	30	30	20

(5)麻刀——以均匀、坚韧、干燥,不含杂质为好,长度为 2～3cm,随用随打松散。每 5 000g 石灰膏掺入 500g 麻刀,搅拌均匀成麻刀灰。

(6)纸筋——有干纸筋、湿纸筋两种。干纸筋的用法是在淋生石灰时,将干纸筋撕碎泡在水桶内,然后按 1 000g 石灰膏加 2 750g 纸筋的比例掺入淋灰池内。使用时需要过 3mm 孔径的筛,或用小钢磨搅磨成纸筋灰后使用。湿纸筋使用时,先用清水浸透,每 1 000g 石灰膏掺 2 900g 纸浆搅拌均匀,过筛或搅磨方法同上。

(7)玻璃丝——将玻璃丝剪成长 10mm 左右。使用时每 1 000g 石灰膏中掺入 200～300g 玻璃丝(不宜过多)并搅拌均匀成为玻璃丝灰。

(8)草秸——将稻草或麦秸断成 50～60mm 长,浸泡在石灰水中,经 15d 后使用。

(9)颜料——掺入装饰砂浆中的颜料,应用耐碱、耐日光的矿物颜料。

二、配合比设计计算

1. 配合比设计,应满足以下要求

流动性——流动性用稠度来表示,稠度大小用沉入度试验来确定,见表 28-16。

抹灰砂浆流动性及集料最大粒径 表 28-16

抹面层名称	沉入度（mm）		砂子最大粒径（mm）
	人工操作	机械施工	
底层	10～12	8～9	2.6
中层	7～9	7～8	2.6
面层	9～10	7～8	1.2

保水性——抹灰砂浆保水性用分层度来表示。一般情况下要求分层度在 1～2cm。分层度接近 0 的砂浆,易产生干缩裂缝,不宜作抹灰用。分层度大于 2cm 的砂浆易产生离析,进而造成施工不便。

黏结力——为保证砂浆与基层黏结牢固,砂浆应具有一定的黏结强度。一般情况下,砂浆的黏结力随砂浆抗压强度的增大而提高。有些高级抹灰砂浆常在砂浆中掺入一定数量的乳胶或 107 胶等,以提高其黏结力。

2. 配合比设计

配合比应根据对抹灰砂浆的质量要求,通过试验确定。表 28-17～表 28-19 可供设计时参考。

一般抹面砂浆的配合比

表 28-17

名　称	分　层　做　法	厚度(mm)
普通砖墙 抹石灰砂浆	1：3 石灰砂浆打底	10～15
	纸筋灰、麻刀灰或玻璃丝灰罩面	2
普通砖墙 抹水泥砂浆	1：3 水泥砂浆打底	10～15
	1：2.5 水泥砂浆	5
墙面抹混合砂浆	1：0.3：3(或1：1：6)水泥砂浆打底	13
	1：0.3：3 水泥石灰砂浆罩面	5
混凝土墙、 石墙抹水泥砂浆	水泥砂浆一遍	
	1：3 水泥砂浆打底	13
	1：25 水泥砂浆罩面	5
混凝土墙、 石墙抹灰纸筋浆	水泥浆一遍	
	1：3：9 水泥石灰砂浆打底	13
	纸筋灰、麻刀灰或玻璃丝灰罩面	2
混凝土顶棚 抹混合砂浆	1：0.5：1(或1：1：4)水泥石灰砂浆打底	2
	1：3：9(或1：0.5：4)水泥石灰砂浆	6
	纸筋灰或麻刀灰或玻璃丝灰罩面	2
板条或苇箔 顶棚抹灰	麻刀灰掺10%质量的水泥或1：0.5：4 麻刀灰	3
	水泥砂浆1：2.5石灰砂浆(砂子过3mm筛)	
	1：2.5石灰砂浆找平层(略掺麻刀)	5
	纸筋灰、麻刀灰或玻璃丝灰罩面	2
苇箔金属网 顶棚抹灰	1：3：6 水泥沙子麻刀灰	2
	1：1：5 水泥石灰砂浆(砂子过3mm筛)	
	1：2.5石灰砂浆找平	6
	纸筋灰、麻刀灰或玻璃丝灰罩面	2
石膏粉刷	基层用麻刀石灰砂浆(0.006：1：2～3＝麻刀：石灰：砂)找底(底层)	20～25
	石膏粉浆(石膏粉：水：石灰膏＝13：6：4)(质量比)	2～3
抹防水砂浆	基层用水泥浆及1：3水泥砂浆抹平抹严面采用五层做法： 第一层：防水水泥浆(水泥：水：防水剂＝1：0.4：0.01质量比)	2
	第二层：防水水泥砂浆(水泥：砂：水：防水剂＝1：2.5：0.45：0.01质量比)	4～5
	第三层：同第一层	2
	第四层：同第二层	4～5
	第五层：防水水泥浆(水泥：水：防水剂＝1：0.6：0.01质量比)	0.5～1

抹面砂浆应用范围

表 28-18

材　料	配合比(体积)	应　用　范　围
石灰：砂	1：2～1：4	用于砖石墙表面(檐口、勒脚、女儿墙以及潮湿房间的墙除外)
石灰：黏土：砂	1：1：4～1：1：8	用于干燥环境墙表面
石灰：石膏：砂	1：0.4：2～1：1：3	用于潮湿房间的本质表面
石灰：石膏：砂	1：0.6：2～1：1.5：3	用于不潮湿房间的墙及天花板
石灰：石膏：砂	1：2：2～1：2：4	用于不潮湿房间的线脚及其他修饰工程
石灰：水泥：砂	1：0.5：4.5～1：1：6	用于檐口、勒脚、女儿墙外脚以及比较潮湿部位

材　料	配合比(体积)	应　用　范　围
水泥：砂	1：3～1：2.5	用于浴室、潮湿车间等墙裙、勒脚等地面基层
水泥：砂	1：2～1：1.5	用于地面、天棚或墙面面层
水泥：砂	1：0.5～1：1	用于混凝土地面随时压光
水泥：石膏：砂：锯末	1：1：3：5	用于吸音粉刷
水泥：白石子	1：2～1：1	用于水磨石(层底用1：2.5水泥砂浆)
水泥：白云灰：白石子	1：(0.5～1)：(1.5～2.0)	用于水刷石(打底用1：0.5：3.5)
水泥：石子	1：1.5	用于剁石(打底用1：2～2.5水泥砂浆)
白灰：麻刀	100：2.5(质量比)	用于木板条天棚底层

各种外墙装饰砂浆的配合比　　　　　　　　表 28-19

名　　称	分　层　做　法	厚度(mm)
水刷石 (汰石子)	1：3 水泥砂浆打底 水泥浆黏结层 1：1.25 水泥2号石子浆或1：1.5水泥3号石子浆罩面	12 1 8～10
水磨石	1：3 水泥砂浆打底 水泥浆黏结层 1：2.5 水泥2号或3号石子浆罩面(按设计要求掺颜色)	12 1 8～10
剁斧石 (软假石) (人造假石)	1：3 水泥砂浆打底 水泥浆黏结层 1：2～2.5 水泥石子浆(4号石子内掺30%石屑)罩面	12 1 11
假瓷砖饰面	1：3 水泥砂浆打底 1：1 水泥砂浆垫层 饰面砂浆(水泥：石灰：氧化铁黄：砂=5：1.3～1.4：0.06：9.7)	8～10 3 3～4
拉毛灰	1：3 水泥砂浆或1：1：6(或1：0.5：4)水泥石灰砂浆打底 1：0.5～0.3：0.5～1 水泥石灰砂浆罩面	15 2～4
甩毛灰 (撒云片)	1：3 水泥砂浆打底 1：1 水砂浆或1：1：4(或1：0.3：3)水泥石灰砂浆罩面	15 2
喷涂饰面	1：3 水泥砂浆打底 面层砂浆用1：1：4 水泥石灰砂浆外加水 泥质量20%的107胶及1%～5%颜料配制而成	8～10 3
滚涂饰面	1：2.5～3 水泥砂浆打底 饰面带色砂浆，配合比(质量比)为： 白水泥：砂渣水泥：砂：107胶(或二元乳胶)：水=100：10：110：22：33(灰色) 白水泥：砂：氧化铬绿：107胶：水=100：30～100：2：20：20～30(白色) 白水泥：砂：107胶：水=100：10：20：20～30(白色)	5～10 2～3
嵌卵石	1：3 水泥砂浆或1：0.5：3.5水泥石灰砂浆打底 1：1.5～3 水泥砂浆罩面	8 10

第三节　防水砂浆配合比设计

常用的防水砂浆主要有下列几种：

(1)多层抹面的水泥砂浆。

(2)掺各种防水剂的防水砂浆。

(3)膨胀水泥与无收缩性水泥配制的防水砂浆。

防水砂浆适用于厚度不大，干燥程度要求不高，使用时不会因结构沉降、湿度变化，以及受振动等产生裂缝的结构上。

一、原材料技术要求

(1)水泥——应采用强度不低于 32.5 级的普通水泥。

(2)砂子——宜用中砂或粗砂。

二、配合比设计

对防水砂浆的质量要求可通过试验确定。表 28-20 中的配合比可作为参考。

防水砂浆配合比要求 表 28-20

材　　料	水　灰　比	配合比(体积比)
水泥：砂	0.40～0.50	1：2～1：3

三、掺入防水砂浆中的各种防水剂

国内生产的防水剂，按其主要成分可分为三类。

1. 以水玻璃(硅酸钠)为基料的防水剂

此类防水剂与水泥水化过程中析出的游离氢氧离子反应生成不溶性的硅酸盐，它会造成砂浆孔隙和毛细管通道的堵塞，提高砂浆的抗渗性能；同时该类防水剂又含有一定数量的可溶性氧化物，而这种氧化物会降低砂浆的密实性和强度。所以工程上通常是利用这种防水剂的速凝性和黏附性来做堵漏和修补防水结构的表面处理。

2. 以拒水性物质为基料的防水剂

此类防水剂又可以分成可溶性金属皂类防水剂(因系浆液，又称避水浆)和可溶性金属盐类防水剂，如钙铝皂(因系固体粉末，又称防水粉)。这类防水剂具有塑化作用，能降低水灰比；同时又能生成可堵塞毛细管通道的不溶性物质，因而具有抗水性。但由于这类拒水性物质本身是非胶凝性的，会使砂浆强度显著降低，因此掺入量不宜过多，一般只能占水泥质量的 1%～2%。

目前常用的几种防水剂的性能及用途列入表 28-21 中以供参考。

配制时，先将硬脂酸放在锅内加热溶化，另用一个锅盛所需加入量 1/2 的水，加热至 50℃～60℃，将碳酸钠、氢氧化钾和氟化钠溶于水中，并保持温度，然后将硬脂酸徐徐加入碳酸钠混合液中，并迅速搅拌均匀，最后将另一半水加入均匀搅拌成皂液。待冷却至 25℃～30℃加入定量氨水拌匀，储存于非金属密闭容器中备用。

名　称	性　能	用　途
新建牌防水剂（又名硅酸钠防水剂，防水药水）	系硅酸钠类防水剂，为绿色液体，密度为 $1.36g/cm^3$，与水泥拌和能迅速凝结形成胶膜，阻止外来水浸入和制止漏水	适用于水池、水塔、油库、地下室、屋面和各种砖与混凝土结构的防水和堵漏
防水浆	具有速凝、密实、早强、耐压、防水、抗渗、抗冻等作用	配制防水砂浆和混凝土，用于屋面、地下室、水池、水塔等工程的防水及修补
避水浆	系几种金属皂配制而成的乳白色浆状液体，掺入水泥后生成不溶性物质，堵塞其毛细孔道，或形成憎水薄膜，提高不透水性	适用于工业或民用建筑屋面、地下室、水池、水塔等的防水抹面或配成防水混凝土
红星牌 Q 型防水剂（又名速凝剂）	系绿色油状液体，具有速凝作用，使砂浆紧密结合，堵塞毛细孔道和防止外来水浸入	适用于水池、水塔、油库、地下室、桥梁、堤坝、屋面等工程防水
氧化铁防水剂	深棕色液体，呈酸性，密度不小于 1.30，掺入水泥拌和物中，能增加密实性提高强度，抗渗、抗油、抗冻、抗腐，并对水泥有促凝作用，能降低泌水性，改善稠度	配制防水砂浆和防水混凝土，用于地下室、水池、水塔、设备基础等刚性防水及地下和潮湿环境下砖与混凝土结构的防水
防水粉	与水泥混合凝结在一起，形成坚韧而有弹性物质，封闭水泥孔隙和毛细通路，阻止水渗透，并有一定耐酸碱能力	配制防水砂浆与防水混凝土，用于屋面、地下工程、桥梁、水池、水塔等防水工程

拒水性物质防水剂宜制成乳液或悬浮液（常加入 0.1％洗衣粉）使用，以扩大表面积，提高防水效果。掺加可溶性金属皂避水浆的水泥砂浆配合比为水泥：砂＝1：3（体积比），用 9 份水稀释 1 份避水浆加以拌和，水灰比为 0.4～0.5。

3. 以氯化物金属盐类为基料的防水剂

这类防水剂如氯化钙、氯化铝复合物，它加入水泥后，产生含水的氯硅酸钙、氯铝酸钙的化合物，填补了砂浆中的空隙。氯化物金属盐类防水剂一般市场有成品供应，自配时参考配合比见表 28-22。

可溶性金属皂类和氯化物金属盐类防水剂施工配合比　　　表 28-22

类　别	质量配合比（％）			备　注
	材料	(1)	(2)	
可溶性金属皂类防水剂	硬脂酸	4.13	1	工业用，凝固点 54℃～58℃，皂化值 200～220
	碳酸钠	0.21	0.0625	工业用，纯度约 99％，含碱量约 82％
	氨水	3.10		工业用，密度 0.91g/cm³，含 NH_3 约 25％
	氟化钠	0.005		工业用
	氢氧化钠	0.82		工业用
	水	91.735	36	自来水或饮用水
氯化物金属盐类防水剂	氯化铝	4	1	工业用，固体
	氯化钙（结晶体）	23	10	工业用，氯化钙含量不少于 70％
	氯化钙（固体）	23	11	可用固体代替
	水	50		自来水或饮用水

配制时，先将氯化钙碎块（小于 3cm）放入水中搅拌至溶解，再加入氯化铝，继续搅拌至溶解（约 5min），沉淀过滤后即成。它在 20℃时的密度为 $1.30\sim1.31g/cm^3$，呈淡黄色。不用时储存于密闭容器中。

氯化物金属盐类防水砂浆配合比为水泥：砂子＝1：2.5～3（体积比），用 20 份水稀释 1 份防水剂加以拌和，水灰比为 0.5。

此外，尚有抗冲耐磨水泥砂浆、抗冲耐磨聚合物砂浆、高强度喷射砂浆、沥青砂浆等的配合比设计，可参见本手册参阅文献[22]，在此不详述了。

第二十九章　混凝土工程[2]、[22]

第一节　混凝土配合比设计基本原理及基本变量方程式

如普通混凝土的配合比有四个基本变量：水泥、水、细集料和粗集料，分别用 C、W、X 和 Y 表示单位体积的混凝土用量，配合比设计就是要确定这四个基本变量。因此，必须建立起四个表示各未知数之间相互关系的方程式，见表 29-1。

混凝土配合比设计四个基本变量方程式　　　　　　　　　　表 29-1

项目	计算方法及公式	符号意义
确定用水量	1. 确定用水量的方程——需水性原则 混凝土每立方米的用水量可按下式计算： $$m_{wo}=\frac{10}{3}(T+k) \quad (29\text{-}1)$$	m_{wo}——每立方米混凝土的用水量(kg)； T——坍落度(以 cm 计)； k——集料常数，也可按表 29-33 选用； $\dfrac{W}{C}$——水灰比； W——每立方米混凝土的用水量(kg)； C——每立方米混凝土的水泥用量(kg)；
确定水灰比和水泥用量	2. 确定水灰比和水泥用量方程——水灰比定则 混凝土的强度与水灰比在 0.4~0.84 近似地成线性关系，其一般表达式为： $$\frac{W}{C}=\frac{a_a f_{ce}}{f_{cu,o}+a_a a_b f_{ce}} \quad (29\text{-}2)$$ 得知 $\dfrac{W}{C}$ 和用水量 m_{wo} 之后，即可按下式求得水泥用量 m_{co} 为 $$m_{co}=\frac{m_{wo}}{\left(\dfrac{W}{C}\right)} \quad (29\text{-}3)$$	f_{ce}——水泥的实测强度(MPa)，按下式计算，$f_{ce}=\gamma_c f_{ce,g}$； $f_{ce,g}$——水泥 28d 抗压强度等级值(MPa)； a_a、a_b——回归系数；对碎石：$a_a=0.46$，$a_b=0.07$，对卵石：$a_a=0.48$，$a_b=0.33$； γ_c——水泥强度等级富余系数，按 1~1.13 取值； $f_{cu,o}$——混凝土配制强度(MPa)；
确定集料总用量	3. 确定集料总用量的方程——绝对体积法和假想质量法的假设 (1)绝对体积法 这个方法是假设混凝土组成材料绝对体积的总和等于混凝土的体积。因此得如下方程式为： $$\left.\begin{array}{l}\dfrac{m_{co}}{\rho_c}+\dfrac{m_{so}}{\rho_s}+\dfrac{m_{go}}{\rho_g}+\dfrac{m_{wo}}{\rho_w}+10a=1\,000\\[2mm]\beta_s=\dfrac{m_{so}}{m_{so}+m_{go}}\times 100\%\end{array}\right\} \quad (29\text{-}4)$$ (2)假设质量法——按下列公式计算 $$m_{co}+m_{go}+m_{so}+m_{wo}=m_{cp} \quad (29\text{-}5)$$	m_{co}，m_{so}，m_{go}，m_{wo}——分别为每立方米混凝土中水泥、砂、石、水的用量(kg)； ρ_c、ρ_w、ρ_s、ρ_g——分别为水泥、水的密度(kg/m³)；砂、石的现密度(单位 g/m³，计算时换算成 kg/m³)； $1\,000$——指 1 立方米的体积为 1 000L； a——混凝土的含气量百分数，在不使用引气型外加剂时，a 可取为 1； β_s——含砂率(%)； ρ_c——可取 2.9~3.1； ρ_w——可取 1.0； m_{cp}——每立方米混凝土拌和物的假定密度(kg/m³)，其值可在 $m_{cp}=2\,360~2\,450\text{kg/m}^3$

项目	计算方法及公式	符号意义
确定粗、细集料比例	4.确定粗、细集料比例的方程——颗粒级配问题 (1)在满足混凝土强度与和易性要求情况下,水和水泥用量均为最小时的含砂率 β_s 称为最佳含砂率,按下式计算: $$\beta_s = \frac{m_{so}}{m_{so}+m_{go}} \times 100\% \quad (29\text{-}6)$$ (2)为便于使用,根据美国混凝土协会配合比设计资料,在单位体积混凝土中按捣实体积计的粗集料最佳用量,取决于粗粒最大粒径和细集料的细度模数,而与粗集料的形状无关,因此,可简化为下列公式: $$m_{go} = \left[V_y + \frac{1}{10}(2.80-M_k) \right] \times 1\,000\rho_g \ (kg) \quad (29\text{-}7)$$ (3)前苏联计算方法的特点是采用砂浆的拨开系数,该法认为:在混凝土混合料中砂浆的体积应较粗集料的空隙体积大,因此前苏联建议计算每立方米混凝土中粗集料用量公式为: $$m_{go} = \frac{1\,000}{\dfrac{P_g}{\rho_g}+\dfrac{1}{\rho_g}} \quad (29\text{-}8)$$	m_{go}——每立方米混凝土中粗集料含量(kg); ρ_g——在干燥捣实状态下粗集料的表观密度(以 kg/L 计); M_k——细集料的细度模数; V_y——$M_k=2.80$ 时,单位体积混凝土粗集料的最佳用量,按捣实体积计,V_y 可根据最大粒径按表 29-2 选择; P_g——粗集料空隙率; ρ_g'——粗集料现密度(kg/m³); a——砂浆拨开系数,可由表 29-3 查得;其中:P_g、ρ_g、ρ_g' 均可根据所用集料经试验测得

$M_k=2.80$ 时,单位体积混凝土粗集料的最佳用量 V_y 可按表 29-2 选取。

V_y 选 择 表　　　　　　　　　表 29-2

最大粒径(mm)	10	20	40	80
V_y	0.42	0.61	0.72	0.8

砂浆拨开系数 a 可按表 29-3 选取。

砂浆拨开系数 a 选择表　　　　　　　　　表 29-3

混凝土混合料种类	每立方米混凝土水泥用量 (kg)	a	
		碎 石	卵 石
塑性的	200	1.25	1.30
塑性的	250	1.30	1.37
塑性的	300	1.35	1.42
塑性的	350	1.42	1.50
塑性的	400	1.47	1.57
干硬性的	不限	1.05~1.10	1.05~1.10

第二节　普通混凝土配合比设计计算

一、原材料技术要求

1. 水泥

1)水泥品种

水泥品种主要有五种(常用品种),见表 29-4。

名　　称	简　　称	主　要　组　成
硅酸盐水泥	硅酸盐水泥	由硅酸盐熟料 0～5％石灰石或粒化高炉矿渣,加适量石膏磨细而成
普通硅酸盐水泥	普通水泥	以硅酸盐熟料为主,加适量混合料及石膏磨细而成。所掺材料比例不能大于下列数值(按水泥质量计)： 活性混合料 15％； 或非活性混合料 10％
矿渣硅酸盐水泥	矿渣水泥	以硅酸盐熟料为主,加入不大于水泥质量的 20％～70％的粒化高炉矿渣及适量石膏磨细而成
火山灰质硅酸盐水泥	火山灰质水泥	以硅酸盐水泥为主,加入不大于水泥质量的 20％～50％的火山灰质混合料及适量石膏磨细而成
粉煤灰硅酸盐水泥	粉煤灰水泥	以硅酸盐熟料为主,加入不大于水泥质量的 20％～40％的粉煤灰及适量石膏磨细而成

2)水泥的强度指标及品质指标

水泥的强度指标已列入表 29-5 中,除按 28d 强度来确定水泥等级外,3d 强度也应满足表 29-5中的要求。不同品种不同强度等级的通用硅酸盐水泥,其不同龄期的强度应符合表 29-5的规定。水泥的品质指标见表 29-6。

土木工程常用五种水泥的强度指标(单位：MPa)　　　　表 29-5

品　　种	强度等级	抗 压 强 度		抗 折 强 度	
		3d	28d	3d	28d
硅酸盐水泥	42.5	≥17.0	≥42.5	≥3.5	≥6.5
	42.5R	≥22.0	≥42.5	≥4.0	≥6.5
	52.5	≥23.0	≥52.5	≥4.0	≥7.0
	52.5R	≥27.0	≥52.5	≥5.0	≥7.0
	62.5	≥28.0	≥62.5	≥5.0	≥8.0
	62.5R	≥32.0	≥62.5	≥5.5	≥8.0
普通硅酸盐水泥	42.5	≥17.0	≥42.5	≥3.5	≥6.5
	42.5R	≥22.0	≥42.5	≥4.0	≥6.5
	52.5	≥23.0	≥52.5	≥4.0	≥7.0
	52.5R	≥27.0	≥52.5	≥5.0	≥7.0
矿渣硅酸盐水泥 火山灰质、硅酸盐水泥 粉煤灰硅酸盐水泥	32.5	≥10.0	≥32.5	≥2.5	≥5.5
	32.5R	≥15.0	≥32.5	≥3.5	≥5.5
	42.5	≥15.0	≥42.5	≥3.5	≥6.5
	42.5R	≥19.0	≥42.5	≥4.0	≥6.5
	52.5	≥21.0	≥52.5	≥4.0	≥7.0
	52.5R	≥23.0	≥52.5	≥4.5	≥7.0

注:本表摘自《通用硅酸盐水泥》国家标准第 1 号修改单(GB 175-2007XG1—2009)7.3.3 条表 3。

土木工程常用五种水泥的品质指标 表 29-6

序号	项目	品质指标
1	氧化镁	熟料中氧化镁的含量不得超过 5%，如水泥经蒸压安定性试验合格，则允许放宽到 6%
2	三氧化硫	水泥中三氧化硫的含量不得超过 3.5%，但矿渣水泥不得超过 4%
3	烧失量	I 型硅酸盐水泥不大于 3%，II 型硅酸盐水泥不大于 3.5%，普通水泥不大于 5%
4	细度	硅酸盐水泥比表面积大于 $300m^2/kg$，普通水泥 $80\mu m$ 方孔筛筛余不得超过 10%
5	凝结时间	初凝不得早于 45min，终凝硅酸盐水泥不得迟于 6.5h，普通水泥不得迟于 10h
6	安定性	用沸煮法检验，必须合格
7	不溶物	I 型硅酸盐水泥不超过 0.75%，II 型硅酸盐水泥不超过 1.5%

3)水泥特性和水泥的选用

五种常用水泥的特性列于表 29-7 中。根据工程特点及施工环境选用水泥时可参照表29-8。

五种常用水泥的特性 表 29-7

项目		硅酸盐水泥	普通水泥	矿渣水泥	火山灰质水泥	粉煤灰水泥
密度(g/cm^3)		3.0～3.15	3.0～3.15	2.9～3.1	2.8～3.0	2.8～3.0
特性	硬化	快		慢	慢	慢
	早期强度	高	高	低	低	低
	水化热	高	高	低	低	低
	抗冻性	好	好	较差	较差	较差
	耐热性	较差	较差	好	较差	较差
	干缩性			较大	较大	较小
	抗水性			较好	较好	较好
	耐硫酸盐类化学侵蚀性			较好	较好	较好

五种常用水泥的选用 表 29-8

项目		硅酸盐水泥	普通水泥	矿渣水泥	火山灰质水泥	粉煤灰水泥
环境条件	在普通气焊环境中的混凝土		√√	√	√	√
	在干燥环境下的混凝土		√√	√	×	×
	在高湿度环境中，或永远处在水下的混凝土			√√	√	√
	在严寒地区的露天混凝土、寒冷地区的经常处在水位升降范围内的混凝土		√√	√	×	×
	严寒地区处在水位升降范围内的混凝土(水泥强度等级≥42.5MPa)		√√	×	×	×
工程特点	厚大体积的混凝土			√√	√√	√√
	要求快硬的混凝土	√√	√	×	×	×
	C40 以上的混凝土	√√	√	√	×	×
	有抗渗要求的混凝土		√√	√	√√	√
	有耐磨性要求的混凝土	√√	√√	√	×	×

注：1. 符号意义：√√优先选用，√可以选用，×不得选用。
2. 受侵蚀性环境水或侵蚀性气体作用的混凝土，应根据侵蚀性介质的种类、浓度等具体条件，按专门(或设计)规定选用。
3. 蒸汽养护用的水泥品种，根据具体条件通过试验确定。
4. 寒冷地区、严寒地区的区分，请参阅有关规范。

4)水泥强度等级选择

(1)采用高强度水泥可配制高强度混凝土;配制低强度混凝土时,最好采用低强度等级水泥。一般情况下,水泥强度为混凝土强度的 1.5～2.0 倍为宜。

(2)配制高强度混凝土(30MPa 以上的混凝土),水泥强度等级可降为混凝土强度等级的 0.9～1.5 倍。

(3)用高强度等级水泥配制低强度混凝土时,由于水泥强度等级高,会使每立方米混凝土的水泥用量偏少,影响和易性及密实性。如果必须用高强度等级水泥配制低强度混凝土时,应掺入一定数量的混合材料。

(4)用低强度等级水泥配制高强度混凝土时,即使掺入减水剂,也会使每立方米混凝土中水泥用量过多,会影响混凝土其他技术性能。

(5)钢筋混凝土和预应力混凝土所采用的水泥强度等级,一般应比配制的混凝土强度高 10MPa。

2. 集料

1)细集料(GB/T 14684—2011)

(1)细集料的分类

细集料可分别按其产源和细度模数进行分类,见表 29-9。

细集料分类 表 29-9

分 类 法	名 称	说 明
按产源分	人工砂	包括机制砂、混合砂
	天然砂	包括河砂、湖砂、山砂、淡化海砂
按细度模数分	粗砂	细度模数为 3.7～3.1
	中砂	细度模数为 3.0～2.3
	细砂	细度模数为 2.2～1.6

(2)颗粒级配

砂的颗粒级配应符合表 29-10 的规定。

砂的颗粒级配 表 29-10

累计筛余(%) 方筛孔(mm)	级配区 1	2	3	累计筛余(%) 方筛孔(μm)	级配区 1	2	3
9.5	0	0	0	600	85～71	70～41	40～16
4.75	10～0	10～0	10～0	300	95～80	92～70	85～55
2.36	35～5	25～0	15～0	100	100～90	100～90	100～90
1.18	65～35	50～10	25～0				

注:1.砂的实际颗粒级配与表中所列数字相比,除 4.75mm 和 600μm 筛档外,可以略有超出,但超出总量应小于 5%。
2.1 区人工砂中 150μm 筛孔的累计筛余可以放宽到 85%～100%,2 区人工砂中 150μm 筛孔的累计筛余可以放宽到 83%～100%,3 区人工砂中 150μm 筛孔的累计筛余可以放宽到 75%～100%。

如混凝土强度为 C25～C30 时,细度模数不得小于 0.9,平均粒径不得小于 0.18mm。砂的级配,也可用级配曲线来表示,如图 29-1 所示。

如砂的筛分曲线在Ⅰ～Ⅱ折线阴影范围内,则表示此砂级配良好,可以用来配制高标号(>30MPa)混凝土,对一般混凝土用砂的级配范围可放宽至Ⅰ～Ⅲ。

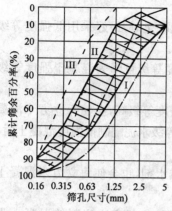

图 29-1 砂的筛分曲线

图中点画线为Ⅰ区,细实线为Ⅱ区,虚线为Ⅲ区,斜实线部分为普通混凝土常采用的2区中砂级配区范围

（3）含泥量、石粉含量和泥块含量

天然砂含泥量和泥块含量应符合表 29-11a）的规定。人工砂的石粉含量和泥块含量应符合表 29-11b）的规定。

（4）有害物质

砂不应混有草根、树叶、树枝、塑料品、煤块、炉渣等杂物。砂中的云母、硫化物与硫酸盐、氯盐和有机物的含量应符合表 29-12 的规定。

（5）坚固性

采用硫酸钠溶液法进行试验,砂样在其饱和溶液中经 5 次循环浸渍后,其质量损失应符合表 29-13 的规定。

（6）表观密度、堆积密度、空隙率

砂表观密度、堆积密度、空隙率应符合下列规定:表观密度大于 2 500kg/m³;松散堆积密度大于 350kg/m³;空隙率小于 47%。

含泥量和泥块含量　　　　　　　表 29-11a）

项　目	指　标		
	Ⅰ类	Ⅱ类	Ⅲ类
含泥量(按质量计)(%)	<1.0	<3.0	<5.0
泥块含量(按质量计)(%)	0	<1.0	<2.0

石粉和泥块含量　　　　　　　表 29-11b）

	项　目		指　标		
			Ⅰ类	Ⅱ类	Ⅲ类
1	亚甲蓝试验	MB 值<1.40 或合格	石粉含量(按质量计)(%)	<3.0	<5.0	<7.0*
2			泥块含量(按质量计)(%)	0	<1.0	<2.0
3		MB 值≥1.40 或合格	石粉含量(按质量计)(%)	<1.0	<3.0	<5.0
4			泥块含量(按质量计)(%)	0	<1.0	<2.0

注:* 根据使用地区和用途,在试验验证的基础上,可由供需双方协商确定。

有害物质含量　　　　　　　表 29-12

项　目		指　标		
		Ⅰ类	Ⅱ类	Ⅲ类
云母(按质量计)(%)	<	1.0	2.0	2.0
轻物质(按质量计)(%)	<	1.0	1.0	1.0
有机物(比色法)		合格	合格	合格
硫化物及硫酸盐(按 SO₃ 质量计)(%)	<	0.5	0.5	0.5
氯化物(以氯离子质量计)(%)	<	0.01	0.02	0.06

砂样经硫酸钠溶液法试验后质量损失　　　　　　　表 29-13

等　级 项　目	指　标		
	Ⅰ类	Ⅱ类	Ⅲ类
质量损失(%)　　<	8	8	10

（7）碱集料反应

经碱集料反应试验后，由砂制备的试件应无裂缝、酥裂、胶体外溢等现象，在规定的试验龄期的膨胀率值应小于 0.10%。

2）粗集料

（1）石子的种类，见表 29-14。

石 子 的 种 类

表 29-14

分类法	类 别	说 明
按粒形分	卵石	天然水流冲刷而成
	碎石	人力破碎，针片状少
		机械破碎，颚式破碎机破碎，针片状多
按石质分	火成岩	深火成岩（花岗岩、正长岩）
		喷出火成岩（玄武岩、辉绿岩）
	水成岩	石灰岩、砂岩
	变质岩	片麻岩、石英岩
按级配分	连续级配	
	单粒级配	应根据混凝土工程、资源情况进行技术经济分析后采用。用时应注意避免混凝土离析

（2）石子级配

工程中所用碎石或卵石的级配，均应符合表 29-15 中的规定。

碎石或卵石的颗粒级配范围

表 29-15

累计筛余（%）／公称粒径(mm)	2.50	5.00	10.0	16.0	20.0	25.0	31.5	40.0	50.0	63.0	80.0	100
连续粒级 5～10	95～100	80～100	0～15	0								
5～16	95～100	90～100	30～60	0～10	0							
5～20	95～100	90～100	40～70		0～10	0						
5～25	95～100	90～100		30～70		0～5	0					
5～31.5	95～100	90～100	70～90		15～45		0～5	0				
5～40	95～100	95～100	75～90		30～60			0～5	0			
单粒粒级 10～20		95～100	85～100		0～15	0						
16～31.5		95～100		85～100			0～10	0				
20～40			95～100		80～100			0～10	0			
31.5～63				95～100			75～100	45～75		0～10	0	
40～80					95～100			70～80		30～60	0～10	0

注：1. 根据结构或构件对混凝土粗集料的粒度要求，连续粒级亦可与其相接的单粒粒级构成较大粒度的连续粒级。

2. 根据混凝土工程和资源的具体情况进行综合技术经济分析后，允许直接采用单粒级。

3. 最大粒径通过 40mm 筛孔的连续粒级，可参考有关资料使用。

(3)针片状颗粒

石子中针片状颗粒含量应符合表 29-16 的规定。

表 29-16

项 目 \ 等 级	优 等 品	一 等 品	合 格 品
针片状颗粒(%) <	15	20	25

(4)泥和黏土块

石子中泥含量和黏土块含量应符合表 29-17 的规定。

表 29-17

项 目 \ 等 级	优 等 品	一 等 品	合 格 品
泥(%) <	0.5	1.0	1.5
黏土块(%) <	0.25	0.25	0.5

(5)有害物质

石子中不宜混有草根、树叶、树枝、塑料品、煤块、炉渣等杂物。石子中有害物质含量应符合表 29-18 规定。

表 29-18

项 目 \ 等 级	优 等 品	一 等 品	合 格 品
硫化物与硫酸盐(以 SO_3)(%) <	0.5	1.0	
有机质	合格	合格	合格
氯化物(以 NaCl 计)(%) <	0.03	0.1	—

(6)坚固性

采用硫酸钠溶液法进行试验,石子样品在其饱和溶液中经 2～16 次循环浸渍后,其质量损失应符合表 29-19 的规定。

表 29-19

项 目 \ 等 级	优 等 品	一 等 品	合 格 品
质量损失(%) <	5	8	12

(7)强度

①抗压强度:采用直径与高均为 50mm 的圆柱体或长、宽、高均为 50mm 的立方体岩石样品进行试验。在水饱和状态下,其抗压强度应不小于 45MPa,其极限抗压强度与所浇筑混凝土强度之比不应小于 1.5 倍。

②压碎值:石子压碎值应符合表 29-20 规定。

表 29-20

项 目 \ 等 级	优 等 品	一 等 品	合 格 品
碎石压碎值(%) <	12	20	30
卵石压碎值(%) <	12	16	16

(8)密度、体积密度、空隙率

石子密度、体积密度、空隙率应符合如下规定：

密度大于 2.5g/cm³；松散体积密度大于 1 500kg/m³；空隙率小于 45％。

(9)碱集料反应

经碱集料反应试验后，由石子制备的试件无裂缝、酥裂、硅胶体外溢等现象，试件养护 6 个月龄期的膨胀率值应小于 0.1％。

3. 拌和用水

(1)凡符合国家标准的生活饮用水，均可用作拌制混凝土。

(2)当采用地表水、地下水或工业废水时，均应进行检验，符合下列规定时方可使用。

①拌和用水应不影响混凝土的和易性及凝结；不影响混凝土强度的发展；不降低混凝土的耐久性；不加快钢筋的锈蚀及导致预应力钢筋脆断；不污染混凝土表面。

②用拌和用水与用蒸馏水(或符合国家标准的生活饮用水)进行对比试验，所得的水泥初凝时间差及终凝时间差均不得大于 30min，且其初凝及终凝时间尚应符合水泥标准的规定。

③用拌和用水拌制的水泥砂浆或混凝土的 28d 抗压强度不得低于用蒸馏水(或符合国家标准的生活饮用水)拌制的对应砂浆或混凝土抗压强度的 90％。

④拌和用水的 pH 值、不溶物、可溶物、氯化物、硫酸盐及硫化物的含量应符合表 29-21 的规定。

水的化学分析应分别按有关标准的规定进行。

水的物质含量限值(mg/L) 表 29-21

项目	预应力混凝土	钢筋混凝土	素混凝土	项目	预应力混凝土	钢筋混凝土	素混凝土
pH 值	＞4	＞4	＞4	氯化物(Cl^-)	＜500	＜1 200	3 500
不溶物	＜2 000	＜2 000	＜5 000	硫酸盐(SO_4^-)	＜600	＜2 700	2 700
可溶物	＜2 000	＜5 000	＜10 000	硫化物(S^{2-})	＜100	—	—

注：使用钢丝或经热处理钢筋的预应力混凝土氯化物含量不得超过 350mg/L。

(3)采用磁化水拌制混凝土可以提高其强度。其做法是在供水系统中增加相应规格的磁水器，使水先行磁化。当磁化水的最佳磁场强度为 150～175kA/m，流速为 0.9～1.0m/s 时，混凝土早期强度可提高 10％～15％。但各地磁场强弱及水的矿物质含量不同，可通过试验后确定。

二、设计计算流程

混凝土配合比设计流程可分为三个阶段，即：

(1)第一阶段是了解原始条件，明确施工要求和技术措施，列成具体数据。

(2)第二阶段是根据原始条件的数据，按有关规范、标准确定各种参数。

(3)第三阶段是根据前两阶段的参数进行运算、试配、调整。

三、普通混凝土配合比设计参数

1. 混凝土的强度及混凝土的配制强度计算

混凝土强度及配制强度计算见表 29-22。

项目	计算方法、步骤及公式	符号意义
混凝土强度	(1)混凝土强度 　为使所配制的混凝土具有必要的强度保证率,混凝土的配制强度必须大于其强度等级值,即 $$f_{cu,0} = f_{cu,k} + t\sigma \qquad (29\text{-}9)$$ 式中,标准离差 σ 又称均方差、根方差,取决于混凝土生产过程中的质量管理水平,应由各施工单位根据自己的强度等级、设备、工艺、材料、配合比等方面基本相同的历史资料,按下式计算: $$\sigma = \sqrt{\dfrac{\sum\limits_{i=1}^{n} f_{cu,i}^2 - n\mu_{f_{cu}}^2}{n-1}} \qquad (29\text{-}10)$$	$f_{cu,0}$——混凝土配制强度(MPa); $f_{cu,k}$——混凝土设计强度等级(MPa); 　t——为达到一定保证率所需的标准离差倍数,当保证率为 85% 时 t 取 1;当保证率为 95% 时 t 取 1.645(1.645——为保证率系数); 　σ——混凝土强度标准差(MPa),也可查表 29-36 取得; $f_{cu,i}$——第 i 组混凝土试件强度代表值(MPa); $\mu_{f_{cu}}$——统计周期内混凝土试件强度平均值(MPa); 　n——统计周期内混凝土试件总组数
配制强度	(2)配制强度 　配制强度亦称试验强度,是配合比设计所要达到的强度。配制强度可按下式计算: $$f_{cu,0} \geqslant f_{cu,k} + 1.645\sigma \,(\text{MPa}) \qquad (29\text{-}11)$$	
说明	1. 混凝土强度标准差可根据本单位近期的同类混凝土强度统计资料(不少于 25 组)求得。其下限值,对 C20～C25 级混凝土取 2.5MPa;对 C30 及 C30 级以上的混凝土取 3.0MPa、如计算结果,强度标准差低于下限值,则取其下限值作为计算混凝土配制强度时的标准差。 　如施工单位无历史统计资料时,强度标准差(σ)可根据要求的强度等级按下列规定取用:当强度等级小于等于 C15 时,σ 取 4MPa;强度等级为 C20～C35 时,σ 取 5MPa;强度等级大于 C35 时,σ 取 6MPa。 　2. 混凝土配制强度($f_{cu,0}$)所根据标准差值按表 29-23 选取,当按《混凝土结构设计规范》(GB 50010—2010)设计工程时,混凝土的配制强度可按表 29-24 选用	

混凝土的配制强度标准差(σ)可按表 29-23 选取。

混凝土的配制强度　　　　表 29-23

强度等级 (MPa)	强度标准差 σ(MPa)					
	2.0	2.5	3.0	4.0	5.0	6.0
C7.5	10.8	11.6	12.4	14.1	15.7	17.4
C10	13.3	14.1	14.9	16.6	18.2	19.9
C15	18.3	19.1	19.9	21.6	23.2	24.9
C20	24.1	24.1	24.9	26.6	28.2	29.9
C25	29.1	29.1	29.9	31.6	33.2	34.9
C30	34.9	34.9	34.9	36.6	38.2	39.9
C35	39.9	39.9	39.9	41.6	43.2	44.9
C40	44.9	44.9	44.9	46.6	48.2	49.9
C45	49.9	49.9	49.9	51.6	53.2	54.9
C50	54.9	54.9	54.9	56.6	58.2	59.9
C55	59.9	59.9	59.9	61.6	63.2	64.9
C60	64.9	64.9	64.9	66.6	68.2	69.9

混凝土标号换算为强度等级后的配制强度标准差可按表 29-24 选取。

混凝土标号换算为强度等级后的配制强度 表 29-24

混凝土标号	强度等级 (MPa)	强度标准差(MPa)					
		2.0	2.5	3.0	4.0	5.0	6.0
10	C8	11.3	12.1	12.9	14.6	16.2	17.9
15	C13	16.3	17.1	17.9	19.6	21.2	22.9
20	C18	21.8	22.1	22.9	24.6	27.2	27.9
25	C23	27.1	27.1	27.9	29.6	31.2	32.9
30	C28	32.6	32.6	32.9	34.6	36.2	37.9
40	C38	42.9	42.9	42.9	46.6	46.2	47.9
50	C48	52.9	52.9	52.9	54.6	56.2	57.9
60	C58	62.9	62.9	62.9	64.6	66.2	67.9

2. 水泥品种及强度等级

(1)水泥品种的选择,如设计文件已有指定,按设计文件;如设计文件未指定时,视工程项目的性质,参照表 29-7 及表 29-8 选用。

(2)水泥强度等级的决定,可参照表 29-25 选用。

水泥强度等级的选择 表 29-25

混凝土强度等级	≤C10	C15～C25	C30～C40	≥C50
水泥强度等级	32.5	32.5,42.5	42.5,52.5	52.5～62.5

3. 稠度

设计图上往往标明稠度(坍落度)的要求,此时可按所要求的坍落度值进行配合比设计。如果设计图纸没有标明坍落度要求,则可根据结构物的类型及施工条件选择合理的坍落度值,如表 29-26 所示。

混凝土浇筑时的坍落度 表 29-26

序号	结 构 种 类	坍落度(cm)	
		振动器捣实	人工捣实
1	基础或地面等的垫层	1～3	2～4
2	无筋的厚大结构(挡土墙、基础、厚大块体)或配筋稀疏的结构	1～3	3～5
3	板、梁和大型及中型截面的柱子等	3～5	5～7
4	配筋密列的结构(薄壁、斗仓、筒仓、细柱等)	5～7	7～9
5	配筋特密的结构	7～9	9～12

注:其他情况的工作性指标,可按下列说明选定:

1. 使用干硬性混凝土时采用的坍落度,应根据结构种类和振捣设备通过试验后确定。

2. 需要配制大坍落度混凝土时,应掺用外加剂。

3. 浇筑在曲面或斜面上混凝土的坍落度,应根据实际情况试验选定,避免流淌。

4. 轻集料混凝土的坍落度,可比表 29-26 的值减小 1～2cm。

生产预制构件时往往采用坍落度小于 10mm 的干硬性混凝土,此时混凝土稠度应以维勃稠度(s)来计量。混凝土所需的维勃稠度值应根据结构或构件的种类及振实条件按生产经验或经过试验决定。

目前,有些工程已经开始采用流动性混凝土并且取得了较好的效果。一般情况下,流动性混凝土以选择坍落度 100~150mm 为宜。泵送高度较大以及在炎热气候下施工时可采用 150~180mm 或坍落度更大的混凝土。

4. 粗集料的最大粒径

粗集料的级配除应符合表 29-15 的要求外,其最大粒径应符合下列三点要求:

(1)不得大于构件截面最小边长的 1/4。

(2)对于实心板,允许采用最大粒径等于板厚的 1/2 的颗粒级配,但不得超过 50mm。

(3)不得大于钢筋间最小间距的 3/4。

5. 砂率

细集料在集料总量中所占的比例称为砂率。砂率对混凝土拌和物的流动性及黏聚性有较大的影响,在配合比设计时应确定合理的砂率值。

1)影响砂率的因素

(1)粗集料粒径大砂率小,粗集料粒径小砂率大。

(2)细砂的砂率小,粗砂的砂率大。

(3)碎石的砂率大,卵石的砂率小。

(4)水灰比大则砂率大,水灰比小则砂率小。

(5)水泥用量大则砂率小,水泥用量小则砂率大。

2)确定砂率的方法

合理的砂率值可用下列三种方法确定:

(1)计算法

砂率可按下式计算:

$$\beta_{\text{s}} = \alpha \frac{\rho_{\text{s}} P_{\text{g}}}{\rho_{\text{s}} P_{\text{g}} + \rho_{\text{g}}} \qquad (29\text{-}12)$$

式中:β_{s}——砂率(%);

ρ_{s}——砂的表观密度(kg/m³);

ρ_{g}——石子的表观密度(kg/m³);

P_{g}——石子的空隙率(%);

α——拨开系数,采用机械振捣时为 1.1~1.2;采用人工捣实时为 1.2~1.4。

(2)查表法

在具有一定工程实践经验,并对所采用的原材料性能比较了解的情况下,可以按表 29-27 选取合理砂率值。

混凝土的砂率(%)　　　　　　　　　　　　　　　　　　　　　　表 29-27

水灰比 (W/C)	卵石最大粒径(mm)			碎石最大粒径(mm)		
	10	20	40	16	20	40
0.40	26~32	25~31	24~30	30~35	29~34	27~32
0.50	30~35	29~34	28~33	33~38	32~37	30~35
0.60	33~38	32~37	31~36	36~41	35~40	33~38
0.70	36~41	35~40	34~39	39~44	38~43	36~41

注:1. 本表数值是中砂的选用砂率,对细砂或粗砂,可相应地减小或增大砂率。

2. 只用一个单粒级粗集料配制混凝土时,砂率应适当增大。

3. 薄壁构件砂率应取偏大值。

4. 本表中的砂率是指砂与集料总量的质量比。

选取的砂率值经试配,如所得到得混凝土黏聚性及保浆、保水性能均良好,且坍落度值也能达到要求,则此选定的砂率值就可以定为合适。否则,可根据试配结果予以适当调整。

(3)试验法

需要比较准确地确定合理砂率的范围或需要了解砂率变化对混凝土拌和物性能的影响时,应经试验来确定合理砂率。其具体步骤如下:

①至少拌制五组不同砂率的混凝土拌和物,它们的用水量及水泥用量均相同,唯砂率值以每组相当2%~3%的间隙变动。

②测定每组拌和物的坍落度(或维勃稠度)并同时检验其黏聚性和保水性。

③用坐标纸作坍落度—砂率关系图,如图上具有极大值,则极大值所对应的砂率即为该拌和物的合理砂率值。如果因黏聚性能不好而得不出极大值,则合理砂率值应为黏聚性及保水性能保持良好而混凝土坍落度最大时的砂率值。

6. 水灰比

混凝土强度主要取决于其水灰比值,根据混凝土施工配制强度($f_{cu,0}$)可按式(29-2)计算。

用式(29-2)进行水灰比计算应注意:

不同水泥厂、不同水泥的 γ_c 系数都不相同,因此要求各使用单位可按积累的数据或使用经验分别选取,并应根据水泥质量的波动情况及时调整。

由式(29-1)计算得出的水灰比值仅是满足了试配强度的需要,从耐久性的角度出发混凝土还必须满足最大水灰比和最小水泥用量的要求。按我国《混凝土结构工程施工质量验收规范》(GB 50204—2002)的规定,对于普通混凝土,最大水灰比和最小水泥用量的限制规定如表29-28所示。

混凝土的最大水灰比和最小水泥用量 表 29-28

环 境 条 件		结构物类别	最大水灰比			最小水泥用量(kg/m³)		
			素混凝土	钢筋混凝土	预应力混凝土	素混凝土	钢筋混凝土	预应力混凝土
干燥环境		正常的居住或办公用房屋内部件	不作规定	0.65	0.60	200	260	300
潮湿环境	无冻害	(1)高湿度的室内部件 (2)室外部件 (3)在非侵蚀性土和(或)水中的部件	0.70	0.60	0.60	225	280	300
	有冻害	(1)经受冻害的室外部件 (2)在非侵蚀性土和(或)水中且经受冻害的部件 (3)高湿度且经受冻害的室内部件	0.55	0.55	0.55	250	280	300
有冻害和除冰剂的潮湿环境		经受冻害和除冰剂作用的室内和室外部件	0.50	0.50	0.50	300	300	300

注:1. 当用活性掺和料取代部分水泥时,表中的最大水灰比及最小水泥用量即为替代前的水灰比和水泥用量;
    2. 配制 C15 级及其以下等级的混凝土,可不受本表限制。

对有明确抗冻或抗渗要求的混凝土应根据所要求的抗冻或抗渗等级按表 29-29 及表 29-30 控制其最大水灰比值。

抗渗混凝土最大水灰比

表 29-29

抗 渗 等 级	最 大 水 灰 比	
	C20～C30 混凝土	C30 以上混凝土
P6	0.6	0.55
P8～P12	0.55	0.5
P12 以上	0.5	0.45

注:未掺外加剂及掺和料。

抗冻混凝土的最大水灰比值

表 29-30

抗 冻 等 级	普通混凝土无引气剂时	掺引气剂时
F50	0.55	0.60
F100	—	0.55
F150 以上	—	0.50

注:有抗冻要求的混凝土宜优先采用引气剂和普通硅酸盐水泥配制。

以上所作的水灰比计算均是以自然干燥的材料状态来计算的,如果以饱和面干为基准来设计混凝土配合比,则其水灰比值应按集料的吸水率予以修正。

7. 用水量和水泥用量

1)用水量(m_{w0})

混凝土用水量是指混凝土搅拌时每立方米的用水量。用水量的确定直接影响所配制混凝土的性能和经济效果,是配合比设计中的一个重要环节。混凝土的用水量主要与所选用的稠度(坍落度)和集料的品种、粒径有关。可用查表法或计算法确定,然后通过试拌,根据实际测量结果予以修正。

(1)查表法

干硬性混凝土和塑性混凝土的用水量可查阅表 29-31、表 29-32,集料影响见表 29-33。

干硬性混凝土的用水量(kg/m³)

表 29-31

拌和物稠度		卵石最大粒径(mm)			碎石最大粒径(mm)		
项目	指标	10	20	40	16	20	40
维勃稠度 (s)	16～20	175	160	145	180	170	155
	11～15	180	165	150	185	175	160
	5～10	185	170	155	190	180	165

塑性混凝土的用水量(kg/m³)

表 29-32

拌和物稠度		卵石最大粒径(mm)				碎石最大粒径(mm)			
项目	指标	10	20	31.5	40	16	20	31.5	40
坍落度 (mm)	10～30	190	170	160	150	200	185	175	165
	35～50	200	180	170	160	210	195	185	175
	55～70	210	190	180	170	220	205	195	185
	75～90	215	195	185	175	230	215	205	195

注:1.本表用水量是采用中砂时的平均取值。采用细砂时,每立方米混凝土用水量可增加 5～10kg;采用粗砂时,则可减少 5～10kg。

2.掺用各种外加剂或掺和料时,用水量应相应调整。

286

流动性混凝土用水量计算式的集料常数 表 29-33

粗集料最大粒径(mm)		10	20	40	80
K	碎石	57.5	53.0	48.5	44.0
	卵石	54.5	50.0	45.5	41.0

注:采用火山灰质水泥时,K 增加 4.5～6.0;采用细砂时,K 增加 3.0。

在使用表 29-32 选择用水量时,应考虑下列各种因素的影响:

①水泥中混合材品种的影响:水泥在生产时如采用火山灰或沸石作为混合材或替代部分混合材,则在配制混凝土时就应相应增加用水量。

②集料质量的影响:对风化颗粒多、质量差的集料,用水量也需适当增加。

③施工条件的影响:在气候炎热、干燥或远距离运输的情况下也应适当增加用水量。

(2)计算法

用水量的计算法可用下式:

$$m_{w0} = \frac{10(T+K)}{3} \tag{29-13}$$

式中:m_{w0}——每立方米混凝土的用水量(kg);

T——坍落度(mm);

K——集料常数,参见表 29-33。

2)水泥用量(m_{c0})

所需的水灰比和用水量确定后就可算出每立方米混凝土的水泥用量:

$$m_{c0} = \frac{C}{W} \times m_{w0} \tag{29-14}$$

式中:m_{c0}——每立方米混凝土的计算水泥用量(kg);

$\dfrac{C}{W}$——计算得到的灰水比值;

m_{w0}——选用的用水量(kg)。

最小水泥用量须符合表 29-28 的规定。

8. 集料用量的计算

粗、细集料用量的计算见表 29-34。

粗、细集料用量的计算 表 29-34

项目	计算方法及公式	符号意义
质量法	当水泥用量和用水量确定后,就可计算出每立方米混凝土中的粗、细集料用量。计算方法有重量法和体积法两种。由于要求解出粗、细集料用量两个未知数,每种方法均必须有两个关系式联立求解。 (1)采用质量法时,可按下列关系式计算 $m_{c0}+m_{g0}+m_{s0}+m_{w0}=m_{cp}$ (29-15) $m_{s0}=(m_{cp}-m_{c0}-m_{w0})\times\beta_s$ (29-16) $m_{g0}=m_{cp}-m_{c0}-m_{w0}-m_{s0}$ (29-17)	m_{c0}——每立方米混凝土的水泥用量(kg); m_{g0}——每立方米混凝土的粗集料用量(kg); m_{s0}——每立方米混凝土的细集料用量(kg); m_{w0}——每立方米混凝土的用水量(kg); β_s——砂率(%),$\beta_s=\dfrac{m_{s0}}{m_{s0}+m_{g0}}\times100\%$; m_{cp}——每立方米混凝土拌和物的假定质量(kg);其值可按本单位积累的试验资料确定;如缺乏资料时,在 2 400～2 450kg 选定;
绝对体积法	(2)采用绝对体积法时,可按下列关系式计算 $\dfrac{m_{c0}}{\rho_c}+\dfrac{m_{g0}}{\rho_g}+\dfrac{m_{s0}}{\rho_s}+\dfrac{m_{w0}}{\rho_w}+0.01\alpha=1$ (29-18) $\beta_s=\dfrac{m_{s0}}{m_{s0}+m_{g0}}\times100\%$ (29-19)	ρ_c——水泥密度(g/cm³); ρ_g——粗集料的密度(g/cm³); ρ_s——细集料的密度(g/cm³); ρ_w——水的密度(g/cm³); α——混凝土的含气量百分数(%),在不使用引气型外加剂时,α 可取为 1.0

287

项目	计算方法及公式	符号意义
说明	在上述关系式中 ρ_c 可取 2.9～3.1g/cm³；ρ_w 取 1.0g/cm³；ρ_g 及 ρ_s 可经试验测得；m_{cp} 一般取 2 400～2 450 kg/cm³。 经过上述计算后，即可取得混凝土的计算材料用量 m_{c0}、m_{w0}、m_{s0} 及 m_{cp}	

四、试配和校准

1. 试配

上面得到的混凝土计算材料用量必须经试配、检验并调整后才能最后确定。

试配时所需的混凝土数量取决于集料的最大粒径、混凝土检验项目以及搅拌机的容量。集料最大粒径不大于 30mm 时，一般约制备 15L 混凝土拌和物；粒径大于 30mm 但不大于 40mm 时一般应制备 30L。如除强度外还需进行耐久性检验，混凝土的制备量还应适当增加。此外，还应注意用搅拌机拌制混凝土时，所搅拌的混凝土数量不应低于搅拌机额定搅拌量的 1/4。

1)试配混凝土的材料用量

由试配所必需的混凝土用量，算出配制试配混凝土所需的材料用量：

$$m'_{g0}（或 m'_{s0}, m'_{c0}, m'_{w0}）= \frac{m_{g0}（或 m_{s0}, m_{c0}, m_{w0}）}{1\ 000} \times J \qquad (29\text{-}20)$$

式中：m'_{g0}（或 $m'_{s0}, m'_{c0}, m'_{w0}$）——每盘混凝土的粗集料（或细集料、水泥、水）的称量（kg）；

m_{g0}（或 m_{s0}, m_{c0}, m_{w0}）——每立方米混凝土的粗集料（或细集料、水泥、水）的计算用量（kg）；

J——试配所必需的混凝土（L）。

试配时，如果采用的集料不是干料，则应根据它们的含水率修正每盘混凝土的材料称量。

2)试配混凝土的坍落度检验

混凝土按规定搅拌完毕后首先检验其稠度（坍落度或维勃稠度）是否符合要求。检验结果可能有以下情况。

(1)测得的坍落度值符合设计要求，且混凝土的黏聚性和保水性都很好，则此配合比即可定为供检验强度用的基准配合比，该盘混凝土可用以浇制检验强度或其他性能指标用的试块。

(2)如果测得的坍落度值符合设计要求，但混凝土的黏聚性及保水性能不好，则应加大砂率，增加细集料用量，重新称料、搅拌并检验混凝土稠度。该盘混凝土不作强度检验用。

(3)如果坍落度低于设计要求，即混凝土过干，则可把所有拌和物（包括做过试验以及散落在地的）重新收集入搅拌机，加入少量拌和水（事先须经计量）并同时加入相当数量的水泥以使其水灰比保持不变。重新搅拌后再检验其坍落度。如一次添料后即能满足要求，则此调整后的配合比即可定为基准配合比，如果一次添料不能满足要求，则该盘混凝土作废，重新调整用水量（水灰比保持不变）或砂率，称料、搅拌直到检验合格为止。

(4)如果所测得的坍落度大于设计要求，即混凝土过稀，则此盘混凝土不再继续其他项目试验。此时，应降低用水量及水泥用量，重新称料、搅拌、进行测定。

经稠度检验并调整用水量后取得的配合比称为基准配合比。

3)试配混凝土的强度检验及水灰比校准

确定基准配合比后即可进行强度检验及水灰比值校正。为此，除基准配合比的混凝土外，尚需拌制 2～4 盘混凝土,其配合比基本上和基准混凝土一致,唯水灰比值应以每个间隔 0.05 的差别拉开,也就是说以 3～5 个不同水灰比的混凝土进行强度试验。此时,每盘混凝土应该进行的检验项目为:

(1)制作强度试块,以确定 28d 或其他龄期时的混凝土强度。

(2)测定混凝土拌和物的容重,以供最后修正材料用量时使用。

(3)检验混凝土的坍落度、黏聚性和保水性。

制成的强度试块经 28d 标准养护后进行试压,取得各盘混凝土的立方体强度值。把不同水灰比值的立方体强度标在纵轴为强度、横轴为灰水比的坐标上就可以得到强度—灰水比值的线性关系。由该直线上相应于试配强度的灰水比值即可定出所需要的设计水灰比值。

2. 配合比校准

按稠度和强度检验结果再经两次修正后即可定出最终的配合比设计值。

(1)按强度检验结果修正配合比

用水量(m_{w0})——取基准配合比中的用水量值,并根据制作强度试块时测得的坍落度值加以适当调整。

水泥用量(m_{c0})——取用水量乘以由强度—灰水比关系直线上定出的为达到试配强度所必需的灰水比值。

粗、细集料用量(m_{g0})及(m_{s0})——取基准配合比中的粗、细集料用量,并按定出的水灰比值作适当调整。

(2)按实测得到的混凝土拌和物重度值修正配合比

先计算出重度校正系数 K

$$K = \frac{m_{cp}}{\rho_{c,c}} = \frac{m_{cp}}{m_{w0} + m_{c0} + m_{s0} + m_{g0}} \tag{29-21}$$

式中: K——重度校正系数;

m_{cp}——混凝土拌和物实测重度(也称混凝土表观密度实测值)(kg/m^3);

$\rho_{c,c}$——拌和物的计算表观密度(kg/m^3);

$m_{w0}, m_{c0}, m_{s0}, m_{g0}$——每立方米混凝土的水、水泥及粗、细集料用量(也称混凝土表观密度计算值)(kg/m^3)。

当混凝土表观密度实测值(混凝土拌和物实测重度)与计算值(每立方米混凝土的水、水泥及粗、细集料用量)之差的绝对值不超过计算值的 2% 时,则按以上确定的配合比为确定的配合比设计值;当二者之差超过 2% 时,应配合比中各项材料用量($m_{w0}, m_{c0}, m_{s0}, m_{g0}$)均乘以校正系数 K,即为最终确定的混凝土配合比设计值。

五、配合比设计方法与计算

在设计前,必须掌握下列资料:

(1)混凝土工程情况——包括强度要求、结构物种类、部位尺寸,周围环境是否侵蚀、钢筋分布情况等。

(2)原材料的性能指标——掌握水泥的品种、强度等级,集料的密度、重度、空隙率、级配等试验数据及拌和混凝土用水情况。

(3)施工情况——混凝土拌和、捣实方法及其他施工技术等。

混凝土配合比设计方法常采用质量法和体积法,在条件相同时,两种方法的计算结果应当是一致的。在普通混凝土即使不掺加引气剂,仍然存在裹入的含气量,这种含气量在不同石子最大粒径的混凝土中波动范围在 $0.2\%\sim3\%$,除了实测之外难以取得准确的数值,根据这种含气量的波动,再加上组成材料重度的误差,估计采用体积法,计算误差在 1% 左右。在试拌时,直接测定混凝土重度,误差也在 1% 左右。因此两种方法皆可用。

1. 绝对体积法

设计混凝土配合比见表 29-35。

设计混凝土配合比 表 29-35

项目	计算方法及公式	符号意义
基本理论	1. 基本理论——混凝土的体积等于各组成材料绝对体积的总和。假设1立方米混凝土的材料为水泥、砂子、石子、水和空气,拌和后或成型完为全密实状态,正好为1立方米混凝土,可用下列公式表示: $$V_1+V_2+V_3+V_4+V_5=1\,000 \quad (29\text{-}22)$$ $$\frac{m_{c0}}{\rho_c}+\frac{m_{g0}}{\rho_g}+\frac{m_{s0}}{\rho_s}+\frac{m_{w0}}{\rho_w}+10\alpha=1\,000 \quad (29\text{-}23)$$	
计算水灰比	2. 设计顺序 (1)计算水灰比 确定水灰比,必须从混凝土的强度和耐久性两方面同时考虑。 ①按强度要求确定 W/C 应按混凝土的试配强度计算出所要求的水灰比值。 a. 混凝土试配强度确定($f_{cu,0}$)确定 施工中各项原材料的质量能否保持均匀一致,混凝土配合比能否控制准确,拌和、运输浇筑、振捣及养护等工序是否正确,都会影响混凝土的质量。考虑到实际施工条件与试验室条件的差别,混凝土试配强度($f_{cu,0}$)应比设计有所提高,可按下式计算:$f_{cu,0}\geqslant f_{cu,k}+1.645\sigma$ b. 根据 $f_{cu,0}$、水泥实际强度及粗集料种类,利用经验公式计算水灰比,可按下列关系式计算。 碎石混凝土: $$f_{cu,0}=0.46f_{ce}(C/W-0.07) \quad (29\text{-}24)$$ 卵石混凝土: $$f_{cu,0}=0.48f_{ce}(C/W-0.33) \quad (29\text{-}25)$$ 在无法取得水泥实际强度数值时,可用式(29-26)计算: $$f_{ce}=\gamma_c f_{ce,g} \quad (29\text{-}26)$$ 求出水泥实际强度后,将式(29-26)代入式(29-24)和式(29-25)中求出水灰比。此时关系式为: $$f_{cu,0}=0.46\times1.13f_{ce,g}\left(\frac{C}{W}-0.07\right) \quad (29\text{-}27)$$ $$f_{cu,0}=0.48\times1.13f_{ce,g}\left(\frac{C}{W}-0.33\right) \quad (29\text{-}28)$$ 即得,碎石混凝土: $$f_{cu,0}=0.52f_{ce,g}\left(\frac{C}{W}-0.07\right) \quad (29\text{-}29)$$ 卵石混凝土: $$f_{cu,0}=0.54f_{ce,g}\left(\frac{C}{W}-0.33\right) \quad (29\text{-}30)$$	V_1、V_2、V_3、V_4、V_5——水泥、砂、石、水、空气的体积; m_{c0}、m_{w0}、m_{s0}、m_{g0}——水泥、砂、石、水的质量; ρ_c、ρ_s、ρ_g、ρ_w——泥、砂、石、水的密度,ρ_c 取 $2.9\sim3.1$,$\rho_w=1$;ρ_s、ρ_g 可按《普通混凝土用砂、石质量标准及检验方法》(JGJ 52—2006)所规定的方法测得; α——混凝土含气量百分数(%),在不使用含气型外加剂时,α 可取为1; $\dfrac{W}{C}$——混凝土的水灰比值; $f_{cu,0}$——混凝土试配强度(MPa); $f_{cu,k}$——混凝土立方体抗压强度标准值(MPa); σ——混凝土强度标准差(MPa),当无统计资料计算标准差时,可参考表 29-36 取值; f_{ce}——水泥 28d 抗压强度实测值(MPa); $f_{ce,g}$——水泥强度等级值; γ_c——水泥强度等级值的富余系数,应按不同地区水泥具体情况定出,当无统计资料时,可采用全国平均水平值取 1.13
说明	对于出厂期超过三个月或因存放条件不良而变质的水泥应重新鉴定其强度等级,并按实际强度计算	

项目	计算方法及公式	符号意义
水灰比复核	②按耐久性要求复核$\dfrac{W}{C}$ 按强度要求计算出的水灰比值应满足表 29-28 的规定。若计算得到的水灰比值大于规定的最大水灰比值时,应按表 29-28 规定的最大水灰比选取	
确定用水量	(2)确定用水量(m_{w0}) 在满足施工和易性的条件下,当水泥用量维持不变时,用水量越小,水灰比越小,混凝土质量就越好;当水灰比保持不变,用水量越少,水泥用量也越少,同时混凝土的体积变化也越小。因此,在混凝土配合比设计时,应力求采用最小单位用水量,各地区可根据本单位所用材料按经验选用单位用水量。如无使用经验时可按集料品种、规格及施工要求的坍落度值参照表 29-32 和表 29-33 选用每立方米混凝土的用水量。 此外,也可按式(29-31)计算 m_{w0}。 $$m_{w0}=\dfrac{10}{3}(T+K) \qquad (29\text{-}31)$$	m_{w0}——每立方米混凝土用水量(kg 或 L); T——坍落度(以 cm 计),每增加 3～4L 水,坍落度增加 1cm; K——常数,与集料品种及最大粒径有关,可查表 29-37; m_{c0}——每立方米混凝土水泥用量(kg); β_s——砂率(%); m_{s0}——每立方米混凝土中砂子用量(kg); m_{g0}——每立方米混凝土中石子用量(kg); ρ_s、ρ_g——砂子、石子的表观密度(kg/m³); α——增加混凝土的流动性的修正系数(又称拨开系数或砂浆剩余系数),表示砂子除填充石子空隙外应有一定余量,一般 α 取 1.1～1.4,机械振捣:$\alpha=1.1～1.2$,人工振捣:$\alpha=1.2～1.4$; V_s——砂子体积(m³); V_g——石子体积(m³); P_g——石子空隙率(%),按下式计算: $$P=\dfrac{\rho_g'-\rho_g}{\rho_g}\times100\%=\left(1-\dfrac{\rho_g}{\rho_g'}\right)\times100\%$$ ρ_g'——石子的视密度(g/cm³)
计算水泥用量	(3)计算水泥用量(m_{c0}) 根据已确定的灰水比及用水量可求出水泥用量: $$m_{c0}=\dfrac{C}{W}\times m_{w0} \qquad (29\text{-}32)$$ 若由上式计算得的水泥用量少于规定的最小水泥用量值,则应采用表 29-28 规定的最小水泥用量	
确定砂率	(4)确定砂率(β_s) 按下列公式计算砂率 $$\beta_s=\dfrac{m_{s0}}{m_{s0}+m_{g0}}\times100\% \qquad (29\text{-}33)$$ 确定砂率的原则是以砂子来填充石子空隙,并稍有富余。则砂率计算公式如下: $$\beta_s=\alpha\dfrac{\rho_s P_g}{\rho_s P_g+\rho_g}\times100\% \qquad (29\text{-}34)$$ 砂率计算公式(29-34)推导如下。 按填充原则:$V_s=V_g P_g$ 又因:$\rho_s=\dfrac{m_s}{V_s}$,$\rho_g=\dfrac{m_g}{V_g}$ $$\beta_s=\dfrac{m_s}{m_s+m_g}=\dfrac{\rho_s V_s}{\rho_s V_s+\rho_g V_g}=\dfrac{\rho_s V_g P_g}{\rho_s V_g P_g+\rho_g V_g}$$ $$=\dfrac{\rho_s V_g P_g}{V_g(\rho_s P_g+\rho_g)}=\dfrac{\rho_s P_g}{\rho_s P_g+\rho_g}$$ 将上式乘以修正系数(又称拨开系数)α 后得: $$\beta_s=\alpha\cdot\dfrac{\rho_s P_g}{\rho_s P_g+\rho_g}\times100\%$$	

项目	计算砂石用量、初步配合比、试配与调整计算方法及公式
计算砂石用量	(5)计算砂石用量 用体积法计算时,可使用以下两个关系式 $$\frac{m_{c0}}{\rho_c}+\frac{m_{g0}}{\rho_g}+\frac{m_{s0}}{\rho_s}+\frac{m_{w0}}{\rho_w}+10\alpha=1\,000 \tag{29-35}$$ $$\frac{m_{s0}}{m_{s0}+m_{g0}}=\beta_s \tag{29-36}$$ 解此联立方程,求出砂子、石子的用量
初步配合比	(6)得出初步配合比 配合比表示形式有两种。第一种以每立方米混凝土中各材料的用量(kg)表示;第二种以混凝土中砂子、石子用量比例(以水泥用量为1的质量比)和水灰比表示。 即水泥∶砂∶石=$Q∶X∶Y$ 水灰比:W/C

(7)试配与调整,得出试验室配合比(又叫理论配合比)

以上得到数据仅为初步配合比,需要经过试配进行调整。下面介绍调整方法:

初步配合比确定后,即可称取材料试配混凝土,试配用拌和量应根据集料最大粒径确定,见下表:

混凝土试配用拌和量

集料最大粒径(mm)	拌和物数量(L)	集料最大粒径(mm)	拌和物数量(L)
30或以下	15	40	30

如需进行抗冻、抗渗或其他项目的试验,则应根据试验项目的需要计算用量。

采用机械搅拌时,拌和量应不小于搅拌机定额拌量的1/4。

①和易性调整

按计算量称取各材料进行试拌,搅拌方法应尽量与生产使用的方法相同。拌均匀后测坍落度并观察有无分层、析水、流浆等情况。

如果坍落度不符合设计要求,可保持水灰比不变,适量增加水泥浆,并相应减少砂石用量。对于普通混凝土,增加10mm坍落度,约需增加水泥浆2%～5%。然后重新拌和试验,直至坍落度符合要求为止。

另外,为简化起见,也可只增减水泥浆数量不相应改变砂石数量使和易性合格。

坍落度的调整时间不宜过长,一般不超过20min为宜。

经过调整后,应重新计算每立方米水泥、砂子、石子、水的用量,提出供检验混凝土强度用的基准配合比

②水灰比调整

检验混凝土强度时至少应采用三个不同的配合比。除基准配合比以外,另外两个配合比的水灰比值应按基准配合比分别相应增加及减少0.05,其用水量应该与基准配合比相同,但砂率值可作适当调整。

应调整使不同水灰比的三组混合物均满足和易性要求后,制作混凝土强度试块。

每种配合比应至少制作一组(三块)试块,标准养护28d后试压。在有条件的单位可同时制作一组或n组试块,供快速检验或较早龄期时试压,以便提前定出混凝土配合比供施工使用。但以后仍必须以标准养护28d的检验结果为基准调整配合比。

根据计算得出的强度值$f_{cu,0}$作出$f_{cu,0}$与C/W图。由图中求出或计算出最适宜的W/C值(以满足$f_{cu,0}$,W/C又小者为最好)。

至此,即可定出调整后的配合比(称理论配合比)。其值为:

水用量$m_{w,0}$:取基准配合比中用水量,并根据制作强度试块时测得的坍落度(或工作度)值,加以调整。

水泥用量$m_{c,0}$:取水用量乘以经试验定出的为达到$f_{cu,0}$所必需的灰水比值。

石子、砂子用量($m_{g,0}$及$m_{s,0}$):取基准配合比中石子、砂子用量,并按定出的水灰比值作适当调整

确定施工配合比	(8)确定施工配合比 试验室配合比是以干燥材料为基准。而实际施工现场存放的砂、石材料都含有一定的水分且含水率经常变化,所以应随时根据现场砂石含水情况调整配合比,调整后的配合比称为施工配合比

项目	水灰比的调整及确定施工配合比的计算方法及公式
确定施工配合比	实测砂子含水率为 $a\%$，石子含水率为 $b\%$，则换算施工配合比，其材料用量如下。 水泥：$m'_{c0}=m_{c0}$　　无变化　　　　　　　　　　　　　　　(29-37) 砂子：$m'_{s0}=m_{s0}(1+a\%)$ (Kg)　　　　　　　　　　(29-38) 石子：$m'_{g0}=m_{g0}(1+b\%)$ (Kg)　　　　　　　　　　(29-39) 水：$m'_{w0}=m_{w0}-m_{s0}\times a\%-m_{g0}\times b\%$ (Kg)　　(29-40) 水泥：砂子：石子$=1:X:Y\dfrac{W}{C}$ 式中：m'_{c0}——每立方米混凝土的水泥实用量（kg）； 　　　m'_{g0}——每立方米混凝土的粗集料（石子）实用量（kg）； 　　　m'_{s0}——每立方米混凝土的细集料（砂子）实用量（kg）； 　　　m'_{w0}——每立方米混凝土的实用水量（kg）。 注：以上配合比计算公式及表格均以干燥状态集料（即：干燥状态含水率，砂<0.5%，石<0.2%）为基准。如需以饱和面干集料为基准进行计算时，则应作相应的修改

混凝土强度等级标准差 σ 可按表 29-36 选取。

混凝土强度等级标准差取值表 σ　　　　　　　　表 29-36

混凝土强度等级（MPa）	C10～C20	C25～C40	C50～C60
标准差 σ（MPa）	4	5	6

混凝土用水量计算公式中的 K 值可按表 29-37 选取。

混凝土用水量计算公式中的 K 值　　　　　　　　表 29-37

系数	碎　石				卵　石			
	最　大　粒　径							
	10	20	40	80	10	20	40	80
K	57.5	53.0	48.5	44.0	54.5	50.0	45.5	41.0

注：1. 采用火山灰硅酸盐水泥时，增加 4.5～6.0。
　　2. 采用细砂时，增加 3.0。

【例 29-1】　某桥梁工程制作钢筋混凝土梁，混凝土设计强度等级为 C20，机械拌和、机械振捣，坍落度为 30～50mm，采用强度等级为 32.5MPa 的普通水泥，$\rho_c=3.1\mathrm{g/cm^3}$。砂子为中粗砂，$M_k=2.7$，$\rho_s=1\,490\mathrm{kg/m^3}$。石子为碎石，最大粒径为 40mm，$\rho_g=1\,500\mathrm{g/cm^3}$。搅拌混凝土使用自来水。试计算确定此混凝土的配合比。

解：（1）选定混凝土配制强度。查表 29-36 取标准差 $\sigma=4\mathrm{MPa}$。

确定混凝土配制强度，由式（29-11）得：

$$f_{cu,0}=f_{cu,k}+1.645\sigma=20+1.645\times4=26.58(\mathrm{MPa})$$

（2）计算水灰比。采用的集料是碎石，最大粒径为 40mm。由式（29-2）得：

$$\frac{W}{C}=\frac{\alpha f_{ce}}{f_{cu,0}+\alpha_a\alpha_h f_{ce}}$$

$$f_{ce}=\gamma_s f_{ce,g}=1.13\times32.5=36.72(\mathrm{MPa})$$

$$\frac{W}{C}=\frac{0.46\times36.72}{26.58+0.46\times0.07\times36.72}=0.61$$

对照表 29-28 符合耐久性要求。

(3)确定用水量。查表29-32得$m_{w0}=175kg/m^3$

(4)计算水泥用量。由公式(29-3)得:

$$m_{c0}=\frac{m_{w0}}{\dfrac{C}{W}}=175\div0.61=287(kg/m^3)$$

(5)确定砂率。查表29-27得$\beta_s=0.34$

(6)计算砂石用量。按以下两个关系式计算:

由公式(29-4)得:

$$\frac{m_{s0}}{\rho_s}+\frac{m_{g0}}{\rho_g}=1\,000-\frac{m_{c0}}{\rho_c}-\frac{m_{w0}}{\rho_w}-10\alpha$$

$$\beta_s=\frac{m_{s0}}{m_{s0}+m_{g0}}$$

因系不掺外加剂的普通混凝土,取$\alpha=1$,则联立方程式为:

$$解联立方程\begin{cases}\dfrac{m_{s0}}{2.65}+\dfrac{m_{g0}}{2.73}=722\\[2mm]\dfrac{m_{s0}}{m_{s0}+m_{g0}}=0.34\end{cases}$$

得$m_{s0}=664(kg)$ $m_{g0}=1\,289(kg)$

(7)计算初步配合比,见表29-38。

混凝土设计初步配合比 表 29-38

用料名称	水泥	砂	石	水
每立方米混凝土材料量	287	664	1 289	175
配合比	1	2.31	4.49	0.61

(8)试配与调整。

第一种调整情况:

若测得坍落度小于要求时,可保持水灰比不变,增加水泥浆,同时砂率不变,相应减少砂与石的用量。

首先按初步配合比计算出15L拌和物的材料用量,分别为:

$$m_{c0}=4.46kg \quad m_{s0}=10.3kg \quad m_{g0}=20.03kg \quad m_{w0}=2.72kg$$

按上述材料拌和后,测得混合物坍落度为10mm,小于设计要求的坍落度(30~50mm),此时可保持水灰比不变,水和水泥各增加2%,同时按砂率不变相应减少砂和石的质量,再重新称料拌和试验,若测得坍落度为30mm,则符合要求,重新计算配合比(基准配合比)。

$$m_{c0}=287+287\times2\%=287+5.74=293(kg)$$
$$m_{w0}=175+175\times2\%=175+3.5=179(kg)$$
$$m_{c0}增加5.74kg,m_{w0}增加3.5kg$$
$$m_{c0}+m_{w0}=5.74+3.5=9.24(kg)$$

则m_{s0}、m_{g0}相应减少9.24kg

$$\beta_s=0.34$$
$$m_{s0}=664-9.24\times0.34=664-3.14=661(kg)$$
$$m_{g0}=1\,284-9.24\times0.66=1\,284-6.1=1\,278(kg)$$

然后按基准配合比作强度试验,假定满足要求,则不需再调整。于是,试验室配合比(即理论配合比)为：

$$m_{c0} : m_{s0} : m_{g0} = 293 : 661 : 1\,278 = 1 : 2.26 : 4.35, \frac{W}{C} = \frac{179}{293} = 0.61$$

第二种调整情况：

当坍落度大于要求时，且拌和物黏聚性不好，这时可保持水灰比不变，减少水泥浆数量，并保持砂、石质量不变，适当增加砂子用量（调整砂率）。

按初步配合比材料用量进行调整。

如减少用水量5kg，同时相应地减少水泥用量，以保持水灰比不变。增加砂率2.0%，在增加砂量的同时，相应地减少石子用量，以保持砂石总质量不变。

$$m_{w0} = 175 - 5 = 170 (kg) \quad m_{c0} = \frac{170}{0.61} = 279 (kg)$$

$$\begin{cases} \dfrac{m_{s0}}{2.65} + \dfrac{m_{g0}}{2.73} = 1\,000 - \dfrac{170}{1} + \dfrac{279}{3.1} = 740 (kg) \\[2mm] \dfrac{m_{s0}}{m_{s0} + m_{g0}} = 0.36 \end{cases}$$

解联立方程得：$m_{s0} = 720$kg $m_{g0} = 1\,282$kg

调整后每立方米混凝土材料用量及质量比和水灰比为：

$$m_{c0} : m_{s0} : m_{g0} = 279 : 720 : 1\,282 = 1 : 2.58 : 4.59$$

$$\frac{W}{C} = \frac{170}{279} = 0.61$$

上述为基准配合比，用这种配合比做强度试验，假定强度符合要求，则理论配合比同上。

第三种调整情况：

为简化起见，调整坍落度时，只增减水泥浆，不改变砂石用量。

按初步配合比计算15L的料为：水泥4.46kg；水2.72kg；砂子10.30kg；石子20.03kg。

假定上述材料混合物的坍落度为0mm，小于设计要求30~50mm。

保持水灰比不变，增加2%水泥浆再做坍落度试验。此时15L拌和物水泥用量为：

$$4.46 + 4.46 \times 2\% = 4.55 (kg)$$

15L混合物中水用量为：

$$2.72 + 2.72 \times 2\% = 2.77 (kg)$$

经增加2%水泥浆，测得坍落度为10mm，仍不符合要求，需再作调整，故再增加2%水泥浆。

水泥用量为：$C_0 = 4.55 + 4.55 \times 2\% = 4.64 (kg)$

水用量为：$W_0 = 2.77 + 2.77 \times 2\% = 2.83 (kg)$

此次测坍落度为30mm，满足要求，即可做检验抗压强度用的试块。

假定强度符合要求，故不需调整。

于是得出试验室配合比（理论配合比）如表29-39所示。

试验室配合比 表29-39

用 料 名 称	水 泥	砂	石	水
1m³ 材料用量(kg)	298	664	1 289	182
质量配合比	1	2.23	4.33	0.61

(9)计算施工配合比

按上述第三种情况计算。

若经实测现场砂子含水率为5％,石子含水率1％,则需要求出湿料的实际用量,并在加水量中扣除由砂子、石子带入的水量。其计算如下:

以水泥100kg计的试验室配合比(理论配合比)为:

$$m_{c0} : m_{s0} : m_{g0} = 100 : 233 : 433, \frac{W}{C} = 0.61$$

以水泥100kg为基准的施工配合比为:

$$m_{s0} = 233 + 233 \times 5\% = 233 + 11.65 = 245(kg)$$
$$m_{g0} = 433 + 433 \times 1\% = 433 + 4.33 = 437(kg)$$
$$m_{w0} = 61 - 11.65 - 4.33 = 45(kg)$$
$$m_{c0} = 100(kg)$$

上述计算结果可列入表29-40。

试验室配合换算成施工配合比 表29-40

用 料 名 称	水泥	砂	石	水	用 料 名 称	水泥	砂	石	水
试验室配合比	100	233	433	61	砂、石含水(%)		5	1	
校正含水量(kg)		11.65	4.33	15.98	施工配合比(kg)	100	245	437	45
施工称量(kg)	50	123	219	22.5					

2. 假定质量法

这种方法目前应用比较广泛,其主要优点在于:节省了体积法中把质量变成为绝对体积和把绝对体积变成质量这些繁琐换算,从而使配合比的设计更加简捷。其具体计算法如下:

(1)假定混凝土的计算表观密度

新浇筑混凝土表观密度按积累试验资料选取,如无试验资料时,可按表29-41选用。

混凝土的计算表观密度 表29-41

混凝土强度等级	≤C10	C15~C30	>C30
计算表观密度(kg/m³)	2 360	2 400	2 450

(2)选定混凝土的试配强度

(3)计算水灰比

(4)确定用水量

(5)计算水泥用量

(6)确定砂率

以上各项计算方法与初步确定与"绝对体积法"相同。

(7)计算砂、石用量

先根据表29-39选出一个计算表观密度$\rho_{c,c}$,然后则可根据以下两个关系式进行计算,即:

$$\rho_{c,c} = m_{c0} + m_{s0} + m_{g0} + m_{w0} \tag{29-41}$$

$$\rho_s = \frac{m_{s0}}{m_{s0} + m_{g0}} \tag{29-42}$$

式中:　　　$\rho_{c,c}$——拌和物的计算表观密度(kg/m³);

　　　　　　ρ_s——含砂率(%);

296

m_{c0}、m_{s0}、m_{g0}、m_{w0}——每立方米混凝土中所用水泥、砂子、石子、水的质量（kg）。

砂石用量可按下式计算：

$$m_{s0} + m_{g0} = \rho_{c,c} - m_{c0} - m_{w0}, m_{s0} = (m_{s0} + m_{g0}) \times \beta_s \qquad (29\text{-}43)$$

$$m_{g0} = (m_{s0} + m_{g0}) - m_{s0} \qquad (29\text{-}44)$$

（8）计算初步配合比

将各种材料的用量除以水泥质量即得以水泥为1的质量配合比。

$$水泥：砂：石 = 1 : \frac{砂}{水泥} : \frac{石}{水泥} \quad 即： m_{c0} : m_{s0} : m_{g0} = 1 : \frac{m_{s0}}{m_{c0}} : \frac{m_{g0}}{m_{c0}}$$

（9）试配与调整

按计算出的初步配合比，称取 10～25L 的用料量，拌制混凝土，测定其坍落度并观察其黏聚性与保水性，如果不合要求，应适当调整用水量及砂率，再行拌和试验，直至符合要求为止。和易性与水灰比调整的原则与体积法相同。

当试拌调整工作完成后，应测出混凝土拌和物的实际表观密度。其表观密度的调整方法如下。

将实测表观密度除以计算表观密度得出材料用量修正系数，即：

$$K = \frac{混凝土表观密度实测值}{混凝土表观密度计算值}$$

将配合比中每项材料用量均乘以校正系数 K，即得试验室配合比。

（10）确定施工配合比

施工配合比的确定与体积法相同。

【例 29-2】 制作某钢筋混凝土梁，要求混凝土设计强度等级为 C20，机械拌和、机械振捣，坍落度为 30～50mm；使用强度等级为 32.5MPa 普通水泥（不知实际强度），$\rho_c = 3.1\text{g/cm}^3$，砂子为中砂，其表观密度 $\rho_s = 1\,500\text{kg/m}^3$；碎石的最大粒径为 40mm，其表观密度 $\rho_g = 1\,480\text{kg/m}^3$。混凝土用自来水拌和。试计算确定此混凝土配合比。

解：（1）设混凝土计算表观密度 $\rho_{c,c} = 2\,400\text{kg/m}^3$

（2）选定混凝土的试配强度

与【例 29-1】绝对体积法相同，$f_{cu,0} = 26.58\text{MPa}$

（3）计算水灰比

与【例 29-1】绝对体积法相同，$\dfrac{W}{C} = 0.61$

（4）确定用水量

查表 29-32 得 $m_{w0} = 175(\text{kg})$

（5）计算水泥用量，按式（29-3）得：

$$m_{c0} = \frac{m_{w0}}{\dfrac{C}{W}} = 175 : 0.61 = 287(\text{kg/m}^3)$$

（6）确定砂率

查表 29-27 得 $\beta_s = 0.34$

（7）计算砂、石用量

砂、石用量可按式（29-36）得：

$$m_{c0} + m_{s0} + m_{g0} + m_{w0} = 2\,400(\text{kg/m}^3)$$

$$m_{s0} + m_{g0} = 2\ 400 - (m_{c0} + m_{w0}) = 2\ 400 - (287 + 175) = 1\ 938 \text{(kg)}$$

$$\frac{m_{s0}}{m_{s0} + m_{g0}} = \beta_s = 0.34$$

$$m_{s0} = (m_{s0} + m_{g0}) \times \beta_s = 1\ 938 \times 0.34 = 659 \text{(kg)}$$

$$m_{g0} = (m_{s0} + m_{g0}) - m_{s0} = 1\ 938 - 659 = 1\ 279 \text{(kg)}$$

(8)计算初步配合比

水泥：砂：石＝287：659：1 279＝1：2.30：4.46

$$\frac{W}{C} = \frac{175}{287} = 0.61$$

调整坍落度和调整水灰比与绝对体积法相同。

调整表观密度：混凝土表观密度实测值为 2 455(kg/m³)

$$m_{c0} = \frac{2\ 450}{2\ 400} \times 287 = 293 \text{(kg)}$$

$$m_{s0} = \frac{2\ 450}{2\ 400} \times 659 = 673 \text{(kg)}$$

$$m_{g0} = \frac{2\ 450}{2\ 400} \times 1\ 279 = 1\ 306 \text{(kg)}$$

$$m_{w0} = \frac{2\ 450}{2\ 400} \times 175 = 179 \text{(kg)}$$

得出试验室配合比(理论配合比)为：

$$293：673：1\ 306 = 1：2.30：4.46$$

$$\frac{W}{C} = \frac{179}{293} = 0.61$$

(9)计算施工配合比

计算施工配合比与绝对体积法相同。

【例 29-3】 某钢筋混凝土柱设计混凝土强度等级为 C20，使用材料为 425 号普通硅酸盐水泥，碎石最大粒径 40mm(视密度 2.65g/cm³)，中砂(视密度 2.62g/cm³)，自来水拌和。混凝土用机械搅拌，振动器振捣，混凝土坍落度要求 3～5cm，试用体积法计算确定混凝土配合比。

解：(1)选定混凝土试配强度

根据题意设混凝土强度等级 C20，查表 29-36 得混凝土强度标准差 $\sigma = 4\text{N/mm}$，按式(29-11)计算。

混凝土配制强度 $f_{cu,0} = 20 + 1.645 \times 5 = 28.2 \text{(MPa)}$

(2)计算水灰比

先求水泥实际强度值，按式(29-26)得：

$$f_{ce} = \gamma_c f_{ce,g} = 1.13 \times 42.5 = 48 \text{(MPa)}$$

采用骨料为碎石，按式(29-2)求混凝土所需的水灰比为：

$$\frac{W}{C} = \frac{\alpha_a \cdot f_{ce}}{f_{cu,0} + \alpha_a \alpha_b f_{ce}} = \frac{0.46 \times 48}{28.2 + 0.46 \times 0.07 \times 48} = 0.74$$

(3)选取单位用水量

已知选定混凝土的坍落度为 3～5cm，集料采用碎石，最大粒径为 40mm。

查表 29-32 得每立方米混凝土用水量为：

$$m_{w0} = 175 \text{kg/m}^3$$

(4)按式(29-32)计算每立方米混凝土的水泥用量为:

$$m_{c0}=\frac{m_{w0}}{W/C}=\frac{175}{0.75}=307(kg/m^3)$$

查表 29-28 得知其计算值大于最小水泥用量,故取 $m_{c0}=307kg/m^3$

(5)选取砂率

根据水灰比、集料品种和最大粒径,由表 29-27 得合理砂率 $\beta_s=34\%$。

(6)计算粗、细骨料用量

采用体积法,根据已知条件按式(29-4)列出联立方程式为:

$$\begin{cases} \dfrac{307}{3.1}+\dfrac{m_{g0}}{2.65}+\dfrac{m_{s0}}{2.62}+175+10\times1=1\,000 \\ \dfrac{m_{s0}}{m_{s0}+m_{g0}}\times100\%=34\% \end{cases}$$

解上述方程式得:砂的质量 $m_{s0}=649kg$

石子的质量 $m_{g0}=1\,248kg$

(7)确定基准配合比

混凝土的基准配合比为:水泥:砂:碎石:水 $=307:649:1\,248:175$

或质量比为:水泥:砂:碎石:水 $=1:2.11:4.07:0.57$

(8)试配、调整、确定施工配合比

经试配调整后测得混凝土的实测密度 $m_{cp}=2\,410kg/m^3$,计算密度为 $m_{c0}+m_{s0}+m_{g0}+m_{w0}=2\,379kg/m^3$,可由式(29-21)得普通混凝土配合比校正系数 K 值为:

$$K=\frac{m_{cp}}{m_{c0}+m_{s0}+m_{g0}+m_{w0}}=\frac{2\,410}{2\,379}\approx1.013$$

由此得每立方米普通混凝土设计配合比为:

$$m_c=307\times1.013=311(kg);m_s=649\times1.013=357(kg)$$

$$m_g=1\,248\times1.013=1\,264(kg);m_w=175\times1.013=177(kg)$$

计算后知,$K=1.013<1.02$,材料用量校正后增加甚微,实际上可不校正,用基准配合比作设计配合比(下同)。

【例 29-4】 条件同【例 29-3】试用质量法计算确定混凝土的配合比。

解:由【例 29-3】,已算得每立方米水泥用量 $m_{c0}=307kg/m^3$,水用量 $m_{w0}=175kg/m^3$,砂率 $\beta_s=34\%$;设混凝土的计算表观密度 $\rho_{c,c}=2\,400kg/m^3$。

由式(29-5)和式(29-6)列出联立方程式为:

$$\begin{cases} 307+m_{g0}+m_{s0}+175=2\,400 \\ \dfrac{m_{s0}}{m_{s0}+m_{g0}}\times100\%=34\% \end{cases}$$

求此联立方程式得:碎石的质量 $m_{g0}=1\,266kg$

砂的质量 $m_{s0}=652kg$

则混凝土的基准配合比为:

水泥:砂:碎石:水 $=307:652:1\,266:175$

或质量比为:

水泥:砂:碎石:水 $=1:2.12:4.12:0.57$

经试配、调整后测得混凝土的实测密度为 $2\,410kg/m^3$,计算密度为 $2\,400kg/m^3$,由式

(29-21)得混凝土配合比校正系数为：

$$K = \frac{2\ 410}{2\ 400} \approx 1.003$$

由此得每立方米普通混凝土设计配合比的材料用量为：

$$m_c = 308kg; \quad m_s = 654kg$$

$$m_g = 1\ 270kg; \quad m_w = 176kg$$

第三节　路用水泥混凝土配合比设计计算

摘自《公路水泥混凝土路面施工技术规范》(JTG F30—2003)

一、路用水泥混凝土的主要类别和组成材料

1. 水泥混凝土路面主要类型

道路水泥混凝土路面有下列几种类型：

(1)普通水泥混凝土路面。

(2)钢筋水泥混凝土路面。

(3)碾压水泥混凝土路面。

(4)钢纤维水泥混凝土路面。

(5)连续配筋水泥混凝土路面。

2. 水泥混凝土路面原材料技术要求《公路水泥混凝土路面施工技术规范》(JTG F30—2003)

1)水泥

(1)特重、重交通路面宜采用旋窑道路硅酸盐水泥，也可采用旋窑硅酸盐水泥或普通硅酸盐水泥；中、轻交通的路面可采用矿渣硅酸盐水泥；正常施工优先采用普通型水泥，低温天气施工或有快通要求的路段可采用 R 型水泥。各交通等级路面水泥抗折强度、抗压强度应符合表29-42 的规定。

各交通等级路面水泥各龄期的抗折强度、抗压强度　　　　表 29-42

交 通 等 级	特 重 交 通		重 交 通		中、轻交通	
龄期(d)	3	28	3	28	3	28
抗压强度(MPa)，≥	25.5	57.5	22.0	52.5	16.0	42.5
抗折强度(MPa)，≥	4.5	7.5	4.0	7.0	3.5	6.5

(2)水泥进场时每批次应附有化学成分、物理、力学指标合格的检验证明。各交通等级路面所使用水泥的化学成分、物理性能等路用品质要求应符合表29-43 的规定。

各交通等级路面用水泥的化学成分和物理指标　　　　表 29-43

水 泥 性 能	特重、重交通路面	中、轻交通路面
铝酸三钙	不宜＞7.0%	不宜＞9.0%
铁铝酸四钙	不宜＜15.0%	不宜＜12.0%
游离氧化钙	不得＞1.0%	不得＞1.5%
氧化镁	不得＞5.0%	不得＞6.0%
三氧化硫	不得＞3.5%	不得＞4.0%

水 泥 性 能	特重、重交通路面	中、轻交通路面
碱含量	$Na_2O+0.658K_2O{\leqslant}0.6\%$	怀疑有碱活性集料时，${\leqslant}0.6\%$； 无碱活性集料时，${\leqslant}1.0\%$
混合材种类	不得掺窑灰、煤矸石、火山灰和黏土， 有抗盐冻要求时不得掺石灰、石粉	不得掺窑灰、煤矸石、火山灰和黏土， 有抗盐冻要求时不得掺石灰、石粉
出磨时安定性	雷氏夹法或蒸煮法检验必须合格	蒸煮法检验必须合格
标准稠度需水量	不宜>28%	不宜>30%
烧失量	不宜>3.0%	不宜>5.0%
比表面积	宜在300～450m²/kg	宜在300～450m²/kg
细度	筛余量不得>10%	筛余量不得>10%
初凝时间	不早于1.5h	不早于1.5h
终凝时间	不迟于10h	不迟于10h
28d干缩率*	不宜>0.09%	不宜>0.10%
耐磨性*	不宜>3.6kg/m²	不宜>3.6kg/m²

注：* 28d干缩率和耐磨性试验方法采用《道路硅酸盐水泥》(GB 13693—2005)标准。

(3)采用机械化铺筑时，宜选用散装水泥。散装水泥的夏季出厂温度，南方不宜高于65℃，北方不宜高于55℃；混凝土搅拌时的水泥温度，南方不宜高于60℃，北方不宜高于50℃，且不宜低于10℃。

(4)当贫混凝土和碾压混凝土用作基层时，可使用各种硅酸盐类水泥。不掺用粉煤灰时，宜使用强度等级32.5级以下的水泥。掺用粉煤灰时，只能使用道路水泥、硅酸盐水泥、普通水泥。水泥的抗压强度、抗折强度、安定性和凝结时间必须检验合格。

2)粉煤灰掺和料

混凝土路面在掺用粉煤灰时，应掺用质量指标符合表29-44规定的Ⅰ、Ⅱ级粉煤灰或磨细粉煤灰，不得使用Ⅲ级粉煤灰。贫混凝土、碾压混凝土基层或复合式路面下面层应掺用符合表29-44规定的Ⅲ级或Ⅲ级以上粉煤灰，不得使用等级外的粉煤灰。

粉煤灰分级和质量指标 表29-44

粉煤灰 等级	细度¹(45μm气流筛，筛余量) (%)	烧失量 (%)	需水量比 (%)	含水率 (%)	Cl⁻ (%)	SO₃ (%)	混合砂浆活性指数²	
							7d	28d
Ⅰ	≤12	≤5	≤95	≤1.0	<0.02	≤3	≥75	≥85(75)
Ⅱ	≤20	≤8	≤105	≤1.0	<0.02	≤3	≥70	≥80(62)
Ⅲ	≤45	≤15	≤115	≤1.5	—	≤3	—	—

注：1. 45μm气流筛的筛余量换算为80μm水泥筛的筛余量时换算系数为2.4。
2. 混合砂浆的活性指数为掺粉煤灰的砂浆与水泥砂浆的抗压强度比的百分数，适用于所配制混凝土强度等级大于等于C40的混凝土；当配制的混凝土的强度等级小于C40时，混合砂浆的活性指数要求应满足28d括号中的数值。

3)粗集料

(1)粗集料应使用质地坚硬、耐久、洁净的碎石、碎卵石和卵石，并应符合表29-45的规定。高速公路、一级公路、二级公路及有抗(盐)冻要求的三、四级公路混凝土路面使用的粗集料级别应不低于Ⅱ级，无抗(盐)冻要求的三、四级公路混凝土路面、碾压混凝土及贫混凝土基层可

301

使用Ⅲ级粗集料。有抗（盐）冻要求时，Ⅰ级集料吸水率不应大于 1.0%；Ⅱ级集料吸水率不应大于 2.0%。

碎石、碎卵石和卵石技术指标 表 29-45

项　　目	技　术　要　求		
	Ⅰ级	Ⅱ级	Ⅲ级
碎石压碎指标（%）	<10	<15	<20[1]
卵石压碎指标（%）	<12	<14	<16
坚固性（按质量损失计，%）	<5	<8	<12
针片状颗粒含量（按质量计，%）	<5	<15	<20[2]
含泥量（按质量计，%）	<0.5	<1.0	<1.5
泥块含量（按质量计，%）	<0	<0.2	<0.5
有机物含量（比色法）	合格	合格	合格
硫化物及硫酸盐（按质量计，%）	<0.5	<1.0	<1.0
岩石抗压强度	火成岩不应小于 100MPa；变质岩不应小于 80MPa；水成岩不应小于 60MPa		
表观密度	>2 500kg/m³		
松散堆积密度	>1 350kg/m³		
空隙率	<47%		
碱集料反应	经碱集料反应试验后，试件无裂缝、酥裂、胶体外溢等现象，在规定试验龄期的膨胀率应小于 0.10%		

注：1. Ⅲ级碎石的压碎指标，用做路面时，应小于 20%；用做下面层或基层时，可小于 25%。

　　2. Ⅲ级粗集料的针片状颗粒含量，用做路面时，应小于 20%；用做下面层或基层时，可小于 25%。

（2）用做路面和桥面混凝土的粗集料不得使用不分级的统料，应按最大公称粒径的不同采用 2～4 个粒级的集料进行掺配，并应符合表 29-46 的合成级配要求。卵石最大公称粒径不宜大于 19.0mm；碎卵石最大公称粒径不宜大于 26.5mm；碎石最大公称粒径不应大于 31.5mm。贫混凝土基层粗集料最大公称粒径不应大于 31.5mm；钢纤维混凝土与碾压混凝土粗集料最大公称粒径不宜大于 19.0mm。碎卵石或碎石中粒径小于 $75\mu m$ 的石粉含量不宜大于 1%。

粗集料级配范围 表 29-46

类型	级配	方筛孔尺寸（mm）							
		2.36	4.75	9.50	16.0	19.0	26.5	31.5	37.5
		累计筛余（以质量计）（%）							
合成级配	4.75～16	95～100	85～100	40～60	0～10				
	4.75～19	95～100	85～95	60～75	30～45	0～5	0		
	4.75～26.5	95～100	90～100	70～90	50～70	25～40	0～5	0	
	4.75～31.5	95～100	90～100	75～90	60～75	40～60	20～35	0～5	0
粒级	4.75～9.5	95～100	80～100	0～15					
	9.5～16		95～100	80～100	0～15	0			
	9.5～19		95～100	85～100	40～60	0～15	0		
	16～26.5			95～100	55～70	25～40	0～10	0	
	16～31.5			95～100	85～100	55～70	25～40	0～10	0

4)细集料

(1)细集料应采用质地坚硬、耐久、洁净的天然砂、机制砂或混合砂,并应符合表 29-47 的规定。高速公路、一级公路、二级公路及有抗(盐)冻要求的三、四级公路混凝土路面使用的砂应不低于Ⅱ级,无抗(盐)冻要求的三、四级公路混凝土路面、碾压混凝土及贫混凝土基层可使用Ⅲ级砂。特重、重交通混凝土路面宜使用河砂,砂的硅质含量不应低于 25%。

粗集料技术指标 表 29-47

项　　目	技　术　要　求		
	Ⅰ级	Ⅱ级	Ⅲ级
机制砂单粒级最大压碎指标(%)	<20	<25	<30
氯化物(按氯离子质量计,%)	<0.01	<0.02	<0.06
坚固性(按质量损失计,%)	<6	<8	<10
云母(按质量计,%)	<1.0	<2.0	<2.0
天然砂、机制砂含泥量(按质量计,%)	<1.0	<2.0	<3.0
天然砂、机制砂泥块含量(按质量计,%)	0	<1.0	<2.0
机制砂 MB 值<1.4 或合格石粉含量[2](按质量计,%)	<3.0	<5.0	<7.0
机制砂 MB 值≥1.4 或不合格石粉含量(按质量计,%)	<1.0	<3.0	<5.0
有机物含量(比色法)	合格	合格	合格
硫化物及硫酸盐(按质量计,%)	<0.5	<0.5	<0.5
轻物质(按质量计,%)	<1.0	<1.0	<1.0
机制砂母岩抗压强度	火成岩不应小于 100MPa;变质岩不应小于 80MPa;水成岩不应小于 60MPa		
表观密度	>2 500kg/m³		
松散堆积密度	>1 350kg/m³		
空隙率	<47%		
碱集料反应	经碱集料反应试验后,由砂配制的试件无裂缝、酥裂、胶体外溢等现象,在规定试验龄期的膨胀率应小于 0.10%		

注:1. 天然Ⅲ级砂用做路面时,含泥量应小于 3%;用做混凝土基层时,可小于 5%。

2. 亚甲蓝试验、MB 试验方法见《公路水泥混凝土路面施工技术规范》(JTG F30—2003)附录 B。

(2)细集料的级配要求应符合表 29-48 的规定,路面和桥面用天然砂宜为中砂,也可使用细度模数为 2.0~3.5 的砂。同一配合比用砂的细度模数变化范围不应超过 0.3,否则,应分别堆放,并调整配合比中的砂率后使用。

细集料级配范围 表 29-48

砂　分　级	方筛孔尺寸(mm)					
	0.15	0.30	0.60	1.18	2.36	4.75
	累计筛余(以质量计)(%)					
粗砂	90~100	80~95	71~85	35~65	5~35	0~10
中砂	90~100	70~92	41~70	10~50	0~25	0~10
细砂	90~100	55~85	16~40	0~25	0~15	0~10

(3)在河砂资源紧缺的沿海地区，二级及二级以下公路混凝土路面和基层可使用淡化海砂，缩缝设传力杆的混凝土路面不宜使用淡化海砂；钢筋混凝土及钢纤维混凝土路面和桥面不得使用淡化海砂。淡化海砂除应符合表29-47和表29-48要求外，尚应符合下述规定：

①淡化海砂带入每立方米混凝土中的含盐量不应大于1.0kg；

②淡水海砂中碎贝壳等甲壳类动物残留物含量不应大于1.0%；

③与河砂对比试验，淡化海砂应对砂浆磨光值、混凝土凝结时间、耐磨性、弯拉强度等无不利影响。

5)水

饮用水可直接作为混凝土搅拌和养护用水。对水质有疑问时，应检验下列指标，合格者方可使用。

(1)硫酸盐含量(按SO_4^{2-}计)小于2.7mg/cm^3。

(2)含盐量不得超过5mg/cm^3。

(3)pH值不得小于4。

(4)不得含有油污、泥和其他有害杂质。

6)外加剂

(1)外加剂的产品质量应符合表29-49的各项技术指标。

混凝土外加剂产品的技术性能指标   表29-49

试验项目		普通减水剂	高效减水剂	早强减水剂	缓凝高效减水剂	缓凝减水剂	引气减水剂	早强剂	缓凝剂	引气剂
减水率(%)，≮		8	15	8	15	8	12	—	—	6
泌水率(%)，≮		95	90	95	100	100	70	100	100	70
含气量(%)		≤3.0	≤4.0	≤3.0	<4.5	<5.5	>3.0			>3.0
凝结时间(min)	初凝	−90～+120	−90～+120	−90～+90	>+90	>+90	−90～+120	−90～+90	>+90	−90～+120
	终凝				—	—			—	
抗压强度比(%)，≮	1d	—	140	140				135	—	—
	3d	115	130	130	125	100	115	130	100	95
	7d	115	125	115	125	110	110	110	100	95
	28d	110	120	105	120	100	100	100	100	90
收缩率比(%)28d，≯		120	120	120	120	120	120	120	120	120
抗冻标号		50	50	50	50	50	200	50	50	200
对钢筋锈蚀作用		应说明对钢筋无锈蚀危害								

注：1. 除含气量外，表中数据为掺外加剂混凝土与基准混凝土差值或比值。

    2. 凝结时间指标"−"表示提前，"+"表示延缓。

(2)处在海水、海风、氯离子、硫酸根离子环境的或冬季洒除冰盐的路面或桥面钢筋混凝土、钢纤维混凝土中宜掺阻锈剂。

7)钢筋

各交通等级混凝土路面、桥面和搭板所用钢筋网、传力杆、拉杆等钢筋应符合国家有关标准的技术要求。

8)钢纤维

用于公路混凝土路面和桥面的钢纤维除应满足《混凝土用钢纤维》(YB/T 151—1999)的规定外,还应符合下列技术要求。

(1)单丝钢纤维抗拉强度不宜小于 600MPa。

(2)钢纤维长度应与混凝土粗集料最大公称粒径相匹配,最短长度宜大于粗集料最大公称粒径的 1/3;最大长度不宜大于粗集料最大公称粒径的 2 倍;钢纤维长度与标称值的偏差不应超过±10%。

二、路用普通混凝土配合比设计计算

1. 普通混凝土路面配合比设计的技术要求

1)弯拉强度(试配强度)

(1)各交通等级路面板的 28d 设计弯拉强度标准值 f_r 应符合《公路水泥混凝土路面设计规范》(JTG D40—2011)的规定。

(2)应按式(29-45)计算配置 28d 弯拉强度的均值。

$$f_c = \frac{f_r}{1-1.04c_v} + ts \tag{29-45}$$

式中:f_c——配置 28d 弯拉强度的均值(MPa);

f_r——设计弯拉强度标准值(MPa);

s——弯拉强度试验样本的标准差(MPa);

t——保证率系数,按表 29-50 确定;

c_v——弯拉强度变异系数,应按统计数据在表 29-51 的规定范围内取值,在无统计数据时,弯拉强度变异系数应按设计取值;如果施工配置弯拉强度超出设计给定的弯拉强度变异系数上限,则必须改进机械装备和提高施工控制水平。

保证率系数 t

表 29-50

公路技术等级	判别概率 p	样本数 n(组)				
		3	6	9	15	20
高速公路	0.05	1.36	0.79	0.61	0.45	0.39
一级公路	0.10	0.95	0.59	0.46	0.35	0.30
二级公路	0.15	0.72	0.46	0.37	0.28	0.24
三、四级公路	0.20	0.56	0.37	0.29	0.22	0.19

各级道路混凝土路面弯拉强度变异系数 c_v

表 29-51

公路技术等级	高速公路城市快速路	一级公路城市主干路	二级公路	三、四级公路		
混凝土弯拉强度变异水平等级	低	低	中	中	中	高
弯拉强度变异系数 c_v 允许变化范围	0.05～0.10	0.05～0.10	0.10～0.15	0.10～0.15	0.10～0.15	0.15～0.20

2)工作性

(1)滑模摊铺机前拌和物最佳工作性及允许范围应符合表 29-52 的规定。

混凝土路面滑模摊铺最佳工作性及允许范围 表 29-52

指标 界限	坍落度 S_L(mm)		振动黏度系数 η(N·s/m²)
	卵石混凝土	碎石混凝土	
最佳工作性	20～40	25～50	200～500
允许波动范围	5～55	10～65	100～600

注：1.滑模摊铺机适宜的摊铺速度应控制在 0.5～2.0m/min。
　　2.本表适用于设超铺角的滑模摊铺机；对不设超铺角的滑模摊铺机，最佳振动黏度系数为 250～600N·s/m²；最佳坍落度卵石为 10～40mm，碎石为 10～30mm。
　　3.滑模摊铺时的最大单位用水量卵石混凝土不宜大于 155kg/m³；碎石混凝土不宜大于 160kg/m³。

(2)轨道摊铺机、三辊轴机组、小型机具摊铺的路面混凝土坍落度及最大单位用水量，应满足表 29-53 的规定。

不同路面施工方式混凝土坍落度及最大单位用水量 表 29-53

摊铺方式	轨道摊铺机摊铺		三辊轴机组摊铺		小型机具摊铺	
出机坍落度(mm)	40～60		30～50		10～40	
摊铺坍落度(mm)	20～40		10～30		0～20	
最大单位用水量 （kg/m³）	碎石	卵石	碎石	卵石	碎石	卵石
	156	153	153	148	150	145

注：1.表中的最大单位用水量系采用中砂、粗细集料为风干状态的取值，采用细砂时，应使用减水率较大的(高效)减水剂。
　　2.使用碎卵石时，最大单位用水量可取碎石和卵石中值。

3)耐久性

(1)根据当地路面无抗冻性、有抗冻性或有抗盐冻性要求及混凝土最大公称粒径，路面混凝土含气量宜符合表 29-54 的规定。

路面混凝土含气量及允许偏差（％） 表 29-54

最大公称粒径(mm)	无抗冻性要求	有抗冻性要求	有抗盐冻要求
19.0	4.0±1.0	5.0±0.5	6.0±0.5
26.5	3.5±1.0	4.5±0.5	6.5±0.5
31.5	3.5±1.0	4.0±0.5	5.0±0.5

(2)各交通等级路面混凝土满足耐久性要求的最大水灰(胶)比和最小单位水泥用量应符合表 29-55 的规定。最大水泥用量不宜大于 400kg/m³；掺粉煤灰时，最大单位胶材总量不宜大于 420kg/m³。

混凝土满足耐久性要求的最大水灰(胶)比和最小单位水泥用量 表 29-55

公路技术等级	高速公路、一级公路 城市快速路及主干路	二级公路 及城市道路	三、四级公路
最大水灰(胶)比	0.44	0.46	0.48
抗冰冻要求最大水灰(胶)比	0.42	0.44	0.46
抗盐冻要求最大水灰(胶)比	0.40	0.42	0.44

公路技术等级		高速公路、一级公路 城市快速路及主干路	二级公路 及城市道路	三、四级公路
最小单位水泥用量 （kg/m³）	42.5级	300	300	290
	32.5级	310	310	305
抗冰(盐)冻时最小单位 水泥用量(kg/m³)	42.5级	320	320	315
	32.5级	330	330	325
掺粉煤灰时最小单位 水泥用量(kg/m³)	42.5级	260	260	255
	32.5级	280	270	265
抗冰(盐)冻掺粉煤灰最小单位水泥用量 (42.5级水泥)(kg/m³)		280	270	265

注:1. 掺粉煤灰,并有抗冰(盐)冻性要求时,不得使用 32.5 级水泥。

2. 水泥(胶)比计算以砂石料的自然风干状态计(砂含水量≤1.0%;石子含水量≤0.5%)。

3. 处在除冰盐、海风、酸雨或硫酸盐等腐蚀性环境中,或在大纵坡等加减速车道上的混凝土,最大水灰(胶)比可比表中数值降低 0.01~0.02。

(3)严寒地区路面混凝土抗冻标号不宜小于 F250,寒冷地区不宜小于 F200。

(4)在海风、酸雨、除冰盐或硫酸盐环境影响范围内的混凝土路面和桥面,在使用硅酸盐水泥时,应掺加粉煤灰、磨细矿渣或硅灰掺和料,不宜单独使用硅酸盐水泥,可使用矿渣水泥或普通水泥。

2. 外加剂的使用应符合的要求

(1)高温施工时,混凝土拌和物的初凝时间不得小于 3h,否则应采取缓凝或保塑措施;低温施工时,终凝时间不得大于 10h,否则应采取必要的促凝或早强措施。

(2)外加剂的掺量应由试配试验确定。引气剂的适宜掺量可由搅拌机口的拌和物含气量进行控制。实际路面和桥面引气混凝土的抗冰冻、抗盐冻耐久性,宜采用《公路水泥混凝土路面施工技术规范》(JTG F30—2003)规范附录 F_1、F_2 规定的钻芯法测定,测定位置:路面为表面和表面下 50mm;桥面为表面或表面下 30mm;测得的上下两个表面的最大平均气泡间距系数不宜超过表 29-56 的规定。

混凝土路面和桥面最大平均气泡间距系数(单位:μm)　　　　　表 29-56

环境	公路技术等级	高速公路、一级公路 城市快速路及主干路	其他等级公路与城市道路
严寒地区	冰冻	275	300
	盐冻	225	250
寒冷地区	冰冻	325	350
	盐冻	275	300

(3)引气剂与减水剂或高效减水剂等其他外加剂复配在同一水溶液中时,应保证其共溶性,防止外加剂溶液发生絮凝现象。如产生絮凝现象,应分别稀释、分别加入。

3. 配合比参数的计算（应符合表 29-57 所列规定）

项目	计算方法及公式	符 号 意 义
水灰比的计算	1. 水灰比的计算和确定 (1)根据粗集料的类型,水灰比可分别按下列统计公式计算。 碎石或碎卵石混凝土: $$\frac{W}{C}=\frac{1.5684}{f_c+1.0097-0.3595f_s}$$　(29-46) 卵石混凝土: $$\frac{W}{C}=\frac{1.2618}{f_c+1.5492-0.4709f_s}$$　(29-47) (2)掺用粉煤灰时,应计入超量取代法中代替水泥的那一部分粉煤灰用量(代替砂的超量部分不计入),用水胶比 $\frac{W}{C+F}$ 代替水灰比 $\frac{W}{C}$。 (3)应在满足弯拉强度计算值和耐久性(表 29-55)两者要求的水灰(胶)比中取小值	$\frac{W}{C}$——水灰比,以砂、石干燥状态为基准时,还应做相应的修正,干燥状态是指细集料的含水量小于 0.5%,或粗集料含水率小于 0.2%; f_s——水泥实测 28d 抗折强度(MPa); f_c——混凝土标准试件在标准条件下养护 28d 的弯拉强度值(MPa); W——每立方米混凝土的用水量(kg); C——每立方米混凝土的水泥用量(kg); F——每立方米混凝土的粉煤灰质量(kg); S_p——砂率(%); ρ_s、ρ_G——砂和石子松装密度(kg/m³); v_G——混凝土中石子的空隙率(%); K——拨开系数,在 1.0～1.2 范围内,一般可取 1.05,亦可参考表 29-35; $\frac{C}{W}$——灰水比,水灰比之倒数; W_{0w}——掺外加剂的混凝土单位用水量(kg/m³); W_0——不掺外加剂与掺和料混凝土的单位用水量(kg/m³); S_L——坍落度(mm); β——所用外加剂量的实测减水率(%); C_0——单位水泥用量(kg/m³);路面用的水泥混凝土,单位用灰量一般不小于 300kg,也不大于 360kg;机械化程度不高或考虑耐久性时,一般以 300～320kg 为宜
确定砂率	2. 确定砂率(S_p) (1)水泥混凝土砂率是细集料(砂)占粗细集料(石子和砂)之和的百分率,可用下式计算: $$S_p=\frac{K\rho_s v_G}{\rho_s v_G+\rho_G}$$　(29-48) (2)砂率应根据砂的细度模数和粗集料种类,查表 29-57 取值。在用做抗滑槽时,砂率在表 29-57 基础上可增大 1%～2%	
计算单位用水量	3. 计算单位用水量 (1)根据粗集料种类和表 29-52、29-53 中适宜的坍落度,分别按下列经验式计算单位用水量(砂、石料以自然风干状态计)。 碎石: $$W_0=104.97+0.309S_L+11.27\frac{C}{W}+0.61S_p$$ 　(29-49) 卵石: $$W_0=86.89+0.370S_L+11.24\frac{C}{W}+1.00S_p$$ 　(29-50) (2)掺外加剂的混凝土单位用水量应按公式(29-51)计算 $$W_{0w}=W_0\left(1-\frac{\beta}{100}\right)$$　(29-51)	
确定用灰量	4. 确定单位用灰量 根据已确定的水灰比(W/C)和单位用水量 W_0 可按式(29-52)计算用灰量,并取计算值与表 29-55 规定值两者间的大值。 $$C_0=W_0/(W/C)$$　(29-52)	

项目	计算方法及公式	符号意义
确定粗、细集料用量	5.确定粗、细集料用量 在已知砂率的情况下,粗、细集料用量可用体积法或密度法求得。 (1)用体积法计算时,可采用式(29-53)求粗集料(G_0)和细集料(S_0)的用量。 $$\left.\begin{array}{r}\dfrac{C_0}{\rho_C}+\dfrac{G_0}{\rho_G'}+\dfrac{S_0}{\rho_S'}+\dfrac{W_0}{\rho_w}+10\alpha=1\,000\\[2mm]\dfrac{S_0}{S_0+G_0}\times100=S_p(\%)\end{array}\right\} \quad (29\text{-}53)$$ (2)用密度法计算时,可用式(29-54)求解 $$\left.\begin{array}{r}C_0+G_0+S_0+W_0=\rho_h\\[2mm]\dfrac{S_0}{S_0+G_0}\times100=S_p(\%)\end{array}\right\} \quad (29\text{-}54)$$	C_0——每立方米混凝土水泥用量(kg); G_0——每立方米混凝土的粗集料用量(kg); S_0——每立方米混凝土的细集料用量(kg); W_0——每立方米混凝土的用水量(kg); ρ_C——水泥的真实密度(g/cm³); ρ_G'——粗集料的表观密度(g/cm³); ρ_S'——细集料的表观密度(g/cm³); ρ_w——水的密度(g/cm³); α——混凝土含气量(%),在不使用含气型外加剂时,α 可取为1; ρ_h——混凝土拌和物的假定密度(kg/m³); S_p——砂率(%)

说明:在上述关系中,ρ_C 可取 2.9～3.1g/cm³,$\rho_w=1.0$g/cm³,ρ_G' 及 ρ_S' 由试验测得;ρ_h 可根据本单位历史上的试验资料确定;在无资料时,可根据粗、细集料的表观密度、粒径以及配置的混凝土强度,在 2 400～2 450kg/m³ 的范围内选用

项目	计算方法及公式
确定混凝土配合比	6.确定混凝土配合比($C:S:G=1:x:y$,W/C) 按上述步骤定出配合比后,应进行如下的试配调整。 (1)试拌调整 按设计配合比取样试拌,验核其工作性能(坍落度或维勃稠度试验)。如果实测的工作性低于设计要求,则可保持水灰比不变,适当增加水泥浆用量;相反,如果测得的工作性能高于设计要求,则可减少水泥浆用量,或者保持砂率不变,增加粗集料用量。砂浆过多,酌量增加石子;砂浆过少时,适当增加砂浆。每次调整加入少量材料,重复试验(时间不超过 20min),直到符合要求为止。根据以上调整时所加材料数量算出试拌调整后的配合比。 (2)强度验核 按试拌调整后的配比,适当增减水泥用量,配置 3 组不同配比的新拌混凝土,浇制混凝土小梁试件,并测定其实际密度;经养护到规定龄期后测定其弯拉强度。如果实测强度未达到要求的试配强度时,可采用提高水泥强度等级、减少水灰比或改善其集料级配等措施予以调整。 (3)试验室配比计算 通过调整得到工作性和强度均满足要求的配比后,还应根据混凝土的实测密度再做必要的校正。校正系数 k_j 按下式计算: $$k_j=\frac{\rho_b(p)}{\rho_b(t)} \quad (29\text{-}55)$$ 式中:k_j——校正系数; $\rho_b(p)$——混凝土实测密度(kg/cm³); $\rho_b(t)$——混凝土计算密度(kg/cm³)。 混凝土的计算密度为混凝土内各项材料单位用量之和。 各项材料用量均乘以校正系数 k_j 即为最终的各项材料用量
施工配合比计算	7.施工配合比计算 试验室配合比是集料处于标准含水率状态下(全干或饱和面干状态)计算出来的。施工现场的集料含水率经常变化,因而必须根据拌制时集料的实际含水量对试验室的配合比进行调整。集料中的水分应在用水量中扣除;由于水分所减少的集料用量应补足,由此得到施工配合比
真空脱水	8.采用真空脱水工艺时,可采用比经验式(29-49)、式(29-50)计算值略大的单位用水量,但在真空脱水后,扣除每立方米混凝土实际吸除的水量,剩余单位用水量和剩余水灰(胶)比分别不宜超过表 29-53 最大单位用水量和表 29-55 最大水灰(胶)比的规定。真空脱水混凝土抗压强度试件成型方法可参考《公路水泥混凝土路面施工技术规范》(JTG F30—2003)附录 E

项目	计算方法及公式
掺用粉煤灰	9.路面混凝土掺用粉煤灰时,其配合比计算应按超量取代法进行。粉煤灰掺量应根据水泥中原有的掺和料数量和混凝土弯拉强度、耐磨性等要求由试验确定。Ⅰ、Ⅱ级粉煤灰的超量系数可按表29-59初选。代替水泥的粉煤灰掺量:Ⅰ型硅酸盐水泥宜≤30%;Ⅱ型硅酸盐水泥宜≤25%;道路水泥宜≤20%;普通水泥宜≤15%;矿渣水泥不得掺粉煤灰

砂的细度模数与最优砂率关系如表29-58所示。

砂的细度模数与最优砂率关系　　　　　　　　　表 29-58

砂细度模数		2.2~2.5	2.5~2.8	2.8~3.1	3.1~3.4	3.4~3.7
砂率	碎石	30~34	32~36	34~38	36~40	38~42
	卵石	28~32	30~34	32~36	34~38	36~40

注:碎卵石可在碎石和卵石混凝土之间内取插值。

各级粉煤灰的超量取代系数见表29-59。

各级粉煤灰的超量取代系数　　　　　　　　　表 29-59

粉煤灰等级	Ⅰ	Ⅱ	Ⅲ
超量取代系数 k	1.1~1.4	1.3~1.7	1.5~2.0

【例 29-5】 华中某地区修建水泥混凝土路面,其交通量为轻交通。要求混凝土板设计弯拉强度应大于 4.15MPa,采用强度等级为 32.5 的水泥;碎石为 5~20mm 和 20~40mm 两档级配,其表观密度为 2.65kg/cm³;砂子采用中砂,表观密度为 2.7kg/cm³;检测后得知碎石的含水率为 1.0%,砂子的含水率为 3.0%,混凝土拌和时掺用减水剂,要求其坍落度为 10~20mm。试计算混凝土的配合比。

解:(1)确定试配强度

由设计强度 f_m=4.15MPa,取 1.15 增长系数,则试配弯拉强度为:

$$f_r = f_m \times 1.15 = 4.77 \text{(MPa)}$$

(2)选择水灰比

碎石混凝土水灰比按式(29-47)计算,水泥胶砂 28d 实测弯拉强度为 7.1MPa,则 W/C=0.474。

$$C/W = 2.08, \text{水灰比 } W/C = 0.48$$

(3)单位用水量

根据集料的最大粒径为 40mm,坍落度为 10~20mm,单位经验用水量选用 160kg,掺用减水剂,减水率取用 10%,水灰比取用 0.46。则实际单位用水量为:

$$160 - 16 = 144 \text{(kg)}$$

(4)单位水泥用量

根据已确定的水灰比和单位用水量,求得单位水泥用量为:

$$C_0 = 144/0.46 = 313 \text{(kg)}$$

(5)单位砂、石用量和混凝土理论配合比

选用砂率 28% 计算砂和碎石的用量。

①按假定密度法

假定混凝土密度为 $2\,400\text{kg/m}^3$，则每立方米混凝土所需砂和碎石总质量为：

$$2\,400-144-313=1\,943(\text{kg})$$

其中：砂 $=1\,943\times0.28=544\text{kg/cm}^3$；碎石 $=1\,943-544=1\,399(\text{kg/cm}^3)$

按材料质量比表示为：

$$水泥：砂：碎石=313：544：1\,399=1：1.74：4.47$$

②按绝对体积法

每立方米混凝土中砂和碎石总体积为：

$$1\,000-(313/3.1+144/1)=755(\text{L})$$

其中：砂 $=755\times2.7\times0.28=570\text{kg/cm}^3$；碎石 $=755\times2.65\times0.72=1\,440(\text{kg/cm}^3)$

按材料质量比表示为：

$$水泥：砂：碎石=313：570：1\,440=1：1.82：4.60$$

两种计算结果接近，在试配中都可以采用。根据以上配合比，经试配小梁弯拉强度检验，如不符合设计强度要求，则进行调整，取调整后的配合比作为理论配合比。

(6)施工配合比

设混凝土理论配合比为水泥：砂：碎石 $=1：X：Y$，测得砂的含水率为 W_x，碎石含水率为 W_y，则施工配合比为：

$$1：X(1+W_x)：Y(1+W_y)$$

取假定密度法的配合比数值为例，碎石的含水率为 1.0%，砂的含水率为 3.0%。计算每立方米混凝土的砂和碎石用量为：

$$砂=544\times(1+0.03)=560(\text{kg/cm}^3)$$

$$碎石=1\,399\times(1+0.01)=1\,413(\text{kg/cm}^3)$$

每立方米混凝土实际用水量为：

$$144-[(544\times0.03)+(1\,399\times0.01)]=114(\text{kg/cm}^3)$$

三、钢纤维路用水泥混凝土配合比设计

1. 钢纤维路用水泥混凝土路面的配合比设计技术要求

1)弯拉强度

(1)钢纤维混凝土路面板 28d 设计弯拉强度标准值 f_{rf} 应符合设计规范的规定。

(2)钢纤维混凝土配置 28d 弯拉强度的均值应按式(29-46)计算，以 f_{cf} 和 f_{rf} 代替 f_c 和 f_r。

2)工作性

(1)钢纤维混凝土的坍落度可比表 29-52 或表 29-53 的规定值小 20mm。

(2)钢纤维混凝土掺高效减水剂时的单位用水量可按表 29-60 初选，再由拌和物实测坍落度确定。

3)耐久性

(1)钢纤维混凝土满足耐久性要求最大水灰(胶)比和最小水泥用量应符合表 29-61 的规定。

(2)钢纤维混凝土严禁采用海水、海砂，不得掺加氯盐及氯盐类早强剂、防冻剂等外加剂。

(3)处在海风、酸雨、硫酸盐及除冰盐等环境中的钢纤维混凝土路面宜掺用表 29-44 中Ⅰ、Ⅱ级粉煤灰，桥面宜掺用硅灰与 S95 和 S105 级磨细矿渣。

钢纤维混凝土单位用水量选用表

表 29-60

拌和物条件	粗集料种类	粗集料最大公称粒径 D_m(mm)	单位用水量(kg/m³)
长径比 $L_f/d_f=50$ $\rho_f=0.6\%$ 坍落度 20mm 中砂,细度模数 2.5 水灰比 0.42~0.50	碎石	9.5、16.0	215
		19.0、16.5	200
	卵石	9.5、16.0	208
		19.0、16.5	190

注:1.钢纤维长径比每增减 10,单位用水量相应增减 10kg/m³。

  2.钢纤维体积率每增减 0.5%,单位用水量相应增减 8kg/m³。

  3.坍落度为 10~50mm 变化范围内,相对于坍落度 20mm 每增减 10mm,单位用水量相应增减 7kg/m³。

  4.细度模数在 2.0~3.5 范围内,砂的细度模数每增减 0.1,单位用水量相应增减 1kg/m³。

钢纤维混凝土满足耐久性要求最大水灰(胶)比和最小水泥用量

表 29-61

公路技术等级		高速公路、一级公路 城市快速路及主干路	二级公路 及城市道路	三、四级公路
最大水灰(胶)比		0.47	0.49	0.50
抗冰冻要求最大水灰(胶)比		0.45	0.46	0.48
抗盐冻要求最大水灰(胶)比		0.42	0.43	0.46
最小单位水泥用量 (kg/m³)	42.5 级	360	360	350
	32.5 级	370	370	365
抗冰(盐)冻要求最小单位 水泥用量(kg/m³)	42.5 级	380	380	375
	32.5 级	390	390	385
掺粉煤灰时最小单位 水泥用量(kg/m³)	42.5 级	320	320	315
	32.5 级	340	340	335
抗冰(盐)冻掺粉煤灰最小单位水泥用量 (42.5 级水泥)(kg/m³)		330	330	325

2. 钢纤维混凝土配合比设计步骤

(1)计算和确定水灰比

①以钢纤维混凝土配置 28d 弯拉强度 f_{cf} 代替 f_c,按式(29-46)或(29-47)计算出基体混凝土的水灰比。

②取钢纤维混凝土基体的水灰比计算值与表 29-61 规定值两者中的小值。

(2)钢纤维掺量体积率宜在 0.60%~1.0%范围内初选,当板厚折减系数小时,体积率宜取上限;当长径比大时,宜取较小值;有锚固端者宜取较小值。

(3)查表 29-60,初选单位用水量 W_{of}。

(4)掺用粉煤灰时应符合本章第三节、二、3.、9)条的规定。

(5)钢纤维混凝土的单位水泥用量应按式(29-56)计算。

$$C_{of} = \left(\frac{C}{W}\right)W_{of} \tag{29-56}$$

式中:C_{of}——钢纤维混凝土的单位水泥用量(kg/m³);

  W_{of}——钢纤维混凝土的单位用水量(kg/m³)。

取计算值与表 29-61 规定值两者中的大值,但不宜大于 500kg/m³。

(6)砂率可按式(29-57)计算,也可按表 29-62 初选。钢纤维混凝土砂率宜在 38%~50%。

$$S_{pf} = S_p + 10\rho_f \tag{29-57}$$

式中:S_{pf}——钢纤维混凝土砂率(%);

ρ_f——钢纤维掺量体积率(%)。

钢纤维混凝土砂率选用值(%)　　　　　　　　　表 29-62

拌和物条件	粗集料最大公称粒径 D_m(mm)	单位用水量(kg/m³)
$L_f/d_f=50$;$\rho_f=1\%$ $W/C=0.5$,砂细度模数 3.0	45	40
L_f/d_f 增减 10	±5	±3
ρ_f 增减 0.1%	±2	±2
W/C 增减 0.1	±2	±2
细度模数增减 0.1	±1	±1

(7)砂石料用量可采用密度法或体积法计算。按密度法计算时,钢纤维混凝土单位质量可取 2 450~2 580kg/m³;按体积法计算时,应计入设计含气量。

(8)重要路面、桥面工程应采用正交试验法进行钢纤维混凝土配合比优选。

四、碾压式路用水泥混凝土配合比设计

1. 碾压混凝土的配合比设计技术要求

1)弯拉强度

(1)碾压混凝土设计弯拉强度 f_r 应符合本章第三节中二、1. 的规定。

(2)碾压混凝土配置 28d 弯拉强度的均值 f_{cc} 应按式(29-58)计算。

$$f_{cc} = \frac{f_r + f_{cy}}{1 - 1.04c_v} + ts \tag{29-58}$$

式中:f_{cc}——碾压混凝土配置 28d 弯拉强度的均值(MPa);

f_{cy}——碾压混凝土压实安全弯拉强度,可按式(29-59)计算。

$$f_{cy} = \frac{\alpha}{2}(y_{c1} + y_{c2}) \tag{29-59}$$

式中:y_{c1}——弯拉强度试件标准压实度(95%);

y_{c2}——路面芯样压实度下限值(由芯样压实度统计得出);

α——相应于压实度变化 1%的弯拉强度波动值(通过试验得出)。

2)工作性

碾压混凝土出搅拌机口的改进 V_C 值宜为 5~10s;碾压时的改进 V_C 值宜控制在(30±5)s。试验中的试样表面出浆评分应为 4~5 分。

3)耐久性

(1)处于严寒和寒冷地区的碾压混凝土面层或基层,应掺引气剂,其含气量宜符合表 29-54 的规定。

(2)面层碾压混凝土满足耐久性要求的最大水灰(胶)比和最小单位水泥用量应符合表 29-63的规定。

面层碾压混合要求的最大水灰(胶)比和最小单位水泥用量　　　　　　表 29-63

公 路 等 级		二 级 公 路	三、四级公路
最大水灰(胶)比		0.40	0.42
抗冰冻要求最大水灰(胶)比		0.38	0.40
抗盐冻要求最大水灰(胶)比		0.36	0.38
最小单位水泥用量 (kg/m³)	42.5 级	290	280
	32.5 级	305	300
抗冰(盐)冻要求最小单位水泥用量 (kg/m³)	42.5 级	315	310
	32.5 级	325	320
掺粉煤灰时最小单位水泥用量 (kg/m³)	42.5 级	255	250
	32.5 级	265	260
抗冰(盐)冻掺粉煤灰最小单位水泥用量(42.5级水泥)(kg/m³)		260	265

2. 面层碾压混凝土粗、细集料合成级配要求

面层碾压混凝土粗、细集料合成级配应符合表 29-64 的要求,基层应符合《公路路面基层施工技术规范》(JTJ 034—2000)水泥稳定粒料的级配规定。

面层碾压混凝土粗细集料合成级配范围　　　　　　表 29-64

筛孔尺寸 (mm)	19.0	9.50	4.75	2.36	1.18	0.60	0.30	0.15
通过百分率 (%)	90～100	50～70	35～47	25～38	18～30	10～23	5～15	3～10

3. 碾压混凝土中所用掺粉煤灰的技术要求

碾压混凝土中所用掺粉煤灰的技术要求应符合本章第三节、一、2.、2)条的规定。代替水泥的粉煤灰掺量还应符合本章第三节、二、3.、9)条的规定。粉煤灰超量取代系数 k:Ⅰ级灰可取 1.4～1.8;Ⅱ级灰可取 1.6～2.0;碾压混凝土基层和复合式路面下面层用Ⅲ级灰宜取 1.8～2.2。

4. 重要工程碾压混凝土的配合比确定方法

重要工程碾压混凝土的配合比确定应使用正交试验法,一般工程可采用简捷法。

1)正交试验法

(1)不掺粉煤灰的碾压混凝土正交试验可同时考虑水量、水泥用量、粗集料填充体积率 3 个因素;掺粉煤灰的碾压混凝土可同时考虑水量、基准胶材总量、粉煤灰掺量、粗集料填充体积率 4 个因素。每个因素选定三个水平,选用 $L_9(3^4)$ 正交表安排试验方案。

(2)对正交试验结果进行直观及回归分析,回归分析的考察指标:VC 值及抗离析性、弯拉强度或抗压强度、抗冻性或耐磨性。根据直观根系结果并依据所建立的单位用水量及弯拉强度推定经验公式,综合考虑拌和物工作性,确定满足 28d 弯拉强度或抗压强度、抗冻性或耐磨性等设计要求的正交初步配合比。

2)简捷法

不掺粉煤灰和掺粉煤灰的碾压混凝土配合比计算见表 29-65。

粗集料填充体积率可查表 29-66 选定。

项 目	计 算 方 法 及 公 式	符 号 意 义
不掺粉煤灰的碾压混凝土配合比计算	(1)不掺粉煤灰的碾压混凝土配合比计算 ①按式(29-60)计算单位用水量： $$W_{oc}=137.7-20.55\lg V_C \quad (29\text{-}60)$$ ②按式(29-61)计算灰水比,并取计算值与表 29-60 中规定值两者中的小值： $$\frac{C}{W}=\frac{f_{cc}}{0.2156 f_s}-0.798 \quad (29\text{-}61)$$ ③按式(29-62)计算单位水泥用量,并取计算值与表 29-63 规定值两者中的大值： $$C_{oc}=W_{oc}\times\frac{C}{W} \quad (29\text{-}62)$$ ④按表 29-66 选定配合比中粗集料填充体积率。 ⑤按式(29-63)计算粗集料用量： $$G_{oc}=\gamma_{cc}\times\frac{V_g}{100} \quad (29\text{-}63)$$ ⑥根据 G_{oc}、C_{oc}、W_{oc} 及相应原材料密度,按体积法计算用砂量 S_{oc},计算时相应计入设计含气量。 ⑦按式(29-64)计算单位外加剂用量： $$Y_{oc}=y\times C_{oc} \quad (29\text{-}64)$$	W_{oc}——碾压混凝土的单位用水量(kg/m³)； V_C——碾压混凝土拌和物改进 V_C 值(s)； C_{oc}——碾压混凝土的单位水泥用量(kg/m³)； G_{oc}——碾压混凝土粗集料单位体积用量(kg/m³)； γ_{cc}——碾压混凝土单位质量(kg/m³)； V_g——粗集料填充体积率(%)； Y_{oc}——碾压混凝土中单位外加剂用量(kg/m³)； y——外加剂掺量。
掺粉煤灰的碾压混凝土配合比计算	(2)掺粉煤灰的碾压混凝土配合比计算 ①按表 29-66 选定粗集料填充体积率 V_g,由式(29-63)计算单位体积粗集料用量 G_{oc}。 ②按本章第三节、四、3.条初选粉煤灰超量取代系数 k,并按经验或正交试验分析结果选定代替水泥的粉煤灰掺量 F_c。 ③按式(29-65)计算单位用水量。 $$W_{ofc}=135.5-21.11\lg V_C+0.32F_c \quad (29\text{-}65)$$ ④按式(29-66)计算基准胶材总量 $$J=200(f_{cc}-7.22+0.025F_c+0.023V_g) \quad (29\text{-}66)$$ ⑤按式(29-67)计算单位水泥用量,并应取计算值与表 29-63 规定值两者中大值。 $$C_{ofc}=J\left(1-\frac{F_c}{100}\right) \quad (29\text{-}67)$$ ⑥按式(29-68)计算单位粉煤灰总用量： $$F_{cc}=C_{ofc}\times F_c\times k \quad (29\text{-}68)$$ ⑦按式(29-69)计算总水胶比,应取计算值与表 29-63 规定值两者中小值。 $$J_z=\frac{W_{ofc}}{C_{ofc}+F_{cc}} \quad (29\text{-}69)$$ ⑧根据 G_{oc}、C_{ofc}、F_{cc}、W_{ofc} 及相应原材料密度,按体积法计算单位用砂量 S_{oc},计算时应计入设计含气量。 ⑨按式(29-70)计算单位外加剂用量： $$Y_{ofc}=y_f(C_{ofc}+F_{cc}) \quad (29\text{-}70)$$	W_{ofc}——掺粉煤灰的碾压混凝土单位用水量(kg/m³)； F_c——代替水泥的粉煤灰掺量(%)； J——碾压混凝土中单位体积基准胶材总量(kg/m³)； C_{ofc}——掺粉煤灰的碾压混凝土单位水泥用量(kg/m³)； F_{cc}——单位粉煤灰总用量(kg/m³)； k——粉煤灰超量取代系数； J_z——碾压混凝土中总水胶比； Y_{ofc}——掺粉煤灰的碾压混凝土单位外加剂用量(kg/m³)； y_f——掺粉煤灰的碾压混凝土外加剂掺量

粗集料填充体积率表　　　　　　　　　　　　　　表 29-66

砂细度模数 M_x	2.40	2.60	2.80	3.00
粗集料填充体积率 V_g(%)	75	73	71	69

五、RCCP 式路用水泥混凝土配合比设计计算简介

使用振动压路机压实坍落度为零的超干硬性混凝土路面施工技术简称 RCCP（系英文 "Roller Compacted Concrete Pavement" 的缩写）或 RCC。这种新的水泥混凝土路面施工方法，可以采用沥青路面摊铺机摊铺，振动压路机或轮胎压路机碾压（不需各式振捣设备），水泥用量及用水量极少，并能简化水泥路面施工工艺和改善其技术经济条件。

1. RCCP 材料要求及配合比设计

1）材料要求

RCCP 对集料的级配要求，水泥和水的用量等与普通混凝土均有所不同。从组成结构看，碾压混凝土为骨架密实结构，需要有一定数量粒径连续的粗集料（粒径＞5mm），以形成骨架空间网络；同时必须有相当数量的细集料（粒径≤5mm）填充空隙，使其达到较高的密实度。

（1）集料

所用粗集料为强度不低于Ⅲ级的机轧碎石，并采用连续级配。集料最大粒径 40mm 和 20mm 的级配范围建议值如表 29-67 和表 29-68 所示。

RCCP 集料级配范围建议值（$D_{max}=40$）　　　　　表 29-67

筛孔径(mm)	40	25	15	10	5	2.5	0.6	0.3	0.15	0.074
通过量建议值(%)	90～100	65～77	45～60	35～50	25～40	19～32	10～20	7～15	5～10	3～7

RCCP 集料级配范围建议值（$D_{max}=20$）　　　　　表 29-68

筛孔径(mm)	20	10	5	2.5	1.2	0.8	0.30	0.15	0.074
通过量建议值(%)	90～100	50～65	30～45	21～35	15～25	10～20	7～15	5～10	3～7

从强度、工作度及施工工艺要求看，RCCP 集料最大粒径 20mm 比 40mm 更为合适。砂率的大小对 RCCP 的品质影响较大，集料最大粒径不等，所选用的水灰比所需的砂率也不同。适宜的选择范围见表 29-69。

砂率选择范围参考表　　　　　表 29-69

砂率(%)　　碎石规格 水灰比	碎石最大粒径范围(mm)	
	15～20	35～40
0.35	30～34	29～33
0.40	32～36	30～34
0.45	34～38	32～36
0.50	36～40	34～38

此外，RCCP 集料压碎值、含泥量、扁、平、针状颗粒含量对 RCCP 技术性能的影响比普通混凝土要大，因此必须严格控制。

（2）水泥

与普通混凝土技术条件相同，但其凝结硬化较慢、吸水性小、抗裂性要求高。对级配良好的碎石，水泥用量通常为 8%～13%（以混合料密度计），对级配差且含软质集料多（约 5%）的材料，应取高限。

在 RCCP＋AC 复合式路面结构中，RCCP 作为下层，在保证 RCCP 强度要求的前提下，可

掺入适量粉煤灰（以细度、含量和烧失量为控制指标），如20%（等量取代）或40%（超量取代）。所谓复合式路面，就是把垫层、基层、碾压水泥混凝土板及板上沥青混凝土面层结合所组成的路面结构。

（3）砂

为节约水泥用量，应尽量减少砂浆中的灰浆损失，因此，选用中砂和粗砂为宜。

（4）外加剂

由于RCCP早期强度发展较快，初凝和终凝时间较短，加之和易性较差，为达到要求的密实度，只有延长碾压的时间，并加缓凝减水剂，如木质素硫酸钙0.25%~0.3%（以水泥加粉煤灰的干重量计）。

2）室内试件成型方法及工作度控制

室内试件采用平面振动加压成型，即在常用试模上加一均匀分布的荷载（压重块），通过机械振动台进行振密成型。此法与测定混合料工作度的改进维勃仪工作原理基本相同。压重的重量通过测定RCCP密实度（即压实率）确定，压实率用振实混凝土的平均密度除以理论最大密度表示。一般应达到96%以上，才能满足路用性能的要求。

室内工作度的测定是采用改进后的维勃仪进行的，即在圆盘上加一重块并予以固定，测定指标为改良V_c值（简称V_c值），V_c值表示在规定的质量、振频、振幅条件下，混合料振动出浆所需的时间，以秒计。压块单位面积质量为28.3g/cm^2，V_c值对全碾式取70±10s，对复合式取45±15s。

3）RCCP配合比设计计算

配合比设计计算步骤见表29-70。

配合比设计计算步骤 表29-70

项目	计算方法及公式	符 号 意 义
试配强度	(1)计算试配强度 $$f_c = f_{cm} + \lambda \cdot s \qquad (29\text{-}71)$$	λ——保证率系数，根据路面等级、结构类型和结构保证率确定，RCCP+AC复合式路面结构中，建议$\lambda=1.645$，即保证率95%； s——标准差，如本单位有足够的统计资料，按经验选用，否则，可参考表29-71选用； f_{cm}——RCCP设计抗弯拉强度（MPa）；
计算水灰比	(2)计算水灰比 $$\frac{C}{W} = 8.126\left(\frac{f_c}{f_{sc}}\right)^{2.54} \qquad (29\text{-}72)$$	f_{sc}——为水泥胶砂标准试件抗弯拉强度（MPa），应采用实际试验值。如无法取得时，可采用水泥强度等级的标准弯拉强度乘以水泥强度等级富余系数确定。富余系数值应按各地实际统计资料选用。如无统计资料时，可取1.13； W_0——初估用水量（kg/m^3）； S_r——砂率（%）； V_c——改良维勃值（s），其值按现行试验规程规定测定。测定时，需在维勃仪圆盘上增加荷载9kg；
计算用水量	(3)计算用水量 $W_0 = 206.40 - 97.74/W + 103.46S_r + 2.07V_c$ $\qquad\qquad\qquad\qquad\qquad (29\text{-}73)$ 在RCCP的各种材料确定后，对用水量可按下式修正： $W = W_0 + C(W_c - 0.26) + 0.015F + W_e$ $\qquad\qquad\qquad\qquad\qquad (29\text{-}74)$	W——用水量（kg/m^3）； C——水泥用量（kg/m^3）； W_c——水泥标准稠度用水量（%）； F——粉煤灰用量（kg/m^3）； W_e——与小于0.15mm粉料通过量有关的经验用水量，从表29-72查取。若加入粉煤灰，此项不考虑

项目	计算方法及公式		
说明	①水泥及砂石用量的计算表达式与本节二中所述的计算方法相同。 ②测定混合料工作度（V_c 值）。如不符合要求，则需适当调整，重新进行试验。同时制备相应的梁试件，测定 28d 弯拉强度，直到达到要求为止		

计算试配强度 f_c 时的标准差可按表 29-71 选用。

标准差　　　　　　　　　　　　　　　　　　表 29-71

设计抗弯拉强度（MPa）	3.5～4.0	4.5～5.0	5.5～6.0
标准差（MPa）	0.20	0.40	0.70

与小于 0.15mm 粉料通过量有关的经验用水量参见表 29-72。

经验用水量 W_e　　　　　　　　　　　　　　表 29-72

＜0.05mm 粉料通过量（%）	5～7	8～10	11～13
W_e（kg/m³）	4	6	9

2. RCCP 施工工艺简介

RCCP 的拌和宜采用双卧轴强制式拌和机，装卸和运输过程中，需采取措施防止混合料的离析。模板应使用有斜向支撑的型钢，以承受振动压路机作业时产生的侧向力，并保证自身不变形。

施工时应做到连续供料、匀速摊铺、专人检查、及时调整厚度等。人工摊铺时，压实系数约为 1.35～1.37；机械摊铺时，压实系数为 1.46。压路机的选型和组合（钢轮和胶轮）以及碾压过程中振频、振幅的选择至关重要。振动压路机宜选用自重 6～10t、低频 29～32Hz、高频 42～50Hz、振幅 0.3～0.7mm、静线压力大于 20kg/cm、动线压力大于 60kg/cm。碾压程序一般为静压—低频—高频—静压。当采用全厚式路面时，最后一次静压必须采用轮胎式压路机，以消除轮迹。每道工序一般碾压 1～2 遍，视表面平整、出浆和压实度而定。面板厚度超过 22cm 时，可分层施工。

RCCP 路面施工中的接茬处，可根据实际情况采用："导木法"、"斜坡法"、"预铺法"等工艺。

RCCP 路面的养护不应少于 7d，并严禁车辆通行。切缝可在碾压完成后 24～48h 进行。缩缝间距可较普通混凝土路面适当延长，一般为 10～15m。

第四节　特种混凝土配合比设计计算[24]

一、高强混凝土配合比设计计算

混凝土强度等级不低于 C50 的混凝土称为高强度混凝土，它是用强度不低于 42.5 级水泥、较低的水灰比和优质砂、石料在强烈振捣密实作用下制成的。

1. 原材料的技术要求

1）水泥

使用强度较高的硅酸盐水泥或普通硅酸盐水泥时，其强度不宜低于 57MPa，但有时也可采用较高强度的矿渣水泥或矾土水泥。配制高强度混凝土选用水泥时，水泥强度一般为混凝土高度的 0.9～1.5 倍。为了增加砂浆中胶结料的比例，水泥含量一般在 500～700kg/m³ 的范围内。如经济上可行，应减少水泥用量，最好掺加一部分高质量的粉煤灰或其他粉状活性材料,把放热和干缩作用降到最低限度。

2)粗集料

(1)粗集料抗压强度——按规定粗集料除进行压碎指标试验外,对碎石尚需进行岩石立方体抗压强度试验,其结果不应小于要求配制的混凝土抗压强度标准值 $f_{cu,k}$ 的 1.5 倍,即:

$$强度指标=\frac{岩石立方体抗压强度}{混凝土的抗压强度}\geqslant 1.5$$

最好是采用致密的花岗岩、辉绿岩、大理石等。

(2)粗粒料的表面特征——应采用立方形的碎石,而不用天然砾石。同时粗集料表面必须干净而无粉尘,必要时应对集料进行清洗。

(3)粗集料最大粒径——粗粒料的粒径标准为 0.5～1cm 或 0.5～1.5cm 最为适宜。通常最大粒径不应大于 31.5mm。

(4)其他——粗集料中所含针片状颗粒的含量不宜大于 5.0%,含泥量(质量比)不应大于1.0%,泥块的含量(质量比)不应大于 0.5%。

3)细集料

混凝土拌和物含砂量较大,一般都使用细度模数大于 2.6 的中砂或粗砂。同时应尽可能降低含砂率。细粒料中的含泥量(质量比)不应大于 2%,泥块含量(质量比)不应大于 1.0%。另外,砂的矿物组成也相当重要。

4)拌和用水

要求利用水灰比较小的干硬性情况来配制高强混凝土,一般的水灰比均在 0.28～0.35,水泥强度等级为 42.5～62.5 级。

(1)普通拌和水——一般要求 pH>4 的水即可使用。

(2)磁化水——使普通水流经磁场得以磁化的水来拌制混凝土时,可加深水泥的水化作用,从而可提高混凝土强度。据有关资料介绍,利用磁化水来拌制混凝土,可提高混凝土强度30%～40%。前苏联试验资料介绍,可增加强度 50%。

5)减水剂(又称塑化剂)

试验证明,采用高效能减水剂与高强度水泥联合使用,可制成高强混凝土。目前国内常用的减水剂主要有 NF、FDN、UNF 和木质素磺酸盐系减水剂等。其中前三种减水剂为高效减水剂,使用后,实际减水率高达 25%左右,混凝土的抗压强度提高 10～20MPa,同时还能提高混凝土的抗拉强度和弹性模量,减少徐变,对钢筋及混凝土的耐久性均无不利影响。所以目前国内均在采用。

2. 配合比设计计算

配合比设计计算见表 29-73。

配合比设计步骤　　　　　　　　　　　　　　　　表 29-73

项目	计算方法及公式	符号意义
确定 水灰比	1. 确定水灰比 (1)水泥水化后体积 　根据试验结果分析可得水泥水化后的体积约为干水泥的 2.06 倍,设 m_{c0} 为水泥浆中水泥质量(g);V_c 为水泥的比体积,即每克水泥的实体积,如为普通水泥,则 $$V_c=\frac{1}{3.15}=0.318cm^3 \qquad (29-75)$$ 水泥水化后其产物的实体积为:	V_c——为水泥的比体积(m³); m_{c0}——为水泥浆中的水泥质量(g); J——水泥水化后其产物的实体积(cm³); α——水泥水化程度系数,普通水泥的 α 可查表 29-74

项目	计算方法及公式	符号意义
确定水灰比	$$J = 2.06 m_{c\infty} V_c \alpha \quad (29\text{-}76)$$ 水泥浆所占的空间： $$K = m_{c\infty} \cdot V_c \cdot \alpha + m_{w0} \quad (29\text{-}77)$$ 所以,可得胶空比： $$\frac{J}{K} = \frac{2.06 m_{c\infty} \cdot V_c \cdot \alpha}{m_{c\infty} \cdot V_c \cdot \alpha + m_{w0}} \quad (29\text{-}78)$$ 若为普通水泥,则胶空比与水灰比之关系式为： $$\frac{J}{K} = \frac{2.06 \times 0.318\alpha}{0.318\alpha + \dfrac{W}{C}} = \frac{0.655\alpha}{0.318\alpha + \dfrac{W}{C}} \quad (29\text{-}79)$$ $$\frac{W}{C} = \frac{0.655\alpha K}{J} - 0.318\alpha = 0.318\alpha \left(2.06\frac{K}{J} - 1\right)$$ $$(29\text{-}80)$$ 至此,只要求出胶空比,即可确定用已知材料配制高强混凝土的水灰比。 (2)混凝土强度 $f_{cu,28}$ 与胶空比 $\dfrac{J}{K}$ 的关系 混凝土强度 $f_{cu,28}$ 与胶空比 $\dfrac{J}{K}$ 有如下关系： $$f_{cu,28} = \beta \cdot \left(\frac{J}{K}\right)^n \quad (29\text{-}81)$$ 我国采用普通42.5级水泥配制的不同水灰比的碎石混凝土,其28d抗压强度 $f_{cu,28}$ 与混凝土中胶砂空间比的经验公式： $$f_{cu,28} = 1\,000 \left(\frac{J}{K}\right)^{2.7} \quad (29\text{-}82)$$ 由上式可知,若能振捣密实,使混凝土中水泥石的胶空比达1.0,则用42.5级普通水泥有配制C100高强度混凝土的可能性。 (3)混凝土强度与水灰比的关系式 原材料的性质及工艺方法不同,其关系式亦各异。同济大学提出的关系式如下。 ①对于用卵石配制的高强混凝土 $$f_{cu,0} = 0.296 f_{ce}\left(\frac{C}{W} + 0.71\right) \quad (29\text{-}83)$$ ②对于用碎石配制的高强混凝土 $$f_{cu,0} = 0.304 f_{ce}\left(\frac{C}{W} + 0.62\right) \quad (29\text{-}84)$$ (4)高强混凝土水灰比参考值 表29-75为不掺减水剂的混凝土强度等级与水灰比关系参考值	K——水泥浆所占的空间 (cm^3); $\dfrac{J}{K}$——胶空比; m_{w0}——每立方米混凝土中水的用量 (kg); n——因水泥性质而异,一般介于 $2.6 \sim 3.0$; β——常数,对于常用水泥 β 值为常数; $f_{cu,28}$——采用普通水泥(42.5级)配制28d抗压强度 (MPa); $f_{cu,0}$——配制强度 (MPa); f_{ce}——水泥的实测强度 (MPa)
选择用水量	2. 选择用水量 根据已给条件,查表29-76选择用水量。 必须注意,与配制普通混凝土一样,在同一水灰比下,其强度亦有高低。一般是用水量少(如 $130 \sim 140 kg/m^3$)时,强度高;反之,当用水量较大(如 $160 \sim 170 kg/m^3$)时,强度低	
选择水泥用量	3. 水泥用量 根据选定的用水量及水灰比,用水灰比公式求出水泥用量	

320

项 目	计算方法及公式	符 号 意 义
确定石子用量	4.石子用量 可按下式计算： $$m_{go}=\dfrac{1\,000\rho_g'}{1+\dfrac{\rho_g'}{\rho_g}P_g b}\qquad(29\text{-}85)$$	ρ_g'、ρ_g——石子的视密度和表观密度(kg/m^3)； P_g——石子的空隙率$(\%)$； b——砂浆剩余系数，$b=1.05\sim1.20$，一般取下限； m_{go}——每立方米混凝土中石子用量(kg)；
确定用砂量	5.用砂量 按下式计算 $$m_{go}=\left(100-\dfrac{m_{co}}{\rho_c}-\dfrac{m_{go}}{\rho_g}-W\right)\rho_s'\qquad(29\text{-}86)$$	m_{so}——每立方米混凝土中砂子用量(kg)； m_{co}——每立方米混凝土中水泥的用量(kg)； ρ_c——每立方米混凝土中水泥和砂的视密度(kg)； ρ_s'——每立方米混凝土中砂的视密度(kg)

水泥水化程度系数参考值见表 29-74。

水泥水化程度系数 α 参考值 表 29-74

龄期(d)	3	7	14	28	180	365
α	0.50	0.60	0.72	0.80	0.93	1.00

混凝土强度与水灰比关系参考值见表 29-75。

混凝土强度与水灰比关系参考值 表 27-75

水 泥 品 种	强度等级(MPa)	水灰比 $\dfrac{W}{C}$	混凝土强度等级	备 注
高级水泥	900(硬练)	0.36	C70	
高级水泥	62.5	0.33 0.41	C60 C50	
普通水泥	52.5	0.40	C50	
普通水泥	42.5	0.30 0.35 0.40	C70 C60 C50	干硬性 干硬性

高强度混凝土用水量参考值见表 29-76。

高强度混凝土用水量参考值 表 29-76

粗 集 料		混凝土拌和物在下列维勃稠度(s)下时用水量(kg/m^3)					
种类	最大粒径(mm)	30～50	60～80	90～120	150～200	250～300	400～600
卵石	$D=40$	160	150	140	130	122	120
	$D=20$	170	160	155	145	140	135
碎石	$D=40$	170	160	150	138	130	128
	$D=20$	180	170	160	150	145	140

【例 29-6】 冶金建筑研究院材料研究室曾为 18m 桁架结构配制 C100 混凝土。

解：1.原材料

(1)胶凝材料

硅酸盐熟料水泥,按熟料水泥：半水石膏＝94：6 的比例混合,在振动磨中磨细,比表面积为 $500\sim600cm^2/g$。

(2)细集料

中砂细度模量 $M_k=3.14$，$d_p=0.42mm$

(3)粗集料

碎石：$D_{max}\leqslant10mm$，表观密度 $\rho_g=1\,400kg/m^3$，石子空隙 $P_g=48\%$

(4)外加剂

纸浆废液塑化剂，工业氯化钙。

(5)自来水

2. 工艺

按一般干硬性混凝土工艺；经普通蒸汽养护：升温 3h，90℃恒温 30h，降温 2h。

3. 试验结果

试验结果如表 29-77 所示。

高温混凝土试验结果 表 29-77

序号	水泥用量 (kg/m³)	$\dfrac{W}{C}$	CaCl₂ 掺量 (%)	塑化剂 (%)	砂率 (%)	维勃稠度 (s)	配合比	抗压强度 (MPa)
1	700	0.28	1	0.3	28	40	1：0.62：1.60	92.0
2	750	0.26	1	0.3	26	46	1：0.53：1.50	100.7
3	800	0.24	1	0.3	24	81	1：0.45：1.41	101.5
4	750	0.26	1.5	0.3	26	15	1：0.53：1.50	102.8
5	750	0.24	1.5	0.3	25	17	1：0.52：1.57	101.0
6	750	0.22	1.5	0.3	24	105	1：0.51：1.62	100.2

由表 29-77 可见：

(1)水泥用量在 700～800kg/m³ 变化，对混凝土强度影响不大，而水泥用量过多会使混凝土干硬度增加，且收缩率增大，因此在配制高强混凝土时的水泥用量应控制在 700kg/m³ 以下。

(2)当不具备强烈振捣条件时，水灰比在 0.22～0.26 变化，对混凝土强度影响不大，而水灰比过小，会使施工难度增加，因此应大于 0.26。

(3)砂率较普通混凝土为低

【例 29-7】 某大学土木系采用 NF 减水剂（β-萘磺酸盐甲醛缩合物）配制出 C100 高强混凝土。

解：(1)胶凝材料

中国水泥厂五羊牌 52.5 级纯硅酸盐水泥，并掺 13% 矿渣磨细，比表面积为 300cm²/g，用量为 600kg/m³。

(2)NF 减水剂掺量为 1.5%。

(3)配合比为 1：0.70：2.23，$\dfrac{W}{C}=0.25$。

【例 29-8】 交通部公路科学研究所采用 FDN 减水剂（萘磺酸盐甲醛缩合物）配制 C80～C100 高强混凝土。

解：(1)胶凝材料

南平原 725 号明矾石水泥，比表面积 5 200cm²/g，用量 550kg/m³。

(2)FDN 减水剂掺量 1.5%。

(3)水灰比 $\dfrac{W}{C} = 0.25 \sim 0.35$。

二、高性能混凝土配合比设计计算

近年来,随着越来越多的大跨度桥梁、高层建筑以及地下建(构)筑物等工程的建造,对高性能混凝土的需求量也越来越大。高性能混凝土是一种高强度、高工作性和高耐久性的混凝土。

1. 原材料技术要求

(1)水泥

混凝土中水泥用量过多会产生大量的水化热,进而因收缩增加而引起裂缝的发生。因此配制高性能混凝土用的水泥宜用 52.5 级或更高强度的硅酸盐水泥或普通硅酸盐水泥,水泥用量宜控制在 550kg/m³ 以内。

(2)水

高性能混凝土拌和用水可用饮用水。水胶比(水—胶结料之比)则是控制混凝土强度的重要参数,水胶比越小,配制的混凝土强度越高。高性能混凝土的水胶比一般小于 0.4,而水胶比的降低使混凝土工作性变坏,可通过加入高效减水剂来解决。

(3)粗细集料

配制高性能混凝土时,粗集料的强度要高于混凝土强度的 1.5~2 倍,采用表面粗糙的碎石为好,尤以密实坚硬的石灰岩碎石为好。

粗集料的粒径大小,也会影响高性能混凝土的强度,最大粒径不宜大于 30mm,最好在20mm 以下,具体选用可参考表 29-78。另外,粗集料宜采用连续级配来改善混凝土的工作度。

粗集料最大粒径参考表

表 29-78

强 度 等 级	C50~C60	C70~C80	C90~C100	C100 以上
粗集料粒径(mm)	≤30	≤20	≤15	≤10

高性能混凝土的细集料最好采用圆形颗粒洁净的天然河砂,含泥量不超过 2%,砂子的细度模数宜为 2.6~3.1,即为中粗砂。

(4)高效减水剂

高效减水剂是配制高性能混凝土的重要组成部分,高效减水剂的加入,可以大大降低混凝土的水灰比,增加流动性,使坍落度达到 20cm 作用,有利于施工。

(5)超细粉状矿物活性材料

高性能混凝土水灰比一般较小,水泥石中有一部分水泥是不能水化的,只能起填充作用。所以,在配制高性能混凝土时,一般掺入超细粉状矿物活性材料(其平均粒径远小于水泥)来置换水泥。

常用的矿物活性材料主要有:优质粉煤灰、磨细矿渣、沸石粉、硅粉等。

2. 高性能混凝土配合比设计

1)混凝土配制强度

高性能混凝土配制强度可按式(29-87)确定。

$$f_{\text{cu},0} = f_{\text{cu,k}} + 1.645\sigma \tag{29-87}$$

式中:$f_{\text{cu},0}$——混凝土的配制强度(MPa);

$f_{cu,k}$——设计的混凝土强度标准值(MPa);

σ——施工单位的混凝土强度标准差(MPa);

2)参数的选择

根据大量的试验、经验以及资料,现将几种参数的选用,根据不同情况列出,以作参考。

(1)水泥

水泥用量取 400～550kg/m³。

(2)水

水的用量参考表 29-79。

推荐用水量　　　　　　　　　　　　　　表 29-79

强度等级	C50	C60	C70	C80	C90	C100
用水量(kg/m³)	185	175	165	155	145	135

(3)水胶比

高性能混凝土水胶比大小可参考表 29-80。

高性能混凝土水胶比推荐选用表　　　　　　　　表 29-80

混凝土强度等级	C50	C60	C70	C80	C90	C100
水胶比	0.37～0.33	0.34～0.30	0.31～0.27	0.28～0.24	0.25～0.21	0.23～0.19

(4)砂率

砂率的大小可参考表 29-81 选用。

高性能混凝土砂率选用表　　　　　　　　　　表 29-81

胶结料总量(kg/m³)	400～450	450～500	500～550	550～600
砂率	40%	38%	36%	34%

(5)高效减水剂

高效减水剂是配制高性能混凝土重要的组成部分,混凝土流动性的大小主要靠高效减水剂掺量来调节,而不是靠用水量来调节。不同的减水剂其掺量有所不同,用量一般为胶凝材料的 0.5%～1.8%,如 NF、FDN,一般选用 1%左右。高效减水剂掺量越大,减水效果越好,但掺量超过一定值后,就不再明显。因此高效减水剂掺量要适中,具体掺量可经试配决定。

(6)超细粉状矿物活性材料

关于粉煤灰取代水泥多少才算合适,有多种说法。据波波维奇对粉煤灰取代水泥量的研究,须同时考虑其强度、工作性和经济性,通过微分演算,得出粉煤灰用量 F_{opt} 公式为:

$$F_{opt} = 33.33\frac{K_c}{K_c - K_f} - \sqrt{111\left(\frac{K_c}{K_c - K_f}\right)^2 - 0.5556f'_c - 902.8} \qquad (29\text{-}88a)$$

式中:K_c——水泥单价;

　　K_f——粉煤灰单价;

　　f'_c——按美国标准测定的粉煤灰混凝土抗压强度。

前联邦德国的 W·冯·贝格也提出了一个类似的公式:

$$\varphi_{1,2} = -\frac{P_1}{P_2}\sqrt{\left(\frac{P_1}{P_2}\right)^2 + \frac{P_2 P_3 - P_1 P_4}{P_2 P_5}} \qquad (29\text{-}88b)$$

式中,$\varphi_{1,2}$ 为经济的粉煤灰掺量$\left(\dfrac{粉煤灰}{水泥}\right)$;$P_1$、$P_2$、$P_3$、$P_4$、$P_5$ 分别为考虑粉煤灰混凝土强度、

稠度、胶凝材料价格的各项参数。

这些公式的计算比较复杂,我国目前多采用超量系数取代法,超量系数一般为1.2～1.4,即用1.2～1.4kg的粉煤灰取代1kg水泥。

硅粉、沸石粉和超细矿渣可等量代换水泥,在其他条件不变的情况下,当掺入其中一种物质的质量大约为水泥质量10%时,流动性不降低(有的甚至有改善),混凝土强度提高10%左右。对于矿物掺和料的掺入量,单独掺入粉煤灰时取10%～30%;掺入硅粉时,取5%～10%;掺入沸石粉时,取10%。也可同时掺入粉煤灰和硅粉等。在配制高性能混凝土时掺入矿物活性材料增加了胶凝材料的绝对体积,应减少部分砂量。

3)高性能混凝土配合比确定

高性能混凝土配合比计算步骤如图29-2所示。

图 29-2　高性能混凝土配合比设计步骤

【**例 29-9**】 珠江牌52.5级硅酸盐水泥,粗集料为石灰岩碎石,粒径为5～20mm,表观密度2.70g/cm³;砂为中粗砂,细度模数2.8,表观密度2.62g/cm³,掺加高效减水剂,要求配制坍落度20cm左右,强度等级为C60的高性能混凝土。

解:用表观密度法(2 500kg/m³)计算:

(1)取水泥用量550kg/m³,水灰比为0.32,用水量为175kg/m³,砂率为36%。

(2)按表观密度法和砂率概率得以下方程:

$$\begin{cases} m_{c0} + m_{s0} + m_{g0} + m_{w0} = 2\,500 \\ \dfrac{m_{s0}}{m_{s0} + m_{g0}} \times 100\% = 36\% \end{cases} \tag{29-89}$$

将已知代入得:$m_{s0} = 639$kg/m³　$m_{g0} = 1\,136$kg/m³

(3)试配实测表观密度为2 457kg/m³,故校正系数$K = 2\,457/2\,500 = 0.983$,所以单方混凝土材料用量为:

$$m_{w0} = 172\text{kg}, m_{c0} = 541\text{kg}, m_{s0} = 628\text{kg}, m_{g0} = 1\,116\text{kg}$$

(4)试配检验强度和流动性。以水灰比0.30、0.32、0.34拌制混凝土,加入适量高效减水剂,控制坍落度在20cm左右,结果如表29-82,抗压强度与水灰比的关系见图29-3。

从表29-82中可知,水灰比0.32的混凝土28d的抗压强度为70MPa,满足C60混凝土的强度要求,可初步确定其为试验室配合比,我们曾按此配合比进行过批量试验,在标准条件下养护28d,该批混凝土28d龄期立方抗压强度平均值为70.38MPa,最小值为64MPa,标准差为4.32,能满足要求。

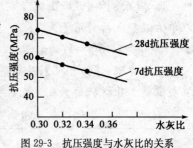

图 29-3　抗压强度与水灰比的关系

混凝土试配原材料及试验结果　　　　　　　　表 29-82

编号	$\dfrac{W}{C}$	单方混凝土材料用量(kg)				高效减水剂(%)	坍落度(cm)	抗压强度(MPa)	
		水	水泥	砂	石			7d	28d
1	0.30	172	573	613	1 100	1.2	17	60	74
2	0.32	172	541	628	1 116	1.1	19	58	70
3	0.34	172	505	640	1 133	1.0	20	54	67

高性能混凝土中,为了增加强度,改善其性能,大多掺有矿物材料。以掺粉煤灰的高性能混凝土为例,要配制掺有粉煤灰的高性能混凝土,可根据前面基准混凝土的数据来进行设计,其设计步骤见图29-4。

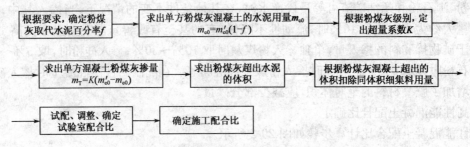

图 29-4　高性能粉煤灰混凝土配合比设计步骤

【例 29-10】[22] 同【例 29-9】,设计掺有粉煤灰的 C60 高性能混凝土配合比,粉煤灰采用广州黄埔电厂的 I 级粉煤灰,$\gamma_F=2.2$(水泥 $\gamma_c=3.1$)。

解:(1)根据【例 29-9】所得基准混凝土材料用量计算,取粉煤灰取代水泥百分率为 $f=15\%$。

(2)单方粉煤灰混凝土的水泥用量

$$m_{c0}=m'_{c0}(1-f)=550\times(1-0.15)=468(\text{kg/m}^3)$$

(3)I 级粉煤灰,取超量系数 $K=1.2$。

(4)单方混凝土粉煤灰掺量

$$m_I=K(m'_{c0}-m_{c0})=1.2\times(550-468)=98(\text{kg/m}^3)$$

(5)求出粉煤灰超出水泥部分的体积,扣除同体积的砂量,求得单方高性能混凝土的砂量。

$$m_{s0}=m'_{s0}-\left(\frac{m_{c0}}{\rho_c}+\frac{m_{F0}}{\rho_F}-\frac{m'_{c0}}{\rho_c}\right)\rho_s=639-\left(\frac{468}{3.1}+\frac{98}{2.2}-\frac{550}{3.1}\right)\times2.62=592(\text{kg/m}^3)$$

(6)单方高性能粉煤灰混凝土材料量为:

$$m_{w0}=175\text{kg},m_{c0}=468\text{kg},m_{F0}=98\text{kg},m_{s0}=592\text{kg},m_{g0}=1\ 136\text{kg}$$

计算表观密度 $\rho_h=175+468+98+592+1\ 136=2\ 469(\text{kg/m}^3)$

(7)试配测得,混凝土实际表观密度 2 455kg/m³,故校正系数 $K=2\ 455/2\ 469=0.994$,所以单方混凝土材料用量为:

$$m_{w0}=174\text{kg},m_{c0}=465\text{kg},m_{F0}=97\text{kg},m_{s0}=589\text{kg},m_{g0}=1\ 130\text{kg}$$

其他步骤同【例 29-5】,最后得出满足 C60 强度要求,同时坍落度为 20cm 左右的高性能粉煤灰混凝土原材料用量及试验数据见表 29-83。

C60 高性能粉煤灰混凝土材料用量及试验结果　　　　　　　　　表 29-83

$\dfrac{m_{w0}}{m_{c0}+m_{F0}}$	S_P (%)	高效减水剂 $\dfrac{}{(m_{c0}+m_{F0})}$%	材料用量(kg/m³)					坍落度 (cm)	抗压强度(MPa)	
			m_{w0}	m_{c0}	m_{F0}	m_{s0}	m_{g0}		7d	28d
0.31	34	1	174	465	97	589	1130	20	58	71

3. 高性能混凝土配合比推荐值

根据经验、试验及计算,在表 29-84 中列出了各强度等级的高性能混凝土配合比推荐值,以作参考,有一定指导意义,实际工程可根据不同情况加以调整。

强度等级	水胶比	混凝土材料用量(kg/m³)					
		水泥	粉煤灰	硅粉	水	砂	石
C50	0.36	510	—	—			
	0.35	434	91	—	185	640	1 080
	0.36	434	48	32			
C60	0.32	545	—	—			
	0.31	463	98	—	175	630	1 090
	0.32	463	52	33			
C70	0.29	564	—	—			
	0.28	479	102	—	165	620	1 100
	0.29	479	56	34			
C80	0.27	578	—	—			
	0.26	491	104	—	155	610	1 110
	0.27	491	60	35			
C90	—	—	—	—			
	0.24	493	111	—	145	600	1 120
	0.24	493	64	36			
C100	—	—	—	—			
	0.22	496	117	—	135	590	1 130
	0.22	496	68	37			

注:这里数据都经整数处理,高性能混凝土都需加入一定量高效减水剂。

三、干硬性混凝土配合比设计

干硬性混凝土与塑性混凝土比较,具有用水量小、水灰比小、含水率小、快硬、高强、密实性好、抗冻性、抗渗性强、收缩小等特点,对节约水泥、提高质量、降低成本、提高模板周转率、保证工期等有十分重要的意义。因此,在满足技术、经济指标要求的前提下,特别是在水泥制品厂或混凝土预制厂,应尽量采用干硬性混凝土或低流动性混凝土。

1. 原材料的技术要求

水和水泥与塑性混凝土要求相同;砂石除提出以下要求供参考外,其他方面的要求与塑性混凝土一样。

1)砂子

尽可能采用级配好、含泥少(一般规定含泥量不超过 3%)的中砂。细砂不仅增加了水泥用量,而且增大了混凝土的干硬度,造成施工方面的一些困难。

2)石子

(1)含泥量应严格控制,不得大于 1%。

(2)卵石的砂率尽可能不超过 5%。

(3)粒径应根据振动设备及物件尺寸而定,一般以不超过 50mm 为宜,级配良好,以便振捣。

(4)吸水率要小。

2. 配合比设计

1)设计原理

干硬性混凝土配合比设计所根据的原理有以下两点：

(1)通过试验，找出混凝土强度与水灰比的关系及用水量与干硬度的关系。

(2)根据混凝土的实体积，计算砂、石的用量。

计算时，以石材为集架，把水泥砂浆看作一个整体，水泥砂浆必须填满石子的空隙，并且还有一部分剩余，以包裹石子的表面。水泥砂浆的剩余系数 K（水泥砂浆实体积对石子空隙体积之比）比一般塑性混凝土小得多，仅为 $1.05\sim1.20$，建议采用 1.1，细砂时可采用 1.2。

2)设计步骤

配合比设计计算步骤见表 29-85。

配合比设计计算步骤 表 29-85

项目	计算方法及公式	
确定水灰比	1. 确定水灰比 根据水泥强度等级及混凝土龄期强度 $f_{cu,\sigma}$，计算出混凝土强度与水泥强度等级的比值，然后由表 29-86 查出水灰比值（W/C）。在计算中，如果所得 $f_{cu,\sigma}/f_{cu,g}$ 之值不能正好等于表列某一数值时，可用插值法求得。 按上述方法求出所需水灰比后，在试拌时应取 3 个水灰比，即： (1)由表 29-86 中求得的水灰比。 (2)比表 29-86 中求得的水灰比大于 20%。 (3)比表 29-86 中求得的水灰比小于 20%。 根据 3 个水灰比值配制混凝土进行强度试验，把试验结果绘成与强度的图表，并据此确定所需要的混凝土强度的水灰比	
确定用水量	2. 确定用水量 单位用水量是根据干硬度来确定的，干硬度的选择必须考虑到搅拌机及振动器的能力，要保证混凝土搅拌均匀，振捣密实。 单位用水量可参考表 29-87 确定	

项目	计算方法及公式	符号意义
计算水泥用量	3. 计算水泥用量 根据选定的水灰比及单位用水量，即可按下式算出水泥用量： 水泥用量 $\ m_{c0}=$ 用水量/水灰比 $=\dfrac{m_{w0}}{W/C}$ (29-90) 或水泥用量： $$m_{c0}= 用水量\ m_{w0}\times 灰水比 = m_{w0}\times\left(\dfrac{C}{W}\right)$$ (29-91)	ρ——水泥密度（kg/cm³）； m_{c0}——水泥用量（kg/cm³）； m_{w0}——水的用量（kg/cm³）； m_{g0}——石子用量（kg/m³）； ρ'_g——石子的视密度（kg/m³）； ρ_g——石子的表观密度（kg/m³）； P_g——石子的空隙率，以体积百分比计； b——水泥砂浆即空隙填充系数，或为剩余系数，值可由表 29-88 查得； ρ'_s——砂的视密度（kg/m³）； m_{s0}——砂子用量（kg/m³）； Y——材料修正系数； $\rho_{c,c}$——为拌和物的理论计算表观密度（kg/cm³）； $\rho_{c,t}$——为拌和物的实测表观密度（kg/cm³）
石子用量	4. 计算石子用量 $$m_{g0}=\dfrac{1\,000\rho'_g}{1+\dfrac{\rho_g}{\rho_g}P_g b}$$ (29-92)	
砂子用量	5. 计算砂子用量 $$m_{s0}=\left[1\,000-\left(\dfrac{m_{c0}}{\rho_c}+\dfrac{m_{g0}}{\rho_g}+m_{w0}\right)\right]\rho'_s$$ (29-93)	

项目	计算方法及公式	符 号 意 义
试拌及校正配合比	6.试拌并根据试验结果校正配合比 根据上述计算出来的每立方米各种材料用量,取其1/4进行试拌,并制作混凝土试块。测其强度及按规定的方法检验混凝土拌和物的干硬度、表观密度,并计算其理论表观密度。根据试验数据对水灰比和其他参数进行校正,以满足设计的要求。 混凝土拌和物表观密度的实测结果与理论计算数值之差不得大于2%~3%,否则按下述方法进行修正: $$Y=\frac{\rho_{c,c}}{\rho_{c,t}} \qquad (29\text{-}94)$$ 修正的方法是用 Y 分别乘以原设计中每立方米混凝土的材料用量,即得每立方米混凝土中各种材料的实际用量	

干硬性混凝土强度与水灰比的关系　　　　　　　表 29-86

水灰比 $\left(\frac{W}{C}\right)$	灰水比 $\left(\frac{C}{W}\right)$	混凝土龄期强度与水泥强度等级的比值 $f_{cu,\sigma}/f_{cu,g}(\%)$			
		1d	2d	3d	28d
0.3	3.33	30	47	57	110
0.35	2.86	28	45	55	100
0.4	2.5	25	38	48	80
0.45	2.22	20	32	40	70
0.5	2	16	27	34	63
0.55	1.81	14	22	28	56
0.6	1.67	12	19	25	50

干硬性混凝土的用水量(kg/cm^3)　　　　　　　表 29-87

拌和物稠度		卵石最大粒径(mm)			碎石最大粒径(mm)		
项目	指标	10	20	40	16	20	40
维勃稠度 (s)	16~20	175	160	145	180	170	155
	11~15	180	165	150	185	175	160
	5~10	185	170	155	190	180	165

空隙填充系数 b 表　　　　　　　表 29-88

混凝土混合料状态	b 值	混凝土混合料状态	b 值
维勃稠度>50s	1.05~1.10	水泥用量≥500kg/m³	1.10~1.20
维勃稠度 30~50s	1.20~1.40		

3. 配合比选择示例[22]

【例 29-11】

1. 材料技术条件

(1)水泥:52.5 级(硬练)普通水泥,视密度 3.15g/cm³;

(2)砂:视密度 2.66g/cm³,含水量为 0;

(3)石子:卵石,粒径为 5~40mm,相对密度为 2.53g/cm³,表观密度为 1.55g/cm³,空隙率 39%,含水率为 0。

2. 设计要求

C30 级混凝土拦圈砌块,用水量要求尽量压低,干硬度控制在 60~80s 左右(用振动台振动)。

3. 设计计算

(1)选择水灰比

$$\frac{砼龄期强度\ f_{cu,\sigma}}{水泥强度等级\ f_{cu,g}}=\frac{30}{52.5}=0.57$$

查表 29-84,当 $\dfrac{f_{cu,\sigma}}{f_{cu,g}}=0.57$

内插得 $(W/C)_1=0.54$

按求出结果加大 20% $(W/C)_2=0.65$

　　　　　减少 20% $(W/C)_3=0.43$

(2)确定混凝土的用水量

按表 29-87 查得 $m_{w0}=140$kg。

(3)计算混凝土的水泥用量

$(W/C)_1=0.54$ 时,水泥用量=259kg;

$(W/C)_2=0.65$ 时,水泥用量=215kg;

$(W/C)_3=0.43$ 时,水泥用量=326kg;

(4)计算卵石用量

取水泥砂浆剩余系数为 1.10,则

$$m_{g0}=\frac{1\,000\times2.53}{1+\dfrac{2.53}{1.55}\times39\%\times1.10}=1\,488(kg/m^3)$$

(5)计算混凝土的砂子用量

当 $(W/C)_1=0.54$ 时,水泥用量为 269kg:

$$m_{s01}=\left[1\,000-\left(\frac{259}{3.15}+\frac{1\,488}{2.53}+140\right)\right]\times2.66=505(kg)$$

当 $(W/C)_2=0.65$ 时,水泥用量为 226kg:

$$m_{s02}=\left[1\,000-\left(\frac{215}{3.15}+\frac{1\,488}{2.53}+140\right)\right]\times2.66=543(kg)$$

当 $(W/C)_3=0.43$ 时,水泥用量为 333kg:

$$m_{s03}=\left[1\,000-\left(\frac{326}{3.15}+\frac{1\,488}{2.53}+140\right)\right]\times2.66=450(kg)$$

(6)确定配合比

按以上材料进行试拌,测定其干硬度,看是否适合于施工要求。并通过强度鉴定,最后决定配合比。

4. 配合比设计中的几个问题说明

(1)砂率

从上例中可以看出,砂浆剩余系数小,石子用量就多,砂子用量就少。这样就增加了石子的骨架作用,减少了用水量(砂浆少,用水量就降低),因而提高了混凝土的早期强度,节约了水泥。由于减少了砂子的数量,就减少了颗粒间的接触面,也就减少了混凝土拌和物内部的摩擦力,从而降低了混凝土的干硬度。所以,适当地降低砂率是干硬性混凝土配合比设计的重要环节。

(2)干硬度

在符合技术、经济指标要求的前提下应尽量降低干硬度。因为干硬度只是和易性的一项指标,而不是用水量的指标,更不是水泥用量的指标。在不同的条件下,干硬度相同,可能其用水量、水泥用量不一样。由于所有测定干硬度的办法本身并不都是完善的,所以,配合比设计时,不可盲目地追求干硬度。因为干硬度越大,施工越困难。一般讲,我们所用的干硬性混凝土干硬度在 30～50s 比较合适,一些工程还可以采用低流动性混凝土,也能收到较好的经济效果。

(3)表格运用

配合比设计中,利用了表 29-86、表 29-87 两个表格。这两个表格都是在一些特定的条件下试验的经验数字,并不存在普遍意义。它只是供工程量较小、试验室条件不够或时间不足,不可能进行一套完整的混凝土配合比试验时参考之用。因此,不能受其束缚。事实上,有一些试验已经打破了它的一些规定。读者可根据当地情况积累资料供配合比设计时使用。

(4)假定质量法

干硬性混凝土配合比设计也可以采用假定质量法。计算时可先假定混凝土拌和物表观密度为 2 500kg/m³,最后根据测定的表观密度进行修正。

四、预应力混凝土配合比设计计算[22]

预应力混凝土与钢筋混凝土相比,具有如下优点:

(1)提高构件的抗裂度和刚度。

(2)增加构件的耐久性。

(3)节约材料,减轻自重。

但是,制作预应力混凝土时,要增加张拉工序和张拉机具及锚固装置等,制作技术也比钢筋混凝土复杂。

1. 原材料的技术要求

(1)混凝土

预应力混凝土结构的混凝土强度,不宜低于 C30;当采用碳素钢丝、钢绞线、Ⅴ级钢筋(热处理)作预应力钢筋时,混凝土强度不宜低于 C40。目前国内某些重要的预应力混凝土结构,混凝土强度已采用 C60～C80,甚至到 C100,而且逐渐向更高强度发展。

在预应力混凝土结构中采用比较高的混凝土强度,是因为预应力混凝土中所用的预应力钢筋其强度比一般钢筋混凝土中的钢筋高得多,所以混凝土的标号也要相应提高,使钢筋与混凝土的强度有一定的比例,共同承受外力,从而可以减少截面尺寸,减轻构件自重,并节约材料用量。同时,强度较高的混凝土,可以提高钢筋与混凝土之间的黏结力,保证钢筋在混凝土中的锚固性能。

(2)钢筋(丝)

预应力混凝土结构的钢筋有非预应力钢筋和预应力钢筋。非预应力钢筋可采用Ⅰ级、Ⅱ级、Ⅲ级钢筋和乙级冷拔低碳钢丝;预应力钢筋有冷拉Ⅱ级、冷拉Ⅲ级、冷拉Ⅳ级钢筋、Ⅴ级钢筋(热处理)、甲级冷拔低碳钢丝、碳素钢丝、刻痕钢丝和钢绞线等。

(3)必须确保材料的质量

预应力混凝土对其所用材料的要求是十分严格的。如果材料质量不合格,不仅会影响到构件的正常使用,而且可能在制造过程中发生事故(如钢筋在张拉时突然断裂),以致造成国家财产和生命安全的严重损失。因此,切不可粗心大意。

对于混凝土来说,所用水泥最好是硅酸盐水泥或普通水泥,其强度宜比所配制的混凝土强度高一级;所用砂石和搅拌用水必须符合现行国家施工规范和设计的有关规定。混凝土拌和物中不得掺用对钢筋有腐蚀作用的氯盐(如氯化钙、氯化钠等)。

对于钢筋来说,入厂时应作严格检验,必须满足对预应力钢筋的性能要求;入厂后,须分类堆存,不得混淆。预应力钢筋要特别注意防止锈蚀和污染,因为锈蚀和污染都将影响其与混凝土的黏结性能。

2. 配合比选择的要求

混凝土配合比的选择,应满足下列几项基本要求:

(1)满足强度要求:混凝土的主要指标是抗压强度,因此在配合比选择中就是根据这个设计强度进行选定的。为保证绝大部分混凝土强度达到设计强度,选择时所采用的配合比强度(即配制强度)应高于工程设计强度。

(2)满足拌和物稠度要求:混凝土拌和物的稠度是保证构件质量和便于操作的重要条件,应根据结构种类、施工方法等加以选定。采用机械振捣可以减少坍落度,节约水泥,保证均匀、密实的质量。一般可根据经验并查阅有关表格选用坍落度。

(3)满足耐久性要求:耐久性主要指混凝土的抗渗性、抗冻性和抗腐蚀性。配合比选择时,必须考虑这些要求。

(4)满足经济性的要求:配合比选择中,除保证强度。稠度、耐久性的前提外,还必须尽量降低造价。如节约水泥,合理使用当地材料以节省运费。

3. 配合比设计

混凝土的配合比目前都采用计算与试配调整相结合的方法,即利用一些经验公式、图表,根据结构物的技术要求、材料情况及施工条件,计算出初步配合比。再经过试验室的复核和试配调整,得出各原材料用量和实测密度计算出配合比,称为试验室配合比。施工时,还应换算成砂石实际含水状态下的配合比,即施工配合比。施工配合比常以每次搅拌或拌和 $1m^3$ 混凝土的各种原材料用量来表示。

配合比设计方法目前用绝对体积法及假定质量法。

(1)配合比设计

预应力混凝土配合比设计计算见表29-89。

项目	计算方法及公式	符号意义
	1.绝对体积法。其计算程序如下	
混凝土配制强度及混凝土标准差	(1)根据工程设计强度和对混凝土强度保证率的要求,按下式确定配制强度。$$f_{cu,0}=f_{cu,k}+\sigma \quad (29\text{-}95)$$ 施工单位如具有 25 组以上混凝土试配强度的历史统计资料时,σ 可按下式求得: $$\sigma=\sqrt{\frac{\sum\limits_{i=1}^{n}f_{cu,i}^2-n\mu f_{cu}^2}{n-1}} \quad (29\text{-}96)$$ 施工单位如无历史统计资料时,σ 可按表 29-90 取值。按现行规范,可较设计强度提高 10%～15% 作为配制强度,注意积累资料,以便修正配合比	$f_{cu,0}$——混凝土的配制强度(MPa); $f_{cu,k}$——混凝土设计强度等级(MPa); σ——施工单位的混凝土标准差的历史统计水平(MPa); $f_{cu,i}$——第 i 组的试块强度(MPa); μf_{cu}^2——n 组试块强度的平均值(MPa); 施工单位如无历史统计资料时,σ 可按表 29-90 取值
计算水灰比及用水量和最小水泥用量	(2)根据配制强度、水泥品种强度等级,并参照有关耐久性要求按以下公式计算水灰比: 用硅酸盐水泥或普通水泥拌制碎石混凝土: $$\frac{W}{C}=\frac{0.525f_{ce}}{f_{cu,0}+0.299f_{ce}} \quad (29\text{-}97)$$ 用矿渣水泥、火山灰水泥或粉煤灰水泥拌制碎石混凝土: $$\frac{W}{C}=\frac{0.503f_{ce}}{f_{cu,0}+0.292f_{ce}} \quad (29\text{-}98)$$ 用硅酸盐水泥或普通水泥拌制卵石混凝土: $$\frac{W}{C}=\frac{0.444f_{ce}}{f_{cu,0}+0.204f_{ce}} \quad (29\text{-}99)$$ 用矿渣水泥、火山灰水泥或粉煤灰水泥拌制卵石混凝土: $$\frac{W}{C}=\frac{0.501f_{ce}}{f_{cu,0}+0.334f_{ce}} \quad (29\text{-}100)$$ (3)根据工程特征和施工工艺,选择混凝土拌和物的坍落度(表 29-91),并参照砂石种类和粒径选择每立方米混凝土的用水量(表 29-92、表 29-93),再经过试验加以校正。 (4)根据水灰比及选定的用水量计算出水泥用量。并检查是否符合有关最小水泥用量的规定,当计算值小于规定值时,则按表中规定的最小值取用	$\dfrac{W}{C}$——水灰比; f_{ce}——水泥实测强度(MPa); $f_{cu,0}$——按设计强度等级求出的混凝土配制强度(MPa); V——每立方米混凝土中砂石总体积(L); V_w——每立方米混凝土中水的体积(L); V_C——每立方米混凝土中水泥的体积,$V_C=\dfrac{m_{c0}}{3.1}$(1), 3.1 为水泥相对密度,m_{c0} 为水泥质量
每立方米混凝土中的砂石用量	(5)选定含砂率(表 29-94)。 (6)根据集料绝对体积、含砂率,计算每立方米混凝土中的砂、石用量。 每立方米混凝土中砂、石总体积按下式计算: $$V=1\,000-V_w-V_C \quad (29\text{-}101)$$ 每立方米混凝土中砂的质量按下式计算: $$m_{s0}=V\beta_s\rho_s \quad (29\text{-}102)$$ 每立方米混凝土中石子质量按 $$m_{g0}=V(1-\beta_s)\rho_g \quad (29\text{-}103)$$	β_s——含砂率(%); ρ_s——砂的表观密度(kg/m³); ρ_g——石子表观密度(kg/m³)

项目	计算方法及公式	符号意义
2.假定质量法,其计算程序如下		

(1)计算程序

①当混凝土强度等级不大于C8级时,假定表观密度计算值为2 360kg/m³;当C15～C30级时为2 400kg/m³;大于C30级时为2 450kg/m³。

②水灰比、用水量、水泥用量和含砂率的确定与"绝对体积法"相同。

③砂、石总质量等于混凝土的假定表观密度计算值减去用水量和水泥用量。

④砂的质量等于砂石总质量乘以含砂率。

⑤石子的质量等于质量石总质量减去砂的质量。

对以上计算所得的配合比进行试拌,以验证拌和物的稠度、测定坍落度和表观密度,对计算结果作初步调整,再制作试块测定强度。如不符合,则需调整水灰比重新试验。如混凝土另有抗冻、抗渗、抗侵蚀要求时,还要做相应的试验。

(2)试拌方法

①验证拌和物稠度

称取一定数量材料,测定砂石含砂率,求出砂石所含水分,在砂石称量时加上相应质量,同时从拌和水中减去。

拌和物的稠度可从流动性、黏聚性、保水性三方面检查。流动性用坍落度或维勃稠度测定;黏聚性和保水性从抹面、捣插、泌水等观察。如稠度不合要求,则在保证水灰比不变的前提下调整配合比:

如坍落度过小,可增加水和水泥用量,坍落度每差1cm,增加水和水泥用量各1.5%;如坍落度过大,可减少水和水泥用量,坍落度每差1cm,减少水和水泥用量各1.5%。

如砂浆过多,可降低含砂率;如砂浆过少,则增加含砂率。砂率调整后如坍落度不够,还应同时增加水和水泥用量。

②验证表观密度

当水、水泥用量以及砂率都已调整,拌和物的稠度达到要求时,则做表观密度试验。当实测表观密度与计算表观密度值超过2%时,需将每立方米混凝土中各材料用量作相应增减。

③验证强度

当稠度、密度已经调整,即可按$W/C\pm0.05$的范围取三种不同水灰比计算三种配合比,分别制作试块,进行标准养护。根据实际试压结果,对照原定强度选定一种配合比作为试验室配合比。

根据试验室配合比和现场砂石含水率,计算拌制混凝土时每次投料数量。

根据施工中抽样试压的结果,计算混凝土的平均强度等,作为提高质量控制水平的依据。

当掺入外加剂时,还要根据适宜掺量、有效物质含量等计算每立方米混凝土的掺加量

混凝土强度标准差 σ 可参考表29-90取值。

σ 取 值 表

表29-90

$f_{cu,k}$	100～200	250～400	500～600
σ	40	50	60

混凝土浇筑时的坍落度取值参见表29-91。

混凝土浇筑时的坍落度

表29-91

使 用 条 件	坍落度(mm)	
	振动器捣实	人工捣实
基础或地面等的垫层	0～3	2～4
无配筋的厚大结构(挡土墙、基础或厚大的块体等)或配筋稀疏的结构	1～3	3～5
板、梁和大型及中型截面的柱子等	3～5	5～7
配筋密集的结构(薄壁、斗仓、筒仓或细柱等)	5～7	7～9
配筋特密的结构	7～9	9～12

注:1.曲面或斜面结构的混凝土、采用滑动式模板的混凝土、掺毛石的混凝土和用混凝土泵输送的混凝土等,其坍落度值应根据实际需要另行选定。

2.连续浇筑高大结构时,混凝土的坍落度宜随灌筑高度的上升酌情予以分段递减。

塑性混凝土的用水量可参考表 29-92 取值。

塑性混凝土的用水量（kg/m³）　　　　　　　　　　表 29-92

拌和物稠度		卵石最大粒径(mm)				碎石最大粒径(mm)			
项目	指标	10	20	31.5	40	16	20	31.5	40
坍落度 (mm)	10～30	190	170	160	150	200	185	175	165
	35～50	200	180	170	160	210	195	185	175
	55～70	210	190	180	170	220	205	195	185
	75～90	215	195	185	175	230	215	205	195

注:1. 本表用水量系采用中砂时的平均取值。采用细砂时,每立方米混凝土用水量可增加 5～10kg;采用粗砂时,则可减少 5～10kg。

2. 掺用各种外加剂或掺和料时,用水量应相应调整。

干硬性混凝土的用水量见表 29-93。

干硬性混凝土的用水量（kg/m³）　　　　　　　　　　表 29-93

拌和物稠度		卵石最大粒径(mm)			碎石最大粒径(mm)		
项目	指标	10	20	40	16	20	40
维勃稠度(s)	16～20	175	160	145	180	170	155
	11～15	180	165	150	185	175	160
	5～10	185	170	155	190	180	165

混凝土的砂率取值见表 29-94。

混凝土的砂率（％）　　　　　　　　　　表 29-94

水灰比(W/C)	卵石最大粒径(mm)			碎石最大粒径(mm)		
	10	20	40	16	20	40
0.40	26～32	25～31	24～30	30～35	29～34	27～32
0.50	30～35	29～34	28～33	33～38	32～37	30～35
0.60	33～38	32～37	31～36	36～41	35～40	33～38
0.70	36～41	35～40	34～39	39～44	38～43	36～41

注:1. 本表数值系中砂的选用砂率,对细砂或粗砂,可相应地减少或增大砂率。

2. 只用一个单粒级集料配制混凝土时,砂率应适当增大。

3. 对薄壁构件,砂率取偏大值。

4. 本表中的砂率系指砂与集料总量的质量比。

(2)配合比选择举例

【例 29-12】 S-2 型预应力钢丝混凝土构件配合比设计要求:混凝土 60MPa,早期脱模强度(蒸养 6h 后)为 42MPa,机械拌和、振动台成型。原材料为:新疆 52.5 级(实测为 52.5MPa)普通水泥,5～30mm 卵碎石,相对密度 2.72g/cm³;中砂,相对密度 2.70g/cm³;掺 FDN-S 减水剂。

解:用绝对体积法计算如下:

(1)确定配制强度 $f_{cu,0}$:比设计强度提高 10％～15％,以 15％计算:

$$f_{cu,0}=600\times(1+15\%)=690(MPa)$$

(2)确定水灰比:按式 29-99 得:

$$\frac{W}{C}=\frac{0.444f_{ce}}{f_{cu,0}+0.204f_{ce}}=\frac{0.444\times525}{690+0.204\times525}=0.32$$

(3)选择用水量:据经验,维勃稠度为 30～40s,参考表 29-93 选用 165kg,加 FDN-S 减水剂后估计减水率为 6％,得单位用水量 m_{w0}:

$$m_{w0} = 165 - 165 \times 6\% = 155 (kg/m^3)$$

(4)计算水泥用量按式(29-90)得:

$$m_{c0} = m_{w0} / \frac{W}{C} = 155/0.32 = 484 (kg/m^3)$$

(5)选定含砂率:参考表29-94并结合经验选用0.29。

(6)计算砂石用量:每立方米混凝土中砂石总体积为:

$$V = 1\,000 - V_w - V_C = 1\,000 - 155 - \frac{484}{3.1} = 689 (L)$$

每立方米混凝土中砂的质量为按式(29-102)为:

$$m_{s0} = V P_s \rho'_s = 689 \times 0.29 \times 2.7 = 540 (kg)$$

每立方米混凝土中石子质量按式(29-103)为:

$$m_{g0} = V P_g \rho'_g = 689 \times (1 - 0.29) \times 2.72 = 1\,330 (kg)$$

(7)减水剂FDN-S的掺量据经验为0.3%～0.35%(指有效物质与水泥质量之比),取0.3%,配制成20%的浓度使用。因此,每立方米混凝土中FDN-S的掺量(有效物质)为:

$$484 \times 0.3\% = 1.45 (kg)$$

最后,每立方米混凝土中材料用量化成质量配合比为:水泥:砂:石=484:540:1 330=1:1.116:2.748。

因混凝土中要掺入浓度为20%的减水剂FND-S,所以,混凝土的拌和用水应扣除配制减水剂浓度的用水量,保持总的用水量不变。当用1.45kg减水剂(有效物质)配成20%浓度时,总质量为:

$$1.45 \div 20\% = 7.25 (kg)$$

因此需水:

$$7.25 - 1.45 = 5.8 (kg)$$

在混凝土实际拌和时应加水:

$$155 - 5.8 \approx 149 (kg)$$

通过以上计算,得出混凝土的初步配合比(见表29-95)。在此基础上进行试拌,以验证其稠度、密度和强度,必要时进行调整,最后确定实验室配合比,其方法参见计算程序。

混凝土初步配合比　　　　　　　　　　　表29-95

材 料 名 称	规 格	每立方米混凝土用量(kg)	技 术 要 求
水	自来水	155	
水泥	52.5级新疆水泥	484	表观密度250kg/m³
砂	中砂	540	维勃稠度30～40s
石子	最大粒径30mm卵石	1 330	28d抗压强度60MPa
FDN-S	有效物质	1.45	

假定试拌符合要求,即可作为试验室配合比。

在施工前,还要根据砂石实际含水率算出各种材料的投料数量,即为混凝土的施工配合比。

假定测得砂的含水率为5%,石子含水率为3%,修正后的每立方米混凝土各类材料用量为:

水泥:484kg

砂：$540+540×5\%=540+27=567(kg)$

石：$1\,330+1\,330×3\%=1\,330+40=1\,370(kg)$

FDN-S（有效物质）：1.45kg，配制成20%浓度需加水5.8kg

混凝土拌和时加水：$150-(27+40+5.8)≈82(kg)$

第五节　水下浇筑混凝土设计计算

一、混凝土拌和物的基本要求

水下浇筑混凝土的方法分为两类，一是在旱地拌制混凝土拌和物，进行水下浇筑，如导管法等；二是旱地拌制胶凝材料，进行水下预填集料的压力灌浆。从施工条件看，水下浇筑混凝土比陆上干地浇筑困难得多，因为要克服水环境带来的水压、流速、黑暗、缺氧、涌浪等一系列的困难。

在混凝土拌和物（或胶凝材料）进入浇筑仓面直至浇灌地点以前，避免与环境水接触，进入浇灌地点以后也要减少与水接触，尽可能使与水接触的混凝土始终为同一部分。浇筑过程应不间断进行，直至达到一次浇灌所需高度或出水面为止。对已浇筑的混凝土不宜搅动，让它逐渐密实、凝固、硬化，产生强度。

水下混凝土拌和物应具有以下要求：

1. 较好的稠度

混凝土拌和物的稠度表现在流动性、黏聚性和保水性三个方面。

流动性——系指混凝土拌和物在本身自重作用下，自行流动的性能。

黏聚性——是反映混凝土拌和物的抗离析性能。

保水性——指混凝土保持水分不易析出的能力。

水下浇筑混凝土一般不采用振动密实，而是依靠自重（或压力）和流动性摊平与密实。若流动性差，就会在混凝土中形成蜂窝和空洞，严重影响混凝土的质量。同时，水下浇筑混凝土多使用各种管道进行输送和浇筑，流动性差也容易造成堵管事故，给施工带来困难。因此，要求混凝土拌和物应具有一定的流动性。但过大的坍落度，就要浪费水泥和增加灰浆量，当采用导管和泵送法施工时，易造成开浇阶段下注过快，会产生管口脱空和返水事故。

不同的水下混凝土浇筑方法，对于混凝土拌和物流动性的要求也不同，如表29-96所示。

浇筑方法对混凝土拌和物流动性的要求

表29-96

水下混凝土浇筑方法	导　管　法			倾注法			开底容器法	装袋叠置法
	无振捣		振捣	混凝土泵压送	捣动推进	自然推进		
	导管直径200～250(mm)	导管直径300(mm)						
坍落度	18～20	15～18	14～16	12～15	5～9	10～15	10～16	5～8

在钢筋密集部位浇筑水下混凝土时，其坍落度应比表29-96中所示数字增加2～3cm，在泥浆中浇筑宜增加1～2cm。当采用导管法、不振捣、导管直径为φ250mm，而又在泥浆中浇筑时，其坍落度可定为180～220mm。

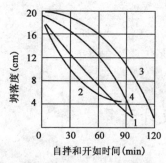

图 29-5　坍落度随时间变化曲线

1-每立方米材料用量(kg)：水泥 354、水 212.4、砂 679.7、粗集料 1 019.5,坍落度 19cm;2-每立方米材料用量(kg)：水泥 356、水 213.6、砂 854.4、粗集料 854.4,坍落度 20cm;3-每立方米材料用量(kg)：水泥 345、水 217.4、砂 703.8、粗集料 1 059.2,坍落度 20cm;4-每立方米材料用量(kg)：水泥 330、水 221.1、砂 719.4、粗集料 1 082.4,坍落度 19cm

2. 良好的流动性保持能力

图 29-5 为不同水泥品种及集料配制的混凝土拌和物的坍落度时间变化的曲线图。它们最初坍落度皆为 19～20cm,而 1h 后,有的降为 16cm,有的则只有 6cm。可知混凝土拌和物仅仅最初有较好的稠度,还不能适应水下浇筑的要求,应该在运输和浇筑过程中,都保持一定的流动性和均匀性,不产生分层离析,并有良好的流动性保持能力,这才能适用水下浇筑。

混凝土拌和物流动性保持能力,用其在浇筑条件下保持坍落度为 15cm 时的流动性时间 t_n(h)来表示。对于用导管法浇筑的水下混凝土拌和物,一般要求流动性保持能力不小于 1h,当操作熟练、运距较近时,可不小于 0.7～0.8h。一般工程要求混凝土拌和物运送到工地时坍落度不小于 18cm。

3. 较小的泌水率

试验表明,泌水率在 1.2%～1.8%的混凝土拌和物具有较好的黏聚性。实际施工时,要求 2h 内析出的水分不大于混凝土体积的 1.5%。

4. 较大的表观密度

水下浇筑混凝土是靠混凝土自重排开仓面的环境水或泥浆进行摊平和密实的,因此要求其表观密度不小于 2 100kg/m³。

二、对原材料的技术要求

为节省水泥和改善水下灌筑混凝土的技术性能,常掺用一些掺和料(混合料);同时为了减少水下灌筑混凝土拌和物的需水量和水泥用量,并改善稠度,以及提高水下混凝土的抗渗、抗冻、抗侵蚀性能,所以在配制混凝土时,还要加入少量的有机表面活性外加剂等。一般来说,在干地浇筑混凝土对原材料的技术性能要求,对水下混凝土也应满足。由于水下施工的特殊环境,还要满足一些其他要求,才能得到符合要求的水下混凝土。

1. 水泥

(1)水泥品种

用于拌制水下浇筑混凝土的水泥品种,应根据水下混凝土结构的运用条件及环境水的侵蚀性,参考表 29-97 选择。

不同水泥品种制备的水下混凝土性能　　　　表 29-97

水 泥 品 种		硅酸盐水泥 普通水泥	矿渣水泥	火山灰水泥 粉煤灰水泥	硅酸盐 大坝水泥	矿渣硅酸盐 大坝水泥
强度 增长率	早期	较大	较小	最小	次大	较小
	后期	较小	最大	较大	次大	最大
抗磨损		较好	较差	较差	好	
抗冻		较好	较差	最差	好	
抗渗		较好	较差	较差		

水泥品种		硅酸盐水泥普通水泥	矿渣水泥	火山灰水泥粉煤灰水泥	硅酸盐大坝水泥	矿渣硅酸盐大坝水泥
抗蚀	抗溶出性	较差	较好	好		较好
	抗硫酸盐	较差	较好	最好	好	好
	抗碳酸性	较好	较差	较差		
	抗一般酸性	较差	较好	一般		
	抗镁化性	较好	较差	较差		
防止碱集料膨胀		较有利		最有利	有利	有利
混凝土和易性		次好	较差	好		较差
混凝土泌水性			大	较小		大
说明		可用于具有一般要求的水下混凝土工程,不宜在海水中使用	不适于水下压浆混凝土	可用于具有一般要求及有侵蚀性的海水、矿物水、工业废水中的水下混凝土工程,不宜于低温施工	适用于溢流面、水位变动区及要求抗冻、耐磨部位	适用于大体积结构物,内部要求低热部位

用于拌制水下压浆混凝土浆液的水泥品种,宜尽量选用颗粒细、泌水率小、收缩性小的水泥品种,如普通水泥、火山灰水泥、粉煤灰水泥等。

(2)水泥质量

出厂已超过 3 个月及受潮结块的水泥不能使用。对于次要的临时建筑,可允许使用储存时间超过 3 个月的水泥,但要重新鉴定其强度。若使用数量少,可筛除其中已结块的水泥,按表 29-98 中的规定降低强度等级使用。采用水泥的体积安定性必须合格。

如采用导管法、泵压法、柔性管法浇筑大量水下混凝土时,一般均使浇筑导管能插入未硬化混凝土一定深度,因此宜选择水泥初凝时间较长的品种。采用开底容器法,倾注法及装袋选置法浇筑水下混凝土时,可控制水泥初凝时间不小于 45min。水下压浆混凝土中的流态水泥砂浆在水环境中开始凝结时间比较长,一般水泥初凝时间均可满足要求。

不同储存时间的水泥强度降低百分数

表 29-98

储存时间(月)	3	6	12	18
强度降低(%)	10~20	15~30	25~40	约 50

2. 细集料(砂)

为满足水下浇筑的流动性要求,水下混凝土拌和物的含砂率约为 40%~47%。因砂对混凝土性质的影响超过粗集料,故选择合适的砂子是浇出质量好、成本低的水下混凝土的关键之一。

水下混凝土拌和物的用砂分为河砂、海砂、山砂(风化砂)及人工砂 4 种,其中以河砂(特别是石英砂)最适于用作拌制水下浇筑混凝土的细集料。

(1)允许有害杂质含量

为了保证水下浇筑混凝土的质量,砂中含有云母、硫化物、硫酸盐及其他盐类、有机物质、黏土、淤泥、尘屑等的有害杂质含量不得超过表 29-99 的规定。

项　目	指　标	备　注
天然砂中黏土、淤泥及细屑含量（%）其中黏土含量（%）	<3 <1	不应含有黏土细粒包括黏土及粉粒
云母含量（%）	<2	
视密度（t/m³）	>2.55	
干表观密度（t/m³）	>1.5	
空隙率（%）	<40	
轻物质含量（%）	<1	
硫化物及硫酸盐含量（以 SO₃ 含量的%计）	<1	
有机物	浅于标准色	
活性集料含量	有活性集料时，后作专门论证	

（2）砂的粗细程度及颗粒级配

在工程中多用累计筛余及细度模数衡量砂的配级和粗细程度。对于水下浇筑混凝土宜选用石英含量高、颗粒浑圆、具有平滑筛分曲线（位于图 29-6 所示的实线范围内）的中砂（细度模数为 2.1～2.8）。最佳级配范围见表 29-100。

筛孔尺寸（mm）		5.0	2.5	1.25	0.63	0.315	0.16
累计筛余率（%）	水下浇筑混凝土	0～15	10～30	20～40	40～60	80～90	90～100
	水下压浆混凝土	0	0	0～10	15～40	50～80	70～95

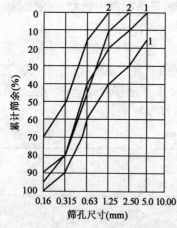

图 29-6　适于灌筑水下混凝土的砂级配范围
1-水下浇筑混凝土；2-水下压浆混凝土

对于水下压浆混凝土拌制水泥砂浆的用砂，以采用颗粒浑圆的细砂为宜（位于图 29-6 中所示虚线范围内），细度模数在 1.3～2.1 范围（以 1.6～1.9 最佳），平均粒径可大于 0.35mm。

砂的最大粒径考虑颗粒经过多孔截面的自由透过条件，对水下压浆应满足下式：

$$\begin{cases} ds_{max} \leqslant \dfrac{D_n}{(15\sim20)} \leqslant 2.5mm \\ ds_{max} \leqslant \dfrac{D_{hmin}}{(8\sim10)} \end{cases}$$

(29-104)

式中：ds_{max}——砂的最大粒径（mm）；

D_h——预填集料的平均粒径（mm）；

D_{hmin}——预填集料的最小粒径（mm）。

3. 粗集料

灌筑水下混凝土的粗集料，有天然卵石、人工碎石及块石三种。块石是指粒径大于 80～150cm 的人工开挖石料，用作水下块石压浆混凝土的预填集料。

为保证混凝土拌和物的流动性，宜采用卵石，当需要增加水泥浆与集料的胶结力时，可以掺入 20%～25%碎石。在缺乏卵石情况下，可采用碎石，石料与水泥胶结力从大到小的顺序为石灰石、白云石、花岗岩、玄武岩、砂岩、石英岩。对位于海水中的水下压浆混凝土，不宜采用石灰岩、砂岩作为预填集料。

（1）允许有害杂质含量

粗集料中的有害杂质有黏土及淤泥、有机杂质、硫酸盐及硫化物、蛋白质及其他无定形硅石等活性集料，含量不应超过表29-101的规定。

粗集料的质量技术要求
表29-101

项　目	指　标	备　注
含泥量(%)	<1	不应有黏土团块
硫酸盐及硫化物含量(SO_3含量的%计)	<0.5	
有机质	浅于标准色	
视密度(t/m^3)	>2.6	
干表观密度(t/m^3)	>1.6	
空隙率(%)	<45	
吸水率(%)	<2.5	对抗冻混凝土<1.5
冻融损失率(%)	<10	对抗冻混凝土的要求
针片状颗粒含量(%)	<15	
软弱颗粒含量(%)	<5	
活性集料含量	有活性集料时，应做专门的试验论证	

（2）颗粒级配

石子的颗粒级配通过筛分试配鉴定。较好的级配范围如表29-102所示。

碎石、卵石的较好级配范围
表29-102

级配	粒级(mm)	按质量计累计筛余(%)							
		2.5	5	10	20	40	60	80	100
连续粒级	5～10	95～100	85～100	0～15	0				
	5～20	95～100	90～100	40～70	0～10	0			
	5～40		95～100	75～90	30～65	0～5	0		
单粒粒级	5～20		95～100	85～100	0～15	0			
	20～40			95～100	80～100	0～10	0		
	40～80				95～100	70～100	30～65	0～10	

水下压浆混凝土中的预填集料亦应采用连续级配。为保证可灌性，对自流灌筑的预填集料空隙率不宜小于35%。

为了保证顺利灌筑和施工质量，对粗集料的最大、最小粒径应有一定限制。对于水下浇筑混凝土，粗集料允许最大粒径与浇筑方法及浇筑设备尺寸有关，如表29-103所示。

粗集料允许最大粒径
表29-103

水下浇筑方法	导管法		泵送法		倾注法	开底容器法	装袋法
	卵石	碎石	卵石	碎石			
粗集料允许最大粒径	导管直径的1/4	导管直径的1/5	浇筑管内径的1/3	浇筑管内径的1/3.5	60cm	60cm	视袋大小而定

填集料的最小粒径控制为砂子最大粒径的 8～10 倍以上,不宜小于 20～30mm,且小于 40mm 的集料也不宜小于 10%。若要求高强度压注水泥砂浆,粗集料最小粒径不宜小于 40mm。

4. 拌和水及环境水

（1）拌和水

用于拌制水下混凝土的水不能使用含有石油或其他油类、有害杂质的工业污水和沼泽水,一般适于饮用的水、天然清洁水均可使用。若天然矿化水的化学成分经化验符合表 29-104 的规定,也可用来拌制水下混凝土。

由于海水中含有硫酸盐、镁盐和氯化物,对硬化水泥浆有腐蚀作用,并且会锈蚀钢筋。因此不能用来拌制供建造钢筋混凝土结构的拌和物,更不能用于有可能受电流影响的钢筋混凝土结构。

天然矿化水的化学成分规定

表 29-104

水的化学成分	单 位	混凝土和水下钢筋混凝土	水位变化区和水上钢筋混凝土
总含盐量不超过	mL/L	35 000	5 000
硫酸根离子含量不超过	mL/L	2 700	2 700
氯离子含量不超过	mL/L	300	300
pH 值不小于		4	4

注:当采用抗硫酸盐水泥时,水中 SO_4^{2-} 含量允许加大到 10 000mg/L。

（2）环境水

在浑水或泥浆中浇筑水下混凝土须采取一定的技术措施,以减少环境水的不利影响;为保证混凝土浇筑顺畅,仓面环境水与混凝土拌和物的密度差应在 1.1 以上。

因仓内泥浆水会严重污染预填集料,影响水泥浆与预填集料的胶结强度,因此不能在泥浆中采用水下压浆法形成压浆混凝土。

环境水的水温不宜过低。水温低于 7℃时,水下混凝土凝固很慢;低于 2℃便不宜浇筑水下混凝土(用粉煤灰水泥拌制的混凝土低于 5℃便停止硬化)。

5. 外加剂

为减少水下灌筑混凝土拌和物的需水量、水泥用量,改善混凝土拌和物的稠度,以及提高水下混凝土的抗渗、抗冻、抗侵蚀性能,常在配制混凝土时,加入少量的表面活性外加剂。在水下浇灌混凝土中应用外加剂有:

（1）减水剂

掺入混凝土中能显著地降低混凝土用水量(5%以上),但基本上不增加或很少增加混凝土的含气量,是水下浇筑混凝土中应用得最多的一种外加剂。目前施工常用的有以下几种:

①木质素磺酸盐类

a. 亚硫酸盐酒精废液:若保持相同坍落度,用水量约减少 6%,混凝土的抗冻性、抗渗性也有所提高。渗量约为水泥质量的 0.1%～0.15%(按干燥物质计)。

b. 木质素磺酸钙:若维持坍落度不变,可减少用水量 10%～15%,抗压强度提高 10%～15%,还能延缓混凝土的凝结时间约 1～3h,适宜掺量为水泥质量的 0.2%～0.3%。

②萘磺酸盐甲醛缩合物类

a. NNO(粉状):在相同坍落度时,掺入可减少用水量 14%～18%,若水泥用量不变,3d 强度提高 60%，28d 强度提高 30% 左右。混凝土的耐久性、抗硫酸盐能力、抗渗、抗钢筋锈蚀等方面均优于不掺的混凝土。适宜掺量为水泥质量的 1%。

b. MF（粉状）：掺入量为水泥质量的 0.5%～1% 的 MF 后，坍落度不变则可减少用水量 15%～22%。若水泥用量不变，混凝土 1d 强度提高 25%～100%，28d 强度提高 14%～31%，其他方面的技术性质亦有改善。

c. FDN：当掺量为水泥质量的 0.2%～1% 时，保持相同坍落度可减少用水量 16%～25%，28d 强度提高 20%～50%。

③糖蜜类

将糖厂生产过程中的废液（糖渣、废蜜）经适量石灰处理后所得的一种棕红色黏稠液体，其有效成分为己糖二酸钙。当掺量为 0.2% 时，可减少用水量约 8%，若保持相同水泥用量时可提高 28d 强度 10%～16%。

（2）引气剂

加入引气剂后，能在混凝土中产生大量不连续的微细气泡，可改善拌和物的保水性、黏滞性，以及降低泌水率和提高流动性。在坍落度不变情况下，可减少用水量 5%～9%，抗冻等级提高约 3 倍，抗渗性提高 50%。但同时，混凝土强度有所降低，当水泥用量相同时，加入 1% 的引气量，28d 强度降低 2%～3%。在水下浇筑混凝土中，引气剂多用于需提高抗渗、抗冻性能的防渗墙混凝土工程中。

国内目前应用较广的引气剂品种及掺量见表 29-105。为了不使混凝土强度降低过多，应控制混凝土含气量为 3%～6%，它与采用的粗集料最大粒径有关，见表 29-106。

引 气 剂 掺 量
表 29-105

引 气 剂	松香热聚物	松 脂 皂	烷基苯磺酸钠	石油磺酸（水溶性）	烷基磺酸钠
掺量	0.0075～0.015	0.0075～0.015	0.01～0.015	0.01～0.015	0.01～0.015

不同粗集料最大粒径建议混凝土含气量
表 29-106

粗集料最大粒径(mm)	20	40	60	80
建议含气量(%)	6.0	5.0	4.5	4.0

（3）膨胀剂

在水下压浆混凝土工程中，主要是用鳞片状铝粉作为膨胀剂。铝粉的纯度应在 99% 以上。有效细度在 $50\mu m$ 以下，细度应满足 98% 以上，通过 $88\mu m$ 的筛孔（4 900 孔/cm^2）。掺有铝粉的水泥砂浆，进入预填集料空隙后 1～4h 内产生膨胀。为了使混凝土产生加气膨胀作用，拌和好的混凝土应尽早使用。

因铝粉有浮于水面的性质，拌和时应该在加拌和水之前，先将铝粉掺入拌和物中，或事先与干的混合材拌和均匀。

（4）早强剂

在水下混凝土工程中，早强剂仅用于抢险、堵漏混凝土中。目前，可供使用的早强剂有氯化钙（掺量 1%～3%，2～3d 强度提高 40%～100%）、三氯化铁（掺量 1%），以及三乙醇胺、氯化钠和亚硝酸钠复合剂等。

在钢筋混凝土及预应力钢筋混凝土结构中，不宜使用上述对钢筋有腐蚀作用的氯盐。我国已试制了不含氯盐的粉状 NC 早强剂，掺量为水泥质量的 3%～4%，可提高强度 20% 以上。

（5）缓凝剂

缓凝剂用在浇筑总时间超过混凝土初凝时间的首批混凝土中。由于它能延长首批水下混凝土的初凝时间,使整个仓面的水下混凝土均能在首批混凝土初凝时间内浇筑,从而避免混凝土拌和物在凝结硬化期间受到扰动的影响。

目前采用的缓凝剂有:缓凝型减水剂(纸浆废液、糖蜜)、酒石酸或酒石酸钾钠、柠檬酸、硼酸、氯化锌或硫酸和氯化锌的复合物等。

三、水下混凝土配合比设计中的主要参数

1. 水下混凝土坍落度的范围

在陆地上浇筑混凝土,如果坍落度超过13cm时,加外力捣固密实和不捣固密实是差不多的,从抗压强度的观点来看,湿稠混凝土也不一定要捣固密实。这在水下混凝土也大致是相同的。另一方面,坍落度过大会失掉黏着性和使材料容易分离。为便于施工,不同水下浇筑方法对混凝土拌和物的流动性要求见表29-107。

浇筑方法对混凝土拌和物流动性要求　　　　　　表29-107

水下混凝土浇筑方法	导　管　法				倾注法			
	无振捣		振捣	混凝土泵压送	捣动推进	自然推进	开底容器法	装袋叠置法
	导管直径200～250mm	导管直径300mm						
坍落度(cm)	18～20	15～18	14～16	12～15	5～9	10～15	10～16	5～8

混凝土拌和物在浇筑条件下,保持流动性具有坍落度15cm的时间t(h)作为混凝土流动性保持指标。对于导管法浇筑的水下混凝土拌和物一般要求不小于1h。当操作技术熟练、运距比较近时可以采用不小于0.7～0.8h。

2. 水泥强度等级和用量

用于浇筑水下混凝土的水泥强度等级不宜低于32.5级。在满足强度要求情况下,采用的水泥强度等级亦不应过高,宜为混凝土设计强度的2～2.5倍。单位水泥用量在320～370kg为宜。

3. 砂率

砂率大小对稠度影响很大。因此,其砂率选择可按公式计算或查表29-108取得。

水下混凝土砂率选择　　　　　　表29-108

粗集料最大粒径(mm)	碎石混凝土	卵石混凝土
20	49	45
40	42	39
60	38	35

注:1. 本表所列数值是在水灰比为0.65,砂的细度模数为2.5,石子空隙率42%情况下得出的。
　　2. 水灰比增减0.05时,砂率应增减1%;砂子的细度模数增减0.1时,砂率增减0.5%;粗集料空隙率增减1%时,砂率增减0.4%;加气混凝土的砂率可减少2%～3%。

四、水下混凝土(砂浆)的配合比设计计算

1. 配合比设计原则

由于水下施工的质量检查困难,再加上水环境的不利影响,设计高强度的水下混凝土是不

适宜的。一般 28d 设计抗压强度应在 25MPa 以内。

根据工程统计的混凝土强度标准差 σ 或离差系数 C_v 来评定混凝土施工管理的质量控制水平(表 29-109)。在施工过程中,经常分析抽样检验所得出的强度数据,对材料质量、配合比、拌和、运输、水下浇筑以及试块成型、试压等各个环节都要进行细致检查。发现问题及时改进,力争把强度标准差 σ 或离差系数 C_v 降低到最低限度。

某实际工程统计的强度标准差系数见表 29-110(供参考)。

施工管理质量控制水平　　　　　　　　表 29-109

项　　　目		等　级			
		优秀	良好	一般	较差
控制标准		<35	$35\sim42$	$42\sim50$	>50
不同混凝土强度离差系数 C_v	$\leqslant$C13	<0.15	$0.15\sim0.17$	$0.18\sim0.20$	>0.20
	C18$\sim$C23	<0.3	$0.13\sim0.15$	$0.16\sim0.18$	>0.18
	$>$C23	<0.1	$0.1\sim0.12$	$0.13\sim0.15$	>0.15
	试验	<0.03	$0.03\sim0.04$	$0.05\sim0.06$	>0.06

连续墙混凝土抗压强度试验成果　　　　　　　　表 29-110

序号		设计强度(MPa)	龄期(月)	试件个数	平均强度(MPa)	标准差 σ(MPa)	离差系数 C_v	强度不合格率	混凝土表观密度(g/cm³)
1		24.0	32$\sim$33	33	38.5	4.9	0.127	0.2	2.32
2		21.0	3$\sim$4	28	34.2	2.3	0.067	0.0	2.32
3		21.0	7	8	30.6	36	0.118	0.4	2.37
4		21.0	12$\sim$13	42	33.7	4.1	0.122	0.1	2.32
等级	1 号壁	21.0	10	28	32.7	4.5	0.138	0.5	2.27
	2 号壁		11	23	31.4	3.5	0.111	0.2	2.26
	4 号壁		95	44	31.3	4.9	0.156	1.8	2.28
	5 号壁		9	50	29.6	4.1	0.137	1.8	2.28
	6 号壁		8	48	37.8	5	0.131	0	2.28
	9 号壁	31.5	85	21	46.4	3.4	0.073	0	2.31
	10 号壁			21	50.9	3.8	0.075	0	2.34

2. 配合比选择方法与计算

(1)配制强度的计算

水下混凝土的质量是不均匀的。为了保证工程质量,在混凝土施工过程中抽样制成抗压强度试块,不仅总平均值应满足设计强度,还应满足一定的强度保证率要求(水下施工一般取 85%~90%)。因此混凝土的配制强度必须大于工程设计强度。

配制强度按标准差法或按离差系数法计算。前者认为在各种不同强度的混凝土中,均方差为一恒量;而后者则认为离差系数为一恒量。一般根据试配验证结果,采用其中一种较准确的方法计算配制强度。

均方差法计算公式为:

$$f_{cu,0} = f_{cu,k} + t\sigma \tag{29-105}$$

离差系数法计算公式为:

$$f_{cu,0} = \frac{f_{cu,k}}{1 - tC_v}$$ (29-106)

式中：$f_{cu,0}$——混凝土配制强度(MPa)；

$f_{cu,k}$——工程设计强度(MPa)；

t——保证率系数(表29-111)；

σ——标准差(MPa)；

C_v——离差系数(表29-112)。

强度保证率系数表 表29-111

保证率 $P(\%)$	保证率系数 t	保证率 $P(\%)$	保证率系数 t
50	0	80	0.84
51	0.03	81	0.88
52	0.05	82	0.92
53	0.08	83	0.95
54	0.10	84	0.99
55	0.13	85	1.04
56	0.15	86	1.08
57	0.18	87	1.13
58	0.20	88	1.18
59	0.23	89	1.2
60	0.25	90	1.28
61	0.28	91	1.34
62	0.31	92	1.41
63	0.33	93	1.48
64	0.36	94	1.55
65	0.39	95	1.63
66	0.41	96	1.75
67	0.44	97	1.88
68	0.47	98	2.05
69	0.50	99	2.33
70	0.52	99.1	2.37
71	0.55	99.2	2.41
72	0.58	99.3	2.46
73	0.61	99.4	2.51
74	0.64	99.5	2.58
75	0.67	99.6	2.65
76	0.71	99.7	2.75
77	0.74	99.8	2.88
78	0.77	99.9	3.09
79	0.81		

$f_{cu,k}$(MPa)	<15	20~25	≥30
C_v	0.20	0.18	0.15

当强度保证率已经确定,工程统计的强度标准差亦为已知时,可由图 29-7 查得配制强度与设计强度的差值,当工程统计的强度离差系数为已知时,由图 29-8 查得试配强度与设计强度的比值,即可直接算出试配强度。

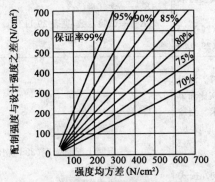

图 29-7　不同标准时配制强度与设计强度之差

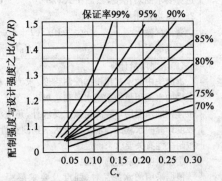

图 29-8　不同离差系数时配制强度与设计强度之比

(2)配合比选择方法

①流动性选择法

按水下浇筑所必需的流动性要求选择用水量;按要求水下混凝土的配制强度,确定几组水灰比。通过计算或试验资料绘制水灰比—强度相关曲线。选择同时满足强度和水下施工要求的混凝土配合比。

这种方法可以一次选择出适于水下浇筑的混凝土配合比。但由于满足水下浇筑要求的坍落度较大,引起试验的不便和需耗费较多试验水泥。因此该方法主要用于计算法或重要工程试验法。

②强度选择法

先按要求的设计强度,根据不同水下浇筑方法提高配制强度(提高百分数见表 29-113)。

设计强度提高百分数(供参考)　　　　　　　　表 29-113

水下混凝土浇筑方法	导　管　法		倾　注　法	开底容器法
	C25 级以内	C25 级及以上		
设计强度提高百分数(%)	15	10	10~20	30

按要求的配制强度选择几组水灰比,按满足干地塑性混凝土施工要求的用水量,通过计算或试验资料绘制水灰比—强度相关曲线,选择水灰比和集料级配。在维持确定的水灰比前提下,调整用水量和水泥用量,以满足水下浇筑对混凝土流动性要求,克服水下施工对混凝土强度的不利影响。

采用这种方法,试验时混凝土拌和物的坍落度适中,可简化试验操作;可引用一般混凝土试验室都具有的干地浇筑混凝土的试验资料,简化试验项目。因此适于通过试验法求出一般水下混凝土工程的混凝土配合比。

(3)配合比中用水量和水泥用量的计算

计算方法及公式见表 29-114。

水下混凝土配合比中水、水泥用量的计算　　　　　　表 29-114

项目	计算方法及公式	符 号 意 义
用水量的计算	水下混凝土配合比宜通过试验确定。当工程量小或为临时性工程时，可参照下述方法计算配合比，然后通过试拌确定采用。 （1）用水量计算 每立方米混凝土拌和物的用水量，一般都通过试验确定。初估时，可根据不同浇筑方法、环境水及仓内钢筋布置情况，参照表 29-107 选择要求的坍落度，然后按式（29-107）、式（29-108）计算或参考表 29-116 选择用水量。 普通混凝土　　　　$m_{w0}=10/3(T+K)$　　　　(29-107) 引气混凝土　　　　$m_{wa}=m_{w0}-K_b K_a$　　　　(29-108)	m_{w0}——每立方米混凝土用水量(kg)； m_{wa}——加气混凝土用水量(kg)； T——坍落度(cm)； K_b——减水系数，一般为 3.4～3.8； K_a——含气量(%)； K——试验常数，见表 29-117
水泥用量的计算	（2）水泥用量计算 混凝土中的水灰比根据配制强度、水泥品种及其强度计算。混凝土中的水泥用量根据用水量和水灰比计算。混凝土中的水灰比和单位体积的水泥用量除满足强度要求外，还应满足耐久性要求。当按强度计算的水灰比和水泥用量达不到耐久性要求的有关限值时，应按耐久性有关要求来确定。 ①按强度要求初选水灰比 根据采用的水泥品种、强度及要求混凝土配制强度要求，按式（29-109）计算水灰比。 　　　　$f_{cu,0}=af_{ce}(C/W-b)$　　　　(29-109) ②耐久性对水灰比和水泥用量的要求 有抗渗要求的混凝土，其水灰比可参考表 29-119 选择。同时，每立方米混凝土的水泥用量不宜小于 300kg。 有抗冻要求的混凝土，参照表 29-120 选择水灰比。 若环境水具有侵蚀性，应针对侵蚀性质参照表 29-97 选择水泥品种，水灰比应适当减小（通常减小 0.05）。 ③计算水泥用量 每立方米混凝土中的水泥用量，根据用水量、水灰比按式（29-110）计算。 　　　　$m_{c0}=m_{w0}/(W/C)$　　　　(29-110) 当采用混凝土泵输送时，为防止堵管现象，水泥用量不能过少，应满足图 29-9 所示要求	$f_{cu,0}$——混凝土配制强度(28d 抗压强度，MPa)； f_{ce}——水泥实际强度； C/W——灰水比，即水灰比的倒数； $a、b$——与水泥品种粗集料种类有关的试验系数，见表 29-118； m_{c0}——每立方米混凝土中的水泥用量(kg)； m_{w0}——每立方米混凝土中的用水量(kg)； W/C——水灰比

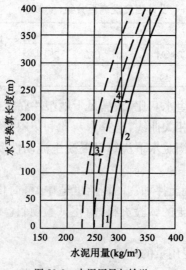

图 29-9　水泥用量与输送

(4)配合比中砂石用量的计算

水下混凝土配合比中砂、石用量的计算见表 29-115。

水下混凝土配合比中砂、石用量的计算　　　　　　表 29-115

项目	计算方法及公式	符 号 意 义
$1m^3$ 混凝土中集料绝对体积	砂石级配及粗颗粒最大粒径选择,见本节"二、"所述。 计算集料的绝对体积,每立方米混凝土中集料(砂和石)所占的绝对体积,按下式计算: $$V_h = 1\,000 - m_{w0} - \frac{m_{c0}}{\rho_c} - 100K_a \quad (29\text{-}111)$$	V_h——$1m^3$ 混凝土中集料的绝对体积(L); m_{w0}——$1m^3$ 混凝土中的用水量(kg); m_{c0}——$1m^3$ 混凝土中的水泥用量(kg); ρ_c——水泥密度(见表 29-121); K_a——含气量(%),一般水下混凝土为 1%～2%,加气混凝土为 3%～6%
砂率的计算	砂率选择,含砂率为砂的质量占全部集料(砂和石)质量的百分率,按下式计算或查表 5-33: $$\beta_s = \gamma_c \frac{\rho_g \rho_s}{\rho_g + P_g \rho_s} \times 100\% \quad (29\text{-}112)$$ $$P_g = \left(1 - \frac{\rho_g}{\rho_g'}\right) \times 100\% \quad (29\text{-}113)$$	β_b——砂率(%); P_g——粗集料的空隙率(%); $\rho_s、\rho_g$——分别为砂、石表观密度(kg/m³); ρ_g'——粗集料视密度(g/cm³); γ_c——富余系数,水下混凝土为 1.3～1.4;施工条件差,γ_c 取大值,水泥用量多,γ_c 取小值
$1m^3$ 混凝土的砂石用量计算	计算每立方米混凝土砂、石用量,用绝对体积计算。每立方米混凝土中材料总体积应为 1 000L,按下列联立方程求解: $$\begin{cases} \dfrac{m_{s0}}{m_{s0}+m_{g0}} = \beta_s \\ \dfrac{m_{s0}}{\rho_s} + \dfrac{m_{g0}}{\rho_g} = 1\,000 - \left(\dfrac{m_{c0}}{\rho_c} + \dfrac{m_{w0}}{\rho_w}\right) - 1\,000K_a \end{cases}$$ $$(29\text{-}114)$$ 当采用粗集料最大粒径为 40mm 的二级配混凝土时,5～20mm 小石占粗集料用量的 40%,20～40mm 中石占 60%(当小石储量较多时,亦可各占一半)。 各工程实际采用的水下混凝土配合比见表 29-122	$m_{s0}、m_{g0}$——分别为每立方米混凝土中的砂、石用量(kg); $\rho_s、\rho_g、\rho_c、\rho_w$——分别为砂、石、水泥和水的视密度(g/cm³); K_a——水下混凝土含气量

(5)施工现场的配合比

施工现场所用的集料一般都含有水分,在现场配料拌和混凝土之前,应快速测定和计算砂石的含水率,在用水量中应扣除这部分水量。在称量砂、石子时,则应相应地增大称量。

假定砂的含水率为 $a\%$,石的含水率为 $b\%$,则砂子的称量校正值为:

$$m_{s0}' = m_{s0}(1 + a/100) \quad (29\text{-}115)$$

石子称量的校正值为:

$$m_{g0}' = m_{g0}(1 + b/100) \quad (29\text{-}116)$$

用水量的校正值为:

$$m_{w0}' = m_{w0} - m_{s0}\frac{a}{100} - m_{g0}\frac{b}{100} \quad (29\text{-}117)$$

当工地使用袋装水泥时,宜按水泥用量为每袋水泥质量(50kg)的整数倍,一次拌和物总量又接近拌和机容量的各材料用量,作为施工配合比的依据。

塑性混凝土每立方米用水量可参考表 29-116 取值。

计算普通混凝土用水量时试验常数 K 值可根据表 29-117 选取。

与水泥品种粗集料种类有关的试验系数 a、b 取值见表 29-118。

水泥抗渗等级与水灰比关系见表 29-119。

水泥抗冻等级与水灰比关系见表 29-120。

不同品种水泥的密度参见表 29-121。

如表 29-122 所示为导管法浇筑水下混凝土配合比实例。

塑性混凝土用水量参考表　　　　　　　　　　　表 29-116

坍落度(cm)	卵石					碎石				
	粗集料最大粒径(mm)					粗集料最大粒径(mm)				
	10	20	40	60	80	10	20	40	60	80
3~4	190	185	175	165	160	205	200	185	175	170
5~8	200	195	185	175	170	215	210	195	185	180
9~12	210	205	195	185	180	225	220	205	195	190
12~15		215	205	200	195		230	215	210	205
15~18		225	225	215	210		240	230	225	220

注：表中所列数值，适于普通硅酸盐水泥，细集料为中砂。采用粗砂时，宜减少用水量 10~15kg；采用细砂时，可增加
10~15kg。当使用火山灰水泥时，增加 20kg。掺入减水剂，减少 10~20kg；掺入引气剂，减少 8~15kg。

试验常数 K 值　　　　　　　　　　　　　　表 29-117

集料最大粒径(mm)		10	20	40	80
K 值	碎石	57.5	53.0	48.5	44.0
	卵石	54.5	50.0	45.5	41.0

注：1. 采用火山灰质硅酸盐水泥时，增加 4.5~6.0。
　　2. 采用细砂时，增加 3.0。

a、b 系数值　　　　　　　　　　　　　　　表 29-118

粗集料种类	卵石		碎石	
水泥品种	硅酸盐水泥 普通水泥	矿渣水泥 火山灰质水泥 粉煤灰水泥	硅酸盐水泥 普通水泥	矿渣水泥 火山灰质水泥 粉煤灰水泥
a	0.43	0.50	0.52	0.50
b	0.44	0.66	0.56	0.58

抗渗等级与水灰比关系　　　　　　　　　　　表 29-119

抗 渗 等 级	P2	P4	P6	P8	P12
相应渗透系数(cm/s)	1.96×10^{-8}	0.783×10^{-8}	0.419×10^{-8}	0.216×10^{-8}	0.129×10^{-8}
最大水力梯度	133	267	400	533	800
水灰比		0.6~0.65	0.55~0.6	0.5~0.55	<0.5

抗冻等级与水灰比关系　　　　　　　　　　　表 29-120

抗 冻 等 级	F_{25}~F_{50}		F_{100}	F_{200}
强度损失不超过 25% 的反复冻融次数	25~50		100	200
水泥品种	矿渣水泥或粉煤灰水泥		普通水泥	普通水泥
外加剂	引气剂	不可掺	可不掺	引气剂
水灰比	<0.65	<0.55	<0.60	<0.50

水 泥 密 度　　　　　　　　　　　　　　　表 29-121

水泥品种	硅酸盐水泥	普通硅酸盐水泥	矿渣硅酸盐水泥	火山灰质硅酸盐水泥	粉煤灰硅酸盐水泥
密度	3.1~3.2	3.00~3.15	2.90~3.05	2.85~2.95	2.85~2.95

导管法浇筑水下混凝土配合比实例(可供参考)

表 29-122

序号	施工水深(m)	导管直径(cm)	一根导管浇筑面积(m²)	粗集料最大粒径(mm)	坍落度(cm)	水灰比	含砂率(%)	1m³ 混凝土材料用量(kg)				设计强度(MPa)	配制强度[1](MPa)	钻孔取样试件			
								水	水泥	砂	石			试件尺寸(cm)	龄期(d)	抗压强度(MPa)	强度比
1				20	18~20	0.60	45					17					
2				20	18~20	0.65	44	302	465	581	744	10					
3			20	16~18	0.60	40	204	340	782	1156	14						
4	14			20	16~18	0.57	48	230	410	820	877	15	18			8~12	
5	2.60	25.4	10	25	16~18	0.49	43	183	370	751	1006	40	34.5	φ15×30	149	38.4	0.91
6				25	19	0.52	46	180	346	840	990		17		28	9.2	0.54
7	9.0	25		40	15	0.5		185	370			20	31.8				
8	0.5~2.0	25	7.0	40	10~14	0.48	37	176	370	718	1170	20	31	φ10×20	89	37.8	1.03
9	0.6~6.5	25	21	40	13~18	0.43	41	159	370	772	1115	19	38	φ10×9.5	28	19.1	0.5
10	2~4	20	14	40	16~20	0.41	33	152	374	579	1220	34	37.8	φ10×20	190	23.8	0.5
11	6.0	25	15	40	12	0.5		158	315			24	26.2				
12	1.5	30	8	40	10	0.44		163	370			25	29.7				

| 序号 | 施工水深(m) | 导管直径(cm) | 一根导管浇筑面积(m²) | 粗集料最大粒径(mm) | 坍落度(cm) | 水灰比 | 含砂率(%) | 1m³混凝土材料用量(kg) | | | | 设计强度(MPa) | 配制强度¹(MPa) | 钻孔取样试件 | | | 强度比 |
								水	水泥	砂	石			试件尺寸(cm)	龄期(d)	抗压强度(MPa)	
13	2.5	30	10	40	15	0.42		155	370			30	28				
14				40	18~20	0.5	37	260	520	546	946	20					
15				40	17~19	0.58	46	215	370	777	925	17	15.6~19.3				
16				40	18~20	0.6	39	204	340	680	1054	17	14.6~19.4				
17				40	20	0.55	46	205	375	788	938	14	10.0~14.0				
18				40	18~20	0.6	50	216	360	900	900	14					
19				40	16~18	0.57	45	230	410	820	986	15	18				
20				50	15~18	0.75	33	262	350	520	1040		9.4~17.9		28	8.2~12.1	0.68~0.76
21	14			50	15~18	0.75	33	262	350	520	1040		10.0~13.2		28	5.3~8.8	0.49~0.67
22	0~3.0	30		50	15~18	0.55~0.57	37~39	193~200	350	740~670	1150~1160		26.4~27.4	φ17×33	122~162	26.5~32.7	0.89~1.92

注:1. 出样和机口的实测混凝土强度,在表中称配制强度。
2. 本表摘自本书参考文献[22]。

352

3. 水下压浆混凝土配合比设计计算（表 29-123）

水下压浆混凝土配合比设计计算　　　　　　　　　表 29-123

项目	计算方法及公式	符 号 意 义
配制强度计算	**（1）配制强度计算** 水下压浆混凝土的配制强度，根据施工质量控制水平由表 29-109 查出相应的强度离差系数，然后由式（29-118）及式（29-119）计算，或由表 29-124 查得强度增值系数 a_1。 当离差系数 $C_v \leqslant 0.15$ 时：$a_1 = 0.8/0.85(1-1.645C_v)$ 即　　　$a_1 = 1/1.063(1-1.645C_v)$　　（29-118） 当离差系数 $C_v \geqslant 0.2$ 时： $$a_1 = \frac{1}{0.85(1-1.645C_v\sqrt{5})}　　（29-119）$$ 要求的配制强度为： $$f_{cu,0} = a_1 f_{cu,k}　　（29-120）$$	a_1——强度增值系数，查表 29-124 求得； C_v——离差系数，见表 29-112； $f_{cu,0}$——水下压浆混凝土的配制强度（MPa）； $f_{cu,k}$——工程设计强度（MPa）
配合比计算（包括砂浆强度、水灰比、灰砂比、浆液材料用量、铝粉掺量）	**（2）配合比计算** ①水泥砂浆强度 $$f_{m,0} = \frac{f_{cu,0}}{a_2}　　（29-121）$$ ②水泥砂浆中的水灰比 一般通过试验确定。初选时，可由图 29-10、图 29-11 查出要求的水灰比。图中 $f_{ce,k}$ 指采用水泥的软练强度。 ③求灰砂比 根据求出的水泥砂浆水灰比及水泥中的混合料掺量，可按表 29-127 查出灰砂比（C/S）。 ④灌注浆料材料用量 按绝对体积法计算： $$Q_c = \frac{1\,000}{\frac{1}{\rho_c} + \frac{1}{\rho_s}\frac{C}{S} + \frac{W/C}{\rho_w}}　　（29-122）$$ $$Q_s = \frac{1}{\frac{C}{S}}Q_c　　（29-123）$$ $$Q_w = \frac{Q}{C}Q_c　　（29-124）$$ ⑤铝粉掺量 在 0.1MPa 压力下的水泥砂浆膨胀率以 5% 左右较妥。水下压浆混凝土中的水泥砂浆铝粉掺量约为水泥重的 0.01%~0.02%，可由式（29-125）估算： $$A_c = \frac{Ka}{\beta_a}\left(1.2\frac{F}{C} + a_0\right)　　（29-125）$$ $$a_0 = \frac{1}{3}\left(\frac{S}{C} - 1\right)^2 + \frac{1}{6}\frac{S}{C} + \frac{2}{3}　　（29-126）$$ 当控制处于不同水深条件下的压浆混凝土中的水泥砂浆膨胀率均为 5% 时，相当于不受水压影响时的膨胀率（0.1MPa 环境下），如表 29-129 所示	$f_{m,0}$——浇注浆液的试配强度（MPa）； a_2——强度换算系数，应由试验求出，某工程试验结果见表 29-125； Q_c、Q_s、Q_w——分别为每立方米（1 000L）水泥砂浆中的水泥、砂和水的质量（kg）； ρ_c、ρ_s、ρ_w——分别为水泥、砂及水的密度； W/C——灌注浆液的水灰比； C/S——灌注浆液的灰砂比； A_c——水泥砂浆中的铝粉掺量（与水泥质量比%）； F/C——水泥中粉煤灰与水泥熟料之比（约为 0.25~0.66）； β_a——铝粉中的纯铝含量； Ka——与水泥品种及强度有关系数（表 29-126）； a_0——与水泥砂浆中的砂灰比有关的系数［按式（29-126）计算或查表 29-128］
配合比计算（灌注浆液允许砂最大粒径核算）	可以看出，当水深为 20m 时，要求在 0.1MPa 下的膨胀率达 15%。若水再深，则在 0.1MPa 下的水泥砂浆膨胀率将超过 15%。过大的膨胀率将会造成施工控制和操作上的困难。因此仍按 0.1MPa 下的膨胀率不超过 15% 控制铝粉掺量较妥。 ⑥灌筑浆液允许砂最大粒径核算 由求出的水泥砂浆水灰比扣去砂子的吸水量，可得出水泥浆水灰比为	

项 目	计算方法及公式	符 号 意 义
配合比计算（灌注浆液允许砂最大粒径核算）	$$\left(\frac{W}{C}\right)=\frac{1}{Q_c}[Q_w-(Q_{s1}\times Q_{w1}+Q_{s2}\times Q_{w2}+ \cdots +Q_{sN}\times Q_{wN})]\qquad(29\text{-}127)$$ 根据泥浆（胶体）水力学原理，砂粒在水泥浆中处于平衡状态时，砂粒表面上的最大切应力与球体在液体中的质量成正比，与砂粒表面积成反比。若砂粒粒径为 d，砂粒及水泥浆密度分别为 ρ_s、ρ_h，则： $$\tau_0=m_0\frac{\pi d^2}{6\pi d^2}(\rho_s-\rho_h)\qquad(29\text{-}128)$$ 在极限平衡状态，τ_0 等于水泥浆的极限剪应力 τ_c，则可化简为： $$\tau_c=\frac{m_0 d(\rho_s-\rho_h)}{6}\qquad(29\text{-}129)$$ 即 $$d=\frac{6m\times\tau_c}{\rho_s-\rho_h}\qquad(29\text{-}130)$$ 普通水泥拌制的水泥浆极限剪应力 τ_c 值可参考式（29-131）、式（29-132）估算。 $$\tau_c=0.211\,5\eta\left(\frac{W}{C}\right)^{0.675}\qquad(29\text{-}131)$$ $$\eta=0.012\left[1+1.49\left(\frac{W}{C}\right)^{-5.77}\right]\qquad(29\text{-}132)$$ 若水泥砂浆中含量较多的最大组分的相应粒径不大于式（29-129）所计的值或由表 5-52 查得的不沉于静态水泥浆的砂粒粒径 d，表明采用这种浇注浆液在运输途中不易离析。否则应减小水灰比，增加矿物粉等细颗粒含量或筛去大粒径砂粒。采用砂子的最大粒径也不能大于预填集料最小粒径的 $1/8\sim1/10$。各工程实际采用的水下压浆混凝土配合比汇总见表 29-133	W/C——水泥浆的水灰比； Q_c——$1m^3$ 水泥浆中的水泥量（kg）； Q_w——$1m^3$ 水泥浆中的用水量（kg）； $Q_{s1}、Q_{s2}、\cdots、Q_{sN}$——砂各组分的质量（kg）； $Q_{w1}、Q_{w2}、\cdots、Q_{wN}$——砂各组分的总吸水率（表29-130）； d——不沉于静态水泥浆中的砂粒粒径（cm）； $\rho_s、\rho_h$——分别为砂粒、水泥浆密度（g/cm^3）； τ_c——水泥浆的极限剪应力（g/cm^2）； m——比例系数，$m=1/m_0$，与水泥品种及水灰比有关，见表 29-131； η——水泥浆黏度（$10^{-1}Pa\cdot s$）
配合比试验	（3）配合比试验 水下压浆混凝土配合比试验一般分两个阶段进行。 第一阶段：按要求的流动度、水泥砂浆膨胀率、泌水率确定合适的 3 种或 3 种以上水泥砂浆配合比； 第二阶段：按初选的不同配合比的水泥砂浆，注入位于水环境中的预填集料，形成压浆混凝土，通过抗压试验求出混凝土强度等级； 若不符合施工流动度及设计强度要求，可参考表 29-132 修改配合比，重新试验	

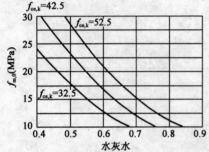

图 29-10　水泥砂浆强度 $f_{m,0}$ 与水灰比关系
（硅酸盐水泥、普通硅酸盐水泥）

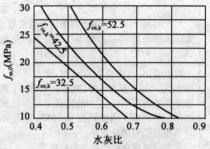

图 29-11　水泥砂浆强度 $f_{m,0}$ 与水灰比关系
（矿渣水泥、火山灰质水泥、粉煤灰水泥）

水下压浆混凝土增值系数 a_1 可根据表 29-124 取值。

强度离差系数 C_v	0.05	0.10	0.15	0.20	0.25	0.30
强度增值系数 a_1	1.222	1.270	1.322	1.402	1.597	1.858

水泥砂浆换算系数 a_2 取值见表 29-125。

分　　类	强度换算系数 a_2	
	水灰比小于 0.75	水灰比大于 0.75
碎石压浆混凝土	0.90	0.72
卵石压浆混凝土	0.85	0.67

不同水泥品种的 Ka 系数取值见表 29-126。

水泥品种	普　通　水　泥		火山灰水泥 粉煤灰水泥
	42.5	32.5	
K_a	0.0115	0.01	0.01

灰砂比与水灰比关系见表 29-127。

水　灰　比		0.45	0.50	0.55	0.60	0.65
混合料掺量 (%)	0	1.50(1∶0.67)	1.10(1∶0.91)	0.80(1∶1.25)	0.67(1∶1.49)	0.56(1∶1.79)
	10	1.40(1∶0.72)	1.03(1∶0.97)	0.76(1∶1.32)	0.63(1∶1.59)	
	20	1.30(1∶0.77)	0.98(1∶1.02)	0.72(1∶1.39)	0.59(1∶1.69)	
	30	1.25(1∶0.80)	0.91(1∶1.10)	0.68(1∶1.47)		
	40	1.20(1∶0.83)	0.85(1∶1.18)	0.64(1∶1.56)		

注：1. 本表试验条件稠度 19±2s,砂的细度模数为 1.55。

2. 在保持流动度一定情况下,砂的细度模数每增加 0.1,灰砂比应增加 0.03。

3. 梁、柱、桩及深断面构件灰砂比不宜小于 1.0(1∶1)。

4. 当预填集料最小粒径在 20cm 以内时,灰砂比不宜小于 0.67(1∶1.5)。

5. 只有当预填集料的最小粒径允许采用粗砂拌制的水泥砂浆,且为加压灌注时,灰砂比才能小于 0.5(1∶2)。

不同灰砂比时的 a_0 系数可按表 29-128 取值。

砂灰比	0.8	0.9	1.0	1.1	1.2	1.3	1.4	1.5	1.6	1.7	1.8	1.9	2.0
a_0	0.813	0.824	0.834	0.853	0.880	0.914	0.953	1.000	1.054	1.113	1.180	1.254	1.333

当控制处于不同水深条件下的压浆混凝土中的水泥砂浆膨胀率均为 5% 时,相当于 0.1MPa 环境下的膨胀率如表 29-129 所示。

水深(m)	5	10	12	14	16	18	20	30	40	50	60	70	80
0.1MPa 下的膨胀率(%)	7.5	10	11	12	13	14	15	20	25	30	35	40	45

砂各组分的吸水率见表 29-130。

火山灰质水泥浆液特性数值见表 29-131。

砂的吸水率 表 29-130

砂的组成尺寸 （mm）	平均粒径 （mm）	海 砂					
		密度	单位体积质量 （t/m³）	比面	总吸水率 （%）	表面吸水率 （%）	细孔吸水率 （%）
2.5～1.25	1.60	2.70	2.60	17.5	1.36	0.70	0.66
1.25～0.63	0.90	2.84	2.68	31.2	2.86	1.25	1.61
0.63～0.315	0.45	3.00	2.80	58.3	2.89	2.33	0.56
0.315～0.16	0.23	3.05	3.05	108	4.5	4.32	0.18

砂的组成尺寸 （mm）	平均粒径 （mm）	海 砂					
		密度	单位体积质量 （t/m³）	比面	总吸水率 （%）	表面吸水率 （%）	细孔吸水率 （%）
2.5～1.25	1.60	2.70	2.60	20.20	2.00	0.81	1.26
1.25～0.63	0.90	2.70	2.68	36.00	2.02	1.44	0.58
0.63～0.315	0.45	2.70	2.64	72.00	3.70	2.88	0.82
0.315～0.16	0.23	2.70	2.64	141.00	6.00	5.65	0.35

砂的组成尺寸 （mm）	平均粒径 （mm）	海 砂					
		密度	单位体积质量 （t/m³）	比面	总吸水率 （%）	表面吸水率 （%）	细孔吸水率 （%）
2.5～1.25	1.60	2.72	2.72	18.50	0.788	0.76	0.0028
1.25～0.63	0.90	2.72	2.72	33.00	1.32	1.32	0
0.63～0.315	0.45	2.72	2.72	66.00	2.65	2.65	0
0.315～0.16	0.23	2.72	2.72	129.00	5.04	5.04	0

火山灰质水泥浆液特性 表 29-131

水泥浆的水灰比	0.30	0.35	0.40	0.45	0.50	0.55	0.60	0.65	0.70
水泥浆的密度（g/cm³）	2.105	1.94	1.86	1.80	1.75	1.73	1.70	1.68	1.62
水泥浆的极限剪应力 （g/cm²）	2.63	1.35	0.61	0.255	0.122	0.06	0.03	0.015	0.012
不沉入静态水泥浆的 砂粒粒径（mm）	38.5～ 39	15.3～ 16.0	6.5～ 6.7	4.25～ 4.3	2.5～ 3.0	1.1～ 1.2	0.8～ 0.9	0.26	0.22～ 0.27
m 值	0.132	0.140	0.141	0.240	0.270	0.280	0.290	0.290	0.290

水泥砂浆配合比试验修正方法见表 29-132。

表 29-133 所示为某些工程实际采用的水下压浆混凝土配合比。

水泥砂浆配合比试验修正方法 表 29-132

$f_{cu,k}$（MPa）		配合比修正方法			备 注
		水灰比	砂灰比	铝粉掺量	
稠度	过大（超过 23s）	—	减小	—	砂灰比减小 0.1，相当于水灰比增加 0.02；水
	过小（小于 15s）	减小	—	—	灰比每减小 0.01，流动度增加 2s
膨胀率	过大（超过 10%）	—	—	减小	铝粉掺量每增加 0.0025%，膨胀率增加 2%；
	过小（小于 5%）	—	—	增加	
保水性过小（小于 75%）		减小	—	—	水灰比每减小 0.01，保水性增加 1%
泌水率过大（大于 3%）		减小	—	—	水灰比每减小 0.01，泌水率减少 0.5%
水下压浆 混凝土强度	超过配制强度	—	增加	—	砂灰比每增加 0.1，28d 抗压强度降低 1.6MPa；灰水比每增加 0.1，28d 抗压强度降低 2.0MPa
	低于配制强度	减小	—	—	

表 29-133

某些工程实际采用的水下压浆混凝土配合比（可供参考）

序号	压浆混凝土设计强度（MPa）	砂的细度模数	拌和水	预填集料 种类	粒径（mm）	空隙率（%）	水泥砂浆 稠度（s）	水灰比	混合料掺量（%）	灰砂比	每立方米浆液材料用量（kg） 水	水泥+混合料	砂
1	18.9	2.2	淡水	卵石	20~80	36	17.3	0.5	20	1:1	410	820	820
2	$f_{cu,28}=24.0$	1.77	淡水	卵石	15~50	41	18~20	0.5	29	1:1.3	393	785	1021
3	$f_{cu,28}=24.0$	1.64	淡水	卵石	15~50	37	21.1	0.5	29	1:1.3	366	732	952
4	$f_{cu,28}=20.0$	1.62	淡水	卵石	15~40	43	18~22	0.51	29	1:1.3	369	754	941
5	$f_{cu,28}=21.0$	1.43		卵石	20~60	40	18~22	0.52	29	1:1.3	377	725	943
6	$f_{cu,28}=18.0$	1.65	淡水	卵石	最小20	40	19±3	0.6	17	1:0.8	535	892	714
7	$f_{cu,7}=10.5$	1.17	淡水	卵石	40~100	38~48	19±3	0.44~0.48	29	1:1.2~1.5	352~343	801~715	961~107
8	浆液25.0	粉细砂	淡水	卵石	15~50	44		0.65		1:1.5	455	700	1050
9		1.67	海水	卵石	15~75	40	20	0.53	29	1:1.5	414	782	1173
10	$f_{cu,28}=21.0$	2	海水	卵石	10~45	43	17	0.48	33	1:1.3	352	733	953
11	$f_{cu,28}=20.0$	1.71	海水	卵石	10~60	38	20	0.53	29	1:1.5	414	782	1173
12		1.42	海水	卵石	25~150	42	17.4	0.58	29	1:1.7	365	630	1071
13	$f_{cu,28}=15.0$	1.74	海水	卵石	30~150	40	18~22	0.5	29	1:1.0	378	756	756
14		1.18	海水	卵石	30~150	40	15~19	0.55		1:1.0	437	795	795
15		1.54	海水	卵石	30~150	40	20.8	0.58	29	1:1.6	375	647	1035

序号	压浆混凝土设计强度（MPa）	砂的细度模数	拌和水	预填集料 种类	预填集料 粒径（mm）	预填集料 空隙率（%）	水泥砂浆稠度（s）	水泥砂浆配合比 水灰比	水泥砂浆配合比 混合料掺量（%）	水泥砂浆配合比 灰砂比	每立方米浆液材料用量（kg） 水	每立方米浆液材料用量（kg） 水泥+混合料	每立方米浆液材料用量（kg） 砂
16	$f_{cu,28}=24.0$	1.49		卵石	15～45	45	18～22	0.53	29	1：1.3	363	684	889
17	浆液$f_{cu,28}=18.0$	2.17	淡水	碎石	30～50	42	20～25	0.48	29	1：0.9	398	830	747
18			淡水	碎石		40	22	0.52	38	1：1.3	430	827	1 075
19	浆液$f_{cu,28}$8=15.0	1.36	淡水	碎石	80～300		17±2	0.54		1：1.2	424	785	942
20	浆液$f_{cu,28}=20.0$	1.36	淡水	碎石	80～300		17±2	0.5		1：0.9	449	897	807
21	$f_{cu,28}=14.0～17.0$	1.8～2.0	海水	碎石		40～45	20～22	0.55		1：1.1	358	650	715
22	$f_{cu,28}=11.0$	1.45		碎石	15～100	45	20.8	0.51		1：1.2	393	770	924
23	$f_{cu,28}=1.5$	1.08	海水	碎石	30～150	50	15～19	0.5		1：1.1	398	795	875
24		1.45	海水	碎石	25～50	42	17～18	0.48	23	1：1.2	372	774	929
25	$f_{cu,91}$	1.91	海水	卵石、碎石	15～150	45	17	0.43	20	1：1.0	347	806	806
26		中细砂						0.51		1：1.3	397	779	1 013

五、抗渗混凝土配合比设计计算[2]

抗渗混凝土也称防水混凝土,是指抗渗等级等于或大于 P6 级的混凝土。用在工程上可起到结构物的承重、围护、防水三重作用,适用于地下室、水池、沉淀池、泵房等工程防水结构之用。

1. 抗渗混凝土一般规定

(1)原材料:水泥强度等级不宜小于 32.5 级(425 号),其品种应满足混凝土抗渗性、耐久性及使用要求;当有抗冻要求时,应优先选用硅酸盐水泥或普通硅酸盐水泥。

(2)粗细集料质量应符合国家标准,具有一定级配。粗集料的最大粒径不宜大于 40mm,其含泥量(质量比,下同)不得大于 1.0%,泥块含量不得大于 0.5%;细集料的含泥量不得大于 3%,泥块含量不得大于 1%。

(3)掺外加剂宜采用防水剂、膨胀剂、引气剂或减水剂。掺用引气剂的抗渗混凝土其含气量宜控制在 3%~5%。

2. 抗渗混凝土配合比设计计算

抗渗混凝土配合比的计算步骤与方法见表 29-134。

抗渗混凝土配合比的计算步骤与方法　　　　　　　　　　表 29-134

项目	计算方法及公式	符 号 意 义
水灰比确定	1. 水灰比确定 水灰比主要依据抗渗要求和施工和易性,其次考虑强度要求。供试配用的抗渗混凝土的最大水灰比参照表 29-135 选用	
用水量的选择	2. 用水量的选择 用水量应根据结构条件(截面尺寸、钢筋稀密程度等)和施工需要的和易性、坍落度等要求而定。一般厚度大于 250mm 的结构,坍落度可选用 30mm 左右;厚度小于 200mm 或钢筋稠密结构,坍落度可选用 30~50mm;厚大、少筋的结构坍落度应控制在 30mm 以内,或者根据需用的坍落度和砂率按表 29-136 选用	m_{c0}——每立方米抗渗混凝土的水泥用量(kg); m_{w0}——每立方米抗渗混凝土的用水量(kg); W/C——混凝土所要求的水灰比; W——每立方米混凝土的用水量(kg); C——每立方米混凝土的水泥用量(kg); n_g——石子的空隙率(%); ρ_{gm}——石子的质量密度(t/m³); ρ_g——石子的表观密度(t/m³)
水泥用量的计算	3. 水泥用量的计算 水泥用量可根据用水量和水灰比按下式计算: $$m_{c0}=\frac{m_{w0}}{W/C} \qquad (29\text{-}133)$$ 计算所得的每立方米水泥用量应满足表 29-28 和每立方米抗渗混凝土中的水泥用量(含掺和料)不宜小于 320kg 的要求	
砂率的选择	4. 砂率选择 抗渗混凝土的砂率除满足填充石子空隙并包裹石子外,还必须有一定厚度的砂浆层。一般砂率宜为 35%~40%;灰砂比宜为 1:2~1:2.5,或根据砂的平均粒径和石子空隙率参考表 29-137 选用。 $$n_g=\left[1-\frac{\rho_{gm}}{\rho_g}\right]\times100\% \qquad (29\text{-}134)$$	

项 目	计算方法及公式	符 号 意 义
粗、细集料的计算	**5. 粗、细集料的计算** 即假设混凝土组成材料绝对体积的总和等于混凝土的体积。 $$\frac{m_{co}}{\rho_c}+\frac{m_{gs}}{\rho_{gs}}+\frac{m_{wo}}{\rho_w}=1\,000 \quad (29\text{-}135)$$ 粗、细集料混合密度按下式计算： $$\rho_{gs}=\rho_g(1-\beta_s)+\rho_s\beta_s \quad (29\text{-}136)$$ 粗、细集料混合用量按下式计算： $$m_{gs}=\rho_{gs}\left(1\,000-\frac{m_{co}}{\rho_c}-\frac{m_{wo}}{\rho_w}\right) \quad (29\text{-}137)$$ 则粗、细集料用量为： $$m_{so}=m_{gs}\beta_s \quad (29\text{-}138)$$ $$m_{go}=m_{gs}-m_{so} \quad (29\text{-}139)$$	m_{gs}——每立方米抗渗混凝土中粗、细集料的混合质量(kg)； ρ_c——水泥的密度(t/m^3)，一般取 2.9～3.1； ρ_{gs}——粗、细集料(石子、砂)的混合密度(t/m^3)； ρ_w——水的密度(t/m^3)，取 $\rho_w=1$； ρ_s——细集料(砂)的表观密度(t/m^3)； β_s——砂率(%)； m_{so}——每立方米抗渗混凝土中细集料(砂)用量(kg)； m_{go}——每立方米抗渗混凝土中粗集料(石子)用量(kg)； p_t——6 个试件中 4 个未出现渗水时的最大水压值(MPa)； P——设计要求的抗渗等级； 其余符号意义同上
确定配合比	**6. 确定配合比** 混凝土的质量比： 水泥：砂：石子：水$=m_{co}:m_{so}:m_{go}:m_{wo}$ $$\quad (29\text{-}140)$$ 或 $$=1:\frac{m_{so}}{m_{co}}:\frac{m_{go}}{m_{co}}:\frac{m_{wo}}{m_{co}}$$ $$\quad (29\text{-}141)$$	
试配与校正	**7. 试配与校正** 　　按照初步配合比进行试拌，试拌方法同"本章第二节普通混凝土配合比计算"一节。试拌结果若与工程要求不符，应按实际情况进行校正、调整比例，使其达到工程的要求。 　　抗渗混凝土配合比设计时，应增加抗渗性能试验；试配要求的抗渗水压值应比设计值提高 0.2MPa。试配时，应采用水灰最大的配合比作抗渗试验，其试验结果应符合下式要求： $$p_t\geqslant\frac{P}{10}+0.2 \quad (29\text{-}142)$$	
说明	掺引气剂的混凝土还应进行含气量试验，试验结果得其含气量不宜大于 5%。 掺外加剂的抗渗混凝土配合比计算可按本章第二节计算确定基准配合比，然后进行调整，最后确定施工配合比	

抗渗混凝土最大水灰比允许值见表 29-135。

抗渗混凝土最大水灰比允许值　　　　　　　表 29-135

混凝土抗渗等级(MPa)	混凝土强度等级	
	C20～C30	C30 以上
P6	0.60	0.55
P8～P12	0.55	0.50
P12 以上	0.50	0.45

注：1. 混凝土抗渗等级是表示混凝土试块在渗透仪上作抗渗试验时，试块未发现渗水现象的最大水压值。例如 P8 表示该试块能在 0.8MPa 的水压力下不出现渗水现象。
　　2. 试块 P 值应比设计提高 0.2MPa。

混凝土拌和用水量参考表（kg/m³）　　　　　　　　　表 29-136

坍落度(mm)	砂率(%)		
	35	40	45
10～30	175～185	185～195	195～205
30～50	180～190	190～200	200～210

注:1. 表中石子粒径 5～20mm。若石子最大粒径为 40mm,用水量应减少 5～10kg/m³。表中石子按卵石考虑,若为碎石应增加 5～10kg/m³。

2. 表中采用火山灰质水泥,若用普通水泥用水量可减少 5～10kg/m³。

砂率选择参考数值　　　　　　　　　　　表 29-137

砂子平均粒径 (mm)	砂率(%)				
	30	35	40	45	50
0.30	35	35	35	35	36
0.35	35	35	35	36	37
0.40	35	35	36	37	38
0.45	35	36	37	38	39
0.50	30	37	38	39	40

注:本表是按石子粒径为 3～30mm 计算,若用 5～20mm 石子时,砂率可增加 2%。

【例 29-13】 某污水厂钢筋混凝土沉淀池,采用 C25、P8 抗渗混凝土,水泥用 32.5 级(425号)普通硅酸盐水泥,$\rho=3.1t/m^3$;粗集料采用碎石,用二级级配,5～10mm：10～30mm＝30：70,$\rho_g=2.7t/m^3$,测得石子的空隙率为 45%;细集料采用中砂,平均粒径为 0.35mm,$\rho_g=2.6t/m^3$;要求混凝土的坍落度为 30～50mm。施工时,用振捣器捣实,试计算确定抗渗混凝土配合比。

解:(1)选取水灰比、用水量和砂率。根据所要求的强度等级、抗渗等级、坍落度及材料情况,由表 29-135 初步确定水灰比 0.55;查表 29-137,砂率为 36%;查表 29-136 用水量为 190kg/m³。

(2)计算水泥用量,按式(29-133)得:

$$m_{co}=\frac{m_{wo}}{W/C}=\frac{190}{0.55}=345(kg/m^3)$$

符合普通防水混凝土水泥用量不小于 320kg/m³ 的要求。

(3)计算砂石混合密度,按式(29-136)得:

$\rho_{gs}=\rho_s\beta_s+\rho_g(1-\beta_s)=2.6\times0.36+2.7\times(1-0.36)=0.935+1.728=2.66(t/m^3)$

(4)计算砂石混合质量,按式(29-137)得:

$$m_{gs}=\rho_{gs}\left(1\,000-\frac{m_{wo}}{\rho_w}-\frac{m_{co}}{\rho_c}\right)=2.66\times\left(1\,000-\frac{190}{1}-\frac{345}{3.1}\right)=1\,859(kg/m^3)$$

(5)计算砂石用量,由式(29-138)、式(29-139)得:

$$m_{so}=m_{sg}\beta_s=1\,859\times0.36=669(kg/m^3)$$

$$m_{go}=m_{sg}-m_{so}=1\,859-669=1\,190(kg/m^3)$$

(6)确定配合比,按式(29-140)或式(29-141)得:

　　水泥：砂：碎石：水＝345：669：1 190：190＝1：1.94：3.45：0.55

试拌后坍落度为 3～4cm,符合工程要求。

六、抗冻混凝土配合比设计计算[2]

抗冻等级在 F50 以上的混凝土称为抗冻混凝土。它是在混凝土中掺入一定量的防冻剂配制而成。一般用于日平均气温不低于 -10℃，极端最低气温不低于 -16℃，对强度增长速度要求不高的钢筋混凝土或混凝土工程中。

1. 设计原则和一般规定

(1)混凝土经负温养护后，不仅能满足工程设计提出的各项技术性能指标要求，而且其耐久性能不低于常温施工所达到的水平。

(2)抗冻混凝土应优先选用硅酸盐水泥或普通硅酸盐水泥，不得使用火山灰质硅酸盐水泥。

(3)粗集料含泥量(质量比，下同)不得大于 1.0%，泥块含量不得大于 0.5%；细集料含泥量不得大于 3.0%，泥块含量不得大于 1%。

(4)抗冻等级 F100 及以上的混凝土所用的粗集料和细集料应进行坚固性试验，其结果应符合国家现行标准的要求。

(5)抗冻混凝土宜采用减水剂，对抗冻等级 F100 及以上的混凝土应掺引气剂，掺用后混凝土的最小含气量应符合表 29-138 的规定，混凝土的含气量亦不宜超过 7%。

(6)抗冻混凝土供试配用的最大水灰比应符合表 29-139 的要求。

(7)抗冻混凝土使用原材料，宜预先适当加热，使混凝土在浇筑完毕时的温度不低于 5℃。在一般情况下，浇筑后混凝土的表面宜用塑料薄膜作保护性覆盖，以避免水和防止霜雪侵袭。

严冷环境中混凝土的最小含气量
表 29-138

项 次	粗集料最大粒径(mm)	最小含气量值(%)
1	31.5 以上	4
2	16	5
3	10	6

注：含气量的百分比为体积比。

抗冻混凝土的最大水灰比
表 29-139

抗 冻 等 级	无引气剂时	掺引气剂时
F50	0.55	0.60
F100	0.55	0.55
F100 以上	0.55	0.50

2. 配合比设计计算步骤与方法

1)准备资料

配合比设计前应搜集下列资料：①混凝土使用材料的规格和品质；②混凝土浇筑养护期间(当使用普通硅酸盐水泥时为 3d；当使用矿渣水泥时为 5d)的日平均气温；③设计对混凝土的强度等级、抗渗或抗冻等级要求；④施工对石子粒径、混凝土稠度的要求以及反映施工单位质量管理水平的强度标准差。

2)混凝土配制强度的确定

当混凝土强度的保证率为 95% 时，混凝土的配制强度按下式计算：

$$f_F = f_{cu,k} + 1.645\sigma \tag{29-143}$$

式中：f_F——混凝土配制强度(MPa)；

$\quad f_{cu,k}$——混凝土立方体抗压强度标准值(MPa)；

$\quad\sigma$——在实际工程中统计得出的混凝土强度标准差(MPa)。

3)计算确定基准配合比

根据施工经验并通过计算提出基准配合比。

基准配合比的计算步骤方法同本章第二节"普通混凝土配合比计算"，其中水灰比还应满足表29-28的规定。

混凝土掺加防冻剂的配方可参考表29-140选择。当采用单掺商品防冻剂时，应参照说明书使用。在确定基准配合比时，尚应考虑掺加某种防冻组成材料对强度降低的影响。

负温养护工艺防冻剂参考配方

表 29-140

水泥品种	规定温度(℃)	防冻剂配方(%)
普通水泥	—10	亚硝酸钠(13.4)＋硫酸钠 2＋木钙 0.25 亚硝酸钠(6.1)＋硝酸钠(9.7)＋硫酸钠 2＋木钙 0.25 尿素(7.3)＋硝酸钠(8.5)＋硫酸钠 2＋木钙 0.25
	—5	亚硝酸钠(6.9)＋硫酸钠 2＋木钙 0.25 亚硝酸钠(3.4)＋硝酸钠(5.7)＋硫酸钠 2＋木钙 0.25 尿素(4.5)＋硝酸钠(5.7)＋硫酸钠 2＋木钙 0.25
	0	亚硝酸钠(3.2)＋硫酸钠 2＋木钙 0.25 尿素(4.4)＋硫酸钠 2＋木钙 0.25 食盐(4.4)＋硫酸钠 2＋木钙 0.25
矿渣水泥	—5	亚硝酸钠(9.0)＋硫酸钠 2＋木钙 0.25 亚硝酸钠(4.4)＋硝酸钠(6.6)＋硫酸钠 2＋木钙 0.25 尿素(6.6)＋硝酸钠(6.6)＋硫酸钠 2＋木钙 0.25
	0	亚硝酸钠(3.1)＋硫酸钠 2＋木钙 0.25 尿素(4.1)＋硫酸钠 2＋木钙 0.25 食盐(4.1)＋硫酸钠 2＋木钙 0.25

注：1. 防冻剂配方中( )内为占用水量的百分比,其余为占水泥用量的百分比。

　　2. 食盐配方仅用于无筋混凝土,其余均可用于钢筋混凝土。

　　3. 木钙可用适量的其他减水剂取代。

在基准配合比中应包括每立方米混凝土各种组成材料(包括防冻剂)的用量或重量比例，并提出坍落度和表观密度的指标。

4)混凝土配合比的试配、调整与确定

采用本章第二节"普通混凝土配合比计算"中试配调整相同的方法进行常温试验,然后再进行负温抗冻融性能试验。

(1)常温试验

①用现场使用的原材料按照基准配合比进行试拌,并测定和易性、坍落度和表观密度。如与原定指标不符,应作适当的调整后再行试拌,并重新测定。

②当和易性、坍落度和表观密度均符合原定指标要求以后,在保持用水量不变的前提下,将水灰比分别增加或减少 0.05,得出三个不同的配合比。

③将三个配合比各制作一组抗压强度试件,经 20℃标准养护 28d 试压,选取符合试配强度的配合比作下步试验。

④如设计图纸还有抗渗要求时,应加作相应的试件,经 20℃标准养护 28d 后试验。如试

验结果不能满足要求,应将配合比作适当调整,再进行试验,直至满足要求为止。此时的配合比如同时满足试配强度要求,即可进行负温、抗冻融性能试验。

(2)负温、抗冻融性能试验

①抗冻混凝土除按以上进行试配和调整外,尚应做负温和抗冻融性能试验,试验所用试件应以三个配合比中水灰比最大的混凝土制作。

②负温试验系按照常温试验后选定的配合比拌制混凝土,在同一批中取样同时成型两组抗压强度试件。其中一组成型后,即放于20℃标准条件下养护至28d试压得强度f_{28};另一组成型后先在20℃室内静置若干小时(试件边长为100mm时为4h,试件边长为150mm时为2h),然后送入具有规定温度的低温室(温度为估计实际浇筑养护期间混凝土硬化初期几天内的日平均气温±2℃),试件在低温室存放14d后取出转入20℃标准养护室,继续养护21d,取出试压得强度$f_{14'+21}$。则所得强度应满足以下两式要求:

$$f_{14'+21} \geqslant f_{28} \tag{29-144}$$

$$f_{28} \geqslant f_F \tag{29-145}$$

若试验结果可满足以上两式要求,表明防冻剂可以达到防冻效果,混凝土不会遭受冻害,该配合比可以达到设计要求的强度等级。否则,需增加防冻剂的掺量,或改用其他防冻剂,或需减少水灰比或改用高强度等级的水泥配制。

调整后的配合比应重作试验,直至完全满足上述要求为止。

③抗冻融性能试验应加作试件。试件在室内成型后先在20℃条件下静置几小时(具体时间与抗压试件相同),然后送入具有规定温度的低温室,养护至14d时取出转入20℃标准养护室继续养护21d后取出试压,所得结果应满足设计要求。如不能满足要求,则应调整配合比,重作试验,直至所有指标(包括抗压强度)均满足要求为止。此时的配合比即可提供施工使用。

七、轻集料混凝土配合比设计计算[2]

1. 普通轻集料混凝土配合比计算

用轻粗、细集料(或普通砂)和水泥配制而成的混凝土,其表观密度小于1 950kg/m³时,称为普通轻集料混凝土(简称轻集料混凝土)。轻集料混凝土配合比的计算,按细集料品种又可分为全轻(轻砂)混凝土和砂轻(普通砂或部分普通砂、部分轻砂)混凝土两类。

(1)设计原则和性能指标

常用各种轻集料混凝土的性能(强度等级和表观密度)指标见表29-141。

常用轻集料混凝土的强度和表观密度范围   表29-141

轻 粗 集 料			细 集 料		轻集料混凝土	
品种	密度等级	筒压强度(MPa)不小于	品种	堆积密度(kg/m³)	表观密度(kg/m³)	强度等级
浮石或火山渣	400	0.4	轻砂	<250	800~1 000	CL3.5~CL5.0
	400	0.4	普砂	1 450	1 200~1 400	CL5.0~CL7.5
	600	0.8	轻砂	<900	1 400~1 600	CL7.5~CL10
	600	0.8	普砂	1 450	1 600~1 800	CL10~CL15
	800	2.0	轻砂	<250	1 000~1 200	CL7.5~CL10
	800	2.0	普砂	1 450	1 600~1 800	CL10~CL25

轻 粗 集 料			细 集 料		轻集料混凝土	
品种	密度等级	筒压强度 (MPa)不小于	品种	堆积密度 （kg/m³）	表观密度 （kg/m³）	强度等级
页岩陶粒	500	1.0	轻砂	<250	<1 000	CL5.0～CL7.5
	500	1.0	轻砂	<900	1 000～1 200	CL7.5～CL10
	500	1.0	普砂	1 450	1 400～1 600	CL10～CL15
	800	4.0	轻砂	<250	1 000～1 200	CL7.5～CL10
	800	4.0	轻砂	<900	1 400～1 600	CL10～CL20
	800	4.0	普砂	1 450	1 600～1 800	CL20～CL25
黏土陶粒	500	1.0	轻砂	<250	800～1 000	CL5.0～CL7.5
	500	1.0	轻砂	<900	1 000～1 200	CL7.5～CL10
	500	1.0	普砂	1 450	1 400～1 600	CL10～CL15
	600	2.0	轻砂	<250	1 000～1 200	CL7.5～CL10
	600	2.0	轻砂	<900	1 200～1 400	CL10～CL15
	600	2.0	普砂	1 450	1 400～1 600	CL10～CL20
	800	4.0	轻砂	<250	1 200～1 400	CL10
	800	4.0	轻砂	<900	1 400～1 600	CL10～CL20
	800	4.0	普砂	1 450	1 600～1 900	CL20～CL40
粉煤灰陶粒	700	3.0	轻砂	<250	1 000～1 200	CL7.5～CL10
	700	3.0	轻砂	<900	1 400～1 600	CL10～CL20
	700	3.0	普砂	1 450	1 600～1 800	CL20～CL25
	900	5.0	轻砂	<250	1 200～1 400	CL10
	900	5.0	轻砂	<900	1 600～1 800	CL10～CL20
	900	5.0	普砂	1 450	1 700～1 900	CL20～CL50
自然煤矸石	1 000	4.0	轻砂	<250	1 200～1 400	CL7.5～CL10
	1 000	4.0	轻砂	<900	1 400～1 600	CL10～CL15
	1 000	4.0	普砂	1 450	1 800～1 900	CL15～CL30
膨胀珍珠岩	400	0.5	轻砂	<250	800～1 000	CL5.0～CL7.5
	400	0.5	普砂	1 450	1 200～1 400	CL10～CL20

（2）配合比计算步骤及方法

轻集料混凝土配合比计算步骤及方法见表29-142。

轻集料混凝土配合比计算步骤及方法　　　　　　　　　表 29-142

项目	计算方法及公式	符 号 意 义
确定试配强度	（1）确定试配强度 轻集料混凝土配合比应通过计算和试配确定。为使所配制的混凝土具有必要的强度保证率，混凝土的试配强度可按下式计算： $$f'_{cu} = f_{cu,k} + 1.645\sigma \quad (29\text{-}146)$$ σ 的取值，生产单位如有 25 组以上的轻集料混凝土抗压强度资料时，可按下式计算： $$\sigma = \sqrt{\dfrac{\sum\limits_{i=1}^{n} f^2_{cu,i} - nm^2_{f_{cu}}}{n-1}} \quad (29\text{-}147)$$ 如生产单位无强度资料时，σ 可按表 29-143 取用	f'_{cu}——轻集料混凝土的试配强度(MPa)； $f_{cu,k}$——轻集料混凝土的强度标准值(即强度等级)(MPa)； σ——轻集料混凝土强度的总体标准差(MPa)； $f_{cu,i}$——第 i 组混凝土试件的抗压强度(MPa)； $m_{f_{cu}}$——n 组混凝土试件抗压强度的平均值(MPa)

项目	计算方法及公式	符号意义
选用水泥品种标号掺料及用量	(2)选用水泥品种、强度等级、掺料及用量 配制轻集料混凝土用的水泥品种和强度等级，可根据混凝土的强度等级要求按表 29-144 选用。当配制低强度等级混凝土并采用高标号水泥时，可掺入适量火山灰质掺和料，以保证其稠度符合要求，其掺入量应通过试验确定。 不同试配强度的轻集料混凝土的水泥用量可参照表 29-145 选用。 混凝土掺和料多用粉煤灰，粉煤灰取代百分率、超量系数等参数的选择可参见"粉煤灰混凝土配合比计算"一节。	
选取水灰比	(3)选取水灰比 轻集料混凝土配合比中的水灰比以净水灰比表示。配制全轻混凝土时，允许以总水灰比表示。净水灰比系指不包括轻集料 1h 吸水量在内的总用量与水泥用量之比。 轻集料混凝土最大水灰比和最小水泥用量应符合表 29-147 的规定	V_s——每立方米混凝土的细集料体积(m^3)； m_c——每立方米混凝土的水泥用量(kg)； m_{wn}——每立方米混凝土的净水量(kg)； S_p——密实体积砂率(%)； ρ_c——水泥密度，一般取 $\rho_c=2.9\sim3.1 t/m^3$； ρ_w——水的密度，一般取 $\rho_w=1.0 t/m^3$； ρ_s——细集料的密度，采用普通砂时，为砂的密度，一般取 $\rho_s=2.6 t/m^3$；采用轻砂时，为轻砂的表观密度；
选取用水量	(4)选取用水量 轻集料混凝土的净用水量可根据施工要求和稠度按表 29-148 选用	
选取砂率	(5)选取砂率 轻集料混凝土的砂率应以体积砂率表示，即细集料体积与粗、细集料总体积之比。体积可用密实体积或松散体积表示。其对应的砂率即密实体积砂率或松散体积砂率。轻集料混凝土的砂率一般可按表 29-149 选用	V_a——每立方米混凝土的轻粗集料体积(m^3)； m_a——每立方米混凝土的轻粗集料用量(kg)； ρ_{ap}——轻粗集料的颗粒表观密度(t/m^3)； V'_s——细集料的松散体积(m^3)； V_t——粗、细集料的松散体积(m^3)； S'_p——松散体积砂率(%)； m_s——每立方米混凝土细集料用量(kg)；
计算粗细集料的用量	(6)计算粗、细集料用量 有绝对体积法、松散体积法两种计算方法： ①绝对体积法是假定每立方米混凝土的绝对体积为各组成材料的绝对体积之和。粗、细集料的体积和用量分别按以下公式计算： $$V_s=\left[1-\left(\frac{m_c}{\rho_c}+\frac{m_{wn}}{\rho_w}\right)\div1\,000\right]S_p \quad (29\text{-}148)$$ $$m_s=V_s\rho_s\times1\,000 \quad (29\text{-}149)$$ $$V_a=1-\left(\frac{m_c}{\rho_c}+\frac{m_{wn}}{\rho_w}+\frac{m_s}{\rho_s}\right)\div1\,000 \quad (29\text{-}150)$$ $$m_a=V_a\rho_{ap} \quad (29\text{-}151)$$ ②松散体积法是以给定的每立方米混凝土的粗细集料松散总体积为基础进行计算，然后按设计要求的混凝土干表观密度为依据进行校核，最好通过试验调整得出粗、细集料用量。 根据粗、细集料的类型，按表 29-150 选用粗、细集料总体积，每立方米混凝土的粗、细集料用量按下式计算： $$V'_s=V_tS'_p \quad (29\text{-}152)$$ $$m_s=V'_s\rho_{is} \quad (29\text{-}153)$$ $$V'_a=V_t-V'_s \quad (29\text{-}154)$$ $$m_a=V'_a\rho_{ic} \quad (29\text{-}155)$$	$\rho_{is}、\rho_{ic}$——分别为细集料和粗集料的堆积密度(t/m^3)； V'_a——粗集料的松散体积(m^3)； m_{wt}——每立方米混凝土的总水量(kg)； m_{wn}——每立方米混凝土的净水量(kg)； m_{wa}——每立方米混凝土的附加水量(kg)，计算见表29-151

项目	计算方法及公式	符号意义
确定总用水量	(7)确定总用水量 根据净用水量和附加用水量的关系,总用水量按下式计算: $$m_{wt}=m_{wn}+m_{wa} \qquad (29\text{-}156)$$ 附加用水量可根据粗集料的预湿处理方法和细集料的品种,按表29-151中计算方法计算	
计算干密度	(8)计算干密度 混凝土的干表观密度 $\rho_{cd}(t/cm^3)$,按下式计算 $$\rho_{cd}=1.15m_c+m_a+m_s \qquad (29\text{-}157)$$ 上式计算的干表观密度与设计要求的干表观密度进行对比,如其误差大于3%,则应重新调整和计算配合比	
试配与调整	(9)试配与调整 计算得出的轻集料混凝土配合比必须通过试配予以调整。 配合比的调整按以下步骤进行: ①以计算的配合比为基础,再选取两个相邻的水泥用量(用水量不变),分别按三个配合比拌制混凝土拌和物。测定拌和物的稠度,调整用水量,以达到要求的稠度为止。 ②按校正后的三个混凝土配合比进行试配,检验混凝土拌力物的稠度和振实湿表观密度,制作确定混凝土抗压强度标准值的试块,每种配合比至少应制作一组。 ③标准养护28d后,测定混凝土抗压强度和干表观密度,以既能达到设计要求的混凝土配制强度和干表观密度,又具有最小水泥用量的配合比作为选定的配合比。 ④对选定的配合比进行重量校正,即先按下列公式计算出轻集料混凝土的计算湿表观密度,然后再与拌和物的实测振实湿表观密度相比,按以下两式计算校正系数 η: $$\rho_{cc}=m_a+m_s+m_c+m_{wt} \qquad (29\text{-}158)$$ $$\eta=\rho_{co}/\rho_{cc} \qquad (29\text{-}159)$$ ⑤对选定配合比中的各项材料用量均乘以校正系数 η,即为最终的配合比设计值	ρ_{cd}——混凝土的干表观密度(t/m³); ρ_{cc}——按配合比各组成材料的计算湿表观密度(t/m³); ρ_{co}——混凝土拌和物的实测湿表观密度(t/m³); 其余符号意义同前

轻集料混凝土强度的总体标准差 σ 可根据表29-143取值。

σ 值 表 29-143

强 度 等 级	CL5.0～CL7.5	CL10～CL20	CL25～CL40	CL45～CL50
σ(MPa)	2.0	4.0	5.0	6.0

配制轻集料混凝土用的水泥品种和强度等级可根据混凝土的强度等级要求按表29-144选取。

轻集料混凝土合理水泥品种和强度等级的选择 表 29-144

混凝土强度等级	水泥强度等级	水 泥 品 种
CL5.0、CL7.5	32.5	火山灰质硅酸盐水泥、矿渣硅酸盐水泥、粉煤灰硅酸盐水泥、普通硅酸盐水泥
CL10、CL15、CL20	32.5	
CL20、CL25、CL30	32.5 或 42.5	
CL30、CL35、CL40、CL45、CL50、42.5(或 52.5)		矿渣硅酸盐水泥、普通硅酸盐水泥、硅酸盐水泥

不同试配强度的轻集料混凝土的水泥用量可参照表 29-145 选取。

轻集料混凝土的水泥用量（kg/m³） 表 29-145

混凝土试配强度 （MPa）	轻集料密度等级						
	400	500	600	700	800	900	1 000
<5.0	260～320	250～300	230～280				
5.0～7.5	280～360	260～340	240～320	220～300			
7.5～10		280～370	260～350	240～320			
10～15			280～350	260～340	240～330		
15～20			300～400	280～380	270～370	260～360	250～350
20～25				300～400	320～390	310～380	300～370
25～30				320～450	370～440	360～430	350～420
30～40				420～500	390～490	380～480	370～470
40～50					430～530	420～520	410～510
50～60					450～550	440～540	430～530

注：1. 表中试配强度<30MPa 为采用 32.5 级水泥时的水泥用量值；试配强度>30MPa 为采用 42.5 级水泥时的水泥用
量值；采用其他强度等级水泥时，可乘以表 29-146 中规定的调整系数。
2. 表中下限值适用于圆球型和普通型轻集料；上限值适用于碎石型轻粗集料及全轻混凝土。
3. 最高水泥用量不宜超过 550kg/m³。

采用水泥强度等级非 32.5 或 42.5 级时，水泥用量调整系数按表 29-146 选取。

水泥用量调整系数 表 29-146

水泥等级（标号）	混凝土试配强度（MPa）			
	5.0～15	15～30	30～50	50～60
32.5（425）	1.00	1.00	1.10	1.15
42.5（525）	—	0.85	1.00	1.00
52.5（625）	—	—	0.85	0.90

轻集料混凝土的最大水灰比和最小水泥用量参照表 29-147 选用。

轻集料混凝土的最大水灰比和最小水泥用量 表 29-147

混凝土所处的环境条件	最大水灰比	最小水泥用量（kg/m³）	
		配筋的	无筋的
不受风雪影响的混凝土	不作规定	250	225
受风雪影响的混凝土、位于水中及水位升降范围内的混凝土和在潮湿环境中的混凝土	0.70	275	250
寒冷地区位于水位升降范围内的混凝土和在潮湿环境中的混凝土	0.65	300	275
严寒地区位于水位升降范围内的混凝土	0.60	325	300

注：1. 严寒地区指最冷月份的月平均气温低于−15℃；寒冷地区指最寒冷月份的月平均气温处于−15℃～−5℃。
2. 水泥用量不包括掺和料。

轻集料混凝土的净用水量可按表 29-148 选取。

轻集料混凝土用水量 表 29-148

用　途	稠　度		净用水量（kg/m³）
	维勃稠度（s）	坍落度（mm）	
预制混凝土构件： （1）振动台成型 （2）振捣棒或天平振动器振实	5～10 —	0～10 30～50	155～180 165～200

用　　途	稠　　度		净用水量(kg/m³)
	维勃稠度(s)	坍落度(mm)	
现浇混凝土(大模、滑模): (1)机械振捣 (2)人工振捣或钢筋较密的	— —	50～70 60～80	180～210 200～220

注:1. 表中值适用于圆球型和普通型轻粗集料,对于碎石型轻粗集料需按表中值增加 10kg 左右的用水量。

　　2. 表中值适用于砂轻混凝土,若采用轻砂时,需取轻砂 1h 吸水量为附加水量;若无轻砂吸水率数据时,也可适当增加用水量,最后按施工稠度的要求进行调整。

轻集料混凝土的砂率可按表 29-149 选取。

轻集料混凝土的砂率　　　　　　　　　　表 29-149

用　　途	细集料品种	砂率(%)
预制构件	轻　砂	35～50
	普通砂	30～40
现浇混凝土	轻　砂	—
	普通砂	35～45

注:1. 当细集料采用普通砂和轻砂混合使用时,宜取中间值,并按普通砂和轻砂的混合比例进行插入计算。

　　2. 采用圆球型轻粗集料时,宜取表中值下限;采用碎石型时,则取上限。

粗、细集料的总体积可根据粗细集料类型按表 29-150 选取。

粗细集料总体积　　　　　　　　　　表 29-150

轻粗集料粒型	细集料品种	粗细集料总体积(m³)
圆球型	轻　砂	1.25～1.50
	普通砂	1.20～1.40
普通型	轻　砂	1.30～1.60
	普通砂	1.25～1.50
碎石型	轻　砂	1.35～1.65
	普通砂	1.30～1.60

注:1. 当采用膨胀珍珠岩砂时,宜取表中上限值。

　　2. 混凝土强度等级较高时,宜取表中下限值。

附加水量的计算方法见表 29-151。

附加水量的计算方法　　　　　　　　　　表 29-151

项　　次	项　　目	附加水量(m_{wa})
1	粗集料预湿、细集料为普砂	$m_{wa}=0$
2	粗集料不预湿、细集料为普砂	$m_{wa}=m_a w_a$
3	粗集料预湿、细集料为轻砂	$m_{wa}=m_s w_s$
4	粗集料不预湿、细集料为轻砂	$m_{wa}=m_a w_s+m_s w_s$

注:1. w_a、w_s 分别为粗、细集料 1h 吸水率。

　　2. 当轻集料含水时,必须在附加水量中扣除自然含水率。

【**例 29-14**】　某工地需配置 CL30 黏土陶粒混凝土,要求其干表观密度为 1 650kg/m³,坍落度为 30～50mm,经测定材料性能为:①陶粒,松散质量密度为 750kg/m³,颗粒质量密度 1 250kg/m³,吸水率 16%;②普通砂,松散质量密度为 1 450kg/m³,密度为 2 600kg/m³;③水泥为 32.5 级(425 号)普通水泥,密度为 3 100kg/m³。试用绝对体积法计算其配合比。

解:(1)根据混凝土设计试配强度等级,按表 29-145 确定水泥用量为 400kg/m³。

(2)根据 30~50mm 坍落度要求,按表 29-148 选用净用水量为 165kg/m³。

以上可得净用水量为 165kg/m³,水泥用量 400kg/m³,水灰比为 0.41,符合表 29-147 规定的最大水灰比和最小水泥用量的规定。

(3)按表 29-149 选用砂率,$S_p=35\%$。

(4)砂用量按式(29-148)、式(29-149)计算得:

$$V_s=\left[1-\left(\frac{400}{3.1}+\frac{165}{1.0}\right)\div1\,000\right]\times35\%=0.247(\text{m}^3)$$

$$m_s=0.247\times2.6\times1\,000=642(\text{kg})$$

陶粒用量按式(29-150)、式(29-151)得:

$$V_a=1-\left(\frac{400}{3.1}+\frac{165}{1.0}+\frac{642}{2.6}\right)\div1\,000=0.459(\text{m}^3)$$

$$m_a=0.459\times1\,250\approx547(\text{kg})$$

(5)计算总用水量,按式(29-156)得:

$$m_{wt}=165+574\times16\%=257(\text{kg})$$

由此得陶粒混凝土的配合比为:

$$水泥:砂:陶粒:水=400:642:574:257$$

(6)试配与调整

①混凝土的干表观密度,按式(29-157)得:

$$\rho_{cd}=1.15\times400+642+574=1\,676(\text{kg/m}^3)\approx1.7\text{t/m}^3$$

与设计要求的干表观密度相差(1 676~1 650)/1 650=0.016<3%,不需调整。

②以计算的混凝土配合比为基准,另按表 29-145 选两个水泥用量为 370kg/m³ 及 450kg/m³,用水量仍为 165kg/m³,计算得到 3 个配合比,经试拌调整用水量分别达到要求的施工和易性,校正配合比。

③经试配,假设水泥用量为 370kg/m³ 的混凝土配合比强度达不到要求外,其余两个混凝土配合比均能达到设计强度,则选定水泥用量为 400kg/m³ 的配合比作为选定的混凝土配合比。

④测得该配合比搅拌的混凝土拌和物浇筑后的振实质量密度为 1 698kg/m³,则由式(29-159)校正系数 η:

$$\eta=\frac{\left(\dfrac{400}{3\,100}+\dfrac{642}{2\,600}+\dfrac{574}{1\,250}+\dfrac{257}{1\,000}\right)\times1\,698}{400+642+574+257}=0.99$$

故此得校正后的 CL30 黏土陶粒混凝土配合比为:

水泥:400×0.99=396(kg)

砂:642×0.99=636(kg)

黏土陶粒:574×0.99=568(kg)

净用水量:165×0.99=163(kg)

总用水量:163+574×0.99×16%=254(kg)

八、粉煤灰混凝土配合比设计计算

在混凝土中掺加适量的粉煤灰配制粉煤灰混凝土,可显著地减少单方水泥用量,推迟和减少发热量,延缓水化热的释放时间,降低水化热温升值,延长凝固时间,改善混凝土的抗渗性和

370

后期强度,并具有抗裂性,特别在大体积混凝土中得到广泛的应用。

1. 应用的一般规定

(1)在普通钢筋混凝土中,粉煤灰掺量不宜超过基准混凝土水泥用量的 35%,且粉煤灰取代率不宜超过 20%。预应力钢筋混凝土中,粉煤灰最大掺量不宜超过 20%,其取代水泥率,采用普通硅酸盐水泥时不宜大于 15%;采用矿渣硅酸盐水泥时不宜大于 10%。

(2)在轻集料钢筋混凝土中,粉煤灰掺量不宜超过基准混凝土水泥用量的 30%,其取代水泥率不宜超过 15%。

(3)在无筋干硬性混凝土中,粉煤灰掺量可适当增加,其粉煤灰取代率不宜超过 40%。

(4)粉煤灰与外加剂复合使用以改善混凝土的和易性,提高耐久性,但外加剂的合理掺量应通过试验确定。

(5)冬季施工时,粉煤灰混凝土应采取早强和保温措施,加强养护。

(6)粉煤灰按期品质分为 I、II、III 三个等级。其品质指标应满足表 29-152 的规定,I 级粉煤灰允许用于后张预应力钢筋混凝土构件及跨度小于 6m 的先张预应力钢筋混凝土构件,II 级粉煤灰主要用于普通钢筋混凝土和轻集料钢筋混凝土;III 级粉煤灰主要用于无筋混凝土。

粉煤灰品质指标和分类 表 29-152

序　号	指　　　标	粉煤灰级别		
		I	II	III
1	细度(0.080mm 方孔筛的筛余%)不大于	5	8	25
2	烧失量(%)不大于	5	8	15
3	需水量比(%)不大于	95	105	115
4	三氧化硫(%)不大于	3	3	3
5	含水率(%)不大于	1	1	不规定

注:代替细集料或用以改善和易性的粉煤灰不受此规定的限制。

2. 配合比设计步骤及方法

粉煤灰配合比设计方法见表 29-153。

粉煤灰配合比设计步骤与计算方法 表 29-153

计算步骤及方法与公式	符　号　意　义
1. 计算试配强度 粉煤灰混凝土的试配强度按下式计算: $$f_{cu,0} = f_{cu,k} + 1.645\sigma \quad (29\text{-}160)$$ 2. 进行普通混凝土基准配合比计算 计算步骤、方法与普通混凝土配合比计算相同。 3. 选用粉煤灰取代水泥率,计算粉煤灰混凝土的水泥用量 先按混凝土强度等级及水泥品种由表 29-154 选用粉煤灰取代水泥百分率 β_c,再按所选用的 β_c,由下式计算每立方米粉煤灰混凝土的水泥用量: $$m_c = m_{co}(1 - \beta_c) \quad (29\text{-}161)$$ 4. 选取粉煤灰超量系数 超量系数是指粉煤灰掺入量与其所取代水泥量的比值,可按表 29-155 选择粉煤灰超量系数(δ_c)。 5. 计算粉煤灰掺入量 按超量系数,由下式求出每立方米混凝土粉煤灰掺入量: $$m_f = \delta_c(m_{co} - m_c) \quad (29\text{-}162)$$	$f_{cu,0}$——混凝土配制强度(MPa); $f_{cu,k}$——混凝土立方体抗压强度标准值(MPa); σ——混凝土强度标准差(MPa),可查表 29-36,也可由式(29-9)计算; 1.645——保证率系数; m_c——每立方米粉煤灰混凝土的水泥用量(kg/m³); m_{co}——每立方米基准混凝土的水泥用量(kg/m³); β_c——粉煤灰取代水泥百分率(%); m_f——每立方米混凝土的粉煤灰掺入量(kg); δ_c——粉煤灰超量系数; m_{so}——每立方米基准混凝土的细集料用量(kg/m³); ρ_c——水泥密度(t/m³),一般取 2.9~3.1; ρ_f——粉煤灰的密度(t/m³); ρ_s——细集料的视密度(t/m³)

计算步骤及方法与公式	符号意义
6.计算细集料用量 　　计算出每立方米粉煤灰混凝土中水泥、粉煤灰和细集料的绝对体积,求出粉煤灰超出水泥部分的体积;按粉煤灰超出的体积,并扣除同体积的细集料(砂)用量,由下式计算细集料用量: $$m_s = m_{so} - \left(\frac{m_c}{\rho_c} + \frac{m_f}{\rho_f} - \frac{m_{co}}{\rho_c}\right)\rho_s \quad (29\text{-}163)$$ 7.确定粉煤灰混凝土用水量和粗集料用量 　　粉煤灰混凝土的用水量,按基准配合比的用水量取用,粗集料也同样按基准配合比取用,即: $$m_w = m_{wo} \quad (29\text{-}164)$$ $$m_g = m_{go} \quad (29\text{-}165)$$ 8.试配和调整,并确定施工配合比 　　根据计算的粉煤灰混凝土配合比,用与普通混凝土相同的方法,通过试配在保证设计所要求和易性的基础上,进行混凝土配合比的调整。再根据调整后的配合比,提出现场施工用的粉煤灰混凝土配合比	m_w——每立方米基准混凝土的用水量(kg/m³); m_{wo}——每立方米粉煤灰混凝土的用水量(kg/m³); m_g——每立方米基准混凝土的粗集料用量(kg/m³); m_{go}——每立方米粉煤灰混凝土的粗集料用量(kg/m³)

粉煤灰取代水泥百分率(β_c)　　　　　表 29-154

混凝土强度等级	普通硅酸盐水泥(%)	矿渣硅酸盐水泥(%)
C15 以下	15～25	10～20
C20	10～15	10
C25～C30	15～20	10～15

注:1.以 32.5 级水泥配制成的混凝土取表中下限值;以 42.5 级水泥配制的混凝土取上限值。

　　2.C20 以上的混凝土宜采用 Ⅰ、Ⅱ 级粉煤灰;C15 以下的素混凝土可采用Ⅲ级粉煤灰。

【例 29-15】 某钢筋混凝土柱,其混凝土设计强度等级为 C30,水泥采用 42.5 级普通硅酸盐水泥,标准差 $\sigma = 5$MPa,混凝土拌和物坍落度为 30～50mm;粗集料为碎石,其最大粒径为 20mm,细集料采用中砂,试设计粉煤灰混凝土配合比。

解:1.根据式(29-160)计算混凝土试配强度为:

$$f_{cu,0} = f_{cu,k} + 1.645\sigma = 30 + 1.645 \times 5 = 38.2(\text{MPa})$$

2.计算基准混凝土的材料用量

(1)由式(29-2)得水灰比为:

$$\frac{W}{C} = \frac{0.46 f_{ce}}{f_{cu,0} + 0.032 f_{ce}} = \frac{0.46 \times 1.13 \times 42.5}{38.2 + 0.032 \times 1.13 \times 42.5} = 0.56$$

(2)查表 29-32 得用水量:$m_{wo} = 195(\text{kg})$

由式(29-14)求得水泥用量:$m_{co} = 195/0.56 = 348(\text{kg})$

(3)查表 29-27 取砂率为 3%

(4)按体积法计算

砂子用量:$m_{so} = 649\text{kg/m}^3$

石子用量:$m_{go} = 1\,154\text{kg/m}^3$

(5)基准混凝土材料用量为:

$$m_{co} = 348\text{kg/m}^3; m_{so} = 649\text{kg/m}^3$$

$$m_{go}=1\ 154kg/m^3;m_{wo}=195(kg/m^3)$$

3. 粉煤灰混凝土配合比设计以基准混凝土为基础,用粉煤灰超量取代法进行计算调整

(1)按表29-154选取粉煤灰取代水泥率$\beta_c=0.15$。

(2)按取代水泥率由式(29-161)算出每立方米混凝土的水泥用量为:$m_c=348\times(1-0.15)=296kg$。

(3)查表29-155选取粉煤灰超量系数$\delta_c=1.5$。

粉煤灰超量系数(δ_c)　　　　　　　　　　　表29-155

序号	粉煤灰级别	超量系数(δ_c)
1	Ⅰ	1.0~1.4
2	Ⅱ	1.2~1.7
3	Ⅲ	1.5~2.0

注:C25以上混凝土取下限,其他强度等级混凝土取上限。

(4)按超量系数由式(29-162)算出每立方米混凝土的粉煤灰掺量:
$$m_f=1.5\times(348-296)=78(kg)$$

(5)计算水泥、粉煤灰和砂的绝对体积,求出粉煤灰超出水泥部分的体积,并扣除同体积砂的用量。取水泥密度$\rho_c=3.1t/m^3$,粉煤灰密度$\rho_f=2.2t/m^3$,砂子密度$\rho_s=2.65t/m^3$,由式(29-164)得:
$$m_s=m_{so}-\left(\frac{m_c}{\rho_c}+\frac{m_f}{\rho_f}-\frac{m_{co}}{\rho_c}\right)\rho_s=649-\left(\frac{296}{3.1}+\frac{78}{2.2}-\frac{348}{3.1}\right)\times2.65=599(kg)$$

(6)取$m_g=m_{go}$,$m_w=m_{wo}$得每立方米粉煤灰混凝土材料计算用量为:

$$m_c=296kg;\qquad m_s=599kg;\qquad m_g=1\ 154kg$$
$$m_f=78kg;\qquad m_w=195kg$$

4. 经试配调整得出设计配合比

因试配的粉煤灰混凝土的实测密度为2 410kg/m³(计算密度为2 322kg/m³),故得校正系数为:
$$\delta=\frac{2\ 410}{2\ 322}=1.04$$

由此得每立方米粉煤灰混凝土的材料用量为:

$$m_c=308kg;\qquad m_s=623kg;\qquad m_g=1\ 200kg$$
$$m_f=81kg;\qquad m_w=203kg$$

九、掺外加剂混凝土配合比设计计算

1. 掺引气剂混凝土配合比计算

不掺加引气剂的普通混凝土的含气量一般为1%~2%;掺加引气剂后,混凝土的含气量将增加至3%~5%,但混凝土的抗压强度有所降低。当混凝土中含气量每增加1%,混凝土的抗压强度相应下降4%~6%;坍落度和单位水泥用量不变时,水灰比可减少2%~4%,即单方用水量可减少4~6kg。

计算方法与"普通混凝土配合比计算"方法相同,采用体积法或质量法进行,但应对材料用量进行修正。

【例29-16】 某工程需配制C30掺引气剂混凝土,施工时采用机械搅拌,要求坍落度为50

~70mm,原材料为:水泥为 42.5 级普通水泥,$\rho_c=3.1t/m^3$;砂为中砂,$\rho_s=2.65t/m^3$;石子为卵石,最大粒径 40mm,$\rho_g=2.73t/m^3$;水为自来水,$\rho_w=1t/m^3$;引气剂为水泥用量的 0.02%,含气量为混凝土体积的 5%,试用体积法计算基准配合比。

解:(1)确定试配强度

按式(29-160)得:

$$f_{cu,0}=f_{cu,k}+1.645\sigma=30+8.2=38.2(MPa)$$

引气混凝土的含气量在普通混凝土含气量 1.5% 的基础上还应增加 $(5-1.5)\%=3.5\%$,则强度降低为 $5\times3.5\%=17.5\%$,因此需将试配强度 $f_{cu,0}$ 作修正:

$$f_{修}=\frac{38.2}{1-0.175}=46.3(MPa)$$

(2)计算水灰比

按式(29-2)计算水灰比:

$$\frac{W}{C}=\frac{0.48f_{ce}}{f_{cu,0}+0.158f_{ce}}=\frac{0.48\times1.13\times42.5}{38.2+0.158\times1.13\times42.5}=0.50$$

对照表 29-28,小于最大水灰比 0.65,可以。

(3)计算用水量

查表 29-32,$m_{wo}=170kg$,因掺引气剂,达到同样坍落度,可减水 $3\times3.5\%=10.5\%$,故经过修正后用水量为:

$$170-170\times10.5\%=152(kg)$$

(4)计算水泥用量

按式(29-3):

$$m_{co}=\frac{m_{wo}}{W/C}=\frac{152}{0.50}=304(kg)$$

对照表 29-28 复核,水泥用量符合耐久性要求。

(5)确定砂率

查表 29-27,选用 $\beta_s=30\%$

(6)计算砂石用量(用体积法):

用水量(体积)　　　　　　$V_w=152L$

水泥用量(体积)　　　　　$V_c=304/3.1=98(L)$

空气含量　　　　　　　　$V_{空气}=50(L)$

砂石体积:　　　　　　　$1000-(152+98+50)=700(L)$

解下列联立方程

$$\begin{cases}\dfrac{m_{so}}{2.65}+\dfrac{m_{go}}{2.73}=700\\[2mm]\dfrac{m_{so}}{m_{so}+m_{go}}=0.30\end{cases}$$

解之得:　　　　　　　　$m_{so}=568kg$

$$m_{go}=1325kg$$

引气剂用量 $0.02\times304=0.061(kg)=61(g)$。

(7)计算初步配合比

374

混凝土初步配合比计算结果如表 29-156 所示。

混凝土初步配合比 表 29-156

混凝土材料用量(kg/m³)					砂率 (%)	水灰比 (W/C)	坍落度 (mm)	含气量 (%)
水泥(42.5 级)	水	中砂	卵石(40mm)	引气剂				
304	152	568	1 325	0.061	30	0.50	50～70	5

2. 掺减水剂混凝土配合比计算

掺加减水剂的普通混凝土,其配合比设计原则和计算方法与不掺减水剂的普通混凝土基本相同,所不同的是掺入减水剂后混凝土性能显著得到改善,在保持混凝土强度和坍落度不变的情况下,可节约水泥 5%～10% 和降低用水量 10%～15%。

计算方法亦可以应用本章第一节"普通混凝土配合比计算"同样方法,采用体积法或质量法进行,但应对组成材料用量进行一定调整。

掺减水剂的混凝土用水量、水泥用量可按下式计算:

$$m_{wa} = m_{wo}(1 - \beta_1) \tag{29-166}$$
$$m_{ca} = m_{co}(1 - \beta_2) \tag{29-167}$$

式中:m_{wa}、m_{ca}——分别为每立方米掺减水剂混凝土中的用水量和水泥用量(kg);

m_{wo}、m_{co}——分别为每立方米未掺减水剂混凝土中的用水量和水泥用量(kg);

β_1、β_2——分别为减水剂的减水率(%)和减水泥率(%),由试验确定。

【例 29-17】 配制强度等级为 C30,掺 5% 复合早强减水剂 MS-F 的混凝土,要求坍落度为 30～50mm,原材料条件同(例 29-15),机械振捣,试用体积法计算配合比。

解:(1)先根据给定的条件,按体积法计算出不掺减水剂时的基准配合比为:

水泥:320kg　砂子:588kg　石子:1 372kg

水:160kg　砂率:30%　水灰比:0.50

(2)由于掺入 MS-F 减水剂(密度 2.2t/m³)后,在保持混凝土强度和坍落度不变的情况下,可减水 10%,节约水泥 10%,拌和物含气量达 4%。故需在原初步配合比的基础上进行调整,调整方法如下。

①调整用水量

$$m'_{wo} = m_{wo}(1 - 0.1) = 160 \times 0.9 = 144 \text{(kg)}$$

②调整水泥用量

$$m'_{co} = m_{co}(1 - 0.1) = 320 \times 0.9 = 288 \text{(kg)}$$

③调整砂率

因加入 5%MS-F 后,含气量为 4%,为提高混凝土质量,其砂率可减少 2%,则:

$$\beta_s = 30\% - 2\% = 28\%$$

④砂、石用量

$$\frac{m_{so}}{\rho_s} + \frac{m_{go}}{\rho_g} = 1\ 000 - \left(144 + \frac{288}{3.1} + \frac{14.4}{2.2} + 40\right) \approx 717 \text{(L)}$$

解下列联立方程:

$$\frac{m_{so}}{2.65} + \frac{m_{go}}{2.73} = 717$$

375

$$\frac{m_{go}}{m_{go}+m_{so}}=0.28$$

解之得：

$$m_{so}=543\text{kg}$$

$$m_{go}=1\,396\text{kg}$$

所以调整配合比如表 29-157 所示。

混凝土调整后初步配合比
表 29-157

混凝土材料用量(kg/m³)					砂率 （%）	水灰比 （W/C）	坍落度 （mm）	含气量 （%）
水泥（42.5级）	水	砂	碎石（40mm）	MS-F				
288	144	543	1396	14.4	28	0.50	30～50	4

第六节　混凝土浇筑强度及变形控制计算[2][3]

一、混凝土浇筑强度及时间计算

混凝土浇筑强度及时间计算见表 29-158。

混凝土浇筑强度及时间计算
表 29-158

项目	计算方法及公式	符号意义
浇筑强度	混凝土搅拌能力的配备应根据混凝土浇筑强度（即每小时浇筑混凝土量）而定，混凝土的最大浇筑强度可按下式计算： $$Q=\frac{F\times h}{t} \qquad (29\text{-}168)$$ 其中　　$t=t_1-t_2 \qquad (29\text{-}169)$	Q——混凝土最大浇筑强度（m³/h）； F——混凝土最大水平浇筑截面积（m²）； h——混凝土分层浇筑厚度，一般取 0.2～0.5（m）； t——每层混凝土浇筑时间（h）； t_1——水泥的初凝时间（h）； t_2——混凝土的运输时间（h）； T——全部混凝土浇筑完毕需要的时间（h）； V——全部混凝土浇筑量（m³）
浇筑时间	混凝土浇筑需要时间按下式计算： $$T=\frac{V}{Q} \qquad (29\text{-}170)$$	

【**例 29-18**】　有一长 30m、宽 20m、厚 0.9m 的曝气池基础，混凝土强度等级为 C30，由搅拌站用混凝土搅拌车运输至现场，运输时间为 0.5h（包括装、运、卸），混凝土初凝时间为 3h，采用插入式振捣器振捣，混凝土每层浇筑厚度为 30cm，要求连续一次浇筑完成不留施工缝，试求混凝土的浇筑强度和浇完所需时间。

解：基础面积：　　　　　　$F=30\times20=600(\text{m}^2)$

基础体积：　　　　　　　$V=600\times0.9=540(\text{m}^2)$

每层浇筑厚度：　　　　　$h=0.3\text{m}$

已知 $t_1=3\text{h}$，$t_2=0.5\text{h}$，则混凝土浇筑强度：

$$Q=\frac{F\times h}{t_1-t_2}=\frac{600\times0.3}{3-0.5}=72(\text{m}^3/\text{h})$$

浇完该设备基础所需时间为：

$$T=\frac{V}{Q}=\frac{540}{72}=7.5(\text{h})$$

即 7.5h 浇筑完毕。

二、混凝土搅拌机需要台数计算

混凝土搅拌机需要的台数计算示意见表29-159。

混凝土搅拌机需要台数计算　　　　　　　　　　　　表29-159

计 算 公 式	符 号 意 义
混凝土搅拌机需要用量按下式计算：$$N=\dfrac{V}{\left(\dfrac{60}{t_1+t_2}\right)\times q\times K\times K_B\times T} \quad (29\text{-}171)$$	N——混凝土搅拌机需要台数； V——每班混凝土需要总量（m^3/台班）； q——混凝土搅拌机容量（m^3）； t_1——搅拌机每拌混凝土的搅拌时间（min）； t_2——搅拌机每拌混凝土的出料时间（min）； K——搅拌机容量利用系数，取$K=0.9$； K_B——工作时间利用系数，取$K_B=0.9$； T——每班工作时间，一般取$7\sim8h$

【例 29-19】 每班需要混凝土总量为$90m^3$，选用搅拌机容量为$0.4m^3$，每班混凝土搅拌时间$t_1=2min$，出料时间$t_2=3.5min$，每班工作时间为7h，试计算搅拌机需要量。

解：由式（29-171）可得：

$$N=\dfrac{V}{\left(\dfrac{60}{t_1+t_2}\right)\times q\times K\times K_B\times T}=\dfrac{90}{\left(\dfrac{60}{2+3.5}\right)\times 0.4\times 0.9\times 0.9\times 8}=3.18$$

需要的搅拌机为 3 台。

三、混凝土投料量及掺外加剂用量计算

混凝土投料量及掺外加剂用量计算见表29-160。

混凝土投料量及掺外加剂用量计算　　　　　　　　　　　表29-160

项目	计 算 方 法 及 公 式	符 号 意 义
混凝土拌制投料量	(1)混凝土投料量计算 　　混凝土搅拌投料量应根据混凝土搅拌机出料容量和粗、细集料的实际含水率进行修正而定，同时应考虑在搅拌一罐混凝土时，省去水泥的配零工作量；水泥投入量尽可能以整袋水泥计，或按每5kg进级取整数。 　　混凝土搅拌机的出料容量在铭牌上有说明；材料的含水率修正按下式计算：$$m_h=(1+w)m_d \quad (29\text{-}172)$$	m_h——粗、细集料含水时的质量（kg）； m_d——粗、细集料干燥状态下的质量（kg）； w——粗、细集料的含水率（%）
掺外加剂用量	(2)计算掺外加剂用量的步骤 　　混凝土掺外加剂用量计算的步骤是：先按外加剂掺量求纯外加剂用量，再根据已知浓度外加剂，求实际浓度外加剂量。然后计算配成水溶液后的每袋水泥的溶液掺量即扣除溶液含水量后的加水量	

【例 29-20】 某钢筋混凝土肋形梁板，采用C20普通混凝土，设计质量配合比为：（水泥：砂：碎石）$=1:2.23:3.97$，水灰比$W/C=0.59$，水泥用量为$360kg/m^3$，施工现场测得砂的含水率3%，碎石含水率1%。施工时，采用J_4-1000强制式搅拌机搅拌，出料容量为1 000L，试计算搅拌机在额定生产条件下一次搅拌的各种材料投料量为多少？

解：其施工配合比及每立方米混凝土各种材料用量为：

施工配合比　$1 : 2.23 \times (1 + 3\%) : 3.97 \times (1 + 1\%) = 1 : 2.30 : 4.01$

每立方米各组成材料用量为：

水泥	306kg
砂	$306 \times 2.30 = 703.8 (\text{kg})$
碎石	$306 \times 4.01 = 1\,227.0 (\text{kg})$
水	$0.59 \times 306 - 2.23 \times 306 \times 0.03 - 3.97 \times 306 \times 0.01 = 147.9 (\text{kg})$

则混凝土搅拌机每次投料量为：

水泥	$306 \times 1.0 = 306 (\text{kg})$	取 300kg，用 6 袋水泥
砂	$300 \times 2.30 = 690 (\text{kg})$	
碎石	$300 \times 4.01 = 1\,203 (\text{kg})$	
水	$0.59 \times 300 - 2.23 \times 300 \times 0.03 - 3.97 \times 300 \times 0.01 = 145.0 (\text{kg})$	

【例 29-21】 条件同例【29-16】，现采用 J_1-400 自落式混凝土搅拌机拌制，出料容量为 260L，试计算搅拌机在额定生产条件下，一次搅拌的各种材料用量为多少？

解： 由例【29-16】，已知每立方米水泥用量为 307kg，则每一次可加入水泥量为 $307 \times 0.26 = 79.8$kg，为避免水泥配零工作，每拌和一次用一袋水泥（50kg），按水泥用量比例计，则每罐混凝土量为 $50/306 = 0.163$m³。

故混凝土搅拌机每次（罐）投料量为：

水泥	50kg
砂	$7\,038 \times 0.163 = 114.7 (\text{kg})$，取 115kg
碎石	$1\,227 \times 0.163 = 200 (\text{kg})$，取 200kg
水	$147.9 \times 0.163 = 24.1 (\text{kg})$，取 24kg

四、泵送混凝土浇筑施工计算[3]

混凝土输送泵车和搅拌运输车数量及输送能力计算见表 29-161。

混凝土输送泵车和搅拌运输车数量及输送能力计算　　表 29-161

项目	计算方法及公式	符号意义
混凝土泵车需用数量	混凝土输送泵车需要台数 N_1 可按下式计算： $N_1 = \dfrac{q_n}{q_{max}\eta}$　　(29-173)	N_1——混凝土泵车需用数量（台）； q_n——混凝土浇筑数量（m³/h）； q_{max}——混凝土输送泵车最大排量（m³/h）； η——泵车作业效率，一般取 0.5～0.7
混凝土搅拌运输车需用数量	每台混凝土输送泵车需配备混凝土搅拌运输车台数 N_2，可按以下两式计算： $N_2 = \dfrac{q_m}{60Q}\left(\dfrac{60l}{v} + t\right)$　　(29-174) $q_m = q_{max}\eta a$　　(29-175)	N_2——混凝土搅拌运输车需用数量（台）； q_m——泵车计划排量（m³/h）； Q——混凝土搅拌运输车容量（m³）； v——搅拌运输车车速（km/h），一般取 30km/h； l——搅拌站到施工现场往返距离（km）； t——由客观原因造成的停车时间（min），一个运输周期总停歇时间包括装卸、卸料、停歇、冲洗等； a——配管条件系数，可取 0.8～0.9

项目	计算方法及公式	符 号 意 义
泵车输送能力（最大输送距离和平均输送量）	泵车的输送能力是以单位时间内最大输送距离和平均输送量来表示的。在规划泵送混凝土时，应根据工程平面和场地条件确定泵车停放位置，并做好配管设计，使配管长度不超过泵车的最大输送距离。单位时间内的最大排出量与配管的换算长度密切相关（表29-162），配管的水平换算长度 L 可按下式计算： $$L=(l_1+l_2+\cdots)+k(h_1+h_2+\cdots)+f\cdot m+b\cdot n_1+t\cdot n_2 \quad (29\text{-}176)$$ 　在编制泵送作业设计时，应使泵送配管的换算长度小于泵车的最大输送距离。垂直换算长度应小于0.8倍泵车的最大输送距离。 　混凝土泵车的最大水平输送距离 L_{max}(m) 可由试验确定，或参照技术性能表（曲线）确定，或根据混凝土泵产生的最大混凝土压力确定，配管情况、混凝土性能指标和输出量按下式计算： $$L_{max}=\frac{P_{max}}{\Delta P_H} \quad (29\text{-}177)$$ $$\Delta P_H=\frac{2}{r}\left[k_1+k_2\left(1+\frac{t_2}{t_1}\right)v_0\right]a_0 \quad (29\text{-}178)$$ 　其中 $$k_1=(3.0-0.01S)\times10^2 \quad (29\text{-}179)$$ $$k_2=(4.0-0.01S)\times10^2 \quad (29\text{-}180)$$ 　当配管有水平管、向上垂直管或弯管等情况时，应先按表29-163进行换算，然后再用上两式计算。 　泵车的平均输出量 Q_A(m³/h) 一般是根据泵车的最大排出量、结合配管条件系数按下式计算： $$Q_A=q_{max}aE_t \quad (29\text{-}181)$$	l——配管的水平换算长度(m)； l_1,l_2——水平配管长度(m)； h_1,h_2——垂直配管长度(m)； m——软管根数(根)； n_1——弯管个数(个)； n_2——变径管个数(个)； k,f,b,t——分别为每米垂直管及每根软管、弯管、变径管的换算长度，见表29-163； p_{max}——混凝土泵产生的最大混凝土压力(Pa)，可从技术性能表中查出； ΔP_H——混凝土在水平输送管内流动产生的压力损失(Pa/m)； r——混凝土输送管半径(m)； K_1——粘着系数(Pa)； K_2——速度系数(Pa/m·s)； S——混凝土坍落度(cm)； t_2/t_1——分配阀切换时间与活塞推压混凝土之比，一般取0.3； v_0——混凝土拌和物在输送管内的平均流速，(m/s)； a_0——径向压力与轴向压力之比，对普通混凝土取0.9； L_{max}——混凝土泵车的最大水平输送距离(m)； q_{max}——泵车的最大排出量，可从技术性能表中查得，如DC-S115B型泵车为70m³/h； E_1——作业效率，根据混凝土搅拌车向混凝土泵供料的间歇时间，拆装混凝土输送管和布料停歇等情况，可取0.5～0.7。1台搅拌车供料取0.5；2台搅拌车同时供料取0.7；
混凝土泵需用数量	混凝土泵数量按下式计算： $$N_2=q_n/(q_mT) \quad (29\text{-}182)$$	q_m——每台混凝土泵的实际平均输出量(m³/h)； T——混凝土泵送施工作业时间(h)； Q_A——泵车的平均输出量(m³/h)； N_2——混凝土泵需用数量(台)； 其余符号意义同前

　泵送配管的换算长度与单位时间的最大排出量的关系见表29-162。

配管换算长度与最大排出量的关系　　　　　　　　　　　　　表 29-162

水平换算长度 (m)	最大排出量与设计 最大排出量对比(%)	水平换算长度 (m)	最大排出量与设计 最大排出量对比(%)
0～49	100	150～179	80～70
55～99	90～80	180～199	70～60
100～149	80～70	200～249	60～50

　注：1. 本表条件为混凝土坍落度12cm，水泥用量300kg/m³。

　　　2. 坍落度降低时，排出量对比值还应相应减少。

　各种配管与水平管的换算关系见表29-163。

项　　次	项　　目	管　型　规　格		换算成水平管长度(m)
1	向上垂直管 k (每 1m)	管径 100mm($4''$)		3
		管径 125mm($5''$)		4
		管径 150mm($6''$)		5
2	软管 f	每 5~8m 长的 1 根		20
3	弯管 b (每 1 个)	曲率 半径 $R=0.5$m	90°	12
			45°	6
			30°	4
			15°	2
		曲率 半径 $R=1.0$m	90°	9
			45°	4.5
			30°	3
			15°	1.5
4	变径管 t (锥形管) (每 1 根) $l=1~2$	管径 175→150mm		4
		管径 150→125mm		8
		管径 125→100mm		16

注：1.本表的条件是输送混凝土水泥用量在 300kg/m³ 以上,坍落度 21cm,当坍落度小时,换算率应适当增加。

2.向下垂直管,其水平换算长度等于其自身长度。

3.斜向配管时,根据其水平及垂直投影长度,分别按水平、垂直配管计算。

【例 29-22】　某沉砂池的基础厚 3.0m,混凝土体积为 1 790m³,施工时采取分层浇筑,每层厚为 30cm,混凝土浇灌量要求 $q_n=89.5$m³/h,拟采用 IPF-185B 型混凝土输送泵车浇筑,其最大输送能力(排量)$q_{max}=25$m³/h,作用效率 $\eta=0.6$,使用 JC6 型混凝土搅拌运输车运输,其装料容量 $Q=6$m³,车速 $v=30$km/h,往返运输距离 $l=10$km,试求需用混凝土输送泵车和混凝土搅拌运输车的台数。

解:求需用混凝土输送泵车台数,按式(29-173)为:

$$N_1=\frac{q_n}{q_{max}\eta}=\frac{89.5}{25\times0.6}=5.9(台)\quad 用 6 台$$

则,每台混凝土泵车需配备混凝土搅拌运输车台数,按式(29-174)为:

$$N_2=\frac{q_{max}\eta\,a}{60Q}\left(\frac{60l}{v}+t\right)=\frac{25\times0.6\times0.85}{60\times6}\times\left(\frac{60\times10}{30}+45\right)=2.3(台)\quad 用 3 台$$

故共需配备混凝土输送泵车 6 台、混凝土搅拌运输车 6×3=18 台。

【例 29-23】　同【例 29-22】条件,已知混凝土输送泵车产生的最大泵压 $p_{max}=4.71\times10^6$Pa,输送管直径为 125mm,每台泵车水平配管长度为 120m,装有 1 个软管,3 根弯管,2 根变径管;混凝土的坍落度 $S=18$cm,混凝土在输送管内的流速 $v=0.56$m/s,试计算混凝土输送泵的输送距离能否满足要求。

解:求配管的水平换算长度,按式(29-176)、式(29-179)和式(29-180)得:

$$L=l+fm+bn_1+tn_2=120+30\times1+12\times3+20\times2=226(m)$$

取

$$t_1/t_2=0.3;a_0=0.9$$

$$k_1=(3.0-0.01S)\times10^2=(3-0.01\times18)\times10^2=282(Pa)$$

$$k_2 = (4.0 - 0.01S) \times 10^2 = (4 - 0.01 \times 18) \times 10^2 = 382(\text{Pa})$$

再按式(29-178)得:

$$\Delta P_H = \frac{2}{r}\left[k_1 + k_2\left(1 + \frac{t_2}{t_1}\right)v_0\right]a_0 = \frac{2 \times 2}{0.125} \times [282 + 282 \times (1 + 0.3) \times 0.56] \times 0.9$$

$$= 16\,130(\text{Pa/m})$$

则,混凝土泵车的最大水平输送距离,按式(29-177)为:

$$L_{max} = \frac{p_{max}}{\Delta P_H} = \frac{4.71 \times 10^6}{16\,130} = 292(\text{m})$$

L_{max} 为 292m,大于 $L = 226$m,故能满足要求。

五、补偿收缩混凝土计算[3]

补偿收缩混凝土计算见表 29-164。

补偿收缩混凝土计算　　　　　　　　　　　　　　表 29-164

项目	计算方法及公式	符 号 意 义
性能要求	补偿收缩混凝土是用膨胀水泥或普通水泥掺入微膨胀剂与粗细集料和水配制而成。 补偿收缩混凝土的性能要求为: 限制膨胀率不小于 1.5×10^{-4}; 限制收缩率不大于 4.5×10^{-4}; 28d 抗压强度不小于 20MPa。 补偿收缩混凝土的最终变形按下式计算: $\Delta\varepsilon = e_{2m} - \sum S_m$　　　(29-183) 在不允许出现拉应力的结构构件中: $\Delta\varepsilon \geqslant 0$ 或 $e_{2m} = \sum S_m$　　　(29-184) 在不允许出现裂缝的结构构件中: $\Delta\varepsilon \leqslant |S_{lmax}|$ 或 $e_{2m} = \sum S_m - |S_{lmax}|$　　　(29-185)	$\Delta\varepsilon$——补偿收缩后的最终变形(即剩余变形); e_{2m}——限制膨胀率; $\sum S_m$——各种收缩率之和,在补偿干缩时,$\sum S_m = S_2$(干缩率);在同时补偿干缩与冷缩时,$\sum S_m = S_2 + S_T$(冷缩率); S_{lmax}——混凝土的极限延伸值,即混凝土出现裂缝的最大应变值(负值); S_2——干缩率; S_T——冷缩率

注:在配筋或其他限制下,混凝土产生的体积膨胀率称限制膨胀率;混凝土产生的体积收缩率称限制收缩率。

【例 29-24】 某补偿收缩钢筋混凝土水池底板,根据设计的混凝土强度等级、湿度及长期埋在地下的特点,已知混凝土干缩率 $S_2 = 5 \times 10^{-4}$,混凝土的极限延伸率 $S_{lmax} = -2 \times 10^{-4}$,不允许出现裂缝,试求限制膨胀率。

解:根据表 29-164 中公式,不允许出现裂缝时,$\Delta\varepsilon = S_{lmax}$,则:

$$e_{2m} = \Delta\varepsilon + \sum S_m = S_{lmax} + \sum S_m = S_{lmax} + S_2 = -2 \times 10^{-4} + 5 \times 10^{-4} = 3 \times 10^{-4}$$

故湿养护 14d 底板的限制膨胀率 e_{2m} 达到 3×10^{-4} 时,即可控制裂缝出现。

六、混凝土强度的换算与推算[3]

混凝土强度的换算与推算见表 26-165。

混凝土强度的换算与推算　　　　　　　　　　　　表 29-165

项目	计算方法及公式	符 号 意 义
混凝土强度的换算	(1)混凝土强度的换算 　　混凝土强度换算是施工中常遇到的技术问题,如已知混凝土 nd 的强度,需要推算出 28d 标准龄期强度或另一个龄期的强度等;或已知标准养护 28d 龄期的强度,需要推算出 nd 龄期的强度等。由大量试验知,混凝土强度增长情况大致与龄期的对数成正比例关系,其关系如下:	

项目	计算方法及公式	符 号 意 义
混凝土强度的换算	$f_n = f_{28} \lg n / \lg 28$ (29-186) $f_{28} = f_n \lg 28 / \lg n$ (29-187) 根据上式可由一个已知龄期的混凝土强度推算另一个龄期强度。上式只适用于在标准养护条件下，而且龄期大于（或等于）3d 的情况。采用普通水泥拌制的中等强度等级的混凝土，由于水泥品种、养护条件、施工方法等常有差异，混凝土强度发展与龄期的关系也不可能一致，故此只能作大致推算用	f_n——nd 龄期混凝土的抗压强度（MPa），$n>3$； f_{28}——28d 龄期混凝土的抗压强度（MPa）； $\lg 28$、$\lg n$——28 和 n（$n \not< 3$）的常用对数； f_7——7d 龄期混凝土的抗压强度（MPa）； r——常数，一般取 $r=1.5 \sim 3.0$，或由试验统计资料决定； f_n——任意一个后期龄期（常用龄期 14、28、60、90d 等）nd 的抗压强度（MPa）； f_a——前一个早龄期（常用龄期 3、4、5、7d 等）ad 的混凝土抗压强度（MPa）； f_b——后一个早龄期（常用龄期 7、8、10、14d 等）bd 的混凝土抗压强度（MPa）； $f_t(t)$——不同龄期的抗拉强度（MPa）； $f_t(28)$——龄期为 28d 的抗拉强度（MPa）； f_t——混凝土轴向抗拉强度（MPa）； f_c——混凝土立方体抗压强度（MPa）； a、b——常数值，a 大约在 0.3～0.4，b 大约在0.7 左右，国内科研单位试验得到的常数值，见表 29-167
混凝土强度的推算	（2）混凝土强度的推算 ① 利用 7d 抗压强度（f_7）推算 28d 抗压强度，可用以下相关经验公式计算： $$f_{28} = f_7 + r\sqrt{f_7} \quad (29\text{-}188)$$ ② 利用两个已知相邻早期抗压强度推算任意一个后期强度，可按以下经验公式计算： $$f_n = f_a + m(f_b - f_a) \quad (29\text{-}189)$$ m——常数值，按下式计算： $$m = \frac{\lg(1+\lg n) - \lg(1+\lg a)}{\lg(1+\lg b) - \lg(1+\lg a)} \quad (29\text{-}190)$$ 已知 a、b 值，推算 28d 强度的 m 值列于表 29-166 中，可直接查用。 ③ 利用已知 28d 的抗拉强度 $f_{t(28)}$ 推算不同龄期的抗拉强度，可按以下经验公式计算： $$f_t(t) = 0.8 f_t (\lg t)^{2/3} \quad (29\text{-}191)$$ 在计算中遇有弯拉、偏拉受力状态，考虑低拉应力区对高拉应力区"模箍作用"，应乘以 $\gamma=1.7$ 系数，借以表达抗拉能力的提高。 ④ 混凝土抗拉与抗压强度的关系，国内外进行了大量试验，可采用以下指数经验公式表示： $$f_t = a f_c^b \quad (29\text{-}192)$$ 或 $\lg f_t = \lg a + b \lg f_c$ (29-193)	

注：由大量试验知，混凝土抗拉强度与同龄期抗压强度的关系随不同条件而变化，其变化范围大约为 1/10～1/16，亦即混凝土的抗拉强度只有抗压强度的 1/10～1/16，它随着混凝土抗压强度的增长而增长。

利用 7d 强度推算 28d 强度时的参数 m 可根据表 29-166 取值。

推算 28d 强度的 m 值表   表 29-166

m b / a	4	6	7	8	10	12	14	16	18	21
2	3.04	2.02	1.81	1.66	1.47	1.35	1.26	1.2	1.15	1.09
3		2.73	2.28	2	1.67	1.48	1.35	1.26	1.19	1.12
4			3	2.46	1.91	1.63	1.45	1.33	1.24	1.14
5				3.22	2.24	1.81	1.56	1.4	1.29	1.17
6					2.72	2.04	1.7	1.49	1.34	1.2
7						2.37	1.87	1.59	1.41	1.23
8							2.1	1.72	1.48	1.27
9								1.87	1.57	1.31
10									1.68	1.35

国内科研单位试验得到的常数 a、b 值见表 29-167。

指数经验式的常数值

表 29-167

项 次	试 验 单 位	a	b	备 注
1	水力水电科学研究院	0.305	0.732	劈裂法
	刘家峡水电局	0.33	0.72	劈裂法
	中国建筑科学研究院	0.32	0.65	劈裂法
2	水利水电科学院研究院	0.55	0.68	轴拉法
	中国建筑科学研究院	0.72	0.633	轴拉法
	中国铁道科学研究院	0.72	0.633	轴拉法

【例 29-25】 已知一组普通水泥混凝土试块的 38d 平均抗压强度为 32.5MPa,试换算该组试块在标准养护条件下 28d 和 58d 达到的强度。

解:按式(29-186)、(29-187)得:

$$f_{28} = \frac{32.5 \times \lg 28}{\lg 38} = 29.77 \text{(MPa)}$$

$$f_{58} = \frac{29.77 \times \lg 58}{\lg 28} = 36.28 \text{(MPa)}$$

故换算的强度分别为 29.77MPa 和 36.28MPa。

【例 29-26】 已知一组普通水泥混凝土的 7d 平均抗压强度为 $f_{(7)} = 13.3$MPa,试推算该组试块在标准养护条件下 28d 达到的强度。

解:取 $r = 2.0$,按式(29-188)得 28d 的混凝土抗压强度为:

$$f_{28} = f_7 + r\sqrt{f_7} = 13.3 + 2.0 \times \sqrt{13.3} = 20.6 \text{(MPa)} \quad (\text{式中} \gamma \text{取} 2)$$

故推算的强度分别为 21.0MPa。

【例 29-27】 已知两组试块 3d 和 7d 的平均抗压强度分别为 7.5MPa 和 12.9MPa,试推算该两组试块在标准养护条件下 28d 达到的抗压强度。

解:已知各种常数 $a = 3, b = 7, m$ 值由式(29-190)得:

$$m = \frac{\lg(1 + \lg n) - \lg(1 + \lg a)}{\lg(1 + \lg b) - \lg(1 + \lg a)} = \frac{\lg(1 + \lg 28) - \lg(1 + \lg 3)}{\lg(1 + \lg 7) - \lg(1 + \lg 3)} = 2.28$$

或查表 29-166,得 $m = 2.28$。

按式(29-189)得 28d 的混凝土抗压强度为:

$$f_n = f_a + m(f_b - f_a) = 7.5 + 2.28 \times (12.9 - 7.5) = 19.81 \text{(MPa)}$$

故知,推算 28d 的混凝土抗压强度为 19.81MPa。

【例 29-28】 已知一组普通水泥混凝土的 28d 的平均抗拉强度 $f_t = 1.57$MPa,试推算该组试块在标准养护条件下 16d 达到的抗拉强度。

解:按式(29-191)得:

$$f_t(16) = 0.8 \times f_t (\lg t)^{2/3} = 0.8 \times 1.57 \times \frac{2}{3} \times \lg 16 = 1.01 \text{(MPa)}$$

故知,推算 16d 的抗拉强度为 1.01MPa。

【例 29-29】 已知一组普通水泥混凝土的 28d 的平均抗压强度 $f_c=18.5\text{MPa}$，试推算该组试块在标准养护条件下 28d 达到的抗拉强度。

解：取 $a=0.35, b=0.7$，按式 (29-192)、式 (29-193) 得混凝土的抗压强度为：

$$f_t = af_c^b = 0.35 \times 18.5^{0.7} = 2.698(\text{MPa})$$

或

$$\lg f_t = \lg a + b\lg f_c = \lg 0.35 + 0.7 \times \lg 18.5 = 0.431$$

$$f_t = 2.698\text{MPa}$$

故知，推算 28d 的抗拉强度为 2.698MPa。

七、混凝土弹性模量的推算[2]

混凝土弹性模量见表 29-168。

混凝土弹性模量（$\times 10^4 \text{MPa}$）　　　　　　　　　　表 29-168

项目	计算方法与公式	符 号 意 义
弹性模量的推算	混凝土的弹性模量可根据其强度等级值按下式计算： $$E_c = \dfrac{10^5}{2.2 + \dfrac{34.7}{f_{cu,k}}}\quad(29\text{-}194)$$ 潮湿状态下的 E_c 值比干燥时大，蒸汽养护混凝土时的 E_c 值比潮湿养护要降低 10%	E_c——混凝土的弹性模量（MPa）； $f_{cu,k}$——混凝土强度等级值（MPa），即混凝土抗压强度标准值

【例 29-30】 已知混凝土的强度等级值为 C25，试求其弹性模量值。

解：按式 (29-194) 得弹性模量值 E 为：

$$E_c = \frac{10^5}{2.2 + \dfrac{34.7}{f_{cu,k}}} = \frac{10^5}{2.2 + \dfrac{34.7}{25}} = 27\ 870.7(\text{MPa}) = 2.79 \times 10^4(\text{MPa})$$

按式 (29-194) 可求出与混凝土立方体抗压强度标准值相对应的弹性模量值列于表 29-169 中，以便计算使用时参考。

混凝土弹性模量（$\times 10^4 \text{MPa}$）　　　　　　　　　　表 29-169

混凝土强度等级	C15	C20	C25	C30	C35	C40	C45	C50	C55	C60	C65	C70	C75	C80
E_c	2.20	2.55	2.80	3.00	3.15	3.25	3.35	3.45	3.55	3.60	3.65	3.70	3.75	3.80

八、混凝土碳化深度计算[2]

空气中的 CO_2 气体渗透到混凝土内，与其碱性物质 $Ca(OH)_2$ 起化学反应生成碳酸盐和水，使混凝土碱度降低的过程称为混凝土碳化。当碳化深度超过混凝土的保护层时，在水和空气存在的条件下，就会使混凝土失去对钢筋的保护作用，使钢筋开始生锈。

混凝土的碳化深度可用多系数方程来计算，即：

$$D = \eta_1 \eta_2 \eta_3 \eta_4 \eta_5 \eta_6 \alpha \sqrt{t} \tag{29-195}$$

式中：$\eta_1 、\eta_2 、\eta_3 、\eta_4 、\eta_5 、\eta_6$——影响系数，见表 29-170；

$\quad\quad\ \alpha$——碳化速度系数，对普通混凝土 $\alpha = 2.32$；

$\quad\quad\ t$——碳化龄期（d）；

$\quad\quad\ D$——混凝土的碳化深度（mm）。

碳化影响系数　　　　　　　　　　　　　　　　　表 29-170

水泥用量 (kg/m³)	η_1	水灰比	η_2	粉煤灰掺量(%)	η_3	水泥品种	η_4	集料品种	η_5	养护方法	η_6
250	1.4	0.4	0.7	0	1	普硅 42.5	1	天然轻集料	1	标准养护	1
300	1	0.5	1	10	1.3	矿渣 42.5	1.35	人造轻集料	0.6	蒸汽养护	1.85
350	0.9	0.6	1.4	20	1.5	火山灰 42.5	1.35	卵石	0.55		
400	0.8	0.7	1.9	30	2	矿渣 32.5	1.5	普通砂	1		
500	0.7							破碎轻砂	1.4		
								珍珠岩砂	2		

【例 29-31】 某混凝土水池采用 42.5 级普通硅酸盐水泥配制混凝土,水泥用量为 300 kg/m³,水灰比为 0.5,用普通砂、石子,混凝土采用标准养护,混凝土龄期为 90d,试求碳化深度。

解: 由已知条件查表 29-170,$\eta_1 = \eta_2 = \eta_3 = \eta_4 = \eta_5 = \eta_6 = 1$,$\alpha = 2.32$,由式 29-195 得:

$$D = 1 \times 1 \times 1 \times 1 \times 1 \times 1 \times 2.32 \times \sqrt{90} = 22 \text{(mm)}$$

故知,墙、柱混凝土碳化深度为 22mm。

九、构件蒸汽养护计算[2]

蒸汽养护一般分预养、升温、恒温及降温四个阶段。预养是为使构件具有一定的初始强度,以防升温时产生裂缝。升温的速度与预养时间、混凝土的干硬度及模板情况有关,见表 29-171。此外还与构件的表面系数有关,表面系数 ≥6m⁻¹ 时,升温速度不得超过 15℃/h;表面系数 <6m⁻¹ 时,升温速度不得超过 10℃/h。蒸养时升温速度也可随混凝土初始温度的提高而增加,因此亦可以采用变速(渐快)升温和分段(递增)升温。

恒温温度及恒温时间的确定,主要取决于水泥品种、水灰比及对脱模的强度要求,参考值见表 29-172。

升温速度限制参考值(℃/h)　　　　　　　　　　　　　表 29-171

预养时间(h)	干硬度(S)	刚性模型密封养护	带模养护	脱模养护
>4	>30	不限	30	20
	<30	不限	25	—
<4	>30	不限	20	15
	<30	不限	15	—

恒温时间(h)参考表　　　　　　　　　　　　　　　　　表 29-172

恒温温度		95℃			80℃			60℃		
水灰比		0.4	0.5	0.6	0.4	0.5	0.6	0.4	0.5	0.6
硅酸盐水泥	达设计强度70%	—	—	—	4.5	7	10.5	9	14	18
	达设计强度50%	—	—	—	1.5	2.5	4	4	6	10
矿渣硅酸盐水泥	达设计强度70%	5	7	10	8	10	14	13	17	20
	达设计强度50%	2.5	3.5	5	3	5	8	6	9	12
火山灰硅酸盐水泥	达设计强度70%	4	6	10	6.5	9	11	11	13	16
	达设计强度50%	2	3.5	4	3.5	6.5	6.5	6.5	8.5	10.5

注:1. 当采用普通硅酸盐水泥时,养护温度不宜超过 80℃。
　　2. 当采用矿渣硅酸盐水泥时,养护温度可提高到 85℃~90℃。

蒸汽养护参数计算见表29-173。

蒸汽养护参数计算

表29-173

项目	计算方法及公式	符号意义
升温时间计算	1.升温时间计算 升温时间可由下式计算： $$T_1 = \frac{t_0 - t_1}{v_1} \qquad (29\text{-}196)$$	T_1——升温时间(h)； t_0——恒温温度(℃)； t_1——车间温度(℃)； v_1——升温速度(℃/h)
降温时间计算	2.降温时间计算 降温时间可由下式计算： $$T_2 = \frac{t_0 - t_2}{v_2} \qquad (29\text{-}197)$$	T_2——降温时间(h)； t_0——恒温温度(℃)； t_2——出坑允许最高温度(℃)； v_2——坑内的降温速度(℃/h)，表面系数≥$6m^{-1}$时，取 $v_2 \leqslant 10℃/h$；表面系数≤$6m^{-1}$时，取 $v_2 \leqslant 5℃/h$
出坑允许最高温度	3.出坑允许最高温度计算 出坑允许最高温度 t_2(℃)，一般可按下式计算： $$t_2 = t_1 + \Delta t \qquad (29\text{-}198)$$	t_1——车间内温度(℃)； Δt——构件与车间的允许最大温度差(℃)，对采用密封养护的构件，取 $\Delta t = 40℃$；对一般带模养护构件，取 $\Delta t = 30℃$；对脱模养护构件，取 $\Delta t = 20℃$；对厚大构件或薄壁构件，Δt 取值比以上值再降低5~10℃
养护制度的确定	4.养护制度的确定 蒸汽养护制度一般用简式表达，称为蒸汽养护制度表达式。如预养3h，升温3h，恒温5h(恒温温度95℃)，降温2h，则蒸汽养护制度表达式为： <p align="center">3+3+5(95℃)+2(h) (29-199)</p>	
养护强度的确定	5.养护强度的确定 采用不同水泥品种，不同温度蒸汽养护的混凝土强度增长情况见表29-174，已知恒温加热时间和温度，即可从该表预估达到的强度情况。表29-174虽指恒温阶段(温度上升至预期的最高温度予以恒定)的强度增长情况，但从表中取用强度的比例时，可适当考虑升温和降温阶段的加热影响	

【例29-32】 某混凝土构件采用硅酸盐水泥配制，水灰比为0.5，干硬度40S，经预养1h后带模进行蒸养，出坑强度要求达到设计强度的70%，已知坑内的降温速度为15℃/h时，车间温度为20℃，试拟定蒸养制度的试验方案。

解：(1)确定升温速度：查表29-171得升温速度 v_1 为20℃/h；

(2)确定恒温温度及恒温时间，查表29-172，取恒温温度 $t_0 = 80℃$，恒温时间为7h；

(3)确定升温时间(T_1)，按式(29-196)得：

$$T_1 = \frac{t_0 - t_1}{v_1} = \frac{80 - 20}{20} = 3(h)$$

(4)确定降温时间(T_2)：构件与车间的允许最大温度差 Δt 取30℃，则出坑允许最高温度 $t_2 = t_1 + \Delta t = 20 + 30 = 50(℃)$，由式(29-197)得：

$$T_2 = \frac{t_0 - t_2}{v_2} = \frac{80 - 50}{15} = 2(h)$$

于是可得到一个蒸养制度方案，即：

3+3+7(80℃)+2(h)

为在试验中进行比较，再拟定两个方案。一般是在原定方案的基础上只改变恒温时间，如果恒温温度为80℃，应增减恒温时间2h，如恒温温度为95℃，则增减恒温时间1h。

本例所拟定的另外两个蒸养制度方案是：

$$3+3+5(80℃)+2(h)$$
$$3+3+9(80℃)+2(h)$$

按上述三个方案进行比较试验，选取最佳方案，如果三个方案均还不理想，则可对恒温温度在5℃范围内调整，此时用补插法查表29-171。如果调整后还不理想，则应在调整混凝土的配合比后重新试验。

恒温阶段蒸汽养护的混凝土强度增长情况见表29-174。

蒸汽养护的混凝土强度（$\% f_{28}$） 表29-174

养护时间(h)	当水泥品种和混凝土温度(℃)为																
	普通水泥					矿渣水泥						火山灰水泥					
	40	50	60	70	80	40	50	60	70	80	90	40	50	60	70	80	90
8	—	—	24	28	35	—	—	—	32	35	40	—	—	30	40	53	72
12	20	27	32	32	44	—	26	32	43	50	63	—	22	38	52	67	82
16	25	32	40	40	50	20	30	40	53	62	75	16	28	45	60	75	90
20	29	40	47	47	58	27	39	48	60	83		22	35	50	67	83	96
24	34	49	50	50	62	30	46	54	66	77	90	27	40	56	70	88	100
28	39	50	55	61	68	36	50	60	71	83	94	30	43	60	75	90	
32	42	52	60	66	71	40	55	65	75	87	97	35	47	63	80	93	
36	46	58	64	70	75	43	60	68	80	90	100	39	50	67	82	96	
40	50	60	68	73	80	48	63	70	83	93		42	53	70	85	100	
44	54	65	70	75	82	51	66	75	86	96		44	55	73	87		
48	57	66	72	80	85	53	70	80	90	100		46	58	76	90		
52	60	68	74	82	87	57	71	82	91			50	60	78	90		
56	63	70	77	83	88	59	75	84	93			51	62	80	92		
60	66	73	80	84	89	61	77	87	97			52	64	82	93		
64	68	76	81	85	90	63	80	89	99			55	66	83	95		
68	69	77	82	86	90	66	81	90	100			56	68	84	95		
72	70	79	83	87	90	67	82	91				58	69	85	95		

【例29-33】 有一批构件，混凝土采用普通水泥配制，用蒸汽加热养护27h，平均温度为76.2℃，试预计养护后可达到的混凝土强度。

解：构件共蒸汽养护27h，而表中仅有24h和28h的数值，因此需进行三次直线插值计算。

养护24h，温度为76.2℃时为：

$$56+\frac{62-56}{80-70}\times(76.2-70)=59.7$$

养护28h，温度为76.2℃时为：

$$61+\frac{68-61}{80-70}\times(76.2-70)=65.3$$

故此，养护27h，温度76.2℃时应为：

$$59.7+\frac{65.3-59.7}{28-24}\times(27-24)=63.9$$

故知，蒸汽养护后的混凝土强度预计可达到$63.9\% f_{28}$。

第三十章 大体积混凝土裂缝控制的计算[2]

第一节 混凝土温度变形值计算

混凝土温度变形值计算见表 30-1。

混凝土温度变形值的计算　　　　　　　　　　表 30-1

项目	计算方法及公式	符 号 意 义
温度变形值	混凝土结构在温度变化时，其结构的伸长或缩短的变形值与长度、温度成正比例关系，并与材料的性质有关，一般可按式(30-1)计算： $$\Delta L = L(t_2 - t_1)\alpha \qquad (30\text{-}1)$$	ΔL——随温度变化而伸长或缩短的变形值(mm)； L——结构长度(mm)； $t_2 - t_1$——温度差(℃)； α——材料的线膨胀系数，混凝土为 1.0×10^{-5}；钢材为 12×10^{-6}；砖砌体为 0.5×10^{-5}

【例 30-1】 现浇混凝土梁，长度为 18m，已知温度为 25℃，试求其温度产生的变形值。

解： 温度变形值由式(30-1)得：

$$\Delta L = L(t_2 - t_1)\alpha = 18\,000 \times 25 \times 1.0 \times 10^{-5} = 4.50(\text{mm})$$

故该底板的温度变形值为 4.50mm。

第二节 混凝土和钢筋混凝土极限拉伸值计算

混凝土和钢筋混凝土极限拉伸值计算见表 30-2。

混凝土和钢筋混凝土极限拉伸值计算　　　　　　　　　　表 30-2

项目	计算方法及公式	符 号 意 义
极限拉伸值	混凝土和钢筋混凝土的极限拉伸是指这种材料的最终相对拉伸变形。混凝土和钢筋混凝土的抗拉能力，很大程度取决于混凝土的极限拉伸。混凝土的极限拉伸值为 1.0×10^{-4}，一般在 $(0.7\sim1.6)\times10^{-4}$。混凝土的极限拉伸与配筋有关，工程实践证明，适当、合理的配筋(例如配筋细而密)，可以提高混凝土的极限拉伸和抗裂性，钢筋混凝土不考虑徐变影响的极限拉伸值，可按经验公式(30-2)计算： $$\varepsilon_{pa} = 0.5 f_t\left(1 + \frac{\rho}{d}\right) \times 10^{-4} \qquad (30\text{-}2)$$	ε_{pa}——钢筋混凝土的极限拉伸； f_t——混凝土的抗拉设计强度(MPa)； ρ——截面配筋为 $\rho\times100$，例如配筋率为 0.2%，则 $\mu=0.2$； d——钢筋直径(cm)

【例 30-2】 某钢筋混凝土梁采用混凝土的强度等级为 C20，$f_t=1.1$MPa，配筋 $\mu=0.25$，采用钢筋直径 $d=16$mm，试求钢筋混凝土底板的极限拉伸值。

解： 底板的极限拉伸值，由式(30-2)得：

$$\varepsilon_{pa} = 0.5 f_t\left(1 + \frac{\rho}{d}\right) \times 10^{-4} = 0.5 \times 1.1\left(1 + \frac{0.25}{1.6}\right) \times 10^{-4} = 0.64 \times 10^{-4}$$

故钢筋混凝土筏式底板的极限拉伸值为 0.64×10^{-4}。

第三节　混凝土热工性能计算

混凝土热工性能计算见表 30-3。

混凝土热工性能计算　　　　　　　　表 30-3

项目	计算方法及公式	符 号 意 义
混凝土导热系数	(1)混凝土导热系数计算 混凝土导热系数指在单位时间内,热流通过单位面积和单位厚度混凝土介质时混凝土介质两侧为单位温差时热量的传导率。它是反映混凝土传导热难易程度的一种系数。导热系数以式(30-3)表示: $$\lambda = \frac{Q\delta}{(T_1-T_2)A\tau} \quad (30\text{-}3)$$ 当 $T_1-T_2=1℃,A=1m^2,\tau=1h,\delta=1m$ 时,则 $\lambda=Q[1.16W/(m \cdot K)]$。 式(30-3)中导热系数要通过试验求得,但它取决于水泥、粗细集料及水本身的热工性能。如已知混凝土各组成材料的质量百分比,并利用已知材料的热工性能表,混凝土的导热系数亦可通过加权平均法由式(30-4)计算: $$\lambda = \frac{1}{p}(p_c\lambda_c+p_s\lambda_s+p_g\lambda_g+p_w\lambda_w) \quad (30\text{-}4)$$ 一般普通混凝土的导热系数 $\lambda=2.33\sim3.49W/(m \cdot K)$;轻质混凝土的导热系数 $\lambda=0.47\sim0.70W/(m \cdot K)$。 影响导热系数的主要因素是集料的用量,集料本身的热工性能、混凝土的温度及其含水率。密度小的轻混凝土和泡沫混凝土的导热系数小。含水率大的混凝土比含水率小的混凝土导热系数大(表 30-4)	λ——混凝土导热系数[W/(m・K)]; Q——通过混凝土厚度为 δ 的热量(J); δ——混凝土厚度(m); T_1-T_2——温度差(℃); A——面积(m^2); τ——时间(h); p,p_c,p_s,p_g,p_w——分别为混凝土、水泥、砂、石、水的每立方米混凝土所占的百分比(%); $\lambda_c,\lambda_s,\lambda_g,\lambda_w$——分别为混凝土、水、砂、石、水的导热系数[W/(m・K)];
混凝土比热容	(2)混凝土比热容计算 单位质量的混凝土,其温度升高1℃所需的热量,称为混凝土的比热容,可按式(30-5)计算: $$c = \frac{1}{p}(p_cc_c+p_sc_s+p_gc_g+p_wc_w) \quad (30\text{-}5)$$ 普通混凝土的比热容一般取 $0.84\sim1.05kJ/(kg \cdot K)$	c_c,c_s,c_g,c_w——分别为混凝土、水、砂、石、水的比热容[kJ/(kg・K)]; ρ——混凝土的密度(kg/m^3),随集料的表观密度、级配、石子粒径、含气量、混凝土配合比以及干湿程度等因素而变化,其中影响最大的为集料的性质。普通混凝土的密度约为 2 300～2 450kg/m^3;钢筋混凝土约为 2 450～2 500kg/m^3;新拌混凝土的密度经验值参见表 30-5;
混凝土扩散系数	(3)混凝土热扩散系数计算 混凝土的热扩散系数(又称导温系数)是反映混凝土在单位时间内热量扩散的指标,可按下式计算: $$\alpha = \frac{\lambda}{C\rho} \quad (30\text{-}6)$$ 普通混凝土的热扩散系数为 $(0.56\sim1.68)\times10^{-6}$ m^2/s。 各种集料及混凝土的热工作性能见表 30-6～表 30-8	α——混凝土导温系数(m^2/h)(也称热扩散系数)。影响导温系数的因素有集料的种类和用量,集料密度小或用量大。混凝土的导温系数一般为 $0.56\times10^{-6}\sim1.68\times10^{-6}m^2/s$

项目	计 算 方 法 及 公 式	符 号 意 义
混凝土热膨胀系数	(4)混凝土热膨胀系数计算 　混凝土的热膨胀系数系指线膨胀系数。混凝土线膨胀系数为单位温度变化导致混凝土单位长度的变化。混凝土的体积随着温度的变化而热胀冷缩。混凝土的体积膨胀率为其线膨胀系数的 3 倍。 　混凝土的热膨胀系数亦可以按各组成材料的热膨胀系数加权平均值按式(30-7)计算： $$\alpha_c = \frac{\alpha_p E_p V_p + \alpha_s E_s V_s + \alpha_g E_g V_g}{E_p V_p + E_s V_s + E_g V} \quad (30\text{-}7)$$	α_c——混凝土的线膨胀系数； α_p——水泥石的线膨胀系数； α_s——砂的线膨胀系数； α_g——石子的线膨胀系数； E_p——水泥石的弹性模量； E_s——砂的弹性模量； E_g——石子的弹性模量； V_p——混凝土中水泥石的体积比； V_s——混凝土中砂的体积比，$V_s = 1 - V_p - V_g$； V_g——混凝土中石子的体积比，$V_g = 1 - V_p - V_s$
说明	水的膨胀系数约为 $210 \times 10^{-6}/℃$，高于水泥石的热膨胀系数十多倍，所以水泥石的线膨胀系数取决于它本身的含水率，变动范围为 $11 \times 10^{-6} \sim 20 \times 10^{-6}/℃$。一般取砂和石子相同的线膨胀系数，统称集料的膨胀系数，变动范围为 $5 \times 10^{-6} \sim 13 \times 10^{-6}/℃$。 　混凝土的热膨胀系数主要随粗集料的性质和用量而变化，而与含水程度关系不大，烘干的和含饱和水的混凝土似乎有相等的热膨胀系数。 　普通混凝土的热膨胀系数大约为 $(6 \sim 13) \times 10^{-6}/℃$，一般平均值为 $10 \times 10^{-6}/℃$。 　混凝土常用集料的热工性能见表 30-6。各种混凝土的热工性能见表 30-7	

不同含水状态混凝土的导热系数　　　　　表 30-4

含水率(体积%)	0	2	4	8
$\lambda[\mathrm{W/(m \cdot K)}]$	1.28	1.86	2.04	2.33

新拌混凝土密度的经验数值　　　　　表 30-5

石子最大粒径(mm)	10	20	25	40	50	60
普通混凝土(kg/m³)	2 330	2 370	2 380	2 400	2 410	2 430

各种集料的热工性能(温度 20℃)　　　　　表 30-6

集料种类	相对密度	导热系数 $[\mathrm{W/(m \cdot K)}]$	比热容 $[\mathrm{kJ/(kg \cdot K)}]$	热扩散系数 $(10^{-6}\mathrm{m^2/s})$	热膨胀系数 $(10^{-5}/℃)$
石英	2.635	5.175	0.733	2.70	10.2~13.4
花岗岩	—	2.91~3.08	0.716~0.787		5.5~8.5
白云岩	—	4.12~4.30	0.804~0.837		6~10
石灰岩	2.67~2.70	2.66~3.23	0.749~0.846	1.28~1.43	3.64~6.0
长石	2.555	2.33	0.812	1.13	0.88~16.7
大理石	2.704	2.45	0.875	1.05	4.41
玄武岩	2.695	1.71	0.766~0.854	0.75	5~75
砂岩	—	—	0.712	—	10~12

注:水的热膨胀系数为 $210 \times 10^{-6}/℃$。

种类	集料		质量密度 (kg/m³)	导热系数 [W/(m·K)]	比热容 [kJ/(kg·K)]	热扩散系数 (10⁻⁶m²/s)	热膨胀系数 (10⁻⁵/℃)	温度范围
	细集料	粗集料						
重混凝土	磁铁矿		4 020	2.44～3.02	0.75～0.84	0.784～1.036	8.9	≈300℃
	赤铁矿		3 860	3.26～4.65	0.80～0.84	1.092～1.512	7.6	
	重晶石		3 640	1.16～1.40	0.54～0.59	0.588～0.756	16.4	
普通混凝土	—	石英岩	2 430	3.49～3.61	0.88～0.96	1.586～1.736	12～15	10～30℃
	—	白云岩	2 450	3.14～3.26	0.92～1.00	1.344～1.428	5.8～7.7	
	—	白云岩	2 500	3.26～3.37	0.96～1.00	1.33～1.42	—	
	—	花岗岩	2 420	2.56	0.92～0.96	—	8.1～9.1	
	—	流纹岩	2 340	2.09	0.92～0.96	0.924 2	—	
	—	玄武岩	2 510	2.09	0.96	0.868～0.896	7.6～10.4	
	河砂	石	2 300	2.09	0.92	0.70		
轻混凝土	河砂	轻石	600～1 900	0.63～0.79	—	0.392～0.524	—	—
	轻砂	轻石	900～1 600	0.50		0.364	7～12	
泡沫混凝土	水泥—硅质系		500～800	0.22～0.24	—	0.252	8	7～14
	石灰—硅质系							

【例 30-3】 已知某混凝土的配合比及有关材料的热工性能如表 30-8 所示,试求混凝土的导热系数。

混凝土组成材料	水泥	砂	石	水	总计
质量比(kg)	275	834	1 106	185	2 400
百分比(%)	11.46	34.75	46.08	7.71	100
材料导热系数 λ[W/(m·K)]	2.218	3.082	2.908	0.600	—
比热容 c[kJ/(kg·K)]	0.536	0.745	0.708	4.187	—

解:按式(30-4)得混凝土的导热系数为:

$$\lambda = \frac{1}{p}(p_c\lambda_c + p_s\lambda_s + p_g\lambda_g + p_w\lambda_w)$$

$$= \frac{1}{100}(11.46 \times 2.218 + 34.75 \times 3.082 + 46.08 \times 2.908 + 7.71 \times 0.600)$$

$$= 2.71[W/(m·K)]$$

故混凝土的导热系数为 2.71W/(m·K)。

【例 30-4】 条件同【例 30-3】,试求混凝土的比热容。

解:按式(30-5)得混凝土的比热容为:

$$c = \frac{1}{p}(p_c c_c + p_s c_s + p_g c_g + p_w c_w)$$

$$= \frac{1}{100}(11.46 \times 0.536 + 34.75 \times 0.745 + 46.08 \times 0.708 + 7.71 \times 4.18)$$

$$= 0.97[kJ/(kg·K)]$$

故混凝土的比热容为 0.97kJ/(kg·K)。

【例 30-5】 条件同【例 30-3】，试求混凝土的导温系数。

解：按式(30-6)混凝土的导温系数为：

$$\alpha = \frac{\lambda}{C\rho} = \frac{2.71}{0.97 \times 2\,400} = 0.001\,16(\text{W} \cdot \text{m}^2/\text{kJ}) = 1.16 \times 10^{-6}(\text{m}^2/\text{s})$$

故混凝土的导温系数为 $1.16 \times 10^{-6}\text{m}^2/\text{s}$。

第四节　混凝土拌和温度和浇筑温度

混凝土拌和温度和浇筑温度计算见表 30-9。

混凝土拌和温度和浇筑温度计算　　　　　　　　　　　　　　表 30-9

项目	计算方法及公式	符 号 意 义
混凝土拌和温度计算	1. 混凝土拌和温度的计算 混凝土拌和温度(称出机温度)的计算方法如下： (1) 简化计算法——原理是拌和前混凝土原材料的总热量与拌和后流态混凝土总热量相等，则混凝土的拌和温度可按式(30-8)计算： $$T_0 = \frac{c_s T_s m_s + c_g T_g m_g + c_c T_c m_c + c_w T_w m_w}{m_s + m_g + m_c + m_w + w_s + w_g}$$ $$+ \frac{c_w T_s w_s + c_w T_g w_g}{m_s + m_g + m_c + m_w + w_s + w_g} \quad (30\text{-}8)$$ 式(30-8)中若令 $c_s = c_g = c_c = 0.84\text{kJ}/(\text{kg} \cdot \text{K})$，$c_w = 4.2\text{kJ}/(\text{kg} \cdot \text{K})$，经化简和修正后得： $$T_0 = \frac{0.22(T_s m_s + T_g m_g + T_c m_c) + T_w m_w}{0.2(m_s + m_g + m_c) + m_w + w_s + w_g}$$ $$+ \frac{T_s w_s + T_g w_g}{0.22(m_s + m_g + m_c) + m_w + w_s + w_g} \quad (30\text{-}9)$$ (2) 表格 BT 计算法——本法原理和简化计算法相同，其基本关系式可用式(30-10)表达： $$T_0 \sum mc = \sum T_i mc \quad (30\text{-}10)$$ 则： $$T_0 = \frac{\sum T_i mc}{\sum mc} \quad (30\text{-}11)$$ (3) 规程 BT 计算法——按《建筑工程冬期施工规程》(JGJ/T 104—2011)附录 A，提出混凝土拌和物温度可按式(30-12)计算： $$T_0 = [0.92(m_c T_c + m_s T_s + m_g T_g) + 4.2 T_w (m_w - w_s m_s - w_g m_g) + c_1(w_s m_s T_s + w_g m_g T_g) - c_2(w_s m_s + w_g m_g)] \div [0.92(m_c + m_s + m_g) + 4.2 m_w] \quad (30\text{-}12)$$	T_0——混凝土的拌和温度(℃)； T_s、T_g——砂、石子的温度(℃)； T_c、T_w——水泥、拌和用水的温度(℃)； m_c、m_s、m_g——水泥、扣除含水率的砂及石子的质量(kg)； m_w、w_s、w_g——水及砂、石子中游离水的质量(kg)； c_c、c_s、c_g、c_w——水泥、砂、石子及水的比热容[kJ/(kg·K)]； T_0——混凝土的拌和温度(℃)； m——各种材料的质量(kg)； c——各种材料的比热容[kJ/(kg·K)]； T_i——各种材料的初始温度(℃)； c_1——为水的比热容[kJ/(kg·K)]； c_2——冰的熔解热(kJ/kg)； 当集料温度大于 0℃ 时，$c_1 = 4.2$；$c_2 = 0$。当集料温度小于或等于 0℃ 时，$c_1 = 2.1$；$c_2 = 335$。 m_c——掺和料用量(kg)； T_s——掺和料温度(℃)。 其余符号意义同前
混凝土浇筑温度计算	2. 混凝土浇筑温度计算 混凝土的浇筑温度一般可按式(30-13)计算： $$T_p = T_0 + (T_a - T_0)(\theta_1 + \theta_2 + \theta_3 + \cdots + \theta_n) \quad (30\text{-}13)$$	T_p——混凝土的浇筑温度(℃)； T_0——混凝土的拌和温度(℃)； T_a——混凝土运输和浇筑时的室外温度(℃)； θ_1、θ_2、θ_3、…、θ_n——温度损失系数，按以下规定取用： (1) 混凝土装卸和运转，每次 $\theta = 0.032$； (2) 混凝土运输时，$\theta = At$，t 为运输时间(min)，A 如表 30-10 所示； (3) 浇筑过程中，$\theta = 0.003t$，t 为浇筑时间(min)

项目	计算方法及公式	符号意义
说明	在表格计算法中,式(30-10)等式的右侧是按各种原材料分别计算,原材料用量可根据试验室提供的施工混凝土配合比采用;材料温度可按实测资料或根据施工时的气温预估,然后相加,再按式(30-11)即可得出混凝土的拌和温度。为便于计算和检查,可制成表格,如本节【例30-7】	

混凝土运输时冷量(或热量)损失计算A值　　　　表 30-10

项次	运 输 工 具	混凝土容积(m^3)	A
1	搅拌运输车	6.0	0.004 2
2	自卸汽车(开敞式)	1.0	0.004 0
3	自卸汽车(开敞式)	1.4	0.003 7
4	自卸汽车(开敞式)	2.0	0.003 0
5	自卸汽车(封闭式)	2.0	0.001 7
6	长方形吊斗	0.3	0.002 2
7	长方形吊斗	1.6	0.001 3
8	圆柱形吊斗	1.6	0.000 9
9	双轮手推车(保温、加盖)	0.15	0.007 0
10	双轮手推车(本身不保温)	0.75	0.010 0

【例 30-6】 某桥台混凝土配合比为:水泥 $m_c = 300kg$,砂 $m_s = 626kg$,石子 $m_g = 1\ 270kg$,水 $m_w = 180kg$,砂含水率 $w_s = 4.5\%$,石子含水率 $w_g = 1\%$,经现场测试水泥和水的温度 $T_c = T_w = 23℃$,砂的温度 $T_s = 28℃$,石子的温度 $T_g = 26℃$,已知水泥、砂、石子的比热容 $c_c = c_s = c_g = 0.84kJ/(kg \cdot K)$,水的比热容 $c_w = 4.2kJ/(kg \cdot K)$,试求搅拌后混凝土拌和物的温度。

解:砂中含水质量 $w_s = 626 \times 4.5\% = 28.2(kg)$

石子中含水质量 $w_g = 1\ 270 \times 1\% = 13(kg)$

扣除砂、石子中含水率后应加水量 $m_w = 180 - 28.2 - 13 = 138.8(kg)$

根据已知条件,混凝土的拌和温度按式(30-9)为:

$$T_0 = \frac{0.22(T_s m_s + T_g m_g + T_c m_c) + T_w m_w + T_s w_s + T_g w_g}{0.2(m_s + m_g + m_c) + m_w + w_s + w_g}$$

$$= \frac{0.22(28 \times 626 + 26 \times 1\ 270 + 300 \times 23) + 23 \times 138.8 + 28 \times 28.2 + 26 \times 13}{0.2(626 + 1\ 270 + 300) + 138.8 + 28.2 + 13}$$

$$= \frac{16\ 898.2}{663.12} = 25.5(℃)$$

故知搅拌后混凝土的拌和温度为 25.5℃。

【例 30-7】 条件同【例 30-6】,试用表格计算法求搅拌后混凝土拌和物的温度。

解:将【例30-6】中有关数据制成表格形式列入表 30-11 中,即:

混凝土拌和温度计算表　　　　表 30-11

材料名称	质量 m(kg) (1)	比热容 c[kJ/(kg・K)] (2)	热当量 W_c(kJ/℃) (3)=(1)×(2)	温度 T_i(℃) (4)	热量 $T_i mC$(kJ) (5)=(3)×(4)
水泥	300	0.84	252	23	5 796
砂	626	0.84	526	28	14 728

材料名称	质量 m(kg) (1)	比热容 c[kJ/(kg·K)] (2)	热当量 W_c(kJ/℃) (3)=(1)×(2)	温度 T_i(℃) (4)	热量 T_imC(kJ) (5)=(3)×(4)
石子	1 270	0.84	1 067	26	17 742
砂中含水率5%	28.2	4.2	118	23	2 714
石子含水率1%	13	4.2	55	23	1 265
拌和水	138.8	4.2	583	23	13 409
合计	2 376		2 601		65 654

注:1. 表中配合比取自试验室提供实际资料。

　　2. 砂、石子的种类是扣除游离水分后的净重。

根据表格计算结果,再按式(30-11)可得出混凝土拌和温度为:

$$T_0 = \frac{\sum T_i mc}{\sum mc} = \frac{(5)}{(3)} = \frac{65\,654}{2\,601} = 25.24(℃)$$

计算结果可知搅拌后混凝土的拌和温度为25.24℃,与计算法相比相差仅1%,但表格法较清楚易懂。

【例30-8】 条件同【例30-6】,试用规程计算法求混凝土拌和物的温度。

解:由题意已知 $c_1 = 4.2$;$c_2 = 0$。

按式(30-12)计算得:

$$T_0 = [0.92(m_c T_c + m_s T_s + m_g T_g) + 4.2T_w(m_w - w_s m_s - w_g m_g) +$$
$$c_1(w_s m_s T_s + w_g m_g T_g) - c_2(w_s m_s + w_g m_g)] \div [0.92(m_c + m_s + m_g) + 0.42m_w]$$

即:$T_0 = [0.92(300×23 + 626×28 + 1\,270×26) + 4.2×23(180 - 0.045×626 - 0.01×$
$1\,270) + 4.2(0.045×626×28 + 0.01×1\,270×26)] \div [0.92(300 + 626 + 1\,270)$
$+ 4.2×180]$

$= 70\,992/2\,776.3 = 25.57(℃)$

由计算结果,可知按式(30-12)计算所得的温度与按式(30-9)计算所得的温度完全相同,但式(30-9)计算过程较为简便。

【例30-9】 某工程在夏季浇筑大型体积筏板式基础,所用混凝土的原材料经预冷后,在混凝土拌和时的温度 $T_0 = 15℃$,施工现场气温 $T_a = 29℃$,装卸和运转的时间为3min,用开敞式自卸翻斗汽车运输12min后到达现场,装入容积1.6m³长方形吊斗内,再用吊车起吊下料所需时间为10min,最后振捣,平仓至混凝土整体浇筑完毕需时间为60min,试计算该基础的混凝土最后浇筑温度为多少?

解:先求出各项温度损失系数值:

装卸、转运、卸料　　　　　　$\theta_1 = 0.032×3 = 0.096$

自卸汽车运输　　　　　　　　$\theta_2 = 0.003\,0×12 = 0.003\,6$

起吊方形吊斗下料　　　　　　$\theta_3 = 0.001\,3×10 = 0.013$

平仓振捣混凝土　　　　　　　$\theta_4 = 0.003×60 = 0.180$

$$\sum_{i=1}^{4} \theta_i = 0.096 + 0.003\,6 + 0.013 + 0.180 = 0.293$$

按式(30-13)得:　　　$T_p = 15 + (29 - 15)×0.293 = 19.1(℃)$

如不计入平仓、振捣时间:

$$\sum_{i=1}^{3}\theta_i = 0.096 + 0.0036 + 0.013 = 0.113$$

按式(30-13)得：　　　　$T_p = 15 + (29 - 15) \times 0.113 = 16.6(℃)$

第五节　水泥水化热和混凝土水化热绝热温升值及混凝土内部实际最高温升值的计算

水泥水化过程中，放出的热量称为水化热。当结构截面尺寸小，热量散失快，水化热可不考虑。但对大体积混凝土，混凝土在凝固过程中聚集在内部热量散失很慢，常使温度峰值很高。而当混凝土内部冷却时就会收缩，从而在混凝土内部产生拉应力。假若超过混凝土的极限抗拉强度时，就可能在内部裂缝，而这些内部裂缝又可能与表面干缩裂缝连通，从而造成渗漏甚至破坏，所以对大体积混凝土的水化热问题应给予高度重视。水泥水化热和混凝土水化热绝热升温值及混凝土内部实际最高温升值计算见表30-12。

水泥水化热、混凝土水化热绝热温升值及混凝土内部实际最高温升值计算　　　表30-12

项目	计算方法及公式	符号意义
水泥水化热计算	(1)水泥水化热计算 某一龄期水泥水化热值可按下式计算： $$Q_t = a_t C_3 S + b_t C_2 S + c_t C_3 A + d_t C_4 AF$$ (30-14) 按式(30-14)算出的水化热为熟料的估算值，此值应乘以不同品种水泥所含熟料的百分数，方可得出该品种水泥的水化热估算值。 其中 Q_t 取一年时间的累计水化热值，即为水泥的水化热总量 Q	Q_t——td 的水泥累计水化热值(J/g)； a_t、b_t、c_t、d_t——水泥中各水化物质在 td 的累计水化热值，可查表 30-13 得出； $C_3 S$、$C_2 S$、$C_3 A$、$C_4 AF$——水泥热料中产生水化热的各种矿物含量，可根据不同水泥品种的化学成分查出其组成量，即各种矿物在热料中的百分比； $T_{(t)}$——浇完一段时间 t，混凝土的绝热温升值(℃)； m_c——每立方米混凝土水泥用量(kg/m³)； Q——每千克水泥水化热量(J/g)，可查表 30-14 求得； c——混凝土的比热为 0.84～1.05 kJ/(kg·K)，一般取 0.96kJ/(kg·K)； ρ——混凝土的密度，取 2400kg/m³； e——常数，为 2.718； t——龄期(d)； m——与水泥品种比表面、浇捣时温度有关的经验系数，由表 30-15 查得，一般取 0.2～0.4； T_{max}——混凝土最大水化热温升值，即最终温升值； T'_{max}——混凝土内部中心最高温度(℃)； T_0——混凝土的浇筑入模温度(℃)
混凝土水化热绝热温升值计算	(2)混凝土水化热绝热温升值计算 假定结构物四周没有任何散热和热损失条件，水泥水化热全部转化成温升后的温度值，则混凝土的水化热绝对温升值一般可按下式计算： $$T_{(t)} = \frac{m_c Q}{c\rho}(1 - e^{-mt})\qquad(30\text{-}15)$$ $$T_{max} = \frac{m_c Q}{c\rho}\qquad(30\text{-}16)$$ 为计算方便 e^{-mt} 及 $1 - e^{-mt}$ 值列于表30-16中，可供查用	

项目	计 算 方 法 及 公 式	符 号 意 义
混凝土内部实际最高温升值计算	(3)混凝土内部实际最高温升值计算 根据大量的测试资料,不同浇筑结构厚度与混凝土最终绝热温升的关系 ζ 如表 30-17 所示,不同龄期混凝土水化热温升曲线与浇筑厚度的关系如表 30-18 所示。因此,混凝土内部的中心温度可按下式计算: $$T'_{max} = T_0 + T_{(t)}\zeta \qquad (30\text{-}17)$$	$T_{(t)}$——在 t 龄期时混凝土的绝热温升(℃); ζ——不同浇筑块厚度的温降系数,$\zeta = T_m/T_h$,按表 30-17 和表 30-18 查用; T_h——混凝土的最终绝热温升值(℃); T_m——混凝土由水化热引起的实际温升(℃)
说明	大体积混凝土的绝热温升与水泥的品种、用量和混凝土配合比有密切关系。因此可以通过选择合适的水泥品种和配合比,使用减水剂、粉煤灰掺料,降低水泥用量、浇灌速度和拌和物温度,以及采用人工冷却等措施来加以控制	

水泥热料中单矿物水化热物质发热量(21℃)   表 30-13

水化热物质	水化热(J/g)				
	3d	7d	28d	90d	一年
$a_t(C_3S)$	242.8	221.9	376.8	435.4	489.9
$b_t(C_2S)$	50.2	41.9	104.7	175.9	225.1
$c_t(C_3A)$	887.6	1 557.5	1 377.5	1 302.1	1 168.1
$d_t(C_4AF)$	288.9	494.0	494.0	410.3	376.8

每千克水泥水化热量 Q 表 30-14

品　　种	水化热量 Q(J/kg)				
	22.5	27.5	32.5	42.5	52.5
普通硅酸盐水泥	201	243	289	377	461
矿渣硅酸盐水泥	188	205	247	335	

注:火山灰水泥粉煤灰硅酸盐水泥的发热宜可参照砂渣硅酸盐水泥的数值。

计算水化热温升时的 m 值   表 30-15

浇筑温度(℃)	5	10	15	20	25	30
m(1/d)	0.295	0.318	0.340	0.362	0.384	0.406

为计算方便,将 e^{-mt} 及 $1-e^{-mt}$ 值列入表 30-16 中,以便查用。

$1-e^{-mt}/e^{-mt}$ 值   表 30-16

浇筑温度(℃)	m	龄 期 (d)								
		1	2	3	4	5	6	7	8	9
5	0.295	0.256	0.446	0.587	0.693	0.771	0.830	0.873	0.906	0.930
		0.744 5	0.554	0.412 7	0.307 3	0.228 8	0.170 3	0.126 8	0.094 4	0.070 3
10	0.318	0.272	0.471	0.615	0.720	0.796	0.852	0.892 0	0.921	0.943
		0.727 6	0.529 4	0.385 2	0.280 3	0.203 9	0.148 4	0.108 0	0.078 6	0.057 2

浇筑温度 (℃)	m	龄　期　(d)								
		1	2	3	4	5	6	7	8	9
15	0.340	0.288	0.493	0.639	0.743	0.817	0.870	0.907	0.934	0.953
		0.711 8	0.506 6	0.360 6	0.256 7	0.182 7	0.130 0	0.092 6	0.065 4	0.046 9
20	0.362	0.304	0.515	0.662	0.765	0.836	0.886	0.921	0.945	0.962
		0.696 3	0.484 8	0.337 6	0.235 0	0.163 7	0.114 0	0.079 3	0.055 2	0.038 5
25	0.384	0.319	0.536	0.684	0.785	0.853	0.900	0.932	0.954	0.968
		0.681 1	0.463 9	0.316 0	0.215 2	0.146 6	0.099 9	0.068 0	0.046 3	0.031 6
30	0.406	0.334	0.556	0.704	0.803	0.869	0.913	0.942	0.961	0.974
		0.666 3	0.444 0	0.295 8	0.197 1	0.131 3	0.087 5	0.058 3	0.038 9	0.025 9

浇筑温度 (℃)	m	龄　期　(d)								
		10	11	12	13	14	15	16	17	18
5	0.295	0.948	0.961	0.971	0.978	0.984	0.988	0.991	0.993	0.995
		0.052 3	0.039 0	0.029 0	0.021 6	0.016 1	0.012 0	0.008 9	0.006 6	0.004 9
10	0.318	0.958	0.970	0.978	0.984	0.988	0.992	0.994	0.996	0.997
		0.041 6	0.030 3	0.022 0	0.016 0	0.011 7	0.008 5	0.006 2	0.004 5	0.003 3
15	0.340	0.967	0.976	0.983	0.988	0.991	0.994	0.996	0.997	0.998
		0.033 4	0.023 8	0.016 9	0.012 0	0.008 6	0.006 1	0.004 3	0.003 1	0.002 2
20	0.362	0.973	0.981	0.987	0.991	0.994	0.996	0.997	0.998	0.999
		0.026 8	0.018 7	0.013 0	0.009 0	0.006 3	0.004 4	0.003 1	0.002 1	0.001 5
25	0.384	0.979	0.985	0.990	0.993	0.995	0.997	0.998	0.999	0.999
		0.021 5	0.014 6	0.010 0	0.006 8	0.004 6	0.003 2	0.002 2	0.001 5	0.001 0
30	0.406	0.983	0.989	0.992	0.995	0.997	0.998	0.999	0.999	0.999
		0.017 3	0.011 5	0.007 7	0.005 1	0.003 4	0.002 3	0.001 5	0.001 0	

注：表中分母为 e^{-mt} 值；分子为 $1-e^{-mt}$ 值。

不同浇筑块厚度与混凝土绝热温升的关系(ζ值)　　　　　　　　表 30-17

浇筑块厚度(m)	1.0	1.5	2.0	2.5	3.0	4.0	5.0	6.0
ζ	0.36	0.49	0.57	0.65	0.68	0.74	0.79	0.82

不同龄期水化热温升与浇筑块厚度的关系　　　　　　　　表 30-18

浇筑块厚度 (m)	不同龄期(d)时的ζ值									
	3	6	9	12	15	18	21	24	27	30
1.0	0.36	0.29	0.17	0.09	0.05	0.03	0.01			
1.25	0.42	0.31	0.19	0.11	0.07	0.04	0.03			
1.50	0.49	0.46	0.38	0.29	0.21	0.15	0.12	0.08	0.05	0.04
2.50	0.65	0.62	0.59	0.48	0.38	0.29	0.23	0.19	0.16	0.15
3.00	0.68	0.67	0.63	0.57	0.45	0.36	0.30	0.25	0.21	0.19
4.00	0.74	0.73	0.72	0.65	0.55	0.46	0.37	0.30	0.25	0.24

注：本表适用于混凝土浇筑温度为 20～30℃的工程。

【例 30-10】 用 32.5 级(425 号)矿渣水泥配制混凝土。已知：$m_c = 275 kg/m^3$，$Q = 335J/kg$，$c = 0.96J/(kg \cdot K)$，$\rho = 2\,400 kg/m^3$，求混凝土最高水化热绝热温度及 1d、3d、7d 的水化热绝热温度。

解：(1)混凝土最高水化热绝热温度按式(30-16)得：

$$T_{max} = \frac{m_c Q}{c\rho} = \frac{275 \times 335}{0.96 \times 2\,400} = 39.98(℃)$$

(2)混凝土 1d、3d、7d 的水化热绝热温度，按式(30-15)得：

$$T_{(t)} = \frac{m_c Q}{c\rho}(1 - e^{-mt}) = 39.98(1 - 2.718^{-0.3t})，(式中 m 取 0.3)$$

当 $t = 1$ 　　　　$T_{(1)} = 39.98(1 - 2.718^{-0.3 \times 1}) = 10.35(℃)$

　　　　　　　　$\Delta T_1 = T_{(1)} - 0℃ = 10.35(℃)$

当 $t = 3$ 　　　　$T_{(3)} = 39.98(1 - 2.718^{-0.3 \times 3}) = 23.72(℃)$

　　　　　　　　$\Delta T_3 = T_{(3)} - T_{(1)} = 13.37(℃)$

当 $t = 7$ 　　　　$T_{(7)} = 39.98(1 - 2.718^{-0.3 \times 7}) = 35.08(℃)$

　　　　　　　　$\Delta T_7 = T_{(7)} - T_{(3)} = 11.36(℃)$

【例 30-11】 某设备基础底板长 60.8m、宽 30.5m、厚 3.0m，采用 C20 混凝土，每立方米混凝土水泥用量为 275kg，采用 32.5 级(425 号)普通水泥，水化热为 377kJ/kg，混凝土浇筑温度为 24℃，支模采用模板，外包两层草垫，混凝土比热 c 取 0.96kJ/(kg·K)，试计算不同龄期时混凝土的内部温度。

解：混凝土的最终绝热温升按式(30-16)得：

$$T_h = \frac{m_c Q}{c\rho} = \frac{275 \times 377}{0.96 \times 2\,400} = 45(℃)$$

查表 30-18 的温降系数 ζ 可求得不同龄期的水化热温升为：

$t = 3d$ 　　　$\zeta = 0.68$ 　　　$T_h\zeta = 45 \times 0.68 = 30.6(℃)$

$t = 6d$ 　　　$\zeta = 0.67$ 　　　$T_h\zeta = 45 \times 0.67 = 30.2(℃)$

$t = 9d$ 　　　$\zeta = 0.63$ 　　　$T_h\zeta = 45 \times 0.63 = 28.4(℃)$

$t = 12d$ 　　$\zeta = 0.57$ 　　　$T_h\zeta = 45 \times 0.57 = 25.7(℃)$

　　　　　　⋮　　　　　⋮　　　　　　⋮

　　　　　　⋮　　　　　⋮　　　　　　⋮

$t = 30d$ 　　$\zeta = 0.19$ 　　　$T_h\zeta = 45 \times 0.19 = 8.6(℃)$

按式(30-17)得混凝土内部的中心温度为：

$$T_{(3)} = T_0 + T_{(t)}\zeta = 24 + 30.6 = 54.6(℃)$$

$$T_{(6)} = 24 + 30.2 = 54.2(℃)$$

$$T_{(9)} = 24 + 28.4 = 52.4(℃)$$

$$T_{(12)} = 24 + 25.7 = 49.7(℃)$$

$$⋮ \quad ⋮ \quad ⋮ \quad ⋮$$

$$⋮ \quad ⋮ \quad ⋮ \quad ⋮$$

$$T_{(30)} = 24 + 8.6 = 32.6(℃)$$

第六节　混凝土收缩值和收缩当量温差及各龄期混凝土弹性模量的计算

各龄期混凝土收缩值、收缩当量温差及各龄期混凝土弹性模量的计算见表 30-19。

各龄期混凝土收缩值、收缩当量温差及各龄期混凝土弹性模量的计算　　　　表 30-19

项目	计算方法及公式	符号意义
混凝土收缩值计算	**1. 各龄期混凝土收缩值计算** 在标准状态下混凝土最终收缩（即极限收缩）量，以结构相对收缩变形表示为： $$\varepsilon_y^0(\infty) = 324 \times 10^{-6} = 3.24 \times 10^{-4} \quad (30\text{-}18)$$ 各龄期混凝土的收缩变形随许多具体条件和因素的差异而变化，一般可用下列指数函数表达式进行收缩值的计算。 标准状态下混凝土任意龄期的收缩变形值为： $$\varepsilon_{y(t)}^0 = \varepsilon_y^0(1 - e^{-bt}) \times 10^{-4} \quad (30\text{-}19)$$ 非标准状态下混凝土任意龄期的收缩变形值为： $$\varepsilon_{y(t)} = \varepsilon_y^0(1 - e^{-bt}) \times M_1 \times M_2 \times M_3 \times \cdots \times M_n$$ $$(30\text{-}20)$$	$\varepsilon_{y(t)}^0$——标准状态下混凝土任意龄期(d)的收缩变形值； ε_y^0——标准状态下最终收缩值（即极限收缩值），取 3.24×10^{-4}； $\varepsilon_{y(t)}$——非标准状态下混凝土任意龄期(d)的收缩变形值； e——常数，为 2.718； b——经验系数，取 0.01； t——混凝土浇筑后至计算时的天数(d)； $M_1、M_2、M_3、\cdots、M_n$——考虑各种非标准条件，与水泥品种细度、集料品种、水灰比、水泥浆量、养护条件、环境相对湿度、构件尺寸、混凝土捣实方法、配筋率等有关的修正系数，按表 30-20 取用；
混凝土收缩当量温差计算	**2. 各龄期混凝土收缩当量温差计算** 混凝土收缩当量温差是将混凝土干燥收缩与自身收缩产生的变形值，换算成相当于引起等量变形所需要的温度，以便按温差计算温度应力。 混凝土的收缩变形转换成当量温差按式(30-21)计算： $$T_{y(t)} = -\frac{\varepsilon_{y(t)}}{\alpha} \quad (30\text{-}21)$$	$T_{y(t)}$——任意龄期(d)混凝土收缩当量温差(℃)，负号表示降温； $\varepsilon_{y(t)}$——各龄期(d)混凝土的收缩相对变形值； α——混凝土的线膨胀系数，取 1.0×10^{-5}；
混凝土弹性模量计算	**3. 各龄期混凝土弹性模量计算** 各龄期混凝土的弹性模量按式(30-22)计算： $$E_{(t)} = E_c(1 - e^{-0.09t}) \quad (30\text{-}22)$$ 混凝土的抗拉弹性模量与抗压弹性模量之比值约为 0.96~0.97，前者比后者略低一些，由于两者比值接近于 1，为了实用方便起见，通常取两者相等	$E_{(t)}$——混凝土从浇筑后至计算时的弹性模量(MPa)，计算温度应力时，一般取平均值； E_c——混凝土的最终弹性模量(MPa)；可近似取 28d 的混凝土弹性模量，按表 30-21 取用

【例 30-12】　已知某现浇钢筋混凝土墙板，沿墙板纵向配筋率为 0.2%，混凝土为 C20，用矿渣水泥配制，水泥细度为 3 000，水灰比为 0.6，集料为花岗岩，机械振捣，水力半径的倒数 $\bar{r} = L/A = 0.2$，混凝土墙板保持良好的潮湿养护，试计算龄期为 15d 的混凝土收缩变形值。

解：由已知条件和表 30-20 知，$M_1 = 1.25$，$M_2、M_3、M_5、M_8、M_9$ 均为 1，$M_4 = 1.42$，$M_6 = 0.93$，$M_7 = 0.7$，$M_{10} = 0.95$，取 $\varepsilon_y^0 = 3.24 \times 10^{-4}$，则混凝土的收缩的变形值按式(30-20)为：

$$\varepsilon_{y(15)} = 3.24 \times 10^{-4} \times (1 - e^{-0.15}) \times 1.25 \times 1.42 \times 0.93 \times 0.7 \times 0.95 = 0.495 \times 10^{-4}$$

计算后，可知龄期为 15d 的混凝土收缩变形值为 0.495×10^{-4}。

【例 30-13】　条件同【例 30-12】，试计算龄期为 15d 的收缩当量温差。

解：由【例 30-12】已计算得到：$\varepsilon_{y(15)} = 0.495 \times 10^{-4}$，将它代入式(30-21)得：

$$T_{y(t)} = -\frac{\varepsilon_{y(t)}}{\alpha} = -\frac{0.495 \times 10^{-4}}{10 \times 10^{-6}} \approx -4.95 \approx -5(℃)$$

故知 15d 龄期的收缩当量温差为 −5℃。

混凝土收缩变形不同条件影响修正系数　　　　表 30-20

水泥品种	M_1	水泥细度	M_2	集料	M_3	水灰比	M_4	水泥浆量(%)	M_5
矿渣水泥	1.25	1 500	0.9	砂岩	1.9	0.2	0.65	15	0.9
快硬水泥	1.12	2 000	0.93	砾砂	1.0	0.3	0.85	20	1.0
低热水泥	1.10	3 000	1.0	无粗集料	1.0	0.4	1.0	25	1.2
石灰矿渣水泥	1.0	4 000	1.13	玄武岩	1.0	0.5	1.21	30	1.45
普通水泥	1.0	5 000	1.35	花岗岩	1.0	0.6	1.42	35	1.75
火山灰水泥	1.0	6 000	1.68	石灰岩	1.0	0.7	1.62	40	2.1
抗硫酸盐水泥	0.78	7 000	2.05	白云岩	0.95	0.8	1.80	45	2.55
矾土水泥	0.52	8 000	2.42	石英岩	0.8			50	3.03

$t(d)$	M_6	$W(\%)$	M_7	$\bar{r}$	M_8	操作方法	M_9	$\dfrac{E_a A_a}{E_b A_b}$	M_{10}
1	$\frac{1.1}{1}$	25	1.25	0	$\frac{0.54}{0.21}$	机械振捣	1.0	0.0	1.0
2	$\frac{1.1}{1}$	30	1.18	0.1	$\frac{0.76}{0.78}$	手工振捣	1.1	0.05	0.85
3	$\frac{1.09}{0.98}$	40	1.1	0.2	$\frac{1}{1}$	蒸汽养护	0.85	0.1	0.76
4	$\frac{1.07}{0.96}$	50	1.0	0.3	$\frac{1.03}{1.03}$	高压釜处理	0.54	0.15	0.68
5	$\frac{1.04}{0.94}$	60	0.88	0.4	$\frac{1.2}{1.05}$			0.2	0.61
7	$\frac{1}{0.9}$	70	0.77	0.5	$\frac{1.13}{}$			0.25	0.55
10	$\frac{0.96}{0.89}$	80	0.7	0.6	$\frac{1.4}{—}$				
14~180	$\frac{0.93}{0.84}$	90	0.54	$\frac{0.7}{0.8}$	$\frac{1.43}{1.44}$				

注:1.分子为自然状态下硬化,分母为加热状态下硬化。

　　2.式中:t——混凝土浇灌后初期养护时间(d);

　　　　W——环境相对湿度(%);

　　　　$\bar{r}$——水力半径的倒数(cm^{-1}),为构件截面周长(L)与截面积(A)之比,$\bar{r} = \dfrac{L}{A}$;

$E_a A_a / E_b A_b$——配筋率;

　　　　E_a——钢筋的弹性模量(MPa);

　　　　A_a——钢筋的截面面积(mm^2);

　　　　E_b——混凝土的弹性模量(MPa);

　　　　A_b——混凝土的截面面积(mm^2)。

【例 30-14】 试计算 C20 混凝土浇筑 15d 后的弹性模量为多少？

解：已知混凝土强度等级为 C20，查表 30-21 得知 $E_c = 2.55 \times 10^4 \text{MPa}$，又知 $t = 15\text{d}$，则 15d 的弹性模量可按式(30-22)求得，即：$E_{(t)} = E_c(1 - e^{-0.09t})$ 将上式数值代入左式，得：$E_{(15)} = 2.55 \times 10^4 \times (1 - 2.718^{-0.09 \times 15}) = 1.89 \times 10^4 (\text{MPa})$。

混凝土的弹性模量 E_c 表 30-21

项次	混凝土强度等级 （MPa）	弹性模量 （MPa）	项次	混凝土强度等级 （MPa）	弹性模量 （MPa）
1	C7.5	1.45×10^4	8	C40	3.25×10^4
2	C10	1.75×10^4	9	C45	3.35×10^4
3	C15	2.20×10^4	10	C50	3.45×10^4
4	C20	2.55×10^4	11	C55	3.55×10^4
5	C25	2.80×10^4	12	C60	3.60×10^4
6	C30	3.0×10^4	13	C80	3.80×10^4
7	C35	3.15×10^4			

第七节　混凝土徐变变形和应力松弛系数计算

一、混凝土徐变变形计算

混凝土结构在外荷载等于常量的情况下，变形随时间缓慢增加的现象称徐变。徐变变形是微裂的压缩及颗粒间滑动而形成。它是在常量荷载作用下除了弹性变形外产生的一种非弹性变形。

不同材质的混凝土，因所处条件的差异具有不同的徐变特性。标准状态下，单位应力的最终徐变变形称为"徐变度"，以 C^0 表示，见表 30-22，它是混凝土加荷龄期和持续时间的函数。

标准极限徐变度 表 30-22

混凝土强度等级（MPa）	$C^0 \times (10^{-6})$	混凝土强度等级（MPa）	$C^0 \times (10^{-6})$
C10	8.84	C40	7.40
C15	8.28	C50	6.44
C20	8.04	C60～C90	6.03
C30	7.40	C100	6.03

当结构的使用应力为 σ 时，最终徐变变形为：

$$\varepsilon_n^0(\infty) = C^0 \sigma \tag{30-23}$$

若无法预知使用应力，则 $\varepsilon_n^0(\infty)$ 的计算可假定使用应力为混凝土抗拉或抗压强度的 1/2，即：

$$\varepsilon_n^0(\infty) = \frac{1}{2} C^0 f \tag{30-24}$$

式中：$\varepsilon_n^0(\infty)$——混凝土的最终徐变变形；

C^0——徐变度，按表 30-22 取用；

σ——结构使用应力（MPa）；

f——混凝土的抗拉或抗压强度（MPa）。

二、混凝土应力松弛系数计算

由于混凝土的徐变特性，混凝土结构的变形在常量的情况下，当应变不变化时，其内应力会随时间而逐渐衰减的现象称应力松弛，其原因也是由于颗粒滑动及微裂扩展造成的。当结构变形不变时，其内部的约束应力会因混凝土黏性滑动而产生"应力松弛"，这时变形变化引起的应力状态是非常重要的。其松弛系数一般可按以下经验公式计算：

$$S_{h(t)} = 1 - \frac{A_1}{\rho_1}(1 - e^{-\rho_1 t}) - \frac{A_2}{\rho_2}(1 - e^{-\rho_2 t}) \tag{30-25}$$

式中：A_1、ρ_1、A_2、ρ_2——分别为经验系数，其值为：$A_1 = 0.023\,7\mathrm{d}^{-1}$，$\rho_1 = 0.067\,419\mathrm{d}^{-1}$，$A_2 = 3.451\,67\mathrm{d}^{-1}$，$\rho_2 = 9.437\,9\mathrm{d}^{-1}$；

e——常数，为 2.718。

由式（30-25）可知混凝土的松弛系数是荷载、时间的函数，数值小于 1，如图 30-1 所示。

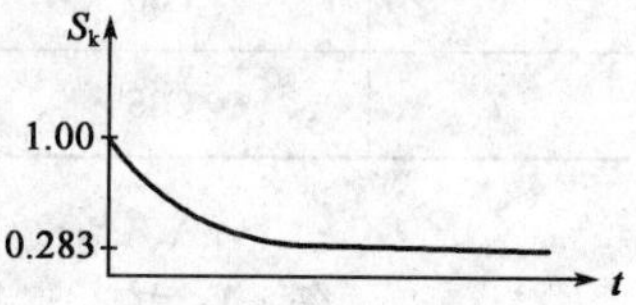

按照忽略混凝土龄期影响和考虑混凝土龄期及荷载持续时间，可由式（30-25）计算得到的应力松弛系数 $S_{(t)}$ 和 $S_{h(t)}$，分别列于表 30-23 和表 30-24 中，可供直接查用。

图 30-1　松弛系数与时间关系

按弹性理论计算温度应力时，徐变所导致温度应力的松弛，有益于防止裂缝的开展。徐变可使混凝土的长期极限抗拉值增加 1 倍左右，即提高了混凝土的极限变形能力。因此在计算混凝土的抗裂性时，应把徐变所导致的温度应力的松弛影响考虑进去，即公式中应再乘以应力松弛系数。

混凝土的应力松弛系数　　表 30-23

t(d)	0	0.5	1	2	3	6	7	9	10	12
$S_{h(t)}$	1.000	0.626	0.611	0.590	0.570	0.520	0.502	0.480	0.462	0.44
t(d)	15	18	21	24	28	30	40	60	90	100
$S_{h(t)}$	0.411	0.386	0.368	0.352	0.336	0.327	0.306	0.288	0.284	0.280

注：本表为忽略混凝土龄期影响的松弛系数表，一般在简化计算中应用。

混凝土考虑龄期及荷载持续时间的应力松弛系数　　表 30-24

时间 t(d)	3	6	9	12	15	18	21	27	30
$S_{(t)}$	0.186	0.208	0.214	0.215	0.233	0.252	0.301	0.570	1.00

第八节　大体积混凝土裂缝控制施工计算

大体积混凝土浇筑前、浇筑后裂缝控制施工的计算见表 30-25。

项目	计算方法及公式	符号意义
自约束裂缝控制施工计算	**1.自约束裂缝控制施工计算** 浇大体积混凝土时，由于中心温度高，与外界接触表面的温度低，当混凝土表面受外界气温影响急剧冷却收缩时，混凝土内、外部各质点之间相互约束，使表面产生拉应力，内部降温慢，受到自约束而产生压应力。设温度呈对称抛物线分布，如本表右图 A 所示。而由温差产生的最大拉、压力可由式(30-26)和式(30-27)计算： $$\sigma_t = \frac{2}{3} \cdot \frac{E_{(t)}\alpha\Delta T_1}{1-\upsilon} \qquad (30\text{-}26)$$ $$\sigma_c = \frac{1}{3} \cdot \frac{E_{(t)}\alpha\Delta T_1}{1-\upsilon} \qquad (30\text{-}27)$$ 由式(30-26)计算的 σ_t 如果小于该龄期混凝土的抗拉强度，则不会出现表面裂缝，否则，则有可能出现裂缝。同时由式(30-26)可知，采取措施控制温差 ΔT_1 就可有效地控制表面裂缝的出现。大体积混凝土一般允许的温差宜控制在 20～25℃ 范围内	σ_t、σ_c——分别为混凝土的拉应力和压应力(MPa)； $E_{(t)}$——混凝土的弹性模量(MPa)； α——混凝土的热膨胀系数(1/℃)； ΔT_1——混凝土截面中心与表面之间的温差(℃)； υ——混凝土的泊松比，取 0.15～0.20。 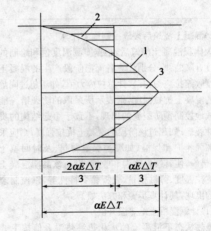 图 A　内部温差引起的温度应力 1-温度分布；2-温度应力(拉)；3-温度应力(压) 其余符号意义同前
外约束裂缝控制施工计算	**2.外约束裂缝控制施工计算** 外约束裂缝控制的施工计算按不同时间和要求，分以下两个阶段进行。 1)混凝土浇筑前裂缝控制施工计算 混凝土浇筑前先计算混凝土最大水泥水化热温升值、收缩变形值、收缩当量温差和弹性模量，然后通过计算，求得混凝土浇筑后产生的最大温度收缩应力；如此应力值小于混凝土的抗拉强度，则表示所采取的裂缝控制措施有效，能控制裂缝的出现；否则，应采取调整混凝土的浇筑温度，减低水化热温升值，降低内、外温差，改善施工操作性能，提高混凝土极限拉伸强度等措施，再重新进行计算，直至计算的降温收缩应力在允许范围之内为止。 (1)计算混凝土的绝热温升值 混凝土的水化热绝热温升值，一般按式(30-28)计算： $$T_{(t)} = \frac{m_c Q}{c\rho}(1-e^{-mt}) \qquad (30\text{-}28)$$ 符号意义和计算方法同式(30-15)。 (2)计算各龄期混凝土收缩变形值 各龄期混凝土的收缩变形值 $\varepsilon_{y(t)}$ 一般可按式(30-29)计算： $$\varepsilon_{y(t)} = \varepsilon_y^0(1-e^{-bt}) \times M_1 \times M_2 \times M_3 \times \cdots \times M_n \qquad (30\text{-}29)$$ 符号意义和计算方法同式(30-20)。 (3)计算混凝土的收缩当量温差 为计算方便，把混凝土收缩变形合在温度应力之中	

项目	计算方法及公式	符号意义
外约束裂缝控制施工计算	换成"当量温差"按式(30-30)计算： $$T_{y(t)} = -\frac{\varepsilon_{y(t)}}{\alpha} \qquad (30\text{-}30)$$ 符号意义和计算方法同式(30-21)。 (4)计算各龄期混凝土的弹性模量 各龄期混凝土弹性模量可按式(30-22)计算，即： $$E_{(t)} = E_c(1 - e^{-0.09t})$$ 符号意义和计算方法同式(30-22)。 (5)计算混凝土的温度收缩应力 大体积混凝土基础或结构(厚度大于1m)产生贯穿性或深进性的裂缝，主要是由平均降温差和收缩差引起过大的温度收缩应力而造成的。混凝土因外约束引起的温度(包括收缩)应力时，一般用约束系数法来计算约束应力，按以下简化公式计算： $$\sigma = -\frac{E_{(t)}\alpha\Delta T}{1 - v_c}S_{(t)}R \qquad (30\text{-}31)$$ $$\Delta T = T_0 + \frac{2}{3}T_{(t)} + T_{y(t)} - T_h \qquad (30\text{-}32)$$ 2)混凝土浇筑后裂缝控制施工计算 大体积混凝土浇筑后，根据实测温度值和绘制的温度升降曲线，分别计算各降温阶段产生的混凝土温度收缩拉应力，其累计总拉应力值，如不超过同龄期的混凝土抗拉强度，则表示所采取的防裂措施能有效地控制预防裂缝的出现，不致于引起结构的贯穿性裂缝；如超过该阶段的混凝土抗拉强度，则应采取加强养护和保温(如覆盖保温材料、及时回填土等)措施，使其缓慢降温和收缩，提高该龄期混凝土的抗拉强度、弹性模量、发挥徐变特性等，以控制裂缝的出现，其计算步骤和方法如下： (1)计算混凝土绝热温升值 绝热状态下混凝土的水化热绝热温升值按下式计算： $$T_{(t)} = \frac{m_c Q}{c\rho}(1 - e^{-mt}) \qquad (30\text{-}33)$$ $$T_{max} = \frac{m_c Q}{c\rho} \qquad (30\text{-}34)$$ 符号意义和计算方法同式(30-15)、式(30-16) (2)求混凝土实际最高温升值 根据各龄期的实际温升后的降温值及升降温曲线，按式(30-35)求各龄期实际水化热最高温升值： $$T_d = T_n - T_0 \qquad (30\text{-}35)$$ (3)计算混凝土水化热平均温度 结构裂缝主要是由降温和收缩引起的，任意降温差均可分解为平均降温差和非均匀降温差；前者引起外约束，是导致产生贯穿性裂缝的主要原因；后者引起自约束，导致产生表面裂缝。因此，重要的是控制好两者的降温差，减少和避免裂缝的开展。非均	σ——混凝土的温度(包括收缩)应力(MPa)； $E_{(t)}$——混凝土从浇筑后至计算时的弹性模量(MPa)，一般取平均值； α——混凝土的线膨胀系数，取1.0×10^{-5}； ΔT——混凝土的最大综合温差(℃)绝对值，如为降温取负值；当大体积混凝土基础长期裸露在室外，且未回填土时，ΔT值按混凝土水化热最高温升值(包括浇筑入模温度)与当月平均最低温度之差进行计算；计算结果为负值，则表示降温； T_0——混凝土的浇筑入模温度(℃)； $T_{(t)}$——浇筑完一段时间t，混凝土的绝热温升值(℃)，按式(30-28)计算； $T_{y(t)}$——混凝土的收缩当量温差(℃)，按式(30-30)计算； T_h——混凝土浇筑完后达到稳定时的温度，一般根据历年气象资料取当年平均气温(℃)； $S_{(t)}$——考虑徐变影响的松弛系数，按表30-24取用，一般取0.3~0.5； R——混凝土的外约束系数，当为岩石地基时，$R=1$；当为可滑动垫层时，$R=0$，一般土地基取0.25~0.50； v_c——混凝土的泊松比； T_{max}——混凝土的最大水化热绝热温升值(℃)； T_d——各龄期混凝土实际水化热最高温升值(℃)； T_n——各龄期实测温度值(℃)； T_0——混凝土入模温度(℃)； $T_{t(t)}$——各龄期混凝土的综合温差(℃)； T_1——保温养护下混凝土表面温度(℃)； T_2——实测基础中心最高温度(℃)

项目	计算方法及公式	符 号 意 义
外约束裂缝控制施工计算	匀降温差一般都采取控制混凝土内外温差在 $20\sim 30℃$ 以内。在一般情况下,现浇大体积混凝土在升温阶段出现裂缝的可能性较小,在降温阶段,如平均降温差较大,则早期出现裂缝的可能性较大。 在施工阶段早期降温主要是水化热降温(包括少量混凝土收缩)其水化热平均温度可按下式计算(右图B): $$T_{t(t)} = T_1 + \frac{2}{3}T_4 = T_1 + \frac{2}{3}(T_2 - T_1)$$ (30-36) (4)计算混凝土基础或结构截面上任意深度的温差 混凝土基础或结构截面上的温差,常假定呈对称抛物线分布,则基础或结构截面上,任意深度处的温度,可按式(30-37)计算: $$T_y = T_1 + \left(1 - \frac{4y^2}{d^2}\right)T_4 \qquad (30\text{-}37)$$ (5)计算各龄期混凝土收缩变形值、收缩当量温差及弹性模量混凝土收缩变形值 $\varepsilon_{y(t)}$、收缩当量温差 $T_{y(t)}$ 及弹性模量 E_t 的计算同前面"混凝土浇筑前裂缝控制的施工计算"。 (6)计算各龄期混凝土的综合温差及总温差 各龄期混凝土的综合温差按下式计算: $$T_{(t)} = T_{x(t)} + T_{y(t)} \qquad (30\text{-}38)$$ 总温差为混凝土各龄期综合温差之和,即: $$T = T_{(1)} + T_{(2)} + T_{(3)} + \cdots + T_{(n)}$$ (30-39) 以上各种降温差均为负值。 (7)计算各龄期混凝土松弛系数 混凝土松弛程度同加荷时混凝土的龄期有关,龄期越早,徐变引起的松弛亦越大;同时也与应力作用的时间长短有关,时间越长,则松弛亦越大,混凝土考虑龄期及荷载持续时间影响下的应力松弛系数 $S_{(t)}$ 见表30-24。 (8)计算最大温度应力值 弹性地基上大体积混凝土基础或结构各降温阶段的综合最大温度收缩拉应力,按式(30-40)计算: $$\sigma_{(t)} = -\frac{\alpha}{1-\upsilon}\left[1 - \frac{1}{\cosh\beta\frac{L}{2}}\right]\sum_{n=i}^{n}E_{i(t)}\Delta T_{i(t)}S_{i(t)}$$ (30-40) 降温时,混凝土的抗裂安全度应满足式(30-41)~式(30-42)要求: $$K = \frac{f_t}{\sigma_{(t)}} \geqslant 1.15 \qquad (30\text{-}41)$$ $$\beta = \sqrt{\frac{C_x}{HE_{(t)}}} \qquad (30\text{-}42)$$	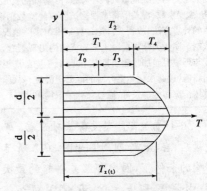 图B 基础底板水化热引起的温升简图 T_y——基础或结构截面上任意深度处的温度(℃); d——基础或结构的厚度(m); y——基础截面上任意一点离开中心轴的距离(m); $T_{(t)}$——各龄期混凝土的综合温差(℃); $T_{x(t)}$——各龄期水化热平均温差(℃); $T_{y(t)}$——各龄期混凝土收缩当量温差(℃); T——总温差,即各龄期混凝土综合温差之和(℃); $T_{(1)}$、$T_{(2)}$、$T_{(3)}$、…、$T_{(n)}$——各龄期混凝土的综合温差(℃); $\sigma_{(t)}$——各龄期混凝土基础所承受的温度应力(MPa); α——混凝土线膨胀系数,取 1.0×10^{-5}; ν——混凝土泊松比,当为双向受力时,取 0.15; $E_{i(t)}$——各龄期混凝土的弹性模量(MPa); $\Delta T_{i(t)}$——各龄期综合温差(℃);均以负值代入; $S_{i(t)}$——各龄期的混凝土松弛系数; $\cosh$——双曲余弦函数,可查《建筑结构静力计算手册》P28 三、双曲线函数表(表1-3); β——约束状态影响系数,可按式(30-42)计算; H——大体积混凝土基础式结构的厚度(mm); C_x——地基水平阻力系数(地基水平剪切刚度)(MPa),可由表30-32查得; L——基础或结构底板长度(mm); K——抗裂安全度,取 1.15; f_t——混凝土抗拉强度设计值(MPa)

项目	计算方法及公式	符号意义
说明	由于大体积混凝土基础或结构底板截面复杂,底板和上表面高程不一,各处温度分布不均,温度场复杂;同时应力的大小还与所在地区气候环境条件,基础的构造、配筋、约束及徐变等情况因素有关,还有一些计算参数如约束系统、徐变系数、温差等都是根据试验或经验数据推算的,因此很难准确的进行计算。所以以上述两种方法实际都是近似的计算方法,故裂控理论计算结果与实际情况会有一定的误差,但仍可作为施工估量温度应力和采取措施的重要依据。防止大体积混凝土基础或结构出现裂缝,必须保持混凝土内表温差或混凝土的综合温差(混凝土最高平均温度与环境温差加收缩当量温差)须低于同龄期混凝土拉应力所许可的温差;同时大体积混凝土应具备早期强度高而温峰值(最高水化热温升时的混凝土温度)要低,过温峰后降温要慢,内表温差要小的特性。施工中宜结合工程结构具体情况和施工条件,通过计算采取简单、经济、有效的技术措施,尽可能的避免有害裂缝的发生	

【例 30-15】 某大型设备基础底板,厚度为 2.5m,采用 C20 混凝土浇筑后,在 3d 龄期测温如图 30-2 所示。试求其在不考虑徐变松弛影响的条件下,因内部温差引起的最大拉应力和压应力。

解: 由题意,取 $E_0 = 2.55 \times 10^4$ MPa,$\alpha = 1 \times 10^{-5}$ MPa,$\Delta T_1 = 51 - 38 = 13$℃,$\upsilon = 0.15$。

按式(30-22)混凝土在 3d 龄期的弹性模量为:

$$E_{(3)} = E_c(1 - e^{-0.09t})$$
$$= 2.55 \times 10^4 (1 - 2.718^{-0.09 \times 3})$$
$$= 0.62 \times 10^4 (\text{MPa})$$

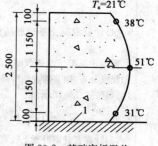

图 30-2　基础底板温差
1-地基面

混凝土的最大拉应力按式(30-26)得:

$$\sigma_t = \frac{2}{3} \times \frac{E_{(t)} \alpha \Delta T_1}{1 - \upsilon}$$
$$= \frac{2}{3} \times \frac{0.62 \times 10^4 \times 1 \times 10^{-5} \times 13}{1 - 0.15}$$
$$= 0.63 (\text{MPa})$$

混凝土的最大压应力按式(30-27)得:

$$\sigma_t = \frac{1}{3} \times \frac{E_{(t)} \alpha \Delta T_1}{1 - \upsilon}$$
$$= \frac{1}{3} \times \frac{0.62 \times 10^4 \times 1 \times 10^{-5} \times 13}{1 - 0.15}$$
$$= 0.32 (\text{MPa})$$

故可知内部温差引起的拉应力和压应力分别为 0.63MPa 和 0.32MPa。

【例 30-16】 某污水厂大型设备基础混凝土采用 C20,用 32.5 级(425 号)矿渣水泥配制,水泥用量为 275kg/mm³,水灰比为 0.6,$E_0 = 2.55 \times 10^4$ MPa,$T_y = 9$℃,$S_{(t)} = 0.3$,$R_{(t)} = 0.32$,混凝土浇灌入模温度为 14℃,当地平均温度为 15℃,由天气预报知养护期间月平均最低温度为 3℃,试计算可能产生的最大温度收缩应力和露天养护期间(15d)可能产生温度收缩应力及抗裂安全度。

解: 由表 30-14 知,$Q = 335$J/kg,$c = 0.96$J/(kg·K),$\rho = 2\,400$kg/mm³。

混凝土 15d 水化热绝热温度及最大的水化热绝热温度按式(30-28)得:

$$T_{(15)} = \frac{m_c Q}{c\rho}(1 - e^{-mt}) = \frac{275 \times 335}{0.96 \times 2\,400}(1 - 2.718^{-0.3 \times 15}) = 39.54(℃)$$

$$T_{max} = \frac{275 \times 335}{0.96 \times 2\,400}(1 - 2.718^{-\infty}) = 39.98(℃)$$

由表 30-20 知，$M_1 = 1.25$，M_2、M_3、M_5、M_8、M_9 均为 1，$M_4 = 1.42$，$M_6 = 0.93$，$M_7 = 0.7$，$M_{10} = 0.95$；取 $\varepsilon_y^0 = 3.24 \times 10^{-4}$，取 $b = 0.01$，$t = 15℃$，$e = 2.718$。

则混凝土的收缩变形值按式(30-29)得：

$$\varepsilon_{y(15)} = \varepsilon_y^0 (1 - e^{-0.01t}) \times M_1 \times M_2 \times M_3 \times \cdots \times M_n$$
$$= 3.24 \times 10^{-4}(1 - e^{-0.15}) \times 1.25 \times 1.42 \times 0.93 \times 0.7 \times 0.95$$
$$= 0.498 \times 10^{-4}$$

混凝土 15d 收缩当量温差按式(30-30)得：

$$T_{y(15)} = \frac{\varepsilon_{y(t)}}{\alpha} = \frac{0.498 \times 10^{-4}}{1.0 \times 10^{-5}} = 4.98 \approx 5(℃)$$

混凝土 15d 的弹性模量按式(30-22)得：

$$E_{(15)} = E_c(1 - e^{-0.09t}) = 2.55 \times 10^4(1 - 2.718^{-0.09 \times 15}) = 1.89 \times 10^4(MPa)$$

混凝土的最大综合温差按式(30-32)得：

$$\Delta T = T_0 + \frac{2}{3}T_{(t)} + T_{y(t)} - T_h = 14 + \frac{2}{3} \times 39.98 + 9 - 15 = 34.65(℃)$$

则基础混凝土最大降温收缩应力按式(30-31)得：

$$\sigma = -\frac{E_{(t)}\alpha\Delta T}{1 - v_c} \cdot S_{(t)}R = -\frac{2.55 \times 10^4 \times 1 \times 10^{-5}(-34.65)}{1 - 0.15} \times 0.3 \times 0.32$$
$$= 0.97 < f_t = 1.1(MPa)$$

$$K = \frac{1.1}{0.97} = 1.13 \approx 1.15 \qquad 可以$$

露天养护期间基础混凝土产生的降温收缩应力得：

$$\Delta T = T_0 + \frac{2}{3}T_{(t)} + T_{y(t)} - T_h = 14 + \frac{2}{3} \times 39.54 + 5 - 3 = 42.36(℃)$$

$$\sigma_{(15)} = -\frac{1.89 \times 10^4 \times 1 \times 10^{-5}(-42.36)}{1 - 0.15} \times 0.3 \times 0.32 = 0.90 > 75\% \times 1.1 = 0.83(MPa)$$

由计算结果知基础在露天养护期间混凝土有可能出现裂缝，因此在混凝土表面应采取养护和保温措施，加大养护温度（即 T_h 加大），减少综合温差 ΔT，使计算的 $\sigma_{(15)}$ 小于 $0.83/1.15 = 0.72$MPa，则可控制裂缝出现。

【例 30-17】 某大型设备基础底板长 90.8m，宽 31.3m，厚 2.5m，混凝土为 C20，采用 60d 后期强度配合比，用 32.5 级（425 号）矿渣水泥，水泥用量 $m_c = 280$kg/m³，水泥发热量 $Q = 335$kJ/kg，混凝土浇筑入模温度 $T_0 = 28℃$，结构物周围用钢模板，在模板和混凝土上表面外包两层草袋保温，混凝土比热 $c = 1.0$J/(kg·K)，混凝土密度 $\rho = 2\,400$kg/mm³。混凝土浇筑后，实测基础中心 C 点逐日温度如表 30-26 所示，升降温曲线如图 30-3 所示，试计算总降温产生的最大温度拉应力。

C 测温点逐日温度升降表 表 30-26

日 期	C_1 测点℃	日 期	C_1 测点℃	日 期	C_1 测点℃
1	38.0	4	51.7	7	48.5
2	50.5	5	50.5	8	47.0
3	52.0	6	49.5	9	46.0

日 期	C_1 测点℃	日 期	C_1 测点℃	日 期	C_1 测点℃
10	45.0	17	38.0	24	34.8
11	43.5	18	37.5	25	34.5
12	42.5	19	36.5	26	34.0
13	41.5	20	36.2	27	33.5
14	40.5	21	35.7	28	32.5
15	39.5	22	34.4	29	32.3
16	38.5	23	35.0	30	32.0

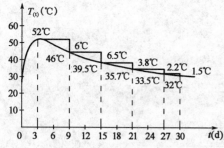

图 30-3 基础中心 C 点各龄期水化热升降温度曲线

解:(1)计算混凝土绝热温升值,按式(30-34)得:

$$T_{max} = \frac{m_c Q}{c\rho} = \frac{280 \times 335}{1.0 \times 2\,400} = 39.1(℃)$$

(2)计算混凝土实际最高温升值

为减少计算量,采取分段计算,按式(30-35)得:

$$T_{d(s)} = T_n - T_0 = 52 - 28 = 24(℃)$$

同理计算得:$T_{d(9)} = 18℃$;$T_{d(15)} = 11.5℃$;$T_{d(21)} = 7.7℃$;$T_{d(27)} = 5.5℃$;$T_{d(30)} = 4℃$

(3)计算混凝土水化热平均温度

经实测已知 3d 的 $T_1 = 36℃$;$T_2 = 52℃$,按式(30-36)得:

$$T_{x(3)} = T_1 + \frac{2}{3}(T_2 - T_1) = 36 + \frac{2}{3}(52 - 36) = 46.7(℃)$$

又知混凝土浇灌30d后,$T_1 = 27℃$,$T_2 = 32℃$

则

$$T_{x(30)} = 27 + \frac{2}{3}(32 - 27) = 30.3(℃)$$

水化热平均总降温差:$T_x = T_{x(3)} - T_{x(30)} = 46.7 - 30.3 = 16.4(℃)$

(4)计算各龄期混凝土收缩值及收缩当量温差

取 $\varepsilon_y^0 = 3.24 \times 10^{-4}$;$M_1 = 1.25$,$M_2 = 1.35$,$M_3 = 1.00$,$M_4 = 1.64$,$M_5 = 1.00$,$M_6 = 0.93$,$M_7 = 0.54$,$M_8 = 1.20$,$M_9 = 1.00$,$M_{10} = 0.9$;$\alpha = 1.0 \times 10^{-5}$,则3d收缩值按式(30-20)得:

$$\varepsilon_{y(3)} = \varepsilon_y^0 \times M_1 \times M_2 \times M_3 \times \cdots \times M_{10}(1 - e^{-0.01t})$$
$$= 3.24 \times 10^{-4} \times 1.25 \times 1.35 \times 1.00 \times 1.64 \times 1.00 \times 0.93 \times 0.54 \times$$
$$1.20 \times 1.00 \times 0.9(1 - e^{-0.01 \times 3})$$
$$= 0.144 \times 10^{-4}$$

3d收缩当量温差按式(30-21)得:

$$T_{y(3)} = \frac{\varepsilon_{y(3)}}{\alpha} = \frac{0.144 \times 10^{-4}}{1.0 \times 10^{-5}} = 1.44(℃)$$

同理计算得:

$$\varepsilon_{y(9)} = 0.419 \times 10^{-4}; T_{y(9)} = 4.19(℃)$$
$$\varepsilon_{y(15)} = 0.677 \times 10^{-4}; T_{y(15)} = 6.77(℃)$$
$$\varepsilon_{y(21)} = 0.419 \times 10^{-4}; T_{y(21)} = 4.19(℃)$$

$$\varepsilon_{y(27)} = 1.151 \times 10^{-4}; \quad T_{y(27)} = 11.51(℃)$$
$$\varepsilon_{y(30)} = 1.260 \times 10^{-4}; \quad T_{y(9)} = 12.60(℃)$$

按以上各龄期当量温差值，算出每龄期台阶间每个6(3)d作为一个台阶的温差值，见图30-4。

(5)计算各龄期综合温差及总温差

各龄期水化热平均温差，系在算出的水化热平均总降温差为16.4℃的前提下，根据升降温曲线图(图30-3)推算出各龄期的平均降温差值，并求出每龄期台阶间的水化热温差值。为考虑安全，故采用3d最高温度52℃与30d时32℃的温差值作为计算依据，算出各龄期台阶(同样以每隔6d作为一台阶)的温差值，如图30-3所示。为考虑徐变作用，将总降温分成若干台阶式降温，再分别计算出各阶段降温引起的应力，最后叠加得总降温应力。

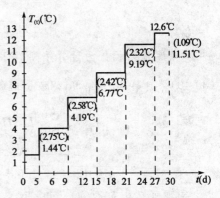

图30-4　各龄期混凝土收缩当量温差

$$T_{y(9)} = 6.0 + 2.75 = 8.75(℃)$$
$$T_{y(15)} = 6.5 + 2.58 = 9.08(℃)$$
$$T_{y(21)} = 3.8 + 2.42 = 6.22(℃)$$
$$T_{y(27)} = 2.2 + 2.32 = 4.52(℃)$$
$$T_{y(9)} = 1.5 + 1.09 = 2.59(℃)$$

总综合温差：
$$T_{(1)} = T_{(9)} + T_{(15)} + T_{(21)} + T_{(27)} + T_{(30)}$$
$$= 8.75 + 9.08 + 6.22 + 4.52 + 2.59 = 31.16(℃)$$

(6)计算各龄期的混凝土弹性模量按式(30-22)得：
$$E_{(3)} = E_c(1 - e^{-0.09t}) = 2.55 \times 10^4(1 - 2.718^{-0.09 \times 3}) = 0.603 \times 10^4(MPa)$$

同理计算得：
$$E_{(9)} = 1.415 \times 10^4 MPa$$
$$E_{(15)} = 1.889 \times 10^4 MPa$$
$$E_{(21)} = 2.168 \times 10^4 MPa$$
$$E_{(27)} = 2.325 \times 10^4 MPa$$
$$E_{(30)} = 2.378 \times 10^4 MPa$$

(7)各龄期混凝土松弛系数

根据实际经验数据、荷载持续时间，按下列数值取用：
$$S_{(3)} = 0.191 \quad S_{(9)} = 0.212 \quad S_{(15)} = 0.230$$
$$S_{(21)} = 0.310 \quad S_{(27)} = 0.443 \quad S_{(30)} = 1.000$$

(8)最大拉应力计算

取：

$\alpha = 1.0 \times 10^{-5}, \upsilon = 0.15, C_x = 0.02MPa, H = 2500, L = 90800mm$，则根据公式计算各台阶温差引起的应力。

①9d(第一台阶)：即自第3d到第9d温差引起的应力，按下列公式进行计算：

按式(30-42)求约束状态影响系数为：

$$\beta = \sqrt{\frac{C_x}{H \cdot E_{(t)}}} = \sqrt{\frac{0.02}{2\,500 \times 1.415 \times 10^4}} = 0.000\,024$$

$$\beta \cdot \frac{L}{2} = 0.000\,024 \times \frac{90\,800}{2} = 1.09$$

查《建筑结构静力计算手册》P28 双曲函数表（表 3-1）得：$\cosh\beta \cdot \dfrac{L}{2} = 1.665$，代入公式 (30-40)得自第 3d 到第 9d 温差引起的应力为：

$$\sigma_{(9)} = \frac{\alpha}{1-\upsilon}\left[1 - \frac{1}{\cosh\beta\dfrac{L}{2}}\right]E_{(9)}T_{(9)}S_{(9)}$$

$$= \frac{1.0 \times 10^{-5}}{1 - 0.15}\left[1 - \frac{1}{1.665}\right] \times 1.415 \times 10^4 \times 8.75 \times 0.212 = 0.123(\text{MPa})$$

同理可以算得：

②15d（第二台阶）：即第 9d 到第 15d 温差引起的应力为：
$$\sigma_{(15)} = 0.140\text{MPa}$$

③21d（第三台阶）：即第 15d 到第 21d 温差引起的应力为：
$$\sigma_{(21)} = 0.139\text{MPa}$$

④27d（第四台阶）：即第 21d 到第 27d 温差引起的应力为：
$$\sigma_{(27)} = 0.139\text{MPa}$$

⑤30d（第五台阶）：即第 27d 到第 30d 温差引起的应力为：
$$\sigma_{(30)} = 0.188\text{MPa}$$

⑥总降温产生的最大温度拉应力为：

$$\sigma_{\max} = \sigma_{(9)} + \sigma_{(15)} + \sigma_{(21)} + \sigma_{(27)} + \sigma_{(30)}$$
$$= 0.123 + 0.140 + 0.139 + 0.139 + 0.188 = 0.729(\text{MPa})$$

混凝土抗拉强度设计值取 1.10MPa，则抗裂安全度按式(30-41)为：

$$K = \frac{1.10}{0.729} = 1.51 > 1.15,满足抗裂条件不会出现裂缝。$$

第九节　混凝土表面温度裂缝控制计算

混凝土表面温度裂缝控制计算见表 30-27。

混凝土表面温度裂缝控制计算　　　　　　　　表 30-27

项目	计算方法及公式	符号意义
混凝土表面温度裂缝控制计算	大体积混凝土施工时，应控制使混凝土中心温度与表面温度、表面温度与大气温度之差在允许方位之内（一般为 25℃），才能控制混凝土裂缝的出现。其中混凝土中心温度可按本章第五节表 30-12 中公式进行计算；表面温度可按下式计算： $T_{b(t)} = T_a + \dfrac{4}{H^2}h'(H-h')\Delta T_{(t)}$　(30-43) $H = h + 2h'$　(30-44)	$T_{b(t)}$——龄期 t 时，混凝土表面温度（℃）； T_a——龄期 t 时，大气的平均温度（℃）； H——混凝土的计算厚度（m）； h——混凝土的实际厚度（m）； h'——混凝土的虚厚度（m）； λ——混凝土的导热系数，取 2.33W/(m·k)； K——计算折减系数，取 0.666； β——模板及保温层的传热系数 W/(m²·k)； δ_i——各种保温材料的厚度（m）

项目	计算方法及公式	符号意义
混凝土表面温度裂缝控制计算	$$h' = K\frac{\lambda}{\beta} \qquad (30\text{-}45)$$ $$\beta = \frac{1}{\left(\sum\dfrac{\delta_i}{\lambda_i} + \dfrac{1}{\beta_a}\right)} \qquad (30\text{-}46)$$	λ_i——各种保温材料的导热系数[W/(m·k)]见表30-28; β_a——空气层的传热系数,取23W/(m²·k); $\Delta T_{(t)}$——龄期 t 时,混凝土内最高温度与外界气温之差(℃),即 $\Delta T_{(t)} = T_{max} - T_a$

各种保温材料的导热系数 λ　　　　　　表 30-28

材料名称	密度(kg/m³)	λ[W/(m·k)]	材料名称	密度(kg/m³)	λ[W/(m·k)]
木模	500~700	0.23	沥青蛭石板	350~400	0.081~0.105
钢模		58.00	沥青玻璃棉毡	0.05	
草袋	150	0.14	沥青矿棉毡	110~160	0.033~0.052
木屑	200~250	0.17	塑料薄膜		0.04
炉渣		0.47	泡沫塑料制品	25~50	0.035~0.047
干砂	1 600	0.33	普通混凝土	2 400	1.51~2.33
湿砂	1 800	1.31	加气混凝土	550~750	0.16
黏土	1 350	1.38~1.47	泡沫混凝土	400~600	0.10
红黏土砖	1 900	0.43	水	1 000	0.58
膨胀蛭石	80~200	0.047~0.07	空气	0.03	

【例 30-18】　某曝气池为钢筋混凝土筏形基础,其实际厚度 $h=1.5$m,混凝土的强度等级为C20,水泥采用强度等级 32.5(425 号)矿渣水泥,每立方米混凝土水泥用量 $m_c=270$kg,每千克水泥水化热 $Q=335$kJ/kg(查表 30-14 得);粉煤灰 $m_f=80$kg/m³,$Q_f=52$kJ/kg,混凝土浇筑后,表面上铺一层塑料薄膜加一层草袋保温养护,已知现场施工时大气温度 $T_a=24$℃,试验算此筏形基础混凝土中心温度与表面温度及表面温度与大气温度之差是否符合防裂要求。

解:(1)水泥水化热引起的混凝土最高温升值的计算

参考式(30-16)得:$T_{max} = T_a + \dfrac{m_c Q + m_f Q_f}{c\rho} = 24 + \dfrac{270 \times 335 + 80 \times 52}{0.96 \times 2\,400} = 65(℃)$

(2)基础混凝土表面温度按式(30-43)、式(30-44)、式(30-45)、式(30-46)进行计算:

$$\beta = \frac{1}{\left(\sum\dfrac{\delta_i}{\lambda_i} + \dfrac{1}{\beta_a}\right)} = \frac{1}{\left(\dfrac{0.001}{0.04} + \dfrac{0.01}{0.14} + \dfrac{1}{23}\right)} = 7.15(查表 30\text{-}28 得式中 \lambda 值)$$

$$h' = K\frac{\lambda}{\beta} = 0.666 \times \frac{2.33}{7.15} = 0.22$$

$$H = h + 2h' = 1.5 + 2 \times 0.22 = 1.94(m)$$

$$T_{b(t)} = T_a + \frac{4}{H^2}h'(H - h')\Delta T_{(t)} = 24 + \frac{4}{1.9^2} \times 0.22 \times (1.94 - 0.22) \times (65 - 24) = 40.5(℃)$$

（3）温度差的计算

①计算混凝土中心温度与表面温度之差为：

$$T_{max} - T_b = 65 - 40.5 = 24.5(℃) < 25℃$$

②计算混凝土表面温度与大气温度之差为：

$$T_b - T_a = 40.5 - 24 = 16.5(℃) < 25℃$$

计算结果，可知温度差均符合防裂要求。

第十节　混凝土采取保温养护裂缝控制所需保温（隔热）材料厚度计算

混凝土表面保温材料所需厚度计算见表30-29。

表30-29

混凝土表面保温材料所需厚度的计算

项目	计算方法及公式	符号意义
混凝土表面保温材料所需厚度	在冬季寒冷气温下浇筑混凝土时，对混凝土表面要采取保温措施，防止混凝土出现裂缝（或冻伤）。保温方法计算及要求参见《冬季施工一章》。本节主要介绍在春、秋气温情况下，为防止内外温差过大，超过允许界限（一般为20～25℃）而导致出现温度裂缝，而在混凝土裸露表面采取覆盖保温材料的保护措施。 保温法温控计算包括保温材料的选定和计算保温材料所需要的厚度，其计算原理是根据热交换理论，假定混凝土中心温度向混凝土表面的散热量等于表面保温材料应补充的发热量，则混凝土表面保温材料所需厚度按下式计算： $$\delta_i = \frac{0.5h\lambda_i(T_b - T_a)}{\lambda(T_{max} - T_b)}K \qquad (30\text{-}47)$$	δ_i——保温材料所需厚度(m)； h——结构厚度(m)； λ_1——保温材料的导热系数[W/(m·k)]，按表30-28采用； λ——混凝土的导热系数，取2.3W/(m·k) T_{max}——混凝土中心最高温度(℃)； T_b——混凝土表面温度(℃)； T_a——混凝土浇筑后3～5d空气平均温度(℃)； 0.5——中心温度向边界散热的距离，为结构厚度的一半； K——传热系数的修正值，即透风系数。对易于透风的保温材料取2.6或3.0(指一般括风或大风情况，下同)；对不易透风的保温材料取1.3或1.5；对混凝土表面用一层不易透风材料，上面再用容易透风的保温材料的情况取2.0或2.3
说明	大体积混凝土基础保温养护方法大多采取在表面护盖1～2层草袋(或草垫，下同)，或一层塑料薄膜、一层草袋。草袋要上下错开，搭接压紧，形成良好的保温层。根据实践，如在模板四周盖两层草袋保温，可使混凝内、外表面温差缩小到10℃以内，同时可减少混凝土表面热扩散，充分发挥混凝土强度的潜力和松弛作用，使应力小于抗拉强度。另一方面能保持适度的湿养护(或浇少量水湿润)，有利于水泥的水化作用顺利进行和弹性模量的增长；前者可提高早期抗拉强度，防止表面脱水；后者可增强抵抗变形能力。实践证明，保温养护对防止大体积混凝土基础出现有害深进或贯穿性温度收缩裂缝是有效的	

【例30-19】　某大体积混凝土基础底板，厚度$h=2.6$m，已知在3d时混凝土内部中心温度$T_{max}=53℃$，实测混凝土表面温度$T_b=25℃$和大气温度$T_a=15℃$，混凝土导热系数$\lambda=2.3$W/(m·K)，试求混凝土表面所需保温材料的厚度。

解：由$T_{max}-T_b=53-25=28℃>20℃$，知内外温差超过20℃，混凝土基础需要进行保温。

设用草袋保温，其导热系数$\lambda_i=0.14$W/(m·K)，属易透风的保温材料，取$K=3$。

保温材料的厚度，按式(30-47)得：

$$\delta = \frac{0.5h\lambda_i(T_b - T_a)}{\lambda(T_{max} - T_b)}K = \frac{0.5 \times 2.6 \times 0.14(25-15)}{2.3(53-25)} \times 3 = 0.084 = 8.4(cm)$$

根据计算结果,可知用 8.4cm 厚的草袋覆盖在混凝土基础上进行保温,可以控制裂缝的出现。

第十一节　混凝土蓄水法养护进行温度控制的计算

混凝土蓄水法养护进行温度控制的计算见表 30-30。

混凝土蓄水养护裂缝控制计算 表 30-30

项目	计算方法及公式	符号意义
混凝土表面所需热阻系数及混凝土表面蓄水深度	在混凝土结构物(混凝土终凝后)的表面蓄以一定高度的水,因水具有一定的隔热保温效果,可以在一定的时间 $(7\sim10\mathrm{d})$ 内,将混凝土表面与混凝土内部中心的温差值控制在 $20℃$ 以内,使混凝土在预定的时间内具有一定的抗裂强度,从而达到裂控的目的。 利用热交换原理,将每 $1\mathrm{m}^3$ 混凝土在规定时间内,内部中心温度降到表面温度时放出的热量等于混凝土结构物在此养护期间散失到大气层中的热量,则混凝土表面所需的热阻系数可按下列进行计算: $$R = \frac{XM(T_{\max} - T_b)K}{700T_0 + 0.28m_cQ_{(t)}}\quad(30\text{-}48)$$ 式(30-48)中是令 $T_{\max} - T_b = 20℃$ 进行计算。如施工通过测温,中心温度与表面温度之差大于 $20℃$ 时,可采取提高水温或调整水的深度进行处理。 按上式求得 R 值,即可按下式计算混凝土的表面蓄水深度: $$h_w = R\lambda_w\quad(30\text{-}49)$$ 蓄水深度,可根据不同水温按下式计算调整: $$h'_w = h_w\frac{T'_b}{T_a}\quad(30\text{-}50)$$	R——混凝土表面的热阻系数(k/W); X——混凝土维持到预定温度的延续时间(h); M——混凝土结构物的表面系数(1/m); $T_{\max}$——混凝土的中心温度(℃); T_b——混凝土的表面温度(℃); K——传热系数修正值,可取 1.3; 700——混凝土的热容量,即比热与密度之乘积 $[\mathrm{kJ/(m^3 \cdot K)}]$; T_0——混凝土浇筑、振捣完毕开始养护时的温度(℃); m_c——每立方米混凝土的水泥用量(kg); $Q_{(t)}$——混凝土在规定龄期内水泥的水化热(kJ/kg); h_w——混凝土表面的蓄水深度(m); R——混凝土表面的热阻系数(k/W),由式(30-48)计算求得; λ_w——水的导入系数,取 $0.58\mathrm{W/(m \cdot K)}$; h'_w——调整后的蓄水深度(m); h_w——按 $T_j - T_b = 20℃$ 时计算的蓄水深度(m); T'_b——需要蓄水养护温度(℃),即 $T'_b = T_0 - 20$; T_a——大气平均温度(℃)

【例 30-20】　某水池采用筏板式基础长 30m、宽 15m、厚 2.0m,施工时用蓄水法进行温度控制,要求保持混凝土内部中心温度与表面温度之差在 20℃ 范围内,试计算混凝土表面的蓄水深度为多少?

解： 设温度控制的时间为 10d,则:

$$X = 10 \times 24 = 240(\mathrm{h})$$

$$M = \frac{F}{V} = \frac{2(30 \times 2) + 2(15 \times 2) + 30 \times 15}{30 \times 15 \times 2} = \frac{630}{900} = 0.70(1/\mathrm{m})$$

$$T_{\max} - T_b = 20(℃)$$

又设 $K = 1.3$，$T_0 = 20℃$，$m_c = 300\mathrm{kg}$

$Q_{(t)} = 188\mathrm{kJ/(kg \cdot K)}$（低热水泥 7d 时的水化热值），则混凝土表面的热阻系数按式(30-48)得:

$$R = \frac{XM(T_{\max} - T_b)K}{700T_0 + 0.28m_cQ_{(t)}} = \frac{240 \times 0.70 \times 20 \times 1.3}{700 \times 20 + 0.28 \times 300 \times 188} = 0.147(\mathrm{kW})$$

则混凝土表面的蓄水深度,按式(30-49)得:

$$h_w = R\lambda_w = 0.147 \times 0.58 = 0.085(\mathrm{m}) = 8.5(\mathrm{cm})\ \text{取用 9cm}$$

故知需蓄水深度为 9cm。

【例30-21】 条件同【例30-20】已知 $h_w=9cm$，经实测 $T_0=55℃$，$T_a=25℃$，现不采取提高水温措施，而采取调整蓄水高度，试求调整后的蓄水深度为多少？

解：已知 $T'_b=T_0-20=55-25=30(℃)$

调整后蓄水深度按式(30-50)得：

$$h'_w=h_w\frac{T'_b}{T_a}=9.0\times\frac{30}{25}=10.8(cm)\text{ 取用 }11cm$$

故知调整后的蓄水深度为11cm。

第十二节　混凝土和钢筋混凝土结构伸缩间距计算

地下混凝土及钢筋混凝土结构伸缩缝间距计算见表30-31，地基水平阻力系数见表30-32。

地下混凝土及钢筋混凝土结构伸缩缝间距计算　　　　　　　　　表30-31

项目	计算方法及公式	符号意义
地下钢筋混凝土（或混凝土）底板或长墙的伸缩缝间距计算	钢筋混凝土结构伸缩缝的作用主要是使结构物不致因周围气温变化、水泥水化热温差及收缩作用而产生有害裂缝。在现行《混凝土结构设计规范》（GB 50010—2002）中第9.11条表9.1.1规定，例如挡土墙、地下室墙壁等类结构，对室内或土中现浇式钢筋混凝土结构的伸缩缝最大间距为30m，对露天为20m。但在某些情况下，例如在建筑物中不宜设伸缩缝或规范附注中允许通过计算采取可靠措施扩大伸缩缝间距，或施工中需要调整伸缩缝位置，或结构在施工期处于不利的环境条件中，常常需要对结构的伸缩缝间距进行必要的验算或计算。 　　地下钢筋混凝土（或混凝土）底板或长墙的伸缩间距可按下式计算： $$L_{max}=1.5\sqrt{\frac{\overline{H}E_c}{C_x}}\text{arch}\frac{\|\alpha T\|}{\|\alpha T\|-\varepsilon_p}\quad(30-51)$$ 　　其中： $$T=T_{y(t)}+T_2+T_3\quad(30-52)$$ $$T_{y(t)}=-\frac{\varepsilon_{y(t)}}{\alpha_t}\quad(30-53)$$ $$\varepsilon_{y(t)}=3.24\times10^{-4}(1-e^{-0.01t})\times M_1\times M_2\times\cdots\times M_n\quad(30-54)$$ $$\text{arch}x=\ln(x\pm\sqrt{x^2-1})\quad(30-55)$$	L_{max}——板或墙允许最大伸缩缝间距(m)； $\overline{H}$——板厚或墙高的计算厚度(m)或计算高度，当实际厚度或高度 $H\leqslant0.2L$ 时，取 $\overline{H}=H$，即实际厚度或实际高度；当 $H>0.2L$ 时，取 $\overline{H}=0.2L$； L——底板或长墙的全长(m)； E_c——底板或长墙的混凝土弹性模量(MPa)，一般按表30-21取用； C_x——反映地基对结构约束程度的地基水平阻力系数(MPa)，可按表30-32采用； T——结构相对地基的综合温差(℃)，包括水化热温差、气温差和收缩当量温差。当截面厚度小于500mm时，不考虑水化热的影响； $T_{y(t)}$——收缩当量温差(℃)，由收缩相对变形求得； α_t——线膨胀系数，取 10×10^{-6}； $\varepsilon_{y(t)}$——各龄期混凝土的收缩变形值； t——时间(h)，由浇筑后至计算时的天数； $M_1、M_2、\cdots、M_n$——不同条件影响系数，按表30-20取用； T_2——水化热引起的温差(℃)； T_3——气温差(℃)； α——混凝土或钢筋混凝土的线膨胀系数，取 10×10^{-4}。一般以降温与收缩共同作用为最不利状态，在公式中取绝对值 $\|\alpha T\|$； ε_p——混凝土的极限变形值，按本章第二节求得； arch——双曲线余弦函数的反函数，可从《建筑结构静力计算手册》双曲线函数表（表1-3）查得（已知 archx，求 x），或用式(30-55)计算求得

地基水平阻力系数 C_x　　　　　　　　表 30-32

项　次	地　基　条　件	C_x
1	软黏土	0.01~0.03
2	一般砂质土	0.03~0.06
3	坚硬黏土	0.06~0.10
4	风化岩、低强度混凝土垫层	0.60~1.00
5	C10 以上混凝土垫层	1.00~1.50

【例 30-22】　某污水厂沉砂池设计为现浇钢筋混凝土矩形底板,其厚度为 1.2m,沿底板横向方向配置受力钢筋,纵向配置 $\phi14@150$ 螺纹钢筋,配筋率为 0.205%;混凝土的强度等级为 C20;底板下的地基为坚硬性黏土;施工材料符合质量标准,水灰比准确,采用机械振捣,施工完毕后,对混凝土进行良好养护。试计算早期(15d)不出现贯穿性裂缝的允许间距为多少?

解:考虑施工条件正常,由表 30-20 查得:M_1、M_2、M_3、M_5、M_8、M_9 均取 1,$M_4=1.42$、$M_6=0.93$、$M_7=0.70$、$M_{10}=0.95$。

混凝土经 15d 的收缩变形按式(30-54)得:

$$\varepsilon_{y(t)}=3.24\times10^{-4}(1-e^{-0.01t})\times M_1\times M_2\times\cdots\times M_n$$
$$=3.24\times10^{-4}(1-e^{-0.15})\times1.42\times0.93\times0.70\times0.95=0.396\times10^{-4}$$

收缩当量温差按式(30-53)得:

$$T_{y(15)}=\frac{\varepsilon_{y(15)}}{\alpha}=\frac{0.936\times10^{-4}}{1.0\times10^{-5}}=3.96\approx4(℃)$$

混凝土上下面降温 15℃,混凝土的水化热绝热温升值按式(30-15)计算为 30℃,则水化热平均降温差:

$$T=T_{y(15)}+T_2=4+25=29(℃)$$

混凝土的极限拉伸,按式(30-2)代入:

$$\varepsilon_{pa(15)}=\varepsilon_{pa}\frac{\ln15}{\ln28}=\varepsilon_{pa}\times0.813=0.5f_t\left(1+\frac{\rho}{d}\right)\times0.813\times10^{-4}$$

$$=0.5\times1.1\left(1+\frac{0.205}{1.4}\right)\times0.813\times10^{-4}=0.513\times10^{-4}$$

（C20 混凝土的 $f_t=1.1$MPa,$\rho=0.205$,$d=1.4$cm）

考虑混凝土的抗拉徐变变形比抗压徐变变形大 1 倍,即 $\varepsilon_p=2\varepsilon_{pa}=2\times0.513\times10^{-4}=1.026\times10^{-4}$。

15d 混凝土的弹性模量按式(30-22)为:

$$E_{(15)}=2.55\times10^{-4}(1-e^{-0.09t})=2.55\times10^{-4}(1-e^{-0.09\times15})=1.89\times10^4(MPa)$$

伸缩缝允许最大间距按式(30-51)为:

$$L_{max}=1.5\sqrt{\frac{HE_c}{C_x}}\text{arch}\frac{|\alpha T|}{|\alpha T|-\varepsilon_p}\text{（式中 }C_x\text{ 查表 30-32 取 }C_x=80\times10^{-3}\text{）}$$

$$=1.5\sqrt{\frac{1\,200\times1.89\times10^4}{80\times10^{-3}}}\times\text{arch}\frac{1.0\times10^{-5}\times25}{1.0\times10^{-5}\times25-1.026\times10^{-4}}$$

$$=1.5\times17\times10^3\times\text{arch}1.696=28\,560(mm)\approx28.6(m)$$

查《建筑结构静力计算手册》P28页第一章、第一节、三、双曲线函数表 $\mathrm{arch}x=1.696$，$x=1.12$ 或由计算 $\mathrm{arch}1.696=\ln1.696+\sqrt{1.696^2-1}=\ln3.066=1.12$。

由计算知，板允许最大伸缩缝间距为 28.6m，板纵向长度小于 28.6m 时可以避免裂缝出现，如超过 28.6m，则需在中部设置伸缩缝或"后浇缝"。

【例30-23】 条件同例【30-22】，将矩形底板配筋改为 $\phi12mm$ 上下两层配置，配筋率为 0.4%，施工保证优质，提高抗拉强度50%，并考虑混凝土抗拉徐变变形比抗压徐变变形大 1.5 倍，试计算早期(15d)不出现贯穿性裂缝的允许间距为多少？

解： 由题意 $f_t=1.5\times1.1=1.65$，$\rho=0.4$，$d=1.2\mathrm{cm}$

混凝土的极限拉伸为：

$$\varepsilon_{\mathrm{pa}(15)}=0.5\times1.65\left(1+\frac{0.4}{1.2}\right)\times0.813\times10^{-4}=0.894\times10^{-4}$$

考虑混凝土抗拉徐变变形比抗压变形大 1.5 倍

则：

$$\varepsilon_{\mathrm{p}}=2.5\times\varepsilon_{\mathrm{pa}}=2.5\times0.894\times10^{-4}=2.24\times10^{-4}$$

伸缩缝允许最大间距按式(30-51)得：

$$L_{\max}=1.5\sqrt{\frac{1\,200\times1.8\times10^4}{80\times10^{-3}}}\times\mathrm{arch}\frac{1.0\times10^{-5}\times25}{1.0\times10^{-5}\times25-2.24\times10^{-4}}$$

$$=1.5\times16.84\times10^3\times\mathrm{arch}9.62=74\,570(\mathrm{mm})\approx75\mathrm{m}$$

由计算知，将地板配筋改细、加强配筋构造和质量控制，提高结构极限拉伸，不出现裂缝的间距可增至 75m。

【例30-24】 某地下室箱形基础，先将底板浇筑完毕，然后再浇侧墙，侧墙纵向长 60m，高 13m，壁厚300mm，混凝土强度等级为C20，沿长墙纵向配置双层直径10mm构造钢筋，间距为 150mm。采用大开挖施工，底板处于 C10 混凝土垫层上，侧墙长期不回填土而处于大气中，长墙与基础有相对温差及收缩差，设平均降温差为 15℃，试验算长墙的温度伸缩缝间距。

解： 本工程在一般施工条件下进行施工。

综合温差：$T=15+20=35(℃)$

构造配筋率：$\rho=0.35\%$

混凝土的极限拉伸按式(30-2)得：

$$\varepsilon_{\mathrm{pa}}=0.5f_t\left(1+\frac{\rho}{d}\right)\times10^{-4}=0.5\times1.1\left(1+\frac{0.35}{1}\right)\times10^{-4}=0.74\times10^{-4}$$

考虑混凝土徐变为弹性变形 1 倍，总拉伸 ε_{p} 为：

$$\varepsilon_{\mathrm{p}}=2\varepsilon_{\mathrm{pa}}=2\times0.74\times10^{-4}=1.48\times10^{-4}$$

墙体计算高度 $\overline{H}$ 的确定：

当墙体实际高度 $H\leqslant0.2l$ 时，$\overline{H}=H$

本例 $H=13>0.2l(0.2\times60)$，则取：

墙体计算高度 $\overline{H}=0.2l=0.2\times60=12\mathrm{m}$，$C_x=1\,000\times10^{-3}(\mathrm{MPa})$。

允许最大伸缩缝间距，按式(30-51)得：

$$L_{\max}=1.5\sqrt{\frac{\overline{H}E_c}{C_x}}\mathrm{arch}\frac{|\alpha T|}{|\alpha T|-\varepsilon_{\mathrm{p}}}\quad(\text{式中 }C_x\text{ 查表 }30\text{-}32\text{ 取 }C_x=1\,000\times10^{-3})$$

$$=1.5\sqrt{\frac{1\,200\times2.55\times10^4}{1\,000\times10^{-3}}}\times\mathrm{arch}\frac{1.0\times10^{-5}\times35}{1.0\times10^{-5}\times35-1.48\times10^{-4}}$$

$$=1.5\times17.5\times10^{3}\times1.147=30\ 108(\text{mm})\approx30.1\text{m}<60\text{m}$$

在长侧墙中部需设一条伸缩缝或"后浇缝",则可避免出现裂缝(本例情况,亦可应用于室外挡土墙、地下隧道、长通廊、长地沟等)。

【例 30-25】 条件同例【30-24】,施工中采取减少收缩,减少水灰比,加强养护等措施,使墙和基础相对收缩温差减至 10°C;同时加强混凝土材质和浇筑质量控制,提高混凝土抗拉能力 40%,试验算长墙的温度伸缩缝间距。

解: 由题意知综合温差 $T=15+10=25(^{\circ}\text{C})$

$$\varepsilon_{p}=1.48\times10^{-4}+1.48\times10^{-4}\times0.4=2.04\times10^{-4}$$

伸缩缝间距按式(30-15)得:

$$L_{\max}=1.5\sqrt{\frac{12\ 000\times2.55\times10^{4}}{1\ 000\times10^{-3}}}\times\text{arch}\frac{1.0\times10^{-5}\times25}{1.0\times10^{-5}\times25-2.22\times10^{-4}}$$

$$=1.5\times17.5\times10^{3}\times\text{arch}8.929=62\ 475(\text{mm})\approx62.5\text{m}$$

由计算知,施工采取有效综合技术措施降低综合温差,提高混凝土的抗拉强度,伸缩缝间距可达 62.5m 大于基础底板长度 60m,故全长可不设伸缩缝。

第十三节 混凝土和钢筋混凝土结构位移值计算

地下混凝土及钢筋混凝土底板或长墙的位移值计算见表 30-33。

地下混凝土及钢筋混凝土底板或长墙的位移值计算 表 30-33

项目	计算方法及公式	符号意义
地下混凝土或钢筋混凝土底板或长墙的位移计算	地下混凝土或钢筋混凝土底板或长墙的位移可按下式计算: $U=\dfrac{\alpha T}{\beta\cosh\beta\frac{L}{2}}\sinh\beta x$ (30-56) 当 $x=\dfrac{L}{2}$ 则: $U=\dfrac{\alpha T}{\beta}\tanh\beta\cdot\dfrac{L}{2}$ (30-57) $\beta=\sqrt{\dfrac{C_{x}}{HE}}$ (30-58) 采用式(30-56)除计算底板和长墙任意点位移外,还可用于验算裂缝开展宽度	U——地下结构任意一点的位移(m); L——底板或长墙的全长(m); x——任意一点的距离(m); $\cosh\beta,\sinh\beta$——双曲余弦、双曲正弦函数,可从《建筑结构静力计算手册》双曲线函数表(表1-3)查得; 其他符号意义同本章第十二节混凝土和钢筋混凝土结构伸缩缝间距计算

【例 30-26】 某地下室底板,平面为矩形,长 15m,厚 1.0m,落于坚实地基上,已知混凝土线膨胀系数 $\alpha=10\times10^{-6}$,弹性模量 $E=1.93\times10^{5}\text{MPa}$,综合温差 $T=32^{\circ}\text{C}$,地基水平阻力系数 $C_{x}=6$,试求因温差产生的总位移。

解: 因温差产生的总位移按式(30-57)得:

$$U=2\alpha T\frac{1}{\beta}\tanh\beta\frac{L}{2}=2\alpha T\sqrt{\frac{HE}{C_{x}}}\tanh\sqrt{\frac{C_{x}}{HE}}\frac{L}{2}$$

$$=2\times10\times10^{-6}\times32.0\times\sqrt{\frac{100\times1.93\times10^{5}}{6}}\times\tanh\sqrt{\frac{6}{100\times1.93\times10^{5}}}\times\frac{1\ 500}{2}$$

417

$$=2\times10\times\tanh10^{-6}\times32.0\times1.8\times10^3\times\tanh\frac{1}{1.8\times10^3}\times\frac{1\,500}{2}$$

$$=1.15\tanh0.42=1.15\times0.396\,93$$

$$=0.456(\mathrm{cm})=4.6(\mathrm{mm})$$

故因温差产生的总位移为 4.6mm。

【例 30-27】 某地下钢筋混凝土筏板式基础,厚 1.5m,配置 ϕ14mm 钢筋,配筋率 $\rho=0.136\%$,混凝土采用 C20,混凝土浇筑后,在龄期 15d 出现贯穿性裂缝,裂缝间距约 13m 左右,平均缝宽 2.0mm 左右,经检查该龄期抗拉强度为 $0.5\sim0.6$MPa,平均弹性模量 $E_{15}=1\times10^4$MPa,$C_x=0.1$MPa,实测混凝土水化热最高温度(含浇筑温度)为 59.5℃,至浇筑后 15d 时平均降温为 30℃,试验算允许缩缝间距和裂缝开展宽度。

解:(1)计算极限拉伸值 ε_p

已知钢筋直径为 $d=14$mm,配筋率 $\rho=0.136\%$,抗拉强度 $f_t=0.6$MPa,极限拉伸值按式(30-2)得:

$$\varepsilon_{pa}=0.5f_t\left(1+\frac{\rho}{d}\right)\times10^{-4}=0.5\times0.6\left(1+\frac{0.136}{1.4}\right)\times10^{-4}=0.329\times10^{-4}$$

考虑 15d 徐变变形为弹性变形的 0.5 倍,其极限拉伸应为:

$$\varepsilon_{pa}=1.5\times0.329\times10^{-4}=0.493\times10^{-4}$$

(2)计算平均温差

设底板的温度呈抛物线分布,其平均温差为:

$$T_1=(59.5-30)\times\frac{2}{3}=19.6(℃)$$

(3)计算收缩当量温差

取: $$M_1=M_2=M_3=\cdots=M_{10}=1$$

15d 龄期的收缩变形值按式(30-20)得:

$$\varepsilon_{y(15)}=3.24\times10^{-4}(1-e^{-0.01t})\times M_1\times M_2\times M_3\times\cdots\times M_{10}$$

$$=3.24\times10^{-4}\times(1-e^{-0.01\times15})=4.5\times10^{-5}$$

收缩当量温差按式(30-21)得:

$$T_2=\frac{\varepsilon_{y(15)}}{\alpha}=\frac{4.5\times10^{-5}}{10\times10^{-6}}=4.5(℃)$$

$$T=T_1+T_2=19.6+4.5=24.1(℃)$$

(4)验算裂缝间距

可采用式(30-51)最大伸缩缝间距公式(即允许不留伸缩时的裂缝间距)进行验算:

$$L_{max}=1.5\sqrt{\frac{HE_c}{C_x}}\,\mathrm{arch}\frac{|\alpha T|}{|\alpha T|-\varepsilon_p}$$

$$=1.5\times\sqrt{\frac{1\,500\times1\times10^4}{0.1}}\cdot\mathrm{arch}\frac{1.0\times10^{-6}\times24.1}{1.0\times10^{-6}\times24.1-0.493\times10^{-4}}$$

$$=1.5\times1.224\times10^4\times\mathrm{arch}1.26=1.836\times10^4\times0.71=1.30\times10^4$$

$$=13.0(\mathrm{m}),与实际情况13m左右相符$$

(5)验算裂缝开展宽度

应用式(30-56)板端最大位移公式,可以求出该基础的裂缝开展宽度,即把裂缝处视作两块底板的板端,裂缝宽度即为两个端点的位移之和,则按式(30-56)得:

418

$$U = \frac{\alpha T}{\beta \cosh\beta \dfrac{L}{2}}\sinh\beta x$$

当 $x = \dfrac{L}{2}$，即在中间最大应力处开裂，上式可改写为式(30-57)即：

$$U = \frac{\alpha T}{\beta}\tanh\beta \frac{L}{2} = \frac{\alpha T}{\sqrt{\dfrac{C_x}{HE}}}\tanh\sqrt{\frac{C_x}{HE}}\frac{L}{2}$$

以 w 表示裂缝宽度，则：

$$w = 2U = 2 \times 10 \times 10^{-6} \times 24.2 \times 1.225 \times 10^4 \times \tanh 0.82 \times 10^{-4} \times \frac{13 \times 10^3}{2}$$

$$= 5.93 \times \tanh 0.53 = 2.87 (\text{mm})$$

由验算知，裂缝宽度为 2.87mm，比实际情况 2mm 左右略大一些，这是因计算公式是在弹性假定条件下推导的，实际上，结构开裂后，由于混凝土的徐变性质，板端不可能完全回弹到计算位置，故实际裂缝宽度一般比理论计算值小一些，说明计算与实际是相符的。

第三十一章　预应力混凝土工程

预应力混凝土与钢筋混凝土比，具有构件截面小、自重轻、刚度大、抗裂度高、耐久性好以及节省混凝土材料等优点。但预应力混凝土施工时，需要专门的材料与特殊的工艺和设备，因此单价较高。用于大开间、大跨度（如桥梁工程）与重荷载的结构中，可有效提高经济效益和使用功能。

（1）预应力混凝土按预应力度大小可分为：全预应力混凝土和部分预应力混凝土。全预应力混凝土是在全部使用荷载下，受拉边缘不允许出现拉应力的混凝土，适用于要求混凝土不开裂的结构（如钢筋混凝土水池、容器罐等）。部分预应力混凝土是在全部使用荷载下，受拉边缘允许出现一定裂缝的混凝土，其综合性能较好且费用较低，因而应用广泛。

（2）预应力混凝土按施工方式的不同可分为：预制预应力混凝土、现浇预应力混凝土和叠合预应力混凝土等。

（3）预应力混凝土按预加应力的方法不同可分为：先张法预应力混凝土和后张法预应力混凝土。先张法是在混凝土浇筑前张拉钢筋的施工方法，需预先配置相应的台座设备，预应力依靠钢筋与混凝土之间的黏结力传递给混凝土。后张法是等浇好的混凝土达到一定强度后再张拉钢筋的施工方法，预应力依靠锚具传递给混凝土，不需要台座设备，灵活性大，广泛用于施工现场就地浇筑的大型预应力混凝土结构。

（4）按预应力筋黏结状态可分为：有黏结的预应力混凝土和无黏结的预应力混凝土。前者在张拉后通过孔道灌浆使预应力筋与混凝土相互黏结；后者由于预应力筋外表面涂有油脂，预应力只能永久地靠锚具传递给混凝土。

第一节　预应力混凝土先张法台座计算

一、预应力墩台座计算（表31-1）

预应力墩台座计算　　　　　　　　　　　　表31-1

项目	计算方法及公式	符号意义
座构造及台座计算	墩式台座由传力墩、台座板、台面和横梁等组成，其构造通常采用传力墩与台座板、台面共同受力的形式，依靠自重平衡张拉力，并减小台墩自重和埋深。墩式台座是先张法制备预应力构件中应用最广泛的一种台座形式，其具体结构如图A所示。 台座长度和宽度由场地大小、构件类型和产量等因素确定，一般长不大于150m，每组宽不大于2.0m。张拉力可达1 000～2 000kN。适于生产中小型构件或多层重叠浇筑的预应力混凝土构件	L——台座长度（m）； l——构件长度（m）； n——一条生产线内生产的构件数（根）； 0.5——两根构件相邻端头间的距离（m）； K——台座横梁至第一根构件端头的距离，一般为1.25～1.50m

项目	计算方法及公式	符 号 意 义

台座构造及台座计算

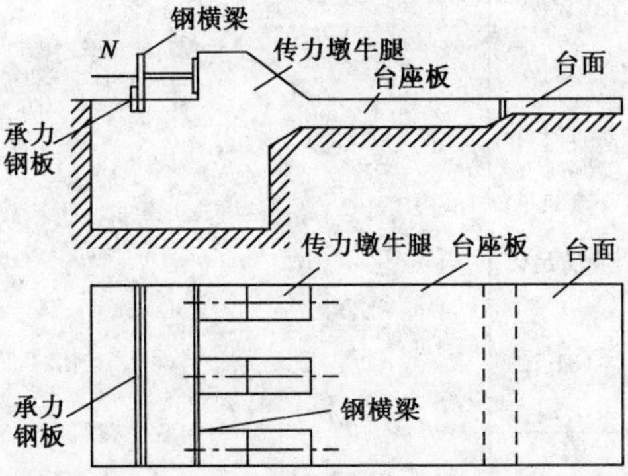

图 A　墩式台座构造示意图

1. 台座尺寸

台座长度应根据场地条件、生产规模及构件尺寸而定，一般 $100\sim150\text{m}$，可按下式计算：

$$L = l_n + (n-1) \times 0.5 + 2K \tag{31-1}$$

2. 台座计算

1）台座稳定性验算

（1）抗倾覆验算（图 B）

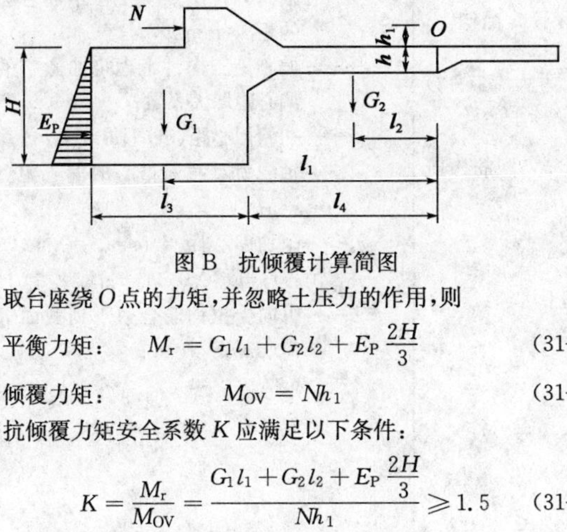

图 B　抗倾覆计算简图

取台座绕 O 点的力矩，并忽略土压力的作用，则

平衡力矩：　　$M_r = G_1 l_1 + G_2 l_2 + E_P \dfrac{2H}{3}$ 　(31-2)

倾覆力矩：　　　　$M_{OV} = Nh_1$ 　(31-3)

抗倾覆力矩安全系数 K 应满足以下条件：

$$K = \frac{M_r}{M_{OV}} = \frac{G_1 l_1 + G_2 l_2 + E_P \dfrac{2H}{3}}{Nh_1} \geqslant 1.5 \tag{31-4}$$

（2）抗滑移验算（图 C）

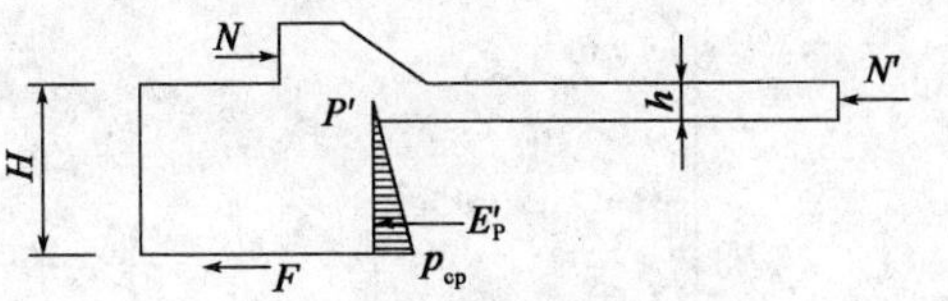

图 C　抗滑移计算简图

台座的抗滑移力：

$$N_1 = N' + F + E'_P \tag{31-5}$$

台座稳定性验算

M_r——平衡力矩，由台座自重力合土压力产生 $(\text{kN}\cdot\text{m})$；

M_{ov}——倾覆力矩，由预应力筋张力产生 $(\text{kN}\cdot\text{m})$；

E_p——台墩后被动土压力合力 (kN)，当台墩埋置较浅时，可略去不计；

K——抗倾覆安全系数，一般不小于 1.5；

H——台座埋置深度 (mm)；

G_1——台座外伸部分的重力 (kN)；

l_1——G_1 点至 O 点的水平距离 (mm)；

G_2——台座部分的重力 (kN)；

l_2——G_2 点至 O 点的水平距离 (mm)；

N——预应力钢筋的张拉力（作用于台墩上的滑动力）(kN)；

h_1——N 点至 O 点的垂直距离 (mm)；

N'——台面板的抵抗力 (kN/m)，当混凝土强度为 $10\sim15\text{MPa}$ 时，台面厚，
$d=60\text{mm}, N'=150\sim200\text{kN/m}$；
$d=80\text{mm}, N'=200\sim250\text{kN/m}$；
$d=100\text{mm}, N'=250\sim300\text{kN/m}$；

F——混凝土台座与土的摩阻力 (kN)，按式 (31-6) 计算；

μ——摩擦因数，对黏性土，$\mu=0.25\sim0.40$；砂土 $\mu=0.40$；碎石 $\mu=0.40\sim0.50$；

E'_p——台座板底部和台墩背面上土压力的合力 (kN)，按式 (31-7) 计算；

p_{cp}——台座后面的最大的土压力 (kPa)，按式 (31-8) 计算；

γ——土的重度 (kN/m^3)；

φ——土的内摩擦角，粉质黏土 $\varphi=30°$；细砂 $\varphi=20°\sim30°$；中砂 $\varphi=30°\sim40°$；

H——台座埋置深度 (mm)；

h——台座板厚度 (m)；

B——台墩宽度 (m)；

K_c——抗滑移安全系数，一般不小于 1.3；

N_1——抗滑移力 (kN)，按式 (31-5) 计算；

P'——台座板底部的土压力 (kN)，按式 (31-9) 计算

项目	计算方法及公式	符号意义
台座稳定性验算	其中 $$F=\mu(G_1+G_2) \tag{31-6}$$ $$E_p'=\frac{(p_{cp}+p')(H-h)B}{2} \tag{31-7}$$ $$p_{cp}=\gamma H\tan^2\left(45°+\frac{\varphi}{2}\right)-\gamma H\tan^2\left(45°-\frac{\varphi}{2}\right) \tag{31-8}$$ $$p'=\frac{hp_{cp}}{H} \tag{31-9}$$ 作用于台座上的滑动力为 N，则抗滑移安全系数 K 应满足以下条件： $$K_c=\frac{N_1}{N}=\frac{N'+F+E_p'}{N}\geqslant 1.3 \tag{31-10}$$	
台座强度验算	2）截面设计计算 （1）台座外伸部分简图，如图 D 所示。 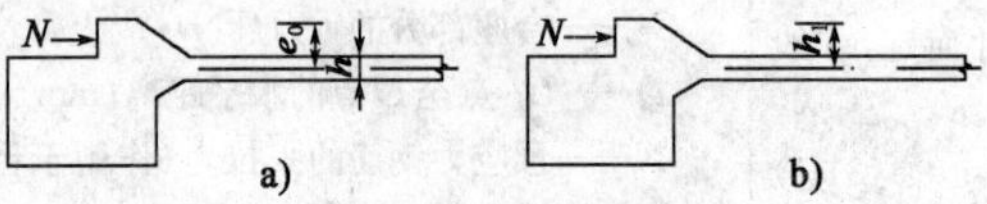 图 D 台座截面设计简图 a)台座外伸部分；b)牛腿 　台墩的牛腿和延伸部分，分别按钢筋混凝土结构的牛腿和偏心受压构件计算，如为大偏心，则按下式计算： $$N\leqslant f_cbx+f_y'A_s'-f_yA_s \tag{31-11}$$ 或 $$N_e\leqslant f_cbx\left(h_0-\frac{x}{2}\right)+f_y'A_s'(h_0-a_s') \tag{31-12}$$ $$e=\eta e_1+\frac{h}{2}-a \tag{31-13}$$ （2）牛腿的配筋设计 　包括纵向受拉钢筋、斜截面强度和抗裂度计算（略）配筋构造如图 E 所示。 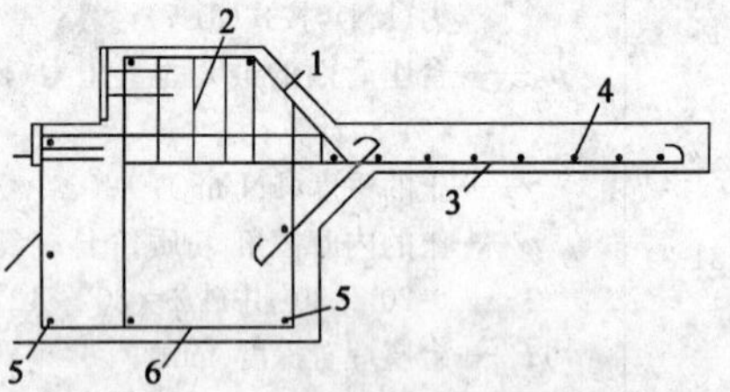 图 E 台墩、台面及牛腿配筋图 1-16～20 钢筋；2-8～10 钢筋；3-10@200 钢筋；4-8@200 钢筋；5-10 钢筋；6-16～200 钢筋 （3）钢横梁计算（图 F） 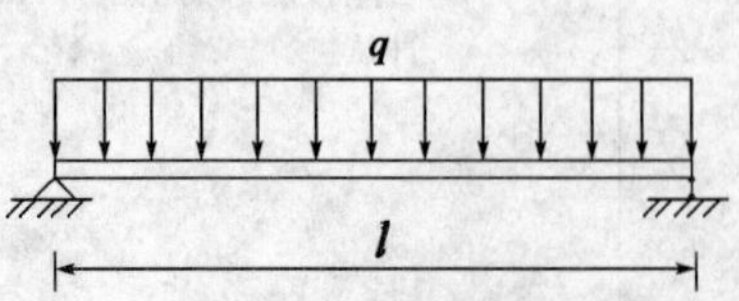 图 F 钢横梁计算简图	N——作用于外伸部分的轴力（kN）； f_c——混凝土抗压强度设计值（MPa）； x——混凝土受压区高度（mm）； b——截面的宽度（mm）； h_0——截面的有效高度（mm）； a_s'——A_s' 的合力点至截面近边的距离（mm）； f_y——纵向受拉钢筋的强度设计值（MPa）； A_s、A_s'——纵向受拉及受压钢筋截面面积（mm²）； e——轴向力作用点至受拉钢筋合力点之间的距离（mm）； η——偏心受压构件考虑挠曲影响的轴向力偏心距增大系数； e_1——初始偏心距（mm），$e_1=e_0+e_a$； e_0——轴向力对截面重心的偏心距（mm），$e_0=M/N$； e_a——附加偏心距（mm）$e_a=0.12(0.3h_0-e_0)$；当 $e_0\geqslant 0.3h_0$ 时，取 $e_a=0$； a——纵向受拉钢筋合力点到截面近边的距离（mm）

项目	计算方法及公式	符号意义
台座强度验算	钢横梁按承受均布荷载的简支梁，其计算式为： $$M = \frac{1}{8}ql^2 \quad (31\text{-}14)$$ 在求得 M 值后，按下式验算或选用钢横梁： $$W \geqslant \frac{M}{f} \quad (31\text{-}15)$$ 钢横梁的剪应力按下式复核： $$V = \frac{1}{2}ql \quad (31\text{-}16)$$ $$\tau = \frac{V}{A} \leqslant f_v \quad (31\text{-}17)$$ 钢横梁应有足够的刚度，以减少张拉预应力钢筋时的预应力损失，钢横梁的变形值按下式验算： $$\omega_{max} = \frac{5ql^4}{384EI} \leqslant [\omega] = \frac{l}{400} \quad (31\text{-}18)$$ 如不能满足时，应增强横梁的刚度	M——钢梁承受最大弯矩（kN·m）； q——承力钢板传给每根钢横梁的均布荷载，$q = \frac{N_0}{l}$（kPa）； N_0——传给钢横梁的荷载（即作用于外伸部分的轴力）（kN）； l——横梁的跨度（mm）； W——钢梁的截面抵抗矩（cm³）； f——钢材的抗拉、抗弯强度设计值（MPa）； V——作用于钢横梁的剪力（kN）； τ——钢横梁的剪应力（MPa）； f_v——钢材拉剪强度设计值（MPa）； A——钢横梁的截面面积（mm²）； ω_{max}——钢梁的挠度（mm）； E——钢材的弹性模量（×10⁵MPa）； I——钢梁的惯性矩（cm⁴）； $[\omega]$——钢梁的允许挠度，应小于 $l/400$，但不大于 2mm
台座强度验算	3. 台面水平承载力的计算 台面一般是在夯实的碎石垫层上浇筑一层厚度为 6～8cm 的混凝土而成。其水平承载力 P 可按下式计算： $$P = \frac{\varphi A f_c}{K_1 K_2} \quad (31\text{-}19)$$ 台面计算参见本章第二节　普通混凝土台面计算一节	φ——轴心受压纵向弯曲系数，取 1； A——台面截面面积（mm²）； f_c——混凝土轴心抗压强度设计值（MPa）； K_1——超载系数，取 1.25； K_2——考虑台面截面不均匀和其他影响因素的附加安全系数，取 1.5； P——台面水平承载力（kN）

【例 31-1】　某预应力墩式台座，尺寸如图 31-1 所示。已知张拉力 $N = 1\,150$kN，$G_1 = 230$kN，$G_2 = 100$kN，传力墩之间距离 $B = 4.0$m，台墩用 C20 混凝土，HPB235 级钢筋，台面厚度为 100mm，$N' = 300$kN/m，$\mu = 0.35$，地基为砂质黏土，$\gamma = 18$kN/m³，$\varphi = 30°$。试验算台座抗倾覆、抗滑移稳定性并进行截面设计和确定钢梁截面。

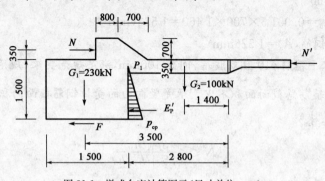

图 31-1　墩式台座计算图示（尺寸单位：mm）

解：1）抗倾覆验算

因埋置不深，且在开挖土方时，后面土被扰动，故可忽略土压力作用，按式（31-2）和式（31-3）得：

平衡力矩：$M_r = G_1 l_1 + G_2 l_2 = 230 \times 3.5 + 100 \times 1.4 = 945 (kN \cdot m)$

倾覆力矩：$M_{OV} = Nh_1 = 1\,150 \times 0.35 = 403 (kN \cdot m)$

按式(31-4)得抗倾覆安全系数 K 为：

$$K = \frac{M_r}{M_{OV}} = \frac{945}{403} = 2.43 > 1.5 (安全)$$

2)抗滑移验算

$$N' = 300 \times 4 = 1\,200 (kN)$$

$$F = \mu(G_1 + G_2) = 0.35 \times (230 + 100) = 116 (kN)$$

按式(31-8)得台座后面最大被动土压力 p_{cp} 为：

$$p_{cp} = \gamma H \left[\tan^2 \left(45° + \frac{\varphi}{2}\right) - \tan^2 \left(45° - \frac{\varphi}{2}\right) \right] = 1.8 \times 1.5 (\tan^2 60° - \tan^2 30°) = 72 (kPa)$$

按式(31-9)得台座板底部的土压力 p' 为：$p' = \frac{h p_{ch}}{H} = \frac{0.35 \times 72}{1.5} = 16.8 (kPa)$

按式(31-7)得台座板底部和台墩背面上土压力的合力 E_p' 为：

$$E_p' = \frac{(p_{cp} + p')(H - h)B}{2} = \frac{(72 + 16.8)(1.5 - 0.35) \times 4}{2} = 204 (kN)$$

按式(31-10)得抗滑安全系数为：$K_c = \frac{N' + F + E_p'}{N} = \frac{1\,200 + 116 + 204}{1\,150} = 1.32 > 1.3$

3)截面设计

(1)牛腿配筋计算

$$h_0 = 1\,500 - 40 = 1\,460 (mm)$$

$$A_s = \frac{Nh_1}{0.85 h_0 f_g} = \frac{1\,150 \times 350 \times 10^3}{0.85 \times 1\,460 \times 210} = 1\,544 (mm^2)$$

设计规范规定：当采用 HPB23.5 级钢筋时，纵向受拉钢筋的最小配筋率(A_s/bh_0)不应小于 0.2%。现 A_s 小于规范规定，故取 $A_s = 0.002 \times 700 \times 1\,460 = 2\,044 (mm^2)$。

选用 6ϕ22mm 钢筋，$A_s = 2\,281 mm^2$。

(2)弯起钢筋 A_s 计算

本台座$\frac{h_1}{h_0} = \frac{350}{1\,460} = 0.24 < 0.3$，故应按规范要求配筋：

$$A_s = 0.001\,5 bh_0 = 0.001\,5 \times 700 \times 1\,460 = 1\,533 (mm^2)$$

选用 6ϕ18mm 钢筋，$A_s = 1\,526 mm^2$。

(3)牛腿采用水平箍筋 ϕ10 且双肢箍，间距 100mm，满足规范要求(规范要求：在牛腿上部 $\frac{2}{3} h_0$ 的范围内水平箍筋总截面面积不少于承受竖向力的受拉钢筋截面面积的 1/2)。

(4)裂缝控制验算

$$N \leqslant \frac{\beta f_{tk} bh_0}{0.5 + h_1/h_0}$$

式中：β——裂缝控制系数。

取：$\beta = 0.80$，则有：

$$N = \frac{0.80 \times 1.54 \times 700 \times 1\,460}{0.5 + \dfrac{350}{1\,460}} = 1\,702\,122 (N) = 1\,702.1 (kN) > N = 1\,150 kN(安全)$$

424

(5)台座板配筋计算

已知 $h=350\text{mm}$，$h_0=350-35=315\text{mm}$，$a=35\text{mm}$，$b=4\,000\text{mm}$，$f_c=9.6\text{MPa}$，$f_y=210\text{MPa}$。

因为

$$e_0=\frac{M}{N}=\frac{1\,150\times350}{1\,150}=350(\text{mm})>0.3\times315=94.5(\text{mm})$$

所以 $e_a=0$，则：

$$\varphi=\frac{l_0}{h}=\frac{2\,800}{350}=8$$

故不考虑挠度对纵向力偏心距的影响。

$$e=e_0+\frac{h}{2}-a=350+\frac{350}{2}-35=490(\text{mm})$$

$$x=\frac{1\,150\,000}{4\,000\times9.6}=30(\text{mm})$$

$$A_s=\frac{1\,150\,000\times490-9.6\times4\,000\times30\times\left(315-\frac{30}{2}\right)}{210\times(315-35)}=3\,706(\text{mm}^2)$$

选用 26 根 $\phi14$ 钢筋，$A_s=4\,000\text{mm}^2$（上层钢筋在非牛腿部分弯至底部），底板箍筋用 $6\phi300\text{mm}$。

4）钢横梁计算

钢梁承受的均布荷载为：

$$q=\frac{1\,150}{3.3}=348.5(\text{kN/m})$$

$$M=\frac{1}{8}ql^2=\frac{1}{8}\times348.5\times3.3^2=474.4(\text{kN}\cdot\text{m})$$

钢梁需要的截面抵抗矩为：

$$W=\frac{M}{f}=\frac{474.4\times10^6}{315}=1\,506\times10^3(\text{mm}^3)$$

用 16Mn 钢，$2\text{I}40\text{b}$，$W_x=1\,139\times10^3\times2=2\,278\times10^3(\text{mm}^3)>1\,506\times10^3\text{mm}^3$（可满足条件）

钢梁的剪力为：

$$V=\frac{1}{2}ql=\frac{1}{2}\times348.5\times3.3=575(\text{kN})$$

钢梁的剪应力为：

$$\tau=\frac{V}{F}=\frac{575\times10^3}{9410\times2}=30.6(\text{MPa})<f_v=185\text{MPa}$$

钢梁变形值为：

$$\omega_{\max}=\frac{5ql^4}{384EI}=\frac{5\times348.5\times3\,300^4}{384\times2\times10^5\times22\,780\times10^4\times2}=5.9(\text{mm})<\frac{l}{400}=\frac{3\,300}{400}=8.3(\text{mm})$$

能满足要求。

【例31-2】 某预应力墩式台座台面，已知张拉力 $N=1\,150\text{kN}$，台面宽 4.0m，厚80mm（靠近台墩10m范围内，台面加厚至100mm），混凝土用 C15，$f_c=7.2\text{MPa}$，试求台面承载力是否

425

满足要求。

解:由表 31-1 及式(31-19)知台面的水平承载力计算公式：

$$P = \frac{\varphi A f_c}{K_1 K_2} = \frac{1 \times 100 \times 4\,000 \times 7.2}{1.25 \times 1.5} = 1\,536(\text{kN}) > 1\,150\text{kN}$$

故台面承载力满足要求。

二、预应力槽式台座计算(表 31-2)

预应力槽式台座计算   表 31-2

项目	计算方法及公式
台座构造	槽式台座由锚固端柱、张拉端柱、传力柱台面及上、下横梁等受力构件组成。一般多做成装配式的、传力柱可分段制作、每段长 5~6m,总长度一般为 45~75m,宽度随构件外形及制作方式而定,一般不小于 2.0m。它既可承受张拉力、又可作养生槽、适用于生产张拉力和倾覆力矩均较大的中型预应力构件,如吊车梁屋架等,其构造如图 G 所示。 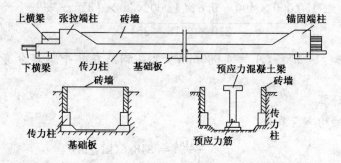 图 G　槽式台座构造
锚固端柱和张拉传力端柱计算	1.抗倾覆稳定性验算(图 H) 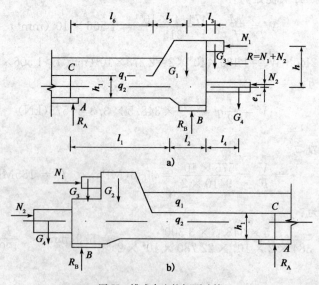 图 H　槽式台座抗倾覆验算 a)锚固端抗倾覆验算;b)张拉端抗倾覆验算

项目	计算方法及公式	符号意义
锚固端柱和张拉传力端柱计算	一般当梁底部的部分预应力筋切断掉(如 4 根切断 2 根)时为最不利状态,此时产生的抗倾覆力矩最小。 (1)锚固端柱稳定性验算,见图 Ha)。 设砖墙每米长重力为 q_1,传立柱每米长重力为 q_2;锚固端柱一段及基础板一半的重力为 G_1;张力端柱一段及基础板一半的重力为 G_2;上横梁一半的重力为 G_3;下横梁一半的重力为 G_4。 又设上部的预应力钢筋的压力为 N_1,下部除去断掉的预应力钢筋后剩下的预应力钢筋对 1 根端柱的压力为 N_2。 取端柱绕 C 点的力矩[图 Ha)]进行倾覆稳定性验算: 倾覆力矩: $M_{OV}=N_1\left(h-\dfrac{h_1}{2}\right)$ (31-20) 平衡力矩: $$M_r = M_1+M_2 = \left[N_2\left(\dfrac{h_1}{2}-e_1\right)\right]+\left[G_3(l_1+l_2+l_3)\right]$$ $$+G_4(l_1+l_2+l_4)+G_1(l_5+l_6)+\dfrac{1}{2}(q_1+q_2)l_6^2$$ (31-21) 对 G_1、G_2、G_3、G_4 等应先求出它们作用力的位置,以确定 C 点的距离。 抗倾覆按下式验算: $k=\dfrac{M_r}{M_{OV}}=\dfrac{M_1+M_2}{M_{OV}}\geqslant 1.5$ (31-22) (2)张拉端柱稳定性验算,见图 Hb)。 取 C 点的力矩进行倾覆稳定性验算,其具体方法与锚固端柱的计算相同。 2.弯矩计算(图 I) (1)锚固端柱的弯矩[图 Ia)] 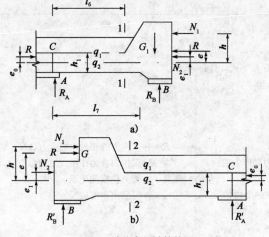 图 I 端柱弯矩计算简图 a)锚固端柱;b)张拉端柱弯矩	M_{OV}——锚固、张拉端柱倾覆力矩(kN·m); N_1——上部张拉力(kN); M_r——锚固、张拉端柱平衡力矩(抗倾覆力矩)(kN·m); N_2——下部张拉力(kN); G_1——锚固端柱一段及基础板一半的重力(kN); G_2——张拉端柱一段及基础板一半的重力(kN); G_3——上横梁一半的重力(kN); G_4——下横梁一半的重力(kN); q_1——砖墙每米长所需重力(kN/m); q_2——传力柱每米长所需重力(kN/m); M_1——构件底部切除部分预应力筋后剩余预应力筋产生的抗倾覆力矩(kN/m); M_2——锚固端柱自重力产生的抗倾覆力矩(kN/m); $l_1、l_2、\cdots、l_6$——构件各部分的相对关系; K——抗倾覆安全系数,一般不小于 1.5

项目	计算方法及公式	符 号 意 义
锚固端柱和张拉传力端柱计算	先根据平衡条件取 $\sum M_C = 0$，求出传力柱对端柱的反力 R 的位置 e_0，再取 $\sum M_B = 0$（或 $\sum M_A = 0$），求出支座反力 R_A（或 R_B）。由计算知，通常在 1—1 截面处的弯矩较大，可作为控制截面的弯矩，即： $$M_{1-1} = R_A l_7 + Re_0 - \frac{1}{2}(q_1 + q_2)l_6^2 \qquad (31\text{-}23)$$ 为计算中间柱对端柱的反力 F，需先求出反力作用点距截面中心的距离 e_0，e_0 随着合力 R 的偏心距 e 的大小而变化，当 R 作用于截面轴线时（即 $e = 0$），$e_0 = 0$；当 R 对 C 点之力矩等于自重力 G（G 一端柱全部自重力）对 C 点的力矩时，$e = \frac{GL}{R} + \frac{h}{2}$，此时 $e_0 = \frac{h}{2}$。 当张拉力合力 R 的实际作用点位于 $e = \frac{GL}{R} + \frac{h}{2}$ 与 $e = 0$ 之间时，可用以下插入法求解 e_0（图 J）： $$e_0 = e \cdot \frac{h}{2} \div \left(\frac{GL}{R} + \frac{h}{2}\right) \qquad (31\text{-}24)$$ 图 J　计算 e_0 值简图 (2)张拉端柱的弯矩[图 Ib] 计算方法与锚固端柱相同，以 M_{2-2} 作为控制截面的弯矩。 3. 配筋计算 一般按钢筋混凝土偏心受压构件进行配筋	M_{1-1}、M_{2-2}、M_{3-3}——分别为锚固、张拉端柱、传立柱控制截面的弯矩（kN·m）; M——横梁最大弯矩（kN·m）; V——横梁最大切力（kN）; N——作用于横梁中点的集中力（kN），由于横梁由两片组成，$N = 2N_1$（或 $2N_2$）; l——横梁跨度，等于台座两根传力柱之间的距离（mm）; G——端柱自重力（kN）; R——预应力筋张拉力的合力（kN）; L——端柱重心至 C 点的距离（mm）; h——传力柱截面高度（mm）; e——张拉力合力作用点的偏心距（mm）
传力柱计算	1. 传力柱长度确定 　传力柱按偏心受压柱计算。其计算长度 l_0 按下式计算： $$l_0 = 2 \cdot \sqrt{\frac{Re}{\rho A}} \qquad (31\text{-}25)$$ 2. 传力柱弯矩计算 传力柱计算分两种情况： (1)在全部预应力钢筋产生的合力 R_1 作用下； (2)下部部分预应力筋切断掉后，在剩余预应力筋产生的合力 R_2 作用下。 在全部预应力筋产生的合力 R_1 作用下传力柱的受力情况及符号见图 K。 图 K　传力柱计算简图	R——预应力筋张拉力之合力（kN）; e——张拉力合力作用点之偏心距（mm）; A——传力柱横截面积（mm²）; ρ——混凝土重度（kN/m³）

428

项目	计算方法及公式	符号意义
传力柱计算	用与端柱中"弯矩计算"相同的方法,求传力柱反力位置 e_0,取 $\sum M_E = 0$ 求出底板反力 R_D。然后再求出最大弯矩所在截面 3—3 距 R_D 的距离 S,则最大弯矩 M_{3-3} 为: $$M_{3-3} = R_D S + R_1 e_0 - \frac{1}{2}(q_1 + q_2)S^2 \quad (31\text{-}26)$$ 同理,可以求得切断掉部分的预应力筋后,剩下的预应力筋在传力柱上产生的最大弯矩值。 **3. 配筋计算** 最后分别按上述两种情况,即:(1)$N_1 = R_1$ 和 M_{max};(2)$N_2 = R_2$ 和 M_{max} 的内力组合,按钢筋混凝土偏心受压构件计算进行截面配筋(略)	式中符号意义见图 K
横梁计算	横梁的计算: 按两端支承于端柱上的简支梁计算,其最大弯矩 M 和切力 V 由下式计算: $$M = \frac{1}{4}Nl \quad (31\text{-}27)$$ $$V = \frac{N}{2} \quad (31\text{-}28)$$ 根据求出的 M、V 值,按钢筋混凝土受弯构件进行截面计算配筋,其允许挠度不大于 2mm。一般下横梁的截面尺寸较大,实为 1 根深梁,因此要适当增设必要的构造配筋	M——两端支承于端柱上(简支梁)的最大弯矩(kN·m); V——两端支承于端柱上(简支梁)的最大剪力(kN); N——作用于横梁中点的集中力(kN),由于横梁由两片组成,$N = 2N_1$(或 $2N_2$); l——横梁的跨度,等于台座 2 根传力柱之间的距离(mm)

【例 31-3】 某预应力槽式台座,构造尺寸如图 31-2 所示。已知上部预应力筋的张拉力 $N_1 = 160$kN,下部预应力筋的张拉力 $N_2 = 560$kN,砖砌体重度 $\gamma_1 = 18$kN/m³,混凝土重度 $\gamma_2 = 25$kN/m³,试验算台座的稳定性和计算张拉端柱的轴力和控制弯矩。

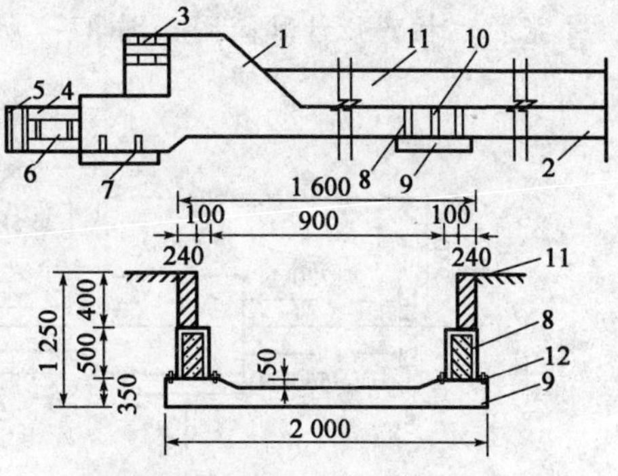

解:(1)台座自重

砖墙每 1m 长所受重力:

$q_1 = 0.24 \times 0.4 \times 1 \times 18 = 1.73$(kN/m)

传力柱每 1m 长所受重力:

$q_2 = 0.5 \times 0.35 \times 1 \times 25 = 4.37$(kN/m)

张拉端柱顶部(长 2.4m)一段及 1/2 支座底板所受的重力经计算 $G_1 = 26.5$kN。

1/2 上横梁所受的重力:$G_3 = 2.6$kN

1/2 下横梁所受的重力:$G_4 = 7.0$kN

槽式台座张拉端柱受力简图如图 31-3 所示。

(2)抗倾覆验算

取 C 点为倾覆旋转中心,按式(31-20)得:

$$M_{OV} = N_1\left(h - \frac{h_1}{2}\right) = 160 \times \left(0.94 - \frac{0.5}{2}\right) = 110.4(\text{kN·m})$$

图 31-2 槽式台座构造及尺寸(尺寸单位:mm)

1-张拉端柱;2-传力柱;3-上横梁;4-下横梁;5-钢梁;6-垫块;7-连接铁件;8-卡环;9-基础板;10-砂浆嵌缝;11-砖墙;12-锚固螺栓

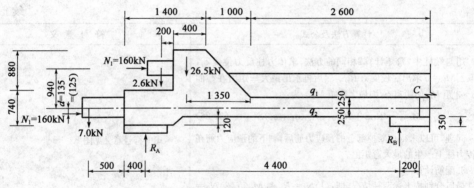

图 31-3　槽式台座张拉端柱受力简图(尺寸单位:mm)

由平衡力矩按式(31-21)得:

$$M_1 = 560 \times (0.25 + 0.125) = 210 (\text{kN} \cdot \text{m})$$

$$M_2 = 7 \times 5.5 + 2.6 \times 4.2 + 26.5 \times 3.95 + (1.73 + 4.37) \times \frac{2.6^2}{2} = 175 (\text{kN} \cdot \text{m})$$

抗倾覆稳定系数按式(31-22)得:

$$K = \frac{M_1 + M_2}{M_{\text{OV}}} = \frac{210 + 175}{110} = 3.5 > 1.5 (\text{可满足条件})$$

(3)轴力及弯矩计算

张拉的合力(轴力):$N = 160 + 560 = 720 (\text{kN})$

合力离柱轴线距离:$e = 0.112\text{m}$

根据平衡条件 $\sum M_C = 0$,或式(31-24)求得传力柱对端柱的反力 R 的位置 $e_0 = 0.066\text{m}$。

张拉端柱弯矩计算简图如图 31-4 所示。

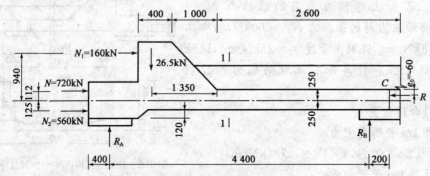

图 31-4　张拉端柱弯矩计算简图(尺寸单位:mm)

取 $\sum M_A = 0$ 得:

$$R_B \times 4.4 - 26.5 \times 0.65 - (1.73 + 4.38) \times 2.6 \times \left(\frac{2.6}{2} + 2\right) -$$

$$2.6 \times 0.4 - 720 \times 0.112 + 720 \times 0.066 = 0$$

解得:$R_B = 23.6\text{kN}$

由式(31-33)知在 1—1 截面处的控制弯矩为:

$$M_{1-1} = 23.6 \times (2.6 - 0.2) + 720 \times 0.066 - \frac{1}{2}(1.73 + 4.11) \times 2.6^2 = 83.5 (\text{kN} \cdot \text{m})$$

故张拉端的轴力为720kN,控制弯矩为83.5kN·m。

三、预应力构架式台座计算（表31-3）

预应力构架式台座计算　　　　　　　　　　表 31-3

项　目	计算方法及公式	符　号　意　义

构架式台座构造：

预应力构架式台座一般采用装配式，由多个 1m 宽、重约 2.4t 的三角形块体组成。每 1 块体能承受的拉力约 130kN，可根据台座需要的张拉力，设置一定数量的块体组成。

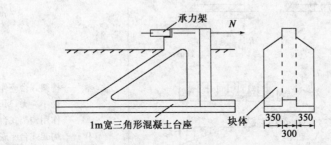

图 L　构架式台座构造（尺寸单位：mm）

台座稳定性验算：

1. 抗倾覆验算（图 M）

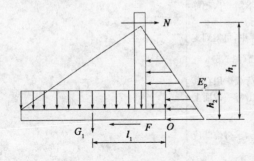

图 M　构架式台座计算简图

设构架式台座和上部土的自重力为 G_1，它的合力点距 O 点的垂直距离 h_2，则台座的抗倾覆力矩 $M_r = G_1 l_1 + E'_p h_2$，预应力筋对台座的倾覆力矩 $M_{OV} = N h_1$。

抗倾覆按下式验算：

$$K = \frac{M_r}{M_{OV}} = \frac{G_1 l_1 + E'_p h_2}{N h_1} \geqslant 1.5 \qquad (31\text{-}29)$$

2. 抗滑移验算

台座总抗水平滑移力：$\sum P = E'_p + F$

E'_p、F 符号意义和取值方法与墩式台座相同，作用于台座的水平滑移力等于钢筋张拉力 N。

抗滑移按下式验算：

$$K_C = \frac{N_1}{N} = \frac{E'_p + F}{N} \geqslant 1.3 \qquad (31\text{-}30)$$

符号意义：

l_1——G_1 合力点至台座端 O 点的距离（m）；

F——台座与土的摩阻力（kN），取值同墩式台座；

G_1——构架台座和上部土的自重力（kN）；

E'_p——构架式台座后面的被动土压力合力（kN）；

P——台座抗水平力滑移力（kN）。

h_1——预应力筋张拉力 N 作用点至倾覆转动力 O 的距离（cm）；

h_2——被动土压力合力作用点至倾覆转动点 O 的距离（m）；

M_r——台座的抗倾覆力矩（kN·m），由台座自重力和土压力等产生；

K——抗倾覆安全系数，一般不小于 1.5；

M_{OV}——预应力对台座的倾覆力矩（kN·m）；

N——作用于台座的水平滑移力，即预应力筋张拉力（kN）；

N_1——台座总抗水平滑移力，即 $\sum N_1 = F + E'_p$，其中 F、E'_p 符号意义和取值方法同墩式台座（kN）；

K_C——抗滑移安全系数，一般不小于 1.3

项目	计算方法及公式	符号意义
台座内力及截面	台座立柱、斜拉及底座的内力计算,如图 N 所示。 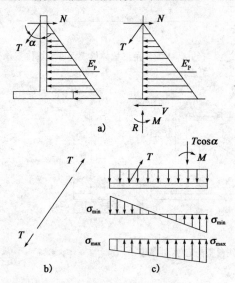 图 N　构架式台座立柱、斜杆及底座计算简图 a)立柱;b)斜杆;c)底座 　　立柱可简化视作 1 根悬臂梁来计算(图 Na),作用在梁上的荷载有拉力 N、土压力合力 E_p'。应用结构力学方法求解一次超静定结构,可得到内力 M、R、V,再据此进行截面设计。 　　对于斜杆,可按轴心受拉构件考虑。从立柱计算中,可得到支座反力 R,则 $T = R/\cos\alpha$,按照 $\sigma = \dfrac{T}{A} \leqslant f$ 验算截面(图 Nb)。 　　对底座,可将立柱和斜拉杆得的内力作为外荷载作用在其上面,再加上土体荷载、地基反力进行分析,可求出每一截面上的内力,据此进行截面设计。 　　对地基强度的验算(图 Nc),可按 $\sigma_{\min}^{\max} = \dfrac{M}{W} \pm \dfrac{N'}{A}$,求得地基应力,其值应小于地基设计强度值	$\sigma_{\max/\min}$——构架式台座作用于地基上的最大或最小应力(MPa); M——作用构架式台座的弯矩(kN·m); W——构架式台座底面的抵抗矩(mm³); N'——作用于构架式台座地基上的垂直荷载(kN); A——构架式台座的底面积(mm²)。 R——作用于构架式台座的支座反力(kN); T——作用于斜杆的拉力(kN)
钢梁	钢梁的计算与墩式台座相同(略)	

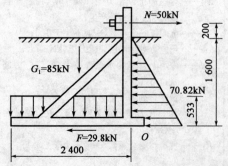

图 31-5　构架式台座尺寸(尺寸单位:mm)

【例 31-4】　某预应力构架式台座,尺寸如图 31-5 所示。已知作用于每 1m 台座上的张拉力 $N = 50$kN,台座及土的自重力 $G_1 = 90$kN,土的重度 $\gamma = 17$kN/m³,内摩擦角 $\varphi = 32°$,摩擦因数 $\mu = 0.35$,试验算台座的抗倾覆和抗滑移稳定性。

　　解:(1)抗倾覆验算

　　后座前土压力忽略不计,台座后面的最大土压力:

$$E_p' = \frac{\lambda H^2}{2} \cdot \tan^2\left(45° + \frac{\varphi}{2}\right)$$

$$= \frac{17 \times 1.6^2}{2} \cdot \tan^2\left(45° + \frac{32}{2}\right) = 70.82 (\text{kN})$$

$$M_r = G_1 l_1 + E_p' h_2 = 90 \times 1.2 + 70.82 \times \frac{1.6}{3} = 145.77 (\text{kN} \cdot \text{m})$$

$$M_{OV} = N h_1 = 50 \times 1.8 = 90 (\text{kN} \cdot \text{m})$$

抗倾覆安全系数为:

$$K = \frac{M_r}{M_{OV}} = \frac{145.77}{90} = 1.62 \geqslant 1.5 \quad \text{可满足条件}$$

(2)抗滑移验算

台座总抗水平滑移力:

$$\sum N_1 = E_p' + F = 70.82 + 90 \times 0.35 = 102.32 (\text{kN})$$

抗滑移安全系数为:

$$K = \frac{\sum P}{N} = \frac{102.32}{50} = 2.05 > 1.3$$

故台座抗倾覆和抗滑移稳定性均满足要求。

四、预应力换埋式台座计算(表 31-4)

预应力换埋式台座计算   表 31-4

项目	计算方法及公式	符 号 意 义
换埋式台座构造	预应力换埋台座由立柱、横梁、挡板和砂床等组成。其特点是用砂床埋住挡板、立柱,以此来代替现浇混凝土墩,抵抗张拉力时的倾覆力矩。它具有拆迁方便,,可多次周转使用等优点。适用于临时性预制场生产张拉力不大的中、小型构件如图O所示	

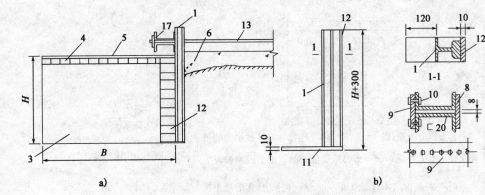

图O　换埋式台座构造(尺寸单位:mm)

a)台座构造简图;b)立柱、横梁

1-43kg/m旧钢轨立柱@1.0～1.2m;2-预制混凝土挡板(旧楼板或小梁);3-砂床,分层夯实;4-铺砌红砖;5-抹水泥砂浆 20～30mm;6-混凝土台面;7-2[20 槽钢横梁;8-8mm 厚连接板;9-钢丝定位板;10-连接螺栓;11-下托板;12-前贴板;13-预应力筋

433

项目	计算方法及公式	符 号 意 义
台座埋设深度	台座砂床深度计算简图如图 P 所示。 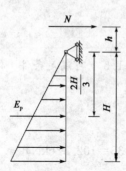 图 P 砂床深度计算简图 将立柱和挡板视作一刚性挡土墙,设土面倾角 α、墙背倾角 β、墙背摩擦角 δ 均等于零,立柱和挡板的自重略去不计。台座张拉时产生的倾覆力矩将由立柱下部另侧被动压力产生的抗倾覆力矩平衡(因挡板与台面下的土不紧密接触,主动土压力可不考虑),由图 P 得(取单位宽度计算)。 $$M_{OV}=Nh \qquad (31\text{-}31)$$ 抗倾覆力矩 M_r 为: $$M_r=E_p\cdot\frac{2H}{3}=\frac{\lambda H^2}{2}\tan^2\left(45°+\frac{\varphi}{2}\right)\cdot\frac{2H}{3}$$ $$=\frac{\lambda H^3}{3}\tan^2\left(45°+\frac{\varphi}{2}\right) \qquad (31\text{-}32)$$ 令 $M_{OV}=M_r$,化简后乘以安全系数 K 为: $$H=\sqrt[3]{\frac{3KNh}{\gamma\tan^2\left(45°+\dfrac{\varphi}{2}\right)}} \qquad (31\text{-}33)$$ 为使用方便,根据上式计算出不同 φ 值和不同张拉倾覆力矩的台座埋深如表 31-6 所示,可供查用	M_{OV}——每米台座张拉时产生的倾覆力矩(kN·m); M_r——台座产生的抗倾覆力矩(kN·m); E_p——被动土压力(kN); K——抗倾覆安全系数,一般取 1.5; H——台座埋设深度(m); N——每米台座上的张拉力(kN); h——张拉作用点距台面高度(m); γ——砂土的单位重度(kN/m³); φ——砂土的内摩擦角(°),可按表 31-5 取用
砂床宽度	砂床宽度计算简图如图 Q 所示。 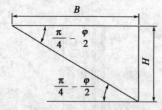 图 Q 砂床宽度计算简图 根据土压力原理,当 $\alpha=\beta=\delta=0$ 时,挡板背后将被挤出的被动土楔与水平线成 $\left(\dfrac{\pi}{4}-\dfrac{\varphi}{2}\right)$ 角度(图 Q)。由于砂床表面为水平面,它与滑面之间的夹角也为 $\left(\dfrac{\pi}{4}-\dfrac{\varphi}{2}\right)$。砂床的最小宽度 B 可由下式计算: $$B=\frac{H}{\tan\left(\dfrac{\pi}{4}-\dfrac{\varphi}{2}\right)} \qquad (31\text{-}34)$$ 根据式(31-35)可算得:当 $\varphi=40°$ 时,$B=2.14H$;当 $\varphi=35°$ 时,$B=1.9H$;当 $\varphi=30°$ 时,$B=1.73H$	B——砂床的宽度(m); H——台座(砂床)的埋置深度(m); φ——砂土的内摩擦角(°)

砂土类别	孔隙比		
	0.41～0.50	0.51～0.60	0.61～0.70
砾砂和粗砂	41°	38°	36°
中砂	38°	36°	33°
细砂	36°	34°	30°

不同张拉倾覆力矩的台座埋深(m)　　　　　　　　表 31-6

φ	M_{OV}(kN·m)									
	10	20	30	40	50	60	70	80	90	100
30°	0.98	1.23	1.41	1.55	1.67	1.78	1.87	1.96	2.04	2.11
32°	0.95	1.20	1.37	1.51	1.63	1.73	1.82	1.91	1.98	2.05
34°	0.93	1.17	1.34	1.47	1.59	1.68	1.77	1.85	1.93	2.00
36°	0.90	1.13	1.30	1.43	1.54	1.64	1.72	1.80	1.87	1.94
38°	0.87	1.10	1.26	1.39	1.50	1.59	1.67	1.75	1.82	1.88
40°	0.85	1.07	1.23	1.35	1.45	1.54	1.62	1.70	1.77	1.83

注：表中砂土重度为 $\gamma=16$kN/m³；M_{OV} 为每米台座上所作用的倾覆力矩(kN·m)。

【例 31-5】 设计一预应力换埋式台座，已知每米台座上的张拉力 $N=60$kN，张拉力作用点距台面高度 $h=0.6$m，采用砂床，砂土重度为 $\gamma=17$kN/m³，内摩擦角 $\varphi=34°$，试求台座的埋设深度和砂床宽度。

解：取 $K=1.5$，代入公式(31-33)有：

$$H=\left[\frac{3KNh}{\gamma\tan^2\left(45°+\frac{\varphi}{2}\right)}\right]^{\frac{1}{3}}=\left[\frac{3\times1.5\times60\times0.6}{17\times\tan^2\left(45°+\frac{34°}{2}\right)}\right]^{\frac{1}{3}}=1.39$$

则台座埋设宽度按式(31-34)得：

$$B=\frac{H}{\tan\left(45°-\frac{\varphi}{2}\right)}=\frac{1.39}{\tan\left(45°-\frac{34°}{2}\right)}=2.61\text{(m)}$$

第二节　混凝土台座台面计算

普通混凝土及预应力混凝土台座台面的计算见表 31-7。

普通混凝土及预应力混凝土台座台面的计算　　　　　　　表 31-7

项目	计算方法及公式	符号意义
普通混凝土台面计算	**一、普通混凝土台面计算** 　普通混凝土台面，一般是在夯实的地面上铺设一层 100～200mm 厚碎石，夯压密实，再在其上浇筑一层厚 60～100mm 的混凝土而成。要求密实，具有一定的抗压强度，能承受预应力台座端头张拉传来的水平力，其水平承载力可按下式计算： $P=\dfrac{\varphi A f_c}{K_1 K_2}$　　　　　　(31-35) 　台面伸缩可根据当地温度和经验设置，一般约为 10m 设置一条，也可采用预应力混凝土滑动台面，不留施工缝，计算参见本节二、预应力混凝土台面计算	P——台面的水平承载力(kN)； φ——轴心受压纵向弯曲系数，取 $\varphi=1$； A——台面截面面积(mm²)； f_c——混凝土轴心抗压强度设计值(MPa)； K_1——超载系数，取 1.25； K_2——考虑台面截面不均匀和其他影响因素的附加安全系数，取 $K_2=1.5$

项 目	计算方法及公式	符 号 意 义
预应力混凝土台面计算	二、预应力混凝土台面计算 　　普通混凝土台面由于受温差的影响,经常会发生开裂,导致台面使用寿命缩短和构件质量下降。为了解决这一问题,国内有些预制构件厂采用了预应力混凝土滑动台面。 　　预应力混凝土滑动台面的做法见下图 A:在原有的混凝土台面或新浇的混凝土基层上刷隔离剂,张拉预应力钢丝,浇筑混凝土面层。待混凝土达到放张强度后再切断钢丝,台面就发生滑动,这种台面可避免出现裂缝。 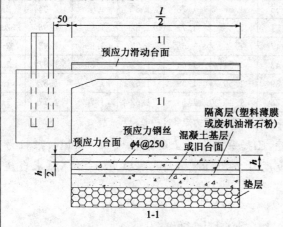 图 A　预应力混凝土滑动台面构造图 1. 台面温度应力计算 　　由于预应力台面设置隔离层,可降低面层与基层之间的摩擦阻力,在降温温差作用下面层产生收缩变形,当其克服了摩擦阻力之后便可自由滑动,于是温度应力不再增加,由此可知面层的温度应力主要与摩阻力有关,其大小可按下式计算(图 B)。 $$\sigma_t = \frac{\mu(G_1+G_2)}{Bh_1}K_t = \frac{\mu(h_1+h_2)B\frac{L}{2}}{Bh_1}K_t$$ $$= 0.5\mu\rho\left(1+\frac{h_2}{h_1}\right)LK_t \qquad (31\text{-}36)$$	σ_1——台面由于温差引起的温度应力(MPa); μ——台面与混凝土基层之间的摩擦因数,采用不同隔离层材料的摩擦因数可按表 31-8 选用; G_1——台面混凝土自重(kN); G_2——台面上构件等荷载(kN); L——台面长度(mm); B——台面宽度(mm); h_1——预应力混凝土台面厚度(mm); h_2——台面上构件或堆积物等的折算厚度(mm); ρ——台面混凝土及其上构件或堆积物的重力密度(kN/m³); K_t——由于台面上生产构件的预应力筋锚固影响而使面层的温度应力增大的附加系数,根据测试,一般取 $K_t=1.3$
预应力混凝土台面计算	$$\sigma_t = 0.65\mu\rho\left(1+\frac{h_2}{h_1}\right)L \qquad (31\text{-}37)$$ 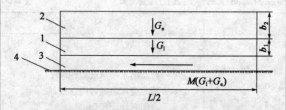 图 B　预应力混凝土台面温度应力计算简图 1-预应力混凝土面层;2-台面上的构件;3-隔离层;4-基层; 2. 台面预应力计算 　　为了使预应力混凝土台面不出现裂缝,台面的预压应力应符合下列要求: $$\sigma_{pc} > \sigma_t - 0.5f_{tk} \qquad (31\text{-}38)$$	σ_{pc}——台面的预压应力,即由于预加应力产生的混凝土法向应力(MPa); σ_t——台面由于温差引起的温度应力(MPa); f_{tk}——混凝土的抗拉强度标准值(MPa); N_{po}——预应力筋的合力(kN); A_0——台面面层的换算截面面积(mm²); A_p——预应力筋的截面面积(mm²); σ_L——预应力筋张拉控制应力(MPa),$\sigma_{con}=(0.75\sim0.80)f_{ptk}$; f_{tk}——冷拔低碳钢丝的标准强度(MPa); 0.5——受拉区混凝土塑性影响系数和混凝土拉应力限制系数的乘积

项目	计算方法及公式	符号意义
预应力混凝土台面计算	其中：$\sigma_{pc}=\dfrac{N_{po}}{A_0}=\dfrac{(\sigma_{con}-\sigma_L)A_p}{A_0}$　　(31-39) 3. 台面钢丝选用及配置 预应力台面用的钢丝，可选用 $\varphi^p 4\sim5$ 消除应力钢丝和 $\varphi^I 5$ 消除应力刻痕钢丝居中配置，$\sigma_{con}=0.7f_{ptk}$ 混凝土为 C30 和 C40，滑动台面预应力筋配置可参见表 31-9	

采用不同隔离层材料的摩擦因数 μ 值　　　　　　　　　表 31-8

项　次	隔离层材料	摩擦因数 μ 值
1	塑料薄膜+滑石粉	0.5～0.6
2	塑料薄膜+薄砂层	0.8
3	废机油两度+滑石粉	0.6～0.7
4	皂角废机油	0.65

滑动台面预应力筋配置参考表　　　　　　　　　表 31-9

台面荷载 (kPa)	台面厚度 h(mm)	滑动台面预应力钢筋配置			
		在下列台面长度 $L_下$(m)			
		50	75	100	125
2	60	$\varphi^b 4@75$	$\varphi^b 4@50$	$\varphi^b 5@50$	$\varphi^K 5@100$
	80	$\varphi^b 4@65$	$\varphi^b 5@65$	$\varphi^b 5@40$	$\varphi^K 5@90$
3	60	$\varphi^b 4@65$	$\varphi^b 5@65$	$\varphi^b 5@40$	$\varphi^K 5@90$
	80	$\varphi^b 4@50$	$\varphi^b 5@50$	$\varphi^b 5@100$	$\varphi^K 5@75$

注：1. 混凝土等级：$\varphi^b 4\sim5$ 为 C30；$\varphi^K 5$ 为 C40。

2. 张拉控制应力：$\varphi^b 4$，$\sigma_{con}=487$MPa；

　　　　　　　$\varphi^b 5$，$\sigma_{con}=450$MPa；

　　　　　　　$\varphi^K 5$，$\sigma_{con}=1\,050$MPa。

3. 隔离剂 $\mu=0.7$；如 $\mu>0.7$，则配筋量按比例增加。

4. 预应力台面的长度 $L>125$m 时，宜设置横向缝一条。

【例 31-6】　某预应力墩式台座台面，已知台面宽度为 3.6m，厚度为 80mm，张拉力 $N=1\,350$kN。在靠近台墩 10m 范围内加厚至 100mm，混凝土用 C15，$f_c=7.2$MPa，试计算台面承载力能否满足要求。

解：按式(31-35)求台面的水平承载力 P 为：

$$P=\frac{\varphi A f_c}{K_1 K_2}=\frac{1\times100\times3\,600\times7.2}{1.25\times1.5}=13.8\times10^5(\text{N})=1\,385(\text{kN}$$

计算结果，知台面水平承载 1 385kN＞张拉力=1 350kN，能满足要求。

【例 31-7】　某构件预制厂，已建成一预应力混凝土台面，其长为 100mm，厚为 80mm，采用 C30 混凝土浇筑，已知边长 15cm 混凝土立方体的抗压强度标准值 $f_{cu,k}=30$MPa。混凝土轴心抗拉强度标准值 $f_{tk}=2.01$MPa，混凝土的弹性模量 $E_c=3\times10^4$MPa，台面混凝土及其上构件或堆积物的重度 $\gamma=25$kN/m³；预应力钢筋采用 φ^{HT} 热处理钢筋，其强度标准值

$f_{\mathrm{ptk}}=1\,470\mathrm{MPa}$,弹性模量 $E_{\mathrm{s}}=2\times10^{5}\mathrm{MPa}$,间距为 $80\mathrm{mm}$;隔离层采用塑料薄膜+滑石粉,摩擦因数 $\mu=0.6$。台面上荷载折算厚度为 $70\mathrm{mm}$,试计算台面上产生的温度应力,并验算台面预压应力是否满足要求。

解:预应力台面面层的温度应力由式(31-37)得:

$$\sigma_{\mathrm{t}}=0.65\mu\gamma\left(1+\frac{h_2}{h_1}\right)L=0.65\times0.6\times25\times10^{-6}\times\left(1+\frac{70}{80}\right)\times100\times10^{3}=1.83(\mathrm{MPa})$$

取台面计算宽度 $b=1\mathrm{m}$,截面几何特征为:

$$A_{\mathrm{p}}=19.6\times12.5=245(\mathrm{mm}^2)$$

$$A_0=bh_1+\frac{E_{\mathrm{s}}}{E_{\mathrm{c}}}A_{\mathrm{p}}=1\,000\times80+\frac{2\times10^5}{3\times10^4}\times245=8.16\times10^4(\mathrm{mm}^2)$$

$$\sigma_{\mathrm{con}}=0.75f_{\mathrm{ptk}}=0.75\times1\,470=1\,103(\mathrm{MPa})$$

$$\sigma_{\mathrm{L1}}=\frac{a}{L}E_{\mathrm{s}}=\frac{5}{100\times10^3}\times2\times10^5=10(\mathrm{MPa})$$

$$\sigma_{\mathrm{L4}}=0.085\sigma_{\mathrm{con}}=0.085\times1\,103=94(\mathrm{MPa})$$

$$\sigma_{\mathrm{Lr}}=\sigma_{\mathrm{L1}}+\sigma_{\mathrm{L4}}=10+94=104(\mathrm{MPa})$$

$$\sigma_{\mathrm{pcr}}=\frac{(\sigma_{\mathrm{con}}-\sigma_{\mathrm{Lr}})A_{\mathrm{p}}}{A_0}=\frac{(1\,103-104)\times245}{8.16\times10^4}=3.0(\mathrm{MPa})$$

配筋率:$\rho=\dfrac{245}{8\times10^4}=0.3(\%)$

施加预应力时混凝土抗压强度取:

$$f'_{\mathrm{cu}}=0.75f_{\mathrm{cu,k}}=30(\mathrm{MPa})$$

$$\sigma_{\mathrm{L5}}=\frac{45+280\sigma_{\mathrm{pcr}}/f'_{\mathrm{cu}}}{1+15\rho}=\frac{45+(280\times3.0)/(0.75\times30)}{1+15\times0.3\%}=78.79(\mathrm{MPa})$$

$$\sigma_{\mathrm{L}}=\sigma_{\mathrm{Lr}}+\sigma_{\mathrm{L5}}=104+78.79=183(\mathrm{MPa})$$

预应力混凝土台面的预压应力由式(31-39)得:

$$\sigma_{\mathrm{pc}}=\frac{(\sigma_{\mathrm{con}}-\sigma_{\mathrm{L}})A_{\mathrm{p}}}{A_0}=\frac{(1\,103-183)\times245}{8.16\times10^4}=2.76(\mathrm{MPa})$$

$$\sigma_{\mathrm{t}}-0.5f_{\mathrm{tk}}=1.83-0.5\times2=0.83(\mathrm{MPa})$$

由计算知,台面预压应力 $\sigma_{\mathrm{pc}}=2.76\mathrm{MPa}>0.83\mathrm{MPa}$ 满足式(31-38)要求,故知该预应力混凝土台面不会开裂,符合使用要求。

【例 31-8】 已知预应力混凝土活动台面,长度 $L=130\mathrm{m}$,台面厚度 $80\mathrm{mm}$,台面土堆积物厚度 $100\mathrm{mm}$,混凝土采用 C30,$f_{\mathrm{tk}}=2.01\mathrm{MPa}$,混凝土重度 $\gamma=25\mathrm{kN/m^3}$,试求台面产生的温度应力及设计预压应力。

解:取摩擦因数 $\mu=0.60$,则台面由于温差引起的温度应力 σ_{t} 按式(31-36)为:

$$\sigma_{\mathrm{t}}=0.5\mu\gamma\left(1+\frac{h_1}{h}\right)L=0.5\times0.60\times25\left(1+\frac{100}{80}\right)\times130=2\,194(\mathrm{kPa})\approx2.2\mathrm{MPa}$$

则台面的预压应力为:

$$\sigma_{\mathrm{pc}}=\sigma_{\mathrm{t}}-0.5f_{\mathrm{tk}}=2.20-0.5\times2.01=1.195(\mathrm{MPa})\approx1.2\mathrm{MPa}$$

故设计的预压应力 σ_{pc} 应大于 $1.2\mathrm{MPa}$。

第三节 预应力筋张拉力和有效预应力值计算

一、预应力筋张拉力计算（表 31-10）

预应力筋张拉力计算　　　　　　　　　　　　　　　表 31-10

项目	计算方法及公式	符 号 意 义
张拉控制应力的计算	张拉力过高，抗裂性虽好，但破坏前无明显预告，易造成构件预拉区出现裂缝或反拱值过大，是不安全的。反之，张拉阶段预应力损失值大，建立的预应力值低，则构件可能过早出现裂缝，也是不安全的。因此，设计施工中必须准确的计算好预应力筋张拉力，当遇到实际施工情况所产生的预应力损失与设计值不符时，应即时调整好张拉力，建立准确的预应力值。预应力筋的张拉力，应根据设计要求的控制应力按下式计算： $$P_j = \sigma_{con} A_p \qquad (31\text{-}40)$$	P_j——预应力筋的张拉力(kN)； A_p——预应力筋的截面面积(mm^2)； σ_{con}——预应力筋的张拉控制应力值（MPa），按《混凝土结构设计规范》(GB 50010—2002)规定，不宜超过表 31-11 的数据。在《公路桥涵钢筋混凝土及预应力混凝土桥涵设计规范》(JTG D62—2004)规定，不宜超过表 31-12

说明：预应力筋张拉控制应力，应符合设计要求。施工时，预应力筋如需超张，其最大张拉控制应力 σ_{con}：对冷拉钢筋、精轧螺纹钢筋为 $0.95 f_{pyk}$；对冷拔钢丝与热处理钢筋为 $0.7 f_{ptk}$；对消除应力钢丝和钢绞线为 $0.8 f_{ptk}$。但锚口下建立的预应力值不应大于 $0.85 f_{pyk}$ 与 $0.75 f_{ptk}$。

后张法构件采取分批张拉时，或叠层预制时，其张拉力应考虑附加的预应力损失。分多批张拉时，应分别计算各后批张拉的钢筋对前各批钢筋的影响，而球场各批钢筋的张拉力

张拉控制应力 σ_{con} 允许值　　　　　　　　　　　表 31-11

项　　次	预应力筋种类	张 拉 方 法	
		先张法	后张法
1	消除应力钢丝、钢绞线	$0.75 f_{ptk}$	$0.75 f_{ptk}$
2	热处理钢筋	$0.70 f_{ptk}$	$0.65 f_{ptk}$
3	冷轧带肋钢筋	$0.70 f_{ptk}$	
4	精轧螺纹钢筋		$0.85 f_{pyk}$
5	冷拉钢筋	$0.90 f_{pyk}$	$0.85 f_{pyk}$

注：1. f_{ptk} 为预应力钢筋强度标准值；f_{pyk} 为预应力筋屈服强度标准值。
　　2. 在下列情况下，表中 σ_{con} 允许提高 $0.05 f_{ptk}$ 或 $0.05 f_{pyk}$：
　　（1）为了提高构件在施工阶段的抗裂性能而设置在使用阶段受压区的预应力筋；
　　（2）为了部分抵消由于应力松弛、摩擦、钢筋分批张拉，以及预应力筋与张拉台座的温差因素产生的预应力损失。
　　3. 消除应力钢丝、刻痕钢丝、钢绞线、热处理钢筋的张拉控制应力值 σ_{con} 不应小于 $0.4 f_{ptk}$；冷轧带肋钢筋、冷拔钢丝的 σ_{con} 值不宜低于 $0.4 f_{ptk}$；冷拉钢筋的 σ_{con} 不宜小于 $0.5 f_{pyk}$。
　　4. 本表摘自本书参考文献[2]、[6]。

预应力钢筋的张拉控制应力值 σ_{con}　　　　　　　表 31-12

项　　次	预应力筋种类	后张法构件为梁体内锚下应力
1	钢丝、钢绞线	$\leqslant 0.75 f_{ptk}$
2	精轧螺纹钢筋	$\leqslant 0.90 f_{ptk}$

注：当构件进行超张法或计入锚圈口摩擦损失时，钢筋中最大控制应力（千斤顶油泵上显示值）对钢丝和钢绞线不应超过 $0.8 f_{ptk}$，对精轧螺纹钢筋不应超过 $0.95 f_{ptk}$。

二、预应力筋有效预应力值计算（表 31-13）

预应力筋有效预应力值计算　　　　　　　　　　　　表 31-13

项目	计算方法及公式	符号意义
有效预应力值计算	预应力筋中建立的有效预应力值可按下式计算： $$\sigma_{pc}=\sigma_{con}-\sum_{i=1}^{n}\sigma_{li} \qquad (31\text{-}41)$$	σ_{pc}——预应力筋的有效预应力值（MPa）； σ_{con}——预应力筋的张拉控制应力值（MPa）； $\sum\limits_{i=1}^{n}\sigma_{li}$——第 i 项预应力损失值（MPa）

说明：　1. 对消除应力钢丝与钢绞线,其有效预应力值 σ_{pc} 不应大于 $0.6f_{ptk}$,也不宜小于 $0.4f_{ptk}$。
2. 如设计上仅提供有效预应力值,则需计算预应力损失值,两者叠加,即得所需的张拉力。

【例 31-9】　某屋面多孔板用 $\Phi^P 5mm$ 消除应力钢丝,单根钢丝截面积 $A_p=12.6mm$,已知其钢筋强度标准值 $f_{ptk}=1\,670MPa$,张拉程序为：$0\rightarrow103\%\sigma_{con}$,试计算确定单根钢丝的张拉力为多少？

解：由表 31-11 知,张拉控制应力 σ_{con} 允许值为 $0.75f_{ptk}$,则其张拉力按式（31-40）为：

$$P_j=0.75f_{ptk}103\%A_p=0.75\times1\,670\times1.03\times12.6=16\,255(N)\approx16.26kN$$

故知多孔板单根预应力钢丝张拉力为 16.26kN。

【例 31-10】　某构件采用后张法张拉直径 20mm 的冷拉 II 级钢筋,已知各项预应力损失值合计为 85MPa,试求预应力筋的有效预应力值为多少？

解：已知 $\sum\sigma_{li}=85MPa$,冷拉 II 级钢筋标准强度（即屈服点）$f_{pyk}=450MPa$；预应力钢筋的控制应力为：

$$\sigma_{con}=0.85f_{pyk}=0.85\times450=382.5(MPa)$$

预应力筋的有效预应力值按式（31-42）为：

$$\sigma_{pc}=\sigma_{con}-\sum_{i=1}^{n}\sigma_{li}=382.5-85=297.5(MPa)$$

故知,预应力钢筋的有效预应力值为 297.5MPa。

第四节　预应力筋张拉控制力计算

预应力筋张拉控制力的计算见表 31-14。

预应力筋张拉控制力的计算　　　　　　　　　　　　表 31-14

项目	计算方法及公式	符号意义
张拉控制力	张拉预应力筋一般利用油压千斤顶,张拉力通过安设于输油管路上的压力表测定。当高压油液进入千斤顶油缸的同时,显示在压力表上的读数乘以油缸的工作面积即得张拉控制力值： $$N_{con}=A_y p \qquad (31\text{-}42)$$	N_{con}——张拉控制力（kN）（按预定的控制应力值乘以被张拉的钢筋面积）； A_y——油缸的工作面积（mm²）； p——压力表读数（MPa）

项 目	计算方法及公式	符 号 意 义
千斤顶 N_{con} 与 p 的关系图	由式(31-42)可知，N_{con} 与 p 成直线关系，故可对每种类型的千斤顶绘制如图 A 所示图表，供查用。但千斤顶的油缸与活塞接触部分，输油管线的变向都存在摩阻力，随使用期限而异，故应定期校验成套张拉机具的摩擦阻力，以求得准确的张拉力值。通常情况下，式(31-42)仅供选用压力表最大读数，或作为校验的参考数值，对于张拉力值精确度要求不高的构件，可根据实践经验适当增加摩阻力值后应用。 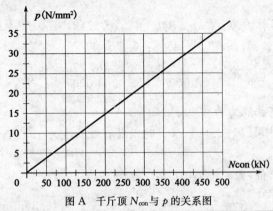 图 A　千斤顶 N_{con} 与 p 的关系图	

第五节　预应力张拉设备选用计算

预应力筋张拉设备选用计算见表 31-15。

预应力筋张拉设备选用计算　　　　　　　　　　　　　表 31-15

项目	计算方法及公式	符 号 意 义
预应力筋张拉设备选用计算	**一、张拉设备张拉能力计算** 张拉设备所需要的张拉力，由预应力钢筋要求的张拉力大小确定。预应力钢筋的张拉力由下式计算： $$N = \sigma_{con} A_p n \qquad (31\text{-}43)$$ 为安全可靠，张拉设备的张拉能力，一般取钢筋拉力的 1.5 倍左右，即： $$F = 1.5\frac{N}{1000} \qquad (31\text{-}44)$$ **二、张拉设备需要行程计算** 油压千斤顶等张拉设备所需的行程长度，应满足预应力钢筋张拉时的伸长要求，即： $$l_s \geqslant \Delta l = \frac{\sigma_{con}}{E_s}L \qquad (31\text{-}45)$$ **三、张拉设备压力表选用计算** 压力表上的压力读数是指张拉设备的工作油压面积(活塞面积)上每单位面积承受的压力，由式(31-46)计算： $$p_n = \frac{N}{A_n} \qquad (31\text{-}46)$$ **四、张拉设备油管选用计算** 用作张拉机具配套的输油管线一般采用紫铜管，其管径的选用按"环箍应力"的计算方法计算： $$\sigma = \frac{p d_y}{2\delta_y} \leqslant [\sigma] \qquad (31\text{-}47)$$ 通常情况下，p 值不大于 40MPa 时多用内径 5mm、外径 8mm、壁厚 1.5mm 的油管	N——预应力筋的张拉力(N)； σ_{con}——预应力筋的张拉控制应力(MPa)，可按表 31-11 选用； A_p——每根钢筋的截面面积(mm^2)； n——同时张拉的钢筋根数； F——张拉设备所需要的张拉能力(kN)； N——预应力筋的张拉力(N)； l_s——千斤顶或其他张拉设备的行程长度(mm)； Δl——预应力钢筋张拉伸长值(mm)； E_s——预应力钢筋弹性模量(MPa)； L——预应力钢筋张拉时的有效长度(mm)； p_n——计算压力表读数(MPa)； A_n——张拉设备的工作油压面积(mm^2)；一般选用的压力表读数应为计算 p_n 的 1.5～2.0 倍； p——油压(压力表读数)(MPa)； d_y——油管内径(mm)； δ_y——油管壁厚度(mm)； $[\sigma]$——紫铜的许用应力，取为 80MPa； σ——环箍应力(MPa)

【例 31-11】 采用后张法张拉 2 根直径 20mm 的冷拉 HRB400 级钢筋，试计算需用张拉设备能力。

解：已知冷拉 HRB400 级钢筋标准强度（即屈服点）：$f_{pyk} = 500$MPa.

则张拉控制应力 $\sigma_{con} = 0.85 f_{pyk} = 0.85 \times 500 = 425$（MPa）

钢筋截面积 $A_p = 3.142$mm^2

钢筋根数 $n = 2$

按式(31-43)得张拉力为：$N = \sigma_{con} A_p n = 425 \times 3.142 \times 100 \times 2 = 267\,070$（N）

张拉设备需要吨位数，按式(31-44)得：

$$F = 1.5 \times \frac{N}{1\,000} = 1.5 \times \frac{267\,070}{1\,000} = 400.6\text{（kN）}$$

故知，张拉设备需要能力为 400.6kN。

【例 31-12】 条件同【例 31-11】，张拉时钢筋有效长度为 19 600m，$E = 1.8 \times 10^5$MPa，试计算张拉设备需要行程。

解：钢筋张拉伸长值，由式(31-45)得：

$$\Delta l = \frac{\sigma_{con}}{E_s} \cdot L = \frac{425 \times 19\,600}{1.8 \times 10^5} = 46.3\text{（mm）}$$

故张拉设备需要行程长度应大于 46.3mm，可选用 600kN 拉杆式千斤顶，张拉行程为 150mm，足可满足要求。

【例 31-13】 条件同【例 31-11】、【例 31-12】，试选用压力表。

解：600kN 拉杆式千斤顶的工作油压面积 $A_n = 20\,000$mm^2

压力表需要读数由式(31-46)得：

$$p_n = \frac{N}{A_n} = \frac{267\,070}{20\,000} = 13.35\text{（MPa）}$$

一般选用的压力表读数应为计算 p_n 的 1.2～2 倍，本例选用 2 倍，故压力表最大读数应为：$2p_n = 2 \times 13.35 = 26.7$（MPa）。

可选用最大读数为 40MPa 的压力表。

【例 31-14】 条件同【例 31-13】，已知油压读数 $p = 40$MPa，试计算需用紫铜油管规格。

解：拟选用内径 5mm，壁厚 1.5mm 的油管，按式(31-47)环箍应力为：

$$\sigma = \frac{pd_y}{2\delta_y} = \frac{40 \times 5}{2 \times 1.5} = 66.7\text{（MPa）}$$

由计算得知 $\sigma = 66.7$MPa 小于许用应力 80MPa，因 p 值不大于 40MPa，故可选用内径为 5mm，壁厚为 1.5mm 的紫铜管，可满足要求。

第六节　预应力筋张拉伸长值计算

预应力筋张拉操作过程中，均须预先计算出预应力筋的张拉伸长值，作为确定预应力值和校核液压系统压力表所示值之用；此外复核测定因摩擦阻力引起的预应力损失的值，选定锚具尺寸（如确定垫块厚度和螺杆的螺栓长度）等也都需要进行张拉伸长值计算。预应力筋张拉伸长值的计算见表 31-16。

项目	计 算 方 法 及 公 式	符 号 意 义
预应力筋张拉伸长值的计算	**一、张拉伸长值计算** 预应力筋张拉伸长值可按弹性定理依下式计算： $$\Delta l = \frac{Pl}{A_p E_s} \qquad (31\text{-}48)$$ 先张法构件，张拉力是沿着钢筋全长均匀建立的。后张法构件由于预应力筋与孔道之间存在摩擦阻力，预应力筋沿长度方向各截面的张拉力，沿钢筋全长并非均匀建立，而是从张拉段开始向内逐渐减小。因此，在应用式(31-48)时，P 应取为计算段内钢筋拉力的平均值。 但对曲线形预应力筋其伸长值可按以下分析计算： 如右图 A 所示，取一段曲线预应力筋，起点拉力 P，经过长度 l 之后终点处拉力 P_s，取微段 ds 的拉力增量 $dP_s = \mu P_s d\theta$，对 l 段积分： $$\int_P^{P_s} \frac{dP_s}{P_s} = \int_0^\theta \mu d\theta$$ 得 $\qquad P_s = Pe^{-\mu\theta} \qquad (31\text{-}49)$ 参照以上分析，如同时考虑孔道局部偏差对摩阻的影响，则得： $$P_s = Pe^{-(kl+\mu\theta)} \qquad (31\text{-}50)$$ l 段内预应力拉力之平均值为： $$\overline{P} = \frac{1-e^{-(kl+\mu\theta)}}{kl+\mu\theta}P \qquad (31\text{-}51)$$ 将式(31-51)代入式(30-48)得： $$\Delta l = \frac{\overline{P}l}{A_p E_s} = \frac{Pl}{A_p E_s}\left[\frac{1-e^{-(kl+\mu\theta)}}{kl+\mu\theta}\right] \qquad (31\text{-}52)$$ 为了计算方便，式(31-52)亦可简化： $$\Delta l = \frac{Pl}{A_p E_s}\left(1-\frac{kl+\mu\theta}{2}\right) \qquad (31\text{-}53)$$	P——预应力筋张拉力(N)； l——预应力筋长度(mm)； A_p——预应力筋截面面积(mm²)； E_s——预应力筋弹性模量，宜由实测求得或按以下取用： 对消除应力钢丝、冷拔钢丝，热处理钢筋： $E_s = (2.0 \sim 2.05)\times 10^5\,\mathrm{MPa}$ 对钢绞线、冷拉 HRB400 级钢筋： $E_s = (1.8 \sim 1.95)\times 10^5\,\mathrm{MPa}$ 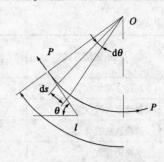 图 A 张拉伸长值计算简图 μ——预应力筋与孔道壁之间的摩擦因数，按表 31-17 取用； k——考虑孔道每米长度局部偏差的摩擦因数，按表 31-17 取用； l——从张拉端到计算截面的孔道长度(m)； θ——从张拉端到计算截面曲线孔道部分切线的夹角(rad)，$\theta=0$，即为直线段； $\overline{P}$——l 段内预应力拉力之平均值(N)；取张拉端的拉力与计算截面处扣除孔道摩阻损失后的拉力平均值(N)。 其余符号意义同前

说明：
对于直线段预应力筋，由于 k 值很小，一般可不考虑孔道摩阻的影响，直接按式(31-48)计算。
对于曲线段预应力筋的张拉伸长值，一般应考虑摩阻的影响，应采用繁式(31-52)或简化式(31-53)进行计算

二、多曲线段伸长值计算 对多曲线段或直线段与曲线段组成的曲线预应力筋，张拉伸长值应分段计算，然后叠加，即： $$\Delta l = \sum \frac{(\sigma_{i1}+\sigma_{i2})L_i}{2E_s} \qquad (31\text{-}54)$$	σ_{i1}、σ_{i2}——分别为第 i 线段两端的预应力筋拉力(MPa)； L_i——第 i 线段预应力筋长度(mm)； 其他符号同前	

三、抛物线型曲线伸长值计算 对抛物线型曲线(右图 B)，其伸长值可按下式计算： $$\Delta l = \frac{PL_T}{A_p E_s} \qquad (31\text{-}55)$$	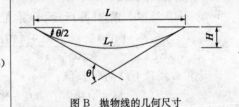 图 B 抛物线的几何尺寸	

项目	计算方法及公式	符 号 意 义
预应力筋张拉伸长值的计算	其中: $L_T = \left(1 + \dfrac{8H^2}{3L^2}\right)L$ (31-56) $\dfrac{\theta}{2} = \dfrac{4H}{L}$ (31-57)	L_T——抛物线预应力筋的实际长度(m); L——抛物线的水平段投影长度(m); H——抛物线的矢高(mm); θ——从张拉端至计算截面曲线孔道部分的夹角(rad); 其他符号同前

系数 k 及 μ 值表   表 31-17

序号	孔道成型方式	k	μ 值	
			钢丝束、钢绞线	精轧螺纹钢筋
1	预埋金属波纹管	0.0015	0.20~0.25	0.50
2	预埋塑料波纹管	0.0015	0.14~0.17	—
3	预埋铁皮管	0.0030	0.35	0.40
4	预埋钢管	0.0010	0.25	—
5	抽心成型	0.0015	0.55	0.60

注:本表摘自《公路钢筋混凝土及预应力混凝土桥涵设计规范》(JTG D62—2004)P54 表 6.2.2。

【例 31-15】 某 30m 预应力折线形构件,已知预应力筋采用 4-17Φ^P5 钢丝束,$P=350.2$kN/束,$A_p=17×19.6$mm^2,$E_s=2.05×10^5$MPa,预埋钢管成型孔道,$k=0.0010$,一端张拉。钢丝束长度 $l=30.5$m,试求其张拉伸长值。

解: 当不考虑孔道摩阻影响,由式(31-48)得:

$$\Delta l = \frac{Pl}{A_p E_s} = \frac{350.2×10^3×30.5×10^3}{2.05×10^5×17×19.6} = 156.4(\text{mm})$$

考虑孔道摩阻影响,因为是直线段,故 $\theta=0$,按式(31-53)得:

$$\Delta l = \frac{Pl}{A_p E_s}\left(1 - \frac{kl}{2}\right) = 156.4×\left(1 - \frac{0.0010×30.5}{2}\right) = 154(\text{mm})$$

两者比较,伸长值计算结果相差约 2.4mm,比较小。

【例 31-16】 有一 12m 预应力托架,预应力筋采用 6—15Φ^P5 消除应力钢丝,取 $\sigma_{con}=1020$MPa,两端张拉。金属波纹管成型孔道 $k=0.0015$,$\mu=0.25$。已知半榀托架的孔道直线段长度 4560mm,曲线段长度为 1730mm,$\theta=0.14\pi$;构件端面至千斤顶卡盘的距离为 440mm,取 $E_s=2.05×10^5$MPa,试求此束钢丝的张拉伸长值。

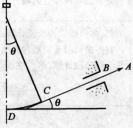

图 31-6 12m 托架张拉伸长值计算简图

解: 计算简图如图 31-6 所示,计算直线段 AC 的伸长值:

$$\Delta l = \frac{\sigma_{con} l}{E_s} = \frac{1020×(4560+440)}{2.05×10^5} = 24.88(\text{mm})$$

计算曲线段 CD 的伸长值:

$$kl + \mu\theta = 0.0015×1.73 + 0.25×0.14\pi = 0.1126$$

当不考虑摩阻影响，由式(31-48)得：

$$\Delta l = \frac{\sigma_{con} l}{E_s} = \frac{1\,020 \times 1\,730}{2.05 \times 10^5} = 8.61(\text{mm})$$

当考虑摩阻影响，按繁式(31-52)计算得：

$$\Delta l = \frac{\sigma_{con} l}{A_p E_s}\left[\frac{1 - e^{-(kl + \mu\theta)}}{kl + \mu\theta}\right] = 8.61 \times \left[\frac{1 - e^{-0.112\,6}}{0.112\,6}\right] = 8.14(\text{mm})$$

考虑摩阻影响，按简化式(31-53)计算得：

$$\Delta l = \frac{\sigma_{con} l}{A_p E_s}\left(1 - \frac{kl + \mu\theta}{2}\right) = 8.61 \times \left(1 - \frac{0.112\,6}{2}\right) = 8.13(\text{mm})$$

将计算结果进行比较得：①将繁式与简化式计算结果比较，其差值仅为 0.01mm，相差甚微；②按不考虑摩阻影响与考虑摩阻影响的计算结果比较，其差值为 0.47mm。因此，计算曲线段预应力筋伸长值应考虑孔道摩阻的影响，计算时可采用简化式进行计算。

所以该束钢丝的张拉伸长值 $\Delta l = 2 \times (24.88 + 8.13) = 2 \times 33.01 = 66.02(\text{mm})$。

【例 31-17】 某 12m 梁的预应力筋为 $3\Phi^S 15.2$ 钢绞线束，其长度为：直线段 $l_2 = 8\text{m}$，曲线段 $l_1 = l_3 = 2.1\text{m}$，$\theta = 30°$，张拉控制应力 $\sigma_{con} = 0.75 \times 1\,860 = 1395\text{MPa}$，按一端张拉，伸长的初始应力取 $\sigma_0 = 139.5\text{MPa}$；胶管抽心成孔，$k = 0.0015$，$\mu = 0.60$，$E_s = 1.95 \times 10^5\text{MPa}$，试求此钢绞线束张拉伸长值。

解： 自张拉端开始逐段计算伸长值(图 31-7)。

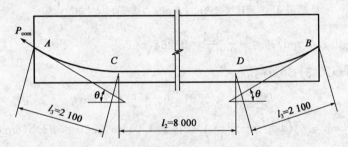

图 31-7　12m 梁张拉伸长值计算简图(尺寸单位：mm)

A-张拉端；B-锚固端

(1)曲线段 AC　设 $\sigma_{i1} = \sigma_{i2}$，又 $\theta = 30° = 0.523\,6(\text{rad})$

$$kl + \mu\theta = 0.001\,5 \times 2.1 + 0.6 \times 0.523\,6 = 0.317\,3$$

$$e^{-(kl + \mu\theta)} = 0.728\,1$$

$$\sigma_A = \sigma_{con} - \sigma_0 = 1\,395 - 139.5 = 1\,255.5(\text{MPa})$$

$$\Delta l_1 = \frac{\sigma_A l_1}{E_s}\left[\frac{1 - e^{-(kl + \mu\theta)}}{kl + \mu\theta}\right] = \frac{1\,255.5 \times 2\,100}{1.95 \times 10^5}\left[\frac{1 - 0.728\,1}{0.317\,3}\right] = 11.59(\text{mm})$$

(2)直线段 CD

先求出 CD 段起点截面 C 处预应力筋应力：

$$\sigma_C = \sigma_A e^{-(kl_2 + \mu\theta)} = 1\,255.5 \times 0.7281 = 914(\text{MPa})$$

$$\Delta l_2 = \frac{\sigma_C l_2}{E_s} = \frac{914 \times 8\,000}{1.95 \times 10^5} = 37.50(\text{mm})$$

(3)曲线段 DB

$$kl_3 + \mu\theta = 0.317\,3；e^{-(kl_3 + \mu\theta)} = 0.728\,1$$

$$\sigma_C = \sigma_A e^{-(kl_2 + \mu\theta)} = 1\,255.5 \times 0.728\,1 = 914(\text{MPa})$$

$$\Delta l_3 = \frac{914 \times 2\,100}{1.95 \times 10^5}\left[\frac{1-0.728\,1}{0.317\,3}\right] = 8.43 (\text{mm})$$

$$\Delta l = \Delta l_1 + \Delta l_2 + \Delta l_3 = 11.59 + 37.5 + 8.43 = 57.52 (\text{mm})$$

推算初始应力 σ_0 以下的伸长 Δl_0：

$$\Delta l_0 = \frac{\sigma_0 \sum \Delta l}{\sigma_A} = \frac{139.5 \times 57.52}{1\,255.5} = 6.4 (\text{mm})$$

故知,此束钢绞线的总伸长为:

$$\Delta l = 57.52 + 6.4 = 63.91 \approx 64 (\text{mm})$$

【例 31-18】 某桥梁双跨连续梁,其结构尺寸与预应力布置如图 31-8 所示。已知预应力筋采用 2 束 $28\phi^P5$ 钢丝束,取 $f_{ptk}=1\,570\text{MPa}$,张拉控制应力 $\sigma_{con}=0.75 \times 1\,578=1\,178\text{MPa}$,每束张拉力 $P_j=658\text{kN}$, $A_p=5.49\text{cm}^2$, $E_s=1.95 \times 10^5\text{MPa}$,预应力孔道采用国产 $\varphi55$ 波纹管,取 $k=0.003$, $\mu=0.3$,试计算该连续梁的张拉伸长值。

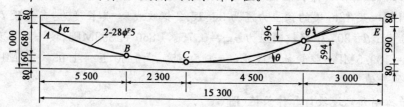

图 31-8 双跨连续梁的尺寸及预应力筋布置(尺寸单位:mm)

解: $\alpha = \frac{68}{550} = 0.124(\text{rad})$; $\theta = \frac{4 \times 59.4}{900} = 0.264(\text{rad})$

按式(31-55)和式(31-56)得:

直线段 $\quad L_{T(A-B)} = \sqrt{550^2 + 68^2} = 554.2(\text{cm})$

抛物线 $\quad L_{T(D-E)} = \left(1 + \frac{8 \times 39.6^2}{3 \times 600^2}\right) \times 300 = 1.011\,6 \times 300 = 303.5(\text{cm})$

$$L_{T(C-D)} = 1.011\,6 \times 450 = 455.2(\text{cm})$$

$$L_{T(B-C)} = 1.011\,6 \times 230 = 232.7(\text{cm})$$

则预应力筋张拉伸长值,按式(31-54)与表 31-18 的数据,分段计算至内支座处加倍得出,即:

$$\Delta l = \frac{1}{2 \times 1.95 \times 10^5}\left[(1\,178+1\,180)5\,542 + (1\,180+1\,129)2\,327 + (1\,129+1\,030)4\,552 + \right.$$

$$\left.(1\,030+943)3\,035\right] \times 2 = 87.838 \times 2 = 175.68(\text{mm}) \approx 175.7\text{mm}$$

计算后,得知该双跨连续梁的张拉伸长值为 175.7mm。

各线段终点应力计算表

表 31-18

线段	L_T	α、θ(rad)	$kL_T + \mu\theta$	$e^{-(kL_T+\mu\theta)}$	终点应力(MPa)
AB	5.5	0	0.016 5	0.983 6	1 180
BC	2.3	0.124	0.044 1	0.956 9	1 129
CD	4.5	0.264	0.092 7	0.911 5	1 030
DE	3.0	0.264	0.088 2	0.915 6	943

第七节　预应力筋下料长度计算

预应力筋下料长度,务求准确。下料长度过大,非但浪费材料,且在某种条件下无法锚紧或需加锚头,从而影响结构安装质量;下料过短,则会使张拉夹具夹不上钢筋,有可能导致整根预应力筋报废。

在计算预应力筋的下料温度时,应考虑钢材品种、锚具形式规格、焊接接头、墩头锚具、冷拉拉长率、弹性回缩率、张拉伸长值、台座长度、构件孔道长度性能要求、张拉设备以及施工工艺方法等因素。预应力筋下料长度计算见表31-19。

预应力筋下料长度计算　　　　　　　　　　　　　表31-19

项目	计算方法及公式	符号意义
预应力筋下料长度的计算	一、预应力钢丝束下料长度计算 1. 采用钢质锥形锚具 以锥锚式千斤顶在构件上张拉钢丝的下料长度,可按下图 A 所示尺寸计算: 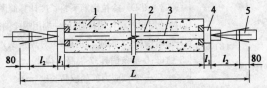 图 A　采用钢质锥形锚具时钢丝束钢丝下料长度计算简图 1-混凝土构件;2-孔道;3-钢丝束;4-钢质锥形锚具;5-锥锚式千斤顶 (1)当两端张拉时 $$L=l+2(l_1+l_2+80) \qquad (31\text{-}58)$$ (2)当一端张拉时 $$L=l+2(l_1+80)+l_2 \qquad (31\text{-}59)$$ 2. 采用墩头锚具 以拉杆式或穿心式千斤顶在构件上张拉钢丝的下料长度应考虑钢丝束张拉锚具后螺母位于锚环中部的情况,按下式计算(图B)。 $$L=l+2(h+\delta)-K(H-H_1)-\Delta L-C \qquad (31\text{-}60)$$ 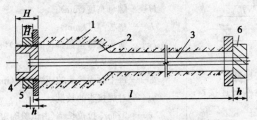 图 B　采用墩头锚具时钢丝下料长度计算简图 1-混凝土构件;2-孔道;3-钢丝束;4-锚环;5-螺母;6-锚板 二、预应力钢绞线下料长度计算 采用夹片式锚具(如 JM、XM、QM 与 OVM 型等)以穿心式千斤顶在构件上张拉时,钢绞线束的下料长度可按左图 C 示尺寸计算: (1)当两端张拉时 $$L=l+2(l_1+l_2+l_3+100) \qquad (31\text{-}61)$$ (2)当一端张拉时 $$L=l+2(l_1+100)+l_2+l_3 \qquad (31\text{-}62)$$	L——预应力钢丝的下料长度(m); l——构件的孔道长度(m); l_1——锚环厚度(mm); l_2——千斤顶分丝头至卡盘外端距离(mm);对 YZ85 型千斤顶为470mm(包括大缸伸出40mm)。 h——锚杯底部厚度或锚板厚度(mm); δ——钢丝墩头留量,对 ϕ^s5 取 10mm; K——系数,一端张拉时取 0.5,两端张拉时取 1.0; H——锚杯高度(mm); ΔL——钢丝束张拉伸长值(mm); C——张拉时构件混凝土的弹性压缩值(mm);  图 C　钢绞线下料长度计算简图 1-混凝土构件;2-钢绞线;3-孔道; 4-夹片式工作锚;5-穿心式千斤顶; 6-夹片式工具锚 l_1——夹片式工作锚厚度(mm); l_2——穿心式千斤顶长度(mm); l_3——夹片式工具锚厚度(mm)

项目	计算方法及公式	符号意义
预应力筋下料长度的计算		

三、冷拉钢筋下料长度计算

使用螺栓端杆锚具，以拉杆或千斤顶在构件上张拉时，下料长度可按图 D 所示尺寸计算：

1. 两端用螺栓端杆锚具时[右图 Da)]

(1) 预应力筋的成品长度(冷拉后的全长)按式(31-63)计算：

$$L_1 = l + 2l_2 \tag{31-63}$$

(2) 预应力筋钢筋部分的成品长度按式(31-64)计算：

$$L_0 = L_1 - 2l_1 \tag{31-64}$$

(3) 预应力筋钢筋部分的下料长度按式(31-65)计算：

$$L = \frac{L_0}{1+r-\delta} + nl_0 \tag{31-65}$$

2. 一端用螺栓端杆，另一端用帮条(或镦头)锚具时[右图 Db)]

(1) 预应力筋的成品长度，按式(31-66)计算：

$$L_1 = l + l_2 + l_3 \tag{31-66}$$

(2) 预应力筋钢筋部分的成品长度按式(31-67)计算：

$$L_0 = L_1 - l_1 \tag{31-67}$$

(3) 预应力筋钢筋部分的下料长度按式(31-68)计算：

$$L = \frac{L_0}{1+r-\delta} + nl_0 \tag{31-68}$$

四、长线台座预应力粗钢筋下料长度计算

长线台座分段钢筋下料长度可按图 E 所示尺寸计算：

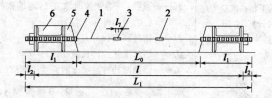

图 E　长线台座分段冷拉钢筋下料长度计算简图

1-分段预应力筋；2-镦头；3-钢筋连接器；4-螺栓端杆连接器；5-台座承力架；6-横梁

(1) 预应力筋的成品长度，按式(31-69)计算：

$$L_1 = l + 2l_2 \tag{31-69}$$

(2) 预应力筋钢筋部分的成品长度按式(31-70)计算：

$$L_0 = L_1 - 2l_1 - (m-1)l_7 \tag{31-70}$$

(3) 预应力筋钢筋部分的下料长度按式(31-71)计算：

$$L = \frac{L_0}{1+r-\delta} + ml_0 + 2ml_8 \tag{31-71}$$

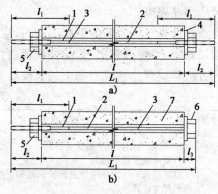

图 D　冷拉钢筋下料长度计算简图

a)两端用螺栓端杆锚具时；b)一端用螺栓端杆锚具时

1-螺栓端杆；2-预应力钢筋；3-对焊接头；4-垫板；5-螺母；6-帮条锚具；7-混凝土构件

L_1——预应力筋的成品长度(m)；

L_0——预应力筋钢筋部分的成品长度(m)；

L——预应力钢筋部分的下料长度(m)；

l——构件的孔道长度或台座长度(m)，(包括横梁在内)；

l_1——螺栓端杆长度（mm）（一般为 320mm）；

l_2——螺栓端杆伸出构件外的长度(mm)；

对张拉端：$l_2 = 2H + h + 0.5cm$

对固定端：$l_2 = H + h + 1cm$

H——螺母高度(mm)；

h——垫板厚度(mm)；

l_3——镦头或帮条锚具长度(mm)(包括垫板厚度 h)；

l_0——每个对焊接头的压缩长度(mm)；

n——对焊接头的数量；

r——钢筋冷拉拉长率(由试验确定)；

δ——钢筋冷拉弹性回缩率(由试验确定)；

l——长线台座长度(m)(包括横梁、定位板在内)；

m——钢筋分段数；

l_7——钢筋连接器中间部分的长度(mm)；

l_8——每个镦头的压缩长度(mm)

项目	计算方法及公式	符号意义
预应力筋下料长度的计算	五、长线台座预应力钢丝和钢绞线下料长度计算 先张法长线台座上的预应力筋,当采用钢丝和钢绞线时,根据张拉装置不同,可采取单根张拉方式与整体张拉方式。预应力筋下料长度的基本算法如下式(右图F): $$L = l_1 + l_2 + l_3 - l_4 - l_5 \quad (31\text{-}72)$$ 如预应力筋直接在钢横梁上张拉与锚固,则可不考虑 l_4、l_5。同时,预应力筋下料长度应满足构件在台座上排列要求。 六、无黏结预应力筋下料长度计算 在无黏结后张拉预应力混凝土构件中,梁、板无黏结预应力筋的竖向布置多呈抛物线形(右图G),抛物线长用数学方法精确计算较为繁琐,由于其 H 与 L_1 的比值甚小(一般 $H/L_1 < 10\%$),可采用以下近似简易公式计算: $$L_{\text{弧}} = \left(1 + \frac{8H^2}{3L_1^2}\right) L_1 \quad (31\text{-}73)$$ 将梁、板各段计算得抛物线长度累加,再加上两端张拉、锚固、外露需要的长度,即为连续梁、板的下料长度	l_1——长线台座长度(mm); l_2——张拉装置长度(含外露预应力筋长度)(mm); l_3——固定端所需长度(mm); l_4——张拉端工具式拉杆长度(mm); l_5——固定端工具式拉杆长度(mm); 图F 长线台座预应力筋(钢丝和钢绞线)下料长度计算简图 1-张拉装置;2-钢横梁;3-台座;4-工具式拉杆;5-预应力筋(钢丝和钢绞线);6-待浇筑混凝土构件 图G 无黏结预应力筋竖向布置计算简图 1-无黏结预应力筋 $L_{\text{弧}}$——抛物线段长度(mm); H——抛物线最高点与最低点的高差(矢高)(mm); L_1——一段抛物线起终点间距(mm)

【例 31-19】 预制 24m 跨度的钢丝束预应力物架,下弦配 2 束钢丝束,每束 20 根 $\varphi^P 5$ 消除应力钢丝,采用钢质锥形锚具锚固,TD-60 型锥锚式千斤顶一端张拉,构件孔道长 $l = 24.6\text{m}$,试计算每根钢丝的下料长度。

解: 已知 $l = 24\,600\text{mm}$,$l_1 = 55\text{mm}$,$l_2 = 640\text{mm}$

一端张拉每根钢丝的下料长度,由式(31-59)得:

$$L = l + 2(l_1 + 80) + l_2 = 24\,600 + 2 \times (55 + 80) + 640 = 24\,600 + 270 + 640 = 25\,510\,(\text{mm})$$

计算后可知,每根钢丝下料长度应为 25.51m。

【例 31-20】 某工地制作 12M 预应力吊车梁,配 4 根 $5\varphi^S 15\text{mm}$ 钢绞线,构件孔道长 12.6m,采用 YC60 型穿心式千斤顶两端张拉,用 JM 型夹片式锚具锚固,试计算钢绞线的下料长度。

解: 由题意已知 $l = 12\,600\text{mm}$,$l_1 = 58\text{mm}$,$l_2 = 435\text{mm}$,$l_3 = 56\text{mm}$

钢绞线两端张拉下料长度,由式(31-61)得:

$$L = l + 2(l_1 + l_2 + l_3 + 100) = 12\,600 + 2 \times (58 + 435 + 56 + 100) = 12\,600 + 1\,298$$
$$= 13\,898\,(\text{mm}) = 13.898\text{m} \approx 13.9\text{m}$$

计算后可知,钢绞线的下料长度为 13.9m。

【例 31-21】 某工地准备用螺栓端杆锚具,以拉杆式千斤顶张拉一批直径为 28mm 钢筋,通过试验确定其冷拉率 $r = 0.045$,弹性回缩率 $\delta = 0.003\,5$,设有一个对焊接头,其压缩长度

$l_0=30mm$,现要求钢筋实际许用长度 $L_0=10.20m$,试求钢筋下料长度为多少?

解:钢筋下料长度,由式(31-65)得:

$$L = \frac{L_0}{1+r-\delta} + nl_0 = \frac{10\ 200}{1+0.045-0.003\ 5} + 1 \times 30 = 9\ 823.6(mm) = 9.82m$$

计算后可知,钢筋下料长度应为9.82m。

【**例31-22**】 某24m跨度的预应力折线形构件,配4根冷拉 RRB400Φ^R25 钢筋,一端用螺栓端杆锚具,另一端用帮条锚具,采用60t拉伸机张拉,已知构件孔道长为24.6m,试计算钢筋的下料长度。

解:已知 $l=24\ 600mm$, $l_1=320mm$, $H=45mm$, $h=25mm$, $l_3=70mm$, $l_2=2H+h+5=2\times45+25+5=120mm$

预应力筋的成品长度,由式(31-66)得:

$$L_1 = l + l_2 + l_3 = 24\ 600 + 120 + 70 = 24\ 790(mm)$$

预应力筋钢筋部分的下料长度,由式(31-67)得:

$$L_0 = L_1 - l_1 = 24\ 790 - 320 = 24\ 470(mm)$$

通过试验取:$L=0.03$, $\delta=0.004$, $n_1=2$, $l_0=25mm$

预应力筋钢筋部分的下料长度由式(31-68)得

$$L = \frac{L_0}{1+r-\delta} + nl_0 = \frac{24\ 470}{1+0.03-0.004} + 2 \times 25 = 23\ 849.9 + 50$$

$$= 23\ 900(mm) = 23.9m$$

由计算可知,用3根($2\times9+5.90$)加起来长度为23.90mm。

【**例31-23**】 某工地采用先张法长线台座制作预应力吊车梁,长线台座长为78.3m,预应力钢筋为直径20mm的20MnSiV直条钢筋,每根长为9m,使用 YC 型穿心式千斤顶在一端张拉,两端用螺栓端杆锚具,试计算预应力筋下料长度。

解:已知 $l=78\ 300mm$,取 $l_1=320mm$, $H=36mm$, $h=16mm$, $l_7=60mm$, $m=8$, $l_8=30mm$。

张拉端 $l_2=2H+h+5=2\times36+16+5=93(mm)$

锚固端 $l_2=H+h+10=36+16+10=62(mm)$

预应力筋的成品长度,由式(31-69)得:

$$L_1 = l + 2l_2 = 78\ 300 + 93 + 62 = 78\ 455(mm)$$

预应力筋钢筋部分的成品长度,由式(31-70)得:

$$L_0 = L_1 - 2l_1 - (m-1)l_7 = 78\ 455 - 2 \times 320 - (8-1) \times 60 = 77\ 395(mm)$$

预应力筋钢筋部分的下料长度由式(31-71)得:

(取 $r=0.035$, $\delta=0.0040$)

$$L = \frac{L_0}{1+r-\delta} + 2ml_8 = \frac{77\ 395}{1+0.035-0.004} + 2 \times 8 \times 30 = 75\ 547.895(mm) = 75\ 548mm$$

计算后可知预应力筋下料长度为75 548mm。

第八节 预应力钢筋应力损失值计算

一、预应力损失及组合

引起预应力损失的因素很多,如材料方面的包括:预应力钢材的应力松弛、混凝土的收缩徐变等；在施工方面的包括：锚具变形、预应力筋与孔道壁的摩擦、混凝土养护时的温差等；其他如后张法构件的分批张拉损失、构件叠层预制时的叠层摩阻损失等。

各项预应力损失及其符号列于表 31-20 中。

以上预应力损失值 $\sigma_{l1} \sim \sigma_{l6}$ 并不是对每一种构件都同时具有，而且也不是同时产生的。根据上述应力损失产生的先后程序，可分为混凝土预压前和预压后两个阶段。在制作阶段的应力验算时，仅考虑混凝土预压前的应力损失；在使用阶段的抗裂验算时，则两个阶段的应力损失均不考虑，各阶段的预应力损失的组合见表 31-21。

预 应 力 损 失　　　　　　　　　　　　表 31-20

项　　次	引起预应力损失的因素		符　　号
1	张拉端锚具变形和钢筋内缩		σ_{l1}
2	预应力筋的摩擦	与孔道壁之间的摩擦（后张法）	σ_{l2}
		在转向装置处的摩擦（先张法）	
3	混凝土加热养护时，受张拉的钢筋与承受拉力的设备间温差		σ_{l3}
4	预应力钢筋的应力松弛		σ_{l4}
5	混凝土的收缩徐变		σ_{l5}
6	用螺旋式预应力筋作配筋的环形构件，当直径 $d \leqslant 3\mathrm{m}$ 时，由于混凝土的局部挤压		σ_{l6}

各阶段预应力损失值的组合　　　　　　　　表 31-21

项次	预应力损失组合	先张法	后张法
1	混凝土预压前（第一批）的损失	$\sigma_{l1}+\sigma_{l2}+\sigma_{l3}+\sigma_{l4}$	$\sigma_{l1}+\sigma_{l2}$
2	混凝土预压后（第二批）的损失	σ_{l5}	$\sigma_{l4}+\sigma_{l5}+\sigma_{l6}$

当计算所得第一和第二阶段的预应力损失值的总和小于下列数值时，则按下列数值取用。

先张法构件：100MPa；

后张法构件：80MPa。

二、锚固变形预应力损失计算（表 31-22）

锚固变形预应力损失计算　　　　　　　　表 31-22

项目	计算方法及公式	符 号 意 义
锚固变形预应力损失的计算	张拉锚固时，由于锚固变形和预应力筋内缩引起的预应力损失称为锚固损失。锚固损失包括锚具变形、预应力筋内缩以及后加垫板缝隙压缩变形所引起的预应力损失等。根据预应力筋的形状不用，分别采取下列算法。 1. 直线预应力筋的锚固损失计算 直线预应力筋的锚固损失可按下式计算： $$\sigma_{l1}=\frac{a}{L}\cdot E_s \qquad (31\text{-}74)$$ 对块体拼成的结构，其预应力损失尚应考虑块体间缝隙的预压变形。对于采用混凝土或砂浆为填缝材料时，每条填缝的预压变形值为 1mm	σ_{l1}——锚具变形和钢筋内缩引起的预应力损失值（MPa）； a——张拉端锚具变形和预应力筋内缩值（mm），按表 31-28 取用； L——钢筋张拉端至锚固端之间的距离（mm），先张法中为台座长度；后张法中为构件的长度； E_s——预应力钢筋的弹性模量（MPa）

项目	计 算 方 法 及 公 式	符 号 意 义
锚固变形预应力损失的计算	2.曲线预应力筋的锚固损失计算 1)对于常用的圆弧形曲线的预应力筋,当其对应的圆心角 θ $\leqslant 30°$,且假定正、反向摩擦因数相等时(右图 A),锚固损失可按下式计算: $$\sigma_{l1}=2\sigma_{con}l_f\left(\frac{\mu}{r_c}+k\right)\left(1-\frac{x}{l_1}\right) \quad (31\text{-}75)$$ 反向摩擦影响长度,按下式计算: $$l_f=\sqrt{\frac{\alpha E_s}{1\,000\sigma_{con}\left(\frac{\mu}{r_c}+k\right)}} \quad (31\text{-}76)$$ 2)端部为直线,而后由两条圆弧形曲线(圆弧对应的圆心角 θ $\leqslant 30°$)组成的预应力筋(图 B),其预应力损失 σ_{l1} 可按下式计算。 分为 3 段分别计算: 当 $x\leqslant l_0$ 时,$\sigma_{l1}=2i_1(l_1-l_0)+2i_2(l_f-l_1)$ 当 $l_0<x\leqslant l_1$ 时,$\sigma_{l1}=2i_1(l_1-x)+2i_2(l_f-l_1)$ 当 $l_1<x\leqslant l_f$ 时,$\sigma_{l1}=2i_2(l_f-x)$ 反向摩擦影响长度 l_f(m)可按下列公式计算: $$l_f=\sqrt{\frac{\alpha E_s}{1\,000 i_2}-\frac{i_1(l_1^2-l_0^2)}{i_2}+l_1^2} \quad (31\text{-}77)$$ $$i_1=\sigma_a(\kappa+\mu/r_{c1}) \quad (31\text{-}78)$$ $$i_2=\sigma_b(\kappa+\mu/r_{c2}) \quad (31\text{-}79)$$ 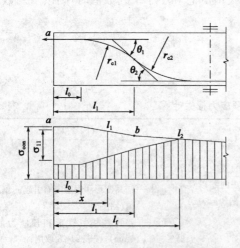 图 B 两条圆弧形曲线组成的预应力筋的 预应力损失 σ_{l1} 计算简图	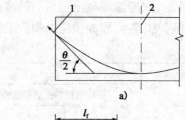 a) 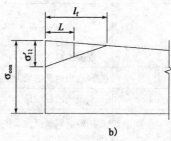 b) 图 A 圆弧形曲线预应力钢筋锚固损失计算简图 a)圆弧形曲线预应力钢筋;b)预应力损失值 σ_{l1} 分布 1-张拉端;2-对称轴 l_f——预应力曲线钢筋与孔道壁之间反向摩擦影响长度(m); σ_{con}——预应力的张拉控制应力(MPa); r_c——圆弧形曲线预应力钢筋的曲率半径(m); μ——预应力钢筋与孔道壁之间的摩擦因数,按表 31-29 取用; k——考虑孔道每米长度局部偏差的摩擦因数,按表 31-29 取用; x——从张拉端至计算截面的孔道距离(m),且符合 $x\leqslant l_f$ 的规定;计算孔道摩擦损失亦可近似取该段孔道在纵轴上投影长度; l_1——预应力筋张拉端起点至反弯点的水平投影长度(m); i_1、i_2——第一、二段圆弧形曲线预应力筋中应力近似直线变化的斜率; r_{c1}、r_{c2}——第一、二段圆弧形曲线预应力筋的曲率半径; σ_a、σ_b——预应力筋在 a、b 点的应力(MPa); 其余符号意义同前

三、孔道摩擦预应力损失计算

孔道摩擦预应力损失的计算见表 31-23。

孔道摩擦预应力损失的计算　　　　　　　　　　　　　　表 31-23

项目	计算方法及公式	符 号 意 义
孔道摩擦预应力计算	预应力筋与孔道壁之间的摩擦引起的预应力损失,称为孔道摩擦损失,可按以下公式计算(右图 C): $$\sigma_{l2} = \sigma_{con}\left(1 - \frac{1}{e^{kx+\mu\theta}}\right) \quad (31\text{-}80)$$ 当 $kx+\mu\theta \leqslant 0.2$ 时,σ_{l2} 可按以下近似式计算: $$\sigma_{l2} = \sigma_{con}(kx+\mu\theta) \quad (31\text{-}81)$$ 对不同曲率组成的曲线束,宜分段计算孔道摩擦损失。对空间曲线束,可按平面曲线束计算孔道摩擦损失。但 θ 角应取空间曲线包角,x 应取空间曲线弧长。当采用钢质锥形锚具或多孔夹片锚具(QM 与 OVM 型等)时,尚应考虑锚环口或锥形孔处的附加摩擦损失,其值由实测数据确定	 图 C　孔道摩擦预应力损失计算简图 σ_{l2}——预应力钢筋与孔道壁之间的摩擦引起的预应力损失(MPa); k——考虑孔道(每米)局部偏差对摩擦影响的系数,按表 31-29 取用; x——从张拉端至计算截面的孔道长度(m),也可近似地取该段孔道在纵轴上的投影长度; μ——预应力筋与孔道壁的摩擦因数; θ——从张拉端至计算截面曲线孔道部分切线的夹角(rad)

四、温差引起的预应力损失计算（表 31-24）

温差引起的预应力损失计算　　　　　　　　　　　　　　表 31-24

项目	计算方法及公式	符 号 意 义
温差引起的预应力损失计算	混凝土加热养护时,张拉钢筋与承受拉力的设备或张拉台座之间的温度差所引起的预应力损失称温差损失,其损失值可按下式计算: $$\sigma_{l3} = \alpha_s E_s \Delta t = 2\Delta t \quad (31\text{-}82)$$	σ_{l3}——预应力钢筋与张拉台座之间的温差所引起的预应力损失(MPa); α_s——钢筋线膨胀系数,取 $1\times10^{-3}1/℃$; E_s——钢筋的弹性模量,取 $2\times10^5\,MPa$; 2——每度温差所引起的预应力损失; Δt——预应力筋与承受拉力设备或台座之间的温度差(℃)

五、预应力筋应力松弛损失计算（表 31-25）

预应力筋应力松弛损失计算　　　　　　　　　　　　　　表 31-25

项目	计算方法及公式	符 号 意 义
预应力筋应力松弛损失计算	预应力筋的应力松弛损失可按下列各式计算。 1. 对冷拉钢筋、热处理钢筋 一次张拉:　　　$\sigma_{l4} = 0.05\sigma_{con}$　　　(31-83) 超张拉:　　　　$\sigma_{l4} = 0.035\sigma_{con}$　　　(31-84) 2. 对碳素钢丝、钢绞线 普通松弛级: $$\sigma_{l4} = 0.4\psi\left(\frac{\sigma_{con}}{f_{ptk}} - 0.5\right)\sigma_{con} \quad (31\text{-}85)$$ 低松弛级:当 $\sigma_{con} \leqslant 0.7f_{ptk}$ 时 $$\sigma_{l4} = 0.125\left(\frac{\sigma_{con}}{f_{ptk}} - 0.5\right)\sigma_{con} \quad (31\text{-}86)$$	σ_{l4}——预应力钢筋的应力松弛损失(MPa); σ_{con}——预应力筋的张拉控制应力(MPa); f_{ptk}——预应力筋的标准强度(MPa); ψ——一次张拉取 1.0;超张拉 0.90

项目	计算方法及公式	符 号 意 义
预应力筋应力松弛损失计算	当 $0.7f_{ptk}<\sigma_{con}\leqslant0.8f_{ptk}$ 时 $$\sigma_{l4}=0.20\left(\frac{\sigma_{con}}{f_{ptk}}-0.575\right)\sigma_{con} \quad (31\text{-}87)$$ 3. 对冷轧带肋钢筋 一次张拉： $\sigma_{l4}=0.08\sigma_{con} \quad (31\text{-}88)$	

六、混凝土收缩徐变预应力损失计算（表 31-26）

混凝土收缩徐变预应力损失计算　　　　　　　　　　表 31-26

项目	计算方法及公式	符 号 意 义
混凝土收缩徐变预应力损失计算	混凝土收缩、徐变引起受拉（压）区纵向预应力筋的预应力损失值 $\sigma_{l5}(\sigma'_{l5})$，可按下列公式计算： 先张法构件： $\sigma_{l5}=\dfrac{45+280\dfrac{\sigma_{pc}}{f_{cu}}}{1+15\rho} \quad (31\text{-}89)$ $\sigma'_{l5}=\dfrac{45+280\dfrac{\sigma'_{pc}}{f_{cu}}}{1+15\rho'} \quad (31\text{-}90)$ 后张法构件： $\sigma_{l5}=\dfrac{35+280\dfrac{\sigma_{pc}}{f_{cu}}}{1+15\rho} \quad (31\text{-}91)$ $\sigma'_{l5}=\dfrac{35+280\dfrac{\sigma'_{pc}}{f_{cu}}}{1+15\rho'} \quad (31\text{-}92)$	σ_{pc}、σ'_{pc}——在受拉、压区预应力筋合力点处的混凝土法向应力（MPa）； f'_{cu}——施加预应力时混凝土立方体抗压强度（MPa）； ρ、ρ'——受拉、压区预应力筋和非预应力筋的配筋率

说明：

1. 计算混凝土法向应力 σ_{pc}、σ'_{pc} 时，预应力损失值仅考虑混凝土预压前（第一批）的损失，当受压区预应力筋合力点处混凝土法向应力为拉应力时，取 $\sigma'_{pc}=0$。σ_{pc}、σ'_{pc} 值不得大于 $0.5f'_{cu}$。

2. 对处于高湿度条件的结构，按上式算得的 σ_{l5} 值可降低 50%；对处于干燥环境的结构，σ_{l5} 值应增加 20%～30%。

3. 施工预应力时的混凝土龄期对徐变损失的影响也较大，例如：施加预应力时的混凝土龄期 3d 比 7d 引起的徐变损失增大 14%；龄期 30d 比 7d 减少 28%

七、弹性压缩预应力损失计算（表 31-27）

弹性压缩预应力损失计算　　　　　　　　　　表 31-27

项目	计算方法及公式	符 号 意 义
弹性压缩预应力损失计算	先张法构件放张或后张法构件分批张拉时，混凝土由于受到弹性压缩引起的预应力损失称为弹性压缩损失。 1. 先张法弹性压缩损失 先张法构件放张时，预应力传递给混凝土使构件缩短，预应力筋随着构件缩短而引起的应力损失，按下式计算： $$\sigma_{l6}=\frac{E_s}{E_c}\sigma_{pc} \quad (31\text{-}93)$$	σ_{l6}——混凝土受到弹性压缩引起的预应力损失（MPa）； E_c——混凝土的弹性模量（MPa）； E_s——预应力筋的弹性模量（MPa）； σ_{pc}——由于预应力所引起位于钢筋水平处混凝土的应力（MPa）； P_{yl}——扣除第一批预应力损失后的张拉力，一般取 $P_{yl}=0.9P_j$； A——混凝土截面面积，可近似地取毛截面面积（mm^2）

项目	计算方法及公式	符号意义
弹性压缩预应力损失计算	对轴心受预压的构件： $$\sigma_{pc}=\frac{P_{yl}}{A} \qquad (31\text{-}94)$$ 对偏心受预压的构件（如梁、板）： $$\sigma_{pc}=\frac{P_{yl}}{A}+\frac{P_{yl}e^2}{l}-\frac{M_G e}{l} \qquad (31\text{-}95)$$ 2. 后张法弹性压缩损失 当多根预应力筋依次张拉时，先批张拉的预应力筋受后批预应力筋张拉所产生的混凝土压缩而引起的平均应力损失，可按下式计算： $$\sigma_{l6}=0.5E_s \cdot \frac{\sigma_{pc}}{E_c} \qquad (31\text{-}96)$$	M_G——构件自重引起的弯矩（kN·m）； e——构件重心至预应力筋合力点的距离（mm）； I——毛截面惯性矩（cm⁴）

说明：1. 当全部预应力筋同时张拉时，混凝土弹性压缩在锚固前完成，所以没有弹性压缩损失。

2. 用螺旋式预应力筋作配筋的环形构件，当直径 $D \leqslant 3m$ 时，可取 $\sigma_{l6}=30MPa$。

3. 后张法弹性压缩损失在设计中一般没有计算在内，可采取超张拉措施将弹性压缩平均损失值加入到张拉力内

锚具变形和钢筋内缩值见表 31-28。

锚具变形和钢筋内缩值 a（mm） 表 31-28

项次	锚具类别		a
1	支承式锚具（钢丝束镦头锚具等）	螺母缝隙	1
		每块后加垫板的缝隙	1
2	锥塞式锚具（钢丝束的钢质锥形锚具等）		5
3	夹片式锚具	有顶压时	5
		无顶压时	6～8

注：1. 表中 a 值也可根据实测数据确定。

2. 其他类型的锚具变形和钢筋内缩值应根据实测数据确定。

3. 本表摘自《混凝土结构设计规范》（GB 50010—2010）。

摩擦因数见表 31-29。

摩擦因数 表 31-29

项次	孔道成型方式	k	μ
1	预埋金属螺旋管	0.001 5	0.25
2	预埋钢管	0.001 0	0.30
3	钢管成胶管抽芯成型	0.001 4	0.55

注：1. 表中系数也可根据实测数值确定。

2. 当采用钢丝束的钢质锥形锚具及类似形式锚具时，尚应考虑锚环口处的附加摩擦损失，其值可按实测数量确定。

3. 同上表。

【例 31-24】 有一 26m 后张预应力混凝土构件，混凝土强度等级为 C40，构件截面为 160mm×250mm，设 2ϕ50mm 预应力筋孔道，制作采用金属螺旋管留孔，预应力筋用冷拉 HRB500 级钢筋束，其屈服强度标准值 $f_{ptk}=700MPa$，弹性模量 $E_s=1.8×10^5MPa$，每孔穿 5 根直径 12mm 预应力筋，采用夹片式锚具（有顶压），全部预应力筋同时张拉，试求该构件张拉

后其预应力总损失值为多少?

解:(1)张拉端锚具的变形损失值 σ_{l1},查表 31-28,$a=5\text{mm}$,按式(31-74)得:

$$\sigma_{l1} = \frac{\alpha}{L} \cdot E_s = \frac{5}{26\ 000} \times 1.8 \times 10^5 = 34.62(\text{MPa})$$

(2)预应力筋与孔道摩擦的损失值 σ_{l2},按式(31-80)得:

因为直线孔道 $\theta = 0$

查表 31-11 得钢筋控制应力为:$\sigma_{con} = 0.85 f_{pyk} = 0.85 \times 700 = 595(\text{MPa})$

查表 31-29 得摩擦因数 $k = 0.001\ 5$,则 $kx = 0.001\ 5 \times 24 = 0.036$

$$\sigma_{l2} = 595\left(1 - \frac{1}{e^{0.036}}\right) = 21.04(\text{MPa})$$

(3)钢筋应力松弛的损失值 σ_{l4},按式(31-83)得:

$$\sigma_{l4} = 0.05\sigma_{con} = 0.05 \times 595 = 29.75(\text{MPa})$$

(4)混凝土的收缩和徐变的损失值 σ_{l5},按式(31-91)得:

$$A_0 = 250 \times 160 - 2 \times \frac{3.14 \times 50^2}{4} = 36\ 075(\text{mm}^2)$$

$$N_p = A_p(\sigma_{con} - \sigma_{l1} - \sigma V_{l2}) = 1\ 130(595 - 37.5 - 21.04) = 606\ 200(\text{N})$$

$$\sigma_{pc} = \frac{N_p}{A_n} = \frac{606\ 200}{36\ 075} = 16.80(\text{MPa})$$

$$\sigma_{l5} = \frac{35 + 280 \times \frac{16.8}{40}}{1 + 15 \times \frac{1\ 130}{36\ 075}} = 103.82(\text{MPa})$$

由表 31-21 得:

第一批预应力损失值:

$$\sigma_{s1} = \sigma_{l1} + \sigma_{l2} = 34.62 + 21.04 = 55.66(\text{MPa})$$

第二批预应力损失值(因全部预应力筋同时张拉,故 $\sigma_{l6} = 0$):

$$\sigma_{s2} = \sigma_{l4} + \sigma_{l5} + \sigma_{l6} = 29.75 + 103.82 + 0 = 133.57(\text{MPa})$$

预应力总损失值:

$$\sigma_s = \sigma_{s1} + \sigma_{s2} = 55.66 + 133.57 = 189.23(\text{MPa})$$

第九节　无黏结预应力筋的预应力损失计算

无黏结预应力施工过程:混凝土构件或结构制作时,预先安设无黏结预应力筋,然后浇筑混凝土并进行养护;待混凝土达到设计要求的强度后,再张拉预应力筋并用锚具锚固,最后进行封锚。这种施工方法,不需要留孔灌浆(因预应力筋外表涂有油脂),施工方便,但预应力只能永久地靠锚具传递给混凝土,宜用于分散配制预应力筋的混凝土结构、次梁及低预应力度的主梁等。

一、无黏结预应力筋的预应力损失

无黏结预应力筋的预应力损失包括以下几方面:

①张拉端锚具变形和无黏结预应力筋内缩 σ_{l1}；②无黏结预应力筋的摩擦 σ_{l2}；③无黏结预应力筋的应力松弛 σ_{l4}；④混凝土的收缩和徐变 σ_{l5}；⑤采用分批张拉时，张拉后批无黏结预应力筋所产生的混凝土弹性压缩损失。总之，无黏结预应力筋的总损失值不应小于 80MPa。

二、无黏结预应力筋的预应力损失值计算（表 31-30）

无黏结预应力筋的预应力损失计算 表 31-30

项目	计算方法及公式	符 号 意 义
无黏结预应力筋预应力损失计算	(1)无黏结预应力直线筋由于锚具变形和无黏结预应力筋内缩引起的预应力损失 σ_{l1} 可按下列公式计算： $$\sigma_{l1}=\frac{a}{l}E_p \quad (31\text{-}97)$$ 无黏结预应力曲线筋由于锚具变形和无黏结预应力筋内缩引起的预应力损失值 σ_{l1}，可按"锚具变形损失"一节所列公式计算。摩擦因数 μ、k 按表 31-29 取用。 (2)无黏结预应力筋与壁之间的摩擦引起的预应力损失 σ_{l2} 可按下列公式计算： $$\sigma_{l2}=\sigma_{con}\left[1-e^{-(kx+\mu\theta)}\right] \quad (31\text{-}98)$$ 当 $kx+\mu\theta$ 不大于 0.2 时，可按下列公式计算： $$\sigma_{l2}=(kx+\mu\theta)\sigma_{con} \quad (31\text{-}99)$$ (3)由于无黏结预应力筋的应力松弛引起的预应力损失 σ_{l4}，可按下列公式计算： $$\sigma_{l4}=\psi\left(0.36\frac{\sigma_{con}}{f_{ptk}}-0.18\right)\sigma_{con} \quad (31\text{-}100)$$ 当 $\sigma_{con}/f_{ptk}\leqslant 0.5$ 时，无黏结预应力筋的应力松弛损失取零。 (4)混凝土收缩、徐变引起的预应力损失可按下列公式计算： $$\sigma_{l5}=\frac{25+220\dfrac{\sigma_{pc}}{f'_{cu}}}{1+15\rho} \quad (31\text{-}101)$$ 计算无黏结预应力筋合力点处混凝土法向应力时，预应力损失值仅考虑混凝土预压前（第一批）的损失 σ_{l1} 与 σ_{l2} 之和；σ_{pc} 值不得大于 $0.5f'_{cu}$	a——张拉端锚具变形和无黏结预应力筋内缩值，当采用镦头式锚具时，a 为 1mm，当采用夹片式锚具时，a 为 5mm； l——张拉端至锚固端之间的距离(mm)； E_p——无黏结预应力筋弹性模量(MPa)； x——从张拉端至计算截面的曲线长度(m)，可近似取曲线在纵轴上的投影长度； θ——从张拉端至计算截面曲线部分夹角的总和(rad)； μ——无黏结预应力筋与壁之间的摩擦因数，按表 31-31 取用； k——考虑无黏结预应力壁每米局部偏差对摩擦的影响系数，按表 31-31 取用； f_{ptk}——无黏结预应力筋抗拉强度标准值(MPa)； ψ——一次张拉取 $\psi=1$，超张拉 $\psi=0.9$； σ_{pc}——受拉区无黏结预应力筋合力点处混凝土法向压应力(MPa)； f'_{cu}——施加预应力时的混凝土立方体抗压强度(MPa)； ρ——配筋率，受拉区无黏结预应力筋和非预应力钢筋截面面积之和与构件截面面积的比值

(5)采用分批张拉时，张拉后批无黏结预应力筋所产生的混凝土弹性压缩损失：

无黏结预应力筋分批张拉时，应考虑后批张拉筋所产生的混凝土弹性压缩对先批张拉钢筋的影响，即将先批张拉钢筋的张拉应力值 σ_{con} 增加 $a_E\sigma_{pci}$。

a_E 为无黏结预应力筋弹性模量与混凝土弹性模量的比值；σ_{pci} 为后批张拉钢筋在先批张拉钢筋重心处产生的混凝土法向应力。

对于无黏结预应力混凝土平板，为考虑后批张拉钢筋所产生的混凝土弹性压缩对先批张拉钢筋的影响，可将先批张拉钢筋的张拉应力值 σ_{con} 增加 $a_E\sigma_{pci}$

无黏结预应力筋的摩擦因数 表 31-31

无黏结预应力筋种类	k	μ
$7\varphi5$ 钢丝	0.003 5	0.10
$\varphi15$ 钢绞线	0.004 0	0.12

第十节　预应力筋分批张拉、叠层张拉计算

预应力筋分批张拉、叠层张拉计算见表 31-32。

预应力筋分批张拉、叠层张拉的计算　　　　　　　表 31-32

项目	计算方法及公式	符 号 意 义
预应力筋分批张拉计算	1. 预应力筋分批张拉计算 　预应力筋分批张拉时，应考虑后批预应力筋张拉时产生的混凝土弹性压缩对先批张拉的预应力筋的影响，而将先批预应力筋的张拉力提高。其张拉力的增加值 ΔP 按下述方法计算： 　后批张拉的预应力筋的有效预应力 σ_{pe}： $$\sigma_{pe} = \sigma_{con} - \sigma_{L1} \quad (31\text{-}102)$$ 　由预加应力在先批张拉预应力筋作用点处产生的混凝土法向应力 σ_{pc}： $$\sigma_{pc} = \frac{2\sigma_{pe}A_p}{A_n} \pm \frac{\sigma_{pe}A_{p1}e_{pn}}{I_n}y_n \quad (31\text{-}103)$$ 　则先批张拉预应力筋应增加的张拉力为： $$\Delta P = a_E\sigma_{pc}A_{p1} \quad (31\text{-}104)$$	σ_{con}——后批张拉预应力筋的张拉控制应力（MPa）； σ_{L1}——预应力损失值（MPa）； A_p——后批张拉预应力筋的截面面积（mm^2）； A_{p1}——先批张拉预应力筋的截面面积（mm^2）； A_n——构件净截面面面积（mm^2）； I_n——净截面惯性矩（cm^4）； e_{pn}——净截面重心至后批张拉预应力筋作用点之距离（m）； y_n——净截面重心至先批张拉预应力筋作用点之距离（m）； a_E——预应力筋弹性模量 E_s 与混凝土弹性模量 E_c 的比值； σ_{pc}——由预加应力在先批张拉预应力筋作用点处产生的混凝土法向应力（MPa）； σ_{pe}——后批张拉的预应力筋的有效预应力（MPa）
预应力筋叠层张拉计算	2. 预应力筋叠层张拉计算 　后张结构件叠层生产时，由于构件接触面摩擦阻力影响，混凝土弹性压缩变形受到阻碍，待构件起模后，摩阻力影响的消失引起钢筋的预应力损失。影响叠层摩阻损失大小的因素包括：预应力筋品种、隔离剂种类、构件自重以及接触表面的状况等。张拉时可先测各层构件的压缩值，再按下式计算叠层摩阻损失值： $$\sigma_{lm} = \frac{\Delta l - \Delta l_i}{L}E_s \quad (31\text{-}105)$$ 　根据式(31-105)即可分别计算出各层的超张拉值，作为实际张拉的依据	σ_{lm}——叠层生产因摩阻消失而引起的第 i 层构件预应力损失（MPa）； Δl——构件张拉时理论弹性压缩变形计算值（mm），其值为 $\frac{\sigma_{pc}}{E_c} \cdot L$； Δl_i——第 i 层构件混凝土弹性压缩变形实测值（mm）； L——构件长度（以百分表之间的长度计）（mm）； E_s——预应力钢筋弹性模量（MPa）； E_c——混凝土弹性模量（MPa）； σ_{pc}——预应力筋张拉产生的混凝土法向应力（MPa）

【例 31-25】　某预应力混凝土构件，其截面为 $240mm \times 220mm$，4 孔 $\phi50$、C50 级混凝土，$E_c = 3.45 \times 10^4 MPa$；构件中非预应力筋为 $4\phi14$，$A_s = 616mm^2$，$E_s = 2 \times 10^5 MPa$。预应力筋为 4 束 $17\phi^P5$，每束钢丝的截面面积 $A_p = 333.2mm^2$，第二批张拉的每束张拉力 $P_2 = 350.2kN$。构件的长度 $L = 29.8m$，拟分两批张拉，试求第一批张拉的钢丝束张拉力 P_1 为多少？

解：（1）先求　　　　　　　$a_E = \dfrac{E_s}{E_c} = \dfrac{2 \times 10^5}{3.45 \times 10^4} = 5.797$

　　构件净截面面积　$A_n = 240 \times 220 - 4 \times \dfrac{\pi}{4} \times 50^2 + 616 \times 5.797 = 48.52 \times 10^3 (mm^2)$

（2）求后批张拉预应力筋的张拉控制应力 σ_{con}（已知第二批张拉的每束张拉力 $P_2=350.2$kN）

$$\sigma_{con} = \frac{P_2}{A_p} = \frac{350.2 \times 10^3}{333.2} = 1\,051\text{(MPa)}$$

（3）求预应力的损失值

查表 31-28 得 $a=5$mm，再查表 31-29 得 $k=0.0015$

按式（31-74）得锚固损失 σ_{l1} 为：

$$\sigma_{l1} = \frac{a}{L}E_s = \frac{5}{29.8 \times 10^3} \times 2 \times 10^5 = 33.55 \approx 34\text{(MPa)}$$

按式（31-81）求孔道摩擦损失 σ_{l2} 为：

$$\sigma_{l2} = \sigma_{con}kL = 1\,051 \times 0.0015 \times 29.8 = 46.935 \approx 47\text{(MPa)}$$

按式（31-102）求后批张拉的预应力筋的有效应力 σ_{pe} 为：

$$\sigma_{pe} = \sigma_{con} - \sigma_{L1} = \sigma_{con} - (\sigma_{l1} + \sigma_{l2}) = 1\,051 - (34 + 74) = 970\text{(MPa)}$$

按式（31-103）求由预加应力在先批张拉预应力筋作用点处产生的混凝土法向应力 σ_{pc} 为：

$$\sigma_{pc} = \frac{2\sigma_{pe}A_p}{A_n} = \frac{970 \times 333.2 \times 2}{48.52 \times 10^3} = 13.33\text{(MPa)}$$

（4）第一批张拉的钢丝每束张拉力 P_1 为：

$$P_1 = (\sigma_{con} + a_E\sigma_{pc})A_p = (1\,051 + 5.797 \times 13.3) \times 333.2 = 375.9\text{(kN)}$$

计算后可知第一批张拉的钢丝束张拉力 $P_1=375.9$kN。

【例 31-26】 某预应力混凝土梁，采取现场四层叠层制作、张拉，梁的截面为 20cm×24cm，预留两个直径为 48mm 孔道，混凝土净截面面积 $A_n=444$cm^2，梁的长度为 2380cm，百分表装置在构件两端 90cm 处，预应力配置两束 $16\phi^P5$ 钢丝束，两端均用镦头锚具，$A_p=2\times3.14=6.28$cm^2，$E_s=2\times10^5$MPa，锚具变形与钢筋回缩值 $a=1$mm，混凝土强度等级为 C40，$E_c=3.25\times10^4$MPa，采取一端张拉，设计控制应力 $\sigma_{con}=1\,178$MPa（$=0.75f_{puk}=0.75\times1\,570$），第一批预应力损失 $\sigma_{l1}=44.4$MPa，实测该梁的混凝土弹性压缩值，自上而下分别为：8.97mm、6.68mm、5.49mm 和 3.13mm，试计算每层应增加的超张拉力值。

解：混凝土预压应力 σ_c 为：

$$\sigma_c = \frac{(\sigma_{con} - \sigma_{l1})A_p}{A_n} = \frac{(1\,178 - 44.4) \times 6.28}{444} = 16.03\text{(MPa)}$$

梁的混凝土理论弹性压缩值 Δl，按表 31-32 中符号意义一栏内的公式为：

$$\Delta l = \frac{\sigma_c}{E_c}L = \frac{16.03}{3.25 \times 10^4}(23\,800 - 1\,800) = 10.85\text{(mm)}$$

各层的超张拉值按式（31-105）有：$\sigma_{lm} = \frac{\Delta l - \Delta l_i}{L}E_s$；$L = 23\,800 - 1\,800 = 22\,000$(mm)

对第一层梁 $\Delta l_1 = 8.97$mm，超张拉百分率为：

$$\frac{\sigma_{lm1}}{\sigma_{con}} = \frac{10.85 - 8.97}{22\,000} \times 2.0 \times 10^5 / 1\,178 = \frac{17.09}{1\,178} = 0.0145 = 1.45(\%)$$

由于第一层梁实测与理论混凝土弹性压缩值相接近，故可以不超张拉。以下各层则以第一层的混凝土弹性压缩值为基数，计算以下各层超张拉百分率。

对第二层梁 $\Delta l_2 = 6.68$mm，超张拉百分率为：

$$\frac{\sigma_{lm2}}{\sigma_{con}} = \frac{8.97 - 6.68}{22\,000} \times 2.0 \times 10^5 / 1\,178 = \frac{20.8}{1\,178} = 0.0177 = 1.77\% \approx 2.0(\%)$$

同理，第三层梁 $\Delta l_3 = 5.49$mm，超张拉百分率为：

$$\frac{\sigma_{lm3}}{\sigma_{con}} = \frac{8.97 - 5.49}{22\ 000} \times 2.0 \times 10^5 / 1\ 178 = \frac{31.64}{1\ 178} = 0.026\ 9 = 2.69(\%) \approx 3(\%)$$

第四层梁 $\Delta l_4 = 3.13\text{mm}$，超张拉百分率为：

$$\frac{\sigma_{lm4}}{\sigma_{con}} = \frac{8.97 - 3.13}{22\ 000} \times 2.0 \times 10^5 / 1\ 178 = \frac{53.1}{1\ 178} = 0.045\ 1 \approx 5(\%)$$

根据以上计算结果，四榀梁自上而下逐层超张拉值分别为：$1.5\%\sigma_{con}$、$2\%\sigma_{con}$、$3\%\sigma_{con}$ 和 $5\%\sigma_{con}$。

第十一节　预应力筋放张施工计算

预应力放张施工的计算见表 31-33。

预应力放张施工的计算　　　　　　　　　　　　　表 31-33

项目	计算方法及公式	符号意义
预应力筋放张回收值计算	**1. 预应力筋放张回缩值计算** 预应力筋放张过程，是预应力的传递过程，也是先张法构件获得良好质量的一个重要环节。 放张预应力筋时，混凝土的强度不得低于设计强度的 70%，放张过早会引起较大的预应力损失，或钢丝滑动。此外，还应检查钢丝与混凝土的黏结效果。应根据钢丝应力传递长度 l_{tr}（即钢丝应力由端部为零逐步增至 σ_{pl} 所需的长度），如右图 A 所示，求出放张时钢丝在混凝土内的回缩值 a。如放张时实测回缩值 a' 小于 a，则认为钢丝与混凝土黏结良好，可以进行放张。 回缩值可按下式计算： $$a = \frac{1}{2}\frac{\sigma_{pl}}{E_s}l_{tr} > a' \qquad (31\text{-}106)$$	图 A　先张法构件预应力筋传递长度范围内预应力的变化范围 a——钢丝在混凝土内的回缩值（mm）； σ_{pl}——第一批预应力损失完成后，预应力钢丝中的有效预应力（MPa）； E_s——钢丝的弹性模量（MPa）； l_{tr}——预应力筋传递长度，可按表 31-34 取用（mm）； a'——放张的实测回缩值（mm）。在实测实应检查钢丝应力是否与 σ_{pl} 接近，若相差很大时，则实测回缩值 a' 仍不能作为判断黏结效果的依据。
预应力筋楔块放张计算	**2. 预应力筋楔块放张计算** 放张预应力筋时，应使预应力构件自由压缩，避免过大的冲击和偏心。同时，还应使台座承受的倾覆力矩及偏心力减小。此外，当预应力筋放张数量较多时，应做到同时缓慢放张，以避免构件应力传递长度骤增，使端部开裂。为防止出现以上问题，一般放张多采取在台座横梁支点处放置楔块或穿心式砂箱来控制放张速度。 楔块放张装置构造如右图 B 所示。系在台座和横梁间预先设置钢楔块，放张时，旋转螺母，使螺杆向上移动，而使钢楔块退出，便可同时放张预应力筋。 楔块坡角 α 应选择恰当，过大楔块易滑出，过小则又难以拔出，α 角的正切应略小于楔块与钢块之间的摩擦因数 μ，即： $$\tan\alpha \leqslant \mu \qquad (31\text{-}107)$$ 设张拉后横梁对钢块的正压力为 N，放张时拔出钢楔块所需之竖向力（即螺杆所受之轴向力），可按下式计算： $$Q = N(\mu + \mu\cos2\alpha - \sin2\alpha) \qquad (31\text{-}108)$$ 根据 Q 即可选择螺杆及螺母。 楔块放张适用于张拉力不大（小于 300kN）的情况	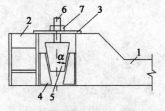 图 B　用楔块放张预应力筋构造 1-台座；2-横梁；3-承力板；4-钢块；5-钢楔块；6-螺杆；7-螺母 α——楔块坡角（°）； μ——楔块与钢块之间的摩擦因数，取 0.15～0.20； Q——楔块（或螺杆）所受之轴向力（kN）； 其他符号意义同上

项 目	计算方法及公式	符 号 意 义
预应力筋砂箱放张计算	3.预应力筋砂箱放张计算 砂箱放张装置构造如图 C 所示。砂箱是预先放在台座与横梁之间。一般按 1 600kN 设计,由钢制箱套及活塞(套箱内径应比活塞外径大 2mm)等组成。内装石英砂或铁砂。当张拉钢筋时,箱内砂被压实,承担着横梁的反力。放张钢筋时,将出砂口打开,使砂慢慢流出,从而可慢慢放张钢筋。具有能控制放张速度,工作可靠,施工方便等优点。 砂箱的承载能力主要取决于筒壁的厚度,可按下式计算: $$t \geqslant \frac{pr}{[f]} \qquad (31\text{-}109)$$ 其中 $\qquad p = \frac{N_0}{A}\tan^2\left(45° - \frac{\varphi}{2}\right) \qquad (31\text{-}110)$	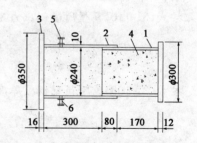 图 C 放张预应力筋砂箱构造 1-活塞;2-套箱;3-套箱底板;4-具有级配的干砂; 5-进砂口($\phi25mm$ 螺丝);6-出砂口($\phi16mm$ 螺栓) t——砂箱筒壁的厚度(mm); p——筒壁所受的压力(MPa); N_0——砂箱所受正压力(即横梁对砂箱的压力)(kN); A——砂箱活塞面积(mm^2); φ——砂的内摩擦角(°); r——砂箱的内半径(mm); $[f]$——筒壁钢板允许应力(MPa)

预应力筋传递长度见表 31-34。

预应力筋传递长度 l_{tr}(mm) 表 31-34

项次	钢 筋 种 类	混凝土强度等级			
		C20	C30	C40	≥C50
1	刻痕钢筋直径 $d=5mm$,$\sigma_{pl}=100MPa$	150d	100d	65d	50d
2	钢绞线直径 $d=9\sim15mm$	—	85d	70d	70d
3	冷拔低碳钢丝直径 $d=4\sim5mm$	110d	90d	80d	80d

注:1. 确定传递长度 l_{tr} 时,表中混凝土强度等级应按传力锚固阶段混凝土立方体抗压强度确定。

2. 当刻痕钢丝的有效预应力值 σ_{pl} 大于或小于 1 000MPa 时,其传递长度应根据本表项次 1 的数值按比例增减。

3. 当采用骤然放张预应力钢筋的施工工艺时,l_{tr} 起点应从离构件末端 $0.25l_{tr}$ 处开始计算。

4. 冷拉 II、III 级钢筋的传递长度 l_{tr} 可不考虑。

【例 31-27】 某预应力混凝土梁,采用 C30 混凝土,放张时混凝土强度为 20MPa。预应力筋采用 ϕ^P5 消除应力钢丝,$E_s = 2.05 \times 10^5 MPa$,其标准强度 $f_{ptk} = 1 570MPa$,试求钢丝回缩值。

解:取:控制应力 $\sigma_{con} = 0.75 f_{ptk}$,考虑第一批预应力损失为 $0.1\sigma_{con}$,则放张时钢丝的有效预应力 $\sigma_{pl} = 0.9\sigma_{con} = 0.9 \times 0.75 f_{ptk} = 0.675 f_{ptk}$。

查表 31-34,当放张混凝土强度为 20MPa 时,其传递长度 $l_{tr} = 110d$,按式(31-106)钢丝的回缩值为:

$$a = \frac{1}{2}\frac{\sigma_{pl}}{E_s}l_{tr} = \frac{1}{2}\frac{0.675 f_{ptk}}{2.05 \times 10^5} \times 110d = \frac{1}{2} \times \frac{0.675 \times 1 570}{2.05 \times 10^5} \times 110 \times 5 = 1.42(mm)$$

计算可知,如实测钢丝回缩值 a' 小于 1.42mm 时,即可放张预应力钢丝。

【例 31-28】 已知放张用砂箱最大承载力 $N_0 = 1\,600\text{kN}$，砂箱内直径 $D = 240\text{mm}$，砂的内摩擦角 $\varphi = 35°$，筒壁钢板用 Q235，允许应力 $[f] = 215\text{MPa}$，试求需用筒壁钢板厚度。

解： 考虑超载系数 $N_0 = 1\,600 \times 1.1 = 1\,760\text{kN}$

按式(31-110)筒壁所受侧压力为：

$$p = \frac{N_0}{A}\tan^2\left(45° - \frac{\bar{\omega}}{2}\right) = \frac{1\,760}{\frac{\pi}{4} \times 240^2}\tan^2\left(45° - \frac{35°}{2}\right) = 10.5\,(\text{MPa})$$

按式(31-109)需用筒壁钢板厚度为：

$$t = \frac{pr}{[f]} = \frac{10.5 \times 120}{215} = 5.86 \approx 5.9\,(\text{mm})$$

考虑加工损耗减薄等因素，故加工时采用钢板的厚度为 8mm。

第十二节　预应力锚杆计算

预应力锚杆计算见表 31-35。

表 31-35

预应力锚杆计算

项目	计算方法及公式	符 号 意 义
锚杆的承载力计算	一、锚杆的承载力计算 锚杆的承载能力取决于：预应力筋的极限抗拉强度、预应力筋与锚固体之间的极限握裹力、锚固体与岩土之间的极限抗拔力。对于土层锚杆，其承载力一般由后者控制。 预应力筋的截面面积 A_s，可按式(31-111)计算： $$A_s = \frac{T}{0.55 f_{ptk}} \qquad (31\text{-}111)$$ 锚固段长度 L，可按下式计算： $$L = \frac{TK}{\pi d\tau} \qquad (31\text{-}112)$$ 对土层：$\qquad \tau = K_0\gamma h\tan\varphi + c \qquad (31\text{-}113)$ 计算扩大头型锚杆的承载力时，还应包括支承面阻力与扩孔段的摩擦力。支承面阻力可等于土不排水抗剪强度的 $7\sim8$ 倍乘以扩大头支承净面积。对二次压浆的土层锚杆，承载力可提高 $20\%\sim50\%$；土层锚杆的锚固段最佳长度为 $6\sim9$m。 预测锚杆承载力的现有计算方法仅在初步设计估算时使用。锚杆的最终承载力应由每根锚杆的现场试验验证	T——锚杆的设计荷载(kN)； f_{ptk}——预应力筋的抗拉强度标准值(MPa)； K——安全系数，临时性锚杆取 1.5；永久性锚杆取 2.0； πd——锚杆的周长(m)； τ——岩土与锚固体之间单位面积上的摩阻力：对硬质岩 $\tau = 2\sim2.5$MPa；对软质岩 $\tau = 1.0\sim1.5$MPa；对风化岩 $\tau = 0.6\sim1.0$MPa；对土层按式(31-113)计算； K_0——砂土取 1.0，黏土取 0.5； γ——土的重度(N/m^3)； φ——土的内摩擦角(°)； h——锚固段中心到地面的距离(覆土深)(m)； c——土的黏聚力(MPa)
预应力取值计算	二、预应力取值计算 锚杆施加预应力的目的在于限制锚固岩土层的变形，提高锚杆承载力和验证锚杆的承载力等。 预应力筋一般采用粗钢筋、钢丝束分钢绞线束。根据国内工程实践，张拉力可取以下两式计算的较小值。 按预应力筋的张拉控制应力： $$P = 0.7 f_{ptk}A_p \qquad (31\text{-}114)$$ 按锚杆的极限承载力： $$P = \frac{P_f}{1.5\sim2.0} \qquad (31\text{-}115)$$	P——预应力筋的张拉力(kN)； A_p——预应力筋的截面面积(mm^2)； f_{ptk}——预应力筋的抗拉强度标准值(MPa)； P_f——锚杆的极限承载力(kN)

第三十二章　钢　筋　工　程[2]、[3]、[10]

第一节　钢筋下料长度基本计算

钢筋下料长度基本计算见表32-1。

钢筋下料长度基本计算 表 32-1

项目	计算方法及公式	符号意义及图示
弯钩增加长度计算	1. 弯钩增加长度计算 钢筋弯钩有半圆弯钩、直弯钩和斜弯钩三种形式,见右图 A。 半圆弯钩(也称 180°弯钩),HPB235 级钢筋末端需要作 180°弯钩,其圆弧弯曲直径 D 应不小于钢筋直径 d 的 2 倍,平直部分长度不宜小于钢筋直径的 3 倍;用于轻集料混凝土结构时,其圆弧弯曲直径 D 应不小于钢筋直径 d 的 3.5 倍。直弯钩(也称 90°弯钩)和斜弯钩(也称 135°弯钩)弯折时,弯曲直径 D 对 HPB235 级钢筋不宜小于 2.5d;对于 HRB335 级钢筋不宜小于 4d;对于 HRB400 级钢筋不宜小于 5d。 三种弯钩增加的长度 l_z 可按下式计算: 半圆弯钩　$l_z=1.071D+0.571d+l_p$　(32-1) 直弯钩　$l_z=0.285D-0.215d+l_p$　(32-2) 斜弯钩　$l_z=0.678D+0.178d+l_p$　(32-3) 采用 HPB235 级钢筋,按圆弧弯曲直径为 $D=2.5d$,l_p 按 3d 考虑,半圆弯钩增加长度应为 6.25d;直弯钩 l_p 按 5d 考虑,增加长度应为 5.5d;斜弯钩 l_p 按 10d 考虑,增加长度为 12d。三种弯钩形式各种规格钢筋弯钩增加长度可参见表 32-2 采用。如圆弧弯曲直径偏大(一般在实际加工时,较细的钢筋常采用偏大的圆弧弯曲直径),取用不等于 3d、5d、10d 的平直部分长度,则仍应根据式(32-1)~式(32-3)进行计算	 图 A　钢筋弯钩形式 a)半圆(180°)弯钩;b)直(90°)弯钩;c)斜(135°)弯钩 l_z——弯钩增加的长度(m); D——圆弧弯曲直径(m),对 HPB235 级钢筋取 2.5d;HRB335 级钢筋取 4d;HRB400 级钢筋取 5d; d——钢筋直径(m); l_p——弯钩的平直部分长度(m);
弯起钢筋斜长计算	2. 弯起钢筋斜长计算 梁、板类构件常配置一定数量的弯起钢筋,弯起角度有 30°、45°和 60°3 种(图 B)。 弯起钢筋斜长增加的长度 l_s 可按下式计算: 弯起 30°角　$s=2.0h;l=1.732h$ 　　　　　　$l_s=s-l=0.268h$　(32-4) 弯起 45°角　$s=1.414h;l=1.000h$ 　　　　　　$l_s=s-l=0.414h$　(32-5) 弯起 60°角　$s=1.155h;l=0.577h$ 　　　　　　$l_s=s-l=0.578h$　(32-6)	 图 B　弯起钢筋斜长计算简图 a)弯起 30°角;b)弯起 45°角;c)弯起 60°角 s——弯起钢筋斜长(m); h——弯起钢筋夹角的水平高度(m); l_s——弯起钢筋斜长增加的长度(m); l——弯起钢筋斜长部分水平投影长度(m)

项目	计算方法及公式	符号意义及图示

<table>
<tr><td rowspan="2">弯曲
调整值
的计算</td><td>

3.弯曲调整值的计算

因钢筋弯曲时，外皮延伸，内皮缩短，只有中心尺寸不变，故下料长度以中心线尺寸为准。当钢筋成形后量度尺寸都是沿直线量其外皮尺寸；由于弯曲处形成圆弧，因此弯曲钢筋的量度尺寸大于下料尺寸，两者之间的差值称为"弯曲调整值"，所以在下料时，下料长度应等于量度尺寸减去"弯曲调整值"。

右图 C 为钢筋弯曲常用形式及调整值的计算简图。

(1)钢筋弯折 90°时的弯曲调整值计算[右图 Ca]

$$l_x = b + l_x = b + 0.285D - 0.215d + \left(a - \frac{D}{2} - d\right)$$
$$(32\text{-}7)$$

代入得弯曲调整值为：

$$\Delta = 0.215D + 1.215d \qquad (32\text{-}8)$$

不同级别钢筋弯折 90°时的弯曲调整值参见表 32-2。

(2)钢筋弯折 135°时的弯曲调整值计算[右图 Cb]同上，据式(32-3)可知：

$$l_x = b + l_x = b + 0.678D + 0.178d + \left(a - \frac{D}{2} - d\right)$$
$$(32\text{-}9)$$

弯曲调整值为：

$$\Delta = 0.822d - 0.178D \qquad (32\text{-}10)$$

不同级别钢筋弯折 135°时的弯曲调整值参见表 32-3。

(3)钢筋弯折 45°时的弯曲调整值计算[右图 Cc]

$$l_x = a + b + \frac{45\pi}{180}\left(\frac{D+d}{2}\right) - 2\left(\frac{D}{2} + d\right)\tan 22.5°$$

即：

$$l_x = a + b - 0.022D - 0.436d \qquad (32\text{-}11)$$

弯曲调整值为：

$$\Delta = 0.002D + 0.436d \qquad (32\text{-}12)$$

同样可求得弯折 30°、45°和 60°时的弯曲调整值。

按规范规定，对一次弯折钢筋的弯曲直径 D 不应小于钢筋直径 d 的 5 倍，其弯折角度为 30°、45°、60°的弯曲调整值参见表 32-4。

(4)弯起钢筋弯折 30°、45°、60°时的调整值计算[右图 Cd]

同理，按右图 d 的量法，其中 θ 以度计，有

$$l_x = a + b + c - \left[2(D+2d)\tan\frac{\theta}{2} - d(\csc\theta - \cot\theta)\right.$$
$$\left. - \frac{\pi\theta}{180}(D+d)\right]$$
$$(32\text{-}13)$$

式中末项的括号内值即为弯曲调整值。

同样，钢筋弯曲直径取 5d，取弯折角度为 30°、45°、60°代入式(32-13)，可得弯起钢筋弯曲调整值如表 32-5所示

</td><td>

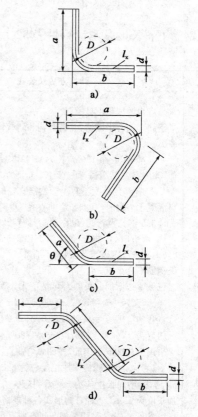

图 C　钢筋弯曲调整值计算简图

a)钢筋弯折 90°；b)钢筋弯折 135°；c)钢筋一次弯折 30°、45°、60°；d)钢筋弯曲 30°、45°、60°

a、b、c——量度尺寸(m)；

l_x——下料尺寸(m)；

Δ——弯曲调整值(m)，即：$\Delta = a + b - l_x$；

D——圆弧弯曲直径(m)，对 HPB235 级钢筋取 2.5d；HRB335 级钢筋取 4d；HRB400 级钢筋取 5d；

d——钢筋直径(m)

</td></tr>
</table>

项目	计算方法及图示
弯曲 调整值 的计算	由于钢筋加工实际操作往往不能准确地按规定的最小 D 值取用,有时略偏大或略偏小取用;再有时成型机心轴规格不全,不能完全满足加工的需要,因此除按以上计算方法求弯曲调整值之外,亦可以根据各工地实际经验确定,下图 D 为根据经验提出的各种形状钢筋弯曲调整值,可供现场施工下料人员操作时参考。 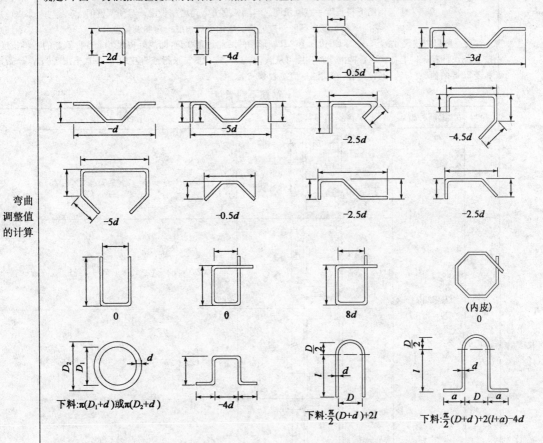 图 D　各种形状钢筋弯曲延伸下料调整值 注:上图摘自本书参考文献[42]
箍筋 弯钩增 加长度 计算	4.箍筋弯钩增加长度计算 箍筋的末端应作弯钩,用 I 级钢筋或冷拔低碳钢丝制作的箍筋,其弯钩的弯曲直径应大于受力钢筋直径,且不小于箍筋直径的 5 倍;对有抗震要求的结构,不应小于箍筋直径的 10 倍。 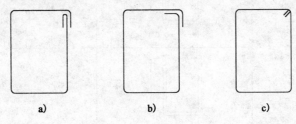 图 E　箍筋弯钩示意图 a)90°/180°;b)90°/90°;c)135°/135° 弯钩形式,可按上图 Ea)、Eb)加工,对有抗震要求和受扭的结构,可按上图 Ec)加工。 箍筋弯钩的增加长度,可按式(32-1)～式(32-3)求出。 常用规格钢筋箍筋弯钩长度增加长度可参见表 32-6 求得

项目	计算方法及图示
下料长度的计算	5.下料长度计算 一般钢筋混凝土结构是由直钢筋弯起钢筋和箍筋等组成,其下料长度可按下式进行计算:

直钢筋下料长度＝构件长度－保护层厚度＋弯钩增加长度　　　(32-14)

弯起钢筋下料长度＝直段长度＋斜段长度＋弯钩增加长度－弯曲调整值　　　(32-15)

箍筋下料长度＝箍筋外皮周长＋弯钩增加长度－弯曲调整值　　　(32-16)

箍筋一般以内皮尺寸标示,此时,每边加上 $2d$(U 形箍的两侧边加 $1d$),即成外皮尺寸。各种箍筋的下料长度按下表 A 计算。以上各式中弯钩的增加长度可从式(32-1)～式(32-3)求得或直接取 $8.25d$(半圆弯钩,$l_p=5d$)和表 32-6 的值(直弯钩和斜弯钩);弯曲调整值按表 32-3 取用。

箍筋下料长度　　　　　　　　　　　　　　　　　　　表 A

序号	钢筋种类	简　图	下 料 长 度
1	HPB235 级 ($D=2.5d$)	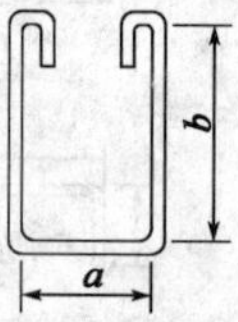	$a+2b+19d$ $(a+2b)+(6-2\times1.75+2\times8.25)d$
2		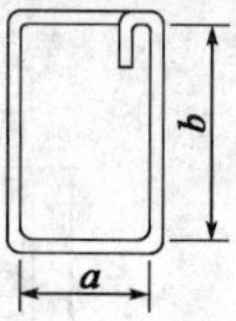	$2a+2b+17d$ $(2a+2b)+(8-3\times1.75+8.25+5.5)d$
3		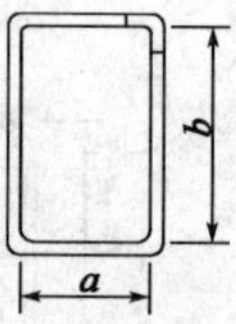	$2a+2b+14d$ $(2a+2b)+(8-3\times1.75+2\times5.5)d$
4		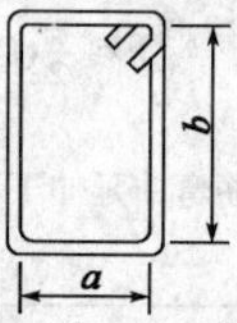	$2a+2b+27d$ $(2a+2b)+(8-3\times1.75+2\times12)d$
5	HRB335 级 ($D=4d$)	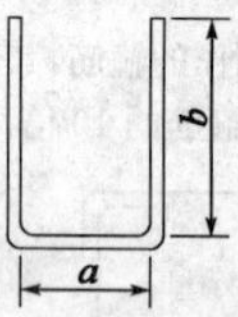	$a+2b$ $(a+2b)+(4-2\times2.08)d$
6		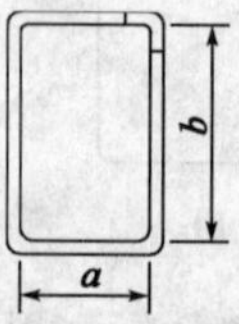	$2a+2b+14d$ $(2a+2b)+(8-3\times2.08+2\times6)d$

注:虽然大部分钢筋都是量外皮,但还有些是量内皮尺寸的,比如箍筋。对于量内皮的钢筋,当然下料长度就得比逐段相加出来的数值大一些了,也就是说,量内皮尺寸时,其下料长度应按逐段相加出来的数值增长弯曲调整值;反之,如量外皮尺寸时,其下料长度应按逐段相加出来的数值减去弯曲调整值,例如式(32-16)

表 32-2

各种规格钢筋弯钩增加长度参考表

钢筋直径 d (mm)	半圆弯钩(mm)		半圆弯钩(mm)（不带平直部分）		直弯钩(mm)		斜弯钩(mm)	
	1个钩长	2个钩长	1个钩长	2个钩长	1个钩长	2个钩长	1个钩长	2个钩长
6	40	75	20	40	35	70	75	150
8	50	100	25	50	45	90	95	190
9	60	115	30	60	50	100	110	220
10	65	125	35	70	55	110	120	240
12	75	150	40	80	65	130	145	290
14	90	175	45	90	75	150	170	340
16	100	200	50	100	—	—		
18	115	225	60	120				
20	125	250	65	130				
22	140	275	70	140				
25	160	315	80	160				
28	175	350	85	190				
32	200	400	105	210				
36	225	450	115	230				

注:1. 半圆弯钩计算长度为 6.25d;半圆弯钩不带平直部分为 3.25d;直弯钩计算长度为 5.5d;斜弯钩计算长度为 12d。

2. 半圆弯钩取 l_p＝3d;直弯钩 l_p＝5d;斜弯钩 l_p＝10d;直弯钩在楼板中使用时,其长度取决于楼板厚度。

3. 本表为 I 级钢筋,弯曲直径为 2.5d,取尾数为 5 或 0 的弯钩增加长度。

钢筋弯折 90°和 135°时的弯曲调整值

表 32-3

弯折角度	钢筋级别	弯曲调整值	
		计算式	取值
90°	HPB235 级 HRB335 级 HRB400 级	$\Delta=0.215D+1.215d$	1.75d 2.08d 2.29d
135°	HPB235 级 HRB335 级 HRB400 级	$\Delta=0.822d-0.178D$	0.38d 0.11d −0.07d

注:1. 弯曲直径 HPB235 级钢筋 D＝2.5d;HRB335 级钢筋 D＝4d;HRB400 级钢筋 D＝5d。

2. 弯曲图见图 C 钢筋弯曲形式及调整值计算简图 Ca)、图 Cb)。

钢筋弯折 30°、45°、60°时的弯曲调整值

表 32-4

项 次	弯折角度	钢筋调整值	
		计算式	按 D＝5d
1	30°	$\Delta=0.006D+0.274d$	0.3d
2	45°	$\Delta=0.022D+0.436d$	0.55d
3	60°	$\Delta=0.054D+0.631d$	0.9d

弯起钢筋弯曲 30°、45°、60°的弯曲调整值

表 32-5

项　次	弯 折 角 度	钢筋调整值	
		计算式	按 $D=5d$
1	30°	$\Delta=0.012D+0.28d$	$0.34d$
2	45°	$\Delta=0.043D+0.457d$	$0.67d$
3	60°	$\Delta=0.108D+0.685d$	$1.23d$

箍筋弯钩长度增加值参考值

表 32-6

钢筋直径 d (mm)	一般结构箍筋两个弯钩增加长度		抗震结构两个弯钩增加长度 (27d)
	两个弯钩均为 90° (14d)	一个弯钩 90°另一个弯钩 180° (17d)	
≤5	70	85	135
6	84	102	162
8	112	136	216
10	140	170	270
12	168	204	324

注：箍筋一般用内皮尺寸标示，每边加上 2d，即成为外皮尺寸，表中已计入。

【例 32-1】 现有六榀 L-1 预制矩形梁，配筋如图 32-1 所示。试计算各根钢筋的下料长度。

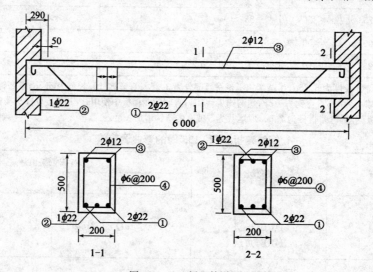

图 32-1　L-1 梁配筋详图

解：（1）号钢筋为 2 根 $\phi22$ 的直钢筋。

下料长度＝构件长度－两端钢筋保护层厚度

$$=6\,240-2\times25=6\,190(\text{mm})$$

（2）号钢筋为 1 根 $\phi22$ 的弯起钢筋，弯起终点外的锚固长度 $L_m=20d=20\times22=440$ (mm)，因此弯起筋端头需向下弯 $440-265=175$(mm)。

弯起钢筋下料长度＝直段长度＋斜段长度－弯曲调整值

$$=(4\,760+265\times2+175\times2)+635\times2-(2\times0.67\times22+2\times2.08\times22)$$

$$=6\,789(\text{mm})$$

（3）号钢筋 2 根 $\phi12$ 的架立钢筋，伸入支座的锚固长度 L_m（作构造负筋）＝25d

$25\times12=300$(mm)，为满足构造需要，应向下弯 150mm。

下料长度＝直段长度＋弯钩增加长度－弯曲调整值

$$=6\,190+150\times2+150-2\times1.75\times12=6\,598(\text{mm})$$

（4）号钢筋是 $\phi6$ 的箍筋，间距 200mm。

架立钢筋下料长度＝箍筋周长＋弯钩增加长度＋钢筋弯曲调整值

$$=(450+150)\times2+150+2\times0.38\times6=1\,354.56=1\,355(\text{mm})$$

箍筋个数＝（主筋长度÷箍筋间距）＋1＝6 190÷200＋1＝3（个）

钢筋配料计算完成后，需填写钢筋下料通知单，如表32-7所示。

钢筋下料通知单　　　　　　　　　　　　　　　　　　表 32-7

构件名称	编号	简　图	钢号与直径	下料长度（mm）	每榀梁根数	合计根数	质量（kg）
L-1（共 6 根）	①	6 190	22	6 190	2	12	221
	②	265　265　175　635　635　175　4 760	22	6 789	1	6	121
	③	6 190　150　150	$\phi12$	6 598	2	12	70
	④	150　450	$\phi6$	1 355	32	192	58
合　　计							470

第二节　构件缩尺配筋下料长度计算（表 32-8）

构件缩尺配筋下料长度计算　　　　　　　　　　　　　表 32-8

项目	计算方法及公式	符号意义及图示
梯形构件缩尺配筋下料长度	1. 梯形构件缩尺配筋下料长度计算 梯形构件（平面或立面）如图 A 所示。其平面纵横向钢筋长度或立面箍筋的高度，在一组钢筋中有多种不同长度的情况，配筋下料时，可用数字法按比例关系来进行计算。每根钢筋的长度差 Δ 可按下式求得，即： $$\Delta=\frac{l_d-l_c}{n-1}\quad \text{或}\quad \Delta=\frac{h_d-h_c}{n-1}\quad(32\text{-}17)$$ $$n=\frac{s}{a}+1\quad(32\text{-}18)$$ 图 A　变截面梯形构件下料长度计算简图	Δ——每根钢筋长短差或箍筋高低差(mm)； $l_d、l_c$——分别为平面梯形构件纵、横向配筋最大和最小长度(mm)； $h_d、h_c$——分别为立面梯形构件箍筋的最大和最小高度(mm)； n——纵、横筋根数或箍筋个数； s——纵、横最长筋与最短筋之间或最高箍筋与最低箍筋之间的距离(mm)； a——纵、横筋或箍筋的间距(mm)

项目	计算方法及公式	符号意义及图示

2.圆形构件钢筋下料长度计算

对于圆形的构件,如水池、储罐底板、顶板、井盖板等,其配筋也是按缩尺计算,只是外形不是直线坡,是成圆弧形的。其配筋有直线形和圆形两种。

(1)按弦长布置的直线形钢筋

先根据弦长计算公式算出每根钢筋所在处的弦长,再减去两端保护层厚度,即得该处钢筋下料长度。

①当钢筋间距为单数时[右图Ba)],配筋有相同的两组,弦长可按下式计算:

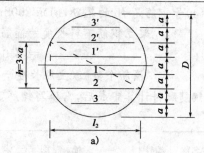

$$l_i = \sqrt{D^2 - [(2i-1)a]^2} \qquad (32\text{-}19)$$

或
$$l_i = a\sqrt{(n+1)^2 - (2i-1)^2} \qquad (32\text{-}20)$$

或
$$l_i = \frac{D}{n+1}\sqrt{(n+1)^2 - (2i-1)^2} \qquad (32\text{-}21)$$

②当钢筋间距为双数时[右图Bb)],有一根钢筋所在位置的弦长即为该圆的直径,另有相同的两组配筋,弦长可按下式计算:

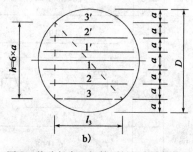

$$l_i = \sqrt{D^2 - (2ia)^2} \qquad (32\text{-}22)$$

或
$$l_i = a\sqrt{(n+1)^2 - (2i)^2} \qquad (32\text{-}23)$$

或
$$l_i = \frac{D}{n+1}\sqrt{(n+1)^2 - (2i)^2} \qquad (32\text{-}24)$$

$$n = \frac{D}{a} - 1 \qquad (32\text{-}25)$$

图B 按弦长布置钢筋下料长度计算简图

a)按弦长单数间距布置;b)按弦长双数间距布置

l_i——从圆心向两边计数的第i根钢筋所在位置的弦长(mm);

D——圆形构件的直径(mm);

a——钢筋间距(mm);

n——钢筋根数;

i——从圆心向两边计数的序号数

项目:圆形构件钢筋下料长度

(2)按圆周布置的缩尺配筋如右图C所示

上述钢筋为弯曲成圆弧形状的钢筋。在平面为圆形的构件中,配筋形式多按弦长布置如同前述那样,很少弯成圆钢筋布置。个别情况下,也有弯成如右图C所示那样的圆钢筋。这种缩尺钢筋的计算,就是用圆周率乘圆的直径。就右图C来说,钢筋材料表所画的式样如右图Cb那样,仅标明直径尺寸就行了;那么,可以按一般计算直径缩尺的方法求出每根钢筋的圆直径,再乘以圆周率,即可得到圆形结构钢筋的下料长度。例如预制一种下大上小的井圈时,其中圆形钢筋由下到上都是用缩尺排列的

项目:圆形构件缩尺配筋计算

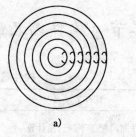

a)   b)

图C 按圆周布置钢筋下料长度计算简图

3.圆形切块缩尺配筋下料长度计算

上述圆形缩尺均是按间距平均分布钢筋的。如右图D所画的那几个圆形,就是一种异样圆形缩尺的圆形切块;如大型水池或储罐的预制盖板常为了安装、使用或维修的需要,往往分成几个这样的圆形切块来制作,如果已经知道缩尺配筋的最大和最小的长度以及圆板的直径就可根据间距要求(或采用的根数)算出每根钢筋的长度(右图E)。

根据右图E中△ABC的关系,我们就可写成下列公式:

$$\left.\begin{array}{l} h_1 = \sqrt{D^2 - l_1^2} \div 2 \\ h_n = \sqrt{D^2 - l_n^2} \div 2 \end{array}\right\} \qquad (32\text{-}26)$$

再求钢筋间距a,按式(32-27)计算:

$$a = (h_1 - h_n) \div (n-1) \qquad (32\text{-}27)$$

项目:圆形切块缩尺配筋下料长度计算

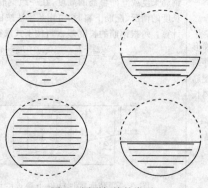

图D 圆形切块的类型

项目	计算方法及公式	符号意义及图示
圆形切块缩尺配筋下料长度计算	因此得： $h_2=h_1-a, h_3=h_2-a, h_4=h_3-a, \cdots, h_{n-1}=h_{n-2}-a, \cdots$ (32-28) 所以各弦的长度按下列公式进行计算：(弦长减去两端保护层厚度 d，即可求得的钢筋长度 l) $\left.\begin{aligned} l_1 &= \sqrt{D^2-4 \times h_1^2} \\ l_2 &= \sqrt{D^2-4 \times h_2^2} \\ l_3 &= \sqrt{D^2-4 \times h_3^2} \\ l_4 &= \sqrt{D^2-4 \times h_4^2} \\ &\cdots \\ l_{n-1} &= \sqrt{D^2-4 \times h_{n-1}^2} \end{aligned}\right\}$ (32-29)	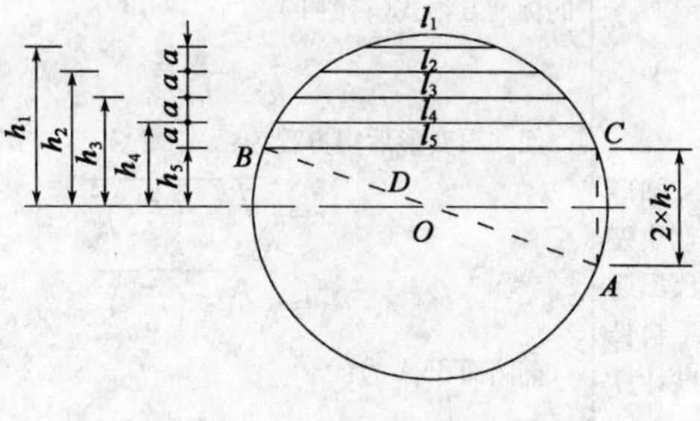 a) 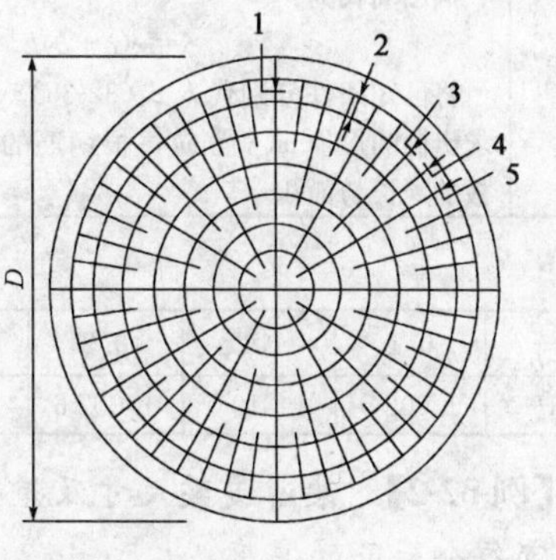
圆形构件向心钢筋下料长度计算	**4. 圆形构件向心钢筋下料长度计算** 圆形构件配筋设计图纸一般都标明：圆形结构直径 D、辐射钢筋的最大间距 a_1、环筋间距 a_2、钢筋保护层厚度 c、辐射钢筋分段示意及钢筋的规格和品种等。 (1)辐射钢筋计算，其步骤方法如下： ①先计算最外圈环筋周长 L 和最内圈环筋周长 L_1，按下列公式 $$L=\pi(D-2c) \qquad (32\text{-}30)$$ $$L_1=2\pi a_2 \qquad (32\text{-}31)$$ ②再根据外圈环筋计算辐射钢筋根数 $N=L/a_1$。N 值应取整数，如为偶数即取读数，如为奇数应加 1 变为偶数。 (2)环筋计算 由已知条件，环筋需要根数 n 可按下式计算： $$n=\frac{D-2c-d}{2a_2} \qquad (32\text{-}32)$$ n 取整数值(例如 $n=7.8$，取 8 根)，实际间距为： $$a_2'=\frac{D-2c-d}{2n'} \qquad (32\text{-}33)$$ 按图 B 节圆周布置的圆形钢筋计算方法，可算出各环筋的长度。 以上方法计算的圆形构件向心钢筋配料的辐射钢筋、环筋均为基本长度，在施工下料时的间距 $a=L_1/N$，应不小于配筋的最小间距(一般取最小间距为 70mm)；如果 $a \geqslant 70$mm，则此圆形构件的辐射钢筋为一种，根数即 N；如果 $a \leqslant 70$mm，就使辐射钢筋截止于另一圈环筋上，使得它们的间距处于 70mm 与 a_1 之间。 根据计算结果，即可画出向心钢筋布置图(右图 E)，则辐射钢筋的根数和长度即可按图较易算出。 1-0 号辐射钢筋；2-环筋；3-2 号辐射钢筋；4-3 号辐射钢筋；5-1 号辐射，用光圆钢筋端部要增加弯钩长度，辐射钢筋、环筋较长时还应增加搭接长度，位于辐射钢筋处的 4 根钢筋改为 2 根直通钢筋(右图 E 中的 0 号辐射钢筋)；此外辐射钢筋要考虑适当加上交搭环筋的长度等	 b) 图 E 钢筋布置图 a)圆形切块缩尺(弦)配筋图；b)圆形构件向心布筋简图 n——代表钢筋的根数； l_1——代表最短的一根缩尺配筋长度(mm)； l_n——代表最长的一根缩尺配筋长度(mm)； h_n——弦心距，即圆心至弦的垂直距离(mm)； D——圆形切块的直径(mm)； a——钢筋(弦)的间距(mm)； L——最外圈环筋周长(m)； L_1——最内圈环筋周长(m)； D——圆形结构直径(m)； a_1——设计辐射钢筋最大间距(m)； a_2——设计环筋间距(m)； c——钢筋保护层厚度(m)； N——辐射钢筋根数； d——环境直径(mm)； n'——实际根数； a_2'——实际间距(mm)； a——椭圆长半轴长度(mm)； b——椭圆短半轴长度(mm)； A——椭圆的面积(m²)； S——椭圆的周长(m)

项目	计算方法及公式	符号意义及图示
圆形切块缩尺配筋下料长度计算	5. 椭圆形构件钢筋下料长度计算 设椭圆形长半轴长度为 a;短半轴长度为 b,则椭圆形的标准方程式(右图 F): $$\frac{x^2}{a^2}+\frac{y^2}{b^2}=1 \quad (32\text{-}34)$$ 经移项变形后得方程为: $$x=a\sqrt{1-\left(\frac{y}{b}\right)^2} \quad (32\text{-}35)$$ $$y=b\sqrt{1-\left(\frac{x}{a}\right)^2} \quad (32\text{-}36)$$ 椭圆面积 A 为: $$A=\pi ab \quad (32\text{-}37)$$ 椭圆周长为: $$S=\pi(a+b)k \quad (32\text{-}38)$$ 将已知条件分别代入式(32-35)~式(32-38)中,便可求出椭圆形板 x、y 方向每根钢筋的下料长度和椭圆形板的周长与面积	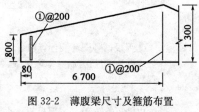 图 F 椭圆形构件钢筋下料示意图 k——系数,按表 32-9 查用

k 值   表 32-9

$\dfrac{a-b}{a+b}$	0.1	0.2	0.3	0.4	0.5	0.6	0.7	0.8	0.9	1.0
k 值	1.002 5	1.010 0	1.002 6	1.040 4	1.063 5	1.092 2	1.126 9	1.167 9	1.216 2	1.273 2

【例 32-2】 某薄腹梁尺寸及箍筋如图 32-2 所示,试计算确定每个箍筋的高度。

解: 梁上部斜面坡度为 $\dfrac{1\,300-800}{6\,700}=\dfrac{5}{67}$,最低箍筋所在位置的模板高度为 $800+80\times\dfrac{5}{67}=806(\text{mm})$,故箍筋的最小高度 $h_c=806-50=756(\text{mm})$,又 $h_d=1\,300-50=1\,250(\text{mm})$。

图 32-2 薄腹梁尺寸及箍筋布置
(尺寸单位:mm)

按式(32-18)得:$n=\dfrac{s}{a}+1=\dfrac{6\,700-80}{200}+1=34.1$,用 34 个箍筋,又由式(32-17)得:

$$\Delta=\frac{h_d-h_c}{n-1}=\frac{1\,250-756}{34-1}=15.0(\text{mm})$$

故各个箍筋的高度分别为:756mm、771mm、786mm、801mm、816mm、831mm、…、1 250mm。

【例 32-3】 某钢筋混凝土圆板,直径为 1 380mm,如图 32-3 所示。钢筋沿圆的直径等间距分布,钢筋两端保护层共 50mm,试用计算法求出该圆板缩尺钢筋的长度,并拟定表达格式。

解: 本题共有 6 根钢筋,$n=6$,7 个间距(钢筋间距为单数)

钢筋间距为:$a=\dfrac{D}{n+1}=\dfrac{1\,380}{6+1}=\dfrac{1\,380}{7}=197(\text{mm})$

则 1~3 号钢筋的长度按式(32-20)得:

1 号钢筋长度

$$l_1=a\sqrt{(n+1)^2-(2i-1)^2}-50$$
$$=197\times\sqrt{(6+1)^2-(2\times1-1)^2}-50=197\times\sqrt{7^2-1^2}-50$$

$$=197\times\sqrt{48}-50=197\times6.928-50=1\,315\text{(mm)}$$

$$l_2=197\times\sqrt{(6+1)^2-(2\times2-1)^2}-50=197\times\sqrt{40}-50=1\,196\text{(mm)}$$

$$l_3=197\times\sqrt{(6+1)^2-(2\times3-1)^2}-50=197\times\sqrt{24}-50=915\text{(mm)}$$

显然，钢筋材料表中，该缩尺钢筋的根数为 $2\times3=6$ 根，长度为 915~1 315mm；但与直线缩尺所不同的就是没有"Δ"，这与每根钢筋长短差数没有明显的规律性，各不相同有关。

【例 32-4】 有一个钢筋混凝土圆板，直径为 2.8m，钢筋沿圆直径等间距布置，如图 32-4 所示，两端保护层厚度共为 50mm，试求每根钢筋的长度，并拟定表达格式。

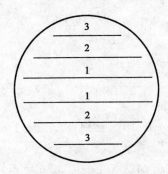

图 32-3 圆板钢筋布置图

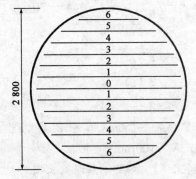

图 32-4 圆板钢筋布置

解： 本题共有钢筋 13 根，即 $n=13$，14 个间距（钢筋间距为双数）。

0 号钢筋长度 $l_0=2\,800-50=2\,750\text{mm}$

1~6 号钢筋长度，由式(32-23)计算如下。

1 号钢筋长度：$l_1=a\sqrt{(n+1)^2-(2i)^2}-50=\dfrac{2\,800}{13+1}\times\sqrt{(13+1)^2-(2\times1)^2}-50=2\,721$

(mm)

2 号钢筋长度：$l_2=200\times\sqrt{(13+1)^2-(2\times2)^2}-50=2\,633\text{(mm)}$

3 号钢筋长度：$l_3=200\times\sqrt{(13+1)^2-(2\times3)^2}-50=2\,480\text{(mm)}$

4 号钢筋长度：$l_4=200\times\sqrt{(13+1)^2-(2\times4)^2}-50=2\,248\text{(mm)}$

5 号钢筋长度：$l_5=200\times\sqrt{(13+1)^2-(2\times5)^2}-50=1\,910\text{(mm)}$

6 号钢筋长度：$l_6=200\times\sqrt{(13+1)^2-(2\times6)^2}-50=1\,392\text{(mm)}$

材料表中的表达格式为：画两个直径式样，其中一根写上 0 号钢筋，长度为 2 750mm，根数为一根；另一根写上长度为 1 392~2 721mm，根数为 $2\times6=12$ 根。0 号钢筋为 1 个编号；1~6 号钢筋合编为一个编写就可以了。

【例 32-5】 有一钢筋混凝土图形切块板，直径为 2 250mm，钢筋布置如图 32-5 所示。已知图中 6 根缩尺钢筋长度写为 450~2 100mm。规定钢筋两端保护层共为 50mm。用计算法求各钢筋的长度。

解： 按保护层规定看，最短的一根弦长 l_1 处为 500mm；最长的一根 l_6 处为 2 150mm。

按式(32-26)求弦心距 h_1 和 h_6 为：

$$h_1=\sqrt{D^2-l_1^2}\div2=\sqrt{2\,250^2-500^2}\div2=1\,097\text{(mm)}$$

$$h_1=\sqrt{2\,250^2-2\,150^2}\div2=332\text{(mm)}$$

求钢筋间距 a，按式(32-27)得：

$$a=(h_1-h_n)\div(n-1)=(1\,097-332)\div(6-1)=153(\text{mm})$$

求 h_2、h_3、h_4、h_5 弦心距按式(32-28)得:

$$h_2=h_1-a=1\,079-153=944(\text{mm});h_3=h_2-a=944-153=791(\text{mm})$$

$$h_4=h_3-a=791-153=638(\text{mm});h_5=h_4-a=638-153=485(\text{mm})$$

因此,按式(32-29)并减去保护层得各根钢筋的长度为:

$$l_1=\sqrt{D^2-4\times h_1^2}-50=\sqrt{2\,250^2-4\times1\,097^2}-50=\sqrt{5\,062\,500-4\,813\,636}-50$$
$$=448.86=450(\text{mm})$$

$$l_2=\sqrt{2\,250^2-4\times944^2}-50=1\,174(\text{mm})$$

$$l_3=\sqrt{2\,250^2-4\times791^2}-50=1\,550(\text{mm})$$

$$l_4=\sqrt{2\,250^2-4\times638^2}-50=1\,803(\text{mm})$$

$$l_5=\sqrt{2\,250^2-4\times485^2}-50=1\,980(\text{mm})$$

$$l_6=\sqrt{2\,250^2-4\times332^2}-50=2\,100(\text{mm})$$

计算结果,可知这 6 根钢筋的长度分别为:450mm、1 174mm、1 550mm、1 803mm、1 980mm和2 100mm。

【例 32-6】 [2] 某钢筋混凝土圆形切块板,直径为 2.50m 钢筋布置如图 32-6 所示,两端保护层厚度共为50mm,试用计算法求每根钢筋的长度,并拟定表达格式。

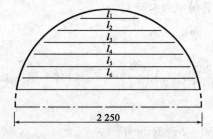

图 32-5　圆形切块板钢筋布置

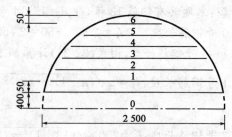

图 32-6　圆形切块板钢筋布置

解: 每根钢筋之间的间距由图 32-5 计算。

按式(32-18)得:

$$a=\frac{s}{n-1}=\frac{\left(\dfrac{2\,500}{2}-50-50-400\right)}{6-1}=150(\text{mm})$$

故 h_1、h_2、h_3、$\cdots$、h_6 分别为 450、600、750、900、1 050、1 200,代入式(32-29)得各根钢筋的长度为:

$$l_1=\sqrt{D^2-4\times h_1^2}-50=\sqrt{2\,500^2-4\times450^2}-50=2\,282(\text{mm})$$

$$l_2=\sqrt{2\,500^2-4\times600^2}-50=2\,143(\text{mm})$$

$$l_3=\sqrt{2\,500^2-4\times750^2}-50=1\,950(\text{mm})$$

$$l_4=\sqrt{2\,500^2-4\times900^2}-50=1\,685(\text{mm})$$

$$l_5=\sqrt{2\,500^2-4\times1\,050^2}-50=1\,306(\text{mm})$$

$$l_6=\sqrt{2\,500^2-4\times1\,200^2}-50=650(\text{mm})$$

材料表中的表达格式:画一个直径式样,写上长度650~2 282mm,根数为 6 根。

【例 32-7】 图 32-7 的圆直径 $D=1\,180mm$，钢筋两端保护层共 50mm。用计算法求各钢筋的长度。

解：图 32-7 中配有 6 根钢筋，共 5 个间距，配件范围长度为：

$$400+450-50-60=740(mm)$$

每个间距 $a=740\div5=148(mm)$

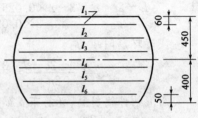

图 32-7　圆形切块缩尺配筋图

(1)圆心至各钢筋的垂直距离为：

$$l_1：h_1=450-60=390(mm)$$
$$l_2：h_2=390-148=242(mm)$$
$$l_3：h_3=242-148=94(mm)$$
$$l_4：h_4=148-94=54(mm)$$
$$l_5：h_5=54+148=202(mm)$$
$$l_6：h_6=400-50=350(mm)$$

(2)按式(32-29)并扣除钢筋的保护层得各钢筋的长度如下：

$$l_1=\sqrt{D^2-4\times h_1^2}-50=\sqrt{1\,180^2-4\times390^2}-50=835(mm)$$
$$l_2=\sqrt{1\,180^2-4\times242^2}-50=1\,026(mm)$$
$$l_3=\sqrt{1\,180^2-4\times94^2}-50=1\,115(mm)$$
$$l_4=\sqrt{1\,180^2-4\times54^2}-50=1\,125(mm)$$
$$l_5=\sqrt{1\,180^2-4\times202^2}-50=1\,059(mm)$$
$$l_6=\sqrt{1\,180^2-4\times350^2}-50=900(mm)$$

【例 32-8】 [2]已知某圆形构件的直径 $D=3m$，辐射筋最大间距 $a_1=200mm$，环筋的间距 $a_2=250mm$，钢筋直径 $d=160mm$，保护层厚度 $c=25mm$，试计算辐射筋和环筋的根数，并进行布置。

解：式(32-30)和式(32-31)得：

$$L=\pi(D-2c)=3.141\,6(3-2\times0.25)=9.27(m)$$
$$L_1=2\pi a_2=2\times3.141\,6\times0.25=1.57(m)$$

则辐射筋根数为：

$$N=\frac{L}{a_1}=\frac{9.27}{0.2}=46.4根，用 48 根。$$

设用 12 根辐射筋伸入内圈第一道环筋上，则：

$$a=\frac{L_1}{N}=\frac{1\,570}{12}=130(mm)>70mm$$

用 24 根辐射筋伸入内圈第二道环筋上，则：

$$a=\frac{2\times1\,570}{24}=131(mm)>70mm$$

48 根辐射筋伸入内圈第三道环筋上，则：

$$a=\frac{3\times1\,570}{48}=98(mm)>70mm$$

环筋需要数量按式(32-32)得：

$$n=\frac{D-2c-d}{2a_2}=\frac{3-2\times0.025-0.016}{2\times0.025}=5.87 \text{ 根，用 6 根。}$$

实际环筋间距为：

$$a_2'=\frac{D-2c-d}{2n'}=\frac{3-2\times0.025-0.016}{2\times6}=0.245(\text{m})=245(\text{mm})$$

圆形构件辐射筋、环筋布置如图 32-8 所示。

【例 32-9】 [2] 某筒仓内钢筋混凝土斜板的投影形状为椭圆形，钢筋沿椭圆长短轴等间距布置如图 32-9 所示，两端保护层厚度共 50mm，试求斜板长短轴每根钢筋的长度，并拟定表达格式。

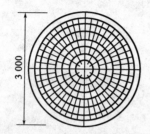

图 32-8　圆形构件辐射筋、环筋布置(尺寸单位:mm)

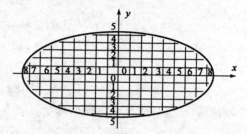

图 32-9　椭圆形斜板钢筋布置

解： 由题意知 $a=\dfrac{3\,600}{2}=1\,800(\text{mm})$，$b=\dfrac{2\,400}{2}=1\,200(\text{mm})$

在 x 轴方向，0 号钢筋长度为：

$$l_{x0}=2a-50=2\times1\,800-50=3\,550(\text{mm})$$

1～5 号钢筋长度，按式(32-35)得：

1 号钢筋长度为：

$$l_{x1}=2a\sqrt{1-\left(\frac{y_1}{b}\right)^2}-50=2\times1\,800\sqrt{1-\left(\frac{200}{1\,200}\right)^2}-50=3\,500(\text{mm})$$

2 号钢筋长度为：

$$l_{x2}=2a\sqrt{1-\left(\frac{y_2}{b}\right)^2}-50=2\times1\,800\sqrt{1-\left(\frac{400}{1\,200}\right)^2}-50=3\,345(\text{mm})$$

3 号钢筋长度为：

$$l_{x3}=2a\sqrt{1-\left(\frac{y_3}{b}\right)^2}-50=2\times1\,800\sqrt{1-\left(\frac{600}{1\,200}\right)^2}-50=3\,068(\text{mm})$$

4 号钢筋长度为：

$$l_{x4}=2a\sqrt{1-\left(\frac{y_4}{b}\right)^2}-50=2\times1\,800\sqrt{1-\left(\frac{800}{1\,200}\right)^2}-50=2\,633(\text{mm})$$

5 号钢筋长度为：

$$l_{x5}=2a\sqrt{1-\left(\frac{y_5}{b}\right)^2}-50=2\times1\,800\sqrt{1-\left(\frac{1\,000}{1\,200}\right)^2}-50=1\,980(\text{mm})$$

在 y 轴方向 0 号钢筋长度为：

$$l_{y0}=2b-50=2\times1\,200-50=2\,335(\text{mm})$$

1～8 号钢筋长度按式(32-36)得。

1 号钢筋长度为：

476

$$l_{y1} = 2b\sqrt{1-\left(\frac{x_1}{a}\right)^2} - 50 = 2\times 1\,200\sqrt{1-\left(\frac{200}{1\,800}\right)^2} - 50 = 2\,335\,(\text{mm})$$

2号钢筋长度为：

$$l_{y2} = 2b\sqrt{1-\left(\frac{x_2}{a}\right)^2} - 50 = 2\times 1\,200\sqrt{1-\left(\frac{400}{1\,800}\right)^2} - 50 = 2\,290\,(\text{mm})$$

3号钢筋长度为：

$$l_{y3} = 2b\sqrt{1-\left(\frac{x_3}{a}\right)^2} - 50 = 2\times 1\,200\sqrt{1-\left(\frac{600}{1\,800}\right)^2} - 50 = 2\,213\,(\text{mm})$$

4号钢筋长度为：

$$l_{y4} = 2b\sqrt{1-\left(\frac{x_4}{a}\right)^2} - 50 = 2\times 1\,200\sqrt{1-\left(\frac{800}{1\,800}\right)^2} - 50 = 2\,100\,(\text{mm})$$

5号钢筋长度为：

$$l_{y5} = 2b\sqrt{1-\left(\frac{x_5}{a}\right)^2} - 50 = 2\times 1\,200\sqrt{1-\left(\frac{1\,000}{1\,800}\right)^2} - 50 = 1\,946\,(\text{mm})$$

6号钢筋长度为：

$$l_{y6} = 2b\sqrt{1-\left(\frac{x_6}{a}\right)^2} - 50 = 2\times 1\,200\sqrt{1-\left(\frac{1\,200}{1\,800}\right)^2} - 50 = 1\,739\,(\text{mm})$$

7号钢筋长度为：

$$l_{y7} = 2b\sqrt{1-\left(\frac{x_7}{a}\right)^2} - 50 = 2\times 1\,200\sqrt{1-\left(\frac{1\,400}{1\,800}\right)^2} - 50 = 1\,458\,(\text{mm})$$

8号钢筋长度为：

$$l_{y8} = 2b\sqrt{1-\left(\frac{x_8}{a}\right)^2} - 50 = 2\times 1\,200\sqrt{1-\left(\frac{1\,600}{1\,800}\right)^2} - 50 = 1\,150\,(\text{mm})$$

材料表中的表达格式：在平行 x 轴方向，画两个直径样式，其中一个写上长度 3 550mm，根数为 1 根；另一个写上长度 1 980～3 500mm，根数为 2×5。0 号钢筋为一个编号；1～5 号钢筋合编为一个编号，再用同样格式表达平行 y 轴方向钢筋格式（略）。

第三节　特殊形状钢筋下料长度计算

一、曲线钢筋下料长度计算（表 32-10）

曲线钢筋下料长度计算　　　　　　　　　表 32-10

项目	计算方法及公式	符号意义及图示
曲线钢筋下料长度计算	1. 曲线钢筋下料长度计算 　　其长度是采用分段按直线计算的。计算时按曲线方程 $y=f(x)$，沿水平方向分段（分段越细其结果越精确）每段长度 $l=x_i-x_{i-1}$，一般取 300～500mm，然后求已知 x 值时的相应 $y(y_i,y_{i-1})$ 值，再按勾股弦定理求各段的斜长（及直角三角形斜边）如右图 A 所示。最后将斜长（直线段）按下式叠加，即得曲线钢筋的总长（近似值）L，按式计算： 　　$L=2\sum\limits_{i=1}^{n}\sqrt{(y_i-y_{i-1})^2+(x_i-x_{i-1})^2}$　(32-39)	 <div align="center">图 A　曲线钢筋下料长度计算简图</div>

项目	计算方法及公式	符号意义及图示
抛物线钢筋长度	2.抛物线钢筋的长度计算 当构件一边为抛物线时,如右图 B 所示,抛物线钢筋的长度 L,可按下式计算: $$L=\left(1+\frac{8h^2}{3l_1^2}\right)l_1 \qquad (32\text{-}40)$$	L——曲线钢筋长度(mm); x_i、y_i——曲线钢筋上任一点在 x、y 轴上的投影距离(mm); l——水平方向每段长度(mm);
箍筋高度计算	3.箍筋高度计算 根据曲线方程,以箍筋间距确定 x_i 值,可求得 y_i 值(图 A),然后利用 x_i、y_i 值和施工图上有关尺寸,即可计算出该处的构件高度 $h_i=H-y_i$,再扣去上下层混凝土保护层,即得各段箍筋高度	 图 B 抛物线钢筋下料长度计算简图 H——曲线构件高度(mm); h——抛物线的矢高(mm); l_1——抛物线的水平投影长度(mm)

二、螺旋箍筋下料长度计算(表 32-11)

螺旋箍筋下料长度计算

表 32-11

项目	计算方法及公式	符号意义及图示
螺旋箍筋精确计算	1.螺旋箍筋精确计算 在圆柱形构件(如圆形柱、管柱、灌注桩等)中,螺旋箍筋沿主筋圆周表面缠绕,如右图 C 所示,则每米钢筋骨架长的螺旋箍筋长度,可按下式计算: $$l=\frac{2\,000\pi a}{p}\left[1-\frac{e^2}{4}-\frac{3}{64}(e^2)^2-\frac{5}{256}(e^2)^3\right] \qquad (32\text{-}41)$$ $$a=\frac{\sqrt{p^2+4D}}{4} \qquad (32\text{-}42)$$ $$e^2=\frac{4a^2-D^2}{4a^2} \qquad (32\text{-}43)$$ 式(32-41)中括号内末项数值甚微,一般可略去,即 $$l=\frac{2\,000\pi a}{p}\left[1-\frac{e^2}{4}-\frac{3}{64}(e^2)^2\right] \qquad (32\text{-}44)$$	l——每 1m 钢筋骨架长的螺旋箍筋长度(mm); p——螺距(mm); π——圆周率,取 3.141 6; D——螺旋线的缠绕直径(mm);采用箍筋的中心距,即主筋外皮距离加上箍筋直径。 图 C 螺旋箍筋下料长度计算简图 d——螺旋箍筋的直径(mm); L——螺旋箍筋的长度(mm); H——螺旋线起点至终点的垂直高度(mm); n——螺旋线的缠绕圈数; 其他符号意义同前。
螺旋箍筋简易计算	2.螺旋箍筋简易计算 (1)螺旋箍筋长度亦可按以下简化公式计算: $$l=\frac{1\,000}{p}\sqrt{(\pi D)^2+p^2}+\frac{\pi d}{2} \qquad (32\text{-}45)$$ (2)对于箍筋间距要求不大严格的构件,或当 p 与 D 的比值较小$\left(\frac{p}{D}<0.5\right)$,螺旋箍筋长度也可以用机械零件设计中计算弹簧长度的近似公式按下式计算: $$l=n\sqrt{p^2+(\pi D)^2} \qquad (32\text{-}46)$$ (3)螺旋箍筋的长度亦可用类似缠绕三角形纸带方法根据勾股弦定理,按下式计算(右图 D): $$L=\sqrt{H^2+(\pi Dn)^2} \qquad (32\text{-}47)$$	 图 D 螺旋箍筋计算简图 a)三角形纸带;b)纸带缠绕圆柱体

【例 32-10】 某钢筋混凝土鱼腹式吊车梁尺寸及配筋如图 32-10 所示。已知下缘曲线方程为 $y=0.000\,1x^2$，试求曲线钢筋长度及箍筋的高度。

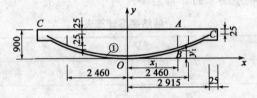

图 32-10　鱼腹式吊车梁尺寸及配筋

解: (1)曲线钢筋长度计算

取钢筋的保护层为 25mm，则钢筋的曲线方程为：$y=0.000\,1x^2+25$

钢筋末端 c 点处的 y 值为 $900-25=875$mm，故相应的 x 值为：

$$x=\sqrt{\frac{y-25}{0.000\,1}}=\sqrt{8\,500\,000}=2\,915(\text{mm})$$

曲线钢筋按水平方向每 300mm 分段，现以半根钢筋长度进行计算的结果列于表 32-12 中，所分第一段始端的 $y=25$ 未在表中示出，而 y_i-y_{i-1} 栏中的 y_{i-1} 值是取 25 的。

钢筋长度计算表(mm)　　　　　　　　表 32-12

终　序	终端 x	终端 y	$l=x_i-x_{i-1}$	y_i-y_{i-1}	段长
1	300	34	300	9	300.1
2	600	61	300	27	301.2
3	900	106	300	45	303.4
4	1 200	169	300	63	306.5
5	1 500	250	300	81	310.7
6	1 800	349	300	99	315.9
7	2 100	466	300	117	322
8	2 400	601	300	135	329
9	2 700	754	300	153	336.8
10	2 915	875	215	121	246.7

则曲线钢筋的总长按式(32-39)

$$L=2\sum_{i=1}^{n}\sqrt{(y_i-y_{i-1})^2+(x_i-x_{i-1})^2}$$
$$=2\times(300.1+301.2+303.4+306.5+310.7+315.9+322.0+329.0+336.8+246.7)$$
$$=2\times3\,072.3\approx6\,145(\text{mm})$$

(2)箍筋高度计算

由式(32-18)得出梁半跨的箍筋根数为：

$$n=\frac{s}{a}+1=\frac{2\,460}{200}+1=13.3 \quad\quad 用 14 根$$

设箍筋的上、下保护层均为 25mm，则根据箍筋所在位置的 x 值可算出相应的 y 值，如图中 AB 箍筋有相应的 x_1、y_1 值，则：

箍筋的高度：$h_i\approx H-y_i-50=900-y_i-50$

各箍筋的实际间距：$\dfrac{2\,460}{14-1}=189\text{(mm)}$

从跨中起向左或右顺序编号的各箍筋高度列于表 32-13。

箍筋高度计算表　　　　　　　　表 32-13

编　号	x	y	高度(mm)
1	0	0	850
2	189	4	846
3	378	14	836
4	567	32	818
5	756	57	793
6	945	89	761
7	1 134	129	721
8	1 323	175	675
9	1 512	229	621
10	1 701	289	561
11	1 890	357	493
12	2 079	432	418
13	2 268	514	336
14	2 460	605	245

注：本例摘自本书参考文献[2]。

【例 32-11】 某钢筋混凝土圆截面柱，采用螺旋形钢筋，已知钢筋骨架沿直径方向的主筋外皮距离为 300mm，钢筋直径 $d=10$mm，箍筋螺距 $p=100$mm，试求每 1m 钢筋骨架长度螺旋箍筋的下料长度。

解： $D=300+10=310\text{(mm)}$，由式(32-42)和式(32-43)得：

$$a=\frac{\sqrt{p^2+4D^2}}{4}=\frac{\sqrt{100^2+4\times310^2}}{4}=157\text{(mm)}$$

$$e^2=\frac{4a^2-D^2}{4a^2}=\frac{4\times157^2-310^2}{4\times157^2}=0.025\,3$$

按精确公式(32-44)计算得：

$$l=\frac{2\,000\pi a}{p}\left[1-\frac{e^2}{4}-\frac{3}{64}(e^2)^2\right]$$

$$=\frac{2\,000\times3.141\,6\times157}{100}\left[1-\frac{0.025\,3}{4}-\frac{3}{64}(0.025\,3^2)^2\right]=9\,802\text{(mm)}$$

按简式(32-45)计算得：

$$l=\frac{1\,000}{p}\sqrt{(\pi D)^2+p^2}+\frac{\pi d}{2}=\frac{1\,000}{100}\sqrt{(3.141\,6\times310)^2+100^2}+\frac{3.141\,6\times10}{2}=9\,806\text{(mm)}$$

按简式(32-46)计算得：

$$l=n\sqrt{p^2+(\pi D)^2}=\frac{1\,000}{100}\sqrt{100^2+(3.141\,6\times310)^2}=9\,790\text{(mm)}$$

按简式(32-47)计算得：

$$l=\sqrt{H^2+(\pi Dn)^2}=\sqrt{1\ 000^2+\left(3.141\ 6\times310\times\frac{1\ 000}{100}\right)^2}=9\ 790(\text{mm})$$

式(32-44)～式(32-47)计算结果虽有些误差，但相差不大。比较后，可知式(32-44)与式(32-45)计算结果相接近，而式(32-46)与式(32-47)计算的结果完全相同。

第四节　钢筋锚固长度计算

钢筋锚固长度计算见表 32-14。

钢筋锚固长度计算　　　　　　　　　　　　　　　　　　　　表 32-14

项目	计算方法及公式	符 号 意 义
钢筋锚固长度计算	钢筋锚固长度与钢筋强度、混凝土抗拉强度及钢筋的外形有关。当计算时考虑充分利用钢筋的抗拉强度时，则受拉钢筋的锚固长度按下式计算： $$l_a=a\frac{f_y}{f_t}d \qquad (32\text{-}48)$$ 说明： 上式使用时，尚应将计算所得的基本锚固长度按以下锚固条件进行修正： (1)当 HRB335、HRB400 和 RRB400 级钢筋直径大于 25mm 时，其锚固长度应乘以修正系数 1.1。 (2)当钢筋在混凝土施工过程中易受扰动(如滑膜施工)时，其锚固长应乘以修正系数 1.1。 (3)当 HRB335、HRB400 和 RRB400 级钢筋在锚固区的混凝土保护层厚度大于钢筋直径的 3 倍且配有箍筋时，其锚固长度可乘以修正系数 0.8。 在任何情况下，受拉钢筋的搭接长度不应小于 250mm；纵向受压钢筋搭接时，其最小搭接长度不应小于按以上计算、修正的受拉锚固长度的 0.7 倍	l_a——受拉钢筋的锚固长度(mm)； f_t——混凝土轴心抗拉强度设计值(MPa)；当混凝土强度等级高于 C40 时，按 C40 取值； f_y——普通钢筋的抗拉强度设计值(MPa)； d——钢筋的公称直径(mm)； α——钢筋的外形系数，光圆钢筋为 0.16，带肋钢筋为 0.14，刻痕钢丝为 0.19，螺旋肋钢丝为 0.13

【例 32-12】　某箱形基础底板纵向受拉钢筋采用 HRB335 级 ϕ28mm 钢筋，钢筋抗拉强度设计值 $f_y=300$MPa，底板混凝土采用 C20 级，轴心抗拉强度设计值 $f_t=1.10$MPa，试求所需锚固长度。

解：取：$\alpha=0.14$，按式(32-48)得：

$$l_a=a\frac{f_y}{f_t}d=0.14\times\frac{300}{1.10}\times d=38.2d$$

由于钢筋直径大于 25mm 应乘以修正系数 1.1：

$$l_a=38.2d\times1.1=42d \qquad 用\ 45d$$

计算后知，纵向受拉钢筋锚固长度为 45d。

第五节　钢筋绑扎接头搭接长度计算

钢筋绑扎接头搭接长度计算见表 32-15。

项目	计算方法及公式	符号意义
钢筋绑扎接头搭接长度计算	纵向受拉钢筋绑扎搭接接头的搭接长度应根据位于同一连接区段内的钢筋搭接接头面积百分率下式计算： $$l_1 = \xi \cdot l_a \qquad (32\text{-}49)$$ 在任何情况下，纵向受拉钢筋绑扎搭接接头的搭接长度均不应小于 300mm。 构件中的纵向受压钢筋，当采用搭接连接时，其受压搭接长度不应小于纵向受拉钢筋搭接长度的 0.7 倍，且在任何情况下不应小于 200mm	l_1——纵向受拉钢筋的搭接长度(mm)； l_a——纵向受拉钢筋的锚固长度(mm)，按式(32-48)计算修正后确定； ξ——纵向受拉钢筋搭接长度修正系数；当纵向钢筋搭接接头面积百分率≤25%时，$\xi=1.2$；50%时，$\xi=1.4$；100%时，$\xi=1.6$
	说明： 在梁、柱类构件的纵向受力钢筋搭接长度范围内，应按设计要求配置箍筋，当设计无要求时，应符合下列规定： (1)箍筋直径不应小于搭接钢筋较大直径的 0.25 倍； (2)受拉搭接区段的箍筋间距不应大于搭接钢筋较小直径的 5 倍，且不应大于 100mm； (3)受压搭接区段箍筋的间距不应大于搭接钢筋较小直径的 10 倍，且不应大于 200mm； (4)当柱中纵向受力钢筋直径大于 25mm 时，应在搭接接头两个端面外 100mm 范围内各设置两个箍筋，其间距宜为 50mm	

【例 32-13】 条件同【例 32-12】，纵向钢筋接头面积百分率为 25%，试求纵向受拉钢筋绑扎接头的搭接长度。

解： 由【例 32-12】已知纵向受拉钢筋经计算并修正的锚固长度 $l_a = 42d$，取 $\xi = 1.2$，由式(32-49)得：

$$l_1 = \xi l_a = 1.2 \times 42d = 50.4d \ \text{取} \ 50d$$

计算后知，纵向受拉钢筋绑扎接头的搭接长度为 50d。

第六节　钢筋焊接接头搭接长度计算

一、钢筋焊接搭接的机理与要求

对于用电弧焊焊接的钢筋接头，为使两段钢筋接长能实施焊接，就必须留有一定的搭接长度，以便能在上面填布焊缝。同时，焊缝的抗力必须大于钢筋的抗力，才能保证钢筋受力至承载能力的极限状态时(即受力至被拉断时)，焊缝仍保持完整可靠。因此，应通过必要的钢筋搭接长度来使焊缝达到要求的长度，以保证焊缝具有足够的抗力。

二、钢筋焊接搭接长度计算(表 32-16)

钢筋焊接搭接长度计算　　　　　　　表 32-16

项目	计算方法及公式	符号意义
钢筋焊接搭接长度计算	一根钢筋的抗力一般可按下式计算： $$R_s = \frac{\pi d^2}{4} f_y \qquad (32\text{-}50)$$ 钢筋接头焊缝的抗力按下式计算： $$R_f = h l f_t \qquad (32\text{-}51)$$ 为保证焊缝具有足够的抗力，应使 $R_f > R_s$，即： $$0.3dl f_t > \frac{\pi d^2}{4} f_y$$	R_s——钢筋的抗力(N)； d——钢筋直径(mm)； f_y——钢筋抗拉强度设计值(MPa)； R_f——钢筋接头焊缝的抗力(N)； h——焊缝厚度(mm)，约按 $0.3d$ 取用； d——钢筋直径(mm)； l——钢筋搭接焊缝长度(mm)

项目	计算方法及公式	符号意义
钢筋焊接搭接长度计算	$$l > \frac{2.62df_y}{f_t} \qquad (32\text{-}52)$$ 当用于 HPB235 级钢筋，$f_y = 210\text{MPa}$，则： $$l > \frac{2.62 \times 210}{160}d \approx 3.5d$$ 当用于 HRB335 级钢筋，$f_y = 300\text{MPa}$，则： $$l > \frac{2.62 \times 300}{200}d \approx 4.0d$$ 当用于 HRB400 级钢筋，$f_y = 360\text{MPa}$，则： $$l > \frac{2.62 \times 360}{200}d = 4.72d \quad 用\ 5d$$	f_t——焊缝抗剪强度设计值(MPa)，采用 E43 型焊条(对 HPB235 级钢筋)时取 160MPa；采用 E50 型焊条(对 HRB335 级和 HRB400 级钢筋)时取 200MPa

如用双面焊焊接，则对 HPB235 级钢筋取 $l > 1.8d$；对 HRB335 级钢筋和 HRB400 级钢筋，则分别取 $l > 2.0d$ 和 $l > 2.4d$。

以上为理论上的粗略计算。实际上，由于操作因素（如操作不熟练，焊接参数选择不当，或焊接时为了改善钢筋搭接根部的热影响，需要局部减薄焊缝等）以及钢筋受力条件的差异，钢筋焊接长度还应根据具体情况乘以安全系数 2.0～2.5，可按规范的规定取用（表 32-17）

钢筋焊接接头的搭接长度规定　　　　　　　　　　　　　　表 32-17

钢筋级别	焊缝形式	搭接长度
HPB235 级	单面焊 双面焊	$\geqslant 8d$ $\geqslant 4d$
HRB335 级、HRB400 级	单面焊 双面焊	$\geqslant 10d$ $\geqslant 5d$

第七节　钢筋吊环计算

在起吊、运输、安装预制构件以及施工设备绳索锚定中，常要在构件的主筋上配置钢筋吊环，有些构件设计时就已配设吊环，但有的构件则是施工单位根据需要设置的，虽属临时辅助使用性质，但必须要做到安全可靠。

一、设计计算原则

吊环设置均应通过计算，并应遵循以下原则：

(1)吊环应采用 HPB235 级钢筋制作，严禁使用冷加工钢筋，以防脆断。

(2)作吊环计算采用容许应用值，在构件自重标准值作用下，吊环的拉应力不应大于 50MPa(起吊时的动力系数已考虑在内)。

(3)每个吊环按两个截面计算，当在一个构件上设有四个吊环，计算时仅考虑三个吊环同时发挥作用。

(4)吊环应尽可能对构件重心对称布置，使受力均匀。

(5)绑扎吊环应保证埋入构件深度不小于 $30d$（d 为吊环直径）；焊接吊环焊于主筋上，每肢有效焊缝长度不少于 $5d$。

二、吊环计算（表 32-18）

吊　环　计　算　　　　　　　　　　　　表 32-18

项目	计算方法及公式	符号意义
吊环计算	吊环的应力可按下式计算：$$\sigma=\frac{9\,807G}{nA}\leqslant[\sigma] \qquad (32\text{-}53)$$ 一个吊环可起吊的种类可按下式计算：$$G_0=2[\sigma]\frac{\pi}{4}d^2\frac{1}{9.807}=8.01d^2 \qquad (32\text{-}54)$$ 除个别小型块状构件外，多数构件是用两个或四个吊环，且为对称布置，在此情况下应考虑吊绳斜角的影响，则吊环可起吊的种类按下式计算：$$G_0=8.01d^2\sin\alpha \qquad (32\text{-}55)$$ 由式(32-54)算出吊环直径与构件质量的关系列于表 32-19 中，可供选用	σ——吊环拉应力(MPa)； n——吊环的截面个数，一个吊环时为 2；二个吊环时为 4；四个吊环时为 6； A——一个吊环的钢筋截面面积(mm²)； G——构件的质量(t)； 9 807——t(吨)换算成 N(牛顿)； $[\sigma]$——吊环的允许拉应力，一般取不大于 50MPa (已考虑超载系数、吸附系数、动力系数、钢筋弯折引起的应力集中系数、钢筋角度影响系数等)； G_0——一个吊环起吊的质量(kg)； d——吊环直径(mm)； $[\sigma]$——吊环的允许拉应力，取 50MPa； α——吊绳起吊斜角(°)

吊环规格及可吊构件质量选用表　　　　　　　　表 32-19

吊环直径 d (mm)	可吊构件质量（t）							吊环露出混凝土面高度 (mm)
	吊绳垂直			吊绳斜角 45°		吊绳斜角 60°		
	一个吊环	两个吊环	四个吊环	两个吊环	四个吊环	两个吊环	四个吊环	
6	0.29	0.58	0.87	0.41	0.61	0.5	0.75	50
8	0.51	1.02	1.53	0.72	1.09	0.88	1.33	50
10	0.8	1.6	2.41	1.13	1.7	1.38	2.08	50
12	1.15	2.31	3.46	1.62	2.45	1.98	3	60
14	1.57	3.14	4.71	2.21	3.33	2.7	4.08	60
16	2.05	4.1	6.15	2.88	4.35	3.53	5.3	70
18	2.6	5.19	7.8	3.65	5.5	4.45	6.73	70
20	3.2	6.41	9.61	4.5	6.8	5.5	8.3	80
22	3.88	7.76	11.63	5.45	8.23	6.65	10.1	90
25	5	10.02	15.04	7.03	10.6	8.6	13	100
28	6.28	12.56	18.84	8.83	13.3	10.8	16.3	110

【例 32-14】　某钢筋混凝土吊车梁重 4t，拟采用两个吊环起吊，试计算选用吊环截面。

解：由式(32-53)得：

$$A_s=\frac{9\,807G}{[\sigma]n}=\frac{9\,807\times4}{50\times4}=196.14(\text{mm}^2)$$

选用 $\phi16$mm 吊环，$A=201.1>196.14$mm²，可以。

【例 32-15】　条件同【例 32-14】，吊绳起吊斜角为 45°，试考虑吊绳斜角起吊的影响选用吊环的直径。

解：需用吊环直径按式(32-55)得：

$$d=\sqrt{\frac{G_0}{8.01\sin\alpha}}=\sqrt{\frac{4\ 000}{2\times8.01\times\sin45°}}=18.79\,(\text{mm})$$

选用 $\phi18$mm 吊环。

或查表 32-19 选用吊环直径为 20mm,当吊绳斜角为 45°时,两个吊环可起吊构件质量为 4.5t 大于 4t,可以满足起吊要求。

第八节 钢筋冷拉施工计算

一、钢筋冷拉力和伸长值计算(表 32-20)

钢筋冷拉力和伸长值计算

表 32-20

项目	计算方法及公式	符 号 意 义
钢筋冷拉力和伸长值计算	钢筋的冷拉方法,按施工规范可采用控制应力和控制冷拉率两种方法。 1. 钢筋冷拉力计算 钢筋冷拉采用控制应力法时,其冷拉力可按式(32-56)计算: <div align="center">$N=\sigma_{con}A_s$ (32-56)</div> 控制应力法是以冷拉应力为主,并应检查钢筋的冷拉率是否超过表规定的最大冷拉率。如钢筋已达到规定的控制应力,而冷拉率未超过表 32-21 规定最大冷拉率,则认为合格;若钢筋已达到规定的冷拉控制应力时,冷拉率已超过其规定最大冷拉率,则认为不合格。 2. 钢筋伸长值计算 钢筋冷拉采用控制冷拉率法时,其冷拉伸长值,可按下式计算: <div align="center">$\Delta L=rL$ (32-57)</div>	N——钢筋冷拉力(N); σ_{con}——钢筋冷拉的控制应力(MPa),按表 32-21 规定采用; A_s——钢筋冷拉前的截面面积(mm²); ΔL——钢筋冷拉伸长值(mm); r——钢筋的冷拉率(%); L——钢筋冷拉前的长度(mm)

说明:
冷拉率必须由试验确定。测定同炉批钢筋冷拉率的冷拉应力应符合表 32-21 的规定,其试样不少于 4 个,并取其平均值作为该批钢筋实际采用的冷拉率。冷拉多根连接的钢筋,冷拉率可按总长计,但冷拉后每根钢筋的冷拉率仍应符合表 32-21 的规定。冷拉后的实际伸长值,不应扣除弹性回缩值。

对普通钢筋多采用单控法,仅控制冷拉率;对预应力钢筋及分不清炉批的热轧钢筋,应采用双控法,既控制冷拉率,又控制冷拉应力

钢筋冷拉的直径范围及冷拉参数

表 32-21

项次	钢筋级别	直径范围 (mm)	冷拉应力(MPa)		最大冷拉率 (%)
			用以冷拉控制应力时	用以测定冷拉率时	
1	HPB235 级钢筋	6～12	280	310	10.0
2	HRB335 级钢筋	≤25	450	480	5.5
		28～40	430	460	5.5
3	HRB400 级钢筋	8～40	500	530	5.0
4	HRB500 级钢筋	10～28	700	730	4.0

注:1. 表中 IV 级盘圆钢筋的冷拉率,已包括调整冷拉率 1%在内。

2. 成束钢筋冷拉时,各根钢筋下料长度的长短差不得超过构件长度的 0.1%,并不得大于 20mm。

3. II 级钢筋直径大于 25mm 时,冷拉控制应力降为 430MPa,测冷拉率时降为 460MPa。

4. 采用控制冷拉率方法冷拉钢筋时,冷拉率必须由试验确定。

【例 32-16】 冷拉 $\phi22$mm 钢筋,长 14.5m,采用控制应力和冷拉率的双控冷拉工艺,试求冷拉力及伸长值。

解:已知 $\phi20$mm 钢筋的截面面积 $A_s=314.2$mm^2,由表 32-21 查得 $\sigma_{con}=450$MPa

由式(32-56)钢筋冷拉力为:

$$N=\sigma_{con}A_s=450\times314.2=14.14\times10^4(N)$$

由表 32-21 查得最大冷拉率为 5.5,由式(32-57)允许最大伸长值为:

$$\Delta L=rL=\frac{5.5}{100}\times14\,500=797.5(mm)$$

二、钢筋冷拉率和弹性回缩率计算(表 32-22)

钢筋冷拉率和弹性回缩率计算　　　　　　　表 32-22

项目	计算方法及公式	符 号 意 义
钢筋冷拉率和弹性回缩率	1.钢筋冷拉率计算 钢筋冷拉后,冷拉率 $r\%$,按下式计算: $$r=\frac{L_1-L}{L}\quad(32\text{-}58)$$ 2.钢筋回缩率计算 钢筋冷拉后产生一定弹性回缩,其弹性回缩率 $r_1(\%)$按下式计算: $$r_1=\frac{L_1-L_2}{L_1}\quad(32\text{-}59)$$	L——钢筋或试件冷拉前量得的长度(mm); L_1——钢筋或试件在控制冷拉力下冷拉后量得的长度(mm); L_2——钢筋冷拉完毕放松、弹性回缩后量得的长度(mm); 其他符号意义同前

三、钢筋冷拉设备选用计算(表 32-23)

钢筋冷拉设备选用计算　　　　　　　表 32-23

项目	计算方法及公式	符 号 意 义
钢筋冷拉设备选用计算	钢筋冷拉设备多采用卷扬机,需用卷扬机的拉力 Q(kN)按下式计算(图 A): $$Q=Tm\eta-R\quad(32\text{-}60)$$ 图 A　冷拉设备受力计算简图 1-卷扬机;2-滑轮组;3-电子秤传感器 设备拉力,为安全可靠,一般取钢筋冷拉力的 1.2~1.5倍	Q——卷扬机(设备)的拉力(kN); T——卷扬机的牵引力(kN); m——滑轮组的工作线数(mm); η——滑轮组总效率,由表 32-24 查得; R——设备阻力(kN),由冷拉小车与地面间摩擦力与回程装置阻力组成,一般可取 5~10

滑轮组总效率 η 和系数 α 值　　　　　　　表 32-24

滑轮组门数	工作线数 m	总效率 η	$\dfrac{1}{m\eta}$	$\alpha=\left(1-\dfrac{1}{m\eta}\right)$
3	7	0.88	0.16	0.84
4	9	0.85	0.13	0.87
5	11	0.83	0.11	0.89

滑轮组门数	工作线数 m	总效率 η	$\dfrac{1}{m\eta}$	$\alpha = \left(1 - \dfrac{1}{m\eta}\right)$
6	13	0.8	0.1	0.9
7	15	0.77	0.09	0.91
8	17	0.74	0.08	0.92

注:本表根据单个滑轮效率 0.96 计算。

【例 32-17】 有一批 $\phi25\text{mm}$ 钢筋试件,长 600mm,已知钢筋截面面积 $A_s = 491\text{mm}^2$,冷拉应力 $f_{yk} = 530\text{MPa}$,试件标距 $L = 10d = 250\text{mm}$。其中一根试件在拉力机上测定的数值如图 32-11 所示。图中 $L_1 = 260\text{mm}$,为冷拉力 $N = 260.23\text{kN}$ 时标距间的长度;$L_2 = 259.22\text{mm}$,为冷拉完毕放松后标距间的长度,试求该试件冷拉率和弹性回缩率。

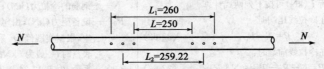

图 32-11 冷拉试件计算简图

解: 测定冷拉率时钢筋冷拉应力应为 530MPa,其冷拉力由式(32-56)为:

$$N_s = \sigma_{con} A_s = 530 \times 491 = 260.23 \times 10^3 (\text{N}) = 260.23 (\text{kN})$$

试件的冷拉率由式(32-58)得:

$$r_1 = \frac{L_1 - L}{L} = \frac{260 - 250}{250} = 4(\%)$$

试件的弹性回缩率由式(32-59)得:

$$r_1 = \frac{L_1 - L_2}{L_1} = \frac{260 - 259.22}{260} = 0.3(\%)$$

【例 32-18】 某工地冷拉设备采用 50kN 电动卷扬机,已知钢筋冷拉力为 310kN,用 6 门滑轮组牵引,试计算设备的拉力是否满足需要。

解: 已知 6 门滑组,查表 32-24,滑轮工作线数 $m = 13$,$\eta = 0.8$;设备阻力 R 取 8kN。

设备拉力由式(32-60)得:

$$Q = Tm\eta - R = 50 \times 13 \times 0.8 - 8 = 512(\text{kN}) > 1.4 \times 310 = 434(\text{kN})$$

计算后,可知设备拉力(大于钢筋冷拉力)满足要求。

四、钢筋冷拉速度计算(表 32-25)

钢筋冷拉速度计算 表 32-25

项目	计算方法及公式	符号意义
钢筋冷拉速度计算	钢筋冷拉速度 v 与卷扬机卷筒直径、转速和滑轮组的工作线数有关,可按下式计算: $$v = \frac{\pi D n}{m} \qquad (32\text{-}61)$$ 钢筋冷拉速度 v,根据经验,一般不宜大于 1.0m/min,拉直细钢筋时,可不受此限	m——滑轮组工作线数; π——圆周率,取 3.141 6; D——卷扬机卷筒直径(m); n——卷扬机卷筒转速(r/min)

【例 32-19】 条件同【例 32-18】,已知卷扬机卷筒直径为 400mm,转速为 8.7r/min,试核实钢筋冷拉速度可否满足要求。

解:已知 $m=13$,冷拉速度由式(32-61)得:

$$v=\frac{\pi Dn}{m}=\frac{3.141\,6\times0.4\times8.7}{13}=0.84(\text{m/min})$$

计算冷拉速度为 0.84m/min,小于经验速度 1.0m/min,故可满足要求。

五、钢筋冷拉测力器负荷计算(表 32-26)

钢筋冷拉测力器负荷计算 表 32-26

项目	计算方法及公式	符 号 意 义
钢筋冷拉测力器负荷	测力器的负荷 P(kN)可按下列两式计算 当测力器装在冷拉线尾端时: $\quad\quad P=N-R_0$ (32-62) 当测力器装在冷拉线前端时: $\quad\quad P=N+R_0-T=\alpha(N+R)$ (32-63)	N——钢筋的冷拉力(kN); R_0——设备阻力(kN),由尾端连接器及测力器等产生,根据实践经验,采用弹簧测力器及放大表盘时,一般为5kN; α——系数,由表 32-24 查得

【例 32-20】 条件同【例 32-18】,测力器装在冷拉线前端,试求电子测力器负荷。

解:取设备阻力 $R=8$kN,由表 32-24,取 $\alpha=0.9$,由式(32-63)得:

电子秤负荷:$\quad\quad P=\alpha(N+R)=0.9\times(310+8)=286(\text{kN})$

计算后,可知需电子测力器负荷为 286kN。

第三十三章 土的力学性质

第一节 地基中的应力计算

一、土的自重应力计算（表 33-1）

土的自重应力计算 　　　　　　　　　　表 33-1

项目	计算方法及公式	符号意义
自重应力计算	**1. 自重应力计算** 土层的覆盖面积很大，其自重可看作分布面积为无限大的荷载，所以土体在自重作用下既无侧向变形，也无剪切变形，只能有竖向变形，因此地基土中的自重应力可按式(33-1)计算： $$\sigma_{cz} = \gamma z$$ $$\left.\sigma_{cx} = \sigma_{cy} = \frac{\upsilon}{1-\upsilon}\sigma_{cz} = \zeta\sigma_{cz}\right\}$$ (33-1) $$\tau_{xy} = \tau_{yz} = \tau_{xz} = 0$$	σ_{cz}——地面下 z 深度处的垂直向自重应力(kPa)； γ——土的天然重度(kN/m³)； z——由地面至计算点的深度(m)； σ_{cx}、σ_{cy}——z 深度处的水平向应力(kPa)； τ_{xy}、τ_{yz}、τ_{xz}——z 深度处的剪力(kPa)； υ——土的泊松比； ζ——侧压力系数，$\zeta = \dfrac{\sigma_{cx}}{\sigma_{cz}} = \dfrac{\upsilon}{1-\upsilon}$；
成层土地基自重应力计算	**2. 成层土地基自重应力计算** 当地基由成层土组成右图 Aa)任意层 i 的厚度为 z_i，重度为 γ_i 时，则在深度 $z = \sum\limits_{i=1}^{n} z_i$ 处的自重应力 σ_{cz} 可按式(33-2)计算： $$\sigma_{cz} = \gamma_1 z_1 + \gamma_2 z_2 + \gamma_3 z_3 + \cdots + \gamma_n z_n = \sum_{i=1}^{n}\gamma_i z_i \ (33\text{-}2)$$ 若有地下水存在，则水位以下各层土的重度 γ_i 应以浮重度 $\gamma'_i = \gamma_{mi} - \gamma_w$ 代替。若地下水位以下存在不透水层(如岩层)，则在不透水层层面处浮力消失，此处的自重应力等于全部上覆的水土总重，见右图 Ab)	 图 A 土的自重应力分布 a)成层土，有地下水的情况；b)成层土，地下水下有不透水层的情况
土坝自重应力计算	**3. 土坝的自重应力计算** 对于简单的中小型土坝，允许用简化计算法，即坝体的任何一点因自重引起的竖向应力均等于该点上面土柱的质量，仍可用式(33-2)计算，故任意水平面上自重应力的分布形状与坝断面形状相似，如右图 B 所示	 图 B 土坝中的竖直自重应力分布 σ——饱和土体承受的总应力(kPa)； σ'——有效应力(kPa)； u——孔隙水压力(kPa)；
有效自重应力计算	**4. 有效自重应力计算** 有效应力是接触面上接触应力的平均值，即是通过骨架传递应力的有效应力，记为 σ' 有效应力按式(33-3)计算： $$\sigma = \sigma' + u$$ (33-3)	

489

二、基底接触应力的分布与计算（表33-2）

基底接触应力的分布与计算 表33-2

项 目	计算方法及公式	符号意义及图示
中心荷载的矩形基础底接触应力简化计算	1.受中心荷载的矩形基础基底接触应力的简化计算 （1）基底压力均匀分布，可按式（33-4）计算： $$p = \frac{F+G}{A} \quad (33-4)$$ （2）如基础为条形，长度大于宽度的10倍，则沿长度方向取1m来计算。此时F、G代表每延米内的相应值。如右图C所示 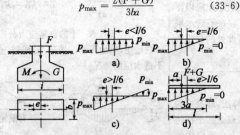 图C　中心荷载基底压力分布	 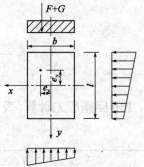 图E　双向偏心荷载下的基底压力 $$p(x,y) = \frac{F+G}{A} \pm \frac{M_x y}{I_x} \pm \frac{M_y x}{I_y} \quad (33-8)$$ $$\left.\begin{array}{l} M_x = (F+G)e_y \\ M_y = (F+G)e_x \end{array}\right\} \quad (33-9)$$ p——基础底面的平均压力（kPa）； F——上部结构传至基础顶面的垂直荷载（kN）； G——基础自重和基础台阶上的土重（kN），取$\gamma_G = 20kN/m^3$； A——基础底面积（m²），$A = lb$； p_{max}——基础底面边缘的最大压力值（kPa），即$p \leq 1.2f$； p_{min}——基础底面边缘的最小压力值（kPa）；
受偏心荷载的矩形基础基底接触力的简化计算	2.受偏心荷载的矩形基础基底接触力的简化计算 （1）基底的边缘压力按式（33-5）计算： $$p_{max \atop min} = \frac{F+G}{A} \pm \frac{M}{W} \quad (33-5)$$ （2）当$e < l/6$时称为小偏心，基底压力分布为梯形[右图Da]；当$e = l/6$时，基底压力分布为三角形[右图Db]；当$e > l/6$时称为大偏心，按式（33-6）计算得基底压力一端为负值，即为拉力[右图Dc]。实际上由于基础与地基之间不能承受拉应力，此时基础底面将部分和地基土脱离，基底实际的压力分布如图[右图Dd]所示的三角形。在这种情况下，基底三角形压力的合力（通过三角形形心）必定与外荷载$F+G$大小相等、方向相反而互相平衡，由此得出边缘最大压应力p_{max}的计算公式为式（33-6）： $$p_{max} = \frac{2(F+G)}{3ba} \quad (33-6)$$ 图D　接触压力的计算图形 （3）对于条形基础（$l/b \geq 10$），偏心荷载在基础宽度b方向的边缘压力计算只需取$l = 1m$作为计算单元，按式（33-7）计算： $$p_{max \atop min} = \frac{F+\overline{G}}{A}\left(1 \pm \frac{6e}{b}\right) \quad (33-7)$$ （4）若基础受双向偏心荷载作用（右图E），则基底任意一点的基底压力按式（33-8）计算	M——作用于基础底面的力矩，$M = (N+G)e$，kN·m；e为地基反力的偏心距（m）； W——基础底面的抵抗矩，$W = bl^2/6$（m³）； l——力矩作用方向的基础底面边长（m）； b——垂直于力矩作用方向的基础底面边长（m）； a——偏心荷载（合力）作用点至最大压应力p_{max}作用边缘的距离，$a = (l/2 - e)$（m）； F——上部结构传至每延米长度基础上的竖向荷载（kN/m）； $\overline{G}$——每延米长度的基础重及基础台阶上土的重度（kN/m），取$\gamma_G = 20kN/m^3$； e——地基反力在基础宽度方向的偏心距（m），$e = \frac{M}{F+G}$； $p(x,y)$——基底任意点（坐标x，y）的基底压力（kPa）； M_x、M_y——竖直偏心荷载对基础底面x轴和y轴的力矩，如式（33-9）（kN·m）； I_x、I_y——基础底面对x轴和y轴的惯性矩（m⁴）； e_x、e_y——竖直荷载对y轴和x轴的偏心距（m）

项　　目	计算方法及公式	符号意义及图示
倾斜荷载作用力的基底接触力简化计算	3. 倾斜荷载作用力的基底接触力的简化计算 (1)对于矩形基础按式(33-10)计算 $$p_h = \frac{F_h}{A} = \frac{F_h}{bl} \qquad (33\text{-}10)$$ (2)对于条形基础,取 $l=1$m,按式(33-11)计算: $$P_h = \frac{F_h}{b} \qquad (33\text{-}11)$$	F_h——水平荷载(kN); P_h——由 F_h 引起的基底水平应力(图E); A——基底面积 $A=bt$(m²),t 为基础长度(m); b——基础宽度(mm); 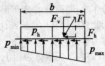 图 F　倾斜荷载作用下的基底压力
受中心荷载的圆形基础的基础接触应力计算	4. 受中心荷载的圆形基础的基底接触应力简化计算 根据刚性基础底面各点在中心荷载时沉降相等的条件,应用弹性理论,可求出作用于圆形刚性基础底面任一点 $M(x,y)$ 的压力,见式(33-12): $$p_M = \frac{p_\infty}{2\sqrt{1-\dfrac{\rho^2}{r^2}}} \qquad (33\text{-}12)$$ 由式(33-12)可见,当 $\rho=0$ 时,$p_M=0.5p_\infty$,当 $\rho=\dfrac{r}{2}$ 时,$p_M=0.58p_\infty$;当 $\rho=r$ 时,$p_M=\infty$。基底压力图形如右图G所示。在基础边缘,压力理论值为 ∞,实际上由于土的塑形变形和应力重分布的结果,压力图形将如图 G 中实线所示的马鞍形	p_M——基底任意点 $M(x,y)$ 处的压力(kPa); p_∞——圆形基础底面上的平均压力(kPa); ρ——由基础中心 O 至 M 点的距离(m); r——圆形基础的半径(m)。 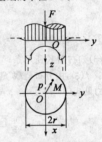 图 G　刚性圆形基础下的基底压力图形 (虚线所示为理论曲线,实线为实际曲线)

三、地基中附加应力计算(表 33-3)

地基中附加应力计算 表 33-3

项　　目	计算方法及公式	符号意义及图示
空中问题的解	1. 空中问题的解 1)按弹性理论推导有以下假定 (1)地基是半无限弹性体。 (2)地基土是均匀连续、各向同性的。 2)地基中的附加应力分布具有以下规律 (1)在地面下某一深度的水平面面上各点的附加应力相等,如右图 H 所示,在集中力作用线(即基础底面中心线)上应力最大,向两侧逐渐减小。 (2)距地面越深,应力分布的范围越广,在同一垂直线上的应力随深度而变化,即深度越深应力越小。 3)地基中应力计算 (1)布辛奈斯克解,按式(33-13)计算: $$\sigma_x = \frac{3F}{2\pi z^2}\cdot\frac{1}{\left[1+\left(\dfrac{r}{z}\right)^2\right]^{5/2}} = \alpha\,\frac{F}{z^2} \quad (33\text{-}13)$$ (2)等代荷载法解(右图 I)按式(33-14)计算: $$\sigma_z(M) = \sum_{i=1}^{n}\sigma_{zi} = \sum_{i=1}^{n}\alpha_i\,\frac{F_i}{z^2} \quad (33\text{-}14)$$	图 H　地基中附加应力扩散示意图 α——应力系数,它是 r/z 的函数,可从表 33-4 查得。其值为 $\alpha=\dfrac{3}{2\pi}\cdot\dfrac{1}{\left[1+\left(\dfrac{r}{z}\right)^2\right]^{5/2}}$; 图 I　等代荷载法求应力 z——由地面至计算点的深度(m); F_i——每个小块上的集中力(kN); α_i——根据 r_i/z,由表 33-4 查得的应力系数; r_i——M 点至集中力 F_i 作用点的水平距离;n 为分块的个数

项　目	计算方法及公式	符号意义及图示
平面问题的解	2.平面问题的解 （1）基础的长宽比≥10时，称为条形基础。其基底压力分布沿宽度方向可以是任意的，沿长度方向则是均匀分布的，即荷载的分布形式在每个断面上都是一样的。因此只要计算一个横断面上的应力分布就行。这类问题称为平面问题。 （2）在半无限体表面上作用着均布荷载 p（kN/m），如右图 J 所示。土中 M 点的竖向应力按式（33-15）计算： $$\sigma_z = \frac{2pz^3}{\pi R_0^4} \quad (33\text{-}15)$$ 同样，水平法向应力和切应力如式（33-16）、式（33-17）所示： $$\sigma_x = \frac{2px^2z}{\pi R_0^4} \quad (33\text{-}16)$$ $$\tau_{xz} = \frac{2pxz^2}{\pi R_0^4} \quad (33\text{-}17)$$ （3）如右图 K 所示条形基础，在宽度方向作用有分布荷载 $f(\xi)$，由分布荷载 $f(\xi)$ 所产生的土中 M 点的竖向应力见式（33-18）： $$\sigma_z = \frac{2}{\pi} \int_{-\frac{b}{2}}^{\frac{b}{2}} \frac{f(\xi)z^3}{\left[(x-\xi)^2+z^2\right]^2} d\xi \quad (33\text{-}18)$$	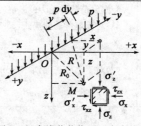 图 J　竖直线荷载作用下应力状态 R_0——M 点至坐标原点的距离（m），R_0 $=\sqrt{x^2+z^2}$； p——均布线荷载（kN/m）； z——M 点的深度（m）。 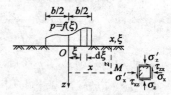 图 K　分布荷载作用下应力状态示意图 σ_z——竖向应力（MPa）； z——M 点埋深（m）； $f(\xi)$——基础宽度方向的分布荷载（kN/m）
基础底面附加应力	3.基础底面附加应力 （1）基础在地面上［右图 La］ 基础底面附加应力即为基础底面接触压力。 （2）基础在地面以下埋深为 d［右图 Lb］ 当基础埋深为 d 时，基础底面 O 点的附加力按式（33-19）计算： $$p_0 = p - \sigma_c = p - \gamma_0 d \quad (33\text{-}19)$$	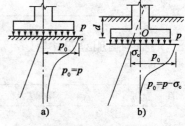 图 L　基底附加应力 p_0 的计算图形 a)当基础无埋深时；b)当基础有埋深时 p_0——基础底面的平均附加压力（kPa）； p——基础底面的平均接触压力（kPa）； σ_c——基底处的自重应力（kPa）； d——基础埋深（m）；
矩形基底均布荷载作用下地基中的附加应力	4.矩形基底均布荷载作用下地基中的附加应力 1）矩形均布荷载角点下的应力，按式（33-20）和式（33-21）计算： $$\sigma_z = \alpha_c p_0 \quad (33\text{-}20)$$ $$\alpha_c = \frac{1}{2\pi}\left[\arctan\frac{m}{n\sqrt{1+m^2+n^2}} + \frac{mn}{\sqrt{1+m^2+n^2}}\left(\frac{1}{m^2+n^2}+\frac{1}{1+n^2}\right)\right] \quad (33\text{-}21)$$ 2）求矩形面积受垂直均布荷载作用时地基中任一点的附加应力，可将荷载作用面积划分为几部分，每一部分都是矩形，并使待求应力之点处于划分的几个矩形的共同角点之下，然后利用式（33-20）分别计算各部分荷载产生的附加应力，最后利用叠加原理计算出全部附加应力。这种方法称为角点法	γ_0——基础底面以上土的加权平均重度（kPa）， $\gamma_0=\dfrac{\sum\gamma_i h_i}{d}$；地下水位以下取有效重度的加权平均值（kN/m³）； α_c——应力系数，它是 l/b，z/b 的函数，可从表33-5查得。 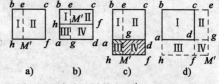 图 M　用角点法计算点 M' 以下的附加应力

项　目	计算方法及公式	符号意义及图示

矩形基底均布荷载作用下地基中的附加应力

3)角点法通常应用于以下 4 种情况

(1)边点。求上右图 Ma)所示边点 M' 的附加应力,可将面积过 F 点划分为两个矩形,再相加即可如式(33-22)所示:

$$\sigma_z = (\alpha_{cI} + \alpha_{cII}) p_0 \tag{33-22}$$

(2)内点。求上右图 Mb)所示内点 M' 的应力时,可按图示方法将面积分为 4 块,运用角点法按式(33-23)计算:

$$\sigma_z = (\alpha_{cI} + \alpha_{cII} + \alpha_{cIII} + \alpha_{cIV}) p_0 \tag{33-23}$$

(3)外点 I 型。此类外点位于荷载范围的延长区域内,因此,可按上右图 Mc)方式划分角点,并按式(33-24)计算:

$$\sigma_z = (\alpha_{cI} + \alpha_{cII} - \alpha_{cIII} - \alpha_{cIV}) p_0 \tag{33-24}$$

(4)外点 II 型。此类外点位于荷载范围的延长区域内,采用角点法,按右图 Md)方式划分,按式(33-25)计算:

$$\sigma_z = (\alpha_{cI} - \alpha_{cII} - \alpha_{cIII} + \alpha_{cIV}) p_0 \tag{33-25}$$

5.矩形基底在三角形分布垂直荷载作用下地基中的附加应力

基础底面为长边 l,短边 b 的矩形,荷载沿短边方向呈三角形分布如右图 N 所示。在直角坐标中,取三角形分布荷载为零的角点为坐标原点 O。将基底面积沿长边和短边分别细分成若干小条,则记任意一微小面积 $\mathrm{d}x, \mathrm{d}y$ 上作用的集中力为 $\mathrm{d}p$。利用布辛斯克解计算集中力 $\mathrm{d}p$ 对角点下 M 点引起的附加应力,通过积分求整个矩形面积上受竖向三角形分布荷载作用下地基中 M 点的附加应力值 σ_z:

$$\sigma_z = \int \mathrm{d}\sigma_z = \frac{n}{2\pi}\left[\frac{m}{m^2+n^2} - \frac{mn^2}{(1+n^2)\sqrt{1+m^2+n^2}}\right] p_t$$
$$= \sigma_{tc} p_t \tag{33-26}$$

式(33-22)～式(33-25)中 $\alpha_{cI}, \alpha_{cII}, \alpha_{cIII}, \alpha_{cIV}$ 分别为矩形 $M'hbe, M'fce, M'hag, M'fdg$ 的角点应力函数,p 为单位面积荷载(kPa)。

图 N　矩形面积受三角形分布垂直荷载

$$m = \frac{l}{b}, n = \frac{z}{b};$$

$$a_{tc} = f(m, n) = f\left(\frac{l}{b}, \frac{z}{b}\right) ——应力系数,查表$$

33-6 得到,即可简便地计算所求附加应力 σ_z

其他形状地基中的附加应力

6.圆形基底分布荷载作用下地基中的附加应力和条形基础荷载作用下地基中的附加应力以及非均质和各向异性地基中的附加应力。因篇幅有限,在此不详述。可查阅本书参考文献《地基基础设计计算与实例》第二章(苑辉、杜兰芝、朱成编著)

集中荷载作用下应力系数 α 值 　　　表 33-4

r/z	α	r/z	α	r/z	α	r/z	α
0.00	0.477 5	0.14	0.454 8	0.28	0.395 4	0.42	0.318 1
0.02	0.477 0	0.16	0.448 2	0.30	0.384 9	0.44	0.306 8
0.04	0.475 6	0.18	0.440 9	0.32	0.374 2	0.46	0.295 5
0.06	0.473 2	0.20	0.432 9	0.34	0.363 2	0.48	0.284 3
0.08	0.469 9	0.22	0.424 2	0.36	0.352 1	0.50	0.273 3
0.10	0.465 7	0.24	0.415 1	0.38	0.340 8	0.52	0.262 5
0.12	0.460 7	0.26	0.405 4	0.40	0.329 4	0.54	0.251 8

r/z	α	r/z	α	r/z	α	r/z	α
0.56	0.241 4	0.94	0.098 1	1.32	0.038 4	1.84	0.011 9
0.58	0.231 3	0.96	0.093 3	1.34	0.036 5	1.88	0.010 9
0.60	0.221 4	0.98	0.088 7	1.36	0.034 8	1.90	0.010 5
0.62	0.211 7	1.00	0.084 4	1.38	0.033 2	1.94	0.009 7
0.64	0.202 4	1.02	0.080 3	1.40	0.031 7	1.98	0.008 9
0.66	0.193 4	1.04	0.076 4	1.42	0.030 2	2.00	0.008 5
0.68	0.184 6	1.06	0.072 7	1.44	0.028 8	2.10	0.007 0
0.70	0.176 2	1.08	0.069 1	1.46	0.027 5	2.20	0.005 8
0.72	0.168 1	1.10	0.065 8	1.48	0.026 3	2.40	0.004 0
.0.74	0.160 3	1.12	0.062 6	1.50	0.025 1	2.60	0.002 9
0.76	0.152 7	1.14	0.059 5	1.54	0.022 9	2.80	0.002 1
0.78	0.145 5	1.16	0.056 7	1.58	0.020 9	3.00	0.001 5
0.80	0.138 6	1.18	0.053 9	1.60	0.020 0	3.50	0.000 7
0.82	0.132 0	1.20	0.051 3	1.64	0.018 3	4.00	0.000 4
0.84	0.125 7	1.22	0.048 9	1.68	0.016 7	4.50	0.000 2
0.86	0.119 6	1.24	0.046 6	1.70	0.016 0	5.00	0.000 1
0.88	0.113 8	1.26	0.044 3	1.74	0.014 7		
0.90	0.108 3	1.28	0.042 2	1.78	0.013 5		
0.92	0.103 1	1.30	0.040 2	1.80	0.012 9		

矩形面积受均布荷载作用时角点下应力系数 α_c 值　　　　表 33-5

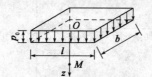

$\sigma_z = \alpha_c p_0$；l 为长边；b 为短边

z/b \ l/b	1.0	1.2	1.4	1.6	1.8	2.0	3.0	4.0	5.0	6.0	10.0
0.0	0.250 0	0.250 0	0.250 0	0.250 0	0.250 0	0.250 0	0.250 0	0.250 0	0.250 0	0.250 0	0.250 0
0.2	0.248 6	0.248 9	0.249 0	0.249 1	0.249 1	0.249 1	0.249 2	0.249 2	0.249 2	0.249 2	0.249 2
0.4	0.240 1	0.242 0	0.242 9	0.243 4	0.243 7	0.243 9	0.244 2	0.244 3	0.244 3	0.244 3	0.244 3
0.6	0.222 9	0.227 5	0.230 0	0.231 5	0.232 4	0.232 9	0.233 9	0.234 1	0.234 2	0.234 2	0.234 2
0.8	0.199 9	0.207 5	0.212 0	0.214 7	0.216 5	0.217 6	0.219 6	0.220 0	0.220 2	0.220 2	0.220 2
1.0	0.175 2	0.185 1	0.191 1	0.195 5	0.198 1	0.199 9	0.203 4	0.204 2	0.204 4	0.204 5	0.204 6
1.2	0.151 6	0.162 6	0.170 5	0.175 8	0.179 3	0.181 8	0.187 0	0.188 2	0.188 5	0.188 7	0.188 8
1.4	0.130 8	0.142 3	0.150 8	0.156 9	0.161 3	0.164 4	0.171 2	0.173 0	0.173 5	0.173 8	0.174 0
1.6	0.112 3	0.124 1	0.132 9	0.139 6	0.144 5	0.148 2	0.156 7	0.159 0	0.159 8	0.160 1	0.160 4
1.8	0.096 9	0.108 3	0.117 2	0.124 1	0.129 4	0.133 4	0.143 4	0.146 3	0.147 4	0.147 8	0.148 2
2.0	0.084 0	0.094 7	0.103 4	0.110 3	0.115 8	0.120 2	0.131 4	0.135 0	0.136 3	0.136 8	0.137 4

z/b \ l/b	1.0	1.2	1.4	1.6	1.8	2.0	3.0	4.0	5.0	6.0	10.0
2.2	0.0732	0.0832	0.0917	0.0984	0.1039	0.1084	0.1205	0.1248	0.1264	0.1271	0.1277
2.4	0.0642	0.0734	0.0813	0.0879	0.0934	0.0979	0.1108	0.1156	0.1175	0.1184	0.1192
2.6	0.0566	0.0651	0.0725	0.0788	0.0842	0.0887	0.1020	0.1073	0.1095	0.1106	0.1116
2.8	0.0502	0.0580	0.0649	0.0709	0.0761	0.0805	0.0942	0.0999	0.1024	0.1036	0.1048
3.0	0.0447	0.0519	0.0583	0.0640	0.0690	0.0732	0.0870	0.0931	0.0959	0.0973	0.0987
3.2	0.0401	0.0467	0.0526	0.0580	0.0627	0.0668	0.0806	0.0870	0.0900	0.0916	0.0933
3.4	0.0361	0.0421	0.0477	0.0527	0.0571	0.0611	0.0747	0.0814	0.0847	0.0864	0.0882
3.6	0.0326	0.0382	0.0433	0.0480	0.0523	0.0561	0.0694	0.0763	0.0799	0.0816	0.0837
3.8	0.0296	0.0348	0.0395	0.0439	0.0479	0.0516	0.0646	0.0717	0.0753	0.0773	0.0796
4.0	0.0270	0.0318	0.0362	0.0403	0.0441	0.474	0.0603	0.0674	0.0712	0.0773	0.0758
4.2	0.0247	0.0291	0.0333	0.0371	0.0407	0.0439	0.0563	0.0634	0.0674	0.0696	0.0724
4.4	0.0227	0.0268	0.0306	0.0343	0.0376	0.0407	0.0527	0.0597	0.0639	0.0662	0.0692
4.6	0.0209	0.0247	0.0283	0.0317	0.0348	0.0378	0.0493	0.0564	0.0606	0.0630	0.0663
4.8	0.0193	0.0229	0.0262	0.0294	0.0324	0.0352	0.0463	0.0533	0.0576	0.0601	0.0635
5.0	0.0179	0.0212	0.0243	0.0274	0.0302	0.0328	0.0435	0.0504	0.0547	0.0573	0.0610
6.0	0.0127	0.0151	0.0174	0.0196	0.0218	0.0238	0.0325	0.0388	0.0431	0.0460	0.0506
7.0	0.0094	0.0112	0.0130	0.0147	0.0164	0.0180	0.0251	0.0306	0.0346	0.0376	0.0428
8.0	0.0073	0.0087	0.0101	0.0114	0.0127	0.0140	0.0198	0.0246	0.0283	0.0311	0.0367
9.0	0.0058	0.0069	0.0080	0.0091	0.0102	0.0112	0.0161	0.0202	0.0235	0.0262	0.0319
10.0	0.0047	0.0056	0.0065	0.0074	0.0083	0.0092	0.0132	0.0167	0.0198	0.0222	0.0280

矩形面积受三角形分布荷载作用角点下应力系数 α_{tc} 值　　　　　　表 33-6

z/b \ l/b	0.2	0.4	0.6	0.8	1.0	1.2	1.4	1.6	1.8	2.0	3.0	4.0	6.0	8.0	10.0
0.0	0.0000	0.0000	0.0000	0.0000	0.0000	0.0000	0.0000	0.0000	0.0000	0.0000	0.0000	0.0000	0.0000	0.0000	0.0000
0.2	0.0223	0.0280	0.0296	0.0301	0.0304	0.0305	0.0305	0.0306	0.0306	0.0306	0.0306	0.0306	0.0306	0.0306	0.0306
0.4	0.0269	0.0420	0.0487	0.0517	0.0531	0.0539	0.0543	0.0545	0.0546	0.0547	0.0548	0.0549	0.0549	0.0549	0.0549
0.6	0.0259	0.0448	0.0560	0.0621	0.0654	0.0673	0.0684	0.0690	0.0694	0.0696	0.0701	0.0702	0.0702	0.0702	0.0702
0.8	0.0232	0.0421	0.0553	0.0637	0.0688	0.0720	0.0739	0.0751	0.0759	0.0764	0.0773	0.0776	0.0776	0.0776	0.0776
1.0	0.0201	0.0375	0.0508	0.0602	0.0666	0.0708	0.0735	0.0753	0.0766	0.0774	0.0790	0.0794	0.0795	0.0796	0.0796
1.2	0.0171	0.0324	0.0450	0.0546	0.0615	0.0660	0.0690	0.0721	0.0738	0.0749	0.0774	0.0779	0.0782	0.0783	0.0783
1.4	0.0145	0.0278	0.0392	0.0483	0.0554	0.0606	0.0644	0.0672	0.0692	0.0707	0.0739	0.0748	0.0752	0.0752	0.0753
1.6	0.0123	0.0238	0.0339	0.0424	0.0495	0.0558	0.0580	0.0616	0.0636	0.0656	0.0697	0.0708	0.0714	0.0715	0.0715
1.8	0.0105	0.0204	0.0294	0.0371	0.0435	0.0487	0.0528	0.0560	0.0585	0.0604	0.0652	0.0666	0.0673	0.0675	0.0675
2.0	0.0090	0.0176	0.0255	0.0324	0.0384	0.0434	0.0474	0.0507	0.0533	0.0553	0.0607	0.0624	0.0634	0.0636	0.0636
2.5	0.0063	0.0125	0.0183	0.0236	0.0284	0.0326	0.0362	0.0393	0.0419	0.0440	0.0504	0.0529	0.0543	0.0547	0.0548
3.0	0.0046	0.0092	0.0135	0.0176	0.0214	0.0249	0.0280	0.0307	0.0331	0.0352	0.0419	0.0449	0.0469	0.0474	0.0476
5.0	0.0018	0.0036	0.0054	0.0071	0.0088	0.0104	0.0120	0.0135	0.0148	0.0161	0.0214	0.0244	0.0283	0.0296	0.0301
7.0	0.0009	0.0019	0.0028	0.0038	0.0047	0.0056	0.0064	0.0073	0.0081	0.0089	0.0124	0.0152	0.0186	0.0204	0.0212
10.0	0.0005	0.0009	0.0014	0.0018	0.0023	0.0028	0.0033	0.0041	0.0046		0.0066	0.0084	0.0111	0.0128	0.0139

四、计算示例

【例 33-1】 某房屋地基为粉土,层厚 4.80m,地下水位埋深 1.10m,地下水位以上粉土呈毛细饱和状态。粉土的饱和重度 $\gamma_{sat} = 20.1 \text{kN/m}^3$,计算粉土层底面处土的自重应力。

解: 计算粉土层底面处土的自重应力 σ:

地下水位上　　$\sigma_1 = \gamma_{sat} d_1 = 20.1 \times 1.1 = 22.11 (\text{kPa})$

地下水位下　　$\sigma_2 = \gamma' d_2 = (\gamma_{sat} - \gamma_水) d_2 = (20.1 - 10) \times (4.80 - 1.1) = 37.37 (\text{kPa})$

因此:$\sigma = \sigma_1 + \sigma_2 = 59.48 (\text{kPa})$

【例 33-2】 某基础处的地质剖面如图 33-1 所示,求地基各层土的自重压力。

解: 在耕土层底面:　　$\sigma_{cz} = 16.0 \times 0.5 = 8 (\text{kPa})$

基底处自重应力:$\sigma_{c0} = 0.8 + 18.5 \times (0.8 - 0.5) = 13.6 (\text{kPa})$

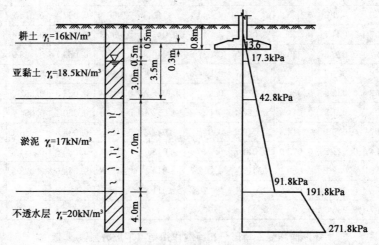

图 33-1　【例 33-2】自重应力分布图

在地下水位处:$\sigma_{cz} = 13.6 + 18.5 \times (0.5 - 0.3) = 17.3 (\text{kPa})$

在亚黏土层底:$\sigma_{cz} = 17.3 + (18.5 - 1.0) \times (3.5 - 0.5) = 42.8 (\text{kPa})$

在淤泥层底:$\sigma_{cz} = 42.8 + (17.0 - 1.0) \times 7.0 = 91.8 (\text{kPa})$

在不透水层顶面:$\sigma_{cz} = 91.8 + 1.0 \times (7.0 + 3.0) = 191.8 (\text{kPa})$

在钻孔孔底:$\sigma_{cz} = 191.8 + 2.0 \times 4.0 = 271.8 (\text{kPa})$

【例 33-3】 按图 33-2a)给出的资料,计算并绘制地基中自重应力 σ_c 沿深度的分布曲线。

解:(1)高程 41.0m 处(地下水位处)

$$H_1 = 44 - 41 = 3.0 (\text{m})$$

$$\sigma_c = \gamma_1 H_1 = 17.0 \times 3.0 = 51 (\text{kPa})$$

(2)高程 40.0m 处

$$H_2 = 41.0 - 40.0 = 1.0 (\text{m})$$

$$\sigma_c = \gamma_1 H_1 + \gamma'_2 H_2 = 51 + (19.0 - 9.8) \times 1 = 60.2 (\text{kPa})$$

(3)高程 38.0m 处

$$H_3 = 40.0 - 38.0 = 2.0 (\text{m})$$

$$\sigma_c = \gamma_1 H_1 + \gamma'_2 H_2 + \gamma'_3 H_3 = 60.2 + (18.5 - 9.8) \times 2 = 77.6 (\text{kPa})$$

(4)高程35.0m处

$$H_4 = 38.0 - 35.0 = 3.0 (\text{m})$$

$$\sigma_c = \gamma_1 H_1 + \gamma'_2 H_2 + \gamma'_3 H_3 + \gamma'_4 H_4 = 77.6 + (20 - 9.8) \times 3 = 108.2 (\text{kPa})$$

自重应力 σ_{sz} 沿深度分布如图 33-2b)所示。

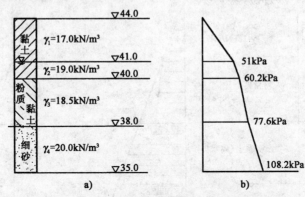

图 33-2 【例 33-3】自重应力分布曲线图

【例 33-4】 某建筑场地的地质柱状图和土的有关指标列于图 33-3 中。试计算并绘出总应力 σ、孔隙水压力 u 及自重应力 σ_c 沿深度的分布图。

解:细砂层底处: $u = 0, \sigma = \sigma_c = 18 \times 1.2 = 21.6 (\text{kPa})$

粉质黏土层底处:该层为潜水层,故:

$$u = \gamma_w h_w = 10 \times 1.8 = 18 (\text{kPa})$$

$$\sigma = 21.6 + 18.9 \times 1.8 = 55.62 (\text{kPa})$$

$$\sigma_c = 21.6 + (18.9 - 10) \times 1.8 = 37.62 (\text{kPa})$$

黏土层面处:该层为隔水层,故:

$$u = 0$$

$$\sigma_c = \sigma = 55.62 (\text{kPa})$$

黏土层底处: $\qquad u = 0$

$$\sigma_c = \sigma = 55.62 + 19.6 \times 2.1 = 96.78 (\text{kPa})$$

粗砂层面处:该层为承压水层,由测压管水位可知 $h_w = 2.1 + 1.8 + 1.2 + 1 = 6.1 (\text{m})$,故:

$$u = \gamma_w h_w = 10 \times 6.1 = 61 (\text{kPa})$$

$$\sigma = 96.78 (\text{kPa})$$

$$\sigma_c = \sigma - u = 96.78 - 61 = 35.78 (\text{kPa})$$

粗砂层底处:

$$u = \gamma_w h_w = 10 \times (6.1 + 1.7) = 78 (\text{kPa})$$

$$\sigma = 96.78 + 20 \times 1.7 = 130.78 (\text{kPa})$$

$$\sigma_c = \sigma - u = 130.78 - 78 = 52.78 (\text{kPa})$$

基岩面处：
$$u=0$$
$$\sigma_c = \sigma = 130.78(\text{kPa})$$

绘 σ、σ_c 和 u 的分布图如图 33-3 所示。

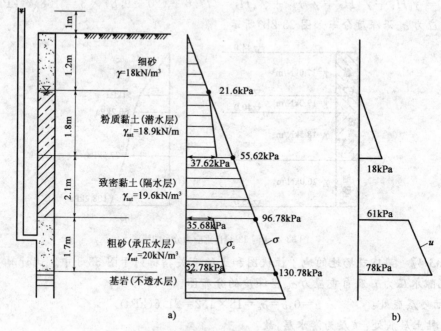

图 33-3 【例 33-4】地质柱状图和应力图

a)σ、σ_c 分布图；b)u 分布图

【例 33-5】 有一筏片基础，面积 $F = A \times B = 30\text{m} \times 10\text{m}$，受有竖向荷载 $N+G = 35\,000\text{kN}$，作用点偏心距 $e_x = 0.5\text{m}$，$e_y = 0.8\text{m}$，如图 33-4 所示，求四角 a,b,c,d 处基底反力。

解：$\dfrac{N+G}{F} = \dfrac{35\,000}{300} = 117(\text{kPa})$ $I_x = \dfrac{1}{12} \times 30 \times 10^3 = 2\,500(\text{m}^4)$

$I_y = \dfrac{1}{12} \times 10 \times 30^3 = 22\,500(\text{m}^4)$ $M_x = 35\,000 \times 0.8 = 28\,000(\text{kN} \cdot \text{m})$

$M_y = 35\,000 \times 0.5 = 17\,500(\text{kN} \cdot \text{m})$ $x_a = 15\text{m}, y_a = 5\text{m}$

$x_b = 15\text{m}, y_b = -5\text{m}$ $x_c = -15\text{m}, y_c = -5\text{m}$

$x_d = -15\text{m}, y_d = 5\text{m}$ 将上述各数据代入式(33-8)中：

$$p_{(a)} = 117 + \frac{28\,000}{2\,500} \times 5 + \frac{17\,500}{22\,500} \times 15 = 184.7(\text{kPa})$$

$$p_{(b)} = 117 - \frac{28\,000}{2\,500} \times 5 + \frac{17\,500}{22\,500} \times 15 = 72.7(\text{kPa})$$

$$p_{(c)} = 117 - \frac{28\,000}{2\,500} \times 5 - \frac{17\,500}{22\,500} \times 15 = 49.3(\text{kPa})$$

$$p_{(d)} = 117 + \frac{28\,000}{2\,500} \times 5 - \frac{17\,500}{22\,500} \times 15 = 161.3(\text{kPa})$$

图 33-4 【例 33-5】基础平面图

由本例可知，当最大偏心仅为 $\dfrac{0.8}{10} = 8\%$，就能导致基底压力很大的不均匀，其程度达到

$\dfrac{184.7-49.3}{184.7}=73\%$，可见是很不合理和不经济的，故在设计中应采取措施，力求上部荷载的合力通过基础底面形心。

【例 33-6】 已知基础 A 面积 $l \times b = 3m \times 2m$，基础底面的附加压力 $p_0 = 153kPa$，另有基础 B 与它相距 6m（轴线距离），埋深相同，试用等代荷载法求基础 A 在相邻基础 B 的轴线下不同深度所引起的附加应力 σ_z。

解：由于两基础相距 6m，基础 B 中线下的任意点至基础 A 的中心点的距离均超过 $3b$，故基础 A 不必再分成小块，将整个基础当作一块，将其上荷载化为集中力。根据附加压力 $p_0 = 153kPa$，故集中力 F 为：

$$F = p_0 lb = 153 \times 3 \times 2 = 918 (kN)$$

$$r = 6m$$

按式（33-13）得：

$$\sigma_c = \alpha \dfrac{F}{z^2}$$

查表 33-4 得应力系数 α，它是 r/z 的函数，计算结果列于表 33-7 中。

附加应力计算结果　　　　　　　　　　　　　　表 33-7

z(m)	$\dfrac{r}{z}$	α	$\sigma_c = \alpha \dfrac{F}{z^2}$ (kPa)
0.9	6.67	0	0
2.1	2.86	0.002 1	0.437
3.0	2.00	0.008 5	0.867
3.9	1.64	0.018 3	1.104
5.1	1.18	0.054 0	1.906
6.0	1.0	0.084 4	2.152
6.9	0.87	0.116 9	2.254
7.5	0.8	0.138 6	2.262

【例 33-7】 已知矩形基础面积 $F = l \times b = 3.0 \times 2.3 m^2$，自天然地面起算的埋深 $D = 1.50m$，由柱传至地面高程处的荷载 $N = 1\,000kN$，土的重度 $\gamma = 18kN/m^3$，求基础中点以下不同深度处的附加应力。

解：(1) 基础自重 $G = \bar{\gamma} lbD = 20 \times 3.0 \times 2.3 \times 1.5 = 207 (kN)$

(2) 基底压力 $p = \dfrac{N+G}{F} = \dfrac{1\,000+207}{3.0 \times 2.3} = 175 (kPa)$

(3) 基底土自重应力 $\sigma_{c0} = \gamma D = 18 \times 1.5 = 27 (kPa)$

(4) 基底处附加应力 $p_0 = p - \sigma_{c0} = 175 - 27 = 148 (kPa)$

(5) 基础中点以下土中应力 σ_z 的计算，分别用中心点与角点法；其中角点法需将基础底面划分成四块小矩形面积，边长分别为：$l_1 = \dfrac{3}{2} = 1.5m$；$b_1 = \dfrac{2.3}{2} = 1.15m$。中心点即为四块小矩形面积的公共角点。现将两种方法计算结果列于表 33-8 中。

表 33-8

$z(m)$	中点公式计算 $l=3.0$m $b=2.3$m				角点法计算 $l_1=1.50$m $b_1=1.15$m				
	$\dfrac{l}{b}$	$\dfrac{z}{b}$	k_4	$\sigma_z=k_4p_0$(t/m²)	$\dfrac{l_1}{b_1}$	$\dfrac{z}{b_1}$	k_5	$4k_5$	$\sigma_z=4k_5p_0$(t/m²)
0		0	1.000	14.8		0	0.2500	1.000	14.8
0.9		0.4	0.832	12.3		0.8	0.2098	0.84	12.5
1.8		0.8	0.506	7.5		1.6	0.1308	0.52	7.7
2.7		1.2	0.306	4.6		2.4	0.0815	0.33	4.9
3.6		1.6	0.190	2.9		3.1	0.0530	0.21	3.1
4.5	1.30	1.9	0.146	2.1	1.30	4.0	0.0340	0.14	2.1
5.4		2.3	0.114	1.6		4.7	0.0261	0.10	1.5
6.3		2.7	0.084	1.2		5.5	0.0196	0.08	1.2
7.2		3.1	0.062	0.9		6.3	0.0152	0.06	0.9
8.1		3.5	0.052	0.8		7.0	0.0129	0.05	0.8

以上两种方法的结果,于某些点略有出入,这是由于 $\dfrac{z}{b}$ 取小数点后一位有效值作四舍五入时带来的。应力分布如图 33-5 所示。

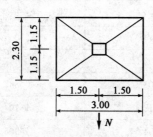

图 33-5 应力分布图

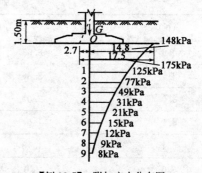

【例 33-7】 附加应力分布图

【例 33-8】 某方形基础,已知其基底压力如图 33-6 所示,试计算 a、b 点下深度 $z=2$m 处的附加应力。

解:由图可知,作用在地基上地基底压力为梯形分布,按"角点法",可将梯形分成一个矩形加上三角形而得。

矩形:$l/b=1$,$z/b=2/2=1$;查表 33-5 得:$\alpha_{ca}=\alpha_{cb}=0.175$,则:

$$\sigma'_z = \alpha_c p_{max} = 0.175 \times 75 = 13.125(\text{MPa})$$

三角形:$l/b=1$,$z/b=1$;查表 33-6 得:$0'_{ca}=0.0666$,$\alpha'_{cb}=0.1086$,所以:

$$\sigma_{za} = \sigma'_{za} + \sigma''_{za} = 75\alpha_{ca} + (225-75)\alpha'_{ca} = 23.115(\text{MPa})$$

$$\sigma_{zb} = \sigma'_{zb} + \sigma''_{zb} = 75\alpha_{cb} + (225-75)\alpha'_{cb} = 29.415(\text{MPa})$$

【例 33-9】 今有均布荷载 $p=100$kPa,荷载面积为 2×1m²,如图 33-7 所示,求荷载面积上角点 A、边点 E、中心点 O 以及荷载面积外 F 点和 G 点等各点下 $z=1$m 深度处的附加应力,并利用计算结果说明附加应力的扩散规律。

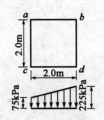

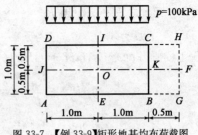

图 33-6 【例 33-8】基底
压力图

图 33-7 【例 33-9】矩形地基均布荷载图

解:(1)A 点下的应力 σ_{ZA}

A 点是矩形 $ABCD$ 的角点,因 $\dfrac{l}{b}=\dfrac{2}{1}=2$;$\dfrac{z}{b}=1$,查表 33-5 得 $\alpha_c=0.200$,故:

$$\sigma_{ZA}=K_sp=0.200\times100=20(\text{kPa})$$

(2)E 点下的应力 σ_{ZE}

通过 E 点将矩形荷载面积分为两个相等矩形 $EADI$ 和 $EBCI$。求 $EADI$ 的角点应力系数 α_c:

$$因\dfrac{l}{b}=\dfrac{1}{1}=1;\dfrac{z}{b}=\dfrac{1}{1}=1$$

查表 33-5 得 $\alpha_c=0.175\,0$ 故:

$$\sigma_{ZA}=2K_sp=2\times0.175\,0\times100=35(\text{kPa})$$

(3)O 点下的应力 σ_{ZO}

通过 O 点将原矩形面积分为 4 个相等矩形 $OEAJ$,$OJDI$,$OICK$ 和 $OKBE$。求 $OEAJ$ 角点应力系数 α_c:

$$因\dfrac{l}{b}=\dfrac{1}{0.5}=2;\dfrac{z}{b}=\dfrac{1}{0.5}=2$$

查表 33-5 得 $\alpha_c=0.120\,0$,故:

$$\sigma_{ZO}=4K_sp=4\times0.120\,0\times100=48.1(\text{kPa})$$

(4)F 点下应力 σ_{ZF}

过 F 点作矩形 $FGAJ$,$FJDH$,$FGBK$ 和 $FKCH$。

设 α_{c1} 为矩形 $FGAJ$ 和 $FJDH$ 的角点应力系数;α_{c2} 为矩形 $FGBK$ 和 $FKCH$ 的角点应力系数。

求 α_{c1}: $\qquad$ $因\dfrac{l}{b}=\dfrac{2.5}{0.5}=5;\dfrac{z}{b}=\dfrac{1}{0.5}=2$

查表 33-5 得 $\alpha_{c1}=0.136\,0$

求 α_{c2}: $\qquad$ $因\dfrac{l}{b}=\dfrac{0.5}{0.5}=1;\dfrac{z}{b}=\dfrac{1}{0.5}=2$

查表 33-5 得 $\alpha_{c2}=0.084\,0$

故：
$$\sigma_{ZF} = 2(\alpha_{c1} - \alpha_{c2})p = 2 \times (0.136\,0 - 0.084\,0) \times 100 = 10.5(kPa)$$

(5)G 点下应力 σ_{ZG}

通过 G 点作矩形 $GADH$ 和 $GBCH$，分别求出它们的角点应力系数 α_{c1} 和 α_{c2}。

求 α_{c1}：
$$因 \frac{l}{b} = \frac{2.5}{1} = 2.5; \frac{z}{b} = \frac{1}{1} = 1$$

查表 33-5 得 $\alpha_{c1} = 0.202$

求 α_{c2}：
$$因 \frac{l}{b} = \frac{1}{0.5} = 2; \frac{z}{b} = \frac{1}{0.5} = 2$$

查表 33-5 得 $\alpha_{c2} = 0.120\,0$

故：
$$\sigma_{ZG} = (K_{sI} - K_{sII})p = (0.202 - 0.120) \times 100 = 8.1(kPa)$$

将计算结果绘成图 33-8，可以看出在矩形面积受均布荷载作用时，不仅在受荷面积垂直下方的范围内产生附加应力，而且在荷载面积以外的土中（F、G 点下方）也产生附加应力。另外，在地基中同一深度处（例如 $z=1m$），离受荷面积中线愈远的点，其 σ_Z 值愈小，矩形面积中点处 σ_{ZO} 最大。将中点 O 下和 F 点下不同深度的 σ_Z 求出并绘成曲线，如图 33-8b)所示。本例题的计算结果证实上文所述的附加应力的扩散规律。

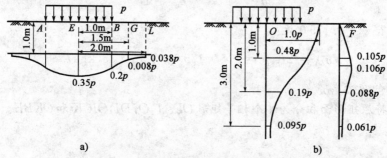

图 33-8 【例 33-9】附加应力分布图
a)同一深度处附加应力分布；b)不同深度处附加应力分布情况

【例 33-10】 如图 33-9 所示，矩形面积上作用三角形分布荷载，荷载最大值 $p=300kPa$，计算在矩形面积内 O 点下 $z=3m$ 处 M 点的竖向附加应力 σ_z 值。

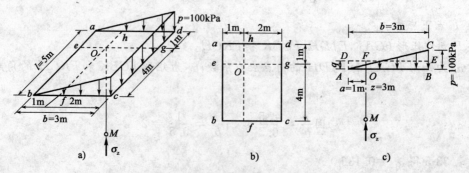

图 33-9 【例 33-10】三角形分布荷载图

解：因为 O 点在矩形面积（$abcd$）内，故可用前述角点法计算。通过 O 点将矩形面积划分为 4 块。

(1)矩形 $Ofcg$ 在 M 点产生的附加应力

由两部分组成,均布荷载 $q=100\mathrm{kPa}$(图 33-9 中荷载 $OFBE$)和三角形荷载 FEC。

$l/b=4/2=2$;$z/b=3/2=1.5$。查表 33-5 和 33-6 得:$\alpha_{OFBE}=0.156$;$\alpha_{FEC}=0.068\,15$。

产生的竖向应力 $\sigma_{z(Ofcg)}$ 为:

$$\sigma_{z(Ofcg)}=0.156\times100+0.068\,15\times200=29.23(\mathrm{kPa})$$

(2)矩形 $Ogdh$ 在 M 点产生的附加应力

由两部分组成,均布荷载 $q=100\mathrm{kPa}$(图 33-9 中荷载 $OFBE$)和三角形荷载 FEC。

对于三角形荷载 FEC:$l/b=1/2=0.5$;$z/b=3/2=1.5$,查表 33-6 得:$\alpha_{FEC}=0.031\,2$;对于矩形荷载 $OFBE$:$l/b=2/1=2$;$z/b=3/1=3$,查表 33-5 得:$\alpha_{OFBE}=0.073$。

产生的竖向应力 $\sigma_{z(Ogdh)}$ 为:

$$\sigma_{z(Ogdh)}=0.073\times100+0.031\,2\times200=13.54(\mathrm{kPa})$$

(3)矩形 $Ofbe$ 在 M 点产生的附加应力

由三角形荷载 AOF 产生。$l/b=4/1=4$;$z/b=3/1=3$。查表 33-6 得:$\alpha_{AOF}=0.048\,2$。

产生的竖向应力 $\sigma_{z(Ofbe)}$ 为:

$$\sigma_{z(Ofbe)}=0.048\,2\times100=4.82(\mathrm{kPa})$$

(4)矩形 $Oeah$ 在 M 点产生的附加应力

由三角形荷载 AOF 产生。$l/b=1/1=4$;$z/b=3/1=3$。查表 33-6 得:$\alpha_{AOF}=0.023\,3$。

产生的竖向应力 $\sigma_{z(Oeah)}$ 为:

$$\sigma_{z(Oeah)}=0.0233\times100=2.33(\mathrm{kPa})$$

最后叠加求得三角形分布荷载(ABC)对 M 点产生的竖向应力为:

$$\sigma_z=\sigma_{z(Ofcg)}+\sigma_{z(Ogdh)}+\sigma_{z(Ofbe)}+\sigma_{z(Oeah)}=49.92(\mathrm{kPa})$$

【例 33-11】 设有一箱形基础,底面积 $F=40\mathrm{m}\times10\mathrm{m}$,承受总荷载 $N+G=60\,000\mathrm{kN}$,基础埋深 $D=5.0\mathrm{m}$,见图 33-10,求基底处附加应力 p_0。

解: 基底处原来存在的自重应力 σ_{c0} 为:

$$\sigma_{c0}=\gamma D=16\times0.5+(17-10)\times4.50=39.5(\mathrm{kPa})$$

$$基底平均压力\ p=\frac{N+G}{F}=\frac{60\,000}{40\times10}=150(\mathrm{kPa})$$

$$基底平均附加应力\ p_0=p-\sigma_{c0}=150-39.5=110.5(\mathrm{kPa})$$

由于本例荷载较大,地基较差,故采用箱基以扩大基础面积,降低基底平均压力;并由于增加了埋深,使基底附加应力减少到 110.5kPa,亦即上部荷载的 26% $\left(\dfrac{150-110.5}{150}=0.26\right)$ 由挖去的土所补偿。此外箱基是钢筋混凝土整体性构筑物,地下水将对箱基产生向上的浮托力,还有箱基侧壁的摩擦力,这些都是有利因素,可视为地基安全的储备。

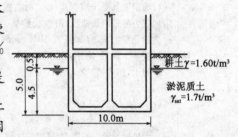

图 33-10 【例 33-11】箱形基础图

第二节 土的压缩变形和地基沉降计算

一、土的侧限压缩变形量的计算（表33-9）

土的侧限压缩变形量的计算　　　　　　　　　　　　　　　　表33-9

项　目	计算方法及公式	符　号　意　义
计算压缩变形量	1. 已知侧限压缩模量计算压缩变形量 $\Delta s = h_1 - h_2 = \dfrac{\sigma_z}{E_s}h_1 = \dfrac{p_1 - p_2}{E_s}h_1$ 2. 已知压缩系数 a 计算土层压缩变形量 $\Delta s = \dfrac{a\sigma_z}{1+e_1}h_1 = \dfrac{a(p_1-p_2)}{1+e_1}h_1$　(33-27) 3. 已知压缩曲线计算土层压缩变形量 $\Delta s = \dfrac{e_1-e_2}{1+e_1}h_1 = \varepsilon h_1$　(33-28)	Δs——土层侧限压缩变形量(m)； E_s——土的侧限压缩模量(MPa)； σ_z——附加应力(kPa)； h_1、h_2——土层厚度(m)； a——压缩系数； p_1——地基某深度处竖向自重应力(kPa)； e_1——相应于 p_1 作用下压缩稳定后的孔隙比； p_2——地基某深度处自重应力与附加应力之和(kPa)； σ_z——相应于 p_2 作用下压缩稳定后的孔隙比(kPa)； 式中其他符号意义同前

二、地基沉降的计算（介绍几种常用的地基沉降计算方法）（表33-10）

基础沉降量的计算　　　　　　　　　　　　　　　　表33-10

项目	计算方法及公式	符号意义及图示
分层总和法计算	1. 分层总和法计算 分层总和法计算原理如右图A所示。 1)用坐标纸按比例绘制地基土层分布剖面图和基础剖面图，如右图B所示。 2)沉降计算分层。除按 $0.4b$ 或 $1\sim2m$ 分层以外，还需考虑下列因素： 　(1)地质剖面中，不同的土层，因压缩性不同应为分层面。 　(2)地下水位应为分层面。 　(3)基础底面附近附加应力数值大且曲线变化大，分层厚度应小些，使各计算分层的附加应力分布的曲线可用直线代替计算，误差不大。 3)计算地基中的附件应力分布。按分层情况将附加应力数值按比例尺绘于基础中心线的右侧，例如，深度 z 处，M 点的竖向附加应力 σ_z 值，以线段 $\overline{Mm}$ 表示。各计算点的附加应力连成一条曲线 kmk'，表示基础中心点 O 以下附加应力随深度的变化。 4)确定地基受压层深度 z_n。由右图B中自重应力和附加应力分布两条曲线，可以找到某一深度处附加应力 σ_z 为自重应力 σ_{cz} 的20%或10%，此深度称为地基受压层深度 z_n。此处，对于： 　一般土，如式(33-30)所示： 　　$\sigma_z = 0.2\sigma_{cz}$　　(33-29) 　软土，如式(33-31)所示： 　　$\sigma_z = 0.1\sigma_{cz}$　　(33-30) 　用坐标纸绘出右图B，可以按比例方便地找到 z_n	 图A　分层总和法计算原理 图B　分层总和法计算地基沉降 σ_z——基础底面中心 O 点下深度 z 处的附加应力(kPa)； σ_{cz}——同一深度 z 处的自重应力(kPa)； $\overline{\sigma_{zi}}$——第 i 层土的平均附加应力(kPa)； E_{si}——第 i 层土的侧限压缩模量(MPa)

项目	计算方法及公式	符号意义及图示
分层总和法计算	5)计算各土层的压缩量,如式(33-31)所示: $$s_i = \frac{\overline{\sigma_{zi}}}{E_{si}} h_i = \left(\frac{a}{1+e_1}\right)\overline{\sigma_{zi}} h_i = \left(\frac{e_1-e_2}{1+e_1}\right)h_i$$ $$(33\text{-}31)$$ 6)计算地基沉降量。将地基受压层 z_n 范围内各土层压缩量相加可得式(33-32): $$s = s_1 + s_2 + s_3 + \cdots + s_n = \sum_{i=1}^{n} s_i \quad (33\text{-}32)$$	h_i——第 i 层土的厚度(m); a——第 i 层土的压缩系数(MPa^{-1}); e_1——第 i 层土压缩前的孔隙比; e_2——第 i 层土压缩终止后的孔隙比; e_i——由原始压缩曲线确定的第 i 层土的孔隙比的变化; p_i——第 i 层土附加应力的平均值(有效应力增量)(kPa); p_{1i}——第 i 层土自重应力的平均值(kPa); e_{0i}——第 i 层土的初始孔隙比; C_{ci}——从原始压缩曲线确定的第 i 层土的压缩指数; n——分层计算沉降时,压缩土层中有效应力增量 $\Delta p > (p_c - p_1)$ 的分层数; p_{ci}——第 i 层土的先期固结压力(kPa); m——分层计算沉降时,压缩土层中具有 $\Delta p \leqslant (p_c - p_1)$ 的分层数; p_{ci}——第 i 层土的实际有效应力,小于土的自重应力 p_{1i}; s_d——荷载面积任意点处由于圆形或矩形均布荷载的作用所发生的表面竖向位移或瞬时沉降量(m); p——均布荷载(kPa); b——荷载面积的直径或宽度(m); C_d——均布荷载面积的形状和沉降计算点的位置参数,见表 33-18~表 33-20; E、μ——分别为土的弹性模量和泊松比; s_{d1}——位于具有弹性模量 E_1、泊松比 μ_1 和厚度为 H 的上层硬土层(下为无限厚度的具有弹性模量 E_2 和泊松比 μ_2 的可压缩土层)表面上圆形均布荷载面积中心点处的表面位移值; $s_{d\infty}$——位于具有弹性参数和 μ_2 的均质半空间表面上圆形均布荷载面积中心点处的表面位移值; α——修正系数;
考虑应力历史影响的分层总和法	2.考虑应力历史影响的分层总和法 该方法又称为 $e-\lg p$ 法。只是将土的压缩性指标改为原始压缩曲线确定即可。对三种状态下的黏性土分别进行计算。 1)正常固结土($p_c = p_1$),如式(33-33)所示: $$s = \sum_{i=1}^{n} \frac{\Delta e_i}{1+e_{0i}} h_i = \sum_{i=1}^{n} \frac{h_i}{1+e_{0i}}\left(C_{ci}\lg\frac{p_{1i}+\Delta p_i}{p_{1i}}\right)$$ $$(33\text{-}33)$$ 2)超固结土($p_c > p_1$) (1)当附加应力 $p > (p_c - p_1)$ 时的各分层的总固结沉降量如式(33-34)所示: $$s_n = \sum_{i=1}^{n} \frac{\Delta h_i}{1+e_{0i}}\left(C_{ei}\lg\frac{p_{ci}}{p_{1i}}+C_{ci}\lg\frac{p_{1i}+\Delta p_i}{p_{ci}}\right)$$ $$(33\text{-}34)$$ (2)当附加应力 $p \leqslant (p_c - p_1)$,则分层土的孔隙比 e 只沿着再压缩曲线发生,相应的各分层的总沉降量如式(33-35)所示: $$s_m = \sum_{i=1}^{n} \frac{h_i}{1+e_{0i}} C_{ei}\lg\frac{p_{1i}+\Delta p_i}{p_{1i}}$$ $$(33\text{-}35)$$ (3)总沉降为以上两部分之和,如式(33-36)所示: $$s = s_n + s_m \quad (33\text{-}36)$$ 3)欠固结土($p_c < p_1$),如式(33-37)所示: $$s = \sum_{i=1}^{n} \frac{h_i}{1+e_{0i}} C_{ei}\lg\frac{p_{1i}+\Delta p_i}{p_{ci}}$$ $$(33\text{-}37)$$	表 33-21 给出了不同的 H/b 和 E_1/E_2 时的 α 值。表中设 $\mu_1 = \mu_2 = 0.4$,并设这两土层之间的交界面上没有滑动,由此可见,刚性层的存在将使表面位移显著减小。 H——可压缩土层的厚度(m); Δu——深度 z 处的超孔隙水压力(kPa),它是由作用在表面上的荷载所引起的; e_0——土的初始孔隙比; α_1——土的单向压缩系数
瞬时沉降量计算	3.瞬时沉降量计算 设地基是一个半无限的线性变形体,在其表面作用有圆形或矩形的均布荷载,则瞬时沉降量 s_d 可按下述弹性理论公式求得: $$s_d = C_d p b \frac{1-\mu^2}{E} \quad (33\text{-}38)$$ 当有限厚度的坚硬上层位于较厚的可压缩土层上时,Burmister(1965)计算了圆形均布荷载面积中心点处的表面位移值,其结果可以很方便用均质地基相应的表面位移值来表示,如式(33-39)所示: $$s_{d1} = \alpha s_{d\infty} \quad (33\text{-}39)$$	

项目	计算方法及公式	符号意义及图示

符号意义及图示栏顶部：

A——孔隙压力系数；

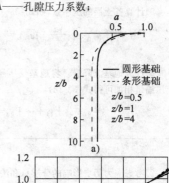

计算方法及公式栏：

4.固结及次固结沉降的计算

在全面分析三维应力状态下地基各点的初始孔压分布，从而精确计算地基固结沉降是很困难的。为了实用起见，A·W·斯肯普顿－L·柏泽伦(Skempton-Bjerrum,1957)提出一个将单向压缩总和法计算结果修正为考虑三向压缩的固结沉降的半经验公式。它是根据下述两个假定建立起来的：

(1)固结沉降量是土中超孔隙水压力消散的结果，并可用式(33-40)表示：

$$s_c = \int_0^H \Delta u \frac{\alpha_1}{1+e_0} dz \qquad (33\text{-}40)$$

(2)对于轴对称情况(如在三轴压缩试验中)，$\Delta\sigma_2 = \Delta\sigma_3$，土中任意点处由于附加的主应力变化 $\Delta\sigma_1$ 和 $\Delta\sigma_3$ 所引起的超孔隙水压力变化可按 Skempton 对饱和土(孔隙水压力系数 $B=1$)所导得的式(33-41)来表示：

$$\Delta u = \Delta\sigma_3 + A(\Delta\sigma_1 - \Delta\sigma_3) \qquad (33\text{-}41)$$

这些假定意味着即使孔隙水压力起因于三向效应，但沉降量却仍是单向的。

设 a 和 A 沿着深度不变，则考虑侧向变形影响的固结沉降量 s_{3c} 可用单向压缩试验所计算的固结沉降量 s_c 来表示，如式(33-42)所示：

$$\left.\begin{array}{l} s_{3c} = \lambda s_c \\[4pt] s_c = \int_0^H \Delta\sigma_1 \dfrac{a}{1+e_0} dz \\[4pt] \lambda = A + a(1-A) \\[4pt] a = \dfrac{\int_0^H \Delta\sigma_3 dz}{\int_0^H \Delta\sigma_1 dz} \end{array}\right\} \qquad (33\text{-}42)$$

a 值的大小视荷载面积的形状和土层厚度而定，见右图 Ca)(由弹性理论解得)。

式(33-43)中的 λ 和 a 以及 A 的关系见右图 Cb)。由右图 C 可见，只有当 A 值接近于 1 或 z/b 较小时，利用单向压缩的公式来计算固结沉降量才比较正确

符号意义及图示栏中部：

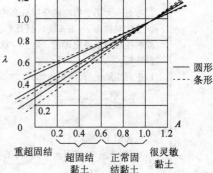

图 C　计算曲线

a)a－z/b 曲线；b)λ－A 曲线

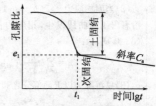

图 D　不变荷载作用下土的孔隙
比与时间关系曲线

C_a——半对数图上直线的斜率，称为次固结系数；

t——所求次固结沉降的时间，由施荷瞬间算起(s)，$t>t_1$；

t_1——相当于主固结度为 100% 的时间(s)；

s——基础最终沉降量，系按分层总和法计算出的地基沉降量 s' 乘以经验系数 φ_s 求得(mm)；

Ψ_s——沉降计算经验系数，根据地区沉降观测资料及经验确定，也可采用表 33-11 和表 33-12 确定；

n——地基压缩层范围内所划分的土层数如下图 E；

p_0——对应于荷载标准值时基础底面处的附加压力(MPa)

计算方法及公式栏（下部）：

5.次固结沉降计算

许多室内试验和现场量测的结果都表明，一定荷载作用下的土，在主固结完成之后发生的次固结过程中，其孔隙比与时间的关系在半对数图上接近于一条直线，如右图 D 所示。因而次固结引起的孔隙比变化可近似地表示为式(33-43)：

$$e = C_a \lg \frac{t}{t_1} \qquad (33\text{-}43)$$

项目栏：

固结及次固结沉降的计算

次固结沉降计算

项目	计算方法及公式	符号意义及图示
《规范法》地基沉降计算公式	6.《建筑地基基础设计规范》(GB 50007—2011)推荐的沉降计算法 (1)《建筑地基基础设计规范》(GB 50007—2011)的实质 为使分层总和法沉降计算结果在软弱地基和坚实地基情况下都与实测沉降量相符合,《建筑地基基础设计规范》(GB 50007—2011)法引入一个沉降计算经验系数 Ψ_s。此经验系数 Ψ_s 由大量建筑物沉降观测数值与分层总和法计算值进行对比总结所得。对于软弱地基 $\Psi_s>1.0$,对于坚实地基 $\Psi_s<1.0$。 (2)《建筑地基基础设计规范》(GB 50007—2011)地基沉降计算公式: $$s = \Psi_s s' = \Psi_s \sum_{i=1}^{n} \frac{p_0}{E_{si}}(z_i \bar{\alpha}_i - z_{i-1} \bar{\alpha}_{i-1}) \quad (33\text{-}44)$$	E_{si}——基础底面下第 i 层土的压缩模量,按实际应力范围取值(MPa); z_i、z_{i-1}——分别为基础底面到第 i 层和第 $i-1$ 层土底面的距离(m); $\bar{\alpha}_i$、$\bar{\alpha}_{i-1}$——分别为基础底面计算点得 i 层和第 $i-1$ 层底面范围内平均附加应力系数,可按表 33-14～表 33-17 采用 图 E 基础沉降计算的分层示意
地基变形计算深度	(3)地基变形计算深度 z_n 地基变形计算深度,即受压层的技术,分两种情况。 ①存在相邻荷载影响,计算深度 z_n 应符合下式要求: $$\Delta s'_n \leqslant 0.025 \sum_{i=1}^{n} \Delta s'_i \quad (33\text{-}45)$$ 如确定的计算深度下部仍有较软土层时,应继续向下计算。 ②当无相邻荷载影响,基础宽度在 1～30m 范围内时,基础中心点的地基变形计算深度也可按下列简化公式计算: $$z_n = b(2.5 - 0.4\ln b) \quad (33\text{-}46)$$ 在计算深度范围内存在基岩时,z 可取至基岩表面;当存在较厚的坚硬黏性土层,其孔隙比小于 0.5,压缩模量大于 50MPa,或存在较厚的密实砂卵石层,其压缩模量大于 80MPa 时,z 可取至该层土表面	$\Delta s'_i$——在计算深度范围内(mm),第 i 层土的计算变形值; $\Delta s'_n$——在计算深度向上取厚度为 Δz 的土层计算变形值(mm),Δz 如图 E 所示并按表 33-13 确定; b——基础宽度(mm)

黏性和粉土沉降计算经验系数 Ψ_s 表 33-11

压缩模量 $\bar{E}_s$(MPa) 基底附加压力 p_0(MPa)	2.5	5.0	7.0	15.0	20.0
$p_0 \geqslant f_{ak}$	1.4	1.3	1.0	0.4	0.2
$p_0 \leqslant 0.75 f_{ak}$	1.1	1.0	0.7	0.4	0.2

注:1. $\bar{E}_s$ 为变形计算深度范围内变形模量的当量值,应按下式计算:

$$\bar{E}_a = \frac{\sum A_i}{\sum \dfrac{A_i}{E_{si}}} \quad (33\text{-}47)$$

式中:A_i——第 i 层土附加应力系数沿土层厚度的积分值。

2. f_{ak} 为地基承载力的特征值,相当以前地基承载力的标准值(kPa)。

E_0(MPa)	15	20	30	50
中、粗、砾砂、碎石土	0.45	0.22	0.20	0.18

Δz 值				表 33-13
b(m)	$b \leqslant 2$	$2 < b \leqslant 4$	$4 < b \leqslant 8$	$b > 8$
z(m)	0.3	0.6	0.8	1.0

三、饱和土体渗流固结计算

上述固结沉降计算方法得出的是渗流固结终了时达到的最终沉降量。工程设计中,除了要知道最终沉降量之外,往往还需要知道沉降随时间的变化(增长)过程,亦即沉降与时间的关系。此外,在研究土体的稳定性时,还需要知道土体中孔隙水压力有多大,特别是超静孔隙水压力。这两个问题需依赖土体渗流固结理论方能得以解决。渗流固结理论是土力学的一个很重要的理论。下面简单介绍一维渗流固结情况。有关二维、三维渗流固结情况可参考本书参考文献[58]。

在厚度为 H 的饱和土层上面施加无限宽广的均布荷载 p(图 33-11),这时土中的附加应力沿深度为均匀分布,如图 33-11 中面积 $abcd$ 所示,土层只在与外载作用方向相一致的竖直方向发生渗流和变形(一维课题)。渗流固结过程中,附加应力由孔隙水和土粒(骨架)共同承担,面积 $bedb$ 表示时间为 t 时由孔隙水分担的超静水压力 u,面积 $abeca$ 表示由骨架分担的粒间有效应力 σ'。曲线 be 的位置随时间而缓慢变化,当 $t=0$ 时,be 与 ac 重叠,亦即全部附加应力由水承担;$t=\infty$ 时,be 与 bd 重叠,亦即全部附加应力由骨架承担。在整个渗流固结过程中,土中的超静水压力 u 和附加有效应力 σ' 是深度 z 和时间 t 的函数。可以在下列基本假设前提下,建立渗流固结微分方程,然后根据具体的起始条件和边界条件求解土层中任意点在任意时刻的 u 或 σ',进而求得整个土层在任意时刻达到的固结度(土层中总应力转化成粒间有效应力的百分比),这就是渗流固结理论所要解决的主要问题。

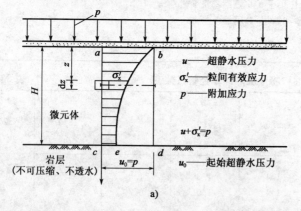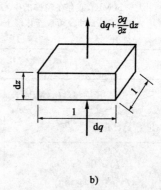

图 33-11　一维渗流固结过程

1. 基本假设(一维课题)

(1)土层是均质的、完全饱和的。

(2)土粒和水是不可压缩的。

(3)水的渗出和土层的压缩只沿一个方向(竖向)发生。

(4)水的渗流遵从达西定律,参见本章参考文献[58]。

(5)孔隙比的变化与有效应力的变化成正比,即$-de/d\sigma'=a$,且压缩系数a保持不变。

(6)外荷载一次瞬时施加。

矩形面积上均布荷载作用下平均附加应力系数见表33-14~表33-16。

矩形面积上均布荷载作用下通过中心点竖线上的平均附加应力系数$\bar{\alpha}$　　　表33-14

z/b \ l/b	1.0	1.2	1.4	1.6	1.8	2.0	2.4	2.8	3.2	3.6	4.0	5.0	>10 (条形)	圆形 z/b	圆形 $\bar{\alpha}$
0.0	1.000	1.000	1.000	1.000	1.000	1.000	1.000	1.000	1.000	1.000	1.000	1.000	1.000	0.0	1.000
0.1	0.997	0.998	0.998	0.998	0.998	0.998	0.998	0.998	0.998	0.998	0.998	0.998	0.998	0.1	1.000
0.2	0.987	0.990	0.991	0.992	0.992	0.992	0.993	0.993	0.993	0.993	0.993	0.993	0.993	0.2	0.998
0.3	0.967	0.973	0.976	0.978	0.979	0.979	0.980	0.980	0.981	0.981	0.981	0.981	0.981	0.3	0.993
0.4	0.936	0.947	0.953	0.956	0.958	0.965	0.961	0.962	0.962	0.963	0.963	0.963	0.963	0.4	0.986
0.5	0.900	0.915	0.924	0.920	0.933	0.935	0.937	0.939	0.940	0.940	0.940	0.940	0.940	0.5	0.974
0.6	0.858	0.878	0.890	0.898	0.903	0.906	0.910	0.912	0.913	0.914	0.914	0.915	0.915	0.6	0.960
0.7	0.816	0.840	0.855	0.865	0.871	0.876	0.881	0.884	0.885	0.886	0.887	0.887	0.888	0.7	0.942
0.8	0.775	0.801	0.819	0.831	0.839	0.844	0.851	0.855	0.857	0.858	0.859	0.860	0.860	0.8	0.923
0.9	0.735	0.764	0.784	0.797	0.806	0.813	0.821	0.826	0.829	0.830	0.831	0.832	0.833	0.9	0.901
1.0	0.698	0.728	0.749	0.764	0.775	0.783	0.792	0.798	0.801	0.803	0.804	0.806	0.807	1.0	0.878
1.1	0.663	0.694	0.717	0.733	0.744	0.753	0.764	0.771	0.775	0.777	0.779	0.780	0.782	1.1	0.855
1.2	0.631	0.663	0.686	0.703	0.715	0.725	0.737	0.744	0.749	0.752	0.754	0.756	0.758	1.2	0.831
1.3	0.601	0.633	0.657	0.674	0.688	0.698	0.711	0.719	0.725	0.728	0.730	0.733	0.735	1.3	0.808
1.4	0.573	0.605	0.629	0.648	0.661	0.672	0.687	0.696	0.701	0.705	0.708	0.711	0.714	1.4	0.784
1.5	0.548	0.580	0.604	0.622	0.637	0.648	0.664	0.673	0.679	0.683	0.686	0.690	0.693	1.5	0.762
1.6	0.524	0.556	0.580	0.599	0.613	0.625	0.641	0.651	0.658	0.663	0.666	0.670	0.675	1.6	0.739
1.7	0.502	0.533	0.558	0.577	0.591	0.603	0.620	0.631	0.638	0.643	0.646	0.651	0.656	1.7	0.718
1.8	0.482	0.513	0.537	0.556	0.571	0.583	0.600	0.611	0.619	0.624	0.629	0.633	0.638	1.8	0.697
1.9	0.463	0.493	0.517	0.536	0.551	0.563	0.581	0.593	0.601	0.606	0.610	0.616	0.622	1.9	0.677
2.0	0.446	0.475	0.499	0.518	0.533	0.545	0.563	0.575	0.584	0.590	0.594	0.600	0.606	2.0	0.658
2.1	0.429	0.459	0.482	0.500	0.515	0.528	0.546	0.559	0.567	0.574	0.578	0.585	0.591	2.1	0.640
2.2	0.414	0.443	0.466	0.484	0.499	0.511	0.530	0.543	0.552	0.558	0.563	0.570	0.577	2.2	0.623
2.3	0.400	0.428	0.451	0.469	0.484	0.496	0.515	0.528	0.537	0.544	0.548	0.556	0.564	2.3	0.606
2.4	0.387	0.414	0.436	0.454	0.469	0.481	0.500	0.513	0.523	0.530	0.530	0.543	0.551	2.4	0.590
2.5	0.374	0.401	0.423	0.441	0.455	0.468	0.488	0.500	0.509	0.516	0.522	0.530	0.539	2.5	0.574
2.6	0.632	0.389	0.410	0.428	0.442	0.455	0.473	0.487	0.496	0.504	0.509	0.518	0.528	2.6	0.560
2.7	0.351	0.377	0.398	0.416	0.430	0.442	0.461	0.474	0.484	0.492	0.497	0.506	0.517	2.7	0.546
2.8	0.341	0.366	0.387	0.404	0.418	0.430	0.449	0.463	0.472	0.480	0.486	0.495	0.506	2.8	0.532
2.9	0.331	0.356	0.377	0.393	0.407	0.419	0.438	0.451	0.461	0.469	0.475	0.485	0.496	2.9	0.519
3.0	0.322	0.346	0.366	0.383	0.397	0.409	0.427	0.441	0.451	0.459	0.465	0.474	0.487	3.0	0.507
3.1	0.313	0.337	0.357	0.373	0.387	0.398	0.417	0.430	0.440	0.448	0.454	0.464	0.477	3.1	0.495

509

z/b \ l/b	1.0	1.2	1.4	1.6	1.8	2.0	2.4	2.8	3.2	3.6	4.0	5.0	>10（条形）	圆形 z/b	$\bar{\alpha}$
3.2	0.305	0.328	0.348	0.364	0.377	0.389	0.407	0.420	0.431	0.439	0.445	0.455	0.468	3.2	0.484
3.3	0.297	0.320	0.339	0.355	0.368	0.379	0.397	0.411	0.421	0.429	0.436	0.446	0.460	3.3	0.473
3.4	0.289	0.312	0.331	0.346	0.359	0.371	0.388	0.402	0.412	0.420	0.427	0.437	0.452	3.4	0.463
3.5	0.282	0.304	0.323	0.338	0.351	0.362	0.380	0.393	0.403	0.412	0.418	0.429	0.444	3.5	0.453
3.6	0.276	0.297	0.315	0.330	0.343	0.354	0.372	0.385	0.395	0.403	0.410	0.421	0.436	3.6	0.443
3.7	0.269	0.290	0.308	0.323	0.335	0.346	0.364	0.377	0.387	0.395	0.402	0.413	0.429	3.7	0.434
3.8	0.263	0.284	0.301	0.316	0.328	0.339	0.356	0.369	0.379	0.388	0.394	0.405	0.422	3.8	0.425
3.9	0.257	0.277	0.294	0.309	0.321	0.332	0.349	0.362	0.372	0.380	0.387	0.398	0.415	3.9	0.417
4.0	0.251	0.271	0.288	0.302	0.314	0.325	0.342	0.355	0.365	0.373	0.379	0.391	0.408	4.0	0.409
4.1	0.246	0.265	0.282	0.296	0.308	0.318	0.335	0.348	0.358	0.366	0.372	0.384	0.402	4.1	0.401
4.2	0.241	0.260	0.276	0.290	0.302	0.312	0.328	0.341	0.352	0.359	0.366	0.377	0.396	4.2	0.393
4.3	0.236	0.255	0.270	0.284	0.296	0.306	0.322	0.335	0.345	0.353	0.359	0.371	0.390	4.3	0.386
4.4	0.231	0.250	0.265	0.278	0.290	0.300	0.316	0.329	0.339	0.347	0.353	0.365	0.384	4.4	0.379
4.5	0.226	0.245	0.260	0.273	0.285	0.294	0.310	0.323	0.333	0.341	0.347	0.359	0.378	4.5	0.372
4.6	0.222	0.240	0.255	0.268	0.270	0.289	0.305	0.317	0.327	0.335	0.341	0.353	0.373	4.6	0.365
4.7	0.218	0.235	0.250	0.263	0.274	0.284	0.299	0.312	0.321	0.329	0.336	0.347	0.367	4.7	0.359
4.8	0.214	0.231	0.245	0.258	0.260	0.279	0.294	0.306	0.316	0.324	0.330	0.342	0.362	4.8	0.353
4.9	0.210	0.227	0.241	0.253	0.265	0.274	0.289	0.301	0.311	0.319	0.325	0.337	0.357	4.9	0.347
5.0	0.206	0.223	0.237	0.249	0.260	0.260	0.284	0.296	0.306	0.313	0.320	0.332	0.352	5.0	0.341

注：b——矩形的短边；l——矩形的长边；z——从荷载作用平面起算的深度。

矩形面积上均布荷载作用下角点的平均附加应力系数 $\bar{\alpha}$　　　　　表 33-15

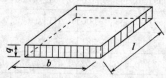

z/b \ l/b	1.0	1.2	1.4	1.6	1.8	2.0	2.4	2.8	3.2	3.6	4.0	5.0	10.0
0.0	0.250 0	0.250 0	0.250 0	0.250 0	0.250 0	0.250 0	0.250 0	0.250 0	0.250 0	0.250 0	0.250 0	0.250 0	0.250 0
0.2	0.249 6	0.249 7	0.249 7	0.249 8	0.249 8	0.249 8	0.249 8	0.249 8	0.249 8	0.249 8	0.249 8	0.249 8	0.249 8
0.4	0.247 4	0.247 9	0.248 1	0.248 3	0.248 3	0.248 4	0.248 5	0.248 5	0.248 5	0.248 5	0.248 5	0.248 5	0.248 5
0.6	0.242 3	0.243 7	0.244 4	0.244 8	0.245 1	0.245 2	0.245 4	0.245 5	0.245 5	0.245 5	0.245 5	0.245 5	0.245 6
0.8	0.234 6	0.237 2	0.238 7	0.239 5	0.240 0	0.240 3	0.240 7	0.240 8	0.240 9	0.240 9	0.241 0	0.241 0	0.241 0
1.0	0.225 2	0.229 1	0.231 3	0.232 6	0.233 5	0.234 0	0.234 6	0.234 9	0.235 1	0.235 2	0.235 2	0.235 3	0.235 3
1.2	0.214 9	0.219 9	0.222 9	0.224 8	0.226 0	0.226 8	0.227 8	0.228 2	0.228 5	0.228 6	0.228 7	0.228 8	0.228 9
1.4	0.204 3	0.210 2	0.214 0	0.216 4	0.218 0	0.219 1	0.220 5	0.221 1	0.221 5	0.221 7	0.221 8	0.222 0	0.222 1
1.6	0.193 9	0.200 6	0.204 9	0.207 9	0.209 9	0.211 3	0.213 0	0.213 8	0.214 3	0.214 6	0.214 8	0.215 0	0.215 2

z/b \ l/b	1.0	1.2	1.4	1.6	1.8	2.0	2.4	2.8	3.2	3.6	4.0	5.0	10.0
1.8	0.184 0	0.191 2	0.196 0	0.199 4	0.201 8	0.203 4	0.205 5	0.206 6	0.207 3	0.207 7	0.207 9	0.208 2	0.208 4
2.0	0.174 6	0.182 2	0.187 5	0.191 2	0.193 8	0.195 8	0.198 2	0.199 6	0.200 4	0.200 9	0.201 2	0.201 5	0.201 8
2.2	0.165 9	0.173 7	0.179 3	0.183 3	0.186 2	0.188 3	0.191 1	0.192 7	0.193 7	0.194 3	0.194 7	0.195 2	0.195 5
2.4	0.157 8	0.165 7	0.171 5	0.175 7	0.178 9	0.181 2	0.184 3	0.186 2	0.187 3	0.188 0	0.188 5	0.189 0	0.189 5
2.6	0.150 3	0.158 3	0.164 2	0.168 6	0.171 9	0.174 5	0.177 9	0.179 9	0.181 2	0.182 0	0.182 5	0.183 2	0.183 8
2.8	0.143 3	0.151 4	0.157 4	0.161 9	0.165 4	0.168 0	0.171 7	0.173 9	0.175 3	0.176 3	0.176 9	0.177 7	0.173 4
3.0	0.136 9	0.144 9	0.151 0	0.155 6	0.159 2	0.161 9	0.165 8	0.168 2	0.169 8	0.170 8	0.171 5	0.172 5	0.173 3
3.2	0.131 0	0.139 0	0.145 0	0.149 7	0.153 3	0.156 2	0.160 2	0.162 8	0.164 5	0.165 7	0.166 4	0.167 5	0.168 5
3.4	0.125 6	0.133 4	0.139 4	0.144 1	0.147 8	0.150 8	0.155 0	0.157 7	0.159 5	0.160 7	0.161 6	0.162 8	0.163 9
3.6	0.120 5	0.128 2	0.134 2	0.138 9	0.142 7	0.145 6	0.150 0	0.152 8	0.154 8	0.156 1	0.157 0	0.158 3	0.159 5
3.8	0.115 8	0.123 4	0.129 3	0.134 0	0.137 8	0.140 8	0.145 2	0.148 2	0.150 2	0.151 6	0.152 0	0.154 1	0.155 4
4.0	0.111 4	0.118 9	0.124 8	0.129 4	0.133 2	0.136 2	0.140 8	0.143 8	0.145 9	0.147 4	0.148 5	0.150 0	0.151 6
4.2	0.107 3	0.114 7	0.120 5	0.125 1	0.128 9	0.131 9	0.136 5	0.139 6	0.141 8	0.143 4	0.144 5	0.146 2	0.147 9
4.4	0.103 5	0.110 7	0.116 4	0.121 0	0.124 8	0.127 9	0.132 5	0.135 7	0.137 9	0.139 6	0.140 7	0.142 5	0.144 4
4.6	0.100 0	0.107 0	0.112 7	0.117 2	0.120 9	0.124 0	0.128 7	0.131 9	0.134 2	0.135 9	0.137 1	0.139 0	0.141 0
4.8	0.096 7	0.103 6	0.109 1	0.113 6	0.117 2	0.120 4	0.125 0	0.128 3	0.130 7	0.132 4	0.133 7	0.135 7	0.137 9
5.0	0.093 5	0.100 3	0.105 7	0.110 2	0.113 9	0.116 9	0.121 6	0.124 9	0.127 3	0.129 1	0.130 4	0.132 5	0.134 8
5.2	0.090 6	0.097 2	0.102 6	0.107 0	0.110 6	0.113 6	0.118 3	0.121 7	0.124 1	0.125 9	0.127 3	0.129 5	0.132 0
5.4	0.087 8	0.094 3	0.099 6	0.103 9	0.107 5	0.110 5	0.115 2	0.118 6	0.121 1	0.122 9	0.124 3	0.126 5	0.129 2
5.6	0.085 2	0.091 6	0.096 8	0.101 0	0.104 6	0.107 6	0.112 2	0.115 6	0.118 1	0.120 0	0.121 5	0.123 8	0.126 6
5.8	0.082 8	0.089 0	0.094 1	0.098 3	0.101 8	0.104 7	0.109 4	0.112 8	0.115 3	0.117 2	0.118 7	0.121 1	0.124 0
6.0	0.080 5	0.086 6	0.091 6	0.095 7	0.099 1	0.102 1	0.106 9	0.110 1	0.112 6	0.114 6	0.116 1	0.118 5	0.121 6
6.2	0.078 3	0.084 2	0.089 1	0.093 2	0.096 6	0.099 5	0.104 1	0.107 5	0.110 1	0.112 0	0.113 6	0.116 1	0.119 3
6.4	0.076 2	0.082 0	0.086 9	0.090 9	0.094 2	0.097 1	0.101 6	0.105 0	0.107 6	0.109 6	0.111 1	0.113 7	0.117 1
6.6	0.074 2	0.079 9	0.084 7	0.088 6	0.919	0.094 8	0.099 3	0.102 7	0.105 3	0.107 3	0.108 8	0.111 4	0.114 9
6.8	0.072 3	0.077 9	0.082 6	0.086 5	0.089 8	0.092 6	0.097 0	0.100 4	0.103 0	0.105 0	0.106 6	0.109 2	0.112 9
7.0	0.070 5	0.076 1	0.080 6	0.084 4	0.087 7	0.090 4	0.094 9	0.098 2	0.100 8	0.102 8	0.104 4	0.107 1	0.110 9
7.2	0.068 8	0.074 2	0.078 7	0.082 5	0.085 7	0.088 4	0.092 8	0.096 2	0.098 7	0.100 8	0.102 3	0.105 1	0.109 0
7.4	0.067 2	0.072 5	0.076 9	0.080 6	0.083 8	0.086 5	0.090 8	0.094 2	0.096 7	0.098 8	0.100 4	0.103 1	0.107 1
7.6	0.065 6	0.070 9	0.075 2	0.078 9	0.082 0	0.084 6	0.088 9	0.092 2	0.094 8	0.096 8	0.098 4	0.101 2	0.105 4
7.8	0.064 2	0.069 3	0.073 6	0.077 1	0.080 2	0.082 8	0.087 1	0.090 4	0.092 9	0.095 0	0.096 6	0.099 4	0.103 6
8.0	0.062 7	0.067 8	0.072 0	0.075 5	0.078 5	0.081 1	0.085 3	0.088 6	0.091 2	0.093 2	0.094 8	0.976	0.102 0
8.2	0.061 4	0.066 3	0.070 5	0.073 9	0.076 9	0.079 5	0.083 7	0.086 9	0.089 4	0.091 4	0.093 1	0.095 9	0.100 4
8.4	0.060 1	0.064 9	0.069 0	0.072 4	0.075 4	0.077 9	0.082 0	0.085 2	0.087 8	0.089 8	0.091 4	0.094 3	0.098 8
8.6	0.058 8	0.063 6	0.067 6	0.071 0	0.073 9	0.076 4	0.080 5	0.083 6	0.086 2	0.088 2	0.089 8	0.092 7	0.097 3
8.8	0.057 6	0.062 3	0.066 3	0.069 6	0.072 4	0.074 9	0.079 0	0.082 1	0.084 6	0.086 6	0.088 2	0.091 2	0.095 9

z/b \ l/b	1.0	1.2	1.4	1.6	1.8	2.0	2.4	2.8	3.2	3.6	4.0	5.0	10.0
9.2	0.0554	0.0599	0.0637	0.0670	0.0697	0.0721	0.0761	0.0792	0.0817	0.0837	0.0853	0.0882	0.0931
9.6	0.0533	0.0577	0.0614	0.0645	0.0672	0.0696	0.0734	0.0765	0.0789	0.0809	0.0825	0.0855	0.0905
10.0	0.0514	0.0556	0.0592	0.0622	0.0649	0.0672	0.0710	0.0739	0.0763	0.0783	0.0799	0.0829	0.0880
10.4	0.0496	0.0537	0.0572	0.0601	0.0627	0.0649	0.0686	0.0716	0.0739	0.0759	0.0775	0.0804	0.0857
10.8	0.0479	0.0519	0.0553	0.0581	0.0606	0.0628	0.0664	0.0693	0.0717	0.0736	0.0751	0.0781	0.0834
11.2	0.0463	0.0502	0.0535	0.0563	0.0587	0.0609	0.0644	0.0672	0.0695	0.0714	0.0730	0.0759	0.0813
11.6	0.0448	0.0486	0.0518	0.0545	0.0569	0.0590	0.0625	0.0652	0.0675	0.0694	0.0709	0.0738	0.0793
12.0	0.0435	0.0471	0.0502	0.0529	0.0552	0.0573	0.0606	0.0634	0.0656	0.0674	0.0690	0.0719	0.0774
12.8	0.0409	0.0444	0.0474	0.0499	0.0521	0.0541	0.0573	0.0599	0.0621	0.0639	0.0654	0.0682	0.0739
13.6	0.0387	0.0420	0.0448	0.0472	0.0493	0.0512	0.0543	0.0568	0.0589	0.0607	0.0621	0.0649	0.0707
14.4	0.0367	0.0398	0.0425	0.0448	0.0468	0.0486	0.0516	0.0540	0.0561	0.0577	0.0592	0.0619	0.0677
15.2	0.0349	0.0379	0.0404	0.0426	0.0446	0.0463	0.0492	0.0515	0.0535	0.0551	0.0565	0.0592	0.0650
16.0	0.0332	0.0361	0.0385	0.0407	0.0425	0.0442	0.0469	0.0492	0.0511	0.0527	0.0540	0.0567	0.0625
18.0	0.0297	0.0323	0.0345	0.0364	0.0381	0.0396	0.0422	0.0442	0.0460	0.0475	0.0487	0.0512	0.0570
20.0	0.0269	0.0292	0.0312	0.0330	0.0345	0.0359	0.0383	0.0402	0.0418	0.0432	0.0444	0.0468	0.0524

矩形面积上三角形分布荷载作用下角点的平均附加应力系数$\bar{\alpha}$　　　　表33-16

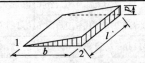

z/b \ l/b 点	0.2		0.4		0.6		0.8		1.0		1.2		1.4	
	1	2	1	2	1	2	1	2	1	2	1	2	1	2
0.0	0.0000	0.2500	0.0000	0.2500	0.0000	0.2500	0.0000	0.2500	0.0000	0.2500	0.0000	0.2500	0.0000	0.2500
0.2	0.0112	0.2161	0.0140	0.2308	0.0148	0.2333	0.0151	0.2339	0.0152	0.2341	0.0153	0.2342	0.0153	0.2343
0.4	0.0179	0.1810	0.0245	0.2084	0.0270	0.2153	0.0280	0.2175	0.0285	0.2184	0.0288	0.2187	0.0289	0.2189
0.6	0.0207	0.1505	0.0300	0.1851	0.0355	0.1966	0.0376	0.2011	0.0388	0.2030	0.0394	0.2039	0.0397	0.2043
0.8	0.0217	0.1277	0.0340	0.1640	0.0405	0.1787	0.0440	0.1852	0.0459	0.1883	0.0470	0.1899	0.0476	0.1907
1.0	0.0217	0.1104	0.0351	0.1461	0.0430	0.1624	0.0476	0.1704	0.0502	0.1746	0.0518	0.1769	0.0528	0.1781
1.2	0.0212	0.0970	0.0351	0.1312	0.0439	0.1480	0.0492	0.1571	0.0525	0.1621	0.0546	0.1649	0.0560	0.1666
1.4	0.0204	0.0865	0.0344	0.1187	0.0435	0.1354	0.0495	0.1450	0.0534	0.1507	0.0559	0.1541	0.0575	0.1562
1.6	0.0195	0.0779	0.0333	0.1082	0.0427	0.1247	0.0490	0.1345	0.0533	0.1405	0.0561	0.1443	0.0580	0.1467
1.8	0.0186	0.0709	0.0321	0.0993	0.0415	0.1153	0.0480	0.1253	0.0525	0.1313	0.0556	0.1354	0.0578	0.1381
2.0	0.0178	0.0650	0.0308	0.0917	0.0401	0.1071	0.0467	0.1169	0.0513	0.1232	0.0547	0.1274	0.0570	0.1303
2.5	0.0157	0.0538	0.0276	0.0769	0.0365	0.0908	0.0429	0.1000	0.0478	0.1063	0.0513	0.1107	0.0540	0.1139
3.0	0.0140	0.0458	0.0248	0.0661	0.0330	0.0786	0.0392	0.0871	0.0439	0.0931	0.0476	0.0976	0.0503	0.1008
5.0	0.0097	0.0289	0.0175	0.0424	0.0236	0.0476	0.0285	0.0576	0.0324	0.0624	0.0356	0.0661	0.0382	0.0690
7.0	0.0073	0.0211	0.0133	0.0311	0.0180	0.0352	0.0210	0.0427	0.0251	0.0465	0.0277	0.0496	0.0299	0.0520
10.0	0.0053	0.0150	0.0097	0.0222	0.0133	0.0253	0.0162	0.0308	0.0186	0.0336	0.0207	0.0359	0.0224	0.0376

l/b 点	1.6		1.8		2.0		3.0		4.4		6.0		10.0	
z/b	1	2	1	2	1	2	1	2	1	2	1	2	1	2
0.0	0.000 0	0.250 0	0.000 0	0.250 0	0.000 0	0.250 0	0.000 0	0.250 0	0.000 0	0.250 0	0.000 0	0.250 0	0.000 0	0.250 0
0.2	0.015 3	0.234 3	0.015 3	0.234 3	0.015 3	0.234 3	0.015 3	0.234 3	0.015 3	0.234 3	0.015 3	0.234 3	0.015 3	0.234 3
0.4	0.029 0	0.219 0	0.029 0	0.219 0	0.029 0	0.219 1	0.029 0	0.219 2	0.029 1	0.219 2	0.029 1	0.219 1	0.029 1	0.019 2
0.6	0.039 9	0.2046	0.040 0	0.204 7	0.040 1	0.204 8	0.040 2	0.205 0	0.040 2	0.205 0	0.040 2	0.205 0	0.040 2	0.205 0
0.8	0.048 0	0.191 2	0.048 2	0.191 5	0.048 3	0.191 7	0.048 6	0.192 0	0.048 7	0.192 0	0.048 7	0.192 1	0.048 7	0.192 1
1.0	0.053 4	0.178 9	0.053 8	0.179 4	0.054 0	0.179 7	0.054 5	0.180 3	0.054 6	0.180 3	0.054 6	0.180 4	0.054 6	0.180 4
1.2	0.056 8	0.167 8	0.057 4	0.168 4	0.057 7	0.168 9	0.058 4	0.169 7	0.058 6	0.169 9	0.058 7	0.170 0	0.058 7	0.170 0
1.4	0.058 6	0.157 6	0.059 4	0.158 5	0.059 6	0.159 1	0.060 9	0.160 2	0.061 2	0.160 5	0.061 3	0.160 6	0.061 3	0.160 6
1.6	0.059 4	0.148 4	0.060 3	0.149 4	0.060 9	0.150 2	0.062 3	0.151 7	0.062 6	0.152 1	0.062 8	0.152 3	0.062 8	0.152 3
1.8	0.059 3	0.140 0	0.060 4	0.141 3	0.061 1	0.142 2	0.062 8	0.144 1	0.063 3	0.144 5	0.063 5	0.144 7	0.063 5	0.144 8
2.0	0.058 7	0.132 4	0.059 9	0.133 8	0.060 8	0.134 8	0.062 9	0.137 1	0.063 4	0.137 7	0.063 7	0.138 0	0.063 8	0.138 0
2.5	0.056 0	0.116 3	0.057 5	0.118 0	0.058 6	0.119 3	0.061 4	0.122 3	0.062 3	0.123 3	0.062 7	0.123 7	0.062 8	0.123 9
3.0	0.052 5	0.103 3	0.054 1	0.105 2	0.055 4	0.106 7	0.058 9	0.110 4	0.060 0	0.111 6	0.060 7	0.112 3	0.060 9	0.112 5
5.0	0.040 3	0.071 4	0.042 1	0.073 4	0.043 5	0.074 9	0.048 0	0.079 7	0.050 0	0.081 7	0.051 5	0.083 3	0.052 1	0.083 9
7.0	0.031 8	0.054 1	0.033 3	0.055 8	0.034 7	0.057 2	0.039 1	0.061 9	0.041 4	0.064 2	0.043 5	0.066 3	0.044 5	0.067 4
10.0	0.023 9	0.039 5	0.025 2	0.040 9	0.026 3	0.040 3	0.0302	0.046 2	0.032 5	0.048 5	0.034 9	0.050 9	0.036 4	0.052 6

圆形面积上均布荷载作用下中点的平均附加应力系数见表 33-17。

圆形面积上均布荷载作用下中点的平均附加应力系数 $\bar{\alpha}$ 表 33-17

z/R	中 点	z/R	中 点
0.0	1.000	2.3	0.606
0.1	1.000	2.4	0.590
0.2	0.998	2.5	0.574
0.3	0.993	2.6	0.560
0.4	0.986	2.7	0.546
0.5	0.974	2.8	0.532
0.6	0.960	2.9	0.519
0.7	0.942	3.0	0.507
0.8	0.923	3.1	0.495
0.9	0.901	3.2	0.484
1.0	0.878	3.3	0.473
1.1	0.855	3.4	0.463
1.2	0.831	3.5	0.453
1.3	0.808	3.6	0.443
1.4	0.784	3.7	0.434
1.5	0.762	3.8	0.425
1.6	0.739	3.9	0.417
1.7	0.718	4.0	0.409
1.8	0.697	4.2	0.393
1.9	0.677	4.4	0.379
2.0	0.658	4.6	0.365
2.1	0.640	4.8	0.353
2.2	0.623	5.0	0.341

其他参数详见表 33-18～表 33-21。

半无限弹性体表面各种均布荷载面积上各点的 C_d 值　　　　表 33-18

形　状		中　心　点	角点或边点	短 边 中 点	长 边 中 点	平　　均
圆形		1.00	0.64	0.64	0.64	0.64
圆形(刚性)		0.79	0.79	0.79	0.79	0.79
方形		1.12	0.56	0.76	0.76	0.95
方形(刚性)		0.99	0.99	0.99	0.99	0.99
矩形(长宽比)	1.5	1.36	0.67	0.89	0.97	1.15
	2	1.52	0.76	0.98	1.12	1.30
	3	1.78	0.88	1.11	1.35	1.52
	5	2.10	1.05	1.27	1.68	1.83
	10	2.53	1.26	1.49	2.12	2.25
	100	4.00	2.00	2.20	3.60	3.70
	1 000	5.47	2.75	2.94	5.03	5.15
	10 000	6.90	3.50	3.70	6.50	6.60

下卧层为刚性底层的各种均布荷载面积中心点的 C_d 值　　　　表 33-19

H/b	圆形	矩　　形						条形
	直径为 b	$l/b=1$	$l/b=1.5$	$l/b=2$	$l/b=3$	$l/b=5$	$l/b=10$	$l/b=\infty$
0.00	0.00	0.00	0.00	0.00	0.00	0.00	0.00	0.00
0.1	0.09	0.09	0.09	0.09	0.09	0.09	0.09	0.09
0.25	0.24	0.24	0.23	0.23	0.23	0.23	0.23	0.23
0.5	0.48	0.48	0.47	0.47	0.47	0.47	0.47	0.47
1.0	0.70	0.75	0.81	0.83	0.83	0.83	0.83	0.83
1.5	0.80	0.86	0.97	1.03	1.07	1.08	1.08	1.08
2.5	0.88	0.97	1.12	1.22	1.33	1.39	1.40	1.40
3.5	0.91	1.01	1.19	1.31	1.45	1.56	1.59	1.60
5.0	0.94	1.05	1.24	1.38	1.55	1.72	1.82	1.83
∞	1.00	1.12	1.36	1.52	1.78	2.10	2.53	∞

下卧层为刚性底层的各种均布荷载面积长边中心点的 C_d 值　　　　表 33-20

H/b	圆形	矩　　形						条形
	直径为 b	$l/b=1$	$l/b=1.5$	$l/b=2$	$l/b=3$	$l/b=5$	$l/b=10$	$l/b=\infty$
0.00	0.00	0.00	0.00	0.00	0.00	0.00	0.00	0.00
0.1	0.05	0.05	0.05	0.05	0.05	0.05	0.05	0.05
0.25	0.11	0.11	0.11	0.11	0.11	0.11	0.11	0.11
0.5	0.22	0.23	0.23	0.23	0.23	0.23	0.23	0.23
1.0	0.36	0.46	0.46	0.47	0.47	0.47	0.47	0.47
1.5	0.44	0.52	0.60	0.64	0.68	0.68	0.68	0.68
2.5	0.51	0.61	0.74	0.82	0.91	0.97	0.97	0.97
3.5	0.55	0.65	0.80	0.90	1.03	1.13	1.17	1.17
5.0	0.58	0.69	0.85	0.96	1.12	1.28	1.39	1.39
∞	0.64	0.76	0.97	1.12	1.35	1.68	2.12	∞

<table>
<tr><td colspan="6" style="text-align:center">修正系数 α 值   表 33-21</td></tr>
<tr><td rowspan="2">H/b</td><td colspan="5" style="text-align:center">E_1/E_2</td></tr>
<tr><td>1</td><td>2</td><td>3</td><td>4</td><td>5</td></tr>
<tr><td>0</td><td>1.000</td><td>1.000</td><td>1.000</td><td>1.000</td><td>1.000</td></tr>
<tr><td>0.1</td><td>1.000</td><td>0.972</td><td>0.943</td><td>0.923</td><td>0.760</td></tr>
<tr><td>0.25</td><td>1.000</td><td>0.885</td><td>0.779</td><td>0.699</td><td>0.431</td></tr>
<tr><td>0.5</td><td>1.000</td><td>0.747</td><td>0.566</td><td>0.463</td><td>0.228</td></tr>
<tr><td>1.0</td><td>1.000</td><td>0.627</td><td>0.399</td><td>0.287</td><td>0.121</td></tr>
<tr><td>2.5</td><td>1.000</td><td>0.550</td><td>0.274</td><td>0.175</td><td>0.058</td></tr>
<tr><td>5.0</td><td>1.000</td><td>0.525</td><td>0.238</td><td>0.136</td><td>0.036</td></tr>
<tr><td>∞</td><td>1.000</td><td>0.500</td><td>0.200</td><td>0.100</td><td>0.010</td></tr>
</table>

2. 固结微分方程和固结度计算（表 33-22）

固结微分方程的解析解和固结度计算   表 33-22

项目	计算方法及公式	符号意义及图示
一维渗流固结微分方程的解析解	1. 一维渗流固结微分方程的解析解 $$\frac{k(1+e_1)}{a\gamma_w}\frac{\partial^2 u}{\partial z^2}=\frac{\partial u}{\partial t}$$ $$C_v\frac{\partial^2 u}{\partial z^2}=\frac{\partial u}{\partial t} \quad (33\text{-}48)$$ $$C_v=\frac{k(1+e_1)}{a\gamma_w} \quad (33\text{-}49)$$ 式(33-48)一般称为一维渗流固结微分方程，可根据不同的起始条件和边界条件求得它的特解。对图 33-11 所示的情况： 当 $t=0$ 和 $0\leqslant z\leqslant H$ $u=u_0=p$ $0<t\leqslant\infty$ 和 $z=0$ $u=0$ $0\leqslant t\leqslant\infty$ 和 $z=H$ $\frac{\partial u}{\partial z}=0$ $t=\infty$ 和 $0\leqslant z\leqslant H$ $u=0$ 应用傅里叶级数，可求得满足上述边界条件的解如下：$$u_{z,t}=\frac{4p}{\pi}\sum_{m=1}^{m=\infty}\frac{1}{m}\sin\frac{m\pi z}{2H}e^{-m^2(\frac{\pi^2}{4})T_v} \ (33\text{-}50)$$ $$T_v=\frac{C_v}{H^2}t \quad (33\text{-}51)$$ 按式(33-50)，可以绘制不同 t 值时土层中的超静孔隙水压力分布曲线（$u-z$ 曲线），如右图 A 所示。从 $u-z$ 曲线随 t（或 T_v）的移动情况可看出渗流固结过程的进展情况。$u-z$ 曲线上某点的切线斜率反映该点处的水力梯度和水流方向	C_v——土的固结系数(m^2/年或 cm^2/年)； u——孔隙水压力(kPa)； γ_w——孔隙中水的重度(kN/m^3)； e_1——渗流固结前土的孔隙比； a——土的压缩系数； k——土的渗流系数； m——奇数正整数(1,3,5…)； e——自然对数底数； H——排水最长距离(cm)，当土层为单面排水时，H 等于土层厚度；当土层上下双面排水时，H 采用一半土层厚度； T_v——时间因数(无量纲)； z——竖向坐标值； t——固结历时(年)。 图 A 土层在固结过程中超静孔隙水压力的分布

515

项目	计算方法、公式及图示

2. 固结度

(1)定义

图 33-7a)中表示在附加应力 p 的作用下,历时 t,土层中的有效应力 σ'_t 和超静孔隙水压力 u_t 的分布。对某一深度 z 处,有效应力 σ'_{zt} 对总应力 p 的比值,也即超静孔隙水压力的消散部分 $u_0 - u_{zt}$ 对起始孔隙水压力的比值,称为该点土的固结度。

(2)计算公式

①地基中附加应力上下均布情况

$$U_{zt} = \frac{\sigma'_{zt}}{p} = \frac{u_0 - u_{zt}}{u_0} \tag{33-52}$$

对工程而言,更有意义的是土层的平均固结度。土层的平均固结度等于时间 t 时,土层骨架已经承担起来的有效压应力对全部附加压应力的比值表示为:

$$U_t = \frac{\text{面积 } abec}{\text{面积 } abdc}$$

亦即:

$$U'_t = \frac{\int_0^H u_0 \mathrm{d}z - \int_0^H u_{zt}\mathrm{d}z}{\int_0^H u_0 \mathrm{d}z} = 1 - \frac{\int_0^H u_{zt}\mathrm{d}z}{\int_0^H u_0 \mathrm{d}z} \tag{33-53}$$

将上面求得的式(33-50)代入,积分化简后便得:

$$U_t = 1 - \frac{8}{\pi^2} \sum_{m=1}^{m=\infty} \frac{1}{m^2} e^{-m^2 \left(\frac{\pi^2}{4}\right) T_v} \tag{33-54}$$

或

$$U_t = 1 - \frac{8}{\pi^2} \left[e^{-\left(\frac{\pi^2}{4}\right) T_v} + \frac{1}{9} e^{-9\left(\frac{\pi^2}{4}\right) T_v} + \cdots \right] \tag{33-55}$$

由于括号内是快收敛级数,通常为实用目的,采用第一项已经足够,因此,式(33-55)亦可近似写成:

$$U_t = 1 - \frac{8}{\pi^2} e^{-\left(\frac{\pi^2}{4}\right) T_v} \tag{33-56}$$

式(33-55)给出的 U_t 和 T_v 之间的关系可用图 B 中的曲线①表示。为计算简便,曲线①或式(33-55)亦可用下列近似公式表达:

固结度 U_t 和 T_v 的关系曲线

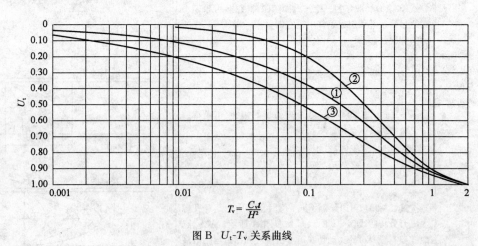

$$T_v = \frac{C_v t}{H^2}$$

图 B U_t-T_v 关系曲线

$$T_v = \frac{\pi}{4} U_t^2 \qquad (U_t < 0.60) \tag{33-57a}$$

$$T_v = -0.933 \lg(1 - U_t) - 0.085 \qquad (U_t > 0.60) \tag{33-57b}$$

$$T_v \approx 3 U_t \qquad (U_t = 1.0) \tag{33-57c}$$

项目	计算方法、公式及图示

对于起始超静水压力 u_0 沿土层深度为线性变化的情况,可根据此时的边界条件,解微分方程(33-48),并积分式(33-53),分别得:

情况2:
$$U_{t2}=1-1.03\left[e^{-\left(\frac{\pi^2}{4}\right)T_v}-\frac{1}{27}e^{-9\left(\frac{\pi^2}{4}\right)T_v}+\cdots\right] \quad (33\text{-}58)$$

情况3:
$$U_{t3}=1-0.59\left[e^{-\left(\frac{\pi^2}{4}\right)T_v}+0.37e^{-9\left(\frac{\pi^2}{4}\right)T_v}+\cdots\right] \quad (33\text{-}59)$$

这两种情况下的 U_t-T_v 关系曲线如图 B 中的曲线②和曲线③所示。可利用表 33-23 查相应于不同固结度的 T_v 值。

公式(33-56)也适用于双面排水附加应力直线分布(不仅仅是均匀分布)的情况。

②地基单面排水且上下面附加应力不等的情况

应用下图 C,固结度 U_t 与时间因子 T_v 关系曲线进行计算,图中共有 10 条曲线,由下至上 $a=0,0.2,0.4,$ $0.6,0.8,1.0,2.0,4.0,8.0,\infty$。其中

$$a=\frac{排水面附加应力}{不排水面附加应力}=\frac{\sigma_1}{\sigma_2} \quad (33\text{-}60)$$

由于地基土的性质,计算时间因子 T_v,由曲线横坐标与 a 值,即可找出纵坐标 U_t 为所求。

固结度 U_t 和 T_v 的关系曲线

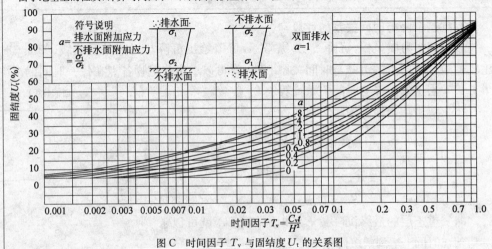

图 C 时间因子 T_v 与固结度 U_t 的关系图

U_t-T_v 对照表　　　　　表 33-23

固结度 U_t(%)	时间因子 T_v		
	T_{v1}[曲线①]	T_{v2}[曲线②]	T_{v3}[曲线③]
0	0	0	0
5	0.002	0.024	0.001
10	0.008	0.047	0.003
15	0.016	0.072	0.005
20	0.031	0.100	0.009
25	0.048	0.124	0.016
30	0.071	0.158	0.024
35	0.096	0.188	0.036
40	0.126	0.221	0.048
45	0.156	0.252	0.072
50	0.197	0.294	0.092

固结度 U_t(%)	时 间 因 子 T_v		
	T_{v1}[曲线①]	T_{v2}[曲线②]	T_{v3}[曲线③]
55	0.236	0.336	0.128
60	0.287	0.383	0.160
65	0.336	0.440	0.216
70	0.403	0.500	0.271
75	0.472	0.568	0.352
80	0.567	0.665	0.440
85	0.676	0.772	0.544
90	0.848	0.940	0.720
95	1.120	1.268	1.016
100	∞	∞	∞

3. 地基沉降与时间关系的计算

以时间 t 为横坐标,沉降 S_t 为纵坐标,可以绘出沉降与时间关系曲线,如图 33-12 所示。比较建筑物不同点的沉降与时间关系曲线,就可以求出建筑物各点在任一时间的沉降差。

1)一层土的沉降与时间关系计算

按土层平均固结度的定义:

$$U_t = \frac{\int_0^H \sigma'_{zt}dH}{pH} = \frac{\frac{a}{1+e_1}\int_0^H \sigma'_{zt}dH}{\frac{a}{1+e_1}pH} = \frac{S_t}{S_\infty}$$

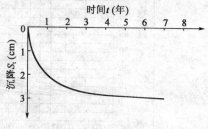

图 33-12 S_t-t 曲线

故　　　　　　　$S_t = U_t S_\infty$ 　　　　(33-61)

即知道土层的最终沉降量 S_∞ 和固结度 U_t,就可以求得基础在时间 t 达到的沉降量 S_t。

2)分层地基的沉降与时间关系的计算

以上讨论限于地基为均匀土层或地基中只有一层透水性很小(沉降过程缓慢)的压缩土层的情况。砂层、砾石层等无黏性土层由于透水性大,渗流固结过程进行迅速,在建筑物修建期即已稳定,因此,计算基础的沉降与时间关系一般只考虑黏性土层。如果在分层地基中受压层范围以内有两层黏性土层,而这两层中间隔有一层砂层(连续分布)的情况,可以按照上述方法分别计算每一层的沉降时间关系曲线,最后叠加起来。但在不少实际问题中可能遇到两层或两层以上黏性土层直接上下叠在一起的情况,这时,应用上述方法就有困难。因为底下一层对于上面一层来说,既不是不透水层,也不是完全透水层(如砂层)。对这个问题,目前一般采用近似解法,将分层地基用一个假想的均匀土层(等值层)来代替,这个均匀土层的厚度 H_e 等于受压层厚度 z_n,等值层的渗透系数 k_e 可采用多层土竖直向渗流的等值渗透系数,即按式(33-63)计算:

$$k_z = \frac{H}{\sum_1^n \frac{H_i}{k_i}}$$ 　　　　(33-62)

式中:H——土层厚度(m);

　　　　H_i——第 i 层土的厚度(m);

k_i——第 i 层土的渗透系数（m/day）；

k_z——垂直层面方向的等效渗透系数（m/day）。

等值层的体积压缩系数 m_{ve} 可以推导如下：按一维压缩课题，等值层的变形量为：

$$S = \frac{1}{2} m_{ve} p_0 H_e \tag{a}$$

在等值层内，假定附加应力为倒三角形分布（图 33-13），则各层土的变形量总和为

$$S = \sum_1^n m_{vi} \sigma_{zi} H_i = \sum_1^n m_{vi} p_0 \frac{H_e - z_i}{H_e} H_i \tag{b}$$

等值体积压缩系数就是指用该系数时等值层的变形量等于等值层内各土层变形量的总和。

这样由式（a）和（b）可以求得：

$$m_{ve} = \frac{2}{H_e^2} \sum_1^n m_{vi} H_i (H_e - z_i) \tag{33-63}$$

以上两式中，H_i，k_i，m_{vi} 和 z_i 分别为实际地基各分层土的厚度、渗透系数、体积压缩系数和该分层中点至基础底面的距离，n 为受压层范围内的分层数目。

已知 m_{ve} 和 k_e，也就可以求得此假想均匀土层的固结系数 C_{ve}：

$$C_{ve} = \frac{k_e}{m_{ve} \gamma_\omega} \tag{33-64}$$

式中：γ_ω——水的重度。

计算固结度时，如果受压层以下土层的透水性比上面土层的透水性小或相似，则按情况 3 处理；如果受压层位于水能自由排出的透水层中，则按情况 1 处理，在式（33-52）中采用 $\frac{1}{2}$ 受压层厚度作为排水最长距离 H。

这样，分层地基的沉降时间关系计算就可简化成单层土进行。

3）沉降与时间关系曲线的修正（考虑荷载非一次全部加上去）

在上述讨论中，均假定基础荷载是一次全部加到地基土上去的，而实际上，建筑物荷载是在整个修建期间逐步加上去的。因此，按上述方法求得的沉降与时间关系曲线需作相应修正。

图 33-14 中 a）为加载曲线，通常用直线段 $O'M$ 代替曲线段 $O'M'$。假设加载期间 t_c 内荷载按线性增长，并忽略 O' 以前开挖基坑引起的土的变形。图 33-14 中 b）虚线为按一次加上荷载计算求得的沉降与时间关系曲线。

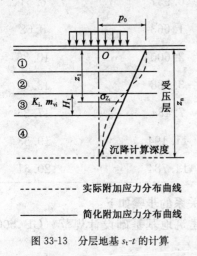

图 33-13 分层地基 s_t-t 的计算

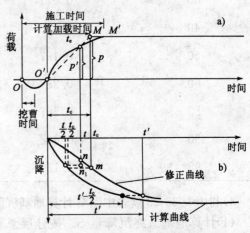

图 33-14 沉降-时间关系曲线的修正

519

修正方法假定：

（1）在加载期间 t_c 终了时达到的沉降量等于荷载一次加上去经过 $t_c/2$ 时间达到的沉降量，根据这个假定，得点 m（图 33-14）。

（2）加载期间内某一时间 t 达到的沉降量（这时荷载为 p'）等于全部荷载 p 一次加上去经过 $t/2$ 时间达到的沉降量乘以 p'/p 值，在图 33-14b)中，沉降量为 $tn=(tn_1)p'/p$。

（3）在加载期间以后任一时间 t' 达到的沉降量等于荷载一次加上去经过 $\left(t-\dfrac{t_c}{2}\right)$ 时间达到的沉降量。

修正后的沉降与时间关系曲线如图 33-14b)中实线所示。可以看出，随着时间的增长，荷载逐步加上去（施工期间）对沉降值的影响逐渐减小。这种修正方法虽是近似的，但与实际观测结果比较，可以认为在实用上已够准确。

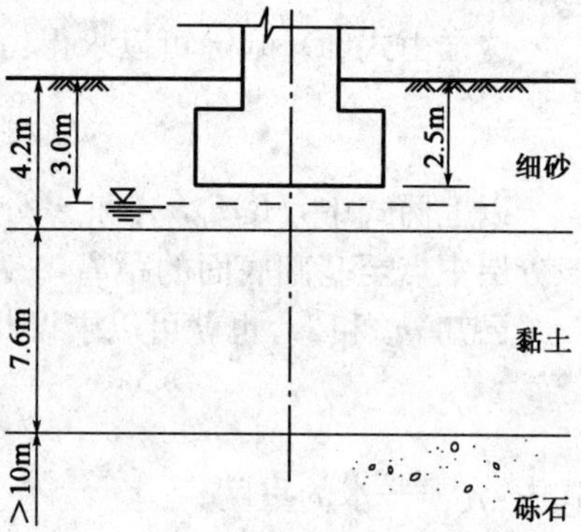

【例 33-12】 地质剖面如图 33-15 所示，基础的计算最终沉降量为 21.7cm（砂层及砾石层的沉降变形忽略不计），已知黏土层的固结系数 $C_v=3.47\times10^{-4}\,\mathrm{cm^2/s}$，建筑物施工期为 18 个月。试运用表 33-22 中图 B 和表 33-23 绘制基础的沉降-时间关系曲线，并加施工期修正。

解： 黏土层为两面排水，$H=\dfrac{760}{2}=380（\mathrm{cm}）$

图 33-15 **【例 33-12】** 地质剖面

$$T_v=\frac{C_v t}{H^2}$$

$$t=\left(\frac{380\times380}{3.47\times10^{-4}\times3\,600\times24\times365}\right)T_v=13.2T_v（年）$$

绘制"$S\text{-}t$ 曲线"及"修正 $S\text{-}t$ 曲线"如图 33-16 所示。

设 $U_t=0\%$	查表 33-23 $T_v=0$	$t=13.2T_v$（年）	$S=2.17U_t$（cm）
10	0.008	0.106	2.17
20	0.031	0.409	4.34
30	0.071	0.937	6.51
40	0.126	1.663	8.68
50	0.197	2.600	10.85
60	0.287	3.788	13.02
80	0.567	7.484	17.36
90	0.848	11.194	19.53
95	1.120	14.784	20.61

4)利用表 33-22 续表中图 C 计算地基沉降与时间关系的步骤如下：

（1）计算地基最终沉降量 S。按分层总和法或《建筑地基基础设计规范》(GB 50007—2011)进行计算。

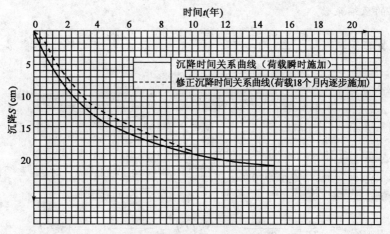

图 33-16 【例 33-12】计算结果

(2)计算附加应力比值 a。由地基附加应力计算,应用式(33-60)可得 a 值。

(3)假定一系列地基平均固结度 U_t。如 $U_t=10\%,20\%,40\%,60\%,80\%,90\%$。

(4)计算时间因子 T_v。由假定的每一个平均固结度 U_t 与 a 值,应用表 33-22 中图 C,查出纵坐标时间因子 T_v。

(5)计算时间 t。由地基土的性质指标和土层厚度,由式(33-51)计算每一 U_0 的时间 t。

(6)计算时间 t 的沉降量 s_t。由 $U_t=\dfrac{s_t}{s}$ 可得:

$$s_t = U_t s \tag{33-65}$$

(7)绘制 s_t-t 关系曲线。以计算的 s_t 为纵坐标,时间 t 为横坐标,绘制 s_t-t 曲线,则可求任意时间 t_1 的沉降量 s_t。

【例 33-13】 已知某工程地基为饱和黏土层,厚度为 8.0m,顶部为薄砂层,底部为不透水的基岩。如图 33-17 所示,基础中点 O 下的附加应力:在基底处为 240kPa,基岩顶面为 160kPa。黏土地基的孔隙比 $e_1=0.88,e_2=0.83$。渗透系数 $k=0.6\times10^{-8}$ cm/s。求地基沉降量与时间的关系。

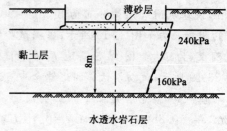

图 33-17 【例 33-13】地基剖面图

解:(1)地基沉降量估算

$$s = \frac{e_1-e_2}{1+e_1}h = \frac{0.88-0.83}{1+0.88}\times800 = 21.3(\text{cm})$$

(2)计算附加应力比值 a

$$a = \frac{\sigma_1}{\sigma_2} = \frac{240}{160} = 1.50$$

(3)假定地基平均固结度

$$U_t = 25\%,50\%,75\%,90\%$$

(4)计算时间因子 T_v

由 U_t 与 a 查表 33-22 中图 C 曲线横坐标可得:

$$T_v = 0.04,0.175,0.45,0.84$$

(5)计算相应的时间 t

①地基土的压缩系数

$$a = \frac{\Delta e}{\Delta \sigma} = \frac{e_1 - e_2}{\frac{0.24 + 0.16}{2}} = \frac{0.88 - 0.83}{0.20} = \frac{0.05}{0.20} = 0.25 (\text{MPa}^{-1})$$

②渗透系数换算

$$k = 0.6 \times 10^{-8} \times 3.15 \times 10^7 = 0.19 (\text{cm}/\text{年})$$

③计算固结系数

$$C_v = \frac{k(1+e_m)}{0.1 \times a\gamma_w} = \frac{0.19 \times \left(1 + \frac{0.88 + 0.83}{2}\right)}{0.1 \times 0.25 \times 0.001} = 14\,100 (\text{cm}^2/\text{年}) (\text{式中引入了量纲换算系数} 0.1)$$

④时间因子

$$T_v = \frac{C_v t}{H^2} = \frac{14\,100t}{800^2} \qquad \text{所以} \quad t = \frac{640\,000}{14\,100} T_v = 45.5 T_v$$

列表计算如下：

计算结果　　　　　　　　　　　　　　　　　　　表 33-24

固结度 U_t(%)	附加应力比值 a	时间因子 T_v	时间 t(年)	沉降量 s_1(cm)
25	1.5	0.04	1.82	5.32
50	1.5	0.175	8.0	10.64
75	1.5	0.45	20.4	15.96
90	1.5	0.84	38.2	19.17

s_t-t 关系曲线见图 33-18。

【例 33-14】 有一圆形储仓,采用筏片基础,半径 $R = 10\text{m}$,设基底附加应力分布为 $8t/\text{m}^2 = 80\text{kPa}$;土中沿深度分布的附加应力如图 33-19 所示;根据试验室修正后的 e-$\lg p$ 曲线确定为正常固结土,地质剖面及土性指标均如图 33-19 所示,试初步估算圆形储仓中点可能的沉降量。

解:已知储仓埋置在亚黏土层顶面,则 $\Delta h_1 = 4\text{m}$;$\Delta h_2 = 12\text{m}$,$e_{11} = 0.88$,$e_{12} = 1.25$,$C_{c1} = 0.18$,$C_{c2} = 0.45$。

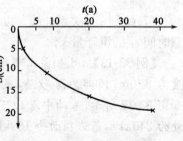

图 33-18 【例 33-13】s_t-t 曲线图

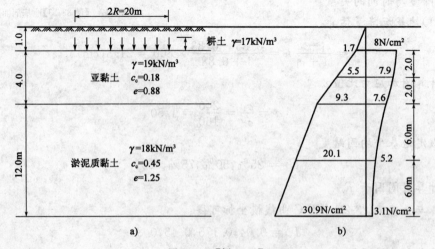

图 33-19 【例 33-14】

(1)计算各层土现在的有效固结压力 p_{11}，p_{12}，现在的有效固结压力一般指现有的土重，可取土层中间深度处的自重应力：

$$p_{11} = 1.70 \times 1.0 + 1.9 \times 2.0 = 5.5(\text{t/m}^2) = 0.55(\text{kg/cm}^2) = 5.5(\text{N/cm}^2)$$

$$p_{12} = 1.70 \times 1.0 + 1.9 \times 4.0 + 6 \times 1.8 = 20.1(\text{t/m}^2) = 2.01(\text{kg/cm}^2) = 20.1(\text{N/cm}^2)$$

(2)计算各层土的附加应力，即附加的有效固结压力 Δp_1 及 Δp_2，由均布圆形荷载作用下土中应力公式求得，算式从略，其结果见图 33-19b)，由此取得土层中间深度处的附加应力为：

$$\Delta p_1 = 0.79\text{kg/cm}^2 = 7.9\text{N/cm}^2 ; \Delta p_2 = 0.52\text{kg/cm}^2 = 5.2\text{N/cm}^2$$

(3)将上述各数据代入式(33-33)，得地基主固结沉降为：

$$S_c = \sum_1^n C_{ci} \frac{h_i}{1+e_{1i}}\left(\lg\frac{p_{1i}+p_i}{p_{1i}}\right) = C_{c1}\frac{h_1}{1+e_{11}}\left(\lg\frac{p_{11}+p_1}{p_{11}}\right) + C_{c2}\frac{h_2}{1+e_{12}}\left(\lg\frac{p_{12}+p_2}{p_{12}}\right)$$

$$= 0.18 \times \frac{400}{1+0.88}\left(\lg\frac{0.55+0.79}{0.55}\right) + 0.45 \times \frac{1200}{1+1.25}\left(\lg\frac{2.01+0.52}{2.01}\right)$$

$$= 14.5 + 24.0 = 38.5(\text{cm})$$

【例 33-15】 某建筑物为框架结构，其柱基底面为正方形，边长 $l=b=3\text{m}$，基础埋置深度 $d=1.0\text{m}$。上部结构传至基础顶面的荷载 $P=1\,500\text{kN}$。地基为粉质黏土，地下水位以上土的天然重度 $\gamma=16.0\text{kN/m}^3$，土的天然孔隙比 $e=0.97$，土的压缩系数 $a_1=0.30\text{MPa}^{-1}$。地下水位以下土的饱和重度 $\gamma_{sat}=17.5\text{kN/m}^3$，土的压缩系数 $a_2=0.25\text{MPa}^{-1}$。地下水位深 3.4m。如图 33-20 所示。试计算柱基中心的沉降量。

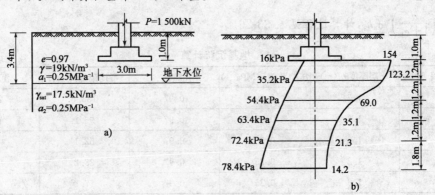

图 33-20 【例 33-15】
a)地质条件及基础尺寸；b)地基应力分布图

解:(1)计算地基上的自重应力

基础底面： $\sigma_{cd} = \gamma d = 16\text{kN/m}^3 \times 1\text{m} = 16(\text{kPa})$

地下水面： $\sigma_{cw} = 3.4\gamma = 3.4\text{m} \times 16\text{kN/m}^3 = 54.4(\text{kPa})$

地面下 2B 处： $\sigma_{c6} = 3.4\gamma + 2.6\gamma' = 54.4\text{kPa} + 19.5\text{kPa} = 73.9(\text{kPa})$

(2)基础底面接触压力 σ

设基础及以上土的重度 $\overline{\gamma} = 20\text{kN/m}^3$，则：

$$\sigma = \frac{P}{l \times b} + \overline{\gamma}d = \frac{1\,500}{3 \times 3} + 20 \times 1 = 186.7(\text{kPa})$$

(3)基础底面附加应力

$$\sigma_0 = \sigma - \gamma d = 186.7 - (16 \times 1) = 170.7(\text{kPa})$$

(4)地基中的附加应力

基础底面为正方形,用角点法计算,分成相等的四小块,查表33-5,列表计算(表33-25)。

地基中附加应力计算表 表33-25

深度 z(m)	l/b	z/b	应力系数 a	附加应力 $\sigma_z = 4a\sigma_0$(kPa)
0	1.0	0.0	0.25	170.7
1.2	1.0	0.8	0.20	136.6
2.4	1.0	1.6	0.112	76.5
3.6	1.0	2.4	0.057	38.9
4.8	1.0	3.2	0.0345	23.6
6.6	1.0	4.4	0.023	15.7

(5)地基受压层深度 z_n

由图33-20中自重应力分布与附加应力分布两条曲线,寻找 $\sigma_z = 0.2\sigma_{cz}$ 的深度 z:当深度 $z = 6.6$m 时,$\sigma_z = 15.7$kPa,$\sigma_{cz} = 78.4$kPa,$\sigma_z \approx 0.2\sigma_{cz} = 15.68$kPa。故受压层深度 $z_n = 6.6$m。

(6)地基沉降计算分层

计算层每层厚度 $h_i \leqslant 0.4b = 1.6$m,地下水位以上2.4m分两层,各1.2m;第三层1.2m;第四层1.2m;第五层因附加压力很小,可取1.8m。

(7)地基沉降计算

$s_i = \left(\dfrac{a}{1+e_1}\right)_i \overline{\sigma_z} h_i$,计算过程见表33-26。

地基沉降计算 表33-26

土 层 编 号	土层厚度 h_i(m)	压缩系数 a(MPa^{-1})	孔隙比 e	平均附加应力 $\overline{\sigma_z}$	沉降量 s_i
1	1.2	0.30	0.97	138.6	25.33
2	1.2	0.30	0.97	96.1	17.56
3	1.2	0.25	0.97	52.1	7.93
4	1.2	0.25	0.97	28.2	4.29
5	1.8	0.25	0.97	17.8	4.07

柱基中心总沉降量为:

$$s = \sum s_i = 25.33 + 17.56 + 7.93 + 4.29 + 4.07 = 59.18(\text{mm})$$

【例33-16】 建筑物荷载、基础尺寸和地基上的分布与性质同【例33-15】,地基土的平均压缩模量:地下水位以上 $E_{s1} = 5.5$MPa,地下水位 $E_{s2} = 6.5$MPa。修正后的承载力特征值 $f_a = 170.7$kPa。用《建筑地基基础设计规范》(GB 50007—2011)推荐法计算柱基中点的沉降量。

解:(1)地基受压层计算深度 z_n,按式(33-47)计算:

$z_n = b(2.5 - 0.4\ln b) = 3.0 \times (2.5 - 0.4\ln 3.0) = 3.0 \times (2.5 - 0.55) = 6.2(\text{m})$

(2)柱基中点沉降量计算:

由已知,基础底面处的附加应力 $p_0 = 170.7$kPa;由图33-18知,$z_1 = 2.4$m,$z_2 = 6.6$(m);

由于 $\dfrac{l}{b} = \dfrac{3.0\text{m}}{3.0\text{m}} = 1.0$、$\dfrac{z_1}{b} = \dfrac{2.4\text{m}}{3.0\text{m}} = 0.8$、$\dfrac{z_2}{b} = \dfrac{6.6\text{m}}{3.0\text{m}} = 2.2$,查表33-25 得:$\overline{a_1} = 0.775$,$\overline{a_2} = 0.414$。

按照式(33-47),首先计算 A_1 和 A_2。

$$A_1 = \frac{1 + 0.775}{2} \times 2.4 = 2.13, A_2 = \frac{0.775 + 0.414}{2} \times 5.4 = 3.21$$

代入式(33-47)得到:

$$\overline{E_s} = \frac{\sum A_i}{\sum \dfrac{A_i}{E_{si}}} = \frac{2.13 + 3.21}{\dfrac{2.13}{5.5} + \dfrac{3.21}{6.5}} = 6.06(\text{MPa})$$

由表33-11插值得 $\psi_s = 1.1$。

将上列各项数值代入式(33-44)得:

$$s = \psi_s \sum_{i=1}^{n} \frac{p_0}{E_{si}}(z_i \overline{a_i} - z_{i-1} \overline{a_{i-1}})$$

$$= 1.1 \times 170.7 \times \left(\frac{2.4 \times 0.775}{5.5} + \frac{6.6 \times 0.414 - 2.4 \times 0.775}{6.5} \right)$$

$$= 88.7(\text{mm})$$

【例33-17】 柱荷载 $F = 1\,200\text{kN}$，基础埋深 $d = 1.5\text{m}$，基础底面尺寸 $l \times b = 4\text{m} \times 2\text{m}$；地基土层如图33-21所示。基底修正后的承载力特征值 $f_a = 153\text{kPa}$。使用《建筑地基基础设计规范》(GB 50007—2011)方法计算该基础的最终沉降量。

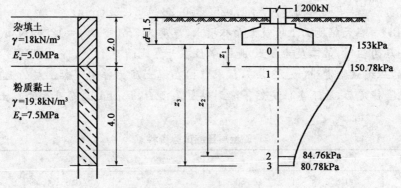

图33-21 【例33-17】地质剖面图

解:(1)基底附加应力

基础及上覆土重:

$$G_k = \gamma_G lbd = 20 \times 4 \times 2 \times 1.5 = 240(\text{kPa})$$

$$p_k = \frac{F_k + G_k}{A} = \frac{1\,200 + 240}{4 \times 2} = 180(\text{kPa})$$

基础底面处土的自重应力:

$$\sigma_{cz} = \gamma d = 18 \times 1.5 = 27(\text{kPa})$$

所以,基础底面处的附加压力:

$$p_0 = p_k - \sigma_{cz} = \gamma d = 180 - 27 = 153(\text{kPa})$$

(2)沉降计算

按照 $\dfrac{s_n}{\sum s_i} \leqslant 0.025$ 确定计算深度。$l/b = 2.0$,查表33-25,列表(表33-27)计算沉降。

基础最终沉降量计算表 表 33-27

点号	Z_i (m)	z/b	$\overline{a_i}$	$z_i\overline{a_i}$ (mm)	$z_i\overline{a_i}-z_{i-1}\overline{a_{i-1}}$ (mm)	E_{si} (MPa)	$\frac{p_0}{E_{si}}$	s_i (mm)	$\sum s_i$ (mm)	$\frac{s_i}{\sum s_i}$
0	0	0	1.000 0	0		5.0				
1	0.50	0.25	0.985 5	492.75	492.5		0.030 6	15.08		
2	3.90	1.95	0.554 0	2 160.60	1 667.85	7.5	0.020 4	34.02		
3	4.20	2.10	0.528 0	2 217.60	57.0		20.020 4	1.16	50.26	0.023
4	4.50	2.25	0.503 5	2 265.75	48.15		0.020 4	0.98		

所以计算深度为 4.2m，累计沉降为 50.26mm。

(3)沉降经验系数 ψ_s 的确定

$$\overline{E_s}=\frac{\sum A_i}{\sum(A_i/)E_{si}}=\frac{p_0\sum(z_i\overline{a_i}-Z_{i-1}\overline{a_{i-1}})}{p_0\sum[(z_i\overline{a_i}-Z_{i-1}\overline{a_{i-1}})/E_{si}]}$$

$$=\frac{(492.75+1\,667.85+57)}{\frac{492.75}{5.0}+\frac{1\,667.85}{7.5}+\frac{57}{7.5}}=6.75(\text{MPa})$$

因为 $p_0=f_{ak}$，查表 33-11 并内插得：$\psi_s=1.025$。

基础最终沉降量：

$$s=\psi_s\sum s_i=1.025\times50.26=51.52(\text{mm})$$

【例 33-18】 在天然地面上填筑大面积填土，厚度为 3m，重度 $\gamma=18.4\text{kN/m}^3$。天然土层为两层，第一层为粗砂，第二层为黏土，地下水位在天然地面下 1.0m 深处(图 33-22)。试根据所给黏土层的压缩试验资料(表 33-28)，试求：(1)在填土压力作用下黏土层的沉降量是多少？(2)当上述沉降稳定后，地下水位突然下降到黏土层顶面，试问由此而产生的黏土层附加沉降是多少？

黏土层压缩试验资料 表 33-28

p(kPa)	0	50	100	200	400
e	0.852	0.758	0.711	0.651	0.635

解：(1)填土压力：

$$p_0=\gamma h=18.4\times3=55.2(\text{kPa})$$

黏土层自重应力平均值(以黏土层中部为计算点)：

$$p_1=\sigma_c=\sum\gamma_i h_i$$
$$=18\times1+(18.4-10)\times3+(20-10)\times2.5$$
$$=68.2(\text{kPa})$$

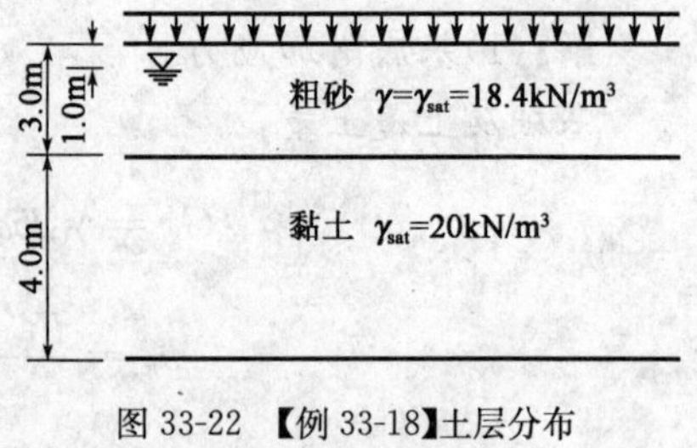

图 33-22 【例 33-18】土层分布

黏土层附加应力平均值：

$$\Delta p=\sigma_z=p_0=55.2(\text{kPa})$$

由 $p_1=67\text{kPa}$，$p_2=p_1+\Delta p=123.4\text{kPa}$，得相应的孔隙比为：

$$e_1=0.758+\frac{68.2-50}{100-50}(0.711-0.758)=0.741$$

$$e_2=0.711+\frac{123.4-100}{200-100}(0.651-0.711)=0.697$$

黏土层的沉降量为：

$$s = \frac{e_1 - e_2}{1 + e_1} H = \frac{0.741 - 0.697}{1 + 0.741} \times 5\,000 = 126(\text{mm})$$

(2)当沉降稳定后,填土压力所引起的附加应力已全部转化为土的有效自重应力。因此,水位下降前黏土层的自重应力平均值为:

$$p_1 = \sigma_c = 123.4(\text{kPa})$$

水位下降到黏土层顶面时,黏土层的自重应力平均值 p_2 为(p_2 与 p_1 之差即为新增加的自重应力):

$$p_2 = 18.4 \times 3 + 18 \times 4 + (20 - 10) \times 2.5 = 152.4(\text{kPa})$$

与 p_1、p_2 相应的孔隙比为:

$$e_1 = 0.697$$

$$e_2 = 0.711 + \frac{152.4 - 100}{200 - 100} \times (0.651 - 0.711) = 0.680$$

黏土层的附加沉降为:

$$s = \frac{e_1 - e_2}{1 + e_1} H = \frac{0.697 - 0.680}{1 + 0.697} \times 5\,000 = 50(\text{mm})$$

【例 33-19】 按《建筑地基基础设计规范》(GB 50007—2011)推荐沉降计算公式计算基础最终沉降量。

一方形基础的埋置深度 $d = 1.3\text{m}$,基础底面积 $1.6\text{m} \times 1.6\text{m}$。设基础底面的附加应力 p_0 为 135kPa。地质剖面图和各层土的物理力学指标见图 33-23。试按《建筑地基基础设计规范》(GB 50007—2011)中沉降计算公式求基础最终沉降量。

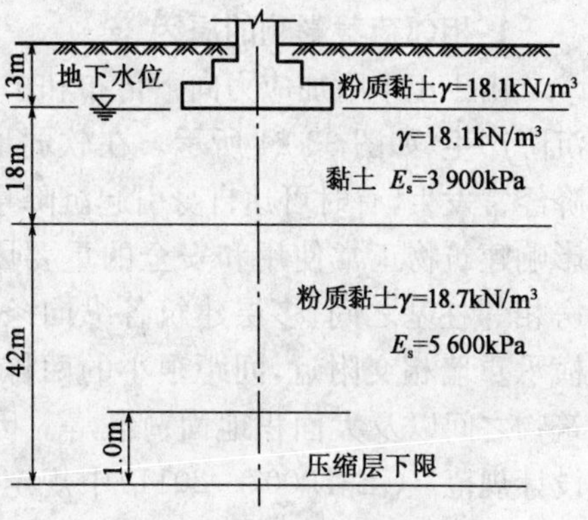

解:(1)设压缩层的厚度为 6.0m,其中共有两层:黏土层,厚 1.8m;亚黏土层,厚 4.2m。

(2)计算各土层的压缩量:

①黏土层:该层的顶面及底面各位于基础底面下 $z = 0$ 及 $z = 1.8\text{m}$ 处。

图 33-23 【例 33-19】地质剖面图

$$\frac{l}{b} = \frac{1.6}{1.6} = 1, \frac{z_0}{b} = 0, 查得 \overline{a_0} = 1.00$$

$$\frac{l}{b} = 1, \frac{z_1}{b} = \frac{1.8}{1.6} = 1.125, 查得 \overline{a_1} = 0.655, 得黏土层的压缩量 s_1 为:$$

$$\Delta s_1 = \frac{p_0}{E_{si}} (\overline{a_i} z_i - \overline{a_{i-1}} z_{i-1}) = \frac{135}{3\,900} \times (0.655 \times 180 - 1.00 \times 0)$$

$$= \frac{135}{3\,900} \times 117.9 = 4.08(\text{cm})$$

②粉质黏土层:该层的顶面及底面各位于基础底面下 $z_1 = 1.8\text{m}$ 及 $z_2 = 6.0\text{m}$ 处,

$$\frac{l}{b} = 1, \frac{z_2}{b} = \frac{6.0}{1.6} = 3.75$$

查得 $\overline{a_2} = 0.266$。

则粉质黏土层压缩量 Δs_2 为:

$$\Delta s_2 = \frac{135}{5\,600} \times (0.266 \times 600 - 0.655 \times 180) = \frac{135}{5\,600} \times (159.6 - 117.9)$$

$$= \frac{135}{5\,600} \times 41.7 = 1.01(\text{cm})$$

(3)确定压缩层厚度:先计算在深度 $z=6.0\mathrm{m}$ 处向上取计算层厚度为 1m 土层压缩量 $\Delta s'_{\mathrm{n}}$。

$$\frac{l}{b}=1,\frac{z'}{b}=\frac{5.0}{1.6}=3.125,查得\overline{a}'=0.311。$$

则
$$\Delta s'_{\mathrm{n}}=\frac{135}{5\,600}\times(0.266\times600-0.311\times500)$$

$$=\frac{135}{5\,600}\times(159.6-155.5)=\frac{135}{5\,600}\times41=0.099\,0(\mathrm{cm})$$

$$\frac{\Delta s'_{\mathrm{n}}}{\sum\limits_{i=1}^{n}\Delta s'_{i}}=\frac{0.092\,3}{4.05+0.94}=\frac{0.092\,3}{4.99}=0.019\,8\leqslant0.025$$

故压缩层厚度可取为 6.0m(从基础底面算起),与原假设相同。

(4)计算基础最终沉降量:为方便计算,设 $\overline{E}_{\mathrm{s}}$(压缩层范围内各土层的压缩模量当量值)为 5 100kPa,并取 $\psi_{\mathrm{s}}=1.1$,则基础最终沉降量 s:

$$s=\psi_{\mathrm{s}}\sum_{i=1}^{n}\Delta s_{i}=1.1\times5.09=5.60(\mathrm{cm})$$

四、相邻基础荷载对地基变形的影响

1. 相邻荷载影响的原因

由于土中附加应力向下传布和扩散,对附近基础下的土应力产生叠加作用,导致地基附加沉降产生,如图 33-24 所示。在软弱地基中,这种附加沉降经常发生,有时可达自身引起沉降量的 50% 以上,成为影响建筑物正常使用和安全的重要因素。例如:单层厂房相邻柱基之间、多层建筑各纵向条形基础之间以及纵横承重墙相交附近,间距很小的两栋独立的建筑物或构筑物之间以及大面积地面荷载等。因此《建筑地基基础设计规范》(GB 50007—2011)中规定:计算地基变形时,应考虑相邻荷载的影响,其值可按应力叠加原理,采用角点法计算。

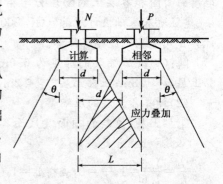

图 33-24 相邻荷载对地基附加应力的影响

2. 相邻荷载影响因素

相邻荷载影响因素包括:①两基础的距离;②荷载大小;③地基土的性质;④施工先后顺序等。其中以两基础的距离为最主要因素。若两基础距离越近,荷载越大,地基越软弱,则影响越大。

现将软弱地基相邻建筑物基础间的净距,列于表 33-29 中,以便计算时选用。

表 33-29

相邻建筑物基础间的净距参考表

影响建筑物预估平均沉降量 s(mm)	被影响建筑物的长高比	
	$2.0\leqslant l/H_{\mathrm{f}}<3.0$	$3.0\leqslant l/H_{\mathrm{f}}<5.0$
70~150	2~3	3~6
160~250	3~6	6~9
260~400	6~9	9~12
>400	9~12	≥12

注:1. 表中 l 为建筑物长度或沉降缝分隔的单元长度(m);H_{f} 为自基础底面高程算起的建筑物高度(m)。
2. 当被影响建筑物的长高比为 $1.5<l/H_{\mathrm{f}}<2.0$ 时,其净间距可适当减小。

3. 相邻基础荷载对地基沉降影响的计算

目前常用的相邻荷载计算的方法有两种,一是用"角点法",二是用"等代荷载法"。以下分别概要介绍这两种计算方法。

1)用角点法计算相邻荷载的影响

用角点法计算相邻荷载引起地基中附加应力时,可按式(33-33)~式(33-45)计算附加沉降量。例如:有 A、B 两相邻基础,需计算 B 基础底面的附加应力 p_0,对 A 基础中心 O 点引起的附加沉降量 s_0。由图 33-25 可知:所求沉降量 s_0,为均布荷载 p_0 由矩形面积 A_{oabc} 在 O 点引起的沉降量 s_{oabc} 减去由矩形面积 A_{odec} 在 O 点引起的沉降量 S_{odec} 的 2 倍,即:

$$s_0 = 2(s_{oabc} - s_{odec}) \tag{33-66}$$

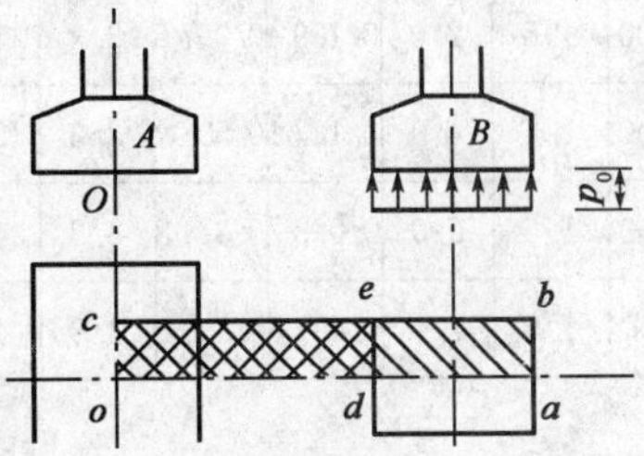

图 33-25 角点法计算相邻荷载影响图

由分层总和法或《建筑地基基础设计规范》(GB 50007—2011)推荐法,分别计算矩形面积受均布荷载作用下的 s_{oabc} 与 s_{odec} 即得。通过下述例子说明用角点法计算的具体步骤与方法。

【例 33-20】 设基础底面平均压力 $p = 1.8\text{kg/cm}^2 = 1\,800\text{MPa}$,基础埋深 150cm,基础平面和各层土的压缩模量如图 33-26 所示,求基础 I 的最终沉降量。

解: 基础底面处土的自重应力:

$$\sigma_{co} = 1.5 \times 1.8 = 2.7(\text{t/m}^2) = 0.27(\text{kg/cm}^2) = 2.7 \times 10^{-2}\text{MPa}$$

基础底面处的附加应力:

$$p_0 = p - \sigma_{co} = 1.8 - 0.27 = 1.53(\text{kg/cm}^2) = 0.153\text{MPa}$$

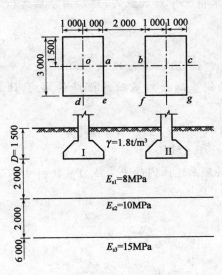

图 33-26 【例 33-20】相邻基础最终
沉降计算简图

从图 33-26 可知基础 I 底面中点至第 i 层底面范围内的平均附加应力系数 C_i 由两部分组成,即 $C_i = C_{Ii} + C_{IIIi}$,$C_{Ii} = 4C_{oaed}$,$C_{IIIi} = 2(C_{ocgd} - C_{obfd})$,式中 C_{Ii} 为基础 I 底面中点至第 i 层底面范围内,由基础 I 荷载作用产生的平均附加应力系数;C_{IIIi} 为基础 I 底面中点至第 i 层底面范围内,由基础 II 荷载影响产生的平均附加应力系数;C_{oaed} 为基础 I 底面中点至第 i 层底面范围内,由于作用在矩形 $oaed$ 面积($A = 1.5\text{m}$,$B = 1.0\text{m}$)上的荷载所产生的平均附加应力系数,C_{ocgd} 为基础 I 底面中点至第 i 层底面范围内,由于作用在矩形 $ocgd$ 面积($A = 5\text{m}$,$B = 1.5\text{m}$)上的荷载所产生的平均附加应力系数;C_{obfd} 为基础 I 底面中点至第 i 层底面范围内,由于作用在矩形 $obfd$ 面积($A = 3\text{m}$,$B = 1.5\text{m}$)上的荷载所产生的平均附加应力系数,均由表 33-15 查得,计算列于表 33-30。

z_i (cm)	基 础 I				基 础 II 对基础 I 的影响							$C_i=C_{Ii}+C_{IIi}$	$z_i C_i$ (cm)	$z_i C_i - z_{i-1} C_{i-1}$ (cm)	E_{si} $\left(\dfrac{N}{cm^2}\right)$	$s'_i = \dfrac{p_0}{E_{si}}\cdot(z_i C_i - z_{i-1} C_{i-1})$ (cm)	$\sum\limits_1^n s'_i$ (cm)
	$\dfrac{A}{B}$	$\dfrac{z_i}{B}$	C_{oaed}	$C_{Ii}=4C_{oaed}$	矩形 $ocgd$			矩形 $obfd$			$C_{IIi}=2\cdot(C_{ocgd}-C_{obfd})$						
					$\dfrac{A}{B}$	$\dfrac{z_i}{B}$	C_{ocgd}	$\dfrac{A}{B}$	$\dfrac{z_i}{B}$	C_{obfd}							
200	1.5	2.0	0.1894	0.7576	3.3	1.3	0.2250	2.0	1.3	0.2230	0.0040	0.7616	152.32	152.32	800	2.91	2.91
400	1.5	4.0	0.1271	0.5084	3.3	2.7	0.1785	2.0	2.7	0.1713	0.0144	0.5228	209.12	56.80	1000	0.87	3.78
600	1.5	6.0	0.0937	0.3748	3.3	4.0	0.1463	2.0	4.0	0.136	0.0202	0.3950	237.00	27.88	1500	0.28	4.06
700	1.5	7.0	0.0825	0.3300	3.3	4.7	0.133	2.0	4.7	0.122	0.0228	0.3528	246.96	9.96	1500	0.10	4.16

根据上表第四层土的变形量为 0.10，则 $\dfrac{\Delta s'_n}{\sum\limits_1^n \Delta s'_i}=\dfrac{0.10}{4.16}=0.024<0.025$，符合计算压缩层的规定。

在地基压缩层范围内，土层压缩模量按厚度的加权平均值：

$$E_s=\frac{800\times200+1\,000\times200+1\,500\times300}{200+200+300}$$
$$=1\,157(N/cm^2)=115.7(kg/cm^2)$$
$$=11.6(MPa)$$

查表 33-32 或表 33-11 得 $\psi_s=0.7$，则基础 I 的最终沉降量 $s=\psi_s s'=\psi_s\sum\limits_1^n \Delta s'_i=0.7\times4.16=2.91cm$。

对于纵、横承重墙下条形基础任意位置的沉降，不但要考虑所在墙基荷载，而且要考虑邻近墙基荷载，一般用角点法确定各部分受荷面积范围然后叠加，计算比较烦琐，但还没有更好的简便计算方法。也可用感应图法（本章第二节方法）求得土中附加应力，然后用分层总和法计算沉降。

【例 33-21】 柱下独立基础最终沉降量计算

设基础底面处，荷载效应准永久组合的平均压力 $p=198kPa$，基础埋深 1.50m，基础平面位置和各层土的压缩模量如图 33-27 所示，要求验算两侧基础 B 对基础 A 沉降的影响，计算基础 A 的最终沉降量。

基础底面处的自重压力：$p_c=1.5\times18.6=27.9(kPa)$

基础底面处的附加压力：$p_0=p-p_c=198-27.9=170.1(kPa)$

用角点法计算，基础 A 底面中心计算点 O 至第 i 层底面范围内的平均压力系数 a_i 由以下两部分组成：

$$\bar{a}_1=\bar{a}_{Ai}+\bar{a}_{Bi}$$

$$\bar{a}_{Ai}=4\,\bar{a}_{oaed}$$

$$\bar{a}_{Bi}=4(\bar{a}_{ocgd}-\bar{a}_{obfd})$$

地基变形计算深度暂定为 4.0m（第二层土底面），计算在表 33-31 中进行。

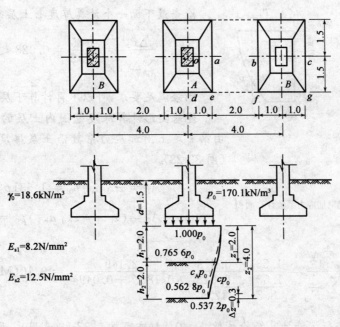

$\gamma_0 = 18.6 \text{kN/m}^3$

$E_{s1} = 8.2 \text{N/mm}^2$

$E_{s2} = 12.5 \text{N/mm}^2$

$p_0 = 170.1 \text{kN/m}^3$

$d = 1.5$

$1.000 p_0$

$0.765\ 6 p_0$

$h_1 = 2.0$

$c_A p_0 \quad c p_0$

$0.562\ 8 p_0$

$h_2 = 2.0$

$0.537\ 2 p_0$

$z_1 = 2.0$

$z_2 = 4.0$

$\Delta z = 0.3$

图 33-27 【例 33-21】独立基础最终沉降计算简图(尺寸单位:m)

基础 A 最终沉降计算

表 33-31

z_i	(m)	0	2.0	4.0	3.7
基础 A	$\dfrac{l}{b}$		$\dfrac{1.5}{1.0}=1.5$		
	$\dfrac{z_i}{b}$	0	$\dfrac{2.0}{1.0}=2.0$	$\dfrac{4.0}{1.0}=4.0$	$\dfrac{3.7}{1.0}=3.7$
	$\bar{a}A_i$	$4\times0.25=1$	$4\times0.1894=0.7576$	$4\times0.1271=0.5084$	$4\times0.134\ 1=0.536\ 4$
基础 B 对基础 A 的影响	$\dfrac{l}{b}$		计算面积 $ocgd \dfrac{5.0}{1.5}=3.3$,计算面积 $obfd \dfrac{3.0}{1.5}=2.0$		
	$\dfrac{z_i}{b}$	0	$\dfrac{2.0}{1.5}=1.3$	$\dfrac{4.0}{1.5}=2.7$	$\dfrac{3.7}{1.5}=2.5$
	$\bar{a}B_i$	0	$4\times(0.225\ 0-0.223\ 0)=0.008\ 0$	$4\times(0.178\ 5-0.171\ 3)=0.028\ 8$	$4\times(0.184\ 5-0.177\ 9)=0.026\ 4$
$\bar{a}_i=\bar{a}A_i+\bar{a}B_i$		1	$0.757\ 6+0.008=0.765\ 6$	$0.508\ 4+0.028\ 8=0.618$	$2.149-2.082=0.067$
$z_i\,\bar{a}_i$	(m)	0	1.531	2.149	2.082
$A_i=z_i\,\bar{a}_i-z_{i-1}\bar{a}_{i-1}$	(m)	0	$1.531-0=1.531$	$2.149-1.531=0.618$	$2.149-2.082=0.067$
E_{si}	(MPa)		8.2	12.5	12.5
$\Delta s'_i=\dfrac{p_0}{E_{si}}\times(z_i\,\bar{a}_i-z_{i-1}\bar{a}_{i-1})$	(mm)	0	$\dfrac{0.170\ 1}{8.2}\times153\ 1=31.8$	$\dfrac{0.170\ 1}{12.5}\times618=8.4$	$\dfrac{0.170\ 1}{12.5}\times67=0.91$
$s'=\displaystyle\sum_{i=1}^{n}\Delta s'_i$	(mm)	0	31.8	$31.8+8.4=40.2$	
$\dfrac{\Delta s'_i}{\displaystyle\sum_{i=1}^{n}\Delta s'_i}$					$\dfrac{0.91}{40.2}=0.023<0.025$ 可以

注:表中 l 为计算面积的长边(相当于基础底板长边 L 的一半),b 为计算面积的短边(相当于基础底板宽度 B 的一半);z 为从基底算起的深度,A_i 为附加应力图形面积,s' 为计算沉降量。

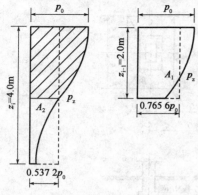

图 33-28 【例 33-21】附加应力系数计算面积

检查最下面一个计算厚度 z 土层的变形：

$$\frac{\Delta s'_i}{\sum\limits_{i=1}^{n}\Delta s'_i} = \frac{0.85}{37.2} = 0.023 < 0.025$$

已经满足要求，可以不再计算下层土的压缩变形。

地基变形计算深度范围内土层的平均压缩模量，可由第 i 层土附加应力系数沿土层厚度的积分 A 值计算（图 33-28）。

$$A_1 = z_{i-1}\,\overline{a}_{i-1}\,p_0 = 1.531p_0$$

$$A_2 = (z_i\,\overline{a}_i - z_{i-1}\,\overline{a}_{i-1})p_0 = 0.618p_0$$

$$\overline{E}_s = \frac{\sum\limits_{i=1}^{n}A_i}{\sum\limits_{i=1}^{n}\dfrac{A_i}{E_{si}}} = \frac{1.531 + 0.618}{\dfrac{1.531}{8.2} + \dfrac{0.618}{12.5}} = \frac{2.149}{0.186\,7 + 0.049\,4} = 9.10\,(\text{MPa})$$

由表 33-11 查得沉降计算经验系数 $\psi_s = 0.84$（亦可按表 33-32 选用）。则柱基础 A 的最终沉降：

$$s = \psi_s s' = 0.84 \times 40.2 = 33.77\,(\text{mm})$$

2）等代荷载法计算相邻荷载的影响

等代荷载计算的基本理论是线性弹性理论。把相邻的分布荷载简化成集中荷载处理。相邻的分布荷载化成集中荷载时，可参考以下软土地区的经验：

①单独计算地基中某一层土的变形时，如该层土的深度 z 大于相邻基础宽度的 3 倍。

②对于单独基础之间的净距大于相邻基础的宽度。

③对于条形基础之间的净距大于 4 倍相邻基础的宽度时，可将条形基础的分布荷载化成线荷载。

④凡是相邻基础之间的净距大于 10m 时，可不计相邻荷载的影响。

关于等代荷载计算方法，可参阅本书参考文献[69]第四章第三节所介绍的方法，因篇幅有限，在此不详述。

《建筑地基基础设计规范》(GB 50007—2011)推荐计算基础最终沉降量 s 公式中沉降计算经验系数 Ψ_s，应根据地区沉降观测资料及经验确定。无地区经验时，可用表 33-11 的数值。为计算查找方便，将以前曾用过的沉降计算经验系数表简要介绍如下，以便计算查用参考，如表 33-32 所示。

沉降计算经验系数 ψ_s　　　　　　　　　　表 33-32

压缩模量 E_s(MPa)	$E_s \leqslant 4$	$4 < E_s \leqslant 7$	$7 < E_s \leqslant 15$	$15 < E_s \leqslant 20$	$E_s > 20$
沉降计算经验系数 Ψ_s	1.3	1.0	0.7	0.5	0.2

注：1. E_s 为地基压缩层范围内土的压缩模量。当压缩层由多层土组成时，E_s 可按厚度的加权平均值。

即 $E_s = \dfrac{E_{s1}h_1 + E_{s2}h_2 + \cdots}{h_1 + h_2 + \cdots}$ 采用。

2. 此表查找比表 33-11 方便。

第三节　地基容许沉降量与减小沉降危害的措施

一、地基容许沉降量（即建筑物的地基变形允许值）

地基容许沉降量的确定要涉及到上部结构、基础、地基之间的相互作用问题,而结构类型、材料的性质以及地基土的性状又是多种多样的,所以要确定地基容许沉降量是比较困难的。目前,确定地基容许沉降量主要是理论分析法和经验统计法两种。但从实用角度目前还是依靠经验统计法来确定地基容许沉降量。

经验统计法是对大量的各类已建的建(构)筑物进行沉降观测和使用状况调查,然后结合地基地质情况,分类归纳整理,提出容许沉降量控制值。表 33-33 是我国《建筑地基基础设计规范》(GB 50007—2011)中列出的容许沉降量和容许差异沉降量。它是用经验统计方法得出的,可供使用参考。

《建筑地基基础设计规范》(GB 50007—2011)对变形计算的几点重要说明:

(1)建筑物的地基变形计算值,不应大于地基变形允许值。

(2)地基变形特征可分为沉降量、沉降差、倾斜和局部倾斜。

(3)在计算地基变形时,应符合下列规定:

①由于建筑地基不均、荷载差异很大、体型复杂等因素引起的地基变形,对于砌体承重结构应由局部倾斜值控制;对于框架结构和单层排架结构应由相邻柱基的沉降差控制;对于多层或高层建筑和高耸结构应由倾斜值控制;必要时尚应控制平均沉降量。

②在必要情况下,需要分别预估建筑物在施工期间和使用期间的地基变形值,以便预留建筑物有关部分之间的净空,选择连接方法和施工顺序。

③建筑物的地基变形允许值,按表 33-33 采用。对表中未包括的建筑物,其地基变形允许值应根据上部结构对地基变形的适应能力和使用上的要求确定。

建筑物的地基变形允许值　　　　　　　　　　表 33-33

变 形 特 征	地基土类别	
	中、低压缩性土	高压缩性土
砌体承重结构基础的局部倾斜	0.002	0.003
工业与民用建筑相邻柱基的沉降差 (1)框架结构; (2)砌体墙填充的边排柱; (3)当基础不均匀沉降时不产生附加应力的结构	$0.002l$ $0.0007l$ $0.005l$	$0.003l$ $0.001l$ $0.005l$
单层排架结构(柱距为 6m)柱基的沉降量(mm)	(120)	200
桥式吊车轨面的倾斜(按不调整轨道考虑) 纵向 横向	0.004 0.003	

变形特征		地基土类别	
		中、低压缩性土	高压缩性土
多层和高层建筑的整体倾斜	$H_g \leqslant 24$	0.004	
	$24 < H_g \leqslant 60$	0.003	
	$60 < H_g \leqslant 100$	0.0025	
	$H_g > 100$	0.002	
体型简单的高层建筑基础的平均沉降量(mm)		200	
高耸结构基础的倾斜	$H_g \leqslant 20$	0.008	
	$20 < H_g \leqslant 50$	0.006	
	$50 < H_g \leqslant 100$	0.005	
	$100 < H_g \leqslant 150$	0.004	
	$150 < H_g \leqslant 200$	0.003	
	$200 < H_g \leqslant 250$	0.002	
高耸结构基础的沉降量(mm)	$H_g \leqslant 100$	400	
	$100 < H_g \leqslant 200$	300	
	$200 < H_g \leqslant 250$	200	

注:1. 本表数值为建筑物地基实际最终变形允许值。

2. 有括号者仅适用于中压缩性土。

3. l 为相邻柱基的中心距离(mm);H_g 为自室外地面起算的建筑物高度(m)。

4. 倾斜指基础倾斜方向两端点的沉降差与其距离的比值。

5. 局部倾斜指砌体承重结构沿纵向 6~10m 内基础两点的沉降差与其距离的比值。

6. 本表摘自《建筑地基基础设计规范》(GB 50007—2011)。

二、软土地基上相邻建筑物的间距参考值(表 33-34)

软弱地基上相邻建筑物的间距(单位:m)　　　　　　表 33-34

影响建筑物的预估平均沉降量(mm)	被影响建筑物的长高比	
	$2.0 \leqslant l/H_f < 3.0$	$3.0 \leqslant l/H_f < 5.0$
70~150	2~3	3~6
160~250	3~6	6~9
260~400	6~9	9~12
>400	9~12	$\geqslant 12$

注:1. 表中 l 为房屋长度或沉降缝分隔的单元长度(m);H_f 为自基础底面起算的房屋高度(m)。

2. 当被影响建筑物的长高比为 $1.5 < l/H_f < 2.0$ 时,其间隔距离可适当减小。

三、减小沉降危害的措施

实践证明,绝对沉降量越大,则差异沉降往往也越大。因此,为减小地基沉降对建筑物可能造成的危害,除采取措施尽量减小差异沉降外,尚应设法尽可能减小基础的绝对沉降量。

目前,对可能出现过大沉降或差异沉降的情况,通常采取以下措施。

(1)妥善处理局部软弱土层,如暗沟(浜)、墓穴、杂填土、吹填土、建筑垃圾和工业废料等。

(2)调整基础形式、大小和埋置深度;必要时采取桩基或深基础。

(3)加强基础的刚度和强度,如采用十字交叉形基础、箱形基础。

(4)采用轻型结构、轻质材料,尽量减轻上部结构自重;减少填土,增设地下室,尽量减小基础底面的附加压力。

(5)尽量避免复杂的平面布置,并避免同一建筑物中各组成部分的高度及作用荷载相差过大。

(6)在可能产生较大差异沉降的位置或分期施工的单元连接处设置沉降缝。

(7)在砖石承重结构墙体内,设置钢筋混凝土圈梁(在平面内呈封闭系统,不断开)。

(8)防止施工开挖,降水不当恶化地基土壤,加速地基下沉。

(9)对高差过大、度量相差较多的建筑物,在施工时,先施工荷重大的部分,后施工荷重轻的部分,同时还应按照先深后浅的顺序进行施工。

(10)严禁在建筑物附近堆载重物和多余土方;如堆放少量余土,要控制其堆载高度、分布和堆载速率,并严格遵守《建筑地基基础工程施工及验收规范》(GB 50202—2002)。

以上措施,有些是设法提高上部结构对沉降和差异沉降的适应能力,有的是设法减小地基的沉降量,尤其是差异沉降量。要求设计和施工时,应从具体工程的情况出发,选用合理、有效、经济的一种或几种措施来预防和减小建筑物的地基沉降。

第四节 地基回弹变形计算

如泵站下的沉井基础埋置较深,地基回弹再压缩变形往往在总沉降中占重要地位。对于这类建(构)筑物的深基础,其总荷载有可能等于或小于该深度上的自重压力,此时建筑物地基沉降变形将由地基回弹变形决定。

当建筑物地下室基础埋置深度较深时,需要考虑开挖基坑地基土的回弹,该部分回弹变形量可按下式计算:

$$s_c = \psi_c \sum_{i=1}^{n} \frac{p_c}{E_{ci}} (z_i \bar{a}_i - z_{i-1} \bar{a}_{i-1}) \tag{33-67}$$

式中:s_c——地基的回弹变形量;

ψ_c——考虑回弹影响的沉降计算经验系数,应按地区经验采用,据工程实测资料统计 ψ_c 小于或接近 1.0,故 ψ_c 可取 1.0;

p_c——基坑底面以上土的自重压力(kPa),地下水位以下应扣除浮力;

E_{ci}——土的回弹模量,按《土工试验方法标准》(GB/T 50123—1999)确定。

其余符号意义同前。

从土的回弹试验曲线特征可知,地基回弹初期,回弹量较小,回弹模量很大,所以地基土的回弹变形计算深度是有限的。

【例33-22】 某沉井基础,基底平面尺寸为 36m×18m,基础埋置深度 $d=5.7$m。基础底面以上土的重度为 20kN/m³,基础底面以下各土层分别在自重压力下作回弹模量试验,测得回弹模量如表33-35所示。已知基底附加应力为 108kPa,试求基础中点的最大回弹变形量。

土 层	层厚(m)	回 弹 模 量			
		$E_{0\sim0.25}$	$E_{0.25\sim0.5}$	$E_{0.5\sim1.0}$	$E_{1.0\sim2.0}$
③粉土	1.8	28.7	30.2	49.1	570
④粉质黏土	5.1	12.8	14.1	22.3	280
⑤卵石	6.7	100(无试验资料,估算值)			

解: 基坑底面以上土的自重压力为:

$$p_c = \gamma_d h = 19 \times 5.7 = 108.3(\text{kPa})$$

查表 33-14,列表计算回弹变形量,如表 33-36 所示。

回弹量计算表　　　　　　　　表 33-36

z_i	l/b	z/b	$\overline{a}_i$	$z_i\overline{a}_i$	$z_i\overline{a}_i-z_{i-1}\overline{a}_{i-1}$	$E_i(\text{MPa})$	$s_{ci}(\text{mm})$
0	2.0	0.0	1.000	0	0	—	—
1.8	2.0	0.1	0.998	1.7964	1.7964	28.7	6.78
4.9	2.0	0.27	0.983	4.8167	3.0203	22.3	14.67
5.9	2.0	0.33	0.975	5.7525	0.9358	280	0.36
6.9	2.0	0.38	0.968	6.6792	0.9267	280	0.35

取 ψ_c 为 1.0,则总计回弹量为:

$$s_c = \psi_c\sum s_{ci} = 1.0 \times (6.78 + 14.67 + 0.36 + 0.35) = 22.16(\text{mm})$$

第五节　土的抗剪强度

一、土体强度的基本概念

土力学中除渗透理论和变形理论之外的另一重要研究课题是土的强度理论。强度理论主要应用于:

(1)地基承载力与地基稳定性;

(2)边坡稳定性;

(3)挡土结构的土压力。

研究各种材料的破坏强度有不同的强度理论,对于土体的破坏,一般都采用摩尔—库伦强度理论。即土体内某一面上的剪应力,若达到该面上的抗剪强度,剪切变形将不断增大,变形速率加快,直至土体中出现连续的破坏面,将引起基础严重下陷和倾倒,土坡的塌方和滑坡等破坏现象。反之,如果剪应力小于抗剪强度,地基就能够支承建筑物的荷载而不破坏,土坡就能够维持稳定而不滑塌。所以土的抗剪强度就是土体在剪应力的作用下,开始发生一部分土沿另一部分土滑动时,所具有抵抗剪切的极限强度;可见,土的强度问题其实质就是抗剪强度问题,而土体的破坏过程也就是丧失稳定性的过程。

二、库仑定律

1. 土抗剪强度的组成

一般认为土抗剪强度是由内摩擦力和内聚力两部分组成:

①土颗粒间的表面摩擦力和土颗粒间的咬合力，一般统称为内摩擦力，土体单位面积上产生的内摩擦力 F 与作用在该面上的法向压力 σ 成正比，其比例系数称为内摩擦因数 f，f 值等于内摩擦角 φ 的正切，即 $f = \tan\varphi$。

②土颗粒间的内聚力 c，包括原始内聚力、固化内聚力及毛细内聚力三部分。

砂土的抗剪强度主要取决于内摩擦力。在土的湿度不大时出现一些毛细内聚力，但其值甚小，一般可以忽略不计。

黏性土的抗剪强度来源于内聚力和内摩擦力两者兼有。土的颗粒越细，塑形越大，则内聚力所起的作用也越大。

2. 库仑定律

土的抗剪强度与剪切面上的法向应力有关，它随着法向应力而增大，如图 33-29 所示。对于黏性土是一曲线关系，在法向应力变化不大的范围内可作为直线，库伦（coulomb，1776）将抗剪强度定义为法向应力的线性函数，即

无黏性土：
$$\tau_f = \sigma \tan\varphi \tag{33-68}$$

黏性土：
$$\tau_f = c + \sigma \tan\varphi \tag{33-69}$$

式中：τ_f——土体中沿某面上的抗剪强度（kPa）；

σ——土体该面上的总法向压应力（kPa）；

c——土的黏聚力（kPa）；

φ——土的内摩擦角（°）。

由式(33-68)～式(33-69)可知，无黏性土的抗剪强度由一个参数 φ 所决定；而黏性土的抗剪强度由两个参数 c 与 φ 所决定。黏聚力 c 与内摩擦角 φ 统称为土的抗剪强度指标（或简称为强度指标）。

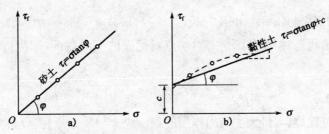

图 33-29　抗剪强度与法向压力的关系（库仑定律）

将土的抗剪强度按库伦建议的式(33-69)计算，形式简单，对大多数工程问题都能适用。但是，c、φ 的测定受到很多因素的影响，如试验时的排水、剪切速率、试样受压历史等，都将得到不同的结果。而且所用的仪器类型和操作方法不同，得到的结果也不一致。因此，库伦公式中的 c、φ 是对于某一特定的具体条件而言，否则就没有意义；c、φ 是土的两个重要的力学指标，用途很广，所以，如何结合使用条件来确定 c、φ 是解决土的强度与稳定问题的关键。

三、土的强度理论

1. 土的应力状态

在斜坡或地基中任取一个微单元土体，该单元土体上的主应力大小与方向都随该微单元体的位置而异。如图 33-30 所示，若 σ_1 与 σ_3 为已知，则该微单元体任一斜面（与 σ_1 面成 α 角的平面）上的法向应力 σ 与剪应力 τ 可由莫尔圆来求得（具体方法见材料力学）。

$$\sigma = \frac{1}{2}(\sigma_1 + \sigma_3) + \frac{1}{2}(\sigma_1 - \sigma_3)\cos 2\alpha \qquad (33\text{-}70)$$

$$\tau = \frac{1}{2}(\sigma_1 - \sigma_3)\sin 2\alpha \qquad (33\text{-}71)$$

2. 土的极限平衡状态——莫尔-库伦破坏准则

土的强度破坏就是指土的剪切破坏。所以把土中一点的应力状态和土的抗剪强度联系起来,就可以研究土在这一点的平衡状态。若一微单元土体在一对主应力作用下,其微单元土体内任一截面上的剪应力 τ 小于相应截面上的抗剪强度时,此时微单元体处于稳定平衡状态。当 τ 等于某一对截面的抗剪强度时,微单元体处于极限平衡状态,大于时,微单元体即丧失稳定。

所以,当代表土体内某点微单元体应力状态所作的莫尔圆在土的库伦强度包线(由方程式 $\tau_f = c + \sigma\tan\varphi$ 所决定的直线)以内时,表明该点任一截面都处于稳定平衡状态。当所作莫尔圆与土的强度包线相切时,表明该点微单元体在某一对截面上(莫尔圆上一对切点)已达到极限平衡状态。上述情况如图 33-31 所示。

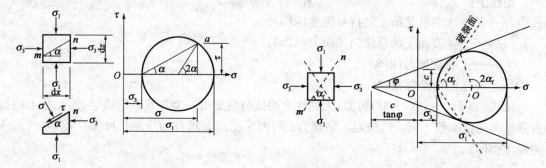

图 33-30　土体中微分单元体的应力状态　　　　图 33-31　土体中一点达极限平衡时的莫尔圆

当处于极限平衡状态时,莫尔圆上一对切点所代表的一对截面,即为剪切破裂面,由图中的几何关系:

$$2\alpha_f = \pm(90° + \varphi),\ \text{故}\ \alpha_f = \pm\left(45° + \frac{\varphi}{2}\right) \qquad (33\text{-}72)$$

可知剪裂面的位置,系与最大主应力作用的平面成 $\pm\left(45° + \frac{\varphi}{2}\right)$ 夹角。

达到极限平衡状态时最大主应力与最小主应力之间的关系推导如下:

$$\frac{\sigma_1 - \sigma_3}{\sigma_1 + \sigma_3 + \dfrac{2c}{\tan\varphi}} = \sin\varphi \qquad (33\text{-}73)$$

按比例线段的合分比定理:

$$\frac{a}{b} = \frac{c}{d}\ \text{则}\ \frac{b+a}{b-a} = \frac{d+c}{d-c}$$

可将上式改写成:

$$\frac{\sigma_1 + \dfrac{c}{\tan\varphi}}{\sigma_3 + \dfrac{c}{\tan\varphi}} = \frac{1 + \sin\varphi}{1 - \sin\varphi} = \frac{\sin 90° + \sin\varphi}{\sin 90° - \sin\varphi}$$

$$= \frac{2\sin\left(45° + \dfrac{\varphi}{2}\right)\cos\left(45° - \dfrac{\varphi}{2}\right)}{2\sin\left(45° - \dfrac{\varphi}{2}\right)\cos\left(45° + \dfrac{\varphi}{2}\right)}$$

$$= \frac{\tan\left(45° + \frac{\varphi}{2}\right)}{\tan\left(45° - \frac{\varphi}{2}\right)} = \tan^2\left(45° + \frac{\varphi}{2}\right)$$

于是得到：

$$\sigma_1 = \sigma_3 \tan^2\left(45° + \frac{\varphi}{2}\right) + \frac{c}{\tan\varphi}\left[\tan^2\left(45° + \frac{\varphi}{2}\right) - 1\right]$$

$$= \sigma_3 \tan^2\left(45° + \frac{\varphi}{2}\right) + 2c\tan\left(45° + \frac{\varphi}{2}\right) \tag{33-74}$$

或：

$$\sigma_3 = \sigma_1 \tan^2\left(45° - \frac{\varphi}{2}\right) - 2c\tan\left(45° - \frac{\varphi}{2}\right) \tag{33-75}$$

对于无黏性土，因为 $c = 0$，得到：

$$\sigma_1 = \sigma_3 \tan^2\left(45° + \frac{\varphi}{2}\right) \tag{33-76}$$

或：

$$\sigma_3 = \sigma_1 \tan^2\left(45° - \frac{\varphi}{2}\right) \tag{33-77}$$

式(33-74)～式(33-77)是验算土体某点是否达到极限平衡状态的基本公式，亦即研究土体抗剪强度的莫尔-库伦理论。

莫尔-库伦理论指出材料的破坏既和某一截面上的切应力大小有关，也和该截面上的法向应力有关，材料的破坏面不一定就是 τ_{max} 作用面，在 τ_{max} 作用面上可能法向应力也较大。在实际的破坏面上，切应力和法向应力呈函数关系，如式(33-78)所示：

$$\left(\frac{\sigma_1 - \sigma_3}{2}\right) = f\left(\frac{\sigma_1 + \sigma_3}{2}\right) \tag{33-78}$$

在三向应力状态下，若不计中间主应力 σ_2 的影响，如图 33-31 所示，根据一点的应力状态概念，如式(33-80)所示：

$$\left(\sigma_a - \frac{\sigma_1 + \sigma_3}{2}\right)^2 + \tau_a^2 = \left(\frac{\sigma_1 - \sigma_3}{2}\right)^2 \tag{33-79}$$

式(33-80)显然是一个圆方程，圆心坐标 $\left(\frac{\sigma_1 + \sigma_3}{2}, 0\right)$，圆半径为 $\frac{\sigma_1 - \sigma_3}{2}$，这就是莫尔应力圆。

调整 σ_1、σ_3 的关系，根据土样破坏那一时刻的 σ_1、σ_3 作出的莫尔圆称为极限莫尔应力圆。这个极限莫尔圆和抗剪强度包络线相切，如图 33-31 所示，莫尔圆上每一点都代表一个斜平面。

【例 33-23】 已知地基土中某点的最大主应力为 $\sigma_1 = 600$kPa，最小主应力 $\sigma_3 = 200$kPa。绘制该点应力状态的莫尔应力圆。求最大剪应力 τ_{max} 值及其作用面的方向，并计算与大主应面成夹角 $\alpha = 15°$ 的斜面上的正应力和剪应力。

解: (1)取直角坐标系 $\tau - \sigma$。在横坐标 $o\sigma$ 上，按应力比例尺确定 $\sigma_1 = 600$kPa 与 $\sigma_3 = 200$kPa 的位置。以 $\overline{\sigma_1\sigma_3}$ 为直角作圆，即为所求莫尔应力圆，如图 33-32 所示。

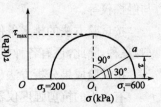

图 33-32 【例 33-23】正应力和剪应力图

（2）最大剪应力值 $\tau_{\max}$ 计算

由式（33-71），将数值代入得：

$$\tau = \frac{(\sigma_1 - \sigma_3)}{2}\sin2\alpha = \frac{(600 - 200)}{2}\sin2\alpha = 200\sin2\alpha$$

当 $\sin2\alpha = 1$ 时，$\tau = \tau_{\max}$，此时 $2\alpha = 90°$，即 $\alpha = 45°$。

（3）当 $\alpha = 15°$ 时，由式（33-70）得：

$$\sigma = \frac{(\sigma_1 + \sigma_3)}{2} + \frac{(\sigma_1 - \sigma_3)}{2}\cos2\alpha = \frac{(600 + 200)}{2} + \frac{(600 - 200)}{2}\cos30°$$

$$= 400 + 200 \times 0.866 = 400 + 173 = 573(\text{kPa})$$

由式（33-71）得：

$$\tau = \frac{(\sigma_1 - \sigma_3)}{2}\sin2\alpha = \frac{(600 - 200)}{2}\sin30° = 200 \times 0.5 = 100(\text{kPa})$$

上述计算值与图 33-32 上直接量得的值相同，即 a 点的横坐标为 $\tau = 100\text{kPa}$。

四、确定 c、φ 值

（1）根据极限平衡条件下的 σ_1、σ_3，作出若干个极限莫尔应力圆，再作这些圆的公共切线，即抗剪强度包络线。该斜直线的斜率即 $\tan\varphi$，该斜直线在竖坐标轴上的截距即土的黏聚力 c 值，这是图解法。

（2）也可以根据任两上极限莫尔应力圆的 σ_1、σ_3，按照数解法求 c、φ 值，由极限平衡条件可以得式（33-80）：

$$\begin{cases} (\sigma_1 - \sigma_3)_\text{I} = (\sigma_1 + \sigma_3)_\text{I}\sin\varphi + 2c\cos\varphi \\ (\sigma_1 - \sigma_3)_\text{II} = (\sigma_1 + \sigma_3)_\text{II}\sin\varphi + 2c\cos\varphi \end{cases} \tag{33-80}$$

式（33-80）也可用有效应力表示。将试验过程中 σ_1、σ_3 的和、差值代入式（33-72）中，就可以解出 c、φ 值或 c'、φ' 值。

（3）抗剪强度指标 c、φ 的测定

抗剪强度指标 c、φ 的正确测定对建筑物的工程造价及安全使用关系很大。由于土的抗剪强度随着荷载作用等条件而有很大的变化。目前已有许多针对各种工程情况的仪器和方法可供选用。

按试验仪器分，常用的有直接剪力仪、三轴剪力仪，无侧限压缩仪以及野外十字板剪力仪与触探仪等。

按试验方法的排水条件分：主要有快剪（不排水剪）、慢剪（排水剪）、固结快剪（固结不排水剪）三种，除此，还有各种模拟实际工程情况的剪切试验。

按试验成果分析方法（土的强度两种表示方法）来分，有总应力法与有效应力法。

有关土的抗剪强度仪器测试的方法，可参见本书参考文献[58]、[59]、[60]。因篇幅有限，在此不详述。

如无试验资料，可参见表 33-37 有关砂土与黏性土的 c、φ 参考值。

土的名称	塑限含水率(%)	土的指标 c(kPa) φ(°)	0.41~0.50 14.8~18.0 标准	计算	0.51~0.60 18.4~21.6 标准	计算	0.61~0.70 22.0~25.2 标准	计算	0.71~0.80 25.6~28.8 标准	计算	0.81~0.95 29.2~34.2 标准	计算	0.96~1.00 34.6~39.6 标准	计算
粗砂		c	2		1									
		φ	43	41	40	38	38	36						
中砂		c	3		2		1							
		φ	40	38	38	36	35	33						
细砂		c	6	1	4		2							
		φ	38	36	36	34	32	30						
粉砂		c	8	2	6		4							
		φ	36	34	34	32	30	28						
黏性土	<9.4	c	10	2	7	1	5							
		φ	30	28	28	26	27	25						
	9.5~12.4	c	12	3	8	1	6							
		φ	25	23	24	22	23	21						
	12.5~15.4	c	24	14	21	7	14	4	7	2				
		φ	24	22	23	21	22	20	21	19				
	15.5~18.4	c			50	19	25	11	19	8	11	4	8	2
		φ			22	20	21	19	20	18	19	17	18	16
	18.5~22.4	c					68	28	34	19	28	10	19	6
		φ					20	18	19	17	18	16	17	15
	22.5~26.4	c							82	36	41	25	36	12
		φ							18	16	17	15	16	14
	26.5~30.4	c									94	40	47	22
		φ									16	14	15	13

五、判断土样的破坏

破坏的必要条件是应力条件，即可用本节式(33-73)来判断，式的左边小于 $\sin\varphi$ 时，不破坏；式的左边等于 $\sin\varphi$ 时，处于极限平衡状态；式的左边大于 $\sin\varphi$，就已经破坏了，这样的应力水平实际不可能出现，如：

$$\frac{\sigma_1 - \sigma_3}{\sigma_1 + \sigma_3 + 2c\cot\varphi} = \sin\varphi$$

六、总应力表示法与有效应力表示法(表 33-38)

项目	计算方法及公式	符号意义及图示
总应力法	1)总应力法 (1)砂类土的抗剪强度[右图 Aa],按式(33-81)计算： $$\tau_f = \sigma\tan\varphi \qquad (33\text{-}81)$$ (2)黏性土的抗剪强度[右图 Ab],按式(33-82)计算： $$\tau_f = \sigma\tan\varphi + c \qquad (33\text{-}82)$$	τ_f——土的抗剪强度(kPa); σ——法向应力(kPa); φ——内摩擦角(°); c——黏聚力(kPa)。 图 A 土的抗剪强度 a)砂类土;b)黏性土
有效应力法	2)有效应力法 (1)作用于土体的有效应力按式(33-83)计算： $$\sigma' = \sigma - u \qquad (33\text{-}83)$$ (2)土体的强度按式(33-84)计算： $$\tau_f = (\sigma-u)\tan\varphi' + c' \qquad (33\text{-}84)$$	c'——土的有效黏聚力(kPa); φ'——土的有效内摩擦角(°); σ'——土的有效应力(kPa); σ——总应力(kPa); u——孔隙水压力(kPa); τ_f——土的抗剪强度(kPa)

【例 33-24】 图 33-33a)所示地基表面作用条形均布荷载 p,在地基内 M 点引起应力为 $\sigma_z = 94\text{kPa}$, $\sigma_x = 45\text{kPa}$, $\tau_{zx} = 51\text{kPa}$。地基为粉质黏土,重度 $\gamma = 19.6\text{kN/m}^3$, $c = 19.6\text{kPa}$, $\varphi = 28°$,侧压力系数 $k_0 = 0.5$,试求作用于 M 点的主应力值,大主应力面方向并判断该点土体是否破坏。

解:(1)计算 M 点应力

$$\overline{\sigma_z} = \sigma_z + \sigma_{sz} = 94 + 0.5 \times 19.6 = 103.8(\text{kPa})$$

$$\overline{\sigma_x} = \sigma_x + k_0\sigma_{sz} = 45 + 0.5 \times 0.5 \times 19.6 = 49.9(\text{kPa})$$

$$\tau_{zx} = \tau_{xz} = 51.0(\text{kPa})$$

按土力学应力符号规定,单元体应力如图 33-33b)。

(2)求 M 点主应力值

$$\frac{\sigma_1'}{\sigma_3'} = \frac{\overline{\sigma_z} + \overline{\sigma_x}}{2} \pm \sqrt{\left(\frac{\overline{\sigma_z} - \overline{\sigma_x}}{2}\right)^2 + \tau^2}$$

$$= \frac{103.8 + 49.9}{2} \pm \sqrt{\left(\frac{103.8 - 49.9}{2}\right)^2 + 51^2}$$

$$= (76.85 \pm 57.68)(\text{kPa})$$

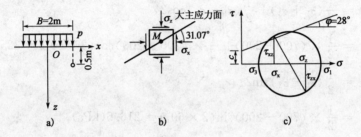

图 33-33 【例 33-24】地基内 M 点引起的主应力值图

$$\sigma_1 = 134.53\text{kPa} \quad \sigma_3 = 19.17\text{kPa}$$

(3)求大主应力面方向

根据图 33-33b)绘莫尔圆,如图 33-33c)中所示,注意这时 τ_{zx} 为负值。

$$\tan 2\alpha = \frac{\tau}{\dfrac{\sigma_z - \sigma_x}{2}} = \frac{51}{26.95}$$

$$2\alpha = 62.14° \quad \alpha = 31.07°$$

大主应力面方向如图 33-33b)所示。

(4)破坏可能性判断

用式(33-73)

$$\sigma_{1f} = \sigma_{3m}\tan^2\left(45° + \frac{\varphi}{2}\right) + 2c\tan\left(45° + \frac{\varphi}{2}\right)$$

$$= 19.17\tan^2\left(45° + \frac{28}{2}\right) + 2 \times 19.6 \times \tan\left(45° + \frac{28}{2}\right)$$

$$= 53.1 + 65.24 = 118.34(\text{kPa}) < \sigma_{1m} = 134.53\text{kPa}$$

故 M 点土体已破坏。

若改用式(33-75)

$$\sigma_{3f} = \sigma_{1m}\tan^2\left(45° - \frac{\varphi}{2}\right) - 2c\tan\left(45° - \frac{\varphi}{2}\right)$$

$$= 134.53\tan^2\left(45° - \frac{28}{2}\right) - 2 \times 19.6 \times \tan\left(45° - \frac{28}{2}\right)$$

$$= 48.57 - 23.55 = 25.02(\text{kPa}) > \sigma_{3m} = 19.17\text{kPa}$$

即实际的小主应力低于维持极限平衡状态所要求的小主应力,故土体破坏。

【例 33-25】 地基中某点法向应力和剪应力计算

已知地基中某点受到大主应力 $\sigma_1 = 700\text{kPa}$,小主应力 $\sigma_3 = 200\text{kPa}$ 的作用,试求:

(1)最大剪应力值及最大剪应力作用面与大主应力面的夹角;

(2)作用在与小主应力面成 30°角的面上的法向应力和剪应力。

解:(1)莫尔应力圆顶点所代表的平面上的剪应力为最大剪应力,其值为:

$$\tau_{\max} = \frac{1}{2}(\sigma_1 - \sigma_3) = \frac{1}{2} \times (700 - 200) = 250(\text{kPa})$$

该平面与大主应力作用面的夹角为 $\alpha = 45°$。

(2)若某平面与小主应力面成 30°,则该平面与大主应力面的夹角 $\alpha = 90° - 30° = 60°$,该面上的法向应力 σ 和剪应力 τ 按式(33-70)和式(33-71)为:

$$\sigma = \frac{1}{2}(\sigma_1 + \sigma_3) + \frac{1}{2}(\sigma_1 - \sigma_3)\cos 2\alpha$$

$$= \frac{1}{2} \times (700 + 200) + \frac{1}{2} \times (700 - 200)\cos(2 \times 60°) = 325(\text{kPa})$$

$$\tau = \frac{1}{2}(\sigma_1 - \sigma_3)\sin 2\alpha$$

$$= \frac{1}{2} \times (700 - 200)\sin(2 \times 60°) = 216.5(\text{kPa})$$

【例 33-26】 某饱和黏性土试样、破坏状态验算。

某饱和黏性土在三轴仪中进行固结不排水试验,得 $c' = 0$、$\varphi' = 30°$,如果这个试件受到 $\sigma_1 = 221\text{kPa}$ 和 $\sigma_3 = 160\text{kPa}$ 的作用,测得孔隙水压力 $u = 100\text{kPa}$,问该试件是否会破坏?

解: $\sigma_1' = \sigma_1 - u = 221 - 100 = 121(\text{kPa})$

$\sigma_3' = \sigma_3 - u = 160 - 100 = 60(\text{kPa})$

按可能的破裂面上的 τ 与 τ_f 的大小来判断。

破裂面与大主应力面的夹角为:

$$a_f = 45° + \frac{\varphi'}{2} = 45° + \frac{30°}{2} = 60°$$

作用在破裂面上的有效法向应力 σ'、剪应力 τ 和抗剪强度 τ_f 分别按式(33-70)和式(33-71)得:

$$\sigma' = \frac{1}{2}(\sigma_1' + \sigma_3') + \frac{1}{2}(\sigma_1' - \sigma_3')\cos 2\alpha$$

$$= \frac{1}{2} \times (121 + 60) + \frac{1}{2} \times (121 - 60)\cos(2 \times 60°) = 75.25(\text{kPa})$$

$$\tau = \frac{1}{2}(\sigma_1' - \sigma_3')\sin 2\alpha$$

$$= \frac{1}{2} \times (121 - 60)\sin(2 \times 60°) = 26.41(\text{kPa})$$

$$\tau_f = c' + \sigma'\tan\varphi' = 0 + 75.25\tan 30° = 43.45(\text{kPa})$$

因为 $\tau_f > \tau$,故该试件不会破坏。

【例 33-27】 某土样极限平衡状态验算

已知土样的 $c' = 25\text{kPa}$、$\varphi' = 29°$,$\sigma_3 = 200\text{kPa}$,$A_f = 0.2$。求 σ_1 等于多少时正好达到极限平衡。

解: $u_f = A_f(\sigma_1 - \sigma_3) = 0.2 \times (\sigma_1 - 200) = 0.2\sigma_1 - 40$

极限平衡面与大主应力面的夹角按式(33-73)有:

$$a = 45° + \frac{\varphi}{2} = 59.5(°)$$

极限平衡面上的剪应力按式(33-71)得:

$$\tau = \frac{1}{2}(\sigma_1 - \sigma_3)\sin 2\alpha = \frac{1}{2} \times (\sigma_1 - 200) \times 0.875 = 0.438\sigma_1 - 87.5$$

极限平衡面上的抗剪强度按式(33-70)与式(33-69)得:

$$\sigma' = \frac{\sigma_1' + \sigma_3'}{2} + \frac{\sigma_1' - \sigma_3'}{2}\cos 2\alpha$$

$$= \frac{\sigma_1 + \sigma_3 - 2u_f}{2} + \frac{\sigma_1 - \sigma_3}{2}\cos 2\alpha$$

$$= \frac{\sigma_1 + 200 - 2 \times (0.2 \times \sigma_1 - 40)}{2} + \frac{\sigma_1 - 200}{2} \cos(2 \times 59.5)$$

$$= 0.06\sigma_1 + 188.48$$

$$\tau_f = c' + \sigma' \tan\varphi' = 25 + (0.06\sigma_1 + 188.48)\tan 29° = 0.033\sigma_1 + 129.47$$

令 $\tau = \tau_f$ 有

$$0.438\sigma_1 - 87.5 = 0.033\sigma_1 + 129.47$$

$$\sigma_1 = 535.73 \text{(kPa)}$$

在 $\sigma_1 = 535.73$ kPa 时达到极限平衡。

【例 33-28】 某饱和黏性土试样三轴固结排水剪切试验计算

饱和黏性土的三轴固结排水剪切试验,测得有效应力的抗剪强度参数为 $c' = 0$、$\varphi' = 30°$,试问:

(1)在三轴压力室保持 300kPa 的压力条件下做不排水试验,破坏时的孔隙水压力为 150kPa,求土的实际破坏面上的剪应力值及破坏面的方位。

(2)在固结不排水试验时测得三轴室压力为 300kPa,轴向主应力差为 400kPa,求破坏时的等向压缩应力状态和偏差应力状态下的孔压系数 B 和 A_f。

解:(1)破坏时最大主应力按式(33-74)得:

$$\sigma_1' = \sigma_3' \tan^2\left(45° + \frac{\varphi'}{2}\right) + 2c'\tan\left(45° + \frac{\varphi'}{2}\right)$$

$$= (3000 - 150) \times \tan^2\left(45° + \frac{30°}{2}\right) = 259.81 \text{kPa} (所以 c' = 0)$$

剪切面与最大主应力作用面间的夹角,按式(33-72)有:

$$\alpha = 45° + \frac{\varphi}{2} = 45° + \frac{30°}{2} = 60(°)$$

破坏面上的剪应力值,按式(33-71)得:

$$\tau_f = \frac{\sigma_1' - \sigma_3'}{2}\sin 2\alpha = \frac{259.81 - 150}{2} \times \sin(2 \times 60°) = 47.55 \text{(kPa)}$$

(2)固结不排水时,对于饱和土其等向压缩应力的抗压系数 $B = 1$,而偏应力的孔压系数 A_f 可按下式计算,即:

$$A_f = \frac{\Delta u}{\Delta\sigma_1 - \Delta\sigma_3} = \frac{150}{400 - 300}$$

说明:关于上述两种孔压系数 B 和 A_f 的计算公式,可参阅本书参考文献[58],在此不详述。

【例 33-29】 某大型桥梁工程,在建筑场地进行工程地质勘察时,在地下水位以下黏性土地基中取原状土进行三轴压缩试验,采用固结不排水剪切试验。一组 4 个试样,周围压力分别为 60kPa,100kPa,150kPa,200kPa。试样剪损时的最大应力 σ_1 与孔隙水压力 u 的数值,如表 33-39 所示。试求:①用总应力法和有效应力法确定黏土试样的 c_{uc}、φ_{cu} 和 c'、φ';②试件 2 破坏面上的法向有效应力和剪应力;③试件 2 剪切破坏时的孔压系数 A_f。

试验编号	1	2	3	4
σ_1(kPa)	145	218	310	405
σ_3(kPa)	60	100	150	200
u(kPa)	21	38	62	84

解：(1)总应力法。总应力法确定土的抗剪强度指标时，直接用最大主应力 σ_1 与最小主应力 σ_3 作莫尔破损应力圆。

采用直角坐标系。在横坐标上，按适当比例尺绘上 σ_1 与 σ_3 的点，并用 $\sigma_1-\sigma_3$ 为直径作圆，即为莫尔破损应力圆。一组 4 个试样，分别作莫尔破损应力圆，然后作此 4 个圆的公切线，即为试样的抗剪强度包线，如图 33-34 中实线所示。

由图 33-34 中实线表示的抗剪强度包线，与纵坐标的截距为黏聚力 $c_{cu}=17$kPa；抗剪强度包线与横坐标（水平线）的夹角即为内摩擦角 $\varphi_{cu}=17°$。

(2)有效应力法。有效应力法确定土的抗剪强度指标时，应先用总应力和孔隙水压力 u 求有效应力。采用有效大主应力 σ_1' 与有效小主应力 σ_3'，作莫尔破损应力圆。用下述试件破坏时有效

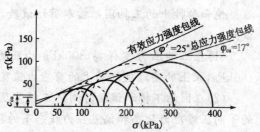

图 33-34　【例33-29】三轴压缩试验强度包线图

应力数据作莫尔破损应力圆，方法同上，如图 33-34 中的虚线所示。同理，可得黏聚力 $c'=12$kPa；内摩擦角 $\varphi'=25°$。

求各试件破坏时的有效应力：

试件 1：$\sigma_3'=60-21=39$(kPa)；$\sigma_1'=145-21=124$(kPa)；

试件 2：$\sigma_3'=100-38=62$(kPa)；$\sigma_1'=218-38=180$(kPa)；

试件 3：$\sigma_3'=150-62=88$(kPa)；$\sigma_1'=310-62=248$(kPa)；

试件 4：$\sigma_3'=200-84=116$(kPa)；$\sigma_1'=405-84=321$(kPa)；

(3)求原状土任一斜面与 σ_1 面成 α 角的平面上的法向应力 σ 与剪应力 τ 按式(33-72)、式(33-70)和式(33-71)有：

$$\alpha_f = 45° + \frac{\varphi'}{2} = 45° + \frac{25°}{2} = 57.5(°)$$

$$\sigma' = \frac{\sigma_1'+\sigma_3'}{2} + \frac{\sigma_1'-\sigma_3'}{2}\cos2\alpha = \frac{180+62}{2} + \frac{180-62}{2}\cos(2\times57.5) = 96.07(\text{kPa})$$

$$\tau = \frac{\sigma_1'-\sigma_3'}{2}\sin2\alpha = \frac{180-62}{2}\sin(2\times57.5) = 53.47(\text{kPa})$$

(4)求试件 2 剪切破坏时的孔压系数 A_f 按下式计算：

$$A_f = \frac{\Delta u}{\Delta\sigma_1 - \Delta\sigma_3} = \frac{38}{218-100} = 0.322$$

第三十四章　地基承载力计算[20]、[58]、[59]、[60]

确定地基承载力是一件比较复杂的工作。我国《建筑地基基础设计规范》(GB 50007—2011)规定浅层平板载荷试验要点或其他原位测试、公式计算并结合工程实践经验等方法综合确定地基承载力特征值。当基础宽度大于 3m 或埋置深度大于 0.5m 时，从载荷试验或其他原位测试、经验值等方法确定的地基承载力特征值，还应加以修正。

第一节　按理论公式计算地基承载力特征值 f_a

地基承载力特征值和承载力系数见表 34-1、表 34-2。

表 34-1

地基承载力特征值 f_a

项目	计算方法及公式	符号意义
地基承载力特征值计算	当偏心距 e 小于等于 0.033 倍基础底面宽度时，根据土的抗剪强度指标《建筑地基基础设计规范》(GB 50007—2011)参照了地基临界荷载 $p_{1/4}$ 计算公式，对其中内摩擦角 $\varphi>22°$ 时的承载力系数，根据试验和经验做了局部修正，确定地基承载力特征值可按下式计算，并应满足变形要求，即： $$f_a=M_b\gamma b+M_d\gamma_m d+M_c c_k$$ (34-1)	f_a——由土的抗剪强度指标确定的地基承载力特征值(kPa)； M_b、M_d、M_c——承载力系数，根据土的内摩擦角标准值 φ_k 按表 34-2 确定； b——基础底面宽度(m)；大于 6m 时按 6m 考虑，对于砂土小于 3m 时按 3m 考虑； c_k——基底下 1 倍短边宽度的深度范围内土的黏聚力标准值(kPa)； γ——基础底面以下土的重度，地下水位以下取有效重度(kN/m³)； γ_m——基础底面以上土的按土层厚度为权的加权平均重度，地下水位以下去浮重度(kN/m³)； d——基础埋置深度(m)，一般自室外地面高程算起。在填方整平地区，可自填土底面高程算起，但填土在上部结构施工后完成时，应从天然地面高程算起。对于地下室，如采用箱形基础或筏形基础时，基础埋置深度自室外地面高程算起；当采用独立基础或条形基础时，应从室内地面高程算起

表 34-2

承载力系数 M_b、M_d、M_c

土的内摩擦角 φ_k(°)	M_b	M_d	M_c	土的内摩擦角 φ_k(°)	M_b	M_d	M_c
0	0.00	1.00	3.14	22	0.61	3.44	6.04
2	0.03	1.12	3.32	24	0.80	3.87	6.45
4	0.06	1.25	3.51	26	1.10	4.37	6.90
6	0.10	1.39	3.71	28	1.40	4.93	7.40
8	0.14	1.55	3.93	30	1.90	5.59	7.95
10	0.18	1.73	4.17	32	2.60	6.35	8.55
12	0.23	1.94	4.42	34	3.40	7.21	9.22
14	0.29	2.17	4.69	36	4.20	8.25	9.97
16	0.36	2.43	5.00	38	5.00	9.44	10.80
18	0.43	2.72	5.31	40	5.80	10.84	11.73
20	0.51	3.06	5.66				

注：φ_k 为基底下一倍短边宽深度内土的内摩擦角。

第二节　按现场载荷试验结果确定地基承载力

现场载荷试验确定地基承载力是可靠的方法。在现场通过一定的载荷板对扰动较小的地基直接施加荷载，所得的成果一般能反映相当于1～2倍载荷板宽度的深度以内的土体的平均性质。对地基进行载荷试验，整理试验记录可以得到如图34-1所示的荷载 p 与沉降 s 的关系曲线，由此来确定地基承载力特征值。

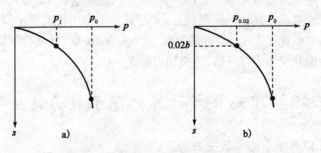

图 34-1　按载荷试验结果确定地基承载力基本值
a)低压缩性土；b)高压缩性土

对于密实砂土、硬塑黏土等低压缩性土，其 p-s 曲线通常有比较明显的起始直线段和极限值，曲线呈"陡降型"，如图 34-1a)所示，规范规定，取图中比例界限所对应的荷载 p_1 作为承载力特征值。

当极限荷载小于对应比例界限荷载值的 2 倍时，取极限荷载值的一半作为承载力特征值。

如果 p-s 曲线无明显转折点，但曲线的斜率随荷载的增大而逐渐增大，最后稳定在某个最大值，即呈渐进破坏的"缓变型"如图 34-1b)所示，当加载板面积为 0.25～0.50m³，对于有一定强度的中、高压缩性土，如松砂、填土、可塑黏土等，宜采用 s/b＝0.02 所对应的荷载值（$p_{0.02}$）；对于低压缩性土和砂土，可取 s/b＝0.01～0.015 所对应的荷载，但其值不大于最大加载值的一半。

同一土层参加统计的试验点数不应少于 3 点，当试验实测值的极差（即最大值减最小值）不超过平均值的 30％时，取此平均值作为地基承载力特征值 f_{ak}。

第三节　按提供的承载力表格确定

根据建国以来大量工程实践经验、原位试验和室内土工试验数据，对于基础宽度小于 3m 以及埋深小于等于 0.5m 的情况，给出了一套确定地基承载力的方法。

一、承载力基本值 f_0

土的物理力学指标与其承载力之间存在着相关性，通过室内试验经回归分析并结合经验修正后，给出承载力表，使用时按土的性质指标的平均值查取，但表中没有反映试样数量及试验结果的离散程度。使用时还应通过统计分析对承载力进行修正。粉土、黏性土、沿海地区淤泥质土、红黏土、素填土的承载力基本值，由表34-3～表34-7查得。

粉土承载力基本值 f_0(kPa)　　　　　　　　　　　　　　　表 34-3

第一指标：孔隙比 e	第二指标：含水率 w(%)						
	10	15	20	25	30	35	40
0.5	410	390	(365)				
0.6	310	300	280	(270)			
0.7	250	240	225	215	(205)		
0.8	200	190	180	170	(165)		
0.9	160	150	145	140	130	(125)	
1.0	130	125	120	115	110	105	(100)

注：1. 有括号者仅供内插用。

2. 折算系数 ξ 为 0。

3. 有湖、塘、沟、谷与河漫滩地段，新近沉积的粉土，其工程性质一般较差，应根据当地经验取值。

黏性土承载力基本值 f_0(kPa)　　　　　　　　　　　　　　表 34-4

第一指标：孔隙比 e	第二指标：液性指数 I_L					
	0	0.25	0.50	0.75	1.00	1.20
0.5	475	450	390	(360)		
0.6	400	360	325	295	(265)	
0.7	325	295	265	240	210	170
0.8	275	240	220	200	170	135
0.9	230	210	190	170	135	105
1.0	200	180	160	135	115	
1.1		160	135	115	105	

注：1. 有括号者仅供内插用。

2. 折算系数 ξ 为 0.1。

3. 在湖、塘、沟、谷与河漫滩地段新近沉积的黏性土，其工程性质一般较差。第四纪晚更新世（Q_3）及其以前沉积的老黏性土，其工程性能通常较好。这些土均应根据当地实践经验取值。

沿海地区淤泥和淤泥质土承载力基本值 f_0(kPa)　　　　　　表 34-5

天然含水率 w(%)	36	40	45	50	55	65	75
f_0(kPa)	100	90	80	70	60	50	40

注：对于内陆淤泥和淤泥质土，可参照使用。

红黏土承载力基本值 f_0(kPa)　　　　　　　　　　　　　　表 34-6

土 的 名 称	第二指标：$I_r = w_L/w_p$	第一指标：含水比 $a_w = w/w_L$					
		0.5	0.6	0.7	0.8	0.9	1.0
红黏土	≤1.7	380	270	210	180	150	140
	≤2.3	280	200	160	130	110	100
次生红黏土		250	190	150	130	110	100

注：1. 本表仅适用于定义范围内的红黏土。

2. 折算系数 ξ 为 0.4。

表 34-7

素填土承载力基本值 f_0(kPa)

压缩模量 E_{s1-2}(MPa)	7	5	4	3	2
f_0(kPa)	160	135	115	85	65

注:1. 本表只适用于堆填时间超过 10 年的黏性土,以及超过 5 年的粉土。

2. 压实填土地基的承载力另行确定。

二、承载力特征值 f_{ak}

按上述表中查得的承载力基本值乘以回归修正系数 ψ_f,即得承载力特征值:

$$f_{ak} = \psi_f f_0 \tag{34-2}$$

回归修正系数 ψ_f 按下式计算

$$\psi_f = 1 - \left(\frac{2.884}{\sqrt{n}} + \frac{7.918}{n^2}\right)\delta \tag{34-3}$$

式中:n——据以查表的土性指标参加统计的样本数;

δ——变异系数。

若按上式计算所得的 $\psi_f < 0.75$ 时,应分析变异系数 δ 过大的原因,如土体分层是否合理、试验有无误差等,并应同时增加样本数量。

变异系数 δ 按下列方法计算:

$$\delta = \frac{\sigma}{\mu} \tag{34-4}$$

$$\mu = \frac{\sum_{i=1}^{n}\mu_i}{n} \tag{34-5}$$

$$\sigma = \sqrt{\frac{\sum_{i=1}^{n}\mu_i^2 - n\mu^2}{n-1}} \tag{34-6}$$

式中:μ——以查表的某一土性指标的试验平均值;

σ——标准差。

若用两个土性指标查表来确定地基承载力基本值时,采用由这两个指标变异系数折算后的综合变异系数:

$$\delta = \delta_1 + \xi\delta_2 \tag{34-7}$$

式中:δ_1——第一指标变异系数;

δ_2——第二指标变异系数;

ξ——第二指标的折算系数。

对于岩石和碎石土,可根据野外鉴别结果,按表 34-8 和表 34-9 查得其承载力特征值。

砂土、黏性土、素填土可按标准贯入试验锤击数 N 或轻便触探试验锤击数 N_{10} 分别查表 34-10~表 34-13 确定地基承载力特征值,现场试验锤击数应按下式进行修正:

$$N(N_{10}) = \mu - 1.645\sigma \tag{34-8}$$

式中:μ、σ——现场试验锤击数的平均值和标准差。

岩石承载力特征值 f_{ak}(kPa)

表 34-8

风化程度 岩石类别	强 风 化	中 等 风 化	微 风 化
硬质岩石	500～1 000	1 500～2 500	≥4 000
软质岩石	200～500	700～1 200	1 500～2 000

注:1. 表中取值适用于骨架颗粒空隙全部由中砂、粗砂或硬塑、坚硬状态的黏性土或稍湿的粉土所充填。

2. 当粗颗粒为中等风化或强风化时,可按其风化程度适当降低承载力,当颗粒间呈半胶结状时,可适当提高承载力。

碎石土承载力特征值 f_{ak}(kPa) 表 34-9

密实度 土的名称	稍 密	中 密	密 实
卵石	300～600	500～800	800～1 000
碎石	250～400	400～700	700～900
圆砾	200～300	300～500	500～700
角砾	200～250	250～400	400～600

砂土承载力特征值 f_{ak}(kPa) 表 34-10

N 土类	10	15	30	50
中、粗砂	180	250	340	500
粉、细砂	140	180	250	340

标准贯入试验锤击数黏性土承载力特征值 f_{ak}(kPa) 表 34-11

N	3	5	7	9	11	13	15	17	19	21	23
f_{ak}(kPa)	105	145	190	235	280	325	370	430	515	600	680

轻便触探试验锤击数黏性土承载力特征值 f_{ak}(kPa) 表 34-12

N_{10}	15	20	25	30
f_{ak}(kPa)	105	145	190	230

素填土承载力特征值 f_{ak}(kPa) 表 34-13

N_{10}	10	20	25	30
f_{ak}(kPa)	85	115	135	160

注:本表只适用于黏性土与粉土组成的素填土。

三、修正后的地基承载力特征值

除岩石、碎石土地基外,所有表格都是针对基础宽度 $b \leqslant 3m$、埋置深度 $d \leqslant 0.5m$ 的情况制定的。当基础宽度大于 3m 或埋深大于 0.5m 时,按式(34-9)确定修正后的地基承载力特征值:

$$f_a = f_{ak} + \eta_b \gamma(b - 3) + \eta_d \gamma_m(d - 0.5) \tag{34-9}$$

式中:f_a——修正后的地基承载力特征值(kPa);

f_{ak}——地基承载力特征值(kPa);

η_b、η_d——分别为基础宽度和埋深的地基承载力修正系数,按基底下土的类别查表 34-14;

γ——基础底面以下土的重度，地下水位以下取有效重度(kN/m^3)；

γ_m——基础底面以上土的加权平均重度，地下水位以下部分取有效重度(kN/m^3)；

b——基础底面宽度，$b<3m$ 时按 3m 计，$b>6m$ 时按 6m 计(m)；

d——基础埋置深度，$d<0.5m$ 时按 0.5m 计(m)。一般自室外地面高程算起；在填方整平地区，可自填土地面高程算起，但填土在上部结构施工完成后，应以天然地面高程算起。对于地下室，如采用箱形基础或筏型时，基础埋置深度自室外地面标高算起，在其他情况下，应从室内地面高程算起。

承载力修正系数 表 34-14

土 的 类 别		η_b	η_d
淤泥和淤泥质土		0	1.0
人工填土 e 或 $I_L \geqslant 0.85$ 的黏性土		0	1.0
红黏土	含水比 $a_w > 0.8$	0	1.2
	含水比 $a_w \leqslant 0.8$	0.15	1.4
大面积压实填土	压实系数大于 0.95、黏粒含量 $\rho_c \geqslant 10\%$ 的粉土	0	1.5
	最大干密度大于 $2.1t/m^3$ 的级配砂石	0	2.0
粉土	黏粒含量 $\rho_c \geqslant 10\%$ 的粉土	0.3	1.5
	黏粒含量 $\rho_c < 10\%$ 的粉土	0.5	2.0
e 或 I_L 均 $\leqslant 0.85$ 的黏性土		0.3	1.6
粉砂、细砂(不包括很湿与饱和时的稍密状态)		2.0	3.0
中砂、粗砂、砾砂和碎石土		3.0	4.4

注：1. 强风化和全风化的岩石，可参照所风化成的相应土类取值，其他状态下的岩石不修正。

2. 地基承载力特征值按《建筑地基基础设计规范》(GB 50007—2011)计算。

【例 34-1】 某粉土地基如图 34-2 所示，试按理论公式计算地基承载力特征值。

解： 根据 $\varphi_k = 18°$ 查表 34-2 得：

$M_b = 0.43 \quad M_d = 2.72 \quad M_c = 5.31$

按式(34-1)得：

$f_a = M_b \gamma b + M_d \gamma_m d + M_c c_k$

$= 0.43 \times 18.2 \times 2 + 2.72 \times \dfrac{17.6 \times 1.3 + 18.2 \times 0.7}{2} \times$

$2 + 5.31 \times 1$

$= 7.052 + 77.846 + 5.31 = 90.21(kPa)$

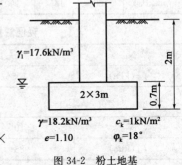

图 34-2　粉土地基

$\gamma_1 = 17.6kN/m^3$

$\gamma = 18.2kN/m^3 \quad c_k = 1kN/m^2$

$e = 1.10 \quad \varphi_k = 18°$

【例 34-2】 某桥梁工程进行工程地质勘察、原位测试以及原状土的土工试验得到如下资料，试根据此资料确定各层土的承载力基本值和特征值。

(1)杂填土，厚度 0~1.0m，$\gamma = 18kN/m^3$；

(2)粉质黏土，厚度 1.0~5.2m，$\gamma = 18.5kN/m^3$，$e = 0.919$，$I_L = 0.94$，$\psi_f = 0.988$；

(3)淤泥质粉质黏土，厚度 5.2~9.0m，$\gamma = 17.8kN/m^3$，$w = 43.5\%$，$\psi_f = 0.97$；

(4)粉砂，厚度 9.0~16m，$\gamma = 18.9kN/m^3$，$N = 12$。

解： 确定地基承载力基本值、特征值：

(1)杂填土不宜直接作持力层。

(2)粉质黏土，由 $e=0.919$，$I_L=0.94$，查表 34-4 得 $f_0=139$kPa，已知 $\psi_f=0.988$，按式(34-2)得：

$$f_{ak}=\psi_f f_0=0.988\times139=136\text{(kPa)}$$

(3)淤泥质粉质黏土，由 $w=43.5\%$，查表 34-5，得 $f_0=83$kPa，已知 $\psi_f=0.97$，按式(34-2)得：

$$f_{ak}=\psi_f f_0=0.97\times83=80\text{(kPa)}$$

(4)粉砂，$N=12$，查表 34-10，直接得到 $f_{ak}=156$kPa。

【**例 34-3**】 在【例 34-2】的地基上，试求以下基础持力层修正的地基承载力特征值 f_a。

(1)当基础底面为 2.6m×4.0m 的独立基础，埋深 $d=1.0$m；

(2)当基础底面为 9.5m×36m 的箱形基础，埋深 $d=3.5$m。

解：(1)独立基础下粉质黏土的 f_a

基础宽度 $b=2.6$m＜3m，按 3m 考虑；埋深 $d=1.0$m，$e=0.919＞0.85$，查表 34-14 得：$\eta_b=0$，$\eta_d=1.0$。由【例 34-2】可知 $\gamma=18.5$kN/m³，$\gamma_m=18$kN/m³，按式(34-9)得特征值 f_a 为：

$$f_a=f_{ak}+\eta_b\gamma(b-3)+\eta_d\gamma_m(d-0.5)$$
$$=136+0\times18\times(3-3)+1.0\times18.5\times(1.0-0.5)=145\text{(kPa)}$$

(2)箱形基础下粉质黏土的 f_a

基础宽度 $b=9.5$m＞6m，按 6m 考虑；埋深 $d=3.5$m，$e=0.919＞0.85$，$\eta_b=0$，$\eta_d=1.0$。由【例 34-2】可知 $\gamma=18.5$kN/m³，$\gamma_m=(18\times1.0+18.5\times2.5)/3.5=18.4$kN/m³，按式(34-9)得特征值 f_a 为：

$$f_a=f_{ak}+\eta_b\gamma(b-3)+\eta_d\gamma_m(d-0.5)=136+0\times18.5\times(6-3)+1.0\times18.4\times(3.5-0.5)$$
$$=191.2\text{(kPa)}$$

第四节 软弱下卧层验算

当地基受力层范围内有软弱下卧层时，应按时(34-10)计算：

$$p_z+p_{cz}\leqslant f_{az} \tag{34-10}$$

式中：p_z——相应于荷载效应标准组合时，软弱下卧层顶面处的附加压力设计值(kPa)；

p_{cz}——软弱下卧层顶面处土的自重压力标准值(kPa)；

f_{az}——软弱下卧层顶面处经深度修正后地基承载力特征值(标准值)(kPa)。

对条形基础和矩形基础，式(34-10)中的 p_z 值可按式(34-11)和式(34-12)简化计算：

条形基础

$$p_z=\frac{b(p_k-p_c)}{b+2z\tan\theta} \tag{34-11}$$

矩形基础

$$p_z=\frac{lb(p_k-p_c)}{(b+2z\tan\theta)(l+2z\tan\theta)} \tag{34-12}$$

式中：b——矩形基础或条形基础底边的宽度(m)；

l——矩形基础底边的长度(m)；

p_c——基础底面处土的自重压力值(kPa)；

z——基础底面至软弱下卧层顶面的距离(m)；

θ——地基压力扩散线与垂直线的夹角(°),可按表34-15采用。

地基压力扩散角 θ

表34-15

E_{s1}/E_{s2}	z/b		E_{s1}/E_{s2}	z/b	
	0.25	0.50		0.25	0.50
3	6°	23°	10	20°	30°
5	10°	25°			

注:1. E_{s1} 为上层土压缩模量;E_{s2} 为下层土压缩模量。

2. $z/b<0.25$ 时取 $\theta=0°$,必要时宜由试验确定;$z/b>0.50$ 时取 θ 值不变。

【例34-4】 [20] 某单层厂房设计时采用阶梯形独立杯型基础。已知作用于杯口顶面的荷载 $F=2\,000kN$;$V=50kN$;$M=800kN \cdot m$。钢筋混凝土预制柱的断面尺寸为 $500mm \times 1\,200mm$。基础采用的材料:混凝土为 C20,钢筋为 HPB235 钢筋。基础埋深 $d=1.6m$,基础及其台阶上填土的平均重度 $\gamma_G=20kN/m^3$。地基的持力层为粉质黏土,$\gamma=18.5kN/m^3$,基础底面以上土的平均重度 $\gamma_m=18.0kN/m^3$。地基承载力特征值 $f_{ak}=210kPa$。地下水位在天然地面以下 $-5.0m$ 处。试进行该基础的设计和计算。

解:(1)基础底面尺寸的确定及地基承载力验算

基础底面尺寸的确定。在轴向荷载 F 作用下,基础底面积 A' 按下式计算:

$$A' = \frac{F}{f_a - \gamma_G d} = \frac{2\,000}{210 - 20 \times 1.6} = 11.24(m^2)$$

式中地基承载力特征值 f_a 先用未修正的特征值 f_{ak} 进行估算。考虑到力矩荷载 M 作用的影响,基础底面积乘以系数1.2适当增大,即:

$$1.2A' = 1.2 \times 11.24 = 13.48(m^2)$$

今选取基础宽度 $b=3\,550mm$,长度 $a=4\,250mm$,则基础底面积 A 为:

$$A = 3.55 \times 4.25 = 15.09(m^2)$$

(2)地基承载力验算

经修正后的地基承载力特征值 f_a 按式(34-9)为:

$$\begin{aligned}
f_a &= f_{ak} + \eta_b \gamma (b-3) + \eta_d \gamma_m (d-0.5) \\
&= 210 + 0.3 \times 18.5 \times (3.55 - 3) + 1.6 \times 18.0 \times (1.6 - 0.5) \\
&= 210 + 3.05 + 31.68 \\
&= 244.73(kPa)
\end{aligned}$$

基础底面积的抵抗矩 W 为:

$$W = \frac{1}{6}lb^2 = \frac{1}{6} \times 3.55 \times 4.25^2 = 10.69(m^3)$$

基础底面的最大压力 p_{max} 及最小压力 p_{min} 按式(33-5)为:

$$\begin{aligned}
\frac{p_{max}}{p_{min}} &= \frac{F+G}{A} \pm \frac{M}{W} \\
&= \frac{2\,000 + 20 \times 1.6 \times 15.09}{15.09} \pm \frac{800 + 50 \times 1.4}{10.69} \\
&= 164 \pm 81 = 245/83(kPa) \\
p_{max} &= 245kPa < 1.2f_a = 1.2 \times 244.73 = 294(kPa)
\end{aligned}$$

$p_{min} = 83kPa > 0$,均满足要求。

(3)冲切计算

考虑构造要求,确定基础的外形尺寸如图 34-3 所示。

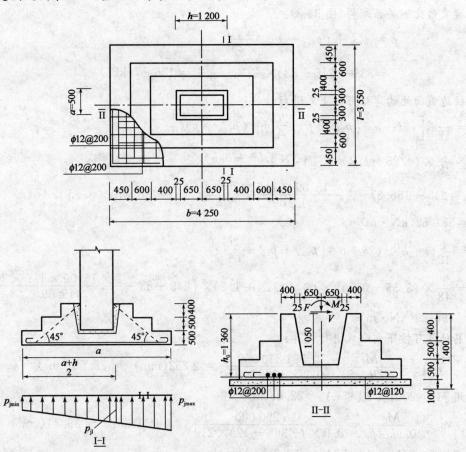

图 34-3　基础尺寸及配筋图(尺寸单位:mm)

进行冲切计算时,按由柱边起成 45°的冲切角锥体的斜面进行验算。基底净反力(图 34-3)为:

$$p_{jmax} = p_{max} - \gamma_G d = 245 - 20 \times 1.6 = 213(\text{kPa})$$
$$p_{jmin} = p_{min} - \gamma_G d = 83 - 20 \times 1.6 = 51(\text{kPa})$$

计算作用在基础上的冲切荷载,这时取 $p_{jmax} = 213$ kPa,取基础有效高度 $h_0 = 1400 - 35 = 1365$ mm。这时冲切荷载作用面积 A 可按下式进行计算:

$$A = \left(\frac{b}{2} - \frac{h}{2} - h_0\right)b - \left(\frac{l}{2} - \frac{a}{2} - h_0\right)^2$$

$$= \left(\frac{4.25}{2} - \frac{1.2}{2} - 1.365\right) \times 3.55 - \left(\frac{3.55}{2} - \frac{0.5}{2} - 1.365\right)^2$$

$$= 0.54(\text{m}^2)$$

$$F_1 = p_{jmax}A = 0.54 \times 213 = 115.02(\text{kN})$$

基础抗冲切强度可按下式计算:

$$0.7\beta_{hp}f_t a_m h_0 = 0.7\beta_{hp}f_t \frac{a_1 + a_t}{2}h_0$$

$$= 0.7 \times 0.95 \times 1.1 \times 10^3 \times \frac{0.5 + 3.23}{2} \times 1.365$$

$$=1\,862(kN) > 115.02kN$$

(4)基础底板配筋计算

p_{jI} 按直线比例关系求得(图 34-3):

$$p = p_{min} + (p_{max} - p_{min})\frac{b+h}{2b}$$

$$=83 + (245 - 83)\times\frac{4.25+1.2}{2\times4.25} = 186.87(kPa)$$

沿柱边截面处的弯矩可按下式进行计算:

$$M_I = \frac{1}{12}a_1^2\left[(2l+a')\left(p_{max}+p-\frac{2G}{A}\right)+(p_{max}-p)l\right]$$

$$=\frac{1}{48}\times(4.25-1.2)^2\times\left[(2\times3.55+0.5)\times\right.$$

$$\left.\left(245+186.87-\frac{2\times15.09\times1.6\times20}{15.09}\right)+(245-186.87)\times3.55\right]$$

$$=581.83(kN\cdot m)$$

$$M_{II} = \frac{1}{12}(l-a')^2(2b+b')\left(p_{max}+p_{min}-\frac{2G}{A}\right)$$

$$=\frac{1}{48}\times(3.55-0.5)^2\times(2\times4.25+1.2)\times\left(245+83-\frac{2\times15.09\times1.6\times20}{15.09}\right)$$

$$=496.29(kN\cdot m)$$

配筋计算可按下列公式进行计算:

$$A_{sI} = \frac{M_I}{0.9h_{0I}f_y} = \frac{581\,830\,000}{0.9\times1365\times210} = 2\,252(mm)^2 = 22.55(cm^2)$$

选用 $\phi12@200$,共 20 根($A_{sI}=22.62cm^2$)。

$$A_{sII} = \frac{M_{II}}{0.9h_{0II}f_y} = \frac{496\,290\,000}{0.9\times(1\,365-12)\times210} = 1\,941(mm)^2 = 19.41(cm^2)$$

选用 $\phi12@260$,共 17 根($A_{sII}=19.22cm^2$)。

【例 34-5】 [20]已知某柱基础,作用在该柱基上的荷载设计值,基础尺寸,埋深及地基条件如图 34-4 所示,试验算该柱基的地基持力层和下卧层的强度。

解:(1)持力层承载力验算

因:$b=3.5$,$d=2m$ $e=0.83>0.5$

$I_c=0.73<0.85$ 查表得 $\eta_b=0.3$ $\eta_d=1.6$

$$\gamma_0 = \frac{17\times1.5+19.2\times0.5}{2} = 17.55(kN/m^3)$$

$$f_a = f_k + \eta_b\gamma(b-3) + \eta_d\gamma_0(d-0.5)$$

$$=200 + 0.3\times(19.2-10)\times(3-3) + 1.6\times$$

$$17\times(2-0.5) = 240.8(kPa)$$

基底平均压力按式(33-4)为:

$$p = \frac{F+G}{A} = \frac{1\,100+3.5\times4\times2\times20}{3.5\times4}$$

$$=119(kPa) < f$$

基底最大压力按式(33-5)为:

$$\sum M = 110 + 75\times2 = 260(kN\cdot m)$$

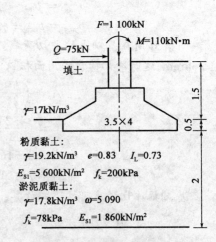

图 34-4 柱基础受力图(尺寸单位:m)

$$p_{max} = \frac{F+G}{A} + \frac{M}{W} = 119 + \frac{260}{3.5 \times 4^2/b} = 146.86(kPa) < 1.2f$$

(2)软弱下卧层承载力验算

下卧层承载力设计值计算：

因为下卧层系淤泥土，且 $f_k = 78kPa > 50kPa$，所以 $\eta_b = 0$，$\eta_d = 1.1$

下卧层顶面埋深 $d' = d + z = 2 + 2 = 4m$　　　土的平均重度 γ_0 为：

$$\gamma_0 = \frac{17 \times 1.5 + 19.2 \times 0.5 + 9.2 \times 2}{1.5 + 0.5 + 2} = 13.375(kN/m^3)$$

按式(34-9)得：

$$\begin{aligned}f &= f_k + \eta_b\gamma(b-3) + \eta_d\gamma_0(d-0.5)\\ &= 78 + 0 + 1.1 \times 13.375 \times (4-0.5) = 129.49(kPa)\end{aligned}$$

下卧层顶面处应力：

自重应力　　　　$\sigma_c = 17 \times 1.5 + 19.2 \times 0.5 + 9.2 \times 2 = 53.5(kPa)$

附加应力按扩散角计算，$E_{s1}/E_{s2} = 3$　因为 $0.56 = 0.5 \times 3.5 = 1.725m < z = 2m$

查表34-15得：$\theta = 23°$，按式(34-12)有：

$$\sigma_z = \frac{(p-\sigma_c)bl}{(b+2z\tan\theta)(l+2z\tan\theta)} = \frac{[119-(17\times1.5+19.2\times0.5)]\times4\times3.5}{(3.5+2\times2\times\tan23°)(4+2\times2\times\tan23°)}$$

$$= \frac{1174.6}{5.2 \times 5.7} = 39.63(kPa)$$

作用在较弱下卧层顶角处的总应力为：

$$\sigma_c + \sigma_{cz} = 53.5 + 39.63 = 93.13(kPa) < f_z = 129.49kPa$$

故较弱下卧层地基承载力也满足。

第五节　地基的临塑荷载和临界荷载[70]

地基承载力的理论计算，需要应用土的抗剪强度指标 c 与 φ 值。地基的临塑荷载可用作地基承载力而偏于安全。地基的临界荷载作为地基承载力，既安全，又经济，现简述如下。

一、地基的临塑荷载

地基的临塑荷载是指在外荷作用下，地基中刚开始产生塑性变形（即局部剪切破坏）时基础底面单位面积上所承受的荷载。

(1)塑性区的最大深度 z_{max} 的计算如式(34-13)所示：

$$z_{max} = \frac{P-\gamma d}{\pi\gamma}(\cot\varphi - \frac{\pi}{2} + \varphi)\frac{c}{\gamma}\cot\varphi - d \tag{34-13}$$

(2)当 $z_{max} = 0$，则得临塑荷载 p_{cr} 的表达式如式(34-14)所示：

$$p_{cr} = \frac{\pi(\gamma d + c\cot\varphi)}{\cot\varphi - \frac{\pi}{2} + \varphi} + \gamma d = N_d\gamma d + N_c c \tag{34-14}$$

式中：γ——基础埋置深度范围内土的平均重度，有地下水时取浮重度(kN/m³)；

$\quad d$——从地面起至基础底面处的基础埋置深度(m)；

$\quad c$——基础底面以下土的黏聚力(kPa)；

$\quad \varphi$——基础底面以下土的内摩擦角(°)；

N_d、N_c——承载力系数,由内摩擦角 φ 按式(34-15)求算或查表34-16确定;

　　z_{max}——地基中的塑性变形区最大深度(m);

　　p——地基的临塑荷载(kPa)。

$$N_d = \frac{\cot\varphi + \varphi + \frac{\pi}{2}}{\cot\varphi + \varphi - \frac{\pi}{2}}$$

$$N_c = \frac{\pi\cot\varphi}{\cot\varphi + \varphi - \frac{\pi}{2}} \qquad (34\text{-}15)$$

承载力系数 N_d、N_c、$N_{\frac{1}{4}}$、$N_{\frac{1}{3}}$ 的数值　　　　　　表34-16

土的内摩擦角 φ_k(°)	N_d	N_c	$N_{\frac{1}{4}}$	$N_{\frac{1}{3}}$	土的内摩擦角 φ_k(°)	N_d	N_c	$N_{\frac{1}{4}}$	$N_{\frac{1}{3}}$
0	1	3	0	0	24	3.9	6.5	0.7	1.0
2	1.1	3.3	0	0	26	4.4	6.9	0.8	1.1
4	1.2	3.5	0	0.1	28	4.9	7.4	1.0	1.3
6	1.4	3.7	0.1	0.1	30	5.6	8.0	1.2	1.5
8	1.6	3.9	0.1	0.2	32	6.3	8.5	1.4	1.8
10	1.7	4.2	0.2	0.2	34	7.2	9.2	1.6	2.1
12	1.9	4.4	0.2	0.3	36	8.2	10.0	1.8	2.4
14	2.2	4.7	0.3	0.4	38	9.4	10.8	2.1	2.8
16	2.4	5	0.4	0.5	40	10.8	11.8	2.5	3.3
18	2.7	5.3	0.4	0.6	42	12.7	12.8	2.9	3.8
20	3.1	5.6	0.5	0.7	44	14.5	14	3.4	4.5
22	3.4	6.0	0.6	0.8	45	15.6	14.6	3.7	4.9

【例 34-6】　某仓库为砖混结构,条形基础,承受中心荷载。地基持力层土分3层:表层为人工填土,层厚 $h_1 = 1.60\text{m}$,土的天然重度 $\gamma_1 = 18.5\text{kN/m}^3$;第二层为粉质黏土,层厚 $h_2 = 5.60\text{m}$,土的天然重度 $\gamma_2 = 19.0\text{kN/m}^3$,内摩擦角 $\varphi_2 = 19°$,黏聚力 $c_2 = 20\text{kPa}$;第三层为黏土,层厚 $h_3 = 4.60\text{m}$,土的天然重度 $\gamma_3 = 19.8\text{kN/m}^3$,内摩擦角 $\varphi_3 = 16°$,黏聚力 $c_3 = 32\text{kPa}$。基础埋深 d 为1.60m。试计算地基的临塑荷载。

　　解:计算地基的临塑荷载按式(34-14)有:

$$p_{cr} = N_d\gamma d + N_c c$$

式中:N_d——由地基底面持力层粉质黏土的内摩擦角 $\varphi_2 = 19°$,查表34-16内插得 $N_d = 2.9$;

　　　　N_c——同样由 $\varphi_2 = 19°$,查表34-16内插得 $N_c = 5.45$;

　　　　γ——应采用基础埋深范围内人工填土的天然重度 $\gamma_1 = 18.5\text{kN/m}^3$;

　　　　c——基础底面以下粉质黏土的黏聚力 $c_2 = 20\text{kPa}$。

将上列数值代入式(34-15),可得临塑荷载为:

$$p_{cr} = N_d\gamma d + N_c c = 2.9 \times 18.5 \times 1.60 + 5.45 \times 20$$
$$= 85.84 + 109.0 \approx 195(\text{kPa})$$

二、地基的临界荷载

实践表明,采用上述临塑荷载 p_{cr} 作为地基承载力,往往偏于保守。这时因为在临塑荷载作用下,地基处于尚压密状态,并刚刚开始出现塑性区。实际上,若建筑地基中发生少量局部剪切破坏,只要塑性变形区的范围控制在一定限度,并不影响此建筑物的安全。因此,可以适当提高地基承载力的数值,以节省造价。

1.定义

当地基中的塑性变形区最大深度为:

中心荷载基础 $\qquad\qquad z_{\max}=\dfrac{b}{4}$

偏心荷载基础 $\qquad\qquad z_{\max}=\dfrac{b}{3}$

与此相对应得基础底面压力,分别以 $p_{\frac{1}{4}}$ 或 $p_{\frac{1}{3}}$ 表示,称为临界荷载。

2.临界荷载计算公式

(1)中心荷载 由公式 $z=\dfrac{p-\gamma d}{\pi\gamma}\left(\dfrac{\sin2\beta}{\sin\varphi}-2\beta\right)-\dfrac{c}{\gamma}\cot\varphi-d$,并令 $z_{\max}=\dfrac{b}{4}$,整理可得中心荷载作用下地基的临界荷载计算公式:

$$p_{\frac{1}{4}}=\frac{\pi\left(\gamma d+\frac{1}{4}\gamma b+c\cot\varphi\right)}{\cot\varphi-\frac{\pi}{2}+\varphi}+\gamma d=N_{\frac{1}{4}}\gamma b+N_{\mathrm d}\gamma d+N_{\mathrm c}c \qquad(34\text{-}16)$$

式中:b——基础宽度(m);矩形基础短边,圆形基础采用 $b=\sqrt{A}$,A 为圆形基础底面积;

$N_{\frac{1}{4}}$——承载力系数,由基础底面下 φ 值,按公式(34-18)计算,或查表 34-16 确定。

(2)偏心荷载 同理,由公式 $z=\dfrac{p-\gamma d}{\pi\gamma}\left(\dfrac{\sin2\beta}{\sin\varphi}-2\beta\right)-\dfrac{c}{\gamma}\cot\varphi-d$,并令 $z_{\max}=\dfrac{b}{3}$,整理可得偏心荷载作用下地基的临界荷载计算公式:

$$p_{\frac{1}{4}}=\frac{\pi\left(\gamma d+\frac{1}{3}\gamma b+c\cot\varphi\right)}{\cot\varphi-\frac{\pi}{2}+\varphi}+\gamma d=N_{\frac{1}{4}}\gamma b+N_{\mathrm d}\gamma d+N_{\mathrm c}c \qquad(34\text{-}17)$$

式中:$N_{\frac{1}{3}}$——承载力系数,由基底下 φ 值,按式(34-19)计算,或查表 34-16 确定。

(3)承载力系数

$$N_{\frac{1}{4}}=\frac{\pi}{4\left(\cot\varphi+\varphi-\frac{\pi}{2}\right)} \qquad(34\text{-}18)$$

$$N_{\frac{1}{3}}=\frac{\pi}{3\left(\cot\varphi+\varphi-\frac{\pi}{2}\right)} \qquad(34\text{-}19)$$

说明:①上述临塑荷载与临界荷载计算公式,均由条形基础均布荷载推导得来。若对矩形基础或圆形基础,也可以应用上述公式计算,其结果偏于安全。

②以上公式应用弹性理论,对于已出现塑性区情况下的临界荷载公式来说,条件不严格。但因塑性区的范围不大,其影响为工程所允许,故临界荷载作为地基承载力,应用仍然较广。

【例 34-7】 某厂房设计采用框架结构独立基础。基础底面尺寸:长度 3.00m,宽度为 2.40m,承受偏心荷载。基础埋深 1.00m。地基土分为 3 层:表层为素填土,天然重度 $\gamma_1=17.8\mathrm{kN/m^3}$,层厚 $h_1=0.80\mathrm{m}$;第二层为粉土,$\gamma_2=18.8\mathrm{kN/m^3}$,内摩擦角 $\varphi_2=21°$,黏聚力 $c_2=12\mathrm{kPa}$,层厚 $h_2=7.40\mathrm{m}$;第三层为粉质黏土,$\gamma_3=19.2\mathrm{kN/m^3}$,$\varphi_3=18°$,$c_3=24\mathrm{kPa}$,层厚 $h_3=4.80\mathrm{m}$。计算厂房地基的临界荷载。

解:应用偏心荷载作用下临界荷载计算式(34-17):

$$p_{\frac{1}{3}} = N_{\frac{1}{3}} \gamma b + N_d \gamma d + N_c c$$

式中：$N_{\frac{1}{3}}$——承载力系数,据基底土的内摩擦角 $\varphi_2 = 21°$,查表 34-16,内插得 $N_{\frac{1}{3}} = 0.75$；

$\quad\quad N_d$——承载力系数,据 $\varphi_2 = 21°$ 查表 34-16,内插得 $N_d = 3.25$；

$\quad\quad N_c$——承载力系数,据 $\varphi_2 = 21°$ 查表 34-16,内插得 $N_c = 5.8$；

$\quad\quad \gamma b$——$\gamma = \gamma_2 = 18.8 \text{kN/m}^3$,基础宽度 $b = 2.40\text{m}$；

$\quad\quad \gamma d$——γ 应为基础埋深 $d = 1.00\text{m}$ 范围土的平均重度,按下式计算：

$$\gamma = \frac{0.8\gamma_1 + 0.2\gamma_2}{0.8 + 0.2} = \frac{0.8 \times 17.8 + 0.2 \times 18.8}{0.8 + 0.2} = 18.0 (\text{kN/m}^3)$$

$\quad\quad c$——基础底面下第二层粉土的黏聚力 $c_2 = 12\text{kPa}$。

将上列数据代入式(34-17)可得临界荷载：

$$p_{\frac{1}{3}} = 0.75 \times 18.8 \times 2.4 + 3.25 \times 18.0 \times 1.00 + 5.8 \times 12$$
$$= 33.84 + 58.5 + 69.6 \approx 162 (\text{kPa})$$

【例 34-8】 由【例 34-7】厂房旁建造一座烟囱。烟囱基础为圆形,直径 $D = 3.00\text{m}$,埋深 $d = 1.2\text{m}$。地基土质与厂房相同。试计算烟囱地基的临界荷载,若其他条件不变,烟囱基础埋深改为 $d' = 2.0\text{m}$ 时的地基临界荷载为多少？

解： 因烟囱为中心荷载,应用式(34-16)来计算,即：

$$p_{\frac{1}{4}} = N_{\frac{1}{4}} \gamma b + N_d \gamma d + N_c c$$

式中：$N_{\frac{1}{4}}$——承载力系数,据烟囱基础底面下第二层粉土的内摩擦角 $\varphi_2 = 21°$ 查表 34-16,内插得 $N_{\frac{1}{4}} = 0.55$；

$\quad\quad N_d$——承载力系数,据 $\varphi_2 = 21°$ 查表 34-16,内插得 $N_d = 3.25$；

$\quad\quad N_c$——承载力系数,据 $\varphi_2 = 21°$ 查表 34-16,内插得 $N_c = 5.8$；

$\quad\quad b$——烟囱基础折算宽度,按下式计算：

$$b = \sqrt{\frac{D^2 \pi}{4}} = \frac{1}{2}\sqrt{3.0^2 \pi} = 2.66 (\text{m})；$$

$\quad\quad \gamma b$——$\gamma = \gamma_2 = 18.8 \text{kN/m}^3$, $b = 2.66\text{m}$；

$\quad\quad \gamma d$——γ 为烟囱基础埋深 $d = 1.2\text{m}$ 范围内土的加权平均重度：

$$\gamma = \frac{0.8 \times 17.8 + 0.4 \times 18.8}{0.8 + 0.4} = \frac{14.24 + 7.52}{1.2} = 18.1 (\text{kN/m}^3)；$$

$\quad\quad c$——基础底面下粉土的黏聚力 $c = c_2 = 12\text{kPa}$。

将上列数据代入式(34-16),即烟囱地基的临界荷载为：

$$p_{\frac{1}{4}} = 0.55 \times 18.8 \times 2.66 + 3.25 \times 18.4 \times 2.0 + 5.8 \times 12$$
$$= 27.5 + 119.6 + 69.6 \approx 217 (\text{kPa})$$

评论：在【例 34-7】与【例 34-8】中,若地基土的天然重度 γ、内摩擦角 φ 与黏聚力 c 相同,基础形状为矩形或圆形,上部荷载为中心荷载或偏心荷载,这些变化对地基临界荷载的影响不大。当基础埋深由 $d = 1.2\text{m}$ 加深至 $d' = 2.0\text{m}$ 时,则地基临界荷载增大 49kPa,影响比较明显。

【例 34-9】 对某建筑物条形基础临塑荷载、临界荷载的计算

一条形基础,宽 1.5m,埋深 1.2m。地基土层分布为：第一层素填土,厚 0.9m,密度 1.80g/cm^3,含水率 35%；第二层黏性土,厚 6m,密度 1.85g/cm^3,含水率 39%,土粒相对密度 2.74,土的黏聚力 10kPa,内摩擦角 $15°$。求该基础的临塑荷载 p_{cr},临界荷载 $p_{1/4}$ 和 $p_{1/3}$。

若地下水位上升到基础底面,假定土的抗剪强度指标不变,其 p_{cr}、$p_{1/4}$、$p_{1/3}$ 相应为多少?

解:
$$q=18.0\times0.9+18.5\times0.3=21.75(\text{kPa})$$

按式(34-14)得:

$$p_{cr}=\frac{\pi(c\cot\varphi+q)}{\cot\varphi+\varphi-\pi/2}+q=\frac{\pi(10\cot15°+21.75)}{\cot15°+\pi\times15°/180°-\pi/2}+21.75=98.28(\text{kPa})$$

按式(34-16)得:

$$p_{1/4}=\frac{\pi(c\cot\varphi+q+\gamma b/4)}{\cot\varphi+\varphi-\pi/2}+q=\frac{\pi(10\cot15°+21.75+18.5\times1.5/4)}{\cot15°+\pi\times15°/180°-\pi/2}+21.75$$
$$=107.27(\text{kPa})$$

按式(34-17)得:

$$p_{1/3}=\frac{\pi(c\cot\varphi+q+\gamma b/3)}{\cot\varphi+\varphi-\pi/2}+q=\frac{\pi(10\cot15°+21.75+18.5\times1.5/3)}{\cot15°+\pi\times15°/180°-\pi/2}+21.75$$
$$=110.26(\text{kPa})$$

当地下水位上升到基础底面时,持力层土的孔隙比和浮重度分别为:

$$e=\frac{d_s(1+w)\rho_w}{\rho}-1=\frac{2.74\times(1+0.39)\times1}{1.85}-1=1.059$$

$$\gamma'=\frac{d_s-1}{1+e}\gamma_w=\frac{2.74-1}{1+1.059}\times10=8.45(\text{kN/m}^3)$$

临塑荷载和临界荷载为:

按式(34-14)得:

$$p_{cr}=\frac{\pi(c\cot\varphi+q)}{\cot\varphi+\varphi-\pi/2}+q=98.28(\text{kPa})$$

按式(34-16)得:

$$p_{1/4}=\frac{\pi(c\cot\varphi+q+\gamma b/4)}{\cot\varphi+\varphi-\pi/2}+q=\frac{\pi(10\cot15°+21.75+8.45\times1.5/4)}{\cot15°+\pi\times15°/180°-\pi/2}+21.75$$
$$=102.38(\text{kPa})$$

按式(34-17)得:

$$p_{1/3}=\frac{\pi(c\cot\varphi+q+\gamma b/3)}{\cot\varphi+\varphi-\pi/2}+q=\frac{\pi(10\cot15°+21.75+8.45\times1.5/3)}{\cot15°+\pi\times15°/180°-\pi/2}+21.75$$
$$=103.75(\text{kPa})$$

第六节　地基的极限荷载

一、地基的极限荷载概念

1.定义

地基的极限荷载是指地基在外荷作用下产生的应力达到极限平衡时的荷载。如作用在地基上的荷载较小时,此时地基处于压密状态。随着荷载的增大,地基中产生局部剪切破坏的塑性区也越来越大。随着荷载的增加,地基中的塑性区将发展为连续贯通的滑动面,地基丧失整体稳定而破坏,地基所能承受的荷载达到极限值,故称为地基的极限荷载。

2.极限荷载计算公式

极限荷载的计算公式较多。现介绍几种最常用的公式:

(1)太沙基公式:适用于条形基础、方形基础和圆形基础。

(2)斯凯普顿公式:适用于饱和软土地基,内摩擦角 $\varphi=0$ 的浅基础。

(3)汉森公式:适用于倾斜荷载的情况。

先介绍地基极限荷载的一般计算公式:

$$p_u = \frac{1}{2}\gamma b N_\gamma + c N_c + q N_q \tag{34-20}$$

式中:p_u——地基极限荷载(kPa);

  γ——基础底面以下地基土的天然重度(kN/m³);

  c——基础底面以下地基土的黏聚力(kPa);

  q——基础的旁侧荷载,其值为基础埋深范围土的自重压力 γd(kPa);

  N_γ——承载力系数,$N_\gamma = \tan^5\alpha - \tan\alpha$;

  N_c——承载力系数,$N_c = 2(\tan^3\alpha + \tan\alpha)$;

  N_q——承载力系数,$N_q = \tan^4\alpha$。

可见 N_γ、N_c、N_q 均为 $\tan\alpha = \tan\left(45° + \dfrac{\varphi}{2}\right)$ 的函数,亦即 φ 的函数可直接计算或查有关图表确定。

3. 极限荷载工程应用

极限荷载为地基开始滑动破坏的荷载。在进行建筑物基础设计时,当然不能采用极限荷载作为地基承载力,必须有一定的安全系数 K,通常取安全系数 $K = 1.5 \sim 3.0$。

二、太沙基(K. Terzaghi)公式

太沙基公式是常用的极限荷载计算公式,适用于基础底面粗糙的条形基础,也可用于方形基础和圆形基础。

理论假定:

(1)条形基础,均布荷载作用。

(2)地基发生滑动时,滑动面的形状,两端为直线,中间为曲线,左右对称,如图 34-5 所示。

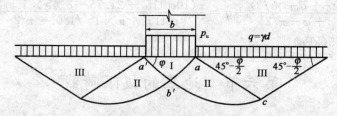

图 34-5　太沙基公式地基滑动面

(3)滑动土体分为三区:

Ⅰ区——位于基础底面下,为楔形弹性压密区。由于土体与基础粗糙底面的摩擦阻力作用,此区的土体不发生剪切破坏,而处于压密状态。滑动面 $\overline{ab'}$ 与基础底面 $\overline{aa'}$ 之间的夹角,为土的内摩擦角 φ。

Ⅱ区——滑动面为曲面,呈对数螺旋线。Ⅰ区正中底部的 b' 点处,对数螺旋线的切线为竖向,c 点处对数螺旋线的切线,与水平线的夹角为 $45° - \dfrac{\varphi}{2}$。

Ⅲ区——滑动面为斜向平面,剖面图上呈等腰三角形。滑动体斜面与水平底面的夹角均

为 $45° - \dfrac{\varphi}{2}$。

1. 条形基础(较密实地基)

(1)作用于 I 区土楔上诸力：在均匀分布的极限荷载 p_u 作用下,地基处于极限平衡状态时作用于 I 区土楔上诸力,包括：①土楔 $ab'a'$ 顶面的极限荷载 p_u；②土楔 aba' 的自重；③土楔斜面 $\overline{ab'}$ 上作用的黏聚力 c 的竖向分力；④II 区、III 区土体滑动时对斜面 $\overline{ab'}$ 的被动土压力的竖向分力。

(2)太沙基公式：根据作用于土楔上的诸力和在竖直方向的静力平衡条件,可得著名的太沙基公式(34-21)。

$$p_u = \frac{1}{2}\gamma b N_\gamma + c N_c + q N_q \tag{34-21}$$

式(34-21)与式(34-20)形式完全相同,但公式的承载力系数各异。太沙基公式的承载力系数 N_γ、N_c 与 N_q(无量纲)均可根据地基土的内摩擦角 φ 值,查专用的承载力系数图 34-6 中的曲线(实线)确定,b 为基础宽度(m)。

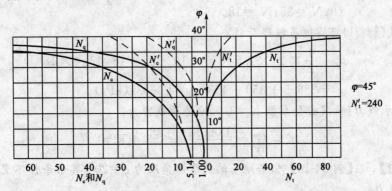

图 34-6　太沙基公式的承载力系数

(3)适用条件：式(34-21)适用于：①地基土较密实；②地基整体完全剪切滑动破坏,即载荷试验结果 $p\text{-}s$ 曲线上有明显的第二拐点 b 的情况,如图 34-7 中曲线①所示。

2. 条形基础(松软地基)

若地基土松软,载荷试验结果 $p\text{-}s$ 曲线没有明显拐点的情况,如图 34-7 中曲线②所示。太沙基称这类情况为局部剪损,此时极限荷载按下式计算：

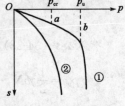

图 34-7　曲线两种类型

$$p_u = \frac{1}{2}\gamma b N'_\gamma + \frac{2}{3}c N'_c + \gamma d N'_q \tag{34-22}$$

式中：N'_γ、N'_c、N'_q——局部剪损时的承载力系数,根据内摩擦角 φ 值,查图 34-4 中的虚线。

3. 方形基础

太沙基的地基极限荷载公式(34-22),是由条形基础推导得来的。对于方形基础,太沙基对极限荷载公式中的数字做适当修改,按下式计算：

$$p_u = 0.4\gamma b_0 N_\gamma + 1.2 c N_c + \gamma d N_q \tag{34-23}$$

式中：b_0——方形基础的边长(m)。

4. 圆形基础

圆形基础的极限荷载公式与方形基础的极限荷载公式类似,太沙基建议按下式计算：

$$p_u = 0.3\gamma b_0 N_\gamma + 1.2 c N_c + \gamma d N_q \tag{34-24}$$

式中:b_0——圆形基础的直径(m)。

5. 地基承载力

应用太沙基极限荷载计算式,式(34-21)～式(34-24)进行基础设计时,地基承载力为:

$$f = \frac{p_u}{K} \tag{34-25}$$

式中:K——地基承载力安全系数,$K \geqslant 3.0$。

【例34-10】 某临时仓库采用砖混结构条形基础。条形基础底宽 $b=1.50\text{m}$,基础埋深 $d=1.40\text{m}$。地基为粉土,天然重度 $\gamma=18.0\text{kN/m}^3$,内摩擦角 $\varphi=30°$,黏聚力 $c=10\text{kPa}$。地下水位深 7.8m。试计算此地基的极限荷载和地基承载力。

解: (1)地基的极限荷载:应用太沙基条形基础极限荷载公式(34-21)可得:

$$p_u = \frac{1}{2}\gamma b N_\gamma + c N_c + q N_q$$

式中:N_γ、N_c、N_q——承载力系数,根据地基土的内摩擦角 $\varphi=30°$ 查图 34-6 中的实线得 $N_\gamma=19$;$N_c=35$;$N_q=18$。

代入公式(34-21)可得地基极限荷载:

$$p_u = \frac{1}{2} \times 18 \times 1.5 \times 19 + 10 \times 35 + 18 \times 1.4 \times 18$$

$$= 256.5 + 350 + 453.6 = 1\,060.1\text{(kPa)}$$

(2)地基承载力:采用安全系数 $K=3.0$,地基承载力为:

$$f = \frac{p_u}{K} = \frac{1\,060.1}{3.0} \approx 353.4\text{(kPa)}$$

【例34-11】 在【例34-10】中,若地基的内摩擦角改为 $\varphi=20°$,其余条件不变,计算极限荷载与地基承载力。

解: (1)地基极限荷载:根据地基土的内摩擦角 $\varphi=20°$ 查图 34-6 中的实线,得承载力系数:

$$N_\gamma = 4;\quad N_c = 17.5;\quad N_q = 7$$

代入公式(34-22),即得地基极限荷载:

$$p_u = \frac{1}{2}\gamma b N_\gamma + c N_c + q N_q = \frac{1}{2} \times 18 \times 1.5 \times 4 + 10 \times 17.5 + 18 \times 1.4 \times 7$$

$$= 54 + 175 + 176.4 = 405.4\text{(kPa)}$$

(2)地基承载力:同理取安全系数 $K=3.0$,则地基承载力为:

$$f = \frac{p_u}{K} = \frac{405.4}{3.0} \approx 135\text{(kPa)}$$

说明:由【例34-10】与【例34-11】计算结果可知,基础的形式、尺寸与埋深相同,如地基土的天然重度 γ 与黏聚力 c 不变,只是内摩擦角 φ 由30°减小为20°,则极限荷载与地基承载力均降低为原来的38%。由此可知,地基土的内摩擦角 φ 值的大小,对极限荷载 p_u 与地基承载力 f 的影响较大。

【例34-12】 某仓库采用砖混结构,设计为条形基础。基底宽度 2.40m,基础埋深 $d=1.50\text{m}$。地基为软塑状态粉质黏土,内摩擦角 $\varphi=12°$,黏聚力 $c=24\text{kPa}$,天然重度 $\gamma=18.6\text{kN/m}^3$。试计算仓库地基的极限荷载与地基承载力。

解: (1)地基的极限荷载:因仓库地基为软塑状态粉质黏土,应用太沙基的松软地基极限荷载公式(34-22)：

$$p_u = \frac{1}{2}\gamma b N'_\gamma + \frac{2}{3}cN'_c + \gamma d N'_q$$

式中：N'_γ、N'_c、N'_q——承载力系数，根据地基土的内摩擦角 $\varphi = 12°$ 查图 34-6 中的虚线得
$N'_\gamma = 0$；$N'_c = 8.7$；$N'_q = 3.0$。

代入式(34-22)，即可求得地基极限荷载为：

$$p_u = \frac{2}{3} \times 24 \times 8.7 + 18.6 \times 1.5 \times 3.0$$
$$= 139.2 + 83.7 = 222.9(\text{kPa})$$

(2)地基承载力：采用安全系数 $K = 3.0$，地基承载力为：

$$f = \frac{p_u}{K} = \frac{222.9}{3.0} = 74.3(\text{kPa})$$

【例 34-13】 有一水塔设计为圆形基础，基础底面直径 $b_0 = 4.0\text{m}$，基础埋深 $d = 3.0\text{m}$。地基土的天然重度 $\gamma = 18.6\text{kN/m}^3$，$\varphi = 25°$，$c = 8\text{kPa}$。计算此水塔地基的极限荷载与地基承载力。

解：(1)地基的极限荷载：因水塔为圆形基础，应用太沙基的圆形基础极限荷载公式(34-24)：

$$p_u = 0.3\gamma b_0 N_\gamma + 1.2cN_c + \gamma d N_q$$

式中：N_γ、N_c、N_q——承载力系数，根据地基土的内摩擦角 $\varphi = 25°$ 查图 34-6 中的实线，可得
$N_\gamma = 10$；$N_c = 23$；$N_q = 11.5$。

代入式(34-24)，可得地基极限荷载为：

$$p_u = 0.3 \times 18.6 \times 4.0 \times 10 + 1.2 \times 8 \times 23 + 18.6 \times 3.0 \times 11.5$$
$$= 223.2 + 220.8 + 641.7 = 1\,085.7(\text{kPa})$$

(2)水塔地基承载力：采用安全系数 $K = 3.0$，地基承载力为：

$$f = \frac{p_u}{K} = \frac{1\,085.7}{3.0} \approx 362(\text{kPa})$$

三、斯凯普顿(Skempton)公式

1. 适用条件

(1)饱和软土地基，其内摩擦角 $\varphi = 0$，此时，太沙基公式难以应用，这是因为太沙基公式中的承载力系数 N_γ、N_c、N_q 都是 φ 的函数，因此斯凯普顿专门研究了 $\varphi = 0$ 的饱和软土地基的极限荷载计算，这是主要的条件。

(2)斯凯普顿公式适用于浅基础，基础的埋深 $d \leq 2.5b$，此条件通常都能满足。

(3)斯凯普顿公式用于矩形基础时，已考虑了基础宽度与长度比值 b/l 的影响。

2. 极限荷载公式

在上述条件下斯凯普顿提出极限荷载的半经验公式(34-26)

$$p_u = 5c\left(1 + 0.2\frac{b}{l}\right)\left(1 + 0.2\frac{d}{b}\right) + \gamma d \tag{34-26a}$$

式中：c——地基土的黏聚力，取基础底面以下 $0.7b$ 深度范围内的平均值(kPa)；

γ——基础埋深 d 范围内土的天然重度(kN/m³)。

3. 地基承载力

按斯凯普顿公式进行基础设计时，地基承载力为：

$$f = \frac{p_u}{K} \tag{34-26b}$$

式中：K——斯凯普顿公式安全系数，可取 $K = 1.1 \sim 1.5$。

说明：斯凯普顿公式，只限于内摩擦角 $\varphi = 0$ 的饱和软土地基和浅基础，并考虑了基础的宽度与长度比值等多方面因素。工程实践表明，按斯凯普顿公式（34-26）计算的地基极限荷载与实测值较为接近。

【例 34-14】 某海港码头仓库设计为独立浅基础。基础底面尺寸：宽度 $b = 2.0$m，长度 $l = 4.0$m，基础埋深 $d = 2.0$m。地基为饱和软土，内摩擦角 $\varphi = 0$，黏聚力 $c = 10$kPa，天然重度 $\gamma = 19.0$kN/m³。试计算此仓库地基的极限荷载和地基承载力。

解：（1）求地基的极限荷载：鉴于地基为饱和软土，$\varphi = 0$，应用斯凯普顿公式（34-26a）计算极限荷载，即：

$$
\begin{aligned}
p_u &= 5c\left(1 + 0.2\frac{b}{l}\right)\left(1 + 0.2\frac{d}{b}\right) + \gamma d \\
&= 5 \times 10 \times \left(1 + 0.2 \times \frac{2.0}{4.0}\right)\left(1 + 0.2 \times \frac{2.0}{2.0}\right) + 19.0 \times 2.0 \\
&= 50(1 + 0.1)(1 + 0.2) + 38.0 = 66 + 38 = 104(\text{kPa})
\end{aligned}
$$

（2）求地基承载力：因仓库为重要建筑，采用安全系数 $K = 1.5$，地基承载力为：

$$f = \frac{p_u}{K} = \frac{104}{1.5} \approx 69.3(\text{kPa})$$

【例 34-15】 在上题海港码头仓库基础设计中，只将基础宽度 $b = 2.0$m 加大一倍为 4m，再将基础埋置深度 $d = 2.0$m 加大一倍为 4m，其余条件不变，试问此时地基的极限荷载与地基承载力为多少？

解：（1）只把基础宽度加大一倍，则 $b = 4.0$m

① 应用斯凯普顿公式（34-26a）则地基的极限荷载 p_u 为：

$$
\begin{aligned}
p_u &= 5c\left(1 + 0.2\frac{b}{l}\right)\left(1 + 0.2\frac{d}{b}\right) + \gamma d \\
&= 5 \times 10 \times \left(1 + 0.2 \times \frac{4.0}{4.0}\right)\left(1 + 0.2 \times \frac{2.0}{4.0}\right) + 19.0 \times 2.0 \\
&= 50(1 + 0.2)(1 + 0.1) + 38.0 = 66 + 38 = 104(\text{kPa})
\end{aligned}
$$

② 采用安全系数 $K = 1.5$，则地基承载力 f 为：

$$f = \frac{p_u}{K} = \frac{104}{1.5} \approx 69.3(\text{kPa})$$

（2）只把基础埋深加大一倍，则 $d = 4.0$m

① 应用斯凯普顿公式（34-26）则地基的极限荷载 p_u 为：

$$
\begin{aligned}
p_u &= 5c\left(1 + 0.2\frac{b}{l}\right)\left(1 + 0.2\frac{d}{b}\right) + \gamma d \\
&= 5 \times 10 \times \left(1 + 0.2 \times \frac{2.0}{4.0}\right)\left(1 + 0.2 \times \frac{4.0}{2.0}\right) + 19.0 \times 4.0 \\
&= 50(1 + 0.1)(1 + 0.4) + 76 = 77 + 76 = 153(\text{kPa})
\end{aligned}
$$

② 采用相同的安全系数 $K = 1.5$，则地基承载力 f 为：

$$f = \frac{p_u}{K} = \frac{153}{1.5} \approx 102(\text{kPa})$$

说明：由【例 34-14】和【例 34-15】计算结果可知，在饱和软土地基内摩擦角 $\varphi = 0$ 的情况下，其他条件不变，只加大基础宽度 b 一倍后，地基极限荷载与地基承载力并没有提高，即 p_u 和 f 与 b 无关。但是，在其他条件不变，只加大一倍基础埋深 d 后，地基的极限荷载与地基承载力显著提高，其提高的数值为原来数值的 47%。

四、汉森（Hansen J. B.）公式

1. 适用条件

（1）汉森公式最主要的特点是适用于倾斜荷载作用，这是太沙基公式和斯凯普顿公式都无法解决的问题。

（2）汉森公式对基础宽度与长度的比值、矩形基础和条形基础的影响都已计入。

（3）汉森公式适用于基础埋深 $d < b$ 基础底宽的情况，已考虑了基础埋深与基础宽度之比值的影响。

2. 极限荷载公式

在上述条件下，汉森提出极限荷载公式：

$$p_{uv} = \frac{1}{2}\gamma_1 b N_\gamma S_\gamma i_\gamma + c N_c S_c d_c i_c + q N_q S_q d_q i_q \qquad (34\text{-}27)$$

式中： p_{uv}——地基极限荷载的竖向分力（kPa）；

γ_1——基础底面以下持力层土的重度，地下水位以下用有效（浮）重度（kN/m³）；

b——基础宽度（当荷载有偏心，e 为偏心距，则应以 $b' = b - 2e$ 代替 b（m）；

c——土的黏聚力（kN/m³）；

q——基底平面处的有效旁侧荷载（kPa）；

N_γ、N_c、N_q——承载力系数，根据地基土的内摩擦角 φ 值查表 34-17 确定；

S_γ、S_c、S_q——基础形状系数，由式（34-28）~式（34-30）计算；

d_c、d_q——基础埋深系数，由式（34-31）计算；

i_γ、i_c、i_q——倾斜系数，与作用荷载倾斜角 δ_0 有关，根据 δ_0 和 φ 查表 34-18。当基础中心受压时，$i_\gamma = i_c = i_q = 1$。

承载力系数 N_γ、N_c、N_q　　表 34-17

$\varphi(°)$	N_γ	N_c	N_q	$\varphi(°)$	N_γ	N_c	N_q
0	0	5.14	1.00	24	6.90	19.33	9.61
2	0.01	5.69	1.20	26	9.53	22.25	11.83
4	0.05	6.17	1.43	28	13.13	25.80	14.71
6	0.14	6.82	1.72	30	18.09	30.15	18.40
8	0.27	7.52	2.06	32	24.95	35.50	23.18
10	0.47	8.35	2.47	34	34.54	42.18	29.45
12	0.76	9.29	2.97	36	48.08	50.61	37.77
14	1.16	10.37	3.58	38	67.43	61.36	48.92
16	1.72	11.62	4.33	40	95.51	75.36	64.23
18	2.49	13.09	5.25	42	136.72	93.69	85.36
20	3.54	14.83	6.40	44	198.77	118.41	115.35
22	4.96	16.89	7.82	45	240.95	133.86	134.86

倾斜系数 i_γ、i_c、i_q 表 34-18

$\varphi(°)$ \ $\tan\delta_0$ / i	0.1 i_γ	i_c	i_q	0.2 i_γ	i_c	i_q	0.3 i_γ	i_c	i_q	0.4 i_γ	i_c	i_q
6	0.643	0.526	0.802									
7	0.689	0.638	0.830									
8	0.707	0.691	0.841									
9	0.719	0.728	0.848									
10	0.724	0.750	0.851									
11	0.728	0.768	0.853									
12	0.729	0.780	0.854	0.396	0.441	0.629						
13	0.729	0.791	0.854	0.426	0.501	0.653						
14	0.731	0.798	0.855	0.444	0.537	0.666						
15	0.731	0.806	0.855	0.456	0.565	0.675						
16	0.729	0.810	0.854	0.462	0.583	0.680						
17	0.728	0.814	0.853	0.466	0.600	0.683	0.202	0.304	0.449			
18	0.726	0.817	0.852	0.469	0.611	0.685	0.234	0.362	0.484			
19	0.724	0.820	0.851	0.471	0.621	0.686	0.250	0.397	0.500			
20	0.721	0.821	0.849	0.472	0.629	0.687	0.261	0.420	0.510			
21	0.719	0.822	0.848	0.471	0.635	0.686	0.267	0.438	0.517			
22	0.716	0.823	0.846	0.469	0.637	0.685	0.271	0.451	0.521	0.100	0.217	0.317
23	0.712	0.824	0.844	0.468	0.643	0.684	0.275	0.462	0.524	0.122	0.266	0.350
24	0.711	0.824	0.843	0.465	0.645	0.682	0.276	0.470	0.525	0.134	0.291	0.365
25	0.706	0.823	0.840	0.462	0.648	0.680	0.277	0.477	0.526	0.140	0.310	0.374
26	0.702	0.823	0.838	0.46	0.648	0.678	0.276	0.481	0.525	0.145	0.324	0.381
27	0.699	0.823	0.836	0.456	0.649	0.675	0.275	0.485	0.524	0.148	0.334	0.384
28	0.694	0.821	0.833	0.452	0.648	0.672	0.274	0.488	0.523	0.149	0.341	0.386
29	0.691	0.820	0.831	0.448	0.648	0.669	0.273	0.489	0.520	0.150	0.348	0.387
30	0.686	0.819	0.828	0.444	0.646	0.666	0.268	0.490	0.518	0.150	0.352	0.387
31	0.682	0.817	0.826	0.438	0.645	0.662	0.265	0.490	0.515	0.150	0.356	0.387
32	0.676	0.814	0.822	0.434	0.643	0.659	0.262	0.490	0.512	0.148	0.357	0.385
33	0.672	0.813	0.82	0.428	0.640	0.654	0.258	0.489	0.508	0.146	0.358	0.382
34	0.668	0.811	0.817	0.422	0.638	0.65	0.254	0.486	0.504	0.144	0.358	0.380
35	0.663	0.808	0.814	0.417	0.635	0.646	0.250	0.485	0.500	0.142	0.358	0.377
36	0.658	0.806	0.811	0.411	0.631	0.641	0.245	0.482	0.495	0.140	0.357	0.374
37	0.653	0.803	0.808	0.404	0.628	0.636	0.240	0.478	0.490	0.137	0.355	0.370
38	0.646	0.800	0.804	0.398	0.624	0.631	0.235	0.474	0.485	0.133	0.352	0.365
39	0.642	0.797	0.801	0.392	0.619	0.626	0.230	0.470	0.480	0.130	0.349	0.361

$\varphi(°)$	$\tan\delta_0$	0.1			0.2			0.3			0.4		
	i	i_γ	i_c	i_q	i_γ	i_c	i_q	i_γ	i_c	i_q	i_γ	i_c	i_q
40		0.635	0.794	0.797	0.386	0.615	0.621	0.226	0.466	0.475	0.127	0.346	0.356
41		0.629	0.790	0.793	0.377	0.609	0.614	0.219	0.461	0.468	0.123	0.342	0.351
42		0.623	0.787	0.789	0.371	0.605	0.609	0.213	0.456	0.462	0.119	0.337	0.345
43		0.616	0.783	0.785	0.365	0.600	0.604	0.208	0.451	0.456	0.115	0.333	0.339
44		0.610	0.779	0.781	0.356	0.594	0.597	0.202	0.444	0.449	0.111	0.327	0.333
45		0.602	0.775	0.776	0.349	0.588	0.591	0.195	0.438	0.442	0.107	0.322	0.327

基础形状系数,按下列近似公式(34-28)、公式(34-29)、公式(34-30)进行计算:

$$S_\gamma = 1 - 0.4\frac{b}{l} \tag{34-28}$$

$$S_c = S_q = 1 + 0.2\frac{b}{l} \tag{34-29}$$

对条形基础:

$$S_\gamma = S_c = S_q = 1 \tag{34-30}$$

基础深度系数,按近似公式(34-31)计算:

$$d_c = d_q = 1 + 0.35\frac{d}{b} \tag{34-31}$$

式中:d——基础埋深,如在埋深范围内存在强度小于持力层的软弱土层时,应将此软弱土层的厚度扣除。

3. 滑动面的最大深度

汉森公式地基滑动面的最大深度 z_{max},可按式(34-22)估算:

$$z_{max} = \lambda b \tag{34-32}$$

式中:λ——系数,与荷载倾斜角 δ_0 有关,可查表34-19。

系 数 λ 值　　　　　　　　　　　　　表34-19

$\tan\delta_0$	≤20°	21°~35°	36°~45°
≤0.20	0.6	1.2	2.0
0.21~0.30	0.4	0.9	1.6
0.31~0.40	0.2	0.6	1.2

4. 地基为多层土时的计算

若地基土在滑动面范围内由 n 个土层组成,各土层的抗剪强度相差不太悬殊,则可按下列公式计算加权平均重度与加权平均抗剪强度指标值,然后按汉森公式(34-27)计算地基极限荷载。

$$\gamma_p = \frac{\sum_{i=1}^{n} h_i \gamma_i}{\sum_{i=1}^{n} h_i} \tag{34-33}$$

$$c_p = \frac{\sum_{i=1}^{n} h_i c_i}{\sum_{i=1}^{n} h_i} \tag{34-34}$$

$$\varphi_p = \frac{\sum_{i=1}^{n} h_i \varphi_i}{\sum_{i=1}^{n} h_i} \tag{34-35}$$

式中：γ_p——加权平均重度(kN/m^3)；

$\quad\quad c_p$——加权平均黏聚力(kPa)；

$\quad\quad \varphi_p$——加权平均内摩擦角(°)；

$\quad\quad h_i$——第 i 层土的厚度(m)；

$\quad\quad \gamma_i$——第 i 层土的重度(kN/m^3)；

$\quad\quad c_i$——第 i 层土的黏聚力(kPa)；

$\quad\quad \varphi_i$——第 i 层土的内摩擦角(°)。

5. 工程应用

(1)安全系数 应用汉森公式式(34-27)设计基础时,地基强度安全系数 $K \geqslant 2.0$。

(2)应用效果 汉森公式在西欧应用较广。我国上海、天津等地区用汉森公式进行工程校核,其结果较满意,与《建筑地基基础设计规范》(GB 50007—2011)基本吻合。

【例 34-16】 某污水厂沉淀池设计时采用天然地基,浅埋矩形基础。基础底面尺寸:长度 $l = 240m$,宽度 $b = 1.60m$,基础埋深 $d = 1.80m$。地基为粉质黏土,天然重度 $\gamma = 18.6kN/m^3$,内摩擦角 $\varphi = 30°$,黏聚力 $c = 10kPa$。地下水位埋深7.50m。荷载倾斜角(1)$\delta_0 = 11.31°$;(2)$\delta_0 = 21.80°$。按汉森公式计算地基极限荷载。

解:(1)荷载倾斜角 $\delta_0 = 11.31°$ 情况。应用汉森公式(34-27):

$$p_{uv} = \frac{1}{2}\gamma_1 b N_\gamma S_\gamma i_\gamma + c N_c S_c d_c i_c + q N_q S_q d_q i_q$$

N_γ, N_c, N_q 根据地基土的内摩擦角 $\varphi = 30°$ 查表 34-17 可得:

$$N_\gamma = 18.09 \quad\quad N_c = 30.15 \quad\quad N_q = 18.40$$

S_γ, S_c, S_q 按公式(34-28)、公式(34-29)计算:

$$S_\gamma = 1 - 0.4\frac{b}{l} = 1 - 0.4 \times \frac{1.60}{2.40} = 0.73$$

$$S_c = S_q = 1 + 0.2\frac{b}{l} = 1 + 0.2 \times \frac{1.60}{2.40} = 1.13$$

d_c, d_q 按公式(34-31)计算:

$$d_c = d_q = 1 + 0.35\frac{d}{b} = 1 + 0.35 \times \frac{1.80}{1.60} = 1.39$$

i_γ, i_c, i_q 由 $\varphi = 30°$ 和 $\delta_0 = 11.31°$ 即 $\tan\delta_0 = 0.2$ 查表 34-18 得:

$$i_\gamma = 0.444 \quad\quad i_c = 0.646 \quad\quad i_q = 0.666$$

将上列数据代入公式(34-27)得:

$$p_{uvl} = \frac{1}{2} \times 18.6 \times 1.6 \times 18.09 \times 0.73 \times 0.444 + 10 \times 30.15 \times 1.13 \times 1.39 \times 0.646 +$$

$$18.6 \times 1.8 \times 18.4 \times 1.39 \times 0.666 = 963.46(kPa)$$

570

（2）荷载倾斜角 $\delta_0 = 21.80°$ 的情况。同理，应用汉森公式（34-27），承载力系数、基础形状系数与深度系数均不变，只有倾斜系数变化，根据荷载倾斜角 $\delta_0 = 21.80°$，即 $\tan\delta_0 = 0.4$ 与 $\varphi = 30°$ 查表34-18得：

$$i_\gamma = 0.150 \qquad i_c = 0.352 \qquad i_q = 0.387$$

代入公式（34-27）得：

$$
\begin{aligned}
p_{uv} &= \frac{1}{2} \times 18.6 \times 1.6 \times 18.09 \times 0.73 \times 0.15 + 10 \times 30.15 \times 1.13 \times 1.39 \times 0.352 + \\
& \quad 18.6 \times 1.8 \times 18.4 \times 1.39 \times 0.387 \\
&= 29.48 + 166.70 + 331.38 = 527.56(\text{kPa})
\end{aligned}
$$

注：本章部分示例摘自本书参考文献[20]、[60]。

第三十五章 预制桩打(沉)桩基础[20]、[29]、[42]、[61]

第一节 混凝土预制桩打(沉)桩施工控制计算

混凝土预制桩打(沉)桩施工计算包括:

①打桩屈曲荷载的计算;

②打桩锤击压应力的计算;

③打桩控制贯入度的计算;

④打(沉)桩安全距离计算等。

一、打桩屈曲荷载的计算(表35-1)

打桩屈曲荷载计算   表35-1

项目	计算方法及公式	符号意义
最大允许屈曲荷载	打桩时,桩锤打击的冲击荷载,有时会使桩产生长柱屈曲或打入时使桩头部分局部产生屈曲,或由于地上部分桩的荷载而引起长柱屈曲。 验算时,由于冲击荷载和荷载质量所产生的长柱屈曲,当长细比(屈曲长度/桩最小回转半径)超过100时,可以采用欧拉公式计算桩的最大允许屈曲荷载 P_{cr}(kN): $$P_{cr}=\frac{\pi^2 EI}{l_0^2} \qquad (35-1)$$ 如果 P_{cr} 大于桩锤击产生的冲击荷载,表示桩不会产生屈曲破坏。否则,应该更换较小桩锤或将桩截面加大	E——桩材的弹性模量(MPa); I——桩的惯性矩(mm⁴); l_0——桩屈曲长度(m),一般取从桩头到假设固定点的长度

【例35-1】 某污水厂沉淀池的桩基工程,已知钢筋混凝土桩截面为 35cm×35cm,桩长为 11m,弹性模量为 $2.1×10^4$ MPa。现采用 25kN 柴油桩锤,最大冲击力为 2 000kN。试验算打桩时,在桩锤冲击力作用下,是否会产生长柱屈曲破坏。

解:设桩的下端固定于土中 4m,上端与桩帽连接为半自由状态,桩屈曲计算长度取:

$$l_0 = 1.5l = 1.5×(11-4) = 10.5(m)$$

桩最小回转半径:$i=\sqrt{\frac{I}{A}}=0.289h=0.289×35=10.12(cm)$

桩的长细比:$\frac{l_0}{i}=\frac{1\,200}{10.12}=118.6>100$

按式(35-1)得:

$$P_{cr}=\frac{\pi^2 EI}{l_0^2}$$

$$=\frac{3.14^2×2.1×10^7×\frac{1}{12}×0.35^4}{10.5^2}$$

$$= 2\,349(kN) > 2\,000(kN)$$

所以,得知桩在锤冲击荷载作用下不会产生屈曲破坏。

二、打桩锤击压应力计算(表 35-2)

项目	计算方法及公式	符 号 意 义
桩的锤击压应力	打桩过程中,由于桩材内部产生锤击应力,桩的头部会压屈、压碎,它对木桩和钢筋混凝土桩的危害性更大。桩材内部锤击应力大小的推算,一般采用冲击波动方程式的方法,给出接近实际的应力值,可按下式计算: $$\sigma_{\mathrm p}=\dfrac{\alpha\sqrt{2eE\gamma_{\mathrm P}H}}{\left[1+\dfrac{A_{\mathrm C}}{A_{\mathrm H}}\sqrt{\dfrac{E_{\mathrm C}\gamma_{\mathrm C}}{E_{\mathrm H}\gamma_{\mathrm H}}}\right]\left[1+\dfrac{A}{A_{\mathrm C}}\sqrt{\dfrac{E\gamma_{\mathrm P}}{E_{\mathrm C}\gamma_{\mathrm C}}}\right]}\qquad(35\text{-}2)$$ 　　按以上计算式计算,如果 $\sigma_{\mathrm p}$ 大于桩的允许锤击应力,在锤击能量相同的条件下,可以采用限制锤的质量,降低锤的下落高度或改变桩垫材料等办法;或不使用大于桩截面的锤,以控制桩头产生的锤冲应力值,避免桩头破裂,桩身裂断	$\sigma_{\mathrm p}$——桩的锤击压应力(kPa); $A_{\mathrm H}$、$A_{\mathrm C}$、A——分别为锤、桩垫、桩的净截面面积(m^2); $E_{\mathrm H}$、$E_{\mathrm C}$、E——分别为锤、桩垫、桩的弹性模量(kPa);一般钢筋混凝土桩 $E=2.1\times10^7$kPa;钢桩 $E=2.1\times10^8$kPa;木桩 $E=1.0\times10^7$kPa,或按实测值; $\gamma_{\mathrm H}$、$\gamma_{\mathrm C}$、γ——分别为锤、桩垫、桩的重度(kN/m^3); H——落锤高度(m); α——锤型系数,自由落锤,$\alpha=1$;柴油锤 $\alpha=\sqrt{2}$; e——锤击效率系数,用落锤打桩机时,$e=0.6$;用柴油锤打桩机时,$e=0.8$

【例 35-2】 某桥梁工程打钢筋混凝土桩,已知桩净截面 $A=0.40\mathrm{m}\times0.40\mathrm{m}$,长 13m,$E=2.1\times10^7$kPa,桩的重度 $\gamma_{\mathrm P}$ 为 36.76kN/m^3,桩允许锤击应力为 8 750kPa。现选用 25kN 柴油桩锤,锤截面 $A_{\mathrm H}=0.42\mathrm{m}\times0.42\mathrm{m}$,$E_{\mathrm H}=2.1\times10^8$kPa,锤重度 $\gamma_{\mathrm H}$ 为 25kPa,落锤高度 H 取 0.5m,桩垫截面 $A_{\mathrm C}=0.45\mathrm{m}\times0.45\mathrm{m}$,$E_{\mathrm C}=1.0\times10^7$kPa,桩垫重度 $\gamma_{\mathrm C}=1.0$kN/m^3,取 $e=0.8$,$\alpha=\sqrt{2}$,试验算打桩是否安全。

解:按式(35-2)得:

$$\sigma_{\mathrm p}=\dfrac{\alpha\sqrt{2eE\gamma_{\mathrm P}H}}{\left[1+\dfrac{A_{\mathrm C}}{A_{\mathrm H}}\sqrt{\dfrac{E_{\mathrm C}\gamma_{\mathrm C}}{E_{\mathrm H}\gamma_{\mathrm H}}}\right]\left[1+\dfrac{A}{A_{\mathrm C}}\sqrt{\dfrac{E\gamma_{\mathrm P}}{E_{\mathrm C}\gamma_{\mathrm C}}}\right]}$$

$$=\dfrac{\sqrt{2}\sqrt{2\times0.8\times2.1\times10^7\times36.75\times0.5}}{\left[1+\dfrac{0.45\times0.45}{0.42\times0.42}\sqrt{\dfrac{1.0\times10^7\times1.0}{2.1\times10^8\times25}}\right]\left[1+\dfrac{0.40\times0.40}{0.45\times0.45}\sqrt{\dfrac{2.1\times10^7\times36.75}{1.0\times10^7\times1.0}}\right]}$$

$$=4\,215(kPa)<8\,750kPa$$

故打桩安全。

三、打桩控制贯入度的计算(表 35-3)

计算方法及公式	符 号 意 义
打预制钢筋混凝土桩的设计质量控制,一般是以贯入度和设计高程两个指标来检验。桩尖位于坚硬、硬塑的黏性土、中密以上粉土、砂土、碎石土及风化岩时,应以贯入度控制为主,桩端高程为辅;贯入度已达到设计要求而桩端高程未达到时,应继续锤击 3 阵,并按每阵 10	S——桩的控制贯入度(mm); Q——锤重力(N); H——锤击高度(mm); q——桩及桩帽重力(N); A——桩的横截面(mm^2)

计算方法及公式	符 号 意 义
击的贯入度不应大于设计规定的数值确认。必要时,施工控制贯入度应通过试验确定。当桩端位于一般土层时,应以控制桩端设计高程为主,贯入度为辅。当无试验资料或设计无规定时,控制贯入度可以按格尔谢凡诺夫动力公式计算: $$S=\frac{nAQH}{mp(mp+mA)}\times\frac{Q+0.2q}{Q+q} \qquad (35\text{-}3)$$ 如已做静荷载试验,应该以桩的极限荷载 P_k(kN)代替公式中的 mp 值计算	p——桩的安全(或设计)承载力(N) m——安全系数:对永久工程,$m=2$;对临时工程,$m=1.5$; n——桩材料及桩垫有关系数:钢筋混凝土桩用麻垫时,$n=1$;钢筋混凝土桩用橡木垫时,$n=1.5$;木桩加桩垫时,$n=0.8$;木桩不加垫,$n=1.0$

【例 35-3】 某污水厂沉淀池采用 18kN 柴油打桩机进行打桩,落锤高 $H=1\,000$mm,钢筋混凝土桩长为 10m,截面 $A=370\times370=136\,900$mm²,桩重力 29 000N。桩帽用麻垫($n=1.0$),桩帽重力 1 200N,地基土质为硬塑粉质黏土,桩的设计承载力为 145kN。求打桩时控制贯入度。

解: 按式(35-3)得:

$$S=\frac{1.0\times136\,900\times18\,000\times1\,000}{2\times145\,000(2\times145\,000+1.0\times136\,900)}\times\frac{18\,000+0.2(29\,000+1\,200)}{18\,000+(29\,000+1\,200)}$$

$$=19.9\times0.5$$

$$=9.95(\text{mm})$$

取 10mm。

故知,打桩时的控制贯入度为 10mm。

四、打(沉)桩安全距离的计算(表 35-4)

打(沉)桩安全距离的计算   表 35-4

项目	计算方法及公式	符 号 意 义
面波竖向分量的振幅计算	打沉桩安全距离一般以振幅值来评价,如仅考虑瑞利波效应以及由于土并非完全弹性体而引起的振动能量消耗,则面波的竖向分量的振幅应按下式计算: $$A_r=A_0\sqrt{\frac{r_0}{r}}\times e^{-\alpha(r-r_0)} \qquad (35\text{-}4)$$ 以振幅为评价标准的界限图如右图 A 所示。根据建筑结构物的损害及对人的感受程度,可从右图 A 中查得相应的允许振幅值	A_r、A_0——分别为距震源 r 和 r_0 处的竖向分量的振幅(mm); α——土的能量吸收系数 m^{-1},与土质情况有关,对松软饱和细粉砂、粉质黏土、粉土为 0.01~0.03m^{-1};对很湿的粉质黏土、黏土为 0.04~0.06 m^{-1};对稍湿的和干的粉质黏土、粉土为 0.07~0.10m^{-1}

项 目	计算方法及公式	符 号 意 义
面波竖向分量的振幅计算	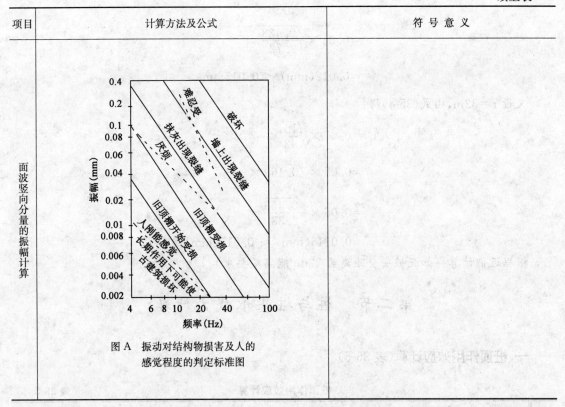 图 A　振动对结构物损害及人的 感觉程度的判定标准图	

【例 35-4】 某办公楼的桩基工程采用 DZ40-A 振动沉桩机进行施工，根据钻探与测试资料，已知地基土为很湿的粉质黏土，在离打桩 15m 处沉桩至持力层时，地面最大振幅为 0.05mm（频率为 9Hz），试计算附近砖木和砖混结构房屋基本不受危害的最小安全距离为多少？

解：根据题意已知 $A_0 = 0.05$mm，$r_0 = 15$m，由表 35-4 图 A，如以旧顶棚仅轻微受损为安全界限，则当频率为 9Hz 时，其最大振幅应小于 0.015 左右，即 $A_r = 0.015$，求 r 值。

现以面波的竖向分量为评价标准，作近似估算，根据土质情况取 $\alpha = 0.05\text{m}^{-1}$。按式（35-4）可采用试算法球 A_r。

先设 $r = 25$m，代入式（35-4）中得：

$$A_r = A_0\sqrt{\frac{r_0}{r}} \times e^{-\alpha(r-r_0)} = 0.05 \times \sqrt{\frac{15}{35}} \times e^{-0.05(25-15)}$$

$$= 0.05 \times \sqrt{0.6} \times \frac{1}{e^{0.5}}$$

$$= 0.05 \times \frac{\sqrt{0.6}}{2.72}$$

$$= 0.023(\text{mm}) > 0.015\text{mm}（不满足要求）$$

再设 $r = 35$m，由式（35-4）得：

$$A_r = 0.05 \times \sqrt{\frac{15}{35}} \times e^{-0.05(25-15)}$$

$$=0.05 \times \sqrt{0.428} \times \frac{1}{e}$$

$$=0.05 \times \frac{\sqrt{0.428}}{2.72}$$

$$=0.012(\text{mm}) < 0.015\text{mm}$$

又设 $r=32\text{m}$，由式(35-4)得：

$$A_r = 0.05 \times \sqrt{\frac{15}{32}} \times e^{-0.05(25-15)}$$

$$=0.05 \times \sqrt{0.469} \times \frac{1}{e^{0.85}}$$

$$=0.05 \times \frac{\sqrt{0.469}}{2.33}$$

$$=0.0146(\text{mm}) \approx 0.015(\text{mm})$$

根据近似计算得知沉桩安全距离为 32m(能满足要求)。

第二节 桩与桩基承载力计算

一、桩顶作用效应计算(表 35-5)

桩顶作用效应计算 表 35-5

项目	计算方法及公式	符 号 意 义
桩顶作用竖向力、水平力	规范规定对于一般建筑物和受水平力(包括力矩和水平剪力)较小的高层建筑群桩基础，应按下列公式计算桩、墙、核心筒群桩中基桩和复合基桩的桩顶作用效应： 1. 竖向力 轴心竖向力作用下 $$N_k = \frac{F_k + G_k}{n} \qquad (35\text{-}5)$$ 偏心竖向力作用下 $$N_{ik} = \frac{F_k + G_k}{n} \pm \frac{M_{xk}y_i}{\sum y_j^2} \pm \frac{M_{yk}x_i}{\sum x_j^2} \qquad (35\text{-}6)$$ 2. 水平力 $$H_{ik} = \frac{H_k}{n} \qquad (35\text{-}7)$$	F_k——荷载效应标准组合下，作用于承台顶面的竖向力(kN)； G_k——桩基承台和承台上土自重标准值，对稳定的地下水位以下部分应扣除水的浮力(kN)； N_k——荷载效应标准组合轴心竖向力作用下，基桩或复合基桩的平均竖向力(kN)； N_{ik}——荷载效应标准组合偏心竖向力作用下，第 i 基桩或复合基桩的竖向力(kN)； M_{xk}、M_{yk}——荷载效应标准组合下，作用于承台底面，绕通过桩群形心的 x、y 主轴的力矩(kN·m)； x_i、x_j、y_i、y_j——第 i、j 基桩或复合基桩至 y、x 轴的距离(m)； H_k——荷载效应标准组合下，作用于桩基承台底面的水平力(kN)； H_{ik}——荷载效应标准组合下，作用于第 i 基桩或复合基桩的水平力(kN)； n——桩基中的桩数

二、桩基竖向承载力计算（表 35-6）

桩基竖向承载力计算   表 35-6

项目	计算方法及公式	符号意义
荷载效应标准组合	1. 桩基竖向承载力计算应符合下列要求 （1）荷载效应标准组合 轴心竖向力作用下： $$N_k \leqslant R \qquad (35\text{-}8)$$ 偏心竖向力作用下，除满足上式外，尚应满足下式的要求： $$N_{kmax} \leqslant 1.2R \qquad (35\text{-}9)$$ （2）地震作用效应和荷载效应标准组合： 轴心竖向力作用下： $$N_{Ek} \leqslant 1.25R \qquad (35\text{-}10)$$ 偏心竖向力作用下，除满足式（35-10）外，尚应满足下式的要求： $$N_{Ekmax} \leqslant 1.5R \qquad (35\text{-}11)$$	N_k——荷载效应标准组合轴心竖向力作用下，基桩或复合基桩的平均竖向力（kN）； N_{kmax}——荷载效应标准组合偏心竖向力作用下，桩顶最大竖向力（kN）； N_{Ek}——地震作用效应和荷载效应标准组合下，基桩或复合基桩的平均竖向力（kN）； N_{Ekmax}——地震作用效应和荷载效应标准组合下，基桩或复合基桩的最大竖向力（kN）； R——基桩或复合基桩竖向承载力特征值（kN）； Q_{uk}——单桩竖向极限承载力标准值（kN）； K——安全系数，取 $K=2$； η_c——承台效应系数，可按表 35-8 取值； f_{ak}——承台下 1/2 承台宽度且不超过 5m 深度范围内各层土的地基承载力特征值按厚度加权的平均值； A_c——计算基桩所对应的承台底净面积（m²）； A_{ps}——桩身截面面积（m²） A——承台计算域面积对于柱下独立桩基，A 为承台总面积（m²）；对于桩筏基础，A 为柱、墙筏板的 1/2 跨距和悬臂边 2.5 倍筏板厚度所围成的面积；桩集中布置于单片墙下的桩筏基础，取墙两边各 1/2 跨距围成的面积，按条形承台计算 η_c； ζ_a——地基抗震承载力调整系数，应按现行国家标准《建筑抗震设计规范》（GB 50011—2010）采用； R_a——单桩竖向承载力特征值（kN）
单桩竖向承载力特征值计算	2. 单桩竖向承载力特征值 R_a 应按下式确定： $$R_a = \frac{1}{K} Q_{uk} \qquad (35\text{-}12)$$	
承台效应的复合基桩竖向承载力特征值计算	3. 考虑承台效应的复合基桩竖向承载力特征值计算可按下列公式确定： 不考虑地震作用时 $R = R_a + \eta_c f_{ak} A_c \qquad (35\text{-}13)$ 考虑地震作用时 $R = R_a + \dfrac{\zeta_a}{1.25} \eta_c f_{ak} A_c \qquad (35\text{-}14)$ $$A_c = (A - nA_{ps})/n \qquad (35\text{-}15)$$	
考虑承台效应的条件	4. 对于符合下列条件之一的摩擦型桩基，宜考虑承台效应确定其复合基桩的竖向承载力特征值： （1）上部结构整体刚度较好。体型简单的建（构）筑物； （2）对差异沉降适应性较强的排架结构和柔性构筑物； （3）按变刚度调平原则设计的桩基刚度相对弱化区； （4）软土地基的减沉复合疏桩基础。 当承台底为可液化土、湿陷性土、高灵敏度软土、欠固结土、新填土时，沉桩引起超孔隙水压力和土体隆起时，不考虑承台效应，取 $\eta_c = 0$	

三、单桩竖向极限承载力计算（表 35-7）

单桩竖向极限承载力计算 表 35-7

项目	计算方法及公式	符号意义
一般直径单桩竖向极限承载力计算	单桩承载力，一般通过现场静荷载试验确定。如无试验资料，亦可按土的物理性质指标与承载力参数之间的经验关系确定。 1. 一般直径单桩竖向极限承载力计算 单桩承载力由桩侧阻力和桩端阻力组成，桩侧阻力和桩端阻力值，一般按土的种类，由大量桩的静载试验成果的统计分析得到，也可按地区经验确定。 （1）《建筑地基基础设计规范》（GB 50007—2011）中的计算公式。 初步设计时，单桩竖向极限承载力特征值，可按下式估算： $$R_a = q_{pa}A_p + u_p\sum q_{sia}l_i \qquad (35\text{-}16)$$ 当桩端嵌入完整及较完整的硬质岩中时，可按下式估算单桩竖向承载力特征值： $$R_a = q'_{pa}A_p \qquad (35\text{-}17)$$ （2）《建筑桩基技术规范》（JGJ 94—2008）中的计算 当根据土的物理指标与承载力参数之间的经验关系确定单桩竖向极限承载力标准值时，按式（35-18）计算（即经验参数法）： $$Q_{uk} = Q_{sk} + Q_{pk} = u\sum q_{sik}l_i + q_{pk}A_p \qquad (35\text{-}18)$$	R_a——单桩竖向承载力特征值（kN）； q_{pa}、q_{sia}——桩端阻力、桩侧阻力特征值（kPa），由当地静载荷试验结果统计分析算得； A_p——桩底端横截面面积（m²）； u_p——桩身周长（m）； l_i——第 i 层岩土的厚度，即桩周各层土的厚度（m）； q'_{pa}——桩端岩石承载力特征值（kPa）。 q_{sik}——桩侧第 i 层土的极限力标准值（kPa），如无当地经验值时，可按表 35-9 取值，对于扩底桩斜面及变截面以上 $2d$ 长度范围不计侧阻力； q_{pk}——桩径为 800mm 的极限端阻力标准值（kPa），可采用深层载荷板试验确定，当不能进行深层载荷板试验时，可采用当地经验值或按表 35-10 取值，对于干作业（清底干净）可按表 35-11 取值； Q_{sk}、Q_{pk}——分别为总极限侧阻力标准值和总极限端阻力标准值（kN）； u——桩身周长（m），当人工挖孔桩桩周护壁为振捣密实的混凝土时，桩身周长可按护壁外径计算；对于混凝土护壁的大直径挖孔桩，计算单桩竖向承载力时，其设计桩径取护壁外直径； ψ_{si}、ψ_p——大直径桩侧阻、端阻尺寸效应系数，按表 35-12 取值； n——桩端隔板分割数； λ_p——桩端土塞效应系数，对于闭口钢管桩 $\lambda_p=1$，对于敞口钢管桩按式（35-21）、式（35-22）计算； h_b——桩端进入持力层深度（m）； d——钢管桩外径（m）； d_e——等效直径（m）； A_j——空心桩桩端净面积（m²）
大直径单桩竖向极限承载力	2. 大直径单桩竖向极限承载力计算 大直径（$d \geqslant 800$mm）单桩竖向极限承载力标准值，可按下式计算： $$Q_{uk} = Q_{sk} + Q_{pk} = u\sum \psi_{si}q_{sik}l_i + \psi_p q_{pk}A_p \qquad (35\text{-}19)$$	
钢管桩单桩竖向极限承载力计算	3. 钢管桩 当根据土的物理指标与承载力参数之间的经验关系确定钢管桩单桩竖向极限承载力标准值时，可按下列公式计算： $$Q_{uk} = Q_{sk} + Q_{pk} = u\sum q_{sik}l_i + \lambda_p q_{pk}A_p \qquad (35\text{-}20)$$ 当　　　$h_b/d < 5$ 时，$\lambda_p = 0.16h_b/d \qquad (35\text{-}21)$ 当　　　$h_b/d \geqslant 5$ 时，$\lambda_p = 0.8 \qquad (35\text{-}22)$ 对于带隔板的半敞口钢管桩，应以等效直径 d_e 代替 d 确定 λ_p；$d_e = d/\sqrt{n}$；其中 n 为桩端隔板分割数（图 A）。 $n=2$　　　$n=4$　　　$n=9$ 图 A　隔板分割	

项 目	计算方法及公式	符 号 意 义
混凝土空心桩单桩竖向极限承载力标准值的计算	**4. 混凝土空心桩** 当根据土的物理指标与承载力参数之间的经验关系确定敞口预应力混凝土空心桩单桩竖向极限承载力标准值时，可按下列公式计算： $$Q_{uk}=Q_{sk}+Q_{pk}=u\sum q_{sik}l_i+q_{pk}(A_j+\lambda_p A_{p1})\quad(35\text{-}23)$$ 当 $h_b/d_1<5$ 时：　$\lambda_p=0.16h_b/d_1$　　(35-24) 当 $h_b/d_1\geqslant5$ 时：　$\lambda_p=0.8$　　　　(35-25)	管桩：$A_j=\dfrac{\pi}{4}(d^2-d_1^2)$； 空心方桩：$A_j=b^2-\dfrac{\pi}{4}d_1^2$； A_{p1}——空心桩敞口面积：$A_{p1}=\dfrac{\pi}{4}d_1^2(m^2)$； 　d——空心桩桩外径(m)； 　b——空心方桩边长(m)； 　d_1——空心桩内径(m) 其余符号意义同前
后注浆单桩极限承载力标准值的计算	**5. 后注浆灌注桩单桩竖向承载力计算** 后注浆灌注桩的单桩极限承载力应通过静载试验确定。在符合《建筑桩基技术规范》(JGJ 94—2008)第 6.7 节后注浆技术实施规定的条件下，其后注浆单桩极限承载力标准值可按下式估算： $$Q_{uk}=Q_{sk}+Q_{gsk}+Q_{gpk}$$ $$=u\sum q_{sjk}l_j+u\sum\beta_{si}q_{sik}l_{gi}+\beta_p q_{pk}A_p\qquad(35\text{-}26)$$ 式中：　Q_{sk}——后注浆非竖向增强段的总极限侧阻力标准值(kN)； 　　　　Q_{gsk}——后注浆竖向增强段的总极限侧阻力标准值(kN)； 　　　　Q_{gpk}——后注浆总极限端阻力标准值(kN)； 　　　　u——桩身周长(m)； 　　　　l_j——后注浆非竖向增强段第 j 层土厚度(m)； 　　　　l_{gi}——后注浆竖向增强段内第 i 层土厚度(m)：对于泥浆护壁成孔灌注桩，当为单一桩端后注浆时，竖向增强段为桩端以上 12m；当为桩端、桩侧复式注浆时，竖向增强段为桩端以上 12m 及各桩侧注浆断面以上 12m，重叠部分应扣除；对于干作业灌注桩，竖向增强段为桩端以上、桩侧注浆断面上下各 6m； 　q_{sik},q_{sjk},q_{pk}——分别为后注浆竖向增强段第 i 土层初始极限侧阻力标准值、非竖向增强段第 j 土层初始极限侧阻力标准值、初始极限端阻力标准值，根据本表 35-7 中 1，2 条公式确定； 　　　β_{si},β_p——分别为后注浆侧阻力、端阻力增强系数，无当地经验值时，可按表 35-13 取值。对于桩径大于 800mm 的桩，应按表 35-12 进行侧阻和端阻尺寸效应修正
液化土层的灌注桩单桩竖向承载力计算	**6. 液化土层的灌注桩单桩竖向承载力** 对于松散与少黏性的饱和土如砂土或粉土，在振动下有变密和向外排水的趋势，如因外部封闭不能排水，则土中水压力提高，当土压力升到土的有效应力时，土粒间没有力的传递，土粒悬浮在水中，可以流动，本是固体的土变成液体，此现象称为液化。由于从固体变液体的原因造成液化土范围桩侧摩阻力降低甚至完全丧失。液化的危害表现为喷水冒砂、地基失效、侧向扩展与流滑、上浮或水平位移，其侧向扩展与流滑对桩产生水平力，设计时应给予考虑。前面的构造要求的液化范围内箍筋加密的规定，就是为了抵抗液化产生的水平力而采取的措施。 《建筑桩基技术规范》(JGJ 94—2008)推荐的计算方法： 对于桩身周围有液化土层的低承台桩基，当承台底面上下分别有厚度不小于 1.5m、1.0m 的非液化土或非软弱土层时，可将液化土层极限侧阻力乘以土层液化折减系数计算单桩极限承载力标准值。土层液化折减系数 ψ_l 可按表 35-14 确定。 当承台底面上下非液化土层厚度小于以上规定时，土层液化折减系数 ψ_l 取 0。 表注解②中 ψ_l 可提高一档采用的原因是挤土桩，由于挤土效应，使液化土的密实度提高，可降低甚至消除液化。这是在一定条件下，挤土效应的有利影响

项 目	计算方法及公式	符 号 意 义
嵌岩桩单桩竖向极限承载力计算	**7. 嵌岩桩** 《建筑桩基技术规范》(JGJ 94—2008)规定的计算方法和公式： 桩端置于完整、较完整基岩的嵌岩桩单桩竖向极限承载力，由桩周土总极限侧阻力和嵌岩桩总极限阻力组成。当根据岩石单轴抗压强度确定单桩竖向极限承载力标准值时，可按下列公式计算： $$Q_{uk}=Q_{sk}+Q_{rk} \qquad (35\text{-}27)$$ $$Q_{sk}=u\sum q_{sik}l_i \qquad (35\text{-}28)$$ $$Q_{rk}=\zeta_r f_{rk}A_p \qquad (35\text{-}29)$$ 式中：Q_{sk}、Q_{rk}——分别为土的总极限侧阻力、嵌岩段总极限阻力标准值(kN)； q_{sik}——桩周第 i 土层的极限侧阻力，无当地经验值时，可根据成桩工艺按表 35-9 取值； f_{rk}——岩石饱和单轴抗压强度标准值，黏土岩取天然湿度单轴抗压强度标准值(kPa)； ζ_r——嵌岩段侧阻和端阻综合系数，与嵌岩深径比 h_r/d、岩石软硬程度和成桩工艺有关，可按表 35-15 采用；表中数值适用于泥浆护壁成桩，对于干作业成桩(清底干净)和泥浆护壁成桩后注浆，ζ_r 应取表列数值的 1.2 倍	

承台效应系数 η_c   表 35-8

B_c/l ＼ s_a/d	3	4	5	6	＞6
≤0.4	0.06～0.08	0.14～0.17	0.22～0.26	0.32～0.38	0.50～0.80
0.4～0.8	0.08～0.10	0.17～0.20	0.26～0.30	0.38～0.44	0.50～0.80
＞0.8	0.10～0.12	0.20～0.22	0.30～0.34	0.44～0.50	0.50～0.80
单排桩条形承台	0.15～0.18	0.25～0.30	0.38～0.45	0.50～0.60	

注：1. 表中 s_a/d 为桩中心距与桩径之比；B_c/l 为承台宽度与桩长之比。当计算基桩为非正方形排列时，$s_a=\sqrt{A/n}$，A 为承台计算域面积，n 为总桩数。

2. 对于桩布置于墙下的箱、筏承台，η_c 可按单排桩条形承台取值。

3. 对于单排桩条形承台，当承台宽度小于 $1.5d$ 时，η_c 按非条形承台取值。

4. 对于采用后注浆灌注桩的承台，η_c 宜取低值。

5. 对于饱和黏性土中的挤土桩基、软土地基上的桩基承台，η_c 宜取低值的 0.8 倍。

桩的极限侧阻力标准值 q_{sik}(kPa)   表 35-9

土的名称	土的状态		混凝土预制桩	泥浆护壁钻(冲)孔桩	干作业钻孔桩
填土			22～30	20～28	20～28
淤泥			14～20	12～18	12～18
淤泥质土			22～30	20～28	20～28
黏性土	流塑	$I_L>1$	24～40	21～38	21～38
	软塑	$0.75<I_L≤1$	40～55	38～53	38～53
	可塑	$0.50<I_L≤0.75$	55～70	53～68	53～66
	硬可塑	$0.25<I_L≤0.50$	70～86	68～84	66～82
	硬塑	$0<I_L≤0.25$	86～98	84～96	82～94
	坚硬	$I_L≤0$	98～105	96～102	94～104

土的名称	土的状态		混凝土预制桩	泥浆护壁钻（冲）孔桩	干作业钻孔桩
红黏土	$0.7 < a_w \leqslant 1$		13～32	12～30	12～30
	$0.5 < a_w \leqslant 0.7$		32～74	30～70	30～70
粉土	稍密	$e > 0.9$	26～46	24～42	24～42
	中密	$0.75 \leqslant e \leqslant 0.9$	46～66	42～62	42～62
	密实	$e < 0.75$	66～88	62～82	62～82
粉细砂	稍密	$10 < N \leqslant 15$	24～48	22～46	22～46
	中密	$15 < N \leqslant 30$	48～66	46～64	46～64
	密实	$N > 30$	66～88	64～86	64～86
中砂	中密	$15 < N \leqslant 30$	54～74	53～72	53～72
	密实	$N > 30$	74～95	72～94	72～94
粗砂	中密	$15 < N \leqslant 30$	74～95	74～95	76～98
	密实	$N > 30$	95～116	95～116	98～120
砾砂	稍密	$5 < N_{63.5} \leqslant 15$	70～110	50～90	60～100
	中密（密实）	$N_{63.5} > 15$	116～138	116～130	112～130
圆砾、角砾	中密、密实	$N_{63.5} > 10$	160～200	135～150	135～150
碎石、卵石	中密、密实	$N_{63.5} > 10$	200～300	140～170	150～170
全风化软质岩		$30 < N \leqslant 50$	100～120	80～100	80～100
全风化硬质岩		$30 < N \leqslant 50$	140～160	120～140	120～150
强风化软质岩		$N_{63.5} > 10$	160～240	140～200	140～220
强风化硬质岩		$N_{63.5} > 10$	220～300	160～240	160～260

注:1. 对于尚未完成自重固结的填土和以生活垃圾为主的杂填土,不计算其侧阻力。

2. a_w 为含水比,$a_w = w/w_L$,w 为土的天然含水率,w_L 为土的液限。

3. N 为标准贯入击数;$N_{63.5}$ 为重型圆锥动力触探击数。

4. 全分化、强风化软质岩和全风化、强风化硬质岩是指其母岩分别为 $f_{rk} \leqslant 15\text{MPa}$、$f_{rk} > 30\text{MPa}$ 的岩石。

表 35-10

桩的极限端阻力标准值 q_{pk} (kPa)

土名称	土的状态	桩型	混凝土预制桩桩长 l(m)				泥浆护壁钻(冲)孔桩桩长 l(m)				干作业钻孔桩桩长 l(m)		
			l≤9	9<l≤16	16<l≤30	l>30	5≤l<10	10≤l<15	15≤l<30	30≤l	5≤l<10	10≤l<15	15≤l
黏性土	软塑	$0.75<I_L≤1$	210~850	650~1400	1200~1800	1300~1900	150~250	250~300	300~450	300~450	200~400	400~700	700~950
	可塑	$0.50<I_L≤0.75$	850~1700	1400~2200	1900~2800	2300~3600	350~450	450~600	600~750	750~800	500~700	800~1100	1000~1600
	硬可塑	$0.25<I_L≤0.50$	1500~2300	2300~3300	2700~3600	3600~4400	800~900	900~1000	1000~1200	1200~1400	850~1100	1500~1700	1700~1900
	硬塑	$0<I_L≤0.25$	2500~3800	3800~5500	5500~6000	6000~6800	1100~1200	1200~1400	1400~1600	1600~1800	1600~1800	2200~2400	2600~2800
粉土	中密	$0.75<e≤0.9$	950~1700	1400~2100	1900~2700	2500~3400	300~500	500~650	650~750	750~850	800~1200	1200~1400	1400~1600
	密实	$e<0.75$	1500~2600	2100~3000	2700~3600	3600~4400	650~900	750~950	900~1100	1100~1200	1200~1700	1400~1900	1600~2100
粉砂	稍密	$10<N≤15$	1000~1600	1500~2300	1900~2700	2100~3000	350~500	450~600	600~700	650~750	500~950	1300~1600	1500~1700
	中密、密实	$N>15$	1400~2200	2100~3000	3000~4500	3800~5500	600~750	750~900	900~1100	1100~1200	900~1000	1700~1900	1700~1900
细砂	中密、密实	$N>15$	2500~4000	3600~5000	4400~6000	5300~7000	650~850	900~1200	1200~1500	1500~1800	1200~1600	2000~2400	2400~2700
中砂	中密、密实	$N>15$	4000~6000	5500~7000	6500~8000	7500~9000	850~1050	1100~1500	1500~1900	1900~2100	1800~2400	2800~3800	3600~4400
粗砂	中密、密实	$N>15$	5700~7500	7500~8500	8500~10000	9500~11000	1500~1800	2100~2400	2400~2600	2600~2800	2900~3600	4000~4600	4600~5200
砾砂		$N>15$	6000~9500		9000~10500		1400~2000		2000~3200		3500~5000		
角砾、圆砾	中密、密实	$N_{63.5}>10$	7000~10000		9500~11500		1800~2200		2200~3600		4000~5500		
碎石、卵石	密实	$N_{63.5}>10$	8000~11000		10500~13000		2000~3000		3000~4000		4500~6500		
全风化软质岩		$30<N≤50$	4000~6000				1000~1600				1200~2000		
全风化硬质岩		$30<N≤50$	5000~8000				1200~2000				1400~2400		
强风化软质岩		$N_{63.5}>10$	6000~9000				1400~2200				1600~2600		
强风化硬质岩		$N_{63.5}>10$	7000~11000				1800~2800				2000~3000		

注：1. 砂土和碎石类土中桩的极限端阻力取值，宜综合考虑土的密实度，桩端进入持力层的深径比 h_b/d，土越密实，h_b/d 越大，取值越高。

2. 预制桩的岩石极限端阻力指桩端支承于中、微风化及新鲜岩石表面或进入强风化岩、软质岩一定深度条件下极限端阻力。

3. 全风化、强风化软质岩和全风化、强风化硬质岩指其母岩为 $f_{rk}≤15MPa$、$f_{rk}>30MPa$ 的岩石。

干作业挖孔桩(清底干净,$D=800$mm)极限端阻力标准值 q_{pk}(kPa) 表 35-11

土 名 称	状 态		
黏性土	$0.25<I_L\leqslant0.75$	$0<I_L\leqslant0.25$	$I_L\leqslant0$
	800~1 800	1 800~2 400	2 400~3 000
粉土		$0.75\leqslant e\leqslant0.9$	$e<0.75$
		1 000~1 500	1 500~2 000
	稍密	中密	密实
粉砂	500~700	800~1 100	1 200~2 000
细砂	700~1 100	1 200~1 800	2 000~2 500
中砂	1 000~2 000	2 200~3 200	3 500~5 000
粗砂	1 200~2 200	2 500~3 500	4 000~5 500
砾砂	1 400~2 400	2 600~4 000	5 000~7 000
圆砾、角砾	1 600~3 000	3 200~5 000	6 000~9 000
卵石、碎石	2 000~3 000	3 300~5 000	7 000~11 000

注:1. 当桩进入持力层的深度 h_b 分别为:$h_b\leqslant D$,$D<h_b\leqslant4D$,$h_b>4D$ 时,q_{pk} 可相应取低、中、高值。

2. 砂土密实度可根据标贯击数判定,$N\leqslant10$ 为松散,$10<N\leqslant15$ 为稍密,$15<N\leqslant30$ 为中密,$N>30$ 为密实。

3. 当桩的长径比 $l/d\leqslant8$ 时,q_{pk} 宜取较低值。

4. 当对沉降要求不严时,q_{pk} 可取高值。

大直径灌注桩侧阻尺寸效应系数 ψ_{si}、端阻尺寸效应系数 ψ_p 表 35-12

土 类 型	黏性土、粉土	砂土、碎石类土
ψ_{si}	$(0.8/d)^{1/5}$	$(0.8/d)^{1/3}$
ψ_p	$(0.8/D)^{1/4}$	$(0.8/D)^{1/5}$

注:当为等直径桩时,表中 D 等于 d。

后注浆侧阻力增强系数 β_{si}、端阻力增强系数 β_p 表 35-13

土层名称	淤泥淤泥质土	黏性土粉土	粉砂细砂	中砂	粗砂砾砂	砾石卵石	全风化岩强风化岩
β_{si}	1.2~1.3	1.4~1.8	1.6~2.0	1.7~2.1	2.0~2.5	2.4~3.0	1.4~1.8
β_p		2.2~2.5	2.4~2.8	2.6~3.0	3.0~3.5	3.2~4.0	2.0~2.4

注:干作业钻、挖孔桩,β_p 按表列值乘以小于 1.0 的折减系数。当桩端持力层为黏性土或粉土时,折减系数取 0.6;为砂土或碎石土时,取 0.8。

土层液化折减系数 ψ_l 表 35-14

$\lambda_N=\dfrac{N}{N_{cr}}$	自地面算起的液化土层深度 d_L(m)	ψ_l
$\lambda_N\leqslant0.6$	$d_L\leqslant10$	0
	$10<d_L\leqslant20$	1/3
$0.6<\lambda_N\leqslant0.8$	$d_L\leqslant10$	1/3
	$10<d_L\leqslant20$	2/3
$0.8<\lambda_N\leqslant1.0$	$d_L\leqslant10$	2/3
	$10<d_L\leqslant20$	1.0

注:1. N 为饱和土标贯击数实测值;N_{cr} 为液化判别标贯击数临界值。

2. 对于挤土桩,当桩距小于 $4d$,且桩的排数不少于 5 排、总桩数不少于 25 根时,土层液化系数可按表列值提高一档取值;桩间土标贯击数达到 N_{cr} 时,取 $\psi_l=1$。

嵌岩深径比 h_r/d	0	0.5	1.0	2.0	3.0	4.0	5.0	6.0	7.0	8.0
极软岩、软岩	0.60	0.80	0.95	1.18	1.35	1.48	1.57	1.63	1.66	1.70
较硬岩、坚硬岩	0.45	0.65	0.81	0.90	1.00	1.04				

注:1. 极软岩、软岩指 $f_{rk} \leqslant 15MPa$,较硬岩、坚硬岩指 $f_{rk} > 30MPa$,介于两者之间可内插取值。

    2. h_r 为桩身嵌岩深度,当岩面倾斜时,以坡下方嵌岩深度为准;当 h_r/d 为非表列值时,ζ_r 可内插取值。

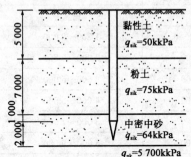

图 35-1 桩地质剖面图

算例摘自本书参考文献[29]、[71]。

1. 单桩极限承载力算例

【例 35-5】 某桥梁工程采用预制钢筋混凝土桩,桩的截面尺寸为 $400mm \times 400mm$,长度为 $150m$,地质剖面如图 35-1 所示,桩支承在中密砂层上。试求单桩极限承载力标准值。

解: 桩支承在中密中砂层上,查表 35-10 得:$q_{pk} = 6570 kN/m^3$,由式(35-18)得:

$$Q_{uk} = u\sum q_{sik}l_i + q_{pk}A_p$$
$$= 4 \times 0.4(50 \times 5 \times 0.8 + 75 \times 7 \times 1 + 64 \times 1.0 \times 1.01) + 6300 \times 0.4 \times 0.4$$

$$= 1263.4 + 1051.2 = 2481.2(kN)$$

取 $2480kN$。

2. 复合桩基承载力算例

【例 35-6】 按《建筑桩基技术规范》(JGJ 94—2008)推荐的经验参数法计算单桩竖向承载力标准值。

(1)土层参数见表 35-16,地面高程为 $27.31m$,地下水位为 $24.0m$;土层数:18。

(2)桩设计参数:

桩顶高程为 $20.67m$,桩长为 $16.5m$,桩径为 $600mm$,进入⑤层中砂不少于 $1.50m$。

(3)单桩竖向承载力标准值。

解: 根据式(35-18)得:$Q_{uk} = Q_{sk} + Q_{pk} = u_p\sum q_{sik}l_i + q_{pk}A_p$

计算见表 35-17。

土 层 参 数   表 35-16

土层编号	土层名称	土层底面高程 (m)	重度 (kN/m³)	压缩模量 $P0+100$ (MPa)	压缩模量 $P0+200$ (MPa)	天然地基承载力 (kPa)	桩侧阻力极限标准值 (kPa)	桩端阻力极限标准值 (kPa)
①	填土	25.61	19.2	5.4	6.3	80	40.0	0.0
②	粉土	22.91	19.2	6.9	8.3	130	55.0	0.0
③1	粉质黏土	21.51	19.8	8.1	9.2	160	55.0	0.0
③2	黏土	20.71	18.7	5.3	6.1	150	50.0	0.0
③1	粉质黏土	19.31	19.8	8.1	9.2	160	50.0	0.0
③	粉土	18.61	20	30	32	170	50.0	0.0
④1	黏土	16.91	19.8	6.6	7.2	160	50.0	0.0
④	粉质黏土	15.51	20.3	10.5	11.6	180	55.0	0.0

土层编号	土层名称	土层底面高程（m）	重度（kN/m³）	压缩模量 P0+100（MPa）	压缩模量 P0+200（MPa）	天然地基承载力（kPa）	桩侧阻力极限标准值（kPa）	桩端阻力极限标准值（kPa）
④1	黏土	13.61	19.1	6.6	7.2	160	50.0	0.0
④	粉质黏土	8.91	20.3	10.5	11.6	180	55.0	0.0
⑤3	黏土	7.81	19.3	9.4	10	200	50.0	800.0
⑤1	粉质黏土	5.91	20	10.1	10.8	210	60.0	700.0
⑤	中砂	0.91	20	35	37	230	70.0	1 300.0
⑤4	砾石	−0.89	20	45	47	280	80.0	1 800.0
⑥1	黏土	−2.59	19.4	10.4	10.9	220	55.0	5 900.0
⑥	粉质黏土	−5.49	20.3	14.2	15.2	240	60.0	1 000.0
⑥1	黏土	−6.49	19.4	10.4	10.9	220	55.0	900.0
⑦	中砂	−10.69	20	40	42	260	70.0	1 500.0

单桩竖向极限承载力的计算　　　　　表 35-17

土层编号	土层名称	土层底高程	极限桩侧阻力标准值	极限桩端阻力标准值	桩侧阻力	桩端阻力	单桩竖向极限承载力标准值
	桩顶高程	20.67	55.00	0.00			
③1	粉质黏土	19.31	55.00	0.00	140.99		
③	粉土	18.61	50.00	0.00	65.97		
④1	黏土	16.91	50.00	0.00	160.22		
④	粉质黏土	15.51	55.00	0.00	145.14		
④1	黏土	13.61	50.00	0.00	179.07		
④	粉质黏土	8.91	55.00	0.00	487.26		
⑤3	黏土	7.81	50.00	800.00	103.67		
⑤1	粉质黏土	5.91	60.00	70.00	214.88		
	中砂（桩底高程）	4.17	70.00	1 300.00	229.59	367.57	
				合计	1 726.81	367.57	2 094.37

$$Q_{uk} = 2\,094.37\text{kN}$$

计算单桩承载力特征值：$P = Q_{uk}/2 = 2\,094.37/2 = 1\,047.2(\text{kN})$

（4）考虑承台作用时的基桩竖向承载力特征值

承台尺寸及桩位如图 35-2 所示。

根据式（35-13）～式（35-15）得：

不考虑地震作用时：$R = R_a + \eta_c f_{ak} A_c$

考虑地震作用时：$R=R_a+\dfrac{\zeta_a}{1.25}\eta_c f_{ak}A_c$

$A_c=(A-nA_{ps})/n$

桩中心距：$s_a=\sqrt{A/n}=\sqrt{5.4\times4.86\div8}=1.811(\text{m})$

计算桩中心距与桩径之比：$s_a/d=1.811/0.6=3.02$

计算承台宽度与桩长之比：$B_c/l=4.86/16.5=0.2945$

根据上述 s_a/d、B_c/l 的比值，查表35-8，承台效应系数 $\eta_c=0.07$

应以承台下 1/2 承台宽度且不超过 5m 深度范围内各层土的地基承载力特征值按厚度加权的平均值计算 f_{ak} 值。

$$f_{ak}=(1.36\times160+0.7\times170+0.37\times160)/2.43=162.88(\text{kPa})$$
$$A_c=(A-nA_{ps})/n=(5.4\times4.86-8\times0.3^2\times\pi)/8=2.998(\text{m}^2)$$

不考虑地震作用时：$R=R_a+\eta_c f_{ak}A_c=1047.2+0.07\times162.88\times2.998=1081.38(\text{kN})$

本场地：$150<f_{ak}<300,\zeta_a=1.3$

考虑地震作用时：$R=R_a+\dfrac{\zeta_a}{1.25}\eta_c f_{ak}A_c=1047.2+0.07\times162.88\times2.998\times1.3/1.25$
$$=1082.75(\text{kN})$$

3. 大直径桩单桩极限承载力算例

【例35-7】 有一干作业钻孔桩，直径为 800mm，长度为 17m，地质剖面如图 35-3 所示，桩支承在密实细粉砂层上，清底干净。试求单桩极限承载力标准值。

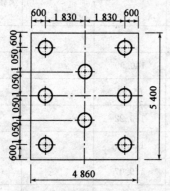

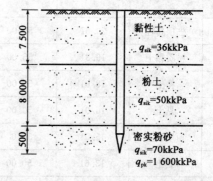

图 35-2 【例 35-6】承台尺寸及桩
位图(尺寸单位：mm)

图 35-3 【例 35-7】桩地质剖面图

解：桩支承在密实粉砂层土，查表 35-10 得：$q_{pk}=3000\text{kPa}$。由表 35-12，可知黏性土、黏土

$$\psi_{si}=\left(\frac{0.8}{d}\right)^{\frac{1}{5}}=\left(\frac{0.8}{0.8}\right)^{\frac{1}{5}}=1;\psi_p=\left(\frac{0.8}{d}\right)^{\frac{1}{4}}=\left(\frac{0.8}{0.8}\right)^{\frac{1}{4}}=1;$$

砂土 $\psi_{si}=\left(\dfrac{0.8}{d}\right)^{\frac{1}{3}}=\left(\dfrac{0.8}{0.8}\right)^{\frac{1}{3}}=1;\psi_p=\left(\dfrac{0.8}{0.8}\right)^{\frac{1}{3}}=1$，又 $A_p=\dfrac{3.14^2\times0.8^2}{4}=0.50(\text{m}^2)$

由式(35-19)得：

$$Q_{uk}=Q_{sk}+Q_{pk}=u_p\sum\psi_{si}q_{sik}l_{si}+\psi_p q_{pk}A_p$$
$$=3.14\times0.8\times1\times(36\times7.5+50\times8+70\times0.5)+1\times3000\times0.5$$
$$=1771+1500$$
$$=1771(\text{kN})$$

取 1770kN。

【例 35-8】 地质条件,桩长、桩顶高程等同【例 35-6】,桩径更改为 $d=D=1\,000\text{mm}$。

解: 按式(35-19)得:$Q_{uk}=Q_{sk}+Q_{pk}=u\sum\psi_{si}q_{sik}l_i+\psi_p q_{pk}A_p$

黏性土、粉土的 $\psi_{si}=(0.8/d)^{1/5}=(0.8/1.0)^{1/5}=0.96$

砂土、碎石类土的 $\psi_{si}=(0.8/d)^{1/3}=(0.8/1.0)^{1/3}=0.93$

砂土、碎石类土的 $\psi_p=(0.8/D)^{1/3}=(0.8/1.0)^{1/3}=0.93$

计算如表 35-18 所示。

单桩竖向承载力的计算 表 35-18

土层编号	土层名称	土层底高程	极限桩侧阻力标准值	极限桩端阻力标准值	ψ_{si}	ψ_p	桩侧阻力	桩端阻力	单桩竖向极限承载力标准值
	桩顶高程	20.67	55.00	0.00					
③1	粉质黏土	19.31	55.00	0.00	0.96		224.73		
③	粉土	18.61	50.00	0.00	0.96		105.16		
④1	黏土	16.91	50.00	0.00	0.96		255.38		
④	粉质黏土	15.51	55.00	0.00	0.96		231.34		
④1	黏土	13.61	50.00	0.00	0.96		285.42		
④	粉质黏土	8.91	55.00	0.00	0.96		776.66		
⑤3	黏土	7.81	50.00	800.00	0.96		165.25		
⑤1	粉质黏土	5.91	60.00	700.00	0.96		342.51		
	中砂(桩底高程)	4.17	70.00	1 300.00	0.93	0.93	355.22	947.83	
				合计			2 741.67	947.83	3 689.50

$$Q_{uk}=3\,689.50\text{kN}$$

计算单桩承载力特征值:$P=Q_{uk}/2=3\,689.5/2=1\,844.75\text{kN}$

4. 钢管桩单桩竖向极限承载力算例

【例 35-9】 地质条件,桩长、桩径、桩顶高程等同【例 35-6】。

解: 钢管桩的隔板 $n=2$

$d_e=d/\sqrt{n}=0.6/\sqrt{2}=0.424$

$h_b/d=1.5/0.424=3.536$

$\lambda_p=0.16h_b/d=0.16\times1.5/0.424=0.565\,7$

按式(35-20)得:

$Q_{uk}=Q_{sk}+Q_{pk}=u\sum q_{sik}l_{si}+\lambda_p q_{pk}A_p=1\,726.81+0.565\,7\times367.57=1\,934.744(\text{kN})$

钢管桩的隔板 $n=4$

$d_e=d/\sqrt{n}=0.6/\sqrt{4}=0.3$

$h_b/d=1.5/0.3=5$

$\lambda_p=0.16h_b/d=0.16\times1.5/0.3=0.8$

按式(35-20)得:

$Q_{uk}=Q_{sk}+Q_{pk}=u\sum q_{sik}l_{si}+\lambda_p q_{pk}A_p=1\,726.81+0.8\times367.57=2\,020.866(\text{kN})$

计算单桩承载力特征值:$R=Q_{uk}/2=2\,020.866/2=1\,010.4(\text{kN})$

5. 混凝土空心桩单桩竖向极限承载力算例

【例 35-10】 地质条件、桩长、桩径、桩顶高程等同【例 35-6】。

解:管桩外径 $d=600$mm，内径 $d_1=600-2\times140=320$(mm)

计算管桩桩端净面积：$A_j=\dfrac{\pi}{4}(d^2-d_1^2)=\pi\times(0.6^2-0.32^2)/4=0.202$(m²)

计算管桩敞口面积：$A_{pl}=\dfrac{\pi}{4}d_1^2=\pi\times0.32^2/4=0.08$(m²)

$h_b/d=1.5/0.6=2.5$

$\lambda_p=0.16h_b/d=0.16\times1.5/0.6=0.4$

按式(35-23)得：

$$Q_{uk}=Q_{sk}+Q_{pk}=u\sum q_{sik}l_i+q_{pk}(A_j+\lambda_pA_{pl})$$
$$=1\,726.81+1\,300\times(0.202+0.4\times0.80)=2\,031.01(\text{kN})$$

计算单桩承载力特征值：$R=Q_{uk}/2=2\,031.01/2=1\,015.51$(kN)

6. 后注浆灌注桩单桩极限承载力算例

【例 35-11】 地质条件，桩长、桩径、桩顶高程等同【例 35-6】。

解:灌注桩成孔方式为泥浆护壁，桩端、桩侧注浆(桩侧注浆在距桩顶高程 10.5m 处)。

按式(35-26)得：

$$Q_{uk}=Q_{sk}+Q_{gsk}+Q_{gpk}=u\sum q_{sjk}l_j+u\sum\beta_{si}q_{sik}l_{gi}+\beta_pq_{pk}A_p$$

黏性土、粉土 $\beta_{si}=1.6$，中砂 $\beta_{si}=1.9$；$\beta_p=2.8$；

计算如表 35-19 所示。

单桩竖向承载力的计算 表 35-19

土层编号	土层名称	土层底高程	极限桩侧阻力标准值	极限桩端阻力标准值	β_{si}	β_p	桩侧阻力	桩端阻力	单桩竖向极限承载力标准值
①	填土	25.61	40.00	0.00					
②	粉土	22.91	55.00	0.00					
③1	粉质黏土	21.51	55.00	0.00					
③2	黏土	20.71	50.00	0.00					
	桩顶高程	20.67	55.00	0.00					
③1	粉质黏土	19.31	55.00	0.00	1.60		225.59		
③	粉土	18.61	50.00	0.00	1.60		105.56		
④1	黏土	16.91	50.00	0.00	1.60		256.35		
④	粉质黏土	15.51	55.00	0.00	1.60		232.23		
④1	黏土	13.61	50.00	0.00	1.60		286.51		
④	粉质黏土	8.91	55.00	0.00	1.60		779.62		
⑤3	黏土	7.81	50.00	800.00	1.60		165.88		
⑤1	粉质黏土	5.91	60.00	700.00	1.60		343.82		
	桩底高程	4.17	70.00	1 300.00	1.90	2.80	436.22	1 029.19	
⑤	中砂	0.91	70.00	1 300.00					
⑤4	砾石	−0.89	80.00	1 800.00					
⑥1	黏土	−2.59	55.00	900.00					
⑥	粉质黏土	−5.49	60.00	1 000.00					
⑥1	黏土	−6.49	55.00	900.00					
⑦	中砂	−10.69	70.00	1 500.00					
	桩长(m)	16.50		合计			2 831.77	1 029.19	3 860.96

$$Q_{uk} = 3\,860.96\text{kN}$$

计算单桩承载力特征值：$R = Q_{uk}/2 = 3\,860.95/2 = 1\,930.5(\text{kN})$。

7. 液化土层单桩竖向承载力算例

【例 35-12】

（1）地质资料

地质资料见表 35-20。

算例地质资料 表 35-20

土层数 7，地面高程 26.19m，地下水位 22.86m

土层名称	层厚(m)	高程(m)	重度(kN/m³)	C(kPa)	φ(°)	摩阻力 C(kPa)
①填土	1.1	25.09	20.0	10	10.0	45
②粉黏土	1.2	23.89	20.1	20	16.5	60
③粉砂	3.2	20.69	20.0	0	25.0	70
④细砂	3.0	17.69	20.0	0	30.0	80
⑤粉黏土	2.2	15.49	20.5	30	20.0	65
⑥粉土	0.3	15.19	20.8	25	28.0	70
⑦中砂	10.0	5.19	20.0	0	35.0	90

新近沉积的粉砂②₃层，细砂、粉砂③层会发生地震液化，经综合计算分析，地基的液化等级为中等，液化指数（I_{lE}）为 4.82～9.60，液化深度 4.3～6.0m。

细砂、粉砂③层的 $\lambda_N = 0.67$。

（2）桩设计参数

桩顶高程为 25.0m，桩长为 11.5m，桩径为 600mm，进入⑦层中砂不少于 1.50m。

解：单桩竖向承载力标准值按式（35-18）得：$Q_{uk} = Q_{sk} + Q_{pk} = u\sum\psi_l q_{sik}l_i + q_{pk}A_p$（式中 Q_{sk} 乘以土层液化折减系数 ψ_l）

液化土层为细砂、粉砂③层，$\lambda_N = 0.67$，深度 $26.19 - 20.69 = 5.5(\text{m})$；

承台下不液化土层厚度：$25.0 - 23.89 = 1.11(\text{m}) > 1.0\text{m}$；

查表 35-14，得 $\psi_l = 0.333\,3(1/3)$。

具体计算见表 35-21。

有液化土层单桩竖向承载力特征值的计算 表 35-21

土层名称	高程	极限桩侧阻力标准值	极限桩端阻力标准值	ψ_l	桩侧阻力	桩端阻力	单桩竖向极限承载力标准值
①填土	25.09	45.00					
桩顶高程	25.00	60.00					
②粉黏土	23.89	60.00			125.54		
③粉砂	20.69	70.00		0.33	140.60		
④细砂	17.69	80.00			452.39		
⑤粉黏土	15.49	65.00			269.55		
⑥粉土	15.19	70.00			39.58		

589

土层 名称	高程	极限桩侧 阻力标准值	极限桩端 阻力标准值	ψ_l	桩侧 阻力	桩端 阻力	单桩竖向极限 承载力标准值
⑦中砂 桩底高程	13.50	90.00	1 200.00		286.70	339.29	
	5.19	90.00	12.00				
	合计				1 314.36	339.29	1 653.66

$$Q_{uk} = 1\,653.66\text{kN}$$

计算单桩承载力特征值: $R = Q_{uk}/2 = 1\,653.66/2 = 826.8(\text{kN})$

说明:上述计算的桩单桩竖向承载力特征值与《建筑抗震设计规范》(GB 50011—2010) 4.4.3条第2款中的第1)条的规定相同;如果按4.4.3条第2款中的第2)条的规定,承台下2m 范围及液化土层的 $\psi_l = 0$,单桩竖向承载力特征值: $Q_{uk} = 1\,387.52\text{kN}$, $R = Q_{uk}/2 = 1\,387.52/2 = 693.8\text{kN}$ 。

8. 嵌岩桩单桩竖向极限承载力算例

【例 35-13】

(1)土层参数

土层参数:土层数为6层,地面高程为9.57m,具体见表35-22。

土 层 参 数   表 35-22

土层 编号	土层名称	土层底面 高程 (m)	饱和单轴 抗压强度 (MPa)	压缩模量 E_s(MPa)	天然地基 承载力 (kPa)	桩侧阻力 极限标准值 (kPa)	桩端阻力 极限标准值 (kPa)
①	杂填土	8.17	—	—	—	30.0	0.0
②	粉质黏土	2.07	—	6.0	160	60.0	0.0
③	残积土	−0.73		13.0	220	80.0	0.0
④	全风化斜长片麻岩	−1.63	—	20.0	280	90.0	1 200.0
⑤	强风化斜长片麻岩	−7.93	2.14	25.0	350	170.0	—
⑥	强—中风化斜 长片麻岩	—	10.82	35.0	600	200.0	—

(2)桩设计计算参数

桩顶高程为8.10m,桩长为17.5m,桩径为600mm,进入⑥层强-中风化岩不少于1.20m。

解: 单桩竖向承载力标准值

根据式(35-27)~式(35-29)得:

$$Q_{uk} = Q_{sk} + Q_{rk}$$
$$Q_{sk} = u\sum q_{sik}l_i$$
$$Q_{rk} = \zeta_r f_{rk} A_p$$

计算如表35-23所示:

$h_r/d = 1.2/0.6 = 2.0$, $f_{rk} \leqslant 15\text{MPa}$,查表35-15,得到: $\zeta_r = 1.18$ 。

单桩竖向承载力的计算

表 35-23

土层编号	土层名称	土层底高程	极限桩侧阻力标准值	极限桩端阻力标准值	ζ_r	桩侧阻力	桩端阻力	单桩竖向极限承载力标准值
	桩顶高程	8.10						
②	粉质黏土	2.07	60.00	0.00		681.98		
③	残积土	−0.73	80.00	0.00		422.23		
④	全风化斜长片麻岩	−1.63	90.00	1 200.00		152.68		
⑤	强风化斜长片麻岩	−7.93	170.00	2 140.00		2 018.79		
⑥	强一中风化斜长片麻岩（桩底高程）	−9.40	200.00	10 820.00	1.18	554.18	3 609.95	
				合计		3 829.86	3 609.95	7 439.81

$$Q_{uk} = 7\ 439.81\text{kN}$$

计算单桩承载力特征值：$R = Q_{uk}/2 = 7\ 439.81/2 = 3\ 719.9(\text{kN})$

四、特殊条件下桩基竖向承载力验算（表 35-24）

特殊条件下桩基竖向承载力验算

表 35-24

项目	计算方法及公式	符号意义
软弱下卧层验算	**1. 软弱下卧层验算** 对于桩距不超过 $6d$ 的群桩基础,桩端持力层下存在承载力低于桩端持力层承载力 1/3 的软弱下卧层时,可按下列公式验算软弱下卧层的承载力(图 B): $$\sigma_z + \gamma_m z \leqslant f_{az} \quad (35\text{-}30)$$ $$\sigma_z = \frac{(F_k + G_k) - 3/2(A_0 + B_0)\sum q_{sik} l_i}{(A_0 + 2t\tan\theta)(B_0 + 2t\tan\theta)} \quad (35\text{-}31)$$ 图 B　软弱下卧层承载力验算	σ_z——作用于软弱下卧层顶面的附加应力(kPa); γ_m——软弱层顶面以下各土层重度(地下水位以下取浮重度)按厚度加权平均值(kN/m³); t——硬持力层厚度(m); f_{az}——软弱下卧层经深度 z 修正的地基承载力特征值(kPa); A_0、B_0——桩群外缘矩形底面的长、短边边长(m); q_{sik}——桩周第 i 层土的极限侧阻力标准值,无当地经验时,可根据成桩工艺按表 35-9 取值; θ——桩端硬持力层压力扩散角(°),按表 35-25 取值

项目	计算方法及公式	符号意义
负摩阻力计算	2.负摩阻力计算 (1)桩周土沉降可能引起桩侧负摩阻力时,如右图C所示,应根据工程具体情况考虑负摩阻力对桩基承载力和沉降的影响;当缺乏可参照的工程经验时,可按下列规定验算。 ①对于摩擦型基桩可取桩身计算中性点以上侧阻力为零,并可按下式验算基桩承载力: $$N_k \leqslant R_a \qquad (35-32)$$ ②对于端承型基桩除应满足上式要求外,尚应考虑负摩阻力引起基桩的下拉荷载 Q_g^n,并可按下式验算基桩承载力: $$N_k + Q_g^n \leqslant R_a \qquad (35-33)$$ ③当土层不均匀或建筑物对不均匀沉降较敏感时,尚应将负摩阻力引起的下拉荷载计入附加荷载验算桩基沉降。 注:本条中基桩的竖向承载力特征值 R_a 只计中性点以下部分侧阻值及端阻值。 (2)桩侧负摩阻力及其引起的下拉荷载,当无实测资料时可按下列规定计算: ①中性点以上单桩桩周第 i 层土负摩阻力标准值,可按下列公式计算: $$q_{si}^n = \xi_{ni}\sigma_i' \qquad (35-34)$$ 当填土、自重湿陷性黄土湿陷、欠固结土层产生固结和地下水降低时:$\sigma_i' = \sigma_{\gamma i}'$ 当地面分布大面积荷载时:$\sigma_i' = p + \sigma_{\gamma i}'$ $$\sigma_{\gamma i}' = \sum_{e=1}^{i-1}\gamma_e z_e + \frac{1}{2}\gamma_i z_i \qquad (35-35)$$	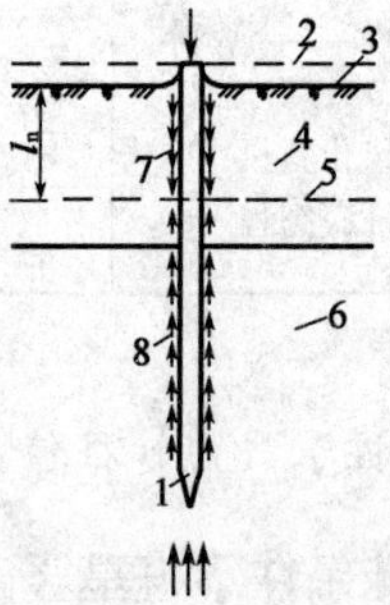 图C 地基固结(沉降)对桩产生的负摩阻力 1-桩;2-原地面;3-地面沉降和变形;4-未固结土层;5-中性点;6-硬土层(持力层);7-负摩阻力;8-正摩阻力;l_n-有效厚度 Q_g^n——负摩阻力引起基桩的下拉荷载(kN); q_{si}^n——第 i 层土桩侧负摩阻力标准值,当按式(35-23)计算值大于正摩阻力标准值时,取正摩阻力标准值进行设计(kN); ξ_{ni}——桩周第 i 层土负摩阻力系数,可按表35-26取值; $\sigma_{\gamma i}'$——由土自重引起的桩周第 i 层土平均竖向有效应力(kPa);桩群外围桩自地面算起,桩群内部桩自承台底算起; σ_i'——桩周第 i 层土平均竖向有效应力(kPa); γ_e、γ_i——分别为第 i 计算土层和其上第 e 土层的重度,地下水位以下取浮重度(kN/m³); z_e、z_i——第 i 层土、第 e 土的厚度(m); p——地面均布荷载(kPa); n——中性点以上土层数
负摩阻力计算	②考虑群桩效应的基桩下拉荷载可按下式计算: $$Q_g^n = \eta_n u 1\sum_{i=1}^{n} q_{si}^n l_i \qquad (35-36)$$ $$\eta_n = \frac{s_{ax}s_{ay}}{\left[\pi d\left(\dfrac{q_s^n}{\gamma_m} + \dfrac{d}{4}\right)\right]} \qquad (35-37)$$ 对于单桩基础或按式(35-26)计算的群桩效应系数 $\eta_n > 1$ 时,取 $\eta_n = 1$。 ③中性点深度 l_n 应按桩周土层沉降与桩沉降相等的条件计算确定,也可参照表35-27确定	

项目	计算方法及公式	符号意义
抗拔桩基承载力验算	**3. 抗拔桩基承载力验算** (1)承受拔力的桩基,应按下列公式同时验算群桩基础呈整体破坏和呈非整体破坏时基桩的抗拔承载力: $$N_k \leqslant T_{gk}/2 + G_{gp} \qquad (35\text{-}38)$$ $$N_k \leqslant T_{uk}/2 + G_p \qquad (35\text{-}39)$$ (2)群桩基础及其基桩的抗拔极限承载力的确定应符合下列规定: ①对于设计等级为甲级和乙级建筑桩基,基桩的抗拔极限承载力应通过现场单桩上拔静载荷试验确定。单桩上拔静载荷试验及抗拔极限承载力标准值取值可按现行行业标准《建筑基桩检测技术规范》(JGJ 106—2003)进行。 ②如无当地经验时,群桩基础及设计等级为丙级建筑桩基,基桩的抗拔极限承载力取值可按下列规定计算: ⓐ群桩呈非整体破坏时,基桩的抗拔极限承载力标准值可按下式计算: $$T_{uk} = \sum \lambda_i q_{sik} u_i l_i \qquad (35\text{-}40)$$ ⓑ群桩呈整体破坏时,基桩的抗拔极限承载力标准值可按下式计算: $$T_{gk} = \frac{1}{n} u_l \sum \lambda_i q_{sik} l_i \qquad (35\text{-}41)$$ (3)季节性冻土上轻型建筑的短桩基础,应按下列公式验算,其抗冻拔稳定性: $$\eta_f q_f u z_0 \leqslant T'_{gk}/2 + N_G + G_{gp} \qquad (35\text{-}42)$$ $$\eta_f q_f u z_0 \leqslant T'_{uk}/2 + N_G + G_p \qquad (35\text{-}43)$$ (4)膨胀土上轻型建筑的短桩基础,应按下列公式验算群桩基础呈整体破坏和非整体破坏的抗拔稳定性: $$u \sum q_{ei} l_{ei} \leqslant T''_{gk}/2 + N_G + G_{gp} \qquad (35\text{-}44)$$ $$u \sum q_{ei} l_{ei} \leqslant T''_{uk}/2 + N_G + G_p \qquad (35\text{-}45)$$	l_i——中性点以上第 i 层的厚度(m); η_n——负摩阻力群桩效应系数; s_{ax}、s_{ay}——分别为纵、横向桩的中心距(m); q_s^n——中性点以上桩周土层厚度加权平均负摩阻力标准值(kN); γ_m——中性点以上桩周土层厚度加权平均重度(地下水位以下取浮重度)(kN/m³); N_k——按荷载效应标准组合计算的基桩拔力(kN); T_{gk}——群桩呈整体破坏时基桩的抗拔极限承载力标准值(kN); T_{uk}——群桩呈非整体破坏时基桩的抗拔极限承载力标准值(kN); G_{gp}——群桩基础所包围体积的桩土总自重除以总桩数,地下水位以下取浮重度(kN/m³); T_{uk}——基桩抗拔极限承载力标准值(kN); u_i——桩身周长(m),对于等直径桩取 $u = \pi d$;对于扩底桩按表 35-28 取值; q_{sik}——桩侧表面第 i 层土的抗压极限侧阻力标准值,可按表 35-9 取值; λ_i——抗拔系数,可按表 35-29 取值; G_p——基桩自重,地下水位以下取浮重度,对于扩底桩应按表 35-28 确定桩、土柱体周长,计算桩、土自重; u_l——桩群外围周长(m); η_f——冻深影响系数,按表 35-30 采用; q_f——切向冻胀力,按表 35-31 采用; z_0——季节性冻土的标准冻深(m); T'_{gk}——标准冻深线以下群桩呈整体破坏时基桩的抗拔极限承载力标准值(kN); T'_{uk}——标准冻深线以下单桩抗拔极限承载力标准值(kN); N_G——基桩承受的桩承台底面以上建筑物自重、承台及其上土重标准值(kN); T''_{gk}——群桩呈整体破坏时,大气影响急剧层下稳定土层中基桩的抗拔极限承载力标准值(kN); T''_{uk}——群桩呈非整体破坏时,大气影响急剧层下稳定土层中基桩的抗拔极限承载力标准值(kN); q_{ei}——大气影响急剧层中的第 i 层土的极限胀切力(kN),由现场浸水试验确定; l_{ei}——大气影响急剧层中第 i 层土的厚度(m)

项 目	计算方法及公式	符 号 意 义
岩石锚杆(桩)承载力的计算	**4. 岩石锚杆(桩)承载力计算** 岩石锚杆的构造要求,可按右下图 D 采用,锚杆孔直径,宜取 3 倍锚杆直径,但不应小于一倍锚杆直径加 50mm;锚杆插入上部结构的长度,必须符合钢筋锚固长度的要求;锚杆宜采用螺纹钢筋,水泥砂浆(或细石混凝土)强度等级不宜低于 M30。 (1)单根锚杆抗拔力计算 岩石锚杆(锚桩,下同)中单根锚杆的抗拔力一般应通过试验确定,当缺乏试验资料,且基岩的抗剪强度大于砂浆与岩石的黏结力时,单根锚杆的抗拔力可按下式计算: $$R_t \leqslant \pi d_1 l f \qquad (35\text{-}46)$$ 单根锚杆的截面积 A_g (cm²)为: $$A_g = \frac{KR_t}{R_g} \qquad (35\text{-}47)$$ (2)锚杆基础中锚杆所承受的拔力 锚杆基础中每根锚杆所承受的拔力 Q_{max}(kN)应按《建筑地基基础设计规范》(GB 50007—2011)中的公式验算: $$Q_{max} \leqslant R_t \qquad (35\text{-}48)$$ $$Q_{ti} = \frac{F+G}{n} - \frac{M_x y_i}{\sum y_i^2} - \frac{M_y x_i}{\sum x_i^2} \qquad (35\text{-}49)$$	R_t——单根锚杆的抗拔力(kN); d_1——锚杆孔的直径(cm),一般取 $3d$,但不小于 $d+50$mm; d——锚杆的直径(cm); l——锚杆有效锚固长度(cm),一般大于 $40d$,而不小于 80cm; f——砂浆与岩石间的黏结强度设计值(MPa),当水泥砂浆为 M30 时,对页岩 $f=0.1\sim0.18$;对白云岩、石灰岩 $f=0.3$;对砂岩、花岗岩 $f=0.4$; R_g——锚杆的抗拉强度设计值(kPa); K——安全系数,一般取 1.4; Q_{ti}——单根锚杆所承受的拔力设计值(kN); F——作用于基础上的垂直荷载(kN); G——基础自重和基础上的土重(kN); n——锚桩的数量; M_x、M_y——作用于锚杆群上的外力对通过锚杆群重心 x、y 轴的力矩(kN·m); x_i、y_i——锚杆 i 至通过锚杆群重心 y、x 轴线的距离(m); 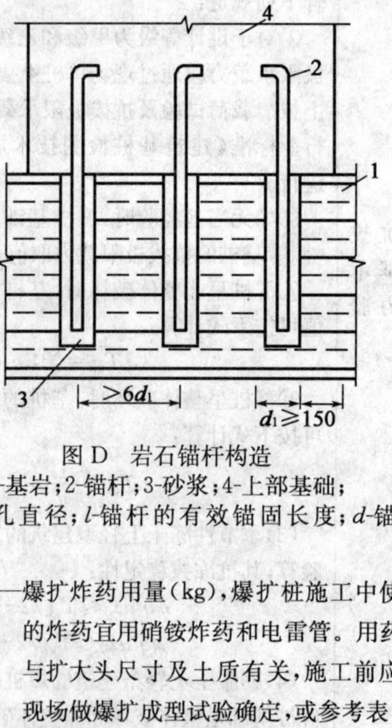 图 D　岩石锚杆构造 1-基岩;2-锚杆;3-砂浆;4-上部基础; d_1-锚杆孔直径;l-锚杆的有效锚固长度;d-锚杆直径
爆扩桩扩大头直径及承载力的计算	**5. 爆扩桩扩大头直径及承载力的计算** (1)扩大头直径计算 爆扩桩扩大头直径通常通过爆扩成型和荷载试验来确定,如无试验资料,可按式(35-50)进行估算: $$D = K\sqrt[3]{C} \qquad (35\text{-}50)$$ 施工过程中,可通过混凝土的浇筑总量按式(35-51)来核算扩大头直径: $$D = 2\sqrt[3]{\frac{3(V-AH)}{4\pi}} = \sqrt[3]{\frac{6(V-AH)}{\pi}}$$ $$= 1.24\sqrt[3]{V-AH} \qquad (35\text{-}51)$$ (2)爆扩桩的容许承载力计算 爆扩桩单桩的容许承载力,一般可通过荷载试验绘制单桩荷载——下沉量关系曲线,求得单桩的极限荷载值 Q_u,再除以安全系数(通常为 1.4~1.6),即得单桩容许承载力。当无试桩时,可按地基强度由式(35-52)进行计算: $$Q_u = f_d A_d \qquad (35\text{-}52)$$	C——爆扩炸药用量(kg),爆扩桩施工中使用的炸药宜用硝铵炸药和电雷管。用药量与扩大头尺寸及土质有关,施工前应在现场做爆扩成型试验确定,或参考表 35-32 数据; K——与土质有关的影响系数,可查表 35-33; V——两次灌入混凝土总量(m³); A——桩柱孔截面积(m²); H——桩柱深度(m); Q_u——单桩(桩长≤5m)的垂直容许承载力(kN); f_d——爆扩桩扩大端支承处土的承载力设计值(kPa),可按表 35-34 采用; A_d——爆扩桩扩大端的水平投影面积(m²)

项目	计算方法、计算公式、符号意义与图示

6.锚杆静力压桩承载力计算

锚杆静力压桩,系利用建筑物的自重作为压载,先在基础上开凿出压桩孔和锚杆孔,然后埋设锚杆或在新建筑物基础上预留压桩孔预埋钢锚杆,借锚杆反力,通过反力架,用液压压桩机将钢筋混凝土预制短桩逐段压入基础中开凿或预留的桩孔内,当压桩力 P_p 达到 $1.5P_a$[P_a 为桩的设计承载力(kN)]和满足设计桩长时,便可认为满足设计要求,再将桩与基础连接在一起,卸去液压压桩机后,桩即能立即承受上部荷载,从而使地基得到加固。

(1)静压桩装置及锚杆要求

锚杆静压桩装置如图 E 所示。

静压桩装置、锚杆要求、压桩阻力及单桩承载力计算等

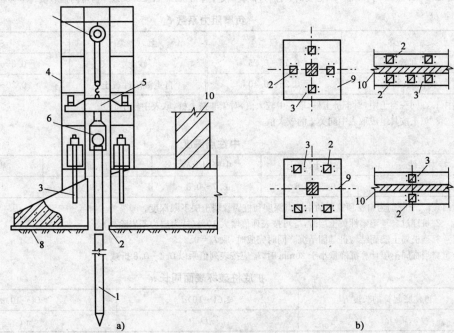

图 E　锚杆静压沉桩装置
a)静压桩装置;b)压桩孔与锚杆位置

1-预制短桩;2-压桩孔;3-锚杆;4-钢结构反力架;5-活动横梁;6-液压千斤顶;7-电动葫芦;8-基础;9-柱基;10-砖墙

锚杆的形式,新浇基础一般采用预埋爪式锚杆螺栓;在旧有基础上,采用先凿孔,后埋设带镦粗头的直杆螺栓;后埋式锚杆与基础混凝土的黏结一般采用环氧树脂胶泥或硫磺砂浆,经固化后,即能承受桩的抗拔力;锚杆埋深为 $8\sim10d$(d 为锚杆直径 mm),端部镦粗或采用螺栓锚杆。

(2)压桩阻力与单桩承载力计算

锚杆静压桩时的力系平衡如图 F 所示。将桩压入土中时,要克服土体对桩的阻力,该阻力称为压桩阻力 P_p,由桩侧阻力和桩尖阻力两部分组成,可按式(35-53)计算:

$$P_p = F + R = U\sum h_i f_i + A g_i \qquad (35\text{-}53)$$

式中:P_p——压桩力,即土体对桩的阻力(kN);

　　　U——桩周长(m);

　　　h_i——各土层的厚度(m);

　　　f_i——各土层的桩侧阻力系数(kPa);

　　　A——桩尖面积(m^2);

　　　g_i——桩尖阻力系数(kPa)

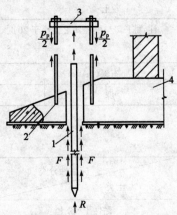

图 F　锚杆静压沉桩时力系平衡简图
1-预制短桩;2-锚杆;3-反力架;4-基础;5-桩尖阻力;F-桩侧阻力

桩端硬持力层压力扩散角 θ

表 35-25

E_{s1}/E_{s2}	$t=0.25B_0$	$t\geqslant 0.50B_0$
1	4°	12°
3	6°	23°
5	10°	25°
10	20°	30°

注:1. E_{s1}、E_{s2} 为硬持力层、软弱下卧层的压缩模量。

2. $t<0.25B_0$ 时,取 $\theta=0°$,必要时,宜通过试验确定;当 $0.25B_0<t<0.50B_0$ 时,可内插取值。

负摩阻力系数 ξ_n

表 35-26

土 类	ξ_n	土 类	ξ_n
饱和软土	0.15~0.25	砂土	0.35~0.50
黏性土、粉土	0.25~0.40	自重湿陷性黄土	0.20~0.35

注:1. 在同一类土中,对于挤土桩,取表中较大值,对于非挤土桩,取表中较小值。

2. 填土按其组成取表中同类土的较大值。

中性点深度 l_n

表 35-27

持力层性质	黏性土、粉土	中密以上砂	砾石、卵石	基 岩
中性点深度比 l_n/l_0	0.5~0.6	0.7~0.8	0.9	1.0

注:1. l_n、l_0 分别为自桩顶算起的中性点深度和桩周软弱土层下限深度。

2. 桩穿过自重湿陷性黄土层时,l_n 可按表列值增大 10%(持力层为基岩除外)。

3. 当桩周土层固结与桩基固结沉降同时完成时,取 $l_n=0$。

4. 当桩周土层计算沉降量小于 20mm 时,l_n 应按表列值乘以 0.4~0.8 折减。

扩底桩破坏表面周长 u_i

表 35-28

自柱底起算的长度 l_i	$\leqslant(4\sim10)d$	$>(4\sim10)d$
u_i	πD	πd

注:l_i 对于软土取低值,对于卵石、砾石取高值;l_i 取值按内摩擦角增大而增大。

抗拔系数 λ

表 35-29

土 类	λ 值	土 类	λ 值
砂土	0.50~0.70	黏性土、粉土	0.70~0.80

注:桩长 l 与桩径 d 之比小于 20 时,λ 取小值。

冻深影响系数 η_f 值

表 35-30

标准冻深(m)	$z_0\leqslant 2.0$	$2.0<z_0\leqslant 3.0$	$z_0>3.0$
η_f	1.0	0.9	0.8

切向冻胀力 q_f(kPa)值

表 35-31

冻胀性分类 土类	弱 冻 胀	冻 胀	强 冻 胀	特强冻胀
黏性土、粉土	30~60	60~80	80~120	120~150
砂土、砾(碎)石(黏、粉粒含量>15%)	<10	20~30	40~80	90~200

注:1. 表面粗糙的灌注桩,表中数值应乘以系数 1.1~1.3。

2. 本表不适用于含盐量大于 0.5% 的冻土。

表 35-32

爆扩大头炸药用量参考

扩大头直径(m)	0.6	0.7	0.8	0.9	1.0	1.1	1.2
炸药用量(kg)	0.30~0.45	0.45~0.60	0.60~0.75	0.75~0.90	0.90~1.10	1.10~1.30	1.30~1.50

注:1. 表内数值适用于深度 3.5~9.0m 的黏性土,土质松软时取小值,坚硬时取大值。

2. 在地面以下 2.0~3.0m 深度的土层中爆扩时,用药量应较表内数值减少 20%~30%。

3. 在砂类土中爆扩时用药量应较表内数值增加 10%。

土质影响系数 K 值表

表 35-33

土 的 类 别	变形模量 E(MPa)	天然地基计算强度 f_H(MPa)	土质影响系数 $K=\dfrac{扩大头直径(m)}{\sqrt[3]{用药量(kg)}}$
坡积黏土	50	0.40	0.7~0.9
坡积黏土、粉质黏土	14	—	0.8~0.9
粉质黏土	13.4	—	1.0~1.1
冲击黏土	12	0.15	1.25~1.30
残积可塑粉质黏土	18	0.20~0.25	1.15~1.30
沉积可塑粉质黏土	24	0.25	1.02
沉积可塑粉质黏土	8	0.20	1.03~1.21
黄土类粉质黏土	—	0.12~0.14	1.19
卵石层	—	0.60	1.07~1.18
松散角砾	—	—	0.94~0.99
稍湿粉质黏土:干密度>1.35	—	—	0.8~1.0
干密度<1.35	—	—	1.0~1.2

爆扩桩扩大端支承处土的承载力设计值 f_d(kPa)

表 35-34

土 的 名 称		土 的 状 态	f_d(kPa)
一般黏性土	黏土	$0<I_L<0.25$	800~500
		$0.25\leqslant I_L<0.60$	500~350
	粉质黏土	$0<I_L<0.25$	900~700
		$0.25\leqslant I_L<0.60$	700~400
	粉土	$0<I_L<0.25$	700~500
		$0.25\leqslant I_L<0.60$	500~350
红黏土		$0<I_L<0.25$	1 150~700
		$0.25\leqslant I_L<0.60$	700~350
细砂		中密	550~400
中砂、粗砂、砾砂		中密	1 400~1 000
碎石土		中密	1 600~1 100
岩石		强风化	2 000~1 000
		中等风化	3 000~1 500

注:1. 表中碎石土,如为卵石时可取高值;如为角砾时可取低值,其余取中间值。

2. 对于硬质岩石可取高值,软质岩石则取低值。

1. 桩基软弱下卧层验算算例

【例 35-14】

(1)上部荷载及承台尺寸参数：

作用于承台顶面的竖向力 $F_k = 4\,500\text{kN}$

承台尺寸：$A = 5.40\text{m}$，$B = 4.86\text{m}$，$H = 1.0\text{m}$，$A_0 = 4.80\text{m}$，$B_0 = 4.26\text{m}$

(2)地质参数：地面高程为 27.31m，地下水位为 24.0m。

土层数：18，具体见表 35-35。

土 层 参 数 表 35-35

土层编号	土层名称	土层底面高程(m)	重度(kN/m³)	压缩模量 P0＋100 (MPa)	压缩模量 P0＋200 (MPa)	天然地基承载力(kPa)	桩侧阻力极限标准值(kPa)	桩端阻力极限标准值(kPa)
①	填土	25.61	19.2	5.4	6.3	80	40.0	0.0
2	粉土	22.91	19.2	6.9	8.3	130	55.0	0.0
31	粉质黏土	21.51	19.8	8.1	9.2	160	55.0	0.0
32	黏土	20.71	18.7	5.3	6.1	150	50.0	0.0
31	粉质黏土	19.31	19.8	8.1	9.2	160	55.0	0.0
3	粉土	18.61	20.0	30.0	32.0	170	50.0	0.0
41	黏土	16.91	19.1	6.6	7.2	160	50.0	0.0
4	粉质黏土	15.51	20.3	10.5	11.6	180	55.0	0.0
41	黏土	13.61	19.1	6.6	7.2	160	50.0	0.0
4	粉质黏土	8.91	20.3	10.5	11.6	180	55.0	0.0
53	黏土粉质	7.81	19.3	9.4	10.0	200	50.0	800.0
51	黏土	5.91	20.0	10.1	10.8	210	60.0	700.0
5	中砂	2.91	20.0	35.0	37.0	230	70.0	1 300.0
54	砾石	1.91	20.0	45.0	47.0	280	80.0	1 800.0
61	黏土	−2.59	19.4	4.4	4.9	100	35.0	400.0
6	粉质黏土	−5.49	20.3	14.2	15.2	240	60.0	1 000.0
61	黏土	−6.49	19.4	10.4	10.9	220	55.0	900.0
7	中砂	−10.69	20.0	40.0	42.0	260	70.0	1 500.0

计算桩承台及其上土自重 G_k，见表 35-36。

桩承台及其上土自重 G_k 表 35-36

土 层 编 号	土层名称	土层底高程(m)	重度(kN/m³)	G_k(kN)
	地面	26.41		
①	填土	25.61	19.20	403.11
②	粉土	24.00	19.20	811.25
①	粉土	22.91	9.20	263.17
③1	粉质黏土	21.67	9.80	318.92
	承台底高程	20.67	15.00	393.66
	合计			2 190.11

$G_k = 2\,190.11\text{kN}$

(3)桩设计计算参数：

桩顶高程为 20.67m，桩长为 16.5m，桩径为 600mm，进入⑤层中砂不少于 1.50m。

(4) 桩基软弱下卧层验算

根据式(35-30)和式(35-31)得：$\sigma_z + \gamma_m z \leqslant f_{az}$

$$\sigma_z = \frac{(F_k + G_k) - 3/2(A_0 + B_0)\sum q_{sik}l_i}{(A_0 + 2t\tan\theta)(B_0 + 2t\tan\theta)}$$

$(F_k + G_k) = 5\,500 + 2\,190.11 = 7\,690.11(\text{kN})$

$(A_0 + B_0)\sum q_{sik}l_i = 18\,732.4\text{kN}$

$t = 4.17 - 1.91 = 2.25(\text{m})$，$t/B_0 = 2.26/4.26 = 0.53$

$E_{s1}/E_{s2} = 35/4.4 = 7.95$

查表35-25，得到 $\theta = 25° + 5° \times (7.95 - 5)/(10 - 5) = 27.95°$

$(A_0 + 2t\tan\theta) = 4.8 + 2 \times 2.26 \times \tan 27.95° = 7.2(\text{m})$

$(B_0 + 2t\tan\theta) = 4.26 + 2 \times 2.26 \times \tan 27.95° = 6.66(\text{m})$

$$\sigma_z = \frac{(F_k + G_k) - 3/2(A_0 + B_0)\sum q_{sik}l_i}{(A_0 + 2t\tan\theta)(B_0 + 2t\tan\theta)} = \frac{7\,690.11 - 8\,299.87 \times 3 \div 2}{7.2 \times 6.66} = -99.26(\text{kPa})$$

群桩侧阻力计算见表35-37。计算 γ_m，见表35-38。

群桩侧阻力计算表

表35-37

土层编号	土层名称	土层底高程(m)	极限桩侧阻力标准值(kPa)	极限桩端阻力标准值(kPa)	群桩侧阻力(kN)
	桩顶高程	20.67			
③1	粉质黏土	19.31	55.00	0.00	677.69
③	粉土	18.61	50.00	0.00	317.10
④1	黏土	16.91	50.00	0.00	770.10
④	粉质黏土	15.51	55.00	0.00	697.62
④1	黏土	13.61	50.00	0.00	860.70
④	粉质黏土	8.91	55.00	0.00	2 342.01
⑤3	黏土	7.81	50.00	800.00	498.30
⑤1	粉质黏土	5.91	60.00	700.00	1 032.84
中砂(桩底高程)		4.17	70.00	1 300.00	1 103.51
				合计	8 299.87

γ_m 的 计 算

表35-38

土层编号	土层名称	土层底高程(m)	重度(kN/m³)	水重度(kN/m³)	质量(kPa)	平均重度(kN/m³)
	地面高程	27.31				
①	填土	25.61	19.20	0	32.64	
②	粉土	24.00	19.20	0	30.912	
②	粉土	22.91	19.20	−10	10.028	
③1	粉质黏土	21.51	19.80	−10	13.72	
③2	黏土	20.71	18.70	−10	6.96	
③1	粉质黏土	19.31	19.80	−10	13.72	
③	粉土	18.61	20.00	−10	7	

土层编号	土层名称	土层底高程(m)	重度(kN/m³)	水重度(kN/m³)	质量(kPa)	平均重度(kN/m³)
④1	黏土	16.91	19.10	−10	15.47	
④	粉质黏土	15.51	20.30	−10	14.42	
④1	黏土	13.61	19.10	−10	17.29	
④	粉质黏土	8.91	20.30	−10	48.41	
⑤3	黏土	7.81	19.3	−10	10.23	
⑤1	粉质黏土	5.91	20.00	−10	19	
⑤	中砂	2.91	20.00	−10	30	
⑤4	砾石	1.91	20.00	−10	10	
⑥1	黏土	−2.59	18.40			
	合计				279.8	11.02

$\gamma_m = 11.02 kN/m^3$，$z = (20.67 - 1.91) = 18.76(m)$

$\gamma_m z = 11.02 \times 18.76 = 206.74(kPa)$

$\eta_d = 1.0$

$f_{az} = 100 + 1.0 \times 11.02 \times (25.4 - 0.5) = 374.4(kPa)$

σ_z 为负值，假设 $\sigma_z = 0$

$\sigma_z + \gamma_m z = 0 + 206.74 = 279.91(kPa) < 374.4 kPa = f_{az}$

满足要求。

2. 负摩阻力算例

【例 35-15】 某端承灌注桩桩径为 1.0m，桩长为 16m，桩周土性参数如图 35-4 所示，地面大面积堆载 $P = 60kPa$，试计算由于负摩阻力产生的下拉荷载值。

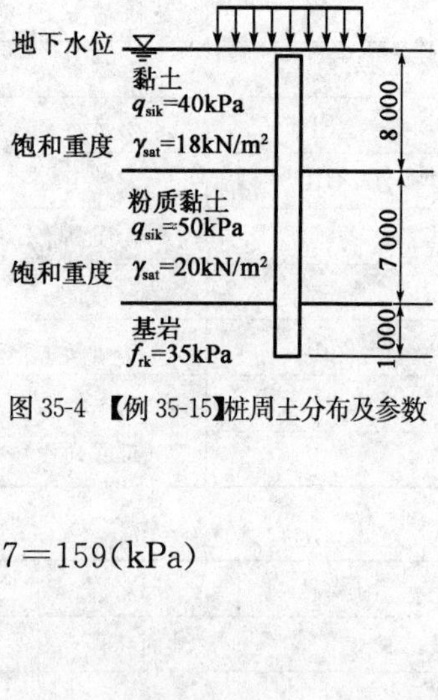

解：根据桩基表 35-27，中性点深度比 $\dfrac{l_n}{l_0} = 1.0$，黏土 ξ_n 取 0.25，粉土 ξ_n 取 0.30。

图 35-4 【例 35-15】桩周土分布及参数

根据中性点深度 $l_n = l_0 = 15m$。按公式 (35-35) 计算 σ_i，即：

$$\sigma'_1 = p + \sigma'_{ri} = 60 + \frac{1}{2} \times (18 - 10) \times 8 = 92(kPa)$$

$$\sigma'_2 = p + \sum_{e=1}^{i-1} \gamma_e z_e + \frac{1}{2} \gamma_i z_i = 60 + (18-10) \times 8 + \frac{1}{2}(20-10) \times 7 = 159(kPa)$$

按公式 (35-34) 计算 q^n_{si}

$$q^n_{s1} = \xi_{n1} \sigma'_1 = 0.25 \times 92 = 23(kPa) < q_{slk} = 40kPa$$

$$q^n_{s2} = \xi_{n2} \sigma'_2 = 0.30 \times 159 = 47.7(kPa) < q_{slk} = 50kPa$$

按公式 (35-36) 计算基桩下拉荷载 Q^n_g

$$Q^n_g = \eta_n u \sum_{i=1}^{n} q^n_{si} l_i = 1 \times 3.14 \times (23 \times 8 + 47.7 \times 7) = 1\ 098.6(kN)$$

3. 抗拔桩基承载力算例 (表 35-39~表 35-41)

【例 35-16】

(1) 地质条件、桩长、桩径、桩顶高程等同【例 35-14】。

(2) 群桩呈非整体破坏时，基桩的抗拔极限承载力标准值可按式 (35-40) 计算，即：

$$T_{uk} = \sum \lambda_i q_{sik} u_i l_i$$

$l/d = 16.5/0.6 = 27.5 > 20$，取中值，即砂土 $\lambda = 0.6$、黏性土和粉土 $\lambda = 0.75$。

单桩竖向抗拔承载力的计算 表 35-39

土层编号	土层名称	土层底高程 (m)	极限桩侧阻力标准值 (kPa)	极限桩端阻力标准值 (kPa)	λ	抗拔力 (kN)
	桩顶高程	20.67	55.00	0.00		
③1	粉质黏土	19.31	55.00	0.00	0.60	84.60
③	粉土	18.61	50.00	0.00	0.60	39.58
④1	黏土	16.91	50.00	0.00	0.60	96.13
④	粉质黏土	15.51	55.00	0.00	0.60	87.08
④1	黏土	13.61	50.00	0.00	0.60	107.44
④	粉质黏土	8.91	55.00	0.00	0.60	292.36
⑤3	黏土	7.81	50.00	800.00	0.60	62.20
⑤1	粉质黏土	5.91	60.00	700.00	0.60	128.93
⑤	中砂 (桩底高程)	4.17	70.00	1 300.00	0.75	172.19
				合计		1 070.52

$$T_{uk} = \sum \lambda_i q_{sik} u_i l_i = 1\,070.52 (kN)$$

$$G_p = 0.3^2 \times \pi (25 \times 16.5 - 10 \times 16.5) = 69.98 (kN)$$

$$T_{uk}/2 + G_p = 1\,070.52/2 + 69.98 = 605.24 (kN)$$

（3）群桩呈整体破坏时，基桩的抗拔极限承载力标准值可按式（35-41）计算，即：

$$T_{gk} = \frac{1}{n} u_1 \sum \lambda_i q_{sik} l_i$$

$$A_0 = 4.80m, B_0 = 4.26m; u = 2 \times (4.8 + 4.26) = 18.12 (m)$$

单桩竖向抗拔承载力的计算 表 35-40

土层编号	土层名称	土层底高程 (m)	极限桩侧阻力标准值 (kPa)	极限桩端阻力标准值 (kPa)	λ	抗拔力 (kN)
	桩顶高程	20.67	55.00	0.00		
③1	粉质黏土	19.31	55.00	0.00	0.60	813.23
③	粉土	18.61	50.00	0.00	0.60	380.52
④1	黏土	16.91	50.00	0.00	0.60	924.12
④	粉质黏土	15.51	55.00	0.00	0.60	837.14
④1	黏土	13.61	50.00	0.00	0.60	1 032.84
④	粉质黏土	8.91	55.00	0.00	0.60	2810.41
⑤3	黏土	7.81	50.00	800.00	0.60	597.96
⑤1	粉质黏土	5.91	60.00	700.00	0.60	1 239.41
⑤	中砂 (桩底高程)	4.17	70.00	1 300.00	0.75	1 655.26
				合计		10 290.89

$$T_{gk} = \frac{1}{n} u_1 \sum \lambda_i q_{sik} l_i = 10\,290.89/8 = 1\,286.36 (kN)$$

$G_{gp}=(G_t+G_z)/8(G_t$ 为土质量, G_z 为桩质量)

G_t 的计算:

桩间土面积: $4.8\times4.26-8\times0.3^2\times\pi=18.19(m^2)$

计算桩间土质量 G_t 表 35-41

土层编号	土层名称	土层底高程 (m)	重度 (kN/m³)	桩间土面积 (m²)	桩间土质量 (kN)
	桩顶高程	20.67	9.80		
③1	粉质黏土	19.31	9.80	18.19	242.44
③	粉土	18.61	10.00	18.19	127.33
④1	黏土	16.91	9.10	18.19	281.40
④	粉质黏土	15.51	10.30	18.19	262.30
④1	黏土	13.61	9.10	18.19	314.51
④	粉质黏土	8.91	10.30	18.19	880.58
⑤3	黏土	7.81	9.30	18.19	186.08
⑤1	粉质黏土	5.91	10.00	18.19	345.61
⑤	中砂 (桩底高程)	4.17	10.00	18.19	316.51
			合计		2 956.75

$G_t=2\,956.75kN$

$G_z=8\times0.3^2\times\pi(25\times16.5-10\times16.5)=559.83(kN)$

$G_{gp}=(G_t+G_z)/8=(2\,956.75+559.83)/8=439.57(kN)$

$T_{gk}/2+G_{gp}=1\,286.36/2+439.57=1\,082.75(kN)$

4. 冻胀土上短桩的抗拔承载力算例(表 35-42)

【例 35-17】 (1)地质条件同例 35-14;桩长为 7.5m、桩径为 400mm、桩顶高程为 25.5m;地面高程为 27.31m,地下水位为 24.0m,冻深为 3.0m。桩布置见图 35-5。承台高度 $h=400mm$。

(2)群桩呈非整体破坏时,标准冻深线以下基桩的抗拔极限承载力标准值可按式(35-40)计算,即:

$$T_{uk}=\sum\lambda_iq_{sik}u_il_i$$

$l/d=7.5/0.4=18.75<20$,取小值,即砂土 $\lambda=0.5$、黏性土和粉土 $\lambda=0.7$。

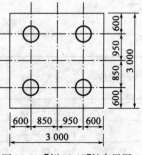

图 35-5 【例 35-17】桩布置图
(尺寸单位:mm)

单桩竖向抗拔承载力的计算 表 35-42

土层编号	土层名称	土层底高程 (m)	极限桩侧阻力标准值 (kPa)	极限桩端阻力标准值 (kPa)	λ	抗拔力 (kN)
	桩顶高程	25.50	0.00	0.00		
②	粉土	24.31	0.00	0.00		
②	粉土	22.91	55.00	0.00	0.50	48.38
③1	粉质黏土	21.51	55.00	0.00	0.50	48.38
③2	黏土	20.71	50.00	0.00	0.50	25.13

土层编号	土层名称	土层底高程(m)	极限桩侧阻力标准值(kPa)	极限桩端阻力标准值(kPa)	λ	抗拔力(kN)
③1	粉质黏土	19.31	55.00	0.00	0.50	48.38
④	粉质黏土(桩底高程)	18.00	55.00	0.00	0.50	41.15
				合计		211.43

$T_{uk} = \sum \lambda_i q_{sik} u_i l_i = 211.43(kN)$

$G_p = 0.2^2 \times \pi(25 \times 7.5 - 10 \times 6.0) = 16.02(kN)$

$N_G = 3 \times 3 \times (0.4 \times 25 + 1.4 \times 19.8)/4 + 150 = 234.87(kN)$

$T_{uk}/2 + N_G + G_p = 211.43/2 + 234.87 + 16.02 = 356.61(kN)$

计算冻胀力：

根据冻深 3.0m，粉土为强冻胀，查表 35-30 和表 35-31 得：$\eta_f = 0.9$；$q_f = 100$

$\eta_f q_f u z_0 = 0.9 \times 100 \times 0.4 \times \pi \times 3 = 339.29(kN)$

$\eta_f q_f u z_0 = 339.29kN < 427.87kN = T_{uk}/2 + N_G + G_p$，满足要求。

5. 砂岩地上临时锚碇设计计算算例

【例 35-18】 在砂岩地上设置临时锚碇，埋设锚杆，打孔深 1.2m，孔径 85mm，采用 HRB335 级钢锚杆，用 M30 水泥砂浆，试求单根锚杆的抗拔力及需用锚杆截面。

解：由题意知 $f = 0.45$，$R_g = 310MPa$

由式(35-46)单根锚杆的抗拔力为：

$$R_t = \pi d_1 l f = 3.14 \times 85 \times 1200 \times 0.45 = 144126(N) \approx 144(kN)$$

由式(35-47)单根锚杆需用截面积为：

$$A_s = \frac{KR_t}{R_g} = \frac{1.4 \times 144126}{310} = 650.89(mm^2)$$

采用 $\phi 30$ 锚杆，$A_s = 706.5mm^2 > 650.89mm^2$，满足要求。

6. 岩石锚杆基础抗拔力验算算例

【例 35-19】 岩石锚杆基础，锚杆布置如图 35-6 所示。基岩为石灰岩，埋设锚杆，采用 HRB335 级钢筋作锚杆，打孔深 1.0m，孔径 75mm，用 M30 水泥砂浆，已知 $R_t = 106kN$，$F = 250kN$，$G = 227kN$，$M_x = 573kN \cdot m$，$M_y = 257kN \cdot m$，试验算锚杆抗拔力是否符合要求。

解：单根锚杆的拔力按式(35-49)为：

$$Q_t = \frac{F+G}{n} - \frac{M_x y_i}{\sum y_i^2} - \frac{M_y x_i}{\sum x_i^2}$$

$$= \frac{250+227}{8} - \frac{573 \times 1.05}{6 \times 1.05^2} - \frac{257 \times 0.9}{6 \times 0.9^2}$$

$$= -78.92(kN) < R_t(=106kN)$$

故得，锚杆抗拔力可以满足要求。

7. 爆扩桩设计计算算例

【例 35-20】 在土质为粉质黏土地区，用硝铵炸药 2.2kg，试求爆扩桩大头的直径。

解：查表 35-33 得：$K = 1.05$，按公式(35-50)得：

$$D = K\sqrt[3]{C} = 1.05 \times \sqrt[3]{2.2} = 1.37(m)$$

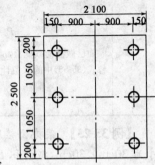

图 35-6 【例 35-19】岩石锚杆基础平面(尺寸单位：mm)

【例35-21】 爆扩桩桩柱深 3.5m,孔径 0.4m,已知二次灌入的混凝土总量为 1.5m³,试计算扩大头的直径。

解:由公式(35-51)得:

$$D=1.24\sqrt[3]{1.5-\frac{\pi\times0.4^2}{4}\times3.5}=1.26(\text{m})$$

【例35-22】 爆扩桩扩大头直径为 1.1m,扩大头支承处土质为粉质黏土,$I_L=0.25$,试求爆扩桩的单桩容许承载力。

解:由表 35-34 查得,$f_d=700$kPa,按公式(35-52)得:

$$Q_u=f_dA_d=700\times\frac{\pi\times11}{4}=665(\text{kN})$$

五、采用动力打桩公式确定桩承载力计算

应用打桩试验所得出的参数来求桩的容许承载力的公式称为动力打桩公式,它是从能量守恒定理推导出来的。其基本关系式为:

桩锤作功＝(桩贯入土中所需的有效功)＋(桩土体系所消耗的弹性变形能)＋(桩土体系所消耗的非弹性变形能)

动力打桩公式的种类很多,其中可靠性较高,国内外应用较为广泛的动力打桩公式有下列几种,现介绍如下。

1. 格尔塞万诺夫氏打桩公式(表 35-43)

格尔塞万诺夫氏打桩公式　　　　　　　　　　　　表 35-43

项目	计算方法及公式	符 号 意 义
单桩的容许承载力	前苏联格尔塞万诺夫(н. м. герсеьаиоь)氏也是根据同样原理,以上述的基本关系式推导得到以下打桩公式: $$R=-\frac{n}{2}F+\sqrt{\left(\frac{n}{2}F\right)^2+\frac{nF}{S}QH\cdot\frac{Q+\varepsilon^2q}{Q+q}}$$ (35-54) $$S=\frac{nFQH}{R(R+nF)}\cdot\frac{Q+\varepsilon^2q}{Q+q}$$ (35-55) 将式(35-54)除以安全系数后,即得到单桩的容许承载力 P_a: $$P_a=\frac{P_u}{K}=\frac{R}{K}$$ (35-56) 如已做静荷载试验,应以桩的极限承载力 P_u(kN)代替式(35-55)中的 R 值计算	R——极限阻力,即极限承载力 P_u(kN); F——桩的截面面积(cm²); n——参数,与桩和桩垫材料性质有关,钢筋混凝土桩用麻垫时,$n=1.0$;用橡木垫时,$n=1.5$;木桩加桩垫,$n=0.8$;木桩不加垫,$n=1.0$;没有桩垫的钢桩,$n=5$;有木垫的钢桩,$n=2.0$; S——贯入度(mm); P_a——单桩容许承载力(kN); Q——锤重(kN); q——桩重,包括送桩、桩帽等质量(kN); H——锤的落距(cm); ε——锤与桩撞击时的弹性恢复系数,一般取0.4～0.5; K——安全系数,一般取 $K=2$

【例35-23】 某办公楼地下室桩基工程,采用钢筋混凝预制桩,桩长 $l=12$m,桩的截面尺寸为 30cm×30cm,截面积 $F=9\,000$m²,桩侧土为软塑粉质黏土,桩端打入可塑粉质黏土深为 1.5m。打桩机的锤重 $Q=16$kN,桩锤落距 $H=90$cm,桩帽和桩重共计 $q=22.7$kN,要求最终贯入度分别为 3mm(休止后)和 $s=30$mm(休止前),根据有关资料知 $n=1.5$MPa＝0.15kN/cm²,其弹性恢复系数 $\varepsilon=0.45$,试采用格尔塞万诺夫打桩公式求单桩的极限承载力。

解:由式(35-54)得:

$$R=-\frac{n}{2}F+\sqrt{\left(\frac{n}{2}F\right)^2+\frac{nF}{S}QH\frac{Q+\epsilon^2q}{Q+q}}$$

$$=-\frac{0.15\times900}{2}+\sqrt{\left(\frac{0.15\times900}{2}\right)^2+\frac{0.15\times900}{0.3}\times16\times90\times\frac{16+0.45^2\times22.7}{16+22.7}}$$

$$=523.6(kN)$$

计算结果,其单桩的极限承载力为 523.6kN。

2. 海利打桩公式(表 35-44)

海利打桩公式 表 35-44

项目	计算方法及公式	符号意义
桩的极限承载力	海利(Hiley·A)打桩公式是根据动量守恒原理和撞击定理推导得到的,其基本表达式为: $$P_u=\frac{\xi W_r h}{e+\frac{c}{2}}\cdot\frac{W_r+n^2W_p}{W_r+W_p}\quad(35\text{-}57)$$ $$P_u=\frac{\xi W_r h}{e+\frac{1}{2}(c_1+c_2+c_3)}\cdot\frac{W_r+n^2W_p}{W_r+W_p}$$ $(35\text{-}58)$ 对于双动汽锤,上式可改写成如下形式: $$P_u=\frac{\xi E_h}{e+\frac{c}{2}}\cdot\frac{W_r+n^2W_p}{W_r+W_p}\quad(35\text{-}59)$$	P_u——桩的极限承载力(kN); W_r——锤重(kN); W_p——桩重(包括桩帽、锤垫、送桩器和双动汽锤中的砧座)(kN); h——锤的落距(m); e——打桩时的贯入度(cm); c——桩土体系弹性变形值,$c=c_1+c_2+c_3$(cm); c_1——锤击时桩身的弹性变形(cm),按表 35-45 取用; c_2——锤击时锤垫、桩帽、桩垫的弹性变形(cm),按表 35-46 取用; c_3——锤击时土的弹性变形(cm),按表 35-47 取用; ξ——考虑非自由落锤时的折减系数,自由落锤 $\xi=1$;对有钢索的吊锤 $\xi=0.8$;对于单动汽锤 $\xi=0.75\sim0.90$;对双动汽锤 $\xi=0.85$;对柴油锤 $\xi=0.85\sim1.00$; n——锤与桩撞击时的恢复系数,当锤与桩为理想弹性撞击时,$n=1$;在非理想弹性撞击时,$n<1$,一般取 $0.4\sim0.5$; E_h——双动汽锤的冲击能量(kJ)

桩身弹性变形值 c_1(cm) 表 35-45

桩身材料	弹性模量(MPa)	打桩时,木桩或钢筋混凝土桩的材料应用(MPa)			
		3.5	7.0	10.5	14.0
		打桩时,钢桩的材料应力(MPa)			
		50	100	150	200
木桩	10 000	$0.035l$	$0.007l$	$0.11l$	$0.14l$
钢筋混凝土桩	21 000	$0.017l$	$0.035l$	$0.05l$	$0.07l$
钢桩	210 000	$0.026l$	$0.005l$	$0.074l$	$0.10l$

注:1. 表中 l 值,对端承桩为全长,对摩擦桩为桩顶至入土深度一半处之长度,以 m 计。
   2. 如弹性模量与表中数值不同时,则表中 c_1 值应乘以 E_p/E_p',E_p 为表列的弹性模量,E_p' 为实际桩的弹性模量。
   3. 选用表中 c_1 值时,需先假定桩身应力(一般均假定为 P_u/A,P_u 为极限荷载),求出 P_u 后,再根据求出的 P_u 计算桩身材料应力是否与原假定相符,重复计算直至两者相符为止。

桩帽的弹性变形值 c_2(cm)　　　　　　表 35-46

桩 帽 材 料	打桩时桩帽的材料应力(MPa)			
	3.5	7.0	10.5	14.0
钢筋混凝土桩上有 10cm 弹性垫层桩帽	0.18	0.35	0.53	0.7
土质桩帽	0.13	0.25	0.38	0.5
钢桩帽	0.1	0.2	0.3	0.4
钢桩、无桩帽	0	0	0	0

土的弹性变形值 c_3(cm)　　　　　　表 35-47

桩 型	桩身材料应力(MPa)			
	3.5	7.0	10.5	14.0
有固定横截面的桩	0~0.25	0.25~0.5	0.5~0.75	0.12~0.5

【例 35-24】 某多层建筑地下室桩基工程,采用预应力钢筋混凝土管桩,直径为 400mm,管壁厚 90mm,桩长 $l=18$m,桩侧土分别为淤泥质粉质黏土、粉砂、残积粉质黏土等,支承在强风化砂岩上。打桩时,采用锤重 $W_r=45$kN,落距 $h=2.5$m,桩重(包括桩帽及锤重外的非冲击部分质量)$W_p=126$kN,根据桩帽在打桩中的最大应力查表 35-46,取桩帽的弹性变形值 $c_2=0.7$cm,从收锤时打桩记录查得桩和土的弹性变形值 $c_1+c_3=1.5$cm,最终贯入度 $e=0.075$cm,试用海利打桩公式求该桩的极限承载力。

解: 根据上述已知资料,取落锤效率折减系数 $\xi=1$,恢复系数 $n=0.45$,$c=c_1+c_2+c_3=2.2$cm,由式(35-57)得桩的极限承载力:

$$P_u=\frac{\xi W_r h}{e+\frac{c}{2}}\cdot\frac{W_r+n^2 W_p}{W_r+W_p}=\frac{1\times45\times250}{0.075+0.5\times2.2}\times\frac{45+0.45^2\times126}{45+126}=3\,948(\text{kN})$$

3. 两种工程新闻打桩公式(表 35-48)

两种工程新闻打桩公式　　　　　　表 35-48

项目	计算方法及公式	符 号 意 义
单桩的极限和容许承载力计算	1. 工程新闻打桩公式 工程新闻(ENR)打桩公式(又称惠灵顿公式)推导,系将锤所做的功变为有效功 $P_u e$ 和无效功 $P_u c$,把各种能量损失都合并为一个系数 c,并假定 $\xi=1$ 则有: <div style="text-align:center">$W_r h=P_u e+P_u c$ (35-60)</div>整理得打桩公式为: <div style="text-align:center">$P_u=\dfrac{W_r h}{e+c}$ (35-61)</div>单桩容许承载力为: <div style="text-align:center">$P_a=\dfrac{P_u}{K}$ (35-62)</div>	P_u——单桩的极限承载力(kN); e——打桩时的贯入度(cm); c——能量损失系数,对吊锤 $c=1$;对蒸汽锤 $c=0.1$; W_r——锤重(kN); h——锤的落距(m); P_a——单桩的容许承载力(kN); K——安全系数,取 $K=7$

项 目	计 算 方 法 及 公 式	符 号 意 义
桩的极限承载力计算	2.修正的工程新闻公式 修正的工程新闻公式(Modified ENR)桩极限承载力按下式计算： $$P_u = \frac{\xi W_r h}{e + 0.1} \cdot \frac{W_r + n^2 W_p}{W_r + W_p} \quad (35\text{-}63)$$ 另一修正公式是用于蒸汽锤的，即： $$P_u = \frac{\xi(W_r + A_r p)h}{e + 0.1} \quad (35\text{-}64)$$	A_r——汽缸的有效面积(cm^2)； p——蒸汽或空气的压力(单动汽锤 $p=0$)； h——锤的落距(m)； 其他符号意义同前
说明	应用式(35-61)、式(35-63)和式(35-64)时，因原公式均采用英制，故当长度单位采用厘米时，式中系数0.1(或 c 值)均应乘以2.54；计算单桩容许承载力取安全系数 $K=6$	

4. 太平洋岸统一建筑规范打桩公式（表 35-49）

太平洋岸统一建筑规范打桩公式 表 35-49

项 目	计 算 方 法 及 公 式	符 号 意 义
桩的极限承载力计算	根据动量守恒原理和撞击定理推导桩的极限承载力按下式计算： $$P_u = \frac{\xi E_h c_1}{e + c_2} \quad (35\text{-}65)$$ 其中：$$e_1 = \frac{W_r + K W_p}{W_r + W_p} \quad (35\text{-}66)$$ (对钢桩，$K=0.25$；对其他材料桩，$K=0.1$) $$c_2 = \frac{P_u L}{AE} \quad (35\text{-}67)$$	$L、A、E$——分别为桩的长度(m)、截面积(m^2)和材料的弹性模量(MPa)； 其他符号意义同前
说明	计算时，先假定 $c_2 = 0$，按式(35-63)求出 P_u，然后按 $0.75 P_u$ 代入式(35-67)求 c_2 和相应的另一 P_u 值，然后再以此新的 P_u 值计算新的 c_2 值，重复多次，直至计算的 c_2 所采用的 P_u 值与所求的 P_u 值相差的10%以内。求容许承载力时，取安全系数 $K=4$	

5. 江布打桩公式（表 35-50）

江布打桩公式 表 35-50

项 目	计 算 方 法 及 公 式	符 号 意 义
桩的极限承载力计算	江布(Janbu)打桩公式按上述同样原理推导桩的极限承载力按下式计算： $$P_u = \frac{\xi E_h}{K_u e} \quad (35\text{-}68)$$ 其中：$$K_u = c_d\left(1 + \sqrt{1 + \frac{\lambda}{c_d}}\right) \quad (35\text{-}69)$$ $$c_d = 0.75 + 0.15\frac{W_p}{W_r} \quad (35\text{-}70)$$ $$\lambda = \frac{\xi E_h L}{AE e^2} \quad (35\text{-}71)$$	E_h——锤的冲击能量($kN \cdot m$)； K_u——安全系数，按式(35-69)计算；按江布公式求容许承载力时，取安全系数 $K=3\sim6$； W_p——桩重(包括桩帽、锤垫、送桩器和双动汽锤中的砧座)(kN)； 其他符号意义同前

6. 丹麦动力打桩公式(表 35-51)

丹麦动力打桩公式

表 35-51

项目	计算方法及公式	符 号 意 义
桩的极限承载力计算	丹麦打桩公式桩的极限承载力按下式计算： $$P_u = \dfrac{\xi E_h}{e + c_1} \qquad (35\text{-}72)$$ 其中：$\quad c_1 = \sqrt{\dfrac{\xi E_h L}{2AE}} \qquad (35\text{-}73)$	其他符号意义同前。 按丹麦动力打桩公式求容许承载力 $P_a = \dfrac{P_u}{K}$ 时，取安全系数 $K = 3 \sim 6$

7. 加拿大建筑规范打桩公式(表 35-52)

加拿大建筑规范打桩公式

表 35-52

项目	计算方法及公式	符 号 意 义
桩的极限承载力计算	加拿大建筑规范打桩公式桩的极限承载力按下式计算： $$P_u = \dfrac{\xi E_h c_1}{e + c_2 c_3} \qquad (35\text{-}74)$$ 其中：$\quad c_1 = \dfrac{W_r + n^2(0.5 + W_p)}{W_r + W_p} \qquad (35\text{-}75)$ $$c_2 = \dfrac{P_u}{2A} \qquad (35\text{-}76)$$ $$c_3 = \dfrac{L}{E} + 0.001 \qquad (35\text{-}77)$$	应用式(35-74)时，c_2、c_3 的单位应与 e 一致，单桩容许承载力 $P_a = \dfrac{P_u}{K}$ 时，取安全系数 $K = 3$。 符号意义均同前

【例 35-25】 某办公楼桩基工程采用 H 型钢桩(HP360×109)，截面积为 139cm^2，桩长为 11.5m，用 80C 型打桩锤，锤重 $W_r = 35.58 \text{kN}$，冲击能量 $E_h = 33.14 \text{kN} \cdot \text{m}$，桩重 $W_p = 19.7 \text{kN}$，落距 $h = 95 \text{cm}$，$AE = 33.13 \times 10^5 \text{kN}$，最终贯入度 $e = 1.79 \text{cm}$，已知 $c = 0.254$，$n = 0.5$，$\xi = 0.84$，试分别用工程新闻及修正公式、太平洋岸统一建筑规范、江布、丹麦、加拿大建筑规范等动力打桩公式计算其极限承载力。

解：(1)按工程新闻打桩公式计算

由公式(35-61)得：

$$P_u = \frac{W_r h}{e + c} = \frac{35.58 \times 95}{1.79 + 0.254} = 1\,654 (\text{kN})$$

(2)按修正的工程新闻公式计算

由式(35-63)得：

$$P_u = \frac{\xi W_r h}{e + c} \cdot \frac{W_r + n^2 W_p}{W_r + W_p} = 1\,389 \times \frac{35.58 + 0.5^2 \times 19.7}{35.58 + 19.7} = 1\,018 (\text{kN})$$

(3)按太平洋岸统一建筑规范打桩公式计算

由已知数据按式(35-66)和式(35-67)得：

$$e_1 = \frac{W_r + n^2 W_p}{W_r + W_p} = \frac{35.58 + 0.5^2 \times 19.7}{35.58 + 19.7} = 0.738 (\text{cm})$$

$$c_2 = \frac{P_u L}{AE} = \frac{1\,654 \times 1\,150}{33.13 \times 10^5} = 0.398 (\text{cm})$$

再由式(35-65)得：

$$P_u = \frac{\xi E_h c_1}{e + c_2} = \frac{0.84 \times 33.14 \times 100 \times 0.738}{1.79 + 0.398} = 939 (\text{kN})$$

(4)按江布打桩公式计算

由已知数据按式(35-70)、式(35-71)和式(35-69)得：

$$c_d=0.75+0.15\frac{W_p}{W_r}=0.83$$

$$\lambda=\frac{\xi E_h L}{AEe^2}=\frac{0.84\times33.14\times11.5\times10^2}{33.13\times10^5\times1.79^2}=0.302$$

$$K_u=c_d\left(1+\sqrt{1+\frac{\lambda}{c_d}}\right)=0.83\times\left(1+\sqrt{1+\frac{0.302}{0.83}}\right)=1.799$$

再由式(35-68)得：

$$P_u=\frac{\xi E_h}{K_u e}=\frac{0.84\times33.14\times100}{1.799\times1.79}=864(kN)$$

(5)按丹麦动力打桩公式计算

由已知数据按式(35-73)得：

$$c_1=\sqrt{\frac{\xi E_h L}{2AE}}=\sqrt{\frac{0.84\times33.14\times11.5}{2\times33.13\times10^5}}=0.695(cm)$$

由式(35-72)得：

$$P_u=\frac{\xi E_h}{e+c_1}=\frac{0.84\times33.14\times100}{1.79+0.695}=1\ 120(kN)$$

(6)按加拿大建筑规范打桩公式计算

由已知数据按式(35-75)～式(35-77)得：

$$c_1=\frac{W_r+n^2(0.5+W_p)}{W_r+W_p}=\frac{35.58+0.5^2\times(0.5+19.7)}{35.58+19.7}=0.735$$

$$c_2=\frac{P_u}{2A}=\frac{1\ 654}{2\times139}=5.95$$

$$c_3=\frac{L}{E}+0.001=0.049$$

再由式(35-74)得：

$$P_u=\frac{\xi E_h c_1}{e+c_2c_3}=\frac{0.84\times33.14\times100\times0.735}{1.79+5.95\times0.049}=983(kN)$$

从该桩的现场静荷载试验曲线分析知，单桩的极限承载力 $P_u=1\ 245kN$。

六、动测法测定桩承载力计算

动测法是检测桩基承载力及桩身质量的一种新技术，可作为静载试验的补充，在国内外均得到广泛的应用，其优点如下：

(1)使用的检测仪器轻便灵活，检测速度快，单桩试验时间仅为静载试验的 1/60 左右。

(2)检测时，不破坏桩基，对数量多的桩基进行质量普查，其检测结果也较准确。

(3)检测费用低，单桩检测费用约为静载试验的 1/35。

单桩承载力的动测方法种类较多，国内常用的方法有：动力参数法、锤击贯入法、水电效应法、共振法、机械阻抗法、波动方程法等，但应用最多，准确度较高的是动力参数法。

1. 动力参数法

动力参数法是用锤击法测定桩的自振频率或同时测定桩的频率和初速度，用以换算桩基的各种设计参数。对承压桩，可用竖向频率换算抗压刚度及承载力。

计算模型如图 35-7 所示，系将桩基作为单自由度的质量—弹簧体系，则质量—弹簧体系的弹簧刚度 K 与频率 f 间的关系可表示为：

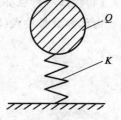

$$K = \frac{(2\pi f)^2 Q}{g} \quad (35\text{-}78)$$

$$Q = Q_1 + Q_2 \quad (35\text{-}79)$$

式中：Q_1——桩的折算质量（kN）；

　　Q_2——参加振动的土体质量（kN）。

图 35-7　质量—弹簧体系

这种计算模型可使计算简化，同时考虑了参振土体对频率的影响，比较符合实际情况。如若 Q_1 与 Q_2 先按桩和土的原始数据算出，则动测时只需实测出桩基频率，即可进行承压桩的参数计算，此种动测法称"频率法"；如果将桩基频率和初速度同时测出，则无需桩和土的原始数据，即能算出 Q，从而可直接求得承压桩的参数，称为"频率—初速法"。

2. 频率法

频率法除通过锤击实测桩基竖向自振频率 f_v 外，尚应通过施工记录和地质报告或试验取得桩和土的可靠原始数据。桩数据包括：桩全长、入土深度、桩径或横截面、桩材密度及施工中异常情况的记录；土层数据（主要是桩尖以上 $L/3$ 范围内土层数据）包括：地质剖面图及柱状图、地下水位、各土层厚度 H_i、土名、黏性土的状态或砂土的密实度、内摩擦角、密度及桩尖处支撑土层的性状等。再通过计算求单桩抗压刚度、临界荷载和允许承载力。

单桩抗压刚度、临界荷载和允许承载力的计算步骤见表 35-53。

单桩抗压刚度 K_z、临界荷载 Q_{cr} 和允许承载力 Q_a 的计算　　　　　　表 35-53

项目	计算方法及公式	符 号 意 义
单桩抗压刚度计算	1.计算单桩抗压刚度 K_z 　　根据计算模型，参照计算弹簧的理论公式(35-78)，按式(35-80)求出单桩抗压刚度 K_z（动刚度），参振土体示意图见右图 A。 $$K_z = \frac{(2\pi f_v)^2(Q_1+Q_2)}{2.365g} \quad (35\text{-}80)$$ 其中：$Q_1 = \frac{1}{3}AL_0\gamma_1 \quad (35\text{-}81)$ $Q_2 = \frac{1}{3}\left[\frac{\pi}{9}r_z^2(L+16r_z)-\frac{L}{3}A\right]\gamma_2 \quad (35\text{-}82)$ 其中：$r_z = \frac{D_z}{2} = \frac{1}{2}\left(\frac{2}{3}L\tan\frac{\varphi}{2}+d\right) \quad (35\text{-}83)$	g——重力加速度，取 9.81m/s^2； 2.365——单桩抗压刚度修正系数； f_v——桩的竖向自振频率（Hz）； Q_1——折算后参振桩重（kN）； A——桩的横截面积（m²）； L_0——桩的全长（m）； γ_1——桩体重度（kN/m³）； Q_2——折算后参振土重（kN）； r_z——参振土体的扩散半径（m）； L——桩的入土深度（m）； d——桩的直径（m），如为方桩，$d=\frac{a}{\sqrt{\pi}}$； a——方桩边长（m）； γ_2,φ——分别为桩下段 $L/3$ 范围内，参振土体的重度（kN/m³）及内摩擦角（°）； η——静测临界荷载与动测抗压刚度之间的比例系数，由单桩动、静实测数据对比得来，一般取 $\eta=0.004$
计算单桩临界荷载	2.计算单桩临界荷载 Q_{cr} 　　临界荷载指按静荷载试验测定的 $Q\text{-}s$ 曲线上与拐点对应的荷载，频率法中按下式计算： $$Q_{cr} = \eta K_z \quad (35\text{-}84)$$ 典型的静载试验 $Q\text{-}s$ 曲线大致可分为两种类型（右图B）：①对粗长桩，特别是当桩尖以下土质远较桩侧强时，$Q\text{-}s$ 曲线的前段出现第一拐点后，仍以匀缓的坡度向下延伸在较长的区段内不出现急剧的沉降，如图中类型(a)曲线，可取 $Q\text{-}s$ 曲线上第一拐点相应的荷载作为临界荷载 Q_{cr}；②对中、小桩，特别是当桩尖以下土层强度较桩侧为弱，则当荷载超过桩侧摩阻力极限时，沉降突增，$Q\text{-}s$ 曲线出现第一拐点后，几乎垂直向下延伸，如图中(b)类曲	

项目	计算方法及公式	符 号 意 义
计算单桩临界荷载	线,此时可取 Q-s 曲线上出现明显转折的拐点相对应的极限荷载作为临界荷载 Q_{cr}。大量测试证明,桩基的动测抗压刚度 K_z 与临界荷载 Q_{cr} 间存在着相关关系,可通过实测对比以确定。因此选择不同地质条件下各种类型的桩基,进行动、静对比试验,将实测对比数据通过数理统计分析取得回归系数,作为静测临界荷载 Q_{cr} 与动测抗压刚度 K_z 之间的比例系数 η($\eta = Q_{cr}/K_z$)	 图 A　参振土体示意图
计算单桩容许承载力	3. 计算单桩容许承载力 Q_a 　对粗长桩,特别是当桩尖以下土质较桩侧为强时,单桩容许承载力 Q_a 为: $$Q_a = Q_{cr} \qquad (35\text{-}85)$$ 　对中小桩,特别是当桩尖以下土质较桩侧为弱时,单桩容许承载力 Q_a 为: $$Q_a = \frac{Q_{cr}}{K} \qquad (35\text{-}86)$$	 图 B　典型的 Q-s 曲线 Q_a——单桩容许承载力(kN); Q_{cr}——临界荷载(kN); 　K——安全系数,一般取 $K=2$,对新填土可适当增大
说明	本法仪器配备和实际操作方面均较简便,有较好的准确度,可对群桩进行普查(检测承载力和检验桩身质量);适用于测定摩擦桩由土层提供的承载力,桩的入土深度 540m;不适于支撑在基岩或密实卵石层上的端承桩	

【例 35-26】　某综合楼桩基工程,设计采用钢筋混凝土预制桩,桩长 $L_0 = 20.0$m,桩的截面面积 $A = 0.35\text{m} \times 0.35\text{m} = 0.122\,5\text{m}^2$,折合直径 $d = 0.395$m,桩入土深度 $L = 19.8$m,桩身重力密度 $\gamma_1 = 24\text{kN/m}^3$,在 $L/3$ 范围内地层由二层土组成,上层土厚度为 3.7m,$\varphi = 22°$,$\gamma_1 = 19.1\text{kN/m}^3$;下层土厚度为 2.90m,$\varphi = 16°$,$\gamma_2 = 18.6\text{kN/m}^3$。根据钻探资料知桩尖下的土质较桩侧弱,取弹簧刚度 $K = 2$,实测桩的竖向自振频率 $f_v = 42.5$Hz,试求该桩的抗压刚度 K_z 和单桩容许承载力 Q_a。

　解:因桩下段 $L/3$ 范围内有两层土,φ 及 γ 应按层厚取加权平均值:

$$\overline{\varphi} = \frac{22 \times 3.7 + 16 \times 2.9}{3.7 + 2.9} = 19.4(°)$$

$$\overline{\gamma} = \frac{19.1 \times 3.7 + 18.6 \times 2.9}{3.7 + 2.9} = 18.9(\text{kN/m}^3)$$

按式(35-83)得:$r_z = \dfrac{1}{2} \times \left(\dfrac{2}{3} \times L\tan\dfrac{\overline{\varphi}}{2} + d \right) = \dfrac{1}{2} \times \left(\dfrac{2}{3} \times 19.8\tan\dfrac{19.4}{2} + 0.395 \right) = 1.33(\text{m})$

按式(35-81)得：$Q_1 = \frac{1}{3} A L \gamma_1 = \frac{1}{3} \times 0.1225 \times 20 \times 24 = 19.6 (\text{kN})$

按式(35-82)得：$Q_2 = \frac{1}{3} \left[\frac{\pi}{9} r_z^2 (L + 16 r_z) - \frac{L}{3} A \right] \bar{\gamma} = \frac{1}{3} \left[\frac{3.14}{9} \times 1.33^2 (19.8 + 16 \times 1.33) - \frac{19.8}{3} \times 0.1225 \right] \times 18.9 = 154.67 (\text{kN})$

所以 $Q = Q_1 + Q_2 = 19.6 + 154.67 = 174.27 (\text{kN})$

按式(35-80)得：

$$K_z = \frac{(2 \pi f_v)^2 (Q_1 + Q_2)}{2.365 g} = \frac{(2 \times 3.14 \times 42.5)^2 \times 174.27}{2.365 \times 9.81} = 535\,081.1 (\text{kN/m})$$

$$Q_{cr} = 0.004 K_z = 0.004 \times 535\,081.1 = 2\,140.3 (\text{kN})$$

$$Q_a = \frac{Q_{cr}}{K} = \frac{2\,140.3}{2} = 1\,070.2 (\text{kN})$$

计算后，可知该桩的抗压刚度 $K_z = 535\,081.1 \text{kN/m}$，单桩的容许承载力 $Q_a = 1\,070.2 \text{kN}$。

3. 频率初速法

用上述频率法进行桩基动测计算时，必须有准确的地质土工原始资料，如果难以求得准确的地质资料，可在敲击桩头后同时将频率和初速度测定出来，这样，参加振动的桩和土的折算重用 $Q = Q_1 + Q_2 = mg$ 即可计算出来，然后再用以换算桩基的其他参数。

现场测试所需仪器与频率法基本相同，但宜用弹片式拾振器，且必须用带导杆的穿心锤冲击桩头。

根据碰撞理论，参加振动的桩和土的折算质量、单桩抗压刚度和容许承载力及临界荷载按表 35-54 中的公式计算。

土的折算质量 m、单桩抗压刚度 K_z 及容许承载力 Q_a 和临界荷载 Q_{cr} 计算　表 35-54

项目	计算方法及公式	符号意义
折算质量、单桩抗压刚度及容许承载力和临界荷载计算	参加振动的桩和土的折算质量 m 可按式（35-87）计算： $$m = \frac{Q_1 + Q_2}{g} = 0.452 \frac{(1+e) W_0 \sqrt{H}}{v_0} K_v \quad (35\text{-}87)$$ $$e = \sqrt{\frac{g}{8H}} t \quad (35\text{-}88)$$ 将式（35-87）代入式（35-80），即可算出单桩抗压刚度 K_z： $$K_z = \frac{(2 \pi f_v)^2 m}{2.365} \quad (35\text{-}89)$$ 求得 K_z 后，即可按频率法相同方式计算 Q_{cr} 和 Q_a，亦即： $$Q_{cr} = 0.004 K_z \quad (35\text{-}90)$$ $$Q_a = \frac{Q_{cr}}{K} = \frac{0.03 f_v^2 (1+e) W_0 \sqrt{H}}{K v_0} K_v \quad (35\text{-}91)$$	W_0——穿心锤重(kN)； H——穿心锤落距(m)； v_0——撞击后桩头初速度(m/s)； K_v——调整系数； e——穿心锤对桩头的碰撞系数； t——两次冲击历时(s)； g——重力加速度，取 9.81m/s^2； Q_a——单桩容许承载力(kN)； Q_{cr}——临界荷载(kN)； 式中各种符号意义同前
说明	本法测试要求较频率法为高，但可节省勘探和土工试验的时间和费用，并可排除地质土工资料的误差对动测精度带来的影响，较频率法更为经济有效，适用范围更为广泛	

七、桩基承载力验算

桩基设计根据所承受的外力确定桩数和布桩,然后验算所受荷载是否超过单桩的容许承载力。在施工中,常要根据实际桩承载力和布桩,进行桩基承载力验算,以保证使用安全。桩承载力验算见表35-55。

桩基承载力验算 表 35-55

项目	计算方法及公式	符号意义
轴心受压时各桩所受的荷载	1. 当轴心受压时,各桩所受的荷载 Q(kN)应按下式计算: $$Q \leqslant Q_0 \qquad (35\text{-}92)$$ $$Q = \frac{F+G}{n} \qquad (35\text{-}93)$$ $$Q_0 = 1.2Q_k \qquad (35\text{-}94)$$	Q——桩基中单桩所承受的外力设计值(kN); Q_0——单桩竖向承载力设计值(kN); F——作用于桩基上的竖向力设计值(kN); G——桩基承台自重设计值和承台上的土自重标准值(kN); n——桩数; Q_k——按"6.2.1单桩承载力计算"一节确定的单桩竖向承载力标准值(kN);
偏心受压时各桩所受的荷载	2. 当偏心受压时,各桩所受的荷载 Q_i 除满足公式(35-92)外,尚应满足下式要求: $$Q_{max} \leqslant 1.2Q_0 \qquad (35\text{-}95)$$ $$Q = \frac{F+G}{n} + \frac{M_x y_i}{\sum y_i^2} + \frac{M_y x_i}{\sum x_i^2} \qquad (35\text{-}96)$$	Q_{max}——桩基中单桩所承受的最大外力设计值(kN); $M_x、M_y$——作用于桩群上的外力对通过桩群重心的 $x、y$ 轴力矩设计值(kN·m); $x_i、y_i$——桩 i 至通过桩群重心的 $y、x$ 轴线的距离(m)。 其他符号意义同前

【例35-27】 某桩基承台平面尺寸及桩布置如图35-8所示,已知桩数 $n=8$,单桩竖向承载力设计值 $Q_0=550$kN,作用于桩基上的竖向力设计值 $F=1\,680$kN,桩基承台自重设计值和承台上土的自重标准值 $G=850$kN,作用于群桩上的外力通过桩群重心 x、y 轴的设计力矩 $M_x=480$kN·m,$M_y=980$kN·m。求第4号桩所承受的外力设计值。

解: 由式(35-96)得:

$$Q = \frac{F+G}{n} + \frac{M_x y_i}{\sum y_i^2} + \frac{M_y x_i}{\sum x_i^2}$$

$$= \frac{1\,680 + 850}{8} + \frac{480 \times 2.25}{4 \times (0.75^2 + 2.25^2)} + \frac{980 \times 1.0}{2 \times 4 \times 1.0^2}$$

$$= 316.25 + 48.0 + 122.5$$

$$= 486.75(\text{kN}) \leqslant Q_0 = 550\text{kN}$$

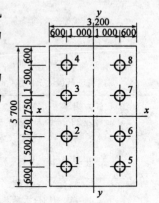

图 35-8 【例35-27】基础平面图
(尺寸单位:mm)

八、桩基沉降变形允许值

建筑桩基沉降变形计算值不应大于桩基沉降变形允许值。而建筑桩基沉降变形允许值,应按表35-56规定采用。

建筑桩基沉降变形允许值

表 35-56

变形特征		允许值
砌体承重结构基础的局部倾斜		0.002
各类建筑相邻柱(墙)基的沉降差 (1)框架、框架—剪力墙、框架—核心筒结构; (2)砌体墙填充的边排柱; (3)当基础不均匀沉降时不产生附加应力的结构		$0.002l_0$ $0.0007l_0$ $0.005l_0$
单层排架结构(柱距为 6m)桩基的沉降量(mm)		120
桥式吊车轨面的倾斜(按不调整轨道考虑) 纵向 横向		0.004 0.003
多层和高层建筑的整体倾斜	$H_g \leqslant 24$	0.004
	$24 < H_g \leqslant 60$	0.003
	$60 < H_g \leqslant 100$	0.0025
	$H_g > 100$	0.002
高耸结构桩基的整体倾斜	$H_g \leqslant 20$	0.008
	$20 < H_g \leqslant 50$	0.006
	$50 < H_g \leqslant 100$	0.005
	$100 < H_g \leqslant 150$	0.004
	$150 < H_g \leqslant 200$	0.003
	$200 < H_g \leqslant 250$	0.002
高耸结构基础的沉降量(mm)	$H_g \leqslant 100$	350
	$100 < H_g \leqslant 200$	250
	$200 < H_g \leqslant 250$	150
体型简单的剪力墙结构高层 建筑桩基最大沉降量(mm)	—	200

注:1. l_0 为相邻柱(墙)两测点间距离,H_g 为自室外地面算起的建筑物高度(m)。

2. 对表 35-56 中未包括的建筑桩基沉降变形允许值,应根据上部结构对桩基沉降变形的适应能力和使用要求确定。

3. 本表摘自《建筑桩基技术规范》(JGJ 94—2008)。

有关桩基沉降计算、桩基水平承载力与位移计算、桩身承载力与裂缝控制计算、承台计算等可参考有关专著,在此不作详述。

注:本章部分算例摘自本参考文献[20]、[29]、[61]。

第三十六章 地基处理

第一节 换填垫层法

一、概述

(1)换填垫层法适用于浅层软弱土(淤泥质土、松散素填土、湿陷性黄土、杂填土、浜填土以及已完成自重固结的冲填土等)的处理与低洼区域的填筑。

(2)换填垫层法垫层材料包括砂(或砂石)、粉质黏土、灰土、高炉干渣(又称高炉重矿渣,以下简称干渣)和粉煤灰(本市燃煤电厂排放的)。

高炉干渣包括分级干渣、混合干渣与原状干渣;粉煤灰包括湿排灰与调湿灰。

(3)在有充分依据或成功经验条件时,也可采用其他质地坚硬、性能稳定、透水性强、无侵蚀性的材料,但必须进行现场试验证明其技术经济效果良好及施工措施完善。

(4)垫层分类及适用范围可按表 36-1 确定。

垫层分类及适用范围　　　　　　　　　　　　　　　　　　表 36-1

垫层种类	适用范围
砂(砂石、碎石)垫层	多用于中小型建筑工程的浜、塘、沟等的局部处理、适用于饱和、非饱和的软弱土和水处黄土地基处理,不适用于湿陷性黄土地基,也不适宜用于大面积堆载、密集基础和动力基础的软土地基处理、砂垫层不宜用于有地下水流速快、流量大的地基处理
素土垫层	适用于中小型工程及大面积回填、湿陷性黄土地基的处理
灰土垫层	适用于中小型工程,尤其适用于湿陷性黄土地基的处理
粉煤灰垫层	适用于厂房、机场、道路、港区陆域和堆场等工程的大面积填筑
干(矿)渣垫层	适用于中小型建筑工程,尤其适用于地坪、堆场等工程大面积地基处理和场地的平整、单对于受酸性或受碱性废水影响地基不得采用干(矿)渣作垫层

二、设计计算

1.《建筑地基处理处技术规范》(JGJ 79—2002)推荐方法

换填垫层系将基础下面一定厚度的软弱土层挖除,然后换以中砂、粗砂、角(圆)砾、碎(卵)石、灰土或黏性土以及其他压缩性小、性能稳定、无侵蚀性材料,经拌和、分层回填夯(压)实而成,作为地基的持力层。要通过试验和计算以确定垫层的铺设厚度、宽度以及承载力等。垫层厚度、宽度及承载力计算见表 36-2。

项 目	计 算 方 法 及 公 式	符 号 意 义
垫层厚度的确定	垫层厚度的确定 地基采用换土垫层(又称换填法)处理软弱地基,常采用砂、砂石、灰土等材料,垫层的厚度应根据作用在垫层底部软弱土层底面处土的自重压力(标准值)与附加压力(设计值)之和不大于软弱土层经深度修正后的地基承载力特征值(图 A)的条件确定,即应符合下式要求: $$p_{cz}+p_z \leqslant f_{ax} \qquad (36\text{-}1)$$ 其中:p_z 可根据基础不同形式分别按以下简化式计算	p_{cz}——垫层底面处土的自重压力(kPa); p_z——垫层底面处的附加压力(kPa); f_{az}——垫层底面处土层的地基承载力特征值(kPa); b——条形基础或矩形基础底面的宽度(m); l——矩形基础的底面长度(m); p——基础底面压力(Pa); p_c——基础底面处土的自重压力(Pa); Z——基础底面下垫层的厚度(mm)
垫层厚度的确定	条形基础 $\qquad p_z=\dfrac{b(p-p_c)}{b+2Z\tan\theta} \qquad (36\text{-}2)$ 矩形基础 $\qquad p_z=\dfrac{bl(p-p_c)}{(b+2Z\tan\theta)(l+2Z\tan\theta)} \qquad (36\text{-}3)$	θ——垫层的压力扩散角(°),可按表 36-8 采用。 说明:换填垫层的厚度不宜小于 0.5m,也不宜大于 3m
垫层宽度的确定	垫层宽度的确定 垫层的宽度应满足基础底面应力扩散的要求,可按下式计算: $$b' \geqslant b+2Z\min\theta \qquad (36\text{-}4)$$ 整片垫层底面的宽度可根据施工的要求适当加宽。 垫层顶面宽度可从垫层底面两侧向上,按基坑开挖期间保持边坡稳定的当地经验放坡确定。垫层顶面每边超出基础底边不宜小于 300mm。 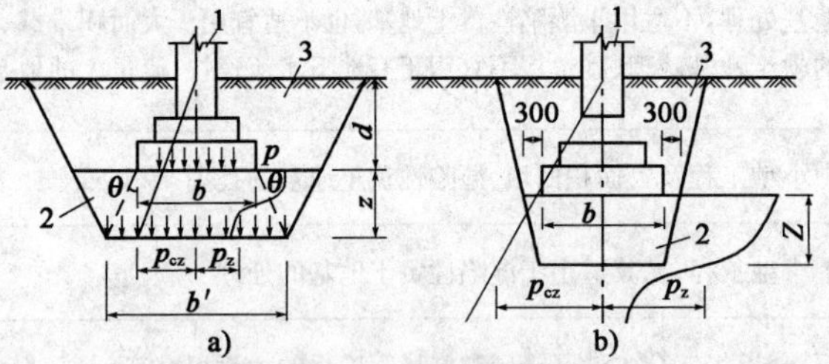 图 A 垫层内应力分布 a)垫层内应力分布按扩散角设置;b)垫层内应力分布按基础同宽设置 1-基础;2-填土垫层;3-回填土	b'——垫层底面宽度(m); θ——垫层的压力扩散角(°),可按表 36-8 采用;当 $Z/b<0.25$ 时,仍按表中 $Z/b=0.25$ 取值; b、Z 符号意义同上

项 目	计算方法、计算公式及计算图示和说明
垫层承载力的确定	垫层承载力的确定 垫层的承载力宜通过现场试验确定,当无试验资料时,各种垫层的压实标准和承载力可按表 36-9 采用,并验算下卧层的承载力
垫层厚度直接计算法(曲线图)	垫层厚度直接计算法[摘自本书参考文献(2)] 为减少计算工作量,亦可采用下图 B 所示垫层厚度直接计算法曲线来确定,计算步骤如下

项　目	计算方法、计算公式及计算图示和说明
垫层厚度 直接计算法 （曲线图）	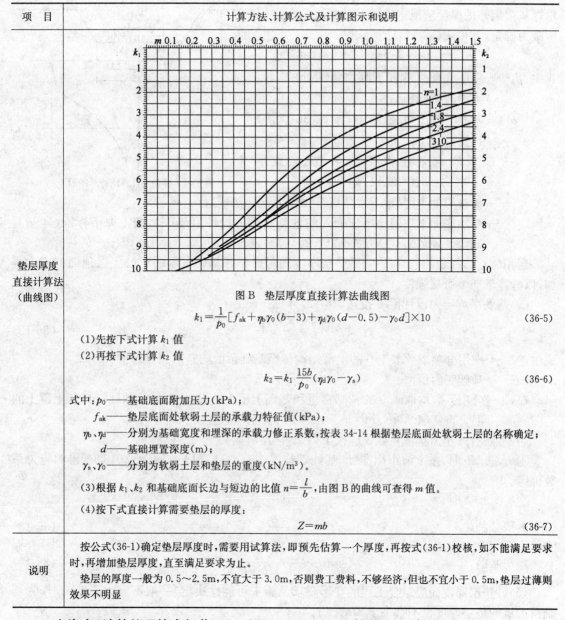 图 B　垫层厚度直接计算法曲线图 $$k_1=\frac{1}{p_0}\left[f_{ak}+\eta_b\gamma_0(b-3)+\eta_d\gamma_0(d-0.5)-\gamma_0 d\right]\times 10 \qquad (36\text{-}5)$$ （1）先按下式计算 k_1 值 （2）再按下式计算 k_2 值 $$k_2=k_1\frac{15b}{p_0}(\eta_d\gamma_0-\gamma_s) \qquad (36\text{-}6)$$ 式中：p_0——基础底面附加压力（kPa）； 　　　f_{ak}——垫层底面处软弱土层的承载力特征值（kPa）； 　　η_b、η_d——分别为基础宽度和埋深的承载力修正系数，按表 34-14 根据垫层底面处软弱土层的名称确定； 　　　　d——基础埋置深度（m）； 　　γ_s、γ_0——分别为软弱土层和垫层的重度（kN/m³）。 （3）根据 k_1、k_2 和基础底面长边与短边的比值 $n=\dfrac{l}{b}$，由图 B 的曲线可查得 m 值。 （4）按下式直接计算需要垫层的厚度： $$Z=mb \qquad (36\text{-}7)$$
说　明	按公式（36-1）确定垫层厚度时，需要用试算法，即预先估算一个厚度，再按式（36-1）校核，如不能满足要求时，再增加垫层厚度，直至满足要求为止。 　　垫层的厚度一般为 0.5～2.5m，不宜大于 3.0m，否则费工费料，不够经济，但也不宜小于 0.5m，垫层过薄则效果不明显

2. 上海市《地基处理技术规范》（DG/TJ 08-40—2010）推荐方法（供参考）

1）砂（或砂石）垫层

（1）砂（或砂石）、碎石、粉质黏土、灰土、干渣、粉煤灰垫层等的底面尺寸可由基础边缘向下作 45°的直线扩大确定，并按式（36-8）～式（36-10）计算（图 36-1）。

条形基础：　　　　　　　　　　$b_s=b+2h_s$ 　　　　　　　　　　　　（36-8）

矩形基础：　　　　　　　　　　$b_s=b+2h_s$ 　　　　　　　　　　　　（36-9）

　　　　　　　　　　　　　　　$l_s=l+2h_s$ 　　　　　　　　　　　　（36-10）

式中：l、b——基础底面长度、宽度（m）；

　　l_s、b_s——砂垫层底面长度、宽度（m）；

　　　h_s——砂垫层厚度（m）。

(2)砂(成砂石)、碎石、粉质黏土、灰土、干渣、粉煤灰垫层等的厚度应根据软弱下卧土层的容许承载力确定,并按式(36-11)计算:

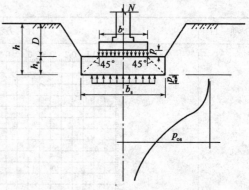

图 36-1　砂垫层计算用符号图示

$$p_s = (\alpha p + \gamma_s h_s) \leqslant f_h \qquad (36-11)$$

式中:p_s——垫层底面下软弱下卧层顶面处的压力设计值(kPa);

p——基底平均压力级(kPa),按式(36-12)计算;

α——基底有效压力扩散系数,按式(36-13)和式(36-14)计算。

γ——砂垫层的重度(地下水位以下扣浮力)(km/m³);

f——垫层底面下软弱土层顶面处的地基承载力设计值(kPa),按上海市标准《地基基础设计规范》确(DGJ 08-11—2010)确定。

当相邻基础间距甚近时,决定砂垫层厚度须考虑相邻基础对软弱下卧土层顶面的应力叠加,以验算软弱下卧层强度。

(3)基底平均压力设计值 p 按式(36-12)计算:

$$p = \frac{N + Gd}{F} \qquad (36-12)$$

式中:N——作用分项系数取 1.0 的上部结构传至基础顶面的竖向力设计值(kN);

F——基础底面积;

G_D——分项系数均取 1.0 的基础自重和基础上覆土约设计值(kN)基础材料和上覆土的混合重度取 20kN/m³(地下水位以下取浮重度)。

(4)基底有效压力扩散系数 α 应按下列条件分别计算

①$h_s \leqslant 0.5b$ 时,按上海市标准《地基处理技术规范》(DG/TJ 08-40—2010)查得的应力系数确定;

②$h_s > 0.5b$ 时,

条形基础:

$$a = \frac{b}{b + h_s} \qquad (36-13)$$

矩形基础:

$$a = \frac{lb}{(1 + h_s)(b + h_s)} \qquad (36-14)$$

(5)砂垫层厚度尚应结合工程的变形要求及施工可能性决定,一般不宜大于 3m。作为基础持力层的垫层厚度也不宜小于 1m。

(6)砂垫层应采用中、粗砂。经振密达到质量要求后,砂垫层容许承载力宜通过现场试验确定,对一般工程而无试验资料时可取 150~200kPa,且应满足软弱下卧层的强度与变形要求。

(7)建筑物沉降由砂垫层自身变形和下卧土层变形两部分构成。

$$S = S_s + S_u \qquad (36-15)$$

式中:S_s——砂垫层自身变形值(mm);

S_u——压缩层厚度范围内,自砂垫层底面算起的各土层压缩变形之和(mm)。

有关沉降计算和地基变形容许值除按本节、二、2.(8)~(10)条规定外,其余内容均须按上海市标准《地基基础设计规范》(DGJ 08-11—2010)第五章第三节各条文执行。

(8)砂垫层自身变形在满足本节、二、2.1(1)条后可仅考虑其压缩变形;并可按式(36-16)简化计算:

$$S_s = \left(\frac{p + \alpha p}{2} h_s\right) / E_s \qquad (36\text{-}16)$$

式中：E_s——砂垫层压缩模量，宜由载荷试验确定。当无试验资料时，可选用 20～30MPa。

(9)砂垫层底面附加压力可按式(36-17)计算：

$$p_{os} = (\alpha p + \gamma_s h_s) - \gamma_0 h \qquad (36\text{-}17)$$

式中：h——天然底面至垫层底面距离(m)；

γ_0——深度范围内天然土层的平均重度(地下水位以下扣浮力)(kN/m³)。

有相邻基础影响时，应另加相邻基础传来的附加应力。

(10)下卧土层变形可用分层总和法按式(36-18)计算：

$$S_u = \psi_s p_{os} \sum_{i=1}^{n} \frac{b_s \delta_i - b_s \delta_{i-1}}{(E_{s,0.1\sim0.2})_i} \qquad (36\text{-}18)$$

式中：S_u——地基最终沉降量(mm)；

ψ——沉降计算经验系数，应根据类似工程条件下沉降观测资料及经验确定，在不具备条件时，可采用下列数据：

当 $p \leqslant 40\text{kPa}$ 时，可取 0.7；

$p_{os} = 60\text{kPa}$ 时，可取 1.0；

$p_{os} = 80\text{kPa}$ 时，可取 1.2；

$p_{os} = 100\text{kPa}$ 时，可取 1.3；

中间值可内插；

b_s——基础宽度(圆形基础时为直径)(m)；

p_{os}——按荷载长期效应组合计算时的基底面附加力(kPa)；

i——自基底面往下算的土层序数；

δ——沉降系数，计算基础中心沉降量时，查表 36-3 或表 36-5；计算相邻矩形基础时，用角点法求代数和，查表 36-4；

$E_{s,0.1\sim0.2}$——地基土在 0.1～0.2MPa 压力作用时的压缩模量(MPa)。

矩形基础中心沉降系数 δ_1 表 36-3

$\frac{2z}{b}$	L/b											
	1.0	1.2	1.4	1.6	1.8	2.0	3.0	4.0	5.0	6.0	10.0	条形
0.0	0.000	0.000	0.000	0.000	0.000	0.000	0.000	0.000	0.000	0.000	0.000	0.000
0.2	0.100	0.100	0.100	0.100	0.100	0.100	0.100	0.100	0.100	0.100	0.100	0.100
0.4	0.197	0.198	0.198	0.198	0.198	0.198	0.199	0.199	0.199	0.199	0.199	0.199
0.6	0.290	0.292	0.293	0.293	0.294	0.294	0.294	0.294	0.294	0.294	0.294	0.294
0.8	0.375	0.379	0.381	0.383	0.383	0.383	0.384	0.385	0.385	0.385	0.385	0.385
1.0	0.450	0.457	0.462	0.465	0.466	0.467	0.469	0.470	0.470	0.470	0.470	0.470
1.2	0.515	0.527	0.534	0.539	0.542	0.544	0.548	0.548	0.549	0.549	0.549	0.549
1.4	0.571	0.588	0.599	0.605	0.610	0.613	0.619	0.621	0.621	0.621	0.621	0.621
1.6	0.620	0.641	0.655	0.665	0.671	0.676	0.685	0.687	0.688	0.688	0.688	0.688
1.8	0.662	0.688	0.705	0.717	0.726	0.732	0.745	0.748	0.749	0.750	0.750	0.750
2.0	0.698	0.728	0.749	0.764	0.775	0.783	0.800	0.804	0.806	0.807	0.807	0.807
2.2	0.729	0.764	0.788	0.806	0.819	0.828	0.850	0.856	0.858	0.859	0.860	0.860

$\dfrac{2z}{b}$	L/b											
	1.0	1.2	1.4	1.6	1.8	2.0	3.0	4.0	5.0	6.0	10.0	条形
2.4	0.757	0.795	0.823	0.843	0.858	0.870	0.896	0.904	0.907	0.908	0.908	0.910
2.6	0.781	0.823	0.854	0.877	0.894	0.907	0.939	0.949	0.953	0.954	0.954	0.956
2.8	0.802	0.848	0.881	0.907	0.926	0.941	0.978	0.990	0.995	0.997	0.997	0.999
3.0	0.821	0.870	0.906	0.933	0.955	0.971	1.014	1.029	1.035	1.037	1.037	1.040
3.2	0.838	0.889	0.923	0.958	0.981	0.999	1.048	1.065	1.072	1.075	1.075	1.079
3.4	0.854	0.907	0.948	0.980	1.005	1.025	1.079	1.099	1.107	1.110	1.114	1.115
3.6	0.867	0.923	0.966	1.000	1.027	1.048	1.108	1.130	1.140	1.144	1.149	1.149
3.8	0.880	0.938	0.983	1.019	1.047	1.070	1.135	1.160	1.171	1.176	1.181	1.182
4.0	0.891	0.951	0.998	1.035	1.065	1.090	1.160	1.188	1.200	1.206	1.212	1.214
4.2	0.902	0.963	1.012	1.051	1.082	1.108	1.183	1.214	1.228	1.235	1.242	1.244
4.4	0.911	0.974	1.025	1.065	1.098	1.125	1.205	1.238	1.254	1.262	1.270	1.272
4.6	0.920	0.985	1.036	1.078	1.113	1.141	1.225	1.262	1.279	1.288	1.297	1.300
4.8	0.928	0.994	1.047	1.091	1.126	1.155	1.244	1.284	1.302	1.312	1.323	1.326
5.0	0.935	1.003	1.057	1.102	1.138	1.169	1.262	1.304	1.325	1.336	1.348	1.351
6.0	0.966	1.039	1.099	1.149	1.190	1.225	1.338	1.394	1.423	1.439	1.460	1.465
7.0	0.988	1.065	1.130	1.183	1.228	1.267	1.396	1.463	1.501	1.523	1.553	1.562
8.0	1.005	1.085	1.153	1.209	1.258	1.299	1.441	1.518	1.564	1.591	1.633	1.646
9.0	1.018	1.101	1.171	1.230	1.280	1.324	1.477	1.563	1.615	1.649	1.701	1.721
10.0	1.028	1.113	1.185	1.246	1.299	1.345	1.506	1.600	1.659	1.697	1.761	1.788
12.0	1.044	1.133	1.207	1.271	1.327	1.376	1.551	1.658	1.727	1.774	1.861	1.904
14.0	1.055	1.146	1.223	1.290	1.347	1.400	1.584	1.700	1.778	1.833	1.940	2.002
16.0	1.064	1.153	1.235	1.303	1.363	1.415	1.609	1.732	1.817	1.878	2.003	2.087
18.0	1.071	1.164	1.244	1.314	1.375	1.429	1.628	1.758	1.848	1.914	2.055	2.162
20.0	1.076	1.171	1.252	1.322	1.384	1.439	1.644	1.778	1.873	1.944	2.099	2.229
25.0	1.086	1.182	1.265	1.338	1.402	1.458	1.673	1.816	1.920	1.999	2.183	2.372
30.0	1.092	1.190	1.274	1.348	1.413	1.471	1.692	1.842	1.952	2.036	2.241	2.488
35.0	1.097	1.196	1.281	1.355	1.421	1.481	1.706	1.860	1.974	2.063	2.283	2.587
40.0	1.100	1.200	1.286	1.361	1.428	1.487	1.716	1.873	1.991	2.083	2.316	2.672

注:L——基础长度(m);b——基础宽度(m);z——计算点离基础底面竖向距离(m)。

$\dfrac{2z}{b}$	L/b											
	1.0	1.2	1.4	1.6	1.8	2.0	3.0	4.0	5.0	6.0	10.0	条形
0.0	0.000	0.000	0.000	0.000	0.000	0.000	0.000	0.000	0.000	0.000	0.000	0.000
0.2	0.050	0.050	0.050	0.050	0.050	0.050	0.050	0.050	0.050	0.050	0.050	0.050
0.4	0.099	0.099	0.099	0.099	0.099	0.099	0.099	0.099	0.099	0.099	0.099	0.099
0.6	0.145	0.146	0.146	0.147	0.147	0.147	0.147	0.147	0.147	0.147	0.147	0.147
0.8	0.187	0.189	0.191	0.191	0.192	0.192	0.192	0.193	0.193	0.193	0.193	0.193
1.0	0.225	0.229	0.231	0.232	0.233	0.234	0.235	0.235	0.235	0.235	0.235	0.235
1.2	0.258	0.263	0.267	0.269	0.271	0.272	0.274	0.274	0.274	0.274	0.274	0.274
1.4	0.286	0.294	0.299	0.303	0.305	0.307	0.310	0.310	0.311	0.311	0.311	0.311
1.6	0.310	0.321	0.328	0.332	0.336	0.338	0.342	0.343	0.344	0.344	0.344	0.344
1.8	0.331	0.344	0.353	0.359	0.363	0.366	0.372	0.374	0.375	0.375	0.375	0.375
2.0	0.350	0.364	0.375	0.382	0.387	0.391	0.400	0.402	0.403	0.403	0.404	0.404
2.2	0.365	0.382	0.394	0.403	0.409	0.414	0.425	0.428	0.429	0.430	0.430	0.430
2.4	0.378	0.398	0.411	0.422	0.429	0.435	0.448	0.452	0.454	0.454	0.455	0.455
2.6	0.391	0.411	0.427	0.438	0.447	0.453	0.469	0.474	0.476	0.477	0.478	0.478
2.8	0.401	0.424	0.441	0.453	0.463	0.470	0.489	0.495	0.497	0.498	0.499	0.500
3.0	0.411	0.435	0.453	0.467	0.477	0.486	0.508	0.514	0.517	0.519	0.520	0.520
3.2	0.419	0.445	0.464	0.479	0.491	0.500	0.524	0.582	0.536	0.537	0.539	0.539
3.4	0.427	0.453	0.474	0.490	0.503	0.513	0.539	0.549	0.553	0.555	0.557	0.557
3.6	0.434	0.462	0.483	0.500	0.513	0.524	0.554	0.565	0.570	0.572	0.574	0.575
3.8	0.440	0.469	0.491	0.509	0.524	0.535	0.567	0.580	0.585	0.588	0.591	0.591
4.0	0.446	0.475	0.499	0.518	0.533	0.545	0.580	0.594	0.600	0.603	0.606	0.607
4.2	0.451	0.482	0.506	0.525	0.541	0.554	0.591	0.607	0.614	0.617	0.621	0.622
4.4	0.456	0.487	0.512	0.533	0.549	0.563	0.602	0.619	0.627	0.631	0.635	0.636
4.6	0.466	0.492	0.518	0.539	0.556	0.570	0.613	0.631	0.639	0.644	0.649	0.650
4.8	0.464	0.497	0.524	0.545	0.563	0.578	0.622	0.642	0.651	0.656	0.662	0.663
5.0	0.468	0.501	0.529	0.551	0.569	0.584	0.631	0.652	0.662	0.668	0.674	0.676
6.0	0.483	0.520	0.550	0.574	0.595	0.613	0.669	0.697	0.711	0.719	0.730	0.733
7.0	0.494	0.533	0.565	0.592	0.614	0.634	0.698	0.731	0.750	0.761	0.777	0.781
8.0	0.502	0.543	0.576	0.605	0.629	0.650	0.720	0.759	0.782	0.796	0.816	0.823
9.0	0.509	0.550	0.585	0.615	0.640	0.662	0.738	0.781	0.808	0.824	0.851	0.860
10.0	0.514	0.557	0.593	0.623	0.650	0.672	0.753	0.800	0.829	0.848	0.881	0.894
12.0	0.522	0.566	0.604	0.636	0.664	0.688	0.776	0.829	0.864	0.887	0.930	0.952
14.0	0.528	0.573	0.612	0.645	0.674	0.699	0.792	0.850	0.889	0.916	0.970	1.001
16.0	0.532	0.578	0.618	0.652	0.682	0.708	0.804	0.866	0.909	0.938	1.002	1.043
18.0	0.535	0.583	0.622	0.657	0.687	0.714	0.814	0.879	0.924	0.956	1.028	1.081
20.0	0.538	0.586	0.626	0.661	0.692	0.720	0.822	0.889	0.937	0.971	1.050	1.114
25.0	0.543	0.592	0.633	0.669	0.701	0.729	0.836	0.908	0.960	0.999	1.091	1.186
30.0	0.546	0.596	0.637	0.674	0.707	0.736	0.846	0.921	0.976	1.017	1.120	1.244
35.0	0.548	0.599	0.640	0.678	0.711	0.740	0.853	0.930	0.987	1.031	1.142	1.293
40.0	0.550	0.601	0.643	0.680	0.714	0.744	0.858	0.937	0.996	1.041	1.158	1.336

注: L——基础长度(m); b——基础宽度(m); z——计算点离基础底面竖向距离(m)。

圆形基础中心应力系数 α_3 和沉降系数 δ_3

表 36-5

$2Z/D$	α_3	$2Z/D$	δ_3
0.0	1.000	0.0	0.000
0.2	0.992	0.2	0.100
0.4	0.949	0.4	0.197
0.6	0.864	0.6	0.287
0.8	0.756	0.8	0.368
1.0	0.646	1.0	0.438
1.2	0.547	1.2	0.498
1.4	0.461	1.4	0.548
1.6	0.390	1.6	0.591
1.8	0.332	1.8	0.627
2.0	0.284	2.0	0.658
2.2	0.246	2.2	0.684
2.4	0.213	2.4	0.707
2.6	0.187	2.6	0.727
2.8	0.165	2.8	0.745
3.0	0.146	3.0	0.761
3.2	0.130	3.2	0.774
3.4	0.117	3.4	0.787
3.6	0.106	3.6	0.798
3.8	0.096	3.8	0.808
4.0	0.087	4.0	0.817
4.2	0.079	4.2	0.825
4.4	0.073	4.4	0.833
4.6	0.067	4.6	0.840
4.8	0.062	4.8	0.846
5.0	0.057	5.0	0.852
6.0	0.040	6.0	0.877
7.0	0.030	7.0	0.894
8.0	0.023	8.0	0.907
9.0	0.018	9.0	0.918
10.0	0.015	10.0	0.926
12.0	0.010	12.0	0.939
14.0	0.008	14.0	0.948
16.0	0.006	16.0	0.955
18.0	0.005	18.0	0.960
20.0	0.004	20.0	0.964

注：D——圆形基础直径(m)；b——基础宽度(m)；z——计算点离基础底面竖向距离(m)。

2)干渣垫层

(1)干渣垫层的厚度、宽度可按砂垫层的计算方法确定。

(2)干渣垫层的容许承载力和变形模量宜通过现场试验确定。当无试验数据时,按表36-6选用,且应满足软弱下卧层的强度与变形要求。

干渣垫层容许承载力 f 和变形模量 E_0 的参考值   表 36-6

施工方法	干渣类别	压实指标	f(kPa)	E_0(MPa)
平板振动器	分级干渣 混合干渣	密实(同一点前后两次 压陷差<2mm)	300	30
	原状干渣		250	25
8~12t 压路机	分级干渣 混合干渣	同上	400	40
	原状干渣		300	30
2~4t 振动压路机	分级干渣 混合干渣		400	40
	原状干渣		300	30

(3)干渣垫层的其他设计要求可参照砂(或砂石)垫层有关条文执行。

3)粉煤灰垫层

(1)粉煤灰最大干密度 ρ_{dmax} 和最优含水率 w_{io} 在设计、施工前应按《土工试验方法标准》(GB/T 50123—1999)轻型击实试验法测定。

(2)粉煤灰的内摩擦角 φ、黏聚力 c、压缩模量 E_s、渗透系数 k 随粉煤灰的材质和压实密度而变化,应通过室内土工试验确定。当无试验资料时,下列数值可作参考:压实系数 $\lambda_c=0.9\sim0.95$ 时,$\varphi=23°\sim30°$,$c=5\sim30$kPa,$E_s=8\sim20$MPa,$k=2\times10^{-4}\sim9\times10^{-5}$cm/s(压实初期)。

(3)粉煤灰压实垫层具有遇水后强度降低的特点,当无试验资料时,对压实系数 $\lambda_c=0.90\sim0.95$ 的浸水垫层,其容许承载力可采用 $120\sim200$kPa,但尚应满足软弱下卧层的强度与地基变形要求。

(4)粉煤灰压实垫层不产生液化的标准贯入击数 N(未经钻杆修正)可参考表36-7。

粉煤灰垫层不产生液化所要求的 N 值   表 36-7

垫层厚度(m)	N 值	垫层厚度(m)	N 值
≤5	≥8	>5 且≤8	≥10

注:本表适用于抗震设防烈度 7 度,考虑近、远震。

(5)在粉煤灰填筑层中铺设地下金属构件,宜采取适当的防腐蚀措施。

(6)在需绿化的粉煤灰填筑区,宜覆土 $300\sim500$mm,且选择耐碱、耐硼树木作为先锋植物进行过渡。

说明:有关换填法的施工要求和质量检验,可参考《建筑地基处理技术规范》(JGJ 79—2002)和上海市《地基处理技术规范》(DG/TJ 08-40—2010)中的内容。

粉煤灰垫层不产生液化所要求的 N 值见表36-8。

垫层材料 *z/b*	中砂、粗砂、砾砂、圆砾、角砾、石屑、卵石、碎石、矿渣	粉质黏土、粉煤灰 ($8 < I_p < 14$)	灰土
0.25	20	6	28
≥0.50	30	23	

注:1. 当 *z/b* < 0.25 时,除灰土仍取 $\theta = 28°$ 外,其余材料均取 $\theta = 0°$,必要时,宜由试验确定。

2. 当 0.25 < *z/b* < 0.50 时,θ 值可内插求得。

各种垫层的压实标准和承载力见表 36-9。

各种垫层的压实标准和承载力　　　表 36-9

施 工 方 法	换填材料类别	压实系数 λ_c	承载力特征值 f_{ak}(kPa)
碾压、振密或夯实	碎石、卵石	0.94~0.97	200~300
	砂夹石(其中碎石、卵石占全重的 30%~50%)		200~250
	土夹石(其中碎石、卵石占全重的 30%~50%)		150~200
	中砂、粗砂、砾砂、角砾、圆砾、石屑		150~200
	粉质黏土		130~180
	灰土	0.95	200~250
	粉煤灰	0.90~0.95	150~200

注:1. 压实系数 λ_c 为土的控制干密度 ρ_d 与最大干密度 ρ_{max} 的比值;土的最大干密度宜采用击实试验确定,碎石或卵石的最大干密度可取 $2.0 \sim 2.2 t/m^3$。

2. 当采用轻型击实试验时,压实系数 λ_c 宜取高值,采用重型击实试验时,压实系 λ_c 数可取低值。

3. 矿渣垫层的压实指标为最后两遍压实的压陷差小于 2mm。

三、计算示例

【例 36-1】　某写字楼,承重墙传到 ±0.00 处的设计荷载为 $F = 165kN/m$,地基土上层为人工填土,厚 1.8m,重度为 $18kN/m^3$,下层为软黏土,厚约 8m,重度为 $16.5kN/m^3$,承载力特征值 $f_{ak} = 70kPa$,基础采用条形基础(图 36-2),基础及其台阶上的平均重度 $\gamma_G = 20kN/m^3$,地基处理采用砂垫层,用中砂,查表 36-3 其承载力特征值取 $f = 155kPa$,查表 36-2 得砂垫层压力扩散角 $\theta = 30°$,试确定基础及垫层尺寸。

解:(1)基础宽度:

$$b = \frac{F}{f - \gamma_G h} = \frac{165}{155 - 20 \times 0.825} = 1.2(m)$$

(2)基础底面压力:

$$p = \frac{F + G}{b} = \frac{165 + 1.2 \times 0.825 \times 20}{1.2} = 154(kPa)$$

(3)基础底面处土的自重压力:

$$p_c = \gamma d = 18 \times 0.6 = 10.8(kPa)$$

(4)砂垫层底面处的附加压力:

$$p_z = \frac{b(p - p_c)}{b + 2z\tan\theta} = \frac{1.2 \times (154 - 10.8)}{1.2 + 2 \times 2.8 \times 0.577} = 38.9(kPa)$$

(5)砂垫层底面处土的自重压力:

$$p_{cz} = \sum \gamma z = 18 \times 1.8 + 16.5 \times 1.6 = 58.8(kPa)$$

(6)砂垫层底面以上土的加权平均重度:

$$\gamma_0 = \frac{18 \times 1.8 + 16.5 \times 1.6}{1.8 + 1.6} = 17.3 (\text{kN/m}^3)$$

(7)砂垫层底面处的地基承载力特征值:

因基础埋深 $d = 0.6\text{m} > 0.5\text{m}$,按《建筑地基基础规范》(GB 50007—2011)5.2.4条规定,其地基承载力应按式(34-9)进行修正,其修正系数查表34-14得 $\eta_b = 0$, $\eta_d = 1.0$,将 η_b 和 η_d 两值代入式(34-9)中得修正后地基橙子阿里特征值为:

$$f_a = f_{ak} + \eta_d \gamma_0 (d + z - 0.5)$$
$$= 70 + 1.0 \times 17.3 \times (0.6 + 2.8 - 0.5) = 120.17 (\text{kPa})$$

$p_z + p_{cz} = 38.9 + 58.8 = 97.7 < f_z = 120.17\text{kPa}$ 满足承载力要求。

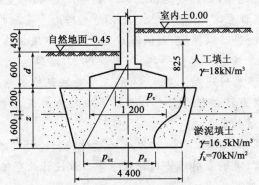

图 36-2 写字楼基础及砂垫层尺寸(尺寸单位:mm)

1-墙基础;2-砂垫层;3-回填土;4-原土

(8)砂垫层的宽度:

$$b' = b + 2z\tan\theta = 1.2 + 2 \times 2.8 \times 0.577 = 4.4 (\text{m})$$

取砂垫层宽度为 4.4m。

【例 36-2】 某住宅楼为砖砌体结构墙下条形基础宽为 1.2m,基础承受上部结构传来的荷载效应: $F = 10\text{kN}$,基础埋置深度 $d = 1.0\text{m}$。地基土层:表层为黏土层,厚1m,重度 17.6kN/m^3;其下为较厚的淤泥质黏土,重度 $\gamma = 18.0\text{kN/m}^3$,地基承载力标准值 $f_k = 80\text{kPa}$。利用换填砂垫层法处理地基,砂料为粗砂,最大干密度 $\rho_{dmax} = 1.60\text{t/m}^3$。

(1)计算出砂垫层表面处的附加应力值。

(2)确定出淤泥质土层的地基承载力特征值。

(3)若砂垫层厚度为 2m,试确定砂垫层的底宽。

(4)验算承载力。

解:(1)计算基础底面附加压力:

$$p_k = \frac{F_k + G_k}{b} = \frac{160 + 1.2 \times 1.0 \times 20}{1.2} = 153.3 (\text{kPa})$$

$$p_0 = p_k - \gamma d = 153.3 - 17.6 \times 1.0 = 135.7 (\text{kPa})$$

(2)根据地基承载力特征值修正公式(34-9)为:

$$f_a = f_{ak} + \eta_d \gamma (b - 3) + \eta_d \gamma_m (d - 0.5)$$

由于深度修正系数为1.0,宽度修正系数为0,垫层顶面以上土的平均重度为:

$$\gamma_m = \frac{1.0 \times 17.6 + 2.0 \times 18.0}{1.0 + 2.0} = 17.9 (\text{kN/m}^3)$$

625

代入地基承载力特征值修正公式(34-9)得：
$$f_a=70+1.0\times17.3\times(3-0.5)=114.75(\text{kPa})$$

(3)$z/b=2.0/1.2=1.67>0.50$，由表36-2查得$\theta=30°$，即：
$$b'\geqslant b+2z\tan\theta=1.2+2\times2.0\times\tan30°=3.5(\text{m})$$

(4)验算承载力：
$$p_z=\frac{b(p_k-p_c)}{b+2z\tan\theta}=\frac{1.2\times135.7}{3.5}=46.53(\text{kPa})$$
$$p_{cz}=17.6\times1.0+18.0\times2.0=53.6(\text{kPa})$$

$p_z+p_{cz}=46.53+53.6=100(\text{kPa})<f_{az}=110\text{kPa}$ 承载力满足要求。

【例36-3】 某小区住宅楼，上部建筑结构为3层砖混结构，承重墙下采用钢筋混凝土条形基础，基础宽度$b=1.2\text{m}$，埋置深度$d=1.2\text{m}$，上部结构作用于基础的荷载为120kN/m。根据现场勘探显示，该场地有一条暗浜穿过，暗浜深度为2.5m，建筑物基础大部分落在暗浜中，地下水位埋藏深度为0.8m。场地土质条件：第一层浜填土，层厚为2.5m，重度为18.5kN/m³，暗浜所经之处，第二层褐黄色粉质黏土层缺失；第三层为淤泥质粉质黏土，层厚为6.3m，重度为18.0kN/m³，地基承载力特征值$f_{ak}=70\text{kPa}$；第四层为淤泥质黏土，层厚为8.6m，重度17.3kN/m³；第五层为粉质黏土。

由于建筑物基础大部分落在暗浜区域，因此必须对暗浜进行处理。在对各种地基处理方案进行技术经济比较之后，决定采用砂垫层处理方案。试设计此砂垫层。

解：1)确定砂垫层厚度

该工程由于暗浜深度为2.5m，而基础埋置深度为1.2m，因此，砂垫层厚度先设定为$z=1.3\text{m}$，其干密度要求大于1.6t/m^3。

(1)计算基础底面的平均压力：
$$p_k=\frac{F_k+G_k}{b}=\frac{120+1.2\times0.8\times20+1.2\times0.4\times(20-9.8)}{1.2}=120(\text{kPa})$$

(2)计算基础底面处土的自重压力：
$$p_c=18.5\times0.8+(18.5-9.8)\times0.4=18.3(\text{kPa})$$

(3)计算垫层底面处土的自重压力：
$$p_{cz}=18.5\times0.8+(18.5-9.8)\times1.7=29.6(\text{kPa})$$

(4)极端垫层底面处的附加压力。由于$z/b=1.3/1.2=1.08>0.5$，查表36-2可得$\theta=30°$，即：
$$p_z=\frac{b(p_k-p_c)}{b+2z\tan\theta}=\frac{1.2\times(120-18.3)}{1.2+2\times1.3\times\tan30°}=45.2(\text{kPa})$$

(5)确定下卧层地基承载力特征值。砂垫层底面处淤泥质粉质黏土的地基承载力特征值$f_{ak}=65\text{kPa}$，再经深度修正可得下卧层地基承载力特征值(取$\eta_d=1.0$)为：
$$f_a=f_{ak}+\eta_d\gamma_m(d-0.5)=70+1.0\times\frac{18.5\times0.8+(18.5-9.8)\times1.7}{2.5}\times(2.5-0.5)$$
$$=87.8(\text{kPa})$$

(6)下卧层承载力验算：
$$p_z+p_{cz}=45.2+29.6=74.8(\text{kPa})<f_a=87.\text{kPa}$$

下卧层承载力满足设计要求，故砂垫层厚度确定为1.3m。

2)确定砂垫层宽度

$$b' \geqslant b + 2z\tan\theta = 1.2 + 2 \times 1.3 \times \tan 30° = 2.7 \text{(m)}$$

取垫层宽度为 2.7m。

3)计算沉降

计算沉降过程略。

【例 36-4】 某办公楼工程外墙承受上部结构荷载设计值 $F = 250\text{kN/m}$，室内外高差 0.3m，从室外地面算起的基础埋深 $d = 1.4\text{m}$，地基为软黏土，$I_L = 1.00$，孔隙比 $e = 1.00$，其承载力特征值 $f_{ak} = 115\text{kPa}$，重度 $\gamma_0 = 17\text{kN/m}^3$，基础尺寸如图 36-3，试用简化方法确定垫层的厚度和有关尺寸。

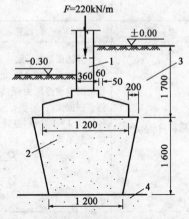

图 36-3　办公楼基础及垫层尺寸(尺寸单位:mm)
1-外墙基础;2-砂垫层;3-回填土;4-原土

解: 采用中砂作换土材料，垫层施工使达到中密程度，其承载力特征值按 210kPa 计算，重度 $\gamma_s = 19.5\text{kN/m}^3$，基础与回填土的平均重度 $\bar{\gamma} = 20\text{kN/m}^3$。

由作用在基础底面的压力小于或等于地基土承载力设计值的条件确定基底宽度:

$$b = \frac{F}{f - \bar{\gamma}H} = \frac{250}{210 - 20 \times 1.5} \times 5 = 1.40 \text{(m)} \qquad \text{取 } 1.40\text{m}$$

基础底面的附加压力为:

$$p_0 = \frac{F + G}{b} - \gamma d = \frac{250 + 1.40 \times 1.55 \times 20}{1.40} - 17 \times 1.40 = 185.8 \text{(kPa)}$$

根据软黏土 $I_L = 1.00 > 0.85$，$e = 1.00 > 0.85$ 查表 34-14 得到承载力修正系数 $\eta_b = 0$，$\eta_d = 1.0$，按式(36-5)计算 k_1 值为:

$$k_1 = \frac{1}{p_0}[f_{ak} + \eta_d\gamma_0(b-3) + \eta_d\gamma_0(d-0.5) - \gamma_0 d] \times 10$$

$$= \frac{1}{185.8}[115 + 0 + 1.0 \times 17(1.40 - 0.5) - 17 \times 1.40] \times 10$$

$$= 5.73$$

按式(36-6)计算值 k_2 为:

$$k_2 = k_1 + \frac{15b}{p_0}(\eta_d\gamma_0 - \gamma_s) = 5.73 + \frac{15 \times 1.40}{185.8}(1.0 \times 17 - 19.5) = 5.45$$

表 36-1 续表中图 B 曲线图左边和右边尺标上，分别查出 $k_1 = 5.73$ 和 $k_2 = 5.45$，并连成直线，然后从 $n \geqslant 10$ 的曲线的交点作竖直线，从上部水平标尺上得到 $m = 0.98$。

故由式(36-7)得砂垫层的厚度为:

$$Z = bm = 1.40 \times 0.98 = 1.372 \text{(m)} \qquad \text{取 } 1.40\text{m}$$

第二节　重锤夯实法

一、概述

重锤夯实法由于其具有使用设备轻型、常规，易于解决，施工简便，费用较低等优点，在浅层地基处理中，得到广泛应用。在施工中应通过试夯和计算，确定有关技术参数，以指导施工和控制质量。

二、重锤夯实法施工计算（表 36-10）

重锤夯实法施工计算

表 36-10

项　目	计算方法及公式	符号意义
夯锤质量与夯底直径	1. 夯锤质量与锤底直径 锤重与底面直径的关系，应符合使锤重在底面积上的单位静压力保持在 15～20kPa 左右的原则。根据实践，为使有效夯实深度能达到锤底直径的 1.0～1.2 倍，夯锤的质量、锤底直径应满足以下关系式： $$\frac{Q}{10A} \geq 1.6 \qquad (36\text{-}19)$$ $$\frac{Q}{10D} \geq 1.8 \qquad (36\text{-}20)$$	Q——夯锤质量（kN）； A——夯锤底面积（m²）； D——夯锤底面直径（m）
预留土层的厚度	2. 预留土层的厚度 采用重锤夯实，地基土夯打回产生下沉，故需先确定基坑（槽）底面以上预留土层的厚度。预留土层厚度为试夯时的总下沉量加 10～10cm。无试夯资料时，基坑（槽）底面以上预留土层的厚度可按下式计算： $$S = \frac{e-e'}{1+e}hk \qquad (36\text{-}21)$$	S——基坑（槽）底面以上预留土层的厚度； e——在有效夯实深度内地基土夯实前的平均孔隙比； e'——在有效夯实深度内地基土夯实后的平均孔隙比，一般为夯实前的 55%～65%； h——有效夯实深度（m），一般为 1.2～1.75m； k——经验系数，一般为 1.5～2.0
基坑底面的夯实宽度	3. 基坑底面的夯实宽度 采用重锤夯实时，确定基坑（槽）底面的宽度，除应考虑基底应力扩散宽度外，还应考虑施工特点，避免基坑（槽）底面因夯实宽度不足而使地基土产生侧向挤出降低处理效果。基坑（槽）底面的夯实宽度可按下式计算： $$B = b + 0.8h + 2C \qquad (36\text{-}22)$$	B——基坑底面的夯实宽度（m）； b——基础底面的宽度（m）； C——考虑靠近坑（槽）壁边角处难以夯打而增加的附加宽度，一般为 0.1～0.15m
补充加水量	4. 补充加水量 重锤夯实地基土的含水率应控制在最优含水率范围内，如含水率低于 2% 以上，应按计算加水量加入，使均匀渗入地基，经后 1d，含水率符合要求方可夯打。每平方米基坑（槽）的加水量可按下式计算： $$Q = w'_{op} - w\frac{\gamma}{10(1+w)}hk \qquad (36\text{-}23)$$	Q——每平方米基坑的加水量（m³）； w'_{op}——土的最优含水率，以小数计； w——夯实前地基土的平均天然含水率，以小数计； γ——夯实前地基土的平均天然密度（kN/m³）

【例 36-5】 某厂房场地采用重锤表面夯实，经试夯测定，地基土夯实前的平均孔隙比 $e=1.56$；夯实后的平均孔隙比 $e'=0.90$，有效夯实深度 $h=1.5\mathrm{m}$，k 取 1.70，试确定预留土层的厚度。

解：由式（36-21）得：

$$S = \frac{e-e'}{1+e}hk = \frac{1.56-0.90}{1+1.56} \times 1.5 \times 1.70 = 0.66(\mathrm{m})$$

故知，需预留土层厚度为 0.66m。

【例 36-6】 有一设备基础（坑）采用重锤夯实，土的天然密度 $\gamma=1.80\text{t/m}^3$，含水率 $w=12\%$，最优含水率 $w'_{op}=15\%$，有效夯实深度 $h=1.6\text{m}$，取 $k=1.70$，试求每平方米基坑的补充加水量。

解： 由式（36-23）得：

$$Q=w'_{op}-w\frac{\gamma}{10(1+w)}h\cdot k=0.15-0.12\frac{1.80}{10(1+0.12)}\times1.6\times1.70=0.098(\text{m}^3)$$

故知，每平方米基坑需加水量约为 0.1m³。

第三节　强　夯　法

一、概述

强夯法又称为动力固结法或动力压密法。是由法国 Menard 技术公司于 1969 年首创。这种方法是将 100～400kN 的重锤（最重达 2 000kN）提升至 6～30m 的高度（最高可达 40m）自由落下给地基的冲击和振动，从而达到提高土体强度，降低其压缩性，改善土的振动液化条件和消除湿陷性黄土的湿陷性以及提高土层的均匀程度等目的。

强夯法开始使用时仅用于加固砂土和碎石土地基，但随数十年的发展和施工方法的改进，其应用范围已扩展到适用于杂填土、碎石土、砂土、低饱和的粉土及黏性土、湿陷性黄土和素填土等地基的施工。对于高饱和度的粉土与黏性土地基，尤其是淤泥与淤泥质土，处理效果较差，经试验证明有效时方可采用。

但由于强夯法施工时会产生强烈振动，且噪声很大，在域区内或建筑物密集的地方不宜使用。

二、强夯法设计计算

1. 强夯参数选择

1）有效加固深度

强夯法的有效加固深度是指起夯面以下，经强夯加固后，土的物理力学指标已达到或超过设计值的深度。其有效加固深度应根据现场试夯或当地经验确定，在缺少资料或经验时，可按表 36-11 预估。

强夯法有效加固深度（m）　　　　　　　　　　　　表 36-11

单击夯击能 （kN·m）	碎石土、砂土等粗颗粒土	粉土、黏性土湿陷性 黄土等细颗粒土
1 000	5.0～6.0	4.0～5.0
2 000	6.0～7.0	5.0～6.0
3 000	7.0～8.0	6.0～7.0
4 000	8.0～9.0	7.0～8.0
5 000	9.0～9.5	8.0～8.5
6 000	9.5～10.0	8.5～9.0
8 000	10.0～10.5	9.0～9.5

注：1. 强夯法的有效加固深度应从最初起夯面算起。

　　2. 本表摘自《建筑地基处理规范》（JGJ 79—2002）表 6.2.1。

另外也可按修正后的 Menard 公式进行估算,即:

$$H=K\sqrt{\frac{E}{10}} \quad 其中(E=Mh) \tag{36-24a}$$

式中:H——地基有效加固深度(m);

    E——等于单点的夯击能(kN·m);

    M——夯锤质量(kN);

    h——夯锤落距(m);

    k——修正系数。一般黏性土取 0.5,砂性土取 0.7,黄土取 0.35~0.5,饱和软土取 0.45~0.5,填土取 0.6~0.8;

    E——单点夯击能(kN·m)。

上海市《地基处理技术规范》(DB/Tg 08-40—2010)推荐公式为:

$$H=\alpha\sqrt{Qh} \tag{36-24b}$$

式中:Q——夯锤质量(kN);

    α——修正系数,可取 0.6~0.8,若地基中设置排水通道时,α 值可适当提高。

2)夯击能

夯击能包括单击夯击能、单位夯击能和最佳夯击能。

(1)单击夯击能

单击夯击能为夯锤重 M 与落距 h 的乘积,单击夯击能越大,加固效果越好。打击夯击能应根据加固土层的厚度、土质情况和施工条件等因素确定,一般取 1 000~6 000kN·m/m²。

(2)平均夯击能(也称单位夯击能)

整个加固场地的总夯击能(即锤重×落距×总夯击次数)除以加固面积称为平均夯击能。强夯的单位夯击能应根据地基土的类别、结构类型、荷载大小和要求处理的深度等综合考虑,并通过试夯来确定。一般对粗粒土(砂质土)可取 1 000~5 000kN·m/m²,细粒土(黏性土)可取 1 500~6 000kN·m/m²。[上海《地基处理技术规范》(DG/T J08-40—2010)]

(3)最佳夯击能(及最佳夯击次数)

最佳夯击能是指在夯击过程中,使地基中产生的孔隙水压力增大到等于土的上覆压力时的夯击能。当单击夯击能一定时,与最佳夯击能相对应的夯击次数称为最佳夯击次数。

确定最佳夯击能和最佳夯击次数时,可按下述方式来进行:

①由孔隙水压力确定最佳夯击能

对于黏性土地基,由于孔隙水压力消散慢,当夯击能逐渐增大时,孔隙水压力可以叠加,故可根据有效深度孔隙水压力叠加值来确定最佳夯击能。对于砂土地基,由于孔隙水压力的增长与消散很快,导致孔隙水压力不能随夯击能量增大而叠加。可通过绘制最大孔隙水压力增量(Δp)与夯击次数关系曲线(图 36-4)来确定最佳夯击能。当孔隙水压力增量随夯击次数增加而趋于恒定时,可认为该无黏性土已达到最佳夯击能。

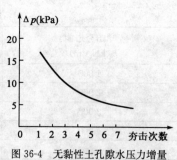

图 36-4 无黏性土孔隙水压力增量
与夯击次数关系曲线

②夯点的夯击次数应按现场试夯得到的夯击次数和夯沉量关系曲线确定,并应满足下列条件:

a.最后两击的平均夯沉量不宜大于下列数值:当单击夯击能小于 4 000kN·m 时为 50mm;当单击夯击能为 4 000~6 000kN·m 时为 100mm;当单击夯击能大于 6 000kN·m 时

为 200mm。

b. 夯坑周围地面不应发生过大的隆起。

c. 不因夯坑过深而发生起锤困难。

当地面隆起过大时,应适当减少夯击次数。在实践工程中,一般夯击次数为 4~15 次。每遍每夯点夯击击数可通过试验确定,一般以最后一击的沉降量小于某一致值,或连续二击的沉降差小于某一数值为标准。每夯击点夯击次数 N 也可用下式估算:

$$N=\frac{HEl^2}{Mh} \tag{36-25}$$

式中:H——加固深度(m);

E——每立方米被加固土需施加的夯击能;对杂填土 E 约为 800kN·m/m³;对砂性土 E 约为 600~800kN·m/m³;

l——正方形布置夯坑夯完一遍后的中心距离(m)。

3)夯击点布置与间距

(1)夯击点布置

应根据建筑物结构类型进行布置。对于基础面积较大的建(构)筑物,采等腰三角形、等边三角形或正方形布置;对大型油罐、水池、仓库、设备基础、机场跑道等均采用等间距正方形或三角形布置;单层工业厂房的夯点可按柱轴线布置,每个柱基础至少有一夯点,对个别荷载较大的地段应适当加密;多层厂房、办公楼、住宅楼等的夯点,可按纵横墙轴线布置,一般采用等腰三角形布置,纵横墙交叉点至少应布置一个夯点。

(2)夯击点的间距

一般根据地基土的性质和加固深度确定。第一遍夯击点间距可取夯锤直径的 2.5~3.5 倍,第二遍夯击点位于第一遍夯击点之间,以后各遍夯击点间距,可以适当减小。对土质差、厚度大因而加固深度要求大的软弱土层或单点夯击能较大的工程,第一遍夯击点间距宜适当增大,可取 7~15m。

(3)夯击点布置范围

为避免边界效应引起建筑物的不均匀沉降,强夯处理地基的范围应大于建筑物基础范围一定值。最外侧一排夯点的中心线应比建(构)筑物最外侧地基轴线再扩大 1~2 排夯点,其扩大的具体范围取决于要求加固深度。一般超出基础外缘的宽度宜为设计加固深度的 $\frac{1}{2}$~$\frac{2}{3}$,且不小于 3m[上海《地基处理技术规范》(DG/TJ 08-40—2010)为 2m]。

(4)夯击遍数

夯击遍数是指将整个强夯场地中同一编号的夯击点。夯完后算作一遍,如图 36-5 所示。夯击遍数应根据地基土的性质确定,一般情况下可采用 2~4 遍,最后一遍以低能量满夯两遍,用以加固表层松土,对于压缩层厚度大,渗透系数小含水率高的颗粒土用大质,反之用小值。设计时可用下式[上海《地基处理技术规范》(DB/TJ 08-40—2010)]控制:

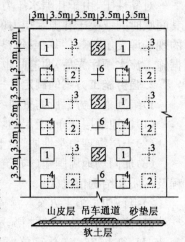

图 36-5 夯点布置图
注:夯坑中数字指夯击遍数号

$$\sum S_i = (0.6 \sim 0.8) S_\infty \tag{36-26}$$

式中：S_i——夯击各遍沉降量之和(mm)；

S_∞——计算的最终沉降量(mm)。

(5)垫层铺设

强夯前要求拟加固的场地必须具有一层稍硬的表层，使其能支承起重设备；并便于对所施工的"夯击能"得到扩散；同时也可加大地下水位与地表面的距离，因此有时必需铺设垫层。对场地地下水位在－2m深度以下的沙砾石图层，可直接施行强夯，无需铺设垫层；对地下水位较高的饱和黏性土与易于液化流动的饱和沙土，都需要铺设砂、砂砾或碎石垫层才能就进行强夯，否则土体会发生流动。垫层厚度随场地的土质条件、夯锤质量及其形状等条件而定。当场地土质条件好，夯锤小或形状构造合理，起吊时吸力小者，也可减少垫层厚度。垫层厚度一般为 0.5～2.0m 粗粒料，铺设的垫层不能含有黏土。

(6)间歇时间

对于需要分两遍或多遍夯击的工程，两遍夯击间应有一定的时间间隔。各遍的间歇时间取决于加固土层中孔隙水压力消散所需要的时间。对砂性土，孔隙水压力的峰值出现在夯完后的瞬间，消散时间只有 3～4min，故对渗透性较大的砂性土，两遍夯间的间歇时间很短，亦即可连续夯击。如某城市煤码头堆场地籍图第一层为人工回填的细砂层，厚约 5m 左右，其下为天然沉积的细砂，图 36-6 为经夯击一遍后孔隙水压力增量与时间曲线。由图中可见，超孔隙水压力不能随夯击能增加而增加。

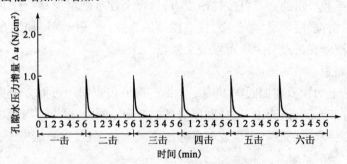

图 36-6　孔隙水压力增量与时间曲线

对黏性土，由于孔隙水压力消散较慢，故当夯击能逐渐增加时，孔隙水压力亦相应的叠加，其间歇时间取决于孔隙水压力的消散情况，一般为 2～4 周。目前国内有的工程对黏性土地基的现场埋设了袋装砂井(或塑料排水带)，以便加速孔隙水压力的消散，缩短间歇时间。有时根据施工流水顺序先后，两遍间也能达到连续夯击的目的。

2. 强夯施工方案的制定

1)编制施工方案所需资料

(1)场地地层分布、土层的均匀性及承载能力。

(2)土层物理力学性质、地下水类型及其埋置条件。

(3)加固场地周围建(构)筑物的情况，离强夯点的距离及场地内各种地下管线的位置，高程及材质和结构情况。

2)拟订初步施工方案

(1)按加固目的、土质情况及建筑物的变形要求来确定地基处理深度。再由处理深度根据表 36-11 和式(36-27)估算单击夯击能 E 为：

$$E = Mh = \left(\frac{H}{K}\right)^2 \times 10 \tag{36-27}$$

（2）夯锤与落距的选择

①夯锤的选择

夯锤的材料可采用铸钢。也可采用钢板壳内填混凝土,夯锤的质量可取 $100\sim400kN$。其形状有方柱体和圆台状等,常用的捶体结构如图 36-6 所示。根据使用经验,一般锥底锤、球底锤[图 36-7b)、d)]的加固效果较好,可适用于加固较深层土体,而平底锤[图 36-7a)、c)]适用于浅层及表面土层的地基加固。为减少起锤时的吸力及夯锤着地时的瞬时气垫上的托力,夯锤体应对称设置上下贯穿的排气孔,孔径为 $250\sim300mm$。

夯锤的底面积对加固效果也有直接的影响,对同样的锤重,如锤底面积太小时,静压力就大,则夯锤对地基作用是以冲切力为主;若锤底面积过大,其静压力太小,就达不到加固效果。锤底面积应按土的性质确定,根据经验,一般沙土,锤底面积为 $2\sim4m^2$,对于黏土一般为 $3\sim4m^2$,对淤泥质土可取 $4\sim6m^2$。对于锤底静压力,可取 $25\sim40kPa$。

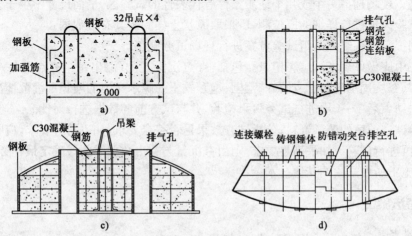

图 36-7　夯锤形状示意图
a)平底方形锤;b)锤底圆柱形锤;c)平底圆柱形锤;d)球底圆台形锤

②锤重和落距

夯锤(单击夯击能)在接触土体瞬间冲量的大小是影响土体压缩变形的关键因素,冲量越大,其加固效果越好。

自由落体冲量公式为:

$$F=m\sqrt{2gh} \tag{36-28}$$

式中:F——夯锤着地时的冲量$(kN \cdot s)$;

$\quad g$——重力加速度(m/s^2);

$\quad m$——夯锤质量(kg);

$\quad h$——落距(m)。

将 $E=Mh$ 代入式(36-28)得:

$$F=m2E \cdot \frac{M}{g} \tag{36-29}$$

由式(36-29)可知,夯锤越重,加固效果越好、根据其单位在湿陷性黄土地基上进行的对比试验表明:200kN 锤 5m 落距比 100kN 锤 10m 落距加固效果要好,见表 36-12 但锤重越重,落距一般不小于 6m,通常采用 8m、10m、13m、18m、20m、25m 等几种。因此在起吊设备能力范围可选质量大的锤。

锤中$(t) \times$落距(m)	干密度平均值(g/cm^3)	孔隙比平均值(%)	压缩模量 $E_{s_{1-2}}$ 平均值(MPa)	湿陷系数
20×5	1.657	66.8	13.38	0.003 2
10×10	1.584	72.0	12.3	0.004 1
改善幅度	4.6%	7.2%	8.8%	22%

(3)初步确定夯击点间距、不知方式及夯击次数和夯击遍数。

(4)根据初步确定的强夯参数,提出一组或几组试验方案,并根据实际情况确定机具类型和数量。

3)试夯

(1)在施工现场选择一个或几个地质条件有代表性的试验区,平面尺寸不少于 $20 \times 20m$。

(2)在试验区内进行详细的原位测试,采取原状土样测定其有关数据。

(3)根据拟定的一组或几组试验方案进行现场试夯施工。

(4)施工中应做好现场测试和记录。包括:夯点沉降现测(测出每个夯点的每一击夯沉量及总夯沉量)、夯坑周围隆起、振动影响范围、饱和软土孔隙水压力的增长和消散情况等。

(5)夯击结束后 1~4 周进行试夯效果检验,并与试夯前的数据进行对比。

(6)检验试夯前后的测试资料,分析试夯效果是否符合要求,如不符合要求,应补夯或调整强夯参数后再进行试验。如果满足要求,则由夯沉量与夯击数关系曲线确定最佳夯击数,并正式确定强夯施工所要采用的其他技术参数。

三、强夯法施工

1. 施工准备

强夯法施工的主要设备包括:夯锤、起重机和脱钩装置及索具等。夯锤前面已经论述。现简要介绍起重机和脱钩装置。

1)起重机

强夯所采用的起重机一般为履带式起重机,目前国内常用的机械式履带起重机的起重能力为 $25' \sim 50'$,为提高起重能力,一般都采用滑轮组起吊夯锤。

起重机的起重量应根据夯锤的质量、夯坑对夯锤的吸着力及索具等质量确定,并应满足式(36-30)要求:

$$Q = KM_1 + M_2 \qquad (36\text{-}30)$$

式中:Q——起重机起重力(kN);

M_1、M_2——夯锤和索具的重量(kN);

K——夯坑对夯锤的吸着力系数,由地基土情况、含水率、夯锤结构形状等因素确定,一般取 1.5~4.0。

起重机的起吊高度应根据落距、夯锤高度、夯锤吊梁高度等按式(36-31)确定(图 36-8):

$$H = h + h_1 + h_2 \qquad (36\text{-}31)$$

式中:H——起重高度(m);

h、h_1、h_2——分别为落距、夯锤高度、夯锤吊梁高度(m)。

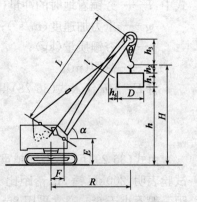

图 36-8 起重机起吊高度示意图

为防止起重落锤时机架倾覆，可在臂杆端部设置辅助门架，或采用地锚、反力架、桅杆等反弹平衡安全措施。

2) 履带式起重机对地面的压力

空车停置时为 80～100kPa；空车行驶时为 100～190kPa，起重时为170～300kPa。因此，对施工场地的通道有一定的技术要求，如地基土表层为细粒土，且地下水位高时，可先铺厚度为0.5～1.5m的粗粒材料垫层，用推土机推平再用压路机分层来回压实以支承起重机作业。垫层厚度必要时应通过计算决定。

国内常用的履带式起重机的技术性能见表 36-13，也可参阅本手册（上册）表 21-4～表21-5。

履带起重机性能表　　　　　　　　　表 36-13

型　号	基　本　臂			最　长　主　臂		
	臂长 (m)	最大起升高度 (m)	最大起重量/幅度 (t/m)	臂长 (m)	最大起升高度 (m)	最大起重量/幅度 (t/m)
QU151	13	11.0	15/4.5	23	19.0	8/6.5
QU25	13	11.6	25/4.0	30	28.0	8.3/7.54
QU32	10	8.7	32/3.5	28	26.1	8.6/8
QU50	10	8.5	50/3.8	40	37.8	9/11
W200A	15	12.0	50/4.5	30	26.5	20/8
KH125-3	10		35/3.6	40		
KH180-3	13		50/3.7	52		
KH500	16		100/5.3	70		
KH700-2	18		150/5	81		
CC600	6			72		
CC1000	12			78		
CC2000	12			90		

型　号	最长主臂＋副臂			动力传动形式	最高行驶速度 (km/h)	最大爬坡能力 (%)	行驶状态质量 (t)	发动机功率 (kW)
	臂长 (m)	最大起升高度 (m)	最大起重量/幅度(t/m)					
QU151	20＋付	32.3	3/10.21	机械	1.5	34	40	110
QU25	28＋4.2	29.3	3/11.5	机械	1.5	34	47.9	110
QU32	40＋6.2	41.0	3/14.5	机械	1.5	36	48	110
QU50	40	36.0	8/10	机械	1.258	30	63	110
W200A				机械	0.4	29	75,77,79	176
KH125-3				液压	1.6	37	35.9	110
KH180-3				液压	1.5	37	46.9	110
KH500				液压	1.2	29	99	184
KH700-2				液压	1.0	29	145	184
CC600				液压	1.5		130	196
CC1000				液压	1.4		188	235
CC2000				液压	1.4		272	235

2. 脱钩装置

脱钩装置是利用特殊结构的吊钩吊挂夯锤,当起重机将夯锤吊升到预定高度时,夯锤自动脱钩,自由下落。目前使用的脱钩装置有转动吊钩式脱钩装置、杠杆式脱钩装置、钳式脱钩装置、蟹爪式脱钩装置,起重转动吊钩式脱钩装置应用较广,其装置见图36-9,工作原理见图36-10。

提升夯锤时,将吊钩挂在夯锤提梁下,合上锁卡焊合件,将拉绳的一段端固定在起重机上,以拉绳的长短来控制夯锤的落距。当夯锤提升到预订高度时,张紧的拉绳将锁卡焊合件拉转一个角度,在夯锤重力作用下,吊钩绕轴转动,夯锤滑出吊钩,自由下路,夯击地基。

强夯法施工还要用到一些辅助机械,如推土机、静力光面压路机、蛙式打夯机等。

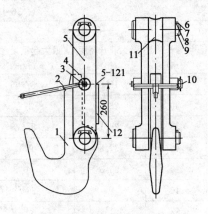

图 36-9 脱钩装置图
1-吊钩;2-锁卡焊合件;3-螺栓;4-开口
销;5-架板;6-螺栓;7-垫圈;8-止动板;
9-销轴;10-螺母;11-鼓形轮;12-护板

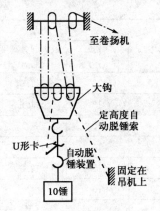

图 36-10 定高度索脱钩原理图

3. 施工工艺(参见《建筑地基处理技术规范》)(JGJ 79—2002)

(1)试夯后清理并平整施工场地,进行场地测量放线,埋设水准点标桩和个夯点标桩,当地表面松软时,可铺一层厚度为 1.0～2.0m 的砂石施工垫层。

(2)标出第一遍夯点位置,并测量场地高程。

(3)起重机就位,使夯锤对准夯点位置。

(4)测量夯前锤顶高程。

(5)将夯锤起吊到预订高度,待夯锤脱钩自由下落后,放下吊钩,测量锤顶高程,若发现因坑底倾斜而造成夯锤歪斜时,应及时将坑底整平。

(6)重复步骤(5),按设计规定的夯击次数及控制标准,完成一个夯点的夯击。

(7)重复步骤(3)～(6),完成第一遍全部夯点的夯击。

(8)用推土机将夯坑填平,并测量场地高程。

(9)停歇规定时间,待孔隙水压力消散后,按上述步骤逐次完成全部夯击遍数,最后用低能量满夯,将场地表层松土夯实,并测量夯后场地高程。

4. 施工要点

(1)强夯施工时索产生的振动,对邻近建筑物或设备产生有害影响时,应采取防振措施。

强夯振动的主要影响范围一般为 10～15m,在此范围内应采取防振措施,如设置防振沟,沟底宽一般大于50cm，沟深应大于邻近建筑物基础底面高程。

（2）应按规定的起锤高度、锤击数的控制指标施工，也可采用试夯后确定的沉降量控制。

（3）地基土中含水率对强夯加固效果有直接影响，一般当土体的含水率约近塑限时强夯效果最好，若表土过干应采取加水等相应措施，适当增加含水率。若地基土含水率过多，可能会形成橡皮土，可通过铺设砂垫层或采用人工降低地下水位等措施进行处理。

（4）夯锤上部排气孔如遇堵塞，应立即疏通。

（5）强夯后时会有石块、土块等飞击，应注意安全。

（6）雨季施工，夯击坑内或夯击过的场地有积水时，必须及时排除。

四、质量检查

按《建筑地基处理技术规范》（JGJ 79—2012）规定执行。

五、计算示例

【例36-7】 某建筑基地，采取强夯发加固地基，地基为黏性土，并有地下水，强夯锤的质量为160kN，落距为20m，试求地基加固影响深度。

解： 按式（36-24）得：

$$H=K\sqrt{\frac{Mh}{10}}=0.5\sqrt{\frac{160\times20}{10}}=8.94(\text{m})$$

计算结果，可知地基加固影响深度为8.94m，约9m。

第四节　土桩和灰土挤密桩施工计算

一、概述

土桩和灰土挤密桩地基是由桩间挤密土和填夯的桩体组成为人工"复合地基"。在我国很多地区得到广泛的应用。

土桩挤密法是原苏联阿别列夫教授于1934年首创，也是东欧许多国家深层处理湿陷性黄土地基的主要方法。我国在20世纪50年代中期在西北黄土地区开始试验使用。陕西省西安市为解决城市杂填土地基深层处理问题于20世纪60年代中期在土桩挤密法的基础上试验成功了灰土挤密法。

土桩和灰土挤密桩适用于处理地下水位以上，深度5~15m的湿陷性黄土或人工填土（素填土和杂填土）地基；土桩主要适用于消除湿陷性黄土地基的湿陷性，灰土桩主要适用于提高人工填土地基的承载力。地下水位以下或含水率超过24%、饱和度大于65%的地基土，不宜选用灰土挤密桩法或土挤密桩法。

土（或灰土、二灰）桩挤密法是利用打入的钢套管、爆扩、冲击或钻孔夯扩等方法。在地基土中挤压成桩孔，迫使桩孔内土体侧（横）向挤出，从而使周边的土得到加密；随后向孔内分层填入素土或灰土等廉价填料夯实成桩，桩体填料可采用水泥土、二灰（石灰、粉煤灰）或灰渣（石灰矿渣）等具有一定胶凝强度的材料。由桩体和桩间挤密土组成的人工复合地基来共同承担上部的荷载。

二、加固机理

1. 灰土桩

灰土桩是用石灰和土按一定体积比例（2∶8或3∶7）拌和，并在桩孔内夯实加密后形成的桩，这种材料在化学性能上具有气硬性和水硬性，由于石灰内带正电荷钙离子与带负电荷黏土颗粒相会吸附，形成胶体凝聚，并随灰土龄期增长，土体固化作用提高，使灰土逐渐增加强度。在力学性能上，它可达到挤密地基效果，提高地基承载力，消除湿陷性，沉降均匀和沉降量减小。

2. 二灰桩

在地基加固中采用火电厂的粉煤灰，多数采用湿灰。湿灰在电厂冲排过程中，粗粒料距排灰口近，细粒料距排灰口远；再者由于电厂采用煤粉的成分波动和燃烧充分程度不同等因素，使粉煤灰的化学成分波动范围很大，即使如此，均不影响其用于地基加固技术的需要。

粉煤灰中含有较多的焙烧后的氧化物。粉煤灰中活性 SiO_2 和 Al_2O_3 玻璃体与一定量的石灰和水拌和后，由于石灰的吸水膨胀和放热反应，通过石灰的碱性激发作用，促进粉煤灰之间离子相互吸附交换，在水热合作用下，产生一系列复杂的硅铝酸钙和水硬性胶凝物质，使其相互填充于粉煤灰空隙间，胶结成密实坚硬类似水泥水化物块体，从而提高了二灰的强度，同时由于二灰中晶体 $Ca(OH)_2$ 的作用，有利于石灰粉煤灰的水稳性。

3. 桩体作用

在灰土桩挤密地基中，由于灰土桩的变形模量大于桩间土的变形量（灰土的变形模量为 $E_0=40\sim200MPa$，相当于夯实素土的 $2\sim10$ 倍），试验测试结果表明：只占压板面积约 20% 的灰土桩承担了总荷载的一半左右，而占压板面积 80% 的桩间土仅承担其余一半。由于总荷载的一半由灰土桩承担，从而降低了基础底面下一定深度内土中的应力，消除了持力层内产生大量压缩变形和湿陷变形的不利因素。此外，由于灰土桩对桩间土能起侧向约束作用，限制土的侧向移动，桩间土只产生竖向压密，使压力与沉降始终呈线性关系。

土桩挤密地基由桩间挤密土和分层填夯的素土桩组成，土桩面积约占地基面积的 10%～23%。土桩桩体和桩间土均为被机械挤密的重塑土，两者均属同类土斜，要求的挤密标准一致，压实系数 $\overline{\eta_c}\geqslant0.93$。因此，两者的物理力学指标无明显差异。

在土桩挤密地基上测试刚性板接触压力的结构表明，在同一部位的土桩体上的应力 σ_p 与桩间土上的应力 σ_s 相差不大，两者的应力分担比 $\frac{\sigma_p}{\sigma_s}\approx1$。同时，基地接触压力分布情况与土垫层情况相似，如图 36-11 所示。因此，土桩挤密地基可视为厚度较大的素土垫层。在国内外有关规程中，土桩挤密地基的设计计算，例如地基承载力设计值的确定，处理范围的验算均与土垫层的计算原则基层一致。

三、灰土挤密桩施工计算（表 36-14）

灰土挤密桩（或土桩）施工时，常需计算桩距、排距、布桩总数、总面积和总用料量等，作为布桩、安排施工计划和备料的依据。

638

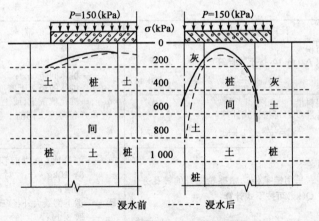

图 36-11 土桩和灰土桩地基基底接触压力的分布

灰土挤密桩（或土桩）施工计算   表 36-14

项　目	计 算 方 法 及 公 式	符 号 意 义
布桩桩距	**1. 布桩桩距** 灰土挤密桩孔位宜按等边三角形布置，其间距 s(m)可为桩孔直径的 2.0～2.5 倍，亦可按下式估算： $$s=0.95d\sqrt{\frac{\overline{\eta_c}\rho_{dmax}}{\overline{\eta_c}\rho_{dmax}-\overline{\rho_d}}}=0.95dn \quad (36\text{-}32)$$ 其中：$\quad n=\sqrt{\frac{\overline{\eta_c}\rho_{dmax}}{\overline{\eta_c}\rho_{dmax}-\overline{\rho_d}}} \quad (36\text{-}33)$ 如采用其他布孔方式，s 按下式计算： 正方形：$\qquad s=0.887dn \quad (36\text{-}34)$ 梅花形：$\qquad s=1.254dn \quad (36\text{-}35)$ 等腰三角形 $$s=\frac{1}{\sqrt{x}}0887dn\,(x\text{ 为要求的 }h/s) \quad (36\text{-}36)$$ $$\overline{\eta_c}=\frac{\overline{\rho_{dl}}}{\rho_{dmax}} \quad (36\text{-}37)$$	 图 A　等边三角形布桩计算简图 1-灰土挤密桩；2-桩有效挤密范围 h-桩的排距；s-桩的间距；d-桩孔直径； D_0-有效影响直径 d——桩孔直径(m)，一般为 300～450m； ρ_{dmax}——处理后桩间土的最大干密度(t/m³)； $\overline{\rho_d}$——地基挤密前土的平均干密度(t/m³)； $\overline{\eta_c}$——桩间土经成孔挤密后的平均挤密系数，按式(36-37)计算。对重要工程不宜小于 0.93，对一般工程不应小于 0.90； $\overline{\rho_{dl}}$——在成孔挤密深度内，桩间土的平均干密度 (t/m³)，平均试样数不应少于 6 组； s——为桩孔间距(m)，按式(36-32)、式(36-34)～式(36-36)计算； h——为桩孔排距(m)，按式(36-38)计算； N——桩孔的数量或布桩总数(根)； A——拟处理地基的面积(m²)； A_e——1 根土或灰土挤密桩所承担的处理地基面积(m²)，按式(35-43)计算； d_e——1 根桩分担的处理地基面积的等效圆直径(m)；桩孔按等边三角形布置 $d_e=1.05s$(s 为桩孔间距)；桩孔按正方形布置 $d_e=1.13s$
布桩排距	**2. 布桩排距** 灰土挤密桩的桩孔按等边三角形布置，其排距 h(m)可按下式计算： $\qquad h=0.866s \quad (36\text{-}38)$ 如用其他布孔方式，h 按下式计算： 正方形：$\qquad h=1.000s \quad (36\text{-}39)$ 梅花形：$\qquad h=0.500s \quad (36\text{-}40)$ 等腰三角形：$\qquad h=xs \quad (36\text{-}41)$	
桩孔数量	**3. 桩孔数量** 桩孔的数量可按式(36-31)估算： $\qquad N=\dfrac{A}{A_e} \quad (36\text{-}42a)$ 或 $\quad N=1.2732\dfrac{A}{n^2d^2} \quad (36\text{-}42b)$ 其中：$\quad A_e=\pi d_e^2/4 \quad (36\text{-}43)$	

639

项　目	计算方法及公式	符　号　意　义
布桩总面积	4. 布桩总面积 布桩总面积 $A_d(m^2)$ 可按下式计算： $$A_d=\frac{A}{n^2} \qquad (36\text{-}44)$$	l_0——桩体间距(m)； ρ_p——桩体的最大干密度(t/m^3)； w_p——桩孔填土(或土)的最优含水率(%)； n、A 符号意义同前
布桩总用料量	5. 布桩总用料量 布桩总用料量 $G(t)$ 可按下式计算： $$G=\frac{Al_0}{n^2}\rho_p(1+w_p) \qquad (36\text{-}45)$$	
夯锤质量	6. 夯锤质量 灰土挤密桩宜采用链条传动摩擦轮提升的桩孔夯土机。夯锤质量 $Q(kg)$ 可按下式计算： $$Q=\frac{\pi d_0^2\cdot c}{4H} \qquad (36\text{-}46)$$	c——能量比(单位面积上的能量值)，一般为 $8\sim10$ kg·cm。对大桩孔取下限，小桩孔取上限； d_0——锤下部最大外径(cm)； π——取 3.14； H——锤的提升高度(cm)，一般为 $60\sim100$cm
桩孔深度	7. 桩孔深度 桩孔深度(即挤密处理的厚度)应根据建筑物对地基的要求、地基的湿陷类型、湿陷等级、湿陷性黄土层厚度及打桩机械的条件综合考虑决定。对非自重湿陷性黄土地基，其处理厚度应为基础下土的湿陷起始压力小于附加压力和上覆土的饱和自重压力之和的所有黄土层，或为附加压力等于土自重压力 25% 的深度处，桩长从基础算起一半不宜小于 3m，当处理深度过小时，采用土桩挤密是不经济的，目前可处理地基的深度为 $5\sim15$m	
处理宽度	8. 处理宽度 土或灰土挤密桩处理地基宽度应大于基础宽度。局部处理时，对非自重湿陷性黄土、素填土、杂填土等地基，每边超出基础的宽度不应小于 $0.25b$(b 为基础短边宽度)，并不应小于 0.5m；对自重湿陷性黄土地基不应小于 $0.75b$，并不应小于 1m。整片处理宜用于Ⅲ、Ⅳ级自重湿陷性黄土场地，每边超出建筑物外墙基础外缘的宽度不宜小于处理土层厚度的 $\frac{1}{2}$，并不应小于 2m	
填料和压实系数	9. 填料和压实系数 桩孔内的填料应根据工程要求或地基处理的目的确定。并应用压实系数 $\bar{\lambda}_c$ 控制夯实质量。当用灰土或素土分层回填、分层夯实时，桩体内平均压实系数 $\bar{\lambda}_c$ 值不应小于 0.96；桩顶高程以上应设置 $3300\sim500$mm 厚的 2∶8 灰土垫层，其压实系数 $\bar{\lambda}_c$ 值不应小于 0.95，消石灰与土的体积比宜为 2∶8 或 3∶7	
承载力和变形模量	10. 承载力和变形模量 (1)用载荷试验方法确定 对重大工程，一般应通过载荷试验确定其容许承载力，如挤密桩目的是为了消除地基的湿陷性，则还应进行浸水试验。在自重湿陷性黄土地基上，浸水试坑直径或边长不应小于湿陷性黄土层的厚度，且不少于 10m。 试验时如 p-s 曲线上无明显直线段，则土桩挤密地基按 $\frac{s}{b}=0.01\sim0.015$，灰土挤密桩复合地基按 $\frac{s}{b}=0.008$(b 为载荷板宽度)所对应的荷载作为处理地基的承载力设计值。 (2)参照工程经验确定 对一般工程可参照当地经验确定挤密地基土的承载力设计值。当缺乏经验时，对土挤密桩地基，不应大于处理前的 1.4 倍，并不应大于 180kPa；对灰土挤密桩地基，不应大于处理前的 2 倍，并不应大于 250kPa。表 36-15 为土(或灰土)挤密桩地基变形模量；表 36-16 为二灰的抗压强度、抗剪强度、压缩模量与石灰的渗入量和压密程度关系。二灰具有明显的水硬性，而水养试块强度更高，且随龄期的增长而提高。龄期 30d 的单桩容许抗压强度可选用 $900\sim1\,600$kPa，比灰土桩强度增高 1/4 左右	
变形计算	11. 变形计算 土或灰土挤密桩处理地基的变形计算应按国家标准《建筑地基设计规范》(GB 50007—2011)的有关规定执行。其中复合土层的压缩模量，应通过试验或结合当地经验确定	

土(或灰土)挤密桩地基变形模量　　　　　表 36-15

地　基　类　别		变形模量(kPa)
土桩	平均值	15 000
	一般值	13 000～18 000
灰土桩	平均值	32 000
	一般值	29 000～36 000

表 36-16

二灰材料抗压强度、抗剪强度和压缩模量

配合比 石灰:煤灰	编号	干密度 (t/m³)	抗压强度 (kPa) 土养(d)							水养(d)						抗剪强度 (φ)	抗剪强度 (kPa)	压缩模量 E_s (kPa)
			0	7	30	60	90	180	365	7	30	60	90	180	365			
25:75	25A	1.29	948															
	25B	1.25	825	1 100	4 010													
	25C	1.20	695	845	2 850	3 980	4 003									26°24'	136	63 800
	25D	1.10	543	650	2 220	3 323				810	3 730	8 127	10 013			31°46'	132	61 300
	25E	1.00	372		650	1 007					1 300	2 608				30°58'~31°29'	75~100	56 700
20:80	20A	1.10	595	1 494	2 779	4 200	4 950	6 457	7 639	1 924	3 208	4 953	5 338	3 036	14 196	43°53'	172	37 100
	20B	1.00	372	886	1 432	2 095	2 804	3 795	5 793	1 057	1 924	3 026	3 114	4 367	7 575	34°02'	130	30 800
15:85	15A	1.10	566	1 367	2 469	4 481	4 336	6 726	3 175	1 666	3 159	4 747	5 108	7 215	1 408	38°45'	160	32 100
	15B	1.00	449	582	1323	2 000	2 873	3 228	3 335	557	1 652	2 367	3 606	3 734	6 777	37°45'	110	29 500

四、土(或灰土、二灰)桩的施工工艺简介

土(或灰土、二灰)桩的施工应按设计要求和现场条件选用沉管(振动或锤击)、冲击或爆扩等方法进行成孔,使土向孔的周围挤密。

成孔和回填夯实的施工应符合下列要求:

(1)成孔施工时,地基土宜接近最优含水率,当含水率低于12%时,宜加水增湿至最优含水率。增湿土加水率可按式(36-47)估算:

$$Q = \overline{v}\overline{\rho}_{\mathrm{d}}(w_{\mathrm{op}} - \overline{w})k \tag{36-47}$$

式中:Q——计算加水量(m^3);

v——拟加固土的总体积(m^3);

$\overline{\rho}_{\mathrm{d}}$——地基处理前土的平均干密度($\mathrm{t/m}^3$);

w_{op}——土的最优含水率(%)。通过室内击实试验求得;

$\overline{w}$——地基处理前土的平均含水率(%);

k——损耗系数,可取1.05~1.10。

应于地基处理前4~6d,将需增湿的水通过一定数量和一定深度的渗水孔,均匀的浸入拟处理范围内的土层中。

(2)桩孔中心点的偏差不应超过桩距设计值的5%。

(3)桩孔垂直度偏差不应大于1.5%。

(4)对沉管法,其直径和深度应与设计值相同;对冲击法或爆扩法,桩孔直径的误差不得超过设计值的±70mm,桩孔深度不应小于设计深度的0.5m。

(5)向孔内填料前,孔底必须夯实,然后用素土或灰土在最优含水率状态下分层回填夯实。回填土料一般采用过筛(筛孔不大于20mm)的粉质黏土,并不得含有有机质的含量;粉煤灰采用含水率为30%~50%湿粉煤灰;石灰用块灰消解(闷透)3~4d后并过筛,其粗粒粒径不大于5mm的熟石灰。灰土或二灰应拌和均匀至颜色一致后及时回填夯实。

桩孔填料夯实机目前有两种:一种是偏心轮夹杆式夯实机。夯锤钢管一般长6~8m,管径60~80mm,钢管及夯锤焊成整体,钢管夹在一双同步反向偏心轮中间,由偏心轮转动时半轮瓦片夹带上升和半轮转空自由落锤的作用,晚饭循环,夯实填料。此机可用拖拉机或翻斗车改装,因此移动轻便,夯击速度快。另一种是采用电动卷扬机提升式夯实机,前者可上、下自动夯实,后者需用人工操作。

夯锤形状一般采用下端呈抛物线锤体形的梨形锤或长锤形。二者质量均不小于0.1t。夯锤直径应小于桩孔直径100mm左右,使夯锤自由下落时将填料夯实。填料时每一锹料夯击一次或二次,夯锤落距一般在600~700mm,每分钟夯击25~30次,长6m桩可在15~20min内夯击完成。

(6)成孔和回填夯实的施工顺序宜间隔进行,对大型工程可采取分段施工。

桩顶设计高程以上的预留覆盖土层厚度应符合下列要求:①沉管(锤击振动)成孔宜为0.50~0.7m;②冲击成孔宜为1.20~1.50m。

施工过程中,应有专人监测成孔及回填夯实的质量,并做好施工记录。如发现地基土质与勘察资料不符,并影响成孔或回填夯实时,应立即停止施工,待查明情况或采取有效措施处理后,方可继续施工。

雨季或冬季施工,应采取防雨、防冻措施,防止土料和灰土受雨水淋湿或冻结。

五、质量检验

土(或灰土、二灰)桩的质量检验,可按《建筑地基处理技术规范》(JGJ 79—2002)规定执行。二灰材料抗压强度、抗剪强度和压缩模量见表36-16。

六、计算示例

【例 36-8】 某住宅楼(六层)为砌体承重结构,楼长为 46m,宽度为 12.8m,其总面积为 2 860m²。所处的地基土为杂填土,地基承载力特征值 f_a = 86kPa。设计采用灰土挤密桩,桩径为 400mm,桩孔内填料的最大干密度 ρ_{dmax} = 1.67t/m³,场地处理前地基土的平均干密度为 1.33t/m³,要求挤后桩间土平均干密度 ρ_{dl} 达到 1.54t/m³,试进行对灰土挤密桩的设计。设计内容有:

(1)若桩孔按等边三角形布置时,试计算桩的间距为多少?

(2)求最合适的桩孔数量。

(3)桩孔填料拟采用灰土填实(要求分层夯实),求填料夯后的控制干密度。

解:(1)求桩的间距 s

桩间土的平均挤密系数按式(36-37)得:

$$\bar{\eta}_c = \frac{\bar{\rho}_{dl}}{\rho_{dmax}} = \frac{1.54}{1.67} = 0.92$$

按式(36-32)得桩孔的间距为:

$$s = 0.95d \sqrt{\frac{\bar{\eta}_c \rho_{dmax}}{\bar{\eta}_c \rho_{dmax} - \rho_d}} = 0.95 \times 0.4 \times \sqrt{\frac{0.92 \times 1.67}{0.92 \times 1.67 - 1.33}} = 1.03(\text{m})$$

按《建筑地基处理技术规范》(JGJ 79— 2002)桩孔宜按等边三角形布置,桩孔之间的中心距离可为桩径的 2.0~2.5 倍,即:

$$(2.0 \sim 2.5) \times 0.4 = (0.8 \sim 1.0)(\text{m}) \text{ 故最合适的桩间距离取 1.0m。}$$

(2)求桩孔的数量 N

一根桩分担的处理地基面积的等效圆直径 d_e,根据题设桩孔按等边三角布置时为(表36-14 符号意义说明):

$$d_e = 1.05s = 1.05 \times 1.0 = 1.05(\text{m})$$

则一根桩所承担的处理地基的面积 A_e 按式(36-43)为:

$$A_e = \frac{\pi d_e^2}{4} = \frac{\pi \times 1.05^2}{4} = 0.865(\text{m}^2)$$

按《建筑地基处理技术规范》(JGJ 79—2002)规定,当采用整片处理时,超出建筑物外墙基础底面处缘的宽度,每边不宜小于处理土层厚度的 $\frac{1}{2}$,并不小于 2m。此处取 2m,则拟处理地基的面积应为:

$$A = (46.0 + 2.0 \times 2) \times (12.8 + 2.0 \times 2) = 840(\text{m}^2)$$

按式(36-42)得桩孔的数量 N 为:

$$N = \frac{A}{A_e} = \frac{840}{0.865} = 971$$

计算结果可知该场地的桩孔数量 971 孔。

(3)灰土填料夯实后的控制干密度 ρ_d

当桩孔内用灰土或素土分层回填、分层夯实时,按《建筑地基处理技术规范》(JGJ 79—2002)规定,桩体内的平均压实系数 $\bar{\lambda}_c$ 值,均不应小于 0.96,故取 $\bar{\gamma}_c = 0.96$。

则填料夯实后的控制干密度 $\rho_d = 0.96 \times 1.67 = 1.60(\text{t/m}^3)$。

【例 36-9】 某堆货场地为湿陷性黄土,其厚度为 $7\sim8m$,测得平均干密度 $\rho_d=1.15t/m^3$。设计要求消除黄土湿陷性,将地基经灰土桩处理后,使桩间土最大干密度 $\rho_{dmax}=1.60t/m^3$。现决定采用挤密灰土桩来处理地基。灰土桩的桩径 $d=0.4m$,采取等边三角形布桩,桩间土平均挤密系数 $\overline{\eta}_c$ 取 0.93,试确定该场地灰土桩的桩距为多少?

解: 按式(36-32)得灰土桩的桩距 s 为:

$$s=0.95d\sqrt{\frac{\overline{\eta}_c\rho_{dmax}}{\overline{\eta}_c\rho_{dmax}-\rho_d}}=0.95\times0.4\sqrt{\frac{0.93\times1.6}{0.3\times1.6-1.15}}=0.744(m)$$

最后取 $s=0.8m$。

【例 36-10】 某办公楼工程,长 $36.1m$,宽 $15.4m$,建筑面积 $545.7m^2$,地基为非自重湿陷性黄土,基底下湿陷性土层厚度为 $6\sim7m$。采用灰土挤密桩加固处理,拟采用桩径 $d=350mm$,桩长 $l_0=7.0m$。经试验,地基挤密前土的平均干密度 $\overline{\rho}_d=1.25t/m^3$,处理后桩间土的最大干密度 $\rho_{dmax}=1.49t/m^3$,桩灰土最大干密度 $\rho_p=1.76t/m^3$,$w_p=20\%$,桩采用等边三角形布置,试求布桩间距、排距、布桩总数、总面积及总用料量。

解: 由式(36-33)可得:

$$n=\sqrt{\frac{\overline{\eta}_c\rho_{dmax}}{\overline{\eta}_c\rho_{dmax}-\overline{\eta}_d}}=\sqrt{\frac{0.93\times1.49}{0.93\times1.49-1.25}}=3.2$$

按式(36-32)可得桩的间距:

$$s=0.95dn=0.95\times0.35\times3.2=1.1(m)$$

由式(36-38)可得桩的排距:

$$h=0.866s=0.866\times1.1=0.95(m)$$

加固地基的总面积(设每边加宽 $3.5m$ 和 $3.2m$):

$$A=(36.1+3.85)\times(15.4+3.85)=769(m^2)$$

由式(36-43)可得 1 根土或灰土挤密桩所承担的处理地基面积:

$$A_e=\frac{\pi d_e^2}{4}=\frac{3.14\times(1.05\times1.1)^2}{4}=1.047(m^2)$$

由式(36-41)可得布桩总数:

$$N=\frac{A}{A_e}=\frac{769.04}{1.047}\approx734(根)$$

由式(36-44)可得布桩总面积:

$$A_d=\frac{A}{n^2}=\frac{769.04}{3.2^2}=75.1(m^2)$$

由式(36-45)可得布桩总用料量:

$$G=\frac{Al_0}{n^2}\rho_p(1+w_p)=\frac{769.04\times7}{3.2^2}\times1.76(1+20\%)=1\,110.3(t)$$

第五节 砂石桩法

一、概述

1. 砂石桩法是采用振动、冲击或水冲等方式在地基中成孔后,再将碎石、砂或砂石挤压入已成的孔中,形成密实桩体,适用于挤密松散砂土、粉土、黏性土、素填土及杂填土等地基。在

644

饱和黏土地基上对变形控制要求不严的工程也可采用砂石桩置换处理。砂石桩法也可用于处理可液化地基。

2.采用砂石桩处理地基应补充设计施工所需的有关技术资料

(1)对于黏土地基应有地基土的不排水抗剪强度指标。

(2)对于砂土和粉土地基应有地基土的天然孔隙比,相对密实度或标准贯入击数、砂石料特性、施工机具及性能等资料。

(3)用砂石桩挤密素填土和杂填土等地基的设计及质量检验尚应符合本章第四节中的有关规定。

二、砂石桩设计计算(表 36-17)

砂石桩施工计算　　　　　　　　　　　　　　　　表 36-17

项　目	计算方法及公式	符 号 意 义
布桩间距	**1. 布桩的间距** 砂石桩孔位宜采用等边三角形或正方形布置(图 A),其直径可采用 300～800mm,可根据地基土质情况和成桩设备等因素确定。对饱和黏性土地基宜选用较大的直径。砂石桩的间距宜通过现场试验确定。 ①对粉土和砂土地基不宜大于砂石桩直径的 4.5 倍。 ②对黏性土地基不宜大于砂石桩直径的 3 倍。 在初步设计时,砂石桩的间距也可按下列公式估算: (1)松散的粉土和砂土地基可根据挤密后要求达到孔隙比 e_1 来确定。 等边三角形布置时其间距 s 可按下式计算: $$s=0.95\xi d\sqrt{\frac{1+e_0}{e_0-e_1}}=0.95\xi dn=0.95D_0 \quad (36\text{-}48)$$ 其中:　$$n=\sqrt{\frac{1+e_0}{e_0 e_1}} \quad (36\text{-}49)$$ $$D_0=n\xi d \quad (36\text{-}50)$$ 正方形布置时,其间距可按下式计算: $$s=0.89\xi d\sqrt{\frac{1+e_0}{e_0-e_1}}=0.89\xi d=0.89D_0 \quad (36\text{-}51)$$ 其中:　$$e_1=e_{max}-D_{r1}(e_{max}-e_{min}) \quad (36\text{-}52)$$ (2)黏性土地基 等边三角形布置时,其间距可按下式计算: $$s=1.08\sqrt{A_e} \quad (36\text{-}53)$$ 正方形布置时,其间距可按下式计算: $$s=\sqrt{A_e} \quad (36\text{-}54)$$ 其中:　$$A_e=\frac{A_p}{m} \quad (36\text{-}55)$$ $$m=\frac{d^2}{d_e^2} \quad (36\text{-}56)$$	 图 A　砂石桩布桩形式 a)等边三角形布桩;b)正方形布桩 1-砂土桩;2-桩有效挤密范围 s——砂石桩间距(m); d——砂石桩直径(m); e_0——地基处理前砂土的孔隙比,可按原状土样试验确定;也可根据动力或静力触探等对比试验确定; e_1——地基挤密后要求达到的孔隙比; ξ——修正系数,当考虑振动下沉密实作用时,可取 1.1～1.2;不考虑振动下沉密实作用时,可取 1.0; n——系数,按式(36-49)求得; e_{max}、e_{min}——分别为砂土的最大、最小孔隙比,按现行国家标准《土工试验方法标准》(GB/T 50123—1999)的有关规定确定; D_{r1}——地基挤密后要求砂土达到的相对密度,可取 0.70～0.85; A_e——1 根砂石桩承担的处理面积(m^2); m——面积置换率; A_p——砂石桩截面积(m^2); d_e——等效影响圆的直径(m^2),等边三角形布置:$d_e=1.05s$ 正方形布置:$d_e=1.13\sqrt{s_1 s_2}$; s_1、s_2——桩的纵向间距和横向间距(m); D_0——桩有效影响直径(m)

项　目	计算方法及公式	符　号　意　义
布桩排距	2. 布桩排距 砂石桩的排距 s 可按下式计算： 等边三角形布置时：$h=0.866s$ (36-57) 正方形布置时：$\quad h=1.000s$ (36-58)	h——砂石桩的排距(m)； s——布桩排距(m)
布桩总数、总面积和总用料量	3. 布桩总数、总面积和总用料量 设加固地基的总面积为 A，布桩总数为 N，布桩总面积为 A_0，布桩总用料量为 G_0，则 　(1)布桩总数 N 可按下式计算： $$N=\frac{1.2733A}{D_0^2} \quad (36\text{-}59)$$ 或 $$N=\frac{1.2733A}{n^2d^2} \quad (36\text{-}60)$$ 　D_0、n、d 符号意义同前。 　(2)布桩总面积 A_0 可按下式计算： $$A_0=\frac{Ad^2}{D_0^2} \quad (36\text{-}61)$$ 或 $$A_0=\frac{A}{n^2} \quad (36\text{-}62)$$ 　(3)布桩总布料量 $G_0(t)$ 可按下式计算： $$G_0=\frac{Al_0d^2}{D_0^2}\rho_{ds} \quad (36\text{-}63)$$ 或 $$G_0=\frac{Al_0}{n^2}\rho_{ds} \quad (36\text{-}64)$$	N——布桩总数； ρ_{ds}——砂石填料的密度。当用粗砂填料时，$\rho_{ds}=1.6\sim1.7t/m^3$；当用碎石、卵石填料时，$\rho_{ds}=1.6\sim1.8t/^3$； l_0——桩的长度(m)； A——加固地基的总面积(m^2)； G_0——布桩总用料量(t)； A_0——布桩总面积(m^2)。 其余符号意义同上。 说明：式(36-59)～式(36-64)三角形布桩和正方式布桩各均相同；当 $A=1m^2$ 时，可得单位面积地基上的布桩数、布桩面积及用料量
桩孔内填砂石料	4. 桩孔内填砂石量 每根砂石桩孔内的填砂石量 $Q(m^3)$ 可按下式计算： $$Q=\frac{A_pl_0d_s}{1+e_1}(1+0.01w) \quad (36\text{-}65)$$	d_s——砂石料的相对密度(t/m^3)； w——砂石料的含水率(%)； 其余符号意义同上。 说明：桩孔内的填料可用砾砂、粗砂、中砂、圆砾、角砾、卵石、碎石等，填料中含泥量不得大于5%，并不宜含有大于50min的颗粒
桩基承载力计算	5. 桩基承载力 单桩容许承载力应按现场单桩载荷试验确定，对黏性土可按式(36-66)求得单桩极限承载力后再除以安全系数进行估算： $$f_{up}=4C_u\tan^2\left(45+\frac{\varphi_p}{2}\right) \quad (36\text{-}66)$$ 对复合地基容许承载力的计算与后第六节振冲桩复合地基承载力计算相同(略)	f_{up}——砂石桩单桩极限承载力(kPa)； C_u——天然土石排水抗剪强度(kPa)； φ_p——砂石的内摩擦角。对振冲碎石桩，采用35°～45°，一般取38°；对沉碎(砂)石桩，一般取大值

三、计算示例

【例36-11】　某松砂地基设计采用直径为 600mm 的挤密砂桩处理，砂桩按正方形布置，场地要求经过处理后砂土的相对密实度达到 $D_{rl}=0.85$。已知砂土天然孔隙比 $e_0=0.78$，最大干密度 $\rho_{dmax}=1.65g/cm^3$，最小干密度 $\rho_{dmax}=1.50g/m^3$，砂土的土粒相对密度 G_s 为 2.7，不考虑振动下沉密实作用。试确定砂桩的桩间距。

解：填土的最大和最小孔隙比分别为：

$$e_{max}=\frac{G_s\rho_w}{\rho_{dmin}}-1=\frac{2.7\times1.0}{1.50}-1=0.80$$

$$e_{max} = \frac{G_s \rho_w}{\rho_{dmax}} - 1 = \frac{2.7 \times 1.0}{1.65} - 1 = 0.64$$

地基挤密后要求达到的孔隙比按式(36-52)得:

$$e_1 = e_{max} - D_{rl}(e_{max} - e_{min}) = 0.80 - 0.85(0.80 - 0.64) = 0.664$$

砂桩的桩间距(砂桩按正方形布置)可按式(36-51)得:

$$s = 0.89 \xi d \sqrt{\frac{1+e_0}{e_0 - e_1}} = 0.89 \times 1.0 \times 0.6 \times \sqrt{\frac{1+0.78}{0.78 - 0.664}} = 2.09(m)$$

【例36-12】 某细砂基地,其天然孔隙比 $e_0 = 0.96$, $e_{max} = 1.14$, $e_{min} = 0.60$,承载力特征值为100kPa。由于不能满足上部结构荷载的要求,设计采用碎石桩加密地基,桩长7.5m,直径 $d = 500mm$,等边三角形布置,地基挤密后要求砂土的相对密实度达到0.80。

(1)试确定桩的间距。

(2)求面积置换率。

(3)求复合地基承载力特征值。

解:(1)确定桩的间距按式(36-52)和式(36-48)有:

$$e_1 = e_{max} - D_{rl}(e_{max} - e_{min}) = 1.14 - 0.8(1.14 - 0.6) = 0.708$$

取 $\xi = 1.0$ 得:

$$s = 0.95 \xi d \sqrt{\frac{1+e_0}{e_0 - e_1}} = 0.95 \times 1.0 \times 0.50 \times \sqrt{\frac{1+0.96}{0.96 - 0.708}} = 1.32(m)$$

(2)求面积置换率按式(36-76$_b$)和式(36-75)有:

$$d_e = 1.05s = 1.05 \times 1.32 = 1.386(m)$$

$$m = \frac{d^2}{d_e^2} = \frac{0.5^2}{1.386^2} = 0.130$$

(3)求复合地基承载力特征值。取 $n = 3$ 按式(36-77)得:

$$f_{spk} = [1 + m(n-1)]f_{spk} = [1 + 0.130 \times (3-1)] \times 100 = 126(kPa)$$

【例36-13】 某场地,载荷试验得到的天然地基承载力特征值为105kPa。设计要求经碎石桩法处理后的复合地基承载力特征值需提高到150kPa。拟采用的碎石桩的桩径为1.0m,正方形布置,桩中心距为1.6m。试确定碎石桩桩体承载力特征值。

解:首先计算碎石桩复合地基的面积 m,即:

$$m = \frac{A_p}{A_s} = \frac{\pi \times 0.5^2}{1.6 \times 1.6} = 0.3068$$

桩体承载力特征值按式(36-75)得:

$$f_{pk} = \frac{f_{spk} - (1-m)f_{sk}}{m} = \frac{150 - (1-0.3068) \times 105}{0.3068} = 251.7(kPa)$$

【例36-14】 某场地为松散砂土地基,处理前现场测得砂土孔隙比为0.85,土工试验测得砂土的最大、最小孔隙比分别为0.90和0.60。设计采用砂石桩法,要求挤密后砂土地基达到的相对密实度为0.80。若砂石桩的桩径为0.80m,等边三角形布置,修正系数 ξ 取1.15。求砂石桩的桩距。

解:先计算地基处理后需要达到的孔隙比 e_1 按式(36-25)得:

$$e_1 = e_{max} - D_{rl}(e_{max} - e_{min}) = 0.9 - 0.8(0.9 - 0.6) = 0.66$$

等边三角形布桩桩距,按式(36-48)得:

$$s = 0.95\xi d\sqrt{\frac{1+e_0}{e_0-e_1}} = 0.95 \times 1.15 \times 0.8 \times \sqrt{\frac{1+0.85}{0.85-0.66}} = 2.73(\text{m})$$

【例36-15】 某地基采用挤密砂桩处理,砂桩直径为500mm,桩距为1.5m,正方形布置,砂桩材料内摩擦角为35°,桩间土为黏土,$\gamma = 18$kN/m³,静载试验确定的天然地基承载力特征值为80kPa,$C_u = 40$kPa,$\varphi_u = 0$,压缩模量为4MPa,取桩土应力比为3。

(1)试求复合地基承载力特征值f_{spk}。

(2)确定复合土层压缩模量。

解:(1)求复合地基承载力特征值f_{spk}。首先求出复合地基的置换率,即:

$$n = \frac{A_p}{A} = \frac{\pi \times 0.25^2}{1.5 \times 1.5} = 0.0873$$

再估算复合地基承载力特征值,按式(36-77)得:

$$f_{spk} = [1+m(n-1)]f_{sk} = [1+0.0873 \times (3-1)] \times 80 = 94.0(\text{kPa})$$

(2)求复合压缩模量,按式(36-78)得:

$$E_{sp} = [1+m(n-1)]E_s = [1+0.0873 \times (3-1)] \times 4 = 4.7(\text{MPa})$$

【例36-16】 某工程地基土为松散砂土,孔隙比$e_0 = 0.78$,采用砂桩加固地基,桩径$d = 426$mm,深8.5m,按正方形布置,加固面积$A = 640$m²,要求振动下沉密实处理后的孔隙比$e_1 = 0.56$,砂的密度$\rho_{ds} = 1.65$t/m³,相对密度$d = 2.7$,砂的含水率$w = 10\%$,试求桩距、排距,并计算布桩总数、总面积、总用料量及施工时每根桩的填砂量。

解:由式(36-49)得:

$$n = \sqrt{\frac{1+e_0}{e_0-e_1}} = \sqrt{\frac{1+0.78}{0.78-0.56}} = 2.84$$

由式(36-51)、式(36-50)得:

桩的间距:$s = 0.89D_0 = 0.89 \times n\xi d = 0.89 \times 2.84 \times 1.2 \times 0.426 = 1.29(\text{m})$

桩的排距: $h = 1.000s = 1 \times 1.29 = 1.3(\text{m})$

由式(36-60)、式(36-62)、式(36-64)得:

布桩总数: $N = \frac{1.2733A}{n^2 \cdot d^2} = \frac{1.2733 \times 640}{2.84^2 \times 0.426^2} = 557(\text{根})$

布桩总面积: $A_0 = \frac{A}{n^2} = \frac{640}{2.84^2} = 79.3(\text{m}^2)$

布桩总用料量为: $G_0 = \frac{Al_0}{n^2}\rho_{ds} = \frac{640 \times 8.5}{2.84^2} \times 1.65 = 1113(\text{t})$

砂桩截面积: $A_p = \frac{\pi}{4} \times 0.426^2 = 0.142(\text{m}^2)$

由式(36-65)得:每根桩填砂量:

$$Q = \frac{A_p l_0 d_s}{1+e_1}(1+0.01w) = \frac{0.142 \times 8.5 \times 2.7}{1+0.56} \times (1+0.01 \times 10) = 2.30(\text{m}^3)$$

第六节 振 冲 法

一、概述

振冲法适用于处理砂土、粉土、粉质黏土、素填土和杂填土等地基。对于处理不排水抗剪强度不小于20kPa的饱和黏性土和饱和黄土地基,应在施工前通过现场试验确定其适用性。

不加填料振冲法适用于处理颗粒含量不大于 10％的中砂、粗砂地基。

对大型的、重要的或场地地层复杂的工程，在正式施工前应通过现场试验确定其处理效果。

二、设计计算

1. 填料及桩径选择计算

填料是用于填充在振冲器上提后在砂层中可能留下的孔洞，并利用填料作为传力介质，将砂层进一步挤压密实。对中粗砂，可不加填料；对粉细砂，必须加填料后才能获得较好的振密效果。

填料应选用强度高、透水性好的材料，如粗砂、砾石、碎石、矿渣等，粒径为 0.5～5cm，使用 30kW 振冲器，填料最大粒径宜在 5cm 以内；使用 75kW 大功率振冲器时，最大粒径可放宽到 10cm。填料级配的合适，以"适宜数"S_n 表示按下式计算：

$$S_n = 1.7\sqrt{\frac{3}{(D_{50})^2} + \frac{1}{(D_{20})^2} + \frac{1}{(D_{10})^2}} \tag{36-67}$$

式中：D_{50}、D_{20}、D_{10}——分别为颗粒大小级配曲线上对应于 50％、20％、10％ 的颗粒直径（mm）。

根据适宜数对填料级配的评价准则见表 36-18。填料适宜数小，则振冲的桩体密实性高，振密速度快。

填料按 S_n 的评价准则 表 36-18

S_n	0～10mm	10～20mm	20～30mm	30～50mm	>50mm
评价	很好	好	一般	不好	不适用

桩径一般应根据振冲器的性能而定，国产振冲器筒外径多在 35cm 以上，振冲桩的直径多为 0.6～1.2m，平均桩径一般在 0.8～0.9m，设计多取桩径 $d＝0.8$m。

2. 桩有效影响范围计算

桩有效影响范围 D_0 值主要取决于振冲器性能，一般由现场试验来确定，其次 D_0 值还与土性质有关，因此尚可按控制砂土的密实度的方法来估算。设地基土的挤密与振实仪限于在有效范围内，即可推得有效影响直径 D_0 与桩直径 d 的关系式为：

$$D_0 = nd \tag{36-68}$$

其中：

$$n = \sqrt{\frac{1+e_0}{e_0 - e_1}} \tag{36-69}$$

式中：e_0——天然砂基的加权平均孔隙比；

e_1——加固地基土的加权平均孔隙比，一般要求 $e_1＝0.55～0.65$。

3. 孔位布置和桩距

振冲孔位布置常用等边三角形和正方形两种，如图 36-12 所示。

按等边三角形布桩时，桩距 s 可按下式计算：

$$s = 0.9523D_0 \tag{36-70a}$$

或

$$s = 0.9523nd \tag{36-70b}$$

按正方形布桩时，桩距 s 可按下式计算：

$$s = 0.8862D_0 \tag{36-71a}$$

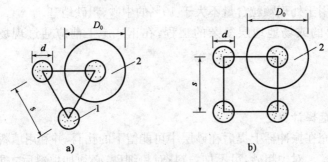

图 36-12 振冲桩孔位位置
a)按等边三角形布桩；b)按正方形布桩
1-振冲桩；2-桩有效影响范围

或

$$s = 0.886\ 2nd \tag{36-71b}$$

符号意义同前。

振冲桩距一般与砂土的颗粒组成、密实度要求、地下水位、振冲器功率有关，砂的颗粒愈细，密实度要求越高，桩距应越小。使用 30kW 振冲器，间距一般为 $1.8\sim2.5m$；使用 75kW 大功率振冲器，间距可加大到 $2.5\sim5m$。

大面积砂层振冲挤密时，振冲桩距也可用下式估算：

$$s = \alpha\sqrt{\frac{V_p}{V}} \tag{36-72}$$

式中：s——振冲桩(孔)距(m)；

α——系数，等边三角形布置为 1.075，正方形布置为 1；

V_p——单位桩长的平均填料量，一般为 $0.3\sim0.5m^3$；

V——原地基为达到规定密实度单位体积所需的填料量，可按式(36-74)计算。

4. 布桩数量、面积、用料量计算

布桩数量、面积、用料量计算与本章第五节砂石桩施工计算相同。

砂基单位体积所需的填料亦可按下式计算：

$$V = \frac{(1-e_p)(e_0-e_1)}{(1+e_0)(1+e_1)} \tag{36-73}$$

式中：V——砂基单位体积所需的填料量；

e_0——振冲前砂层的原始孔隙比；

e_p——桩体的孔隙比；

e_1——振冲后要求达到的孔隙比。

5. 复合地基承载力计算

复合地基承载力计算的基本出发点是由"桩"与"天然土地基"形成共同承受荷载的地基。

复合地基的承载力标准值 f_{skp} 应按现场复合地基载荷试验确定，对黏性土也可根据单桩和桩间土的载荷试验按下式计算：

$$f_{spk} = m f_{pk} + (1-m) f_{sk} \tag{36-74}$$

式中：f_{skp}——复合地基的承载力特征值(kPa)；

f_{pk}——桩体单位截面积承载力的特征值(kPa)；

f_{sk}——处理后桩间土的承载力特征值，宜按当地经验取值，如无经验时，可取天然地基承载力特征值(kPa)；

$$m\text{——面积置换率,计算公式见式(36-75)。}$$

$$m=\frac{d_2}{d_e^2} \tag{36-75}$$

式中:d——桩的直径(m);

d_e——等效影响的圆直径(m)。

等边三角形布置: $\quad\quad d_e=1.05S \tag{36-76a}$

正方形布置: $\quad\quad d_e=1.13S \tag{36-76b}$

矩形布置: $\quad\quad d_e=1.13\sqrt{S_1 S_2} \tag{36-76c}$

S、S_1、S_2 分别为桩的间距、纵间距和横间距。

对小型工程的黏性土地基如无现场载荷试验资料,复合地基的承载力特征值可按式(36-77)估算:

$$f_{spk}=[1+m(n-1)]f_{sk} \tag{36-77}$$

式中:m——桩土应力比,无实测资料时,当天然土不排水抗剪强度 $c_u=20\sim30$kPa 时,n 取 $3\sim4$;当 $c_u=30\sim40$kPa 时,n 取 $2\sim3$。天然土强度低取大值,天然土强度高取小值。

式(36-77)中的桩间土承载力特征值 f_{sk} 也可用处理前地基土的承载力特征值代替。

6. 复合地基压缩模量计算

振冲桩复合土层的压缩模量可按式(36-78)计算:

$$E_{sp}=[1+m(n-1)]E_s \tag{36-78}$$

式中:E_{sp}——复合土层的压缩模量(MPa);

E_s——桩间土的压缩模量,宜按当地经验取值,如无经验时,可取天然地基压缩模量(MPa)。

式(36-78)中的桩土应力比 n 在无资料时,对黏性土可取 $2\sim4$,对粉土、砂土可取 $1.5\sim3.0$,原土强度低取大值,原土强度高取小值。

三、计算示例

【例 36-17】 某振冲桩复合地基,桩直径 $d=1.0$m,按等边三角形布置,桩距 $S=2.4$m,已知桩体单位截面积承载力标准值 $f_{sk}=500$kPa,桩间土为粉质黏土,承载力标准值 $f_{sk}=120$kPa,压缩模量 $E_s=6.5$MPa,桩土应力比 $n=3$,试求振冲桩复合地基的承载力标准值和压缩模量。

解:因桩采取等边三角形布置按式(36-76a)得:$d_e=1.05S=1.05\times2.4=2.52$(m)

按式(36-75)求面积置换率为:$m=\frac{d^2}{d_e^2}=\frac{1.0^2}{2.52^2}\approx0.16$

复合地基的承载力标准值由式(36-74)得:

$$f_{spk}=mf_{pk}+(1-m)f_{sk}=0.16\times500+(1-0.15)\times120=181\text{(kPa)}$$

复合地基的压缩模量由式(36-78)得:

$$E_{sp}=[1+m(n-1)]E_s=[1+0.16(3-1)]\times6.5=8.58\text{(MPa)}$$

【例 36-18】 有一建筑场地地基主要受力层为粉细砂层,地基承载力特征值 $f_{ak}=110$kPa,压缩模量 $E_a=5.6$MPa。设计用加填料的振冲法进行地基处理;振冲桩体地基承载力特征值 $f_{pk}=510$kPa,桩体平均直径 $d=750$mm,桩间距 2m,等边三角形布置,桩土应力比 $n=$

2。试求：

(1)振冲桩处理后的复合地基承载力特征值。

(2)求复合土层的压缩模量。

(3)如果要求处理后的复合地基的承载力特征值 $f_{spk}=175kPa$，求复合地基的桩土面积置换率。

解：(1)根据已知条件按式(36-76a)式(36-75)和式(36-74)得：

$$d_e=1.05S=1.05\times2.0=2.1(m)$$

$$m=\frac{d^2}{d_e^2}=\frac{0.75^2}{2.1^2}=0.128$$

$$f_{spk}=mf_{pk}+(1-m)f_{sk}=0.128\times510+(1-0.128)\times110=161.2(kPa)$$

(2)将已知条件代入式(36-78)得：

$$E_{sp}=[1+m(n-1)]E_s=[1+0.128\times(2.0-1)]\times5.6=6.3(MPa)$$

(3)由 $f_{spk}=mf_{pk}+(1-m)f_{sk}$ 变换得复合地基的桩土面积置换率 m 为：

$$m=\frac{f_{spk}-f_{sk}}{f_{pk}-f_{sk}}=\frac{175-110}{510-110}=0.163$$

【例 36-19】 某混合承重结构条形基础上荷载标准值 $F_k=180kN/m$，基础布置和地基土层断面如图 36-13 所示，基础的埋置深度 $d=1.70m$，采用振冲砂石桩置换法处理淤泥粉质黏土。砂石桩长 7.0m(设计底面下 8.2m)，直径 $d=800mm$，间距 $s=2.0m$，等边三角形排列。试求：

(1)置换率。

(2)确定复合地基承载力特征值。

(3)确定地基承载力特征值。

(4)求此条形基础的宽度。

(5)求此条形基础的高度。

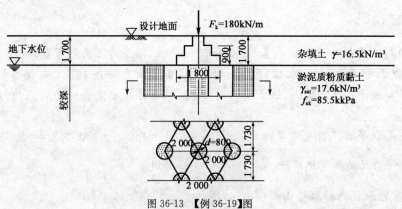

图 36-13 【例 36-19】图

(1)求置换率 m。由 $d=0.8m$，等效影响圆直径 $d_e=1.05S=1.05\times2.0=2.1(m)$ 得：

$$m=\frac{d^2}{d_e^2}=\frac{0.8^2}{2.1^2}=0.145$$

(2)求复合地基承载力特征值。由于缺少载荷资料，用式(36-77)估算复合地基承载力特征值 f_{spk_0}。因为淤泥质土较弱，采用桩土应力比为 $n=4$，已知 $f_{sk}=85.5kPa$，代入式(36-

77)得:

$$f_{spk}=[1+m(n-1)]f_{sk}=[1+0.145\times(4-1)]\times85.5=122.69(kPa)$$

(3)求地基承载力特征值:

$$f_a=f_{spk}+\eta_d\gamma_m(d-1.5)=122.69+1.0\times16.5\times(1.6-1.5)=124.34(kPa)$$

(4)求此条形基础的宽度:

$$b\geqslant\frac{F_k}{f_a-\gamma_Gd}=\frac{180}{124.34-20\times1.7}=1.99(m)$$

取 $b=2.0m$。

(5)求此条形基础的高度。在确定基础高度 H 时,若承重墙为 $b_0=240mm$,基础用 C10 混凝土,容许高宽比为 1:1,则:

$$H=\frac{b-b_0}{2}=\frac{2.0-0.24}{2}=0.88(m)$$

取 $H=0.9m$。

【例 36-20】 某建筑场地地基,设计采用振冲碎石桩进行处理,振冲碎石桩桩径为 0.9m,等边三角形布桩,桩距为 2.0m,现场载荷试验取得复合地基承载力特征值为 200kPa,桩间土承载力特征值为 140kPa,试根据承载力计算公式计算桩土应力比。

解:首先计算复合地基的置换率 m,按(36-76a)和式(36-75)得:

$$d_e=1.05S=1.05\times2.0=1.21(m)$$

$$m=\frac{d^2}{d_e^2}=\frac{0.9^2}{2.1^2}=0.1837$$

由式(36-77),$f_{spk}=[1+m(n-1)]f_{sk}$ 变换得桩土应力比为:

$$n=\frac{\frac{f_{spk}}{f_{sk}}-1}{m}+1=\frac{\frac{200}{140}-1}{0.1837}+1=3.33$$

第七节 水泥土搅拌法(深层搅拌法)

一、概述

水泥土搅拌法是用于加固饱和黏性土地基的一种新方法。它是利用水泥作为固化剂,通过特制的搅拌机械,在地基深处就地将软土和固化剂(浆液和粉体)强制搅拌,从而使软土硬结成具有整体性、水稳性和一定强度的水泥加固土,可提高地基强度和增大变形模量。

水泥搅拌法根据施工方法的不同,可分为湿法(或称深层搅拌法)和干法(或称水泥粉体喷搅法或粉喷桩法)。此法是美国在第二次世界大战后研制成功,1953 年日本从美国引进此法后又开发研制成功水泥搅拌固化法(CMC),1927 年由冶金部建筑研究总院和交通部水运规划设计院进行了室内试验和机械研制工作,于 1978 年底制造出国内第一台 SJB-1 型双搅拌轴、中心管输浆、陆上型的深层搅拌机。随着我国建设事业的发展,水泥搅拌法在全国各大中城市工程建设中为软土地基加固技术开拓了一种新的方法,在铁路、公路、市政工程、港口码头、工业与民用建筑软土地基加固方面得到广泛的应用。

水泥搅拌法适用于处理正常固结的淤泥与淤泥质土、饱和黄土、素填土、地基承载力不大于 120kPa 黏性土和粉性土等地基。当地基土的天然含水率小于 30%(黄土含水率小于

25%)、大于 70% 或地下的 pH 值小于 4 时不宜采用干法。冬季施工时，应注意负湿对处理效果的影响。

水泥土搅拌法用于处理泥炭土、有机质土、塑性指数 I_p 大于 25 的黏土。地下水具有腐蚀性时以及无工程经验的地区，必须通过现场试验确定其适用性。

水泥土搅拌法形成的加固体，可作为竖向承载的复合地基；基坑围护挡墙、被动区加固、防渗帷幕，大体积水泥稳定土等。加固体形状可分为柱状、壁状、格栅状或块状等。

确定处理方案前，应搜集拟处理区域内详尽的岩土工程资料，尤其是填土层的厚度和组成；软土层的分布范围、分层情况、地下水位及 pH 值、土的含水率、塑性指数、有机质含量等。

设计前进行拟处理土的室内配合比试验。针对现场拟处理的最弱层软土的性质，选择合适的固化剂、外掺剂及其掺量，为设计提供各种龄期、各种配比的强度参数。

对竖向承载的水泥土强度宜取 90d 龄期试块的立方体抗压强度平均值；对承受水平荷载的水泥土强度取 28d 龄期试块的立方体抗压强度平均值。

二、水泥加固土的室内外试验

1. 水泥土的室内配合比试验

1）试验方法

（1）试验目的

了解加固水泥的品种、掺入量、水灰比、最佳外掺剂对水泥土强度的影响，求得龄期与强度的关系，从而为设计计算和施工工艺提供可靠的参数。

（2）试验设备

当前还是利用现有土工试验仪器及砂浆混凝土试验仪器，按照土工或砂浆混凝土的试验规程进行试验。

（3）土样制备

土料应是工程现场所要加固的土，一般分为 3 种：

①风干土样：将现场采取的土样进行风干、碾碎和通过 2～5mm 的筛子的粉状土料。

②烘干土样：将现场采取的土样进行烘干、碾碎和通过 2～5mm 的筛子的粉状土料。

③原状土样：将现场采取的天然软土立即用厚聚氯乙烯塑料袋封装，基本保持天然含水率。

（4）固化剂

水泥品种。水泥宜选用 32.5 级以上的新鲜普通硅酸盐水泥，出厂期不应超过 3 个月，并应在试验前重新测定其强度等级。水泥掺量除块状加固时可用被加固湿土质量的 7%～12% 外，其余宜为 12%～20%。湿法的水泥浆水灰比可选用 0.45～0.55。

（5）外掺剂

湿法可根据工程需要选用具有早强、缓凝、减水以及节省水泥等性能的材料包括：早强剂可选用三乙醇胺、氯化钙、碳酸钠或水玻璃等材料，掺入量宜分别取水泥质量的 0.05%、2%、0.5%、2%；减水剂可选用木质素磺酸钙，其掺入量宜取水泥质量的 0.2%；石膏兼有缓凝和早强作用，其掺入量宜取水泥质量的 2%；当掺入与水泥等量的粉煤灰后水泥土强度可提高 10% 左右。

（6）试件的制作和养护

根据配方分别称量土、水泥、外掺剂和水。将粉状土料和水泥放在搅拌器内拌和均匀，然后将水用喷水设备均匀喷洒在水泥土上进行拌和,直至均匀。在选定的试模(70.7mm×70.7mm×70.7mm)内装入一半试料,放在振动台上振动1min后,装入其余的试样后再振动1min;振捣成型方法也可采用人工捣实成型。最后将试件表面刮平,盖上塑料布防止水分蒸发过快。

试样成型后,根据水泥土强度决定拆模时间,一般为1~2d。为了保证其湿度,拆模后的试件装入塑料袋内,封闭后置入水中,进行标准水中养护。

2)试验结果整理和分析

(1)水泥土的物理性质

①含水率

水泥土在硬凝过程中,由于水泥水化等反应,使部分自由水以结晶水的形式固定下来,故水泥土的含水率略低于原土样的含水率,如表36-19所示试验结果,水泥土含水率比原土样含水率减水0.5%~7.0%,且随着水泥掺入比的增加而减小。

②重度

由于拌入软土中的水泥浆的重度与软土的重度相近,所以水泥土的重度与天然软土的重度相差不大,表36-20为水泥土重度试验的结果。由表可见,水泥土的重度仅比天然软土重度增加0.5%~3.0%,所以采用水泥土搅拌法加固厚层软土地基时,其加固部分对于下部未加固部分不致产生过大的附加沉降。

水泥土的含水率试验　　　　　　　　　　　　　　表 36-19

土样含水率 w_0(%)	水泥掺入比 a_w(%)	水灰比	水泥土含水率 w(%)	含水率减少值 w_0-w(%)
	3		41.0	5.6
	5		41.8	4.8
46.6	7	0.5	41.9	4.7
	10		41.2	5.4
	15		40.4	6.2
	20		39.4	7.2
	5		49.6	0.4
	7		48.9	1.1
50	10	0.5	47.7	2.3
	12		46.9	3.1
	15		46.1	3.9

水泥土的重度试验　　　　　　　　　　　　　　表 36-20

土的天然重度 γ_0(kN/m³)	水泥掺入比 a_w(%)	水泥土的天然重度 γ(kN/m³)	$\frac{\gamma-\gamma_0}{\gamma_0}\times100\%$
	5	17.18	0.5%
	7	17.22	0.7%
17.1	10	17.29	1.1%
	12	17.38	1.6%
	15	17.41	1.8%

土的天然重度 γ_0 (kN/m³)	水泥掺入比 a_w(%)	水泥土的天然重度 γ (kN/m³)	$\dfrac{\gamma-\gamma_0}{\gamma_0}\times100\%$
17.15	7	17.25	0.6%
	15	17.44	1.7%
	20	17.44	1.7%
17.1	5	17.3	1.1%
	15	17.5	2.3%
	25	17.6	2.9%

③相对密度

由于水泥的相对密度为 3.1,比一般软土的相对密度 2.65～2.75 为大,故水泥土的相对密度比天然软土的相对密度稍大。表 36-21 为水泥土相对密度的试验结果,由表可见,水泥土相对密度比天然软土的相对密度增加 0.7%～2.5%。

水泥土的相对密度试验   表 36-21

土的相对密度 d_s	水泥掺入比 a_w(%)	水泥土相对密度 d'_s	$\dfrac{d'_s-d_s}{d_s}\times100\%$
2.69	5	2.72	1.1%
	15	2.73	1.5%
	20	2.73	1.5%
2.72	7	2.74	0.7%
	10	2.75	1.1%
	15	2.76	1.5%
	20	2.77	1.8%
2.76	7	2.78	0.7%
	10	2.79	1.1%
	15	2.81	1.8%
	20	2.83	2.5%

④渗透系数

表 36-22 为水泥土的渗透系数试验结果,表中说明水泥土的渗透系数随水泥掺入比的增大和养护龄期的增长而减小,一般可达 10^{-8}～10^{-5} cm/s 数量级。

水泥土的渗透系数试验   表 36-22

原状土渗透系数 k_0(cm/s)	水泥掺入比 a_w(%)	水泥土渗透系数 k(cm/s)	龄期 t(d)
5.16×10^{-5}	5	1.10×10^{-5}	
	7	7.25×10^{-6}	
	15	3.97×10^{-6}	
	20	8.92×10^{-7}	
2.53×10^{-6}	7	8.30×10^{-7}	
	10	4.83×10^{-7}	

原状土渗透系数 k_0(cm/s)	水泥掺入比 a_w(%)	水泥土渗透系数 k(cm/s)	龄期 t(d)
2.53×10^{-6}	15	2.09×10^{-7}	
	20	1.17×10^{-7}	
	7	1.21×10^{-7}	
	10	9.61×10^{-8}	7
	15	8.45×10^{-8}	
	7	9.06×10^{-8}	
	10	5.65×10^{-8}	28
	15	5.46×10^{-8}	

(2)水泥土的力学性质

①无侧限抗压强度及其影响因素

水泥土的无侧限抗压强度一般为 3 000～4 000kPa,即比天然软土大几十倍至数百倍。表 36-23 为水泥土 90d 龄期的无侧限抗压强度试验结果。其变形特征随强度不同而介于脆性体与弹塑体之间,水泥土受力开始阶段,应力与应变关系基本上符合虎克定律。当外力达到极限强度的 70%～80% 时,试块的应力和应变关系不再继续保持直线关系。当外力达到极限强度时,对于强度大于 2 000kPa 的水泥土很快出现脆性破坏,破坏后残余强度很小,此时的轴向应变约为(0.8～1.2)%(如图 36-14 所示中的 A_{20}、A_{25} 试件);对强度小于 2 000kPa 的水泥土则表现为塑性破坏(如图 36-14 所示的 A_5、A_{10} 和 A_{15} 试件)。

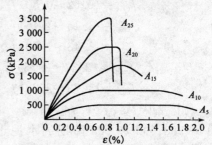

图 36-14 水泥土的应力—应变曲线
注:A_5、A_{10}、A_{15}、A_{20}、A_{25} 表示水泥掺入比 $a_w=(5、10、15、20、25)$%

水泥土的无侧限抗压强度试验 表 36-23

天然土的无侧限抗压强度 f_{cvo}(MPa)	水泥掺入比 a_w(%)	水泥土的无侧限抗压强度 f_c(MPa)	龄期 t(d)	f_{cu}/f_{cvo}
0.037	5	0.266	90	7.2
	7	0.560	90	15.1
	10	1.124	90	30.4
	12	1.520	90	41.1
	15	2.270	90	6.13

影响水泥土抗压强度的因素很多,主要包括以下几个方面:

a. 水泥掺入比 a_w 对强度的影响

水泥土的强队随着水泥掺入比的增加而增大(图 36-15),当 $a_w<5$% 时,由于水泥与图的反应过弱,水泥土固化程度低,强度离散性也较大,故在水泥土搅拌法的实际施工中,选用的水泥掺入比必须大于 7%。

b. 龄期对强度的影响

水泥土的强度随着龄期的增长而提高,一般在龄期超过 28d 后仍有明显增长(图 36-16),

从无侧限抗压强度试验得知,在其他条件相同时,不同龄期的水泥土无侧限抗压强度间关系大致呈线性关系(图 36-17),这些关系如下。

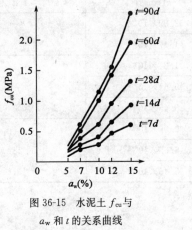

图 36-15 水泥土 f_{cu} 与
a_w 和 t 的关系曲线

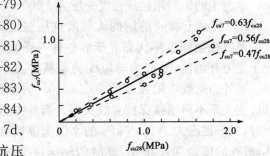

图 36-16 水泥土掺入比、龄期
与强度的关系曲线

$$f_{cu7}=(0.47\sim0.63)f_{cu28} \tag{36-79}$$

$$f_{cu14}=(0.62\sim0.80)f_{cu28} \tag{36-80}$$

$$f_{cu60}=(1.15\sim1.46)f_{cu28} \tag{36-81}$$

$$f_{cu90}=(1.43\sim1.80)f_{cu28} \tag{36-82}$$

$$f_{cu90}=(2.37\sim3.73)f_{cu7} \tag{36-83}$$

$$f_{cu90}=(1.73\sim2.82)f_{cu14} \tag{36-84}$$

上式中 f_{cu7}、f_{cu14}、f_{cu28}、f_{cu60}、f_{cu90} 分别为 7d、14d、28d、60d 和 90d 龄期的水泥土无侧限抗压强度。

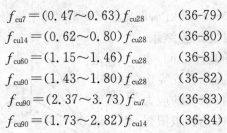

图 36-17 水泥土的 f_{cu7} 和 f_{cu28} 的关系曲线

当龄期超过 3 个月后,水泥土的强度增长才减缓。同样,据电子显微镜观察,水泥和土的硬凝反应约需 3 个月才能充分完成。因此水泥土选用 3 个月龄期强度作为水泥土的标准强度间关系其线性较差,离散性较大。其他龄期下水泥土强度与标准强度间经统计后有下列关系式:

$$f_{cu3}(0.26\sim0.629)f_{cu90} \tag{36-85}$$

$$f_{cu7}(0.30\sim0.50)f_{cu90} \tag{36-86}$$

$$f_{cu28}=(0.60\sim0.75)f_{cu90} \tag{36-87}$$

c. 水泥强度等级对强度的影响

水泥土的强度随水泥强度等级的提高而增加。由表 36-24 可见,水泥强度等级提高 10 级,水泥土的强度 f_{cu} 约增大(50~90)%。如要求达到相同强度,水泥强度等级提高 10 级,可降低水泥掺入比(2~3)%。

水泥强度等级对水泥土强度的影响 表 36-24

水泥掺入比 a_w(%)	水泥强度等级	无侧限抗压强度 f_{cu90}(MPa)	$\dfrac{f_{cu}(42.5 级水泥)}{f'_{cu}(32.5 级水泥)}$
7	32.5 号	0.56	1.96
	42.5	1.096	
10	32.5	1.124	1.59
	42.5	1.790	

水泥掺入比 a_w（%）	水泥强度等级	无侧限抗压强度 f_{cu90}（MPa）	$\dfrac{f_{cu}（42.5级水泥）}{f'_{cu}（32.5级水泥）}$
15	32.5	2.270	1.54
	42.5	3.485	

d. 土样含水率对强度的影响

水泥土的无侧限抗压强度 f_{cu} 随着土样含水率的降低而增大，由表 36-25 可见，当土的含水量从 157％降低至 47％时，无侧限抗压强度则从 260kPa 增加到 2 320kPa。一般情况下，土样含水率每降低 10％，则强度可增加 10％～50％。

含水率与强度的关系　　　　　　　　　　　　　　　　　　　表 36-25

含水率（%）	天然土	47	62	86	106	125	157
	水泥土	44	59	76	91	100	126
f_{cu28}（MPa）		2 320	2 120	1 340	730	470	260

注：水泥掺入比 10％。

e. 土样中有机质含量对强度影响

图 36-18 为某地两种海相沉积的淤泥质土，Ⅰ 土有机质含量为 1.3％，Ⅱ 土为 10％，由图中可见，有机质含量少的水泥土强度比有机质含量高的水泥土强度大得多。由于有机质使土体具有较大的水溶性和塑性，较大的膨胀性和低渗透性，并使土具有酸性，这些因素都阻碍水泥水化反应的进行。因此，有机质含量高的软土，单纯用水泥加固的效果较差。

f. 外掺剂对强度的影响

不同的外掺剂对水泥土强度有着不同的影响。如木质素碳酸钙对水泥土强度的增长影响不大，主要起减水作用。石膏、三乙醇胺对水泥土强度有增强作用，而其增强效果对不同土样和不同水泥掺入比又有不同，所以选择合适的外掺剂可提高水泥土强度和节约水泥用量。

一般早强剂可选用三乙醇胺。氯化钙。碳酸钙或水玻璃等材料，其掺入量宜分别取水泥质量的 0.05％、2％、0.5％ 和 2％；减水剂可选用木质素碳酸钙、其掺入量宜取水泥质量的 0.2％；石膏兼有缓凝和早强的双重作用，其掺入量宜取水泥质量的 2％。

掺加粉煤灰的水泥土，其强度一般都比不掺粉煤灰的有所增长，如图 36-19 所示。不同水泥掺入比的水泥土，当掺入与水泥等量的粉煤灰后，强度均比不掺粉煤灰的提高 10％，故在加固软土时掺入粉煤灰，不仅可消耗工业废料，还可稍微提高水泥土的强度。

g. 养护方法

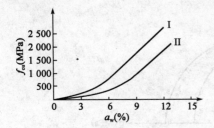

图 36-18　有机质含量与水泥土强度关系曲线

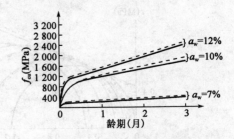

图 36-19　粉煤灰对强度的影响

注：实线为不掺粉煤灰的水泥土；虚线为掺粉煤灰的水泥土

养护方法对水泥土的强度影响主要表现在养护环境的湿度和温度(表 36-26)。

国内外试验资料都说明,养护方法对短龄期水泥土强度影响很大,随着时间的增长,不同养护方法下的水泥土无侧限抗压强度趋于一致,说明养护方法对水泥土后期强度的影响较小。

养护环境对水泥土强度的影响($a_w = 10\%$)　　　　　　　　　表 36-26

龄期 (d)	水泥土无侧限抗压强度(MPa)		
	标准水中养护	标准养护	自然水中养护
7	0.316	0.667	0.392
28	0.623	1.473	1.073
90	1.124	0.978	1.165

②抗拉强度 σ_t

水泥土的抗拉强度 σ_t 随无侧限抗压强度 f_{cu} 的增长而提高。从表 36-27 可见,当水泥土的抗压强度 $f_{cu} = 0.500 \sim 4.00$MPa 时,其抗拉强度 $\sigma_t = 0.05 \sim 0.70$MPa,即 $\sigma_t = (0.06 \sim 0.30)f_{cu}$。

抗拉强度与抗压强度对比值　　　　　　　　　　表 36-27

无侧限抗压强度 f_{cu}(MPa)	抗拉强度 σ_t(MPa)	$\dfrac{\sigma_t}{f_{cu}}$(%)
0.51	0.15	29.4
0.43	0.34	23.8
2.01	0.47	23.4
2.64	0.50	18.9
3.34	0.65	19.5
4.19	0.75	17.9
0.376	0.068	18.1
0.500	0.046	9.2
1.154	0.094	8.1
1.790	0.122	6.8
3.485	0.222	6.4

③抗剪强度

由表 36-28 和图 36-20 中试验表明,水泥土的抗剪强度随抗压强度额增加而提高。当 $f_{cu} = 0.30 \sim 4.0$MPa,其黏聚力 $c = 0.10 \sim 1.0$MPa,一般约为 f_{cu} 的 $20\% \sim 30\%$。其内摩擦角变换在 $20° \sim 30°$。

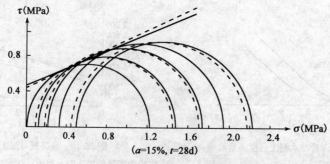

图 36-20　水泥土三轴试验的强度包络线

水泥土在三轴剪切试验中受剪破坏时,试件有清楚而平整的剪切面,剪切面与最大主应力面夹角约为 $60°$。

④变形模量

当垂直应力达 50% 无侧限抗压强度时,水泥土的应力与应变的比值,称之为水泥土的变形模量 E_{50}。由表 36-29 可见,当 $f_{cu}=0.1\sim3.5MPa$ 时,其变形模量 $E_{50}=(10\sim550)MPa$,即 $E_{50}=(80\sim150)f_{cu}$。

⑤压缩系数和压缩模量

水泥土的压缩系数约为 $(2.0\sim3.5)\times10^{-5}(kPa)^{-1}$,其相应的压缩模量 $E_s=(60\sim100)MPa$。

（3）水泥土抗冻性能

水泥土事件在自然负温下进行抗冻试验表明,其外观无明显变化,仅少数试块表面出现裂缝,并有局部微膨胀或出现片状剥落及边角脱落,单深度及面积均不大,可见自然冰冻不会造成水泥土深部的结构破坏。

水泥土抗剪强度与抗压强度关系   表 36-28

试验方法	无侧限抗压强度 f_{cu}(MPa)	抗剪强度		$\dfrac{c}{f_{cu}}$(%)
		黏聚力 c(MPa)	内摩擦角 φ(°)	
直剪快剪	0.315	0.133	23	42.2
	0.623	0.161	26.5	25.8
	1.124	0.271	31	24.1
	1.315	0.289	32	22.0
三轴不排水剪	0.28	0.10	16	35.7
	0.52	0.17	21	32.6
	0.623	0.19	27	30.5
	1.315	0.30	27	29.7
	1.43	0.36	22	25.1
	2.01	0.48	23	23.8
	2.12	0.51	26	24.0
	2.64	0.74	21	28.0
	2.57	0.76	25	29.5
	3.21	0.86	27	26.7
	4.19	1.16	23	27.6

水泥土的变形模量   表 36-29

试件强度等级	无侧限抗压强度 f_{cu}(MPa)	破坏时应变 ε_t(%)	变形模量 E_{50}(MPa)	$\dfrac{E_{50}}{f_{cu}}$
1	0.105	2.13	10.1	96
2	0.135	2.35	11.1	82
3	0.254	2.00	28.5	112
4	0.276	1.43	34.5	125

试件强度等级	无侧限抗压强度 f_{cu}(MPa)	破坏时应变 ε_f(%)	变形模量 E_{50}(MPa)	$\dfrac{E_{50}}{f_{cu}}$
5	0.482	1.36	70.9	147
6	0.493	1.06	53.6	109
7	0.536	0.86	66.2	123
8	0.694	1.00	83.6	120
9	0.918	1.14	117.7	128
10	0.970	1.00	116.9	120
11	1.164	1.28	136.9	118
12	1.399	1.00	175.0	125
13	1.436	1.14	186.5	130
14	1.942	1.07	294.2	152
15	2.513	1.20	330.6	131
16	3.036	0.90	474.3	156
17	3.450	1.00	420.7	121
18	3.518	0.80	541.2	153

水泥土试块经长期冰冻后的强度与冰冻前的强度相比几乎没有增长。但回复正温后其温度能继续提高,冻后正常养护 90d 的强度与标准强度非常接近,抗冻系数达 0.9 以上。

在自然温度不低于 $-15℃$ 的条件下,冰冻对水泥土结构损害甚微。在负温时,由于水泥与黏土间的反应减弱,水泥土强度增长缓慢;正温后随着水泥水化等反应的继续深入,水泥土的强度可接近标准强度。因此,只要地温不低于 $-10℃$,就可以进行水泥土搅拌法的冬季施工。

2. 水泥土搅拌桩的野外试验

1)试验目的

(1)根据水泥土室内配合比试验求得的最佳配方,进行现场成桩工艺试验。

(2)在相同的水泥掺入比条件下,推求室内试块与现场桩身强度的关系。

(3)比较不同桩长与不同桩身强度的单桩承载力。

(4)确定桩土共同作用的复合地基承载力。

2)试验方法

(1)在桩身不同部位切取试件,运回试验室内分割成与室内试块同样尺寸的现场试件,在相同龄期时比较室内外试块强度间关系。

(2)单桩与复合地基的承载力试验。

(3)为了解复合地基的反力分布、应力分配,可在荷载板下不同部位埋设土压力盒。

3)试验结果

(1)正常情况下,现场水泥土强度 $f_{cu,f}$ 与室内水泥土试块强度 $f_{cu,k}$ 的关系为:

$$f_{cu,f}=(0.2\sim0.5)f_{cu,k}$$

(2)单桩和复合地基承载力设计值可根据载荷试验 $p-s$ 曲线取 $\dfrac{s}{b}$ 或 $\dfrac{s}{d}=0.01$ 所对应的荷载。

（3）水泥土搅拌桩可能在桩土间摩阻力与桩端承力未充分发挥前，因桩强度低而产生桩体本身破坏，此时桩的极限承载力往往不是由桩土间摩阻力和桩端承载力所控制，而是由桩体本身强度所控制。因此，桩身强度与承载力的匹配是保证加固质量的关键。

三、设计计算

1. 水泥土搅拌桩的设计

水泥搅拌法的设计，主要是确定搅拌桩的置换率和长度。竖向承载搅拌桩的长度应根据上部结构对承载力和变形的要求确定，并宜穿透软弱土层到达承载力相对较高的土层，为提高抗滑稳定性而设置的搅拌桩，其桩长应超过危险滑弧一下 2m。湿法的加固深度不宜大于 20m；干法不宜大于 15m。水泥土搅拌的直径不应小于 500mm。

1）对地质勘察的要求

除了一般常规要求外，对下述各点应予以特别重视：

（1）土质分析：有机质含量，可溶盐含量，总烧失量等。

（2）水质分析：地下水的酸碱度（pH）值，硫酸盐含量。

2）加固形式的选择

搅拌桩可布置成柱状、壁状和块状三种形式。

（1）柱状：每隔一定的距离打设一根搅拌桩，即称为柱状加固形式。适合于单层工业厂房独立柱基础和多层房屋条形基础下的地基加固。

（2）壁状：将相邻搅拌桩部分重叠搭接称为壁状加固形式。适用于深基坑开挖时的边坡加固以及建筑物长高比较大、刚度较小，对不均匀沉降比较敏感的多层砖混结构房屋条形基础下的地基加固。

（3）块状：对上部结构单位面积荷载大，对不均匀下沉控制严格的构筑物地基进行加固时可采用这种布桩形式。它是纵横两个方向的相邻桩搭接而形成的。如在软土地区开挖深金坑时，为防止坑底隆起也可采用块状加固形式。

2. 水泥土搅拌桩加固地基施工计算

深层搅拌法加固地基施工计算有以下几项：

（1）桩水泥掺入比及掺入量计算

深层搅拌桩水泥掺入比 α_w，可根据要求选用 7％、10％、12％、14％、15％、18％、20％等，可按下式计算：

$$\alpha_w = \frac{W}{W_0} \times 100\% \tag{36-88}$$

水泥掺量 α 按下式计算：

$$\alpha = \frac{W}{V} \tag{36-89}$$

式中：α_w——水泥掺入比（％）；

$\quad W_0$——被加固软土的湿质量（kg）；

$\quad W$——掺入的水泥质量（kg）；

$\quad \alpha$——水泥掺量（kg/m³）；

$\quad V$——被加固土的体积（m³）。

水泥掺量一般采用 180～250kg/m³；湿法的水泥浆水灰比可选用 0.45～0.55。

水泥土的无侧限抗压强度试验资料见表36-23;水泥土强度与水泥掺入比、龄期的关系曲线如图36-15和图36-16所示。

(2)搅拌桩承载力计算

①搅拌桩复合地基承载力特征值 f_{spk} 应通过现场复合地基载荷试验确定,也可按式(36-90)估算:

$$f_{spk}=m\frac{R_a}{A_p}+\beta(1-m)f_{sk} \tag{36-90}$$

式中:f_{sk}——桩间天然地基土承载力特征值(kPa),可取天然地基承载力特征值;

β——桩间土承载力折减系数。当桩端土(为硬土)未经修正的承载力特征值大于桩侧土的承载力特征值的平均值时,可取 0.1～0.4,差值大时取低值;当桩端土(为软土)未经修正的承载力特征值小于或等于桩测土的承载力特征值的平均值时,可取 0.5～0.9,差值大时取高值;当设置褥垫层时均取高值;

m——面积置换率;

R_a——水泥土桩单桩竖向承载力特征值(kN);

A_p——搅拌桩截面积(m²)。

②搅拌桩单桩竖向承载力特征值应通过现场载荷试验确定。初步设计时也可按式(36-91)估算,并应同时满足式(36-92)的要求。一般宜使由桩身材料强度确定的单桩承载力大于由桩周土和桩端土的抗力所提供的单桩承载力。

$$R_a=u_p\sum_{i=1}^{n}q_{si}l_i+aq_pA_p \tag{36-91}$$

$$R_a=\eta f_{cu}A_p \tag{36-92}$$

式中:f_{cu}——与搅拌桩桩身水泥土配合比相同的室内加固土试块(边长为 70.7mm 的立方体,也可采用边长为 50mm 的立方体)在标准养护条件下 90d 龄期的立方体抗压强度平均值(kPa);

n——桩长范围内划分的土层数;

η——桩身强度折减系数,干法可取 0.20～0.30;湿法可取 0.25～0.33;

u_p——桩的周长(m);

q_{si}——桩周第 i 层土的侧摩阻力特征值。对淤泥可取 5～8kPa;对淤泥质土可取 8～12kPa;对软塑状态的黏性土可取 10～15kPa;对可塑状态的黏性土可以取 12～18kPa;

l_i——桩长范围内第 i 层土的厚度(m);

q_p——桩端地基土未经修正的承载力特征值(kPa),可按现行的国家标准《建筑地基基础设计规范》(GB 50007—2011)的有关规定确定;

a——桩端天然地基土的承载力折减系数,可取 0.4～0.6,承载力高时取低值。

(3)搅拌桩的置换率计算

搅拌桩的置换率可根据设计要求的单桩竖向承载力 R_a 和复合地基承载力标准值 f_{spk} 按式(36-93)计算:

$$m=\frac{f_{spk}-\beta f_{sk}}{\frac{R_a}{A_p}-\beta f_{sk}} \tag{36-93}$$

符号意义同前。

664

（4）搅拌桩的总数计算

桩布桩形式可采用正方形或等边三角形，其桩总数可按式（36-94）计算：

$$n=\frac{mA}{A_p} \tag{36-94}$$

式中：n——搅拌桩总桩数；

　m——面积置换率；

　A——地基加固的面积（m^2），即基础底面积；

　A_p——桩的截面积（m^2）。

根据求得的总桩数，即可进行搅拌桩的平面布桩。

（5）搅拌桩下卧层强度验算

当搅拌桩设计为摩擦型，桩的置换率较大（一般 m>20%），且非单行竖向排列时，由于每根单桩不能充分发挥单桩的承载力作用，此时应按群桩作用原理对下卧层地基强度进行验算，即将搅拌桩和桩间土视为一个假想的整体实体基础，考虑假想实体基础侧面与土的摩擦力，则假想基础底面（下卧层地基）的承载力按下式验算（图 36-21）：

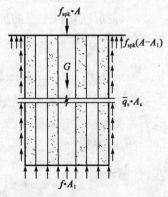

图 36-21　搅拌桩下卧土层强度验算

$$f=\frac{f_{skp} \cdot A+G-\bar{q}_s A_s-f_{sk}(A-A_1)}{A_1}<[f] \tag{36-95}$$

式中：f——假想实体基础底面压力（kPa）；

　f_{spk}——复合地基承载力标准值（kPa）；

　A——地基加固的面积（m^2）；

　A_1——假想实体基础底面积（m^2）；

　G——假想实体基础自重（kN）；

　$\bar{q}_s$——作用在假想实体基础侧壁上的平均容许摩阻力（kPa）；

　A_s——假想实体基础侧表面积（m^2）；

　f_{sk}——假想实体基础边缘软土的承载力（kPa）；

　$[f]$——假想实体基础底面经修正后的容许地基承载（kPa）。

当验算不能满足要求时，须重新设计单桩，直至满足要求为止。

（6）水泥土搅拌桩沉降验算

水泥土搅拌桩复合地基变形 s 的计算，包括搅拌桩复合土层的平均压缩变形 s_1 和桩端下未加固土层的压缩变形 s_2 之和，即：

$$s=s_1+s_2 \tag{36-96}$$

其中：

$$s_1=\frac{(p_z+p_{zl})l}{2E_{sp}} \tag{36-97}$$

$$p_z=\frac{f_{spk}A-f_{sk}(A-A_1)}{A_1} \tag{36-98}$$

$$p_{zl}=f-\gamma_p l \tag{36-99}$$

$$E_{sp}=mE_p+(1-m)E_s \tag{36-100}$$

式中：p_z——搅拌桩复合土层顶面的附加压力值（kPa）；

　p_{zl}——搅拌桩复合土层底面的附加压力值（kPa）；

E_{sp}——搅拌桩复合土层的压缩模量(kPa);

　f——假想实体基础底面压力(kPa);

　l——水泥土搅拌桩桩长(m);

E_p——水泥土搅拌桩的压缩模量,可取$(100\sim120)f_{cu}$(kPa)。对桩较短或桩身强度较低者取低值,反之取高值;

　E_s——桩间土的压缩模量(kPa);

　γ_p——桩群底面以上土的加权平均重度(kN/m³)。

桩群体的压缩变形 s_1 也可根据上部结构、桩长、桩身强度等不同情况按经验取10～40mm。

桩端以下未加固土层的压缩变形 S_2 可按国家标准《建筑地基基础设计规范》(GB 50007—2011)有关规定确定进行计算。

有关水泥土搅拌桩的施工技术要求和质量检验的规定,按《建筑地基处理技术规范》(JGJ 79—2002)的内容执行。

四、计算示例

【例 36-21】 有一7层点式住宅楼位于滨海深厚淤泥质土上,基底面积为$228m^2$,基底压力设计值 $p=150$kPa,淤泥质土地基承载力标准值 $f_{sk}=70$kPa,桩端土承载力特征值 $q_p=180$kPa,桩周土的侧摩阻力特征值 $q_s=8.5$kPa。拟选用 SJB-1 型深层搅拌机加固地基,形成的搅拌桩截面积 $A_s=0.71m^2$,桩周长 $u_p=3.35$m,室内测得水泥土试块的无侧限抗压强度 $f_{cu}=1\,080$kPa(采用 P·O425 水泥,掺量为 14%),试对地基进行加固设计,使满足承载力的要求。

解: 试选桩长 $l=10$m,置换率 $m=30\%$

(1)单桩竖向承载力特征值

由式(36-91)得:$R_a=u_p\sum\limits_{i=1}^{n}q_{si}l_i+aq_pA_p=3.35\times8.5\times10+0.5\times180\times0.71=348.6$(kN)

由式(36-92)得:$R_a=\eta f_{cu}A_p=0.4\times1\,080\times0.71=306.7$(kN)

取 $R_a=306.7$kN

(2)复合地基承载力特征值

由式(36-90)得:

$$f_{spk}=m\frac{R_a}{A_p}+\beta(1-m)f_{sk}=0.3\times\frac{306.7}{0.71}+0.7\times(1-0.3)\times70=163.9(kPa)$$

已知基底压力设计值 $p=150$kPa,满足地基承载力要求。

(3)搅拌桩布置数量 $n=\dfrac{mA}{A_p}=\dfrac{0.3\times228}{0.71}=96$(根)

【例 36-22】 某独立柱基础,其上部结构传至基础顶面的竖向力标准值 $F_k=1\,360$kN,基础及其工程地质剖面土如图 36-22 所示。由于建筑场地的限制,基底指定设计成正方形,基底边长为 3.5m,天然地基承载力不能满足设计要求,需对地基进行处理,采用水泥土搅拌法处理柱基下淤泥质土,形成复合地基,使其承载力满足设计要求。已知设计参数如下:

(1)桩直径 0.5m,桩长 8m。

(2)桩身试块无侧限抗压强度平均值 $f_{cu}=1\,800$kPa。

(3)桩身强度折减系数 $\eta=0.3$。

666

(4)桩周土的平均摩阻力 $q_s=10kPa$。

(5)桩端天然地基土的承载力折减系数 $\alpha=0.5$。

(6)桩间土承载力折减系数 $\beta=0.3$。

试计算面积置换率 m 及搅拌桩的桩数 n。

解: 由桩周土和桩端土抗力提供的单桩承载力特征值按式(36-91)得:

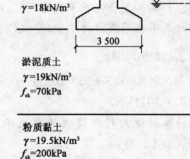

图 36-22 【例 36-22】基础及其工程地质剖面图(尺寸单位:mm)

$$R_a=u_p\sum_{i=1}^{n}q_{si}l_i+aq_pA_p$$
$$=1.57\times10\times8+0.5\times200\times0.196$$
$$=145.2(kN)$$

由桩身强度计算的单桩承载力特征值按式(36-92)得:

$$R_a=\eta f_{cu}A_p=0.3\times1\,800\times0.196=105.84(kN)$$

取两者中小值计算复合地基承载力特征值。

因为经深度修正后复合地基承载力特征值可按式(34-9)即:

$$f_a=f_{spk}+\eta_d\gamma_m(d-0.5)$$

由于:

$$f_a=\frac{F_k+G_k}{A}=\frac{1\,360+3.5\times3.5\times1.25\times20+3.5\times3.5\times1.25\times10}{3.5\times3.5}=148.5(kPa)$$

$$r_m=\frac{18\times1.25+8\times1.25}{2.5}=13(kN/m^3)$$

代入式(34-9)中修正后复合地基承载特征值为:

$$f_a=f_{skp}-\eta_d\gamma_m(d-0.5)=148.5-1.0\times13\times(2.5-0.5)=122.5(kPa)$$

代入复合地基承载力特征值计算公式(36-90)中:

$$f_{spk}=m\frac{R_a}{A_p}\times\beta(1-m)f_{sk}$$

得:

$$122.5=m\frac{105.84}{0.196}+0.3\times(1-m)\times70$$

由此得 $m=0.181$。

因 1 根桩承担的处理面积为:

$$A_e=\frac{A_p}{m}=\frac{0.196}{0.181}=1.08(m^2)$$

所以搅拌桩的桩数:

$$n=\frac{3.5\times3.5}{1.08}=11.3$$

取 $n=12$ 根。

【例 36-23】 某办公楼 5 层框架结构,片筏基础 $bl=14m\times32m$,板厚为 0.46m,基础埋置深度为 0.2m,土层为黏土,其他各类参数如图 36-23 所示。地基采用粉喷桩复合地基,桩径 0.55m,桩长 12m,桩端土承载力折减系数 $\alpha=0.6$,桩身强度折减系数 $\eta=0.3$,粉喷桩立方体试块抗压强度 $f_{cu}=1\,800kPa$,桩间土承载力折减系数 $\beta=0.8$,置换率 $m=0.26A_p=3.14\times(0.55/2)=0.24m^2$,试计算:

667

(1)验算复合地基承载力是否满足要求。

(2)验算复合地基软弱下卧层承载力。

(3)计算复合地基的沉降。

解:(1)验算复合地基承载力

①计算单桩承载力特征值,按式(36-91)得:

$$R_a = u_p \sum_{i=1}^{n} q_{si} l_i + a q_p A_p$$
$$= 1.73 \times (18 \times 1.5 + 10 \times 10.5) + 0.6 \times 60 \times$$
$$0.24 = 237(kN)$$

②计算桩体材料所提供的单桩承载力特征值,按式(36-92)得:

$$R_a = \eta f_{cu} A_p = 0.3 \times 1\,800 \times 0.24$$
$$= 129.64(kN) < 237kN$$

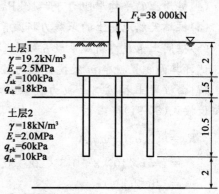

图 36-23 【例 36-23】计算示意图(尺寸单位:m)

所以单桩承载力特征值 R_a 取 129.64kN。

③计算复合地基承载力特征值,按式(36-90)得:

$$f_{spk} = m\frac{R_a}{A_p} + \beta(1-m)f_{sk} = 0.26 \times \frac{129.6}{0.24} + 0.8 \times (1-0.26) \times 100 = 200(kPa)$$

经深度修正后的复合地基承载力特征值,按式(34-9)得:

$$f_a = f_{spk} + \eta_d \gamma_m (d-0.5) = 200 + 1.0 \times 9.2 \times (2-0.5) = 213.8(kPa)$$

基础底面处的平均压力为:

$$p_k = \frac{F_k + G_k}{A} = \frac{38\,000 + 14 \times 32 \times 2 \times 200}{14 \times 32} = 124.9(kPa) < f_a = 213.8kPa$$

复合地基承载力满足要求。

(2)验算复合地基软弱下卧层承载力。软弱下卧层地基承载力应满足下式:

$$p_z + p_{cz} \leqslant f_a$$

由于

$$p_z = 9.2 \times 3.5 + 8 \times 12.5 = 132(kPa)$$

$$p_k = 124.9kPa$$

桩端以下 2.0m 的土层 2 压缩模量 $E_s = 2\,000kPa$。土层 3 软弱下卧层 $E_s = 1\,500kPa$,由 $E_{s1}/E_{s2} = 2\,000/1\,500 = 1.33, z/b = 14/14 = 1$,查表(34-15)得 $\theta = 23°$。

软弱下卧层顶面处的附加压力为:

$$p_z = \frac{bl(p_k - p_c)}{(b+2z\tan\theta)(l+2z\tan\theta)} = \frac{14 \times 32 \times (124.9 - 9.2 \times 2)}{(14+2 \times 14\tan23°)(32+2 \times 14\tan23°)} = \frac{47\,712}{1\,136} = 42(kPa)$$

因为软弱下卧层顶面处经深度修正后的地基承载力特征值按式(34-9)得:

$$f_a = f_{spk} + \eta_d \gamma_m (d-0.5)$$

$$\gamma_m = \frac{9.2 \times 3.5 + 8 \times 1.25}{16} = 8.3(kN/m^3)$$

$$\eta_d = 1.0$$

$$f_a = 80 + 1.0 \times 8.3 \times (16-0.5) = 209(kPa)$$

$$p_z + p_{cz} = 42 + 132 = 174(kPa) < f_a = 209kPa$$

所以软弱下卧层地基承载力满足要求。

(3)计算复合地基的沉降

①计算复合土层的压缩模量。搅拌桩的压缩模量 E_p 可取 $(100\sim120)f_{cu}$，即：

$$E_p = 100f_{cu} = 100 \times 1\,800 = 1.8 \times 10^5 (\text{kPa})$$

在桩长范围桩间土的 E_s 取加权平均值，即：

$$E_s = \frac{2.5 \times 1.5 + 2 \times 10.5}{12} = 2.06(\text{kPa})$$

复合土层的压缩模量按式(36-100)得：

$$E_{sp} = mE_p + (1-m)E_s = 0.26 \times 1.8 \times 10^5 + (1-0.26) \times 2\,060 = 48\,324(\text{kPa})$$

②搅拌桩复合土层的压缩变形 s_1 按式(36-97)得：

$$s_1 = \frac{(p_z + p_{z1})l}{2E_{sp}}$$

基础底面处的平均压力值 p_k 为 124.9kPa，搅拌桩复合土层顶面的附加压力为：

$$p_z = p_k - \gamma_m d = 124.9 - 9.2 \times 2 = 106.5(\text{kPa})$$

由 $E_{sp}/E_s = 48\,324/2\,000 = 24.2$，$z/b = 12/14 = 0.86$，查表(34-15)得 $\theta = 23°$，搅拌桩复合土层底面的附加压力 p_{z1} 为

$$p_z = \frac{bl(p_k - p_c)}{(b+2z\tan\theta)(l+2z\tan\theta)} = \frac{14 \times 32 \times (124.9 - 9.2 \times 2)}{(14 + 2 \times 12\tan23°)(32 + 2 \times 12\tan23°)} = \frac{47\,712}{1\,277.4} = 37.4(\text{kPa})$$

搅拌桩复合土层的压缩变形 s_1 为：

$$s_1 = \frac{(106.5 + 37.4) \times 12}{2 \times 48\,324} = 17.9(\text{mm})$$

③桩端以下土体变形 S_2 按式(33-68)进行计算：

$$s_2 = \psi_s s' = \psi_s \sum_{n-1}^{n} \frac{p_0}{E_{si}}(z_i \bar{a}_i - z_{i-1}\bar{a}_{i-1})$$

复合土层地面的附加压力 $p_0 = p_{z1} = 37.4\text{kPa}$，土层3与土层2的压缩模量分别为 $E_{s1} = 2.0\text{MPa}$，$E_{s2} = 1.5\text{MPa}$

复合土层底面以下土层的沉降计算如表36-30所示。

桩端以下土层沉降计算 表36-30

$z(\text{m})$	l/b	z/b	$\bar{a}_i$	$z_i\bar{a}_i$	$z_i\bar{a}_i - z_{i-1}\bar{a}_{i-1}$	$E_{si}(\text{MPa})$	$s'_i(\text{mm})$	$\sum s'_i(\text{mm})$
0	2.28	0	$4 \times 0.25 = 1.0$	0				
2	2.28	0.29	$4 \times 0.2492 = 0.9968$	1.994	1.994	2.0	37.3	37.3
10	2.28	1.43	$4 \times 0.2197 = 0.8788$	8.79	6.8	1.5	169.5	206.8
19	2.28	2.71	$4 \times 0.1734 = 0.6936$	13.18	4.39	1.5	109.5	316.3
20	2.28	2.86	$4 \times 0.1688 = 0.6752$	13.5	0.32	1.5	8.0	324.3

计算深度初步估算为：

$$z_n = b(2.5 - 0.4\ln b) = 14 \times (2.5 - 0.4 \times \ln 14) \approx 20(\text{m})$$

当 $z_n = 20\text{m}$ 时，$\sum s'_i = 324.3\text{mm}$，$z$ 为 19~20m，$s' = 8.0\text{mm} \leqslant 0.025 \times 324.3 = 8.11(\text{mm})$，满足要求。

计算 z 深度范围内压缩模量当量值 $\bar{E}_s$，即：

$$\bar{E}_s = \frac{\sum A_i}{\sum \dfrac{A_i}{E_{si}}} = \frac{p_0 \times 13.5}{p_0\left(\dfrac{1.994}{2.0} + \dfrac{6.8}{1.5} + \dfrac{4.39}{1.5} + \dfrac{0.32}{1.5}\right)} = 1.56(\text{MPa})$$

查表36-71，得 $\psi'_s = 1.1$，所以：

$$s_2 = \psi'_s s' = 1.1 \times 324.3 = 356.7 \text{(mm)}$$

④搅拌桩复合地基最终沉降为

$$s = s_1 + s_2 = 17.9 + 356.7 = 374.6 \text{(mm)}$$

【例 36-24】 某住宅小区场地位于长江及秦淮河的漫滩地带,住宅楼主要有 7 层点式和 6 层条式,所处地层为高压缩性流塑态的淤泥质粉质黏土,厚度超过 30m。

1. 地质情况（表 36-31）

各层土物理力学性质指标 表 36-31

层 次	层厚 (m)	土 名	含水率 $w(\%)$	重度 $\gamma(\text{kN/m}^3)$	孔隙比 e	塑性指标 I_p	液性指标 I_L	黏聚力 $c(\text{kPa})$	内摩擦角 $\varphi(°)$	压缩模量 $E_s(\text{kPa})$	承载力设计值 (kPa)
①-2	0～1.5	淤泥及淤泥质填土素填土淤泥质粉质黏土	54	16.9	1.50	18	1.66	4	12.6	1 560	
	1.5～3.0		40	18.2	1.10	20	0.85	12	13.5	3 640	75
①-3②	未穿		47	17.4	1.31	14	1.78	4	17.5	2 090	60

2. 设计

7 层点式住宅楼荷重较大,基底压力达 150kPa,但上部建筑相对刚度较大,因此建筑物沉降将比较均匀,故采用柱状加固形式。6 层条式住宅楼虽其基底压力小于 140kPa,但上部建筑长高比较大,刚度相对较小,易产生不均匀沉降,因此采用壁状加固形式,即桩与桩搭接成壁,纵横方向的水泥土壁又交叉呈格栅状连成一个整体,如同一个不封底的箱形基础。此外,对一半基础底座在新填的鱼塘上,另一半坐落在岸坡上的条式住宅楼,则通过不同的桩长设计来调整不均匀沉降。

设计桩长 9m（考虑场地高程与基底高程间距离,搅拌加固深度 D 为 10m）,桩横截面积 $A = 0.71\text{m}^2$,周长 $U_p = 3.35\text{m}$,桩侧平均摩阻力 $\bar{q}_s$ 取 8.5kPa,单桩承载力 R_a 按摩擦型桩计算,按式(36-91)得:

$$R_a = u_p \sum q_{si} l_i = 256 \text{(kN)}$$

按式(36-92)得:桩身水泥土强度为:$f_{cu} = \dfrac{R_a}{\eta A_p}$
$= 870 \text{(kPa)}$

根据室内配合比试验,相应于 $f_{cu} = 870\text{kPa}$ 的水泥土配方为 10% 的水泥掺入比（采用 32.5 级普通硅酸盐水泥）。

按式(36-93)得搅拌桩置换率为:$m = \dfrac{f_{skp} - \beta f_{sk}}{\dfrac{R_a}{A_p} - \beta f_{sk}}$

$= 31.6 (\%)$

式中:β——桩间土承载力折减系数,β 取 0.7。

按式(36-94)得桩的总根数 n 为:

桩数 $n = \dfrac{mA}{A_p} = 102$（根）

根据各轴线的荷载差别,桩的平面如图 36-24 所示。

群桩基础验算:

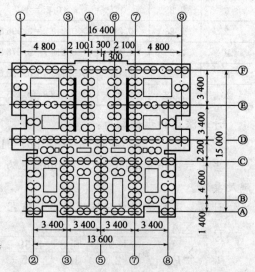

图 36-24 点式住宅楼搅拌桩桩位布置(尺寸单位:mm)

将加固后的桩群视为一个格子状的假想实体基础,格子状基础纵向壁宽 1.2m,横向壁宽 0.7m,水下水泥土平均重度取 8.8kN/m^3。则实体基础底面积 $A_1=138.2m^2$,侧面积 $A_s=2\,300m^2$,自重 $G=1\,094kN$。

(1)承载力验算

实体基础底面修正后的地基承载力设计值按式(34-9)得:

$$f_a = f_{spk} + \eta_d \gamma_m (d-0.5) = 140.6(kPa)$$

式中:η_d——基础埋深的承载力修正系数,$\eta_d=1$;

γ_m——基底以上土的加权平均重度,$\gamma_m=8.8kN/m^3$。

实体基础底面压力按式(36-95)得:

$$f' = \frac{f_{spk}A + G - \bar{q}_s A_s - f_{sk}(A-A_1)}{A_1}$$
$$= 136.8(kPa) < [f]$$

(2)沉降验算

住宅楼基础总沉降量 s 主要由桩群体的压缩变形 s_1 和桩端土的变形 s_2 组成。

桩群顶面的平均压力按式(36-98)得:

$$p = \frac{f_{spk}A - f_{sk}(A-A_1)}{A_1} = 199(kPa)$$

桩群底面土的附加压力 $p_0 = f' - \gamma_p \cdot l = 62.1kPa$

根据桩和桩间土按面积折算,求出桩群体的变形模量 $E_0 = 55.8MPa$。按式(36-97)得:

$$s_1 = \frac{(p_z + p_{zl})l}{2E_{sp}} = 21(mm)$$

s_2 用分层总和法计算,实体基础底面中点的沉降 $s_2 = 71mm$。

则总沉降 $s = s_1 + s_2 = 92(mm)$

3. 施工质量检验

摩擦型水泥土搅拌的桩轴力自上而下逐渐减小,最大桩轴力位于桩顶两倍桩直径的深度范围内,由此推断,现场搅拌工程桩最大的桩轴力应在桩顶 3m 范围内。但这部分受力较大的桩段却往往因缺少上覆土压力或施工不慎而不密实或搅拌不匀,以至影响质量,因此,搅拌桩质量检验的重点一般都放在桩头 4m 范围内。质量检验的手段主要使用轻便触探仪,在工程桩或桩后的一周时间内,来利用轻便触探的钻头提取桩身水泥土样以观察搅拌均匀程度,同事根据轻便触探击数判断各桩段水泥土的强度,检验桩的数量一般占工程桩总数的 3%~5%。

4. 竣工后的沉降观测

18 幢建筑建成后投入使用一年半后,沉降一般为 20~30mm,最大也只有 80mm,且每幢住宅的沉降是比较均匀的,复合原设计要求。本例摘自本书参考文献[37]。

第八节　高压喷射注浆法

一、概述

高压喷射注浆法(High PressureJet Crouting)20 世纪 60 年代后期创始于日本,称之为 CCP,英、美等国称 Jet Crouting。我国于 1972 年开始试验研究,并于 1975 年正式用于工程实践。

高压喷射注浆法,它是利用钻机把带有喷嘴的注浆管钻进至土层的预订位置后,以高压设备使浆液或水成为20MPa左右的高压流从喷嘴中喷射出来,冲击破坏土体,同时钻杆以一定速度渐渐向上提升,将浆液与土粒强制搅拌混合,浆液凝固后,在土中形成一个固结体。固结体的形状和喷射流移动方向有关。一般分为旋转喷射(简称旋喷)、定向喷射(简称定喷)和摆动喷射(简称摆喷)三种形式(图36-25)。

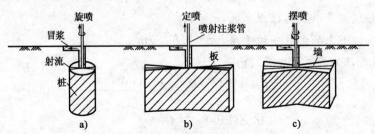

图36-25　高压喷射注浆的三种形式

旋喷法施工时,喷嘴一面喷射一面旋转并提升,固结体呈圆柱状。旋喷法施工主要用于加固地基,提高地基的抗剪强度、改善土的变形性质;也可组成闭合的帷幕,用于截阻地下水流和治理流沙。旋喷法施工后,在地基中形成的圆柱体,称为旋喷桩。

定喷法施工时,喷嘴一面喷射一面提升,喷射的方向固定不变,固结体形如板状或壁状。

摆喷法施工时喷嘴一面喷射一面提升,喷射的方向呈较小角度来回摆动,固结体形如较厚墙状。

定喷及摆喷两种方法通常用于基坑防渗、改善地基土的水流性质和稳定边坡等工程。

二、高压喷射注浆法的种类、特点及其适用性

1. 种类

1)按喷嘴构造分

(1)单管法

单管旋喷注浆法是来利用钻机等设备,把安装在注浆管(单管)底部侧面的特殊喷嘴,置入土层预定深度后,用高压泥浆等装置,以20MPa或更大的压力,把浆液从喷嘴中喷射出去冲击破坏土体,同时借助注浆管的旋转和提升运动,使浆液与从土体上崩落下来的土搅拌混合,经过一定时间凝固,便在土中形成圆柱状的固结体,如图36-26a)所示。日本称为CCP工法。

(2)二重管法

日本称为JSG工法。使用双通道的二重注浆管。当二重注浆管钻进到土层的预定深度后,通过在管底部侧面的一个同轴双重喷嘴,同事喷射出高压浆液和空气两种介质的喷射流冲击破坏土体,即以高压泥浆泵等高压发生装置喷射出20MPa左右压力的浆液,从内喷嘴中高速喷出,并用0.7MPa左右压力把压缩空气,从外喷嘴中喷出。在高压浆液流和它外圈环绕气流的共同作用下,破坏土体的能量显著增大,喷嘴一面喷射一面旋转和提升,最后在土中形成圆柱状固结体。固结体的直径明显增加,如图36-26b)所示。

(3)三重管法

该法在日本称为CJB工法。使用分别输送水、气、浆三种介质的三重注浆管。在以高压泵等高压发生装置产生20MPa左右的高压水喷射流的周围,环绕一股0.7MPa左右的圆筒状

672

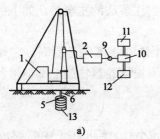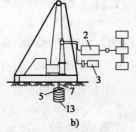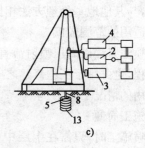

图 36-26　高压喷射注浆法

a)单管法；b)二重管法；c)三重管法

1-钻机；2-高压注浆泵；3-空压机；4-高压水泵；5-喷嘴；6-单管；7-双重管；8-三重管；9-浆桶；10-灰浆搅拌机；11-水箱；12-水泥库；13-喷射注浆加固体

气流，进行高压水喷射流同轴喷射冲切土体，形成较大的孔隙，再另由泥浆泵注入压力为 2～5MPa 的浆液填充，喷嘴做旋转和提升运动，最后便在土中凝固为直径较大的圆柱状固结体，见图 36-26c)。

以上 3 种高压喷射法的工艺参数如表 36-32 所示。

喷射注浆工艺参数

表 36-32

方 法 分 类	单 管 法	二 重 管 法	三 重 管 法	
喷射方式	浆液喷射	浆液、空气喷射	水、空气喷射、浆液注入	
硬化剂	水泥浆	水泥浆	水泥浆	
常用压力(MPa)	15.0～25.0	15.0～25.0	高压力 20.0～30.0	低压 2.0～3.0
喷射量(L/min)	40～70	40～70	40～70	100～200
压缩空气(kPa)	不使用	500～700	500～700	
旋转速度(r/min)	16～20	5～16	5～16	
桩径(mm)	30～600	600～1500	800～2 000	
提升速度(mm/min)	150～250	70～200	70～200	

2)按注浆形式分

(1)旋喷注浆就是利用钻机把带有喷嘴的注浆管钻进至土层的预定位置，以高压设备使浆液或水形成 20～25MPa 的高压流从旋转钻杆的喷嘴中喷射出来，冲击破坏土体。当能量大，速度快和呈现脉动状喷射流的动压超过土体结构强度时，土粒便从土体剥落下来。一部分细小土粒随着浆液冒出水面，其余土粒在喷射流作用下与浆液搅拌混合，并按一定比例和土粒质量大小有规律的重新排列。浆液凝固后，便在土中形成一个固结体。常用于基坑水泥土墙支护及地基加固工程。

(2)定向喷射

定喷法施工时，喷嘴一面喷射一面提升，喷射的方向固定不变，固结体形如壁状，通常用于基坑防渗、改善地基土的水流性质和稳定边坡等工程。

(3)摆动喷射

摆动法施工与定喷法基本相同，喷射方向呈现较小角度来回转动，固结体形如壁状，通常用于基坑防渗、改善地基土的水流性质和稳定边坡等工程。

2. 主要特点

以高压喷射直接冲击破坏土体，浆液与土体半置换为固结体，从施工方法、加固质量及适

用范围,与其他地基处理方法相比,均有独到之处。高压喷射注浆法的主要特征如下:

1)适用的范围较广

旋喷注浆法以高压喷射流直接破坏并加固土体,加固土体的强度明显提高。它即可用于新建工程,也可用于工程修建之中。在工程落成之后,可在不损坏建筑物的上部结构和不影响运营使用的情况下施工。

2)施工简便

旋喷施工时,只需在土层中钻一个孔径为 50~300mm 小孔,便可在土中喷射成直径为0.4~2.0m 的固结体,因而能贴近已有建筑物基础及地下障碍施工,此外成型灵活,它既可在钻孔的全长成柱形固结体,也可仅作其中一段,如在钻孔的中间任何部位。

3)可控制固结体形状

为满足工程的需要,在旋喷过程中,可调整旋喷速度,增减喷射压力或更换喷嘴孔径改变流量,使固结称为设计所需要的直径及形状,表 36-33 是采用不同注浆方式形式的加固体形状及其作用,同时可进行倾斜或水平喷射。成型形状可见图 36-24。

高压喷射注浆固结体形状及作用 表 36-33

注 浆 方 式	成 型 方 式	作 用
定喷	垂直墙状	纵向止水帷幕
	水平板状	横向止水帷幕
旋喷	柱列状	挡土墙、止水帷幕
	柱状	地基加固
摆喷	厚壁状	止水帷幕、稳定边坡

4)有较好的耐久性

在一般的软弱地基中加固,与水泥土搅拌桩类是能得到稳定的加固效果,加固土具有较好的耐久性。

5)设备简单、管理方便

高压喷射注浆全套设备结构紧凑、体积小、机动性强,占地少,能在狭窄和低矮的现场条件下施工。

施工管理简便,在单管、二重管、三重管喷射过程中,通过对喷射的压力,吸浆量和冒浆情况的量测,即可间接地了解旋喷的效果及存在的问题,可即使调整旋喷参数或改变工艺,保证加固质量。

6)无振动、无噪声

施工时机具的振动很小,噪声也较低,不会对周围建筑物带来振动的影响和产生噪声等公害,但该法有大量泥浆排出,易引起污染。

3. 适用范围

1)适用土质条件

高压旋喷注浆加固技术,主要适用于软弱土层。如第四纪的冲(洪)积层、残积层及人工填土等。这些正是基坑工程主要进行处理和加固的地层。

我国的实践证明,砂类土、黏性土、黄土和淤泥都能进行喷射加固,效果较好。但对于砾石直径过大,砾石含量过多及有大量纤维质的腐殖土,喷射质量较差,甚至不如静压注浆。

一般来说,下列土质的加固效果较佳。

砂性土　　　$N<15$

黏性土　　　$N<10$

填土　　　　不含或少量砾石

下列土质条件则需要慎重考虑：

坚硬土层：软岩以上的砂质土以及 $N>10$ 的黏性土。

人工填土层：填筑时间很短的人工填土，尤其是堆积松散、含有块石，存在大量人工填土。

砾砂层：含有卵石的砾砂层，因浆液喷射不到卵石后侧，故常需通过现场试验。

对于地下水流速过大的地层喷射浆液无法在注浆管周围凝固，无填充物的岩溶地段、永冻土和对水泥有研制腐蚀的土质，均不宜采用该法。

2）适用工程范围

高压喷射注浆法既可用于深基坑侧壁挡土或挡水、基坑底部加固、防止管涌与隆起、围护坝的加固止水帷幕等工程，也可用于新建筑的地基加固及旧房的地基处理等多种场合。

表 36-34 列出了高压喷射注浆法适用的工程种类。

适用喷射注浆的工程种类　　　　　　　　　　　　　　　　　　表 36-34

1	挡土墙及地下工程建设	基坑重力式支护结构 防止基坑底部隆起 保护邻近构筑物 地下工程建设 市政排水管道工程
2	防渗帷幕	基坑支护止水帷幕 地下连续墙的补缺 防止涌沙冒水 水库坝基防渗 矿山井巷漏气
3	增大土的摩擦力及黏聚力	防止小型坍方滑坡 锚固基础
4	增加地基强度	提高地基承载力 整治局部地表下沉 桩基础 应力扩散
5	减小振动防止液化	减小设备基础振动 防止砂土液化
6	防止洪水冲刷	防止桥墩、河堤及水工建筑物基础的冲刷

三、喷射注浆加固土的性质

在土层中喷射注浆时，单管、二重管及三重管法，把一部分比较细小的土粒以"半置换"方式带出地面，其余土粒在高压喷射流的冲击力和重力的共同作用下，经过重新排列，组成具有特殊结构的固结水泥土。

黏砂土、砂黏土、粉砂、细砂、中砂、粗砂、砾石土、黄土、淤泥及杂填土经过喷射注浆后，由松散的土固化为一定形状、渗透系数小和坚硬耐久固结水泥土体，由喷射注浆法形成的水泥土的性质如下。

1. 重度

喷射注浆法加固土中有部分土粒被"置换",故内部的土粒较少并留有一定数量的气泡,因此,固体水泥土的质量较轻,其重度略小于或接近于原状土的重度。黏性土固化体比原状土轻约5%,砂类土固结体一般也比原状土重约5%左右。

2. 水泥土的强度

土体经过喷射后,土粒重新排列,一般外侧土颗粒直径大些,数量也多些,浆液成分多,因此在横断面上,中心强度较低,外侧强度较高,与原状土相交的边缘处往往有一圈坚硬的外壳。

喷射注浆形成的水泥土比深层搅拌法水泥土的强度更高,一般黏性土和黄土最大可达5~10MPa,砂性土最大可达10~20MPa;砂砾则可达8~20MPa。不同的喷射方法对水泥土强度的影响颇大,如采用单管法加固土一般在黏性土中的强度为1.5~5.0MPa,在砂性土中为3.0~7.0MPa;而采用三重管法加固土则在黏性土中通常为1.0~5.0MPa,在砂性土中为5.0~15.0MPa。

影响固结强度的主要因素还有土质和旋喷的材料。有时使用同一浆材配方,软黏土的固结强度成倍地小于砂土固结强度。

旋喷固结体的抗拉强度较低,一般是抗压强度的1/10~1/5。

3. 应力-应变特性

试验表明,水泥土的应力-应变关系接近于双曲线,即呈现了明显的非线性关系。图36-27所示为不同水泥含量,不同压力 σ_3 条件下,水泥土三轴试验结果。

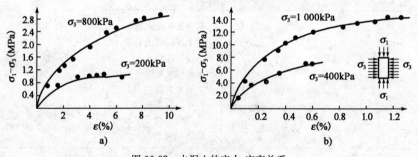

图36-27 水泥土的应力-应变关系
a)水泥含量5%;b)水泥含量15%

根据邓肯—张(Duncan-Chang)的非线性弹性模型,在三向应力作用下,土的切向弹性模量与应力关系用下式表示:

$$E_t = E_i \left[1 - \frac{R_f(1-\sin\varphi)(\sigma_1-\sigma_3)}{2c \cdot \cos\varphi + 2\sigma_3\sin\varphi} \right]^2 \tag{36-101}$$

式中:E_t——任一点的切线弹性模量(MPa);

E_i——初始切线模量(MPa);

R_f——破坏比;

σ_1——垂直主应力(MPa);

σ——水平主应力(MPa);

c——黏聚力(MPa);

φ——土的内摩擦角(°)。

理论计算与实测值是十分接近的,尤其是强度较低的桩,在很低的压力下,即已呈现出明显的非线性特性,这在喷射注浆加固土设计中应予注意。

喷射注浆家固体的强度变化幅度是很大的,可由 1MPa 直到约 10MPa。应力一应变特性也存在差别。水泥含量低(如 5%)的情况下,试样达到很大应变值之后才出现破坏峰值,而且曲线比较平缓;反之,当水泥含量较高(如 25%)时,试样在应变很小的情况下,强度就达到峰值,并且曲线骤然下降,呈现明显的"脆性"特性。

4. 渗透性

固结体内虽有一定的孔隙,但这些孔隙并不贯通,为封密型,而且固结体有一层较致密的硬壳,其渗透系数达 10^{-7}cm/s,具有一定的防渗性能。

5. 加固水泥土的形状

在均质土中,旋喷的圆柱体比较均匀。在非均值或有裂隙土中,旋喷的圆柱体不均匀,甚至在圆柱体旁长出翼片。由于喷射流脉动和提升速度不均匀,固结土的形状可以通过喷射参数来控制,大致可喷成均匀圆柱状、非均匀圆柱状、圆盘状、板墙状及扇形状(图 36-28)。

在深度大的土中,如果不采用措施,旋喷圆柱圆结体可能出现上粗下细似胡萝卜的形状。

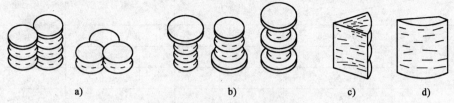

图 36-28　固结土体的形状示意图
a)圆柱状;b)异形圆柱状;c)扇状;d)板墙状

旋喷固结体的直径大小与旋喷方法有直接关系,一般单管旋喷成状直径最小,三重管法成桩直径最大,此外,加固水泥土的直径还与土的种类和密实程度有较密切的关系。单管旋喷注浆加固体直径一般为 0.3～0.8m,三重管可达 1～2m,二重管注浆加固体直径介于两者之间,多重管旋喷直径可达 2～4m。

表 36-35 是高压喷射注浆加固土体的基本性质汇总。

高压喷射注浆固结体性质一览表 表 36-35

固结体性质　　　喷注种类	单管法	二重管法	三重管法
单桩垂直极限荷载(kN)	500～600	1 000～1 200	2 000
单桩水平极限荷载(kN)	30～40		
最大抗压强度(MPa)	砂类土 10～20,黏性土 5～10,黄土 5～10,砂砾 8～20		
平均抗剪强度/平均抗压强度	1/5～1/10		
弹性模量(MPa)	$K \times 10^3$		
干密度(g/cm³)	砂类土 1.6～2.0	黏性土 1.4～1.5	黄土 1.3～1.5
渗透系数(cm/s)	砂类土 10^{-6}～10^{-5}	黏性土 10^{-7}～10^{-6}	砂砾 10^{-7}～10^{-6}
c(MPa)	砂类土 0.4～0.5	黏性土 0.7～1.0	
φ(°)	砂类土 30～40	黏性土 20～30	
N(击数)	砂类土 30～50	黏性土 20～30	
弹性波速 (km/s) p 波	砂类土 2～3	黏性土 1.5～20	
s 波	砂类土 1.0～1.5	黏性土 0.8～1.0	
化学稳定性能	较好		

四、高压喷射注浆法设计计算

用作挡土结构时,按加固体组合整体承担荷载,其整体稳定、抗倾覆稳定、抗滑移及抗渗稳定等,可参照水泥土样设计内容。此处主要讨论高压喷射注浆的有关设计,用于基坑挡土墙的喷射注浆多采用旋喷法,故其形成的柱状体也称为"旋喷桩"。

1. 旋喷桩直径

水泥土墙由旋喷桩组合而成,设计时应重视旋喷桩直径控制,以确保其搭接良好,组成格栅结构稳定。通常应根据估计直径来选用喷射注浆的种类和喷射方式。对于大型的或重要的工程,应现场通过试验确定。在无试验资料的情况下,对中、小型工程,可根据经验选用表 36-36 所列数值,可采用矩形或梅花形布桩形式。

旋喷桩的设计直径(m)　　　　　　　　　　　　　　　　表 36-36

土质	方法	单管法	二重管法	三重管法
黏性土	0<N<5	0.5~0.8	0.8~1.2	1.2~1.8
	6<N<10	0.4~0.7	0.7~1.1	1.0~1.6
	11<N<20	0.3~0.6	0.6~0.9	0.7~1.2
砂性土	0<N<20	0.6~1.0	1.0~1.4	1.5~2.0
	11<N<20	0.5~0.9	0.9~1.3	1.2~1.8
	20<N<30	0.4~0.8	0.8~1.2	0.9~1.5

注:N 值为标准贯入击数。

一般来说,旋喷桩的直径与喷射压力、喷射直径、提升速度、旋转速度等均有关,在设计中应考虑所选用的工艺参数。

2. 地基承载力计算

用旋喷桩处理的地基,应按符合地基设计。旋喷桩复合地基承载力标准值应通过现场复合地基载荷试验确定,也可按下式计算或结合当地情况与其土质相似工程的经验确定。

$$f_{sp,k}=\frac{1}{A_e}\Big[R_a+\beta f_{s,k}\big(A_e-A_p\big)\Big]\qquad(36\text{-}102)$$

式中:$f_{sp,k}$——复合地基承载力特征值(kPa);

A_e——一根桩承担的处理面积(m^2);

A_p——桩的平均截面积(m^2);

β——桩间的天然地基土承载力折减系数,可根据试验确定,在无试验资料时,可取 0.2~0.6;当不考虑桩间软土的作用时,可取零;

R_a——单桩竖向承载力特征值(kN),可通过现场载荷试验确定。也可按下列二式计算,并取其中较小值:

$$R_a=\eta f_{cu,k}A_p\qquad(36\text{-}103)$$

$$R_a=\pi\,\overline{d}\sum_{i=1}^{n}h_iq_{si}+A_pq_p\qquad(36\text{-}104)$$

式中:$f_{cu,k}$——与旋喷桩桩身水泥土配合比相同的室内加固土试块(边长为 70.7mm 的立方体)在标准养护条件下 28d 龄期的立方体抗压强度平均值(kPa);

η——桩身强度折减系数,可取 0.33;

$\bar{d}$——桩的平均直径(m);

n——桩长范围内所划分的土层数;

h_i——桩周第 i 层土的厚度(m);

q_{si}——桩周第 i 层土的侧阻力特征值,可采用钻孔灌注桩侧壁摩擦力标准值(kPa);

q_p——桩端天然地基土的承载力特征值(kPa),可按国家标准《建筑地基基础设计规范》(GB 50007—2011)的有关规定确定。

旋喷桩单桩承载力的确定,基本出发点是与钻孔灌注桩相同,但在下列方面有所差异:

(1)桩径与桩的面积

由于旋喷桩桩身的均匀性较差,因此选用比灌注桩更高的安全度,另外桩径与土层性质及喷射压力有关,而这两个因素并非固定不变,所以在计算中规定选用平均值。

(2)桩身强度

设计规定按 28d 强度计算。试验证明,在黏性土中,由于水泥水化物与黏土矿物继续发生作用,故 28d 后的强度将会继续增长,这种强度的增长作为安全储备。

(3)综合判断

由于影响旋喷单桩承载力的因素较多,因此除了依据现场试验和规范所提供的数据外,尚需结合本地区或相似土质条件下的经验作出综合判断。

采用复合地基的模式进行承载力计算的出发点,是考虑到旋喷桩的强度较低(与混凝土桩相比)和经济性两方面。如果桩的强度较高,并接近于混凝土桩身强度,以及当建筑物对沉降要求很严格时,则可以不计桩间土的承载力,全部外荷载由旋喷桩承担,即 $\beta=0$,在这种情况下,则与混凝土桩计算相同。

3. 地基变形计算

旋喷桩的沉降计算应为桩长范围内复合土层以及下卧层地基变形值之和,计算时应按国家标准《建筑地基基础设计规范》(GB 50007—2011)的各有关规定进行计算。其中复合土层的压缩模量可按下式确定:

$$E_{sp}=\frac{E_s(A_e-A_p)+E_pA_p}{A_e}$$ (36-105)

式中:E_{sp}——旋喷桩复合土层的压缩模量(kPa);

E_s——桩间土的压缩模量,可用天然地基土的压缩模量代替(kPa);

E_p——桩体的压缩模量,可采用测定混凝土割线模量的方法确定(kPa)。

由于旋喷桩迄今积累的沉降观测及分析资料很少,因此,复合地基变形计算的模式均以土力学和混凝土材料性质的有关理论为基础。

由于旋喷桩的强度远远高于土的强度,因此确定旋喷桩压缩模量采用混凝土确定割线弹性模量的方法,就是在试块的应力-应变曲线($\sigma\varepsilon$)中,连接 o 点质某一应力 σ_h 处割线的正切值(图 36-29)。

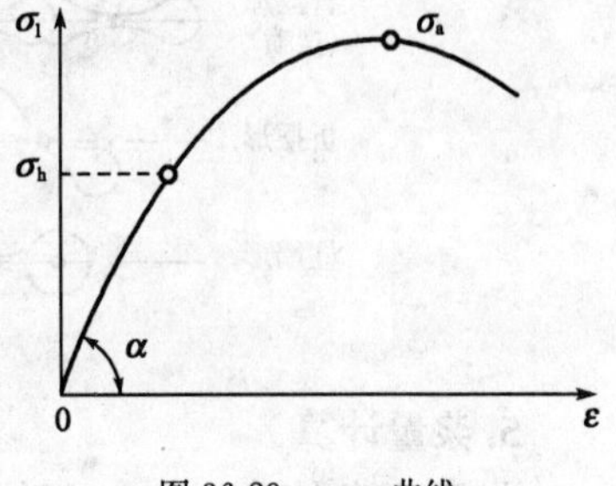

图 36-29 $\sigma-\varepsilon$ 曲线

$$E_p=\tan\alpha$$ (36-106)

σ_h 值取 0.4 倍破坏强度 σ_a,做割线模量的试块边长为 100mm 的立方体。

由于旋喷桩的性质接近混凝土的性质,同时采用 0.4 的折减系数与旋喷桩强度折减值也相近,故在《建筑地基处理技术规范》(JGJ 79—2002)中规定了采用这种方法计算。

4. 防渗堵水设计

防渗堵水工程设计时,最好按双排或三排布孔形成帷幕(图 36-30)。孔距应为 $1.73R_0$(R_0 为旋喷设计半径)、排距为 $1.5R_0$ 最经济。

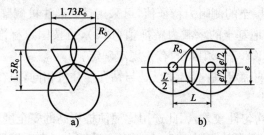

图 36-30　布孔孔距和旋喷注浆固结体交联图

若想增加每一排旋喷桩的交圈厚度,可适当缩小孔距,按下式计算孔距。

$$e=2\sqrt{R_0^2-\left(\frac{L}{2}\right)^2} \tag{36-107}$$

式中:e——旋喷桩的交圈厚度(m);

R_0——旋喷桩的半径(m);

L——旋喷桩孔位的间距(m)。

定喷和摆喷是一种常用的防渗堵水的方法,由于喷射出的板墙薄而长,不但成本较旋喷低,而且整体连续性亦高。

相邻孔定喷连接形式简图 36-31,其中:a)单喷嘴单墙首尾连接;b)双喷嘴单墙前后对接;c)双喷嘴单墙折线连接;d)双喷嘴双墙折线连接;e)双喷嘴夹角单墙连接;f)单喷嘴扇形单墙首尾连接;g)双喷嘴扇形单墙前后对接;h)双喷嘴扇形单墙折线连接。

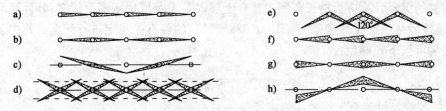

图 36-31　定喷帷幕形式示意图

摆喷连接形式也可按图 36-32 方式进行布置。

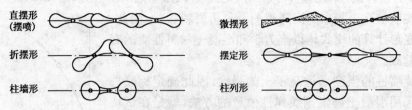

图 36-32　摆喷防渗帷幕形式示意图

5. 浆量计算

浆量计算有两种方法,即体积法和喷量法,取其大者作为设计喷射浆量。

(1)体积法

$$Q=\frac{\pi}{4}D_e^2K_1h_1(i+\beta)+\frac{\pi}{4}D_e^2K_2h_2 \tag{36-108}$$

式中：Q——需要用的浆量（m³）；

    D_e——旋喷体直径（m）；

    D_0——注浆管直径（m）；

    K_1——填充率（0.75～0.9）；

    h_1——旋喷长度（m）；

    K_2——未旋喷范围土的填充率（0.5～0.75）；

    h_2——未旋喷长度（m）；

    β——损失系数（0.1～0.2）。

（2）喷量法

以单位时间喷射的浆量及喷射持续时间，计算出浆量，计算公式为：

$$Q=\frac{H}{v}q(1+\beta) \tag{36-109}$$

式中：Q——需要用的浆量（m³）；

    v——提升速度（m/min）；

    H——喷射长度（m）；

    q——单位时间喷浆量（m³/min）；

    β——损失系数，通常 0.1～0.2。

根据计算所需的喷浆量和设计的水灰比，即可确定水泥的使用数量。

6. 浆液材料与配方

根据喷射工艺要求，浆液应具备以下特性。

（1）有良好的可喷性

喷射注浆的浆液是通过喷嘴喷出，所以浆液应有较好的可喷性。若浆液的稠度过大，则可喷性差，往往导致喷嘴及管道堵塞，同时易磨损高压泵，使喷射难以进行。

目前，我国基本上采用以水泥浆为主剂，掺入少量外加剂的喷射方法，水灰比一般采用1∶1到1.5∶1就能保证较好的喷射效果。试验证明，水灰比越大，则可喷性越好，但过大的水灰比会影响浆液的稳定性。掺入适量的外加剂则能提高浆液的可喷性。浆液的可喷性可用流动度或黏度来评定。

流动度的测定标准如下：用上口直径为 36mm，下口直径 64mm，高度为 60mm，内壁光滑无接缝的铁制锥体一个，玻璃板一块。试验前将用湿布擦过的锥体置于水平玻璃板上，把配好的浆液均匀搅拌，立即注入锥体内，刮平后将锥体迅速垂直提起，浆液即自然流开，30s 后量取两垂直方向的直径，即其平均值作为浆液的流动度。流动度大的浆液，表示具有良好的流动性和喷射性。

可灌性的好坏还可用黏度来表示。黏度是表示浆液在流动时，由于分子间的相互作用产生阻碍流动的内摩擦力。

一般浆液的黏度系指浆液配成后的初始黏度，不是反应开始后的黏度。不同的浆液有不同的初始黏度，甚至相同的浆液可根据需要配成不同浓度和加入不同量的外掺剂就得到不同的黏度。测定黏度的大小常用黏度计。黏度计的种类很多，如奥氏黏度计、斯脱莫黏度计、旋转型黏度计等，另外尚配有漏斗、量杯、筛网和泥浆杯等。使用方法是：在测定黏度前，先将黏度计用水冲刷干净，将要测定的水泥浆搅拌均匀，然后用量杯将 500mL 的水泥浆通过筛网注入黏度计的漏斗中，其流出口用手指堵住，不使浆液流出，测量时将 500mL 的量杯置于流出口下，当放开堵住出口的手指时，同事开动秒表，待水泥浆流到 500mL 的量杯边缘时，再按停秒表,记下水泥流出的时间,这就是水泥浆的黏度,其单位用秒表示。这种黏度计常用水来校正,正常的黏度计流出 500mL 水的时间为 1s,如使用的黏度计有误差时要进行校正。

施工中常用的水泥浆可喷性还与水泥的粒径有关,水泥粒度越细则可喷性越好。

(2)有足够的稳定性

浆液的稳定性好坏直接影响到固结体质量。以水泥浆液为例,其稳定性好系指浆液在初凝前析水率小,水泥的沉降速度慢,分散性好以及浆液混合后经高压喷射而不改变其物理化学性质。为提高水泥浆液的稳定性可采取以下措施:

①不断搅拌浆液,使盛浆桶上下左右的浆液均匀。

②水泥的细度要求在标准筛上(4 900 孔/cm³)的筛雨量不得超过 15%。

③掺入少量外加剂能明显的提高浆液的稳定性。常用的外加剂有:膨润土、纯碱、三乙醇胺等。

浆液的稳定性可用浆液的析水率来评定。析水率的测定方法是:用 500mL 带盖量筒盛入浆液,浆量筒盖紧后,来回翻转 10 次,使浆液混合均匀,然后将量筒静置于桌上,并立即测量浆液的最初体积 a。为了正确测定水泥浆的析水率,在第一小时内每 15min 测量一次浆液体积,以后每 30min 测量一次。第一次测量浆液的时间作为试验的开始时间,一直到最后。两次测得的结果完全相同为止。记下其最终体积 b,析水率可按下式计算:

$$P = \frac{a-b}{a} \times 100 \tag{36-110}$$

式中:P——浆液的析水率;

　　a——浆液的最初体积(cm³);

　　b——浆液的最终体积(cm³)。

(3)气泡少

若浆液带有大量气泡,则固结体硬化后就会有许多气孔,从而降低喷射固结体的密度,导致固结体强度及抗渗性能降低。

为了尽量减水浆液气泡,旋转化学外加剂要特别注意,如外加剂 MF,虽然能改善浆液的可喷性,但带来许多气泡,消泡时间又长,影响固结体质量,比较理想的外加剂是 NNO。因此,不能采用起泡剂,必须使用非加气型的外加剂。

(4)调剂浆液的胶凝时间

胶凝时间是指从浆液开始配制起,到土体混合后逐渐失去其流动性为止的这段时间。

胶凝时间由浆液的配方、外加剂的掺量、水灰比和外界温度而定。一般从几分钟到几小时,可根据施工工艺及注浆设备来选择合适的胶凝时间。

测定胶凝时间的方法较多,但目前还没有专门设备。试验时可根据浆液的性能和特点选择不同的方法。如单液水泥浆由于胶凝时间长,一般采用维卡仪测定水泥浆的初凝和终凝。如化学浆液反应是放热的,可通过温度随时间变化的曲线来确定胶凝时间。

(5)有良好的力学性能

影响抗压强度的因素很多,如材料的品种、浆液的浓度、配合比和外加剂等,以上已体积,此处不再重复。

(6)无毒、无臭

浆液对环境不污染及对人体无害,凝胶体为不溶和非易燃、易爆物。浆液对注浆设备、管路无腐蚀性并容易清洗。

(7)结石率高

固化后的固结体有一定黏结性,能牢固地与土粒相黏结。要求固结体耐久性好,能长期耐酸、碱、盐及生物细菌等腐蚀,并且不受温度、湿度的变化而变化。

水泥最为便宜且取材容易,是喷射注浆的基本浆材。国内只有少数工程中应用过丙凝和尿醛树脂等作为浆材。本节只讨论水泥浆液,根据其注浆目的可分成以下几种类型。

①普通型

一般采用32.5级或42.5级硅酸盐水泥浆,不加任何外加剂,水灰比为(1:1)～(1.5:1),固结体28d的抗压强度最大可达1.0～20MPa,对一般无特殊要求的工程宜采用普通型。

②速凝早强型

对地下水发达的工程需要在水泥浆中掺入速凝早强剂,因纯水泥浆的凝固时间太长,浆液易被冲蚀而不固结。另外,对一些要求早期承重的工程也需要加速凝剂。

常用的早强剂有氯化钙、水玻璃和三乙醇胺等,用量为水泥用量的2%～4%。以使用氯化钙为例,纯水泥浆与土的固结体的一天抗压强度为1MPa;而掺入2%氯化钙的水泥土固结体抗压强度为1.6MPa;掺入4%氯化钙的水泥土固结体抗压强度为结体的1d抗压强度为1MPa;而掺入2%氯化钙的水泥土固结体抗压强度为1.6MPa;掺入4%氯化钙的水泥土固结体抗压强度为2.4MPa。

③高强型

喷射固结体的平均抗压强度在20MPa以上的称为高强型。高强型配方为由地基加固发展为加筋柱提供了可能性,扩大了旋喷桩的适用范围。提高固结体强度的方法有选择高强度等级水泥,或选择高效能的扩散剂和无机盐组成的复合配方。表36-37为各种外加剂对抗压强度的影响。

外加剂对抗压强度的影响 表36-37

主剂		外加剂		抗压强度(MPa)				抗折强度(MPa)
名称	用量	名称	掺量(%)	28d	3月	6月	一年	
42.5级普通硅酸盐水泥	100	NNO NR₃	0.5 0.05	11.72	16.05	17.4	18.81	3.69
		NNO NR₃ NaNO₂	0.5 0.05 1	13.59	18.62	22.8	24.68	6.27
		NF NR₃ Na₂S₂O₃	0.5 0.05 1	14.14	19.37	27.8	29.0	7.36

④填充剂型

把粉煤灰等材料作为填充剂加入水泥浆中会极大地降低工程造价,它的特定是早期强度较低,而后期强度增长率高、水化热低。

⑤抗冻型

在冻土带未冻前对土进行喷射注浆,并在所用的喷射浆液中加入抗冻剂,能阻止或控制地表水向土体上引,不使土体含水率超过其起始冻胀含水率,就可达到防治土体冻胀的目的。

一般适用的抗冻剂如下:①水泥-沸石浆液(沸石粉的掺量以水泥量的10%～20%为宜);

②水泥—三乙醇胺、亚硝酸钠浆液(三乙醇胺的掺入量为 0.05%,亚硝酸钠为 1%);③水泥—扩散剂 NNO 浆液(NNO 的掺入量为 0.5%)。

⑥抗渗型

在水泥浆中掺入 2%～4%的水玻璃,其抗渗性能就有明显提高,如表 36-38 所示,使用的水玻璃模数要求在 2.4～3.4 较为合适,浓度要求 30～45°Bé 为宜。

纯水泥浆与掺入水玻璃的水泥浆的渗透系数 表 36-38

土样类别	水泥品种	水泥含量 (%)	水玻璃含量 (%)	渗透系数 (cm/s,28d)
细砂	32.5级硅酸盐 水泥	40	0	2.3×10^{-6}
		40	2	8.5×10^{-8}
粗砂	32.5级硅酸盐 水泥	40	0	1.4×10^{-6}
		40	2	2.1×10^{-8}

如工程以抗渗为目的者,则最好使用"柔性材料"。可在水泥浆液中掺入 10%～15%的膨润土(占水泥质量的百分比)。对有抗渗要求时,不宜使用矿渣水泥。如仅有抗渗要求而无抗冻要求者,则可使用火山灰质水泥。

目前国内用得比较多的外加剂及配方列于表 36-39 中。常用高压喷射注浆参数列于表 36-40 中以便施工时参考。

国内较常用的添有外加剂的旋喷射浆液配方表 表 36-39

序 号	外加剂成分及百分比	浆 液 特 性
1	氯化钙 2%～4%	促凝、早强、可灌性好
2	铝酸钠 2%	促凝、强度增长慢、稠密大
3	水玻璃 2%	初凝快、终凝时间长、成本低
4	三乙醇胺 0.03%～0.05%食盐 1%	有早强作用
5	三乙醇胺 0.03%～0.05%食盐 1%,氯化钙 2%～3%	促凝、早强、可喷性好
6	氯化钙(或水玻璃)2%,"NNO"0.5%	促凝、早强、强度高、浆液稳定性好
7	氯化钠 1%,亚硝酸钠 0.5%,三乙醇胺 0.03%～0.05%	防腐蚀、早强、后期强度高
8	粉煤灰 25%	调节强度、节约水泥
9	粉煤灰 25%,氯化钙 2%	促凝、节约水泥
10	粉煤灰 25%,硫酸钠 1%,三乙醇胺 0.03%	促凝、早强、节约水泥
11	粉煤灰 25%,硫酸钠 1%,三乙醇胺 0.03%	有早强、抗冻性好
12	矿渣 25%	提高固结体强度、节约水泥
13	矿渣 25%,氯化钙 2%	促凝、早强、节约水泥

常用高压喷射注浆参数 表 36-40

高压喷射注浆的种类	单管法	二重管法	三重管法
适用的土质	砂土、黏性土、黄土、杂填土、小粒径砂砾		
浆液材料及其配方	以水泥为主要材料,加入不同外加剂后可具有速凝、早强、抗蚀、防冻等性能,常用水灰比 1∶1,亦可用化学材料		

高压喷射注浆的种类			单管法	二重管法	三重管法
压喷射注浆参数值	水	压力(MPa)	—	—	20
		流量(L/min)	—	—	80~120
		喷嘴孔径(mm)及个数	—	—	$\phi2\sim\phi3$(一或两个)
	空气	压力(MPa)	—	0.7	0.7
		流量(L/min)	—	1~2	1~2
		喷嘴孔径(mm)及个数	—	1~2(一或两个)	1~2(一或两个)
	浆液	压力(MPa)	20	20	1~3
		流量(L/min)	80~120	80~120	100~150
		喷嘴孔径(mm)及个数	$\phi2\sim\phi3$(两个)	$\phi2\sim\phi3$(一或两个)	$\phi10$(两个)$\sim\phi14$(一个)
	注浆管外径(mm)		$\phi42$ 或 $\phi45$	$\phi42、\phi50、\phi75$	$\phi75$ 或 $\phi90$
	提升速度(cm/min)		20~25	约 10	约 10
	旋转速度(r/min)		约 20	约 10	约 10

五、计算示例

【例 36-25】 某场地设计采用高压喷射注浆复合地基,要求复合地基承载力特征值 $f_{spk}=280MPa$,现拟用桩径 $d=0.5m$ 旋喷桩,桩身试块的立方体抗压强度标准值 $f_{cn,k}=7MPa$,强度折减系数 $\eta=0.33$,已知桩间土承载力特征值 $f_{sk}=120MPa$,承载力折减系数 $\beta=0.45$,若采用等边三角形布桩,试计算旋喷桩的桩距为多少。

解:(1)首先计算旋喷桩的单桩承载力。由于题中未提土的侧阻力和端阻力,只能理解由土抗力计算的单桩承载力特征值高于该桩身材料强度拌制的单桩承载力特征值。计算旋喷桩的单桩承载力特征值为:

由式(36-103)得:$R_a = \eta f_{cu,k} A_p = 0.33 \times 7\,000 \times 3.14 \times (0.5/2)^2 = 453.34(kN)$

一根桩负担的面积:

由式(36-102)得:$A_e = \dfrac{R_a - \beta A_p f_{sk}}{f_{sp,k} - \beta f_{s,k}} = \dfrac{453.34 - 0.45 \times 0.196 \times 120}{280 - 0.45 \times 120} = 1.959(m^2)$

对于等边三角形布桩按式(36-76a)得桩距 s 为:$s = d_e/1.05 = \sqrt{\dfrac{4A_e}{\pi}}/1.05 = 15.0(m)$

(2)由式(36-103)得 $R_a = 453.35kN$[解(1)已求出]

根据式(36-90)求面积置换率为,根据题意已知 $A_p = \pi r^2 = 3.14 \times 0.25^2 = 0.196m^2$,将已知数据代入下式得:

$$f_{spk} = m\frac{R_a}{A_p} + \beta(1-m)f_{sk}$$

即:$280 = \dfrac{453.34}{0.196}m + 0.45(1-m) \times 120$

即:$2\,258.96m = 226$,解得 $m = 0.1$

按等边三角形布桩,由式(36-75)和式(36-76a)得桩距为:

$$m=\frac{d^2}{d_e^2}=\frac{0.5^2}{(1.05s)^2}=\frac{0.227}{s^2} \qquad 即\ s^2=\frac{0.227}{0.1}$$

$s=1.505\text{m}$ 　　　　取 $s=1.50\text{m}$ 与解(1)同。

第九节 注 浆 法[37]、[63]

一、概述

注浆法(Gronting)是指利用液压、气压或电化学原理,通过注浆管把浆液均匀地注入地层中,浆液以填充、渗透和挤密等方式,赶走土颗粒间或岩石裂隙中的水分和空气后占据其位置,经人工控制一定时间后,浆液将原来松散的土粒或裂隙胶结成一个整体,形成一个结构新、强度大、防水性能高和化学稳定性良好的"结石体"。

注浆法创始于 1802 年,法国工程师 Charles Beriguy 在 Dieppe 采用了灌注黏土和水硬石灰浆的方法修复了一座受冲刷的水闸。此后,注浆法已成为地基土加固中的一种广泛使用的方法。

目前除利用原来压浆泵的静压注浆法外,还出现了混合搅拌法,它包括高压喷射注浆法和水泥土搅拌法两种。前者,利用高压射水切削地基土,通过注浆管喷出浆液,就地将土和浆液进行搅拌混合,形成地基处理的一种新方法;后者,通过特制的搅拌机械,在地基深部将黏土颗粒和水泥强制拌和,使黏土硬结成具有整体性、水稳性和足够强度的地基土。

注浆法在我国煤炭、冶金、水电、建筑、市政、交通和铁道等部门都进行了广泛使用,并取得了良好的效果。

1. 注浆法加固目的

(1)增加地基土的不透水性。防止流沙、钢板桩渗水、坝基漏水和隧道开挖时涌水,以及改善地下工程的开挖条件。

(2)防止桥墩和边坡护岸的冲刷。

(3)整治坍方滑坡,处理路基病害。

(4)提高地基土的承载力,减水地基的沉降和不均匀沉降。

(5)进行托换技术,对古建筑的地基加固更为常用。

2. 注浆法的应用范围

(1)地铁的注浆加固。用以减少施工时地面位移,限制地下水的流动和控制施工现场土体的位移等。

(2)坝基砂砾石注浆,作为坝基的有效防渗措施。

(3)对钻孔灌注桩的两侧和底部进行灌浆。以提高桩与土间的表面摩阻力和桩端土体的力学强度。

(4)后拉锚杆灌浆。在深基坑开挖工程中,用灌浆法做成锚头。

(5)基坑内注浆。用以处理流沙和不稳定地层。

(6)隧洞大塌方注浆加固。

(7)用灌浆法纠偏和回升建筑。

二、浆液材料

注浆工程中所用的浆液是由主剂(原材料)、溶剂(水或其他溶剂)及各种外加剂混合而成，通常所提的浆材是指浆液中所用的主剂。外加剂可根据在浆液中所起的作用，分为固化剂、催化剂、速凝剂、缓凝剂和悬浮剂等。

1. 浆液材料分类

浆液材料分类的方法很多，例如：

(1)按浆液所处状态，可分为真溶液、悬浮液。

(2)按工艺性质，可分为单浆液和双浆液。

(3)按主剂性质，可分为无机系和有机系等。

通常可按下图进行分类，如图 36-33 所示。

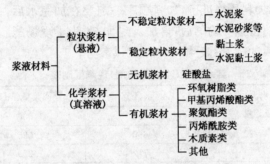

图 36-33　注浆材料按浆液主剂的性质分类图

2. 无机系列注浆材料

1)单液水泥类浆液

(1)水泥浆的基本性能

①纯水泥浆的基本性能

所谓纯水泥浆是指不包括附加剂，只有水泥和水调制而成的浆液，在室内做了有关纯水泥浆性能的试验，其结果见表 36-41。

单液水泥浆的基本性能　　　　　　　　　　　　　　　　　表 36-41

水灰比质量比	黏度(×10⁻³Pa·s)	密度(g/cm³)	凝胶时间		结石率(%)	抗压强度(0.1MPa)			
			初凝	终凝		3d	7d	14d	28d
0.5:1	139	1.86	7h41min	12h36min	99	41.4	64.6	153.0	220.0
0.75:1	33	1.62	10h47min	20h33min	97	24.3	26.0	55.4	112.7
1:1	18	1.49	14h56min	24h27min	85	20.0	24.0	24.2	89.0
1.5:1	17	1.37	16h52min	34h47min	67	20.4	23.3	17.8	22.2
2:1	16	1.30	17h7min	48h15min	56	16.6	25.6	21.0	28.0

注：1. 采用普通硅酸盐水泥。

　　2. 各种测定数据均采取平均值。

②单液水泥浆的基本性能

在一般情况下，单液水泥浆还是采用古老的办法，即是在水泥浆中加入占水泥质量5%以下的氯化钙或占水泥质量3%以下的水玻璃，其性能如表 36-42 所示。

纯水泥浆的基本性能　　　　　表 36-42

水灰比	附加剂		初凝时间	终凝时间	抗压强度(0.1MPa)			
	名称	用量(%)			1d	2d	7d	28d
1∶1	0	0	14h15min	25h00min	8	16	59	92
1∶1	水玻璃	3	7h20min	14h30min	10	18	55	—
1∶1	氯化钙	2	7h10min	15h04min	10	19	61	95
1∶1	氯化钙	3	6h50min	13h8min	11	20	65	98

注：1. 水泥为普通硅酸盐水泥。

　　2. 为了满足实际工程需要，单液水泥浆中一般都要加入附加剂来调节水泥浆的性能。附加剂有：a. 速凝剂掺量占水泥质量的 2%～6%，水灰比为 0.4；b. 速凝早强剂根据材料的不同其掺量约为 0.05%～2%，水灰比为 1∶1；c. 还有水泥的分散剂、悬浮剂及其他附加剂等，详情可参阅本书参考文献[63]。

(2) 单液水泥浆的配制

配制水泥浆时，力求加料严格准确，加料顺序一定要在加完水后，在搅拌的情况下方能加入水泥，以免搅拌机卡住，待搅拌均匀后，再加入附加剂，为了现场配制方便，现将一定体积中各物料的用量分别列于表 36-43～表 46-46 中，以供参考。

纯水泥浆(不加附加剂)现场配制表　　　　　表 36-43

水灰比	水泥(袋)	水(L)	制成浆量(m³)	备注
0.5∶1	24	600	1.000	
0.6∶1	22	660	1.026	
0.75∶1	19	712	1.029	
1∶1	15	750	1.000	每袋水泥 50kg
1.25∶1	13	812	1.029	
1.5∶1	11	825	1.008	
2∶1	9	900	1.050	

纯水泥浆(加 3%氯化钙)现场配制表　　　　　表 36-44

水灰比	水泥(袋)	50%氯化钙溶液(桶)	水(L)	制成浆量(m³)	备注
0.5∶1	25	5	525	1.000	
0.6∶1	22	4.5	593	1.026	
0.75∶1	19	4	652	1.029	1. 水泥每袋 50kg；
1∶1	15	3	705	1.000	2. 氯化钙溶液每桶 15L
1.25∶1	13	2.5	774	1.029	
1.5∶1	11	2	795	1.008	
2∶1	9	2	870	1.050	

纯水泥浆(加 4.5%水玻璃)现场配制表　　　　　表 36-45

水灰比	水泥(袋)	40°Be′水玻璃(桶)	水(L)	制成浆量(m³)	备注
0.5∶1	24	2.5	563	1.000	
0.6∶1	22	2	630	1.026	1. 水泥每袋 50kg；
0.75∶1	19	2	682	1.029	2. 水玻璃每桶 15L；
1∶1	15	1.5	727	1.000	3. 水泥浆加入水玻璃后有变浊现象，影响可注性
1.25∶1	13	1.5	790	1.029	
1.5∶1	11	1	810	1.008	
2∶1	9	1	885	1.005	

水灰比	水泥(袋)	三乙醇胺与氯化钠混合液(L)	水(L)	制成浆量(m³)	备　　注
0.5:1	24	30	570	1.000	
0.6:1	22	28	632	1.026	
0.75:1	19	24	688	1.029	1. 水泥每袋 50kg;
1:1	15	19	731	1.000	2. 混合液浓度为 20%氯化钠与2%三乙醇胺
1.25:1	13	16	796	1.029	
1.5:1	11	14	811	1.008	
2:1	9	11	889	1.050	

（3）单液水泥浆的特点

单液水泥浆具有如下特点：

①水泥作为注浆材料，来源丰富，价格低廉。

②浆液结石体强度高，抗渗性能好。

③采用单液方式注入，工艺及设备简单，操作方便。

④由于水泥是颗粒材料，可注性差，难以注入中细粉砂层及裂隙岩层。

⑤水泥浆液初、终凝时间长，不能准确控制，容易流失，结石率低。

2）水泥黏土类浆液

在单液水泥浆液中，根据施工目的和要求不同，有时需加入一定量的黏土，虽可以将黏土看作水泥的附加剂，但由于黏土的加入量有时比水泥的量还多，故单列为一类，称为水泥黏土类浆液。

（1）水泥黏土类浆液的性能

水泥黏土类浆液的配合比、用量及性能如表 36-47 所示。

黏土用量对浆液性能的影响　　　表 36-47

水灰比	黏土用来量(占水泥%)	黏度(×10⁻³ Pa·s)	密度(g/cm³)	凝胶时间		结石率(%)	抗压强度(0.1MPa)			
				初凝	终凝		3d	7d	14d	28d
0.5:1	5	滴溜	1.84	2h42min	5h52min	99	11.85	—	33.2	13.6
0.75:1	5	40	1.65	7h50min	13h1min	93	4.05	6.96	7.94	7.89
1:01	5	19	1.52	8h30min	14h30min	87	2.41	5.17	4.28	8.12
1.5:1	5	16.5	1.37	11h5min	23h50min	66	1.29	3.45	3.24	7.30
2:1	5	15.8	1.28	13h53min	51h52min	57	1.25	2.58	2.58	7.85
0.5:1	10	不流动	—	2h42min	5h29min	100	—	—	20.3	—
0.75:1	10	65	1.68	5h15min	9h38min	99	2.93	6.96	5.12	—
1:1	10	21	1.56	7h24min	14h10min	91	1.68	4.55	2.88	—
1.5:1	10	17	1.43	8h12min	20h25min	79	1.56	2.79	3.30	—
2:1	10	16	1.32	9h16min	30h24min	58	1.25	1.58	2.52	—
0.5:1	15	—	—	—	—	—	—	—	—	—
0.75:1	15	71	1.7	4h35min	8h50min	99	0.40	2.40	2.95	—

水灰比	黏土用来量(占水泥%)	黏度(×10⁻³ Pa·s)	密度(g/cm³)	凝胶时间		结石率(%)	抗压强度(0.1MPa)			
				初凝	终凝		3d	7d	14d	28d
1:1	15	23	1.62	6h20min	14h13min	95	1.30	1.56	2.18	—
1.5:1	15	19	1.51	7h45min	24h5min	80	0.85	0.97	1.40	—
2:1	15	16	1.34	9h50min	29h16min	60	0.73	1.13	2.24	—

注:采用 32.5 级普通硅酸盐水泥;采用湖泥黏土或钠膨润土配成 50%浓度黏土浆使用。

为了改善水泥黏土类浆液的性能,也可加入其他附加剂,其性能影响见表 36-48、表 36-49。

水玻璃用量对水泥黏土浆性能的影响 表 36-48

水灰比	黏土用量(占水泥质量)(%)	水玻璃用量(占水泥质量)(%)	凝胶时间		抗压强度(0.1MPa)		
			初凝	终凝	3d	7d	14d
1:1	50	10	6h30min	26h40min	0.31	0.71	0.85
1:1	50	15	4h6min	11h52min	0.86	1.47	1.70
1:1	50	20	3h18min	6h36min	1.55	1.94	2.19
1:1	50	25	2h55min	5h	1.77	1.97	2.64
1:1	50	30	1h43min	3h42min	2.04	3.12	3.76

"711"速凝剂对水泥黏土浆性能的影响 表 36-49

水灰比	黏土用量(占水泥质量)(%)	水玻璃用量(占水泥质量)(%)	凝胶时间		抗压强度(0.1MPa)	
			初凝	终凝	3d	7d
1.5:1	100	4	6h33min	28h33min	0.232	0.38
1.5:1	75	4	5h58min	25h50min	0.318	0.58
1.5:1	50	4	5h55min	18h46min	0.248	0.5
1.5:1	0	4	4h58min	18h37min	0.194	0.38

注:采用 32.5 级普通硅酸盐水泥;黏土为湖泥黏土。

(2)水泥黏土类浆液的配制

配制水泥黏土类浆液时,其搅拌时间不应该超过半小时,如果再延长搅拌时间,会使结构强度下降,塑性强度降低。

(3)水泥黏土类浆液的特点

水泥黏土类浆液有如下特点:

①水泥黏土类别浆液较单液水泥浆液成本低,流动性好,抗渗性强,结石率高。

②水泥黏土类浆液其抗压强度因配方不同有所差异,一般情况下为 5~10MPa,相比单液水泥浆有所下降,只适用于充填注浆。

③浆液材料来源丰富,价格低廉,采用单液注入工艺,设备简单,操作方便。

④浆液无毒性,对地下水和环境无污染,较之使用化学药剂为添加剂的浆液更安全。

3)水泥—水玻璃类浆液

水泥—水玻璃浆液亦称 CS 浆液(C 代表水泥,S 代表水玻璃),是以水泥和水玻璃为主剂,两者按一定的比例采用双液方式注入,必要时加入附加剂所形成的注浆材料。水泥—水玻璃类浆液是一种用途极其广泛、使用效果良好的注浆材料。

（1）水泥—水玻璃浆液的性能

水泥—水玻璃类浆液的组成及配方、性能效果见表36-50和表36-51。

根据注浆工程的需要及水泥—水玻璃浆液的特定，一般都注重浆液的凝胶时间和抗压强度这两种性能。影响这两种性能的因素很多，现分别论述如下。

水泥—水玻璃浆液组成及配方　　　　　　　　　　表36-50

原料	规格要求	作用	用量	主要性能
水泥	普通或矿渣硅酸盐水泥	主剂	1	1. 凝胶时间可控制在几秒至几十分钟范围内；
水玻璃	模数：2.4～3.4 浓度：30～45°Be′	主剂	0.5～1	
氢氧化钙	工业品	速凝剂	0.05～0.20	2. 抗压强度为5～20MPa
磷酸氢二钠	工业品	缓凝剂	0.01～0.03	

实用水泥—水玻璃复合浆液配方　　　　　　　　　　表36-51

浆液名称	材料和配方	地质条件	加固目的	应用效果
水玻璃＋水泥浆	水玻璃：45°Be′ 水泥浆：W/C=1:1 两者体积比1:1.3	土粒组成： 0.25mm，60.1%～61.5%； 0.25～0.1mm，29.5%～32.2%； 0.01～0.05mm，9.8%～6.3%	提高承载力	桥基原下沉量达4～5mm，加固后停止下沉
	水玻璃：40°Be′ 水泥浆W/C=1:1 两者体积比1:1	泥石流	堵水	其隧道注浆堵水效果良好
	水玻璃：37°Be′ 水泥浆：W/C=1:1 两者体积比1:0.5～1:1	粗砂夹卵石孔隙率40%	防冲刷及抗侧压	桥墩沿沉井周围加了3～5mm深加固体，整体性良好，抗压强度为5.41MPa
	水玻璃：40°Be′ 水泥浆：W/C=1:1 两者体积比1:0.5	砂夹卵石层含泥	纠正沉井倾斜工作中防止钢板桩围堰漏水	桥墩钢板桩围堰筑岛堵水效果显著
水玻璃＋水泥浆＋氯化钙	水玻璃：水泥浆：氯化钙=1:1.3:1.0（水泥浆：W/C=1:1）	土粒组成： 0.6mm以上75%， 0.25～0.6mm占25%	防冲刷提高承载力	大桥墩沉井底部加固体具良好的均匀性、整体性、抗压强度为4～6MPa
	水玻璃：水泥浆：氯化钙=1:1.3:1.0（水玻璃：45°Be′，水泥浆：W/C=1:1）	中砂（大于0.25mm颗粒占50%以上）	防冲刷	整体性好，桥墩基础防冲刷性试验良好

①凝胶时间　凝胶时间是指水泥浆与水玻璃相混合时起至浆液不能流动为止的这段时间，水泥—水玻璃类浆液的娘股时间可以从几秒钟到几十分钟内准确控制，影响其凝胶时间的因素有水泥品种、水泥浆浓度、水玻璃浓度、水泥浆与水玻璃体积比及浆液温度等，其性能见图36-34～图36-36及表36-52～表36-53。

水 灰 比	凝 胶 时 间			说　　明
	35°Be′	40°Be′	45°Be′	
1.5∶1	2min0s	2min55s	3min44s	
1.25∶1	1min31s	2min21s	3min17s	普通 42.5 级硅酸盐水泥,水泥浆与水玻璃体积比为 1
1∶01	1min18s	1min51s	2min30s	
0.75∶1	0min58s	1min38s	2min18s	
0.5∶1	0min55s	1min4s	1min41s	

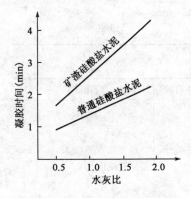 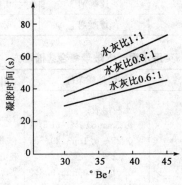 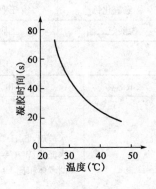

图 36-34　水泥品种对凝胶时间的影响　　图 36-35　水玻璃浓度对凝胶时间的影响　　图 36-36　温度对凝胶时间的影响
　水玻璃 35°Be′;$C∶S=1∶1$(体积　　　$C∶S=1∶0.6$(体积比);温度 23℃;　　水灰比 0.75∶1;水玻璃 30°Be′;$C∶S=$
　比);温度 24℃　　　　　　　　　　　普通硅酸盐水泥　　　　　　　　　　$1∶1$(体积比);普通硅酸盐水泥

$C∶S$	凝 胶 时 间			
	30°Be′	35°Be′	40°Be′	45°Be′
1∶0.3	0min20s	0min20.5s	0min22s	0min25.5s
1∶0.35	0min22.7s	0min21s	0min24.5s	0min28.3s
1∶0.4	0min24.4s	0min24.5s	0min29.8s	0min31.6s
1∶0.45	0min26.4s	0min27.5s	0min31s	0min34.5s
1∶0.5	0min27.6s	0min29.2s	0min34s	0min42.4s
1∶0.55	0min29.9s	0min32s	0min36.9s	0min45s
1∶0.6	0min30.6s	0min37.5s	0min41.5s	0min48.4s
1∶0.7	0min35.9s	0min41.2s	0min48.1s	0min56.7s
1∶0.8	0min50.9s	0min56.4s	1min8s	1min17s

注:试验条件:室温 23℃,水泥为普通硅酸盐水泥;水泥浆水灰比为 0.6∶1。

　　②抗压强度　水泥—水玻璃浆液结石体抗压强度较高,特别是早期强度较高,并且增长速度很快。影响水泥—水玻璃浆液的抗压强度因素主要有水泥浆浓度、水玻璃浓度、水泥浆与水玻璃体积比等,其性能如表 36-54～表 36-56。

表 36-54

水泥浆浓度对水泥—水玻璃浆液结石体抗压强度的影响

水玻璃浓度(°Be′)	水泥浆浓度（水灰比）	水泥浆与水玻璃体积比	抗压强度(MPa)		
			7d	14d	28d
40	0.5：1	1：1	204	244	248
40	0.75：1	1：1	116	177	185
40	1：01	1：1	44	106	113
40	1.25：1	1：1	9	44	90
40	1.5：1	1：1	5	9	23

表 36-55

水玻璃浓度对水泥—水玻璃浆液结石体抗压强度的影响

水玻璃浓度(°Be′)	水泥浆浓度（水灰比）	水泥浆与水玻璃体积比	抗压强度(0.1MPa)		
			7d	14d	28d
35	0.5：1	1：1	174	200	202
35	0.75：1	1：1	144	132	148
35	1：1	1：1	73	85	104
35	1.25：1	1：1	32	40	58
35	1.5：1	1：1	12	20	28
40	0.5：1	1：1	204	244	248
40	0.75：1	1：1	110	177	185
40	1：1	1：1	44	106	113
40	1.25：1	1：1	9	44	90
40	1.5：1	1：1	5	9	23
45	0.5：1	1：1	245	250	253
45	0.75：1	1：1	82	169	192
45	1：1	1：1	29	69	113
45	1.25：1	1：1	5	26	58
45	1.5：1	1：1	3	6	8

表 36-56

水泥浆对水玻璃体积比对抗压强度的影响

水玻璃浓度(°Be′)	水泥浆浓度（水灰比）	水泥浆与水玻璃体积比	28d 抗压强度(0.1MPa)
40	0.6：1	1：0.3	156
40	0.6：1	1：0.4	224
40	0.6：1	1：0.5	235
40	0.6：1	1：0.6	220
40	0.6：1	1：0.8	172
40	0.8：1	1：0.3	135
40	0.8：1	1：0.4	143
40	0.8：1	1：0.5	168

水玻璃浓度 (°Be′)	水泥浆浓度 （水灰比）	水泥浆与水玻璃体积比	28d抗压强度 (0.1MPa)
40	0.8∶1	1∶0.6	180
40	0.8∶1	1∶0.8	130
40	1∶1	1∶0.3	99
40	1∶1	1∶0.4	119
40	1∶1	1∶0.5	179
40	1∶1	1∶0.6	130
40	1∶1	1∶0.8	110

注：1. 普通硅酸盐水泥。

2. 试验温度为23℃。

3. 试块在室温水中养护。

(2) 水泥—水玻璃浆液的配制

配制水泥—水玻璃浆液时，应分别进行水泥浆的配制和水玻璃的稀释，特别当实用缓凝剂时，必须注意加料顺序和搅拌及放置时间。加料顺序为：水→缓凝剂溶液→水泥，搅拌时间应不少于5min，放置时间不宜超过3min，搅拌时间及放置时间对缓凝效果的影响见表36-57及表36-58。

放置时间对缓凝效果的影响　　　　　　　表36-57

水玻璃浓度 (°Be′)	水泥浆浓度 （水灰比）	水泥浆与水玻璃体积比	浆液放置时间 (min)	凝胶时间
40	1∶1	1∶1	15	13min48s
40	1∶1	1∶1	30	12min20s
40	1∶1	1∶1	60	8min0s
40	1∶1	1∶1	90	6min13s

注：1. 水泥浆中加入2%的缓凝剂。

2. 浆液温度为27～29℃。

搅拌时间对缓凝效果的影响　　　　　　　表36-58

水玻璃浓度 (°Be′)	水泥浆浓度 （水灰比）	磷酸氢二钠用量 (%)	凝胶时间	
			搅拌30s	搅拌5min
40	0.75∶1	0	1min28s	1min30s
40	0.75∶1	2	6min36s	9min41s
40	0.75∶1	2.25	9min0s	13min39s
40	0.75∶1	2.5	10min53s	18min27s
40	1∶1	0	2min0s	2min8s
40	1∶1	2	4min08s	5min35s
40	1∶1	2.25	8min01s	12min3s
40	1∶1	2.5	13min25s	29min15s

(3)水泥—水玻璃浆液的特点

①浆液可控性好,凝胶时间可准确空载在几秒至几十分钟的范围内。

②浆液结石体强度高,可达 $10.0\sim20.0$MPa。

③浆液的结石率高,可达 100%。

④结石体的渗透系数小,为 10^{-3}cm/s。

⑤该浆液适宜于 0.2mm 以上裂隙及 1mm 以上粒径的砂层使用。

⑥材料来源丰富,价格便宜,浆液对地下水和环境无污染。

4)水玻璃类浆液

水玻璃类浆液是指水玻璃在固化剂作用下产生凝胶的一种注浆材料。水玻璃是一种水溶性的碱金属硅酸盐,其分子式为 $Na_2O \cdot nSiO_2$。

水玻璃类浆液由于水玻璃本身来源丰富,价格低廉,污染较小,再加上各种新型固化剂的不断出现,使水玻璃浆液性能不断改善。水玻璃类浆液有很多种,下面介绍几种比较成熟的水玻璃类浆液。

(1)水玻璃—氯化钙浆液

水玻璃与氯化钙两种液体在地下土壤中相遇,立即发生化学反应,生成二氧化硅胶体,并将土粒包围起来凝成整体,不仅起到防渗作用,更主要的起到加固作用。水玻璃—氯化钙浆液其组成、性能及主要用途见表 36-59。

水玻璃—氯化钙浆液组成、性能及主要用途 表 36-59

原料	规格要求	用量（体积比）	凝胶时间	注入方式	抗压强度（MPa）	主要用途	备注
水玻璃	模数:$2.5\sim3.0$ 浓度:$43\sim45°Be'$	45%	瞬间	单管或双管	<3.0	加固基础	注浆效果受操作技术影响较大
氯化钙	密度:$1.26\sim1.28$g/cm³ 浓度:$30\sim32°Be'$	55%					

(2)水玻璃—铝酸钠浆液

水玻璃与铝酸钠反应,生成凝胶物质——硅胶及硅酸铝盐,胶结砂和土壤,起到加固和堵水作用。其组成、性能及主要用途如表 36-60 所示。

水玻璃—铝酸钠浆液组成、性能及主要用途 表 36-60

原料	规格要求	用量（体积比）	凝胶时间	注入方式	抗压强度（MPa）	主要用途	备注
水玻璃	模数:$2.3\sim2.4$ 浓度:$40°Be'$	1	几十秒至几十分钟	双液	<3.0	堵水或加固	1. 改变水玻璃模数、浓度、铝酸钠含铝量和温度,可调节凝胶时间;
铝酸钠	含铝量:$160\sim190$g/L	1					2. 铝酸钠含铝量多少会影响抗压强度

(3)水玻璃—硅氟酸浆液

水玻璃和硅氟酸两种药液一经相遇便产生絮状沉淀物,在性能上是一种比较好的水玻璃浆液,其组成、性能及主要用途如表 36-61 所示。

水玻璃—硅氟酸浆液组成、性能及主要用途　　　　　表 36-61

原　料	规格要求	用量 （体积比）	凝胶 时间	注入 方式	抗压强度 （MPa）	主要 用途	备　注
水玻璃	模数：2.3～2.4 浓度：30～40°Be′	1	几十秒至 几十分钟	双液	＜1.0	堵水或加固	1. 两液等体积注浆、硅氟酸不足部分加入水补充； 2. 两液相遇有絮状沉淀产生
硅氟酸	浓度： 28%～80%	0.1～0.4					

水玻璃—硅氟酸浆液的胶凝时间主要受水玻璃、硅氟酸用量的多少而影响，其性能影响如表 36-62 所示。

水玻璃、硅氟酸用量对凝胶时间的影响　　　　　表 36-62

水玻璃浓度 （°Be′）	水玻璃用量 （mL）	硅氟酸用量 （mL）	水用量 （mL）	凝胶时间
	100	20	30	8min25s
	80	20	30	5min40s
	70	20	30	3min17s
	60	20	30	1min15s
	100	15	35	24min50s
	80	15	35	9min40s
	70	15	35	6min5s
40	60	15	35	4min28s
	100	10	40	33min20s
	80	10	40	17min46s
	70	10	40	14min13s
	60	10	40	13min14s
	100	20	30	5min20s
	80	20	30	2min12s
	70	20	30	1min25s
	60	20	30	0min40s
	100	15	35	8min50s
35	80	15	35	5min0s
	70	15	35	3min26s
	60	15	35	2min40s
	100	10	40	17min18s
	80	10	40	14min53s
	70	10	40	9min40s
	60	10	40	8min17s
	100	20	30	1min38s
	80	20	30	0min41s
	70	20	30	0min28s
30	60	20	30	0min25s
	100	15	35	3min50s
	80	15	35	2min35s
	70	15	35	1min34s

3. 有机系列注浆材料

有机系列浆液的品种很多,包括环氧树脂类、甲基丙烯酸酯类、聚氨酯类、丙烯酯胺类、木质素类和硅酸盐类等,以下仅介绍几种常用的材料。

1)聚氨酯

聚氨酯是采用多异氰酸酯和聚醚树脂等作为主要原材料,再掺入各种外加剂配制而成的。浆液灌入地层后,遇水即反应生成聚氨酯泡沫体,起加固地基和防渗堵漏等作用。

聚氨酯浆材又可分水溶性与非水溶性两类,前者能与水以各种比例混溶,并与水反应成含水胶凝体,后者只能溶于有机溶剂。

聚氨酯浆液具有如下一些特点:

(1)浆液黏度低,可灌性好,结石有较高强度,可与水泥灌浆相结合,建立高标准防渗帷幕。

(2)浆液遇水反应,可用于动水条件下堵漏,封堵各种形式的地下、地面及管道漏水,封堵牢固,止水间效快。

(3)安全可靠,不污染环境。

(4)耐久性好。

(5)操作简便,经济效益高。

目前在土木工程中用得比较广泛的是非水溶性聚氨酯,其中又以"二步法"的制浆最好,它又称预聚法,是把主剂先合成为聚氨酯的低聚物(预聚体),然后再把预聚体和外加剂按需要配成浆液。预聚体已由于天津、常州和上海等地厂家成批生产。

外加剂包括下列几种:

(1)增塑剂。用以降低大分子间的相互作用力,提高材料的韧性,常用的有邻苯二甲酸二丁酯等。

(2)稀释剂。用以降低预聚体或浆液的黏度,提高浆液的可灌性。常用的有丙酮和二甲苯等,其中以丙酮的稀释效果为最好。

(3)表面活性剂。用以提高泡沫的稳定性和改善泡沫的结构,一般采用吐温和硅油等。

(4)催化剂。用以加速浆液与水反应速度和控制发泡时间,常用三乙醇胺和三乙胺等。

经过多年的研究和时间,得出了几种比较有效的浆材配方,如表36-63所示。

常用的聚氨酯配方　　　　　　　　　　　　　　　　　　　　　　　表36-63

编　号	预聚体类型	材料质量比					
		预聚体	二丁酯(增塑剂)	丙酮(稀释剂)	吐温、硅油(表面活性剂)	催化剂	
						三乙醇胺	三乙胺
SK-1	PT-10	100	10~30	10~30	0.5~0.75	0.5~2	—
SK-3	TT-1/TM-1	100	10	10	0.5~0.75	—	0.2~4
SK-4	TT-1/TP-2	100	10	10	0.5~0.75	—	0.2~4

各配方的性能指标见表36-64,其中固砂体试件是在0.1MPa条件下成型的。

聚氨酯浆液性能指标　　　　　　　　　　　　　　　　　　　　　　表36-64

编　号	游离[NCO]含量(%)	相对密度	黏度(Pa·s)	固砂体		抗渗强度等级
				屈服抗压强度(MPa)	弹性模量(MPa)	
SK-1	21.2	1.12	2×10^{-2}	16	455	>B20
SK-3	18.1	1.14	1.6×10^{-1}	10	287	>B10
SK-4	18.3	1.15	1.7×10^{-1}	10	296.2	>B10

从表 36-63、表 36-64 可见,SK-1 浆液的黏度较低,固砂体的强度较高,抗渗性较好,并有良好的二次扩散性能,适用于砂层及软弱夹层的防渗和加固处理;SK-3 和 SK-4 浆液的特点是弹性较好,对变形具有较好的适应性。上述浆液遇水后黏度迅速增长,不会被水稀释和冲走,故特别适用于动水条件下的防水堵漏。

2)丙烯酰胺类

这类浆材国外称 AM-9,国内则成丙凝,由主剂丙烯酰胺、引发剂过硫酸铵(简称 AP),促进剂 β⁻二甲氨基丙腈(简称 DAP)和缓凝剂铁氰化钾(简称 KFe)等组成,其标准配方见表 36-65。

丙凝浆液的标准配方 表 36-65

试剂名称	代号	作用	浓度(质量百分比)
丙烯酰胺	A	主剂	9.5%
N-N′-甲撑双丙烯酰胺	—M	交联剂	0.5%
过硫酸氨	AP	引发剂	0.5%
β⁻二甲氨基丙腈	DAP	促进剂	0.4%
铁氰化钾	KFe	缓凝剂	0.01%

丙凝浆液及凝固体的主要特点如下:

(1)浆液属于真溶液。在 20℃温度及标准浓度下,其黏度仅为 $1.2 \times 10^{-8} Pa \cdot s$,与水甚为接近,其可灌性远比目前所有的灌浆材料都好。

(2)浆液从制备到凝结所需的试件可在几秒钟至几小时内精确地加以控制,而其凝结过程不受水(有些高分子浆材不能与潮湿介度黏结)和空气(有些浆材遇空气会降低胶结强度)的干扰或很少干扰。

(3)浆液的黏土在凝结前维持不变,这就能使浆液在灌浆过程中维持同样的渗入性。而且浆液的凝结是立即发生的,凝结后的几分钟内就能达到极限强度,这对加快施工进度和提高灌浆质量都是有利的。

(4)浆液凝固后,凝胶本身基本上不透水(渗透系数约为 $10^{-9} cm/s$),耐久性和稳定性都好,可用于永久性灌浆工程。

(5)浆液能在很低的浓度下凝结,如采用标准浓度为 10%,其中有 90% 是水。且凝固后不会发生析水现象,即一份浆液就能填塞一份土的孔隙。因此,丙凝灌浆的成本是相对较低的。

(6)凝胶体抗压强度低。抗压强度一般不受配方影响,约为 0.4～0.5MPa。

(7)浆液能用一次注入法灌浆,因而施工操作比较简单。

3)木质素浆液

木质素类浆液是以纸浆废液为主剂,加入一定量的固化剂所组成的浆液。它属于"三废利用",源广价廉,是一种很有发展前途的注浆材料。木质素浆液目前包括铬木素浆液和硫木素浆液两种。这主要是因为现在仅有重铬酸钠和过硫酸氨两种固化剂能使纸浆废液固化。

铬木素浆液出现得较早,其固化剂是重铬酸钠,该浆液含有 6 价铬离子属于剧毒物质,有可能造成地下水污染。因此,这种浆液难以大规模使用。国内有关部门进行了研究,逐步从有毒到低毒,从低毒到无毒,最后出现了硫木素浆液。

最早的铬木素浆液只有纸浆液和重铬酸钠两种成分。但因这种浆液凝胶时间较长,采用了三氯化铁作为促进剂,可缩短凝胶时间;为了提高其强度,又研究出铝盐和铜盐作为促进剂的铬木素浆液,但毒性均未减小。东北工学院研究出铬渣木素浆液,从而使铬木素浆液的毒性大幅度下降,同时由于使用铬渣,使成本也大为降低。

三、注浆理论

在地基处理中,注浆工艺所依据的理论主要可归纳为以下四类。

1. 渗透灌浆

渗透注浆是指在压力作用下使浆液充填土的孔隙和岩石的裂隙,排挤出孔隙中存在的自由水和砌体,而基本上不改变原状土的结构和体积(砂性土注浆的结构原理),所用灌浆压力相对较小。这类注浆一般只适用于中砂以上的砂性土和有裂隙的岩石。代表性的渗透灌浆理论有球形扩散理论、柱形扩散理论和袖套官法理论。

1)球形扩散理论

Maag(1938)的简化计算模式(图 36-37)假定如下:

①被注砂土为均质的和各项同性的;

②浆液为牛顿体;

③浆液从注浆管底端注入地基土内;

④浆液在地层中呈球状扩散。

根据达西定律:

$$Q = K_g A t = 4\pi r^2 K_g t(-\mathrm{d}h/\mathrm{d}r) \tag{36-111}$$

$$-\mathrm{d}h = \frac{Q\beta}{4\pi r^2 Kt}\mathrm{d}r$$

积分后得:

$$h = \frac{Q\beta}{4\pi Kt}\frac{1}{100}\frac{1}{r} + C \tag{36-112}$$

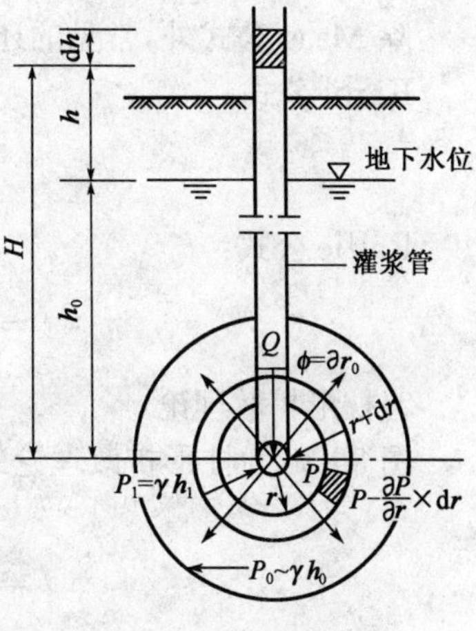

图 36-37 注浆管底端注浆球形扩散

当时 $r=r_0$ 时,$h=H$;$r=r_1$ 时,$h=h_0$,代入上式得:

$$H - h_0 = \frac{Q\beta}{4\pi Kt}\left(\frac{1}{r_0} - \frac{1}{r_1}\right) \tag{36-113}$$

已知:$Q=4/3\times\pi r_1^3 n$,$h_1 = H - h_0$,代入上式得:

$$h_1 = \frac{r_1^3\beta\left(\frac{1}{r_0} - \frac{1}{r_1}\right)n}{3Kt\,100} \tag{36-114a}$$

由于 r_1 比 r_0 大得多,故考虑 $\dfrac{1}{r_0} - \dfrac{1}{r_1} \approx \dfrac{1}{r_0}$,则:

$$h_1 = \frac{r_1^3\beta n}{3Ktr_0\,100} \tag{36-114b}$$

$$t = \frac{r_1^3\beta n}{3Kh_1 r_0} \tag{36-115}$$

或:

$$r_1 = \sqrt[3]{\frac{3Kh_1 r_0 t}{\beta n}} \tag{36-116}$$

式中:K ——砂土的渗透系数(cm/s);

Q ——注浆量(cm^3);

K_g ——浆液在地层中的渗透系数(cm/s),$k_g = \dfrac{k}{\beta}$,;

β ——浆液黏度对水的黏度比;

A ——渗透面积(cm^2);

r、r_1 ——浆液的扩散半径(cm);

h、h_1 ——灌浆压力,厘米水头;

$\quad h_0$ ——注浆点以上的地下承压水头;

$\quad H$ ——地下水压头和灌浆压力之和(cm);

$\quad r_0$ ——灌浆管半径(cm);

$\quad t$ ——灌浆时间(s);

$\quad n$ ——砂土的孔隙率。

Maag 公式比较简单,对黏度随时间变化不大的浆液能给出渗入性的初步轮廓。根据试验证明硅酸盐浆液用于中砂灌注是比较适宜的。

除 Maag 公式外,常见的还有下列两种公式如下:

Karol 公式:

$$t = \frac{n\beta}{3kh_1}r_1^2 \qquad (36\text{-}117)$$

Raffle 公式:

$$t = \frac{nr_0^2}{kh_1}\left[\beta\left(\frac{r_1^3}{r_0^3}-1\right)-\frac{\beta-1}{2}\left(\frac{r_1^2}{r_0^2}-1\right)\right] \qquad (36\text{-}118)$$

2)柱形扩散理论

图 36-38 为柱形扩散理论的模型。当牛顿流体作柱形扩散时:

$$t = \frac{n\beta r_1^2 \ln\frac{r_1}{r_0}}{2Kh} \qquad (36\text{-}119)$$

$$r_1 = \sqrt{\frac{2Kh_1 t}{n\beta\ln\frac{r_1}{r_0}}} \qquad (36\text{-}120)$$

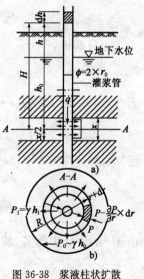

3)袖套管法理论

假定浆液在砂砾中作紊流运动,则其扩散半径 r_1 为:

$$r_1 = 2\sqrt{\frac{t}{n}\sqrt{\frac{K\upsilon h_1 r_0}{d_e}}} \qquad (36\text{-}121)$$

式中:d_e ——被灌土体的有效粒径;

$\quad \upsilon$ ——浆液的运动黏滞系数;

其余符号如前述。

图 36-38 浆液柱状扩散

2. 劈裂灌浆

劈裂灌浆是指压力作用下,浆液克服地层的初始应力和抗拉强度,引起岩石和土体结构的破坏和扰动,使其沿垂直于小主应力平面上发生劈裂,使地层中原有的裂隙或孔隙、浆液的可灌性和扩散距离增大,而所用的灌浆压力相对较高。

1)砂和砂砾石地层

可按照有效应力的库仑—莫尔破坏标准进行计算:

$$(\sigma'_1 + \sigma'_3)\cdot\sin\varphi = (\sigma'_1 - \sigma'_3) - \cos\varphi\, C' \qquad (36\text{-}122)$$

式中:σ'_1 ——有效大主应力(Pa);

$\quad \sigma'_3$ ——有效小主应力(Pa);

$\quad \varphi$ ——有效内摩擦角(°);

$\quad C'$ ——有效黏聚力(Pa)。

由于灌浆压力的作用,使砂砾石土的有效应力减小。当灌浆压力 p_0 达到式(36-123)时,就会导致地层的破坏：

$$p_0 = \frac{(\gamma h - r_w h_w)(1+k)}{2} - \frac{(\gamma h - \gamma_w h_w)(1-k)}{2\sin\varphi'} + C'\cot\varphi' \qquad (36\text{-}123)$$

式中：r ——砂或砂砾石的重度（cm³/g）；

r_w ——水的重度（cm³/g）；

h ——灌浆段深度（m）；

h_w ——地下水位高度（m）；

k ——主应力比。

图 36-39 为上述公式所代表破坏机理，从图中可见，随着孔隙水压力的增加，有效应力就逐渐减小而至与破坏包线相切，此时表明砂砾土已开始劈裂。

2）黏性土层

在黏性土层中，水力劈裂将引起土体固结及挤出现象，在只有固结作用的条件时，可用下式计算注入浆液的体积 V 及单位土体所需的浆液量 Q：

$$V = \int_0^a (p_0 - u) m_v 4\pi r^2 \mathrm{d}r \qquad (36\text{-}124)$$

$$Q = p m_v \qquad (36\text{-}125)$$

式中：a ——浆液的扩散半径（m）；

p_0 ——灌浆压力（MPa）；

u ——孔隙水压力（MPa）；

m_v ——土的压缩系数；

p ——有效灌浆压力（MPa）。

在存在多在劈裂现象的条件下，则可用式（36-126）确定土层被固结的程度 C：

$$C = \frac{(1-V)(n_0 - n_1)}{(1-n_0)} \times 100\% \qquad (36\text{-}126)$$

式中：V ——灌入土中的水泥结石总体积（m³）；

n_0 ——土的天然空隙率；

n_1 ——灌浆后土的空隙率。

3. 压密灌浆

压密灌浆是指通过钻孔在土中灌入极浓的浆液，在注浆点使土体压密，在注浆管端部附近形成浆泡，如图 36-39 所示。

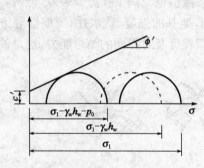

图 36-39　假想的水力破坏机理

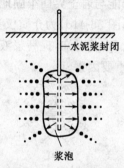

图 36-40　压密灌浆原理示意图

当浆泡的直径较小时,灌浆压力基本上沿钻孔的径向扩展。随着浆泡匆匆的逐渐增大,便产生较大的上抬力而使地面抬动。

经研究证明,向外扩张的浆泡将在土体中引起复杂的径向和切向应力体系。紧靠浆泡处土体遭到严重破坏和剪切,并形成塑性变形区,在此区土体的密度可能因扰动而减小;离浆泡较远的土则基本上发生弹性变形,因而土的密度有明显的增加。

浆泡的形成一般为球形或圆柱形,在均匀土中的浆泡形状相当规则,而在非均质土中则很不规则。浆泡的最后尺寸取决于很多因素,如土的密度、湿度、力学性质、地表约束条件、灌浆压力和注浆速率等。有时浆泡的横界面直径可达 1m 或更大,实践证明,离浆泡界面 0.3～2.0m 内的土体都能受到明显的加密。

压密灌浆常用于中砂地基,黏土地基中若有适宜的排水条件也可采用。如遇排水困难可能在土体中引起高孔隙水压力时,这就必须采取很低的注浆速率。压密灌浆可用于非饱和的土体,以调整不均匀沉降进行托换技术以及在大开挖或隧道开挖时对邻近土进行加固。

4. 电动化学灌浆

如地基土的渗透系数 K 小于 10^{-4} cm/s,只靠一般静压力难以使浆液注入土的孔隙,此时需用电渗透的作用使浆液进入土中。

电动化学灌浆是指在施工时将带孔的注浆管作为阳极,滤水管作为阴极,将溶液由阳极压入土中,并通以直流电(两电极间电压梯度一般采用 0.3～1.0V/cm),在电渗作用下,孔隙水由阳极流向阴极,促使通电区域中土的含水率降低,并形成渗浆通路,化学浆液也随之流入土的孔隙中,并在土中硬结。因而电动化学灌浆是在电渗排水和灌浆法的挤出上发展起来的一种加固方法。但由于电渗排水的作用,可能会引起邻近既有建筑物基础的附加下沉,这一情况应予慎重对待。

灌浆法的加固机理主要包括三个方面:①化学胶结作用;②惰性填充作用;③离子交换作用。

根据灌浆实践经验及室内试验可知,加固后强度增强是一种受多种因素制约的复杂物理化学过程,除灌浆材料外,还有以下 3 个因素对上述三种作用的发挥起着重要作用。

1)浆液与界面的结合形式

灌浆时除了要采用强度较高的浆材外,还要求浆液与介质接触面具有良好的接触条件。图 36-41 为浆液与界面结合的 4 种典型的形式。图 36-41a)为浆液完全充填孔隙或裂隙,浆液与界面能牢固地结合;图 36-41b)为浆液虽填满孔隙或裂隙,但两者间存在着一层连续的水膜,使浆液未能与岩土界面牢固地结合;图 36-41c)为浆液虽也充满了孔隙或裂隙,但两者被一层软土隔开;图 36-41d)为介质仅受到局部的胶结作用,地基的强度、透水性、压缩性等方面都无多大改善。由此可知,提高浆液对孔隙或裂隙的充填程度及对界面的结合能力,也是使介质强度增长的重要因素。

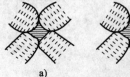

图 36-41　浆液与界面的结合形式

2)浆液饱和度

裂隙或孔隙被浆液填满的程度称为浆液饱和度。一般饱和度越大,被灌介质的强度也越高。不饱和充填可能在饱水孔隙、潮湿孔隙或干燥孔隙中形成,原因则可能多种,灌浆工艺欠妥可能是关键的因素,例如用不同的灌浆压力和不同的灌浆延续时间,所得灌浆结构就不一样。

灌浆一般采用定量灌注方法,而不是灌至不吃浆为止。灌浆结石后,地层中的浆液往往仍具有一定的流动性,因而在重力作用下,浆液可能向前沿继续流失,使本来已被填灌的孔隙重新出现空洞,使灌浆体的整体强度削弱。不饱和填充的另一个原因是采用不稳定的粒状浆液,如这类浆液太稀,且在灌浆结束后浆中的多余水不能排除,则浆液将沉淀析水而在孔隙中形成空洞。可采用以下措施防止上述现象:

①当浆液充满孔隙后,继续通过钻孔施加最大灌浆压力;

②采用稳定性较好的浓度;

③待已灌浆液达到初凝后,设法在原孔段内进行复灌。

3)时间效应

许多灌浆的凝结时间都较长,被灌介质的力学强度将随时间而增长,但有时为了使加固体尽快发挥作用而必须缩短凝结时间,但为了维持浆液的可灌性则要求适当延长浆液的凝结时间。

许多浆材都具有明显的徐变性质,浆材和被灌介质的强度都将受加荷速率和外力作用时间的影响。

如浆液搅拌时间过长,或同一批浆液灌注时间太久,都将使加固体的强度降低。

四、灌浆设计计算

1. 设计程序和内容

1)地基灌浆设计一般遵循以下几个程序

(1)地质调查:查明地基的工程地质特性和水文地质条件。

(2)方案选择:根据工程性质、灌浆目的及地质条件,初步选定灌浆方案。

(3)灌浆试验:除进行室内灌浆试验外,对较重要的工程,还应选择有代表性的地段进行现场灌浆试验,以便为确定灌浆技术参数及灌浆施工方法提供依据。

(4)设计和计算:确定各项灌浆参数和技术措施。

(5)补充和修改设计:在施工期间和竣工后的运用过程中,根据观测所得的异常情况,对原设计进行必要的调整。

2)设计内容主要包括以下几方面

(1)灌浆标准:通过灌浆要求达到的效果和质量指标。

(2)施工范围:包括灌浆深度、长度和宽度。

(3)灌浆材料:包括浆材种类和浆液配方。

(4)浆液影响半径:指浆液在设计压力下所能达到的有效扩散距离。

(5)钻孔布置:根据浆液影响半径和灌浆体设计厚度,确定合理的孔距、排距、孔数和排数。

(6)灌浆压力:规定不同地区和不同程度的允许最大灌浆压力。

(7)灌浆效果评估:用各种方法和手段检测灌浆效果。

2. 方案选择

灌浆方案的选择一般应遵循下述原则:

(1)灌浆目的如果是为了提高地基强度和变形模量,一般可选用以水泥为基本材料的水泥浆、水泥砂浆和水泥—水玻璃浆等,或采用高强度化学浆材,如环氧树脂、聚氨酯以及有机物为固化剂的硅酸盐浆材等。

(2)灌浆目的如果是为了防渗堵漏时,可采用黏土水泥浆、黏土水玻璃浆、水泥粉煤灰混合物、丙凝、AC-MS、铬木素以及无机试剂为固化剂的硅酸盐浆液等。

(3)在裂隙岩层中灌浆一般采用纯水泥浆以及在其中或在水泥砂浆中掺入少量膨润土;在砂砾石层中或在溶洞中采用黏土水泥浆;在砂层中一般只采用化学浆液,在黄土中采用单液硅化法或碱液法。

(4)对孔隙较大的砂砾石层或裂隙岩层中采用渗入性注浆法,在砂层灌注粒状浆材宜采用水力劈裂法;在黏性土层中采用水力劈裂法或电动硅化法;矫正建筑物的不均匀沉降则采用压密灌浆法。

有时在考虑浆材选用上,还需考虑浆材对人体的危害或对环境的污染问题。

3. 灌浆标准

1)防渗标准

防渗标准不是绝对的,应根据每个工程各自的特点,通过技术经济比较确定一个相对合理的指标。对重要的防渗工程,都要求将地基土的渗透系数降低至 $10^{-5} \sim 10^{-4}$ cm/s 以下;对临时性工程或允许出现较大渗漏量而又不致发生渗透破坏地层,也有采用 10^{-3} cm/s 数量级的工程实例。

2)强度和变形标准

根据灌浆的目的,强度和变形的标准将随各工程的具体要求而不同。如:①为了增加摩擦桩的承载力,主要应沿桩的周边灌浆,以提高桩侧界面间的黏聚力,对支承桩则在柱底灌浆以提高桩端土的抗压强度和变形模量;②为了减少坝基础的不均匀变形,仅需在坝下游基础受压部分进行固结灌浆,以提高地基土的变形模量,而无需在整个坝基灌浆;③对振动基础,有时灌浆目的只是为了改变地基的自然频率以消除共振条件,因而不一定需用强度较高的浆材;④为了减小挡土墙的土压力,则应在墙背至滑动面附近的土体中灌浆,以提高地基土的重度和滑动面的抗剪强度。

3)施工控制标准

灌浆后的质量指标只能在施工结束后通过现场检测来确定。有些灌浆工程甚至不能进行现场检测,因此必须制订一个能保证获得最佳灌浆效果的施工控制标准。

在正常情况下注入理论耗量 Q 为:

$$Q = Vnm \qquad (36\text{-}127)$$

式中:V——设计灌浆体积(m^3);

n——土孔隙率;

n——无效注浆量(m^3)。

按耗浆量降低率进行控制。由于灌浆是按逐渐加密原则进行的,孔段耗浆量应随加密次序的增加而逐渐减少。若起始孔距布置正确,则第二序孔的耗量将比第一序孔大为减少,这是灌浆取得成功的标志。

4. 浆材及配方设计原则

根据土质和注灌目的的不同,可将注浆的选择列于表 36-66~表 36-67 中,其他详见第本章第九节、二、注浆材料。

按土质不同对注浆材料的选择 表 36-66

土质名称		注浆材料
黏性土和粉土	粉土 黏土 黏质粉土	水泥类注浆材料及 水玻璃悬浊型浆液
砂质土	砂 粉砂	渗透性溶液型浆液 （但在预处理时，使用水玻璃悬浊型）
砂砾 层界面		水玻璃悬浊型浆液（大孔隙） 渗透性溶液型浆液（小孔隙） 水泥类及水玻璃悬浊型浆液

按注浆目的的不同对注浆材料选择 表 36-67

项目		基本条件
改良目的	堵水注浆	渗透性好黏度低的注浆（作为预注浆使用最浊型）
	渗透注浆	渗透性好有一定强度，即黏度低的溶液型浆液
	脉状注浆	凝胶时间短的均质凝胶，强度大的悬浊型浆液
	渗透脉状注浆并用	均质凝胶强度大且渗透性好的浆液
	防止漏水注浆	凝胶时间不受地下水稀释而延缓的浆液，瞬时凝固的浆液（溶液或悬浊型的）（使用双层管）
综合注浆	预处理注浆	凝胶时间短，均质凝胶强度比较大的悬浊型浆液
	注浆	和预处理材料性质相似的渗透性好的浆液
特殊地基处理注浆		对酸性、碱性地基、泥炭应事前进行试验校核后选择注浆材料
其他注浆		研究环境保护（毒性、地下水污染、水质污染等）

5. 确定扩散半径

浆液扩散半径 r 是一个重要参数，它对灌浆工程量及造价具有重要的影响。r 值可按上节的理论公式进行估算；当地质条件较复杂或计算参数不易选准时，就应通过现场灌浆试验来确定。

现场灌浆试验时，常采用三角形（图 36-42）及矩形（图 36-43）布孔方法。

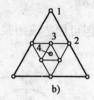

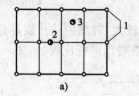

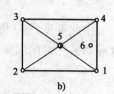

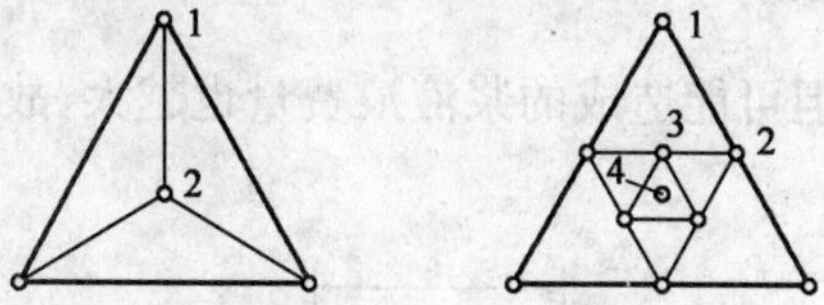

图 36-42 三角形布孔

a)1-灌浆孔；2-检查孔；b)1-第Ⅰ序孔；2-第Ⅱ序孔；3-第Ⅲ序孔；4-检查孔

图 36-43 矩形或方形布孔

a)1-灌浆孔；2-试井；3-检查孔；b)1～4-第Ⅰ序孔；5-第Ⅱ序孔；6-检查孔

灌浆试验结束后，需对浆液扩散半径进行评价：

(1)钻孔压水或注水，求出灌浆体的渗透性。

(2)钻孔取样品，检查孔隙充浆情况。

(3)用大口径钻井或人工开挖竖浆井，用肉眼检查地层充浆情况，采取样品进行室内试验。

由于地基多数是不均匀的，尤其是在深度方向上，不论是理论计算或现场灌浆试验都难求

得整个地层具有代表性r值,实际工程中又往往只能是采用均匀布孔的方法,为此,设计时应注意以下几点:

①在现场进行试验时,要选择不同特点的地基,用不同的灌浆方法,以求不同条件下的浆液的r值。

②所谓扩散半径并非是最远距离,而是能符合设计要求的扩散距离。

③在确定扩散半径时,要选择多数条件下可达到的数值,而不是取平均值。

④当有些地层因渗透性较小而不能达到r值时,可提高灌浆压力或浆液的流动性,必要时还可在局部地区增加钻孔以缩小孔距。

6. 孔位布置

注浆孔的布置是根据浆液有效范围,且应相互重叠,使背加固土体在平面和深度范围内连成一个整体的原则决定的。

1)单排孔的布置

如图 36-44 所示,l 为灌浆孔距,r 为浆液扩散半径,则灌浆体的厚度 b 为:

$$b = 2\sqrt{r^2 - \left[(l-r) + \frac{r-(l-r)}{2}\right]^2} = 2\sqrt{r^2 - \frac{l^2}{4}} \qquad (36\text{-}128)$$

当 $l=2r$ 时,两圆相切,b 值为零。

如灌浆体的设计厚度为 T,则灌浆孔距为:

$$l = 2\sqrt{r^2 - \frac{T^2}{4}} \qquad (36\text{-}129)$$

在按上式进行孔距设计时,可能出现以下几种情况:

(1)当 l 值接近零、b 值仍不能满足设计厚度时,应考虑采用多排灌浆孔。

(2)虽单排孔能满足设计要求,但若孔距太小,钻孔数太多,就应进行两排孔的方案比较。

(3)从图 36-44 中可见,设 T 为设计帷幕厚度,h 为弓形高,L 为弓长,则每个灌浆孔的无效面积为:

$$S_n = 2 \times \frac{2}{3} Lh \qquad (36\text{-}130)$$

式中,$L=l$,$h=r-T/2$,设图的孔隙率为 n,且浆液填满整个孔隙,则浆液的浪费量为:

$$m = S_n n = \frac{4}{3} Lhn \qquad (36\text{-}131)$$

由此可见,当 l 值较大,对减少钻孔数是有利的,但可能造成的浆液浪费量也越大,故设计时应对钻孔费用和浆液费用进行比较。

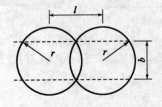

图 36-44 单排孔的布置　　　　　　　　图 36-45 无效面积计算图

2)多排孔布置

当单排孔不能满足设计厚度的要求时,就要采用两排以上的多排孔。而多排孔的设计原则是要充分发挥灌浆孔的潜力,以获得最大的灌浆体厚度,不允许出现两排孔间的搭接不紧密

706

的"窗口",也不要求搭接过多出现浪费。

图 36-46 为两排孔正好紧密搭接的最优设计布孔方案。

根据上述分析,可推导出最优排距 R_m 和最大灌浆有效
厚度 B_m 的计算方式。

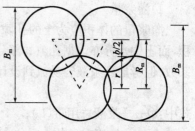

图 36-46 孔排间的最优搭接

(1)两排孔

$$R_m = r + \frac{b}{2} = r + \sqrt{r^2 - \frac{l_2}{4}} \qquad (36\text{-}132)$$

$$B_m = 2r + b = 2\left(r + \sqrt{r^2 - \frac{l_2}{4}}\right) \qquad (36\text{-}133a)$$

(2)三排孔

R_m 与式(36-132)相同

$$B_m = 2r + 2b = 2\left(r + 2\sqrt{r^2 - \frac{l_2}{4}}\right) \qquad (36\text{-}133b)$$

(3)五排孔

R_m 与式(36-132)相同

$$B_m = 4r + 3b = 3\left(r + 1.5\sqrt{r^2 - \frac{l_2}{4}}\right) \qquad (36\text{-}133c)$$

综上所述,可得出多排孔的最优排距为式(36-132),最优厚度则为:

①奇数排

$$B_m = (n-1)\left[r + \frac{(n+1)}{(n-1)} \cdot \frac{b}{2}\right] = (n-1)\left[r + \frac{(n+1)}{(n-1)}\sqrt{r^2 - \frac{l_2}{4}}\right] \qquad (36\text{-}134)$$

②偶数排

$$B_m = n(r + b/2) = n\left(r + \sqrt{r^2 - \frac{l_2}{4}}\right) \qquad (36\text{-}135)$$

上述公式中 n 为灌浆孔排数。

在设计工作中,常遇到几排孔厚度不够,但($n+1$)排孔厚度又偏大的情况,如有必要,可用放大孔距的办法来调整,但也应按上节所述方法,对钻孔费和浆材费进行比较,以确定合理的孔距。灌浆体的无效面积 S_n 仍可用式(36-130)计算,但式中 T 值仅为边排孔的厚度。

7. 灌浆压力

灌浆压力是指不会使地表面产生变化和邻近建筑物受到影响的前提下可能采用的最大压力。

由于浆液的扩散能力与灌浆压力的大小密切相关,有人倾向于采用较高的灌浆压力,在保证灌浆质量的前提下,使钻孔数尽可能减少。高的灌浆压力还能使一些微细孔隙张开,有助于提高可灌性。当孔隙中被某种软弱材料充填时,高灌浆压力能在填充物中造成劈裂灌注,使软弱材料的密度、强度和不透性等得到改善。此外,高灌浆压力还有助于挤出浆液中的多余水分,使浆液结石的强度提高。

灌浆压力值与地层土的密度、强度和初始应力、钻孔深度、位置及灌浆次序等因素有关,而这些因素又难于准确地预知,因而宜通过现场灌浆试验来确定。

根据一般施工经验,在松土内灌浆宜采用间歇式灌浆和增加浆液浓度和速凝剂掺量以及降低压力等于用防渗堵漏采用压力控制,终止压力不低于 0.5MPa,用于地基加固采用灌浆量

控制,其量设计计算确定,水灰比常取 0.5~0.6,水玻璃掺量为水泥用量的 2%~5%。

8. 其他

1)灌浆量

灌浆量的体积应为土的孔隙体积,但在灌浆过程中,浆液并不可能完全充满土的孔隙体积,而土中水分亦占据孔隙的部分体积。所以,在计算浆液用量时,通常应乘以小于 1 的灌注系数,但考虑到浆液容易流到设计范围以外,所以灌注所需的浆液总用量 Q 可参照下式计算:

$$Q = KVn1\,000 \tag{36-136}$$

式中:Q——浆液总用量(L);

V——注浆对象的土量(m^3);

n——土的空隙率;

K——经验系数。

软土、黏性土、细砂	$K=0.3~0.5$
中砂、粗砂	$K=0.5~0.7$
砾、砂	$K=0.7~1.0$
湿陷性的黄土	$K=0.5~0.8$

一般情况下,黏性土地基中的浆液注入率为 15%~20%。

2)注浆顺序

注浆顺序必须采用适合于地基条件、现场环境及注浆目的的方式进行,一般不宜采用自注浆地带某一端单向推进压注方式,应按跳孔间隔注浆方式进行,以防止串浆,提高注浆孔内浆液的强度与时俱增的约束性。对有地下动水流的特殊情况,应考虑浆液在动水流下的迁移效应,从水头高的一端开始注浆。

对加固渗透系数相同的土层,首先应完成最上层封顶注浆,然后再按由下而上的原则进行注浆,以防浆液上冒。如土层的渗透系数随深度而增大,则应自下而上进行注浆。

注浆时应采用先外围,后内部的注浆顺序;若注浆范围以外有边界约束条件(能阻挡浆液流动的障碍物)时,也可采用自内侧开始顺次往外侧的注浆方法。

3)初凝时间

初凝时间必须根据灌浆土层的体积、渗透性、孔隙尺寸和孔隙率、浆液的流变性和地下水流速等实际情况而定。总之,浆液的初凝时间应足够长,以便计划注浆量能渗入到预定的影响半径内。当在地下水中灌浆时,除应按控制注浆速率以防浆液过分稀释或冲走外,还应设法使浆液能在灌注过程中凝结。浆液的凝结时间可分以下 4 种。

(1)极限灌浆时间

到达极限灌浆时间后,浆液已具有相当的结构强度,其阻力已达到使注浆速率极慢或等于零的程度。

(2)零变位时间

在此时间内,浆液已具有足够的结构强度,以便在停止灌浆后能有效地抵抗地下水的冲蚀和推移时间。

(3)初凝时间

规定出适用于不同浆液的标准试验方法,测出初凝时间,供研究配方时参考。

(4)终凝时间

它代表浆液的最终强度性质,在此试讲内材料的化学反应实际已终止。

在一般防渗灌浆工程中，前两种凝结时间具有特别重要的意义。但在某些特殊条件下，例如在粉细砂层中开挖隧道或基坑时，为了缩短工期和确保安全，终凝时间就成为重要的控制指标。

五、施工工艺简介

1. 注浆施工方法的分类

注浆施工方法的分类主要有两种：(1)按注浆管设置方法的分类；(2)按注浆材料混合方法或灌注方法的分类，如表 36-68 所示。

1)按注浆管设置方法分类

注浆施工方法分类表 表 36-68

注浆管设置方法			凝胶时间	混合方法
单层管注浆法	钻杆注浆法		中等	双液单系统
	过滤管(花管)注浆法			
双层管注浆法	双栓塞注浆法	套管法	长	单液单系统
		泥浆稳定土层法		
		双过滤器法		
	双层管钻杆法	DDS 法	短	双液双系统
		LAG 法		
		MT 法		

(1)用钻孔方法

钻孔方法主要是用于基岩或砂砾层，或已经压实过的地基。这种方法与其他方法相比，具有不使地基土扰动和可使用填塞器等优点，但一般的工程费用较高。

(2)用打入方法

当灌浆深度较浅时，可用打入方法。即在注浆管顶端安装柱塞，将注浆管或有效注浆管用打桩锤或振动机打进地层中的方法。前者为了拆卸柱塞，而将打进后的注浆管拉起，所以就不能从上向下灌注，而后者在打进过程中，孔眼堵塞较多，洗净又费时间。

(3)用喷注方法

在比较均质的砂层或注浆管打进困难的地方采用的方法。这种方法利用泥浆泵，设置用水喷射的注浆管，因容易把地基扰动，所以不是理想的方法。

2)按灌注方法分类

(1)一种溶液一个系统方式

将所有的材料放进同一箱子中，预先作好混合准备，再进行注浆，这适用于凝胶时间较长的情况。

(2)两种溶液一个系统方式

将 A 溶液和 B 溶液预先分别装在各自准备的不同箱子中，分别用泵输送，在注浆管的头部使两种溶液混合。这种在注浆管中混合进行灌注的方法，适用于凝胶时间较短的情况。对于两种溶液，可按等量配合或按比例配合。

作为这种方式的变化，有的方法分别将准备在不同箱子中的 A 溶液和 B 溶液送往泵中前使之混合，再用一台泵灌注、另外，也有不用 Y 字管，而仍只用上述一个系统方式将 A 溶液和

B溶液交替注浆的方式。

(3)两种溶液两个系统方式

将A溶液和B溶液分别准备放在不同的箱子中,用不同的泵输送,在注浆管(并列管、双层管)顶端流出的瞬间,两种溶液就混合而注浆。这种方法适用于凝胶时间是瞬间的情况。也有采用在灌注A溶液后,继续灌注B溶液的方法。

2. 注浆施工机械设备及器具

注浆施工机械及其性能如表36-69所示。现在的注浆泵是采用双液等量泵,所以检查时要检查两液能否等量排出是非常重要的。此外,搅拌器和混合器,根据不同的化学浆液和不同的厂家而有独自的型号。在城市的房屋建筑中,通常注浆深度在40m以内,而且是小孔径钻孔,所以钻机一直使用主轴回转式的油压机,性能良好。但此机若不能牢固地固定在地面上,随着注浆深度的加大,钻孔孔向的精度就会产生误差,钻头就会出现偏离。固定的办法是在地面上铺上枕木用大钉固定,其轨距为钻机底座的宽度,然后把钻机的底座锚在两根钢轨上使钻机稳定。

注浆机械设备的种类和性能 表36-69

设备种类	型号	性能	质量(kg)	备注
钻探机	主轴旋转式 D-2型	340给油式 旋转速度:160、300、600、10 000r/min 功率:5.5kW(7.5马力) 钻杆外径:40.5mm 轮周外径:41.0mm	500	钻孔用
注浆泵	卧式二连单管复动活塞式BGW型	容量:16~60L/min 最大压力:3.628MPa 功率:3.7kW(5马力)	350	注浆用
水泥搅拌机	立式上下两槽式 MVM5型	容量:上下槽各250L 叶片旋转数:160r/min 功率:2.2kW(3马力)	340	不含有水泥时的化学浆液不用
化学浆液混合器	立式上下两槽式	容量:上下槽各220L 搅拌容量:20L 手动式搅拌	80	化学浆液的配制和混合
齿轮泵	KJ-6型齿轮旋转式	排出量:40L/min 排出压力:0.1MPa 功率:2.2kW(3马力)	40	从化学浆液槽往混合器送入化学浆液
流量、压力仪表	附有自动记录仪 电磁式 浆液EP	流量计测定范围:40L/min 压力计:3MPa(布尔登管式) 记录仪双色{流量:蓝色 压力:红色	120	

在静压注浆中,灌注黏土水泥浆等粒状浆液时,国内目前多采用活塞式灌浆泵或泥浆泵,浆中掺砂时则采用专用砂浆泵。若进行化学灌浆,则按单液法和双液法分为两类设备系统。

1)单液系统

由于浆液的凝固时间较长,故浆液的各种成分可置于同一搅拌机内搅拌,然后用一台注浆泵注入孔内,这类系统较简单,如图 36-47 所示。如注浆压力和耗浆量不太大,也可用手摇泵替代机动泵,这种简单设备已在不少注浆工程中应用过,效果很好。

2)双液系统

如图 36-48 所示,这种系统是把主剂和速凝剂等分盛于两个搅拌槽内,用两台泵分别压送至混合器内,混合均匀后再注入注浆孔中。混合器根据浆液胶凝时间的长短,可放在孔外,或孔内注浆段上部。当浆液胶凝时间较短时,必须使用这种系统。

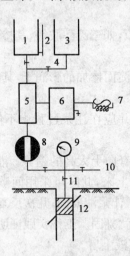

图 36-47　单液灌浆设备系统

1-浆槽;2-液面管;3-水槽;4-阀门;5-注浆泵;6-电机;
7-电源;8-流量计;9-压力表;10-排气回浆管;11-灌浆
管;12-胶塞

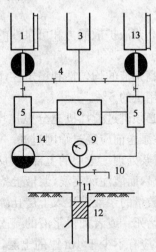

图 36-48　双液灌浆设备系统

13-乙液浆槽;14-混合器;其余符号同图 36-47

静压注浆的钻孔施工中,钻机可选用现有的回转式、冲击式或振动式钻机;在矿山及水利工程中的竖井或巷道及工作面施工中,也可使用凿岩机凿孔。钻机的选择需根据所钻进地层岩性、钻进孔深、孔径以及工作场地进行选择。

3. 灌浆

(1)注浆孔的钻孔孔径一般为 70~110mm,垂直偏差应小于 1‰。注浆孔有设计角度时应预先调节钻杆角度,倾角偏差不得大于 20°。

(2)当钻孔钻至设计深度后,必须通过钻杆注入封闭泥浆,知道孔口溢出泥浆方可提杆,当提杆至中间深度时,应在此注入封闭泥浆,最后完全提出钻杆,封闭泥浆的 7d 无侧限抗压强度宜为 0.3~0.5MPa。浆液黏度 80″~90″。

(3)注浆压力一般与加固深度的覆盖压力、建筑物的荷载、浆液黏度、灌注速度和灌浆量等因素有关。注浆过程中压力是变化的,初始压力小,最终压力高,在一般情况下每深 1m 压力增加 20~50kPa。

(4)若进行第二次注浆,化学浆液的黏度应较小,不宜采用自行密封式密封圈装置,宜采用两端用水加压的膨胀密封注浆芯管。

(5)灌浆完后就要拔管,若不及时拔管,浆液会把管子凝住而将增加拔管困难。拔管时宜使用拔管机。用塑料阀管注浆时,注浆芯管每次上拔高度应为 330mm;花管注浆时,花管每次上拔或下钻高度宜为 500mm。拔出管后,及时刷洗注浆管等,以便保持通畅洁净。拔出管在土中留下的孔洞,应用水泥砂浆或土料填塞。

(6)灌浆的流量一般为 7～10L/min。对充填型灌浆,流量可适当加快,但也不宜大于20L/min。

(7)在满足强度要求的前提下,可用磨细粉煤灰或粗灰部分地替代水泥,掺入量应通过试验确定,一般掺入量约为水泥质量的 20%～50%。

(8)为了改善浆液性能,可在水泥浆液拌制时加入如下外加剂:

①加速浆体凝固的水玻璃,其模数应为 3.0～3.3。水玻璃掺量应通过试验确定,一般为0.5%～3%。

②提高浆液扩散能力和可泵性的表明活性剂(或减水剂),如三乙醇胺等,其掺量为水泥用量的 0.3%～0.5%。

③提高浆液的均匀性和稳定性,防止固体颗粒离析和沉淀而掺加的膨润土,其掺加量不宜大于水泥用量的 5%。

浆体必须讲过搅拌机充分搅拌均匀后,才能开始压注,并应在注浆过程中不停地缓慢搅拌,浆体在泵送前应经过筛网过滤。

(9)冒浆处理。土层的上部压力小,下部压力大,浆液就有向上太高的趋势。灌注深度大,上抬不明显,而灌注深度浅,浆液上抬较多,甚至会溢到地面上来,此时可采用间歇灌注法,亦即让一定数量的浆液灌注入上层孔隙大的土中后,暂停工作,让浆液凝固,几次反复,就可把上抬的通道堵死。或者加快浆液的凝固时间,使浆液出注浆管就凝固。工作实践证明,需加固的土层之上,应有不少于 1m 厚的土层,否则应采取措施防止浆液上冒。

六、质量检验

灌浆效果与灌浆质量的概念不完全相同。灌浆质量一般是指灌浆施工是否严格按设计和施工规范进行,例如灌浆材料的品种规范、浆液的性能、钻孔角度、灌浆压力等,都要符合规范的要求,不然则应根据具体情况采取适当的补充措施;灌浆效果则指灌浆后能将地基土的物理力学性质提高的程度。

灌浆质量高不等于灌浆效果好。因此,设计和施工中,除应明确规定某些质量指标外,还应规定所要达到的灌浆效果及检查方法。

灌浆效果的检验,通常在注浆结束后 28d 才可进行,检验方法如下:

(1)统计计算灌浆量。可利用灌浆过程中的流量和压力自动曲线进行分析,从而判定灌浆效果。

(2)利用静力触探测试加固前后土体力学指标的变化,用以了解加固效果。

(3)在现场进行抽水试验,测定加固土体的渗透系数。

(4)采用现场静载荷试验,测定加固土体的承载力和变形模量。

(5)采用钻孔弹性波试验测定加固土体的动弹性模量和剪切模量。

(6)采用标准贯入试验或轻便触探等动力触探方法测定加固土体的力学性能,此法可直接得到灌浆前后原位土的强度,进行对比。

(7)进行室内试验。通过室内加固前后土的物理力学指标的对比试验,判定加固效果。

(8)采用 γ 射线密度计法。它属于物理探测方法的一种,在现场可测定土的密度,用以说明灌浆效果。

(9)使用电阻率法。将灌浆前后对土所测定的电阻率进行比较,根据电阻率差说明土体孔隙中浆液的存在情况。

在以上方法中,动力触探试验和静力触探试验最为简便实用。检验点一般为灌浆孔数的 2‰～5‰,如检验点的不合格率等于或大于 20%,或虽小 20% 但检验点的平均值达不到设计要求,在确认设计原则正确后应对不合格的注浆区实施重复注浆。

七、简要介绍上海市标准《地基处理技术规范》(DG/TJ 08-40—2010)的注浆法(供参考)

1. 一般规定

(1)注浆法适用于处理砂土、粉性土、黏性土和一般填土层。

(2)注浆法的处理目的是防渗堵漏、提高地基土的强度和变形模量、进行托换技术和控制地层沉降。

(3)注浆设计前,应查明加固土层的分布范围、含水率、土的颗粒级配、地下水和孔隙率等土体的物理力学性质指标。

(4)对重要工程,注浆设计前必须进行室内浆液配合比试验。此外,尚宜进行现场注浆试验,以求得合适的设计参数,并检验施工方法和设备。

2. 设计

(1)注浆设计前必须通过调查研究,设计时应包括下述内容:

注浆有效范围、注浆材料的旋转、初凝时间、注浆量和压力、注浆孔布置和注浆顺序等。

(2)注浆工艺和有效范围应根据工程不同要求必须充分满足防渗堵漏,提高土体强度和模量,充填孔隙及托换等目的加以确定。注浆点的覆盖土应大于 2m。

(3)选定浆液及其配合比的设计,必须考虑注浆的目的、地质情况、地基土的孔隙大小、地下水的状态等,在满足所需目的范围内选定最佳配合比。

(4)注浆法处理软土的浆液材料可选用以水泥为主剂的悬浊液,也可选用水泥和水玻璃的双液型混合液。丙凝据有关凝结时间短的特点,聚氨酯能有遇水膨胀的特性,化学浆液因对环境有污染,选用时应慎重考虑。在有地下动水流的情况下,不应采用单液水泥浆。

(5)用作防渗的注浆至少应设置三排注浆孔,注浆液应选用水玻璃或水玻璃与水泥的混合液,注浆孔间距可按 1.0～1.5m 范围设计。动水情况下的堵漏注浆宜采用双液注浆或初凝时间短的速凝配方。

(6)用作提高土体强度的注浆液可选用以水泥为主剂的悬浊液,注浆孔间距可按 1.0～2.0m 范围设计。

(7)初凝时间必须根据地基土质条件和注浆目的决定。在砂土地基注浆中,一般使用的浆液初凝时间为 5～20min;在黏性土中劈裂注浆时,一般浆液初凝时间为 1～2h。

(8)注浆量取决于地基土性质和浆液的渗透性等因素。在进行大规模注浆中,宜在施工现场进行试验性注浆以决定注浆量。一般黏性土地基中的浆液注入率为 15%～20%。

(9)在砂土中注浆,若以防渗为主要目的,则应考虑第二次注浆。第二次注浆的时间宜在第一次注入的水泥浆初凝后进行。注浆材料应采用水玻璃等低黏度的化学注浆材料。

(10)对劈裂注浆,在浆液注浆的范围内应尽量减小注浆压力。注浆压力的选用应根据土层的性质及其埋深确定。在砂土中的经验数值是 0.2～0.5MPa;在黏性土中的经验数值是 0.2～0.3MPa。

(11)对压密注浆,注浆压力主要取决于浆液材料的稠度。如采用水泥—砂浆液,坍落度可在 25～75mm 左右,注浆压力可选定在 1～7MPa 范围内,而且坍落度较小时,注浆压力可取上限值。如采用水泥—水玻璃双液快凝浆液,则注浆压力应小于 1MPa。

(12)注浆孔的布置原则,应能使被加固土体在平面和深度范围内连成一个整体。

(13)注浆顺序必须采用适合于地基土质条件、现场环境及注浆目的进行,一般不宜采用自注浆地带某一端单向推进压注方式,应按跳孔间隔注浆方式进行,以防止串浆,提高注浆孔内浆液的强度与时俱增的约束性。对有地下动水流的特殊情况,应考虑浆液在动水流下的迁移效应,应自水头高的一端开始注浆。

(14)注浆时应采用先外围后内部的注浆施工方式。注浆范围以外有边界约束条件时,也可采用自内侧开始顺次往外侧注浆方法。

3. 施工工艺

(1)注浆施工必须根据设计要求并考虑周围环境条件进行。施工前,设计单位应向施工单位提供注浆设计文件并负责技术交底。

(2)注浆法施工的场地事先应予平整,除干钻法外,应沿钻孔位置开挖沟槽与集水坑,以保持场地的整洁干燥。

(3)注浆施工情况必须如实和准确地记录,应有压力和流量记录,宜采用自动流量和压力记录仪,并对资料及时进行整理分析,以便指导注浆工程的顺利进行,并为验收工作作好准备。

(4)塑料阀管注浆法施工可按下列步骤进行:

①钻孔与灌浆设备就位。

②钻孔。

③当钻孔钻到设计深度后,从钻杆内灌入封闭泥浆。

④插入塑料单向阀管到设计深度。当注浆孔较深时,阀管中应加入水,以减水阀管插入土层时的弯曲。

⑤待封闭泥浆凝固后,在塑料阀管中插入双向密封注浆芯管再进行注浆。

⑥注浆完毕后,应用清水冲洗塑料阀管中的残留浆液。对于不宜用清水冲洗的场地,可考虑用纯水玻璃浆或陶土浆灌满阀管内。

(5)花管注浆法施工可按下列步骤进行:

①钻机与灌浆设备就位。

②钻孔或采用振动法将花管压入土层。

③若采用钻孔法,应从钻杆内灌入封闭泥浆,然后插入花管。

④待封闭泥浆凝固后,移动花管自下向上(或自上向下)进行注浆。

(6)压密注浆施工可按下列步骤进行:

①钻机与灌浆设备就位。

②钻孔或采用振动法将金属注浆管压入土层。

③若采用钻孔法,应从钻杆内灌入封闭泥浆,然后插入孔径5cm的金属注浆管。

④待封闭泥浆凝固后,捅去金属管的活络堵头,然后向地层注入水泥—砂稠状浆液或水泥-水玻璃双液快凝浆液。

(7)注浆孔的钻孔孔径一般为 70~110mm,垂直偏差应小于 1%,注浆孔有设计角度时应预先调节钻杆角度。

(8)当钻到设计深度后,必须通过钻杆注入封闭泥浆,直到孔口溢出泥浆方可提杆。当提杆至中间深度时,应再次注入封闭泥浆,最后完全提出钻杆。

(9)封闭泥浆的七天立方体抗压强度宜为 $q_n=0.3\sim0.5$MPa,浆液黏度为 $80''\sim90''$。

(10)塑料单向阀管每一节均应作检查,要求管口平整无收缩,内壁光滑。事先将每六节塑料阀管对接成 2m 长度作备用。准备插入钻孔内时应复查一遍,必须旋紧每一节螺纹。

(11)注浆芯管的聚氨酯密封圈使用前要进行检查,应无残缺和大量气泡现象,上部密封圈裙边向下,下部密封圈裙边向上,且都应抹上黄油。所有注浆管接头螺纹均应保持有充足的油脂,这样既可保证丝牙寿命,又可避免浆液凝固在丝牙上,造成拆装困难。

(12)若进行第二次注浆,化学浆液的黏度应较小,不宜采用自行密封式密封圈装置,宜采用二端用水加压的膨胀密封型注浆芯管。

(13)注浆管上拔时宜使用拔管孔。塑料阀管注浆时,注浆芯管每次上拔高度应为330mm;花管注浆时,花管每次上拔或下钻高度宜为 500mm。

(14)注浆开始前应充分做好准备工作,包括机械器具、仪表、管路、注浆材料、水和电等的检查及必要的试验,其中压力表和流量测定器应是必备的仪表,注浆一经开始即应连续进行,力求避免中断。

(15)注浆的流量一般为 7~10L/min,对充填型灌浆,流量可适当加快,但也不宜大于20L/min。

(16)注浆用水应是可饮用的自来水、河水、井水及其他清洁水,不宜采用 pH 值小于 4 的酸性水和工业废水。

(17)注浆所用的水泥宜采用 42.5 级普通硅酸盐水泥,一般不得超过出厂期两个月,受潮结块不得使用,水泥的各项技术指标应符合现行国家标准,并应附有出厂试验单。

(18)在满足强度要求的前提下,可用磨细粉煤灰或粗灰部分代替水泥,掺入量应通过试验确定,一般掺入量约为水泥质量的 20%~50%。

(19)注浆使用的原材料及制成的浆体应符合下列要求:

①制成的浆体应能在设计要求的时间内凝固并具有一定强度,其本身的防渗性和耐久性应能满足设计要求。

②浆体在凝固后其体积不应有较大的收缩率,一般应小于 0.3%体积量。

③所制成的浆体在一小时内不应发生析水现象。

(20)为了改善浆液性能,可在浆液拌制时加入如下外加剂:

①加速浆体凝固的水玻璃,其模数应为 3.0~3.3。水玻璃掺量应通过试验确定,一般为0.5%~3%。

②提高浆液扩散能力和可泵性的表明活性剂(或减水剂),一般掺量为水泥用量的 0.3%~0.5%。

③提高浆液均匀性和稳定性,防止固体颗粒离析和沉淀而掺加的膨润土,其掺加量不宜大于水泥用量的 5%。

(21)浆体必须经过搅拌机充分搅拌均匀后,才能开始压注,并应在注浆过程中不停顿地缓慢搅拌,搅拌时间应小于浆液初凝时间。浆体在泵送前应经过筛网过滤。

(22)在冬季,当日平均温度低于 5℃ 或最低温度低于 -3℃ 的条件下注浆时,应在施工现场采取适当措施,以保证不使浆体冻结。

(23)在夏季炎热条件下注浆时,用水温度不得超过 30~35℃;并应避免将盛浆桶和注浆管路在注浆体静止状态暴露于阳光下,以免加速浆体凝固。

(24)如注浆中途发生地面冒浆现象应立即停止注浆,调查冒浆原因。如系注浆孔封闭效果欠佳,可待浆液凝固后重复注浆;如系地层灌注不进,则应结束注浆。

4. 质量检验

对注浆效果的检查,应根据设计提出的要求进行,检验时间在注浆结束 28d 后。可选用标准贯入和静力触探对加固地层进行检测。

注浆效果检测点一般为注浆孔数的 2‰～5‰。如检验点不合格率等于或大于 20‰,或虽小于 20‰但检验点的平均值达不到设计要求时,在确认设计原则正确后应对不合格的注浆区实施重复注浆。检测点位置应视检测方法和现场条件,由施工单位和设计单位协商决定。

第十节 预 压 法

一、概述

(1)预压法分为堆载预压和真空预压两类,前者适用于淤泥质土、淤泥和冲填土等软土地基。后者适用于能在加固区形成(包括采取措施后)稳定负压边界条件的软土地基,本法主要适用于油罐地基、堆场、机场、港区陆域大面积填土和建筑等工程。

(2)对需处理地基应先通过工程勘察查明土层在水平和竖直方向的分布和变化、透水层的位置和厚度、颗粒级配及水源补给条件等。应通过土工试验确定土的固结系数(对真空预压法,如有条件亦应测定负压下的固结系数)、孔隙比和固结压力关系曲线、抗剪强度和现场十字板抗剪强度等指标。必要时应测定先期固结压力和通过现场测定固结系数。

对主要以沉降控制的建筑,当地基经预压消除的变形量满足设计要求,且受压土层的平均固结度符合设计要求或达到 80‰以上时方可卸载;对主要以地基承载力或抗滑稳定性控制的建筑,在地基经预压增长的强度满足设计要求后方可卸载。

以沉降和不均匀沉降要求控制严格的建筑物,应采用超载预压法加固。

(3)对重要工程,应预先在现场进行预压试验,在预压过程中应进行沉降、侧向位移、孔隙水压力和十字板抗剪强度等测试。据此分析加固效果,并与原设计进行比较,以便对设计作必要的修正,并指导现场施工。

(4)对于堆载预压工程,预压荷载应分级逐渐施加,确保每级荷载下地基的稳定性,而对真孔预压工程,可一次连续抽真空至最大压力。

二、设计计算

1. 堆载(或充水)预压法

堆载预压法处理地基的设计应包括以下内容:

(1)根据工程要求和地质条件决定竖向排水体的取舍。当软土层厚度小于 5.0m 或含较多薄粉砂夹层且工期允许,预计固结速率能满足工程要求,可不设置竖向排水体,否则需确定砂井或塑料排水带等竖向排水体的直径、间距、排列方式和深度。

(2)确定堆载数量和分级的数量、次数、范围、速率和预压时间。

(3)计算地基的变形、固结度、强度增长和抗滑稳定性。

预压荷载的大小应根据工程要求确定,通常可与建筑物的基底压力相同,堆载的顶面范围应大于建筑物基础外缘所包围的范围。

当天然地基的强度满足预压荷载下地基的稳定性要求时可一次堆载,否则根据土的天然强度确定第一级荷载(如油罐充水预压),以后各级荷载根据前期荷载下增长的强度,通过稳定性分析确定。

超载预压法的超载大小应根据限定的预压时间内要求消除的变形量通过计算确定。预压时间应满足一般规定，并应使预压荷载下受压土层各点的有效竖向应力大于建筑物荷载所引起的相应点的附加应力。

1）排水竖井

竖向排水体有普通砂井、袋装砂井和塑料排水带，普通砂井直径取 300～500mm，袋装砂井直径取 70～120mm，砂井长度一般为 10～20m；塑料排水带的宽度不小于 100mm，厚度不小于 3.5mm，其当量直径可按式（36-137）计算：

$$d_p = \alpha \frac{2(b+\delta)}{\pi} \tag{36-137a}$$

式中：d_p——塑料排水带当量直径（mm）；

α——换算系数，无试验资料时可取 $\alpha = 0.75 \sim 1.00$；

b——塑料排水带宽度（mm）；

δ——塑料排水带厚度（mm）。

排水竖井的平面布置可采用等边三角形或正方形排列。竖井的有效排水直径 d_e 与间距 l 的关系如下（图 36-49）：

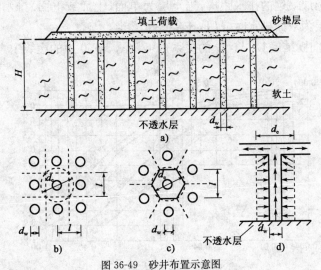

图 36-49　砂井布置示意图

a）砂井布置剖面图；b）正方形平面布置图；c）正三角形平面布置图；d）孔隙水渗流途径图

等边三角形排列：

$$d_e = 1.05l \tag{36-137b}$$

正方形排列：

$$d_e = 1.13l \tag{36-137c}$$

排水竖井的间距可根据地基土的固结特性和预定时间内所要求达到的固结度确定。设计时，竖井的间距可按井径比 n 选用（$n = d_e/d_w$，d_w 为竖井直径，对塑料排水带可取 $d_w = d_p$）。塑料排水带或袋装砂井的间距可按 $n = 15 \sim 22$ 选用，普通砂井的间距可按 $n = 6 \sim 8$ 选用。

排水竖井的深度应根据建筑物对地基的稳定性、变形要求和工期确定。对以地基抗滑稳定性控制的工程，竖井深度至少应超过最危险滑动面 2.0m；对以变形控制的建筑，竖井深度应根据在限定的预压时间内需完成的变形量确定，竖井宜穿透受压土层。

荷载一次瞬时施加情况下,按排水条件不同,地基平均固结度计算方法如下:

(1)竖向排水固结($\overline{U}_v > 30\%$)

$$\overline{U}_v = 1 - \frac{8}{\pi^2} e^{-\frac{\pi^2}{4}T_v} \tag{36-138}$$

其中

$$T_v = \frac{c_v t}{H^2} \tag{36-139}$$

$$c_v = \frac{k_v(1+e)}{\alpha\gamma_m} \tag{36-140}$$

式中:$\overline{U}_v$——地基竖向平均固结度;

$\quad T_v$——竖向固结时间因数(无因数);

$\quad c_v$——竖向固结系数(m^2/s);

$\quad k_v$——竖向渗透系数(m/s);

$\quad e$——孔隙比;

$\quad a$——压缩系数(kPa^{-1});

$\quad \gamma_m$——水的重度,取 $9.8kN/m^3$;

$\quad t$——固结时间(s),如荷载是逐渐增加,则从加荷历时的一半算起;

$\quad H$——压缩土层最远的排水距离,当土层为单面(上面或下面)排水时,H 取土层厚度,当土层为双面排水时,H 取土层厚度之半。

砂井地基的竖向固结度 $\overline{U}_v$ 与 T_v 的关系也可从图 36-50 中的虚线中查得。

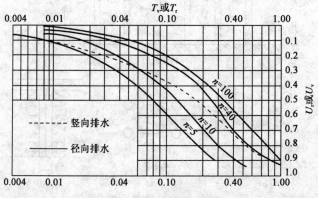

图 36-50 T_v、T_r 与 U_v、U_r 关系图

(2)砂井地基径向排水固结度计算。砂井地基中的孔隙水既可以竖向排走,又可以水平向排走,砂井的边界排水条件与砂井的平面布置形式有关,砂井的布置通常按等边三角形或正方形排列布置,排水边界可以看作以等效直径为 d_e 的圆柱体,等效圆的直径 d_e 与砂井排列的间距 l 的关系按上述排水竖井的公式计算。

径向排水固结度为

$$\overline{U}_r = 1 - e^{-\frac{8}{F_n}T_r} \tag{36-141}$$

其中

$$T_r = \frac{c_h t}{d_e^2} \tag{36-142}$$

$$c_h = \frac{k_h(1+e)}{\alpha\gamma_m} \tag{36-143}$$

$$F_n = \frac{n^2}{n^2-1}\ln(n) - \frac{3n^2-1}{4n^2} \tag{36-144}$$

$$n = d_e/d_w \tag{36-145}$$

式中：$\overline{U}_r$——地基内径向平均固结度；

$\qquad T_r$——径向固结时间因数；

$\qquad F_n$——与有关的系数；

$\qquad c_h$——径向（或称为水平向）固结系数（m^2/s）；

$\qquad k_h$——水平向渗透系数（m/s）；

$\qquad d_e$——砂井的等效圆直径；

$\qquad d_n$——砂井的直径；

$\qquad n$——井径比，即 $n=d_e/d_w$。

砂井地基的径向固结度 U_r 与 T_r 的关系也可以从图 36-50 中实线中查得。

砂井地基的平均固结度是由竖向排水和径向排水所组成的，可按下式计算：

$$\overline{U}_{rz} = 1 - (1-\overline{U}_v)(1-\overline{U}_r) \tag{36-146}$$

式中：$\overline{U}_z$——仅考虑竖向排水的平均固结度；

$\qquad \overline{U}_r$——仅考虑径向排水的平均固结度。

一级或多级等速加载条件下，当固结时间为 t 时，对应总荷载的地基平均固结度可按式 (36-147) 计算：

$$\overline{U}_t = \sum_{i=1}^{n} \frac{q_i}{\sum \Delta p}\left[(T_i - T_{i-1}) - \frac{\alpha}{\beta}e^{-\beta t}(e^{\beta T_i} - e^{\beta T_{i-1}})\right] \tag{36-147}$$

式中：$\overline{U}_t$——t 时间地基的平均固结度；

$\qquad q_i$——第 i 级荷载的加载速率（kPa/d）；

$\qquad \sum\Delta p$——各级荷载的累加值（kPa）；

T_{i-1}、T_i——分别为第 i 级荷载加载的起始、终止时间（从零点起算）（d），当计算第 i 级荷载加载过程中某时间的固结度时，T_i 改为 t；

$\qquad \alpha$、β——分别为参数，根据地基土排水固结条件按表 36-70 采用。

α、β 值 表 36-70

排水固结条件参数	竖向排水固结 $U_z>30\%$	向内径向排水固结	竖向和向内径向排水固结（砂井贯穿压缩土层）	砂井未贯穿压缩土层的固结
α	$\dfrac{8}{\pi^2}$	1	$\dfrac{8}{\pi^2}$	$\dfrac{8}{\pi^2}Q$
β	$\dfrac{\pi^2 c_v}{4H^2}$	$\dfrac{8c_h}{F_n d_e^2}$	$\dfrac{8c_h}{F_n d_e^2}+\dfrac{\pi^2 c_v}{4H^2}$	$\dfrac{8c_h}{F_n d_e^2}$

注：c_v——土的竖向排水固结系数（mm^2/s）；

$\qquad c_h$——土的水平排水固结系数（mm^2/s）；

$\qquad H$——土层竖向排水距离，双面排水时，H 为土层厚度的一半；单面排水时，H 为土层厚度（mm）。

$$Q \approx \frac{H_1}{H_1+H_2};$$

$\qquad H_1$——砂井深度（mm）；

$\qquad H_2$——砂井以下压缩土层厚度（mm）；

$\qquad n$——井径比；

$$F_n = \frac{n^2}{n^2-1}\ln(n) - \frac{3n^2-1}{4n^2}$$

对竖井地基,表 36-70 中所列 β 为不考虑涂抹和井阻影响的参数值。

当排水竖井采用挤土方式施工时,应考虑涂抹对土体固结的影响。当竖井的纵向通水量与天然土层水平向渗透系数的比值较小,且长度又较长时,尚应考虑井阻影响。瞬时加载条件下,考虑涂抹和井阻影响时,竖井地基径向排水平均固结度可按下式计算:

$$\overline{U}_r = 1 - e^{\frac{8c_h}{Fd_e^2}t} \tag{36-148}$$

$$F = F_n + F_s + F_r \tag{36-149}$$

$$F_n = \ln n - \frac{3}{4}(n \geqslant 15) \tag{36-150}$$

$$F_s = \left[\frac{k_h}{k_s} - 1\right]\ln s \tag{36-151}$$

$$F_r = \frac{\pi^2 L^2}{4}\frac{k_h}{q_w} \tag{36-152}$$

式中:$\overline{U}_r$——固结时间 t 时竖井地基径向排水平均固结度;

  k_h——天然土层水平向渗透系数(cm/s);

  k_s——涂抹区土的水平向渗透系数,可取 $k_s = (1/5 \sim 1/3)k_h$,(cm/s);

  s——涂抹区直径 d_s 与竖井直径 d_w 的比值,可取 $s = 2.0 \sim 3.0$,对中等灵敏黏性土取低值,对高灵敏黏性土取高值;

  L——竖井深度(cm);

  q_w——竖井纵向通水量,为单位水力梯度下单位时间的排水量(cm³/s)。

一级或多级等速加荷条件下,考虑涂抹和井阻影响时竖井穿透受压土层地基之平均固结度可按式(36-147)计算,其中 $\alpha = \frac{8}{\pi^2}$,$\beta = \frac{8c_h}{Fd_e^2} + \frac{\pi^2 c_v}{4H^2}$。

对排水竖井未穿透受压土层的地基,应分别计算竖井范围土层的平均固结度和竖井底面一下受压土层的平均固结度,通过预压使该两部分固结度和所完成的变形量满足设计要求。

2)预压荷载

预压荷载大小应根据设计要求确定。对于沉降有严格限制的建筑,应采用超载预压法处理,超载量大小应根据预压时间内要求完成的变形量通过计算确定,并宜使预压荷载下受压土层各点的有效竖向应力大于建筑物荷载引起的相应点的附加应力。

预压荷载顶面的范围应等于或大于建筑物基础外缘所包围的范围。

加载速率应根据地基土的强度确定。当天然地基土的强度满足预压荷载下地基的稳定性要求时,可一次性加载,否则应分级逐渐加载,待前期预压荷载下地基土的强度增长满足下一级荷载下地基的稳定性要求时方可加载。

计算预压荷载下饱和黏性土地基中某点的抗剪强度时,应考虑土体原来的固结状态,对正常固结饱和黏性土地基,某点某一时间的抗剪强度可按下式计算:

$$\tau_{ft} = \tau_{f0} + \Delta\sigma_z U_t \tan\varphi_{cu} \tag{36-153}$$

式中:τ_{ft}——t 时刻该点土的抗剪强度(kPa);

  τ_{f0}——地基土的天然抗剪强度(kPa);

  σ_z——预压荷载引起的该点的股价竖向应力(kPa);

  U_t——该点土的固结度;

  φ_{cu}——三轴固结不排水压缩试验求得的土的内摩擦角(°)。

预压荷载下地基的最终竖向变形量可按下式计算：

$$s_f = \xi \sum_{i=1}^{n} \frac{e_{0i} - e_{1i}}{1 + e_{0i}} h_i \tag{36-154}$$

式中：s_f——最终竖向变形量(m)；

e_{0i}——第 i 层中点土自重应力所对应的孔隙比，由室内固结试验 e-p 曲线查得；

e_{1i}——第 i 层中点土自重应力与附加应力之和所对应的孔隙比，由室内固结试验 e-p 曲线查得；

h_i——第 i 层土层厚度(m)；

ξ——经验系数，对正常固结饱和黏性土地基可取 $\xi = 1.1 \sim 1.4$，荷载较大、地基土较软弱时取较大值，否则取较小值。

变形计算时，可取附加应力与土自重应力的比值为 0.1 的深度作为受压层的计算深度。

3)砂垫层

堆载预压法处理地基必须在地表铺设与排水竖井相连的砂垫层，砂垫层厚度不应小于 500mm。砂垫层砂料宜用中粗砂，黏粒含量不宜大于 3%，砂料中可混有少量粒径小于 50mm 的砾石。砂垫层的干密度应大于 1.5g/cm³，其渗透系数宜大于 1×10^{-2} cm/s。

在预压区边缘应设置排水沟，在预压区内宜设置与砂垫层相连的排水盲沟。

砂井的砂料应选用中粗砂，其黏粒含量不应大于 3%。

2. 真空预压　摘自上海市标准《地基处理技术规范》(DG/TJ 08-40—2010)

真空预压处理地基的设计应包括以下内容：

(1)悬浊砂井或塑料排水带等竖向排水体，确定其断面尺寸、间距、排列方式和深度。

(2)确定真空预压范围、分区大小和预压时间。

(3)计算地基的固结度和强度增长。

(4)确定砂垫层的厚度、真空滤管的间距、抽真空设备的数量和布置。

真空预压处理地基时，膜下真空度应稳定在 600mmHg 柱以上(相当于 80kPa 以上的等效压力)，对某些承载力要求高和沉降控制严的建筑，可采用真空－堆载联合预压法；堆载的大小根据工程要求减去稳定真空度相当的等效荷载，堆载材料可为土、砂、石和水。

竖向排水体一半采用袋装砂井或塑料排水带，其规格、排列方式、间距、深度等的确定与堆载预压同。

真空预压时，地表铺设砂垫层的厚度，对砂料的要求堆载预压法同，砂井的砂料应采用中砂或粗砂，其渗透系数宜大于 1×10^{-1} mm/s。

真空预压法的地基平均固结度，考虑了井阻和涂抹作用时可按式(36-155)～式(36-159)计算：

地基某一深度的固结度：

$$U_{rzt} = U_{rt} + U_{zt} - U_{rt} U_{zt} \tag{36-155a}$$

整个地基的平均固结度：

$$\overline{U}_{rzt} = \overline{U}_{rt} + \overline{U}_{zt} - \overline{U}_{rt} \overline{U}_{zt} \tag{36-155b}$$

式中：
$$U_{rt} = 1 - \sum_{m=0}^{\infty} \frac{2}{M} \sin \frac{MZ}{H} \exp(-\beta_r t) \tag{36-156}$$

$$U_{zt} = 1 - \sum_{m=0}^{\infty} \frac{2}{M} \sin \frac{MZ}{H} \exp\left[-\left(\frac{M^2}{H^2} c_v t\right)\right] \tag{36-157}$$

$$\overline{U}_{rt} = 1 - \sum_{m=0}^{\infty} \frac{2}{M^2} \exp(-\beta_r t) \tag{36-158}$$

$$\overline{U}_{zt} = 1 - \sum_{m=0}^{\infty} \frac{2}{M^2} \exp\left[-\left(\frac{M^2}{H^2}c_v t\right)\right] \tag{36-159}$$

$$M = \frac{2m+1}{2}\pi, m = 0,1,2,3\cdots\cdots \tag{36-160}$$

$$\beta_r = \frac{\lambda M^2}{\rho^2 H^2 + M^2} \tag{36-161}$$

$$\lambda = \frac{8c_h}{d_e^2 F_a} \tag{36-162}$$

$$\rho^2 = \frac{8k_h(n^2-1)}{k_w d_e^2 F_a} \tag{36-163}$$

$$F_a = \left(\ln\frac{n}{s} + \frac{k_h}{k_s}\ln s - \frac{3}{4}\right)\frac{n^2}{n^2-1} + \frac{s^2}{n^2-1}\left(1-\frac{k_h}{k_s}\right)\left(1-\frac{s^2}{4n^2}\right) + \frac{k_h}{k_s}\frac{1}{n^2-1}\left(1-\frac{1}{4n^2}\right) \tag{36-164}$$

$$n = \frac{\gamma_e}{\gamma_w} \tag{36-165}$$

$$s = \frac{\gamma_s}{\gamma_w} \tag{36-166}$$

式中：c_h——土的水平向排水固结系数(mm^2/s)；

c_v——土的竖向排水固结系数(mm^2/s)；

H——待加固土层的厚度(mm)；

z——地基土的计算某一深度(mm)；

k_h——地基土的水平向渗透系数(mm/s)；

k_v——地基土的竖向渗透系数(mm/s)；

d_0——砂井或塑料排水带的等效影响圆直径(mm)；

γ_s——涂抹区半径(mm)；

γ_e——砂井或塑料排水带的等效影响圆半径(mm)；

γ_w——砂井或塑料排水带的当量半径(mm)；

k_w——砂井或塑料排水带的渗透系数(mm/s)；

k_s——涂抹区的渗透系数(mm/s)。

若不考虑井阻，式中 $k_w = \infty$，$\beta_r = \lambda$；不考虑涂抹，式中 $k_s = k_h$，$s = 1$。

真空预压下，地基中某点任意时间的抗剪强度按式(36-153)计算；计算时 $\eta = 1$。

真空预压下，地基的最终竖向变形可按式(36-154)计算，计算时 $\xi = 0.6 \sim 0.9$。真空堆载联合预压以真空为主时，$\xi = 0.9$。

真空预压的膜下真空度应稳定地保持在6 500mmHg(86.7kPa)以上，且应均匀分布，竖井深度范围内土层的平均固结度应大于90%。

当建筑物的荷载超过真空预压的压力，且建筑物对地基变形有严格要求时，可采用真空-堆载联合预压法，其总压力宜超过建筑物的荷载。

对于表层存在良好的透气层或在处理范围内有充足水源补给的透水层时，应采取有效措施隔断透气层或透水层。

真空预压的总面积不得小于基础外缘所包围的面积，每块预压的面积宜尽可能大，根据加固要求彼此间可搭接或有一定间距。一般真空的边缘比建筑物基础外缘超出 2～3m。

真空预压和真空—堆载联合预压时，压缩层的平均固结度应符合设计要求或大于 80%，地基强度和地基剩余变形应满足工程要求。

膜下真空滤管间距一般为 6～9m；距离薄膜边缘一般为 1.5～3.0m，滤管应埋在砂垫层厚度的中部。

对于表面存在良好的透气层，在处理范围内有充足水源补给的透水层一级明显露头的透气时，应采取有效措施切断透气层及透水层。

真空预压时，抽真空设备的数量应根据加固面积来确定，一套设备可抽的面积为 1 000～1 500m²。

真空预压时加固区周围底面会产生裂缝，故应与既有建筑物保持一定距离。

三、施工工艺

1. 堆载预压法

砂井的灌砂量，应按井孔的体积和砂在中密时的干密度计算，其实际灌砂量不得小于计算值的 95%。

灌入砂袋的砂宜用干砂，并应管制密实，砂袋或塑料排水带放入孔内至少应高出砂垫层 100mm。

袋装砂井施工所用钢管内径宜略大于砂井直径，以减小施工过程中对地基土的扰动。

袋装砂井或塑料排水带施工时，平面井距偏差应不大于井径，垂直度偏差宜小于 1.5%，拔管后带上砂袋或塑料排水带的长度不宜超过 500mm。

塑料排水带应有良好的透水性和强度，纵向通水量为 $(15～40)\times10^3 (mm^3/s)$，滤膜的渗透系数为 $5\times10^{-3}mm/s$；复合体的抗拉强度=10～15N/mm，滤膜的抗拉强度干态时=1.5～3.0N/mm，湿态时=1.0～2.5N/mm；塑料排水带伸入土中较短时用小值，较长时用大值。整个排水带应反复对折 5 次不断裂才认为合格。

塑料排水带需要接长时，应采用滤膜内芯板平搭接的连接方式，搭接长度宜大于 200mm。

对堆载预压工程，应根据设计要求分级逐渐堆载，在堆载过程中应每天进行沉降、边桩位移及孔隙水压力等项目的观测，沉降每天控制在 10～15mm；边桩水平位移每天控制在 4～7mm；孔隙水压力系数 $u/p \leqslant 0.6$，再对其进行综合分析以控制堆载速率。

2. 真空预压法

真空预压的施工应按如下顺序进行：

(1)铺设砂垫层并设置垂直排水通道。

(2)在砂垫层中埋设滤管。

(3)在加固区边缘挖沟。

(4)铺膜、填沟、安装并连接抽气管和射流泵。

(5)检验密封情况并抽气。

根据场地大小、形状及施工能力，将加固场地分成干区，各区之间根据加固要求可搭接或有一定间距，每个加固区必须用整块密封薄膜覆盖。

砂井的灌砂量和质量要求、塑料排水带的质量要求、袋装砂井和塑料排水带施工时的平面位置、垂直度等与堆载预压法相同。

真空预压的抽气设备宜采用射流真空泵，空抽时必须达到 95kPa 以上的真空吸力，其数量应根据加固面积确定,每个加固场地至少应设置两台真空泵。

真空管路的连接点应严格进行密封,为避免膜的真空度在停泵后很快降低,在真空管路中设置止回阀和闸阀。

水平向分布滤水管可采用条状、梳齿状、羽字状或目字状等形式。滤水管布置最好能形成回路。滤水管一般设在排水砂垫层中,其上应有 100~200mm 厚砂覆盖层。滤水管可采用钢管或塑料管,滤水管之间的连接宜用柔性接头,滤水管外宜围绕铅丝,外包尼龙纱、土工织物或棕皮等滤水材料。

密封膜应采用抗老化性能号、韧性号、抗穿刺能力强的不透气材料。密封膜热合黏结时宜用两条膜的热合黏结缝平搭接,搭接宽度应大于 15mm。

根据密封膜材料的厚度,可铺设二层或三层,覆盖膜周边可采用挖沟折铺、平铺并用黏土压边,围埝沟内覆水以及膜上全面覆水等方法进行密封。当处理区外有充足水源补给的透水层时,应采用封闭式截水墙(如深层搅拌桩)形成防水帷幕等方法以隔断透水层。

真空预压区在铺密封膜前,要认真清理平整砂垫层、拣除贝壳及带尖角石子,填平打设袋装砂井或塑料了排水带时留下的孔洞。每层膜铺好后,要认真拣除及时补洞。待其符合要求后,再铺下一层。

真空-堆载联合加固时,先按真空加固的要求进行抽气,当真空度稳定后再将所需的堆载加上,并继续抽气,堆载时需在膜上铺放编织布等保护材料。

真空度可一次抽气至最大,当连续五天实测沉降速度≤2mm/d 时,可停止抽气。

四、质量检验

对以稳定性控制的重要工程,应在预压区内选择有代表性地点预留孔位,对堆载不同阶段和对真空预压法在抽真空结束进行不同深度的十字板抗剪强度试验、静力触探和取土进行室内试验,其位置与数量应与加固前相对应,以验算地基的稳定性并检验地基加固效果。

对一般重要工程应在预压结束后进行十字板、静力触探或取土进行室内试验。

十字板、静力触探和取土孔的数量应能说明工程情况,同时应满足每个加固区在每个阶段或某种时间不应少于 2 个的要求。

对真空预压法还应量测膜下真空度,真空度应满足设计要求。在预压期间应及时整理沉降与时间、孔隙水压力与时间、位移与时间等关系曲线,推算地基的最终变形量、不同时间的固结度和相应的变形量,以分析处理效果并为确定卸载时间提供依据。

对有特殊要求的重要工程应做现场载荷试验以检验预压加固质量。试验数量不应少于3点。

预压法竣工验收检验应符合《建筑地基处理技术规范》(JGJ 79—2012)的规定。

五、计算示例

【例 36-26】 某软土地基设计采用砂井预压加固法加固地基,地基土层情况如下:地面下 15m 为高压缩性软土,其下为粉砂层,地下水位在地面下 1.5m。软土的重度 $\gamma=18.5kN/m^3$,孔隙比 $e_1=1.10$,压缩系数 $\alpha=0.59MPa^{-1}$,竖向渗透系数 $k_v=2.5\times10^{-8}cm/s$,水平向渗透系数 $k_h=3k_v$(以上为平均值)。设计荷载为 120kPa,预压荷载与设计荷载相等。预压加荷时间定为 4 个月,满载后预压时间定为 4 个月。初步考虑砂井直径采用 33cm,井距为 3m,井位采用正三角形排列,砂井达到粉砂层作双面排水固结情况计算。

试计算经预压后地基的固结度。

解:假定预压荷载是等速施加,计算历时可以从加荷期的中点起算,故计算所用的预压历时为 $2+4=6$ 个月。按式(36-139)和式(36-140)得:

$$c_v = \frac{k_v(1+e)}{a\gamma_m} = \frac{2.5 \times 10^{-8}(1+1.1)}{0.1 \times 0.58 \times 10 \times 0.0001} = 0.000\,905(\text{cm}^2/\text{s})$$

$$T_v = \frac{c_v t}{H^2} = \frac{0.000\,905 \times 183 \times 86\,400}{750^2} = 0.026$$

从图 36-50 中虚线查得竖向固结度 $U_v = 0.18$。

砂井按正三角形排列时, $d_e = 1.05 \times 300 = 315\text{cm}$,按式(36-145)、式(36-143)和式(36-142)得:

$$n = d_e/d_w = 315/33 = 9.6$$

$$c_h = \frac{k_h(1+e)}{a\gamma_m} = 3 \times 0.000\,905 = 0.002\,72(\text{cm}^2/\text{h})$$

$$T_r = \frac{c_h t}{d_e^2} = \frac{0.002\,72 \times 186 \times 86\,400}{315^2} = 0.44$$

从图 36-50 中实线查得竖向固结度 $U_r = 0.9$。

经 6 个月后,地基的总固结度 U_{rv} 按式(36-146)得:

$$U_{rv} = 1 - (1 - U_v)(1 - U_r) = 1 - (1 - 0.18)(1 - 0.90) = 0.92$$

计算结果可知,U_{rv} 与 U_r 相差很小,这表面在 c_v 很小,H 很大的情况下,竖向固结度 U_v 可忽略不计。

【例 36-27】 某地基为饱和黏土层,其厚度为 6m,黏土层天然抗剪强度 $\tau_{f0} = 30\text{kPa}$,三轴不排水压缩试验得 $\varphi_{cu} = 29°$,黏土层天然孔隙比 $e_{0i} = 0.90$;采用堆载预压法处理地基,排水竖井采用塑料排水带,等边三角形布置,塑料排水带宽为 130mm,厚为 5mm,井径比 $n = 20$。试求:

(1)排水竖井的间距。

(2)采用大面积堆载 $\sigma_z = 100\text{kPa}$,当黏土层竖向平均固结度达 $\overline{U}_v = 50\%$ 时,求黏土层的抗剪强度。

(3)若黏土层在堆载产生的附加应力作用下,孔隙比达到 $e_{1i} = 0.85$,求黏土层的最终竖向变形量(经验系数 ξ 取 1.2)。

解:(1)$n = d_e/d_w$,d_w 为竖井直径,对塑料排水带可取 $d_w = d_p$。

根据已知条件按式(36-137)得:

$$d_w = d_p = \frac{2(b+\delta)}{\pi} = \frac{2 \times (130+5)}{\pi} = 85.99(\text{mm})$$

由 $n = d_e/d_w$ 得

$$d_e = nd_w = 20 \times 85.99 = 1\,719.76(\text{mm}) = 1.72(\text{m})$$

根据竖井的有效排水直径与间距 l 的关系,等边三角形排列时:

$$l = \frac{d_e}{1.05} = \frac{1\,719.76}{1.05} = 1.638(\text{m})$$

(2)对于正常固结饱和黏性土地基,某一时间的抗剪强度可按式(36-153)计算:

$$\tau_{ft} = \tau_{f0} + \sigma_z U_v \tan\varphi_{cu}$$

将已知条件代入上式得：

$$\tau_{ft}=30+100\times\frac{50}{100}\times\tan29°=57.7(\text{kPa})$$

（3）预压荷载下地基的最终竖向变形量。这里不再分层，根据已知条件代入式（36-154）中（式中 ξ 取 1.2）得：

$$s_f=\xi\sum_{i=1}^{n}\frac{e_{0i}-e_{1i}}{1+e_{0i}}h_i=1.2\times\frac{0.90-0.85}{1+0.90}\times600=19.0(\text{cm})$$

【例 36-28】 已知淤泥质黏土层地基的厚度为 10m，采用砂井预压法处理。受压土层的水平向渗透系数 $k_h=1\times10^{-7}\text{cm/s}$，固结系数：$c_v=2.2\times10^{-3}\text{cm}^3/\text{s}$；$c_h=1.6\times10^{-3}\text{cm}^3/\text{s}$。采用袋桩砂井，砂井的直径 $d_w=70\text{mm}$，砂井按等边三角形排列，间距 $s=1.4\text{m}$，砂井打穿受压层。总预压荷载 $p=120\text{kPa}$，分两级等速加载。加荷过程如图 36-51 所示。试求：

（1）求加荷开始后 120d 受压土层的平均固结度（不考虑竖井井阻和涂抹影响）。

（2）若考虑竖井井阻和涂抹对土体固结的影响，取 $s=2$，涂抹区土的渗透系数 $k_s=\frac{1}{5}k_h=0.2\times10^{-7}\text{cm/s}$，砂料的渗透系数 $k_w=0.2\times10^{-7}\text{cm/s}$。确定加压 120d 受压土层的平均固结度。

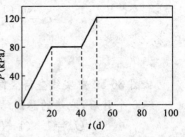

图 36-51 【例 36-28】加荷过程

解：（1）受压土层的平均固结度包括两部分，即径向排水平均固结度和向上竖向排水平均固结度。一级或多级等速加载条件下，当固结时间 t 时，对应总荷载的地基平均固结度可按式（36-147）、式（36-137b）、式（36-145）及式（36-144）和表 36-70 中所列公式进行计算，有：

$$\overline{U_t}=\sum_{i=1}^{n}\frac{qi}{\sum\Delta q}\Big[(T_i-T_{i-1})-\frac{\alpha}{\beta}e^{-\beta t}(e^{\beta T_i}-e^{\beta T_{i-1}})\Big]$$

其中

$$\alpha=\frac{8}{\pi^2}=0.81$$

$$\beta=\frac{8c_h}{F_nd_e^2}+\frac{\pi^2c_v}{4H^2}$$

式中：α、β——均为参数，根据地基土排水固结条件按表 36-70 采用。

根据砂井的有效排水柱体直径为：

$$d_e=1.05l=1.05\times1.4=1.47(\text{m})$$

井径比为 $n=\dfrac{d_e}{d_w}=\dfrac{1.47}{0.07}=21$

$$F_n=\frac{n^2}{n^2-1}\ln n-\frac{3n^2-1}{4n^2}=\frac{21^2}{21^2-1}\ln21-\frac{3\times21^2-1}{4\times21^2}=2.3$$

则：

$$\beta=\frac{8c_h}{F_nd_e^2}+\frac{\pi^2c_v}{4H^2}=\frac{8\times1.6\times10^{-3}}{2.3\times147^2}+\frac{3.14^2\times2.2\times10^{-3}}{4\times1000^2}$$

$$=2.63\times10^{-7}(1/\text{s})=0.0227(1/\text{d})$$

加荷速率如下，第一级荷载加荷速率为：

$$q_1=80/20=4(\text{kPa/d})$$

第二级荷载加荷速率为

$$q_2 = 40/10 = 4(\text{kPa/d})$$

固结度的计算如下：

$$\overline{U}_t = \sum_{i=1}^n \frac{q_i}{\sum \Delta p}\left[(T_i - T_{i-1}) - \frac{\alpha}{\beta}e^{-\beta t}(e^{\beta T_i} - e^{\beta T_{i-1}})\right]$$

$$= \frac{q_1}{\sum \Delta p}\left[(t_1 - t_0) - \frac{\alpha}{\beta}e^{-\beta t}(e^{\beta t_1} - e^{\beta t_0})\right] + \frac{q_2}{\sum \Delta p}\left[(t_3 - t_2) - \frac{\alpha}{\beta}e^{-\beta t}(e^{\beta t_2} - e^{\beta t_1})\right]$$

$$= \frac{4}{120}\left[(20 - 0) - \frac{0.81}{0.0227} \times e^{-0.0227 \times 120}(e^{0.0227 \times 20} - e^{0.0227 \times 0})\right]$$

$$+ \frac{4}{120}\left[(50 - 40) - \frac{0.81}{0.0227} \times e^{-0.0227 \times 120}(e^{0.0227 \times 50} - e^{0.0227 \times 40})\right] = 0.91$$

(2)首先计算袋装砂井纵向通水量。按式(36-150)、式(36-152)、式(36-151)和式(36-147)及表 36-70 中所列公式计算有：

$$q_w = k_w \frac{\pi d_w^2}{4} = 2 \times 10^{-2} \times \frac{\pi \times 7^2}{4} = 0.769(\text{cm}^3/\text{s})$$

$$F_n = \ln n - \frac{3}{4} = \ln 21 - \frac{3}{4} = 2.29$$

$$F_r = \frac{\pi^2 L^2}{4}\frac{k_h}{q_w} = \frac{\pi^2 \times 1000^2}{4} \times \frac{1 \times 10^{-7}}{0.769} = 0.32$$

$$F_s = \left[\frac{k_h}{k_s} - 1\right]\ln s = \left(\frac{1 \times 10^{-7}}{0.2 \times 10^{-7}} - 1\right)\ln 2 = 2.77$$

$$F = F_n + F_s + F_r = 2.29 + 0.32 + 2.77 = 5.38$$

$$\alpha = \frac{8}{\pi^2} = 0.81$$

$$\beta = \frac{8c_h}{F_n d_e^2} + \frac{\pi^2 c_v}{4H^2} = \frac{8 \times 1.6 \times 10^{-3}}{5.38 \times 147^2} + \frac{3.14^2 \times 2.2 \times 10^{-3}}{4 \times 1000^2} = 1.155 \times 10^{-7}(1/\text{s}) = 0.010(1/\text{d})$$

加压 120d 受压土层的平均固结度为：

$$\overline{U}_t = \sum_{i=1}^n \frac{q_i}{\sum \Delta p}\left[(T_i - T_{i-1}) - \frac{\alpha}{\beta}e^{-\beta t}(e^{\beta T_i} - e^{\beta T_{i-1}})\right]$$

$$= \frac{q_1}{\sum \Delta q}\left[(t_1 - t_0) - \frac{\alpha}{\beta}e^{-\beta t}(e^{\beta t_1} - e^{\beta t_0})\right] + \frac{q_2}{\sum \Delta p}\left[(t_2 - t_1) - \frac{\alpha}{\beta}e^{-\beta t}(e^{\beta t_2} - e^{\beta t_1})\right]$$

$$= \frac{4}{120}\left[(20 - 0) - \frac{0.81}{0.01} \times e^{-0.01 \times 120}(e^{0.01 \times 20} - e^{0.01 \times 0})\right] +$$

$$\frac{4}{120}\left[(50 - 40) - \frac{0.81}{0.01} \times e^{-0.01 \times 120}(e^{0.01 \times 50} - e^{0.01 \times 20})\right]$$

$$= 0.69$$

【例 36-29】 某办公楼建造在厚度为 10m 的饱和高压缩性土层上,其下层为致密不透水黏土层,土的特性指标如图 36-52 所示。决定采用堆载预压法进行地基加固,试估计固结度达到 94% 所需要的时间。

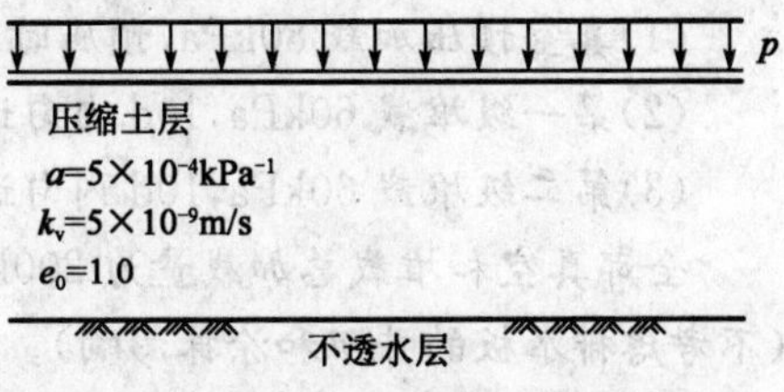

压缩土层
$a = 5 \times 10^{-4}\text{kPa}^{-1}$
$k_v = 5 \times 10^{-9}\text{m/s}$
$e_0 = 1.0$

不透水层

图 36-52 【例 36-29】图

解：(1)求固结系数 c_v。按式(36-140)得：

$$c_{v}=\frac{k_{v}(1+e)}{a\gamma_{w}}=\frac{5\times10^{-9}\times(1+1.0)}{5\times10^{-4}\times9.8}=2.04\times10^{-6}(\text{m}^2/\text{s})$$

(2)求固结度为94%时的时间因数 T_{v}。由 $\overline{U}_{v}=0.94$ 代入式(36-138)得:

$$\overline{U}_{v}=1-\frac{8}{\pi^2}\text{e}^{-\frac{\pi^2}{4}T_{v}}$$

解得 $T_{v}=1.0$。

(3)求达到固结度94%所需的时间。由式(36-139) $T_{v}=c_{v}t/H^2$ 得:

$$t=\frac{T_{v}H^2}{c_{v}}=\frac{1\times10^2}{2.04\times10^{-6}}=4.9\times10^7(\text{s})=567(\text{d})$$

【例36-30】 某污水池建在厚度为12m的饱和软黏土地基上(下为不透水面),采用排水砂井处理地基,砂径长 $H=12$m,间距 $l=1.5$m,梅花形布置,井径 $d_{w}=30$cm,$c_{v}=c_{h}=1.0\times10^{-3}\text{cm}^2/\text{s}$。求一次加荷3个月时砂井地基的平均固结度。

解:(1)竖向平均固结度计算如下:

按式(36-139)得:$T_{v}=\frac{c_{v}t}{H^2}=\frac{1.0\times10^{-3}\times90\times86\,400}{(12\times100)^2}=5.4\times10^{-3}$

按式(36-138)得:$\overline{U}_{v}=1-\frac{8}{\pi^2}\text{e}^{-\frac{\pi^2}{4}T_{v}}=1-\frac{8}{\pi^2}\text{e}^{-\frac{\pi^2}{4}\times5.4\times10^{-3}}=20(\%)$

(2)水平向平均固结度计算如下:

$$d_{e}=1.05l=1.05\times150=157.5(\text{cm})$$

按式(36-145)得:$n=\frac{d_{e}}{d_{w}}=\frac{157.5}{30}=5.25$

按式(36-144)得:$F_{n}=\frac{n^2}{n^2-1}\ln n-\frac{3n^2-1}{4n^2}=\frac{5.25^2}{5.25^2-1}\ln5.25-\frac{3\times5.25^2-1}{4\times5.25^2}=0.98$

按式(36-142)得:$T_{r}=\frac{c_{h}t}{d_{e}^2}=\frac{1.0\times10^{-3}\times90\times96\,400}{157.5^2}=0.313$

按式(36-141)得:$\overline{U}_{r}=1-\text{e}^{-\frac{8}{F_{n}}T_{r}}=1-\text{e}^{-\frac{8}{0.98}\times0.313}=92.3(\%)$

(3)地基的平均固结度为:

按式(36-146)得:$U_{rv}=1-(1-U_{v})(1-U_{r})=1-(1-0.2)(1-0.923)=93.8(\%)$

【例36-31】 某地基土为淤泥土层,固结系数 $c_{v}=1.1\times10^{-3}\text{cm}^2/\text{s}$,$c_{h}=8.5\times10^{-4}\text{cm}^2/\text{s}$,渗透系数 $k_{v}=2.2\times10^{-7}$cm/s,$k_{h}=1.7\times10^{-7}$cm/s,受压土层厚度为28m,采用塑料排水板(宽度 $b=100$mm,厚度 $\delta=4.5$mm)竖井,排水板按等边三角形,间距为1.1m,竖井底部为不透水黏土层,竖井穿过受压土层。采用真空结合堆载预压方案处理。真空预压的荷载相当于80kPa,堆载预压总加载量为120kPa,分两级等速加载。其加载过程如下:

(1)真空预压加载80kPa,预压时间60d。

(2)第一级堆载60kPa,10d 内匀速加载,之后预压时间30d。

(3)第二级堆载60kPa,10d 内匀速加载,之后预压时间60d。

全部真空和堆载总加载量为200kPa,总预压固结时间为170d,求受压土层的平均固结度(不考虑排水板的井阻和涂抹影响)。

解:地基平均固结度按式(36-147)计算,即:

$$\overline{U}_t = \sum_{i=1}^{n} \frac{q_i}{\sum \Delta p} \left[(T_i - T_{i-1}) - \frac{\alpha}{\beta} e^{-\beta t} (e^{\beta T_i} - e^{\beta T_{i-1}}) \right]$$

式中： q_i——第 i 级荷载的加载速率(kPa/d)； q_i 本例中为真空预压加载速率,可一次连续抽真空至最大压力, $q_1 = 80$ kPa/d；

$\sum \Delta p$——各级荷载的累加值 200kPa；

T_{i-1}、T_i、t——分别为第 i 级荷载加载的起始时间、终止时间和总固结时间(d)。

真空加载： $T_0 = 0$、$T_1 = 1$。

第一次堆载： $T_2 = 60$、$T_3 = 70$。

第二次堆载： $T_4 = 100$、$T_5 = 110$。

总固结时间： $t = 170$。

塑料排水板的当量直径为：

$$d_p = \alpha \frac{2(b+\delta)}{\pi} = 1 \times \frac{2 \times (100 + 4.5)}{\pi} = 66.5 \text{mm(式中 } \alpha \text{ 取 } 1.0)$$

有效排水直径为：

$$d_e = 1.05 \times 1\,100 = 1\,155 \text{mm}$$

井径比为：

$$n = \frac{d_e}{d_w} = \frac{1\,155}{66.5} = 17.4 \qquad 满足规范要求 n = 15 \sim 22$$

α、β 均为参数,按表 36-70 采用,则：

$$F_n = \frac{n^2}{n^2-1} \ln n - \frac{3n^2-1}{4n^2} = \frac{17.4^2}{17.4^2-1} \ln 17.4 - \frac{3 \times 17.4^2 - 1}{4 \times 17.4^2} = 2.117$$

$$\alpha = \frac{8}{\pi^2} = 0.811$$

$$\beta = \frac{8c_h}{F_n d_e^2} + \frac{\pi^2 c_v}{4H^2} = \frac{8 \times 8.5 \times 10^{-4}}{2.117 \times 115.5^2} + \frac{\pi^2 \times 1.1 \times 10^{-3}}{4 \times 2\,800^2} = 2.411 \times 10^{-7} (1/\text{s}) = 0.020\,8 (1/\text{d})$$

从 β 计算值可见,竖向排水对固结度影响很小。

将个参数代入式(36-147)得：

$$\overline{U}_t = \sum_{i=1}^{n} \frac{q_i}{\sum \Delta p} \left[(T_i - T_{i-1}) - \frac{\alpha}{\beta} e^{-\beta t} (e^{\beta T_i} - e^{\beta T_{i-1}}) \right]$$

$$= \frac{80}{200} \left[(1-0) - \frac{0.811}{0.020\,8} \times e^{-0.020\,8 \times 170} (e^{0.020\,8 \times 1} - e^0) \right] +$$

$$\frac{6}{200} \left[(70-60) - \frac{0.811}{0.020\,8} \times e^{-0.020\,8 \times 170} (e^{0.020\,8 \times 70} - e^{0.020\,8 \times 60}) \right] +$$

$$\frac{6}{200} \left[(110-100) - \frac{0.811}{0.020\,8} \times e^{0.020\,8 \times 170} (e^{0.020\,8 \times 110} - e^{0.020\,8 \times 100}) \right]$$

$$= 0.390\,5 + 0.272\,6 + 0.236\,9$$

$$= 0.900$$

【例 36-32】 上海浦东海边某区因陆域不够,需在 1.0m 厚砂粉层的天然地基上吹填 5.5m 厚的淤泥,其上拟建办公楼、宿舍和仓库等。因土质很差不能满足工程要求,因此必须进行加固,经多个方案比较,最后选取真空预压加固法。

该区土层的物理指标见表 36-71。

表 36-71

土名	层厚 (m)	含水率 (%)	塑性指数 (%)	压缩指数 (MPa⁻¹)	孔隙比	重度 (kN/m³)	渗透系数(mm/s)		固结系数(mm²/s)		承载力 (kPa)
							k_v	k_h	c_v	c_h	
吹填淤泥	5.5	70		1.49	2.07	15.0	3.9×10^{-7}	7.8×10^{-7}	0.9×10^{-1}	1.8×10^{-1}	
粉砂	1.0	27		0.07							
淤泥	3.0	67	25.9	1.46	2.02	15.3	4.45×10^{-7}	8.9×10^{-7}	0.92×10^{-1}	1.84×10^{-1}	40
粉质黏土		23	9.2	0.21	0.67	19.8					240

根据上表可以看出,粉质黏土层的物理力学性质指标都较好,可满足上部建筑物的要求,故塑料排水带的长度取10m,按正方形布置,其间距为1.0m。

计算参数如下:

$k_h=8.9\times10^{-7}\text{mm/s}; k_v=4.45\times10^{-7}\text{mm/s};$

$c_h=1.84\times10^{-1}\text{mm}^2/\text{s}; c_v=0.92\times10^{-1}\text{mm}^2/\text{s};$

$r_w=33\text{mm}; r_e=564\text{mm}; d_e=1\,128\text{mm};$

$H=10\,000\text{mm}; z=8\,500\text{mm}; n=564/33=17。$

按电算结果获得真空预压100d,假设为理想井状态,固结度为99.23%、当考虑井阻及涂抹作用,固结度为91.01%。根据现场实测沉降量获得的固结度为89.5%。故计算时要考虑井阻及涂抹作用。

为阐明这些公式的计算运用过程,今选择地面下 8 500mm 深度处的土层用手算在 100d 真空预压加固下的径向固结度。即按式(36-156)~式(36-166)中公式进行计算如下:

1)假设为理想井

则 $\beta=\lambda, k_s=k_h, s=1$

按式(36-144)得: $F_a=\dfrac{n^2}{n^2-1}\ln n-\dfrac{3n^2-1}{4n^2}=2.83-0.75=2.08$

按式(36-162)得: $\beta_r=\lambda=\dfrac{8c_h}{d_e^2\cdot F_a}=\dfrac{8\times1.84\times10^{-1}}{1\,128^2\times2.08}=5.56\times10^{-7}$

今计算预压 100d, $z=8\,500$mm 处的 U_{rt},按式(36-156)、式(36-160)得:

$$U_{rt}=1-\sum_{m=0}^{\infty}\frac{2}{M}\sin\frac{MZ}{H}\cdot\exp(-\beta_r t)$$

$$M=\frac{2m+1}{2}\pi$$

当 $m=0,1,2,3,4$(已足够精确)

则 $M=1.57, 4.71, 7.85, 11, 14.14$。

$\sin\dfrac{Mz}{H}=\sin24.35, \sin73.06, \sin121.76, \sin170.47, \sin219.17$

$$\exp(-\beta_r t)=\exp(-5.56\times10^{-7}\times100\times86\,400)=\exp(-4.8)=8.2\times10^{-3}$$

$$U_{rt}=1-\left(\frac{2}{1.57}\sin24.35\times8.2\times10^{-3}+\frac{2}{4.71}\sin73.06\times8.2\times10^{-3}\right)+$$

$$\frac{2}{7.85}\sin121.76\times8.2\times10^{-3}+\frac{2}{11}\sin170.47\times8.2\times10^{-3}+$$

$$\left(\frac{2}{14.14}\sin219.17\times8.2\times10^{-3}\right)=99.1\%$$

2)考虑涂抹和井阻作用

设 $k_s=6\times10^{-6}$mm/s；$r_s=66$mm；$k_w=2.5\times10^{-1}$mm/s；则 $s=66/33=2$，按式(36-164)、式(36-162)及式(36-163)得：

$$F_a=\left(\ln\frac{n}{s}+\frac{k_h}{k_s}\ln s-\frac{3}{4}\right)\frac{n^2}{n^2-1}+\frac{s^2}{n^2-1}\left(1-\frac{k_h}{k_s}\right)\cdot\left(1-\frac{s^2}{4n^2}\right)+\frac{k_h}{k_s}\cdot\frac{1}{n^2-1}\left(1-\frac{1}{4n^2}\right)$$

$$=\left(\ln\frac{17}{2}+\frac{8\times10^{-6}}{6\times10^{-6}}\ln2-0.75\right)\times\frac{17^2}{17^2-1}+$$

$$\frac{2^2}{17^2-1}\times\left(1-\frac{8\times10^{-6}}{6\times10^{-6}}\right)\times\left(1-\frac{2^2}{4\times17^2}\right)+\frac{8\times10^{-6}}{6\times10^{-6}}\times\frac{1}{17^2-1}\times\left(1-\frac{1}{4\times17^2}\right)$$

$$=2.32$$

$$\lambda=\frac{8c_h}{F_a d_e^2}=\frac{81.84\times10^{-1}}{2.32\times1\,128^2}=4.99\times10^{-7}$$

$$\rho^2=\frac{8k_h(n^2-1)}{k_w F_a d_e^2}=\frac{8\times8\times10^{-6}(17^2-1)}{2.5\times10^{-1}\times1\,128^2\times2.32}=2.5\times10^{-8}$$

今计算预压 100d，$z=8\,500$mm 处的 U_{rt} 按式(36-156)、式(36-160)及式(36-161)得：

$$U_{rt}=1-\sum_{m=0}^{\infty}\frac{2}{M}\sin\frac{MZ}{H}\exp(-\beta_r t)$$

$$M=\frac{2m+1}{2}\pi$$

$$\beta_r=\frac{\lambda M}{\rho^2 H^2+M^2}$$

当 $m=0,1,2,3,4$(已足够精确)：

$$M=1.57,4.71,7.85,11.0,14.14$$

$$\beta_r=2.48\times10^{-7},4.48\times10^{-7},4.8\times10^{-7},4.89\times10^{-7},4.93\times10^{-7}$$

$$\exp(-\beta_r t)=0.117,0.021,0.016,0.015,0.014$$

$$\sin\frac{Mz}{H}=\sin24.35,\sin73.06,\sin121.76,\sin170.47,\sin219.17$$

$$U_{rt}=1-\left(\frac{2}{1.57}\sin24.35\times0.117+\frac{2}{4.71}\sin73.06\times0.021+\frac{2}{7.85}\sin121.76\times\right.$$

$$\left.0.016+\frac{2}{11.0}\sin170.47\times0.015+\frac{2}{14.14}\sin219.17\times0.014\right)=92.9(\%)$$

其他深度处土层的径向固结度和不同深度区土层的竖向固结度，以及整个土层的平均固结度的手算可按公式(36-155)～式(36-157)计算，此处不再赘述。

注：上述例题摘自本书参考文献[29]、[68]。

第十一节　水泥粉煤灰碎石桩法

一、概述

水泥粉煤灰石桩(Cement Fly-ash Gravel pile)，简称 CFG 桩，是在碎石桩的基础上掺入适量石屑、粉煤灰和少量水泥，加水拌和后制成具有一定强度的桩体，其集料仍为碎石，用掺入石屑来改善颗粒级配，掺入粉煤灰来改善混合了的和易性，掺入少量水泥使桩体具一定黏结强度。它是一种低强度混凝土桩，可充分利用桩间土的承载力，共同作用，并可传递荷载到深层地基中去。CFG 桩的特点是:改变桩长、桩径、桩距等设计参数,可使承载力在较大范围内调整;有较高的承载力(提高幅度在 250%~300%);沉降量小,变形稳定快;工艺性好,灌注方便,质量易于控制,可节省大量水泥,钢材,利用粉煤灰废料,降低工程费用,与预制混凝土桩相比,可节省投资 30%~40%,适用于处理黏性土、粉土、砂土和已自重固结的素填土等地基。对淤泥质土应按地区经验或通过现场试验确定其适用性。

水泥粉煤灰碎石桩应选择承载力相对较高的土层作为桩端持力层。水泥粉煤灰碎石桩复合地基设计时应进行地基变形验算。

二、设计计算

水泥粉煤灰碎石桩可只在基础范围内布置,桩径宜取 350~600mm。桩距应根据设计要求的复合地基承载力、土性、施工工艺等确定,宜取 3~5 倍桩径。水泥粉煤灰碎石桩应悬着承载力相对较高的土层作为桩端持力层。

桩顶和基础之间应设置褥垫层,褥垫层厚度宜取 150~300mm,当桩径大或桩距大时褥垫层厚度宜取高值。褥垫层材料宜用中砂、粗砂、级配砂石或碎石等,最大粒径不宜大于 30mm。

1. 复合地基承载力

水泥粉煤灰碎石桩复合地基承载力特征值,应通过现场复合地基载荷试验确定,初步设计时也可按下式估算:

$$f_{spk} = m \frac{R_a}{A_p} + \beta(1-m) f_{sk} \tag{36-167}$$

式中:f_{spk}——复合地基承载力特征值(kPa);

m——面积置换率;

R_a——单桩竖向承载力特征值(kN);

A_p——桩的截面积(m^2);

β——桩间土承载力折减系数,宜按地区经验取值,如无经验时可取 0.75~0.95,天然地基承载力较高时取大值;

f_{sk}——处理后桩间土承载力特征值(kPa),宜按当地经验取值,如无经验时,可取天然地基承载力特征值。

2. 单桩竖向承载力

单桩竖向承载力特征值 R_a(kN)可按一下确定:

(1)当采用单桩载荷试验时,应将单桩竖向极限承载力除以安全系数 2。

(2)当无单桩载荷试验资料时,可按下式估算:

$$R_a = u_p \sum_{i=1}^{n} q_{si} l_i + q_p A_p \tag{36-168}$$

式中:u_p——桩的周长(m);

n——桩长范围内所划分的土层数;

q_{si}、q_p——桩周第 i 层土的侧阻力、桩端端阻力特征值(kPa),可按《建筑地基基础设计规范》(GB 50007—2011)有关规定确定;

l_i——第 i 层土的厚度(m);

其他符号意义同前。

3. 桩体试块抗压强度平均值

桩体试块抗压强度平均值应满足以下要求:

$$f_{cu} \geqslant 3 \frac{R_a}{A_p} \tag{36-169}$$

式中：f_{cu}——桩体混合料试块（边长 150mm 立方体）标准养护 28d 立方体抗压强度平均值（kPa）；

其他符号意义同前。

4. 复合地基变形计算

CFG 桩复合地基变形值可按本书第三十四章地基承载力中有关规定执行，亦可按《建筑地基基础设计规范》（GB 50007—2011）中 5.3.5 节公式计算。复合土层的分层与天然地基相同，各复合土层的压缩模量等于该层天然地基压缩模量的 ζ 倍，ζ 值可按下式确定：

$$\zeta = \frac{f_{spk}}{f_{ak}} \tag{36-170}$$

式中：f_{ak}——基础地面下天然地基承载力特征值（kPa）。

变形计算系数 ψ_s 根据当地沉降观测资料及经验确定，也可采用表 36-72 数值。

变形计算经验系数 ψ_s 表 36-72

$\overline{E}_s$(MPa)	2.5	4.0	7.0	15.0	20.0
ψ_s	1.1	1.0	0.7	0.4	0.2

注：$\overline{E}_s$ 为变形计算深度范围内压缩模量的当量值，应按下式计算：

$$\overline{E}_s = \frac{\sum A_i}{\sum \dfrac{A_i}{E_{si}}} \tag{36-171}$$

式中：A_i——第 i 层土附加应力系数沿土层厚度的积分值；

E_{si}——基础地面下第 i 层土的压缩模量值，桩长范围内的复合土层按复合土层的压缩模量取值。

地基变形计算深度应大于复合土层的厚度，并符合本书第三十四章中地基变形计算深度的有关规定。

为简化计算亦可略去 CFG 桩符合地基的变形量，只计算下卧软弱土层的变形量，系由基础扩散到下卧软弱土层顶面的附加应力引起，其变量可用通常的分层总和法计算。

三、计算示例

【例 36-33】 某水泥粉煤灰碎石桩复合地基，桩直径 $d=0.5$m，桩长 $l_i=10$m，按等边三角形布置，桩距 $s=2.0$m，已知 $q_{si}=24$kPa，$q_p=1\,600$kPa，$f_{sk}=140$kPa，取 $\beta=0.85$，试求单桩竖向承载力特征值和 CFG 桩复合地基承载力特征值。

解： 桩采用等边三角形布置，故 $d_e=1.05 \times 2.0=2.1$(m)，$m=\dfrac{d^2}{d_e^2}=\dfrac{0.5^2}{2.1^2}=0.06$

又 $u_p=3.14 \times 0.5=1.57$(m)，$A_p=\dfrac{3.14 \times 0.5^2}{4}=0.196$(m^2)

由式(36-168)得：

$$R_a=u_p q_{si} l_i + q_p A_p = 1.57 \times 24 \times 10 + 1\,600 \times 0.196 = 690 \text{(kN)}$$

由式(36-167)得：

$$f_{spk}=m\frac{R_a}{A_p}+\beta(1-m)f_{sk}=0.06 \times \frac{690}{0.196}+0.85(1-0.06) \times 140=323 \text{(kPa)}$$

故知 CFG 桩单桩竖向承载力特征值为 690kN，CFG 桩复合地基车工能在里特征值为 323kPa。

【例 36-34】　如图 36-49 所示,基础埋置深度 5m,基础底面积 30m×35m,$F_k=$ 280 000kN,$M_k=20$ 000kN·m,采用 CFG 桩复合地基,桩径 0.4m,桩长 21m,桩间距 $s=$ 1.8m,正方形布桩,粉质黏土桩侧摩阻力特征值 $q_{sik}=24$kPa,粉土 $q_{sik}=25$kPa,粉砂 $q_{sik}=$ 30kPa,$q_{pk}=500$kPa,桩间土承载力折减系数 $\beta=0.8$,其他参数在图 36-53 中均已标出。

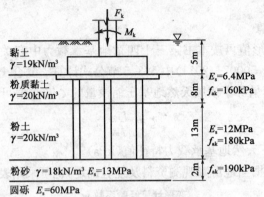

图 36-53　【例 36-34】图

(1)验算复合地基承载力。

(2)计算基础中点的沉降。

解:(1)验算复合地基承载力

①计算单桩承载力特征值,按式(36-168)得:

$$R_a=u_p\sum_{i=1}^n q_{si}l_i+q_pA_p=1.256\times(24\times8+25\times13)+500\times0.125\,6=712(kN)$$

②估算复合地基承载力。首先计算置换率,由于是正方形布桩

$$m=\frac{d^2}{d_e^2}=\frac{0.4^2}{(1.13\times1.8)^2}=0.038\,7$$

复合地基承载力特征值按式(36-167)得:

$$f_{spk}=m\frac{R_a}{A_p}+\beta(1-m)f_{sk}=0.038\,7\times\frac{712}{0.125\,6}+0.8(1-0.038\,7)\times160=342(kPa)$$

经深度修正后复合地基承载力特征值按式(34-9)得:

$$f_a=f_{ak}+\eta_d\gamma_m(d-0.5)=342+1.0\times(19-9.8)\times(5-0.5)=383(kPa)$$

③验算基底压力

$$p_k=\frac{F_k+G_k}{A}=\frac{280\,000+30\times35\times5\times10}{30\times35}=316.7(kPa)<f_a=383kPa$$

$$p_{max}=\frac{F_k+G_k}{A}+\frac{M}{W}=316.7+\frac{20\,000\times6}{30\times35^2}=320.0(kPa)<1.2f_a=460kPa$$

$$p_{min}=\frac{F_k+G_k}{A}-\frac{M}{W}=316.7-\frac{20\,000\times6}{30\times35^2}=313.4(kPa)>0$$

复合地基承载力满足要求。

(2)计算基础中点的沉降

①计算基底附加压力,即:

$$p_0=p_k-\gamma_md=367-9.2\times5=321(kPa)$$

②沉降计算。按分层总和法进行计算,即:

734

$$s = \psi_s s' = \psi_s \sum_{i=1}^{n} \frac{p_0}{E_{si}} (z_i \bar{a}_i - z_{i-1} \bar{a}_{i-1})$$

其中 CFG 桩桩长范围内的各复合土层的压缩模量按本节中的有关规定应乘以 ζ 倍系数，ζ 值可按下式确定：

$$\zeta = \frac{f_{spk}}{f_{ak}} = \frac{342}{160} = 2.14$$

沉降计算值如表 36-73 所示。

CFG 桩复合地基沉降计算 表 36-73

z (m)	l/b	z/b	$\bar{a}_i$	$z_i \bar{a}_i$	$z_i \bar{a}_i - z_{i-1} \bar{a}_{i-1}$	E_{si} (MPa)	ζE_{si}	s_i' (mm)	$\sum s_i'$ (mm)
0	1.17	0	$4 \times 0.25 = 1.0$	0					
8	1.17	0.53	$4 \times 0.245 = 0.98$	7.84	7.84	6.4	13.7	183.7	183.7
21	1.17	1.4	$4 \times 0.2093 = 0.8372$	17.58	9.74	12	25.68	121.8	305.5
23	1.17	1.53	$4 \times 0.2030 = 0.812$	18.68	1.1	13	13	27.2	332.7
24	1.17	1.6	$4 \times 0.1996 = 0.7984$	19.16	0.48	60	60	2.6	335.3
25	1.17	1.67	$4 \times 0.1963 = 0.7852$	19.63	0.47	60	60	2.3	337.8

③确定 z_n。由表 36-73 得 $z_n = 25m$ 深度范围内的计算沉降量 $\sum s' = 337.8m$，$z_n = 24m$ 至 $z_n = 25m$ 土层的计算沉降量 $s' = 2.5mm < 0.025 \times 337.8 = 8.4mm$，满足要求。

④确定 ψ_s。计算 z_n 深度范围内压缩模量当量值 $\bar{E}_s$，按式(36-171)得：

$$\bar{E}_s = \frac{\sum A_i}{\sum \dfrac{A_i}{E_{si}}} = \frac{p_0 \times 19.63}{p_0 \left(\dfrac{7.84}{13.7} + \dfrac{9.74}{25.68} + \dfrac{1.1}{13} + \dfrac{0.48}{60} + \dfrac{0.47}{60} \right)} = 18.7(MPa)$$

根据表 36-72，得：

$$\psi_s = 0.4 + \frac{18.7 - 15}{20 - 15} \times (0.2 - 0.4) = 0.252$$

⑤计算 CFG 桩复合地基基础中点最终沉降：

$$s = \psi_s \sum s' = 0.252 \times 337.8 = 85(mm)$$

【例 36-35】 某高层办公楼，地上 26～28 层，地下 2 层，设计要求地基承载力特征值(不作深度修正) f_{ak} 为 465kPa，建筑物的绝对沉降量不大于 60mm，差异沉降量符合国家现行规范要求。基础底面以下各土层的物理力学指标如表 36-74 所示。地基处理方案采用 CFG 桩符合地基，CFG 桩桩径 400mm，桩长 16.5m，正方形布桩，桩距 1.55m，设计桩身强度等级 C20。此外，该工程在基坑开挖结束、验槽时发现，地基土表面有一层软弱土夹层。补勘得到其相应物理力学指标如下：粉质黏土③，孔隙比 $e = 0.85$，液性指数 $I_L = 0.75$，压缩模量 $E_s = 5.5MPa$，侧阻力特征值 18kPa，地基承载力特征值 110kPa，土层厚度 1.1m。

试验算地基处理设计。

解：(1)辅助处理措施。由于有软弱夹层③存在，如果不采用辅助处理措施，则 CFG 桩设计时，桩间土的承载力特征值只能取 110kPa，明显造成浪费。因此，应先进行一定的辅助处理，使软弱夹层的承载力特征值达到或接近④层土的 180kPa，再作 CFG 桩符合地基设计。

辅助地基处理措施选用人工成孔的夯实水泥土桩复合地基，桩径 350mm，为便于布桩，桩距采用 CFG 桩的设计桩距 1.55m,使每相邻 CFG 桩桩间土中布置一根夯实水泥土桩。也就是说,每一根水泥土桩补足 1.55m×1.55m 面积内软弱夹层土的承载力,因此夯实水泥土桩需要的单桩承载力特征值计算如下:

土的物理力学指标(平均值)

表 36-74

土层编号	孔隙比 e	液性指数 I_L	压缩模量 E_s (MPa)	标准贯入试验锤击数 N	动力触探击数 $N_{63.5}$	土的侧阻力特征值 (kPa)	土的端阻力特征值 (kPa)	地基承载力特征值 (kPa)	土层平均厚度 (m)
粉质黏土④	0.65	0.50	7.18	11		25		180	2.4
细中砂⑤						25		210	3.3
黏质粉土⑥	0.52	0.24	9.2	23		28		210	3.6
细中砂⑦						28		220	局部夹层
粉质黏土⑧	0.62	0.36	9.3	36		32	1 300	210	6.8
细中砂⑨						35	1 500	220	0.6
粉质黏土⑩	0.68	0.27	10.6	43		33	1 500	230	5.6
细中砂						35	2 000	220	3.3
粉质黏土	0.61	0.11	20.5			35		240	3.0
中粗砂				37		38		230	2.1
卵石					46	55		400	>8

置换率为:

$$m = \frac{0.25 \times \pi \times 0.35^2}{1.55^2} = 0.04$$

桩间土承载力折减系数 β 取 1(有成熟经验),按式(36-90)得单桩承载力特征值为:

$$R_a = \frac{A_p}{m}[f_{spk} - \beta(1-m)f_{sk}] = \frac{0.25 \times \pi \times 0.35^2}{0.04}[180 - 1.0 \times (1-0.04) \times 110] = 179(kN)$$

夯实水泥土桩属于干法成孔工法,基底下第一层细中砂层的桩端端阻力特征值取 7 000kPa,设水泥土桩进入细中砂层长度为 l,则有:

$$R_a = 0.25 \times \pi \times 0.35^2 \times 700 + 0.35\pi(18 \times 1.1 + 25 \times 1.3 + l \times 25) = 179(kN)$$

解得水泥土桩桩长为 $l = 1.97m$,取为 2.0m,则水泥土桩总桩长为:

$$L = 1.1 + 1.3 + 2 = 4.4(m)$$

经过辅助地基处理措施对软弱夹层进行加固,浅层夯实水泥土桩复合地基的承载力特征值达到④层土的 180kPa,则 CFG 桩复合地基设计时,桩间土的承载力特征值按 180kPa 计算。

(2)CFG 桩复合地基验算。CFG 桩单桩承载力特征值按式(36-168)得:

$$\begin{aligned}
R_a &= u_p \sum_{i=1}^{n} q_{si} l_i + q_p A_p \\
&= 0.4 \times \pi(18 \times 1.1 + 25 \times 1.3 + 25 \times 3.3 + 28 \times 3.6 + \\
&\quad 32 \times 6.8 + 35 \times 0.4) + 0.2^2 \times \pi \times 1 500 \\
&= 587.1 + 188.5 \\
&= 775(kN)
\end{aligned}$$

CFG 桩混合料材料强度等级验算如下,按式(36-169)为:

$$3\frac{R_a}{A_p} = 3 \times \frac{775}{0.2^2 \times \pi} = 18\ 511(kPa) < f_{cu} = 20\ 000kPa$$

桩体强度验算安全。

CFG 桩置换率为 $m=\dfrac{0.2^2\times\pi}{1.55^2}=0.0523$，桩间土承载力折减系数 β 取 0.95，CFG 桩复合地基估算承载力特征值按式(36-167)为：

$$f_{spk}=m\frac{R_a}{A_p}+\beta(1-m)f_{sk}=0.0523\times\frac{775}{0.2^2\pi}+0.95\times(1-0.0523)\times180=485(kPa)>465kPa$$

满足承载力设计要求。

沉降计算时，分别将处理深度内的各层土的压缩模量乘以 $\zeta_i=\dfrac{f_{spk}}{f_{aki}}=\dfrac{485}{f_{aki}}(i=1\sim6$，分别代表③～⑥、⑧、⑨层土的承载力特征值)，具体计算略。

注：以上部分例题摘自本书参考文献[68]。

第十二节　夯实水泥桩法

一、概述

夯实水泥土桩地基处理技术是利用工程上的用土料和水泥拌和形成混合料，通过各种机械成孔方法在土中成孔并填入混合料夯实成桩体，形成复合地基，提高地基承载力、减小地基变形的地基处理方法，适用于处理地下水位以上的粉土、素填土、杂填土和黏性土等地基。处理深度不宜超过 10m。当采用具有挤土效应的成孔工艺时，还可将桩间土挤密。

夯实水泥土桩的强度等级在 C1～C5，其变形模量远大于土的变形模量，因此也与水泥粉煤灰碎石桩复合地基一样设置褥垫层，以调整基底压力分布，使荷载通过垫层传到桩和桩间土上，保证桩间土承载力的发挥，从而形成复合地基。

岩土工程勘察应查明土层的厚度和组成、土的含水率、有机质含量和地下水的腐蚀性等。

夯实水泥土桩设计前必须进行配合比试验，针对现场地基土的性质，选择合适的水泥品种，为设计提供各种配合比的强度参数。夯实水泥土桩体强度宜取 28d 龄期试块的立方体抗压强度平均值。

二、设计计算

夯实水泥土桩处理地基的深度应根据土质情况、工程要求和成孔设备等因素确定。当采用洛阳铲成孔工艺时，深度不宜超过 6m。夯实水泥土桩只可在基础范围内布置。桩孔直径宜为 300～600m，可根据设计及所选用的成孔方法确定。桩距宜为 2～4 倍桩径。

对于桩长的确定，当相对硬层的埋藏深度不大时，应按相对硬层埋藏深度确定；当相对硬层的埋藏深度较大时，应按建筑物地基的变形允许值确定。

在桩顶面应铺设 100～300mm 厚的褥垫层，垫层材料可采用中砂、粗砂或碎石等，最大粒径不宜大于 20mm。

夯实水泥土桩复合地基承载力特征值应按现场复合地基载荷试验确定。初步设计时可按式(36-167)估算，该式中 R_a 可按式(36-168)确定；β 可取 0.9～1.0，f_{sk} 可取天然地基承载力特征值。

桩孔内夯填的混合料配合比应按工程要求、土料性质及采用的水泥品种，由配合比试验确定，并应满足式(36-169)的要求。

737

地基处理后的变形计算应按本书第三十四章中有关规定执行。计算深度必须大于复合土层的深度。复合土层的压缩模量可按式(36-170)确定。

三、计算示例

【例 36-36】 某六层砖混结构办公楼,条形基础底面荷载为 180kN/m(含基础自重)。地基土为粉土,承载力特征值 $f_{sk}=90$kPa(不再作深度修正)。采用夯实水泥土桩进行处理,水泥土桩桩径 350mm,桩长 3.5m,试验得出单桩承载力特征值 R_a 为 80kN,桩间土承载力折减系数 β 取 0.9 试设计基础宽度及布桩。

解: 按规范要求,桩距应为 2~4d,取桩距为 0.9m,墙下单排布桩,设基础宽度为 b,则置换率为:

$$m=\frac{A_p}{b\times0.9}=\frac{0.25\times0.35^2\times\pi}{0.9b}=\frac{0.107}{b}$$

复合地基承载力特征值按式(36-90)得:

$$f_{spk}=m\frac{R_a}{A_p}+\beta(1-m)f_{sk}$$

$$\frac{180}{b}=\frac{0.107}{b}\times\frac{80}{0.096}+0.9\times\left(1-\frac{0.107}{b}\right)\times90,即得:\frac{99.8}{b}=81,求得\ b=1.23m$$

【例 36-37】 某办公楼采用片筏基础,基础埋置深度为 2.0m,设计要求地基承载力特征值 $f_{spk}=180$kPa。地基土为 8m 厚杂填土(自天然地面起),承载力特征值 $f_{sk}=80$kPa,桩周摩阻力特征值 q_{si} 取 20kPa。其下为黏性土,承载力特征值为 150kPa,桩周摩阻力特征值 $q_{si}=35$kPa,桩端阻力特征值 $q_p=300$kPa。无地下水,故采用夯实水泥土桩进行处理,桩间土承载力折减系数 β 取 0.9。试设计水泥土桩。

解: 取夯实水泥土桩桩径 350mm,桩长穿越杂填土层,取 6.5m(进入黏性土 0.5m)。

单桩竖向承载力特征值按式(36-168)得:

$$R_a=u_p\sum_{i=1}^{n}q_{si}l_i+q_pA_p$$

$$=\pi\times0.35\times(20\times6+35\times0.5)+\frac{1}{4}\times\pi\times0.35^2\times300$$

$$=151.1+28.85$$

$$=180(kN)$$

将已知条件代入式(36-90)即:$f_{spk}=m\frac{R_a}{A_p}+\beta(1-m)f_{sk}$ 得:

$$180=m\frac{180}{0.25\times\pi\times0.35^2}+0.9\times(1-m)\times80$$

求得 $m=0.06$。

采用正方形布桩,桩距为 s,则:

$$m=\frac{A_p}{s^2}$$

变换得:

738

$$s=\sqrt{\frac{A_p}{m}}=\sqrt{\frac{0.25\times\pi\times0.35^2}{0.06}}=1.27(m)$$

取桩距为 1.2m。

桩身强度要求 $f_{cu}=3\frac{R_a}{A_p}=3\times\frac{180}{0.1}=5\ 400(kPa)$，故采用 32.5(R)普通硅酸盐水泥，水泥土比例为 1∶7，试块强度可满足要求。

在桩顶与基础底之间设 200mm 厚中粗砂垫层。

注：本节例题摘自本书参考文献[68]。

第十三节 石 灰 桩 法

一、概述

石灰桩是以生石灰为主要固化剂与粉煤灰或火山灰、炉渣、矿渣、黏性土等掺和料按一定的比例均匀混合后，在桩孔中经机械或人工分层振压和夯实所形成的密实桩体。为提高桩身强度还可掺加石膏、水泥等外加剂、石灰剂与灰土桩不同，可用于地下水位以下的土层。

石灰桩法适用于处理饱和黏性土、淤泥、淤泥质土、素填土和杂填土等地基；用于地下水位以上的土层时，宜增加掺和料的含水率并减少生石灰用量，或采取土层浸水等措施。

对重要工程或缺少经验的地区，施工前应进行桩身材料配合比，成桩工艺及复合地基承载力试验。桩身材料配合比试验应在现场地基土中进行。

二、设计计算

石灰桩的主要固化剂为生石灰，掺和料宜优先选用粉煤灰、火山灰和炉渣等工业废料。生石灰与掺和料的配合比宜根据地质情况确定，生石灰与掺和料的体积比可选用 1∶1 或 1∶2，对于淤泥、淤泥质土等软土可适当增加生石灰用量，桩顶附近生石灰用量不宜过大。当掺石膏和水泥时，掺加量为生石灰用量的 3%～10%。

当地基需要排水通道时，可在桩顶以上设 200～300mm 厚的砂石垫层。

石灰桩宜留 500mm 以上的孔口高度，并用含水率适当的黏性土封口，封口材料必须夯实，封口高程应略高于原地面。

石灰桩桩顶施工高程应高出设计桩顶高程 100mm 以上。

石灰桩成孔直径应根据设计要求及所选用的成孔方法确定，常用 300～400mm，可按等边三角形或矩形布桩，桩中心距可取 2～3 倍成孔直径。石灰桩可仅布置在基础底面下，当基底土的承载力特征值小于 70kPa 时，宜在基础以外布置 1～2 排围护桩。

洛阳铲成孔桩长不宜超过 6m；机械成孔管外投料时，桩长不宜超过 8m；螺旋钻成孔及管内投料时可适当加长。

石灰桩桩端宜选在承载力较高的土层中。在深厚的软弱地基中采用"悬浮桩"时，应减少上部结构重心与基础形心的偏心，必要时宜加固上部结构及基础的刚度。

地基处理的深度应根据岩土工程勘察资料及上部结构设计要求确定，并应按本书第三十四章内容或《建筑地基基础设计规范》(GB 50007—2011)验算下卧层承载力及地基的变形。

石灰桩复合地基承载力特征值不宜超过 160kPa，当土质较好并采取保证桩身强度的措施,经过试验后可以适当提高。

石灰桩复合地基承载力特征值应通过单桩或多桩复合地基载荷试验确定。初步设计时,也可按式(36-74)估算,该式中:f_{pk}为石灰桩桩身抗压强度比例界限值,由单桩竖向载荷试验测定,初步设计时可取350~500kPa,土质软弱时可取低值(kPa);f_{ak}取天然地基承载力特征值的1.05~1.20倍,土质软弱或置换率大时取高值;m为面积置换率,桩面积按1.1~1.2倍成孔直径计算,土质软弱时宜取高值。

处理后地基变形应按本书第三十四章内容或《建筑地基基础设计规范》(GB 50007—2011)变形计算有关规定进行计算。变形经验系数ψ_s可按地区沉降观测资料及经验确定。

石灰桩复合土层的压缩模量宜通过桩身及桩间土压缩试验确定,初步设计时可按下式计算:

$$E_{sp} = a[1 + m(n-1)]E_s \tag{36-172}$$

式中:E_{sp}——复合土层的压缩模量(MPa);

$\quad a$——系数,可取1.1~1.3,成孔对桩周土挤密效应好或置换率大时取高值;

$\quad n$——桩土应力比,可取3~4,长桩取大值;

$\quad E_s$——天然土的压缩模量(MPa)。

三、施工工艺

石灰材料应选用新鲜生石灰块,有效氧化钙含量不宜低于70%,粒径不应大于70mm,含粉量(即消石灰)不宜超过15%。掺和料应保持适当的含水率,使用粉煤灰或炉渣时,含水率宜控制在30%左右。无经验时,宜进行成桩工艺试验,确定密实度的施工控制指标。

石灰桩可采用洛阳铲或机械成孔。机械成孔分为沉管和螺旋铝成孔。成桩时可采用人工夯实、机械夯实、沉管反押、螺旋反压等工艺。填料时,必须分段压(夯)实,人工夯实时,每段填料厚度不应大于400mm。管外投料或人工成孔填料时应采取措施减小地下水渗入孔内的速度,成孔后填料前应排除孔底的积水。

施工前应做好场地的排水设施,防止场地积水。进入场地的生石灰应有防水、防雨、防风、防火措施,宜做到随完随进。

施工顺序宜由外围或两侧向中间进行。在软土中宜间隔成桩。桩位的偏差不宜大于0.5d(d为石灰桩直径)。

石灰桩施工检测宜在7~10d后进行;竣工验收检测宜在施工28d进行。检测可采用静力触探、动力触探或标准贯入试验。测试的部位为桩中心及桩间土,每两点为一组。检查组数不少于总桩数的1%。荷载试验数量宜为地基处理面积每200m² 左右布置一个点,且每一单体工程不应少于3点。

石灰桩地基竣工验收时,承载力检验应采用复合地基载荷试验。

四、计算示例

【例36-38】 某污水处理厂储水池的基础尺寸为11.7m×16.89m,基础下为厚5.0m的淤泥质土,天然地基土承载力特征值$f_{sk}=80$kPa,场地采用石灰桩处理,要求复合地基承载力特征值达150kPa。拟采用桩径0.4m,桩长5.5m。若采用等边三角形布桩,计算石灰桩的桩间距。

解:石灰桩复合地基承载力特征值可按式(36-74)估算,取 $f_{pk}=400$kPa,$f_{sk}=1.1×80$

$=88$kPa

将有关数据代入 $f_{spk}=mf_{pk}+(1-m)f_{sk}$ 得：

$$150=m\times300+(1-m)\times88$$

解得：$m=0.292$，取 $d=1.1\times0.4=0.44$(m)。

由 $m=\dfrac{d^2}{d_e^2}$ 得：

$$d_e=\frac{d}{\sqrt{m}}=\frac{0.44}{\sqrt{0.292}}=0.81\text{(m)}$$

等边三角形布桩，$d_e=1.05s$，所以：

$$s=\frac{d_e}{1.05}=\frac{0.81}{1.05}=0.77\text{(m)}$$

取 $s=0.8$m。

第十四节　柱锤冲扩桩法

一、概述

桩锤冲扩法的加固机理主要有以下四点：①成孔及成桩过程中对原土的力挤密作用；②对原土的动力固结作用；③冲扩桩填置换作用（包括桩身及挤入桩间土的集料）；④生石灰的水化和胶凝作用（化学置换）。

柱锤冲扩桩法是反复将柱桩重锤提到高处使其自由落下冲击成孔，然后分层填料夯实形成扩大桩体，与桩间土组成复合地基的地基处理方法。

柱锤冲扩桩法是用吊车或专用的提升机械，将直径 300～500mm、长度 2～6m、质量 3～8t 的圆柱形钢锤提升至 5～10m 的高度后任其下落，在地基土中冲成一个孔洞；反复夯击，孔洞向下延伸，便可在地基中形成一个直径比锤径大一些的桩孔；在孔内投入级配砂石、矿渣、拆房留下的碎砖、三合土等碎块状材料，再用桩锤夯实，就能形成一根直径 600～800mm 的桩柱，与周围原土形成复合地基。

柱锤冲扩桩法适用于处理杂填土、粉土、黏性土、素填土和黄土等地基，对地下水位以下饱和松软土层，应通过现场试验确定其适用性。地基处理深度不宜超过 6m，复合地基承载力特征值不宜超过 160kPa。

对大型的、重要的场地复杂的工程，在正式施工前，应在有代表性的场地上进行试验。

二、设计计算

处理范围应大于基底面积。对一般地基，在基础外缘应扩大 1～2 排桩，并不应小于基底下处理土层厚度的 1/2。对可液化地基，处理范围可按上述要求适当加宽。

桩位布置可采用正方形、矩形、三角形布置、常用桩距为 1.5～2.5m，或取桩径的 2～3 倍。桩径可取 500～800mm，桩孔内填料量应通过现场试验确定。

地基处理深度可根据工程地质情况及设计要求确定，对相对硬层埋藏较浅的土层，应深达相对硬土层；当相对硬层埋藏较深的土层，应按下卧层地基承载力及建筑物地基的变形允许值确定;对可液化地基,应按现行《建筑抗震设计规范》(GB 50011—2001)的有关规定确定。

在桩顶部应铺设 200～300mm 厚砂石垫层。

桩体材料可采用碎砖三合土、级配砂石、矿渣、灰土和水泥混合土等。当采用碎砖三合土时,其配合比(体积比)可采用生石灰：碎砖：黏性土＝1：2：4。当采用其他材料时,应经试验确定其适用性和配合比。

柱锤冲扩复合地基承载力特征值应通过现场复合地基载荷试验确定,初步设计时,也可按式(36-77)估算,该式中:f_{spk} 为柱锤冲扩桩复合地基承载力特征值(kPa);m 为面积置换率,可取 0.2～0.5;n 为桩土应力比,无实测资料时可取 2～4,桩间土承载力低时取大值;f_{sk} 为处理后桩间土承载力特征值(kPa),宜按当地经验取值,如无经验时可取天然地基承载力特征值。

地基处理后变形计算应按本书第三十四章内容或《建筑地基基础设计规范》(GB 50007—2011)中变形计算的有关规定执行。初步设计时复合土层的压缩模量可按式估算,该式中,E_{sp} 为复合土层的压缩模量(kPa);E_s 为加固后桩间土的压缩模量(kPa),可按当地经验取值。

当柱锤冲扩桩处理深度以下存在软弱下卧层时,应按本书第三十四章内容或《建筑地基基础设计规范》(GB 50007—2011)中承载力计算的有关规定进行下卧层地基承载力计算。

三、施工工艺

桩锤冲扩桩法宜用直径 300～500mm、长度 2～6m、质量 1～8t 的柱状锤(柱锤)进行施工。起重机具可用起重机、步履式夯扩桩机或其他专业机械设备。

桩锤冲扩桩法施工,可按下列步骤进行:

(1)清理平整施工场地,布置桩位;

(2)施工机械就位,使柱锤对准桩位;

(3)柱锤冲孔——根据土质及地下水情况可分别采取下述三种成孔方式。

(1)冲击成孔:将桩锤提升一定高度,自动脱钩下落冲击土层,如此反复冲击,接近设计成孔的深度时,可在孔内填少量的粗集料继续冲击,直到孔底被夯密实。

(2)填料冲击成孔:成孔时出现缩颈或坍孔时,可分次填入碎砖或生石灰块,边冲击边将填料挤入孔壁及孔底,当底接近设计成孔深度时,夯入部分碎砖挤密桩端土。

(3)复打成孔:当坍孔严重难以成孔时,可提锤反复冲击至设计孔深,然后分次填入碎砖和生石灰块,待孔内生石灰吸水膨胀,桩间土性质有所改善后,再进行二次冲击复打成孔。

当采用上述方法仍难以成孔时,也可采用套管成孔,即用柱锤边冲孔边将套管压入土中,直至桩底设计高程。

(4)成桩:用标准料斗或运料车将拌和好的填料分层填入桩孔夯实。当采用套管成孔时,边分层填料夯实,边将套管拔出。锤的质量、锤长、落距、分层填料量、分层夯实度、夯击的次数、总填料量等应根据试验或按当地施工经验确定。每个桩孔应夯填至桩顶设计高程以上至少 0.5m,其上部桩孔宜用原槽土夯封。成孔和填料夯实的施工顺序宜间隔进行。

冲扩桩施工结束后 7～14d 内,可对桩身及桩间土进行抽样检验,可采用重型动力触探进行,并对处理后桩身质量及复合地基的承载力作出评价。检验点数可按冲扩桩总数的 2‰计。每一单体工程桩身及桩间土总检验点数均不应少于 6 点。

检验总数为总桩数的 0.5‰,且每一个单体工程不应少于 3 点。荷载试验应在成桩 14d 后进行。

柱锤冲扩桩地基竣工验收时,承载力检验应采用复合地基载荷试验。

四、计算示例

【**例 36-39**】 某住宅楼设计采用片筏基础,基础埋置深度 2.0m 要求地基承载力特征值为 150kPa。已知基础下为 6m 厚杂填土,承载力特征值为 100kPa,其下为黏性土,承载力特征值为 150kPa。无地下水,采用柱锤冲扩进行处理,正方形布桩,经试验得处理后杂填土承载力特征值 $f_{sk}=120$kPa,试设计柱锤冲扩桩。

解:取柱锤冲扩桩桩径为 500mm,桩长穿越杂填土层,取 6.5m(进入黏性土 0.5m)。按式 (36-77)得复合地基的承载力特征值为:

$$f_{spk}=[1+m(n-1)]f_{sk}$$

其中 n 取 4,代入上式得:

$$m=\frac{\dfrac{f_{spk}}{f_{sk}}-1}{4-1}=\frac{\dfrac{150}{120}-1}{4-1}=0.083$$

采用正方形布桩,桩距为 s,则:

$$m=\frac{A_p}{s^2}$$

变换得:

$$s=\sqrt{\frac{A_p}{m}}=\sqrt{\frac{0.25\times\pi\times0.5^2}{0.083}}=1.54(m)$$

取 $s=1.6$m。

桩体材料采用碎砖三合土,其配合比(体积比)采用生石灰:碎砖:黏性土=1:2:4。
在桩顶与基础底之间设 200mm 厚中粗砂垫层。

第十五节 树 根 桩

一、概述

树根桩是在 20 世纪 30 年代由意大利 Fondedile 公司的 F-Lizzi 首先提出并在实际工程中应用,国外称 Root Piles 是在钢套管的导向下用旋转法钻进,钻孔直径 100~300mm,穿过原有建筑物的基础进入地基土中至设计高程,清孔后下放钢筋,钢筋数量从 1 根到数根,视桩孔直径而定;再用压力灌注水泥浆、水泥砂浆或细石混凝土;边灌、边振、边拔管,最后成桩。上海等地区施工时多数是不带套管的。

实际上,树根桩是在地基中设置直径约为 100~300mm 的小直径就地钻孔灌注桩,它可以是垂直的或倾斜的;单根的或成排的,由于它所形成的桩基形状如"树根"而得名。树根桩如布置成三维系统的网状体系者称为网状结构树根桩(Reticulated Root Piles),日本简称 RRP 工法,而英美各国将树根桩列入地基处理中"土的加筋"范畴。

我国研究树根桩始于 1981 年苏州虎丘塔的托换加固,当时同济大学做了室内外试验;1983 年又在上海新卫机械厂现场做了一系列的竖桩、斜桩、单桩、群桩和短桩的试验研究,继后在上海市得到了广泛的应用。

树根桩常用于基础托换加固。当采用常规桩型施工方法困难或经验不合理时,树根桩也可用作承受垂直荷载支承桩、侧向支护桩和抗渗堵漏墙。如图 36-54 所示。树根桩直径一般在 $100\sim300$mm 范围内,桩长通常不超过 30m,布置形式有各种排列的直桩和网状结构的斜桩。树根桩作为托换加固时,容许承载力的选择应考虑原有建筑物的地基变形条件的限制。

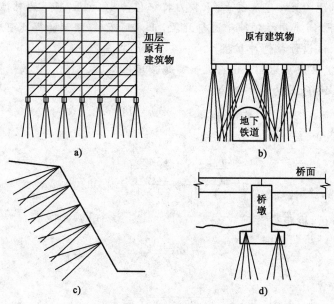

图 36-54　树根桩加固示意图

a)加层改造工程地基加固;b)修建地下铁道树根桩托换;c)边坡稳定加固;d)桥墩基础树根桩托换

二、设计计算

1. 单桩承载力

树根桩作为支承桩时,单桩承载力设计值一般应由现场静荷载试验确定。当无试验时,可按上海市工程建设规范《地基基础设计规范》(DG J08-11—2010)中摩擦桩设计:

$$R_d = \frac{1}{\gamma_R} U_P \sum f_{si} l_i \qquad (36\text{-}173)$$

式中:R_d——单桩承载力设计值(kN);

　　U_P——桩周长(m);

　　f_{si}——第 i 层土层极限摩阻力(kPa),可取表 36-75 中的上限,当采用二次桩浆工艺时,再可提高 30%;

　　l_i——第 i 层土层中的桩长度(m);

　　γ_R——承载力分项系数,取 2.0。当桩尖进入硬土层且进行端部二次注浆扩径时,可计入桩端的承载力。扩径长度应不小于 2.5 倍扩径,其单柱承载力设计值应由现场静荷载试验确定。

树根桩桩身混凝土强度等级不应低于 C_{20},桩身强度应按下式估算:

$$Q'_d \leqslant 0.7 f_c A_p \qquad (36\text{-}174)$$

式中:Q'_d——作用车树根桩单桩桩顶的竖向荷载设计值(kN);

　　A_P——桩身截面积(m^2);

　　f_c——桩身混凝土轴心抗压强度设计值(kPa)。

树根桩长径比较大,在计算树根桩单桩承载力时,应考虑其有效桩长的影响。

744

树根桩与桩间土共同承担荷载,树根桩的承载力发挥还取决于建筑物所能容许承受的最大沉降值。容许的最大沉降值越大,树根桩承载力发挥度越高。容许的最大沉降值越小,树根桩承载力发挥度越低。承担同样的荷载,当树根桩承载力发挥度低时,则要求设置较多的树根桩数。

预制桩、灌注桩桩侧极限摩阻力标准值 f_s 与桩端极限端阻力标准值 f_p　　表 36-75

土层编号	土层名称	埋藏深度 (m)	预制桩		灌注桩	
			f_s(kPa)	f_p(kPa)	f_s(kPa)	f_p(kPa)
②	褐黄、灰黄色黏性土	0~4	15		15	
	灰色黏质粉土	4~15	20~40	500~1 000	15~30	
	灰色砂质粉土	4~15	30~50	1 000~2 000	25~40	600~800
	灰色粉砂	4~15	40~60	2 000~3 000	30~45	700~900
③	灰色淤泥质粉质黏土	4~15	15~30	200~500	15~25	150~300
	灰色砂质粉土、粉砂	4~15	35~55	1 500~2 500	30~45	800~1 000
④	灰色淤泥质黏土	4~20	15~40	200~800	15~30	150~250
⑤或⑤₁	灰色黏性土	20~35	45~65	800~1 200	40~50	350~650
⑤₂	灰色砂质粉土	20~35	50~70	2 000~3 500	40~60	850~1 250
⑤₃	灰色粉砂	20~35	70~100	4 000~6 000	55~75	1 250~1 700
	灰、灰黑色黏性土	25~40	50~70	1 200~2 000	45~60	450~750
⑥	暗绿、褐黄色黏性土	22~26	60~80	1 500~2 500	50~60	750~1 000
		26~30	80~100	2 000~3 500	60~80	1 000~1 200
⑦₁	草黄色砂质粉土、粉砂	30~45	70~100	4 000~6 000	55~75	1 250~1 700
⑦₂	灰色粉细砂	35~60	100~120	6 000~8 000	55~80	1 700~2 550
⑧₁	灰色粉质黏土夹粉砂	40~55	55~70	1 800~2 500	50~65	850~1 250
⑧₂	灰色粉质黏土与粉砂互层	50~65	65~80	3 000~4 000	60~70	850~1 700
⑨	灰色细、中、粗砂	60~100	110~120	8 000~10 000	70~90	2 100~3 000

注:1. 本章适用于滨海平原区土层。

2. 表中所列预制桩桩周土极限摩阻力标准值和桩极限线端阻力标准值主要适用于预制方桩;开口钢管桩极限端阻力宜考虑闭塞效应系数 η,当桩端进入砂层的深度 L_B 每桩径 d 之比 $L_B/d \geqslant 5$ 时,$\eta = 0.8L_B/d$;当 $2 \leqslant L_B/d < 5$ 时,$\eta = 0.16L_B/d$。

3. 对于桩身大部分位于淤泥质土中且桩端支承于第⑤层相对较软土层的预制桩;单桩竖向承载力宜通过成桩 28d 后静载荷试验确定;当采用表列数据估算时宜取表中下限值。

4. 表中所列灌注桩桩侧极限摩阻力和桩端极限端阻力适用于桩径不大于 850mm 的情况;

2. 树根桩复合地基

树根桩一般为摩擦桩。采用树根桩加固地基,桩是与地基土共同承担上部荷载的,桩与土形成复合地基。树根桩复合地基一般属于刚性桩复合地基。

树根桩托换基础极限承载力可按下式计算:

$$R_f = anR_{pf} + \beta F_s \tag{36-175}$$

式中:R_f——承台基础极限承载力(kN);

　　　R_{pf}——树根桩单桩极限承载力(kN);

　　　n——承台下树根桩桩数;

　　　a——树根桩承载力发挥系数;

　　　F_s——承台下地基土极限承载力(kN);

β——承台下地基土承载力发挥系数。

3. 树根桩承受水平荷载

(1)树根桩与土形成挡土结构,承受水平荷载。对树根桩挡土结构不仅要考虑整体稳定,还应验算树根桩复合土体内部强度和稳定性。

(2)叶书麟等(1993年)建议采用下述方法进行树根桩承受水平荷载设计。图 36-55 表示树根桩挡土结构设计简图,a)中树根桩均为竖向设置,b)中树根桩呈网状结构。树根桩挡土结构可用作挡土墙稳定土坡,作为深基坑围护结构体系等。在设计计算时,可根据树根桩复合土体计算基准面上作用的垂直力 N,水平力 H 和弯矩 M 计算内力。基准面可根据预计滑动面位置确定。

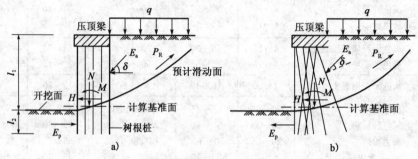

图 36-55 树根桩挡土结构设计简图

(3)图 36-55 表示计算基准面示意图,基准面处树根桩复合土体等值换算截面积 A_{RP} 计算式如下。

$$A_{RP} = nA_P m + bh \qquad (36\text{-}176)$$

式中:n——树根桩与桩周土应力比,可取 $n=100$;

m——计算基准面内包括的树根桩桩数;

b、h——树根桩布置的行距与宽度(m),如图 36-56 所示;

A_p——一根树根桩的等值换算截面积(m^2),表达式为:

$$A_p = (n_1 - 1)A_s + A_c \qquad (36\text{-}177)$$

式中:n_1——钢筋与砂浆(或混凝土)弹性模量之比,取 $n_1 = 7\sim10$;

A_s——钢筋截面积(cm^2);

A_c——树根桩截面积(m^2)。

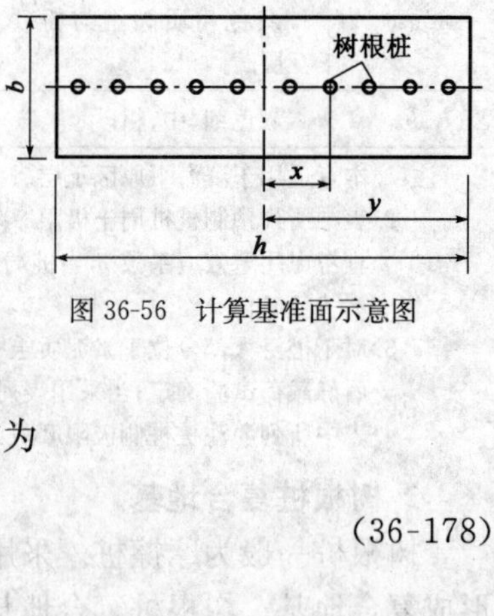

图 36-56 计算基准面示意图

(4)基准面处树根桩复合土体等值换算截面惯性矩计算式为

$$I_{RP} = nA_P \sum x^2 + \frac{bh^3}{12} \qquad (36\text{-}178)$$

式中:x——计算基准面各个树根桩距中性轴距离(m);

其他符合意义同前。

(5)计算基准面树根桩符合土体上最大压应力值为

$$\sigma_{RPmax} = \frac{N}{A_{RP}} + \frac{M}{I_{RP}}y \qquad (36\text{-}179)$$

式中:N——计算基准面处作用在树根桩复合体上的垂直力(kN);

M——计算基准面处作用在树根桩复合体上的弯矩(kN·m);

y——计算基准面中性轴至计算基准面边缘的距离(m)。

(6)树根桩复合土体中的最大压应力应满足下式：

$$\sigma_{\mathrm{RPmax}} < R \tag{36-180}$$

式中：R——计算基准面处地基土容许承载力(kPa)。

(7)作用在砂浆(混凝土)上压应力 σ_{R} 与作用在钢筋上的压应力 σ_{sc} 应分别满足下述计算式：

$$\sigma_{\mathrm{R}} = n\sigma_{\mathrm{RP}} < \sigma_{\mathrm{ca}} \tag{36-181}$$

$$\sigma_{\mathrm{sc}} = n_1\sigma_{\mathrm{R}} < \sigma_{\mathrm{sa}} \tag{36-182}$$

式中：σ_{ca}——砂浆(混凝土)容许压应力(kPa)；

$\quad\sigma_{\mathrm{sc}}$——钢筋容许压应力(kPa)。

其他符号同前。

(8)树根桩的设计长度 l 等于计算基准面以下的必要长度 l_2 和计算基准面以上长度 l_1 之和，即：

$$l = l_1 + l_2 \tag{36-183}$$

l_2 计算式为：

$$l_2 = \frac{A_{\mathrm{c}}\sigma_{\mathrm{R}}}{\pi Df} \tag{36-184}$$

式中：D——树根桩直径(m)；

$\quad f$——树根桩与计算基准面以下的土间摩阻力(kN)。

其他符号同前。

(9)树根桩挡土结构作为重力式挡土墙，其抗滑动、抗倾斜、整体稳定等验算可次用常规计算方法。

(10)树根桩常用 42.5 级和 52.5 级水泥，采用的碎石集料粒径宜在 10～25mm 范围内，钢筋笼外径宜小于设计桩径 40～60mm。常用的主筋直径为 12～18mm，箍筋直径为 6～8mm，间距为 150～250mm，截面主筋不得少于 3 根。承受垂直荷载时的钢筋长度不得小于 $\frac{2}{3}$ 桩长；承受水平荷载或承受上拔力作用时一般在全桩长配筋。对作为支承的树根桩，宜注水泥砂浆，配合比应符合设计混凝土强度等级要求，一般为水∶水泥∶砂＝0.5∶1.0∶0.3(质量比)，砂粒粒径不宜大于 0.5m。对作为侧向支护和防渗漏的树根桩，宜注水泥浆，浆液水灰比宜为 0.4～0.5。树根桩成桩时，可根据施工需要掺入适量的早强剂和减水剂。

三、施工工艺

1)树根桩应按下列步骤施工

(1)定位和校正垂直度：桩位偏差应控制在 20mm 之内，直桩的垂直度误差应不超过 1/100，斜桩的倾斜度应按设计要求相应调整。

(2)成孔：采用工程地质钻机成孔。钻孔时一般采用清水或天然泥浆护壁；一般不用套管，仅在孔口附近下一段套管；但作为端承桩时钻孔必须下套管。钻孔到设计高程后清孔，直至孔口基板上泛青为止。

(3)吊放钢筋笼和注浆管：应尽可能一次吊放整根钢筋笼，分节吊放时，节间钢筋搭接焊缝长度不小于 10 倍钢筋直径(单面焊)。注浆管可采用直径 20mm 铁管，直插到孔底。需二次注浆的树根桩，应插两根注浆管。施工时应尽量缩短吊放和焊接时间。

（4）填灌碎石：碎石应用水冲洗，计量填放，填入量应不小于计算体积的 0.8～0.9 倍。在填灌过程中应始终利用注浆管注水清孔。

（5）注浆：宜采用能兼注水泥浆和砂浆的注浆泵，最大工作压力应不小于 1.5MPa。注浆时应控制压力，使浆液均匀上冒，直到泛出孔口为止。

（6）拔出浆管、移位：拔管后按质检要求在顶部取混凝土制成试块，然后填补桩顶混凝土至设计高程。

（7）采用二次注浆工艺时，应在注浆初凝之后，在第二根注浆管内进行二次注浆，注浆最大压力一般为 2～4MPa，注浆量应按设计要求控制。

2）树根桩施工不应出现缩颈和塌孔的现象。当采用泥浆护壁仍不可避免产生上述现象时，应将套管下到产生缩颈或塌孔的土层深度以下。

3）树根桩施工时应防止出现穿孔和浆液沿砂层大量流失的现象。树根桩的额定注浆量不超过按桩身体积计算量的 3 倍，当注浆量达到额定注浆量时应停止注浆。可采用跳孔施工、间歇施工和增加速凝剂掺量等措施来防范上述现象。

4）用作防渗堵漏的树根桩，通常不配钢筋，允许在水泥浆液中掺适量（应不大于 30%）的磨细粉煤灰。

四、质量检验

（1）施工过程中应有现场验收施工记录，包括钢筋笼制作、成孔和注浆等各项工序指标考核。

（2）每 3～6 根桩做一组试块（每组三块，15cm 立方体），以便测定桩身混凝土强度，试块材料宜取自成桩后的桩头。

（3）对承受垂直荷载的树根桩，应次用载荷试验方法检验其承载能力和沉降特性，也可采用动测法检验桩身质量。在建造上部结构前应检验桩位、桩数和桩顶强度。

第十六节　锚杆静压桩

一、概述

锚杆静压桩是冶金部建筑总院 20 世纪 80 年代初开发的一项地基加固处理新技术，已在华东沿海地区（八省两市）几百项工程应用中获得成功。上海自 1986 年开始已在 60 多项工程中推广使用，解决了难度较大的已建和新建工程的地基加固任务，取得了显著的技术经济效果。由冶金部于 1991 年 10 月开始向全国发行《锚杆技术规程》（YBJ 227—91）。

（1）锚杆静压桩的特性

①可在密集的建筑物群中施工，施工时无振动。无噪声、无污染。

②对施工场地狭窄，而大型地基加固机械无法进入现场的情况下，可采用该项新技术。

③对于新建工程可与上部建筑同步进行，不另占用桩基施工工期，节省了工程投资。

④可在车间不停产、居民不搬迁情况下进行基础托换加固。

⑤采用该项技术，可直接测得压桩力和桩的入土深度；施工质量有了可靠保证，且施工设备轻便、操作简便和移动灵活。

（2）锚杆静压桩的工作原理就是利用建（构）筑物自重，先在基础上开凿出压桩孔和锚杆孔,然后埋设锚杆或在新建建(构)筑物基础上预留压桩孔和预埋锚杆,藉锚杆反力,通过反力架用千斤顶将桩逐渐压入基础的压桩孔中,当压桩力(P_p)达到$1.3P_a$(P_a为单桩的容许承载力)和满足设计桩长时,便可认为满足设计要求,再将桩与基础迅速连接在一起,该桩便能立即承受上部荷载,从而减小基底地基土的压力,阻止建(构)筑物继续产生不均匀沉降,从而达到地基加固的目的。锚杆静压桩时的力系平衡见图36-57。

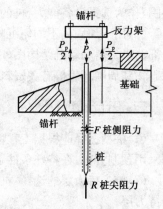

图36-57　压桩时力系平衡示意图

(3)抗拔锚杆的基本性能

①锚杆的形式:新浇基础一般采用预埋爪式螺栓。在已建基础上可采用先成孔后埋设带墩粗头的直杆螺栓。

②高强黏结剂:后埋式锚杆与混凝土基础的黏结,一般均采用高强黏结剂,经固化后能承受压桩时的很大抗拔力,但必须重视黏结剂的制作和埋设施工质量。

③锚杆的有效埋设深度:通过现场抗拔试验和有限元计算表明,锚杆埋设深度为$10\sim12d$(d为锚杆直径)便能满足使用要求。

(4)压桩阻力和单桩承载力

将桩压入土中时要克服土体对桩的阻力,该阻力称为压桩力P_p。压桩阻力P_p由桩侧阻力和桩尖阻力两部分组成,其表达式为:

$$P_p = U\sum l_i f_i + A f_p \tag{36-185}$$

式中:U——桩周长(m);

$\quad l_i$——各土层的厚度(m);

$\quad f_i$——各土层的桩侧摩阻力系数(kPa);

$\quad A$——桩尖面积(m^2);

$\quad f_p$——桩尖阻力(kPa)。

(5)在压桩施工过程中,由于挤土的作用,在桩周一定范围内出现土的重塑区,土的抗剪强度将明显降低。因此,桩侧阻力也就明显减小,这就是桩侧阻力特性。锚杆静压桩就是利用这一特性,用较小的压力把桩压入到较深的土层中去。但是,必须指出沉桩引起土的抗剪强度下降只是一种暂时现象,随着时间的推移,超孔隙水压力的逐渐消散,土体逐渐固结压密,此时土的结构强度也随之提高,因而桩侧阻力也将明显增大。

(6)锚杆静压桩适用于加固处理淤泥质土、黏性土、人工填土和松散粉土。可应用于新建或已建多层建筑物、中小型工业厂房的地基处理或托换工程。

(7)锚杆静压桩特别适用于以下几种需要进行地基处理或托换工程

①在旧城改造密集建筑群中和稠密居民区内,不允许有振动、噪声、环境污染以及施工场地狭小或施工高度受限制的新建或改建的建(构)筑物需要进行地基处理。

②已建建筑物基础的不均匀沉降引起上部结构开裂或基础倾斜的托换加固。

③建筑物加层或吊车荷重增大的基础托换加固。

④新建的建(构)筑物需要采用桩基,但不具有单独打桩工期的情况下,可采用桩基逆作施工法进行地基处理。

(8)设计前应进行工程地质勘察,通过静力触探,可查明软土层的厚度组成情况以及分布范围,作为选择设备能力、桩的入土深度和预估单桩承载力提供可靠的依据。

(9)用于加固因不均匀沉降而引起上部结构开裂的建(构)筑物的基础托换工程时,除应有上部荷重资料和基础结构图外;还应具备建(构)筑物的沉降和裂缝开展资料;地下管网、地下障碍物和周围环境等有关资料。

二、设计计算

(1)桩型选择应根据工程性质、地质情况、施工条件及场地周围环境等综合考虑,一般情况下采用预制方桩,在特殊条件下为穿透碎石垫层、砂层和硬土层时可采用小直径钢管桩。

(2)桩尖持力层的选择:桩基宜选择压缩性较低黏性土、粉性土、中密或中密以上的砂土作为持力层。

较典型的桩基持力层为:

①按建筑物抗震要求判定为不致液化的浅埋灰色砂质粉土。粉砂层。

②暗绿色(或草绿色)黏性土是在上海地区一般作为地基的良好持力层。

③当暗绿色黏土层缺失时,亦可选用含水率不超过 35%、孔隙比不大于 1、重度略大于 18kN/m³ 的灰色黏土或粉质黏土作为桩尖持力层。

(3)单桩垂直承载力:单桩垂直承载力与桩的类型、材料、施工方法、入土深度、桩端进入持力层的深度、设置后的休止时间以及桩的截面形状、大小、荷载性质等因素有关。垂直承载力应由现场桩的载荷试验确定,当没有进行静荷载试验时,地基土对桩的支承能力一般可按下式计算:

$$P_a = \frac{1}{K}(U_P \sum f_i l_i + f_p A_p) \tag{36-186}$$

式中:P_a——单桩垂直容许承载力(kN);

K——安全系数,一般取 2;

U_P——桩身截面周长(m);

f_i、f_p——桩周第 i 层土的极限摩阻力(kPa)和桩端处土的极限承载力(kPa),可按表 36-75 所列数值选用;

l_i——第 i 层土的厚度(m);

A_p——桩端横截面面积(m²)。

(4)桩的数量应根据单桩容许承载力 P_a 结合上部结构荷载情况通过计算确定。

(5)压桩孔一般布置在墙体的内外两侧或柱子四周(图 36-58),并尽量靠近墙体或柱子。压桩孔的形状可做成上小下大的截头锥形(图 36-59)。

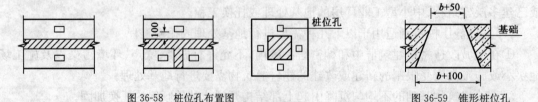

图 36-58 桩位孔布置图　　　　　　　　图 36-59 锥形桩位孔

(6)当桩承受水平力、拔力和七度抗震设计时,应采用焊接接头;桩承受垂直压力时可采用硫磺胶泥接头。

(7)由于可直接测得压桩力,设计时可不考虑多节桩的接头强度折减和长细比对桩承载力的影响。桩长可达 30m。

（8）桩段构造设计应符合下列要求。

①桩身材料可采用钢筋混凝土、预应力混凝土或钢材。

②钢筋混凝土桩的截面形状有方形、圆形和内圆外方等，通常采用方形，其边长为200～300mm。

③桩段长度应考虑室内高度和施工搬运方便，一般桩段长度为1～3m，有条件情况下应适当加长。

④钢筋可选用Ⅰ级和Ⅱ级钢，桩身混凝土强度不小于C30级。

（9）桩基承台构造应符合下列要求。

①新建桩基承台厚度应由设计确定，承台厚度不宜小于450mm，桩头进入桩基承台50～100mm。

②采用锚杆静压桩进行基础托换时，应对原有基础进行抗冲切和抗剪等强度验算，如不能满足要求时，应采取必要的加固措施。

③当原有基础底板厚度小于350mm时，应在桩孔上设置桩帽梁，如桩要求承受水平力或拔力时其构造见图36-60。

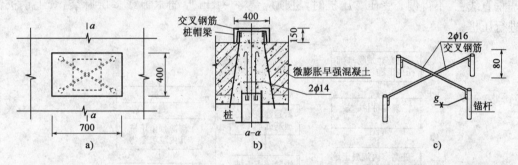

图36-60　承台构造

（10）锚杆可采用预先埋设和后成孔埋设两种；锚杆螺栓的锚固深度为10～12d（d为螺栓直径）。

三、施工工艺

（1）采用锚杆静压桩施工前，应对施工场地预先加以整平，清除桩位孔下面的障碍物；做好施工防雨和施工降水工作，与此同时做好锚杆和桩段的加工制作工作。

（2）根据静力触探资料时可预估最终压桩力和合理选择压桩设备。

①压桩力与比贯入阻力 p_s 的关系，按式（36-187）计算：

$$p_{p(z)} = K_s p_{s(z)} \tag{36-187}$$

式中：$p_{p(z)}$——桩入土深度为 z 时的压桩力（kN）；

$p_{s(z)}$——桩入土深度为 z 时的比贯入阻力（kN）；

K_s——换算系数。对桩截面为 250×250mm 左右的桩，取 $0.06 \sim 0.07$m^2。

②设计最终压桩力按式（36-188）计算：

$$P_{p(1)} \approx K_p P_a \tag{36-188}$$

式中：$P_{p(1)}$——设计最终压桩力（kN）；

K_p——压桩力系数,对黏性土 $K_p=1.2\sim1.3$;对填土和砂土,$K_p=2.0$;

L——桩设计最终入土深度(m);

P_a——设计单桩容许承载力(kN)。

(3)锚杆静压桩的设备装置示意图见图 36-61

施工机具:开凿压桩孔和锚杆孔可用风动凿岩机或大直径钻机;

压桩机:可采用 YJD-50 型锚杆静力压桩机;

辅助机具:空气压缩机、钢筋切割机、电焊机、熬制胶泥用专用设备。

(4)压桩施工顺序见图 36-62

(5)压桩施工应遵守下列规定

①压桩架要保持竖直,应均衡拧紧锚固螺栓的螺帽;在压桩施工过程中,应随时拧紧松动的螺帽。

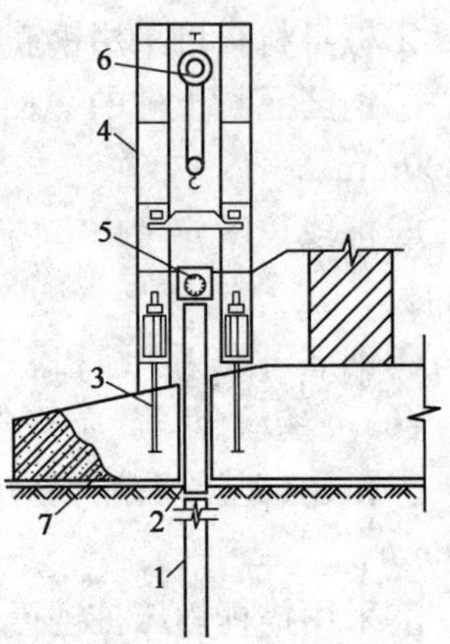

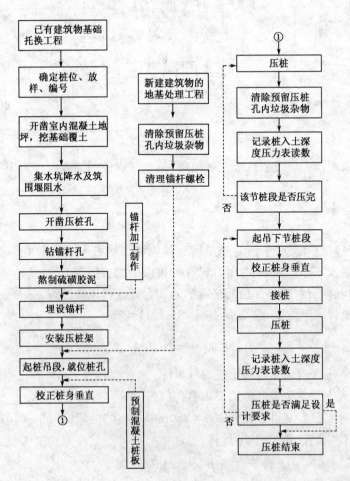

图 36-61 锚杆静压桩的装置示意图
1-桩;2-压桩孔;3-锚杆;4-反力架;5-千斤顶;6-基础

②桩段就位必须保持垂直,使千斤顶与桩段轴线保持在同一垂直线上,不得偏心受压。压桩时,桩顶应垫 $3\sim4$cm 厚的木板或多层麻袋,套上钢桩锚再进行压桩。

图 36-62 压桩施工流程框图

③压桩施工时不宜数台压桩机同时在同一独立柱基上施工。施工期间,压桩力总和不得超过该基础及上部结构所能提供的反力,以防止基础上抬造成结构破坏。

④压桩施工不得中途停顿,应一次到位,如必须中途停顿时,桩尖应停留在软土层中,且停歇时间不得超过 24h。

⑤采用硫磺胶泥接桩时,上节桩就位后应将插筋插入插筋孔中。检查重合无误,间隙均匀后,将上节桩吊起 10cm,装上硫磺胶泥夹箍,浇筑硫磺胶泥,并立即将上节桩保持垂直放下。接头侧面应平整光滑,上下桩面应充分粘接。待接桩中的硫磺胶泥固化后,才能进行压桩施工。当环境温度低于 5℃时应对插筋和插筋孔作表面加温处理。

⑥选择合格的硫磺胶泥产品;熬制时应严格控制温度在 140~145℃范围内,浇筑时温度不得低于 140℃。

⑦采用焊接接桩时,应清除表明铁锈,进行满焊,确保焊接质量。

⑧桩顶未达到设计高程时,对于外露的桩头经设计单位同意,必须进行切除。切割桩头前应先用楔块把桩固定住,然后用凿子开出 3~5cm 深的沟槽,露出钢筋加以切割,以便切除桩头。严禁在悬臂情况下乱截桩头。

⑨桩与基础的连接(封桩)是整个压桩施工中的关键工序之一,必须认真进行。在封桩前,必须把压桩孔内的杂物清理干净,排除积水,清除孔壁和桩面的浮浆,以增加黏结力。然后和桩帽梁一起浇灌掺有微膨胀早强外掺剂的 C30 级混凝土,并予以捣实(冬季施工时,可加入抗冻外掺剂),封桩施工流程图见图 36-63。

⑩在压桩施工过程中,必须认真做好压桩施工各阶段记录(记录格式见表 36-75~表 36-77)。

⑪压桩施工的控制标准,应以设计最终压桩力为主,桩入土深度为辅加以控制。如有异常情况时,应立即向设计和建设部门反映,以便及时采取对策。

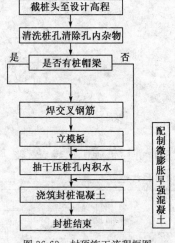

图 36-63 封顶施工流程框图

(6)锚杆静压桩的锚杆按其埋设形式分预埋和后成孔两种。新建工程采用预埋式较多,预埋式螺栓为爪形或锚板等形式;已建工程的基础托换,一般采用后成孔埋设法,即采用镦粗锚杆螺栓或焊箍锚杆螺栓等形式,如图 36-64 所示。

(7)锚杆静压桩施工记录表

钢筋混凝土预制桩检验记录表见表 36-76。

施工单位＿＿＿＿＿＿＿＿＿　　工程名称＿＿＿＿＿＿＿＿＿

混凝土设计强度＿＿＿＿＿＿＿＿　桩 规 格＿＿＿＿＿＿＿＿＿＿　　　表 36-76

编号	灌 注 日 期	混凝土试块强度(MPa)	外 观 检 查	质 量 鉴 定	备 注

工程负责人＿＿＿＿＿＿＿＿＿　　　　制表人＿＿＿＿＿＿＿＿＿

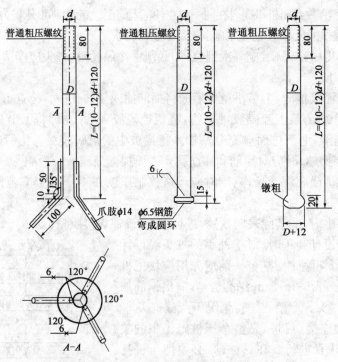

图 36-64　锚杆构造图(尺寸单位:mm)

锚杆静压桩施工汇总表见表 36-77。

设计桩长_____　　设计桩压力_____　　　　　表 36-77

序号	桩号	压桩日期	桩长(cm)		压桩力(kN)		序号	桩号设计	压桩日期施工	桩长(cm)		压桩力(kN)	
			设计	施工	设计	施工				设计	施工	设计	施工

锚杆静压施工记录表见表 36-78。

工程名称_____　　桩号_____

压桩日期_____　　最终入土深度_____(m)

最终压桩力_____(kN)　　　　　　　　　　　　　　　　　　表 36-78

桩段序号	压桩时间	桩入土深度(m)		油压表读数(MPa)	桩段序号	压桩时间	桩入土深度(m)		油压表读数(MPa)
		单层冲程	累积				单层冲程	累积	

千斤顶型号_____　　台数_____　　记录_____

四、质量检验

(1)压桩孔与设计位置的平面偏差不得大于±20mm。

(2)压桩时桩段的垂直偏差不得超过1.5‰的桩段长。

(3)压桩力与桩入土深度应根据设计要求进行验收。

(4)桩与基础连接前,应对压桩孔进行认真检查,验收合格后方可浇捣混凝土。

(5)压桩施工验收时,施工单位应提供以下资料。

①桩位平面图与桩位编号图。

②桩材与封桩混凝土的试块强度报告及硫磺胶泥出厂检验报告。

③压桩施工汇总表。

④隐蔽工程自检记录。

⑤根据设计要求,需要时可做适量的单桩荷载试验,确定单桩承载能力。

五、计算示例

【例36-40】 上海某钢厂扩建工程的基础加固

1. 工程概况

上钢某厂U形管车间的扩建工程。该车间长105m,跨度30m,净高11.7m,钢筋混凝土结构。柱子承受荷载较大,天然地基不能满足设计要求。车间南面与热轧管车间紧邻,北面与728蒸发管车间相依。即在两车间扩建一跨新厂房。使建造基础的难度很大:

(1)U形管柱子中心与热轧管车间柱子相距很近,两柱中心距仅130cm。采用锚杆静压桩加固的桩位距热轧管车间柱子杯口仅15cm。

(2)进行地基加固时,决不能因振动挤土等影响热轧管车将的正常生产。

(3)大型打桩机械不能靠近热轧管车间,无法在设计桩位上沉桩施工。

(4)地表土内含有大量机油,影响开凿压桩孔和埋设锚杆。

2. 加固方案

开始时曾选用过打钢筋混凝土长桩再设统长地梁,在地梁上设柱子的方案,但因打桩机无法靠近,施工时亦将影响热轧管车间正常生产,地梁将隔断两车间通行联系,以及造价高等原因,经多个方案比较决定采用锚杆静压桩方案。

由于热轧管车间相距太近,将3根桩设置在热轧管车间的柱基上,另外3根设在热轧管的柱基础边缘,由6根桩组成柱基群桩,承受U形管车间的荷重。这种作法,不仅解决了:相距太近的难题,还可缓解热轧管车间柱基内倾问题,热轧管车间因车间内大面积堆载(不锈钢管)已引起柱基内倾。

为了防止两车间不同下沉时相互影响,设置在热轧管车间柱基上的3根桩要与基础分离,不予锚固。

本工程共压桩164根,桩长24m,桩段3m,桩截面25×25cm²,用C30混凝土制作。

桩段连接采用贴角焊接。

柱基桩群的平面及剖面图如图36-65和图36-66所示。

3. 压桩的施工

压桩施工标准采用双控指标,即由压桩力和桩长控制。本工程压桩力为300kN,桩长为24m。

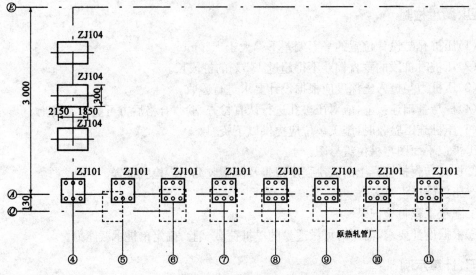

图 36-65　柱基桩位群平面图

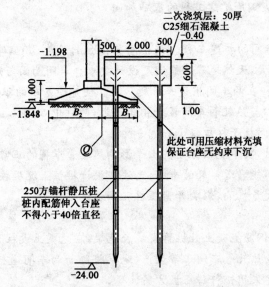

图 36-66　柱基桩剖面图

采用两种压桩方法进行沉桩施工。即压在热轧管基础上的桩采用锚杆静压桩,在基础边缘上的桩采用配重压桩法,压桩各半。

锚杆静压桩施工顺序:清除基础面覆土→用风钻开凿压桩孔与锚杆孔→埋设螺杆→安装反力架→吊桩→压桩→接桩→记录→达到双控指标→拆除反力架。

配重压桩施工顺序:场地平整→铺碎石 10~15cm→铺枕木→铺轨→安装反力架→吊装配重→安装压桩机械→吊桩→压桩→接桩→记录→达到双孔指标→移动配重架。

参 考 文 献

[1] 杨嗣信,余志成,侯君伟.建筑工程模板施工手册[M].2版.北京:中国建筑工业出版社,2004.

[2] 江正荣.建筑施工计算手册[M].2版.北京:中国建筑工业出版社,2007.

[3] 周水兴,何兆益,邹毅松.路桥施工计算手册[M].北京:人民交通出版社,2006.

[4] 杜荣军.建筑施工脚手架实用手册(含垂直运输设施)[M].北京:中国建筑工业出版社,2005.

[5] 中华人民共和国国家标准.GB 50009—2012 建筑结构荷载规范[S].北京:中国建筑工业出版社,2012.

[6] 中华人民共和国国家标准.GB 50010—2010 混凝土结构设计规范[S].北京:中国建筑工业出版社,2010.

[7] 中华人民共和国国家标准.GB 50003—2001 砌体结构设计规范[S].北京:中国标准出版社,2001.

[8] 中华人民共和国国家标准.GB 50005—2003 木结构设计规范[S].北京:中国建筑工业出版社,2003.

[9] 中华人民共和国国家标准.GB 50017—2003 钢结构设计规范[S].北京:中国计划出版社,2003.

[10] 《建筑施工手册》编委会.建筑施工手册[M].4版.北京:中国建筑工业出版社,2007.

[11] 王玉龙.扣件式钢管脚手架计算手册[M].北京:中国建筑工业出版社,2008.

[12] 刘群.建筑施工扣件式钢管脚手架构造与计算[M].北京:中国物价出版社,2004.

[13] 中华人民共和国行业标准.JGJ 130—2011 建筑施工扣件式钢管脚手架安全技术规范[S].北京:中国建筑工业出版社,2011.

[14] 中华人民共和国行业标准.JGJ 128—2010 建筑施工门式钢管脚手架安全技术规范[S].北京:中国建筑工业出版社,2010.

[15] 上海市地方标准.DG/TJ 08-016—2004 钢管扣件水平模板的支撑系统安全技术规程[S].上海:上海市新闻出版局,2004.

[16] 糜嘉平.建筑模板与脚手架研究及应用[M].北京:中国建筑工业出版社,2002.

[17] 谢建民,肖备.施工现场设施安全设计计算手算手册[M].北京:中国建筑工业出版社,2007.

[18] 中华人民共和国行业标准.JGJ 80—1991 建筑施工高处作业安全技术规范[S].北京:中国计划出版社,1991.

[19] 中华人民共和国行业标准.JGJ 164—2008 建筑施工木脚手架安全技术规范[S].北京:中国建筑工业出版社,2008.

[20] 苑辉,杜兰芝,朱成,等.地基基础设计计算与实例[M].北京:人民交通出版社,2008.

[21] 交通部第一公路工程总公司.桥涵(上、下册)[M].北京:人民交通出版社,2004.

[22] 张应立,杨柏科,申爱琴.现代混凝土配合比设计手册[M].北京:人民交通出版社,2002.

[23] 中华人民共和国行业标准.JTG F30—2003　公路水泥混凝土路面施工技术规范[S].北京：人民交通出版社,2003.

[24] 段良策,殷奇.沉井设计与施工[M].上海：同济大学出版社,2002.

[25] 上海市地方标准.DG/TJ 08-61—2010　基坑工程技术规范[S].2010.

[26] 上海市地方标准.DG/TJ 08-236—2006　市政地下工程施工质量验收规范[S].2006.

[27] 上海市地方标准.DGJ 08-116—2005　型钢水泥土搅拌墙技术规程(试行)[S].2005.

[28] 中华人民共和国国家标准.GB 50025—2004　湿陷性黄土地区建筑规范[S].北京：中国建筑工业出版社,2004.

[29] 席永慧,徐伟.地基与基础工程施工计算[M].北京：中国建筑工业出版社,2008.

[30] 杭州市建筑业管理局,杭州市土木建筑学会.深基坑支护工程实例[M].北京：中国建筑工业出版社,1996.

[31] 赵志缙,应惠清.简明深基坑工程设计施工手册[M].北京：中国建筑工业出版社,2001.

[32] 余志成,施文华.深基坑支护设计与施工[M].北京：中国建筑工业出版社,1997.

[33] 黄强.深基坑支护工程设计技术[M].北京：中国建筑工业出版社,1995.

[34] 上海市勘察设计协会.基坑工程设计计算实例.

[35] 刘建航,侯学渊.基坑工程手册[M].北京：中国建筑工业出版社,1997.

[36] 朱浮声,王凤池,李纯,王述红,等.地基基础设计与计算[M].北京：人民交通出版社,2005.

[37] 叶书麟,韩杰,叶观宝.地基处理与托换技术[M].2版.北京：中国建筑工业出版社,1995.

[38] 尉希成,周美玲.支挡结构设计手册[M].2版.北京：中国建筑工业出版社,2005.

[39] 凌天清,曾德容.公路支挡结构[M].北京：人民交通出版社,2006.

[40] 傅钟鹏.钢筋简易计算法[M].北京：中国建筑工业出版社,1974.

[41] 龚晓南.地基处理手册[M].3版.北京：中国建筑工业出版社,2008.

[42] 中华人民共和国行业标准.JGJ 94—2008　建筑桩基技术规范[S].北京：中国建筑工业出版社,2009.

[43] 中华人民共和国国家标准.GB 50007—2011　建筑地基基础设计规范[S].北京：中国建筑工业出版社,2011.

[44] 中华人民共和国行业标准.JGJ 79—2002　建筑地基处理技术规范[S].北京：中国建筑工业出版社,2002.

[45] 上海市地方标准.DGJ 08-11—2010　地基基础设计规范[S].2010.

[46] 上海市地方标准.DG/TJ 08-40—2010　地基处理技术规范[S].2010.

[47] 中国工程建设标准协会标准.CECS 22：2005　岩土锚杆(索)技术规程[S].北京：中国计划出版社,2005.

[48] 中国工程建设标准化协会标准.CECS：9697　基坑土钉支护技术规程[S].北京：中国工程建设标准化协会,1997.

[49] 孙更生,郑大同.软土地基与地下工程[M].北京：中国建筑工业出版社,1987.

[50] 中国工程建设标准化协会标准.CECS 137—2002　给水排水工程钢筋混凝土沉井结构设计规程[S].北京：中国建筑工业出版社,2002.

[51] 中国工程建设协会标准.CECS 246—2008　给水排水工程顶管技术规程[S].北京：中国

计划出版社,2008.

[52] 中华人民共和国国家标准.GB 50296—99 供水管井技术规范[S].北京:中国计划出版社,1999.

[53] 中华人民共和国行业标准.JGJ 120—99 建筑基坑支护技术规程[S].北京:中国建筑工业出版社,1999.

[54] 中华人民共和国国家标准.GB 50296—99 供水管井技术规范[S].北京:中国计划出版社.

[55] 中华人民共和国国家标准.GB 50108—2008 地下工程防水技术规范[S].北京:中国计划出版社,2008.

[56] 中华人民共和国行业标准.JGJ 55—2011 普通混凝土配合比设计规程[S].北京:中国建筑工业出版社,2011.

[57] 中华人民共和国行业标准.JGJ/T 111—98 建筑与市政降水工程技术规范[S].北京:中国建筑工业出版社,1998.

[58] 陈仲颐,周景星,王洪瑾.土力学[M].北京:清华大学出版社,1995.

[59] 广东建筑工程学校.土力学与地基基础[M].北京:中国建筑工业出版社,1983.

[60] 陈希哲.土力学地基基础[M].4版.北京:清华大学出版社,2005.

[61] 刘金波.建筑桩基技术规范理解与应用[M].北京:中国建筑工业出版社,2005.

[62] 彭振斌.灌注桩工程设计计算与施工[M].北京:中国地质大学出版社,1997.

[63] 彭振斌.注浆工程设计计算与施工[M].北京:中国地质大学出版社,1997.

[64] 彭振斌.锚固工程设计计算与施工[M].北京:中国地质大学出版社,1997.

[65] 彭振斌.托换工程设计计算与施工[M].北京:中国地质大学出版社,1997.

[66] 彭振斌.深基坑开挖与支护工程设计计算与施工[M].北京:中国地质大学出版社,1997.

[67] 彭振斌.地基处理工程设计与施工[M].北京:中国地质大学出版社,1997.

[68] 于景杰,俞宾辉,栾焕强.建筑地基基础设计计算实例[M].北京:中国水利水电出版社,2008.

[69] 中华人民共和国国家标准.YB 9258—97 建筑基坑工程技术规范[S].北京:中国建筑工业出版社,1997.

[70] 吴德安.混凝土结构计算手册[M].3版.北京:中国建筑工业出版社,2008.

[71] 高大钊,徐超,熊启东.天然地基上的浅基础[M].2版.北京:机械工业出版社,2002.

[72] 高大钊,赵春风,徐斌.桩基础的设计方法与施工技术[M].2版.北京:机械工业出版社,2002.

[73] 高大钊,叶观宝,叶书麟.地基加固新技术[M].北京:机械工业出版社,1999.

[74] 高大钊,陈忠汉,程雨萍.深基坑工程[M].北京:机械工业出版社,1999.

[75] 高大钊,祝龙根,刘利民,耿乃兴.地基基础测试新技术[M].北京:机械工业出版社,1999.

[76] 葛春辉.钢筋混凝土沉井结构设计施工手册[M].北京:中国建筑工业出版社,2004.

[77] 同济大学,天津大学,等.土层地下建筑结构[M].北京:中国建筑工业出版社,1985.

[78] 《给水排水工程结构设计手册》编委会.给水排水工程结构设计手册[M].2版.北京:中国建筑工业出版社,2007.

[79] 唐山铁道学院土力学地基和基础教研组.土力学地基和基础[M].北京:人民铁道出版

社,1963.

[80] 姚天强,石振华,曹惠宾. 基坑降水手册[M]. 北京:中国建筑工业出版社,2006.

[81] 吴林高. 工程降水设计施工与基坑渗流理论[M]. 北京:人民交通出版社,2003.

[82] 上海市地方标准. DBJ 08-220—96 市政排水管道工程施工及验收规程. 上海:上海市政工程局,1996.

[83] 余彬泉,陈传灿. 顶管施工技术[M]. 北京:人民交通出版社,1998.

[84] 颜纯文,蒋国盛,叶建良. 非开挖铺设地下管线工程技术[M]. 上海:上海科技出版社,2005.

[85] 高乃熙,张小珠. 顶管技术. 北京:中国建筑工业出版社,1984.

[86] 马·谢尔勒. 顶管技术(上、下册)[M]. 漆平生,等,译. 北京:中国建筑工业出版社,1983.

[87] 周爱国,唐朝晖,方勇刚,等. 隧道工程现场施工技术. 北京:人民交通出版社,2004.

[88] 王毅才. 隧道工程[M]. 北京:人民交通出版社,2000.

[89] 张凤祥,等. 盾构隧道[M]. 北京:人民交通出版社,2004.

[90] 胡伍生,潘庆林,黄腾. 土木工程施工测量手册[M]. 北京:人民交通出版社,2005.

[91] 聂让,许金良,邓云潮. 公路施工测量手册[M]. 北京:人民交通出版社,2005.

[92] 中华人民共和国国家标准. GB 50119—2003 混凝土外加剂应用技术规范[S]. 北京:中国建筑工业出版社,2003.

[93] 中华人民共和国国家标准. GB 50268—2008 给水排水管道工程施工及验收规范[S]. 北京:中国建筑工业出版社,2008.

[94] 中华人民共和国国家标准. GB 50446—2008 盾构法隧道施工与验收规范[S]. 北京:中国建筑工业出版社,2008.

[95] 上海申通地铁集团有限公司,上海隧道工程股份有限公司. DG/TJ 08-2041—2008 地铁隧道工程盾构施工技术规范[S]. 上海:上海市城乡建设和交通委员会,2009.

[96] 上海市地方标准. DG/TJ 08-2049—2008 顶管工程施工规程[S]. 上海:上海市城乡建设和交通委员,2009.

[97] 葛金科,沈水龙,许烨霜. 现代顶管施工技术及工程实例[M]. 北京:中国建筑工业出版社,2009.

[98] 基础工程施工手册编写组. 基础工程施工手册[M]. 北京:中国计划出版社,1996.

[99] 刘建航,侯学渊. 软土市政地下工程施工技术手册[M]. 上海:上海市市政工程管理局,1990.

[100] 项玉璞,曹继文. 冬期施工手册[M]. 北京:中国建筑工业出版社,2005.

[101] 中华人民共和国行业标准. JGJ/T 104—2011 建筑工程冬期施工规程[S]. 北京:中国建筑工业出版社,2011.

[102] 中华人民共和国行业标准. JGJ 166—2008 建筑施工碗拒式钢管脚手架安全技术规范[S]. 北京:中国建筑工业出版社,2008.

[103] 中华人民共和国行业标准. JGJ 162—2008 建筑施工模板安全技术规范[S]. 北京:中国建筑工业出版社,2008.

[104] 叶书膀. 地基处理[M]. 北京:中国建筑工业出版社,1988.

[105] 《钢结构设计手册》编委会. 钢结构设计手册(上册)[M]. 3版. 北京:中国建筑工业出版

社，2004.

[106] 安徽国通高新管业股份有限公司. HDPE 排水排污管工程定向钻孔牵引法施工规程（试用本），2007.

[107] 黄生根，张希洁，曹辉. 地基处理与基坑支护工程[M]. 北京：中国地质大学出版社，1997.

[108] 邓子胜. 施工结构设计[M]. 广州：华南理工大学出版社，2009.